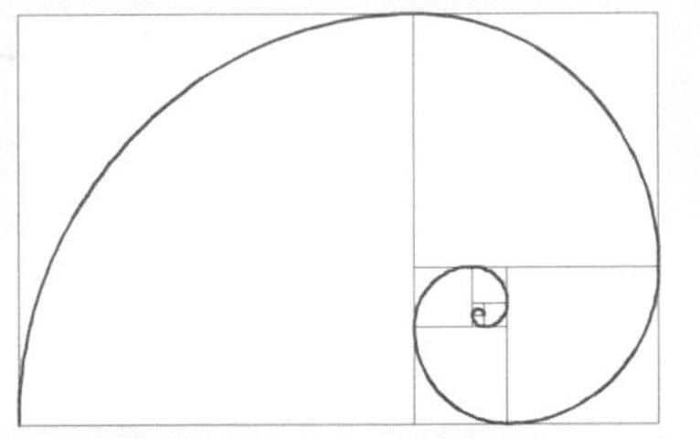

斐波那契螺旋线

无边界填充

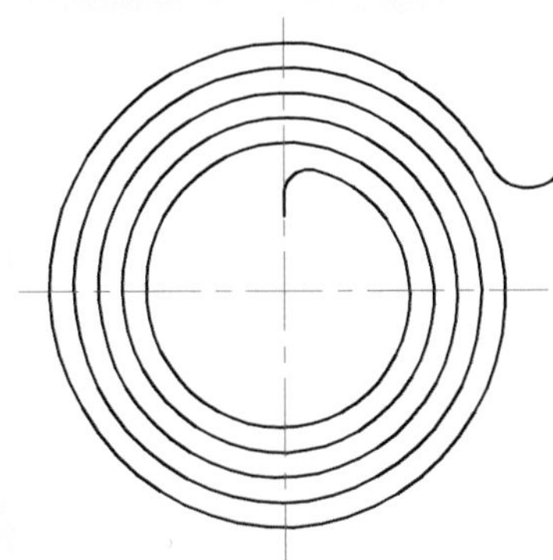

发条弹簧

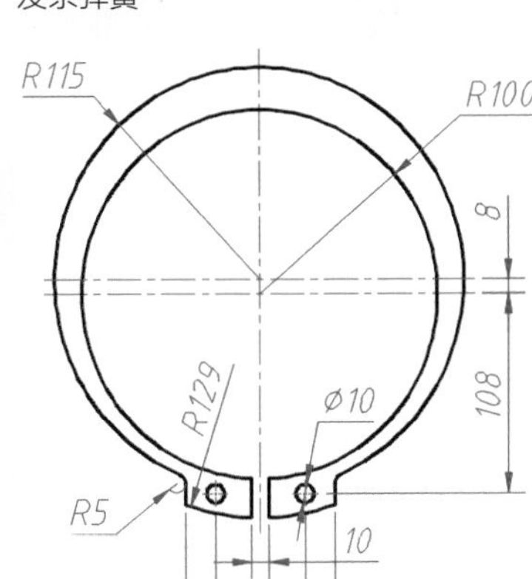

弹性挡圈

5000

精确缩放

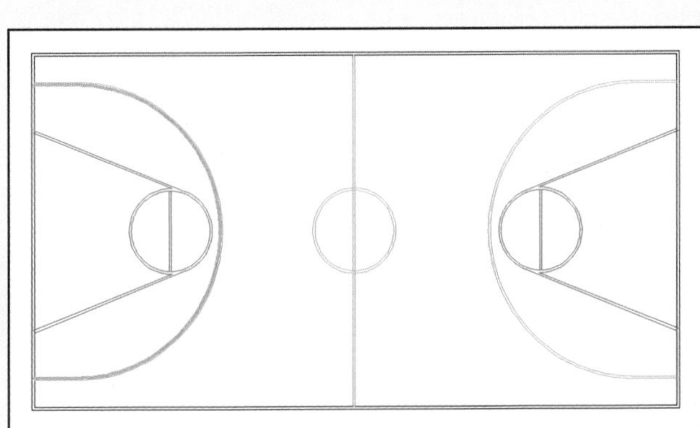

篮球场

树池

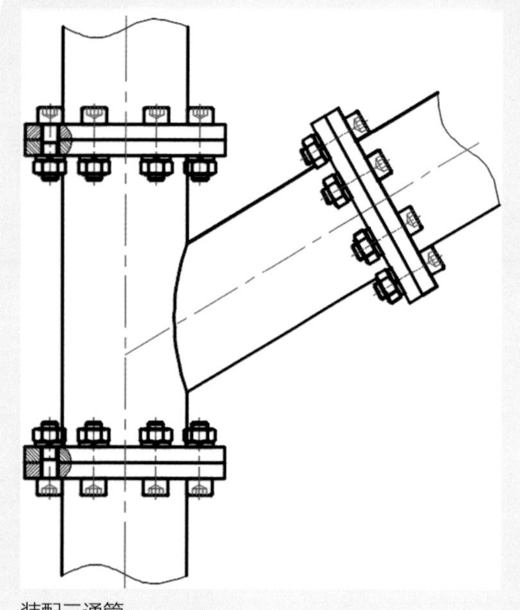

装配三通管

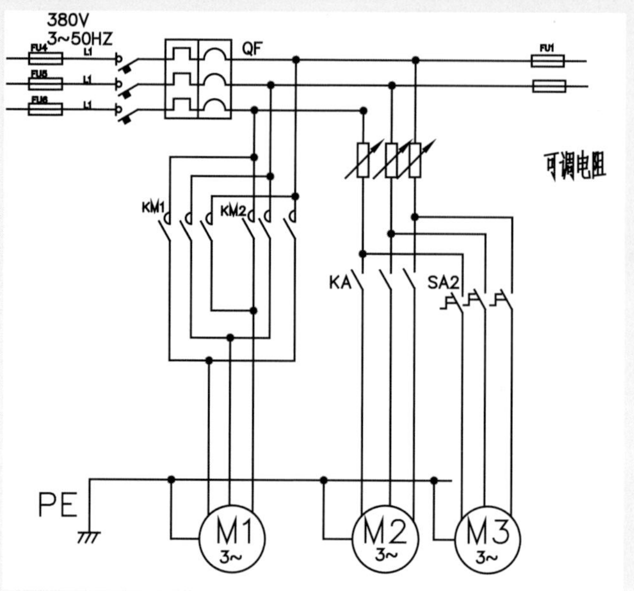

电路图

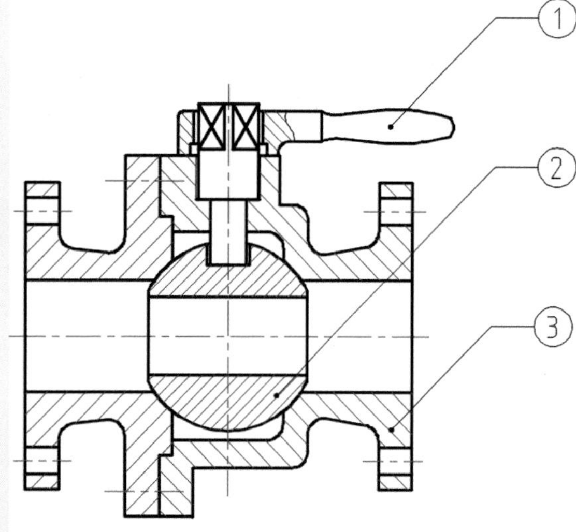

标注球阀

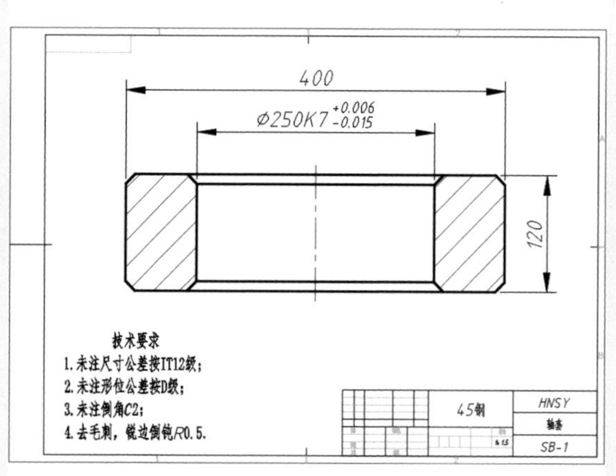

轴套零件图

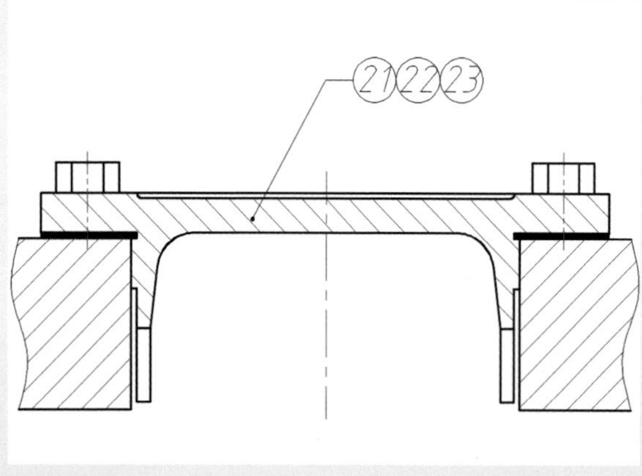

多重引线组

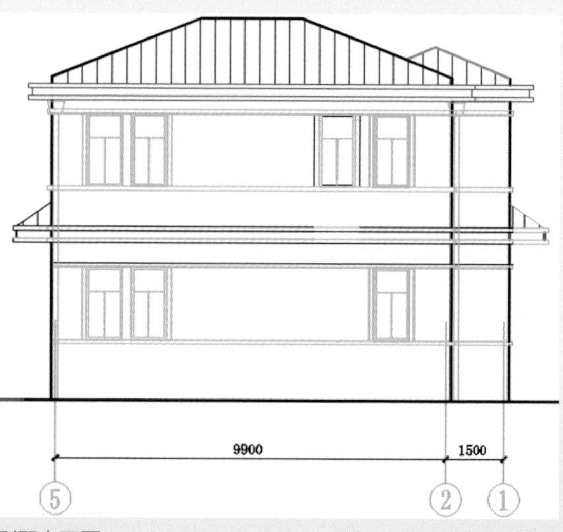

别墅立面图

创建弧形文字

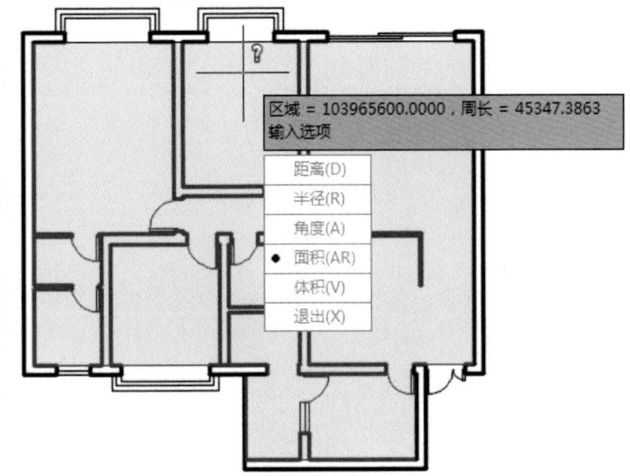

查询室内面积

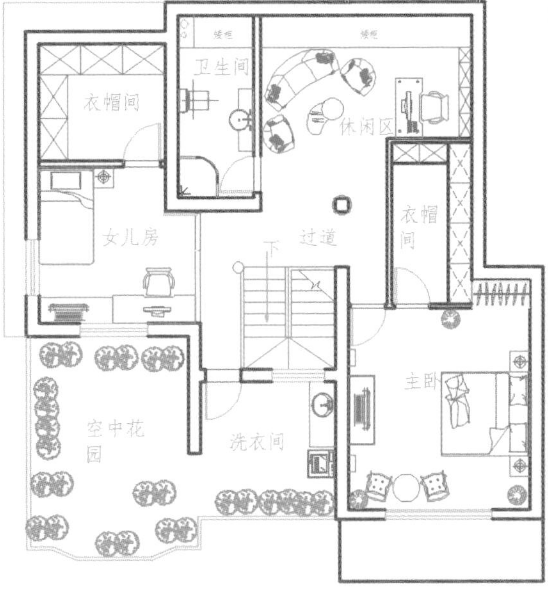

别墅二层平面图

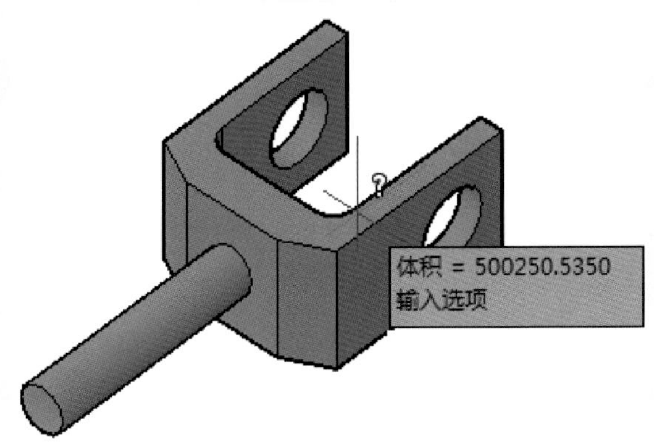

查询零件体积

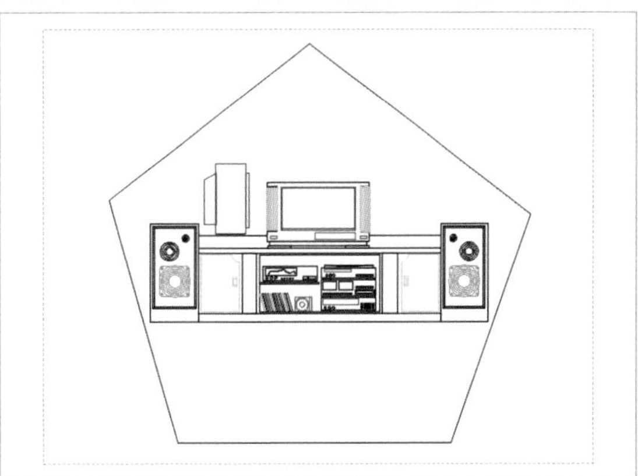

创建多边形视口

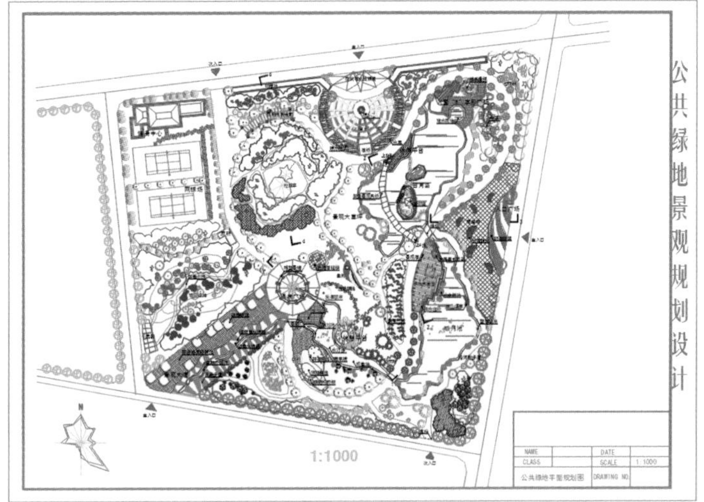

输出高清的 JPG 图片

套筒轴

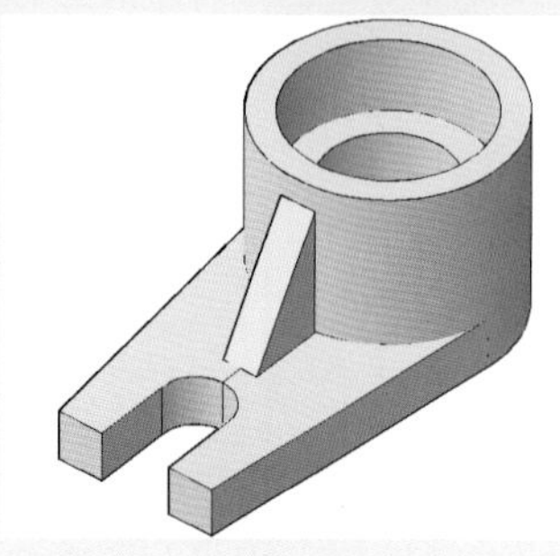
支架

端盖

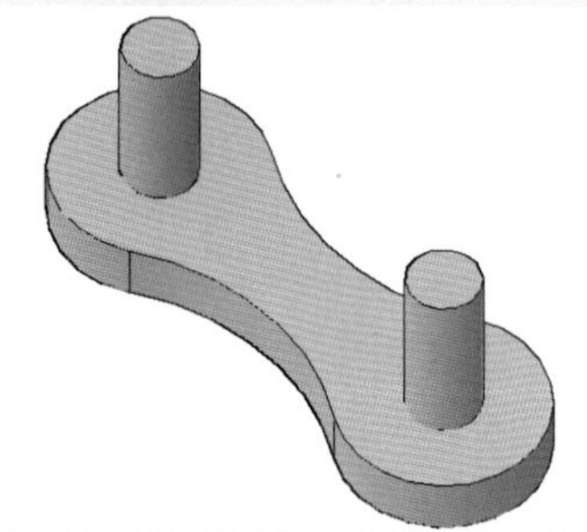
链节

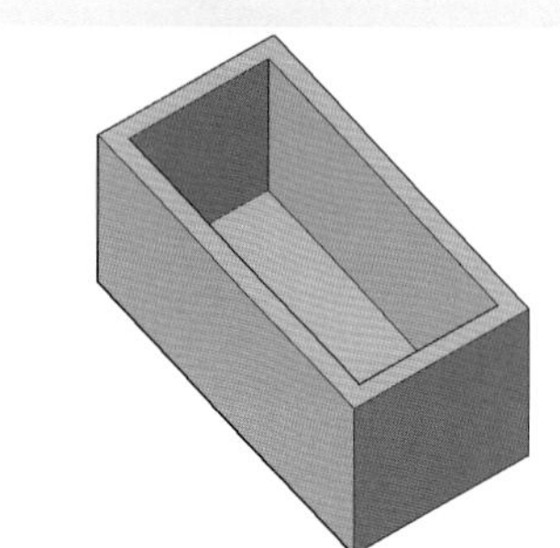
方盒

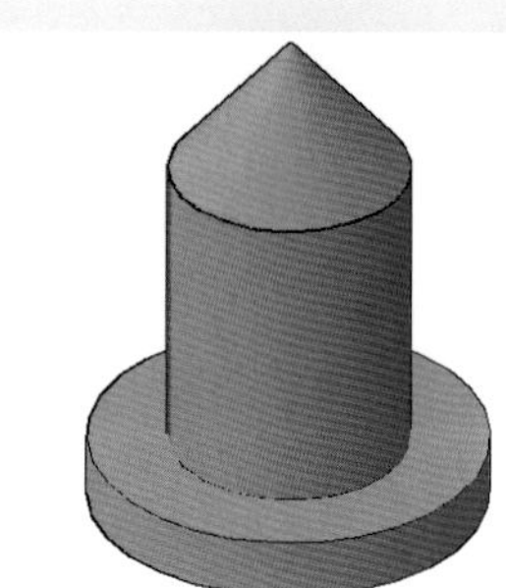
顶锥

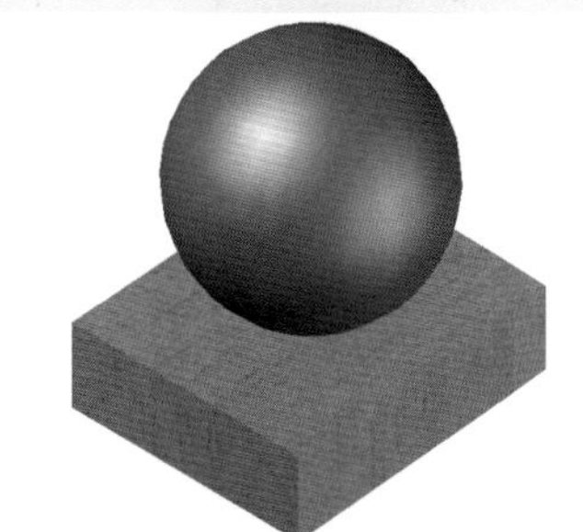
扶手装饰球

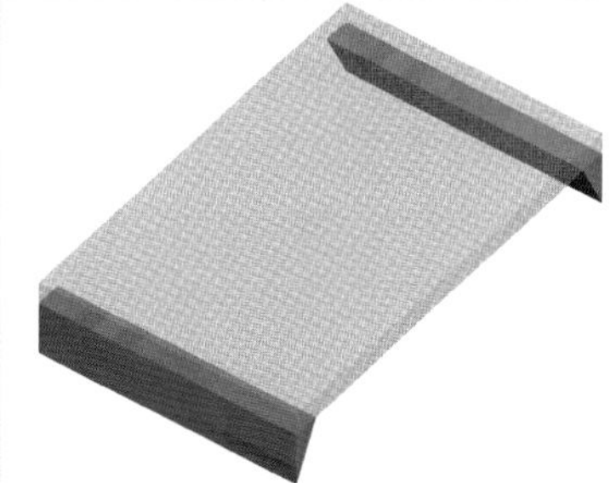
茶几

门把手

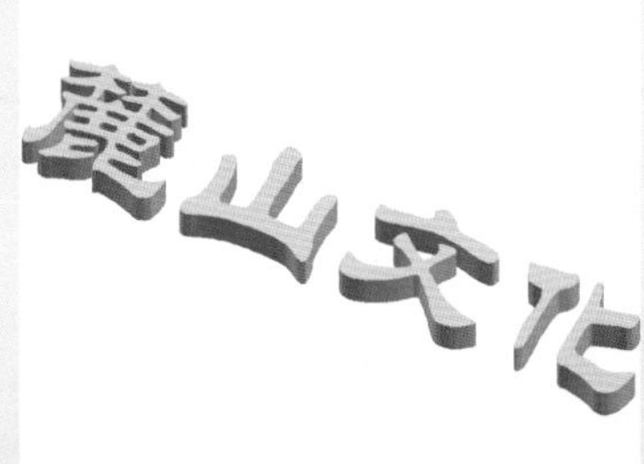

创建三维文字

花盆

花瓶

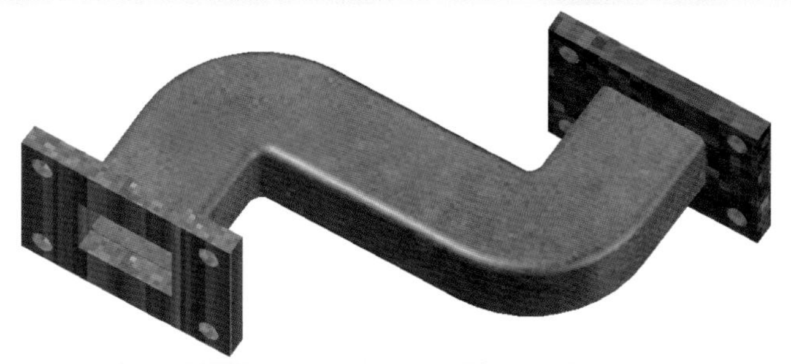
方形管道

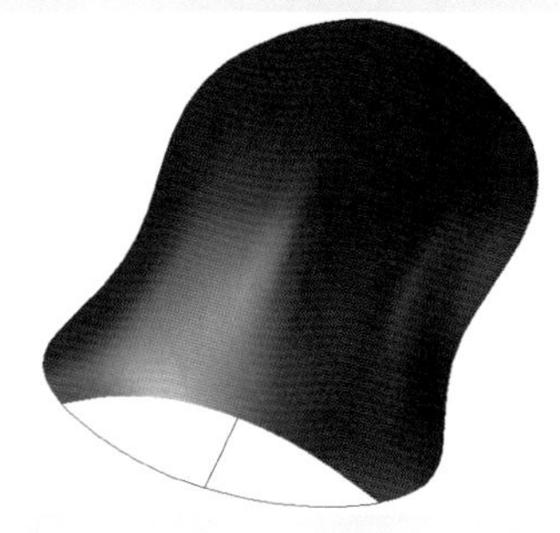
鼠标曲面

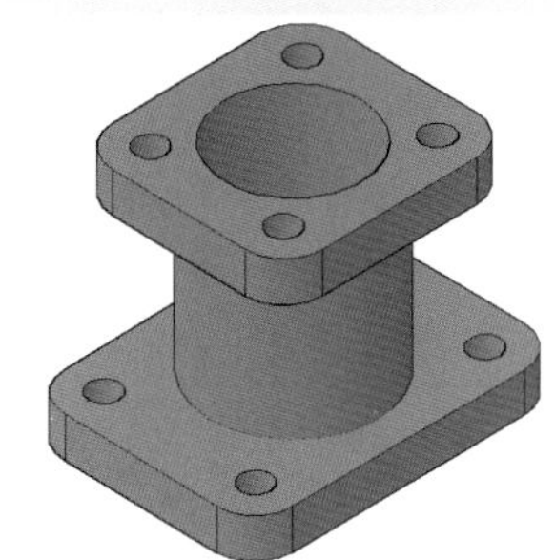
法兰底座

红桃心

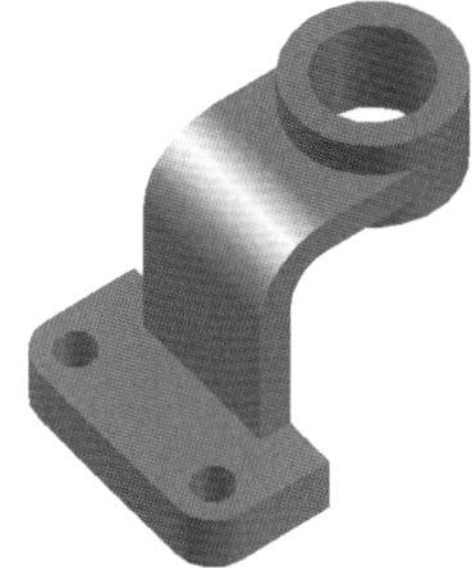
支座

V 形连杆

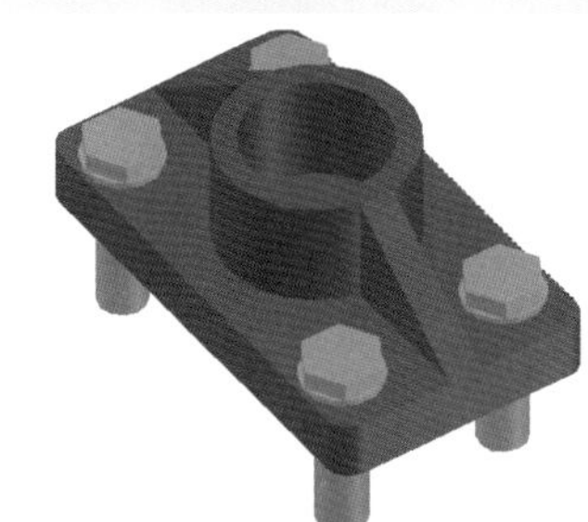
装配螺钉

电话机

摇臂

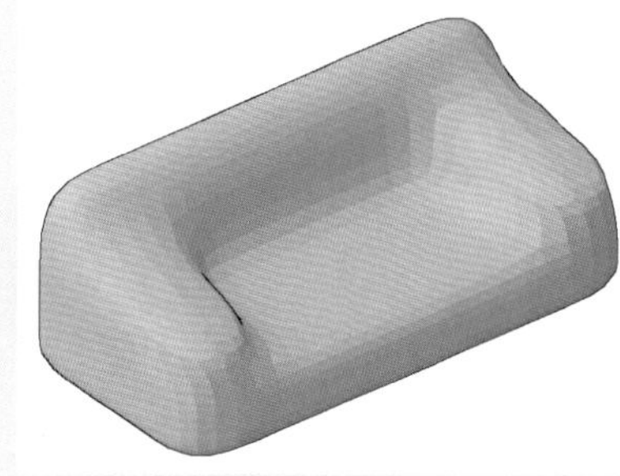
沙发

钻石

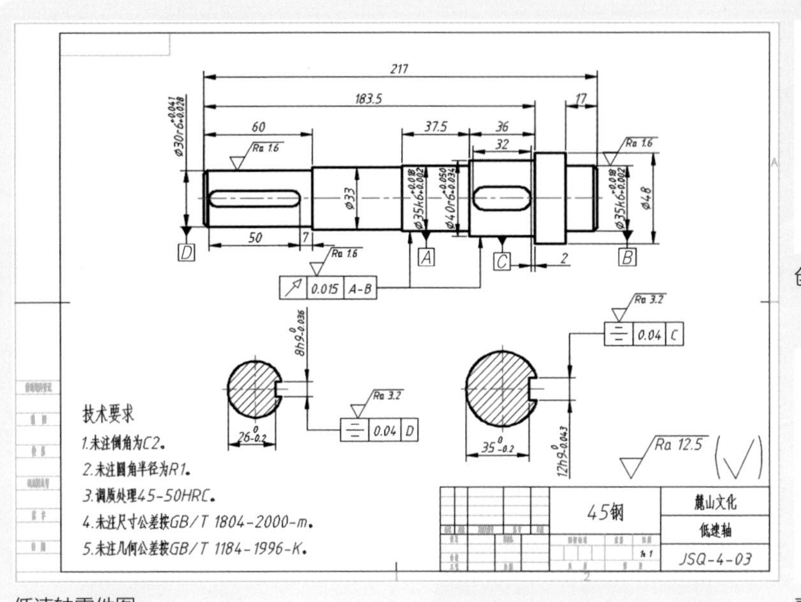

低速轴零件图

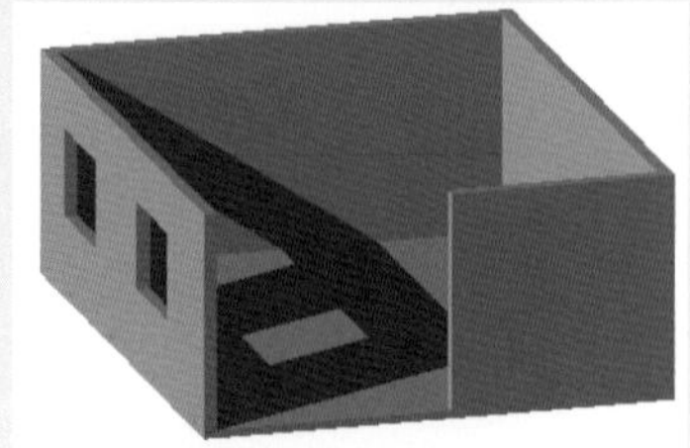
创建室内光影

青花瓷盘

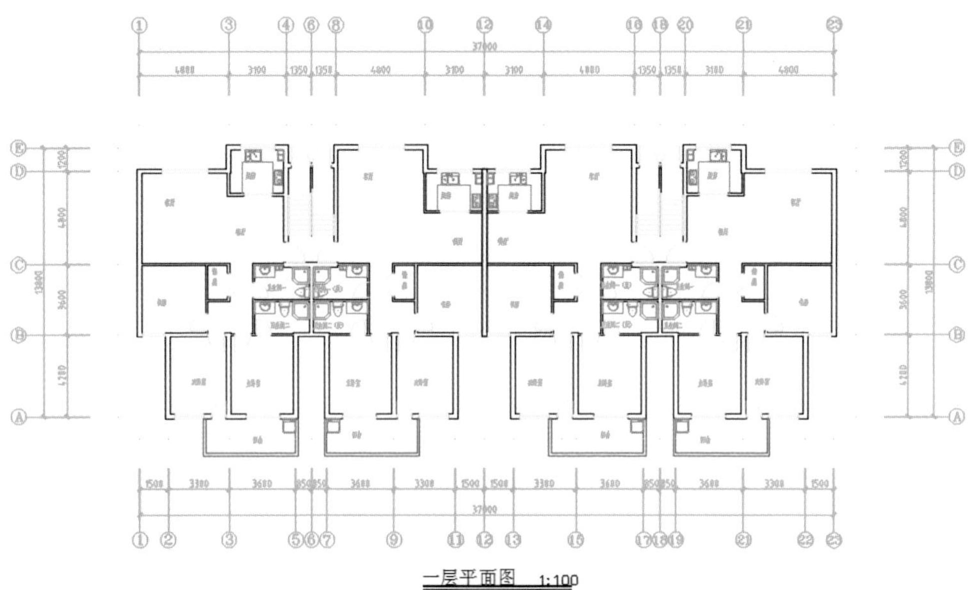

建筑一层平面图

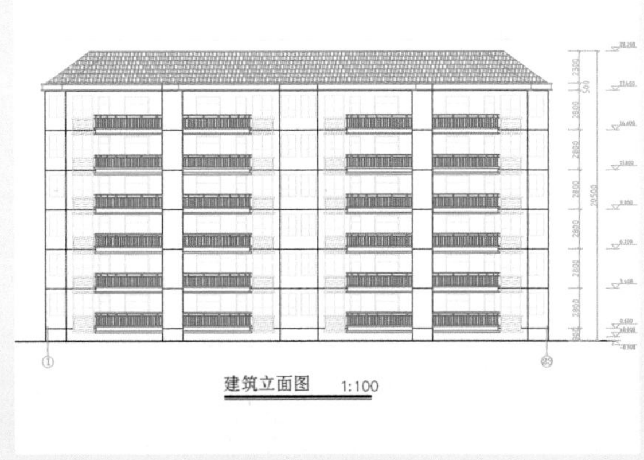

建筑立面图

室内设计平面图

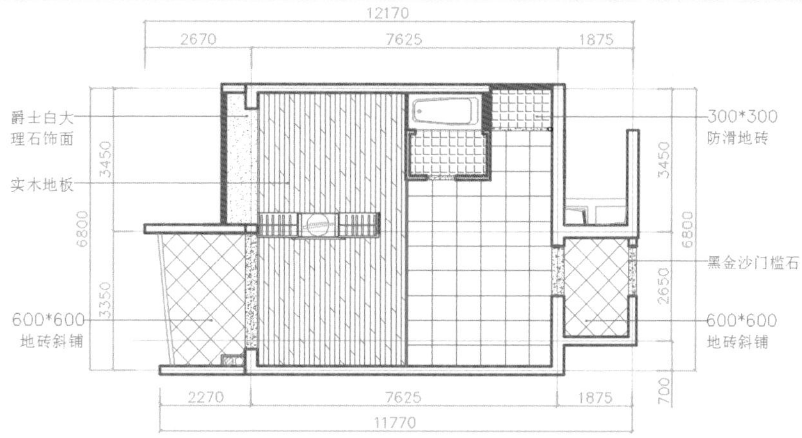

绘制小户型地面布置图 1:100

室内设计地面布置图

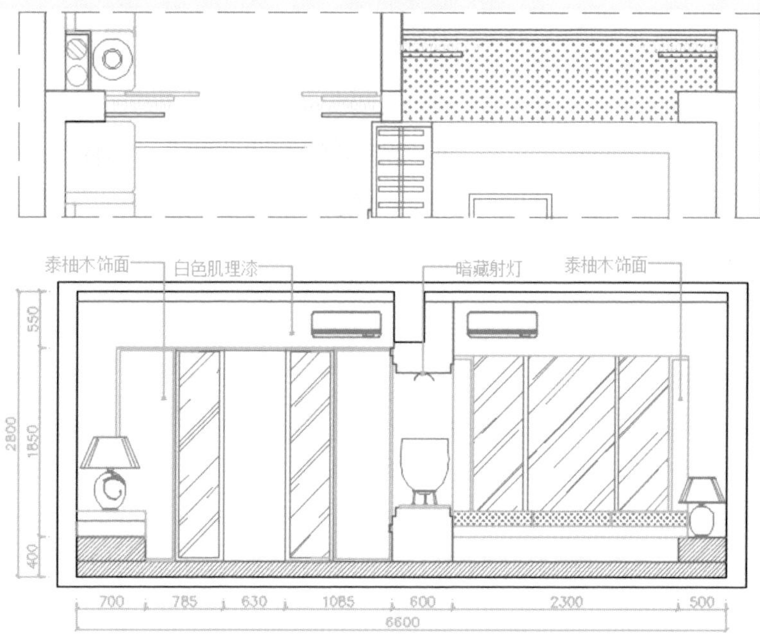

绘制客厅主卧立面图 1:50

室内设计立面图

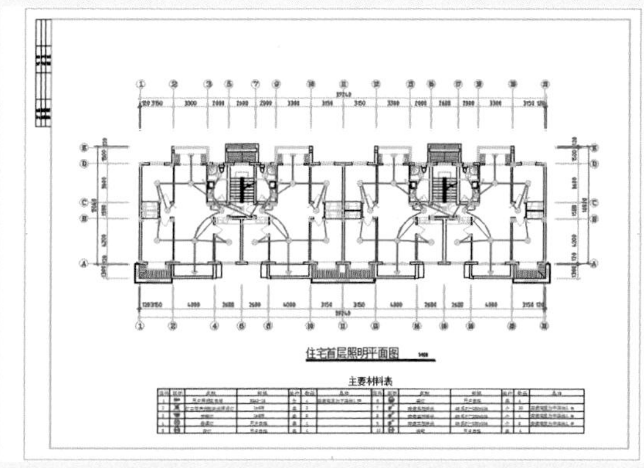

住宅照明系统图 1:100

电气设计平面图

电气设计系统图

光盘内容说明

配套高清视频精讲（243集）

【练习5-1】设置点样式创建刻度
【练习5-2】通过定数等分绘制扇子图形
【练习5-3】通过定数等分布置家具
【练习5-4】通过定数等分获取加工点
【练习5-5】通过定距等分绘制楼梯
【练习5-6】使用直线绘制五角星
【练习5-7】绘制与水平方向呈30°和75°夹角的射线
【练习5-8】根据投影规则绘制相贯线
【练习5-9】绘制水平和倾斜构造线
【练习5-10】绘制圆完善零件图
【练习5-11】绘制圆弧完善景观图
【练习5-12】绘制葫芦形体
【练习5-13】绘制台盆
【练习5-14】绘制圆环完善电路图
【练习5-15】指定多段线宽度绘制图形
【练习5-16】通过多段线绘制斐波那契螺旋线
【练习5-17】创建墙体多线样式
【练习5-18】绘制墙体
【练习5-19】编辑墙体
【练习5-20】使用矩形绘制电视机
【练习5-21】绘制外六角扳手
【练习5-22】使用样条曲线绘制鱼池轮廓
【练习5-23】使用样条曲线绘制函数曲线
【练习5-24】绘制发条弹簧

配套全书例题素材

【练习5-1】设置点样式创建刻度.dwg
【练习5-1】设置点样式创建刻度-OK.dwg
【练习5-2】通过定数等分绘制扇子图形.dwg
【练习5-2】通过定数等分绘制扇子图形-OK.dwg
【练习5-3】通过定数等分布置家具..dwg
【练习5-3】通过定数等分布置家具-OK.dwg
【练习5-4】通过定数等分获得加工点.dwg
【练习5-4】通过定数等分获得加工点-OK.dwg
【练习5-5】通过定距等分绘制楼梯.dwg
【练习5-5】通过定距等分绘制楼梯-OK.dwg
【练习5-6】使用直线绘制五角星.dwg
【练习5-6】使用直线绘制五角星-OK.dwg
【练习5-7】绘制与水平方向呈30°和75°夹角的射线-OK.dwg
【练习5-8】根据投影规则绘制相贯线.dwg
【练习5-8】根据投影规则绘制相贯线-OK.dwg
【练习5-9】绘制水平和倾斜构造线-OK.dwg
【练习5-10】绘制圆完善零件图.dwg
【练习5-10】绘制圆完善零件图-OK.dwg
【练习5-11】绘制圆弧完善景观图.dwg
【练习5-11】绘制圆弧完善景观图-OK.dwg
【练习5-12】绘制葫芦形体.dwg
【练习5-12】绘制葫芦形体-OK.dwg
【练习5-13】绘制台盆.dwg
【练习5-13】绘制台盆-OK.dwg

附录与工具软件（共5个）

超值电子书（共9本）

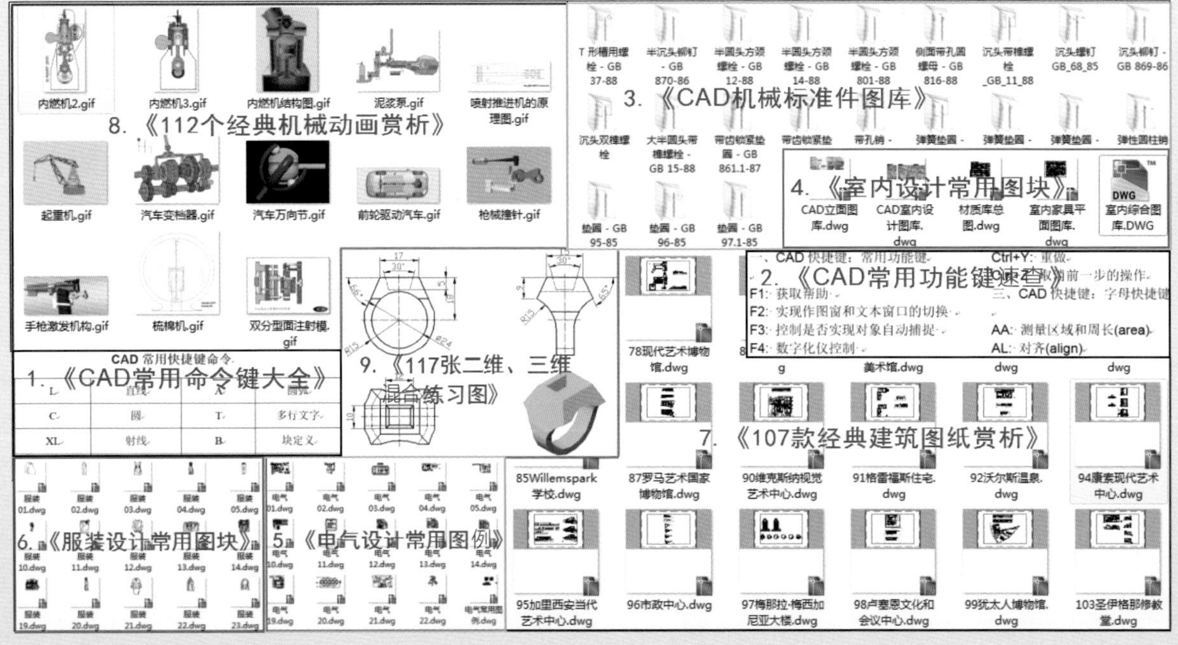

中文版 AutoCAD 2016 从入门到精通

CAD辅助设计教育研究室　编著

人 民 邮 电 出 版 社
北　京

图书在版编目（CIP）数据

中文版AutoCAD 2016从入门到精通 / CAD辅助设计教育研究室编著. -- 北京 : 人民邮电出版社, 2017.2（2021.1 重印）
ISBN 978-7-115-43198-1

Ⅰ. ①中… Ⅱ. ①C… Ⅲ. ①AutoCAD软件 Ⅳ. ①TP391.72

中国版本图书馆CIP数据核字(2016)第274844号

内容提要

本书是一本帮助 AutoCAD 2016 初学者实现从入门到精通的自学教程，全书采用“基础＋手册＋案例”的写作方法，一本书相当于三本书。

本书内容分为 4 篇共 21 章，第 1 篇为入门篇，主要介绍 AutoCAD 的基础知识与参数设置，内容包括软件入门、文件管理、坐标系与辅助绘图工具、绘图环境的设置、图形的绘制与编辑等；第 2 篇为精通篇，内容包括创建图形标注、文字和表格、图层与图层特性、图块与外部参照、图形约束、图形信息查询、图形的打印和输出等高级功能；第 3 篇为三维篇，分别介绍了三维绘图基础、三维实体与网格曲面、三维模型的编辑、三维渲染等内容；第 4 篇为行业应用篇，主要通过机械设计、建筑设计、室内设计、电气设计 4 类主要的 AutoCAD 设计领域来进行详细的实战讲解，具有极高的实用性。

本书配套资源丰富，不仅有生动详细的高清讲解视频，还有各类习题训练的素材文件和效果文件，以及 9 本超值电子书，可以大大提升读者的学习兴趣，提高学习效率。

本书适合 AutoCAD 初、中级读者学习，可作为广大 AutoCAD 初学者和爱好者学习 AutoCAD 的专业指导教材。对各专业技术人员来说也是一本不可多得的参考书和速查手册。

♦ 编　　著　CAD 辅助设计教育研究室
　责任编辑　张丹阳
　责任印制　陈　犇
♦ 人民邮电出版社出版发行　　北京市丰台区成寿寺路 11 号
　邮编　100164　　电子邮件　315@ptpress.com.cn
　网址　http://www.ptpress.com.cn
　北京中石油彩色印刷有限责任公司印刷
♦ 开本：787×1092　1/16
　印张：29.25　　彩插：4
　字数：879 千字　　2017 年 2 月第 1 版
　印数：8 201–8 800 册　　2021 年 1 月北京第 8 次印刷

定价：69.00 元（附光盘）

读者服务热线：(010) 81055410　印装质量热线：(010) 81055316
反盗版热线：(010) 81055315
广告经营许可证：京东市监广登字 20170147 号

在当今的计算机工程界，恐怕没有一款软件比AutoCAD更具有知名度和普适性了。AutoCAD是美国Autodesk公司推出的集二维绘图、三维设计、参数化设计、协同设计及通用数据库管理和互联网通信功能为一体的计算机辅助绘图软件。AutoCAD自1982年推出以来，从初期的1.0版本，经多次版本更新和性能完善，现已发展到AutoCAD 2016。它不仅在机械、电子、建筑、室内装潢、家具、园林和市政工程等工程设计领域得到了广泛应用，而且在地理、气象、航海等特殊图形的绘制，甚至乐谱、灯光和广告等领域也得到了广泛的应用，目前已成为计算机CAD系统中应用最为广泛的图形软件之一。

同时，AutoCAD也是一个最具有开放性的工程设计开发平台，其开放性的源代码可以供各个行业进行广泛的二次开发，目前国内一些著名的二次开发软件，如适用于机械的CAXA、PCCAD系列；适用于建筑的天正系列；适用于服装设计的富怡CAD系列……这些无不是在AutoCAD基础上进行本土化开发的产品。

◎ 编写目的

鉴于AutoCAD强大的功能和深厚的工程应用底蕴，我们力图编写一套全方位介绍AutoCAD在各个工程行业应用实际情况的丛书。具体就每本书而言，我们都将以AutoCAD命令为脉络，以操作实例为阶梯，帮助读者逐步掌握使用AutoCAD进行本行业工程设计的基本技能和技巧。

◎ 本书内容安排

本书主要介绍AutoCAD 2016的功能命令，从简单的界面调整到二维绘图，再到打印输出与三维建模、渲染，以及各项参数设置等，内容覆盖度极为宽广全面。

为了让读者更好地学习本书的知识，在编写时特地对本书采取了疏导分流的措施，将内容划分为了4篇21章，具体编排如下表所示。

篇 名	内 容 安 排
入门篇 （第1~6章）	本篇内容主讲AutoCAD的基本使用技巧，包括软件启动、关闭、简单绘图与编辑，以及文件保存输出等，具体章节介绍如下： 第1章：介绍AutoCAD基本界面的组成与执行命令的方法等基础知识； 第2章：介绍AutoCAD文件的打开、保存、关闭以及与其他软件的交互； 第3章：介绍AutoCAD工作界面的构成，以及一些辅助绘图工具的用法； 第4章：介绍AutoCAD各项参数的设置方法与其含义； 第5章：介绍AutoCAD中各种绘图工具的使用方法； 第6章：介绍AutoCAD中各种图形编辑工具的使用方法
精通篇 （第7~13章）	本篇内容相对于入门篇内容来说难度有所提高，且更为实用。学习之后能让读者从“会画图”上升到“能解决问题”的层次，具体章节介绍如下： 第7章：介绍AutoCAD中各种标注、注释工具的使用方法； 第8章：介绍AutoCAD文字和表格工具的使用方法； 第9章：介绍图层的概念以及AutoCAD中图层的使用与控制方法； 第10章：介绍图块的概念以及AutoCAD中图块的创建和使用方法； 第11章：介绍AutoCAD各约束工具的使用方法； 第12章：介绍AutoCAD面域、查询等小工具的使用方法； 第13章：介绍AutoCAD各种打印设置与控制打印输出的方法

三维篇 （第14~17章）	本篇主要介绍三维绘图环境、三维实体与曲面建模的方法，以及渲染的主要步骤和各有关命令的含义，具体章节介绍如下： 第14章：介绍AutoCAD中建模的基本概念以及建模界面和简单操作； 第15章：介绍三维实体和三维曲面的建模方法； 第16章：介绍各种模型编辑修改工具的使用方法； 第17章：介绍模型的渲染步骤与各相关命令的含义与操作方法
行业应用篇 （第18~21章）	本篇针对AutoCAD在市面上应用最多的4个行业（机械、建筑、室内、电气），通过综合性的实例来讲解具体的绘制方法与设计思路，具体章节介绍如下： 第18章：介绍机械设计的相关标准与设计典例； 第19章：介绍建筑设计的相关标准与设计典例； 第20章：介绍室内设计的相关标准与设计典例； 第21章：介绍电气设计的相关标准与设计典例

◎ 本书写作特色

为了让读者更好地学习与翻阅，本书在具体的写法上也做了精心规划，具体总结如下。

■ 6大解说板块 全方位解读命令

书中各命令均配有6大解说板块："执行方式""操作步骤""选项说明""初学解答""熟能生巧""精益求精"。在讲解前还会有命令的功能概述，各板块的含义说明如下。

- **执行方式**：AutoCAD中各命令的执行方式不止一种，因此该板块主要介绍命令的各执行方法。
- **操作步骤**：介绍命令执行之后该如何进行下一步操作，该板块中还给出了命令行中的内容做参考。
- **选项说明**：AutoCAD中许多命令都具有丰富的子选项，因此该板块主要针对这些子选项进行介绍。
- **初学解答**：有些命令在初学时难以理解，容易犯错，因此本板块便结合过往经验，对容易引起歧义、误解的知识点进行解惑。
- **熟能生巧**：AutoCAD的命令颇具机巧，读者也许已经熟练掌握了各种绘图命令，但有些图形仍是难明个中究竟，因此本板块便对各种匠心独运的技法进行总结，让读者茅塞顿开。
- **精益求精**：本板块在"熟能生巧"的基础上更进一步，所含内容均为与工作实际相关的经典经验总结。

■ 3大索引功能速查 可作案头辞典用

本书不仅能作为初学者入门与进阶的学习书籍，也能作为一位老设计师的案头速查手册。书中提供了"AutoCAD常见问题""AutoCAD行业知识"和"AutoCAD命令快捷键"3大索引附录，可供读者快速定位至所需的内容。

- **AutoCAD常见问题索引**：读者可以通过该索引在书中快速准确地查找到各疑难杂症的解决办法。
- **AutoCAD行业知识索引**：通过该索引，读者可以快速定位至自己所需的行业知识。
- **AutoCAD命令快捷键索引**：按字母顺序将AutoCAD中的命令快捷键进行排列，方便读者查找。

■ 难易安排有节奏 轻松学习乐无忧

本书的编写特别考虑了初学人员的感受，因此对于内容有所区分。

- ★进阶★：带有★进阶★的章节为进阶内容，有一定的难度，适合学有余力的读者深入钻研。
- ★重点★：带有★重点★的为重点内容，是AutoCAD实际应用中使用极为频繁的命令，需重点掌握。

其余章节则为基本内容，只要熟练掌握即可应对绝大多数的工作需要。

■ 全方位上机实训 全面提升绘图技能

读书破万卷，下笔如有神。AutoCAD也是一样，只有多加练习方能真正掌握它的绘图技法。我们深知AutoCAD是一款操作性的软件，因此在书中精心准备了200个操作【练习】。内容均通过层层筛选，既可作为命令介绍的补充，也符合各行各业实际工作的需要。因此从这个角度来说，本书还是一本不可多得的、能全面提升读者绘图技能的练习手册。

■ 软件与行业相结合 大小知识点一网打尽

除了基本内容的讲解，在书中还分布有144个“操作技巧”“设计点拨”和“知识链接”等小提示，力求不漏掉任何知识点。各项提示含义介绍如下。

- **操作技巧：** 介绍相应命令比较隐晦的操作技巧。
- **设计点拨：** 介绍行业应用中比较实用的设计技巧、思路，以及各种需引起注意的设计误区。
- **知识链接：** 第一次介绍陌生命令时，会给出该命令在本书中的对应章节，供读者翻阅。

◎ 本书的配套资源

本书物超所值，除了书本之外，还附赠以下资源。

■ 配套教学视频

针对本书中的各个实例，专门制作了892分钟、243集的高清教学视频，读者可以先看视频，像看电影一样轻松愉悦地学习本书内容，然后对照课本加以实践和练习，大大提高学习效率。

■ 全书实例的源文件与完成素材

本书附带很多实例，包含行业综合实例和普通练习实例的源文件和素材，读者可以安装AutoCAD 2016软件，打开并使用它们。

■ 超值电子书

除与本书配套的附录之外，还提供了以下9本电子书。

1.《**CAD常用命令键大全**》：AutoCAD各种命令的快捷键大全。

2.《**CAD常用功能键速查**》：键盘上各功能键在AutoCAD中的作用汇总。

3.《**CAD机械标准件图库**》：AutoCAD在机械设计上的各种常用标准件图块。

4.《**室内设计常用图块**》：AutoCAD在室内设计上的常用图块。

5.《**电气设计常用图例**》：电气设计上的常用图例。

6.《**服装设计常用图块**》：服装设计上的常用图块。

7.《**107款经典建筑图纸赏析**》：只有见过好的，才能做出好的，因此特别附赠该赏析，供读者学习。

8.《**112个经典机械动画赏析**》：经典的机械原理动态示意图，供读者寻找设计灵感。

9.《**117张二维、三维混合练习图**》：AutoCAD为操作性的软件，只有勤加练习才能融会贯通。

◎ 本书创建团队

本书由CAD辅助设计教育研究室组织编写，具体参与编写的有陈志民、江凡、张洁、马梅桂、戴京京、骆天、胡丹、陈运炳、申玉秀、李红萍、李红艺、李红术、陈云香、陈文香、陈军云、彭斌全、林小群、刘清平、钟睦、刘里锋、朱海涛、廖博、喻文明、易盛、陈晶、张绍华、陈文轶、杨少波、杨芳、刘有良、刘珊、赵祖欣、毛琼健、江涛、张范、田燕等。

由于编者水平有限，书中疏漏与不足之处在所难免。在感谢读者选择本书的同时，也希望读者能够把对本书的意见和建议告诉我们。

联系信箱：lushanbook@qq.com

读者QQ群：327209040

编者

2017年1月

目录 Contents

■ 入门篇 ■

第1章 AutoCAD 2016入门

视频讲解：1分钟

第2章 文件管理

视频讲解：12分钟

第3章 坐标系与辅助绘图工具

视频讲解：22分钟

第4章 绘图环境的设置

视频讲解：4分钟

第5章 图形绘制

视频讲解：59分钟

第6章 图形编辑

视频讲解：30分钟

■ 精通篇 ■

第7章 创建图形标注

视频讲解：31分钟

第8章 文字和表格

视频讲解：20分钟

第9章 图层与图层特性

视频讲解：9分钟

第10章 图块与外部参照

视频讲解：23分钟

第11章 图形约束

视频讲解：10分钟

第12章 面域与图形信息查询

视频讲解：3分钟

第13章 图形打印和输出

视频讲解：28分钟

■ 三维篇 ■

第14章 三维绘图基础

视频讲解：21分钟

第15章 创建三维实体和网格曲面

视频讲解：54分钟

第16章 三维模型的编辑

视频讲解：47分钟

第17章 三维渲染

视频讲解：12分钟

■ 行业应用篇 ■

第18章 机械设计与绘图

视频讲解：195分钟

第19章 建筑设计与绘图

视频讲解：134分钟

第20章 室内设计与绘图

视频讲解：108分钟

第21章 电气设计与绘图

视频讲解：69分钟

附录1 AutoCAD常见问题索引

附录2 AutoCAD行业知识索引

附录3 AutoCAD命令快捷键索引

第 1 章 AutoCAD 2016入门

AutoCAD 是由美国 Autodesk 公司开发的通用计算机辅助设计软件。在深入学习 AutoCAD 绘图软件之前，本章首先介绍 AutoCAD 2016 的启动与退出、操作界面、执行命令的方式、视图的控制和工作空间等基本知识，使用户对 AutoCAD 及其操作方式有一个全面的了解和认识，为熟练掌握该软件打下坚实的基础。

1.1 AutoCAD的启动与退出

要使用 AutoCAD 进行绘图，首先必须启动该软件。在完成绘制之后，应保存文件并退出该软件，以节省系统资源。

1 启动 AutoCAD 2016

安装好 AutoCAD 后，启动 AutoCAD 的方法有以下几种。

◆【开始】菜单：单击【开始】按钮，在菜单中选择“所有程序 |Autodesk| AutoCAD 2016- 简体中文（Simplified Chinese）| AutoCAD 2016- 简体中文（Simplified Chinese）”选项，如图 1-1 所示。

◆与 AutoCAD 相关联格式文件：双击打开与 AutoCAD 相关格式的文件 (*.dwg、*.dwt 等)，如图 1-2 所示。

◆快捷方式：双击桌面上的快捷图标，或者 AutoCAD 图形文件。

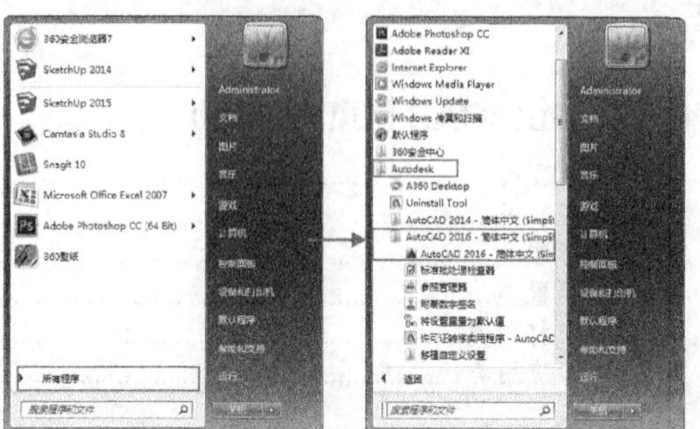

图 1-1 从【开始】菜单打开 AutoCAD 2016

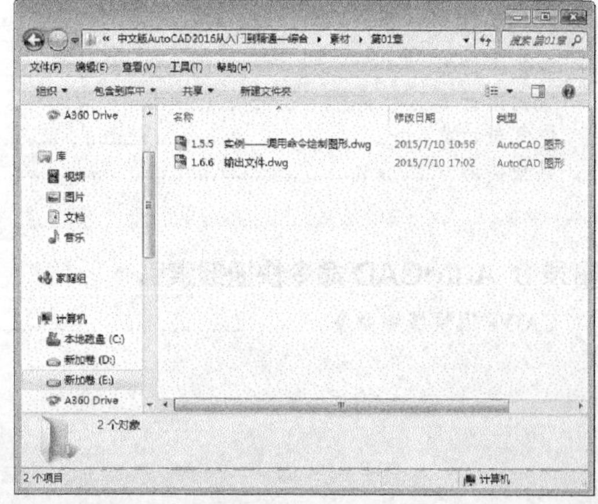

图 1-2 AutoCAD 图形文件

AutoCAD 2016 启动后的界面如图 1-3 所示，主要由【快速入门】、【最近使用的文档】和【链接】三个区域组成。

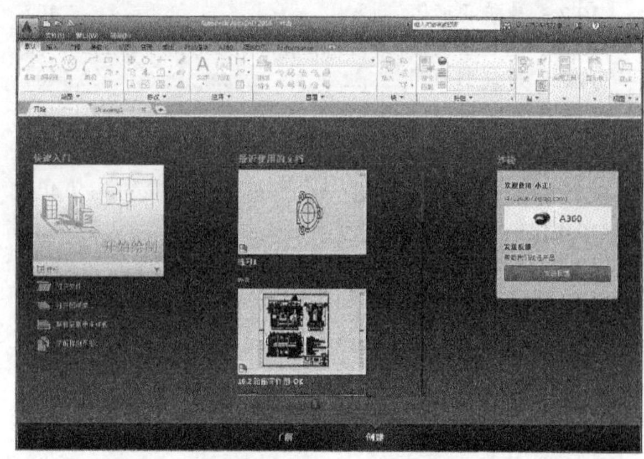

图 1-3 AutoCAD 2016 的开始界面

◆【快速入门】：单击其中的【开始绘制】区域即可创建新的空白文档进行绘制，也可以单击【样板】下拉列表，选择合适的样板文件文件进行创建。

◆【最近使用的文档】：该区域主要显示最近用户使用过的图形，相当于历史记录。

◆【链接】：在【链接】区域中，用户可以登录 A360 账户或向 AutoCAD 技术中心发送反馈。如果有产品更新的消息，将显示在【通知】区域。

2 退出 AutoCAD 2016

在完成图形的绘制和编辑后，退出 AutoCAD 的方法有以下几种。

◆应用程序按钮：单击应用程序按钮，选择【关闭】选项，如图 1-4 所示。

◆菜单栏：选择【文件】|【退出】命令，如图 1-5 所示。

◆标题栏：单击标题栏右上角的【关闭】按钮，如图 1-6 所示。

◆快捷键：按 Alt+F4 或 Ctrl+Q 组合键。

◆命令行：输入“QUIT”或“EXIT”，如图 1-7 所示。命令行中输入的字符不分大小写。

图 1-4 从【应用程序】菜单关闭软件

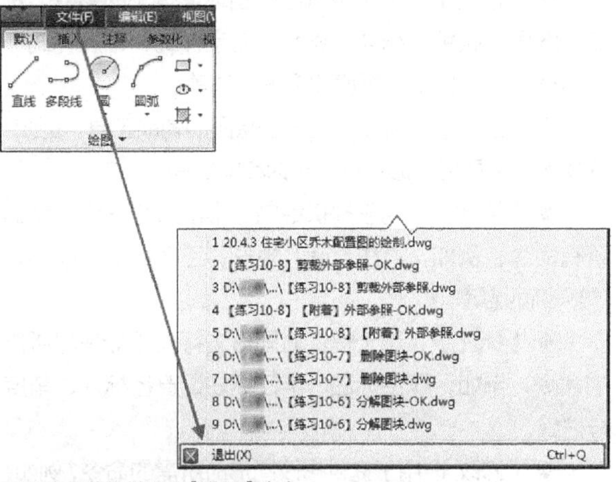
图 1-5 从菜单栏调用【关闭】命令

图 1-6 从标题栏【关闭】按钮关闭软件

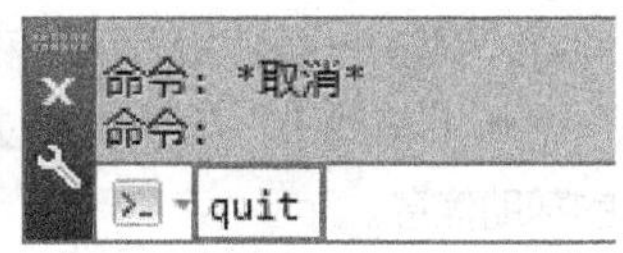

图 1-7 从命令行输入关闭命令

若在退出AutoCAD 2016之前未进行文件的保存，系统会弹出图 1-8 所示的提示对话框。提示用户在退出软件之前是否保存当前绘图文件。单击【是】按钮，可以进行文件的保存；单击【否】按钮，将不对之前的操作进行保存而退出；单击【取消】按钮，将返回操作界面，不执行退出软件的操作。

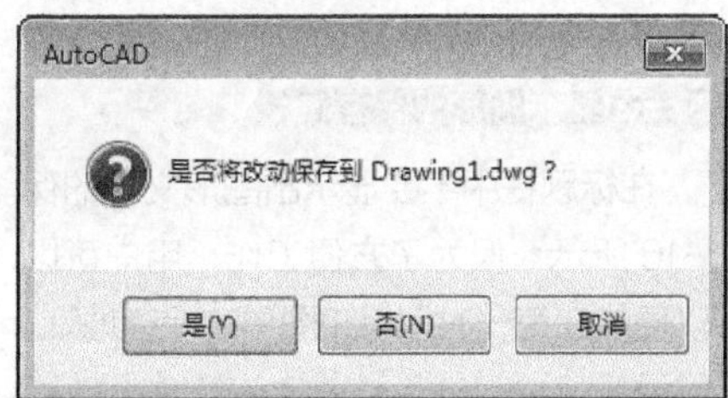

图 1-8 退出提示对话框

1.2 AutoCAD 2016操作界面

AutoCAD 的操作界面是 AutoCAD 显示、编辑图形的区域。AutoCAD 的操作界面具有很强的灵活性，根据专业领域和绘图习惯的不同，用户可以设置适合自己的操作界面。

1.2.1 AutoCAD 的操作界面简介

AutoCAD的默认界面为【草图与注释】工作空间的界面，关于【草图与注释】工作空间在本章的1.5节中有详细介绍，此处仅简单介绍界面中的主要元素。该工作空间界面包括【应用程序】按钮、快速访问工具栏、菜单栏、标题栏、交互信息工具栏、功能区、标签栏、十字光标、绘图区、坐标系、命令行、状态栏及文本窗口等，如图1-9所示。

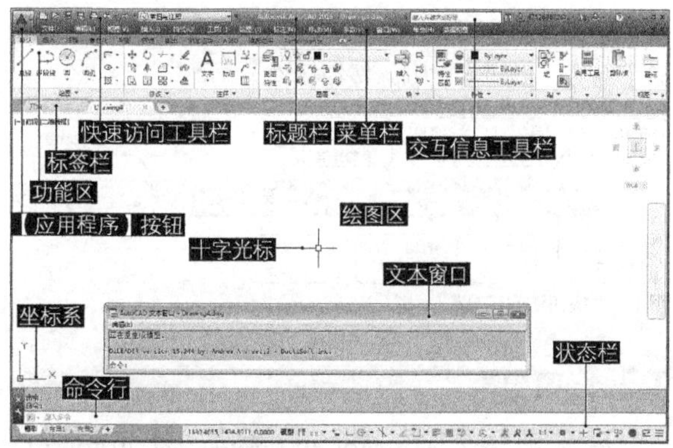

图 1-9 AutoCAD 2016 默认的工作界面

1.2.2 【应用程序】按钮

【应用程序】按钮位于窗口的左上角，单击该按钮，系统将弹出用于管理 AutoCAD 图形文件的菜单，包含【新建】、【打开】、【保存】、【另存为】、【输出】及【打印】等命令，右侧区域则是【最近使用的文档】列表，如图 1-10 所示。

此外，在应用程序【搜索】按钮左侧的空白区域输入命令名称，会弹出与之相关的各种命令的列表，选择其中对应的命令即可执行，效果如图 1-11 所示。

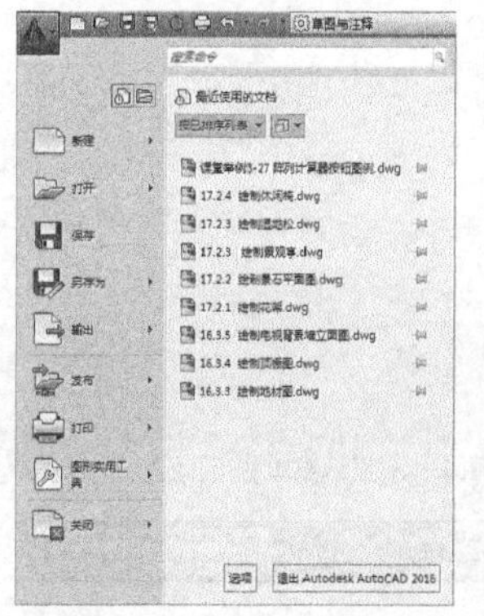
图 1-10 应用程序菜单

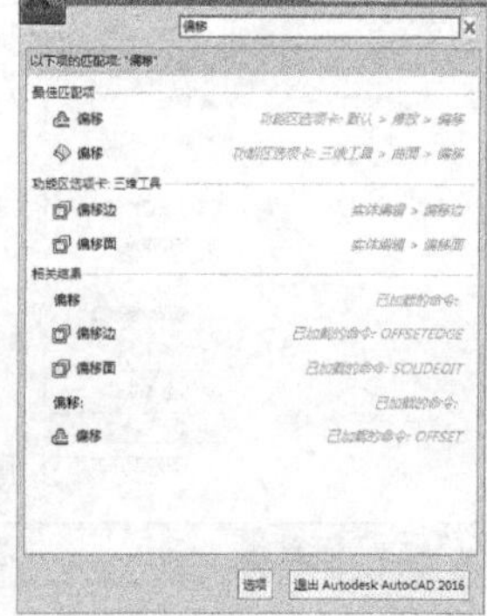
图 1-11 搜索功能

1.2.3 快速访问工具栏

快速访问工具栏位于标题栏的左侧，它包含文档操作常用的 7 个快捷按钮，依次为【新建】、【打开】、【保存】、【另存为】、【打印】、【放弃】和【重做】，如图 1-12 所示。

可以通过相应的操作为快速访问工具栏增加或删除所需的工具按钮，有以下几种方法。

◆单击快速访问工具栏右侧下拉按钮，在菜单栏中选择【更多命令】选项，在弹出的【自定义用户界面】对话框选择将要添加的命令，然后按住鼠标左键，将其拖动至快速访问工具栏上即可。

◆在【功能区】的任意工具图标上单击鼠标右键，选择其中的【添加到快速访问工具栏】命令。

如果要删除已经存在的快捷键按钮，只需要在该按钮上单击鼠标右键，然后选择【从快速访问工具栏中删除】命令，即可完成删除按钮操作。

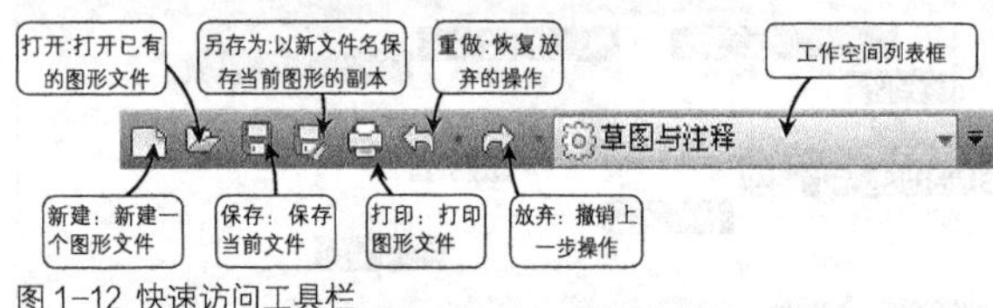

图 1-12 快速访问工具栏

1.2.4 菜单栏

与之前版本的 AutoCAD 不同，在 AutoCAD 2016 中，菜单栏在任何工作空间都默认为不显示。只有在快速访问工具栏中单击下拉按钮，并在弹出的下拉菜单中选择【显示菜单栏】选项，才可将菜单栏显示出来，如图 1-13 所示。

菜单栏位于标题栏的下方，包括 12 个菜单：【文件】、【编辑】、【视图】、【插入】、【格式】、【工具】、【绘图】、【标注】、【修改】、【参数】、【窗口】、【帮助】，几乎包含所有绘图命令和编辑命令，如图 1-14 所示。

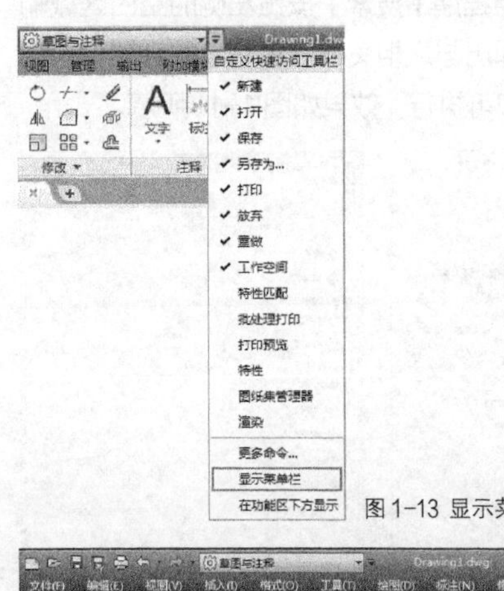

图 1-13 显示菜单栏

图 1-14 菜单栏

这 12 个菜单栏的主要作用介绍如下。

◆【文件】：用于管理图形文件，例如，新建、打开、保存、另存为、输出、打印和发布等。

◆【编辑】：用于对文件图形进行常规编辑，例如，剪切、复制、粘贴、清除、链接、查找等。

◆【视图】：用于管理 AutoCAD 的操作界面，例如，缩放、平移、动态观察、相机、视口、三维视图、消隐和渲染等。

◆【插入】：用于在当前 AutoCAD 绘图状态下，插入所需的图块或其他格式的文件，例如，PDF 参考底图、字段等。

◆【格式】：用于设置与绘图环境有关的参数，例如，图层、颜色、线型、线宽、文字样式、标注样式、表格样式、点样式、厚度和图形界线等。

◆【工具】：用于设置一些绘图的辅助工具，例如，选项板、工具栏、命令行、查询和向导等。

◆【绘图】：用于提供绘制二维图形和三维模型的所有命令，例如，直线、圆、矩形、正多边形、圆环、边界和面域等。

◆【标注】：用于提供对图形进行尺寸标注时所需的命令，例如，线性标注、半径标注、直径标注、角度标注等。

◆【修改】：用于提供修改图形时所需的命令，例如，删除、复制、镜像、偏移、阵列、修剪、倒角和圆角等。

◆【参数】：用于提供对图形约束时所需的命令，例如，几何约束、动态约束、标注约束和删除约束等。

◆【窗口】：用于在多文档状态时设置各个文档的屏幕，例如，层叠、水平平铺和垂直平铺等。

◆【帮助】：用于提供使用 AutoCAD 2016 所需的帮助信息。

1.2.5 标题栏

标题栏位于 AutoCAD 窗口的最上方，如图 1-15 所示，标题栏显示了当前软件名称以及当前新建或打开的文件的名称等。标题栏最右侧提供了【最小化】按钮、【最大化】按钮/【恢复窗口大小】按钮和【关闭】按钮。

图 1-15 标题栏

练习 1-1 在标题栏中显示图形的保存路径

一般情况下，在标题栏中不会显示出图形文件的保存路径，如图 1-16 所示；但为了方便工作，用户可以自行将其调出，以便能在第一时间得知图形的保存地址，效果如图 1-17 所示。

Autodesk AutoCAD 2016　练习1.dwg

图 1-16 标题栏中不显示文件保存路径

Autodesk AutoCAD 2016　F:\CAD2016综合\素材\02章\练习1.dwg

图 1-17 标题栏中显示完整的文件保存路径

其操作步骤如下。

Step 01 在命令行中输入“OP”或“OPTIONS”命令并按Enter键，如图1-18所示；或在绘图区空白处单击鼠标右键，在弹出的快捷菜单中选择【选项】，如图1-19所示，系统即弹出【选项】对话框。

图 1-18 在命令行中输入字符

图 1-19 在快捷菜单中选择【选项】

Step 02 在【选项】对话框中切换至【打开和保存】选项卡，在【文件打开】选项组中勾选【在标题中显示完整路径】复选框，单击【确定】按钮，如图1-20所示。设置完成后，即可在标题栏显示出完整的文件路径。

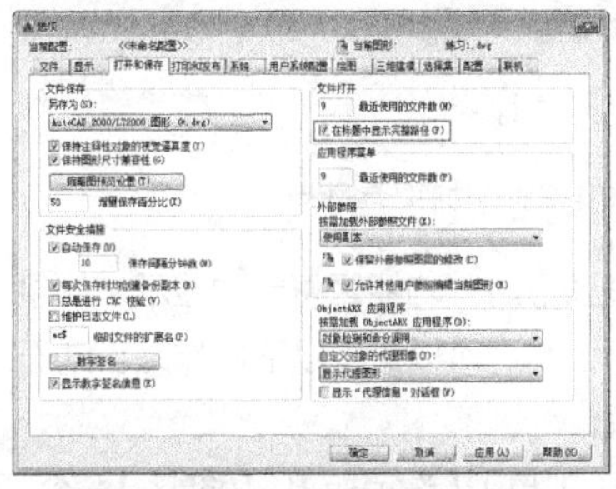

图 1-20【选项】对话框

1.2.6 交互信息工具栏 ★进阶★

交互信息工具栏主要包括搜索框、A360 登录栏、Autodesk 应用程序、外部链接 4 个部分，具体作用说明如下。

◎ 搜索框

如果用户在使用 AutoCAD 的过程中，对某个命令不熟悉，可以在搜索框中输入该命令，通过打开帮助窗口来获得详细的命令信息。

◎ A360 登录栏

随着“云技术”的应用越来越多，AutoCAD 的软件设计者们也日益重视这一新兴的技术，并将其和传统的图形管理链接起来。A360 即是基于云的平台，可访问从基本编辑到强大的渲染功能等一系列云服务。除此之外，还有一个更为强大的功能，那就是如果将图形文件上传至用户的 A360 账户，即可随时随地访问该图形，实现云共享，无论是电脑还是手机等移动端，均可快速查看该图形文件，如图 1-21 和图 1-22 所示。

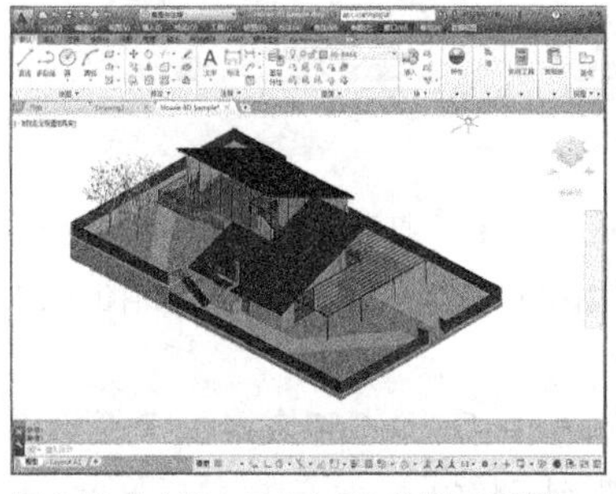

图 1-21 在电脑上用 AutoCAD 软件打开图形

图 1-22 在手机上用 AutoCAD 360 APP 打开图形

要体验 A360 云技术的便捷，只需单击【登录】按钮，在下拉列表中选择【登录到 A360】对话框，即弹出【Autodesk- 登录】对话框，在其中输入账号、密码即可，如图 1-23 所示。如果没有账号，可以单击【注册】按钮，打开【Autodesk- 创建账户】对话框，按要求进行填写即可注册，如图 1-24 所示。

图 1-23【Autodesk- 登录】对话框

图 1-24【Autodesk- 创建账户】对话框

练习 1-2 用手机APP实现电脑AutoCAD图纸的云共享

现在，智能手机的普及率很高，大量的 APP 应用，给人们生活带来了前所未有的便捷。Autodesk 也与时俱进地推出了 AutoCAD 360 这款免费图形和草图手机应用程序，允许用户随时查看、编辑和共享 AutoCAD 图形。

Step 01 在计算机端注册并登录A360，登录完成后，单击【A360】选项，如图1-25所示。

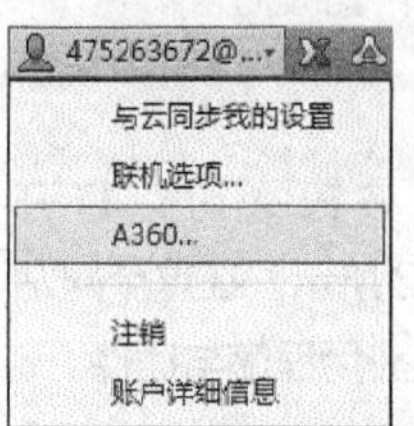

图 1-25 登录后单击【A360】选项

Step 02 浏览器自动打开【A360 DRIVE】网页，第一次打开的页面如图1-26所示。

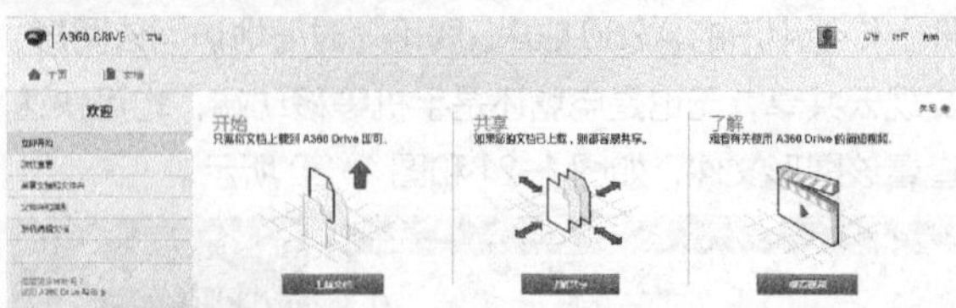
图 1-26 【A360 DRIVE】页面

Step 03 单击【上载文档】，打开【上载文档】对话框，按提示上传要用手机查看的图形文件，如图1-27所示。

Step 04 用手机下载AutoCAD 360这款APP（又名AutoCAD WS），如图1-28所示。

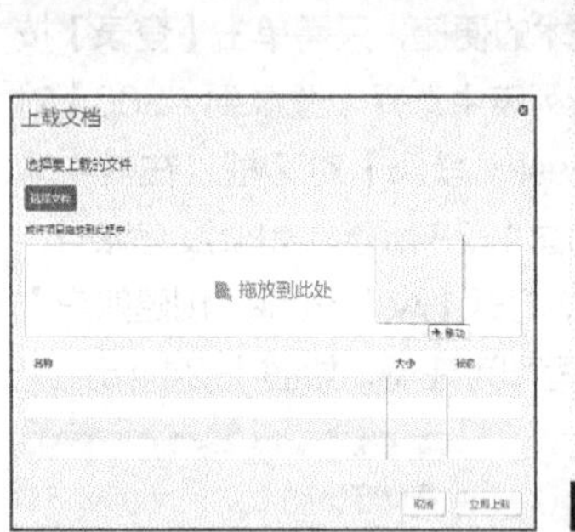
图 1-27【上载文档】对话框

图 1-28 使用手机下载 AutoCAD 360 的 APP

Step 05 在手机上启动AutoCAD 360，输入A360的账号、密码，即可登录，如图1-29所示。

Step 06 登录后，在手机界面选择要打开的图形文件，如图1-30所示。

Step 07 手机打开后的效果如图1-31所示，完成文件共享。

图 1-29 在手机端登录 AutoCAD 360

图1-30 在AutoCAD 360中选择要打开的文件

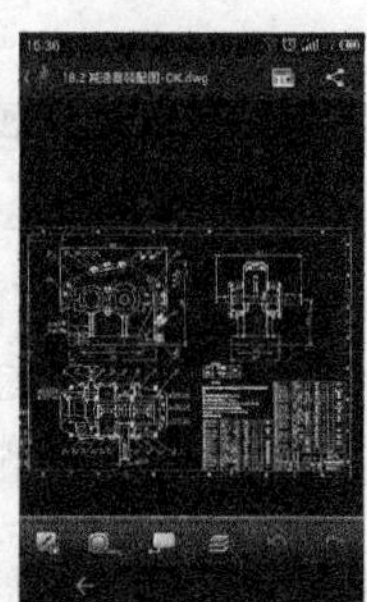
图 1-31 使用手机打开 AutoCAD 图形

◎ Autodesk 应用程序

单击【Autodesk 应用程序】按钮可以打开Autodesk应用程序网站，如图1-32所示。在这个网站中可以下载与AutoCAD相关的各类应用程序与插件。

图 1-32 Autodesk 应用程序网站

关于Autodesk应用程序的下载与具体应用请看【练习1-3】：下载Autodesk应用程序实现AutoCAD的文本翻译。

◎ 外部链接

外部链接按钮的下拉列表中提供了各种快速分享窗口，如优酷、微博，单击此按钮即可快速打开各网站内的有关信息。

1.2.7 功能区 ★重点★

功能区是各命令选项卡的合称，它用于显示与绘图任务相关的按钮和控件，存在于【草图与注释】、【三维基础】和【三维建模】空间中。【草图与注释】工作空间的功能区包含【默认】、【插入】、【注释】、【参数化】、【视图】、【管理】、【输出】、【附加模块】、【A360】、【精选应用】、【BIM 360】、【Performance】12个选项卡，如图1-33所示。每个选项卡包含若干个面板，每个面板又包含许多由图标表示的命令按钮。

图 1-33 【草图与注释】工作空间的功能区选项卡

用户创建或打开图形时，功能区将自动显示。如果没有显示功能区，那么用户可以执行以下操作来手动显示功能区。

◆菜单栏：选择【工具】|【选项板】|【功能区】命令。

◆命令行：输入“ribbon”命令。如果要关闭功能区，则输入“ribbonclose”命令。

1 切换功能区显示方式

功能区可以以水平或垂直的方式显示，也可以显示为浮动选项板。另外，功能区可以以最小化状态显示。其方法是：在功能区选项卡右侧单击下拉按钮，在弹出的列表中选择以下4种中一种最小化功能区状态选项。单击切换按钮，则可以在默认和最小化功能区状态之间切换。

◆【最小化为选项卡】：最小化功能区以简便显示选项卡标题，如图1-34所示。

图 1-34【最小化为选项卡】时的功能区显示

◆【最小化为面板标题】：最小化功能区以简便显示选项卡和面板标题，如图 1-35 所示。

图 1-35【最小化为面板标题】时的功能区显示

◆【最小化为面板按钮】：最小化功能区以简便显示选项卡标题和面板按钮，如图 1-36 所示。

图 1-36【最小化为面板按钮】时的功能区显示

◆【循环浏览所有项】：按以下顺序切换 4 种功能区状态：完整功能区、最小化为面板按钮、最小化为面板标题、最小化为选项卡。

2 自定义选项卡及面板的构成

用鼠标右键单击面板按钮，弹出显示控制快捷菜单，如图 1-37 和图 1-38 所示。可以分别调整选项卡与面板的显示内容，名称前被勾选则为内容显示，反之则隐藏。

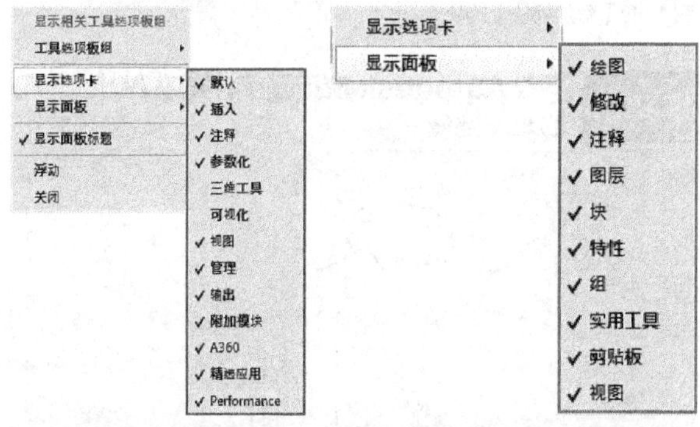

图 1-37 调整功能选项卡显示　图 1-38 调整选项卡内面板显示

操作技巧

面板显示子菜单会根据不同的选项卡进行变换，面板子菜单为当前打开选项卡的所有面板名称列表。

3 调整功能区位置

在【选项卡】名称上单击鼠标右键，将弹出如图 1-39 所示的菜单，选择【浮动】命令，可使【功能区】浮动在【绘图区】上方，此时用鼠标左键按住【功能区】左侧灰色边框拖动，可以自由调整其位置。

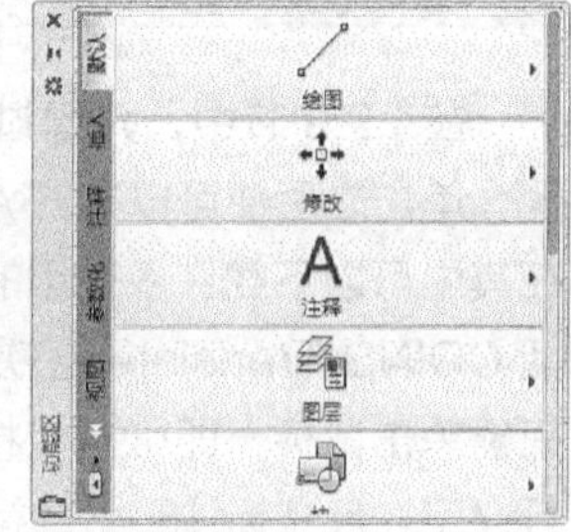

图 1-39 浮动功能区

操作技巧

如果选择菜单中的【关闭】命令，则将整体隐藏功能区，进一步扩大绘图区域，如图1-40所示。

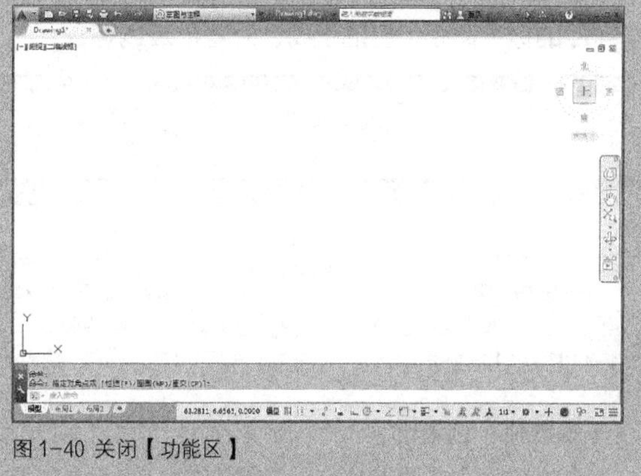

图 1-40 关闭【功能区】

4 功能区选项卡的组成

因【草图与注释】工作空间最为常用，因此只介绍其中的 10 个选项卡。

【默认】选项卡

【默认】选项卡从左至右依次为【绘图】、【修改】、【注释】、【图层】、【块】、【特性】、【组】、【实用工具】、【剪贴板】和【视图】10 大功能面板，如图 1-41 所示。【默认】选项卡集中了 AutoCAD 中常用的命令，涵盖绘图、标注、编辑、修改、图层、图块等各个方面，是最重要的选项卡。

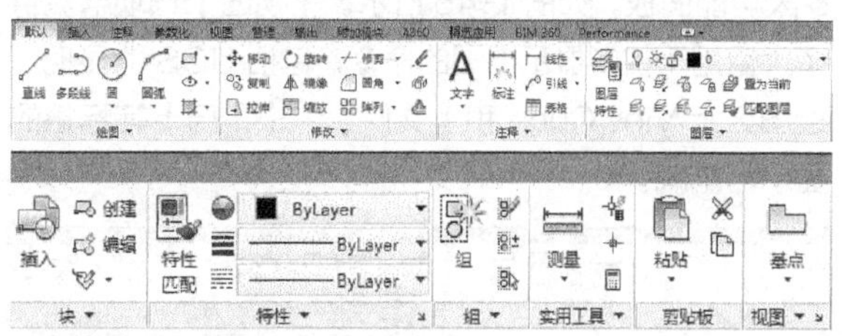

图 1-41【默认】选项卡

【插入】选项卡

【插入】选项卡从左至右依次为【块】、【块定义】、【参照】、【点云】、【输入】、【数据】、【链接和提取】、【位置】和【内容】9 大功能面板，如图 1-42 所示。【插入】选项卡主要用于图块、外部参照等外在图形的调用。

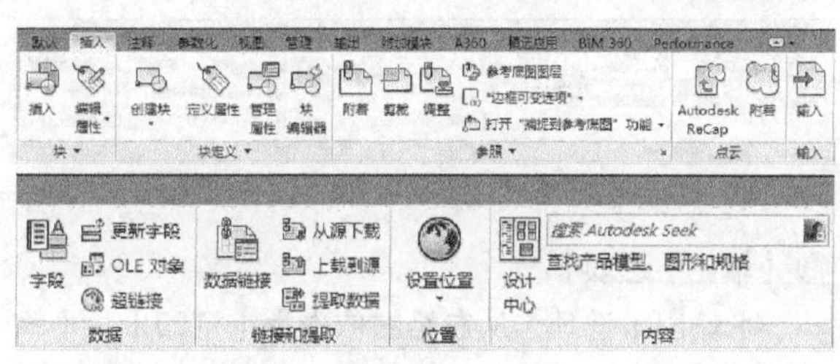

图 1-42【插入】选项卡

◎【注释】选项卡

【注释】选项卡从左至右依次为【文字】、【标注】、【引线】、【表格】、【标记】和【注释缩放】6大功能面板，如图1-43所示。【注释】选项卡提供了详尽的标注命令，包括引线、公差、云线等。

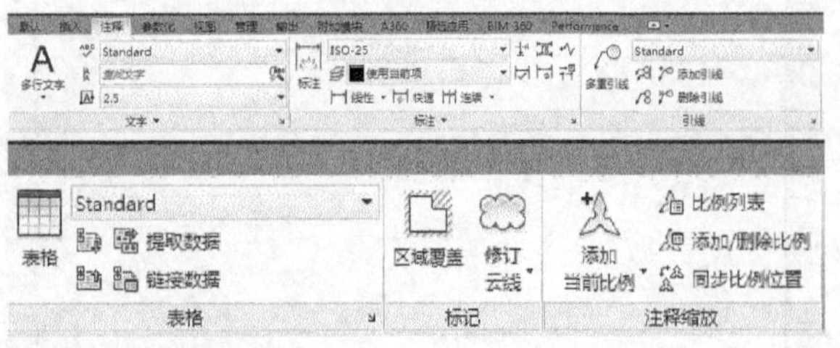

图1-43【注释】选项卡

◎【参数化】选项卡

【参数化】选项卡从左至右依次为【几何】、【标注】、【管理】3大功能面板，如图1-44所示。【参数化】选项卡主要用于管理图形约束方面的命令。

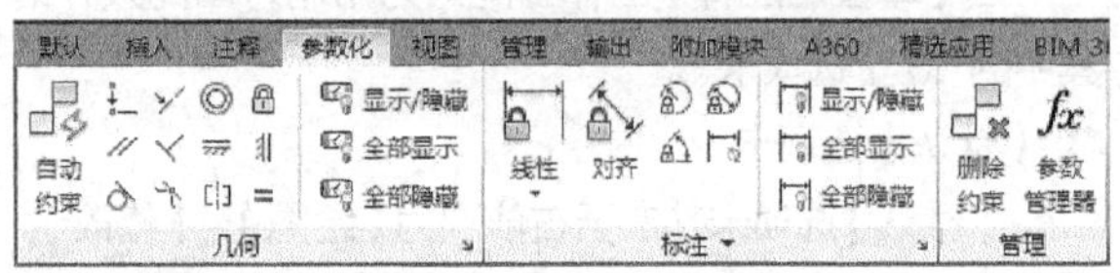

图1-44【参数化】选项卡

◎【视图】选项卡

【视图】选项卡从左至右依次为【视口工具】、【视图】、【模型视口】、【选项板】、【界面】、【导航】6大功能面板，如图1-45所示。【视图】选项卡提供了大量用于控制显示视图的命令，包括UCS的显现、绘图区上ViewCube和【文件】、【布局】等标签的显示与隐藏。

图1-45【视图】选项卡

◎【管理】选项卡

【管理】选项卡从左至右依次为【动作录制器】、【自定义设置】、【应用程序】、【CAD标准】4大功能面板，如图1-46所示。【管理】选项卡可以用来加载AutoCAD的各种插件与应用程序。

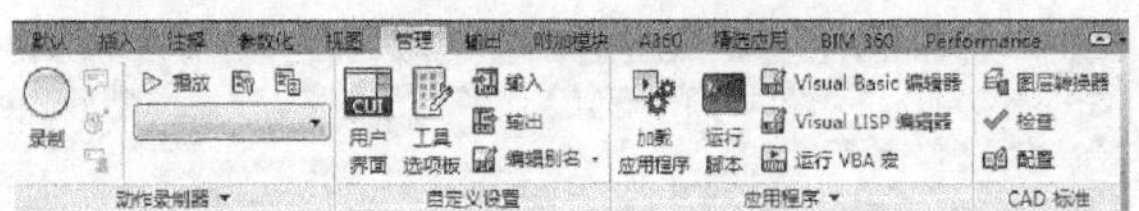

图1-46【管理】选项卡

◎【输出】选项卡

【输出】选项卡从左至右依次为【打印】、【输出为DWF/PDF】2大功能面板，如图1-47所示。【输出】选项卡集中了图形输出的相关命令，包含打印、输出PDF等。在功能区选项卡中，有些面板按钮右下角有箭头，表示有扩展菜单，单击箭头，扩展菜单会列出更多的操作命令，如图1-48所示的【绘图】扩展菜单。

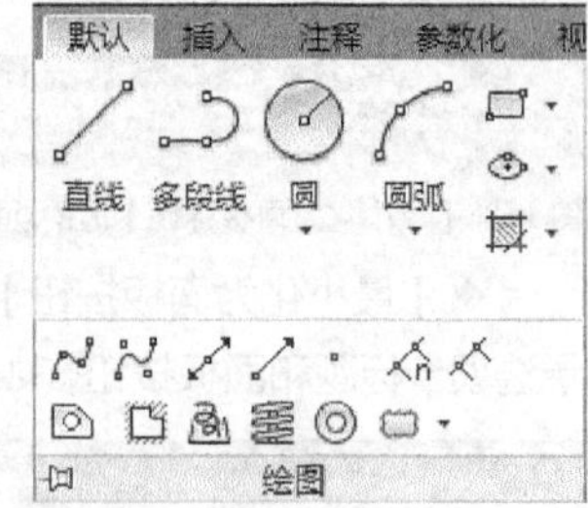

图1-47【输出】选项卡　　图1-48【绘图】扩展菜单

◎【附加模块】选项卡

【附加模块】选项卡如图1-49所示，在Autodesk应用程序网站下载的各类应用程序和插件都会集中在该选项卡中。

图1-49【附加模块】选项卡

练习1-3　下载Autodesk应用程序，实现AutoCAD的文本翻译　★进阶★

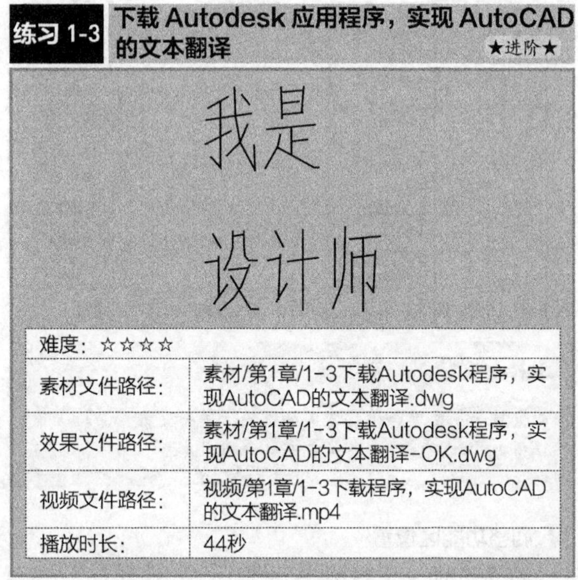

难度：☆☆☆☆	
素材文件路径：	素材/第1章/1-3下载Autodesk程序，实现AutoCAD的文本翻译.dwg
效果文件路径：	素材/第1章/1-3下载Autodesk程序，实现AutoCAD的文本翻译-OK.dwg
视频文件路径：	视频/第1章/1-3下载程序，实现AutoCAD的文本翻译.mp4
播放时长：	44秒

在1.2.6节中，介绍过Autodesk应用程序按钮X，单击之后便可以打开Autodesk应用程序网站，在其中可以下载许多有用的AutoCAD插件，其中包括COINS Translate这款翻译插件。使用该插件，只需单击鼠标，即可直接将AutoCAD中的单行、多行文字、尺寸标注、引线标注等各种文本对象转换为所需的外文，十分高效，如图1-50所示。

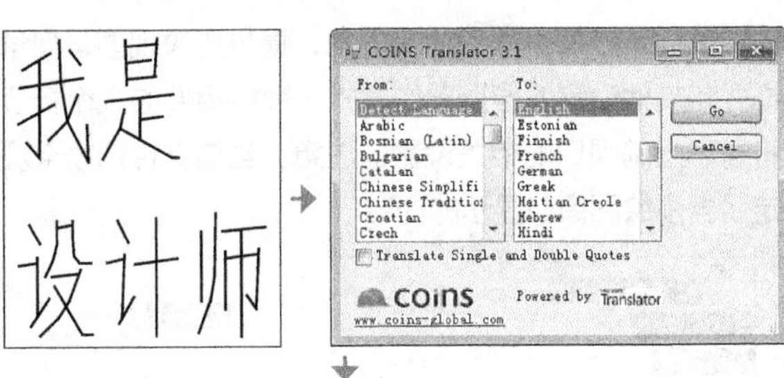

图1-50 使用插件快速翻译文本

Step 01 打开素材文件，在素材文件中已经创建好了“我是设计师”的多行文字；单击交互信息工具栏中的【Autodesk应用程序】按钮，打开Autodesk应用程序网站。

Step 02 在网页的搜索框中输入“coins”命令，搜索到COINS Translate应用程序，如图1-51所示。

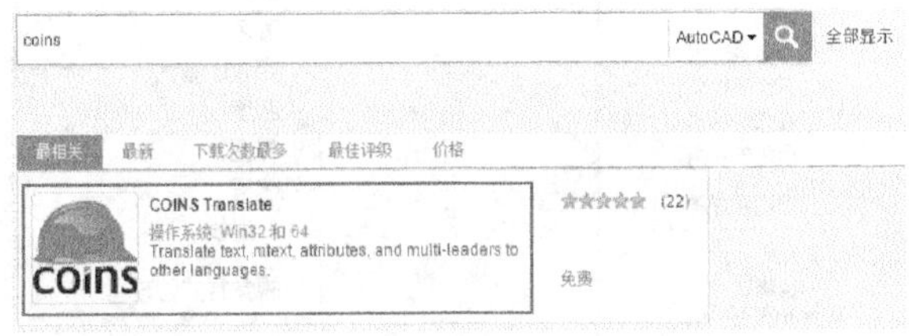

图1-51 搜索到COINS Translate应用程序

Step 03 单击该应用程序图标，转到“项目详细信息”页面，单击页面右侧的下载按钮进行下载，如图1-52所示。

图1-52 下载COINS Translate应用程序

Step 04 下载完成后，双击COINS Translate.exe文件（或者双击本书附件中提供的COINS Translate.exe文件）进行安装（安装过程略）。安装完成后，会在AutoCAD界面右上角出现如图1-53所示的提示信息。

图1-53 COINS Translate成功加载的提示信息

Step 05 在AutoCAD功能区中转到【附加模块】选项卡，可以发现COINS Translate应用程序已被添加进来，如图1-54所示。

图1-54 COINS Translate添加进【附加模块】选项卡

Step 06 单击【附加模块】选项卡中的COINS Translate按钮，选择要翻译文本对象，如图1-55所示。

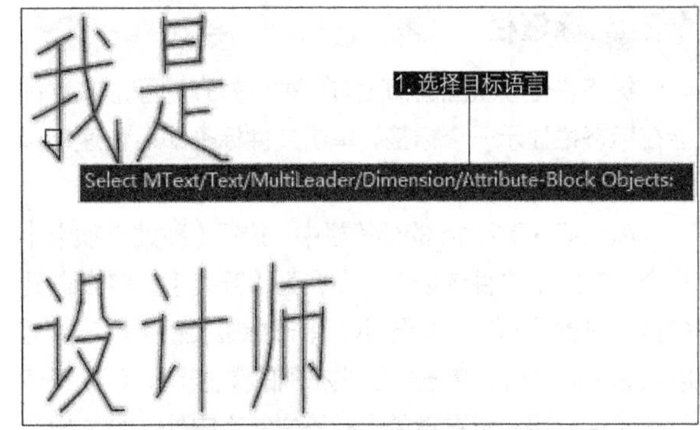

图1-55 选择要翻译的对象

Step 07 单击Enter键，弹出【COINS Translator】对话框，在对话框中可以选择要翻译成的语言种类（如英语），单击【GO】按钮即可实现翻译，如图1-56所示。

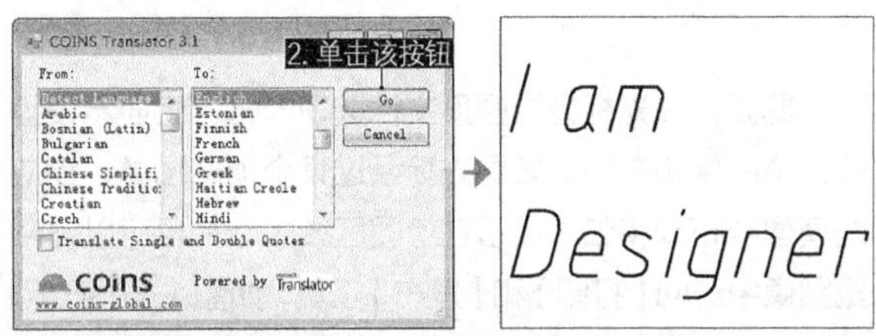

图1-56 翻译效果

【A360】选项卡

【A360】选项卡如图1-57所示，可以看作是1.2.6节所介绍的交互信息工具栏的扩展，主要用于A360的文档共享。

图1-57【A360】选项卡

【精选应用】选项卡

在1.2.6节的Autodesk应用程序中，已经介绍了Autodesk应用程序网站，并在【练习1-3】

中详细介绍了如何下载并使用这些应用程序来辅助AutoCAD进行工作。通过这些章节的学习，用户可以知道Autodesk提供了海量AutoCAD应用程序与插件，本书所介绍的仅是沧海一粟。

因此，在AutoCAD的【精选应用】选项卡中，提供了许多最新、最热门的应用程序，以供用户试用，如图1-58所示。这些应用种类各异，功能强大，本书无法尽述，有待用户去自行探索。

图1-58【精选应用】选项卡

1.2.8 标签栏

标签栏位于绘图窗口上方，每个打开的图形文件都会在标签栏显示一个标签，单击文件标签即可快速切换至相应的图形文件窗口，如图1-59所示。

AutoCAD 2016的标签栏中，执行【新建选项卡】命令，将图形文件选项卡重命名为【开始】，并在创建和打开其他图形时保持显示。单击标签上的按钮，可以快速关闭文件；单击标签栏右侧的按钮，可以快速新建文件；用鼠标右键单击标签栏的空白处，会弹出快捷菜单，如图1-60所示，利用该快捷菜单可以选择【新建】、【打开】、【全部保存】、【全部关闭】命令。

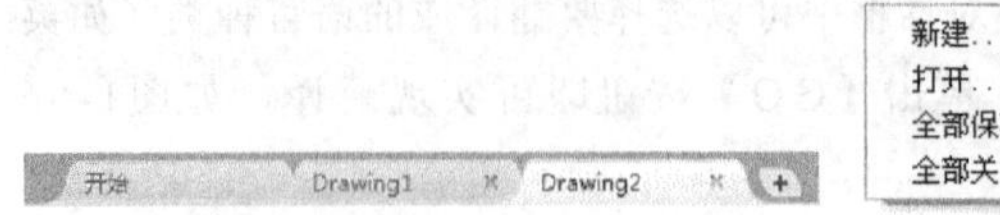

图1-59 标签栏

新建...
打开...
全部保存
全部关闭

图1-60 快捷菜单

此外，在光标经过图形文件选项卡时，将显示模型的预览图像和布局。如果光标经过某个预览图像，相应的模型或布局将临时显示在绘图区域中，并且可以在预览图像中访问【打印】和【发布】工具，如图1-61所示。

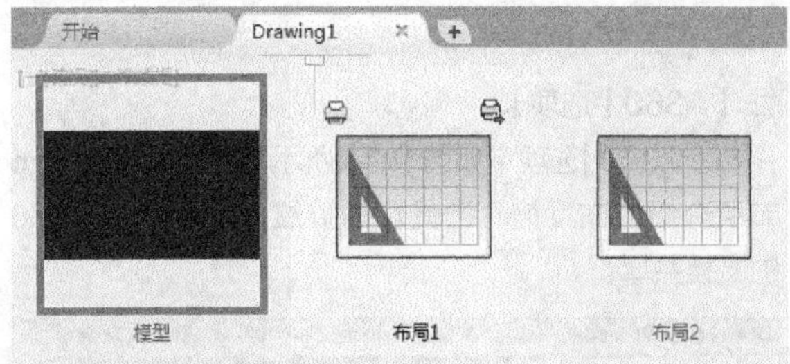

图1-61 文件选项卡的预览功能

1.2.9 绘图区

绘图窗口又被称为绘图区域，它是绘图的焦点区域，绘图的核心操作和图形显示都在该区域中。在绘图窗口中有4个工具需注意，分别是光标、坐标系图标、ViewCube工具和视口控件，如图1-62所示。其中视口控件显示在每个视口的左上角，提供更改视图、视觉样式和其他设置的便捷操作方式，视口控件的3个标签将显示当前视口的相关设置。注意：当前文件选项卡决定了当前绘图窗口显示的内容。

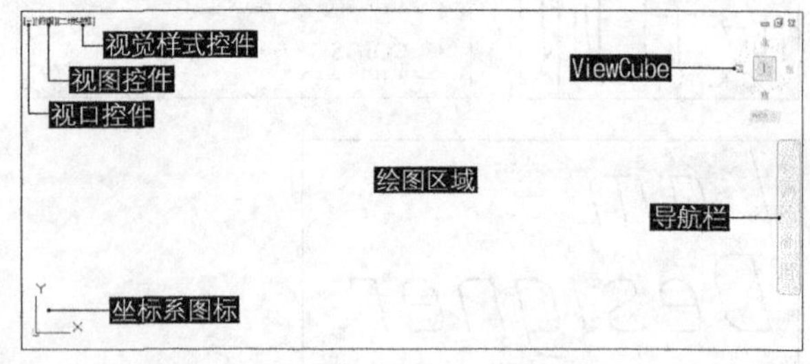

图1-62 绘图区

图形窗口左上角有三个快捷功能控件，可以快速地修改图形的视图方向和视觉样式，如图1-63所示。

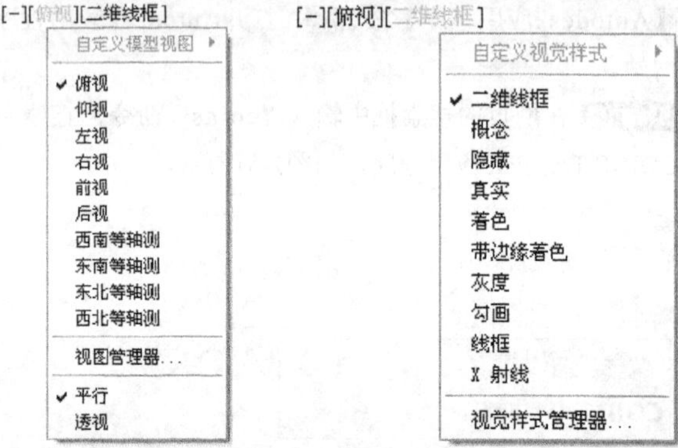

图1-63 快捷功能控件菜单

1.2.10 命令行与文本窗口

命令行是输入命令名和显示命令提示的区域，默认的命令行窗口布置在绘图区下方，由若干文本行组成，如图1-64所示。命令窗口中间有一条水平分界线，它将命令窗口分成两个部分：命令行和命令历史窗口。位于水平线下方为【命令行】，它用于接收用户输入命令，并显示AutoCAD提示信息；位于水平线上方为【命令历史窗口】，它含有AutoCAD启动后所用过的全部命令及提示信息，该窗口有垂直滚动条，可以上下滚动，查看以前用过的命令。

图1-64 命令行

AutoCAD文本窗口的作用和命令窗口的作用一样，它记录了对文档进行的所有操作。文本窗口在默认界面中没有直接显示，需要通过命令调取，调用文本窗口有以下几种方法。

◆菜单栏：选择【视图】|【显示】|【文本窗口】命令。

◆快捷键：按 Ctrl+F2 组合键。

◆命令行：输入“TEXTSCR”命令。

执行上述命令后，系统弹出如图 1-65 所示的文本窗口，记录了文档进行的所有编辑操作。

将光标移至命令历史窗口的上边缘，当光标呈现 ÷ 形状时，按住鼠标左键，向上拖动，即可增加命令窗口的高度。在工作中，除可以调整命令行的大小与位置外，在其窗口内单击鼠标右键，选择【选项】命令，单击弹出的【选项】对话框中的【字体】按钮，还可以调整【命令行】内文字的字体、字形和字号，如图 1-66 所示。

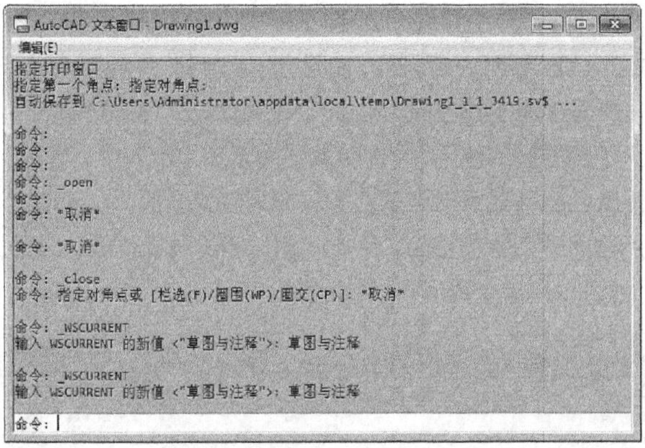

图 1-65 AutoCAD 文本窗口

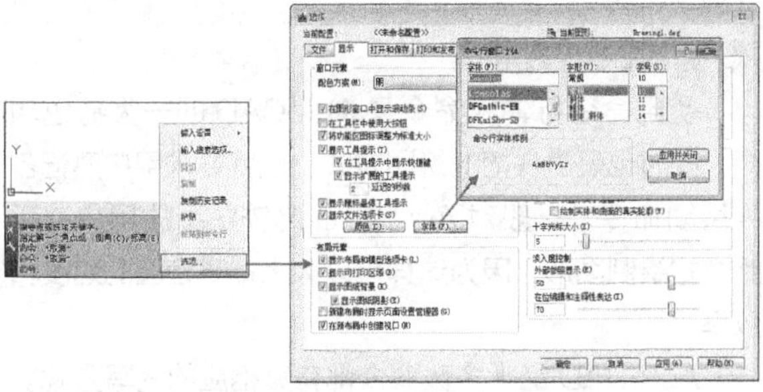

图 1-66 调整命令行字体

1.2.11 状态栏

状态栏位于屏幕的底部，用来显示 AutoCAD 当前的状态，如对象捕捉、极轴追踪等命令的工作状态。主要由 5 部分组成，如图 1-67 所示。同时 AutoCAD 2016 将之前的模型布局标签栏和状态栏合并在一起，并且取消显示当前光标位置。

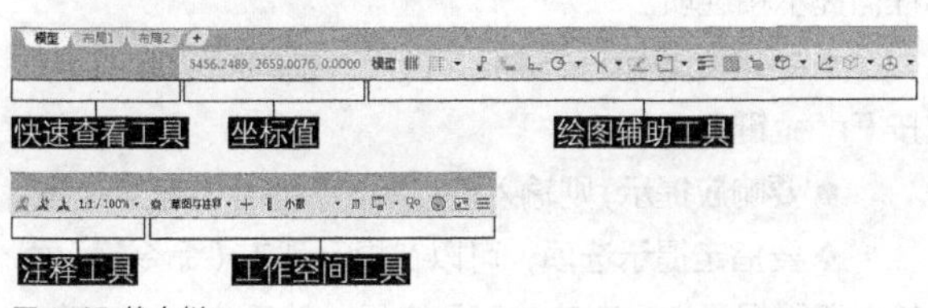

图 1-67 状态栏

1 快速查看工具

使用其中的工具可以快速地预览打开的图形，打开图形的模型空间与布局，以及在其中切换图形，使之以缩略图的形式显示在应用程序窗口的底部。

2 坐标值

坐标值栏会以直角坐标系的形式（x，y，z）实时显示十字光标所处位置的坐标。在二维制图模式下，只会显示 x、y 轴坐标，只有在三维建模模式下，才会显示第三个 z 轴的坐标。

3 绘图辅助工具

绘图辅助工具主要用于控制绘图的性能，其中包括【推断约束】、【捕捉模式】、【栅格显示】、【正交模式】、【极轴追踪】、【对象捕捉】、【三维对象捕捉】、【对象捕捉追踪】、【允许/禁止动态 UCS】、【动态输入】、【显示/隐藏线宽】、【显示/隐藏透明度】、【快捷特性】、【选择循环】和【注释监视器】、【模型】等工具。各工具按钮具体说明如表 1-1 所示。

表1-1 绘图辅助工具按钮一览

名称	按钮	功能说明
推断约束		单击该按钮，打开推断约束功能，可设置约束的限制效果，比如限制两条直线垂直、相交、共线、圆与直线相切等
捕捉模式		单击该按钮，开启或者关闭捕捉。捕捉模式可以使光标能够很容易地抓取到每一个栅格上的点
栅格显示		单击该按钮，打开栅格显示，此时屏幕上将布满小点。其中，栅格的 x 轴和 y 轴间距也可以通过【草图设置】对话框的【捕捉和栅格】选项卡进行设置
正交模式		该按钮用于开启或者关闭正交模式。正交即光标只能走 x 轴或者 y 轴方向，不能画斜线
极轴追踪		该按钮用于开启或关闭极轴追踪模式。在绘制图形时，系统将根据设置显示一条追踪线，可以在追踪线上根据提示精确移动光标，从而精确绘图
对象捕捉		该按钮用于开启或者关闭对象捕捉。能使光标在接近某些特殊点的时候自动指引到那些特殊的点，如端点、圆心、象限点
三维对象捕捉		该按钮用于开启或者关闭三维对象捕捉。能使光标在接近三维对象某些特殊点的时候自动指引到那些特殊的点
对象捕捉追踪		单击该按钮，打开对象捕捉模式，可以通过捕捉对象上的关键点，并沿着正交方向或极轴方向拖曳光标，此时可以显示光标当前位置与捕捉点之间的相对关系。若找到符合要求的点，直接单击即可

（续表）

名称	按钮	功能说明
允许/禁止动态UCS		该按钮用于切换允许和禁止UCS（用户坐标系）
动态输入		单击该按钮，将在绘制图形时自动显示动态输入文本框，方便绘图时设置精确数值
线宽		单击该按钮，开启线宽显示。在绘图时，如果为图层或所绘图形定义了不同的线宽（至少大于0.3mm），则单击该按钮就可以显示出线宽，以标识各种具有不同线宽的对象
透明度		单击该按钮，开始透明度显示。在绘图时，如果为图层和所绘图形设置了不同的透明度，则单击该按钮就可以显示透明效果，以区别不同的对象
快捷特性		单击该按钮，显示对象的快捷特性选项板，能帮助用户快捷地编辑对象的一般特性。通过【草图设置】对话框的【快捷特性】选项卡，可以设置快捷特性选项板的位置模式和大小
选择循环		开启该按钮可以在重叠对象上显示选择对象
注释监视器	＋	开启该按钮，一旦发生模型文档编辑或更新事件，注释监视器会自动显示
模型	模型	用于模型与图纸之间的转换

4 注释工具

用于显示缩放注释的若干工具。对于不同的模型空间和图形空间，将显示相应的工具。当图形状态栏打开后，将显示在绘图区域的底部；当图形状态栏关闭时，将移至应用程序状态栏。

◆注释比例：可通过此按钮调整注释对象的缩放比例。

◆注释可见性：单击该按钮，可选择仅显示当前比例的注释或是显示所有比例的注释。

5 工作空间工具

用于切换AutoCAD 2016的工作空间，以及进行自定义设置工作空间等操作。

◆切换工作空间：用于切换绘图空间，可通过此按钮切换AutoCAD 2016的工作空间。

◆硬件加速：用于在绘制图形时，通过硬件的支持提高绘图性能，如刷新频率。

◆隔离对象：当需要对大型图形的个别区域进行重点操作时，显示或临时隐藏选定的对象。

◆全屏显示：单击该按钮，即可控制AutoCAD 2016的全屏显示或者退出。

◆自定义：单击该按钮，可以对当前状态栏中的按钮进行添加或删除，以方便管理。

1.3 AutoCAD 2016执行命令的方式

命令是AutoCAD用户与软件交换信息的重要方式，本小节将介绍执行命令的方式、如何终止当前命令、退出命令及如何重复执行命令等。

1.3.1 命令调用的5种方式

AutoCAD中调用命令的方式有很多种，这里仅介绍最常用的5种。本书在后面的命令介绍章节中，将专门以【执行方式】的形式介绍各命令的调用方法，并按常用顺序依次排列。

1 使用功能区调用

三个工作空间都是以功能区作为调整命令的主要方式。相比其他调用命令的方式，使用功能区调用命令更为直观，非常适合暂时不能熟记绘图命令的AutoCAD初学者。

功能区的作用是：使绘图界面无需显示多个工具栏，系统会自动显示与当前绘图操作相应的面板，从而使应用程序窗口更加整洁。因此，可以将进行操作的区域最大化，使用单个界面来加快和简化工作，如图1-68所示。

图1-68 功能区面板

2 使用命令行调用

使用命令行输入命令是AutoCAD的一大特色功能，同时也是最快捷的绘图方式。这就要求用户熟记各种绘图命令，一般对AutoCAD比较熟悉的用户都用此方式绘制图形，因为这样可以大大提高绘图的速度和效率。

AutoCAD绝大多数命令都有其相应的简写方式。如【直线】命令LINE的简写方式是L，【矩形】命令RECTANGLE的简写方式是REC，如图1-69所示。对于常用的命令，用简写方式输入将大大减少键盘输入的工作量，提高工作效率。另外，AutoCAD对命令或参数输入不区分大小写，因此用户不必考虑输入的大小写。

在命令行输入命令后，可以使用以下方法响应其他任何提示和选项。

◆要接受显示在方括号“[ ]”中的默认选项，则按Enter键。

◆要响应提示，则输入值或单击图形中的某个位置。

◆要指定提示选项，可以在提示列表（命令行）中输入所需提示选项对应的亮显字母，然后按Enter键。也可以使用鼠标单击选择所需要的选项，在命令行中单击选择倒角(C)选项，等同于在此命令行提示下输入“C”命令并按 Enter 键。

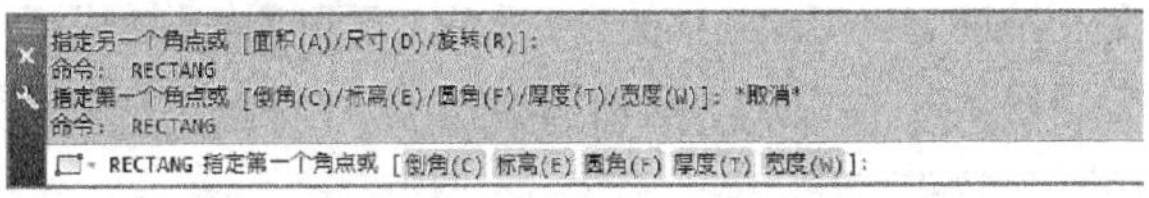

图 1-69 使用命令行调用【矩形】命令

3 使用菜单栏调用

使用菜单栏调用是 AutoCAD 2016 提供的功能最全、最强大的命令调用方法。AutoCAD 绝大多数常用命令都分门别类地放置在菜单栏中。例如，若需要在菜单栏中调用【多段线】命令，选择【绘图】|【多段线】菜单命令即可，如图 1-70 所示。

4 使用快捷菜单调用

使用快捷菜单调用命令，即单击鼠标右键，在弹出的菜单中选择命令，如图 1-71 所示。

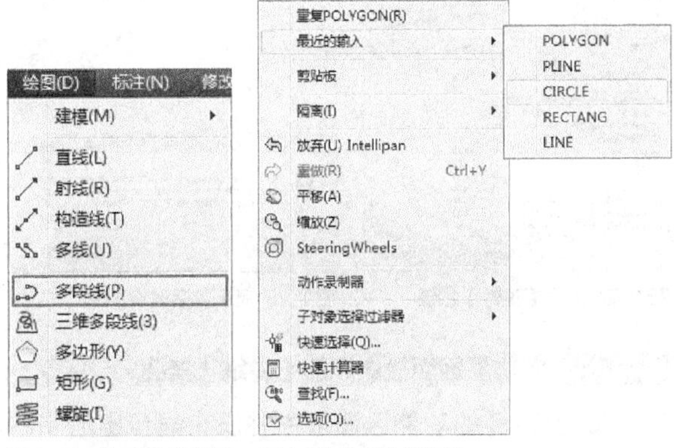

图 1-70 使用菜单栏调用【多段线】命令

图 1-71 右键快捷菜单

5 使用工具栏调用

使用工具栏调用命令是 AutoCAD 的经典执行方式，如图 1-72 所示。也是旧版本 AutoCAD 最主要的执行方式，但随着时代进步，该种方式日益不能满足人们的使用需求。因为与菜单栏一样，工具栏也不显示在三个工作空间中，需要通过【工具】|【工具栏】|【AutoCAD】命令调出，单击工具栏中的按钮，即可执行相应的命令。用户可以在其他工作空间绘图，也可以根据实际需要调出工具栏，如 UCS、【三维导航】、【建模】、【视图】、【视口】等命令。

为了获取更多的绘图空间，可以按住快捷键 Ctrl+O 隐藏工具栏，再按一次即可重新显示。

图 1-72 通过 AutoCAD 工具栏执行命令

1.3.2 命令的重复、撤销与重做

在使用 AutoCAD 绘图的过程中，难免会需要重复用到某一命令或对某命令进行误操作后重新执行正确的命令，因此有必要了解命令的重复、撤销与重做方面的知识。

1 【重复执行】命令

在绘图过程中，有时需要重复执行同一个命令，如果每次都重复输入，会使绘图效率大大降低。执行【重复执行】命令有以下几种方法。

◆快捷键：按 Enter 键或空格键。

◆快捷菜单：单击鼠标右键，在系统弹出的快捷菜单中选择【最近的输入】子菜单选择需要重复的命令。

◆命令行：输入“ MULTIPLE”或“MUL”命令。

如果用户对绘图效率要求很高，那可以将鼠标右键自定义为重复执行命令的方式。在绘图区的空白处单击右键，在弹出的快捷菜单中选择【选项】，打开【选项】对话框，然后切换至【用户系统配置】选项卡，单击其中的【自定义右键单击（I）】按钮，打开【自定义右键单击】对话框，在其中勾选两个【重复上一个命令】选项，即可将右键设置为重复执行命令，如图1-73所示。

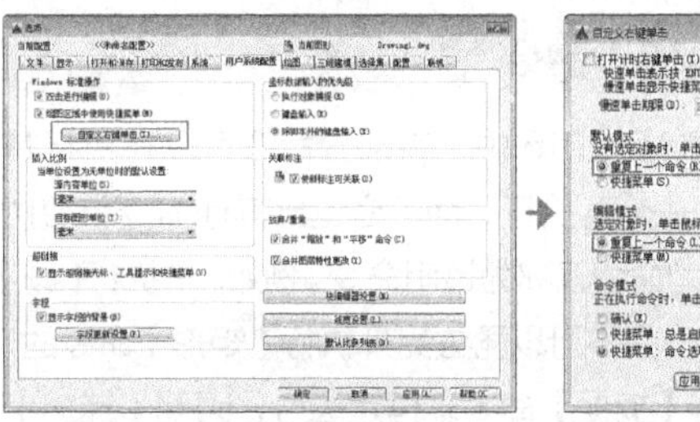
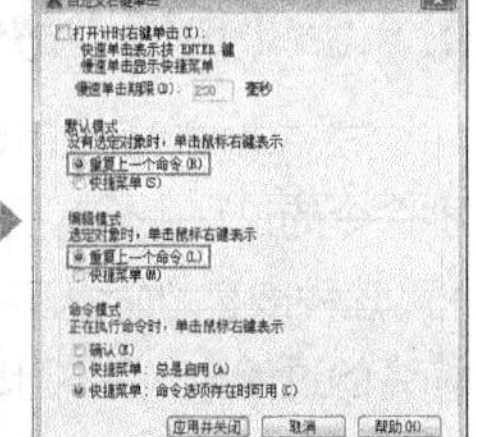

图 1-73 使用插件快速翻译文本

2 【放弃】命令

在绘图过程中，如果执行了错误的操作，就需要放弃操作。执行放弃命令有以下几种方法。

◆菜单栏：选择【编辑】|【放弃】命令。

◆工具栏：单击快速访问工具栏中的【放弃】按钮。

◆命令行：输入“Undo”或“U”命令。

◆快捷键：按 Ctrl+Z 组合键。

3 【重做】命令

通过重做命令，可以恢复前一次或者前几次已经放弃执行的操作，重做命令与撤销命令是一对相反的命令。执行【重做】命令有以下几种方法。

◆菜单栏：选择【编辑】|【重做】命令。

◆工具栏：单击快速访问工具栏中的【重做】按钮。

◆命令行：输入“REDO”命令。

◆快捷键：按 Ctrl+Y 组合键。

操作技巧

如果要一次性撤销之前的多个操作，可以单击【放弃】按钮后的展开按钮，展开操作的历史记录如图1-74所

示。该记录按照操作的先后，由下往上排列，移动指针选择要撤销的最近几个操作，单击即可撤销这些操作，如图1-75所示。

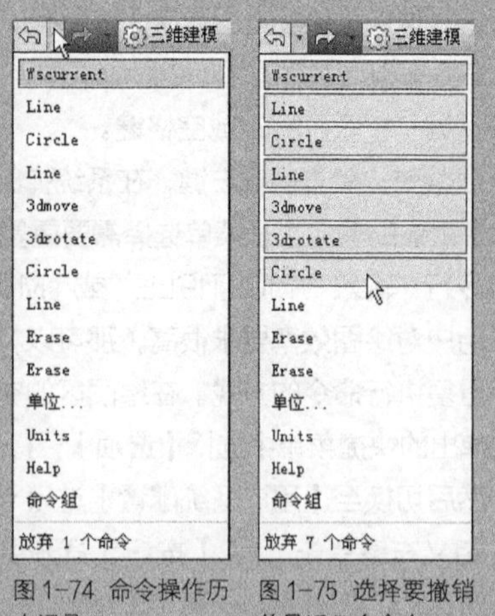

图1-74 命令操作历史记录　图1-75 选择要撤销的最近几个命令

1.3.3 【透明】命令 ★进阶★

在 AutoCAD 2016 中，有部分命令可以在执行其他命令的过程中嵌套执行，而不必退出其他命令单独执行，这种嵌套的命令就称为透明命令。例如，在执行【圆】命令的过程中，是不可以再去另外执行【矩形】命令的，但却可以执行【捕捉】命令来指定圆心，因此【捕捉】就可以看作是透明命令。透明命令通常是一些可以查询、改变图形设置或绘图工具的命令，如 GRID、SNAP、OSNAP、ZOOM 等命令。

执行完透明命令后，AutoCAD 自动恢复原来执行的命令。工具栏和状态栏上有些按钮本身就定义成透明使用的，便于在执行其他命令时调用，如【对象捕捉】、【栅格显示】和【动态输入】等。执行【透明】命令有以下几种方法。

◆在执行某一命令的过程中，直接通过菜单栏或工具按钮调用该命令。

◆在执行某一命令的过程中，在命令行输入单引号，然后输入该命令字符，并按 Enter 键执行该命令。

1.3.4 自定义快捷键

丰富的快捷键功能是 AutoCAD 的一大特点，用户可以修改系统默认的快捷键，或者创建自定义的快捷键。例如，【重做】命令默认的快捷键是 Ctrl+Y，在键盘上，由于这两个键因距离太远，从而操作不方便，此时可以将其设置为 Ctrl+2。

选择【工具】|【自定义】|【界面】命令，系统弹出【自定义用户界面】对话框，如图1-76所示。在左上角的列表框中选择【键盘快捷键】选项，然后在右上角【快捷方式】列表中找到要定义的命令，双击其对应的主键值并进行修改，如图1-77所示。需要注意的是：按键定义不能与其他命令重复，否则系统弹出提示信息对话框，如图1-78所示。

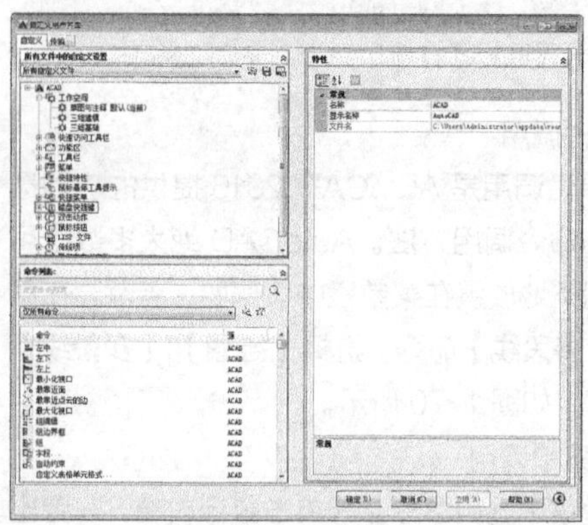

图1-76【自定义用户界面】对话框

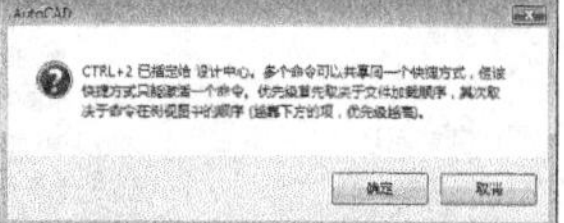

图1-77 修改【重做】按键　图1-78 提示对话框

练习1-4 向功能区面板中添加【多线】按钮

AutoCAD 的功能区面板中并没有显示出所有的可用命令按钮，如绘制墙体的【多线】（MLine）命令在功能区中就没有相应的按钮，这给习惯使用面板按钮的用户带来了不便。因此学会根据需要添加、删除和更改功能区中的命令按钮，就会大大提高绘图效率。

下面以添加【多线】（MLine）命令按钮作讲解。

Step 01 单击功能区【管理】选项卡【自定义设置】面板中【用户界面】按钮，系统弹出【自定义用户界面】对话框，如图1-79所示。

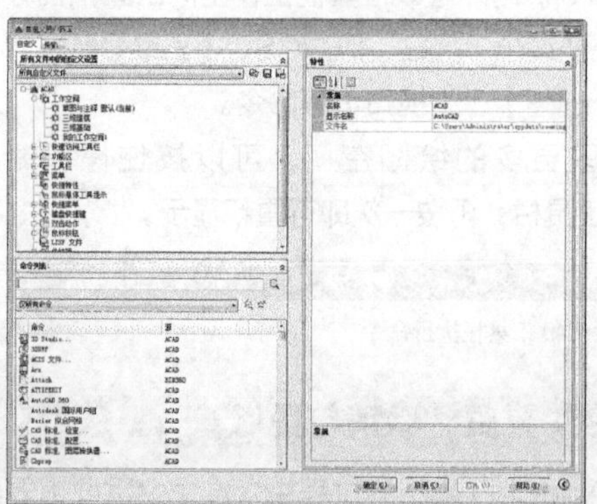

图1-79【自定义用户界面】对话框

Step 02 在【所有文件中的自定义设置】选项框中选择【所有自定义文件】下拉选项，依次展开其下的【功能区】|【面板】|【二维常用选项卡-绘图】列表，如图1-80所示。

Step 03 在【命令列表】选项框中选择【绘图】下拉选项，在绘图命令列表中找到【多线】选项，如图1-81所示。

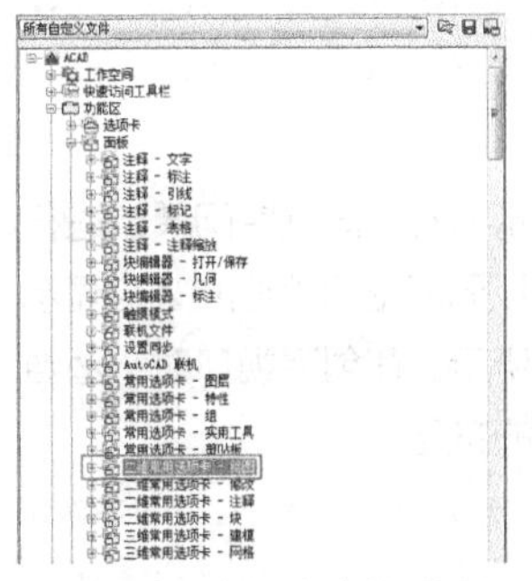

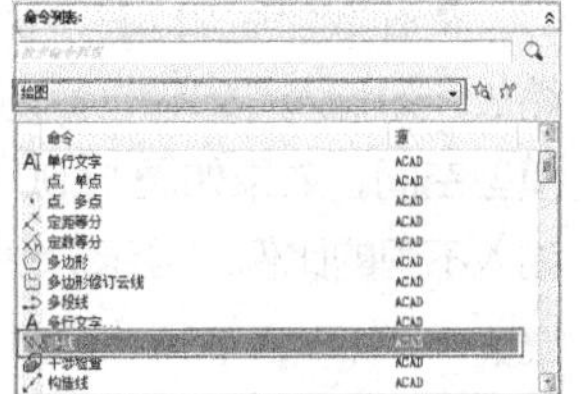

图 1-80 选择要放置命令按钮的位置　图 1-81 选择要放置的命令按钮

Step 04 单击【二维常用选项卡-绘图】列表，显示其下的子选项，并展开【第3行】列表，在对话框右侧的【面板预览】中可以预览该面板的命令按钮布置，可见第3行中仍留有空位，将【多线】按钮放置在此，如图1-82所示。

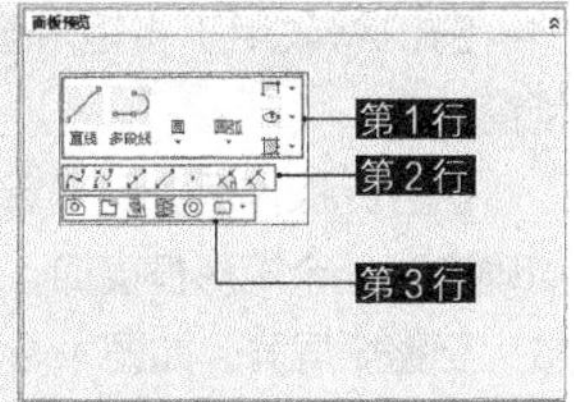

图 1-82【二维常用选项卡－绘图】中的命令按钮布置

Step 05 点选【多线】选项并向上拖动至【二维常用选项卡-绘图】列表下【第3行】列表中，放置在【修订 云线】命令下，拖动成功后，在【面板预览】的第3行位置处出现【多线】按钮，如图1-83所示。

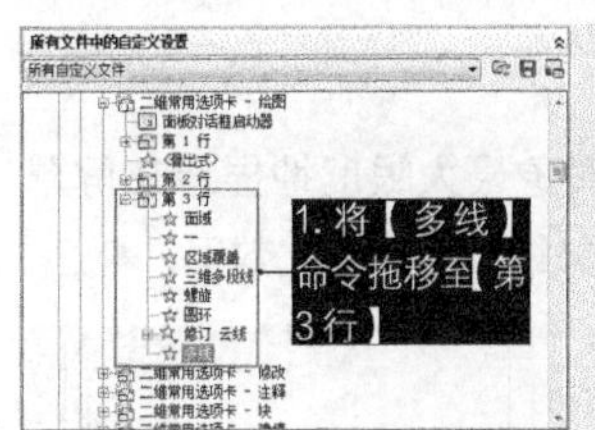

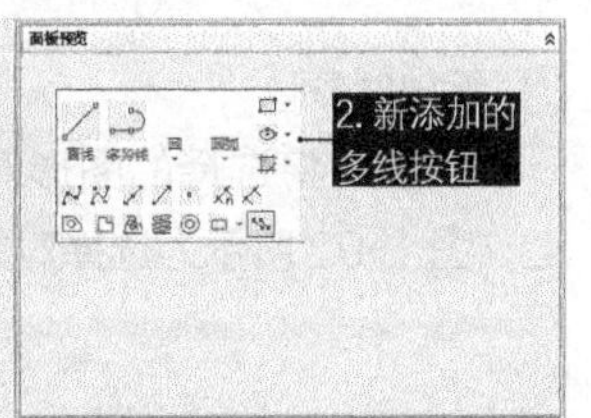

图 1-83 在【第 3 行】中添加【多线】按钮

Step 06 在对话框中单击【确定】按钮，完成设置。这时【多线】按钮便被添加进【默认】选项卡下的【绘图】面板中，只需单击便可进行调用，如图1-84所示。

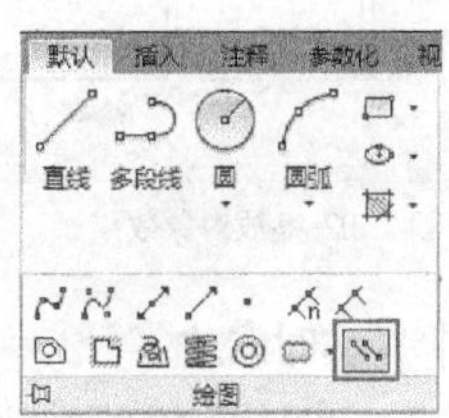

图 1-84 添加至【绘图】面板中的多线按钮

1.4 AutoCAD视图的控制

在绘图过程中，为了更好地观察和绘制图形，通常需要对视图进行缩放、平移、重生成等操作。本节将详细介绍 AutoCAD 视图的控制方法。

1.4.1 视图缩放

【视图缩放】命令可以调整当前视图大小，既能观察较大的图形范围，又能观察图形的细部而不改变图形的实际大小。视图缩放只是改变视图的比例，并不改变图形中对象的绝对大小，打印出来的图形仍是设置的大小。执行【视图缩放】命令有以下几种方法。

◆功能区：在【视图】选项卡中，单击【导航】面板选择视图缩放工具，如图 1-85 所示。

◆菜单栏：选择【视图】|【缩放】命令。

◆工具栏：单击【缩放】工具栏中的按钮。

◆命令行：输入“ZOOM”或“Z”命令。

◆快捷操作：滚动鼠标滚轮。

图 1-85【视图】选项卡中的【导航】面板

执行【缩放】命令后，命令行提示如下。

```
命令: Z↙            ZOOM            //调用【缩放】命令
指定窗口的角点，输入比例因子 (nX 或 nXP)，或者
[全部(A)/中心(C)/动态(D)/范围(E)/上一个(P)/比例(S)/窗口(W)/对象(O)] <实时>:
```

缩放工具栏中各个按钮的含义如下。

1 全部缩放

全部缩放用于在当前视口中显示整个模型空间界限范围内的所有图形对象（包括绘图界限范围内和范围外的所有对象）和视图辅助工具（例如，栅格），也包含坐标系原点，缩放前后对比效果如图 1-86 所示。

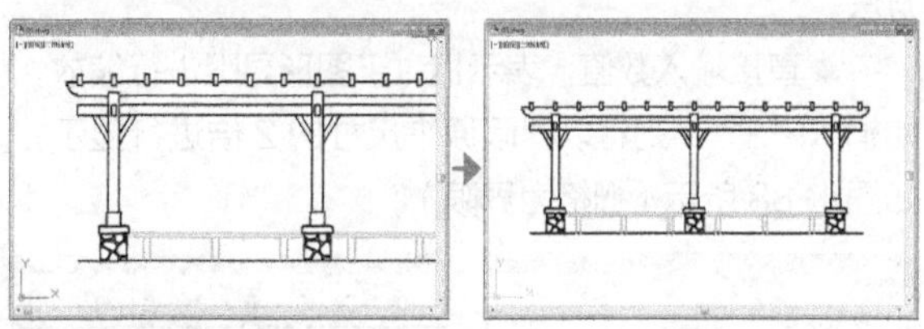

图 1-86 全部缩放效果

2 中心缩放

中心缩放以指定点为中心点，整个图形按照指定的缩放比例缩放，缩放点成为新视图的中心点。使用中心缩放命令行提示如下。

```
指定中心点:          //指定一点作为新视图的显示中心点输
入比例或高度<当前值>:                    //输入比例或高度
```

【当前值】当前值指当前视图的纵向高度。若输入的高度值比当前值小，则视图将放大；若输入的高度值比当前值大，则视图将缩小。其缩放系数等于“当前窗口高度 / 输入高度”的比值。也可以直接输入缩放系数，或缩放系数后附加字符 X 或 XP。在数值后加 X，表示相对于当前视图进行缩放；在数值后加 XP，表示相对于图纸空间单位进行缩放。

3 动态缩放

动态缩放用于对图形进行动态缩放。选择该选项后，绘图区将显示几个不同颜色的方框，拖动鼠标，移动方框到要缩放的位置，单击鼠标左键调整大小，最后按 Enter 键即可将方框内的图形最大化显示，如图 1-87 所示。

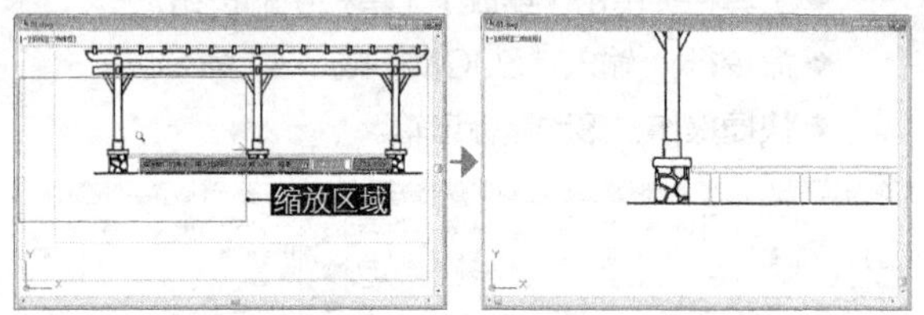

图 1-87 动态缩放效果

4 范围缩放

范围缩放使所有图形对象最大化显示，充满整个视口。视图包含已关闭图层上的对象，但不包含冻结图层上的对象。范围缩放仅与图形有关，会使得图形充满整个视口，而不会像全部缩放一样将坐标原点同样计算在内，因此是使用最为频繁的缩放命令。而双击鼠标中键可以快速进行视图范围缩放。

5 缩放上一个

恢复到前一个视图显示的图形状态。

6 比例缩放

比例缩放按输入的比例值进行缩放，有 3 种输入方法。

◆ 直接输入数值，表示相对于图形界限进行缩放，如输入“2”，则将以界限原来尺寸的 2 倍进行显示，如图 1-88 所示（栅格为界限）；

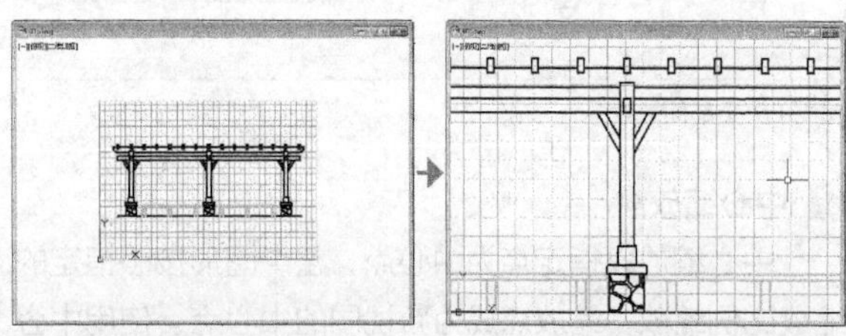

图 1-88 比例缩放输入“2”效果

◆ 在数值后加 X，表示相对于当前视图进行缩放。如输入“2X”，使屏幕上的每个对象显示为原大小的 2 倍，效果如图 1-89 所示。

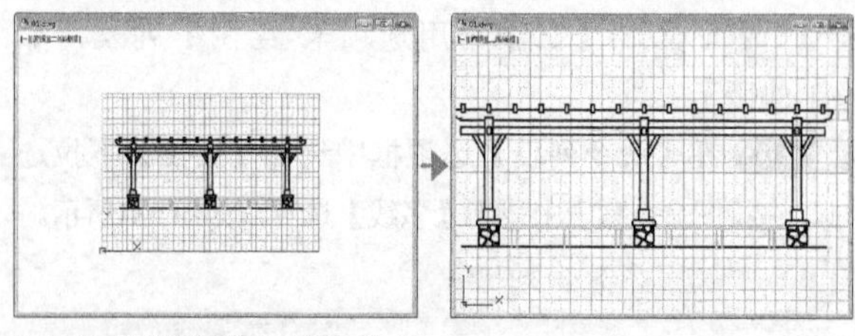

图 1-89 比例缩放输入“2X”效果

◆ 在数值后加 XP，表示相对于图纸空间单位进行缩放，如输入“2XP”，则以图纸空间单位的 2 倍显示模型空间，效果如图 1-90 所示。在创建视口时，适当输入不同的比例来显示对象的布局。

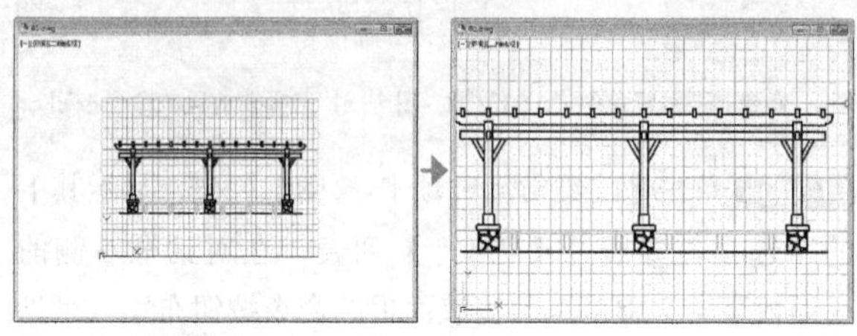

图 1-90 比例缩放输入“2XP”效果

7 窗口缩放

窗口缩放用于将矩形窗口内选择的图形充满当前视窗。

执行完操作后，用光标确定窗口对角点，这两个角点确定了一个矩形框窗口，系统将矩形框窗口内的图形放大至整个屏幕，如图 1-91 所示。

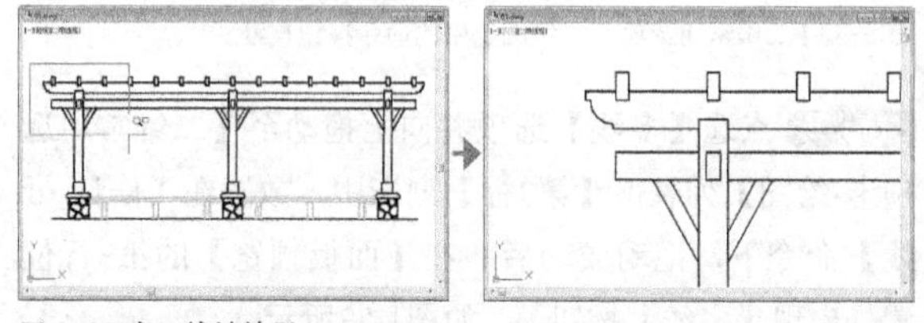

图 1-91 窗口缩放效果

8 缩放对象

该按钮将选择的图形对象最大限度地显示在屏幕上，图 1-92 所示为选择对象缩放前后对比效果。

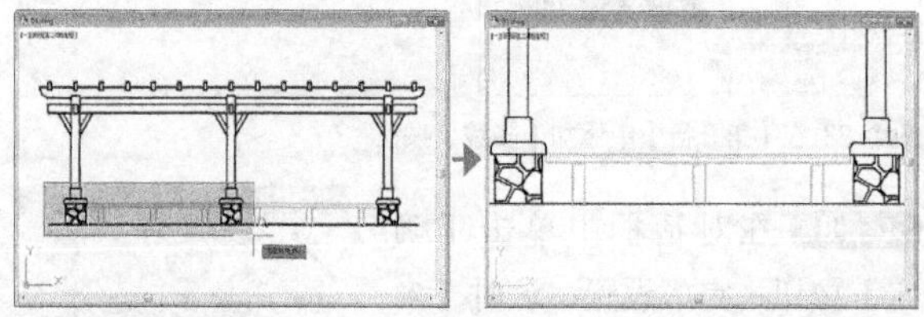

图 1-92 缩放对象效果

9 实时缩放

实时缩放为默认选项。执行【缩放】命令后，直接按 Enter 键即可使用该选项。此时在屏幕上会出现一个形状的光标，按住鼠标左键向上或向下移动，即可实现图形的放大或缩小。

10 放大

单击该按钮一次，视图中的实体显示比当前视图大1倍。

11 缩小

单击该按钮一次，视图中的实体显示是当前视图50%。

1.4.2 视图平移

视图平移不改变视图的大小和角度，只改变其位置，以便观察图形其他组成部分，如图1-93所示。图形显示不完全，且部分区域不可见时，即可使用视图平移，可以很好地观察图形。

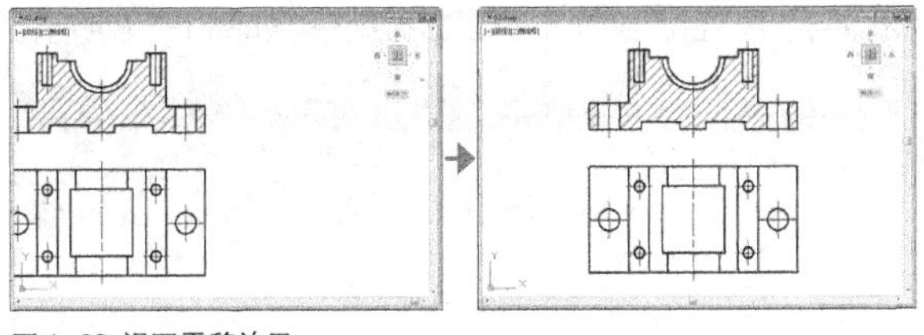

图 1-93 视图平移效果

执行【平移】命令有以下几种方法。

◆功能区：单击【视图】选项卡中【导航】面板的【平移】按钮。

◆菜单栏：选择【视图】|【平移】命令。

◆工具栏：单击【标准】工具栏上的【实时平移】按钮。

◆命令行：输入“PAN”或“P”命令。

◆快捷操作：按住鼠标滚轮拖动，可以快速进行视图平移。

视图平移可以分为【实时平移】和【定点平移】两种，其含义如下。

◆实时平移：光标形状变为手形，按住鼠标左键拖拽，可以使图形的显示位置随鼠标向同一方向移动。

◆定点平移：通过指定平移起始点和目标点的方式进行平移。

在【平移】子菜单中，【左】、【右】、【上】、【下】分别表示将视图向左、右、上、下4个方向移动。必须注意的是：该命令并不是真的移动图形对象，也不是真正改变图形，而是通过位移图形进行平移。

1.4.3 使用导航栏

导航栏是一种用户界面元素，是一个视图控制集成工具，用户可以从中访问通用导航工具和特定于产品的导航工具。单击视口左上角的“[-]”标签，在弹出菜单中选择【导航栏】选项，可以控制导航栏是否在视口中显示，如图1-94所示。

导航栏中有以下通用导航工具。

◆ViewCube：指示模型的当前方向，并用于定向模型的当前视图。

◆SteeringWheels：用于在专用导航工具之间快速切换控制盘集合。

导航栏中有以下特定于产品的导航工具，如图1-95所示。

◆平移：沿屏幕平移视图。

◆缩放工具：用于增大或减小模型的当前视图比例的导航工具集。

◆动态观察工具：用于旋转模型当前视图的导航工具集。

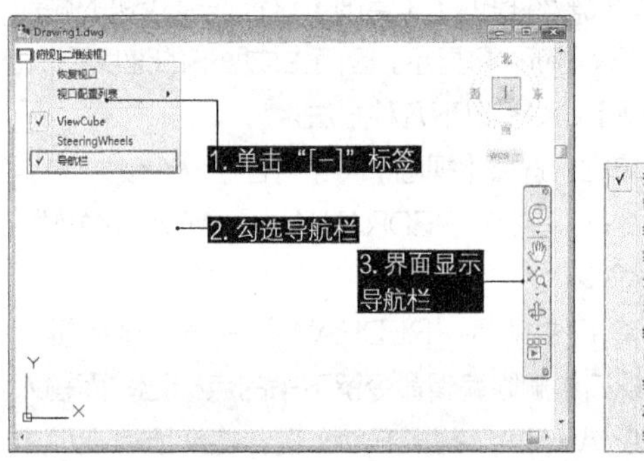

图 1-94 使用导航栏

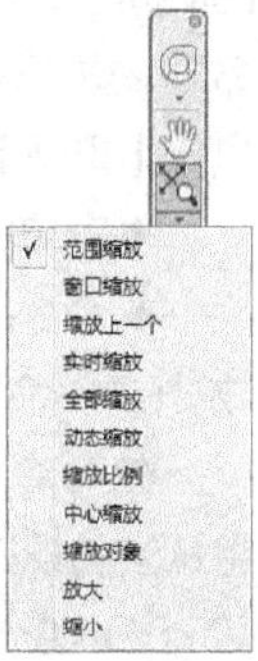

图 1-95 导航工具

1.4.4 命名视图 ★进阶★

命名视图是指将某些视图命名并保存，供以后随时调用，一般在三维建模中使用。执行【命名视图】命令有以下几种方法。

◆功能区：单击【视图】面板中的【视图管理器】按钮。

◆菜单栏：选择【视图】|【命名视图】命令。

◆工具栏：单击【视图】工具栏中的【命名视图】按钮。

◆命令行：输入“VIEW”或“V”命令。

执行该命令后，系统弹出【视图管理器】对话框，如图1-96所示，可以在其中进行视图的命名和保存。

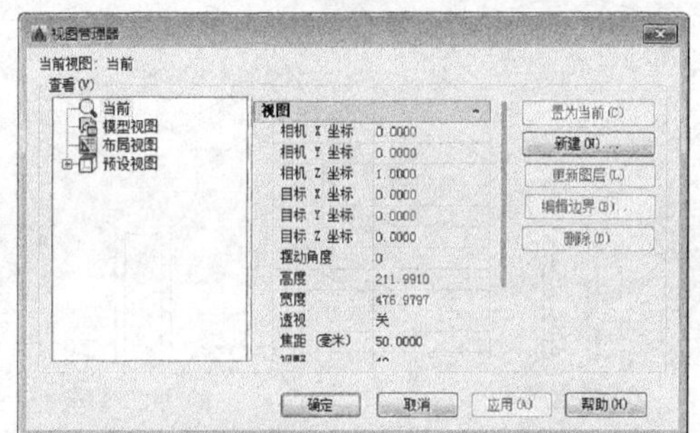

图 1-96【视图管理器】对话框

1.4.5 重画与重生成视图

在 AutoCAD 中，某些操作完成后，其效果往往不会立即显示出来，或者在屏幕上留下绘图的痕迹与标记。因此，需要通过刷新视图重新生成当前图形，以观察最新的编辑效果。

视图刷新的命令主要有两个：【重画】命令和【重生成】命令。这两个命令都是自动完成的，不需要输入任何参数，也没有可选选项。

1 重画视图

AutoCAD 常用数据库以浮点数据的形式储存图形对象的信息，浮点格式精度高，但计算时间长。AutoCAD 重生成对象时，需要把浮点数据转换为适当的屏幕坐标。因此对于复杂图形，重新生成需要花很长的时间。为此软件提供了【重画】这种速度较快的刷新命令。重画只刷新屏幕显示，因而生成图形的速度更快。执行【重画】命令有以下几种方法。

◆菜单栏：选择【视图】|【重画】命令。

◆命令行：输入“REDRAWALL”“RADRAW”或“RA”命令。

在命令行中输入“REDRAW”并按 Enter 键，将从当前视口中删除编辑命令留下来的点标记；而输入“REDRAWWALL”并按 Enter 键，将从所有视口中删除编辑命令留下来的点标记。

2 重生成视图

AutoCAD 使用时间太久或者图纸中内容太多，有时就会影响图形的显示效果，让图形变得很粗糙，这时就可以用到【重生成】命令来恢复。【重生成】命令不仅重新计算当前视图中所有对象的屏幕坐标，并重新生成整个图形，还重新建立图形数据库索引，从而优化显示和对象选择的性能。执行【重生成】命令有以下几种方法。

◆菜单栏：选择【视图】|【重生成】命令。

◆命令行：输入“ REGEN”或“RE”命令。

【重生成】命令仅对当前视图范围内的图形执行重生成，如果要对整个图形执行重生成，可选择【视图】|【全部重生成】命令。重生成的效果如图 1-97 所示。

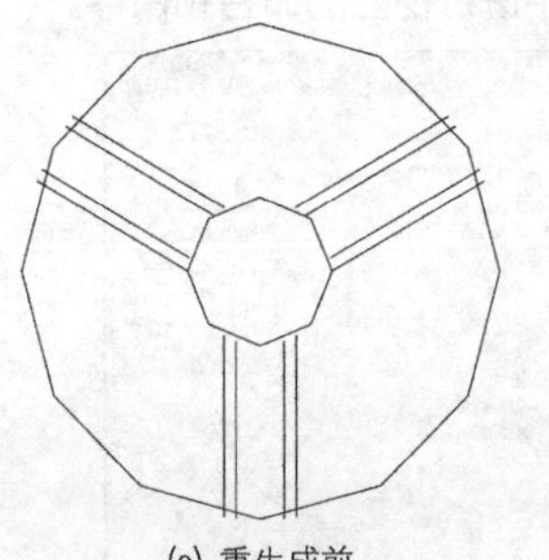
(a) 重生成前

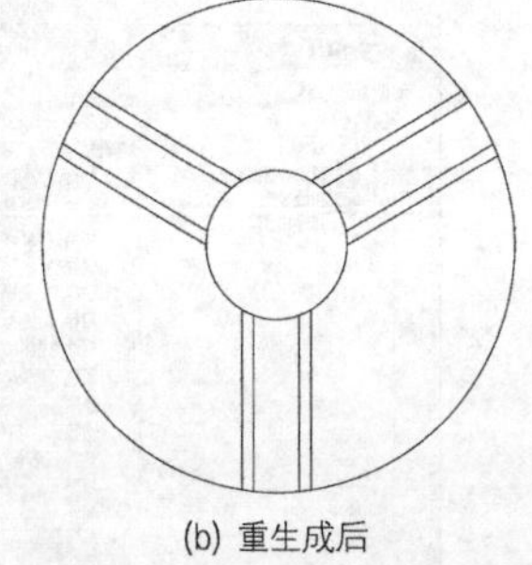
(b) 重生成后

图 1-97 重生成前后的效果

1.5 AutoCAD 2016工作空间

中文版 AutoCAD 2016 为用户提供了【草图与注释】、【三维基础】以及【三维建模】3 种工作空间。选择不同的空间可以进行不同的操作，例如，在【三维建模】工作空间下，可以方便地进行更复杂的以三维建模为主的绘图操作。

1.5.1 【草图与注释】工作空间 ★重点★

AutoCAD 2016 默认的工作空间为【草图与注释】空间。其界面主要由【应用程序】按钮、功能区选项板、快速访问工具栏、绘图区、命令行窗口和状态栏等元素组成。在该空间中，可以方便地使用【默认】选项卡中的【绘图】、【修改】、【图层】、【注释】、【块】和【特性】等面板绘制和编辑二维图形，如图 1-98 所示。

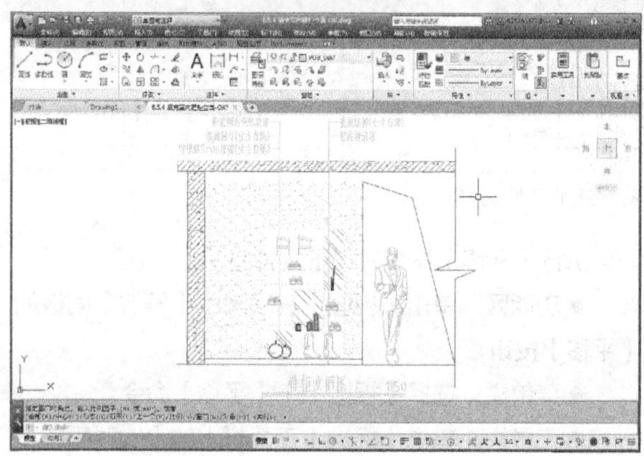
图 1-98【草图与注释】工作空间

1.5.2 【三维基础】工作空间

【三维基础】空间与【草图与注释】工作空间类似，但【三维基础】空间功能区包含的是基本的三维建模工具，如各种常用的三维建模、布尔运算以及三维编辑工具按钮，能够非常方便地创建简单的基本三维模型，如图 1-99 所示。

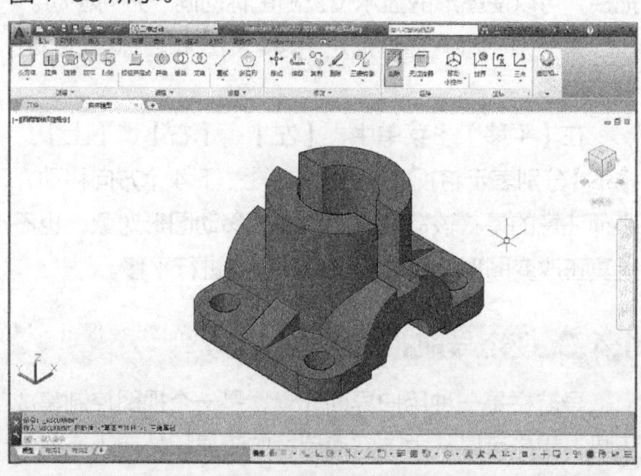
图 1-99【三维基础】工作空间

1.5.3 【三维建模】工作空间

【三维建模】空间界面与【三维基础】空间界面相似，但功能区包含的工具有较大差异。其功能区选项卡中集中了实体、曲面和网格的多种建模和编辑命令，以及视觉样式、渲染等模型显示工具，为绘制和观察三维图形、附加材质、创建动画、设置光源等操作提供了非常便利的环境，如图 1-100 所示。

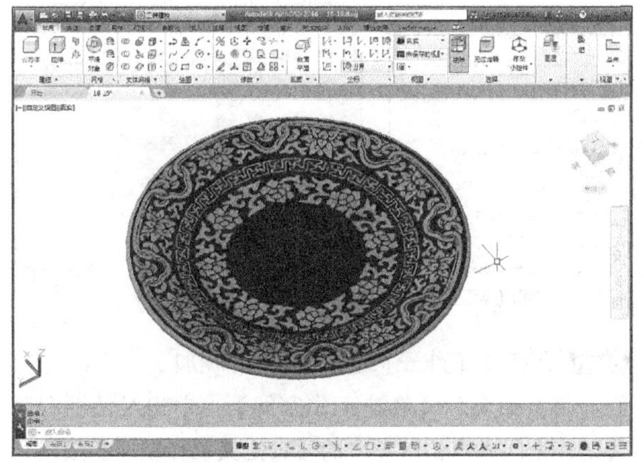

图 1-100【三维建模】工作空间

1.5.4 切换工作空间

在【草图与注释】空间中绘制出二维草图，转换至【三维基础】工作空间进行建模操作，再转换至【三维建模】工作空间赋予材质、布置灯光进行渲染，此即 AutoCAD 建模的大致流程，由此可见，这三个工作空间是互为补充的，切换工作空间有以下几种方法。

◆快速访问工具栏：单击快速访问工具栏中的【切换工作空间】下拉按钮，在弹出的下拉列表中进行切换，如图 1-101 所示。

◆菜单栏：选择【工具】|【工作空间】命令，在子菜单中进行切换，如图 1-102 所示。

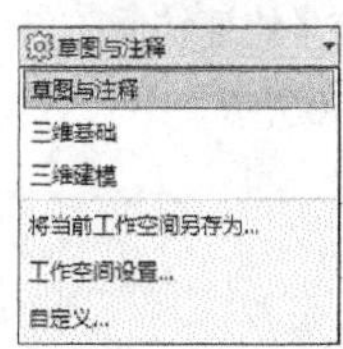

图 1-101 通过下拉列表切换工作空间

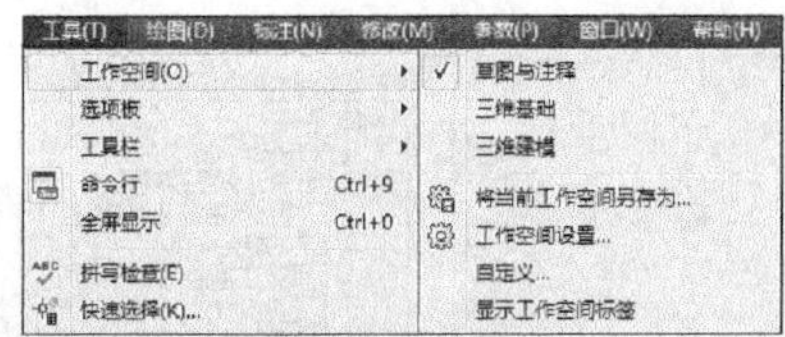

图 1-102 通过菜单栏切换工作空间

◆工具栏：在【工作空间】工具栏的【工作空间控制】下拉列表框中进行切换，如图 1-103 所示。

◆状态栏：单击状态栏右侧的【切换工作空间】按钮，在弹出的下拉菜单中进行切换，如图 1-104 所示。

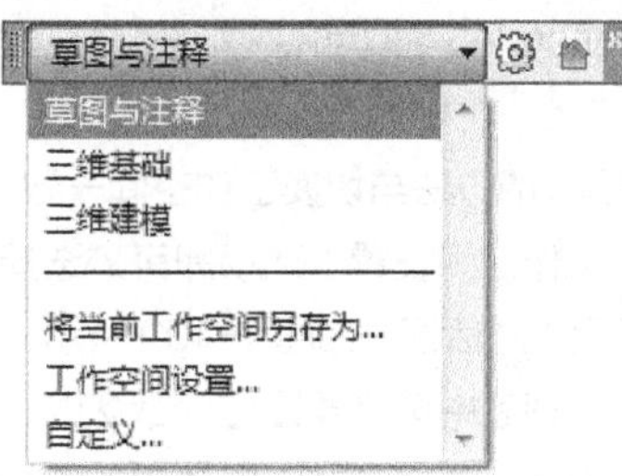

图 1-103 通过工具栏切换工作空间

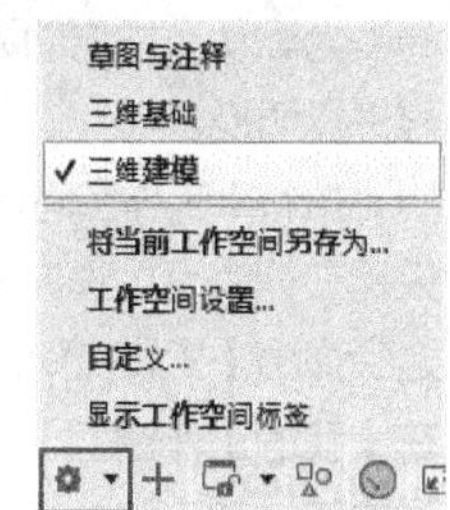

图 1-104 通过状态栏切换工作空间

练习 1-5 创建个性化的工作空间

除以上提到的 3 种基本工作空间外，根据绘图的需要，用户还可以自定义个性空间（如【练习 1-4】中含有【多线】按钮的工作空间），并将其保存在工作空间列表中，以备随时调用。

Step 01 启动AutoCAD 2016，将工作界面按个人偏好进行设置，如在【绘图】面板中增加【多线】按钮，如图1-105所示。

Step 02 选择快速访问工具栏工作空间列表框中的【将当前空间另存为】选项，如图1-106所示。

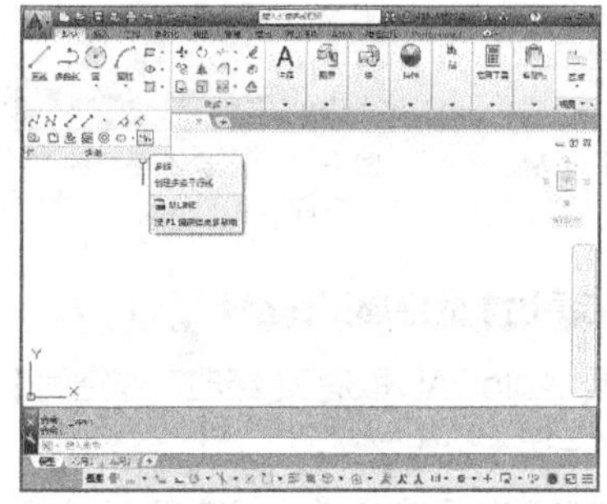

图 1-105 自定义的工作空间

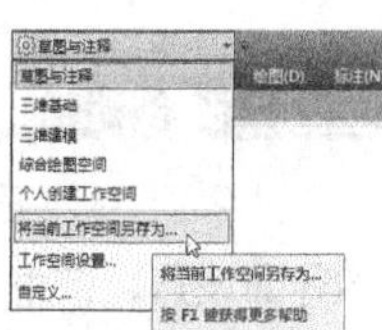

图 1-106 选择【将当前空间另存为】选项

Step 03 系统弹出【保存工作空间】对话框，输入新工作空间的名称，如图1-107所示。

Step 04 单击【保存】按钮，自定义的工作空间即创建完成，如图1-108所示。在以后的工作中，可以随时通过选择该工作空间，快速将工作界面切换为相应的状态。

图 1-107【保存工作空间】对话框

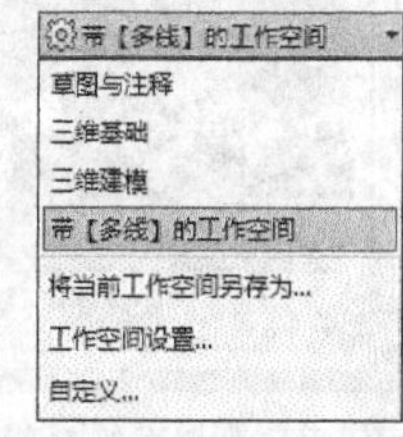

图 1-108 工作空间列表框

1.5.5 工作空间设置

通过【工作空间设置】可以修改 AutoCAD 默认的工作空间。这样做的好处是：能将用户自定义的工作空间设为默认，在启动 AutoCAD 后即可快速工作，无需再进行切换。

执行【工作空间设置】的方法与切换工作空间一致，只需在列表框中选择【工作空间设置】选项即可。选择之后弹出【工作空间设置】对话框，如图 1-109 所示。在【我的工作空间】下拉列表中选择要设置为默认的工作空间，即可将该空间设置为 AutoCAD 启动后的初始空间。

不需要的工作空间，可以将其在工作空间列表中删除。选择工作空间列表框中的【自定义】选项，打开【自定义用户界面】对话框，在不需要的工作空间名称上单击鼠标右键，在弹出的快捷菜单中选择【删除】选项，即可删除不需要的工作空间，如图 1-110 所示。

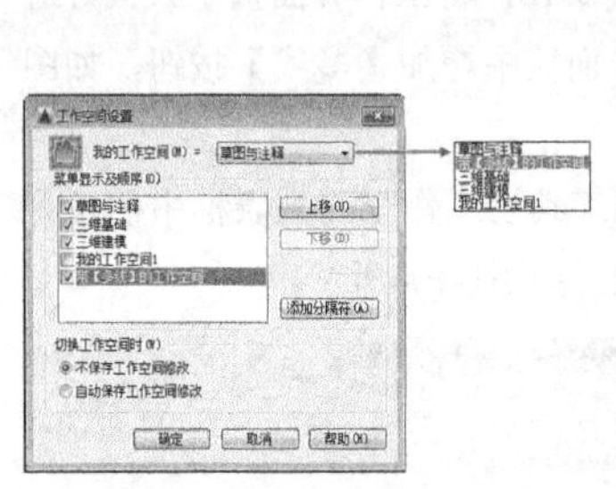
图 1-109【工作空间设置】对话框

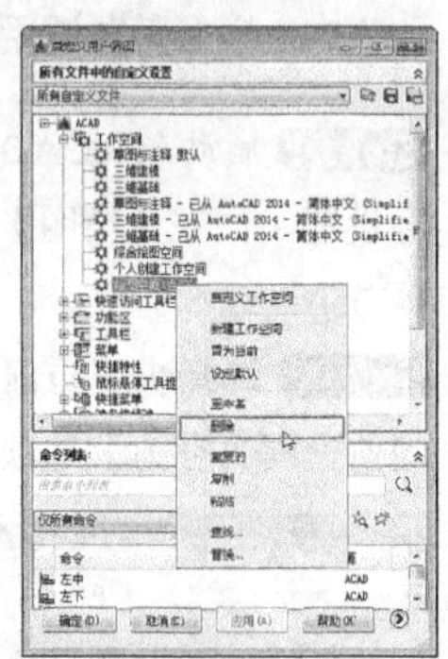
图 1-110 删除不需要的工作空间

练习 1-6 创建带【工具栏】的经典工作空间

从 2015 版本开始，AutoCAD 取消了【经典工作空间】的界面设置，结束了长达十余年之久的工具栏命令操作方式。但对于一些有基础的用户来说，相较于 2016，他们更习惯于 AutoCAD2005、AutoCAD2008、AutoCAD2012 等经典版本的工作界面，也习惯于使用工具栏来调用命令，如图 1-111 所示。

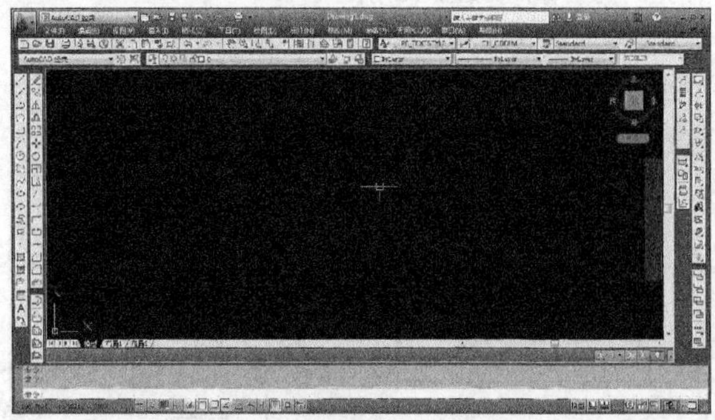
图 1-111 旧版本 AutoCAD 的经典空间

在 AutoCAD 2016 中，用户仍然可以通过设置工作空间的方式，创建出符合个人操作习惯的经典界面，其方法如下。

Step 01 单击快速访问工具栏中的【切换工作空间】下拉按钮，在弹出的下拉列表中选择【自定义】选项，如图1-112所示。

Step 02 系统自动打开【自定义工作界面】对话框，选择【工作空间】栏，单击右键，在弹出的快捷菜单中选择【新建工作空间】选项，如图1-113所示。

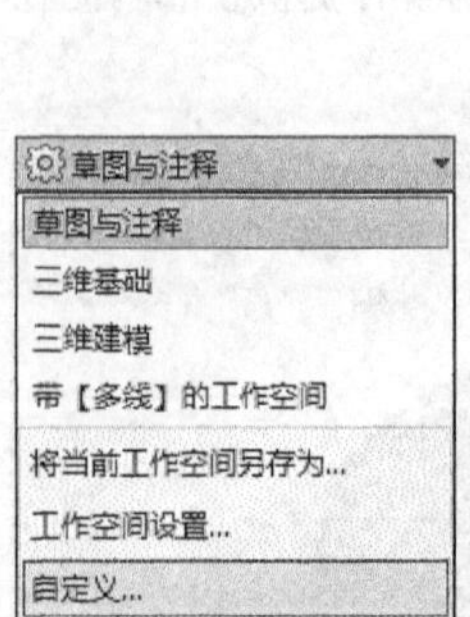

图 1-112 选择【自定义】

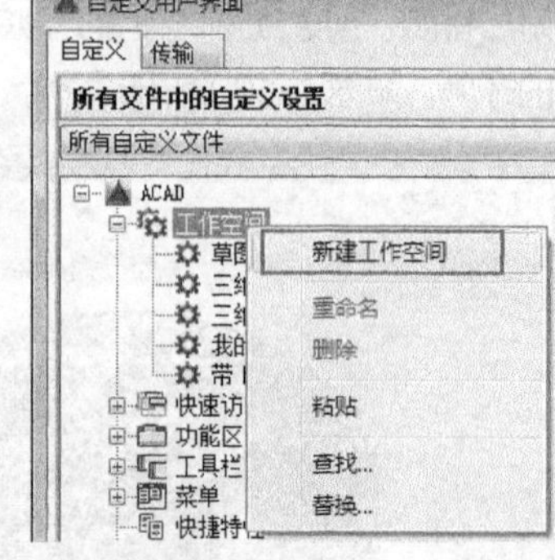

图 1-113 新建工作空间

Step 03 在【工作空间】列表中新添加了一个工作空间，将其命名为【经典工作空间】，单击对话框右侧【工作空间内容】区域中的【自定义工作空间】按钮，如图1-114所示。

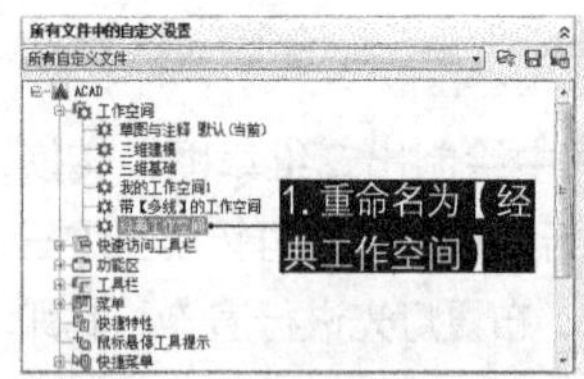

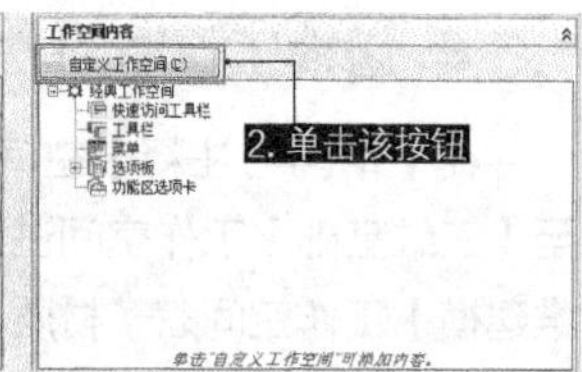

图 1-114 命名经典工作空间

Step 04 返回对话框左侧【所有自定义文件】区域，单击⊞按钮展开【工具栏】列表，依次勾选其中的【标注】、【绘图】、【修改】、【特性】、【图层】、【样式】、【标准】7个工具栏，即旧版本AutoCAD中的经典工具栏，如图1-115所示。

Step 05 返回勾选上一级的整个菜单栏与【快速访问工具栏】下的【快速访问工具栏1】，如图1-116所示。

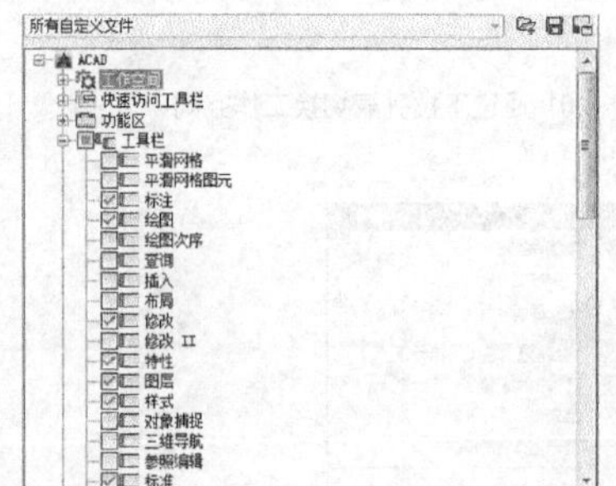

图 1-115 勾选 7 个经典工具栏

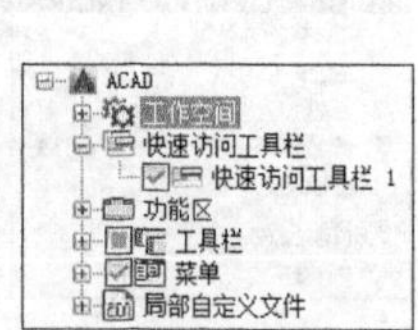

图 1-116 勾选【菜单】栏与【快速访问工具栏】

Step 06 在对话框右侧的【工作空间内容】区域中已经可以预览到该工作空间的结构，确定无误后，单击其上方的【完成】按钮，如图1-117所示。

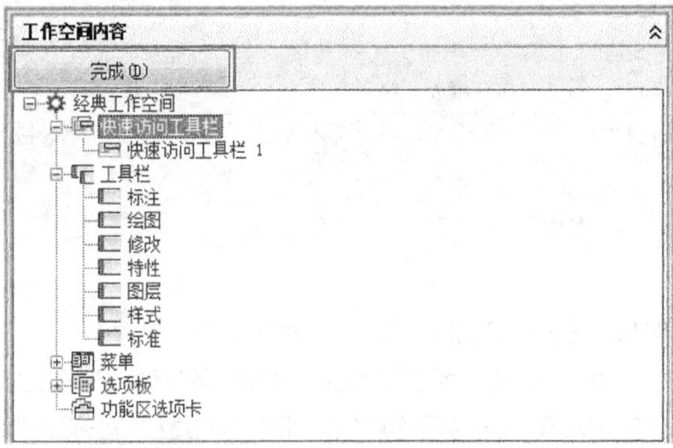

图 1-117 完成经典工作空间的设置

Step 07 在【自定义工作界面】对话框中单击【应用】按钮，再单击【确定】按钮，退出对话框。

Step 08 将工作空间切换至刚刚创建的【经典工作空间】，效果如图1-118所示。

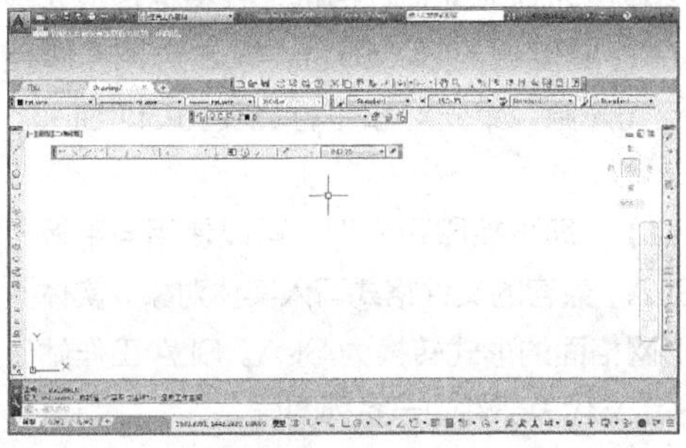

图 1-118 创建的经典工作空间

Step 09 可见原来的【功能区】区域已经消失，空出了一大块，影响界面效果。在该处右击，在弹出的快捷菜单中选择【关闭】选项，即可关闭【功能区】显示，如图1-119所示。

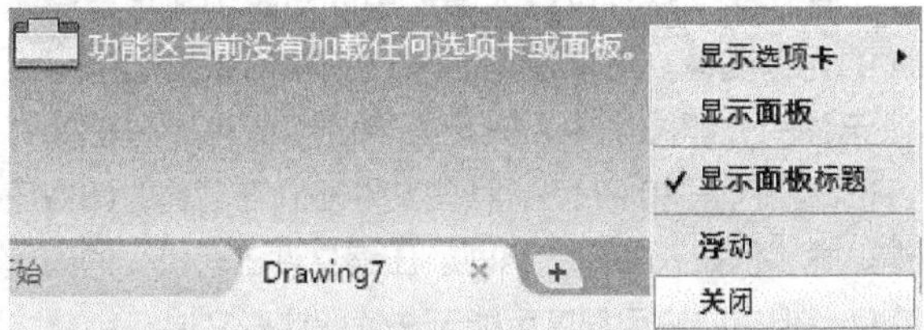

图 1-119 选择【关闭】选项

Step 10 将各工具栏拖移到合适的位置，最终效果如图1-120所示。保存该工作空间后，即可随时启用。

图 1-120 经典工作空间

第 2 章 文件管理

文件管理是管理 AutoCAD 文件。在深入学习 AutoCAD 绘图之前，本章首先介绍 AutoCAD 文件的管理、样板文件、文件的输出及文件的备份、修复与清理等基本知识，使用户对 AutoCAD 文件的管理有一个全面的了解和认识，为快速运用该软件打下坚实的基础。

2.1 AutoCAD文件的管理

文件管理是软件操作的基础，在 AutoCAD 2016 中，图形文件的基本操作包括新建文件、打开文件、保存文件、关闭文件等。

2.1.1 AutoCAD 文件的主要格式

AutoCAD 能直接保存和打开的主要有以下 4 种格式文件：【.dwg】、【.dws】、【.dwt】和【.dxf】，分别介绍如下。

◆【.dwg】：dwg 文件是 AutoCAD 的默认图形文件，是二维或三维图形档案。如果另一个应用程序需要使用该文件信息，则可以通过输出将其转换为其他特定格式，详见本章的“2.3 文件的输出”一节。

◆【.dws】：dws 文件被称为标准文件，里面保存了图层、标注样式、线型、文字样式。当设计单位要实行图纸标准化，对图纸的图层、标注、文字、线型有非常明确的要求时，就可以使用 dws 标准文件。此外，为了保护自己的文档，可以将图形用 dws 的格式保存，dws 格式的文档，只能查看，不能修改。

◆【.dwt】：dwt 是 AutoCAD 模板文件，保存了一些图形设置和常用对象（如标题框和文本），详见本章的“2.4 样板文件”一节。

◆【.dxf】：dxf 文件是包含图形信息的文本文件，其他 CAD 系统（如 UG、Creo、Solidworks）可以读取文件中的信息。因此，可以用 dxf 格式保存 AutoCAD 图形，使其在其他绘图软件中打开。

其他几种与 AutoCAD 有关的格式介绍如下。

◆【.dwl】：dwl 是与 AutoCAD 文档 dwg 相关的一种格式，意为被锁文档（其中 L=Lock）。其实这是早期 AutoCAD 版本软件的一种生成文件，当 AutoCAD 非法退出的时候，容易自动生成与 dwg 文件名同名但扩展名为 dwl 的被锁文件。一旦生成这个文件，原来的 dwg 文件将无法打开，必须手动删除该文件，才可以恢复打开 dwg 文件。

◆【.sat】：即 ACIS 文件，可以将某些对象类型输出到 ASCII（SAT）格式的 ACIS 文件中。可将代表剪过的 NURBS 曲面、面域和实体的 ShapeManager 对象输出到 ASCII（SAT）格式的 ACIS 文件中。

◆【.3ds】：即 3D Studio（3DS）的文件。3DSOUT 仅输出具有表面特征的对象，即输出的直线或圆弧的厚度不能为零，宽线或多段线的宽度或厚度也不能为零。圆、多边形网格和多面始终可以输出。实体和三维面必须至少有 3 个唯一顶点。如果必要，可将几何图形在输出时网格化。在使用 3DSOUT 之前，必须将 AME（高级建模扩展）和 AutoSurf 对象转换为网格。3DSOUT 将命名视图转换为 3D Studio 相机，并将相片级光跟踪光源转换为最接近的 3D Studio 等效对象，即点光源变为泛光光源，聚光灯和平行光变为 3D Studio 聚光灯。

◆【.stl】：即平板印刷文件，可以使用与平板印刷设备（SLA）兼容的文件格式写入实体对象。实体数据以三角形网格面的形式转换为 SLA。SLA 工作站使用该数据来定义代表部件的一系列图层。

◆WIMF：WIMF 文件在许多 Windows 应用程序中使用。WIMF（Windows 图文文件格式）文件包含矢量图形或光栅图形格式，但只在矢量图形中创建 WIMF 文件。矢量格式与其他格式相比，能实现更快的平移和缩放。

◆光栅文件：可以为图形中的对象创建与设备无关的光栅图像。可以使用若干命令将对象输出到与设备无关的光栅图像中，光栅图像的格式可以是位图、JPEG、TIFF 和 PNG。某些文件格式在创建时即为压缩形式，例如，JPEG 格式。压缩文件占有较少的磁盘空间，但有些应用程序可能无法读取这些文件。

◆PostScript 文件：可以将图形文件转换为 PostScript 文件，很多桌面发布应用程序都使用该文件格式。将图形转换为 PostScript 格式后，也可以使用 PostScript 字体。

2.1.2 新建文件

启动 AutoCAD 2016 后，系统将自动新建一个名为“Drawing1.dwg”的图形文件，该图形文件默认以 acadiso.dwt 为样板创建。如果用户需要绘制一个新的图形，则需要使用【新建】命令。启动【新建】命令有以下几种方法。

◆应用程序按钮：单击【应用程序】按钮▲，在下拉菜单中选择【新建】选项，如图 2-1 所示。

◆快速访问工具栏：单击快速访问工具栏中的【新建】按钮。

◆菜单栏：执行【文件】|【新建】命令。

◆标签栏：单击标签栏上的按钮。

◆命令行：输入“NEW”或“QNEW”命令。

◆快捷键：按 Ctrl+N 组合键。

用户可以根据绘图需要，在对话框中选择打开不同的绘图样板，即可以样板文件创建一个新的图形文件。单击【打开】按钮旁的下拉菜单可以选择打开样板文件的方式，共有【打开】、【无样板打开 - 英制（I）】、【无样板打开 - 公制（M）】3 种方式，如图 2-2 所示。通常选择默认的【打开】方式。

图 2-1 通过【应用程序】按钮新建文件

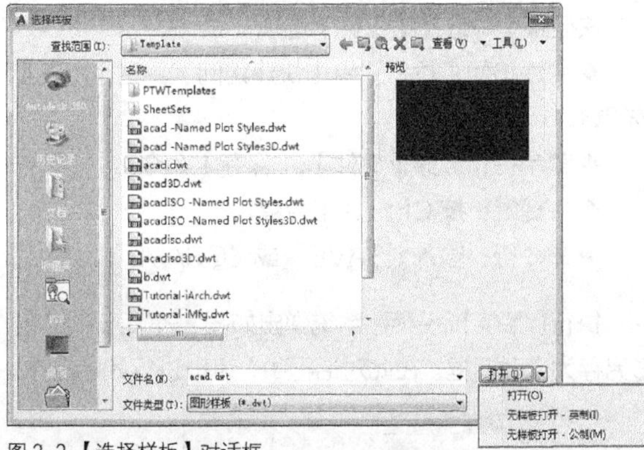

图 2-2 【选择样板】对话框

2.1.3 打开文件

AutoCAD 文件的打开方式有很多种，启动【打开】命令有以下几种方法。

◆应用程序按钮：单击【应用程序】按钮▲，在弹出的快捷菜单中选择【打开】选项。

◆快速访问工具栏：单击快速访问工具栏【打开】按钮。

◆菜单栏：执行【文件】|【打开】命令。

◆标签栏：在标签栏空白位置单击鼠标右键，在弹出的右键快捷菜单中选择【打开】选项。

◆命令行：输入“OPEN”或“QOPEN”命令。

◆快捷键：按 Ctrl+O 组合键。

◆快捷方式：直接双击要打开的 .dwg 图形文件。

执行以上操作都会弹出【选择文件】对话框，该对话框用于选择已有的 AutoCAD 图形，单击【打开】按钮后的三角下拉按钮，在弹出的下拉菜单中可以选择不同的打开方式，如图 2-3 所示。

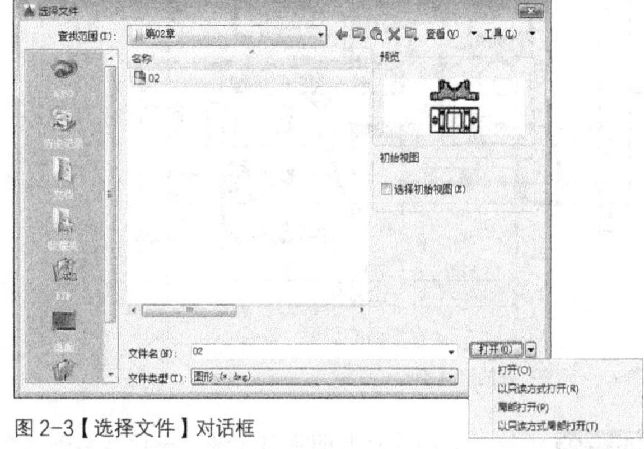

图 2-3【选择文件】对话框

对话框中各选项含义说明如下。

◆【打开】：直接打开图形，可对图形进行编辑、修改。

◆【以只读方式打开】：打开图形后，仅能观察图形，无法进行修改与编辑。

◆【局部打开】：允许用户只处理图形的某一部分，只加载指定视图或图层的几何图形。

◆【以只读方式局部打开】：局部打开的图形无法被编辑修改，只能用于观察。

练习 2-1 局部打开图形

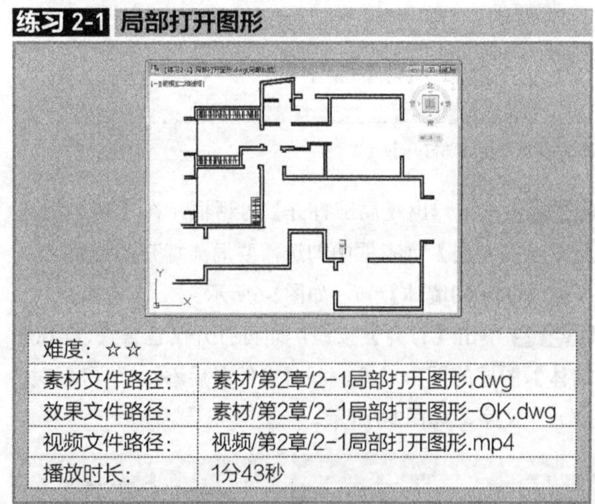

难度：	☆☆
素材文件路径：	素材/第2章/2-1局部打开图形.dwg
效果文件路径：	素材/第2章/2-1局部打开图形-OK.dwg
视频文件路径：	视频/第2章/2-1局部打开图形.mp4
播放时长：	1分43秒

素材图形完整打开的效果如图 2-4 所示。本例使用局部打开命令，即只处理图形的某一部分，只加载素材文件中指定视图或图层上的几何图形。当处理大型图形文件时，可以选择在打开图形时需要加载的尽可能少的

几何图形，指定的几何图形和命名对象包括：块（Block）、图层（Layer）、标注样式（DimensionStyle）、线型（Linetype）、布局（Layout）、文字样式（TextStyle）、视口配置（Viewports）、用户坐标系（UCS）及视图（View）等，操作步骤如下。

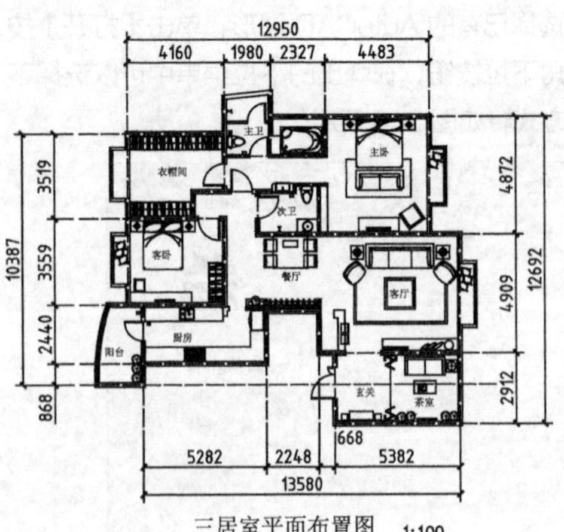

图 2-4 完整打开的素材图形

Step 01 定位至要局部打开的素材文件，单击【选择文件】对话框中【打开】按钮后的三角下拉按钮，在弹出的下拉菜单中，选择其中的【局部打开】选项，如图2-5所示。

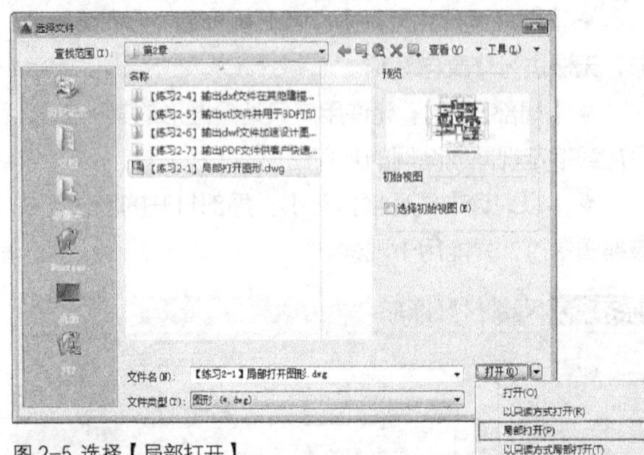

图 2-5 选择【局部打开】

Step 02 系统弹出【局部打开】对话框，在【要加载几何图形的图层】列表框中勾选需要局部打开的图层名，（如【QT-000墙体】），如图2-6所示。

Step 03 单击【打开】按钮，即可打开仅包含【QT-000墙体】图层的图形对象，同时文件名后添加"（局部加载）"文字，如图2-7所示。

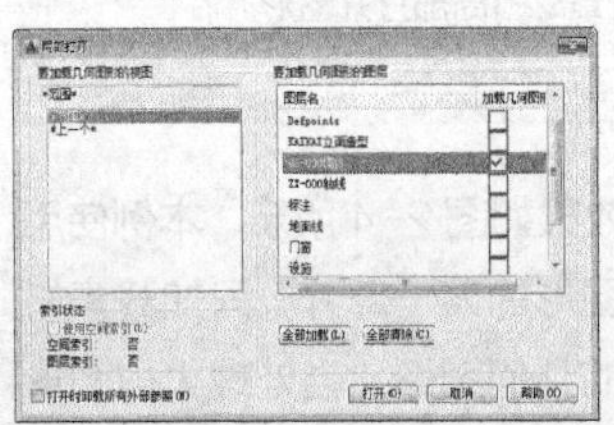

图 2-6【局部打开】对话框　图 2-7【局部打开】效果

Step 04 对于局部打开的图形，用户还可以通过【局部加载】将其他未载入的几何图形补充进来。在命令行输入"PartialLoad"并按Enter键，系统弹出【局部加载】对话框，其与【局部打开】对话框的主要区别是可通过【拾取窗口】按钮划定区域放置视图，如图2-8所示。

Step 05 勾选需要加载的选项，如【标注】和【门窗】，单击【局部加载】对话框中【确定】按钮，即可得到加载效果，如图2-9所示。

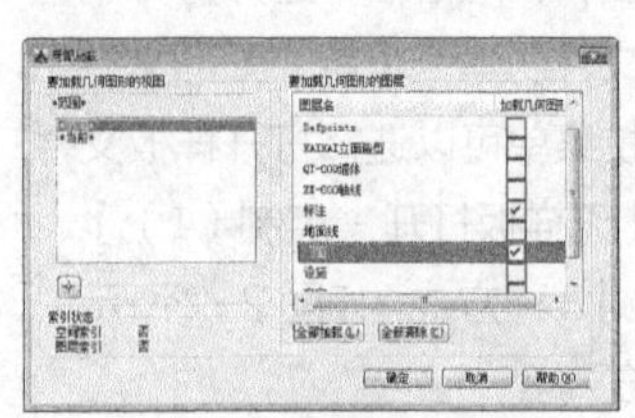

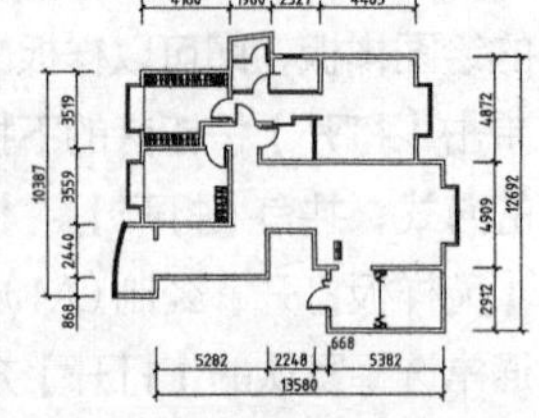

图 2-8【局部加载】对话框　图 2-9【局部加载】效果

2.1.4 保存文件

保存文件不仅是将新绘制的或修改好的图形文件进行存盘，以便以后对图形进行查看、使用或修改、编辑等，还包括在绘制图形过程中随时对图形进行保存，以避免意外情况发生，因而导致文件丢失或不完整。

1 保存新的图形文件

◆保存新文件就是对新绘制还没保存过的文件进行保存。启动【保存】命令有以下几种方法。

◆应用程序按钮：单击【应用程序】按钮，在弹出的快捷菜单中选择【保存】选项。

◆快速访问工具栏：单击快速访问工具栏【保存】按钮。

◆菜单栏：选择【文件】|【保存】命令。

◆快捷键：按 Ctrl+ S 组合键。

◆命令行：输入"SAVE"或"QSAVE"命令。

执行【保存】命令后，系统弹出如图 2-10 所示的【图形另存为】对话框。在此对话框中，可以进行如下操作。

图 2-10【图形另存为】对话框

◆设置存盘路径。单击【保存于】下拉列表，在展开的下拉列表内设置存盘路径。

◆设置文件名。在【文件名】文本框内输入文件名称，如"我的文档"等。

◆设置文件格式。单击对话框底部的【文件类型】下拉列表，在展开的下拉列表内设置文件的格式类型。

操作技巧

默认的存储类型为"AutoCAD 2013图形（*.dwg）"。使用此种格式将文件存盘后，文件只能被AutoCAD 2013及以后的版本打开。如果用户需要在AutoCAD早期版本中打开此文件，必须使用低版本的文件格式进行存盘。

2 另存为其他文件

当用户在已存盘的图形基础上进行了其他修改工作，又不想覆盖原来的图形，可以使用【另存为】命令，将修改后的图形以不同图形文件进行存盘。启动【另存为】命令有以下几种方法。

◆应用程序：单击【应用程序】按钮，在弹出的快捷菜单中选择【另存为】选项。

◆快速访问工具栏：单击快速访问工具栏【另存为】按钮。

◆菜单栏：选择【文件】|【另存为】命令。

◆快捷键：按 Ctrl+Shift+S 组合键。

◆命令行：输入" SAVE As"命令。

练习 2-2 将图形另存为低版本文件

在日常工作中，由于用户经常与客户或同事交流图纸信息，难免碰到因为彼此 AutoCAD 版本不同而打不开图纸的情况，如图 2-11 所示。原则上高版本的 AutoCAD 能打开低版本所绘制的图形，而低版本却无法打开高版本的图形。因此，对于使用高版本的用户来说，可以将文件通过【另存为】的方式转存为低版本。

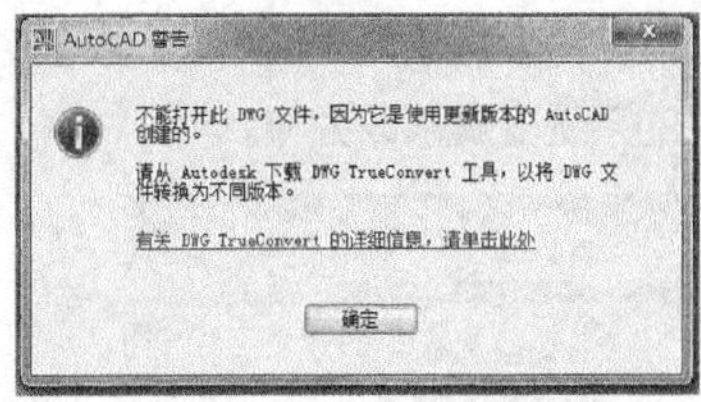

图 2-11 因版本不同出现的 AutoCAD 警告

Step 01 打开要【另存为】的图形文件。

Step 02 单击快速访问工具栏的【另存为】按钮，打开【图形另存为】对话框，在【文件类型】下拉列表中选择【AutoCAD2000/LT2000图形 （*.dwg）】选项，如图2-12所示。

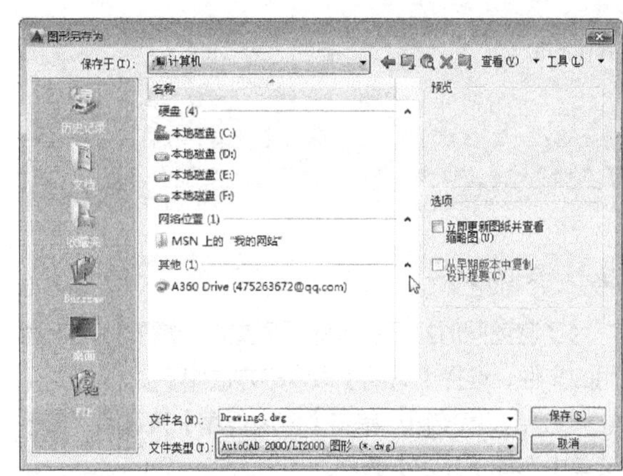

图 2-12【图形另存为】对话框

Step 03 设置完成后，AutoCAD所绘图形的保存类型均为AutoCAD 2000类型，任何高于2000的版本均可以打开此文件，从而实现工作图纸的无障碍交流。

3 定时保存图形文件

除手动保存外，还有一种比较好的保存文件的方法，即定时保存图形文件，可以免去随时手动保存的麻烦。设置定时保存后，系统会在一定的时间间隔内实行自动保存当前文件编辑的文件内容，自动保存的文件后缀名为 .sv$。

练习 2-3 设置定时保存

AutoCAD 在使用过程中，有时会因为内存占用太多而造成崩溃，让辛苦绘制的图纸全盘付诸东流。因此，除在工作中要养成时刻保存文件的好习惯之外，还可以在 AutoCAD 中设置定时保存来减小意外造成的损失。

Step 01 在命令行中输入"OP"命令，系统弹出【选项】对话框。

Step 02 单击【打开和保存】选项卡，在【文件安全措施】选项中选中【自动保存】复选框，根据需要在文本框中输入适合的间隔时间和保存方式，如图2-13所示。

Step 03 单击【确定】按钮关闭对话框，定时保存设置即可生效。

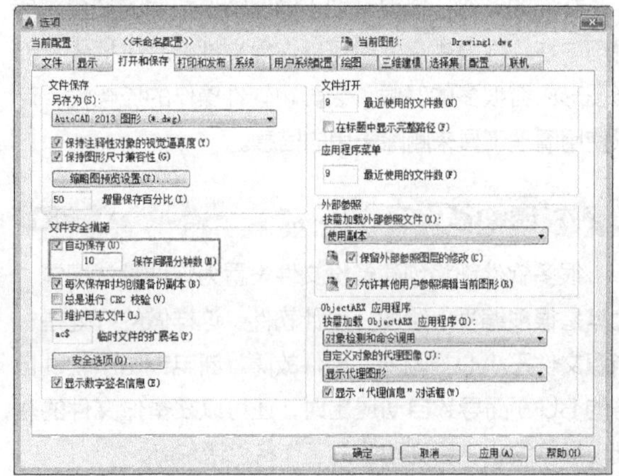

图 2-13 设置定时保存文件

> **操作技巧**
>
> 定时保存的时间间隔不宜设置得过短，这样会影响软件正常使用；也不宜设置过长，这样不利于实时保存，一般设置在10分钟左右较为合适。

2.1.5 关闭文件

为了避免同时打开过多的图形文件，需要关闭不再使用的文件，选择【关闭】命令的方法如下。

◆应用程序按钮：单击【应用程序】按钮▲，在下拉菜单中选择【关闭】选项。

◆菜单栏：执行【文件】|【关闭】命令。

◆文件窗口：单击文件窗口右上角的【关闭】按钮☒，如图 2-14 所示。

◆标签栏：单击文件标签栏上的【关闭】按钮⊗。

◆命令行：输入“CLOSE”命令。

◆快捷键：按 Ctrl+F4 组合键。

执行该命令后，如果当前图形文件没有保存，那么，关闭该图形文件时，系统将提示是否需要保存修改，如图 2-15 所示。

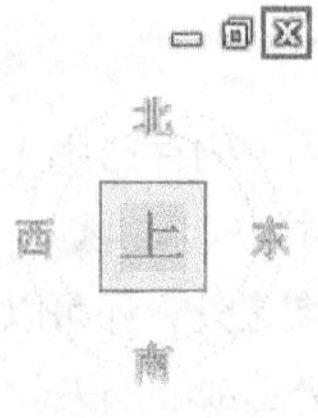

图 2-14 文件窗口右上角的【关闭】按钮

图 2-15 关闭文件时提示保存

> **操作技巧**
>
> 如单击软件窗口的【关闭】按钮，则会直接退出AutoCAD。

2.2 文件的备份、修复与清理

文件的备份、修复有助于确保图形数据的安全，使得用户在软件发生意外时可以恢复文件，减小损失；而当图形内容很多的时候，会影响软件操作的流畅性，可以使用清理工具来删除无用的信息。

2.2.1 自动备份文件 ★重点★

很多软件都将创建备份文件设置为软件默认配置，尤其是很多编程、绘图、设计软件，这样做的好处是：当源文件不小心被删掉、硬件故障、断电或由于软件自身的 BUG 而导致自动退出时，还可以在备份文件的基础上继续编辑，否则前面的工作将付诸东流。

在 AutoCAD 中，后缀名为 bak 的文件即是备份文件。当修改了原 dwg 文件的内容后，再保存了修改后的内容，那么修改前的内容就会自动保存为 bak 备份文件（前提是设置为保留备份）。默认情况下，备份文件将和图形文件保存在相同的位置，且和 dwg 文件具有相同的名称。例如，“site_topo.bak”即是一份备份文件，是“site_topo.dwg”文件的精确副本，是图形文件在上次保存后自动生成的，如图 2-16 所示。值得注意的是：同一文件在同一时间只会有一个备份文件，新创建的备份文件将始终替换旧的备份，并沿用相同的名称。

图 2-16 自动备份文件与图形文件

2.2.2 备份文件的恢复与取消 ★重点★

同其他衍生文件一致，bak 备份文件也可以进行恢复图形数据和取消备份等操作。

1 恢复备份文件

备份文件本质上是重命名的 dwg 文件，因此可以通过重命名的方式来恢复其中保存的数据。如“site_topo.dwg”文件损坏或丢失后，可以重命名“site_topo.bak”文件，将后缀改为 .dwg，在 AutoCAD 中打开该文件，即可得到备份数据。

2 取消文件备份

有些用户觉得在 AutoCAD 中每个文件保存时都创建一个备份文件很麻烦，而且会消耗部分硬盘内存，同时 bak 备份文件可能会影响最终图形文件夹的整洁美观，每次手动删除也比较费时，因此可以在 AutoCAD 中设置好取消备份。

在命令行中输入“OP”命令并按 Enter 键，系统弹出【选项】对话框，切换到【打开和保存】选项卡，将【每次保存时均创建备份副本】复选框取消勾选即可，如图 2-17 所示。也可以在命令行输入“ISAVEBAK”命令，将 ISAVEBAK 的系统变量修改为 0。

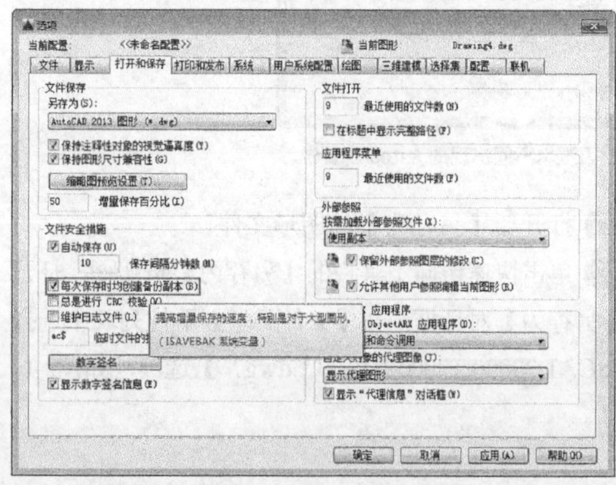

图 2-17【打开和保存】选项卡

> **操作技巧**
>
> bak备份文件不同于系统定时保存的.sv$文件，备份文件只会保留用户截至上一次保存之前的内容，而定时保存文件会根据用户指定的时间间隔进行保存，且两者的保存位置也不完全一样。当意外发生时，最好将.bak文件和.sv$文件相互比较，恢复修改时间稍晚的一个，以尽量减小损失。

2.2.3 文件的核查与修复 ★进阶★

在计算机突然断电，或者系统出现故障的时候，软件被强制性关闭。这个时候就可以使用【图形实用工具】中的命令来核查或者修复意外中止的图形。下面我们就来介绍这些工具的用法。

1 核查

使用该命令可以核查图形文件是否与标准冲突，然后再解决文件中的冲突。标准批准处理检查器一次可以核查多个文件。将标准文件和图形相关联后，可以定期检查该图形，以确保它符合其标准，这在许多人同时更新一个文件时尤为重要。

执行【核查】命令的方式有以下几种。

◆应用程序按钮：鼠标单击【应用程序】按钮，在下拉列表中选择【图形实用工具】|【核查】命令，如图 2-18 所示。

◆菜单栏：执行【文件】|【图形实用工具】|【核查】命令，如图 2-19 所示。

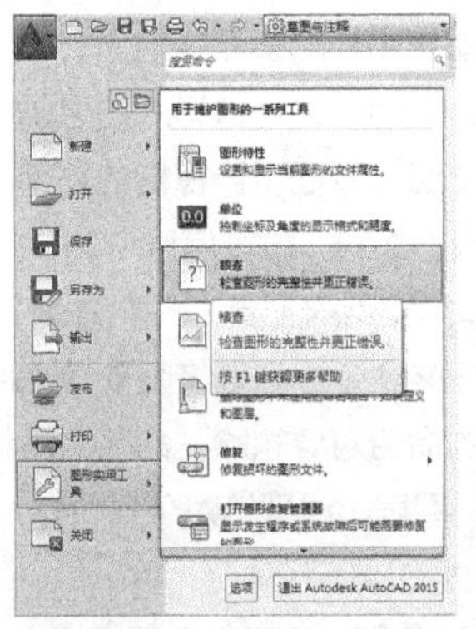
图 2-18 通过【应用程序】按钮调用【核查】命令

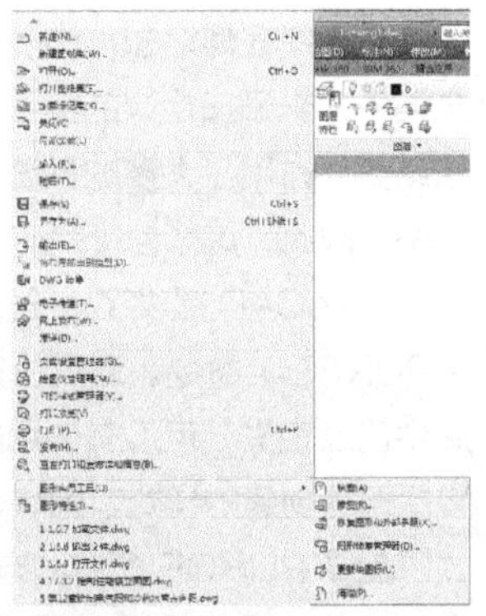
图 2-19 通过【菜单栏】调用【核查】命令

【核查】命令可以选择修复或者忽略报告的每个标准冲突。如果忽略所报告的冲突，系统将在图形中对其进行标记。可以关闭被忽略的问题的显示，以便下次核查该图形的时候，不再将它们作为冲突的情况进行报告。

如果对当前的标准冲突未进行修复，那么在【替换为】列表中将没有项目显示，【修复】按钮也不可用。如果修复了当前显示在【检查标准】对话框中的标准冲突，那么，除非单击【修复】或【下一个】按钮，否则此冲突不会在对话框中删除。

在整个图形核查完毕后，将显示【检查完成】消息。此消息总结在图形中发现的标准冲突，还显示自动修复的冲突、手动修复的冲突和被忽略的冲突。

> **操作技巧**
>
> 如果非标准图层包含多个冲突（例如，一个是非标准图层名称冲突，另一个是非标准图形特性冲突），则将显示遇到的第一个冲突。命令执行时不计算非标准图层上存在的后续冲突，因此也不会显示。用户需要再次运行命令，来检查其他冲突。

2 修复

单击【应用程序】按钮，在其下拉列表中选择【图形实用工具】|【修复】命令，系统弹出【选择文件】对话框，在对话框中选择一个文件，然后单击【打开】按钮。核查后，系统弹出【打开图形 - 文件损坏】对话框，显示文件的修复信息，如图 2-20 所示。

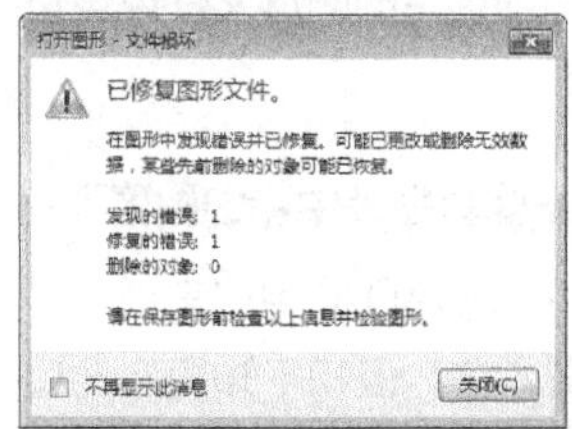

图 2-20【打开图形 – 文件损坏】对话框

> **操作技巧**
>
> 如果将AUDITCTL系统变量设置为1（开），则核查结果将写入核查日志（ADT）文件。

2.2.4 图形修复管理器

单击【应用程序】按钮，在其下拉列表中选择【图形实用工具】|【修复】|【打开图形修复管理器】命令，即可打开【图形修复管理器】选项板，如图 2-21 所示。在选项板中会显示程序或系统失败时打开的所有图形文件列表，如图 2-22 所示。在该对话框中，可以预览并打开每个图形，也可以备份文件，以便选择要另存为 dwg 文件的图形文件。

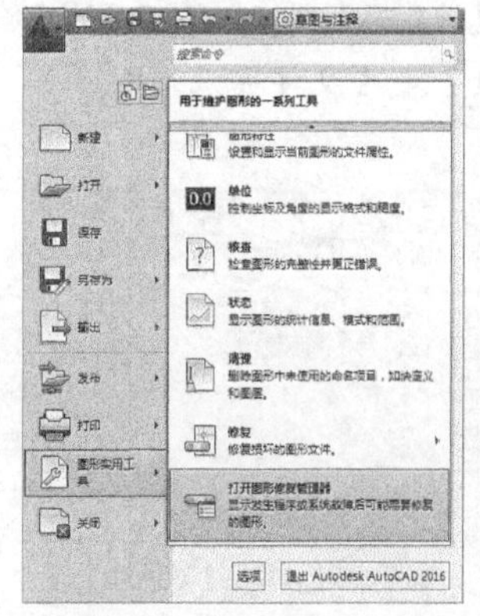
图 2-21 通过【应用程序】按钮打开【图形修复管理器】

图 2-22【图形修复管理器】选项板

【图形修复管理器】选项板中各区域的含义介绍如下。

◆【备份文件】区域：显示在程序或者系统失败后可能需要修复的图形，顶层图形节点包含一组与每个图形相关联的文件。如果存在，最多可显示 4 个文件，包含程序失败时保存的已修复的图形文件（dwg 和 dws）、自动保存的文件，也称为【自动保存】文件（sv$）、图形备份文件（bak）和原始图形文件（dwg 和 dws）。打开并保存了图形或备份文件后，将会从【备份文件】区域中删除相应的顶层图形节点。

◆【详细信息】区域：提供有关的【备份文件】区域中当前选定节点的一下信息。如果选定顶层图形的节点，将显示关于原始图形关联的每个可用图形文件或备份文件的信息；如果选定一个图形文件或备份文件，将显示有关该文件的其他信息。

◆【预览】区域：显示当前选定的图形文件或备份文件的缩略图预览图像。

练习 2-4 通过自动保存文件来修复意外中断的图形

对于很多刚刚开始学习 AutoCAD 的用户来说，虽然知道了自动保存文件的设置方法，但却不知道自动保存文件到底保存在哪里，也不知道如何通过自动保存文件来修复自己想要的图形。本例便从自动保存的路径开始介绍修复方法。

Step 01 查找自动保存的路径。新建空白文档，在命令行中输入“OP”命令，打开【选项】对话框。

Step 02 切换到【选项】对话框中的【文件】选项卡，在【搜索路径、文件和文件位置】列表框中找到【临时图形文件位置】选项，展开此选项，便可以看到自动保存文件的默认保存路径C：\Users \Administrator\appdata\local \temp，其中Administrator是指系统用户名，根据用户计算机的具体情况而定，如图2-23所示。

Step 03 根据路径查找自动保存文件。在AutoCAD中自动保存的文件是具有隐藏属性的文件，因此需将隐藏的文件显示出来。单击桌面【计算机】图标，打开【计算机】对话框，选择【工具】|【文件夹选项】，如图2-24所示。

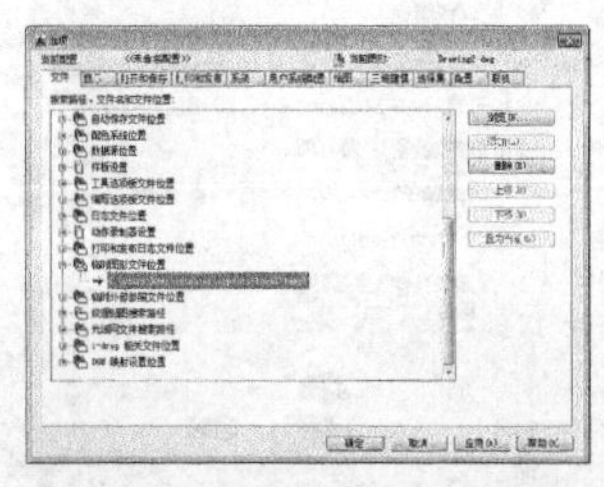

图 2-23 查找自动保存文件的保存路径

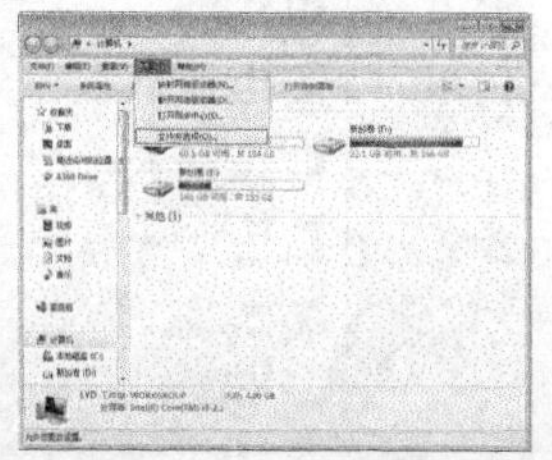

图 2-24【计算机】对话框

Step 04 打开【文件夹选项】对话框，切换到【查看】选项卡，选中【显示隐藏的文件、文件夹和驱动器】选项，并取消【隐藏已知文件类型的扩展名】复选框的勾选，如图2-25所示。

Step 05 单击【确定】按钮，返回【计算机】对话框，根据**Step 02**提供的路径打开对应的Temp文件夹，然后按时间排序找到丢失文件时间段的且与要修复的图形文件名一致的.sv$文件，如图2-26所示。

Step 06 通过自动保存的文件进行恢复。复制该.sv$文件到其他文件夹里，然后将扩展名.sv$改成.dwg，改完之后再双击打开该.dwg文件，即可得到自动保存的文件。

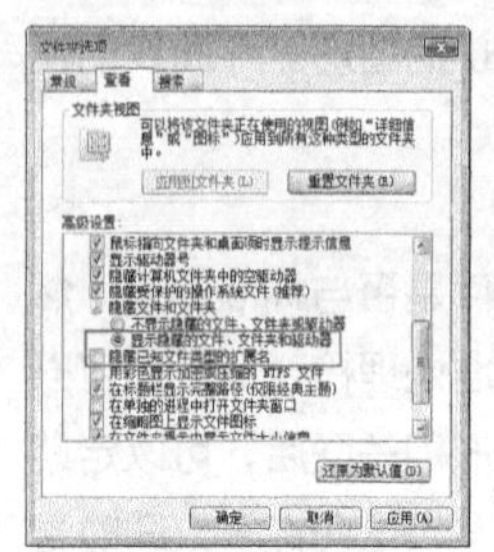

图 2-25【文件夹选项】对话框

图 2-26 找到自动保存的文件

2.2.5 清理图形

绘制复杂的大型工程图纸时，AutoCAD 文档中的信息会非常巨大，这样就难免会产生无用信息。例如，许多线型样式被加载到文档，但是并没有被使用；文字、尺寸标注等大量的命名样式被创建，但并没有用这些样式进行创建任何对象；许多图块和外部参照被定义，但文档中并未添加相应的实例。久而久之，这样的信息越来越多，占用了大量的系统资源，降低了计算机的处理效率。因此，这些信息是应该删除的“垃圾信息”。

AutoCAD 提供了一个非常实用的工具——【清理】（PURGE）命令。通过执行该命令，可以将图形数据库中已经定义，但没有使用的命名对象删除。命名对象包括已经创建的样式、图块、图层、线型等对象。

启动 PURGE 命令的方式有以下几种。

◆应用程序按钮：鼠标单击【应用程序】按钮▲，在下拉列表中选择【图形实用工具】|【清理】命令，如图 2-27 所示。

◆菜单栏：执行【文件】|【绘图实用程序】|【清理】命令。

◆命令行：输入“PURGE”命令。

执行该命令后，系统弹出如图 2-28 所示的【清理】对话框，在此对话框中显示了可以被清理的项目，可以删除图形中未使用的项目，例如块定义和图层，从而达到简化图形文件的目的。

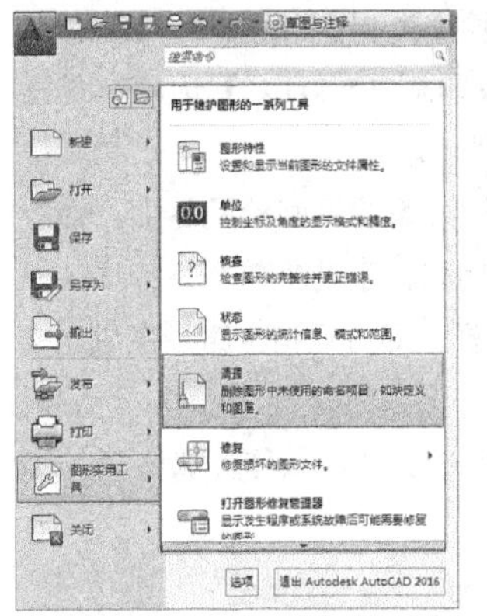

图 2-27 通过【应用程序】按钮打开【清理】工具

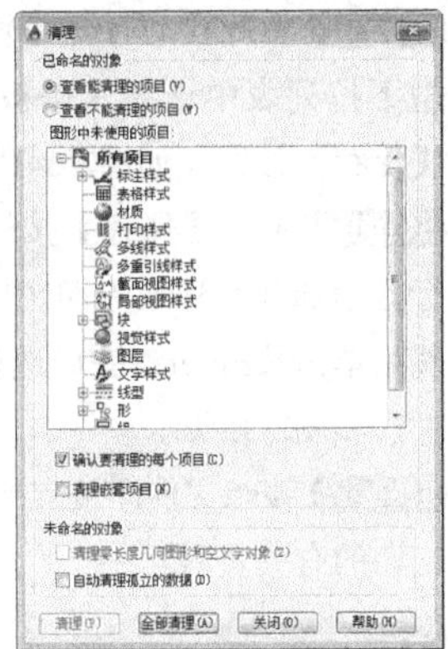

图 2-28【清理】对话框

操作技巧

PURGE命令不会从块或锁定图层中删除长度为零的几何图形或空文字和多行文字对象。

【清理】对话框中的一些项目及其用途介绍如下。

◆【已命名的对象】：查看能清理的项目，切换树状图形以显示当前图形中可以清理的命名对象的概要。

◆【清理镶嵌项目】：从图形中删除所有未使用的命名对象，即使这些对象包含在其他未使用的命名对象中，或者是被这些对象所参照。

2.3 文件的输出

AutoCAD 拥有强大、方便的绘图能力，有时候我们利用其绘图后，需要将绘图的结果用于其他程序，在这种情况下，我们需要将 AutoCAD 图形输出为通用格式的图像文件，如 dxf、stl、dwf、pdf 等。

2.3.1 输出为 dxf 文件 ★进阶★

dxf 是 Autodesk 公司开发的用于 AutoCAD 与其他软件之间进行 CAD 数据交换的 CAD 数据文件格式。

dxf 即 Drawing Exchange File(图形交换文件)，这是一种 ASCII 文本文件，它包含对应的 dwg 文件的全部信息，不是 ASCII 码形式，可读性差，但用它形成图形速度快，不同类型的计算机（如 PC 及其兼容机，与 SUN 工作站具有不同的 CPU 总线）哪怕是用同一版本的文件，其 dwg 文件也是不可交换的。为了克服这一缺点，AutoCAD 提供了 dxf 类型文件，其内部为 ASCII 码，这样不同类型的计算机可通过交换 dxf 文件来达到交换图形的目的，由于 dxf 文件可读性好，用户可方便地对它进行修改、编程，达到从外部图形进行编辑、修改的目的。

练习 2-5 输出 dxf 文件在其他建模软件中打开

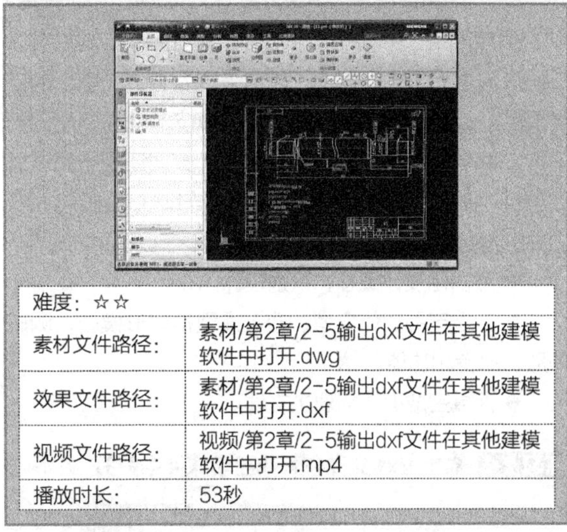

难度：☆☆	
素材文件路径：	素材/第2章/2-5输出dxf文件在其他建模软件中打开.dwg
效果文件路径：	素材/第2章/2-5输出dxf文件在其他建模软件中打开.dxf
视频文件路径：	视频/第2章/2-5输出dxf文件在其他建模软件中打开.mp4
播放时长：	53秒

将 AutoCAD 图形输出为 .dxf 文件后，就可以在导入的其他建模软件中打开，如UG、Creo、草图大师等。dxf 文件适用于 AutoCAD 的二维草图输出。

Step 01 打开要输出dxf的AutoCAD图形文件，如图2-29所示。

Step 02 单击快速访问工具栏【另存为】按钮，或按快捷键Ctrl+Shift+S，打开【图形另存为】对话框，选择输出路径，再输入新的文件名“2-5”，在【文件类型】下拉列表中选择【AutoCAD2000/LT2000图形（*.dxf）】选项，如图2-30所示。

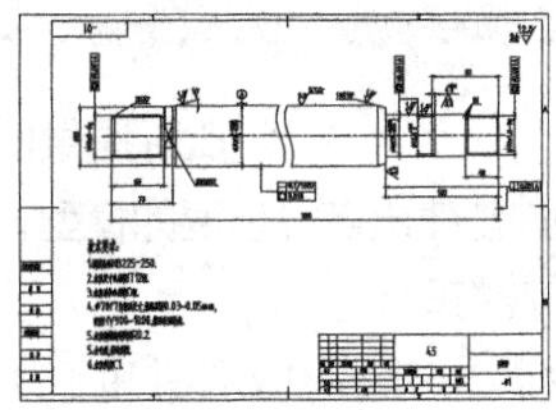

图 2-29 素材文件

图 2-30【图形另存为】对话框

Step 03 在建模软件中导入生成2-5.dxf文件，具体方法请见各软件有关资料，最终效果如图2-31所示。

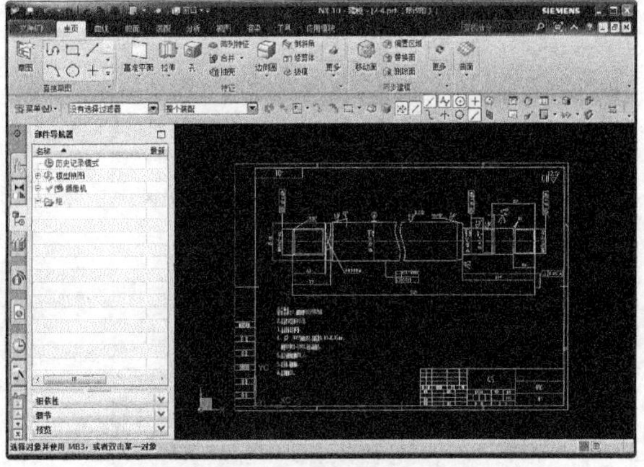

图 2-31 在其他软件（UG）中导入的 dxf 文件

2.3.2 输出为 stl 文件 ★进阶★

stl 文件是一种平板印刷文件，可以将实体数据以三角形网格面形式保存，一般用来转换 AutoCAD 的三维模型。近年来发展迅速的 3D 打印技术就需要使用到该种文件格式。除 3D 打印之外，stl 数据还用于通过沉淀塑料、金属或复合材质的薄图层的连续性来创建对象。生成的部分和模型通常用于以下方面。

◆ 可视化设计概念，识别设计问题。

◆ 创建产品实体模型、建筑模型和地形模型，测试外形、拟合和功能。

◆ 为真空成型法创建主文件。

练习 2-6 输出 dxf 文件在其他建模软件中打开

难度：☆☆☆	
素材文件路径：	素材/第2章/2-6输出stl文件并用于3D打印.dwg
效果文件路径：	素材/第2章/2-6输出stl文件并用于3D打印.stl
视频文件路径：	视频/第2章/2-6输出stl文件并用于3D打印.mp4
播放时长：	46秒

除了专业的三维建模，AutoCAD 2016 所提供的三维建模命令也可以使得用户创建出自己想要的模型，并通过输出 stl 文件来进行 3D 打印。

Step 01 打开素材文件“第2章/2-6输出stl文件并用于3D打印.dwg”，其中已经创建好了一个三维模型，如图2-32所示。

Step 02 单击【应用程序】按钮，在弹出的快捷菜单中选择【输出】选项，在右侧的输出菜单中选择【其他格式】命令，如图2-33所示。

图 2-32 素材模型

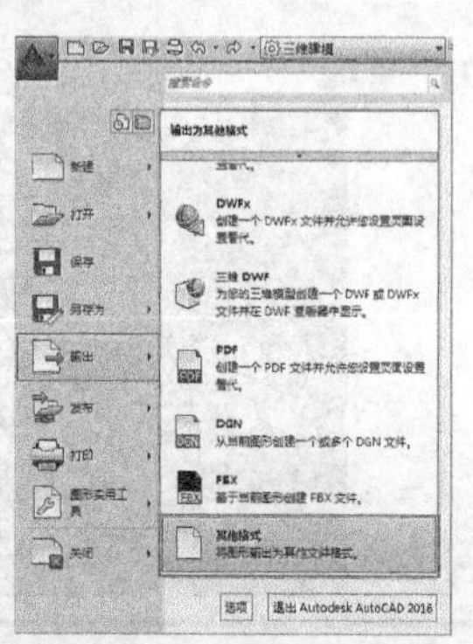

图 2-33 输出其他格式

Step 03 系统自动打开【输出数据】对话框，在文件类型下拉列表中选择【平板印刷（*.stl）】选项，单击【保存】按钮，如图2-34所示。

Step 04 单击【保存】按钮后系统返回绘图界面，命令行提示选择实体或无间隙网络，手动将整个模型选中，然后单击按Enter键完成选择，即可在指定路径生成stl文件，如图2-35所示。

Step 05 该stl文件即可支持3D打印，具体方法请参阅3D打印的有关资料。

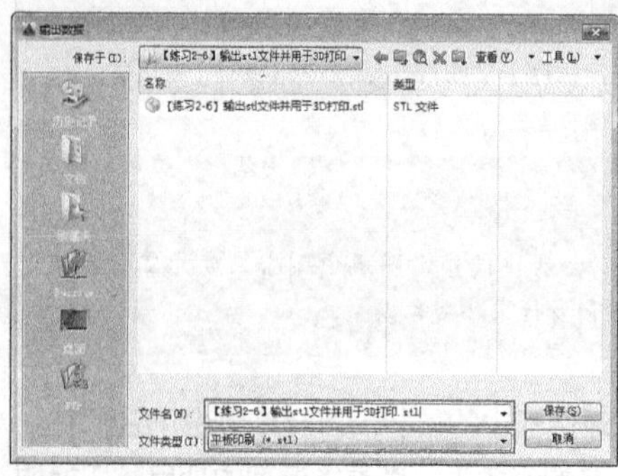

图 2-34【输出数据】对话框

【练习2-6】输出stl文件并用于3D打印.stl

图 2-35 输出 stl 文件

2.3.3 输出为 dwf 文件 ★进阶★

为了能够在 Internet 上显示 AutoCAD 图形，Autodesk 采用一种称为 dwf（drawing web format）的新文件格式。dwf 文件格式支持图层、超级链接、背景颜色、距离测量、线宽、比例等图形特性。用户可以在不损失原始图形文件数据特性的前提下，通过 dwf 文件格式共享其数据和文件。用户可以在 AutoCAD 中先输出 dwf 文件，然后下载 DWF Viewer 这款小程序来进行查看。

dwf 文件与 dwg 文件相比，具有如下优点。

◆ dwf 占用内存小。dwf 文件可以被压缩。它的大小比原来的 dwg 图形文件小 8 倍，非常适合整理公司数以千计的大批量图纸库。

◆ dwf 适合多方交流。对于公司的其他部门（如财务、行政）来说，AutoCAD 并不是一款必需的软件，因此在工作交流中查看 dwg 图纸多有不便，这时就可以输出 dwf 图纸来方便交流。而且由于 dwf 文件较小，因此在网上的传输时间更短。

◆ dwf 格式更为安全。由于不显示原来的图形，其他用户无法更改原来的 dwg 文件。

◆ 当然，dwf 格式存在以下一些缺点。

dwf 文件不能显示着色或阴影图。

dwf 是一种二维矢量格式，不能保留 3D 数据。

AutoCAD 本身不能显示 dwf 文件，要显示的话，只能通过【插入】|【DWF 参考底图】方式。

将 dwf 文件转换到 dwg 格式需使用第三方供应商的文件转换软件。

练习 2-7 输出 dwf 文件加速设计图评审

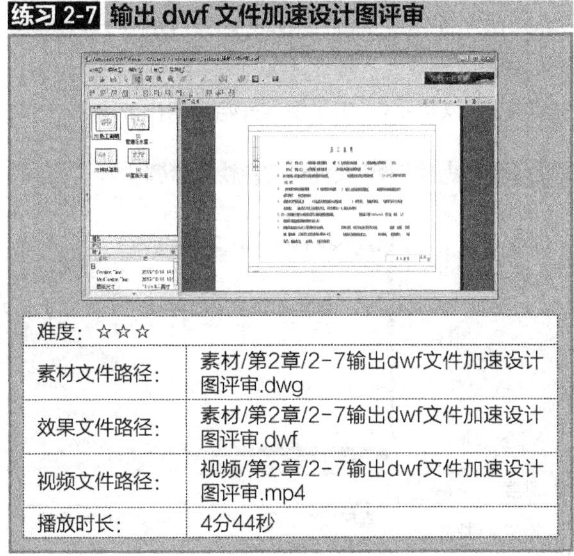

难度：☆☆☆	
素材文件路径：	素材/第2章/2-7输出dwf文件加速设计图评审.dwg
效果文件路径：	素材/第2章/2-7输出dwf文件加速设计图评审.dwf
视频文件路径：	视频/第2章/2-7输出dwf文件加速设计图评审.mp4
播放时长：	4分44秒

设计评审是对一项设计进行正式的、按文件规定的、系统的评估活动，由不直接涉及开发工作的人执行。由于 AutoCAD 不能一次性打开多张图纸，而且图纸数量一多，在 AutoCAD 中来回切换时就多有不便，在评审时经常因此耽误时间。这时就可以利用 DWF Viewer 查看 dwf 文件的方式，一次性打开所需图纸，且图纸切换极其方便。

Step 01 打开素材文件“第2章/2-7输出dwf文件加速设计图评审.dwg”，其中已经绘制好了4张图纸，如图2-36所示。

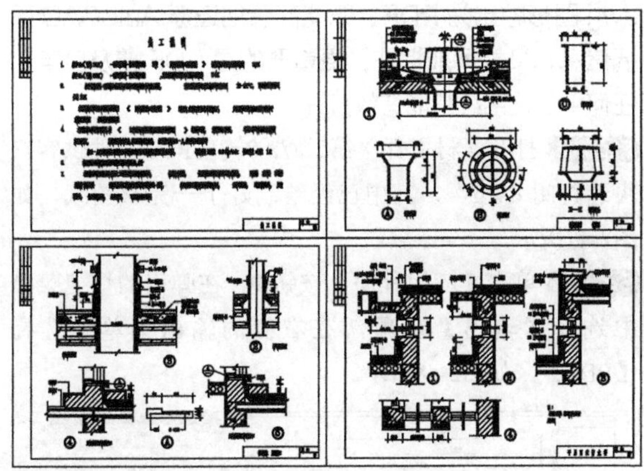

图 2-36 素材文件

Step 02 在状态栏中可以看到已经创建好了对应的4个布局，如图2-37所示。每一个布局对应一张图纸，并控制该图纸的打印（具体方法请见本书的第13章图形打印和输出）。

模型 | 热工说明 | 管道泛水屋面出口图 | 铸铁罩图 | 平屋面天窗大样图 | +

图 2-37 素材创建好的布局

Step 03 单击【应用程序】按钮，在弹出的快捷菜单中选择【发布】选项，打开【发布】对话框，在【发布为】下拉列表中选择【DWF】选项，在【发布选项】中定义发布位置，如图2-38所示。

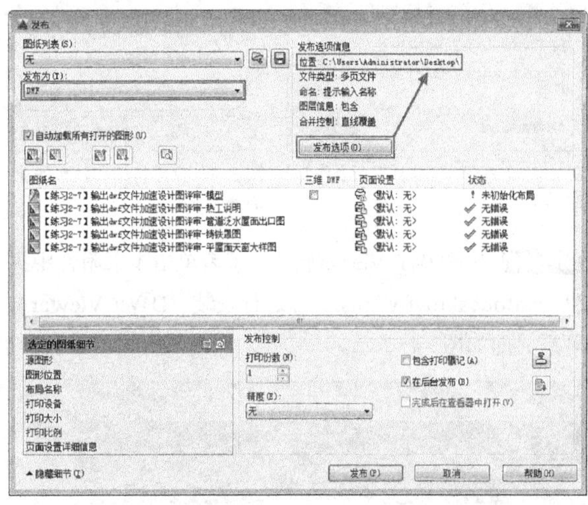

图 2-38【发布】对话框

Step 04 在【图纸名】列表栏中可以查看到要发布为dwf的文件，用鼠标右键单击其中的任一文件，在弹出的快捷菜单选择【重命名图纸】选项，如图2-39所示。为图形输入合适的名称，最终效果如图2-40所示。

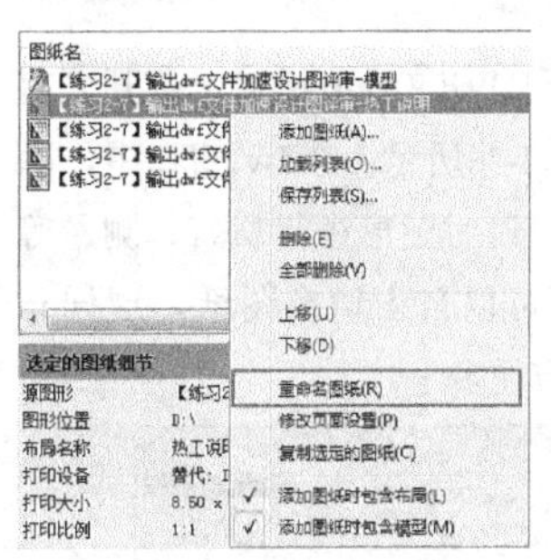

图 2-39 重命名图纸

图 2-40 重命名效果

Step 05 设置无误后，单击【发布】对话框中的【发布】按钮，打开【指定DWF文件】对话框，在【文件名】文本框中输入发布后dwf文件的文件名，单击【选择】按钮即可发布，如图2-41所示。

Step 06 如果是第一次进行dwf发布，会打开【发布-保存图纸列表】对话框，单击【否】按钮即可，如图2-42所示。

图 2-41【指定 DWF 文件】对话框

图 2-42【发布 - 保存图纸列表】对话框

Step 07 AutoCAD弹出【打印-正在处理后台作业】对话框，如图2-43所示。开始处理dwf文件的输出；输出完成后，在状态栏右下角出现如图2-44所示的提示，dwf文件即输出完成。

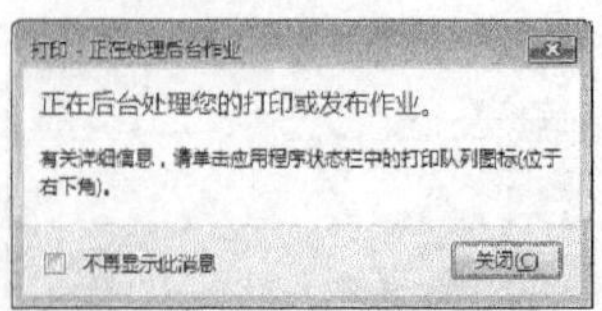

图2-43【打印-正在处理后台作业】对话框

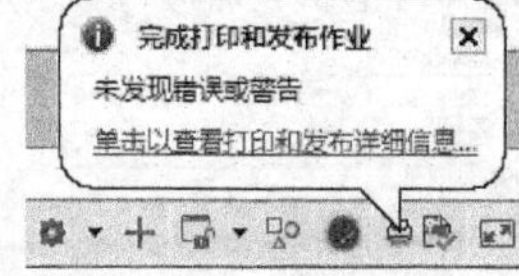

图2-44 完成打印和发布作业的提示

Step 08 下载DWF Viewer软件，或者单击本书附件中提供的autodeskdwf-v7.msi文件进行安装。DWF Viewer打开后界面如图2-45所示。

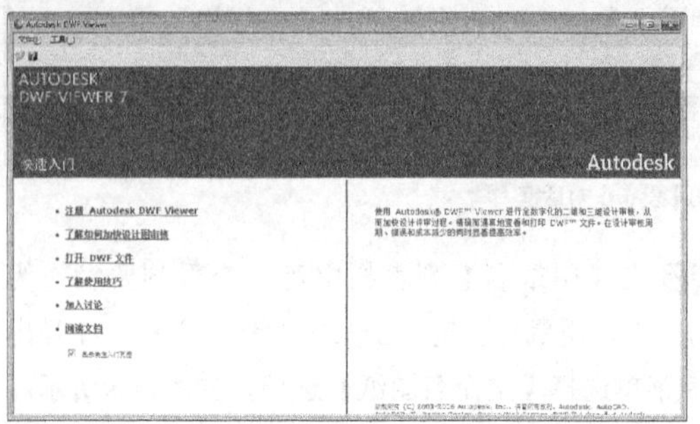

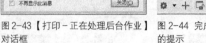

图2-45 DWF Viewer软件界面

Step 09 单击左侧的【打开DWF文件】链接，打开之前发布的dwf文件，效果如图2-46所示。在dwf窗口中，除不能对文件进行编辑外，可以对图形进行观察、测量等各种操作；左侧列表中还可以自由切换图纸，这样一来，在进行图纸评审时就方便多了。

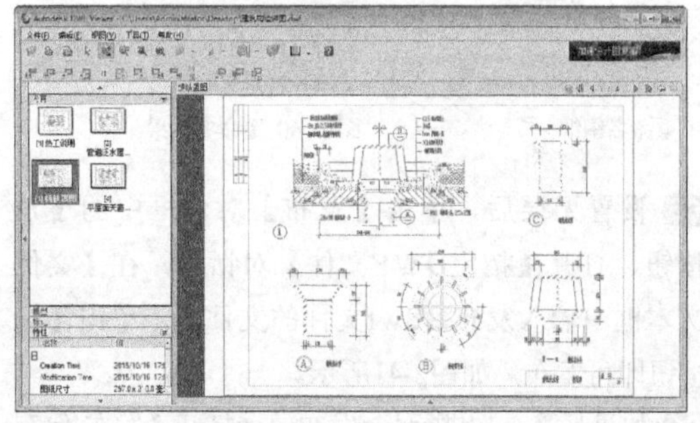

图2-46 用DWF Viewer查看效果

2.3.4 输出为PDF文件 ★进阶★

PDF（Portable Document Format的简称，意为便携式文档格式）是由Adobe Systems用于与应用程序、操作系统、硬件无关的方式进行文件交换所发展出的文件格式。PDF文件以PostScript语言图像模型为基础，无论在哪种打印机上都可保证精确的颜色和准确的打印效果，即PDF会忠实地再现原稿的每一个字符、颜色以及图像。

PDF这种文件格式与操作系统平台无关，也就是说，PDF文件不管是在Windows、Unix还是在苹果公司的Mac OS操作系统中都是通用的。这一特点使它成为在Internet上进行电子文档发行和数字化信息传播的理想文档格式。越来越多的电子图书、产品说明、公司文告、网络资料、电子邮件开始使用PDF格式文件。

练习 2-8 输出PDF文件供客户快速查阅

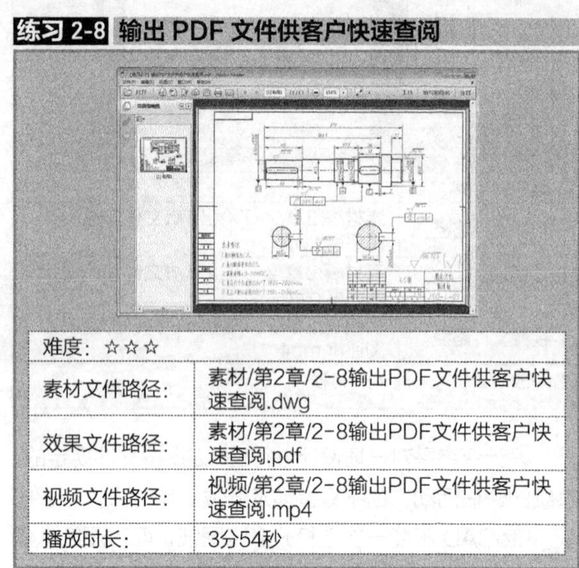

难度：☆☆☆	
素材文件路径：	素材/第2章/2-8输出PDF文件供客户快速查阅.dwg
效果文件路径：	素材/第2章/2-8输出PDF文件供客户快速查阅.pdf
视频文件路径：	视频/第2章/2-8输出PDF文件供客户快速查阅.mp4
播放时长：	3分54秒

对于AutoCAD用户来说，掌握PDF文件的输出尤为重要。因为有些客户并非设计专业，在他们的计算机中不会装有AutoCAD或者简易的DWF Viewer，这样进行设计图交流的时候就会很麻烦，如直接通过截图的方式交流，截图的分辨率又太低；打印成高分辨率的jpeg图形又不好添加批注等信息。这时就可以将dwg图形输出为PDF，既能高清地还原AutoCAD图纸信息，又能添加批注，更重要的是PDF普及度高，任何平台、系统都能有效打开。

Step 01 打开素材文件“第2章/2-8输出PDF文件供客户快速查阅.dwg”，其中已经绘制好了一完整图纸，如图2-47所示。

Step 02 单击【应用程序】按钮，在弹出的快捷菜单中选择【输出】选项，在右侧的输出菜单中选择【PDF】，如图2-48所示。

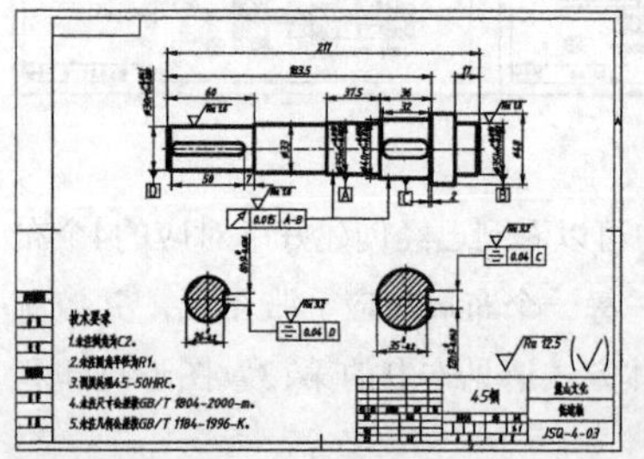

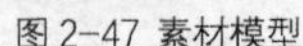

图2-47 素材模型

图2-48 输出PDF

Step 03 系统自动打开【另存为PDF】对话框，在对话框中指定输出路径、文件名，然后在【PDF预设】下拉列表框中选择【AutoCAD PDF（High Quality Print）】，即“高品质打印”，用户也可以自行选择要输出PDF的品质，如图2-49所示。

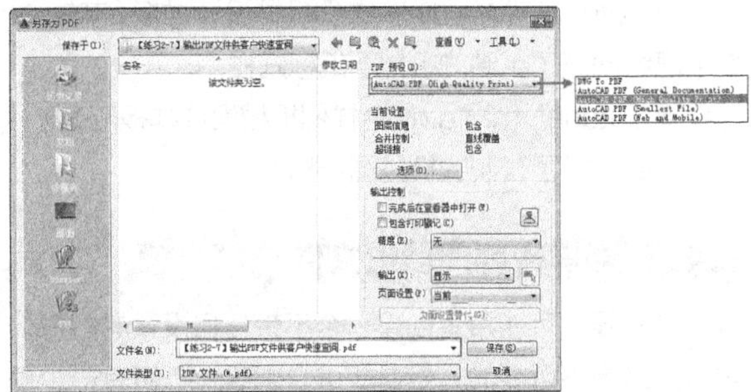

图 2-49【另存为 PDF】对话框

Step 04 在对话框的【输出】下拉列表中选择【窗口】，系统返回绘图界面，然后点选素材图形的对角点即可，如图2-50所示。

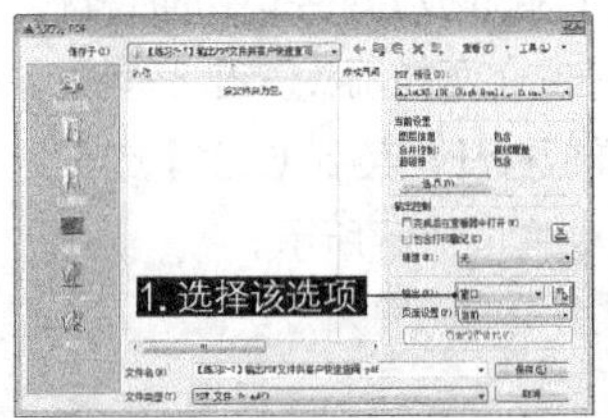

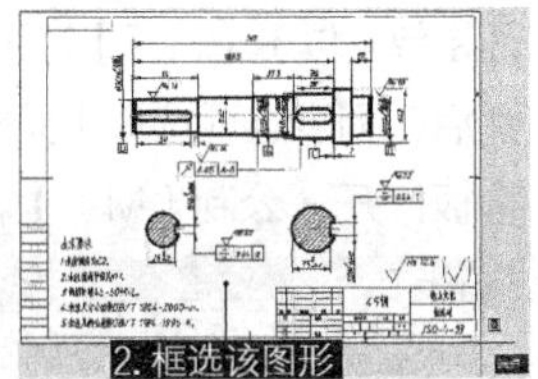

图 2-50 定义输出窗口

Step 05 在对话框的【页面设置】下拉列表中选择【替代】，再单击下方的【页面设置替代】按钮，打开【页面设置替代】对话框，在其中定义好打印样式和图纸尺寸，如图2-51所示。

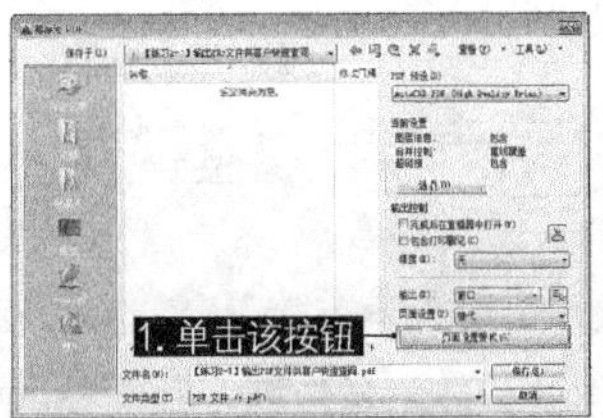

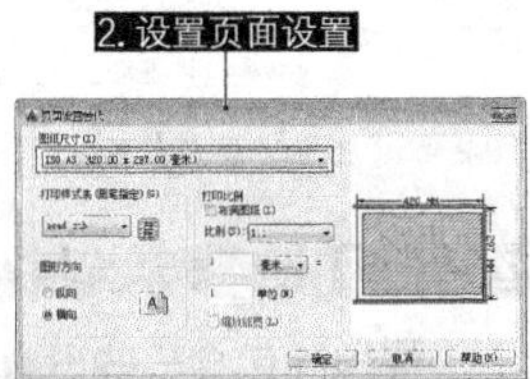

图 2-51 定义页面设置

Step 06 单击【确定】按钮返回【另存为PDF】对话框，再单击【保存】按钮，即可输出PDF，效果如图2-52所示。

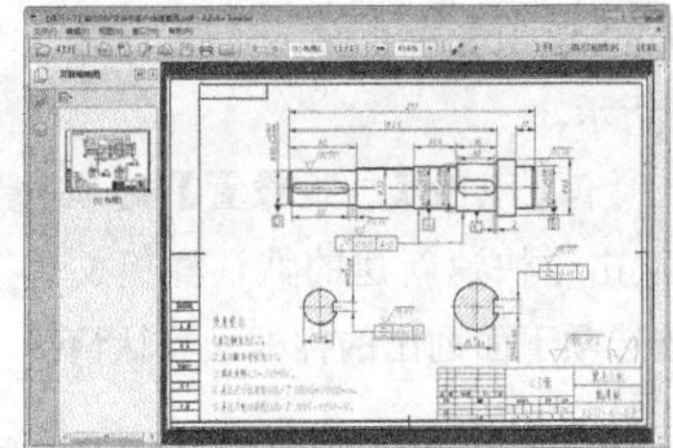

图 2-52 输出的 PDF 效果

2.3.5 其他格式文件的输出

除上面介绍的几种常见的文件格式之外，在 AutoCAD 中还可以输出 DGN、FBX、EPS 等十余种格式。这些文件的输出方法与前面所介绍的 4 种相差无几，在此就不多加赘述，只简单介绍这些文件的作用与使用方法。

DGN

DGN 为奔特力（Bentley）工程软件系统有限公司的 MicroStation 和 Intergraph 公司的 Interactive Graphics Design System (IGDS)CAD 程序所支持。在 2000 年之前，所有 DGN 格式都基于 Intergraph 标准文件格式 (ISFF) 定义，此格式在 20 世纪 80 年代末发布。此文件格式通常被称为 V7 DGN 或者 Intergraph DGN。2000 年，Bentley 创建了 DGN 的更新版本。尽管在内部数据结构上和基于 ISFF 定义的 V7 格式有所差别，但总体上说，它是 V7 版本 DGN 的超集，一般来说，我们称之为 V8 DGN。因此在 AutoCAD 的输出中，可以看到这两种不同 DGN 格式的输出，如图 2-53 所示。

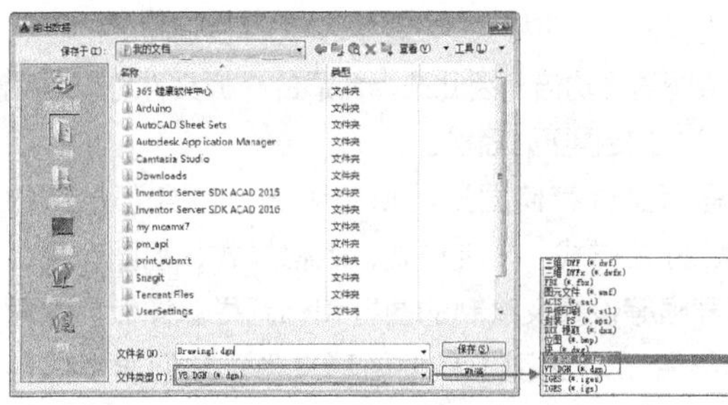

图 2-53 V8 DGN 和 V7 DGN 的输出

尽管 DGN 在使用上不如 Autodesk 的 dwg 文件格式那样广泛，但在诸如建筑、高速路、桥梁、工厂设计、船舶制造等许多大型工程上，都发挥着重要的作用。

FBX

FBX 是 FilmBoX 这套软件所使用的格式，后改称 Motionbuilder。FBX 最大的用途是在诸如在 3DS MAX、MAYA、Softimage 等软件间进行模型、材质、动作和摄影机信息的互导，这样就可以发挥 3DS MAX 和 MAYA 等软件的优势。可以说，FBX 文件是这些软件之间最好的互导方案。

因此，如需使用 AutoCAD 建模，并得到最佳的动画录制或渲染效果，可以考虑输出为 FBX 文件。

EPS

EPS（Encapsulated Post Script）是处理图像工作中的最重要的格式，它在 Mac 和 PC 环境下的图形和版面设计中广泛使用，用在 Post Script 输出设备上打印。几乎每个绘画程序及大多数页面布局程序都允许保

存EPS文档。在Photoshop中，通过文件菜单的放置（Place）命令（注：Place命令仅支持EPS插图）转换成EPS格式。

如果要将一幅AutoCAD的DWG图形转入PS、Adobe Illustrator、CorelDRAW、QuarkXPress等软件，最好的选择便是EPS。但是，由于EPS格式在保存过程中图像体积过大，因此，如果仅仅是保存图像，建议不要使用EPS格式。如果你的文件要打印到无Post Script的打印机上，为避免打印问题，最好也不要使用EPS格式，可以用TIFF或JPEG格式来替代。

2.4 样板文件

本节主要讲解AutoCAD设计时所使用到的样板文件，用户可以通过创建复杂的样板来避免重复进行相同的基本设置和绘图工作。

2.4.1 什么是样板文件

如果将AutoCAD中的绘图工具比作设计师手中的铅笔，那么样板文件就可以看作是供铅笔涂写的纸。而纸，也有白纸、带格式的纸之分，选择合适格式的纸可以让绘图事半功倍，因此选择合适的样板文件也可以让AutoCAD变得更为轻松。

样板文件存储图形的所有设置，包含预定义的图层、标注样式、文字样式、表格样式、视图布局、图形界限等设置及绘制的图框和标题栏。样板文件通过扩展名.dwt区别于其他图形文件。它们通常保存在AutoCAD安装目录下的Template文件夹中，如图2-54所示。

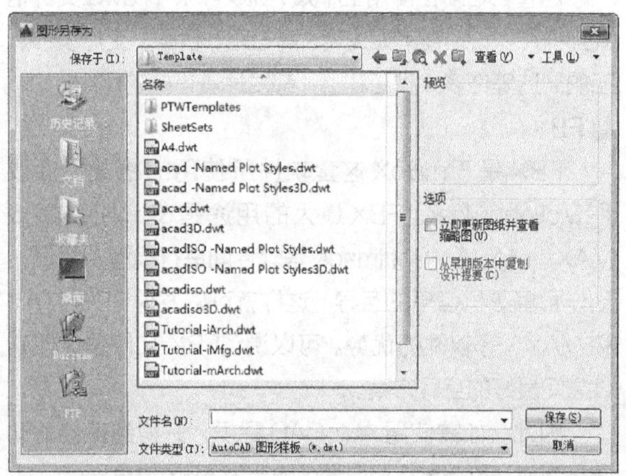

图2-54 样板文件

在AutoCAD软件设计中，我们可以根据行业、企业或个人的需要定制dwt的模板文件，新建时既可启动自制的模板文件，节省工作时间，又可以统一图纸格式。

AutoCAD的样板文件中自动包含对应的布局，这里简单介绍使用最多的几种。

◆ Tutorial-iArch.dwt：样例建筑样板（英制），其中已绘制好了英制的建筑图纸标题栏。

◆ Tutorial-mArch.dwt：样例建筑样板（公制），其中已绘制好了公制的建筑图纸标题栏。

◆ Tutorial-iMfg.dwt：样例机械设计样板（英制），其中已绘制好了英制的机械图纸标题栏。

◆ Tutorial-mMfg.dwt：样例机械设计样板（公制），其中已绘制好了公制的机械图纸标题栏。

2.4.2 无样板创建图形文件

有时候，可能希望创建一个不带任何设置的图形。实际上这是不可能的，但是却可以创建一个带有最少预设的图形文件。在他人的计算机上进行工作，而又不想花时间去掉大量对自己工作无用的复杂设置时，可能就会有这样的需要了。

要以最少的设置创建图形文件，可以执行【文件】|【新建】菜单命令，这时不要在【选择样板】对话框中选择样板，而是单击位于【打开】按钮右侧的下拉箭头按钮，然后在列表选项选择【无样板打开－英制（I）】或【无样板打开－公制（M）】，如图2-55所示。

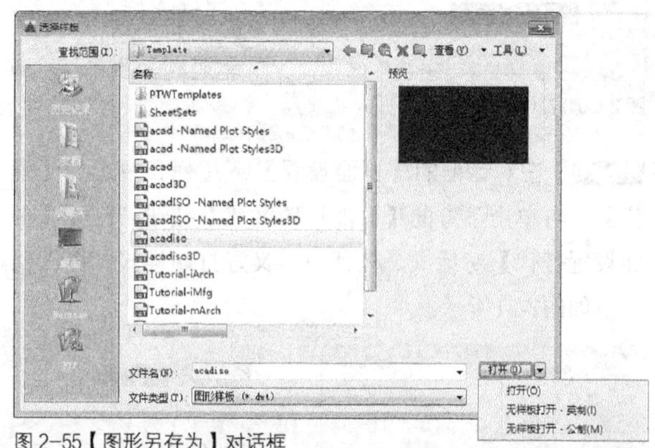

图2-55【图形另存为】对话框

练习2-9 设置默认样板

样板除包含一些设置之外，还常常包括一些完整的标题块和样板（标准化）文字之类的内容。为了适合自己特定的需要，多数用户都会定义一个或多个自己的默认样板，有了这些个性化的样板，工作中大多数的烦琐设置就不需要再重复进行了。

Step 01 执行【工具】|【选项】菜单命令，打开【选项】对话框，如图2-56所示。

Step 02 在【文件】选项卡下双击【样板设置】选项，然后在展开的目录中双击【快速新建的默认样板文件名】选项，接着单击该选项下面列出的样板（默认情况下这里显示“无”），如图2-57所示。

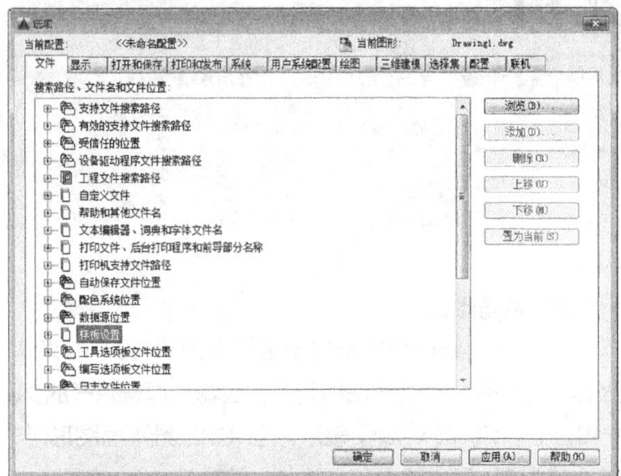

图 2-56【选项】对话框

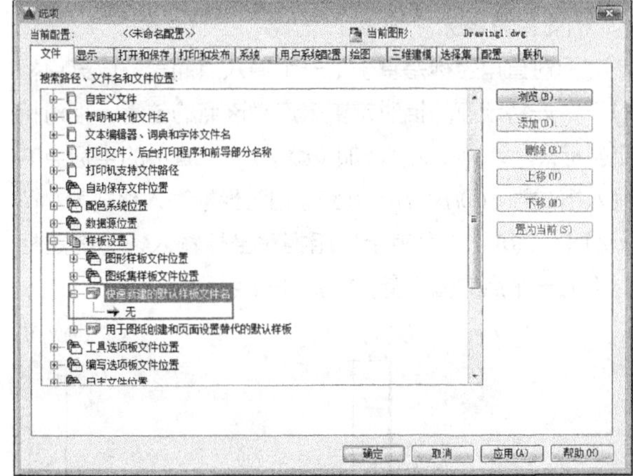

图 2-57 展开【快速新建的默认样板文件名】

Step 03 单击【浏览】按钮，打开【选择文件】对话框，如图2-58所示。

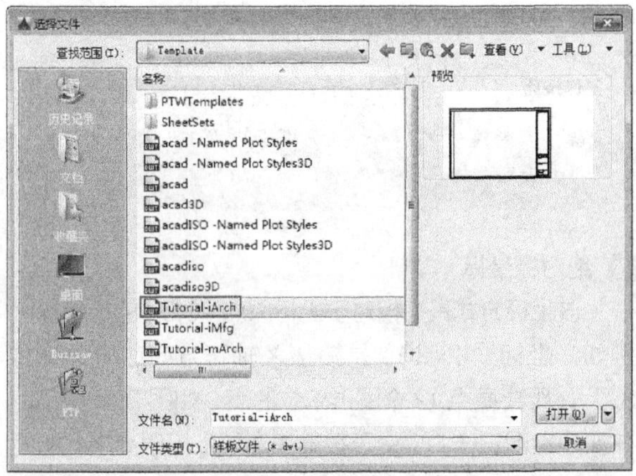

图 2-58【选择文件】对话框

Step 04 在【选择文件】对话框内选择一个样板，然后单击【打开】按钮将其加载，最后单击【确定】按钮关闭对话框，如图2-59所示。

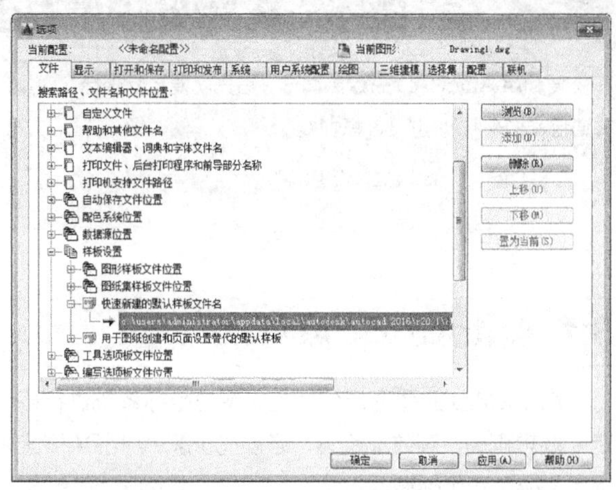

图 2-59 加载样板

Step 05 单击【标准】工具栏上的【新建】按钮，通过默认的样板创建一个新的图形文件，如图2-60所示。

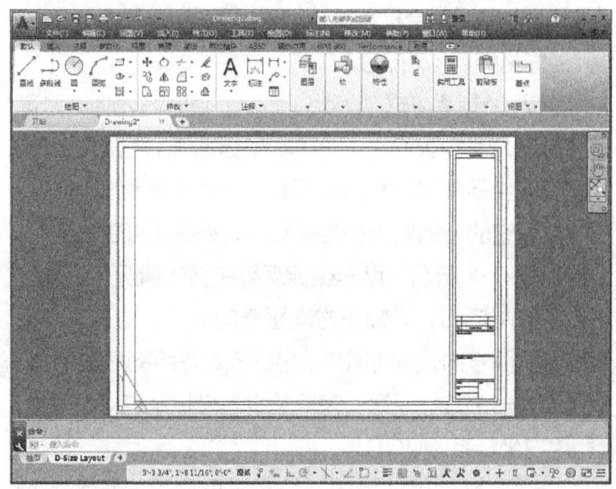

图 2-60 创建一个新的图形文件

第 3 章 坐标系与辅助绘图工具

要利用 AutoCAD 来绘制图形，首先就要了解坐标、对象选择和一些辅助绘图工具方面的内容。本章将深入阐述相关内容，并通过实例来帮助用户加深理解。

3.1 AutoCAD的坐标系

AutoCAD 的图形定位，主要是由坐标系统进行确定。要想正确、高效地绘图，必须先了解 AutoCAD 坐标系的概念和坐标输入方法。

3.1.1 认识坐标系

在 AutoCAD 2016 中，坐标系分为世界坐标系（WCS）和用户坐标系（UCS）两种。

1 世界坐标系（WCS）

世界坐标系统（World Coordinate System，简称 WCS）是 AutoCAD 的基本坐标系统。它由三个相互垂直的坐标轴 *X*、*Y* 和 *Z* 组成，在绘制和编辑图形的过程中，它的坐标原点和坐标轴的方向是不变的。

如图 3-1 所示，世界坐标系统在默认情况下，*X* 轴正方向水平向右，*Y* 轴正方向垂直向上，*Z* 轴正方向垂直屏幕平面方向，指向用户。坐标原点在绘图区左下角，在其上有一个方框标记，表明是世界坐标系统。

2 用户坐标系（UCS）

为了更好地辅助绘图，经常需要修改坐标系的原点位置和坐标方向，这时就需要使用可变的用户坐标系统（User Coordinate System，简称 USC）。在用户坐标系中，可以任意指定或移动原点和旋转坐标轴，默认情况下，用户坐标系统和世界坐标系统重合，如图 3-2 所示。

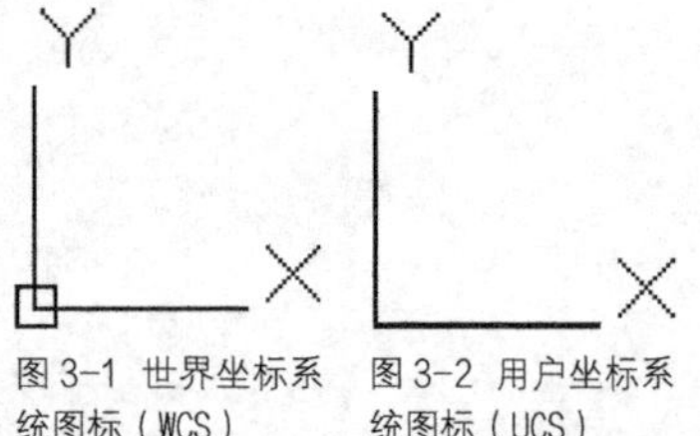

图 3-1 世界坐标系统图标（WCS） 图 3-2 用户坐标系统图标（UCS）

3.1.2 坐标的 4 种表示方法 ★重点★

在指定坐标点时，既可以使用直角坐标，也可以使用极坐标。在 AutoCAD 中，一个点的坐标可以用绝对直角坐标、绝对极坐标、相对直角坐标和相对极坐标 4 种方法表示。

1 绝对直角坐标

绝对直角坐标是指相对于坐标原点（0,0）的直角坐标，要使用该指定方法指定点，应输入逗号隔开的 *x*、*y* 和 *z* 值，即用（*x*,*y*,*z*）表示。当绘制二维平面图形时，其 *z* 值为 0，可省略而不必输入，仅输入 *x*、*y* 值即可，如图 3-3 所示。

2 相对直角坐标

相对直角坐标是基于上一个输入点而言，以某点相对于另一特定点的相对位置来定义该点的位置。相对特定坐标点（*x*，*y*，*z*）增加（*nx*，*ny*，*nz*）的坐标点的输入格式为（@*nx*，*ny*，*nz*）。相对坐标输入格式为（@*x*,*y*），“@”符号表示使用相对坐标输入，是指定相对于上一个点的偏移量，如图 3-4 所示。

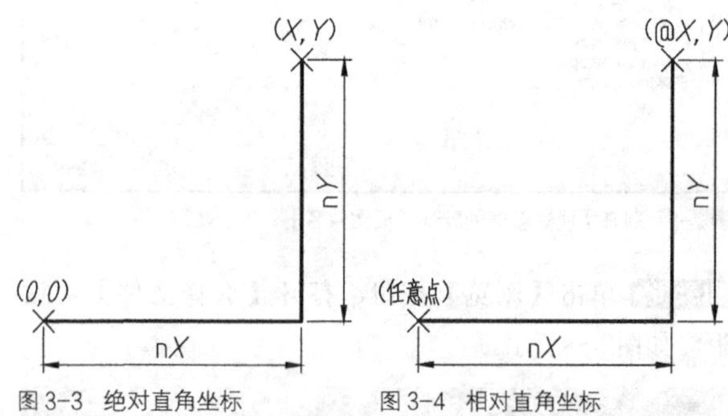

图 3-3 绝对直角坐标 图 3-4 相对直角坐标

> **操作技巧**
>
> 坐标分割的逗号“,”和“@”符号都是英文输入法下的字符，否则无效。

3 绝对极坐标

该坐标方式是指相对于坐标原点（0,0）的极坐标。例如，坐标（12<30）是指从 *X* 轴正方向逆时针旋转 30°，距离原点 12 个图形单位的点，如图 3-5 所示。在实际绘图工作中，由于很难确定与坐标原点之间的绝对极轴距离，因此该方法使用较少。

4 相对极坐标

以某一特定点为参考极点，输入相对于参考极点的距离和角度来定义一个点的位置。相对极坐标输入格式为（@*A*<角度），其中 *A* 表示指定与特定点的距离。例如，坐标（@14<45）是指相对于前一点角度为 45°，距离为 14 个图形单位的一个点，如图 3-6 所示。

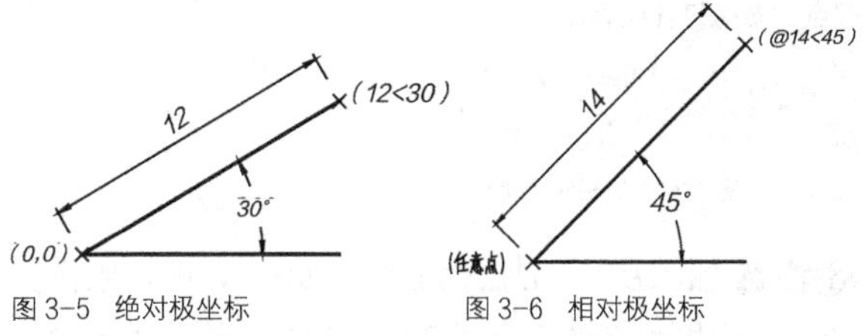

图 3-5　绝对极坐标　　图 3-6　相对极坐标

操作技巧

这4种坐标的表示方法，除绝对极坐标外，其余3种均使用较多，需重点掌握。以下通过3个例子，分别采用不同的坐标方法绘制相同的图形，来做进一步的说明。

练习 3-1 通过绝对直角坐标绘制图形

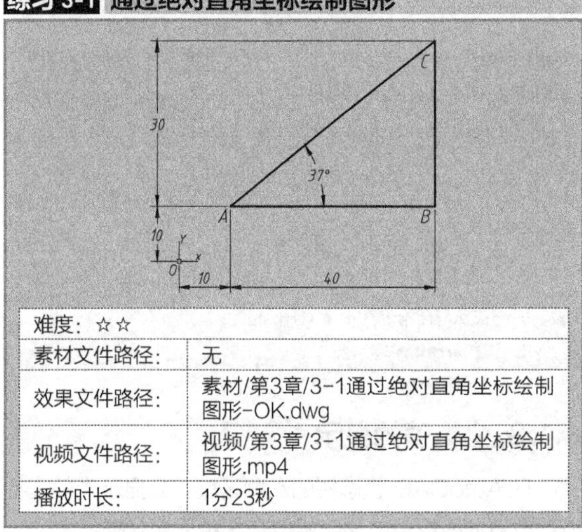

难度：☆☆	
素材文件路径：	无
效果文件路径：	素材/第3章/3-1通过绝对直角坐标绘制图形-OK.dwg
视频文件路径：	视频/第3章/3-1通过绝对直角坐标绘制图形.mp4
播放时长：	1分23秒

以绝对直角坐标输入的方法绘制如图 3-7 所示的图形。图中 *O* 点为 AutoCAD 的坐标原点，坐标即（0，0），因此 *A* 点的绝对坐标则为（10，10），*B* 点的绝对坐标为（50，10），*C* 点的绝对坐标为（50，40）。因此绘制步骤如下。

Step 01 在【默认】选项卡中，单击【绘图】面板上的【直线】按钮，执行直线命令。

Step 02 命令行出现“指定第一点”的提示，直接在其后输入“10,10”，即第一点*A*点的坐标，如图3-8所示。

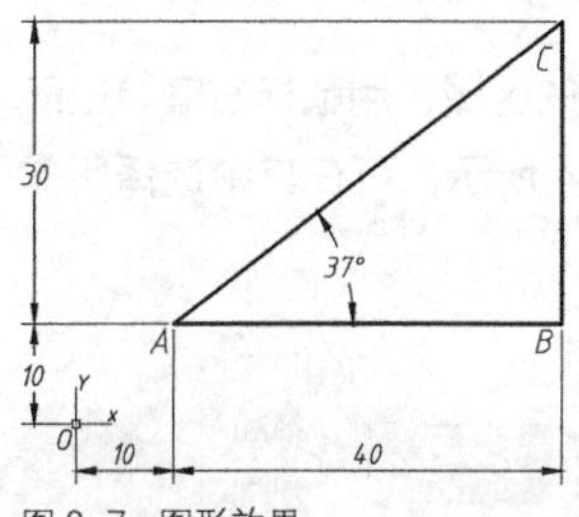

图 3-7　图形效果

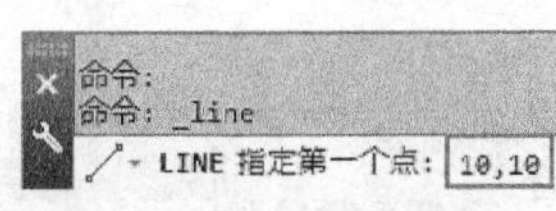

图 3-8　输入绝对坐标确定第一点

Step 03 单击Enter键确定第一点的输入，接着命令行提示“指定下一点”，再按相同方法输入*B*、*C*点的绝对坐标值，即可得到如图3-7所示的图形效果。完整的命令行操作过程如下。

```
命令: L↙LINE
                              //调用【直线】命令
指定第一个点: 10,10↙
                              //输入A点的绝对坐标
指定下一点或 [放弃(U)]: 50,10↙
                              //输入B点的绝对坐标
指定下一点或 [放弃(U)]: 50,40↙
                              //输入C点的绝对坐标
指定下一点或 [闭合(C)/放弃(U)]: c↙
                              //闭合图形
```

操作技巧

本书中命令行操作文本中的“↙”符号代表按下Enter键；“//”符号后的文字为提示文字。

练习 3-2 通过相对直角坐标绘制图形

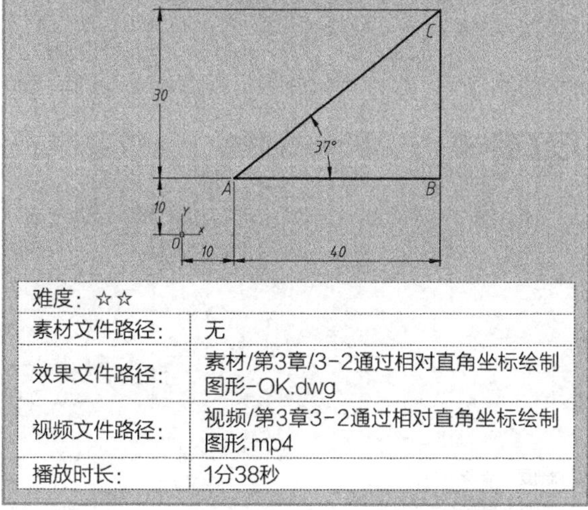

难度：☆☆	
素材文件路径：	无
效果文件路径：	素材/第3章/3-2通过相对直角坐标绘制图形-OK.dwg
视频文件路径：	视频/第3章3-2通过相对直角坐标绘制图形.mp4
播放时长：	1分38秒

以相对直角坐标输入的方法绘制如图 3-7 所示的图形。在实际绘图工作中，大多数设计师都喜欢随意在绘图区中指定一点为第一点，这样就很难界定该点及后续图形与坐标原点（0,0）的关系，因此往往采用相对坐标的输入方法来进行绘制。相比于绝对坐标的刻板，相对坐标显得更为灵活多变。

Step 01 在【默认】选项卡中，单击【绘图】面板上的【直线】按钮，执行直线命令。

Step 02 输入*A*点。可按练习3-1中的方法输入*A*点，也可以在绘图区中任意指定一点作为*A*点。

Step 03 输入*B*点。在图3-7中，*B*点位于*A*点的正*X*轴方向、距离为40点处，*Y*轴增量为0，因此相对于*A*点的坐标为（@40,0），可在命令行提示“指定下一点”时输入“@40,0”，即可确定*B*点，如图3-9所示。

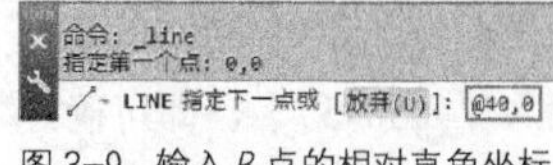

图 3-9　输入 *B* 点的相对直角坐标

Step 04 输入*C*点。由于相对直角坐标是相对于上一点进行定义的，因此在输入*C*点的相对坐标时，要考虑它和*B*点的相对关系，*C*点位于*B*点的正上方，距离为30，即输入“@0,30”，如图3-10所示。

图 3-10　输入 *C* 点的相对直角坐标

Step 05 将图形封闭，即绘制完成。完整的命令行操作如下。

```
命令: L↙LINE                              //调用【直线】命令
指定第一个点:        10,10↙
              //输入A点的绝对坐标
指定下一点或 [放弃(U)]: @40,0↙
              //输入B点相对于上一个点（A点）的相对坐标
指定下一点或 [放弃(U)]: @0,30↙
              //输入C点相对于上一个点（B点）的相对坐标
指定下一点或 [闭合(C)/放弃(U)]: c↙
              //闭合图形
```

练习 3-3　通过相对极坐标绘制图形

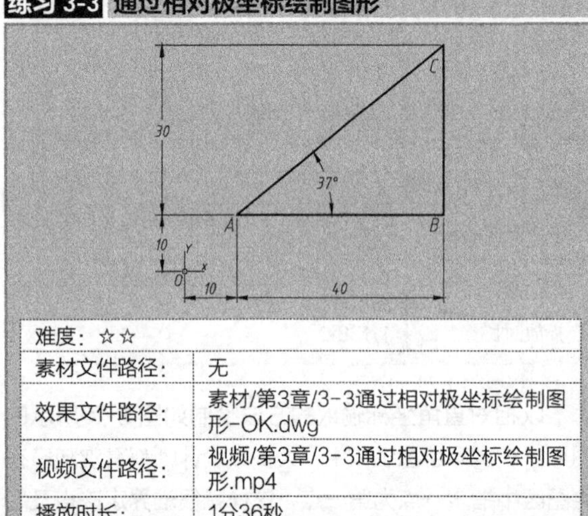

难度：☆☆	
素材文件路径：	无
效果文件路径：	素材/第3章/3-3通过相对极坐标绘制图形-OK.dwg
视频文件路径：	视频/第3章/3-3通过相对极坐标绘制图形.mp4
播放时长：	1分36秒

以相对极坐标输入的方法绘制如图 3-7 所示的图形。相对极坐标与相对直角坐标一样，都是以上一点为参考基点，输入增量来定义下一个点的位置。只不过相对极坐标输入的是极轴增量和角度值。

Step 01 在【默认】选项卡中，单击【绘图】面板上的【直线】按钮，执行直线命令。

Step 02 输入*A*点。可按**练习3-1**中的方法输入*A*点，也可以在绘图区中任意指定一点作为*A*点。

Step 03 输入*C*点。*A*点确定后，就可以通过相对极坐标的方式确定*C*点。*C*点位于*A*点37°方向，距离为50（由勾股定理可知），因此相对极坐标为（@50<37），在命令行提示“指定下一点”时输入“@50<37”，即可确定*C*点，如图3-11所示。

图 3-11　输入 *C* 点的相对极坐标

Step 04 输入*B*点。*B*点位于*C*点-90°方向，距离为30，因此相对极坐标为（@30<-90），输入“@30<-90”即可确定*B*点，如图3-12所示。

图 3-12　输入 *B* 点的相对极坐标

Step 05 将图形封闭即绘制完成。完整的命令行操作如下。

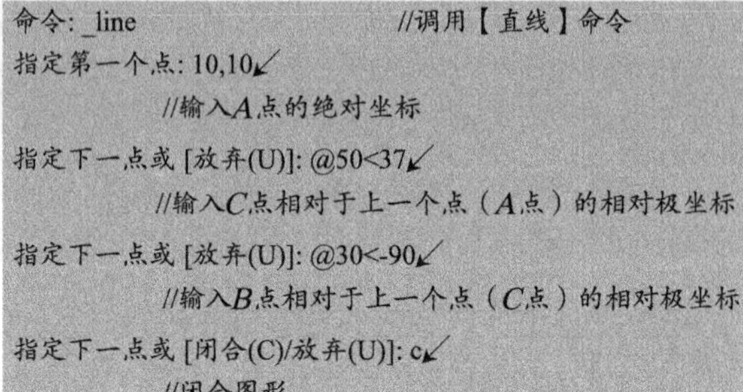

```
命令: _line                               //调用【直线】命令
指定第一个点: 10,10↙
              //输入A点的绝对坐标
指定下一点或 [放弃(U)]: @50<37↙
              //输入C点相对于上一个点（A点）的相对极坐标
指定下一点或 [放弃(U)]: @30<-90↙
              //输入B点相对于上一个点（C点）的相对极坐标
指定下一点或 [闭合(C)/放弃(U)]: c↙
              //闭合图形
```

3.1.3 坐标值的显示

在 AutoCAD 状态栏的左侧区域，会显示当前光标所处位置的坐标值，该坐标值有 3 种显示状态。

◆绝对直角坐标状态：显示光标所在位置的坐标（118.8822, -0.4634, 0.0000）。

◆相对极坐标状态：在相对于前一点来指定第二点时可以使用此状态（37.6469<216, 0.0000）。

◆关闭状态：颜色变为灰色，并“冻结”关闭时所显示的坐标值，如图 3-13 所示。

用户可根据需要在这 3 种状态之间相互切换。

按 Ctrl+L 组合键可以关闭 / 开启坐标显示。

当确定一个位置后，在状态栏中显示坐标值的区域，单击也可以进行切换。

在状态栏中显示坐标值的区域，用鼠标右键单击即可弹出快捷菜单，如图 3-14 所示，可在其中选择所需状态。

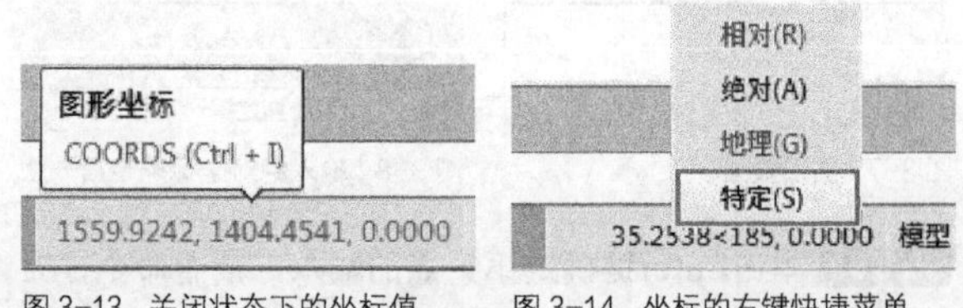

图 3-13　关闭状态下的坐标值　　图 3-14　坐标的右键快捷菜单

3.2 辅助绘图工具

本节将介绍 AutoCAD 2016 辅助工具的设置。通过对辅助功能进行适当的设置，可以提高用户制图的工作效率和绘图的准确性。在实际绘图中，用鼠标定位虽然方便快捷，但精度不够，因此为了解决快速准确定位问题，AutoCAD 提供了一些绘图辅助工具，如动态输入、栅格、栅格捕捉、正交和极轴追踪等。

【栅格】类似定位的小点，可以直观地观察距离和位置；【栅格捕捉】用于设定鼠标光标移动的间距；【正交】控制直线在 0°、90°、180° 或 270° 等正平竖直的方向上；【极轴追踪】用以控制直线在 30°、45°、60° 等常规或用户指定角度上。

3.2.1 动态输入

在绘图的时候，有时可在光标处显示命令提示或尺寸输入框，这类设置称作【动态输入】。在 AutoCAD 中，【动态输入】有两种显示状态，即指针输入和标注输入状态，如图 3-15 所示。

【动态输入】功能的开、关切换有以下两种方法。

◆快捷键：按 F12 键切换开、关状态。

◆状态栏：单击状态栏上的【动态输入】按钮，若亮显则为开启，如图 3-16 所示。

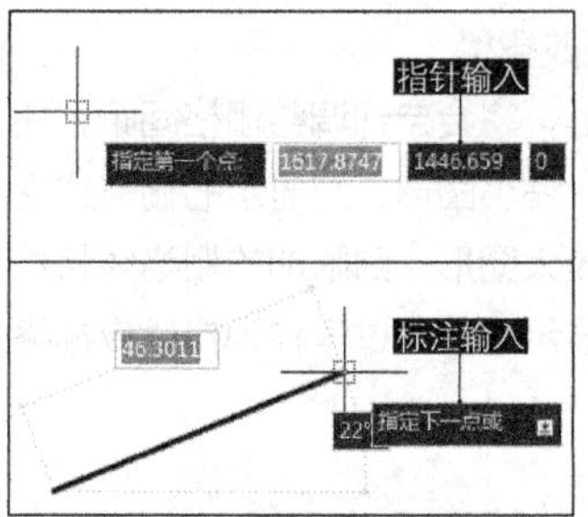

图 3-15 不同状态的【动态输入】

图 3-16 状态栏中开启【动态输入】功能

右键单击状态栏上的【动态输入】按钮，选择弹出【动态输入设置】选项，打开【草图设置】对话框中的【动态输入】选项卡，该选项卡可以控制在启用【动态输入】时每个部件所显示的内容。选项卡中包含 3 个组件，即指针输入、标注输入和动态提示，如图 3-17 所示，分别介绍如下。

1 指针输入

单击【指针输入】选项区的【设置】按钮，打开【指针输入设置】对话框，如图 3-18 所示。可以在其中设置指针的格式和可见性。在工具提示中，十字光标所在位置的坐标值将显示在光标旁边。命令提示用户输入点时，可以在工具提示框（而非命令行）中输入坐标值。

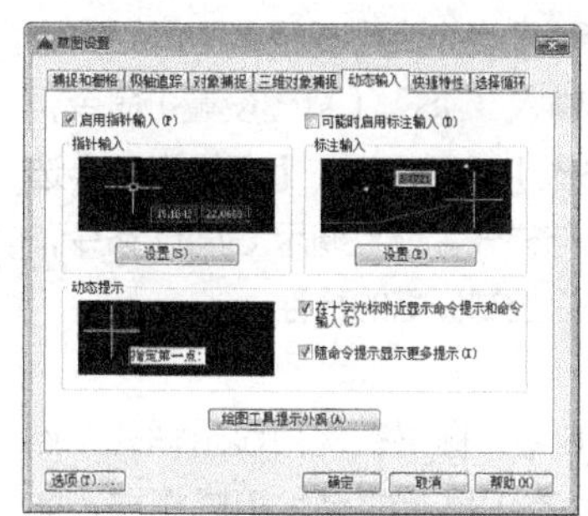

图 3-17 【动态输入】选项卡

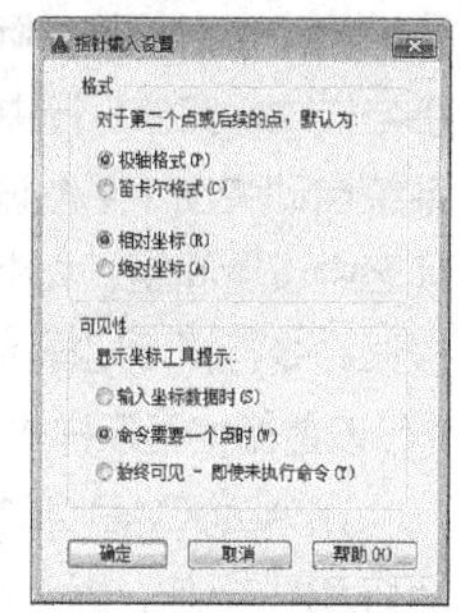

图 3-18【指针输入设置】对话框

2 标注输入

在【草图设置】对话框的【动态输入】选项卡，选择【可能时启用标注输入】复选框，启用标注输入功能。单击【标注输入】选项区域的【设置】按钮，打开如图 3-19 所示的【标注输入的设置】对话框。利用该对话框可以设置夹点拉伸时标注输入的可见性等。

3 动态提示

【动态提示】选项组中各选项按钮含义说明如下。

◆【在十字光标附近显示命令提示和命令输入】复选框：勾选该复选框，可在光标附近显示命令显示。

◆【随命令提示显示更多提示】复选框：勾选该复选框，显示使用 Shift 和 Ctrl 键进行夹点操作的提示。【绘图工具提示外观】按钮：单击该按钮，弹出如图 3-20 所示的【工具提示外观】对话框，从中进行颜色、大小、透明度和应用场合的设置。

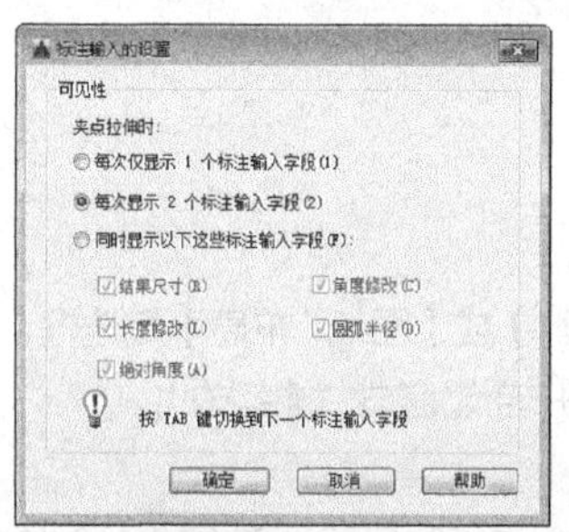

图 3-19【标注输入的设置】对话框

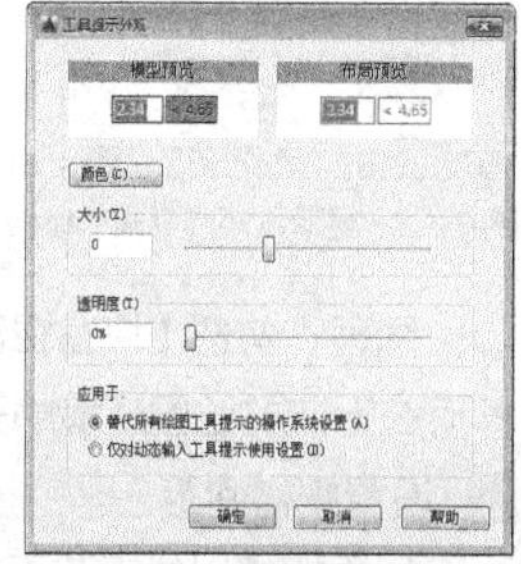

图 3-20【工具提示外观】对话框

3.2.2 栅格

【栅格】相当于手工制图中使用的坐标纸，它按照相等的间距在屏幕上设置栅格点（或线）。用户可以通过栅格点数目来确定距离，从而达到精确绘图的目的。【栅格】不是图形的一部分，只供用户视觉参考，打印时不会被输出。

控制【栅格】显示的方法如下。

◆快捷键：按 F7 键可以切换开、关状态。

◆状态栏：单击状态栏上的【显示图形栅格】按钮，若亮显则为开启，如图 3-21 所示。

用户可以根据实际需要自定义【栅格】的间距、大小与样式。在命令行中输入“DS”（草图设置）命令，系统自动弹出【草图设置】对话框，在【栅格间距】选项区中设置间距、大小与样式。或是调用 GRID 命令，根据命令行提示同样可以控制栅格的特性。

1 设置栅格显示样式

在 AutoCAD 2016 中，栅格有两种显示样式：点矩阵和线矩阵，默认状态下显示的是线矩阵栅格，如图 3-22 所示。

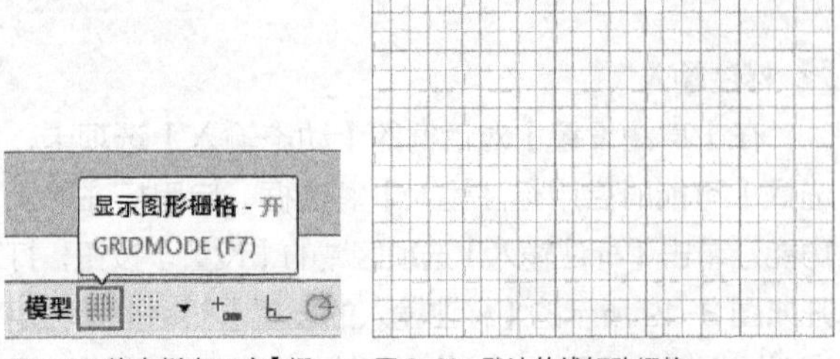

图 3-21 状态栏中开启【栅格】功能　　图 3-22 默认的线矩阵栅格

右键单击状态栏上的【显示图形栅格】按钮，选择弹出的【网格设置】选项，打开【草图设置】对话框中的【捕捉和栅格】选项卡，然后选择【栅格样式】区域中的【二维模型空间】复选框，即可在二维模型空间显示点矩阵形式的栅格，如图 3-23 所示。

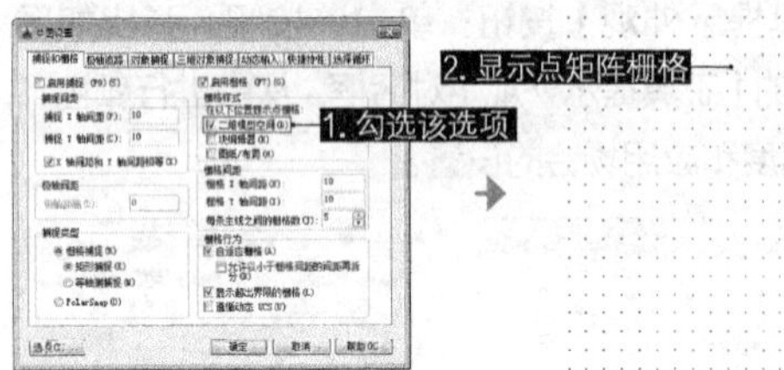

图 3-23 显示点矩阵样式的栅格

同理，勾选【块编辑器】或【图纸 / 布局】复选框，即可在对应的绘图环境中开启点矩阵的栅格样式。

2 设置栅格间距

如果栅格以线矩阵而非点矩阵显示，那么其中会有若干颜色较深的线（称为主栅格线）和颜色较浅的线（称为辅助栅格线）间隔显示，栅格的组成如图 3-24 所示。在以小数单位或英尺、英寸绘图时，主栅格线对于快速测量距离尤其有用。在【草图设置】对话框中，可以通过【栅格间距】区域来设置栅格的间距。

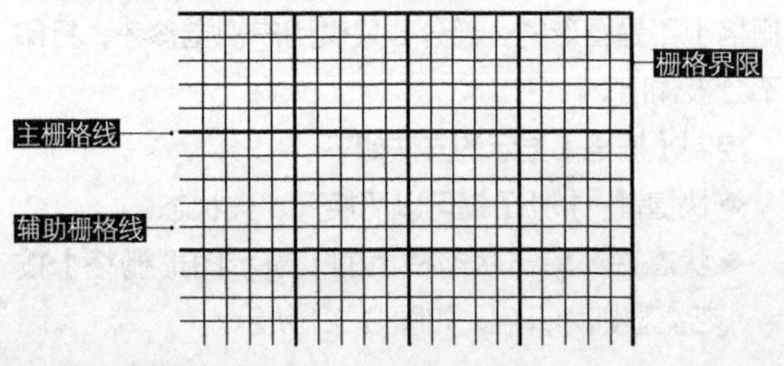

图 3-24 栅格的组成

操作技巧

【栅格界限】只有使用Limits命令定义了图形界限之后方能显现，详见本书第四章4.1.4设置图形界限小节。

【栅格间距】区域中的各命令含义说明如下。

- 【栅格 X 轴间距】文本框：输入辅助栅格线在 X 轴上（横向）的间距值。
- 【栅格 Y 轴间距】文本框：输入辅助栅格线在 Y 轴上（纵向）的间距值。
- 【每条主线之间的栅格数】文本框：输入主栅格线之间的辅助栅格线的数量，因此可间接指定主栅格线的间距，即主栅格线间距 = 辅助栅格线间距 × 数量。

默认情况下，X 轴间距和 Y 轴间距值是相等的，如需分别输入不同的数值，需取消【X 轴间距和 Y 轴间距相等】复选框的勾选，方能输入。输入不同的间距与所得栅格效果如图 3-25 所示。

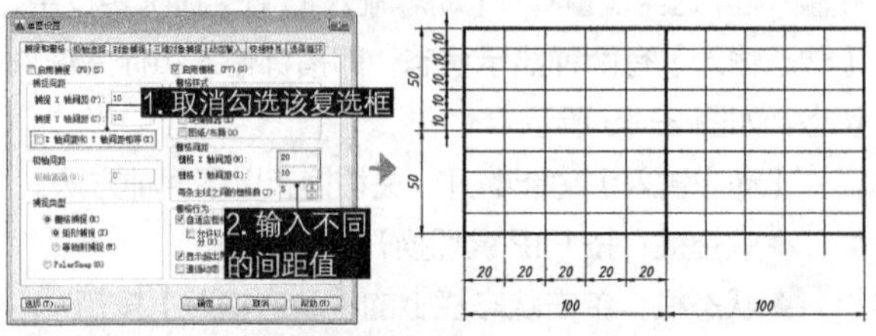

图 3-25 不同间距下的栅格效果

3 在缩放过程中动态更改栅格

如果放大或缩小图形，将会自动调整栅格间距，使其适合新的比例。例如，缩小图形，则显示的栅格线密度会自动减小；相反，放大图形，则附加的栅格线将按与主栅格线相同的比例显示。这一过程称为自适应栅格显示，如图 3-26 所示。

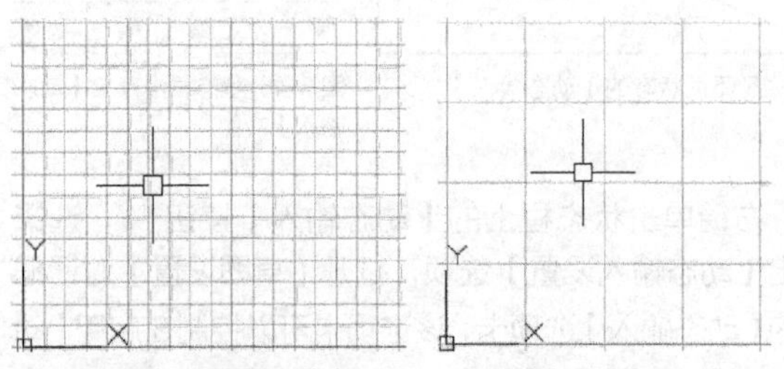

图 3-26 【自适应栅格】效果

勾选【栅格行为】下的【自适应栅格】复选框，即可启用该功能。如果再勾选其下的【允许小于栅格间距的间距再拆分】复选框，则在视图放大时，会生成更多间距更小的栅格线，即以原辅助栅格线替换为主栅格线，然后再进行平分。

4 栅格与 UCS 的关系

栅格和捕捉点始终与 UCS 原点对齐。如果需要移动栅格和栅格捕捉原点，需移动 UCS。如果需要沿特定的对齐或角度绘图，可以通过旋转用户坐标系（UCS）来更改栅格和捕捉角度，如图 3-27 所示。

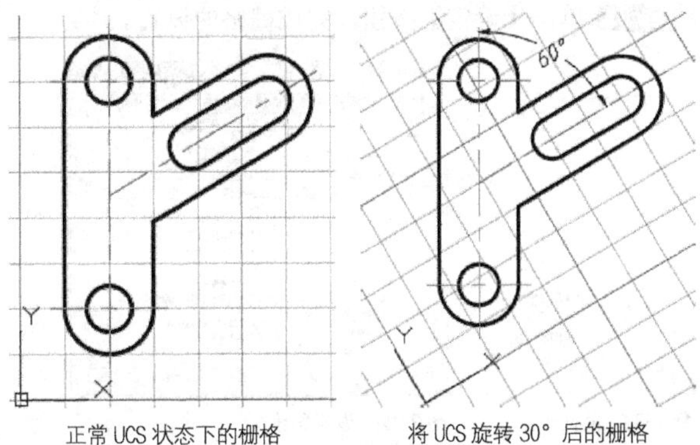

图 3-27 UCS 旋转效果与栅格

此旋转将十字光标在屏幕上重新对齐，以与新的角度匹配。在图 3-27 中，将 UCS 旋转 30° ，以与固定支架的角度一致。

3.2.3 捕捉

【捕捉】功能可以控制光标移动的距离。它经常和【栅格】功能联用，当捕捉功能打开时，光标便能停留在栅格点上，这样就只能绘制出栅格间距整数倍的距离。

控制【捕捉】功能的方法如下。

◆快捷键：按 F9 键可以切换开、关状态。

◆状态栏：单击状态栏上的【捕捉模式】按钮 ，若亮显则为开启。

同样，也可以在【草图设置】对话框中的【捕捉和栅格】选项卡中控制捕捉的开关状态及其相关属性。

1 设置栅格捕捉间距

在【捕捉间距】下的【捕捉 X 轴间距】和【捕捉 Y 轴间距】文本框中输入光标移动的间距。通常情况下，【捕捉间距】应等于【栅格间距】，这样在启动【栅格捕捉】功能后，就能将光标限制在栅格点上，如图 3-28 所示；如果【捕捉间距】不等于【栅格间距】，则会出现捕捉不到栅格点的情况，如图 3-29 所示。

在正常工作中，【捕捉间距】不需要和【栅格间距】相同。例如，可以设定较宽的【栅格间距】用作参照，但使用较小的【捕捉间距】以保证定位点时的精确性。

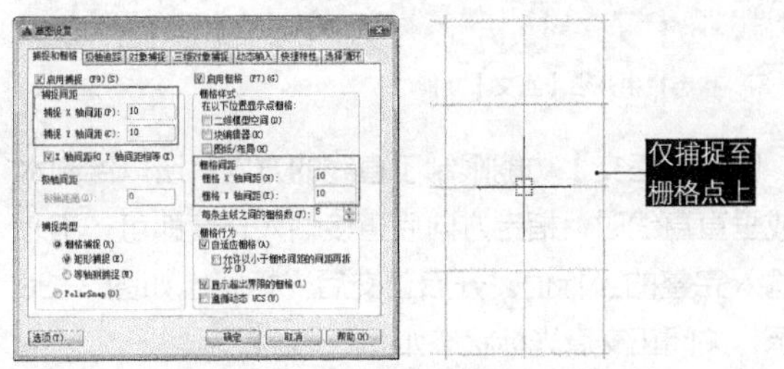

图 3-28 【捕捉间距】与【栅格间距】相等时的效果

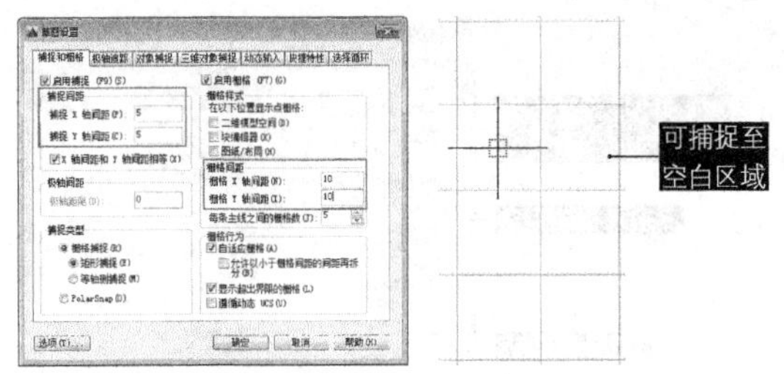

图 3-29 【捕捉间距】与【栅格间距】不相等时的效果

2 设置捕捉类型

捕捉有两种捕捉类型：栅格捕捉和极轴捕捉，两种捕捉类型分别介绍如下。

栅格捕捉

设定栅格捕捉类型。如果指定点，光标将沿垂直或水平栅格点进行捕捉。【栅格捕捉】下分两个单选按钮：【矩形捕捉】和【等轴测捕捉】，分别介绍如下。

◆【矩形捕捉】单选按钮：将捕捉样式设定为标准“矩形”捕捉模式。当捕捉类型设定为【栅格】并且打开【捕捉】模式时，光标将捕捉矩形捕捉栅格，适用于普通二维视图，如图 3-30 所示。

◆【等轴测捕捉】单选按钮：将捕捉样式设定为“等轴测”捕捉模式。当捕捉类型设定为【栅格】并且打开【捕捉】模式时，光标将捕捉等轴测捕捉栅格，适用于等轴测视图，如图 3-31 所示。

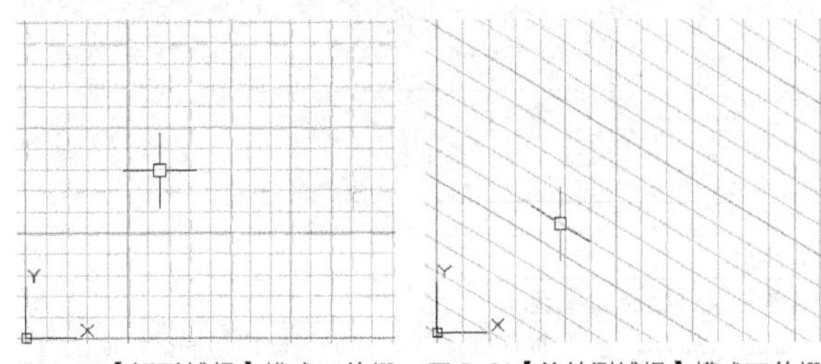

图 3-30【矩形捕捉】模式下的栅格　图 3-31【等轴测捕捉】模式下的栅格

PolarSnap（极轴捕捉）

将捕捉类型设定为【PolarSnap】。如果启用了【捕捉】模式并在极轴追踪打开的情况下指定点，光标将沿在【极轴追踪】选项卡（见本章 3.2.5 节）上相对于极轴追踪起点设置的极轴对齐角度进行捕捉。

启用【PolarSnap】后，【捕捉间距】变为不可用，同时【极轴间距】文本框变得可用，可在该文本框中输入要进行捕捉的增量距离，如果该值为 0，则【PolarSnap】捕捉的距离采用【捕捉 *X* 轴间距】文本框中的值。启用【PolarSnap】后无法将光标定位至栅格点上，但在执行【极轴追踪】的时候，可将增量固定为设定的整数倍，效果如图 3-32 所示。

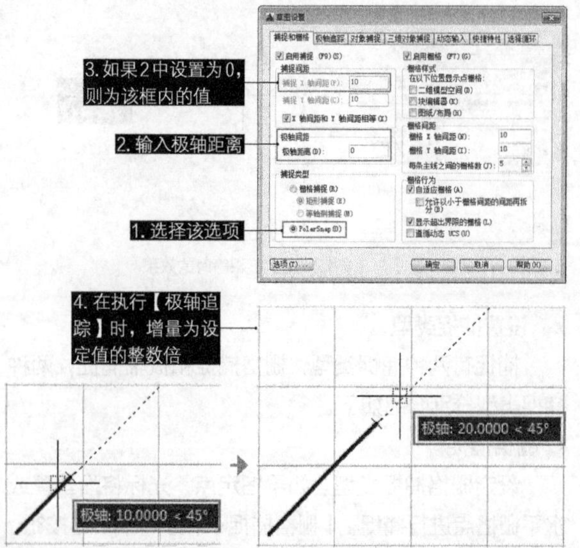

图 3-32　PolarSnap（极轴捕捉）效果

【PolarSnap】设置应与【极轴追踪】或【对象捕捉追踪】结合使用，如果两个追踪功能都未启用，则【PolarSnap】设置视为无效。

练习 3-4　通过栅格与捕捉绘制图形

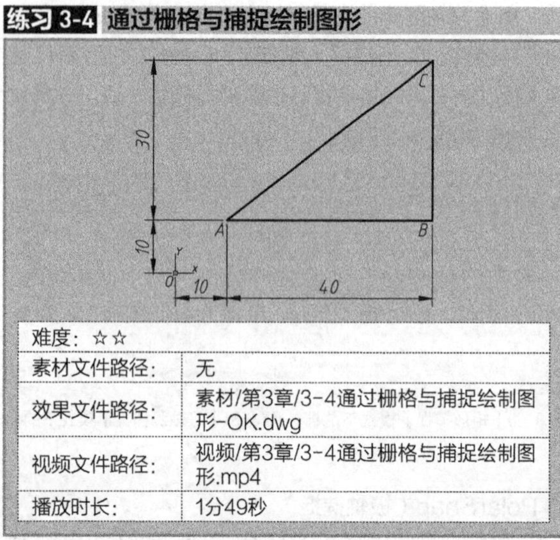

难度：☆☆	
素材文件路径：	无
效果文件路径：	素材/第3章/3-4通过栅格与捕捉绘制图形-OK.dwg
视频文件路径：	视频/第3章/3-4通过栅格与捕捉绘制图形.mp4
播放时长：	1分49秒

除了前面练习中所用到的通过输入坐标方法绘图，在AutoCAD中还可以借助【栅格】与【捕捉】来进行绘制。该方法适合绘制尺寸圆整、外形简单的图形，本例同样绘制如图3-7所示的图形，以方便用户进行对比。

Step 01 用鼠标右键单击状态栏上的【捕捉模式】按钮▦▾，选择【捕捉设置】选项，如图3-33所示，系统弹出【草图设置】对话框。

Step 02 设置栅格与捕捉间距。在图3-7中可知最小尺寸为10，因此可以设置栅格与捕捉的间距同样为10，使得十字光标以10为单位进行移动。

Step 03 勾选【启用捕捉】和【启用栅格】复选框，在【捕捉间距】选项区域改为捕捉*X*轴间距为10，捕捉*Y*轴间距为10；在【栅格间距】选项区域，改为栅格*X*轴间距为10，栅格*Y*轴间距为10，每条主线之间的栅格数为5，如图3-34所示。

Step 04 单击【确定】按钮，完成栅格的设置。

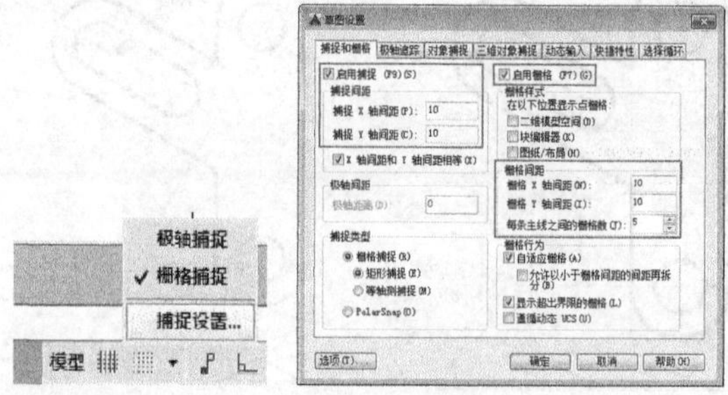

图 3-33　设置选项　　图 3-34　设置参数

Step 05 在命令行中输入“L”，调用【直线】命令，可见光标只能在间距为10的栅格点处进行移动，如图3-35所示。

Step 06 捕捉各栅格点，绘制最终图形如图3-36所示。

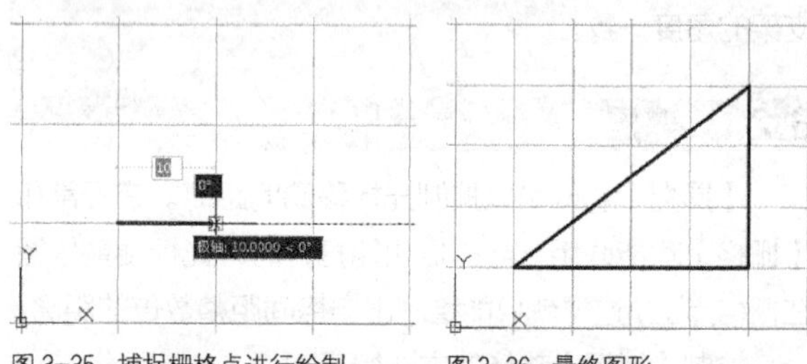

图 3-35　捕捉栅格点进行绘制　　图 3-36　最终图形

3.2.4 正交　★重点★

在绘图过程中，使用【正交】功能可以将十字光标限制在水平或者垂直轴向上，同时也限制在当前的栅格旋转角度内。使用【正交】功能就如同使用了丁字尺绘图，可以保证绘制的直线完全呈水平或垂直状态，方便绘制水平或垂直直线。

打开或关闭【正交】功能的方法如下。

◆快捷键：按F8键可以切换正交开、关模式。

◆状态栏：单击【正交】按钮∟，若亮显则为开启，如图3-37所示。

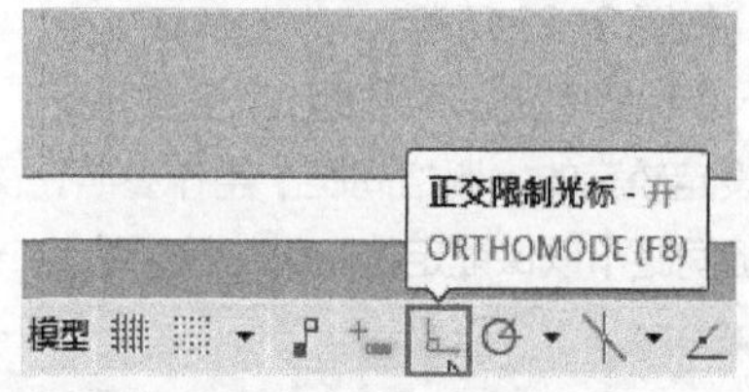

图 3-37　状态栏中开启【正交】功能

因为【正交】功能限制了直线的方向，所以绘制水平或垂直直线时，指定方向后直接输入长度即可，不必再输入完整的坐标值。开启正交后光标状态如图3-38所示，关闭正交后光标状态如图3-39所示。

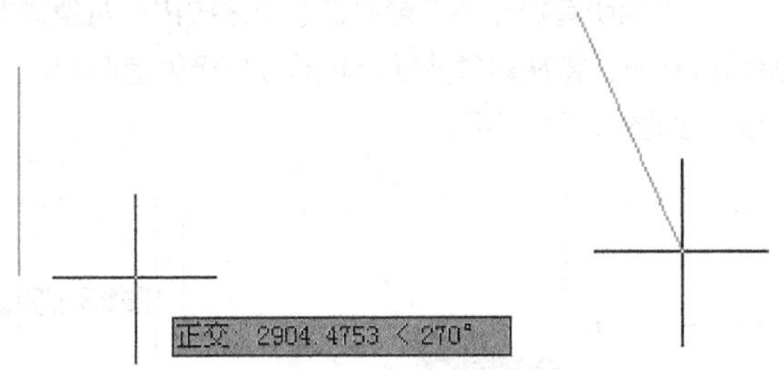

图 3-38 开启【正交】效果　　图 3-39 关闭【正交】效果

练习 3-5 通过正交功能绘制图形

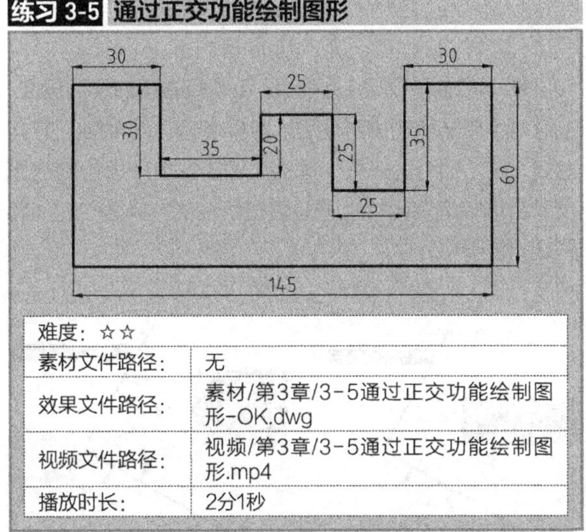

难度：☆☆	
素材文件路径：	无
效果文件路径：	素材/第3章/3-5通过正交功能绘制图形-OK.dwg
视频文件路径：	视频/第3章/3-5通过正交功能绘制图形.mp4
播放时长：	2分1秒

通过【正交】绘制如图 3-40 所示的图形。【正交】功能开启后，系统自动将光标强制性地定位在水平或垂直位置上，在引出的追踪线上，直接输入一个数值即可定位目标点，而不用手动输入坐标值或捕捉栅格点来进行确定。

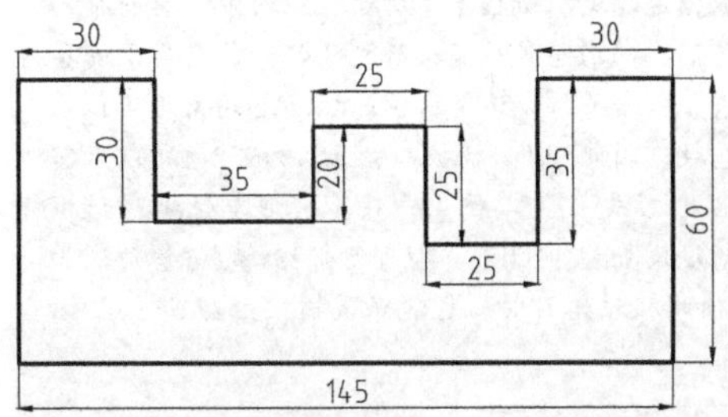

图 3-40　通过正交绘制图形

Step 01 单击状态栏中的按钮，或按F8功能键，激活【正交】功能。

Step 02 单击【绘图】面板中的按钮，激活【直线】命令，配合【正交】功能，绘制图形。命令行操作如下。

命令: _line
指定第一点:
//在绘图区任意位置单击左键，拾取一点作为起点
指定下一点或 [放弃(U)]:60↙　//向上移动光标，引出90° 正交追踪线，如图3-41所示，此时输入60，即定位第2点
指定下一点或 [放弃(U)]:30↙　//向右移动光标，引出0° 正交追踪线，如图3-42所示，输入30，定位第3点
指定下一点或 [放弃(U)]:30↙　//向下移动光标，引出270° 正交追踪线，输入30，定位第4点
指定下一点或 [放弃(U)]:35↙　//向右移动光标，引出0° 正交追踪线，输入35，定位第5点
指定下一点或 [放弃(U)]:20↙　//向上移动光标，引出90° 正交追踪线，输入20，定位第6点
指定下一点或 [放弃(U)]:25↙　//向右移动光标，引出0° 的正交追踪线，输入25，定位第7点

Step 03 根据以上方法，配合【正交】功能绘制其他线段，最终的结果如图3-43所示。

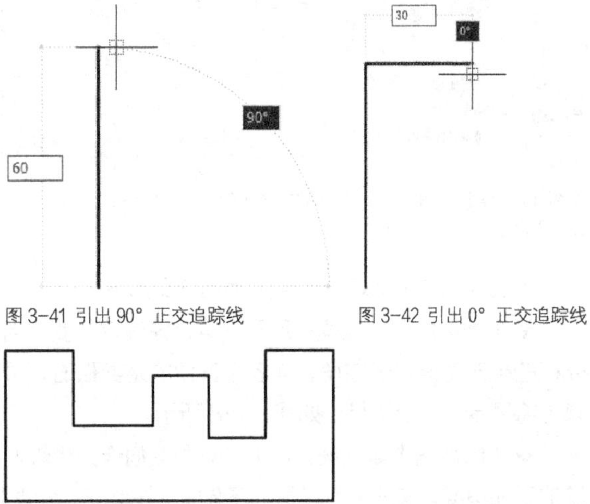

图 3-41 引出 90° 正交追踪线　　图 3-42 引出 0° 正交追踪线

图 3-43　最终结果

3.2.5 极轴追踪 ★重点★

【极轴追踪】功能实际上是极坐标的一个应用。使用极轴追踪绘制直线时，捕捉到一定的极轴方向即确定了极角，然后输入直线的长度即确定了极半径，因此和正交绘制直线一样，极轴追踪绘制直线一般使用长度输入确定直线的第二点，代替坐标输入。【极轴追踪】功能可以用来绘制带角度的直线，如图 3-44 所示。

一般来说，极轴可以绘制任意角度的直线，包括水平的 0°、180° 与垂直的 90°、270° 等，因此某些情况下可以代替【正交】功能使用。【极轴追踪】绘制的图形如图 3-45 所示。

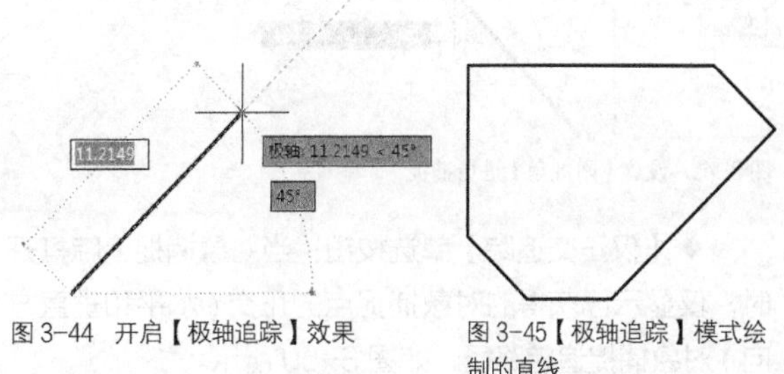

图 3-44　开启【极轴追踪】效果　　图 3-45【极轴追踪】模式绘制的直线

【极轴追踪】功能的开、关切换有以下两种方法。

◆快捷键：按F10键切换开、关状态。

◆状态栏：单击状态栏上的【极轴追踪】按钮，若亮显则为开启，如图3-46所示。

右键单击状态栏上的【极轴追踪】按钮，弹出追踪角度列表，如图3-46所示。其中的数值便为启用【极轴追踪】时的捕捉角度。然后在弹出的快捷菜单中选择【正在追踪设置】选项，则打开【草图设置】对话框，在【极轴追踪】选项卡中可设置极轴追踪的开关和其他角度值的增量角等，如图3-47所示。

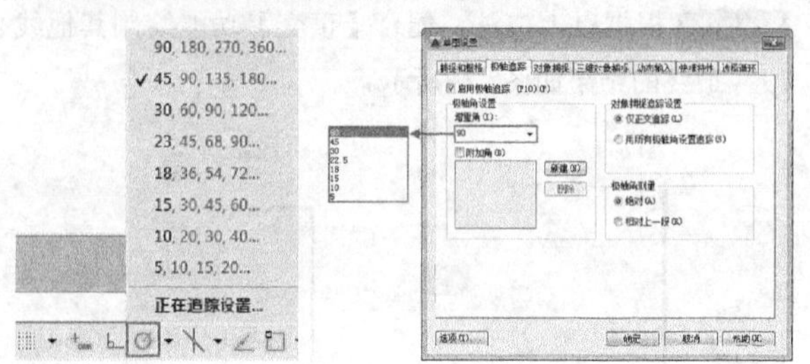

图3-46 选择【正在追踪设置】命令　图3-47 【极轴追踪】选项卡

【极轴追踪】选项卡中各选项的含义如下。

◆【增量角】列表框：用于设置极轴追踪角度。当光标的相对角度等于该角，或者是该角的整数倍时，屏幕上将显示出追踪路径，如图3-48所示。

◆【附加角】复选框：增加任意角度值作为极轴追踪的附加角度。勾选【附加角】复选框，并单击【新建】按钮，然后输入所需追踪的角度值，即可捕捉至附加角的角度，如图3-49所示。

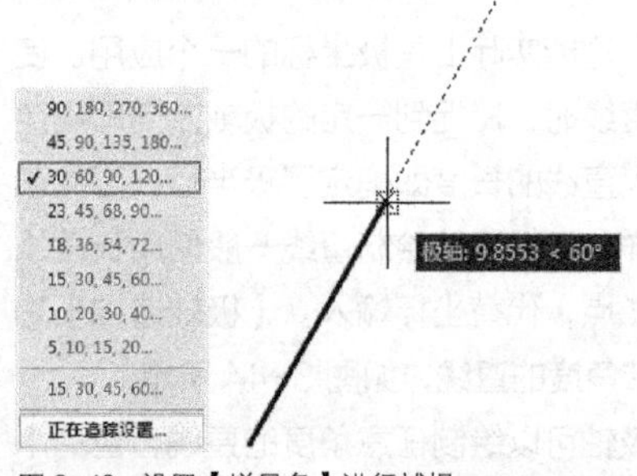

图3-48 设置【增量角】进行捕捉

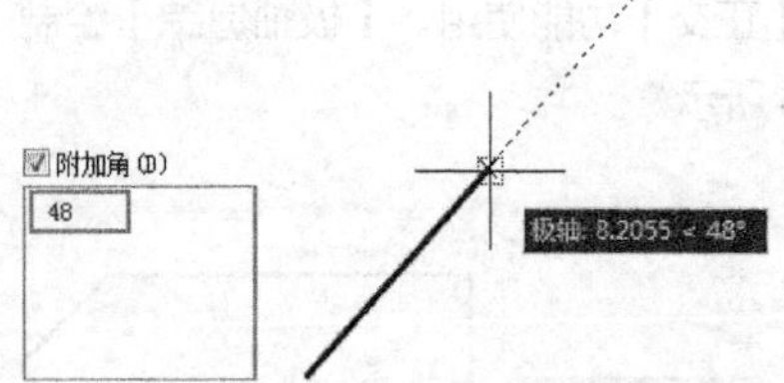

图3-49 设置【附加角】进行捕捉

◆【仅正交追踪】单选按钮：当对象捕捉追踪打开时，仅显示已获得的对象捕捉点的正交（水平和垂直方向）对象捕捉追踪路径，如图3-50所示。

◆【用所有极轴角设置追踪】单选按钮：对象捕捉追踪打开时，将从对象捕捉点起沿任何极轴追踪角进行追踪，如图3-51所示。

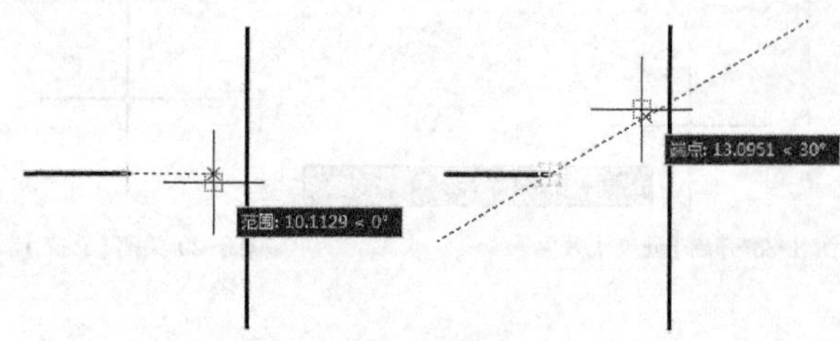

图3-50 仅从正交方向显示对象捕捉路径　图3-51 可从极轴追踪角度显示对象捕捉路径

◆【极轴角测量】选项组：设置极轴角的参照标准。【绝对】单选按钮表示使用绝对极坐标，以X轴正方向为0°。【相对上一段】单选按钮根据上一段绘制的直线确定极轴追踪角，上一段直线所在的方向为0°，如图3-52所示。

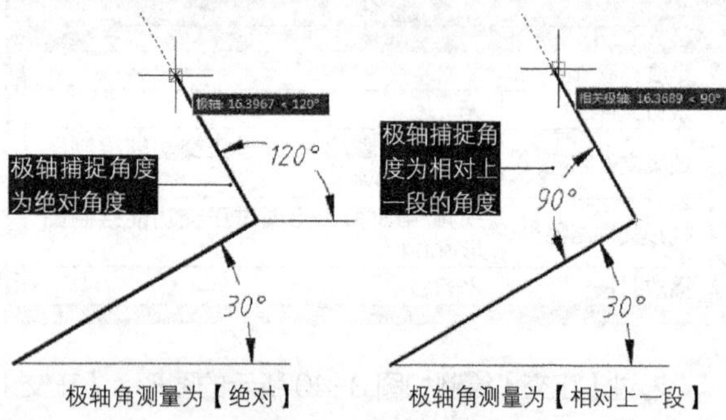

图3-52 不同的【极轴角测量】效果

操作技巧

细心的用户可能会发现，极轴追踪的增量角与后续捕捉角度都是成倍递增的，如图3-46所示。但图中唯有一个例外，那就是23°的增量角后直接跳到了45°，与后面的各角度也不成整数倍关系。这是由于AutoCAD的角度单位精度设置为整数，因此22.5°就被四舍五入为23°。所以只需选择菜单栏【格式】|【单位】，在【图形单位】对话框中将角度精度设置为【0.0】，即可使得23°的增量角还原为22.5°，使用极轴追踪时，也能正常捕捉至22.5°，如图3-53所示。

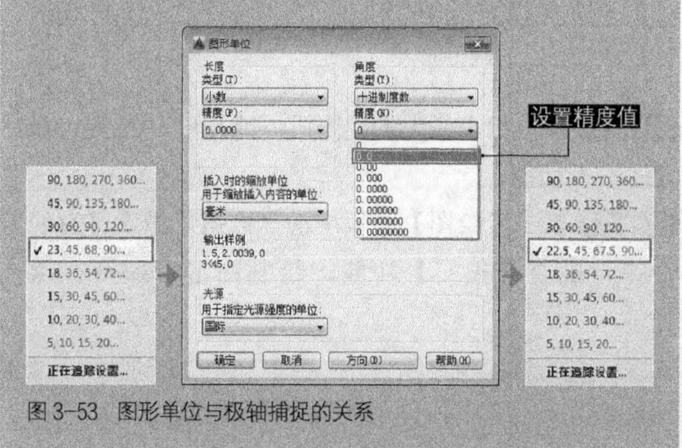

图3-53 图形单位与极轴捕捉的关系

练习 3-6 通过极轴追踪功能绘制图形

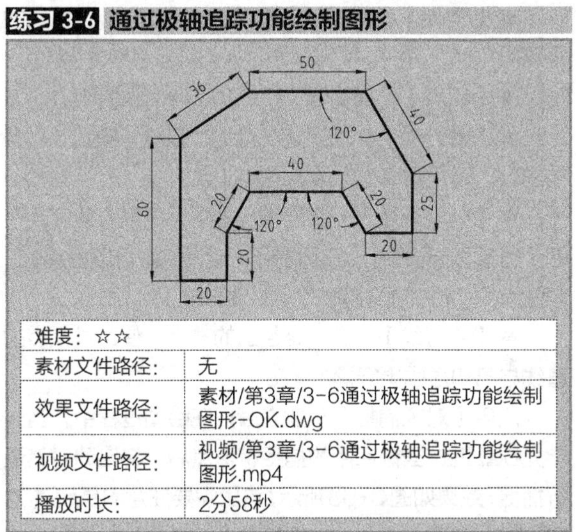

难度：☆☆	
素材文件路径：	无
效果文件路径：	素材/第3章/3-6通过极轴追踪功能绘制图形-OK.dwg
视频文件路径：	视频/第3章/3-6通过极轴追踪功能绘制图形.mp4
播放时长：	2分58秒

通过【极轴追踪】绘制如图 3-54 所示的图形。极轴追踪功能是一个非常重要的辅助工具，此工具可以在任何角度和方向上引出角度矢量，从而可以很方便地精确定位角度方向上的任何一点。相比于坐标输入、栅格与捕捉、正交等绘图方法来说，极轴追踪更为便捷，足以绘制绝大部分图形，因此是使用最多的一种绘图方法。

Step 01 右键单击状态栏上的【极轴追踪】按钮，然后在弹出的快捷菜单中选择【正在追踪设置】选项，在打开的【草图设置】对话框中勾选【启用极轴追踪】复选框，并将当前的增量角设置为60，如图3-55所示。

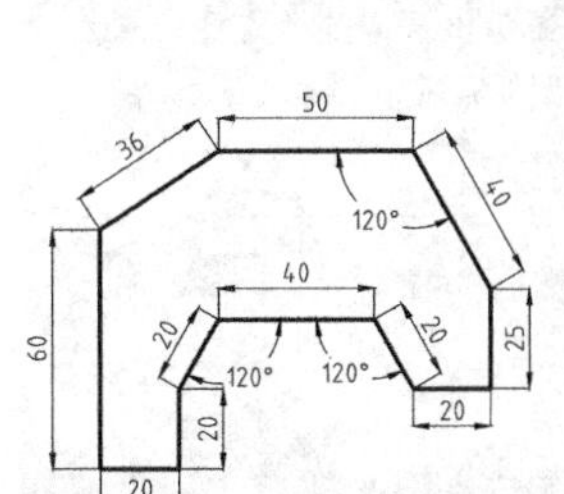

图 3-54 通过极轴追踪绘制图形

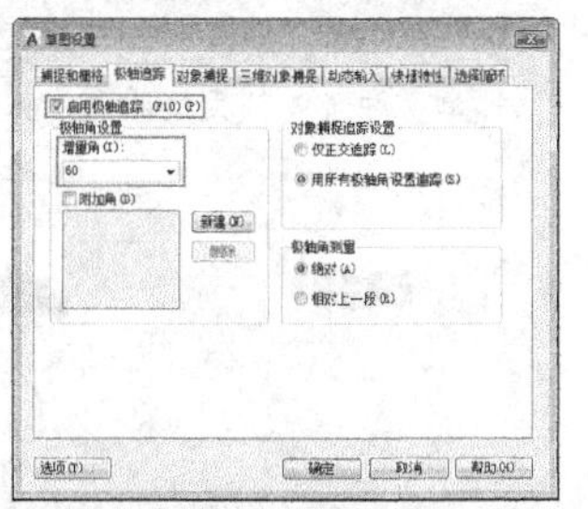

图 3-55 设置极轴追踪参数

Step 02 单击【绘图】面板中的按钮，激活【直线】命令，配合【极轴追踪】功能，绘制外框轮廓线。命令行操作如下。

```
命令：_line
指定第一点://在适当位置单击左键，拾取一点作为起点
指定下一点或 [放弃(U)]:60↙ //垂直向下移动光标，引出270° 的极轴追踪虚线，如图3-56所示，此时输入60，定位第2点
指定下一点或 [放弃(U)]:20↙ //水平向右移动光标，引出0°的极轴追踪虚线，如图3-57所示，输入20，定位第3点
指定下一点或 [放弃(U)]:20↙ //垂直向上移动光标，引出90° 的极轴追踪线，如图3-58所示，输入20，定位第4点
指定下一点或 [放弃(U)]:20↙ //斜向上移动光标，在60° 方向上引出极轴追踪虚线，如图3-59所示，输入20，定位定第5点
```

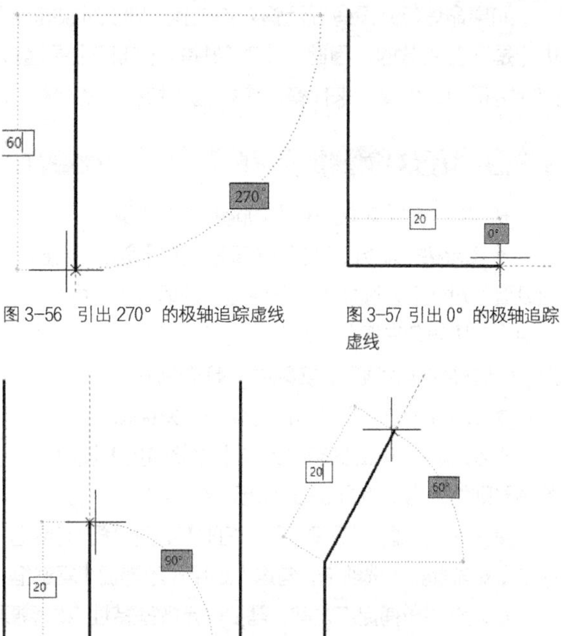

图 3-56 引出 270° 的极轴追踪虚线　图 3-57 引出 0° 的极轴追踪虚线

图 3-58 引出 90° 的极轴追踪虚线　图 3-59 引出 60° 的极轴追踪虚线

Step 03 根据以上方法，配合【极轴追踪】功能绘制其他线段，即可绘制出如图3-54所示的图形。

3.3 对象捕捉

通过【对象捕捉】功能可以精确定位现有图形对象的特征点，如圆心、中点、端点、节点、象限点等，从而为精确绘制图形提供了有利条件。

3.3.1 对象捕捉概述

鉴于点坐标法与直接肉眼确定法的各种弊端，AutoCAD 提供了【对象捕捉】功能。在【对象捕捉】开启的情况下，系统会自动捕捉某些特征点，如圆心、中点、端点、节点、象限点等。因此，【对象捕捉】的实质是对图形对象特征点的捕捉，如图 3-60 所示。

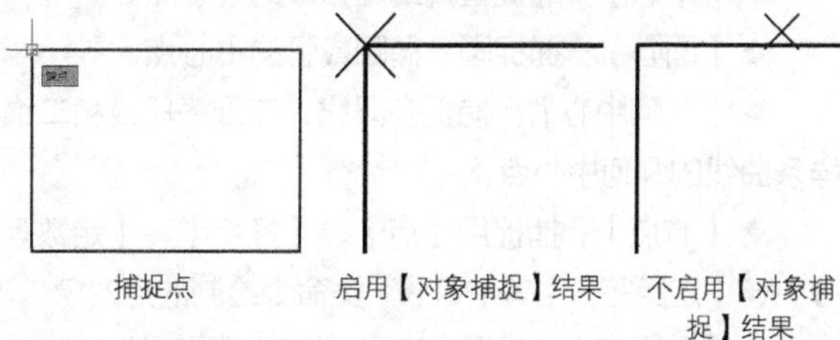

图 3-60 对象捕捉

【对象捕捉】功能生效需要具备 2 个条件。

- ◆【对象捕捉】开关必须打开。
- ◆必须是在命令行提示输入点位置的时候。

如果命令行并没有提示输入点位置，则【对象捕捉】功能是不会生效的。因此，【对象捕捉】实际上是通过捕捉特征点的位置，来代替命令行输入特征点的坐标。

3.3.2 设置对象捕捉点 ★重点★

开启和关闭【对象捕捉】功能的方法如下。

◆菜单栏：选择【工具】|【草图设置】命令，弹出【草图设置】对话框。选择【对象捕捉】选项卡，选中或取消选中【启用对象捕捉】复选框，也可以打开或关闭对象捕捉，但这种操作太烦琐，实际中一般不使用。

◆快捷键：按F3键可以切换开、关状态。

◆状态栏：单击状态栏上的【对象捕捉】按钮，若亮显则为开启，如图3-61所示。

◆命令行：输入“OSNAP”，打开【草图设置】对话框，单击【对象捕捉】选项卡，勾选【启用对象捕捉】复选框。

在设置对象捕捉点之前，需要确定哪些特性点是需要的，哪些是不需要的。这样不仅仅可以提高效率，也可以避免捕捉失误。使用任何一种开启【对象捕捉】的方法之后，系统弹出【草图设置】对话框，在【对象捕捉模式】选项区域中勾选用户需要的特征点，单击【确定】按钮，退出对话框即可，如图3-62所示。

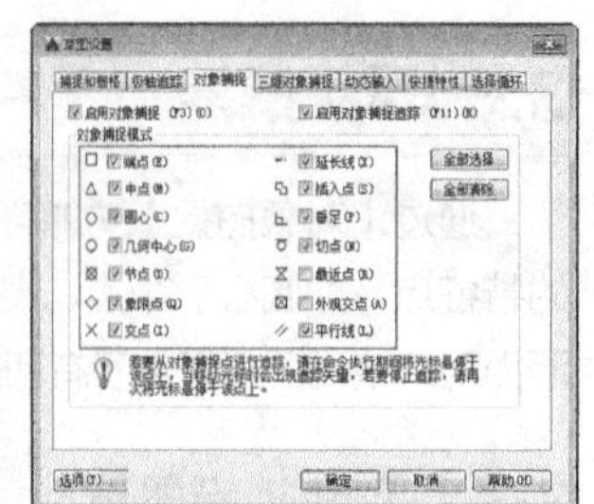

图3-61 状态栏中开启【对象捕捉】功能　图3-62【草图设置】对话框

在AutoCAD 2016中，对话框共列出14种对象捕捉点和对应的捕捉标记，含义分别如下。

◆【端点】：捕捉直线或曲线的端点。

◆【中点】：捕捉直线或是弧段的中心点。

◆【圆心】：捕捉圆、椭圆或弧的中心点。

◆【几何中心】：捕捉多段线、二维多段线和二维样条曲线的几何中心点。

◆【节点】：捕捉用【点】、【多点】、【定数等分】、【定距等分】等POINT类命令绘制的点对象。

◆【象限点】：捕捉位于圆、椭圆或是弧段上0°、90°、180°和270°处的点。

◆【交点】：捕捉两条直线或是弧段的交点。

◆【延长线】：捕捉直线延长线路径上的点。

◆【插入点】：捕捉图块、标注对象或外部参照的插入点。

◆【垂足】：捕捉从已知点到已知直线的垂线的垂足。

◆【切点】：捕捉圆、弧段及其他曲线的切点。

◆【最近点】：捕捉处在直线、弧段、椭圆或样条曲线上，而且距离光标最近的特征点。

◆【外观交点】：在三维视图中，从某个角度观察两个对象可能相交，但实际并不一定相交，可以使用【外观交点】功能捕捉对象在外观上相交的点。

◆【平行线】：选定路径上的一点，使通过该点的直线与已知直线平行。

启用【对象捕捉】功能之后，在绘图过程中，当十字光标靠近这些被启用的捕捉特殊点后，将自动对其进行捕捉，效果如图3-63所示。这里需要注意的是：在【对象捕捉】选项卡中，各捕捉特殊点前面的形状符号，如□、×、○等，便是在绘图区捕捉时显示的对应形状。

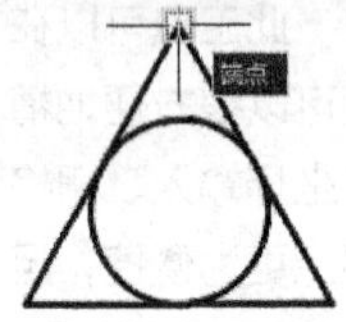

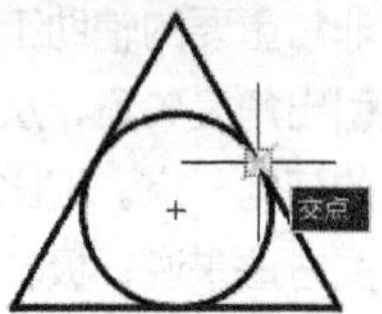

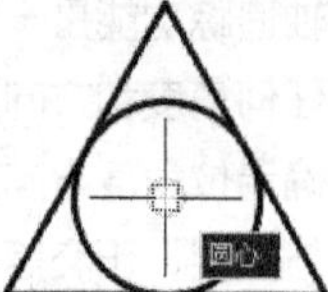

图3-63 各捕捉效果

操作技巧

当需要捕捉一个物体上的点时，只要将鼠标靠近物体，不断地按Tab键，物体的某些特殊点（如直线的端点、中间点、垂直点、与物体的交点、圆的四分圆点、中心点、切点、垂直点、交点）就会轮换显示出来，选择需要的点左键单击即可以捕捉这些点，如图3-64所示。

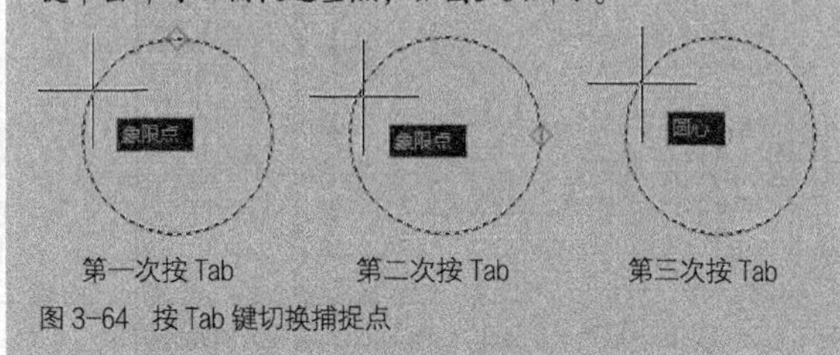

图3-64 按Tab键切换捕捉点

3.3.3 对象捕捉追踪

在绘图过程中，除需要掌握对象捕捉的应用外，也需要掌握对象追踪的相关知识和应用的方法，从而提高绘图的效率。

【对象捕捉追踪】功能的开、关切换有以下两种方法。

◆快捷键：按F11快捷键，切换开、关状态。

◆状态栏：单击状态栏上的【对象捕捉追踪】按钮。

启用【对象捕捉追踪】后，在绘图的过程中需要指定点时，光标可以沿基于其他对象捕捉点的对齐路径进行追踪，图 3-65 所示为中点捕捉追踪效果，图 3-66 所示为交点捕捉追踪效果。

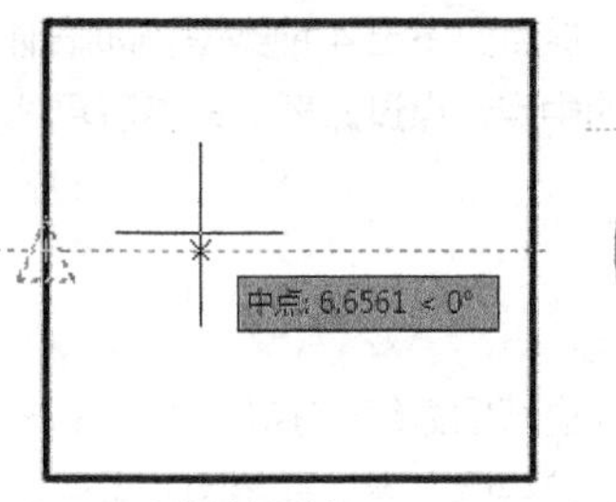

图 3-65 中点捕捉追踪

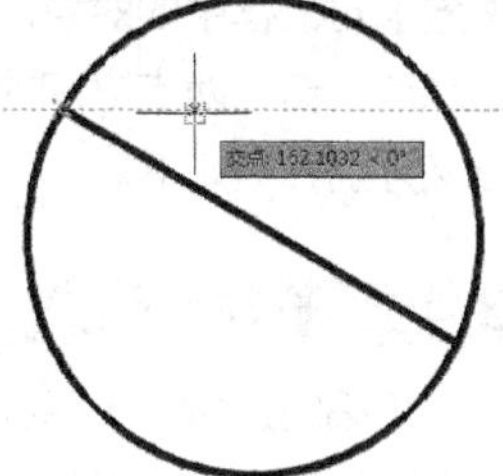

图 3-66 交点捕捉追踪

操作技巧

由于对象捕捉追踪的使用是基于对象捕捉进行操作的，因此，要使用对象捕捉追踪功能，必须先开启一个或多个对象捕捉功能。

已获取的点将显示一个小加号（+），一次最多可以获得 7 个追踪点。获取点之后，当在绘图路径上移动光标时，将显示相对于获取点的水平、垂直或指定角度的对齐路径。

例如，在如图 3-67 所示的示意图中，启用【端点】对象捕捉，单击直线的起点【1】开始绘制直线，将光标移动到另一条直线的端点【2】处获取该点，然后沿水平对齐路径移动光标，定位要绘制的直线的端点【3】。

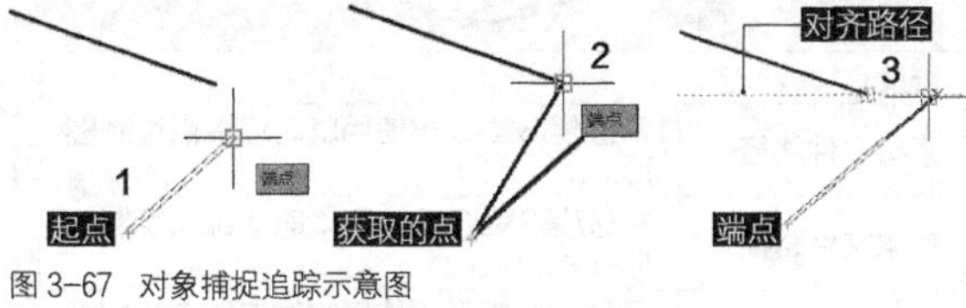

图 3-67 对象捕捉追踪示意图

3.4 临时捕捉

除前面介绍对象捕捉之外，AutoCAD 还提供了临时捕捉功能，同样可以捕捉如圆心、中点、端点、节点、象限点等特征点。与对象捕捉不同的是，临时捕捉属于“临时”调用，无法一直生效，但在绘图过程中可随时调用。

3.4.1 临时捕捉概述

临时捕捉是一种一次性的捕捉模式，这种捕捉模式不是自动的，当用户需要临时捕捉某个特征点时，需要在捕捉之前手工设置需要捕捉的特征点，然后进行对象捕捉。这种捕捉不能反复使用，再次使用捕捉需重新选择捕捉类型。

1 临时捕捉的启用方法

执行临时捕捉有以下两种方法。

◆右键快捷菜单：在命令行提示输入点的坐标时，如果要使用临时捕捉模式，可按住 Shift 键，然后单击鼠标右键，系统弹出快捷菜单，如图 3-68 所示，可以在其中选择需要的捕捉类型。

◆命令行：可以直接在命令行中输入执行捕捉对象的快捷指令来选择捕捉模式。例如，在绘图过程中，输入并执行 MID 快捷命令，将临时捕捉图形的中点，如图 3-69 所示。AutoCAD 常用对象捕捉模式及快捷命令如表 3-1 所示。

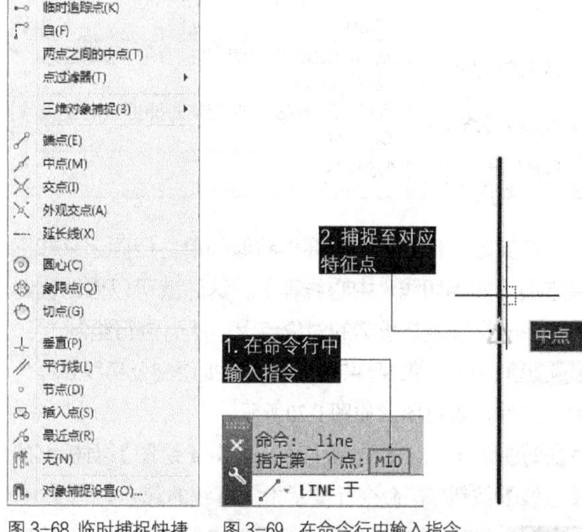

图 3-68 临时捕捉快捷菜单

图 3-69 在命令行中输入指令

表3-1 常用对象捕捉模式及其指令

捕捉模式	快捷命令
临时追踪点	TT
自	FROM
两点之间的中点	MTP
端点	ENDP
中点	MID
圆心	CEN
节点	NOD
象限点	QUA
交点	INT
延长线	EXT
插入点	INS
垂足	PER
切点	TAN
最近点	NEA
外观交点	APP
平行	PAR
无	NON
对象捕捉设置	OSNAP

操作技巧

这些指令即第1章所介绍的透明命令，可以在执行命令的过程中输入。

练习 3-7 使用临时捕捉绘制公切线

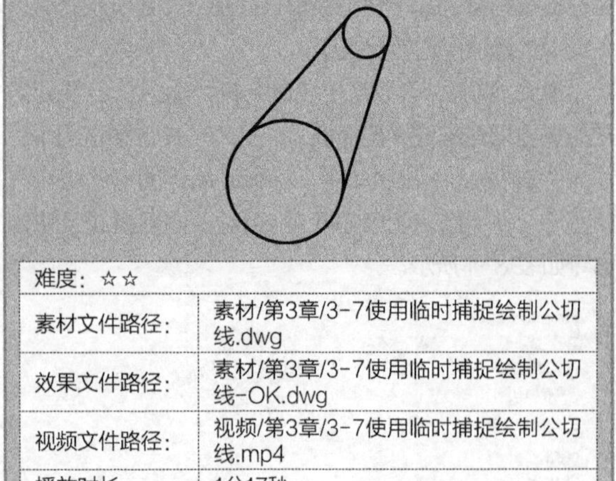

难度：☆☆	
素材文件路径：	素材/第3章/3-7使用临时捕捉绘制公切线.dwg
效果文件路径：	素材/第3章/3-7使用临时捕捉绘制公切线-OK.dwg
视频文件路径：	视频/第3章/3-7使用临时捕捉绘制公切线.mp4
播放时长：	1分17秒

在实际工作中，有些图形看似简单，但画起来却不甚方便（如相切线、中心线等），这时就可以借助临时捕捉将光标锁定在所需的对象点上，从而进行绘制。

Step 01 打开“第3章/3-7使用临时捕捉绘制公切线.dwg”素材文件，素材图形如图3-70所示。

Step 02 在【默认】选项卡中，单击【绘图】面板上的【直线】按钮，命令行提示指定直线的起点。

Step 03 此时按住Shift键，然后单击鼠标右键，在临时捕捉选项中选择【切点】，将指针移到大圆上，出现切点捕捉标记，如图3-71所示。在此位置单击确定直线第一点。

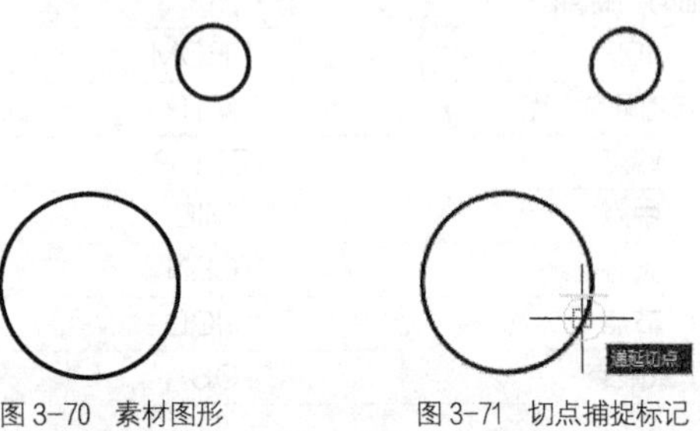

图 3-70 素材图形　　图 3-71 切点捕捉标记

Step 04 确定第一点之后，临时捕捉失效。再次选择【切点】临时捕捉，将指针移到小圆上，出现切点捕捉标记时单击，完成公切线绘制，如图3-72所示。

Step 05 重复上述操作，绘制另外一条公切线，如图3-73所示。

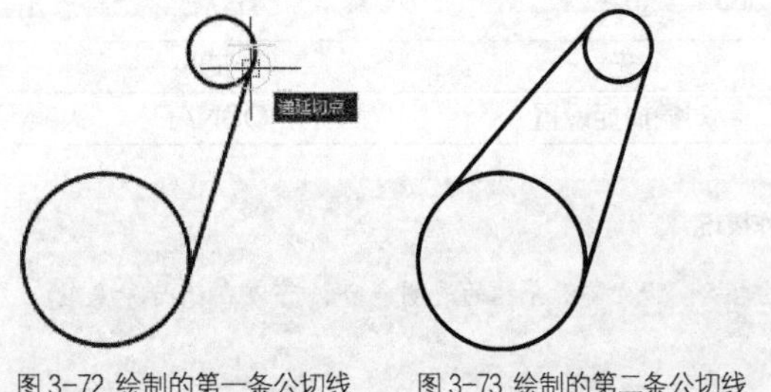

图 3-72 绘制的第一条公切线　　图 3-73 绘制的第二条公切线

2 临时捕捉的类型

通过图 3-68 的快捷菜单可知，临时捕捉比【草图设置】对话框中的对象捕捉点要多出 4 种类型，即临时追踪点、自、两点之间的中点、点过滤器。各类型具体含义分别介绍如下。

3.4.2 临时追踪点

【临时追踪点】是在进行图像编辑前临时建立的一个暂时的捕捉点，以供后续绘图参考。在绘图时可通过指定【临时追踪点】来快速指定起点，而无需借助辅助线。执行【临时追踪点】命令有以下几种方法。

◆快捷键：按住 Shift 键，同时单击鼠标右键，在弹出的菜单中选择【临时追踪点】选项。

◆命令行：在执行命令时输入“tt”。

执行该命令后，系统提示指定一临时追踪点，后续操作即以该点为追踪点进行绘制。

练习 3-8 使用临时追踪点绘制图形

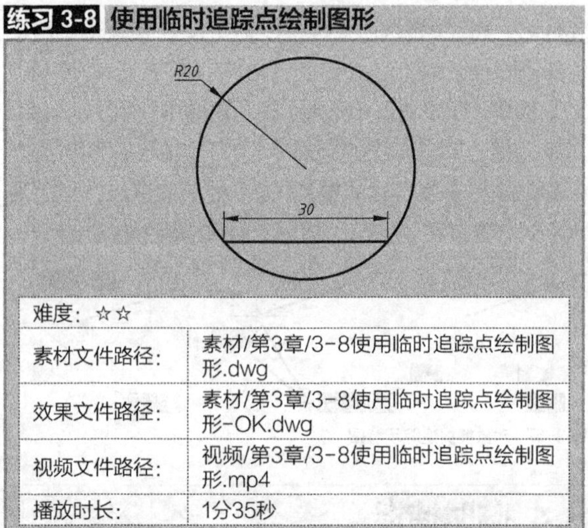

难度：☆☆	
素材文件路径：	素材/第3章/3-8使用临时追踪点绘制图形.dwg
效果文件路径：	素材/第3章/3-8使用临时追踪点绘制图形-OK.dwg
视频文件路径：	视频/第3章/3-8使用临时追踪点绘制图形.mp4
播放时长：	1分35秒

如果要在半径为 20 的圆中绘制一条指定长度为 30 的弦，那通常情况下，都是以圆心为起点，分别绘制 2 根辅助线，才可以得到最终图形，如图 3-74 所示。

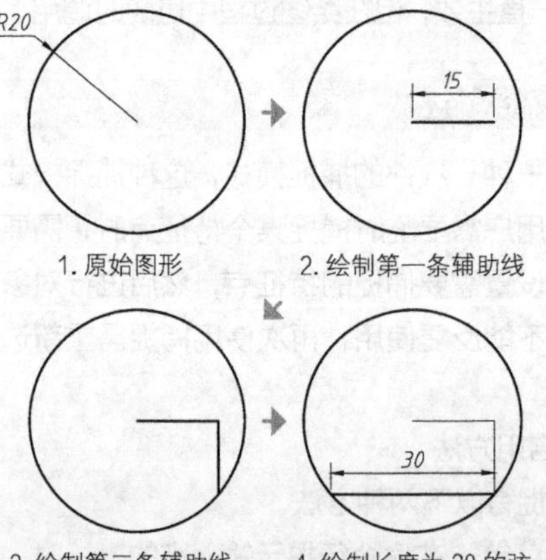

图 3-74 指定弦长的常规画法

而如果使用【临时追踪点】进行绘制，则可以跳过2、3步辅助线的绘制，直接从第1步原始图形跳到第4步，绘制出长度为30的弦。该方法详细步骤如下。

Step 01 打开素材文件“第3章/3-8使用临时追踪点绘制图形.dwg”，其中已经绘制好了半径为20的圆，如图3-75所示。

Step 02 在【默认】选项卡中，单击【绘图】面板上的【直线】按钮，执行直线命令。

Step 03 执行临时追踪点。命令行出现“指定第一个点”的提示时，输入“tt”，执行【临时追踪点】命令，如图3-76所示。也可以在绘图区中单击鼠标右键，在弹出的快捷菜单中选择【临时追踪点】选项。

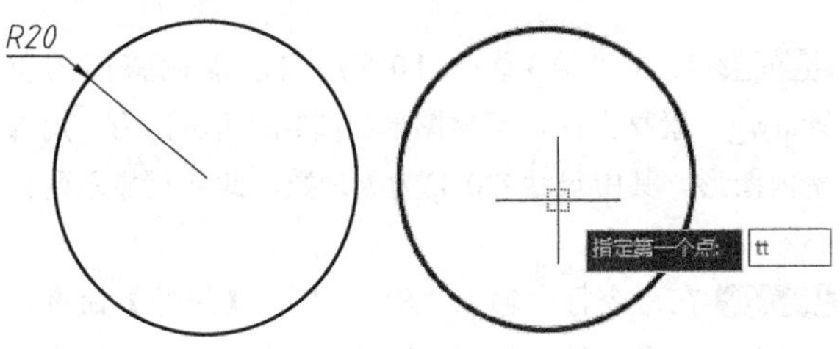

图 3-75 素材图形　　图 3-76 执行【临时追踪点】

Step 04 指定【临时追踪点】。将光标移动至圆心处，然后水平向右移动光标，引出0°的极轴追踪虚线，接着输入“15”，即将临时追踪点指定为圆心右侧距离为15的点，如图3-77所示。

Step 05 指定直线起点。垂直向下移动光标，引出270°的极轴追踪虚线，到达与圆的交点处，作为直线的起点，如图3-78所示。

Step 06 指定直线端点。水平向左移动光标，引出180°的极轴追踪虚线，到达与圆的另一交点处，作为直线的终点，该直线即为所绘制长度为30的弦，如图3-79所示。

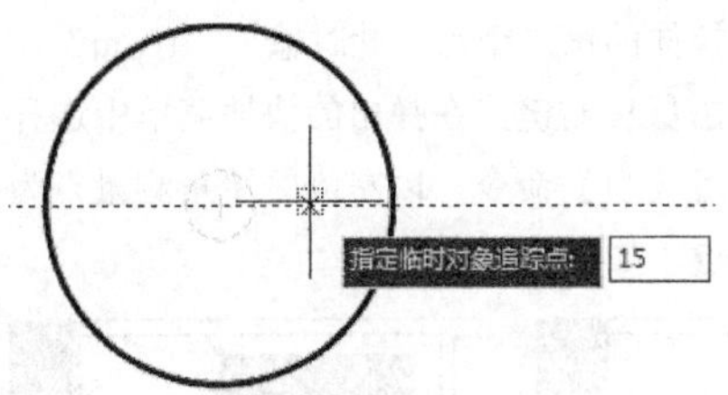

图 3-77 指定【临时追踪点】

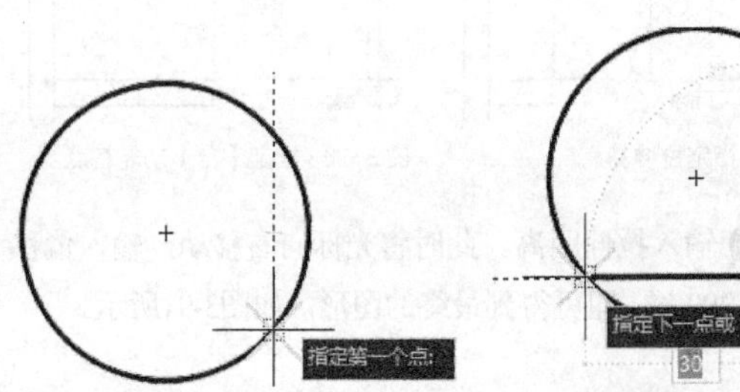

图 3-78 指定直线起点　　图 3-79 指定直线端点

3.4.3 自功能

【自】功能可以帮助用户在正确的位置绘制新对象。当需要指定的点不在任何对象捕捉点上，但在X、Y方向上距现有对象捕捉点的距离是已知的，就可以使用【自】功能来进行捕捉。执行【自】功能有以下几种方法。

◆ 快捷键：按住 Shift 键同时单击鼠标右键，在弹出的菜单中选择【自】选项。

◆ 命令行：在执行命令时输入“from”。

执行某个命令来绘制一个对象，如L（直线）命令，然后启用【自】功能，此时提示需要指定一个基点，指定基点后会提示需要一个偏移点，可以使用相对坐标或者极轴坐标来指定偏移点与基点的位置关系，偏移点就将作为直线的起点。

练习 3-9 使用自功能绘制图形

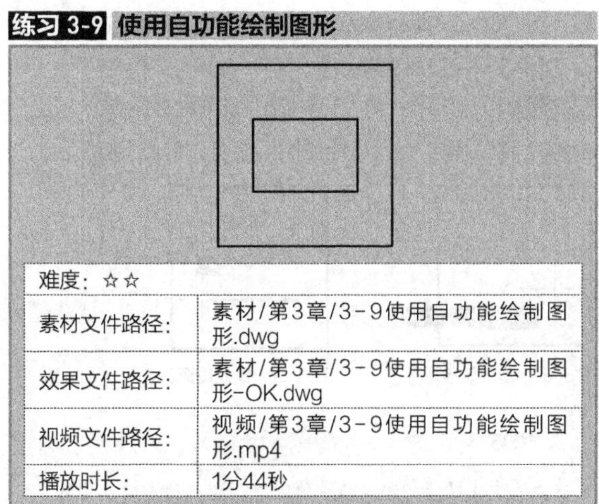

难度：☆☆	
素材文件路径：	素材/第3章/3-9使用自功能绘制图形.dwg
效果文件路径：	素材/第3章/3-9使用自功能绘制图形-OK.dwg
视频文件路径：	视频/第3章/3-9使用自功能绘制图形.mp4
播放时长：	1分44秒

假如要在如图3-80所示的正方形中绘制一个小长方形，如图3-81所示。一般情况下，只能借助辅助线来进行绘制，因为对象捕捉只能捕捉到正方形每个边上的端点和中点，这样即使通过对象捕捉的追踪线也无法定位至小长方形的起点（图中A点）。这时就可以用到【自】功能进行绘制，操作步骤如下。

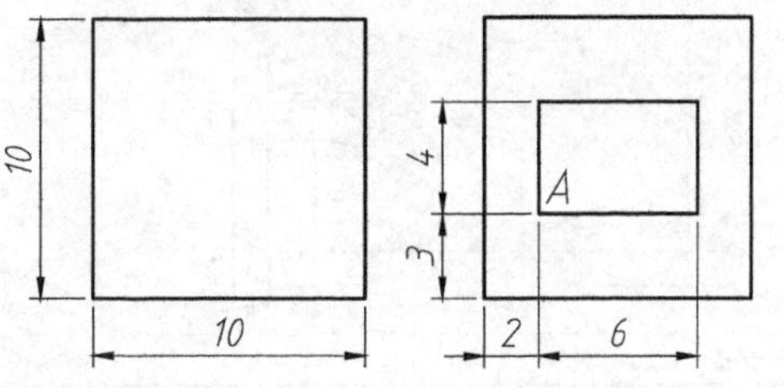

图 3-80 素材图形　　图 3-81 在正方体中绘制小长方体

Step 01 打开素材文件“第3章/3-9使用自功能绘制图形.dwg”，其中已经绘制好了边长为10的正方形，如图3-80所示。

Step 02 在【默认】选项卡中，单击【绘图】面板上的【直线】按钮，执行直线命令。

Step 03 执行【自】功能。命令行出现“指定第一个点”的提示时，输入“from”，执行【自】命令，如图3-82所示。也可以在绘图区中单击鼠标右键，在弹出的快捷菜单中选择【自】选项。

Step 04 指定基点。此时提示需要指定一个基点，选择正方形的左下角点作为基点，如图3-83所示。

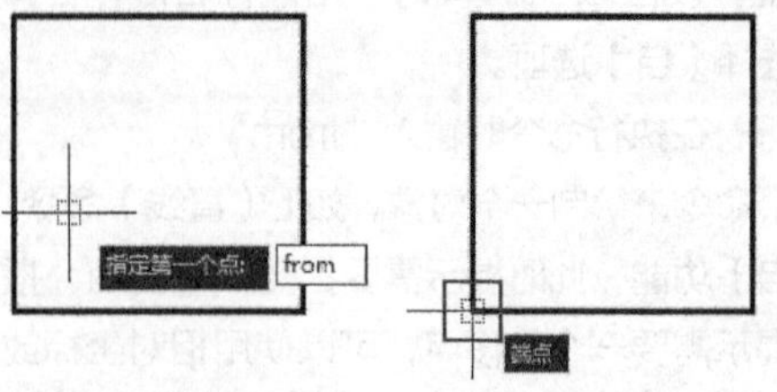

图3-82 执行【自】功能　图3-83 指定基点

Step 05 输入偏移距离。指定完基点后，命令行出现“<偏移:>”提示，此时输入小长方形起点*A*与基点的相对坐标（@2,3），如图3-84所示。

Step 06 绘制图形。输入完毕后，即可将直线起点定位至*A*点处，然后按给定尺寸绘制图形即可，如图3-85所示。

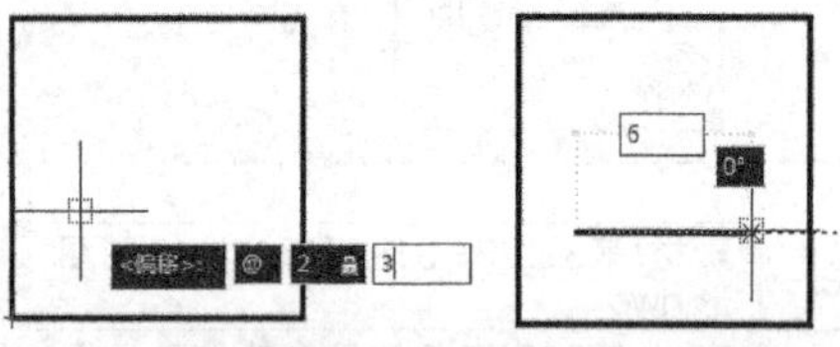

图3-84 输入偏移距离　图3-85 绘制图形

操作技巧

在为【自】功能指定偏移点的时候，即使动态输入中默认的设置是相对坐标，也需要在输入时加上“@”来表明这是一个相对坐标值。动态输入的相对坐标设置仅适用于指定第2点的时候，例如，绘制一条直线时，输入的第一个坐标被当做绝对坐标，随后输入的坐标才被当做相对坐标。

练习 3-10 使用自功能调整门的位置 ★进阶★

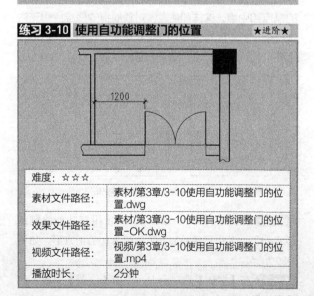

难度：☆☆☆	
素材文件路径：	素材/第3章/3-10使用自功能调整门的位置.dwg
效果文件路径：	素材/第3章/3-10使用自功能调整门的位置-OK.dwg
视频文件路径：	视频/第3章/3-10使用自功能调整门的位置.mp4
播放时长：	2分钟

在从事室内设计的时候，经常需要根据客户要求对图形进行修改，如调整门、窗类图形的位置。在大多数情况下，通过S【拉伸】命令可以完成修改。但如果碰到如图3-86所示的情况，仅靠【拉伸】命令就很难成效，因为距离差值并非整数，这时就可以利用【自】功能来辅助修改，保证图形的准确性。

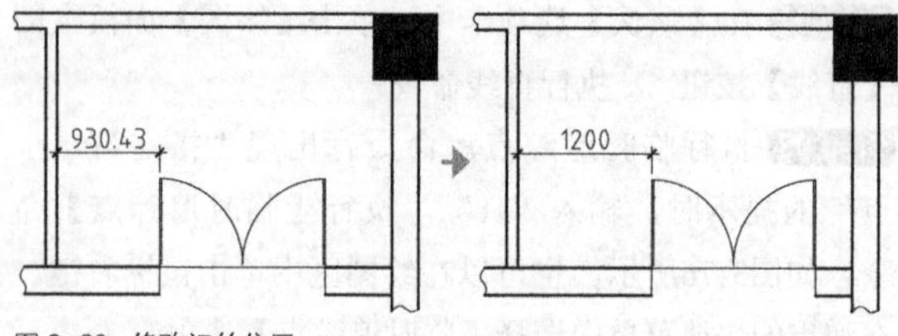

图3-86 修改门的位置

Step 01 打开“第3章/3-10使用自功能调整门的位置.dwg”素材文件，素材图形如图3-87所示，为一局部室内图形，其中尺寸930.43为无理数，此处只显示两位小数。

Step 02 在命令行中输入“S”，执行【拉伸】命令，提示选择对象时按住鼠标左键不动，从右往左框选整个门图形，如图3-88所示。

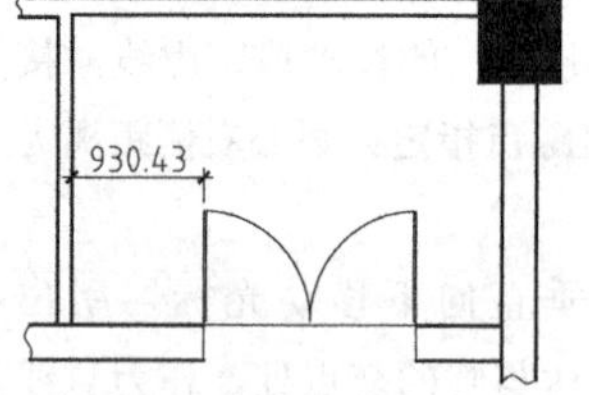

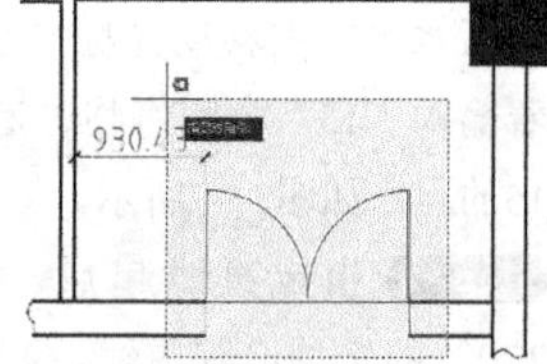

图3-87 素材文件　图3-88 框选门图形

Step 03 指定拉伸基点。框选完毕后单击Enter键确认，然后命令行提示指定拉伸基点，选择门图形左侧的端点为基点（即尺寸测量点），如图3-89所示。

Step 04 指定【自】功能基点。拉伸基点确定之后，命令行便提示指定拉伸的第二个点，此时输入“from”，或在绘图区中单击鼠标右键，在弹出的快捷菜单中选择【自】选项，执行【自】命令，以左侧的墙角测量点为【自】功能的基点，如图3-90所示。

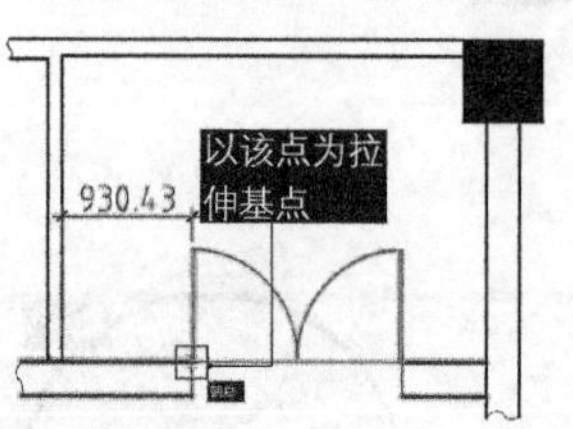

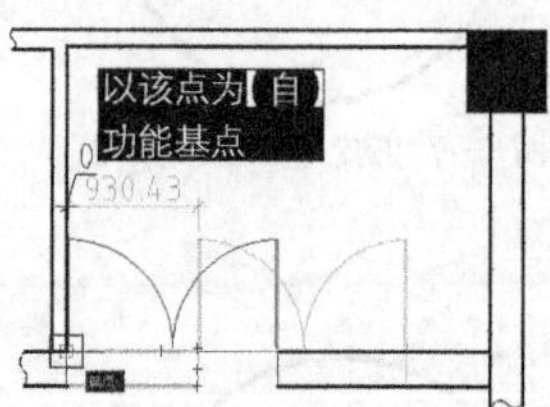

图3-89 指定拉伸基点　图3-90 指定【自】功能基点

Step 05 输入拉伸距离。此时将光标向右移动，输入偏移距离“1200”，即可得到最终的图形，如图3-91所示。

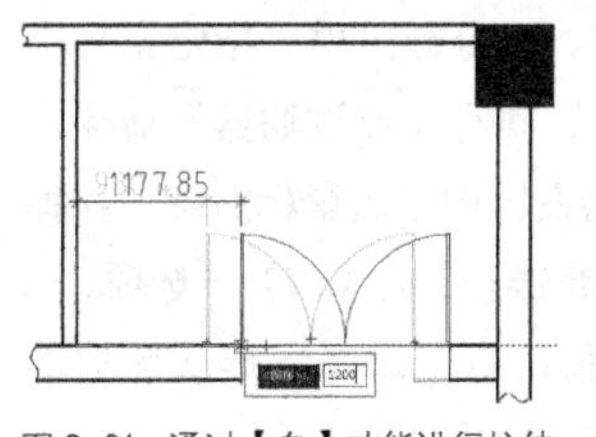

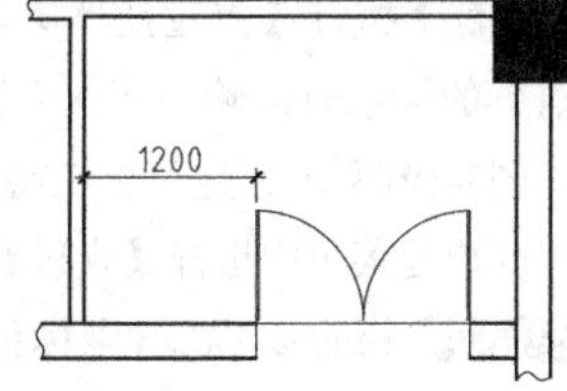

图 3-91 通过【自】功能进行拉伸

知识链接

有关【拉伸】命令的详细介绍请见第6章的6.2.4节。

3.4.4 两点之间的中点

【两点之间的中点】（MTP）命令修饰符可以在执行对象捕捉或对象捕捉替代时使用，用以捕捉两定点之间连线的中点。两点之间的中点命令使用较为灵活，如果熟练掌握，可以快速绘制出众多独特的图形。执行【两点之间的中点】命令有以下几种方法。

◆快捷键：按住 Shift 键同时单击鼠标右键，在弹出的菜单中选择【两点之间的中点】选项。

◆命令行：在执行命令时输入 “mtp”。

执行该命令后，系统会提示指定中点的第一个点和第二个点，指定完毕后便自动跳转至该两点之间连线的中点上。

练习 3-11 使用两点之间的中点绘制图形

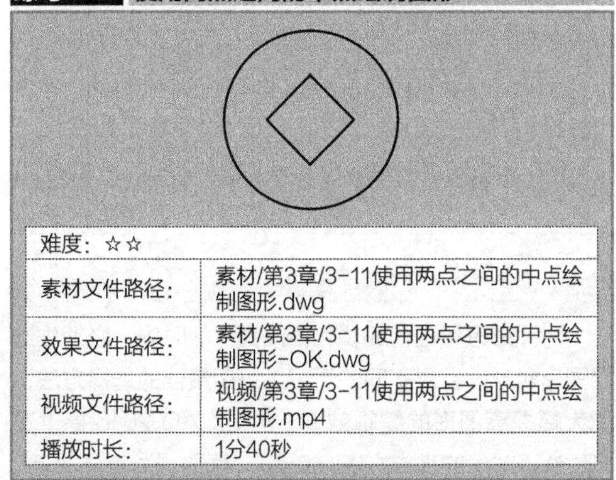

难度：☆☆	
素材文件路径：	素材/第3章/3-11使用两点之间的中点绘制图形.dwg
效果文件路径：	素材/第3章/3-11使用两点之间的中点绘制图形-OK.dwg
视频文件路径：	视频/第3章/3-11使用两点之间的中点绘制图形.mp4
播放时长：	1分40秒

如图 3-92 所示，在已知圆的情况下，要绘制出对角长为半径的正方形。通常只能借助辅助线或【移动】、【旋转】等编辑功能实现，但如果使用【两点之间的中点】命令，则可以一次性解决，详细步骤介绍如下。

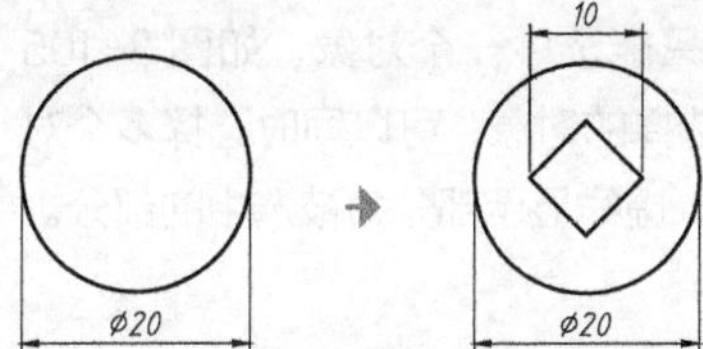

图 3-92 使用【两点之间的中点】绘制图形

Step 01 打开素材文件“第3章/3-11使用两点之间的中点绘制图形.dwg”，其中已经绘制好了直径为20的圆，如图3-93所示。

Step 02 在【默认】选项卡中，单击【绘图】面板上的【直线】按钮，执行直线命令。

Step 03 执行【两点之间的中点】。命令行出现“指定第一个点”的提示时，输入“mtp”，执行【两点之间的中点】命令，如图3-94所示。也可以在绘图区中单击鼠标右键，在弹出的快捷菜单中选择【两点之间的中点】选项。

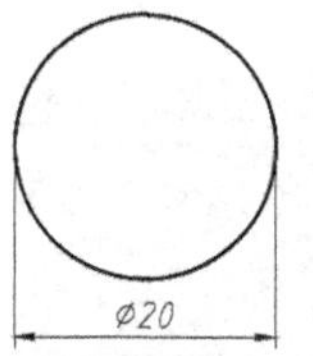

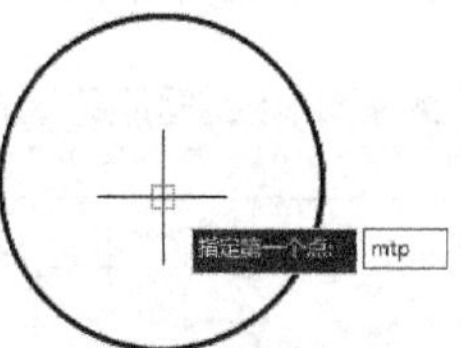

图 3-93 素材图形　图 3-94 执行【两点之间的中点】

Step 04 指定中点的第一个点。将光标移动至圆心处，捕捉圆心为中点的第一个点，如图3-95所示。

Step 05 指定中点的第二个点。将光标移动至圆最右侧的象限点处，捕捉该象限点为第二个点，如图3-96所示。

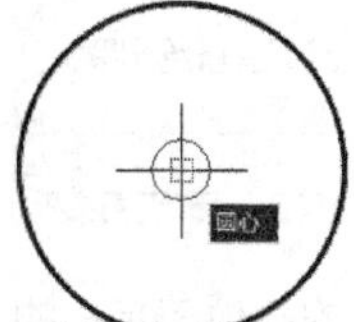

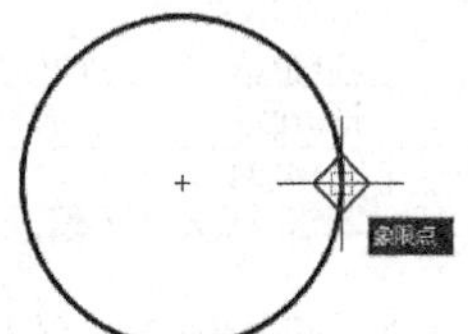

图 3-95 捕捉圆心为中点的第一个点　图 3-96 捕捉象限点为中点的第二个点

Step 06 直线的起点自动定位至圆心与象限点之间的中点处，接着按相同方法将直线的第二点定位至圆心与上象限点的中点处，如图3-97所示。

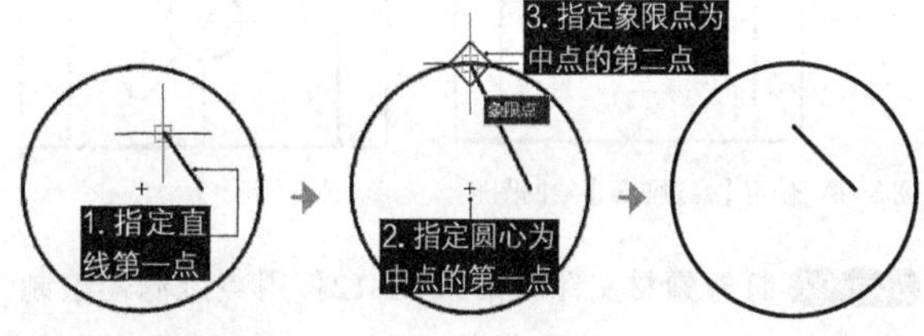

图 3-97 定位直线的第二个点

Step 07 按相同方法，绘制其余段的直线，最终效果如图3-98所示。

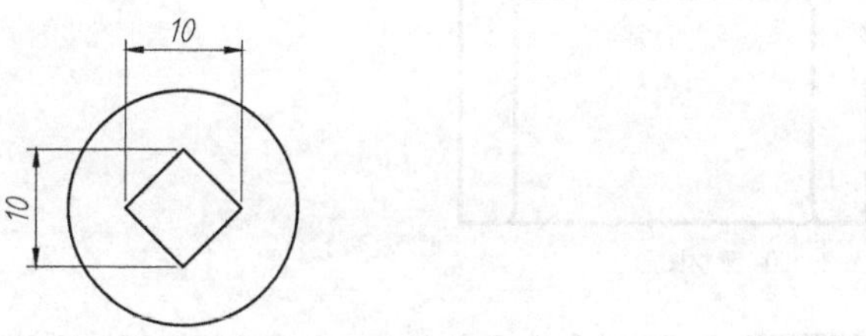

图 3-98 【两点之间的中点】绘制图形效果

3.4.5 点过滤器

点过滤器可以提取一个已有对象的 x 坐标值和另一个对象的 y 坐标值，来拼凑出一个新的（x，y）坐标位置。执行【点过滤器】命令有以下几种方法。

◆快捷键：按住 Shift 键同时单击鼠标右键，在弹出的菜单中选择【点过滤器】选项后的子命令。

◆命令行：在执行命令时输入“.X”或“.Y”。

执行上述命令后，通过对象捕捉指定一点，输入另外一个坐标值，接着可以继续执行命令操作。

练习 3-12 使用点过滤器绘制图形

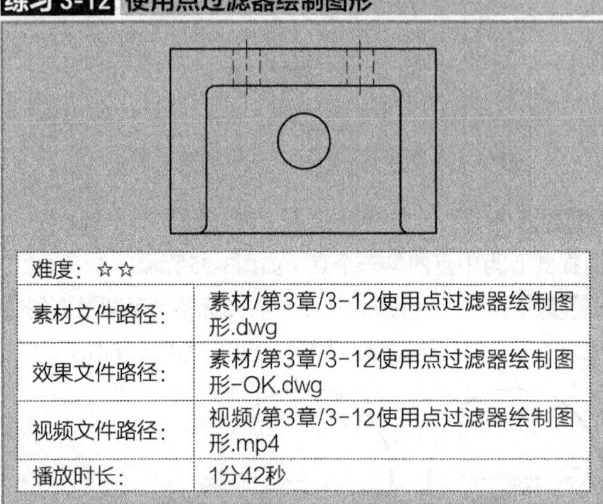

难度：☆☆	
素材文件路径：	素材/第3章/3-12使用点过滤器绘制图形.dwg
效果文件路径：	素材/第3章/3-12使用点过滤器绘制图形-OK.dwg
视频文件路径：	视频/第3章/3-12使用点过滤器绘制图形.mp4
播放时长：	1分42秒

如图 3-99 所示的图例中，定位面的孔位于矩形的中心，这是通过从定位面的水平直线段和垂直直线段的中点提取出 x,y 坐标而实现的，即通过【点过滤器】来捕捉孔的圆心。

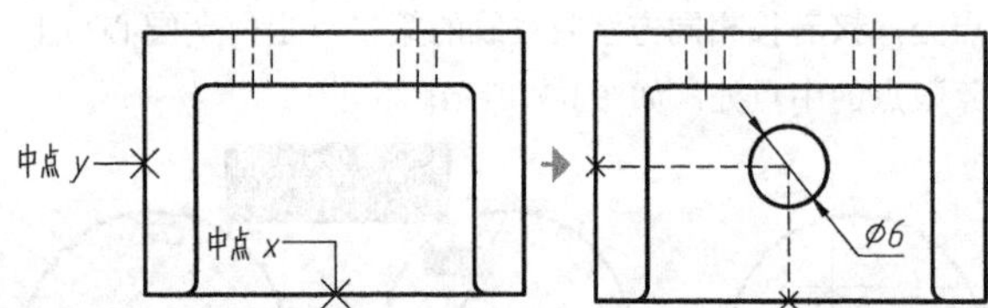

图 3-99　使用【点过滤器】绘制图形

Step 01 打开素材文件“第3章/3-12使用点过滤器绘制图形.dwg”，其中已经绘制好了一平面图形，如图3-100所示。

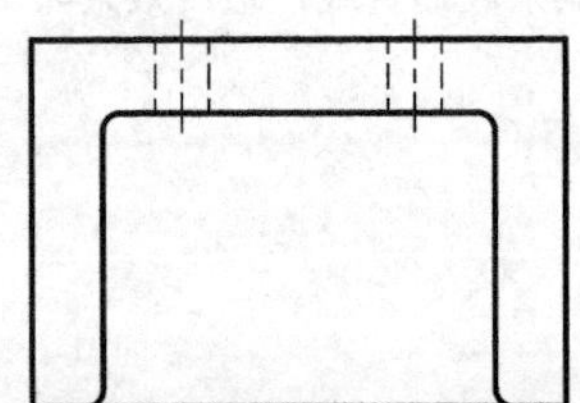

图 3-100　素材图形

Step 02 在【默认】选项卡中，单击【绘图】面板上的【圆】按钮，执行圆命令。

Step 03 执行【点过滤器】。命令行出现“指定第一个点”的提示时，输入“.X”，执行【点过滤器】命令，如图3-101所示。也可以在绘图区中单击鼠标右键，在弹出的快捷菜单中选择【点过滤器】中的【.X】子选项。

Step 04 指定要提取x坐标值的点。选择图形底侧边的中点，即提取该点的x坐标值，如图3-102所示。

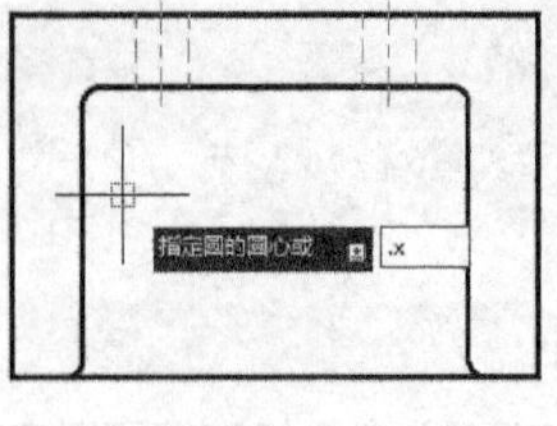

图 3-101　执行【点过滤器】

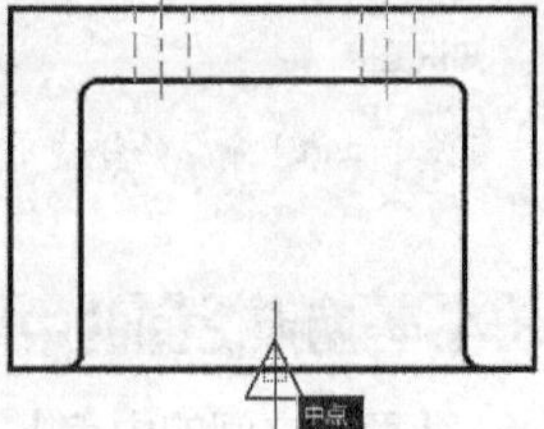

图 3-102 指定要提取 x 坐标值的点

Step 05 指定要提取y坐标值的点。选择图形左侧边的中点，即提取该点的y坐标值，如图3-103所示。

Step 06 系统将新提取的x、y坐标值指定为圆心，接着输入直径“6”，即可绘制如图3-104所示的图形。

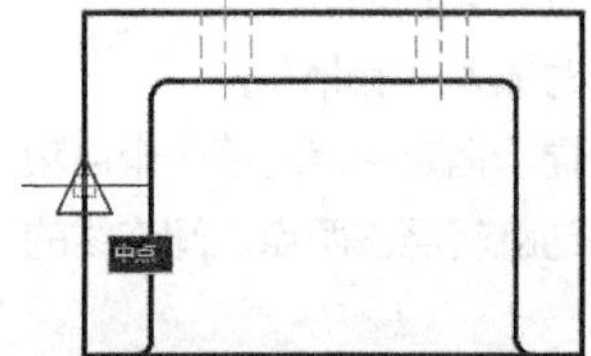

图 3-103 指定要提取 y 坐标值的点

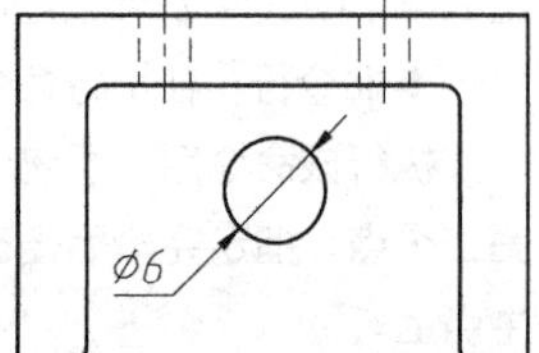

图 3-104　绘制圆

操作技巧

并不需要坐标值的x和y部分都使用已有对象的坐标值。例如，可以使用已有的一条直线的y坐标值，并选取屏幕上任意一点的x坐标值来构建x、y坐标值。

3.5 选择图形

对图形进行任何编辑和修改操作的时候，必须先选择图形对象。针对不同的情况，采用最佳的选择方法，能大幅提高图形的编辑效率。AutoCAD 2016 提供了多种选择对象的基本方法，如点选、框选、栏选、围选等。

3.5.1 点选

如果选择的是单个图形对象，可以使用点选的方法。直接将拾取光标移动到选择对象上方，此时该图形对象会虚线亮显表示，单击鼠标左键，即可完成单个对象的选择。点选方式一次只能选中一个对象，如图 3-105 所示。连续单击需要选择的对象，可以同时选择多个对象，如图 3-106 所示，虚线显示部分为被选中的部分。

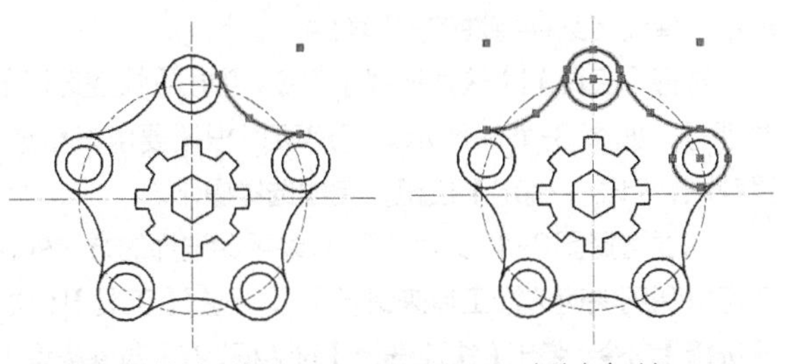

图 3-105　点选单个对象　　　图 3-106　点选多个对象

操作技巧

按下Shift键并再次单击已经选中的对象，可以将这些对象从当前选择集中删除。按Esc键，可以取消选择对当前全部选定对象的选择。

如果需要同时选择多个或者大量的对象，再使用点选的方法不仅费时费力，而且容易出错。此时，宜使用AutoCAD 2016 提供的窗口、窗交、栏选等选择方法。

3.5.2 窗口选择

窗口选择是一种通过定义矩形窗口选择对象的一种方法。利用该方法选择对象时，从左往右拉出矩形窗口，框住需要选择的对象，此时绘图区将出现一个实线的矩形方框，选框内颜色为蓝色，如图 3-107 所示。释放鼠标后，被方框完全包围的对象将被选中，如图 3-108 所示。虚线显示部分为被选中的部分，按 Delete 键删除选择对象，结果如图 3-109 所示。

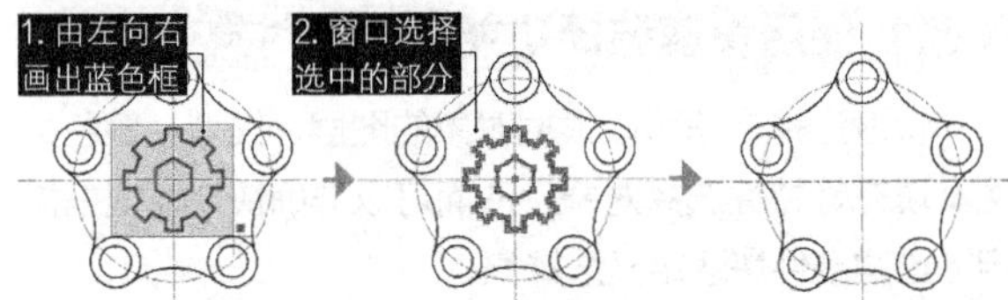

图 3-107　窗口选择　　图 3-108　选择结果　　图 3-109　删除对象

3.5.3 窗交选择

窗交选择对象的选择方向正好与窗口选择相反，它是按住鼠标左键向左上方或左下方拖动，框住需要选择的对象，框选时绘图区将出现一个虚线的矩形方框，选框内颜色为绿色，如图 3-110 所示。释放鼠标后，与方框相交和被方框完全包围的对象都将被选中，如图 3-111 所示，虚线显示部分为被选中的部分，删除选中对象，如图 3-112 所示。

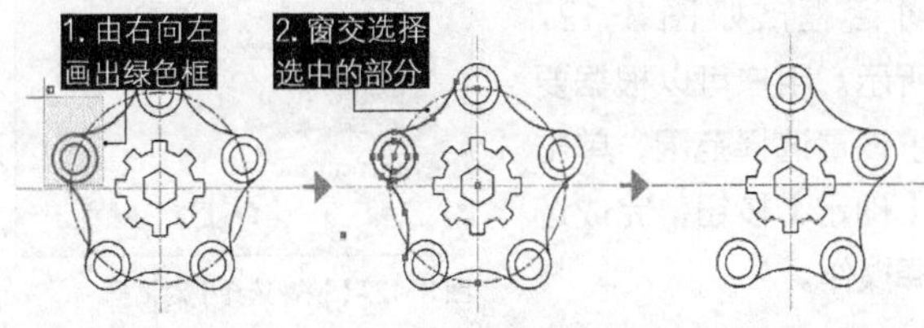

图 3-110 窗交选择　　图 3-111 选择结果　　图 3-112 删除对象

3.5.4 栏选

栏选图形是指在选择图形时拖曳出任意折线，如图 3-113 所示。凡是与折线相交的图形对象均被选中，如图 3-114 所示。虚线显示部分为被选中的部分，删除选中对象，如图 3-115 所示。

光标空置时，在绘图区空白处单击，然后在命令行中输入“F”并按 Enter 键，即可调用栏选命令，再根据命令行提示分别指定各栏选点，命令行操作如下。

```
指定对角点或 [栏选(F)/圈围(WP)/圈交(CP)]: F↙        //选择【栏选】方式
指定第一个栏选点:
指定下一个栏选点或 [放弃(U)]:
```

使用该方式选择连续性对象非常方便，但栏选线不能封闭或相交。

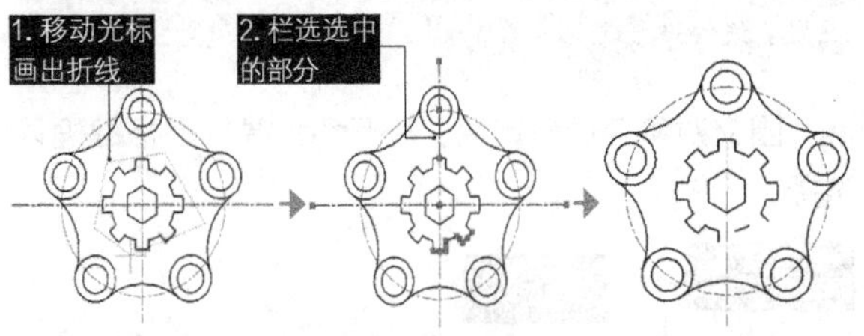

图 3-113 栏选　　图 3-114 选择结果　　图 3-115 删除对象

3.5.5 圈围

圈围是一种多边形窗口选择方式，与窗口选择对象的方法类似。不同的是，圈围方法可以构造任意形状的多边形，如图 3-116 所示。被多边形选择框完全包围的对象才能被选中，如图 3-117 所示。虚线显示部分为被选中的部分，删除选中对象，如图 3-118 所示。

光标空置时，在绘图区空白处单击，然后在命令行中输入“WP”并按 Enter 键，即可调用圈围命令，命令行提示如下。

```
指定对角点或 [栏选(F)/圈围(WP)/圈交(CP)]: WP↙        //选择【圈围】选择方式
第一圈围点:
指定直线的端点或 [放弃(U)]:
指定直线的端点或 [放弃(U)]:
```

圈围对象范围确定后，按 Enter 键或空格键确认选择。

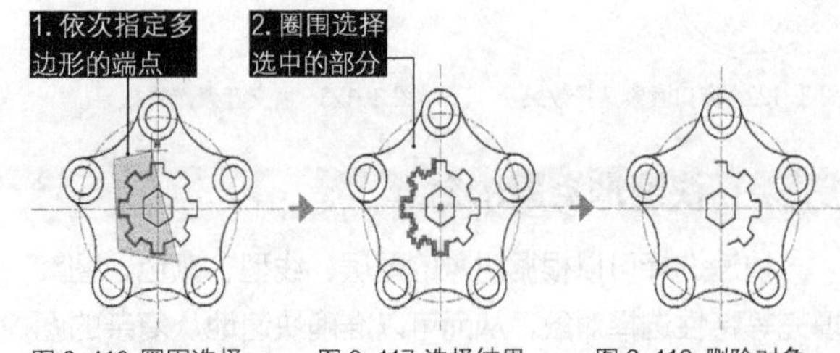

图 3-116 圈围选择　　图 3-117 选择结果　　图 3-118 删除对象

3.5.6 圈交

圈交是一种多边形窗交选择方式，与窗交选择对象的方法类似。不同的是，圈交方法可以构造任意形状的多边形，它可以绘制任意闭合但不能与选择框自身相交或相切的多边形，如图 3-119 所示。选择完毕后，可以选择多边形中与它相交的所有对象，如图 3-120 所示。虚线显示部分为被选中的部分，删除选中对象，如图 3-121 所示。

光标空置时，在绘图区空白处单击，然后在命令行中输入“CP”并按 Enter 键，即可调用圈围命令，命令行提示如下：

```
指定对角点或 [栏选(F)/圈围(WP)/圈交(CP)]: CP↙
                                    //选择【圈交】选择方式
第一圈围点:
指定直线的端点或 [放弃(U)]:
指定直线的端点或 [放弃(U)]:
```

圈交对象范围确定后，按 Enter 键或空格键确认选择。

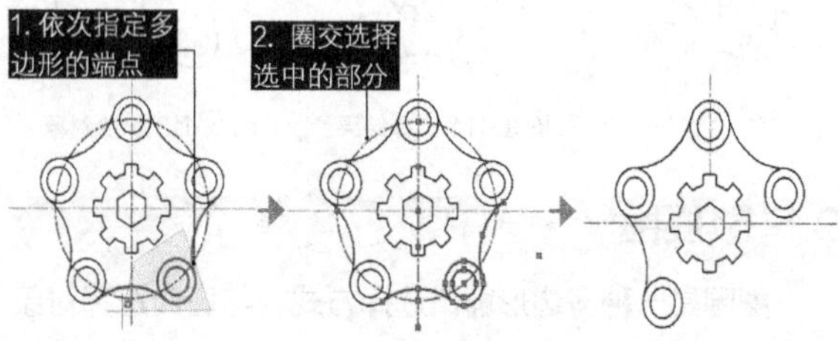

图 3-119 圈交选择　　图 3-120 选择结果　　图 3-121 删除对象

3.5.7 套索选择

套索选择是 AutoCAD 2016 新增的选择方式，是框选命令的一种延伸，使用方法跟以前版本的“框选”命令类似。只是当拖动鼠标围绕对象拖动时，将生成不规则的套索选区，使用起来更加人性化。根据拖动方向的不同，套索选择分为窗口套索和窗交套索两种。

◆顺时针方向拖动为窗口套索选择，如图 3-122 所示。

◆逆时针拖动则为窗交套索选择，如图 3-123 所示。

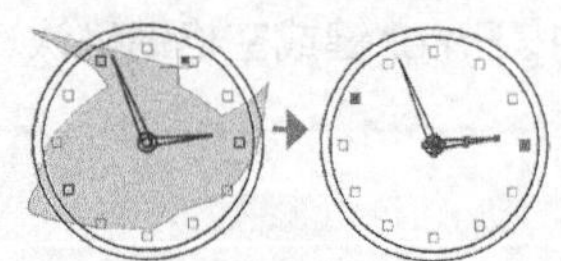

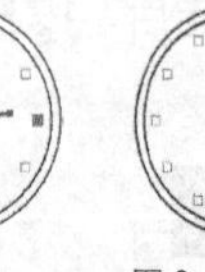
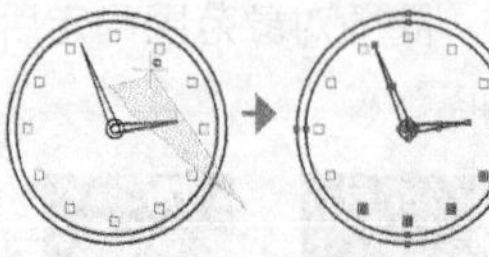

图 3-122　窗口套索选择效果　　图 3-123　窗交套索选择效果

3.5.8 快速选择图形对象

快速选择可以根据对象的图层、线型、颜色、图案填充等特性选择对象，从而可以准确快速地从复杂的图形中选择满足某种特性的图形对象。

选择【工具】|【快速选择】命令，弹出【快速选择】对话框，如图 3-124 所示。用户可以根据要求设置选择范围，单击【确定】按钮，完成选择操作。

如要选择图 3-125 中的圆弧，除手动选择的方法外，还可以利用快速选择工具来进行选取。选择【工具】|【快速选择】命令，弹出【快速选择】对话框，在【对象类型】下拉列表框中选择【圆弧】选项，单击【确定】按钮，选择结果如图 3-126 所示。

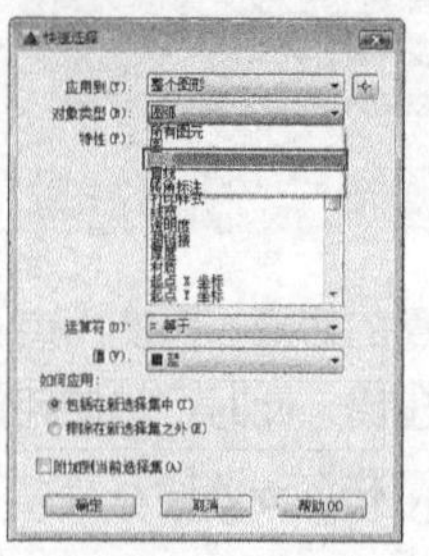

图 3-124【快速选择】对话框　　图 3-125 示例图形　　图 3-126 快速选择后的结果

3.6 使用过滤器选择对象

在绘制图形时，有时需要选择图形中的所有直线来更改颜色、查看有圆角的圆弧半径或删除短线段。这时需要用更高级的方法来选择对象，也就是使用过滤器。

3.6.1 使用快速选择功能来选取对象 ★进阶★

快速选择是指可以根据对象的图层、线型、颜色、图案填充等特性选择对象，从而可以准确快速地根据指定的过滤条件快速定义选择集。

AutoCAD 2016 中打开【快速选择】对话框的方法有如下 3 种。

◆菜单栏：选择【工具】|【快速选择】菜单命令。

◆功能区：在【默认】选项卡中，单击【实用工具】面板中的【快速选择】按钮。

◆命令行：在命令行中输入“QSELECT”命令。

执行上述命令后，系统弹出【快速选择】对话框，如图 3-127 所示。用户可以根据要求设置选择范围，单击【确定】按钮，完成选择操作。

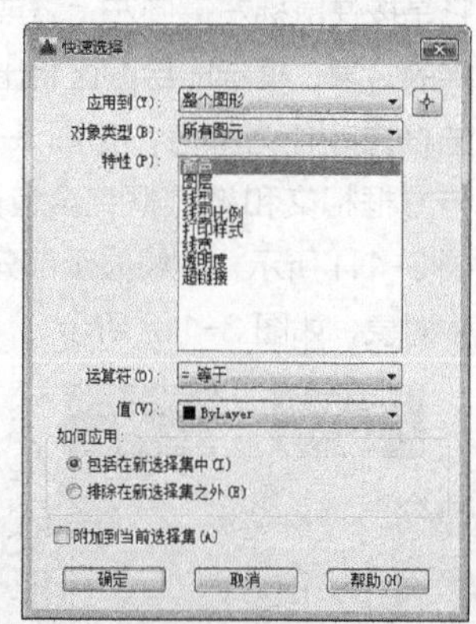

图 3-127【快速选择】对话框

【快速选择】对话框中各选项的功能如下。

◆应用到：用于选择过滤条件的应用范围。

◆对象类型：用于指定过滤条件中的对象类型（如直线、矩形、多段线等）。

◆特性：用于列出被选中对象类型的特性（如颜色、线型、线宽、图层、打印样式等）。

◆运算符：用于控制过滤器中针对对象特性的运算，选项包括【等于】、【不等于】、【大于】、【小于】等。

◆值：用于指定过滤的属性值。

◆如何应用：用于指定选择符合过滤条件的实体还是不符合过滤条件的实体。选择【包括在新选择集中】单选按钮，选择绘图区中（关闭、锁定、冻结层上的实体除外）所有符合过滤条件的实体。选择【排除在新选择集之外】单选按钮，选择所有不符合过滤条件的实体（关闭、锁定、冻结层上的实体除外）。

◆附加到当前选择集：用于指定是将创建的新选择集替换还是附加到当前选择集。

3.6.2 使用 Filter 命令 ★进阶★

与快速选择命令相比，Filter 命令的优势在于可以创建较复杂的过滤器并将其保存起来。

在命令行中输入“Filter”命令并按 Enter 键，打开如图 3-128 所示的【对象选择过滤器】对话框。如果已经设定好的过滤器，那么将显示在该对话框顶部的方框中。

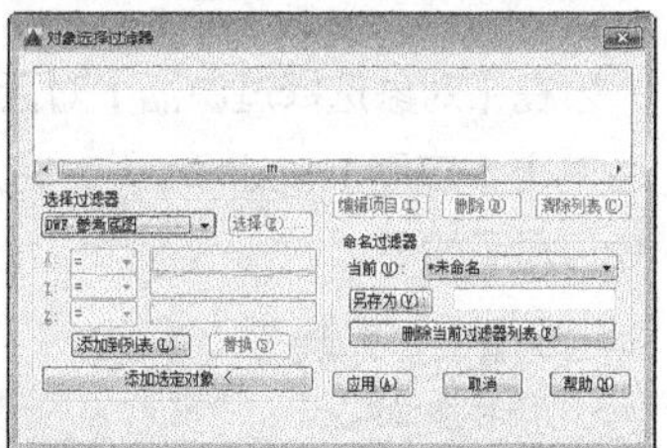

图 3-128 【对象选择过滤器】对话框

> **操作技巧**
>
> Filter命令属于【透明】命令。另外，选择过滤器只能根据指定的设置来查找对象的颜色和线型，而不是作为固定图层定义的一部分来查找。

1 创建单个过滤器

在【对象选择过滤器】对话框的【选择过滤器】区域内提供的参数可以指定一个过滤器。下拉列表列出了所有可选的过滤器，如图 3-129 所示。

创建单个过滤器，首先需要选择一个过滤器，例如选择【直线】选项。如果选择的选项不需要做进一步的说明，直接单击【添加到列表】按钮添加到列表(L):，此时过滤器出现在对话框顶部的方框中，如图 3-130 所示。过滤器以【对象 = 直线】形式出现。

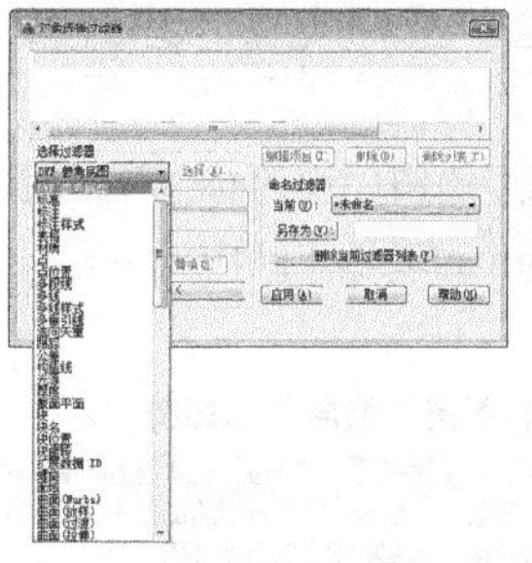

图 3-129 可以指定的过滤器选项

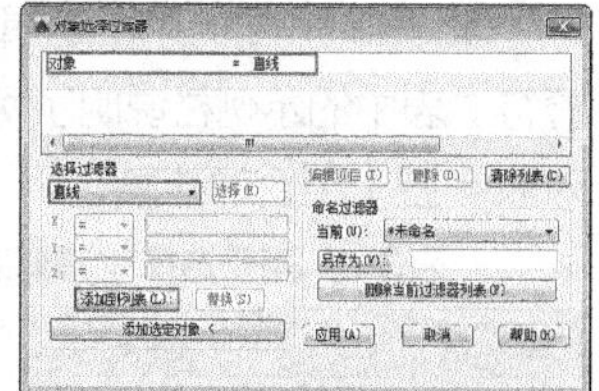

图 3-130 添加【直线】为过滤器对象

许多过滤器需要有具体值，可以用以下两种方法来输入值。

◆如果选择了可以用列表表示其值的对象，则单击激活的【选择】按钮选择(E)...，并选择所需的值。例如，选择颜色或图层，则可以从颜色列表中选择一个值，如图 3-131 所示。

◆如果选择了可以赋予任意数值的对象，则会激活下拉下面的参数（分别为 *X*、*Y* 和 *Z* 参数）。其中【视口中心】是需要（*X*、*Y* 和 *Z* 参数）坐标的过滤器，大多数情况下，仅使用 *X* 参数为过滤器输入值。例如，如果选择【文字高度】，则只需在 *X* 参数的文本框中输入文字高度值。

在创建过滤器的时候，并非总是需要指定过滤器等于某个值。例如，创建一个所有半径小于 0.75mm 的圆过滤器。选择【圆半径】选项，单击激活的 *X* 参数下拉箭头打开关系运算符的列表，选择“<”即可，如图 3-132 所示。

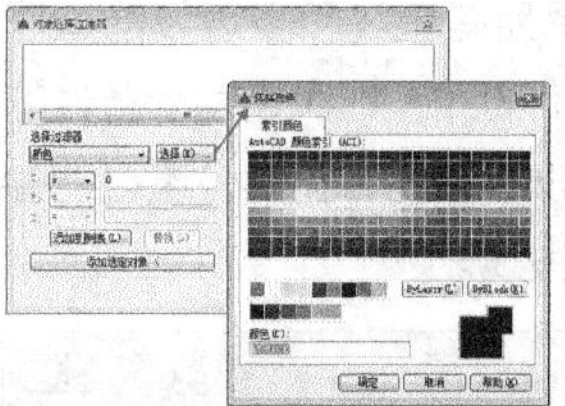

图 3-131 选中的对象

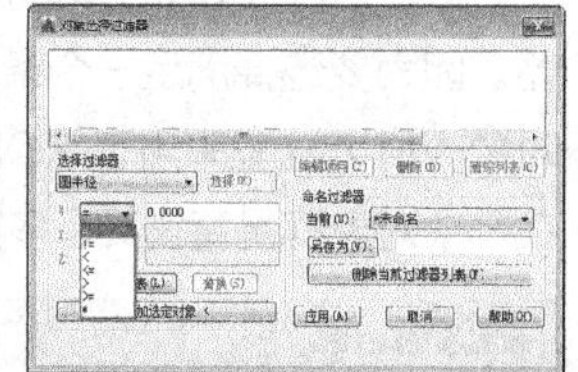

图 3-132 关系运算符

表 3-2 列出了关系运算符的含义。

表3-2 【对象选择过滤器】对话框中的关系运算符

运算符	定义	运算符	快捷命令
=	等于	>	大于
! =	不等于	>=	大于或等于
<	小于	*	等于任意值
<=	小于或等于		

2 添加第二个过滤器

要添加第二个过滤器，首先要确定第一个过滤器和第二个过滤器之间的关系，然后为其分配一个逻辑运算符。逻辑运算符总是成对出现，也就是说，如果以某个运算符开始，则那么必须以这个运算符结束。逻辑运算符在过滤器下拉列表的末尾。

表 3-3 解释了 4 个逻辑运算符，也可称为组合运算符。表中的示例栏说明了两个过滤器【颜色 =1- 红和对象 = 圆】组合的结果。

表3-3 用于选择过滤器的逻辑（组合）运算符

运算符	说明	示例
AND	查找满足所有条件的对象	查找红色的圆
OR	查找满足任一条件的对象	查找所有红色对象及所有圆
XOR	查找不同时满足两个条件的对象，在【开始 XOR】和【结束 XOR】之间需要两个条件	查找非圆的红色对象和非红色的圆对象
NOT	排除满足条件的对象，在【开始 NOR】和【结束 NOR】之间只有一个条件	如果NOT运算符组合了【对象=圆】过滤器，则寻找所有非圆的红色对象

> **操作技巧**
>
> 当选择了两个或多个过滤器而没有选择逻辑运算符时，则过滤计算器默认其为And（与）运算。也就是说，只选择满足所有指定条件的对象。

单击【替换】按钮替换(S)并选择一个保存的过滤器，即可将该过滤器插入正在定义的过滤器中。要基于已有对象添加过滤器，可以单击【添加选定对象】按钮添加选定对象 <，即可将该对象的所有特性添加到过滤器定义中，不过有时这样会选取一些不需要的特性。

图 3-133 所示的是选择所有直线和多段线的过滤器。因为要选择满足一个条件但不同时满足两个条件的对象，所以这里采用了 XOR 运算符。显然，不可能存在一个对象既是直线又是多段线。

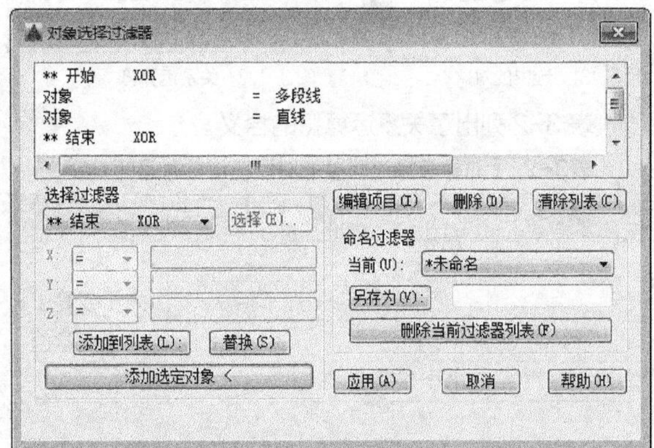

图 3-133 选择所有直线和多段线的过滤器

3.6.3 命名和编辑过滤器 ★进阶★

当完成了一个过滤器的定义后应当保存，因为即使今后不会使用，也可能在使用时产生一个图形编辑错误而需返回该过滤器。在【另存为】文本框中输入文件名，然后单击【另存为】按钮另存为(V)即可保存。

可以使用如下 3 个按钮来编辑过滤器。

◆【编辑项目】按钮编辑项目(I)：选择包含该项目的行并单击这个按钮进行编辑。该项目名会出现在下拉列表中，以便为其指定新值。

◆【删除】按钮删除(D)：单击该按钮即可删除过滤器中的一个项目。

◆【清除列表】按钮清除列表(C)：单击该按钮即可清除过滤器中所有的项目并重新开始。

> **操作技巧**
>
> 要选择一个已命名的过滤器进行编辑，从【当前】下拉列表中选取即可。

3.6.4 使用过滤器 ★进阶★

过滤器的使用方法有两种。常用的方法是先选择命令，然后选择所需的过滤器来选取对象，命令行提示如下，以执行 M（移动）命令为例。

```
命令: M↙ MOVE                    //调用【移动】命令
选择对象: 'filter                 //输入“filter”命令，并按Enter键，系统弹出【对象选择过滤器】对话框
```

在【对象选择过滤器】对话框中定义好过滤器，然后单击【应用】按钮应用(A)，将过滤器应用到选择，命令行提示如下。

```
将过滤器应用到选择
>>选择对象: all↙                 //输入“all”表示将选择所有需要加入过滤器的对象
找到 1 个                         //系统自动从全部对象中筛选出符合过滤要求的对象
>>选择对象: ↙
退出过滤出的选择
正在恢复执行 MOVE 命令
选择对象: 找到 1 个
```

第 4 章 绘图环境的设置

绘图环境指的是绘图的单位、图纸的界限、绘图区的背景颜色等。本章将介绍这些设置方法，而且可以将大多数设置保存在一个样板中，这样就无需每次绘制新图形时重新进行设置。

4.1 设置图形单位与界限

通常，在开始绘制一幅新的图形时，为了绘制出精确图形，首先要设置图形的尺寸和度量单位。

4.1.1 设置图形单位

设置绘图环境的第一步就是设定图形的度量单位的类型。单位规定了图形对象的度量方式，可以将设定的度量单位保存在样板中，如表 4-1 所示。

表4-1 度量单位

度量单位	度量示例	描述
分数	32 1/2	整数位加分数
工程	2′ -8.50″	英尺和英寸、英寸部分含小数
建筑	2′ -8 1/2″	英尺和英寸、英寸部分含分数
科学	3.25E+01	基数加幂指数
小数	32.50	十进制整数位加小数位

为了便于不同领域的设计人员进行设计创作，AutoCAD 允许灵活更改绘图单位，以适应不同的工作需求。AutoCAD 2016 在【图形单位】对话框中设置图形单位。

打开【图形单位】对话框有如下 3 种方法。

◆应用程序按钮：单击【应用程序】按钮，在弹出的快捷菜单中选择【图形实用工具】|【单位】选项，如图 4-1 所示。

◆菜单栏：选择【格式】|【单位】命令。

◆命令行：输入“UNITS”或“UN”命令。

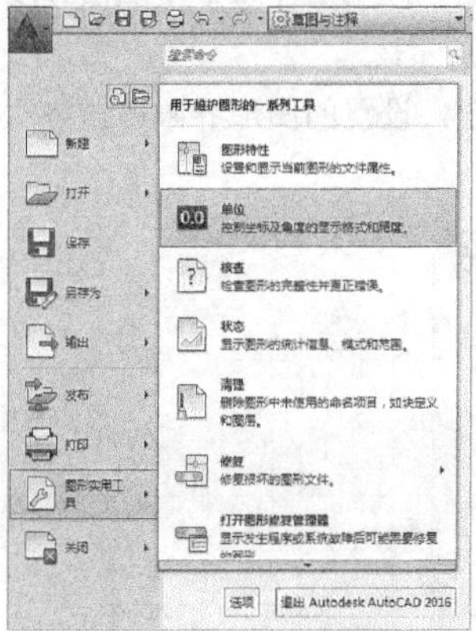

图 4-1【应用程序】按钮调用【单位】命令

执行以上任一种操作后，将打开【图形单位】对话框，如图 4-2 所示。在该对话框中，通过【长度】区域内【类型】下拉列表选择需要使用的度量单位类型，默认的度量单位为【小数】；在【精度】下拉列表中可以选择所需的精度；以及从 AutoCAD 设计中心中插入图块或外部参照时的缩放单位。

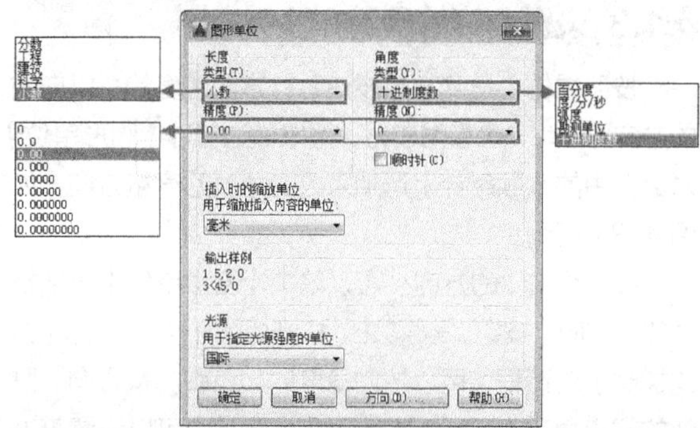

图 4-2 【图形单位】对话框

> **操作技巧**
>
> 毫米（mm）是国内工程绘图领域最常用的绘图单位，AutoCAD默认的绘图单位也是毫米（mm），所以有时候可以省略绘图单位设置这一步骤。

4.1.2 设置角度的类型

与度量单位一样，在不同的专业领域和工作环境中，用来表示角度的方法也是不同的，如表 4-2 所示。默认设置是十进制角度。

表4-2 角度类型

角度类型名称	度量示例	描述
十进制度数	32.5′	整数角度和小数部分角度
度/分/秒	32° 30′ 0″	度、分、秒
百分度	36.1111g	百分度数
弧度	0.5672r	弧度数
勘测单位	N 57d30′ E	勘测（方位）单位

在图 4-2 所示的【图形单位】对话框中，通过【角度】区域内【类型】下拉列表选择需要使用的度量单位类型，默认的度量单位为【十进制度数】；在【精度】下拉列表中可以选择所需的精度。

要注意的是，角度中的1′是1°的1/60，而1″是1′的1/60。百分度和弧度都只是另外一种表示角度的方法，公制角度的一百分度相当于直角的1/100，弧度用弧长与圆弧半径的比值来度量角度。弧度的范围从0到2π，相当于通常角度中的0°到360°，其中1弧度大约等于57.3°。勘测单位则是以方位角来表示角度的，先以北或南作为起点，然后加上特定的角（度、分、秒）来表示该角相对于正南或正北方向的偏移角，以及偏向哪个方向（东或西）。

另外，在这里更改角度类型的设置并不能自动更改标注中角度类型，需要通过【标注样式管理器】来更改标注。

4.1.3 设置角度的测量方法与方向

按照惯例，角度都是按逆时针方向递增的，以向右的方向为0°，也称为东方。可以通过勾选【图形单位】对话框中的【顺时针】选项来改变角度的度量方向，如图4-3所示。

要改变0°的方向，可以单击【图形单位】对话框中的【方向】按钮 方向(D)...，打开如图4-4所示的【方向控制】对话框，用以控制角度的起点和测量方向。默认的起点角度为0°，方向正东。在其中可以设置基准角度，即设置0°角。如将基准角度设为“北”，则绘图时的0°实际上在90°方向上。如果选择【其他】单选按钮，则可以单击【拾取角度】按钮，切换到图形窗口中，通过拾取两个点来确定基准角度0°的方向。

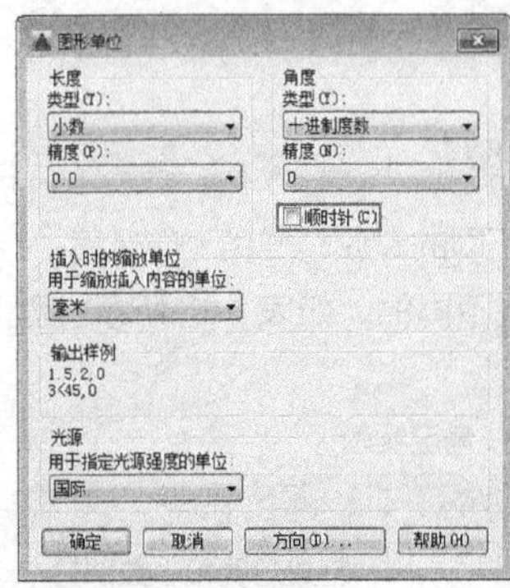

图4-3【图形单位】对话框

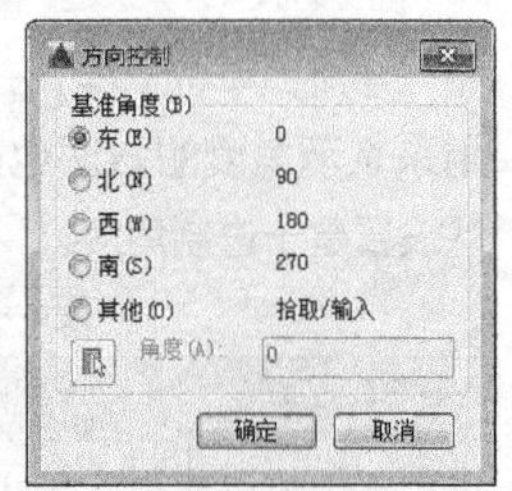

图4-4【方向控制】对话框

> **操作技巧**
>
> 对角度方向的更改会对输入角度以及显示坐标值产生影响，但这不会改变用户坐标系（UCS）设置的绝对坐标值。如果使用动态输入功能，会发现动态输入工具栏提示中显示出来的角度值从来不会超过180°，这个介于0°~180°的值代表的是当前点与0°角水平线之间在顺时针和逆时针方向上的夹角。

4.1.4 设置图形界限

AutoCAD的绘图区域是无限大的，用户可以绘制任意大小的图形，但由于现实中使用的图纸均有特定的尺寸（如常见的A4纸大小为297mm×210mm），为了使绘制的图形符合纸张大小，需要设置一定的图形界限。执行【设置绘图界限】命令操作有以下几种方法。

- ◆菜单栏：选择【格式】|【图形界限】命令。
- ◆命令行：输入“LIMITS”命令。

通过以上任一种方法执行【图形界限】命令后，在命令行输入图形界限的两个角点坐标，即可定义图形界限。而在执行图形界限操作之前，需要激活状态栏中的【栅格】按钮，只有启用该功能，才能查看图限的设置效果。它确定的区域是可见栅格指示的区域。

练习4-1 设置A4（297 mm×210 mm）的图形界限

Step 01 单击快速访问工具栏中的【新建】按钮，新建文件。

Step 02 选择【格式】|【图形界限】命令，设置图形界限，命令行提示如下。

```
命令: _limits↙                    //调用【图形界限】命令
重新设置模型空间界限:
指定左下角点或 [开(ON)/关(OFF)] <0.0,0.0>: 0,0↙
                        //指定坐标原点为图形界限左下角点
指定右上角点<420.0,297.0>: 297,210↙
                        //指定右上角点
```

此时若选择ON选项，则绘图时图形不能超出图形界限，若超出系统不予显示，选择OFF选项时准予超出界限图形。

Step 03 右击状态栏上的【栅格】按钮，在弹出的快捷菜单中选择【网格设置】命令，或在命令行输入“SE”并按Enter键，系统弹出【草图设置】对话框，在【捕捉和栅格】选项卡中，取消选中【显示超出界限的栅格】复选框，如图4-5所示。

Step 04 单击【确定】按钮，设置的图形界限以栅格的范围显示，如图4-6所示。

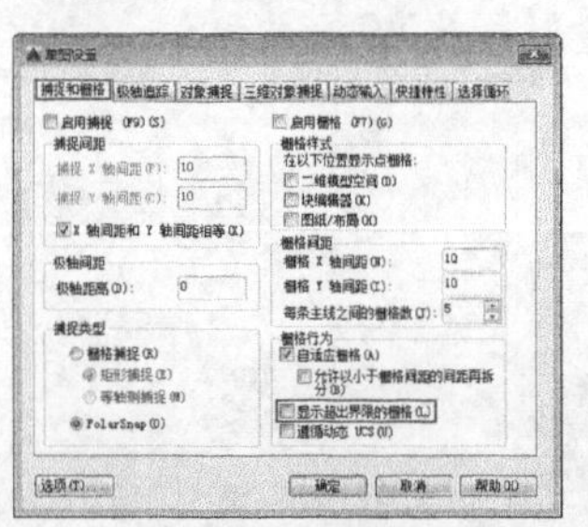

图4-5【草图设置】对话框

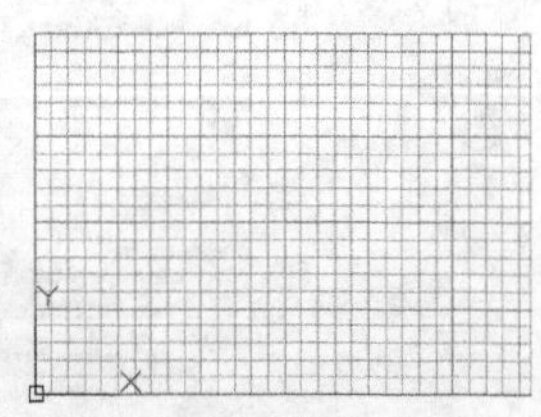

图4-6 以栅格范围显示绘图界限

Step 05 将设置的图形界限(A4图纸范围)放大至全屏显示，如图4-7所示，命令行操作如下。

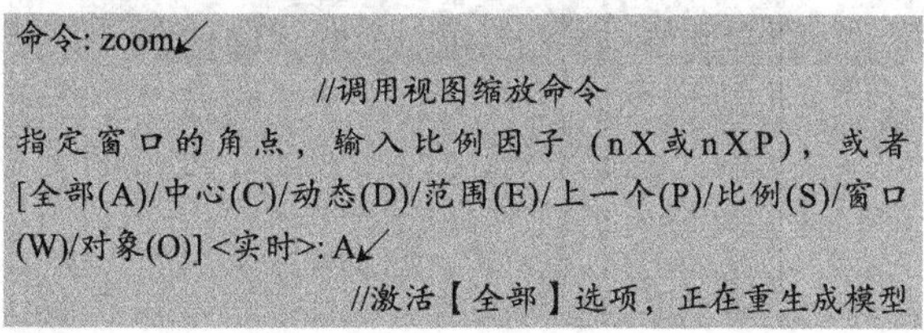

命令: zoom↙

//调用视图缩放命令

指定窗口的角点，输入比例因子（nX或nXP），或者[全部(A)/中心(C)/动态(D)/范围(E)/上一个(P)/比例(S)/窗口(W)/对象(O)]<实时>: A↙

//激活【全部】选项，正在重生成模型

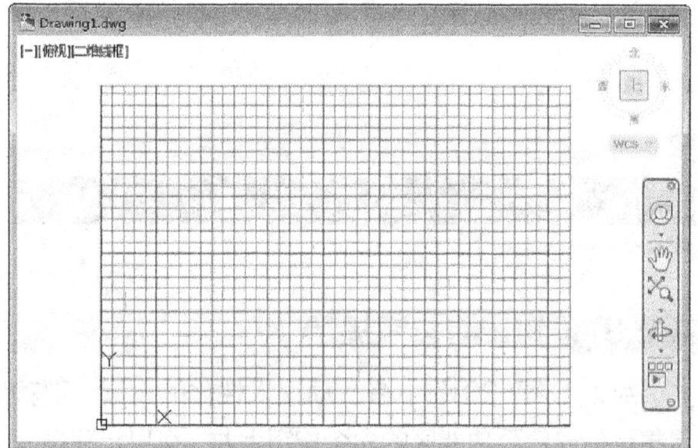

图 4–7 布满整个窗口的栅格

4.2 设置系统环境

设置一个合理且能满足用户所需的系统环境，是绘图前的重要工作，这对绘图的速度和质量起着至关重要的作用。系统环境包括绘图区的背景颜色、鼠标按键的定义、图形的显示精度以及各种与用户操作习惯有关的参数设置。

AutoCAD 2015 提供了【选项】对话框用于设置系统环境，打开该对话框方法如下。

◆菜单栏：执行【工具】|【选项】命令，如图 4-8 所示。

◆命令行：输入“OPTIONS”或“OP”命令。

◆应用程序：单击【应用程序】按钮▲，在下拉菜单中选择【选项】命令，如图 4-9 所示。

◆快捷操作：在绘图区空白处单击右键，在弹出的快捷菜单中选择【选项】，如图 4-10 所示。

图 4-8【菜单栏】调用【选项】命令

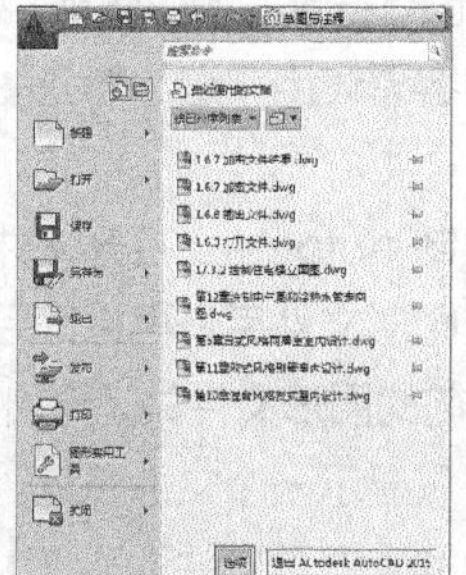

图 4-9【应用程序】按钮菜单调用【选项】命令

图 4-10 右键菜单调用【选项】

执行上述任一命令后，系统弹出【选项】对话框，如图 4-11 所示。接下来便按对话框中选项卡的顺序依次讲解各类型的绘图环境设置。

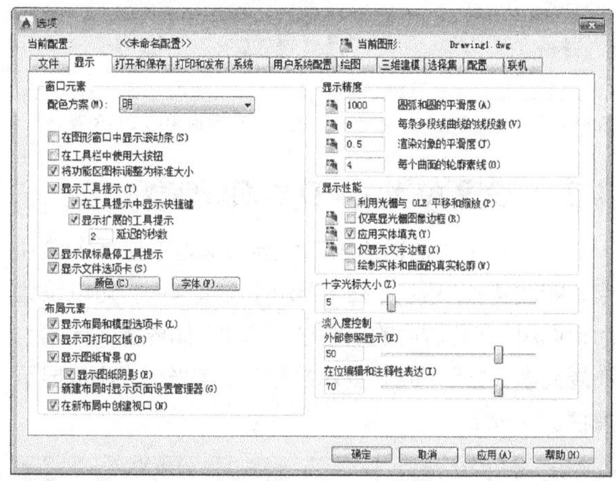

图 4–11 【选项】对话框

4.2.1 设置文件保存路径

【选项】对话框的第一个选项卡是【文件】选项卡，该选项卡用于确定系统搜索支持文件、驱动程序文件、菜单文件和其他文件的路径，以及用户定义的一些设置，如图 4–12 所示。该选项卡主要用来设置自动保存文件（.sv$）与临时图形文件（.ac$）的位置，这两种文件及路径含义介绍如下。

1 自动保存文件（.sv$）

如果 AutoCAD 发生崩溃或以其他方式在执行任务时异常终止，则可以自动将部分数据保存在路径中的 .sv$ 文件。用户通过查找自动保存路径，将保存的 .sv$ 文件重命名为 .dwg 文件，然后在 AutoCAD 中打开该文件即可获得恢复。自动保存的文件将包含所有图形信息作为最后一次运行自动保存。当 AutoCAD 正常关闭时，.sv$ 文件将被删除。单击【文件】选项卡中的【自动保存文件位置】可对其进行浏览与重定义，默认自动保存文件的路径如图 4–12 所示。

2 临时图形文件（.ac$）

AutoCAD 的临时文件的扩展名为 .ac$，一般来说，当 AutoCAD 正常退出时，临时文件也将被自动删除。但是，如果 AutoCAD 出现错误或计算机出现故障，.ac.$ 文件被保留，重要的是，它保存的是最近一次自动保存的文件信息，所以我们可以通过打开 .ac.$ 文件来最大限度地挽回损失。单击【文件】选项卡中的【临时图形文件位置】可对其进行浏览与重定义，默认自动保存文件的路径如图 4–13 所示。

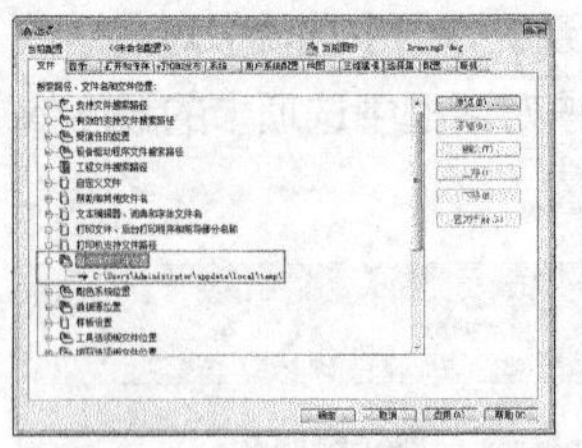
图 4-12　自动保存文件位置

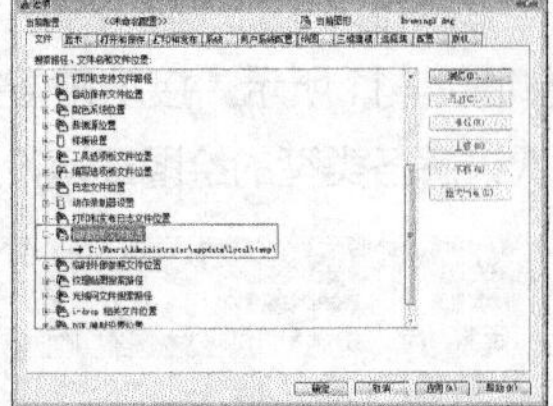
图 4-13　临时图形文件位置

4.2.2 设置 AutoCAD 界面颜色

【选项】对话框的第二个选项卡为【显示】选项卡，如图 4-14 所示。在【显示】选项卡中，可以设置 AutoCAD 工作界面的一些显示选项，如界窗口元素、布局元素、显示精度、显示性能、十字光标大小等显示属性。

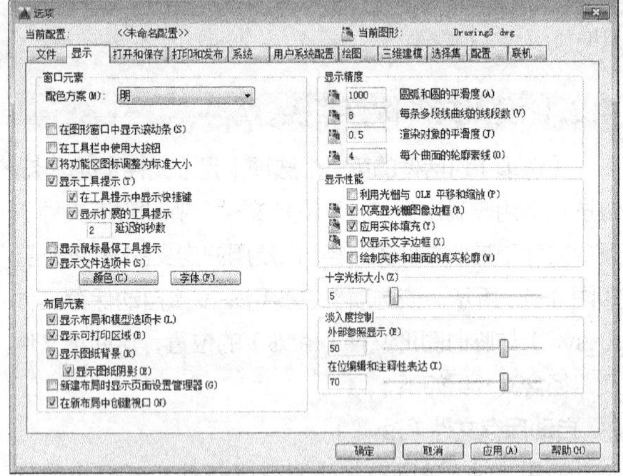
图 4-14　【显示】选项卡

在 AutoCAD 中，提供了明和暗两种配色方案，可以用来控制 AutoCAD 界面的颜色。在【显示】选项卡中选择【配色方案】下拉列表中的两种选项即可，效果分别如图 4-15 和图 4-16 所示。

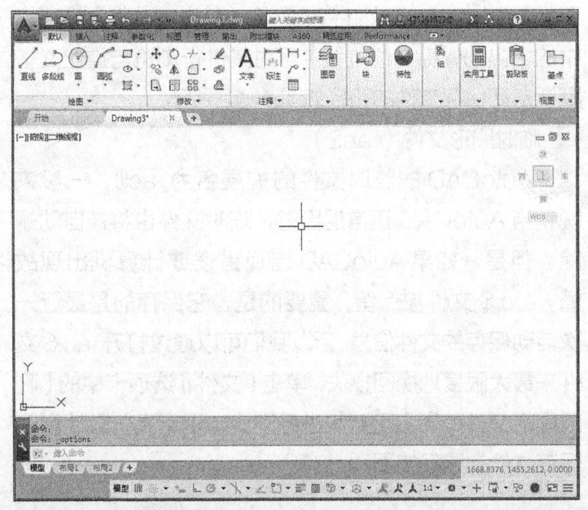
图 4-15　配色方案为【明】

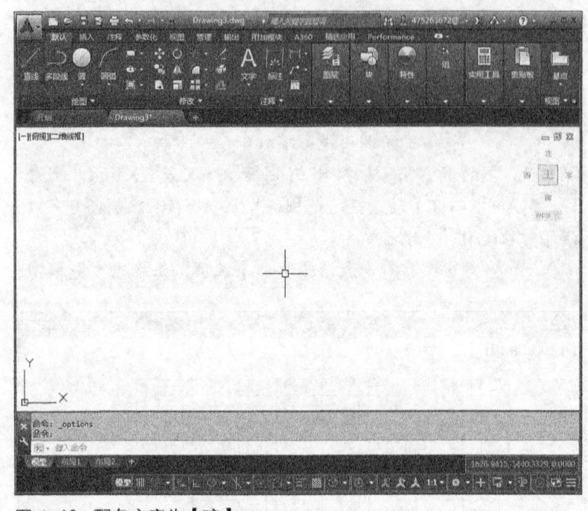
图 4-16　配色方案为【暗】

4.2.3 设置工具按钮提示

AutoCAD 2016 中有一项很人性化的设置，那就是将鼠标悬停至功能区的命令按钮上时，可以出现命令的含义介绍，悬停时间稍长还会出现相关的操作提示，如图 4-17 所示。这有利于初学者熟悉相应的命令。

该提示的出现与否可以在【显示】选项卡的【显示工具提示】复选框进行控制，如图 4-18 所示。取消勾选即不会再出现命令提示。

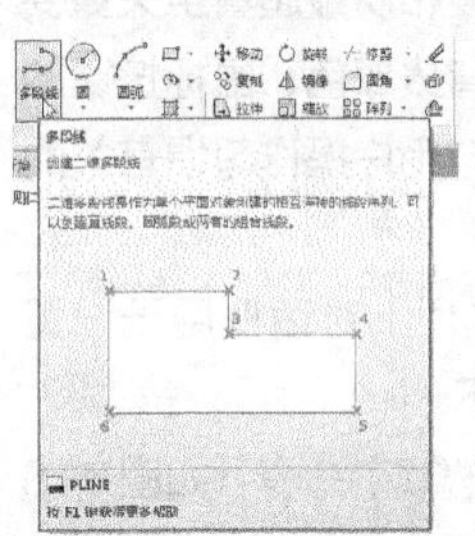
图 4-17　光标置于命令按钮上出现提示

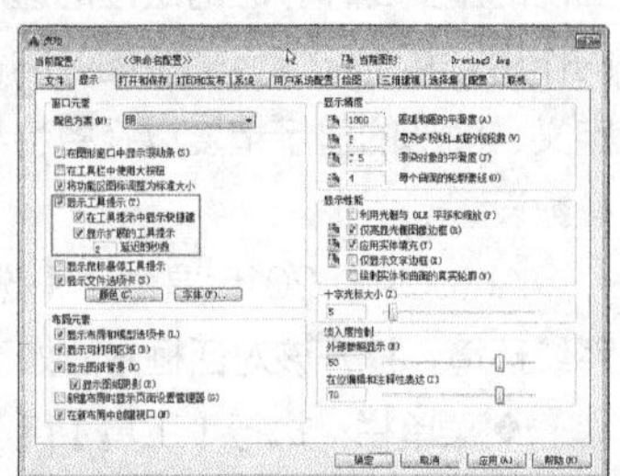
图 4-18【显示工具提示】复选框

4.2.4 设置 AutoCAD 可打开文件的数量

AutoCAD 2016 为方便用户工作，可支持用户同时打开多个图形，并在其中来回切换。这种设置虽然方便了用户操作，但也有一定的操作隐患。如果图形过多，修改时间一长就很容易让用户遗忘哪些图纸被修改过，哪些没有。

这时就可以限制 AutoCAD 打开文件的数量，使得当用软件打开一个图形文件后，再打开另一个图形文件时，软件自动将之前的图形文件关闭退出，即在【窗口】下拉菜单中，始终只显示一个文件名称。只需取消勾选【显现】选项卡中的【显示文件选项卡】复选框即可，如图 4-19 所示。

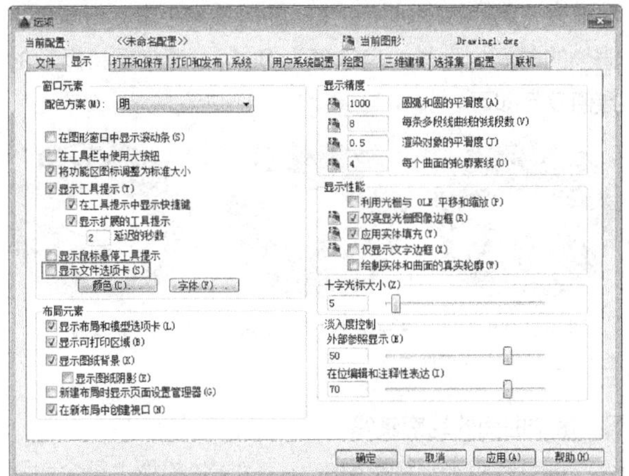

图 4-19 取消勾选【显示文件选项卡】复选框

4.2.5 设置绘图区背景颜色

在 AutoCAD 中可以按用户喜好自定义绘图区的背景颜色。在旧版本的 AutoCAD 中，绘图区默认背景颜色为黑，而在 AutoCAD 2016 中默认背景颜色为白。

单击【显示】选项卡中的【颜色】按钮，打开【图形窗口颜色】对话框，在该对话框可设置各类背景颜色，如二维模型空间、三维平行投影、命令行等，如图 4-20 所示。

4.2.6 设置布局显示效果

在【显示】选项卡左下方的【布局元素】区域，可以设置与布局显示有关的一系列设定，包括模型与布局选项卡、布局中的可打印区域、布局中的图纸背景等。

1 设置模型与布局选项卡

在 AutoCAD 2016 状态栏的左下角，有【模型】和【布局】选项卡，用于切换模型与布局空间。有时由于误操作，会造成该选项卡的消失。此时就可以在【显示】选项卡中勾选【显示布局和模型选项卡】复选框进行调出，如图 4-21 所示。

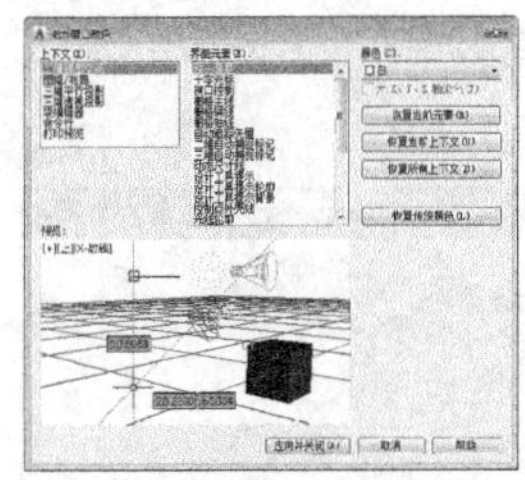

图 4-20【图形窗口颜色】对话框

图 4-21【显示布局和模型选项卡】复选框

模型、布局选项卡的消隐效果如图 4-22 所示。

图 4-22 模型、布局选项卡的消隐

2 隐藏布局中的可打印区域

单击状态栏中的【布局】选项卡，将界面切换至布局空间，该空间的界面组成如图 4-23 所示。最外层的是纸张边界，是在【纸张设置】中的纸张类型和打印方向确定的。靠里面的是一个虚线线框打印边界，其作用就好像 Word 文档中的页边距一样，只有位于打印边界内部的图形才会被打印出来。位于图形四周的实线线框为视口边界，边界内部的图形就是模型空间中的模型，视口边界的大小和位置是可调的。

如果取消【显示可打印区域】复选框的勾选，将不会在布局空间中显示打印边界，效果如图 4-24 所示。

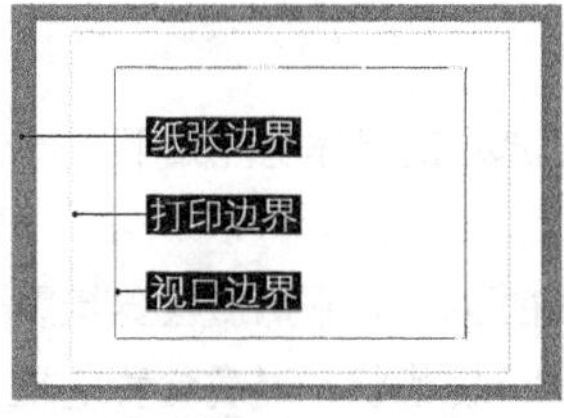

图 4-23 布局空间

图 4-24 打印边界被隐藏

3 隐藏布局中的图纸背景

布局空间中纸张边界外侧的大片灰色区域即是图纸背景，取消勾选【显示图纸背景】复选框可将该区域完全隐藏，效果如图 4-25 所示。另外，其下的【显示图纸阴影】复选框可以控制纸张边界处的阴影显示效果。

4 取消布局中的自动视口

在新建布局时，系统会自动创建一个视口，用以显示模型空间中的图形。但在通常情况下，用户会根据需要自主创建视口，而不使用由系统自动创建的视口，因此可以通过取消勾选【在新布局中创建视口】复选框来取消自动视口的创建，如图 4-26 所示。

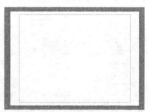

图 4-25 隐藏布局中的图纸背景

图 4-26 取消布局中的自动视口

4.2.7 设置图形显示精度

在 AutoCAD 2016 中，为了加快图形的显示与刷新速度，圆弧、圆以及椭圆都是以高平滑度的多边形进行显示。

在命令行中输入“OP”（选项）命令，系统弹出【选项】对话框，选择【显示】选项卡，如图 4-27 所示。根据绘图需要调整【显示精度】下的参数，以取得显示效果与绘图效率的平衡。

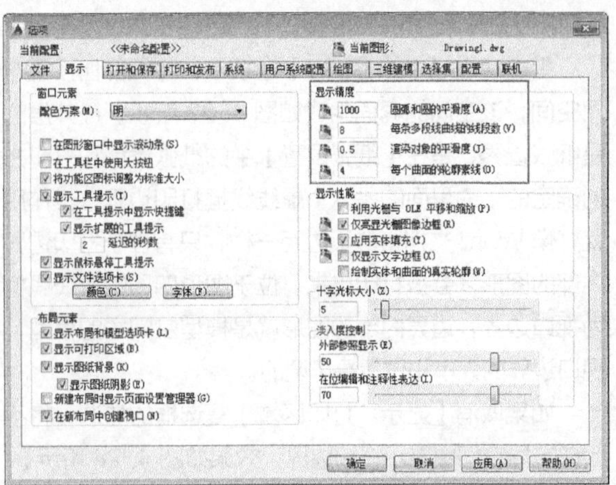

图 4-27 【选项】对话框

【显示精度】常用项参数选项的具体功能如下。

1 圆弧和圆的平滑度

对于圆弧、圆和其他的曲线对象，平滑度会直接影响其显示效果，数值过低会显示锯齿状，过高会影响软件的运行速度。因此，应根据计算机硬件的配置情况进行设定，一般默认为1000。执行该命令有以下几种方法。

◆【选项】对话框：在【显示】选项卡显示精度列表中设置圆弧和圆的平滑度，如图 4-28 所示。

◆命令行：输入“VIEWRES”命令。

执行上述命令后，命令行提示如下。

```
命令: VIEWRES↙    //调用【弧形对象分辨率】命令
是否需要快速缩放? [是(Y)/否(N)] <Y>:↙    //激活“是(Y)”选项
输入圆的缩放百分比 (1-20000) <1000>:↙    //输入圆的缩放百分比
正在重生成模型    //完成操作，结果如图4-29所示
```

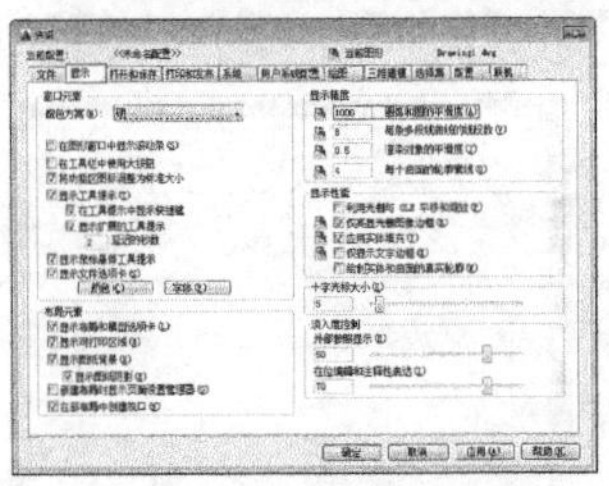

图 4-28 设置圆弧和圆的平滑度

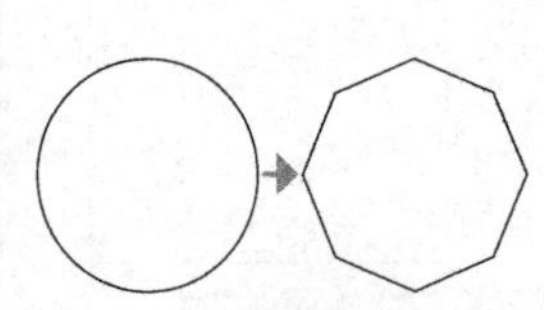

图 4-29 降低分辨率前后效果对比

2 每条多段线曲线的线段数

该参数用于控制多段线转换为样条曲线时的线段数（多段线通过 Pedit 命令的【样条曲线】选项生成）。同样数值越大，生成的对象越平滑，所需要的刷新时间也越长，通常保持其默认数值为 8。

3 渲染对象的平滑度

该参数用于控制曲面实体模型着色以及渲染的平滑度，效果如图 4-30 所示。该参数的设置数值与之前设置的【圆弧和圆的平滑度】的乘积最终决定曲面实体的平滑度，因此数值越大，生成的对象越平滑，但着色与渲染的时间也更长。有效值为 0~10，通常保持默认的数值 0.5 即可。

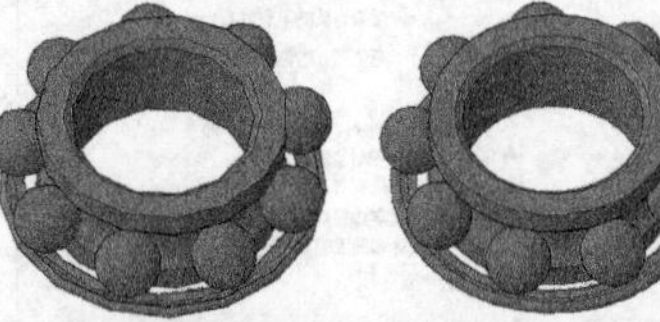

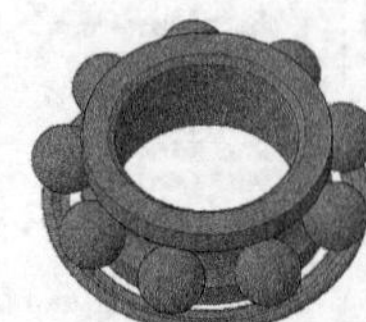

平滑度为 0.2　　平滑度为 0.5（默认）　　平滑度为 5

图 4-30 不同的平滑度效果

4 每个曲面的轮廓素线

该参数用于三维模型中，控制实体模型上每个曲面部分的轮廓素线数量，如图 4-31 所示。同样数值越大，生成的对象越平滑，所需要的着色与渲染时间也越长。有效整数值为 0~2047，通常保持其默认数值为 4 即可。

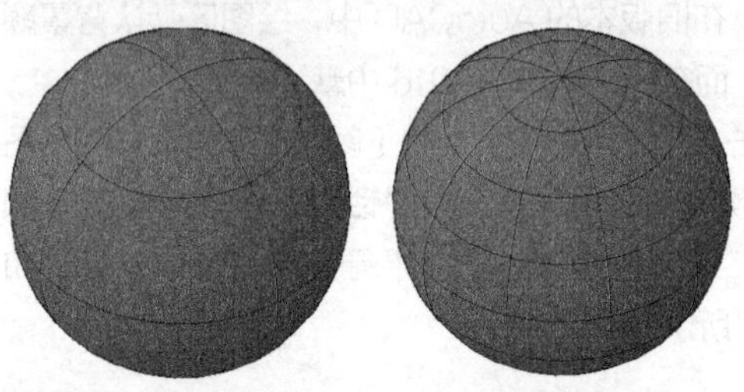

轮廓素线设置为 4（默认）　　轮廓素线设置为 10

图 4-31 不同数量的轮廓素线效果

4.2.8 设置十字光标大小

部分用户可能习惯于较大的十字光标，这样的好处就是能直接将十字光标作为水平、垂直方向上的参考。

在【显示】选项卡的【十字光标大小】区域中，用户可以根据自己的操作习惯，调整十字光标的大小，十字光标可以延伸到屏幕边缘。拖动右下方【十字光标大小】区域的滑动钮▯，如图 4-32 所示。即可调整光标长度，调整效果如图 4-33 所示。十字光标预设尺寸为 5，其大小的取值范围为 1~100，数值越大，十字光标越长，100 表示全屏显示。

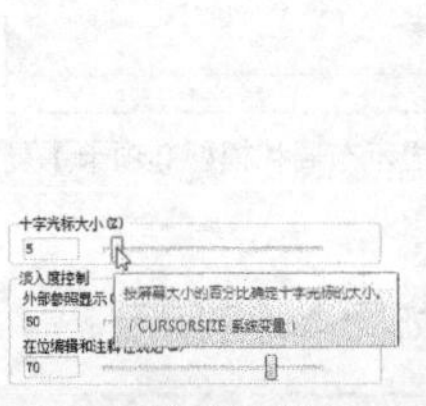

图 4-32 拖动滑动钮

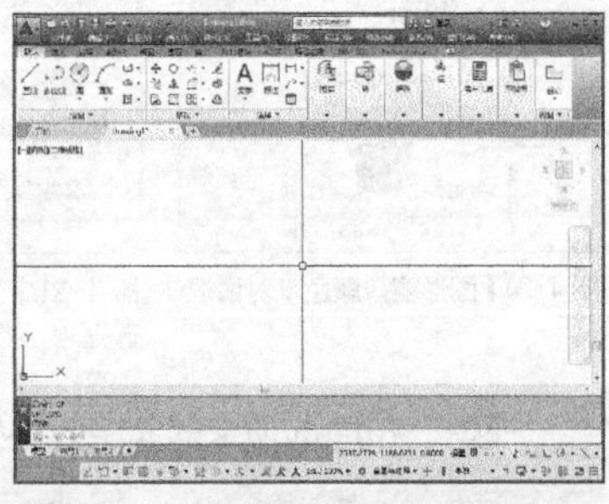

图 4-33 较大的十字光标

4.2.9 设置默认保存类型

在日常工作中，经常要与客户或同事进行图纸往来，有时就难免碰到因为彼此 AutoCAD 版本不同而打不开图纸的情况。虽然按照【练习 2-2】的方法可以解决该问题，但仅限于当前图形。而通过修改【打开与保存】选项卡中的保存类型，就可以让以后的图形都以低版本进行保存，达到一劳永逸的目的。该选项卡用于设置是否自动保存文件、是否维护日志、是否加载外部参照，以及指定保存文件的时间间隔等。

在【打开和保存】选项卡的【另存为】下拉列表中选择要默认保存的文件类型，如【AutoCAD2000/LT2000 图形（*.dwg）】选项，如图 4-34 所示。则以后所有新建的图形在进行保存时，都会保存为低版本的 AutoCAD 2000 类型，实现无障碍打开。

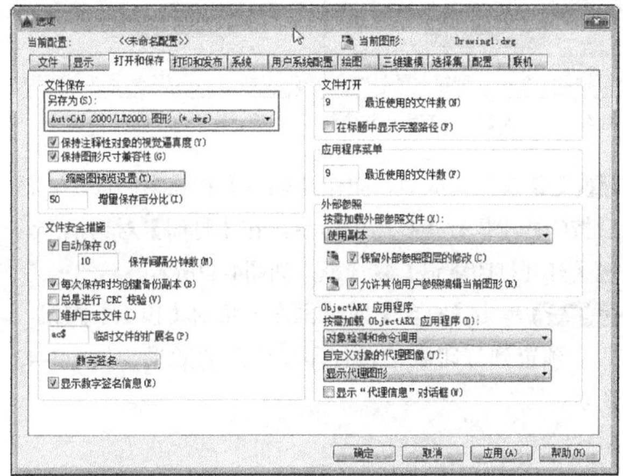

图 4-34 设置默认保存类型

4.2.10 设置 dwg 文件的缩略图效果

AutoCAD 的图形文件通常都以 .dwg 的格式保存在硬盘中，除通过文件名来区分图形，还可以根据文件的缩略图效果来进行分辨，如图 4-35 所示。

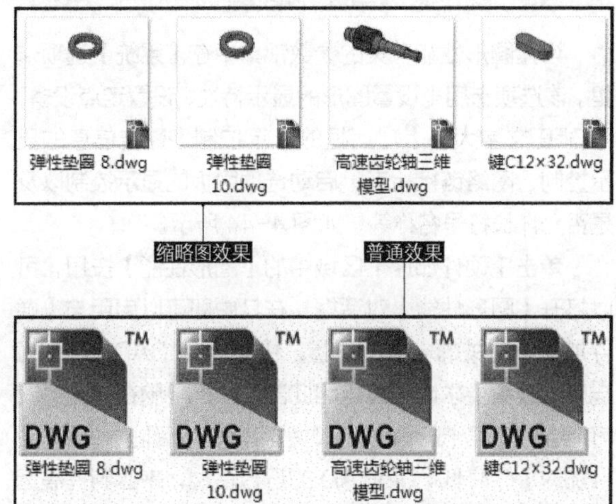

图 4-35 dwg 文件的缩略图与普通效果

单击【打开与保存】选项卡中的【缩略图预览设置】按钮，打开【缩略图预览设置】对话框，勾选其中的【保存缩略图预览图形】复选框，即可使得保存后的 AutoCAD 图形文件在文件夹中以缩略图形式保存，如图 4-36 所示。

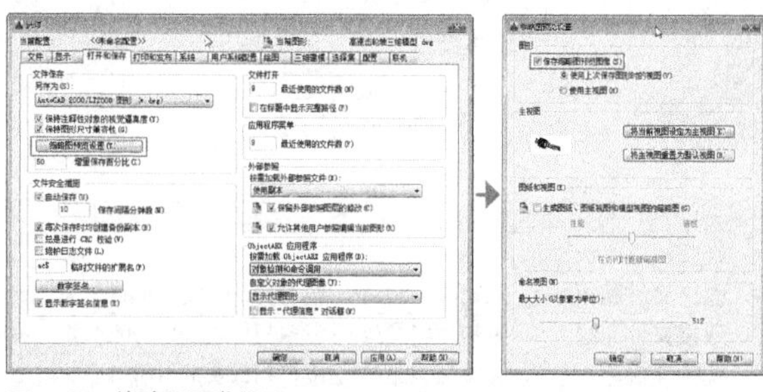

图 4-36 缩略图预览设置

4.2.11 设置自动保存措施

为了防止 AutoCAD 在使用过程中出现崩溃，造成工作文件损坏或遗失，因此需要在【打开和保存】选项卡设置好文件的自动保存措施，方法见第 2 章的【练习 2-3】，在此不多加赘述。

【每次保存时均创建备份副本】可以控制 .bak 备份文件的生成，同样在第 2 章中的 2.2.2 小节中有详细介绍。

4.2.12 设置默认打印设备

在【打印和发布】选项卡中，可设置默认的打印输出设备、发布与打印戳记等有关参数。用户可以根据自己的需要在下拉列表中选择专门的绘图仪，如图 4-37 所示。如果下拉列表中的绘图仪不符要求，用户可以单击下方的【添加或配置绘图仪】按钮来添加绘图仪，具体方法详见第 13 章。

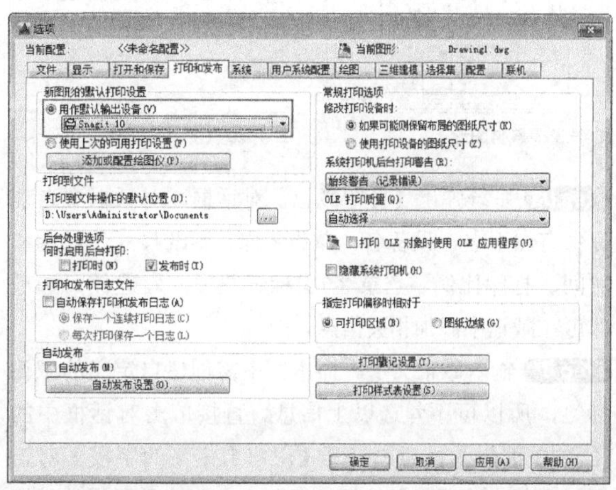

图 4-37 选择默认的输出设备

练习 4-2 设置打印戳记 ★进阶★

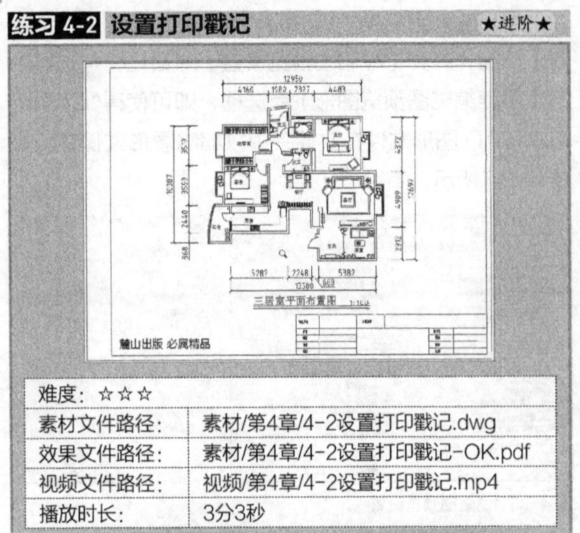

难度：☆☆☆	
素材文件路径：	素材/第4章/4-2设置打印戳记.dwg
效果文件路径：	素材/第4章/4-2设置打印戳记-OK.pdf
视频文件路径：	视频/第4章/4-2设置打印戳记.mp4
播放时长：	3分3秒

有时绘制好图形之后，需要将该图形打印出来，并且要加上一个私人或公司的打印戳记。打印戳记类似于水印，可以起到文件真伪鉴别、版权保护等功能。嵌入的打印戳记信息隐藏于宿主文件中，不影响原始文件的可观性和完整性。在 AutoCAD 中，这类戳记可通过在【打印和发布】选项卡中的设置，一次性设定好所需的标记，然后在打印图纸时直接启用即可。

Step 01 打开素材文件“第4章/4-2 设置打印戳记.dwg”，其中已经绘制好了一个样例图形，如图4-38所示。

Step 02 在图形空白处单击右键，在弹出的快捷菜单中选择【选项】，打开【选项】对话框，切换到【打印和发布】选项卡，单击其中的【打印戳记设置】按钮，如图4-39所示。

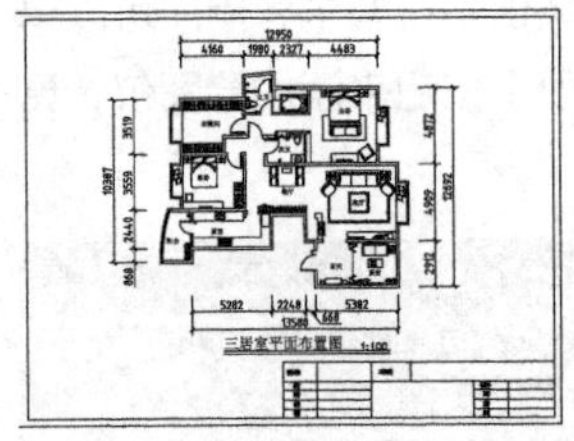

图 4-38 素材图形

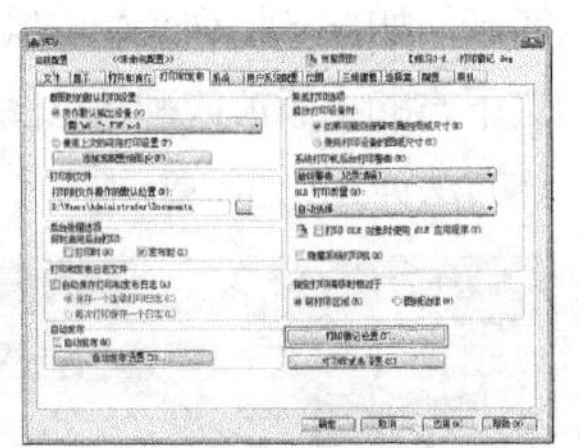

图 4-39 【打印和发布】选项卡

Step 03 系统弹出【打印戳记】对话框，对话框中自动提供有图形名、设备名、布局名称、图纸尺寸、日期和时间、打印比例、登录名7类标记选项，勾选任一选项即可在戳记中添加相关信息。

Step 04 输入戳记文字。而本例中需创建自定义的戳记标签，所以可不勾选以上信息。直接单击对话框中的【添加/编辑】按钮，打开【用户自定义的字段】对话框，再单击【添加】按钮，即可在左侧输入所需的戳记文字，如图4-40所示。

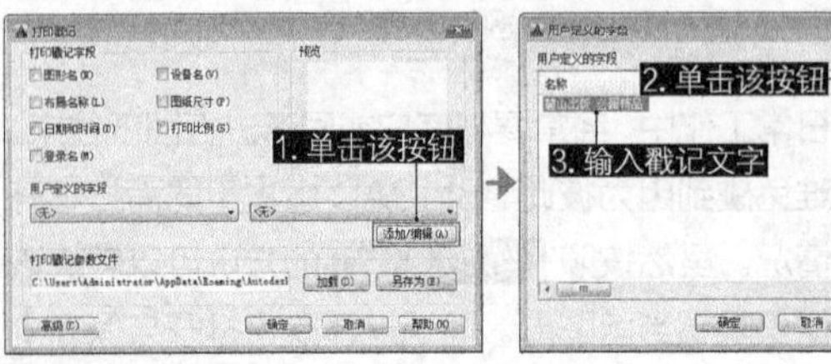

图 4-40 输入戳记文字

Step 05 定义戳记文字大小与位置。单击【确定】按钮返回【打印戳记】对话框，然后在【用户定义的字段】下拉列表选择创建的文本，接着单击对话框左下角的【高级】按钮，打开【高级选项】对话框，设置戳记文本的大小与位置，如图4-41所示。

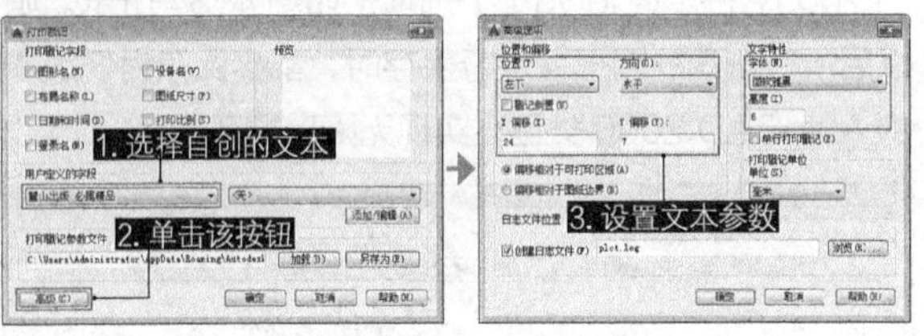

图 4-41 定义戳记文字大小与位置

Step 06 设置完成后，单击【确定】按钮返回图形，然后按Ctrl+P执行【打印】命令，在【打印】对话框中勾选【打开打印戳记】复选框，如图4-42所示。

Step 07 单击【打印】对话框左下角的【预览】按钮，即可预览到打印戳记在打印图纸上的效果，如图4-43所示。

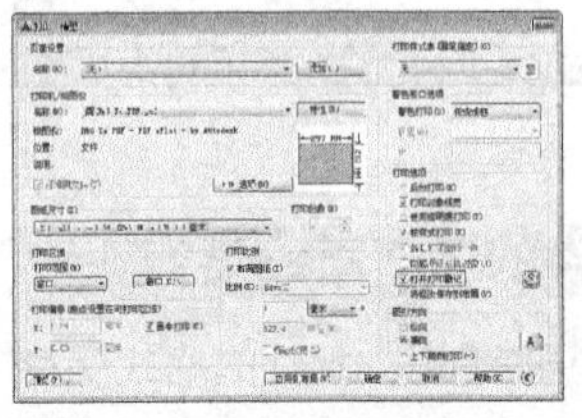

图 4-42 【打印】对话框

打印戳记效果

图 4-43 带戳记的打印效果

4.2.13 硬件加速与图形性能

设置图形性能有关的参数都集中在【系统】选项卡里。该选项卡用来设置图形的显示特性，设置定点设备，【OLE 文字大小】对话框的显示控制、警告信息的显示控制、网络链接检查、启动选项面板的显示控制以及是否允许长符号名称等，如图 4-44 所示。

单击【硬件加速】区域中的【图形性能】按钮，可以打开【图形性能】对话框，在其中即可以启用与【硬件加速】有关的一些的设置。由于 AutoCAD 2016 对电脑的配置要求比较高，因此部分低配电脑在运行时就可能会出现很卡的情况。这时就可以在对话框中关闭【硬件加速】，降低 AutoCAD 的运行性能，来达到提高运行速度的目的，如图 4-45 所示。

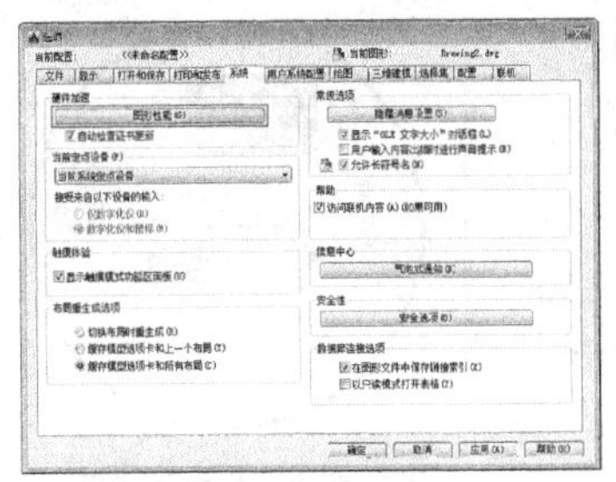
图 4-44 【系统】选项卡

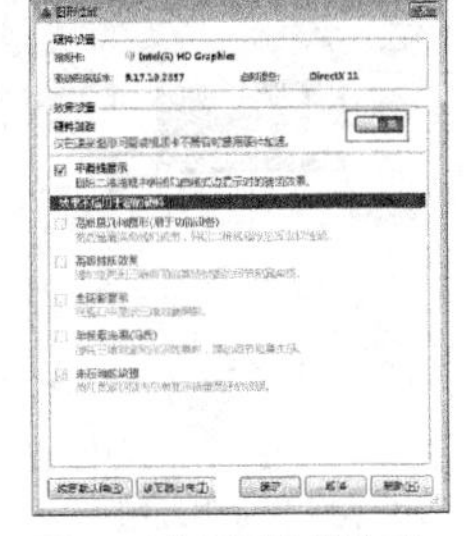
图 4-45【图形性能】对话框

在【图形性能】对话框上的【硬件设置】栏中显示出了当前电脑的显卡配置，而在【效果设置】栏中则显示出了与硬件加速有关的主要 6 个选项，具体介绍如下。

1 平滑线显示

该选项为 AutoCAD 图形性能的必选选项，无论是否开启硬件加速，都会被启用。在旧版本的 AutoCAD 中，二维的斜线和曲线都会带有一定的锯齿效果，如图 4-46 所示，这是因为图形都是由细小的锯齿状线条相连而成的，因此无论如何调节分辨率，只能得到一定的改善，不能根除。

而在 AutoCAD 2016 中新加入了【平滑线显示】功能，以更平滑的曲线和圆弧来取代锯齿状线条，这样就可以消除以前版本中的锯齿效果，如图 4-47 所示。

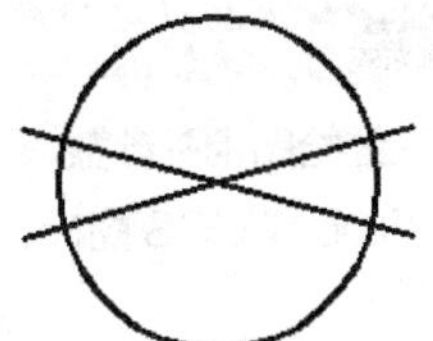
图 4-46 锯齿状效果

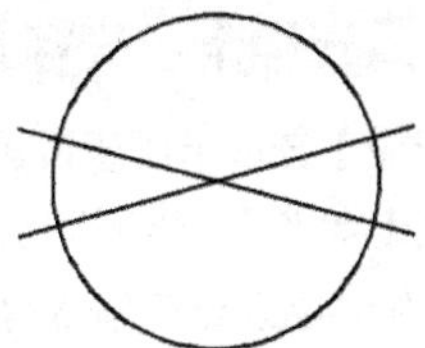
图 4-47 平滑线显示效果

2 高质量几何图形（用于功能设备）

开启【硬件加速】后可用。该选项可创建高质量曲线和线宽，并自动启用【平滑线显示】选项。要注意的是：此选项仅适用于 DirectX 11（或更高版本）虚拟设备。

3 高级材质效果

开启【硬件加速】后可用。该选项控制屏幕上高级材质效果的状态，可增强三维曲面和某些高级材质的细节和真实感。相同模型、相同材质在不同设置下的表现效果如图 4-48 和图 4-49 所示。

图 4-48【高级材质效果】为关

图 4-49【高级材质效果】为开

4 全阴影显示

开启【硬件加速】后可用。该选项可在视口中显示出三维模型的阴影。视口中的着色对象可以显示阴影。地面阴影是对象投射到地面上的阴影。映射对象阴影是对象投射到其他对象上的阴影。若要显示映射对象阴影，视口中的光照必须来源于用户创建的光源或者阳光。阴影重叠的地方，显示较深的颜色。

5 单像素光照（冯氏）

开启【硬件加速】后可用。为各个像素启用颜色计算，此选项打开时，三维对象和光照效果将更为平滑地显示在视口中，增强细节和真实感。

6 未压缩的纹理

开启【硬件加速】后可用。使用更多视频内存量，以在包含带图像的材质或具有附着图像的图形中显示质量更好的纹理。

4.2.14 设置鼠标右键功能模式

【选项】对话框中的【用户系统配置】选项卡，为用户提供了可以自行定义的选项。这些设置不会改变 AutoCAD 系统配置，但是可以满足各种用户使用上的偏好。

在 AutoCAD 中，鼠标动作有特定的含义，例如，左键双击对象将执行编辑，单击鼠标右键将展开快捷菜单。用户可以自主设置鼠标动作的含义。打开【选项】对话框，切换到【用户系统配置】选项卡，在【Windows 标准操作】选项组中设置鼠标动作，如图 4-50 所示。单击【自定义右键单击】按钮，系统弹出【自定义右键单击】对话框，如图 4-51 所示，可根据需要设置右键单击的含义。

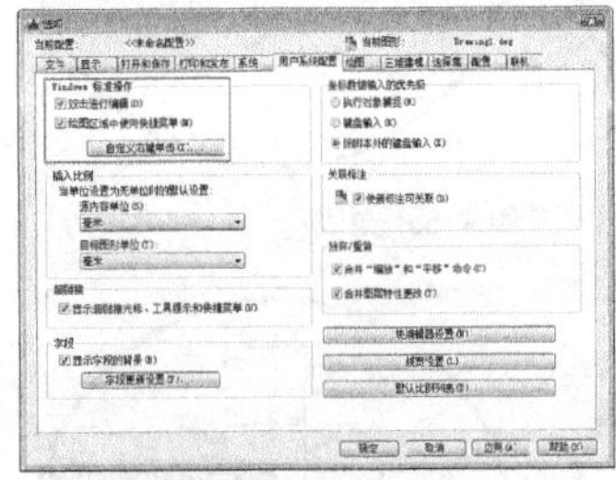
图 4-50【用户系统配置】选项卡

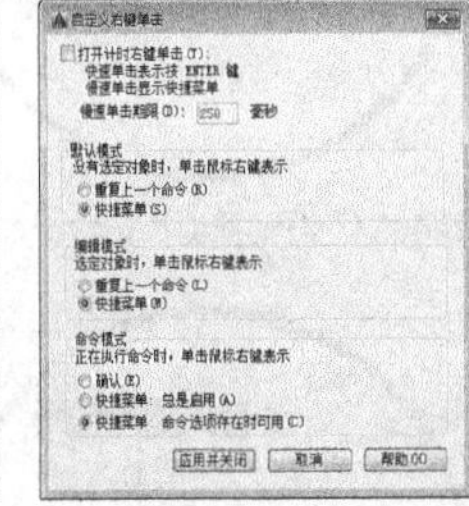
图 4-51 【自定义右键单击】对话框

4.2.15 设置自动捕捉标记效果

【选项】对话框中的【绘图】选项卡可用于对象捕捉、自动追踪等定形和定位功能的设置，包括自动捕捉和自动追踪时特征点标记的颜色、大小和显示特征等，如图 4-52 所示。

1 自动捕捉设置与颜色

单击【绘图】选项卡中的【颜色】按钮，打开【图形窗口颜色】对话框，在其中可以设置各绘图环境中捕捉标记的颜色，如图 4-53 所示。

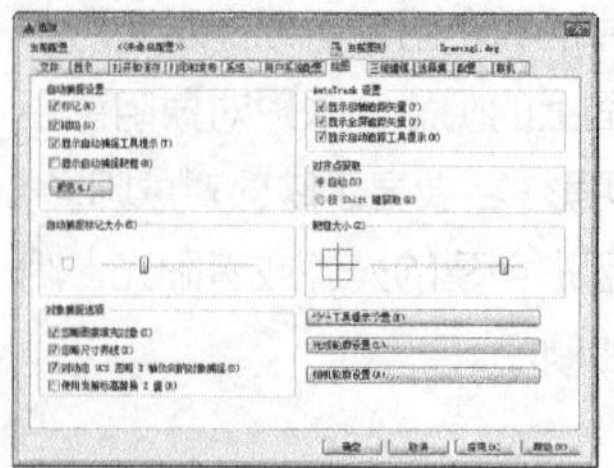

图 4-52 【绘图】选项卡

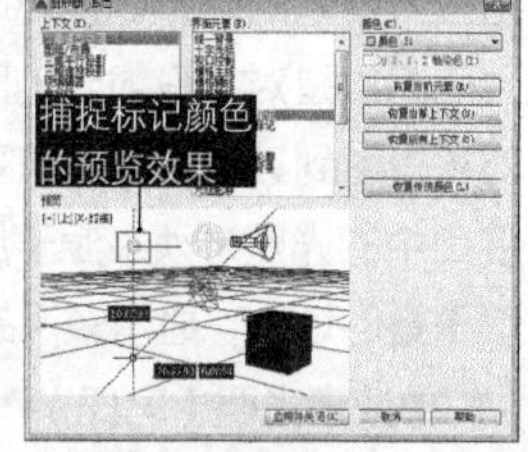

图 4-53【图形窗口颜色】对话框

在【绘图】选项卡的【自动捕捉设置】区域，可以设定与自动捕捉有关的一些特性，各选项含义说明如下。

◆标记：控制自动捕捉标记的显示。该标记是当十字光标移动至捕捉点上时显示的几何符号，如图 4-54 所示。

◆磁吸：打开或关闭自动捕捉磁吸。磁吸是指十字光标自动移动并锁定到最近的捕捉点上，如图 4-55 所示。

◆显示自动捕捉工具提示：控制自动捕捉工具提示的显示。工具提示是一个标签，用来描述捕捉到的对象部分，如图 4-56 所示。

◆显示自动捕捉靶框：打开或关闭自动捕捉靶框的显示，如图 4-57 所示。

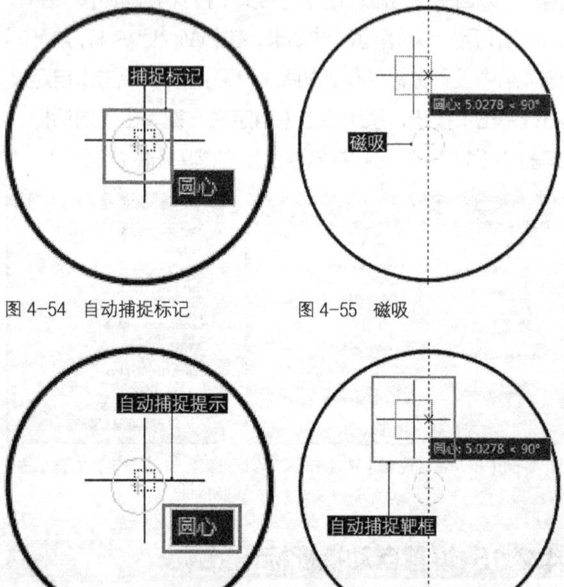

图 4-54 自动捕捉标记

图 4-55 磁吸

图 4-56 自动捕捉提示

图 4-57 自动捕捉靶框

2 设置自动捕捉标记大小

在【绘图】选项卡拖动【自动捕捉标记大小】区域的滑动钮，即可调整捕捉标记大小，如图 4-58 所示。图 4-59 所示为较大的圆心捕捉标记的样式。

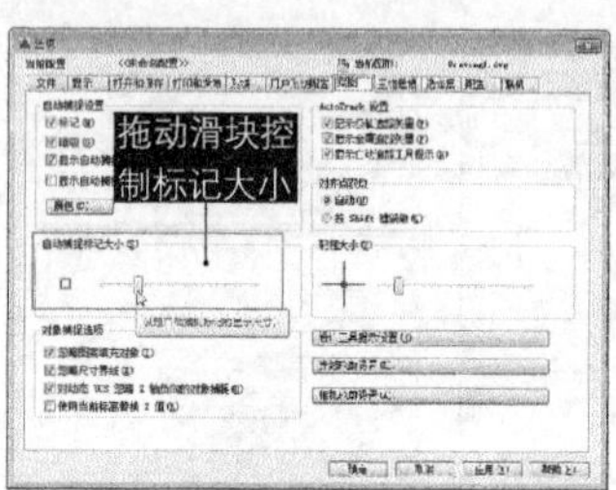

图 4-58 拖动滑动钮

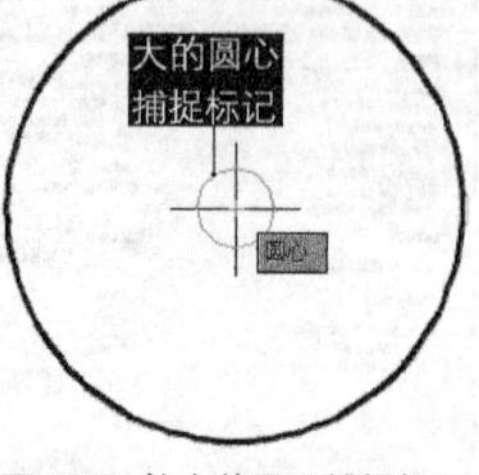

图 4-59 较大的圆心捕捉标记

3 设置捕捉靶框大小

在【绘图】选项卡拖动【靶框大小】区域的滑块，即可调整捕捉靶框大小，如图 4-60 所示。常规捕捉靶框和大的捕捉靶框对边如图 4-61 所示。

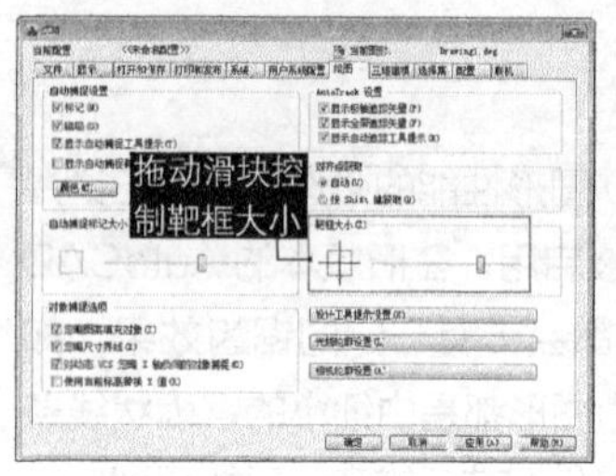

图 4-60 拖动滑动钮

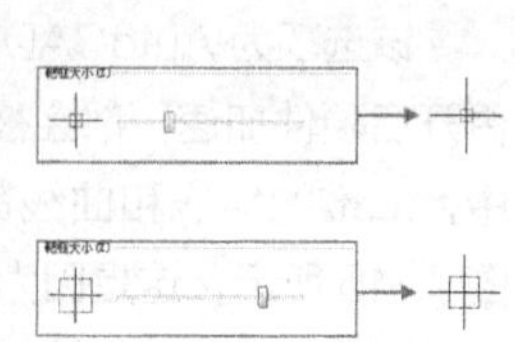

图 4-61 靶框大小示例

此处要注意的是：只有在【绘图】选项卡中勾选【显示自动捕捉靶框】复选框，再去拖动靶框大小滑块，这样在绘图区进行捕捉的时候才能观察到效果。

4.2.16 设置三维十字光标效果

【三维建模】选项卡用于设置三维绘图相关参数，包括设置三维十字光标、显示 View Club 或 UCS 图标、三维对象、三维导航及动态输入等。

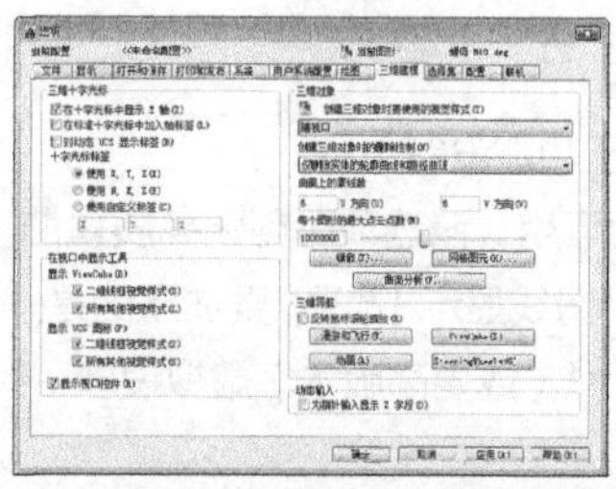

图 4-62 【三维建模】选项卡

在【三维建模】选项卡的【三维十字光标】区域，可以设置三维绘图环境下的光标效果，各选项含义说明如下。

◆在十字光标中显示 *Z* 轴：默认开启。该选项可以控制三维环境中十字光标上 *Z* 轴的启用，效果如图 4-63 所示。

◆在标准十字光标中加入轴标签：默认关闭。在三维十字光标中加入各轴名的标签，如图 4-64 所示。

◆对动态 UCS 显示标签：默认关闭。正常状态下关闭各轴名的标签，只有在执行动态 UCS 时才会显示，如图 4-65 所示。

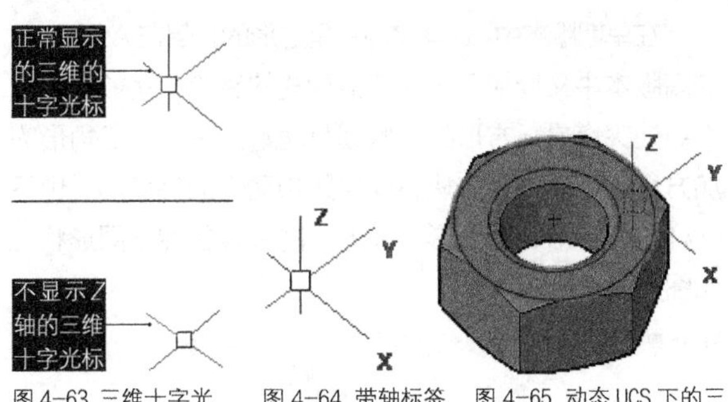

图 4-63 三维十字光标效果　图 4-64 带轴标签的三维十字光标　图 4-65 动态 UCS 下的三维十字光标

4.2.17 设置视口工具

【三维建模】选项卡中的【在视口中显示工具】区域，可以控制 AutoCAD 界面视口工具的显现，各选项含义说明如下。

1 显示 ViewCube

◆二维线框视觉样式：勾选该选项，即可在【二维线框】视觉样式下显示绘图区右上角的 ViewCube 工具，如图 4-66 所示。

◆所有其他视觉样式：勾选该选项，可在除【二维线框】之外的所有视觉模型显示 ViewCube 工具。

2 显示 UCS 图标

◆二维线框视觉样式：勾选该选项，即可在【二维线框】视觉样式下显示绘图区左下角的原点坐标，如图 4-67 所示。

◆所有其他视觉样式：勾选该选项，可在除【二维线框】之外的所有视觉模型显示原点坐标。

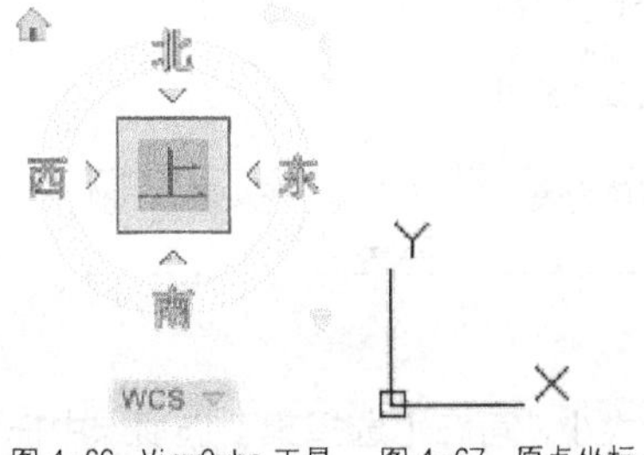

图 4-66 ViewCube 工具　图 4-67 原点坐标

3 显示视口控件

勾选该选项，即在绘图区左上角显示视口工具、视图和视觉样式的视口控件菜单等三个控件，如图 4-68 所示。

图 4-68 视口控件

4.2.18 设置曲面显示精度

在 AutoCAD 中，曲面的显示精度与曲面是构成素线有关，而素线可以通过【三维建模】中【曲面上的素线数】进行设置。该值初始值为 6，有效值介于 0 ~ 200 之间，值越高曲面越精细，运算越复杂，效果如图 4-69 所示。

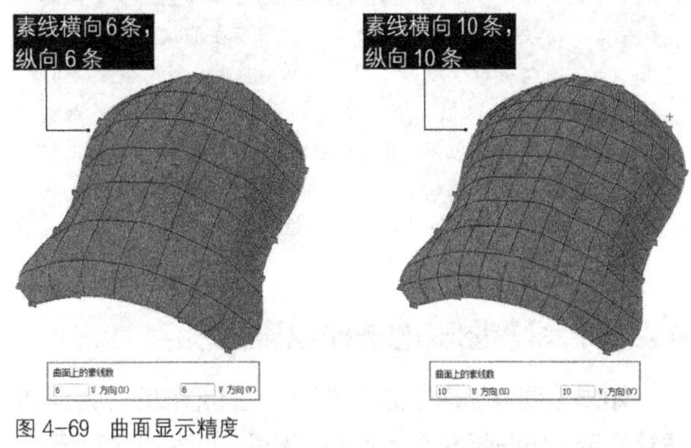

图 4-69 曲面显示精度

4.2.19 设置动态输入的 Z 轴字段

由于 AutoCAD 默认的绘图工作空间为【草图与注释】，主要用于二维图形的绘制，因此在执行动态输入时，也只会出现 X、Y 两个坐标输入框，而不会出现 Z 轴输入框。但在【三维基础】、【三维建模】等三维工作空间中，就需要使用到 Z 轴输入，因此可以在动态输入中将 Z 轴输入框调出。

打开【选项】对话框，选择其中的【三维建模】选项卡，勾选右下角【动态输入】区域中的【为指针输入显示 Z 字段】复选框即可，结果如图 4-70 所示。

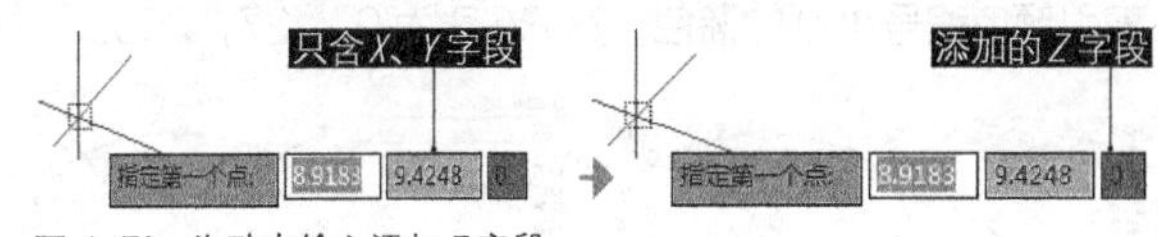

图 4-70 为动态输入添加 Z 字段

4.2.20 设置十字光标拾取框大小

【选项】对话框的【选择集】选项卡用于设置与对象选择有关的特性，如选择模式、拾取框及夹点等，如图 4-71 所示。

在 4.2.8 节中介绍了十字光标大小的调整，但仅限于水平、竖直两轴线的延伸，中间的拾取框大小并没有得到调整。要调整拾取框的大小，可在【选择集】选项卡中拖动【拾取框大小】区域的滑块，常规的拾取框与放大的拾取框对比如图 4-72 所示。

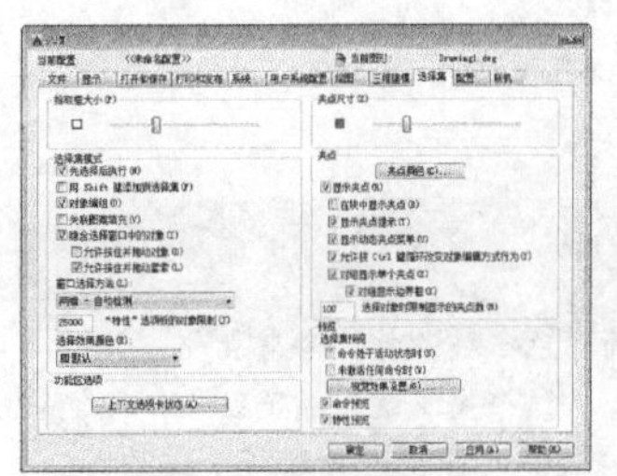

图 4-71 【选择集】选项卡

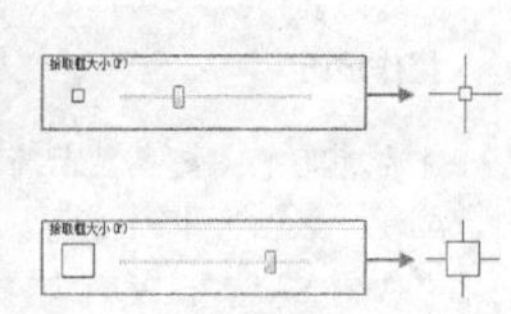

图 4-72 拾取框大小示例

操作技巧

4.2.8节与本节所设置的十字光标大小是指【选择拾取框】，是用于选择的，只在选择的时候起作用；而4.2.15节中拖动靶框大小滑块，是指【捕捉靶框】，只有在捕捉的时候起作用。当没有执行命令或命令提示选择对象时，十字光标中心的方框是选择拾取框，当命令行提示定位点时，十字光标中心显示的是捕捉靶框。AutoCAD高版本默认不显示捕捉靶框，一旦提示定位点时，比如输入一个“L”命令并按Enter键后，会看到十字光标中心的小方框会消失。

4.2.21 设置图形的选择效果和颜色

如果【硬件加速】为“关”，则图形被选中后呈虚线状显示，与旧版本AutoCAD无异，如图4-73所示；而当【硬件加速】为“开”，则图形被选中后会出现带有光晕亮显的效果，如图4-74所示。

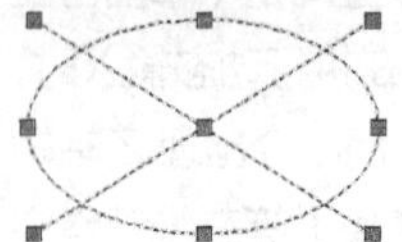

图4-73【硬件加速】关闭时选取对象效果

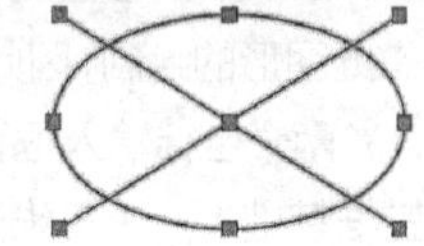

图4-74【硬件加速】开启时选取对象效果

光晕亮显效果的颜色可以通过【选择集】选项卡中的【选择效果颜色】下拉列表进行设置，不同颜色的显示效果如图4-75和图4-76所示。默认的颜色为AutoCAD索引颜色编号150的蓝色，其RGB为0，127，255。

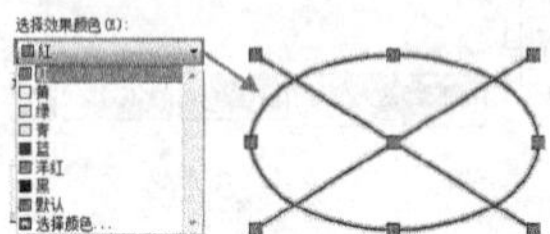

图4-75 光晕效果为红

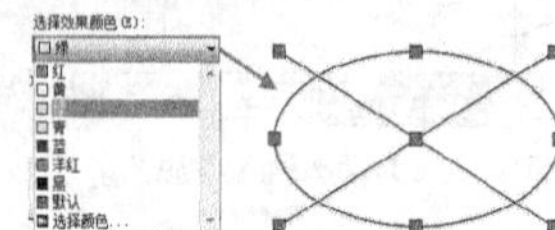

图4-76 光晕效果为绿

4.2.22 设置夹点的大小和颜色

除拾取框和捕捉靶框的大小可以调节之外，还可以通过滑块的形式来调节夹点的显示大小。

夹点(Grips)是指选中图形物体后所显示的特征点，比如直线的特征点是两个端点，一个中点；圆形是四个象限点和圆心点等，如图4-77所示。

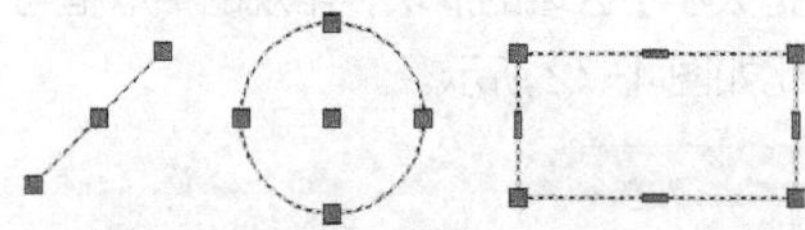

图4-77 夹点

操作技巧

通常情况下，夹点显示为蓝色，被称作“冷夹点”；如果在该对象上选中一个夹点，这个夹点就变成了红色，称作“热夹点”。通过热夹点可以对图形进行编辑，详见第6章的6.6节。

在早期版本中，这些夹点只是方形的，但在AutoCAD的高版本中又增加了一些其他形式的夹点，例如多段线中点处夹点是长方形的，椭圆弧两端的夹点是三角形的加方形的小框，动态块不同参数和动作的夹点形式也不一样，有方形、三角形、圆形、箭头等各种不同形状，如图4-78所示。

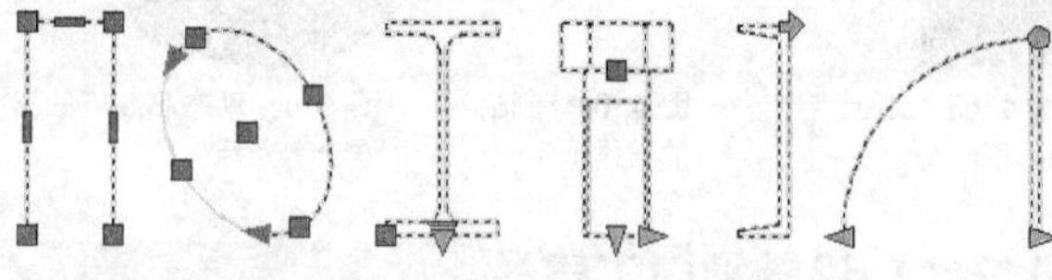

图4-78 不同的夹点形状

夹点的种类繁多，其表达的意义及操作后的结果也不尽相同，如表4-3所示。

表4-3 夹点类型及使用方法

夹点类型	夹点形状	夹点移动或结果	参数: 关联的动作
标准		平面内的任意方向	基点：无 点：移动、拉伸 极轴：移动、缩放、拉伸、极轴拉伸、阵列 XY：移动、缩放、拉伸、阵列
线性		按规定方向或沿某一条轴往返移动	线性：移动、缩放、拉伸、阵列
旋转		围绕某一条轴	旋转：旋转
翻转		切换到块几何图形的镜像	翻转：翻转
对齐		平面内的任意方向；如果在某个对象上移动，则使块参照与该对象对齐	对齐：无（隐含动作）
查寻		显示值列表	可见性：无（隐含动作） 查寻: 查寻

1 修改夹点大小

要调整夹点的大小，可在【选择集】选项卡中拖动【夹点尺寸】区域的滑块，放大夹点后的图形效果如图4-79所示。

2 修改夹点颜色

单击【夹点】区域中的【夹点颜色】按钮，打开【夹点颜色】对话框，如图4-80所示。在对话框中即可设置3种状态下的夹点颜色和夹点的外围轮廓颜色。

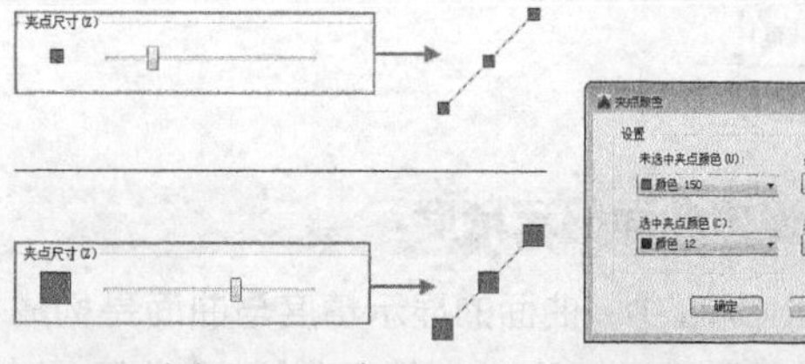

图4-79 夹点大小对比效果

图4-80 【夹点颜色】对话框

4.2.23 设置夹点的选择效果

在框选图形对象的时候，有时会显示出夹点，有时又不会显示，如图 4-81 所示。

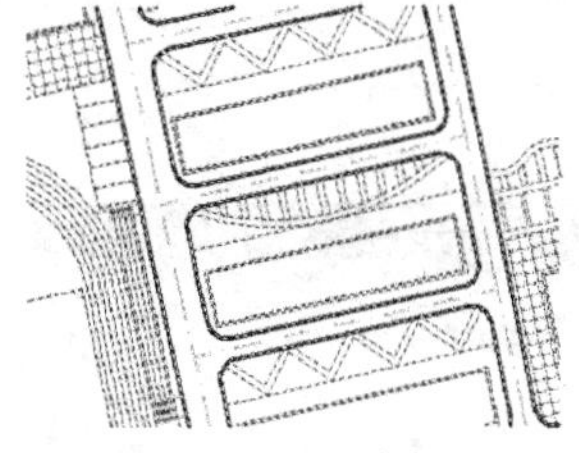

选择时不显示夹点

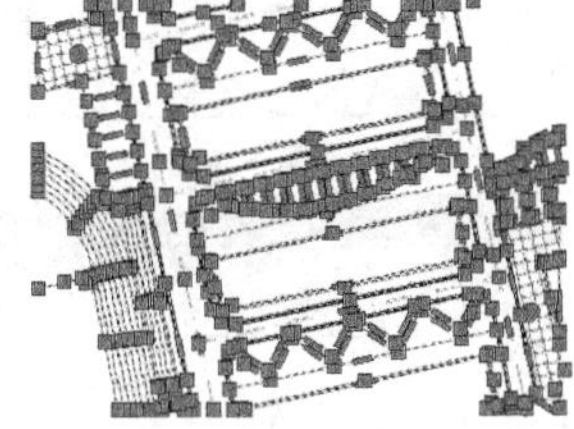

选择时显示夹点

图 4-81 选择对象时的夹点显示效果

这是由于限制了选择时的夹点数量所致。只需在【选择集】选项卡中，重新指定【选择对象时限制的夹点数】文本框中的值即可，如图 4-82 所示。如果所选择的对象数量大于该值，则不会显示出夹点，反之显示。

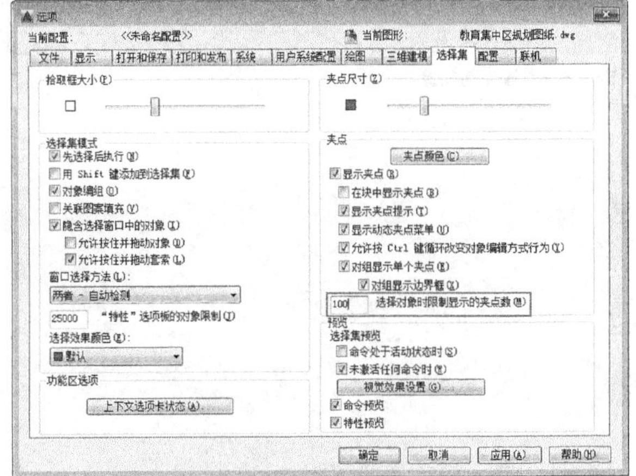

图 4-82 【选择对象时限制的夹点数】文本框

4.3 AutoCAD的配置文件

在 AutoCAD 的使用过程中，用户会根据自己的需要调整 AutoCAD 的各项参数，如界面设置、工具栏位置、图层、打印配置等，因此不同的用户，所使用的 AutoCAD 在“外观”和“操作感觉”上也都不同。而这些不同，都可以输出为配置文件，将自己在 AutoCAD 中独有的个性化操作风格以电子文档的形式保存。同理，如果再输入配置文件即可得到所保存的设置。

配置文件可保存以下设置。

- ◆ 默认的搜索路径和工程文件路径；
- ◆ 样板文件位置；
- ◆ 在文件导航对话框中指定的初始文件夹；
- ◆ 默认的线型文件和填充图案文件；
- ◆ 打印机默认设置；
- ◆ 工具选项板显示设置。

配置信息存储在系统注册表中，在 AutoCAD 中，可通过【选项】对话框中的【配置】选项卡输出为【.arg】文本文件。【选项】对话框中将显示当前配置的名称和当前图形的名称，默认情况下，当前选项将以“未命名配置”存储。

对于普通用户来说，配置文件的好处就是可以在重装 AutoCAD，或重装电脑系统后，将 AutoCAD 界面及各种设置快速恢复原样。下面通过一个例子来进行讲解。

练习 4-3 自定义配置的输出与输入 ★进阶★

经典工作空间配置.arg

难度:	☆☆☆
素材文件路径:	无
效果文件路径:	素材/第4章/4-3经典工作空间配置.arg
视频文件路径:	视频/第4章/4-3自定义配置的输出与输入.mp4
播放时长:	57秒

如果用户自定义了工作空间，如第1章中【练习1-6】所创建的带工具栏的经典空间。万一电脑出现故障需要重装系统或重装 AutoCAD，这样就会遗失创建好的工作空间和一系列设置，此时就可以通过输出、输入配置文件来将恢复用户所熟悉的 AutoCAD。

Step 01 创建经典工作空间。按本书【练习1-6】的方法创建带工具栏的经典工作空间，此处略。

Step 02 选择菜单栏【工具】|【选项】，打开【选项】对话框，选择其中的【配置】选项卡，如图4-83所示。

Step 03 添加配置。单击其中的【添加到列表】按钮，打开【添加配置】对话框，在其中输入配置名称为“经典工作空间配置”，在【说明】文本框中可以输入该配置的一些说明文字，如图4-84所示。

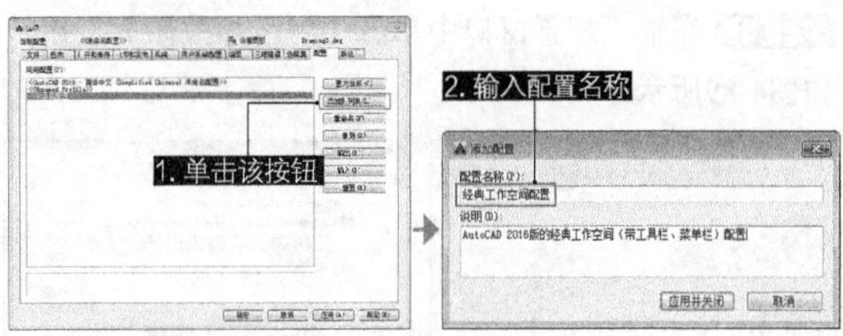

图 4-83 【配置】选项卡　　图 4-84 【添加配置】对话框

Step 04 单击【应用并关闭】按钮，返回【选项】对话框，在【可用配置】列表中多了刚刚所创建的配置名称，如图4-85所示。

Step 05 输出配置。单击右侧的【输出】按钮，打开【输出配置】对话框，然后选择一个保存位置，输入之前编辑的名称并单击【保存】按钮，如图4-86所示。

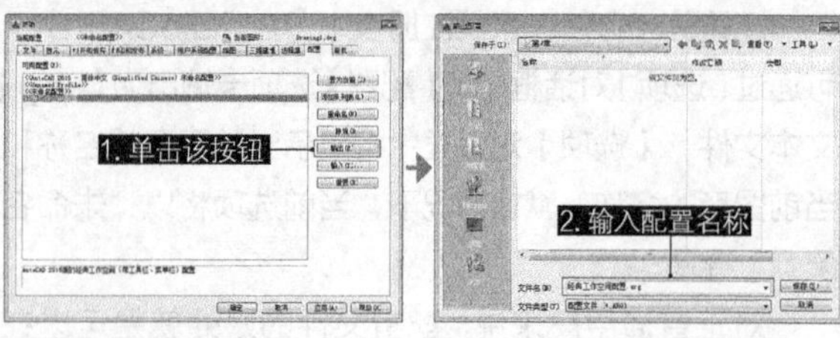

图 4-85　新添加的配置　　　图 4-86　【输出配置】对话框

Step 06 单击【确定】按钮，完成配置文件的输出。

Step 07 打开任意非该配置的AutoCAD文件，或直接单击【配置】选项卡中的【重置】按钮，将原有设置全部恢复为默认状态，此时界面如图4-87所示。

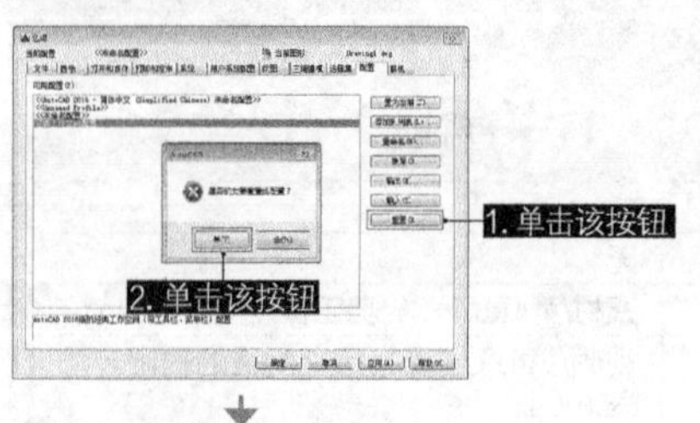

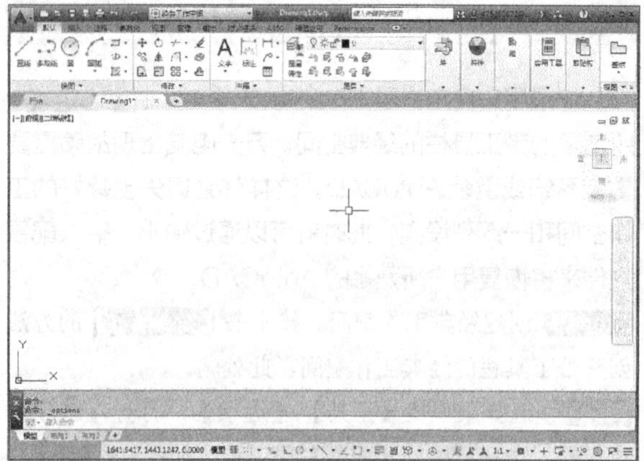

图 4-87　重置当前配置

Step 08 输入配置。单击【配置】选项卡中的【输入】按钮，打开【输入配置】对话框，定位至之前所保存的配置文件，单击【打开】按钮，如图4-88所示。

Step 09 在输入配置窗口中单击【应用并关闭】按钮，如图4-89所示。

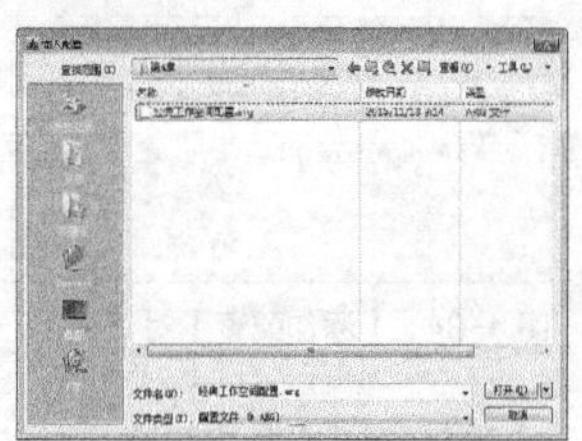

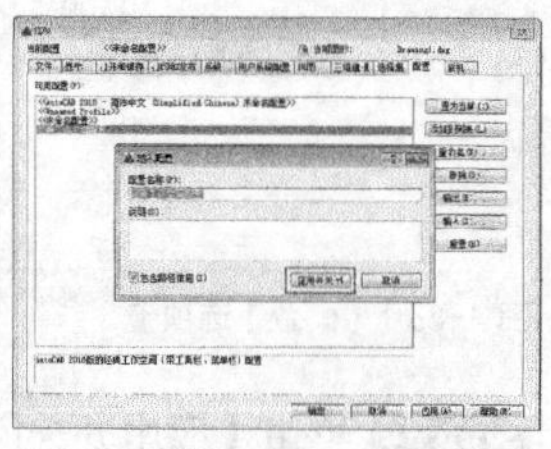

图 4-88　【输入配置】对话框　　　图 4-89　输入配置

Step 10 选中输入的配置，单击【置为当前】按钮，然后单击【确定】按钮，即可将界面恢复为经典工作空间，如图4-90所示。

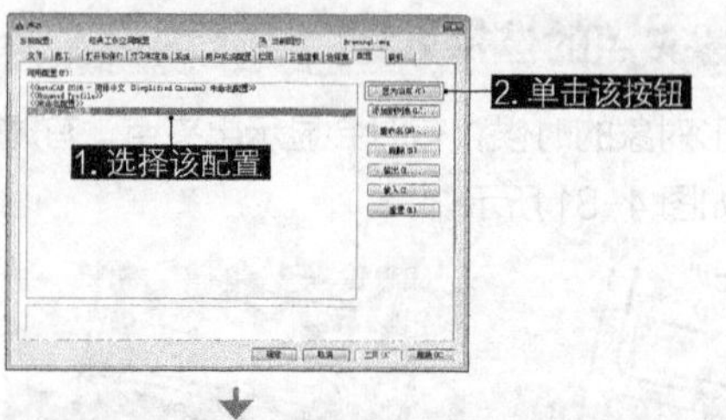

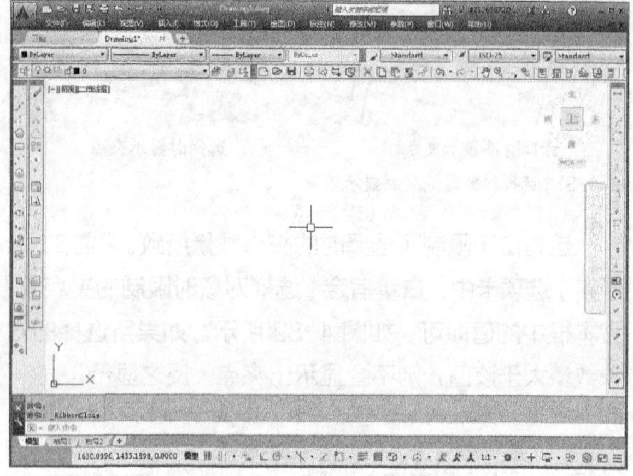

图 4-90　重置当前配置

第 5 章 图形绘制

任何复杂的图形都可以分解成多个基本的二维图形，这些图形包括点、直线、圆、多边形、圆弧和样条曲线等，AutoCAD 2016 为用户提供了丰富的绘图功能，用户可以非常轻松地绘制这些图形。通过本章的学习，用户将会对 AutoCAD 平面图形的绘制方法有一个全面的了解和认识，并能熟练掌握常用的绘图命令。

5.1 绘制点

点是所有图形中最基本的图形对象，可以用来作为捕捉和偏移对象的参考点。在 AutoCAD 2016 中，可以通过单点、多点、定数等分和定距等分 4 种方法创建点对象。

5.1.1 点样式

从理论上来讲，点是没有长度和大小的图形对象。在 AutoCAD 中，系统默认情况下绘制的点显示为一个小圆点，在屏幕中很难看清，因此可以使用【点样式】设置，调整点的外观形状，也可以调整点的尺寸大小，以便根据需要，让点显示在图形中。在绘制单点、多点、定数等分点或定距等分点之后，我们经常需要调整点的显示方式，以方便对象捕捉，绘制图形。

·执行方式

执行【点样式】命令的方法有以下几种。

◆功能区：单击【默认】选项卡【实用工具】面板中的【点样式】按钮，如图 5-1 所示。

◆菜单栏：选择【格式】|【点样式】命令。

◆命令行：输入“DDPTYPE”命令。

·操作步骤

执行该命令后，将弹出如图 5-2 所示的【点样式】对话框，可以在其中设置共计 20 种点的显示样式和大小。

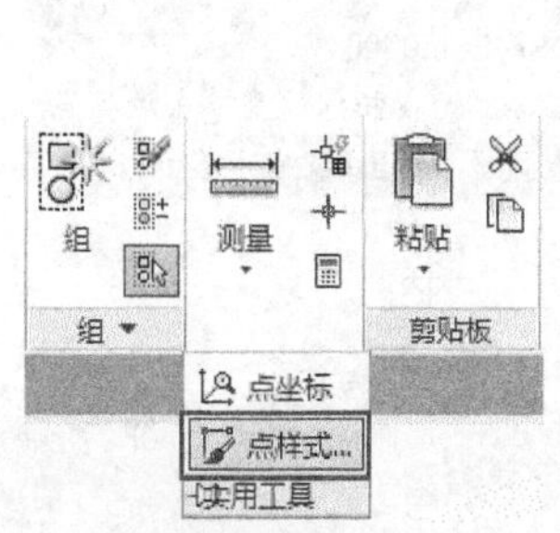

图 5-1　面板中的【点样式】按钮

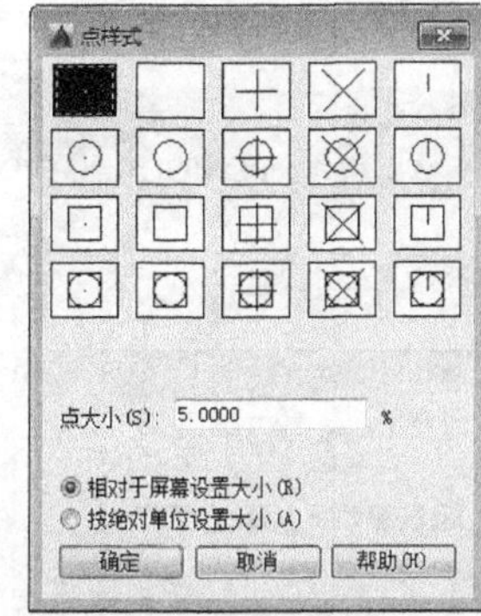

图 5-2　【点样式】对话框

·选项说明

【点样式】对话框中各选项的含义说明如下。

◆【点大小（S）】文本框：用于设置点的显示大小，与下面的两个选项有关。

◆【相对于屏幕设置大小（R）】单选框：用于按 AutoCAD 绘图屏幕尺寸的百分比设置点的显示大小，在进行视图缩放操作时，点的显示大小并不改变，在命令行输入“RE”命令即可重生成，始终保持与屏幕的相对比例，如图 5-3 所示。

◆【按绝对单位设置大小（A）】单选框：使用实际单位设置点的大小，同其他图形元素（如直线、圆），当进行视图缩放操作时，点的显示大小也会随之改变，如图 5-4 所示。

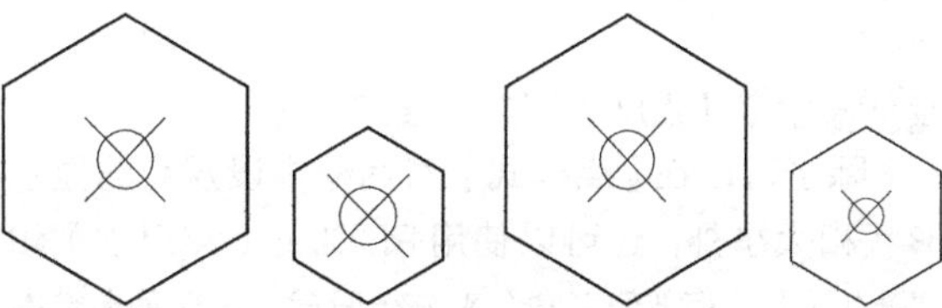

图 5-3　视图缩放时点大小相对于屏幕不变　　图 5-4　视图缩放时点大小相对于图形不变

练习 5-1　设置点样式创建刻度

1　2　3　4

难度：☆	
素材文件路径：	素材/第5章/5-1设置点样式创建刻度.dwg
效果文件路径：	素材/第5章/5-1设置点样式创建刻度-OK.dwg
视频文件路径：	视频/第5章/5-1设置点样式创建刻度.mp4
播放时长：	1分10秒

通过图 5-2 所示的【点样式】对话框中可知，点样式的种类很多，使用情况也各不一样。通过指定合适的点样式，就可以快速获得所需的图形，如矢量线上的刻度，操作步骤如下。

Step 01 单击快速访问工具栏中的【打开】按钮，打开“练习5-1设置点样式创建刻度.dwg”素材文件，图形在各数值上已经创建好了点，但并没有设置点样式，如图5-5所示。

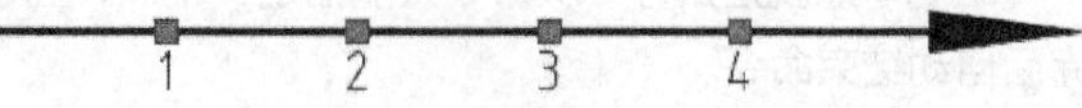

图 5-5　素材图形

Step 02 在命令行中输入“DDPTYPE”，调用【点样式】命令，系统弹出【点样式】对话框，根据需要，在对话框中选择第一排最右侧的形状，然后点选【按绝对单位设置大小】单选框，输入点大小为2，如图5-6所示。

Step 03 单击【确定】按钮，关闭对话框，完成【点样式】的设置，最终结果如图5-7所示。

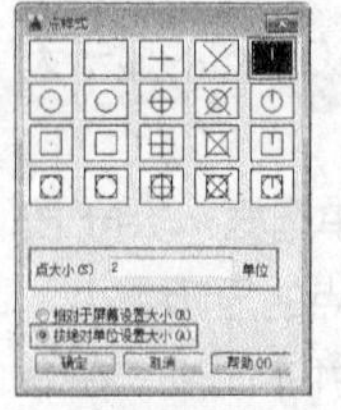

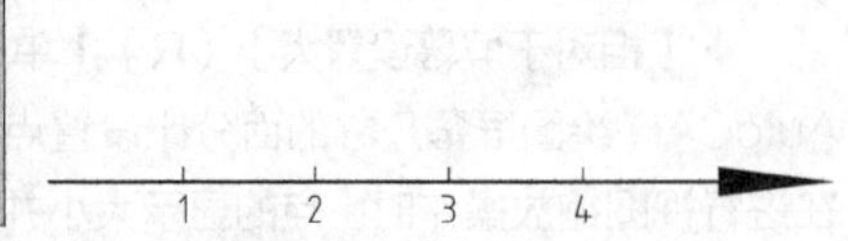

图 5-6 设置点样式　图 5-7 矢量线的刻度效果

·初学解答 点样式的特性

【点样式】与【文字样式】、【标注样式】不同，在同一个dwg文件中有且仅有一种点样式，而文字样式、标注样式可以“设置”出多种不同的样式。要想设置点视觉效果不同，唯一能做的便是在【特性】中选择不同的颜色。

·熟能生巧 【点尺寸】与【点数值】

除了可以在【点样式】对话框中设置点的显示形状和大小外，还可以使用PDSIZE（点尺寸）和PDMODE（点数值）命令来进行设置。这2项参数指令含义说明如下。

◆PDSIZE（点尺寸）：在命令行中输入该指令，将提示输入点的尺寸。输入的尺寸为正值时，“按绝对单位设置大小”处理；而当输入尺寸为负值时，则按“相对于屏幕设置大小”处理。

◆PDMODE（点数值）：在命令行中输入该指令，将提示输入pdmode的新值，可以输入从0~4、32~36、64~68、96~100的整数，每个值所对应的点形状如图5-8所示。

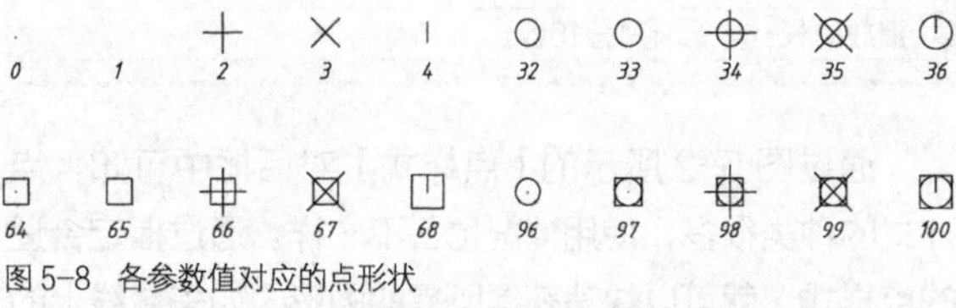

图 5-8 各参数值对应的点形状

5.1.2 单点和多点

在AutoCAD 2016中，点的绘制通常使用【多点】命令来完成，【单点】命令已不太常用。

1 单点

绘制单点就是执行一次命令只能指定一个点，指定完后自动结束命令。

·执行方式

执行【单点】命令有以下几种方法。

◆菜单栏：选择【绘图】|【点】|【单点】命令，如图5-9所示。

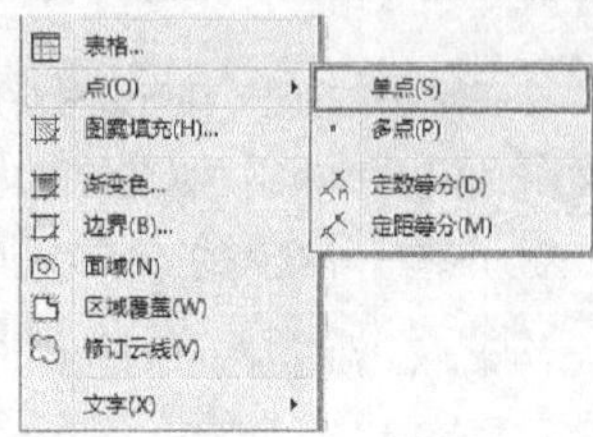

图 5-9 菜单栏中的【单点】

◆命令行：输入“PONIT”或“PO”命令。

·操作步骤

设置好点样式之后，选择【绘图】|【点】|【单点】命令，根据命令行提示，在绘图区任意位置单击，即完成单点的绘制，结果如图5-10所示。命令行操作如下。

```
命令: _point
当前点模式: PDMODE=33 PDSIZE=0.0000
指定点:    //在任意位置单击放置点，放置后便自动结束【单点】命令
```

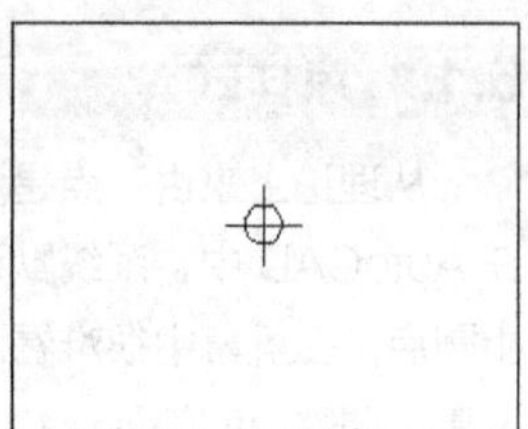

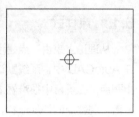

图 5-10 绘制单点效果

2 多点

绘制多点就是指执行一次命令后可以连续指定多个点，直到按Esc键结束命令。

·执行方式

执行【多点】命令有以下几种方法。

功能区：单击【绘图】面板中的【多点】按钮，如图5-11所示。

菜单栏：选择【绘图】|【点】|【多点】命令。

·操作步骤

设置好点样式之后，单击【绘图】面板中的【多点】按钮，根据命令行提示，在绘图区任意6个位置单击，按Esc键退出，即可完成多点的绘制，结果如图5-12所示。命令行操作如下。

```
命令: _point
当前点模式: PDMODE=33 PDSIZE=0.0000
                                //在任意位置单击放置点
指定点: *取消*                   //按Esc键完成多点绘制
```

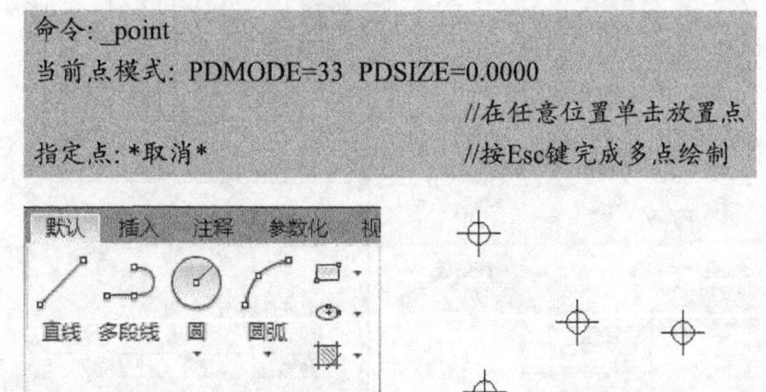

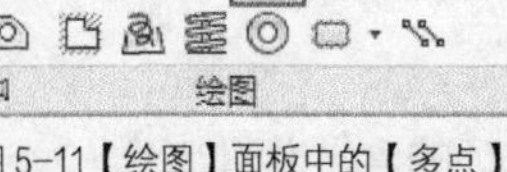

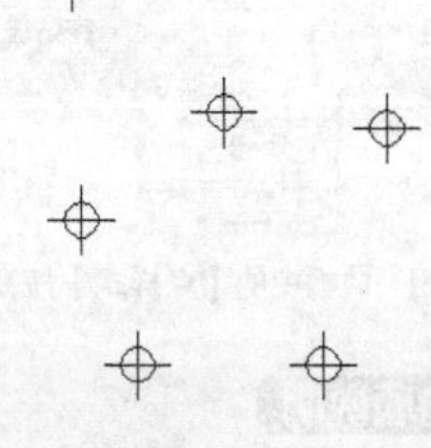

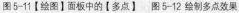

图 5-11【绘图】面板中的【多点】　图 5-12 绘制多点效果

5.1.3 定数等分

定数等分是将对象按指定的数量分为等长的多段，并在各等分位置生成点。

·执行方式

执行【定数等分】命令的方法有以下几种。

◆功能区：单击【绘图】面板中的【定数等分】按钮，如图 5-13 所示。

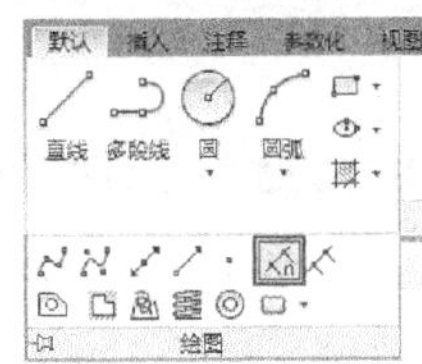
图 5-13 【绘图】面板中的【定数等分】

◆菜单栏：选择【绘图】|【点】|【定数等分】命令。

◆命令行：输入“DIVIDE”或“DIV”命令。

·操作步骤

命令行操作如下。

```
命令：_divide                                //执行【定数等分】命令
选择要定数等分的对象：                        //选择要等分的对象，可以是直线、圆、圆弧、样条曲线、多段线
输入线段数目或 [块(B)]：                      //输入要等分的段数
```

·选项说明

命令行中各选项说明如下。

◆输入线段数目：该选项为默认选项，输入数字即可将被选中的图形进行等分，如图 5-14 所示。

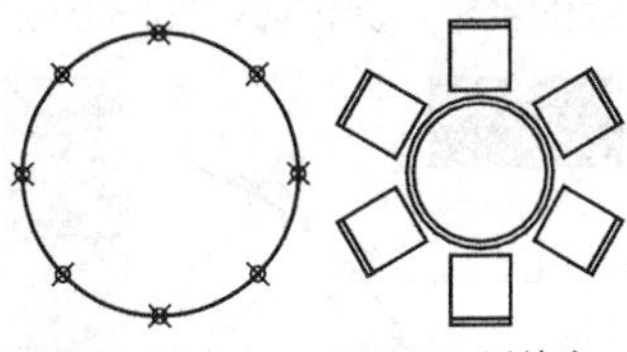
图 5-14 以点定数等分　图 5-15 以块定数等分

◆块（B）：该命令可以在等分点处生成用户指定的块，如图 5-15 所示。

> **操作技巧**
>
> 在命令操作过程中，命令行有时会出现“输入线段数目或[块(B)]:”这样的提示，其中的英文字母如块（B）等，是执行各选项命令的输入字符。如果我们要执行块（B）选项，那只需在该命令行中输入“B”即可。

练习 5-2 通过定数等分绘制扇子图形

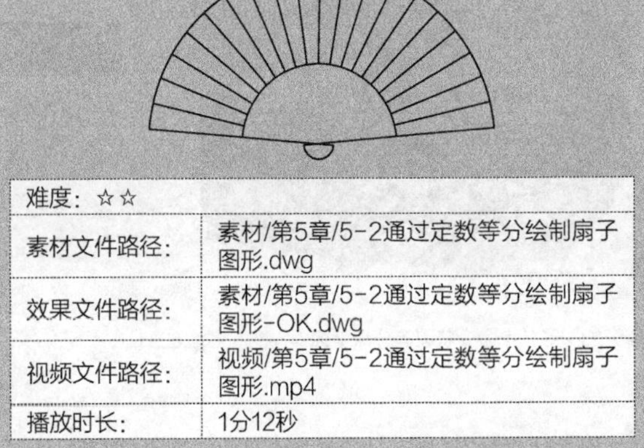

难度：☆☆	
素材文件路径：	素材/第5章/5-2通过定数等分绘制扇子图形.dwg
效果文件路径：	素材/第5章/5-2通过定数等分绘制扇子图形-OK.dwg
视频文件路径：	视频/第5章/5-2通过定数等分绘制扇子图形.mp4
播放时长：	1分12秒

由于【定数等分】是将图形按指定的数量进行等分，因此适用于圆、圆弧、椭圆、样条曲线等曲线图形进行等分，常用于绘制一些数量明确、形状相似的图形，如扇子、花架等。

Step 01 打开“第5章/5-2通过定数等分绘制扇子图形.dwg”素材文件，如图5-16所示。

Step 02 设置点样式。在命令行中输入“DDPTYPE”，调用【点样式】命令，系统弹出【点样式】对话框，根据需要选择需要的点样式，如图5-17所示。

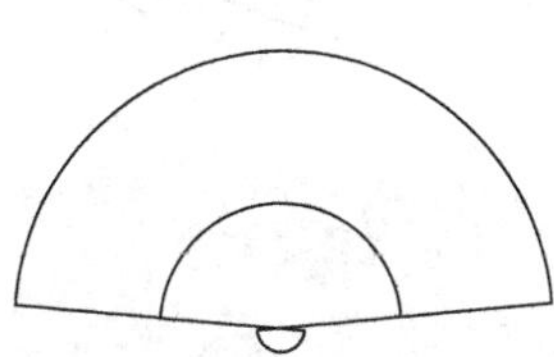
图 5-16 素材图形　图 5-17 设置点样式

Step 03 在命令行中输入“DIV”，调用【定数等分】命令，依次选择两条圆弧，输入项目数“20”，按Enter键完成定数等分，如图5-18所示。

Step 04 在【默认】选项卡中，单击【绘图】面板中的【直线】按钮，绘制连接直线。再在命令行中输入“DDPTYPE”，调用【点样式】命令，将点样式设置为初始点样式，最终效果图5-19所示。

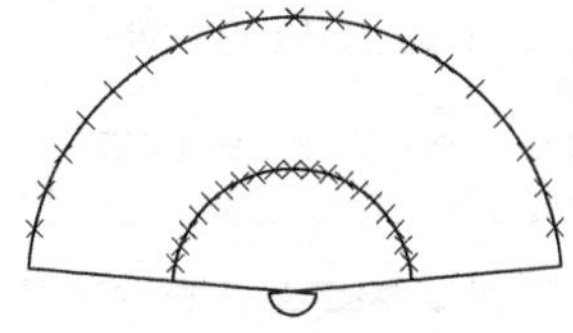
图 5-18 定数等分

图 5-19 完成效果

> **知识链接**
>
> 此类图形还可以通过【阵列】命令进行绘制，详见第6章的6.4节。

·熟能生巧 块（B）等分

执行等分点命令时，选择块（B）选项，表示在等分点处插入指定的块，操作效果如图 5-20 所示，命令行操作如下。相比于【阵列】操作，该方法有一定的灵活性。

```
命令：_divide
                //执行【定数等分】命令
选择要定数等分的对象：
                //选择要等分的对象，如图5-20中的样条曲线
输入线段数目或 [块(B)]：B↙          //执行块（B）选项
```

```
输入要插入的块名: 1↙
                    //输入要插入的块名称，如“1”
是否对齐块和对象? [是(Y)/否(N)] <Y>:↙
                    //默认对齐
输入线段数目: 12↙
                    //输入块（B）等分的数量
```

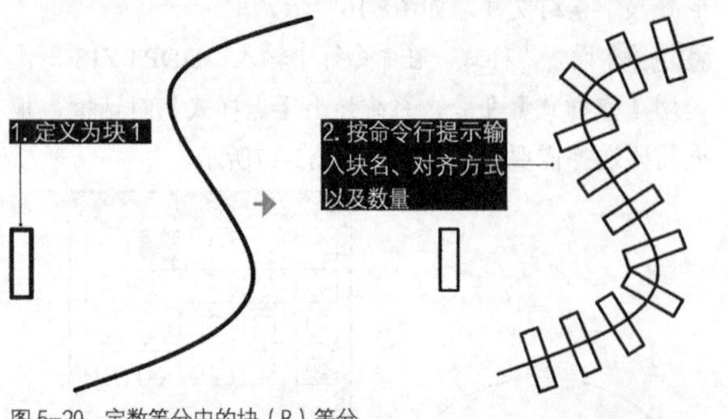

图 5-20　定数等分中的块（B）等分

知识链接

【块】的内容详见第10章的10.1节。

练习 5-3 通过定数等分布置家具　★进阶★

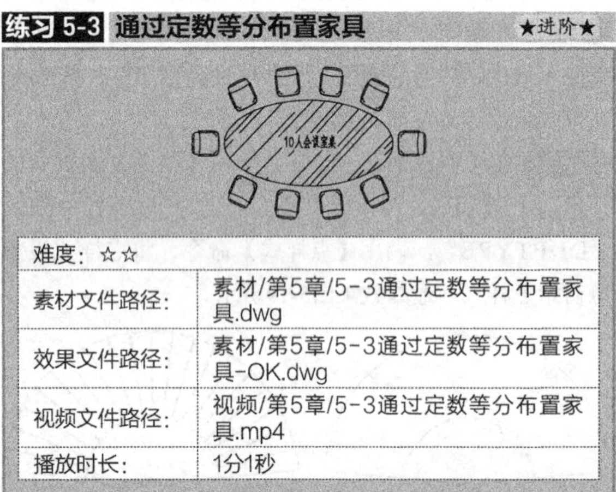

难度:	☆☆
素材文件路径:	素材/第5章/5-3通过定数等分布置家具.dwg
效果文件路径:	素材/第5章/5-3通过定数等分布置家具-OK.dwg
视频文件路径:	视频/第5章/5-3通过定数等分布置家具.mp4
播放时长:	1分1秒

【定数等分】除了绘制点外，还可以通过指定【块】来对图形进行编辑，类似于【阵列】命令，但在某些情况下较【阵列】灵活，尤其是在绘制室内布置图的时候。由于室内布置图中的家具，如沙发、椅子等都为图块，因此如需对这类图形进行阵列，即可通过【定数等分】或【定距等分】来进行布置。

Step 01 单击快速访问工具栏中的【打开】按钮，打开“第5章\5-3通过定数等分布置家具.dwg”素材文件，如图5-21所示，素材中已经创建好了名为“yizi”的块。

Step 02 在【默认】选项卡中，单击【绘图】面板中的【定数等分】按钮，根据命令提示，绘制图形，命令行操作如下。

```
命令: _divide                          //调用【定数等分】命令
选择要定数等分的对象:                    //选择桌子边
输入线段数目或 [块(B)]: B↙
                                       //选择B(块)选项
输入要插入的块名: yizi↙                 //输入“椅子”图块名
是否对齐块和对象? [是(Y)/否(N)] <Y>: ↙
                                       //单击Enter键
输入线段数目: 10↙                       //输入等分数为10
```

Step 03 创建定数等分的结果如图5-22所示。

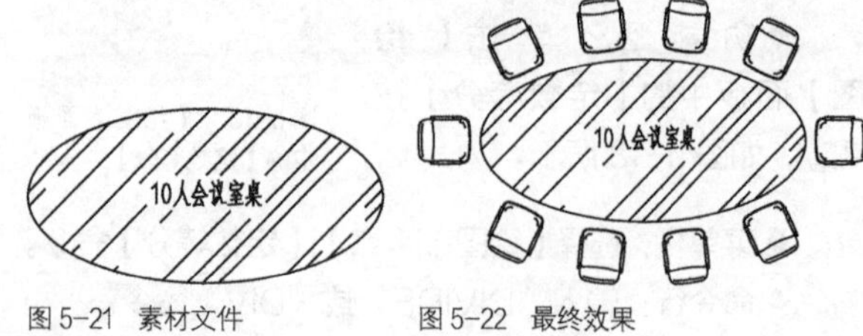

图 5-21　素材文件　　　图 5-22　最终效果

·初学解答　用 list 命令获取等分点坐标

在机械加工行业中，如果需要加工一些非常规的曲线轮廓，就需要技术人员在 AutoCAD 中测量出该曲线的多个点坐标，以此作为数控加工人员的编程参考。这时就可以使用【定数等分】一次性在曲线上得出多个点，然后使用 list 命令选中这些点，再在文本窗口中复制相关内容，粘贴到其他应用程序中处理，即可快速获取各点的坐标。具体操作如图 5-23 所示。

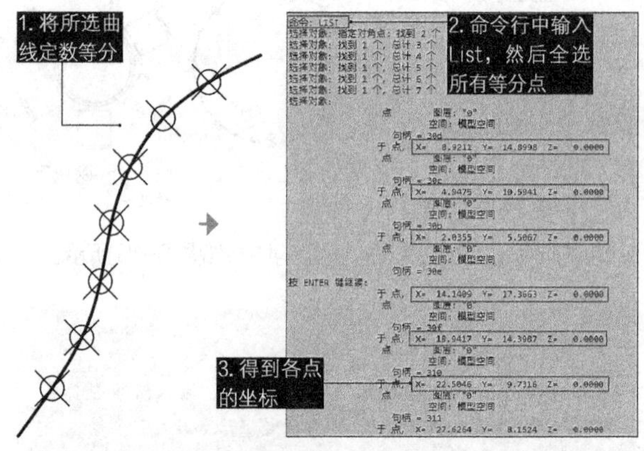

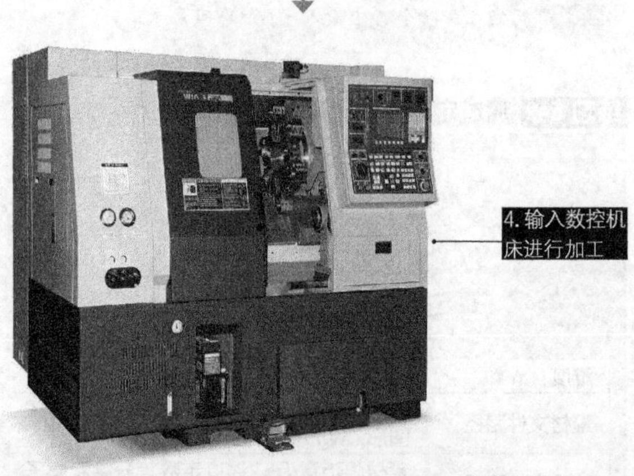

图 5-23　用 list 命令获取等分点坐标

练习 5-4 通过定数等分获取加工点 ★进阶★

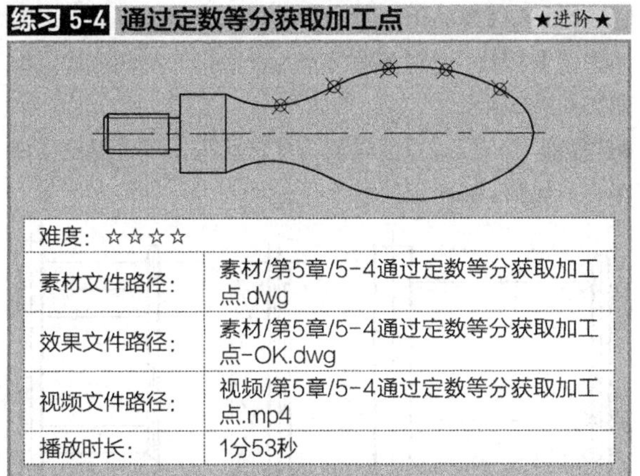

难度：☆☆☆☆	
素材文件路径：	素材/第5章/5-4通过定数等分获取加工点.dwg
效果文件路径：	素材/第5章/5-4通过定数等分获取加工点-OK.dwg
视频文件路径：	视频/第5章/5-4通过定数等分获取加工点.mp4
播放时长：	1分53秒

在机械行业，经常会看到一些具有曲线外形的零件，如常见的机床手柄，如图 5-24 所示。要加工这类零件，就势必需要获取曲线轮廓上的若干点来作为加工、检验尺寸的参考，如图 5-25 所示，此时就可以通过【定数等分】的方式来获取这些点。点的数量越多，轮廓越精细，但加工、质检时工作量就越大，因此推荐等分点数在 5~10 之间。

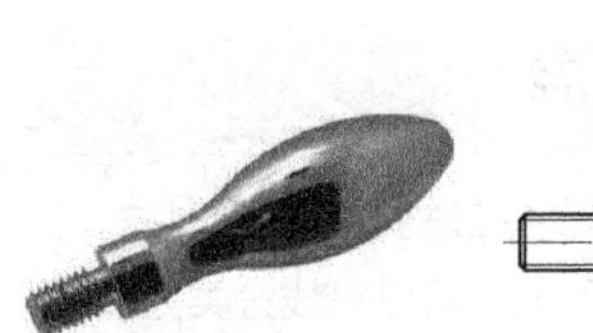

图 5-24 机床手柄

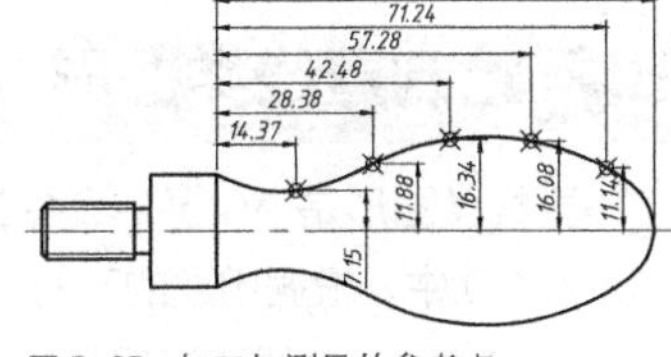

图 5-25 加工与测量的参考点

Step 01 打开“第5章/5-4通过定数等分获取加工点.dwg”素材文件，其中已经绘制好了一支手柄零件图形，如图5-26所示。

Step 02 坐标归零。要得到各加工点的准确坐标，就必须先定义坐标原点，即数据加工中的“对刀点”。在命令行中输入UCS，单击Enter键，可见UCS坐标黏附于十字光标上，然后将其放置在手柄曲线的起端，如图5-27所示。

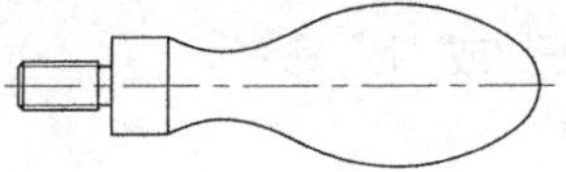

图 5-26 素材文件

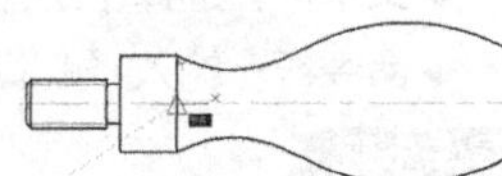

图 5-27 重新定义坐标原点

Step 03 执行定数等分。单击Enter键放置UCS坐标，接着单击【绘图】面板中的【定数等分】按钮，选择上方的曲线（上、下两曲线对称，故选其中一条即可），输入项目数“6”，按Enter键完成定数等分，如图5-28所示。

Step 04 获取点坐标。在命令行中输入“LIST”命令，选择各等分点，然后单击Enter键，即在命令行中得到坐标，如图5-29所示。

Step 05 这些坐标值即为各等分点相对于新指定原点的坐标，可用作加工或质检的参考。

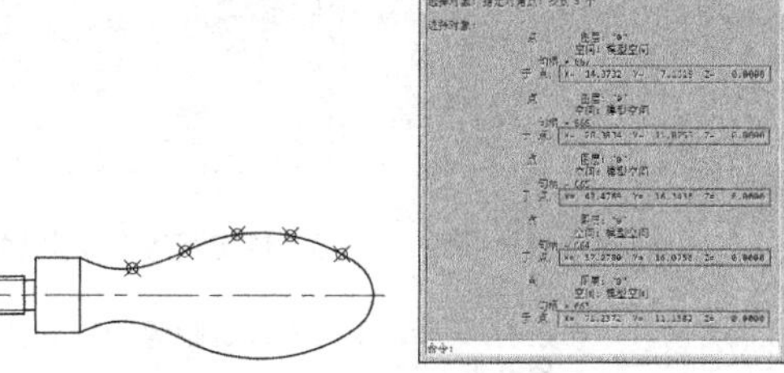

图 5-28 定数等分　　图 5-29 通过 LIST 命令获取点坐标

提示

点样式设置过程略。

5.1.4 定距等分

定距等分是将对象分为长度为指定值的多段，并在各等分位置生成点。

• 执行方式

执行【定距等分】命令的方法有以下几种。

◆功能区：单击【绘图】面板中的【定距等分】按钮，如图 5-30 所示。

◆菜单栏：选择【绘图】|【点】|【定距等分】命令。

◆命令行：输入“MEASURE”或“ME”命令。

• 操作步骤

命令行操作如下。

```
命令：_measure
        //执行【定距等分】命令
选择要定距等分的对象:
        //选择要等分的对象，可以是直线、圆、圆弧、样条曲线、多段线
指定线段长度或 [块(B)]:
        //输入要等分的单段长度
```

• 选项说明

命令行中各选项说明如下。

◆指定线段长度：该选项为默认选项，输入的数字即为分段的长度，如图 5-31 所示。

◆块（B）：该命令可以在等分点处生成用户指定的块。

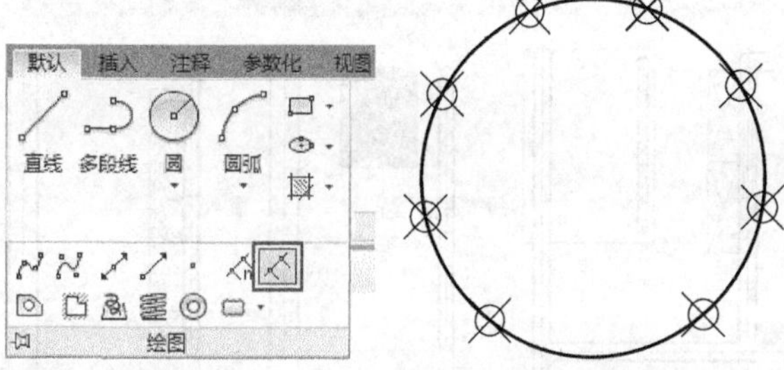

图 5-30 定数等分　　图 5-31 定距等分效果

练习 5-5 通过定距等分绘制楼梯

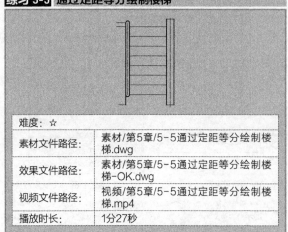

难度：☆	
素材文件路径：	素材/第5章/5-5通过定距等分绘制楼梯.dwg
效果文件路径：	素材/第5章/5-5通过定距等分绘制楼梯-OK.dwg
视频文件路径：	视频/第5章/5-5通过定距等分绘制楼梯.mp4
播放时长：	1分27秒

定距等分是将图形按指定的距离进行等分，因此适用于绘制一些具有固定间隔长度的图形，如楼梯和踏板等。

Step 01 打开素材文件“第5章/5-5 通过定距等分绘制楼梯.dwg”，其中已经绘制好了一室内设计图的局部图形，如图5-32所示。

Step 02 设置点样式。在命令行中输入“DDPTYPE”，调用【点样式】命令，系统弹出【点样式】对话框，根据需要选择需要的点样式，如图5-33所示。

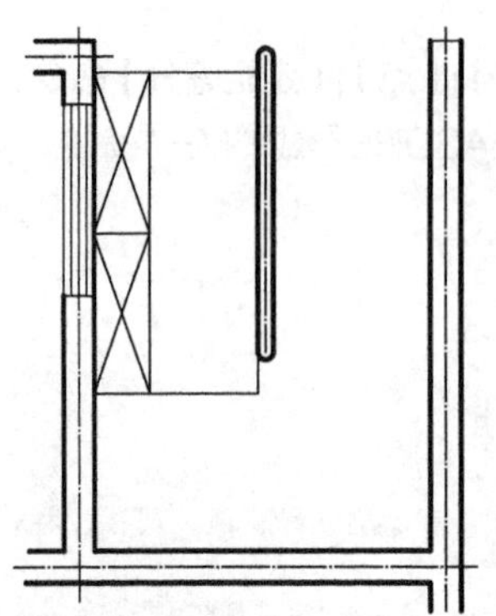

图 5-32　素材图形

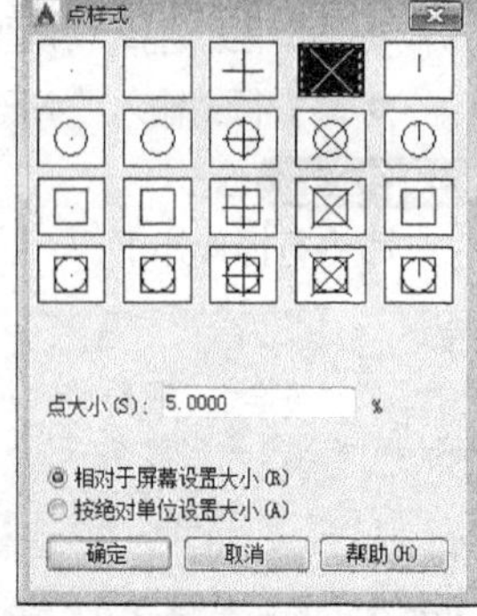

图 5-33　设置点样式

Step 03 执行定距等分。单击【绘图】面板中的【定距等分】按钮，将楼梯口左侧的直线段按每段250mm长进行等分，结果如图5-34所示，命令行操作如下。

```
命令: _measure                          //执行【定距等分】命令
选择要定距等分的对象:                     //选择素材直线
指定线段长度或 [块(B)]: 250↙             //输入要等分的距离
                                        //按Esc键退出
```

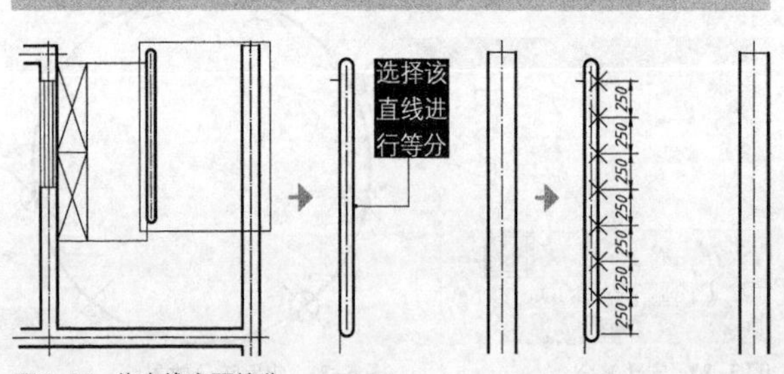

图 5-34　将直线定距等分

Step 04 在【默认】选项卡中，单击【绘图】面板上的【直线】按钮，以各等分点为起点向右绘制直线，结果如图5-35所示。

Step 05 将点样式重新设置为默认状态，即可得到楼梯图形，如图5-36所示。

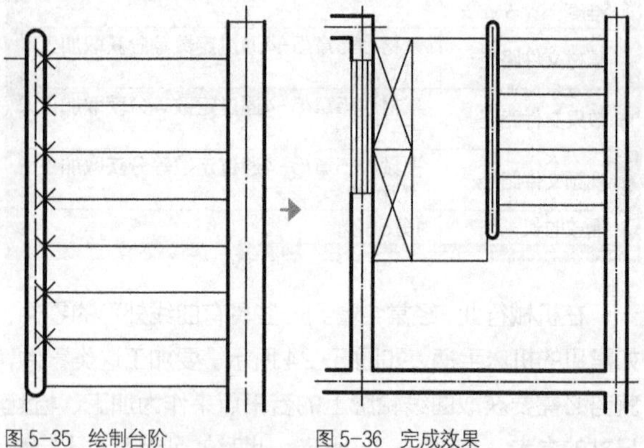

图 5-35　绘制台阶　　　　图 5-36　完成效果

知识链接

此类图形还可以通过【偏移】命令绘制，详见第6章第6.3.2节。

5.2 绘制直线类图形

直线类图形是 AutoCAD 中最基本的图形对象，在 AutoCAD 中，根据用途的不同，可以将线分类为直线、射线、构造线、多线和多线段。不同的直线对象具有不同的特性，下面进行详细讲解。

5.2.1 直线　★重点★

直线是绘图中最常用的图形对象，只要指定了起点和终点，就可绘制出一条直线。

·执行方式

执行【直线】命令的方法有以下几种。

- ◆功能区：单击【绘图】面板中的【直线】按钮。
- ◆菜单栏：选择【绘图】|【直线】命令。
- ◆命令行：输入“LINE”或“L”命令。

·操作步骤

命令行操作如下。

```
命令: _line                              //执行【直线】命令
指定第一个点:
                                         //输入直线段的起点，
用鼠标指定点或在命令行中输入点的坐标
指定下一点或 [放弃(U)]:                     //输入直线段的端点。
也可以用鼠标指定一定角度后，直接输入直线的长度
指定下一点或 [放弃(U)]:                     //输入下一直线段的端
点。输入“U”表示放弃之前的输入
指定下一点或 [闭合(C)/放弃(U)]:             //输入下一直线段的端
点。输入“C”使图形闭合，或按Enter键结束命令
```

·选项说明

命令行中各选项说明如下。

◆指定下一点：当命令行提示“指定下一点”时，用户可以指定多个端点，从而绘制出多条直线段。但每一段直线又都是一个独立的对象，可以进行单独的编辑操作，如图 5-37 所示。

◆闭合（C）：绘制两条以上直线段后，命令行会出现闭合（C）选项。此时如果输入“C”，则系统会自动连接直线命令的起点和最后一个端点，从而绘制出封闭的图形，如图 5-38 所示。

◆放弃（U）：命令行出现放弃（U）选项时，如果输入“U”，则会擦除最近一次绘制的直线段，如图 5-39 所示。

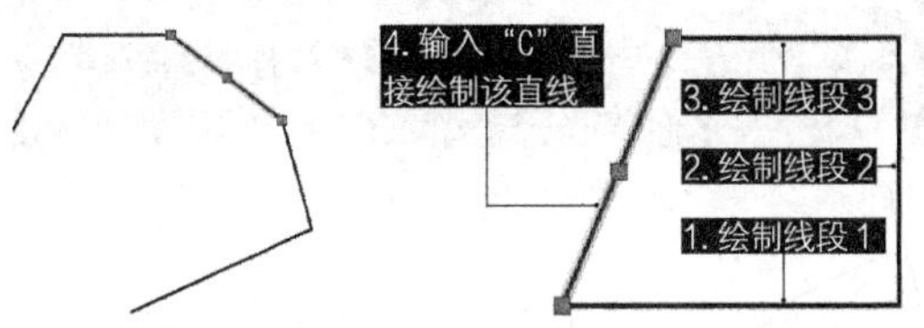

图 5-37 每一段直线均可单独编辑　图 5-38 输入“C”绘制封闭图形

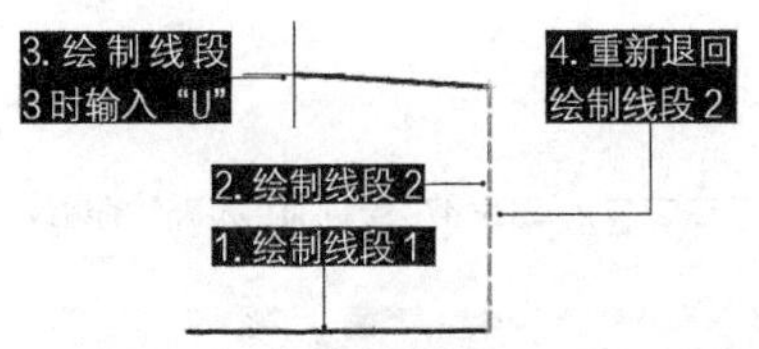

图 5-39 输入“U”重新绘制直线

练习 5-6 使用直线绘制五角星

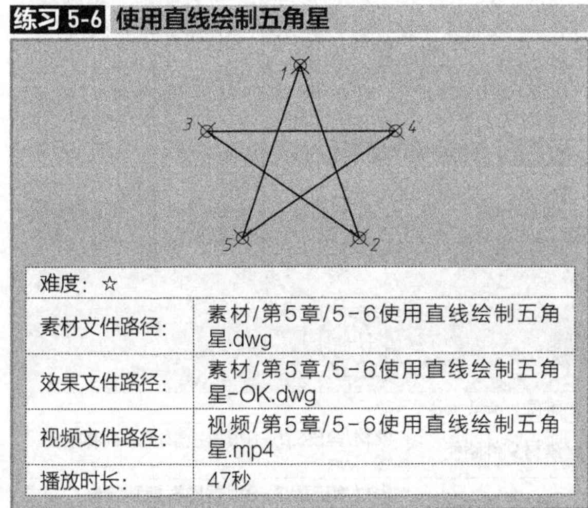

难度：☆	
素材文件路径：	素材/第5章/5-6使用直线绘制五角星.dwg
效果文件路径：	素材/第5章/5-6使用直线绘制五角星-OK.dwg
视频文件路径：	视频/第5章/5-6使用直线绘制五角星.mp4
播放时长：	47秒

Step 01 打开素材文件“第5章/5-3使用直线绘制五角星.dwg”，其中已创建好了5个顺序点，如图5-40所示。

Step 02 单击【绘图】面板中的【直线】按钮，执行【直线】命令，依照命令行的提示，按顺序连接5个点，最终效果如图5-41所示，命令行操作如下。

```
命令: _line                                     //执行【直线】命令
指定第一个点:                                   //移动至点1，单击鼠标左键
指定下一点或 [放弃(U)]:                         //移动至点2，单击鼠标左键
指定下一点或 [放弃(U)]:                         //移动至点3，单击鼠标左键
指定下一点或 [闭合(C)/放弃(U)]:                 //移动至点4，单击鼠标左键
指定下一点或 [闭合(C)/放弃(U)]:                 //移动至点5，单击鼠标左键
指定下一点或 [闭合(C)/放弃(U)]: c↙              //输入“C”，闭合图形，结果如图5-41所示
```

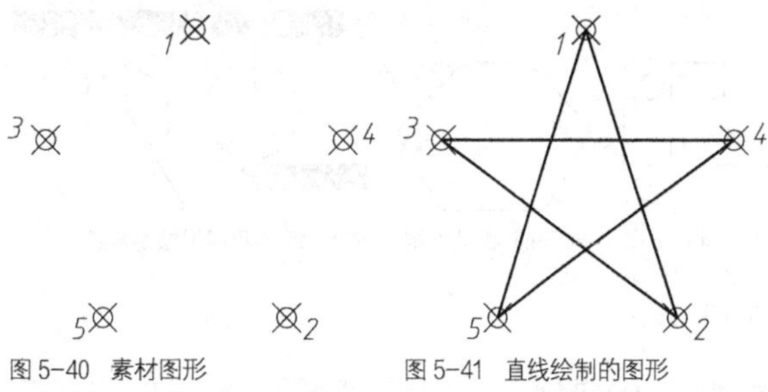

图 5-40 素材图形　图 5-41 直线绘制的图形

·初学解答 直线的起始点

若命令行提示“指定第一个点”时，单击 Enter 键，系统则会自动把上次绘线（或弧）的终点作为本次直线操作的起点。特别的，如果上次操作为绘制圆弧，那单击 Enter 键后会绘出通过圆弧终点的与该圆弧相切的直线段，该线段的长度由鼠标在屏幕上指定的一点与切点之间线段的长度确定，操作效果如图 5-42 所示，命令行操作如下。

```
命令: _line
指定第一个点: 直线长度: 20↙                     //按Enter键确认起点，然后输入直线长度
指定下一点或 [放弃(U)]:                         //按Esc键完成绘制
```

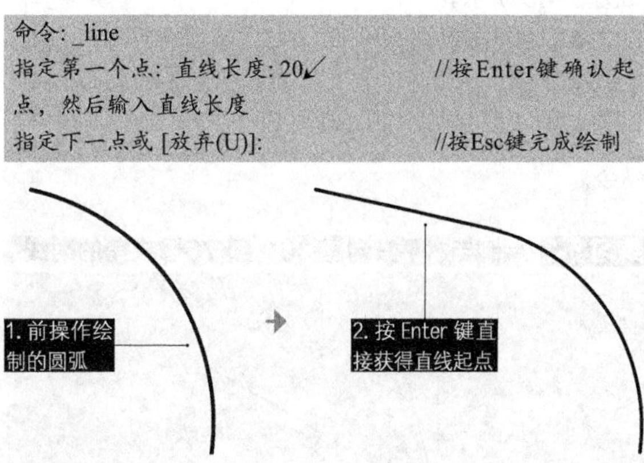

图 5-42 按 Enter 键确认直线起点

·熟能生巧 【直线】（Line）命令的操作技巧

◆（1）绘制水平、垂直直线。可单击【状态栏】中【正交】按钮，根据正交方向提示，直接输入下一点的距离即可，如图 5-43 所示。不需要输入 @ 符号，使用临时正交模式也可按住 Shift 键不动，在此模式下不能输入命令或数值，可捕捉对象。

◆（2）绘制斜线。可单击【状态栏】中【极轴】

按钮，在【极轴】按钮上单击右键，在弹出的快捷菜单中选择所需的角度选项，也可以选择【正在追踪设置】选项，则系统会弹出【草图设置】对话框，在【增量角】文本输入框中可设置斜线的捕捉角度，此时，图形即进入自动捕捉所需角度的状态，其可大大提高制图时输入直线长度的效率，效果如图 5-44 所示。

◆（3）捕捉对象。可按 Shift 键 + 鼠标右键，在弹出的快捷菜单中选择捕捉选项，然后将光标移动至合适位置，程序会自动进行某些点的捕捉，如端点、中点、圆切点等，【捕捉对象】功能的应用可以极大提高制图速度，如图 5-45 所示。

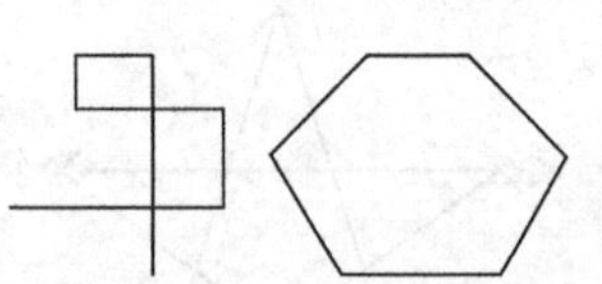

图 5-43 正交绘制水平、垂直直线

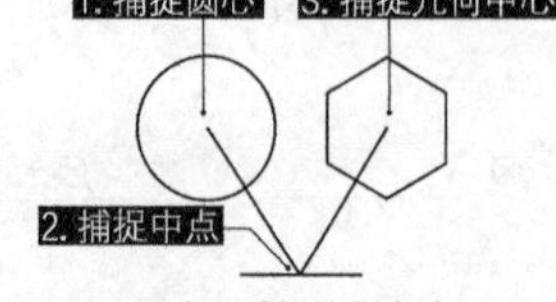

图 5-44 极轴绘制斜线

1. 捕捉圆心　3. 捕捉几何中心　2. 捕捉中点

图 5-45 启用捕捉绘制直线

5.2.2 射线

★进阶★

射线是一端固定而另一端无限延伸的直线，它只有起点和方向，没有终点。射线在 AutoCAD 中使用较少，通常用来作为辅助线，尤其在机械制图中可以作为三视图的投影线使用。

执行【射线】的方法有以下几种。

◆功能区：单击【绘图】面板中的【射线】按钮，如图 5-46 所示。

◆菜单栏：选择【绘图】|【射线】命令。

◆命令行：输入“RAY”命令。

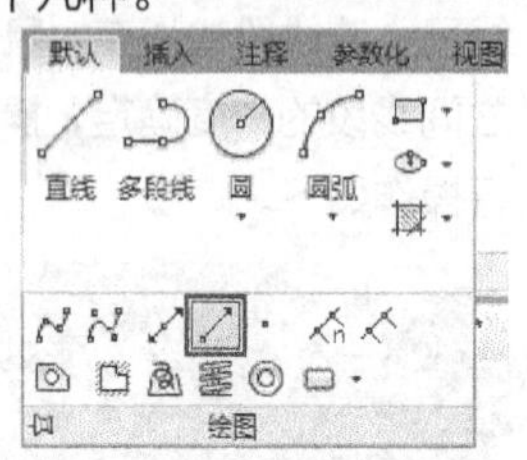

图 5-46 面板中的【射线】按钮

练习 5-7 绘制与水平方向呈 30° 和 75° 夹角的射线

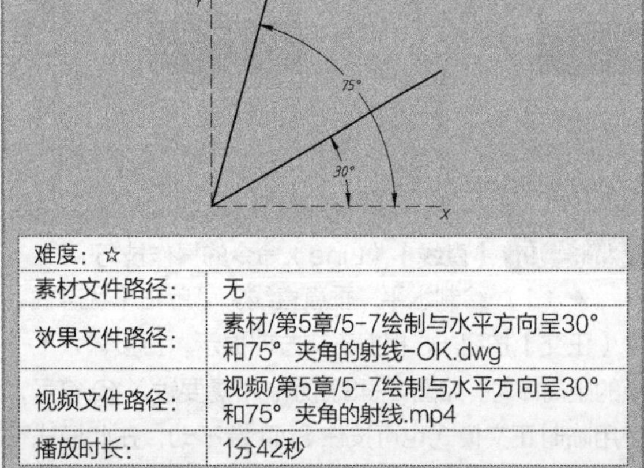

难度：☆	
素材文件路径：	无
效果文件路径：	素材/第5章/5-7绘制与水平方向呈30°和75° 夹角的射线-OK.dwg
视频文件路径：	视频/第5章/5-7绘制与水平方向呈30°和75° 夹角的射线.mp4
播放时长：	1分42秒

Step 01 新建空白文件，然后单击【绘图】面板中的【射线】按钮。

Step 02 执行【射线】命令，按命令行提示，在绘图区的任意位置处单击作为起点，然后在命令行中输入各通过点，结果如图5-47所示，命令行操作如下。

```
命令: _ray              //执行【射线】命令
指定起点:               //输入射线的起点，可以用鼠标指定点或在命令行中输入点的坐标
指定通过点: <30↙        //输入（<30）表示通过点位于与水平方向夹角为30° 的直线上
角度替代: 30            //射线角度被锁定至30°
指定通过点:             //在任意点处单击即可绘制30° 角度线
指定通过点: <75↙        //输入（<75）表示通过点位于与水平方向夹角为75° 的直线上
角度替代: 75            //射线角度被锁定至75°
指定通过点:             //在任意点处单击即可绘制75° 角度线
指定通过点:↙            //按Enter键结束命令
```

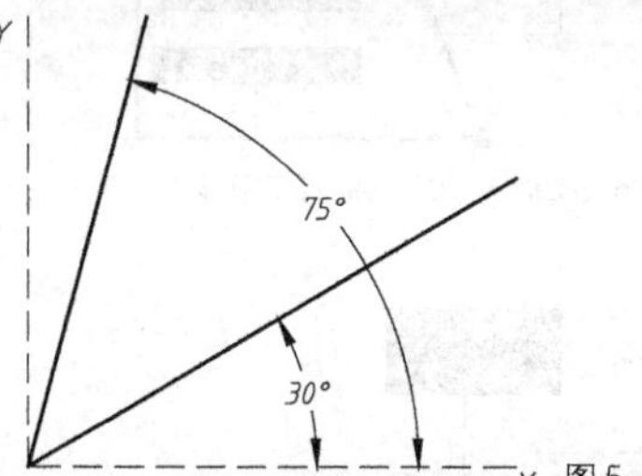

图 5-47 绘制 30° 和 75° 的射线

操作技巧

调用射线命令，指定射线的起点后，可以根据“指定通过点”的提示指定多个通过点，绘制经过相同起点的多条射线，直到按Esc键或Enter键退出为止。

练习 5-8 根据投影规则绘制相贯线

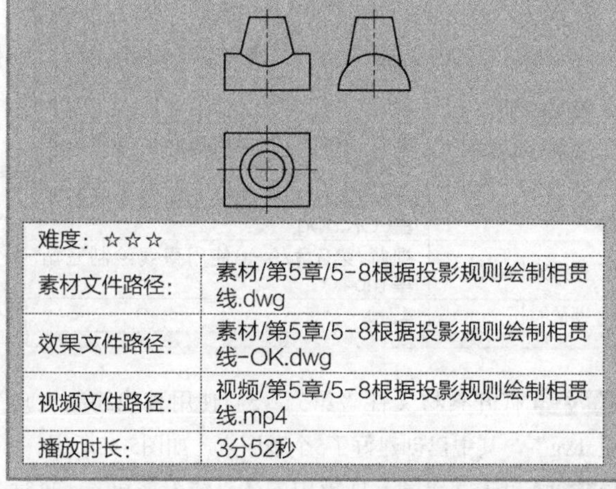

难度：☆☆☆	
素材文件路径：	素材/第5章/5-8根据投影规则绘制相贯线.dwg
效果文件路径：	素材/第5章/5-8根据投影规则绘制相贯线-OK.dwg
视频文件路径：	视频/第5章/5-8根据投影规则绘制相贯线.mp4
播放时长：	3分52秒

两立体表面的交线称为相贯线，如图 5-48 所示。它们的表面（外表面或内表面）相交，均出现箭头所指的相贯线，在画该类零件的三视图时，必然涉及绘制相贯线的投影问题。

图 5-48 相贯线

Step 01 打开素材文件“第5章/5-8根据投影规则绘制相贯线.dwg”，其中已经绘制好了零件的左视图与俯视图，如图5-49所示。

Step 02 绘制投影线。单击【绘图】面板中的【射线】按钮，以左视图中各端点与交点为起点向右绘制射线，如图5-50所示。

Step 03 绘制投影线。按相同方法，以俯视图中各端点与交点为起点，向上绘制射线，如图5-51所示。

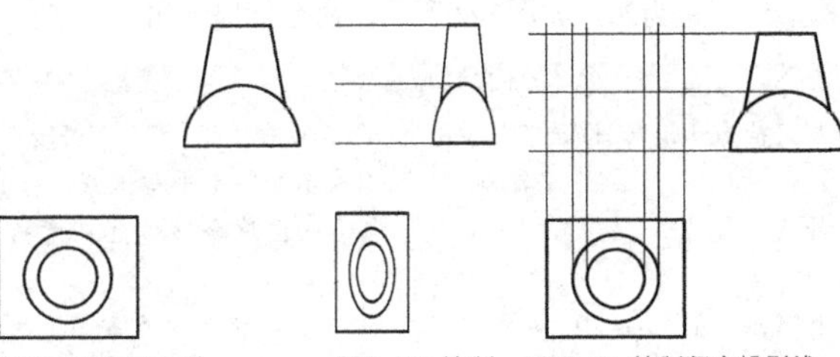

图 5-49 素材图形　　图 5-50 绘制水平投影线　　图 5-51 绘制竖直投影线

Step 04 绘制主视图轮廓。绘制主视图轮廓之前，先要分析出俯视图与左视图中各特征点的投影关系（俯视图中的点，如1、2等，即相当于左视图中的点1'、2'，下同），然后单击【绘图】面板中的【直线】按钮，连接各点的投影在主视图中的交点，即可绘制出主视图轮廓，如图5-52所示。

Step 05 求一般交点。目前所得的图形还不足以绘制出完整的相贯线，因此需要另外找出2点，借以绘制出投影线来获取相贯线上的点（原则上5点才能确定一条曲线）。按“长对正、宽相等、高平齐”的原则，在俯视图和左视图绘制如图5-53所示的两条直线，删除多余射线。

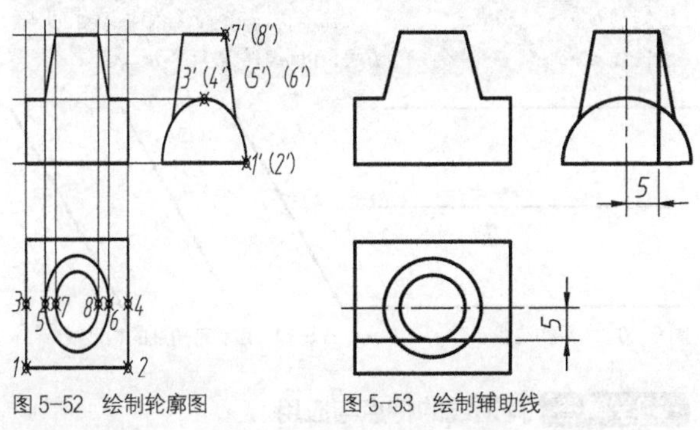

图 5-52 绘制轮廓图　　图 5-53 绘制辅助线

Step 06 绘制投影线。根据辅助线与图形的交点为起点，分别使用【射线】命令绘制投影线，如图5-54所示。

Step 07 绘制相贯线。单击【绘图】面板中的【样条曲线】按钮，连接主视图中各投影线的交点，即可得到相贯线，如图5-55所示。

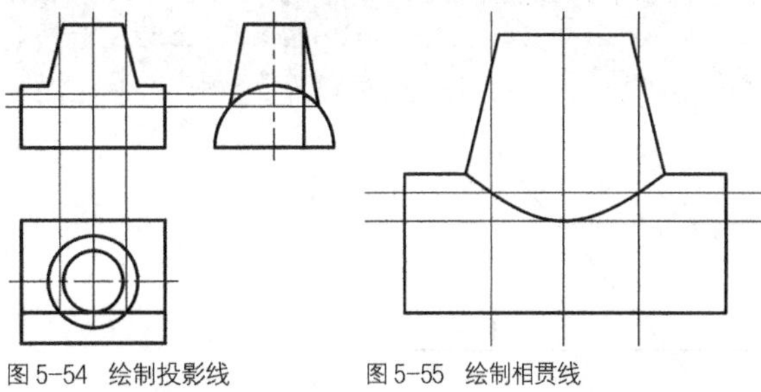

图 5-54 绘制投影线　　图 5-55 绘制相贯线

5.2.3 构造线

构造线是两端无限延伸的直线，没有起点和终点，主要用于绘制辅助线和修剪边界，在建筑设计中常用来作为辅助线，在机械设计中也可作为轴线使用。构造线只需指定两个点即可确定位置和方向。

• 执行方式

◆功能区：单击【绘图】面板中的【构造线】按钮。

◆菜单栏：选择【绘图】|【构造线】命令。

◆命令行：输入“XLINE”或“XL”命令。

• 操作步骤

命令行操作如下。

```
命令: _xline                              //执行【构造线】命令
指定点或 [水平(H)/垂直(V)/角度(A)/二等分(B)/偏移(O)]:
                                          //输入第一个点
指定通过点:                               //输入第二个点
指定通过点:                               //继续输入点，可以继续画线，按Enter键结束命令
```

• 选项说明

命令行中各选项说明如下。

◆水平（H）、垂直（V）：选择“水平”或“垂直”选项，可以绘制水平和垂直的构造线，如图 5-56 所示。命令行提示如下。

```
命令: _xline
指定点或 [水平(H)/垂直(V)/角度(A)/二等分(B)/偏移(O)]: h↙
                        //输入 "h" 或 "v"
指定通过点:             //指定通过点，绘制水平或垂直构造线
```

图 5-56 绘制水平或垂直构造线

◆角度（A）：选择角度选项，可以绘制用户所输入角度的构造线，如图 5-57 所示。

```
命令: _xline
指定点或 [水平(H)/垂直(V)/角度(A)/二等分(B)/偏移(O)]: a↙
                                //输入“a”，选择角度选项
输入构造线的角度 (0) 或 [参照(R)]: 45↙
                                //输入构造线的角度
指定通过点:                      //指定通过点完成创建
```

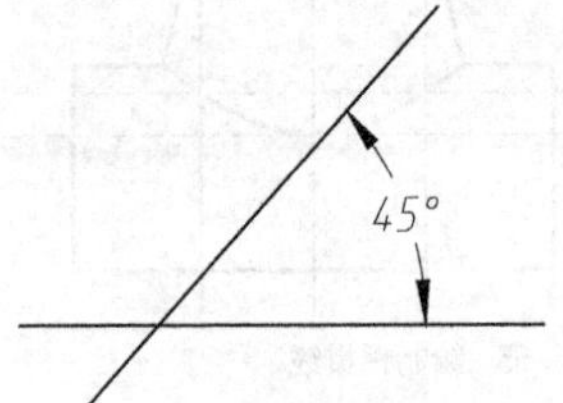

图 5-57 绘制成角度的构造线

◆二等分（B）：选择二等分选项，可以绘制两条相交直线的角平分线，如图5-58所示。绘制角平分线时，使用捕捉功能依次拾取顶点*O*、起点*A*和端点*B*即可（*A*、*B*可为直线上除*O*点外的任意点）。

```
命令: _xline
指定点或 [水平(H)/垂直(V)/角度(A)/二等分(B)/偏移(O)]: b↙
                                //输入“b”，选择二等分选项
指定角的顶点:                    //选择O点
指定角的起点:                    //选择A点
指定角的端点:                    //选择B点
```

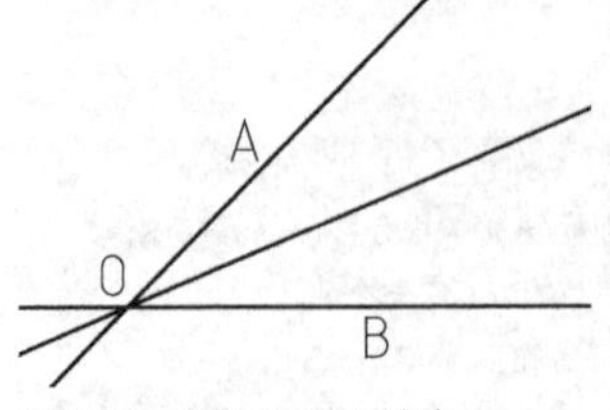

图 5-58 绘制二等分构造线

◆偏移（O）：选择【偏移】选项，可以由已有直线偏移出平行线，如图5-59所示。该选项的功能类似于【偏移】命令（详见第6章）。通过输入偏移距离和选择要偏移的直线来绘制与该直线平行的构造线。

```
命令: _xline
指定点或 [水平(H)/垂直(V)/角度(A)/二等分(B)/偏移(O)]: o↙
                                //输入“O”，选择偏移选项
指定偏移距离或 [通过(T)] <10.0000>: 16  //输入偏移距离
选择直线对象:                          //选择偏移的对象
指定向哪侧偏移:                        //指定偏移的方向
```

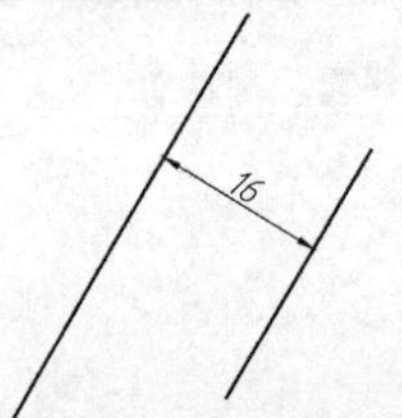

图 5-59 绘制偏移的构造线

练习 5-9 绘制水平和倾斜构造线

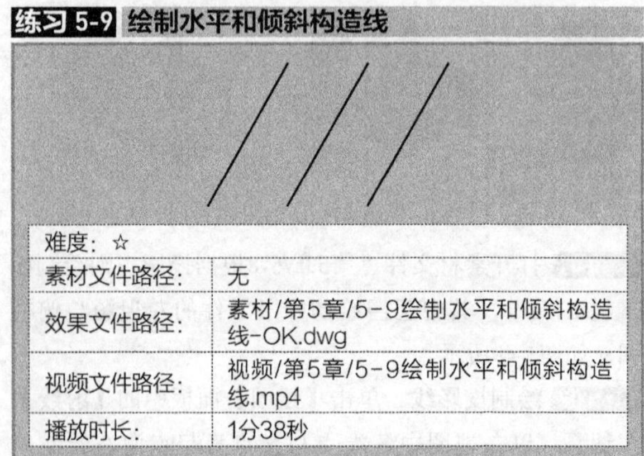

难度：☆	
素材文件路径：	无
效果文件路径：	素材/第5章/5-9绘制水平和倾斜构造线-OK.dwg
视频文件路径：	视频/第5章/5-9绘制水平和倾斜构造线.mp4
播放时长：	1分38秒

Step 01 新建空白文件，然后单击【绘图】面板中的【构造线】按钮，分别绘制3条水平构造线和垂直构造线，构造线间距为20，如图5-60所示，命令行提示如下。

```
命令: _xline              //执行构造线命令
指定点或 [水平(H)/垂直(V)/角度(A)/二等分(B)/偏移(O)]: H↙
                          //输入“H”，表示绘制水平构造线
指定通过点:                        //在绘图区域合适位置任意拾
取一点
指定通过点: @0,20↙                      //输入垂直方向上的
相对坐标，确定第二条构造线要经过的点
指定通过点: @0,20↙                      //输入垂直方向上的
相对坐标，确定第三条构造线要经过的点
指定通过点:↙                  //按Enter键结束命令
```

Step 02 单击【绘图】面板中的【构造线】按钮，绘制与水平方向呈60°角的构造线，如图5-61所示，命令行提示如下。

```
命令: _xline                    //执行构造线命令
指定点或 [水平(H)/垂直(V)/角度(A)/二等分(B)/偏移(O)]: A↙
                          //输入“A”，表示绘制带角度构造线
输入构造线的角度 (0.0) 或 [参照(R)]: 60↙
                          //构造线与水平方向呈45° 角
指定通过点:↙              //在绘图区合适位置任意拾取一点
指定通过点: @20,0↙          //输入第二条构造线要经过的点
指定通过点: @20,0↙          //输入第三条构造线要经过的点
指定通过点:↙              //按Enter键结束命令
```

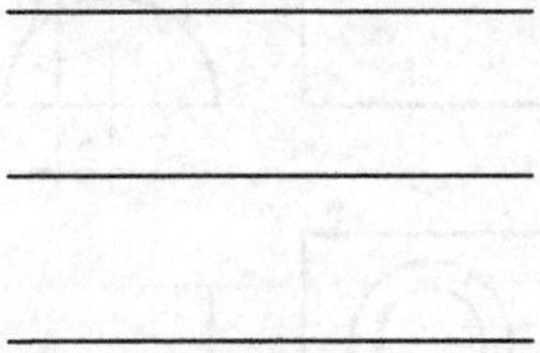

图 5-60 水平构造线

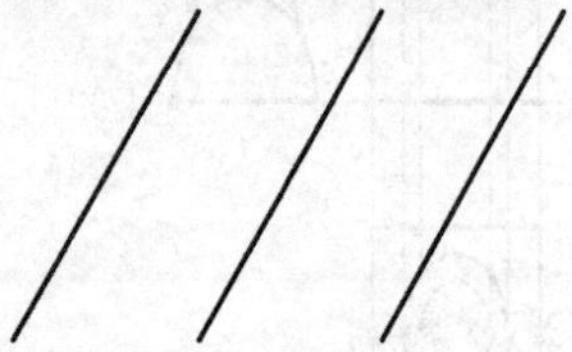

图 5-61 绘制带角度的构造线

·初学解答 构造线的特点与应用

构造线是真正意义上的“直线”，可以向两端无限延伸。构造线在控制草图的几何关系、尺寸关系方面，有着极其重要的作用，如三视图中“长对正、高平齐、

宽相等”的辅助线，如图 5-62 所示（图中细实线为构造线，粗实线为轮廓线，下同）。

而且构造线不会改变图形的总面积，因此，它们的无限长的特性对缩放或视点没有影响，且会被显示图形范围的命令所忽略，和其他对象一样，构造线也可以移动、旋转和复制。因此构造线常用来绘制各种绘图过程中的辅助线和基准线，如机械上的中心线、建筑中的墙体线，如图 5-63 所示。所以，构造线是绘图提高效率的常用命令。

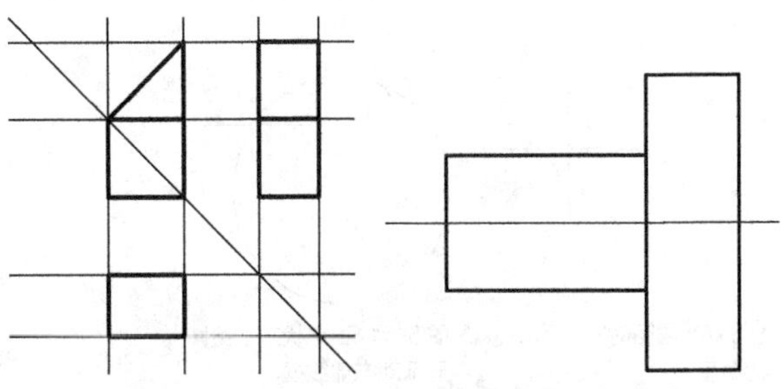

图 5-62 构造线辅助绘制三视图　图 5-63 构造线用作中心线

5.3 绘制圆、圆弧类图形

在 AutoCAD 中，圆、圆弧、椭圆、椭圆弧和圆环都属于圆类图形，其绘制方法相对于直线对象较复杂，下面分别对其进行讲解。

5.3.1 圆 ★重点★

圆也是绘图中最常用的图形对象，因此它的执行方式与功能选项也最为丰富。

•执行方式

执行【圆】命令的方法有以下几种。

◆功能区：单击【绘图】面板中的【圆】按钮。

◆菜单栏：选择【绘图】|【圆】命令，然后在子菜单中选择一种绘圆方法。

◆命令行：输入“CIRCLE”或“C”命令。

•操作步骤

命令行操作如下。

```
命令:_circle                                    //执行【圆】命令
指定圆的圆心或 [三点(3P)/两点(2P)/切点、切点、半径(T)]:
                                                //选择圆的绘制方式
指定圆的半径或 [直径(D)]: 3↙                   //直接输入半径或用鼠标
指定半径长度
```

•选项说明

选项说明在【绘图】面板【圆】的下拉列表中提供了 6 种绘制圆的命令，各命令的含义如下。

◆【圆心、半径（R）】：用圆心和半径方式绘制圆，如图5-64所示，为默认的执行方式。命令行操作如下。

```
命令：C↙
CIRCLE指定圆的圆心或[三点(3P)/两点(2P)/切点、切点、半
径(T)]:                    //输入坐标或用鼠标单击确定圆心
指定圆的半径或[直径(D)]: 10↙
                           //输入半径值，也可以输入相对于圆心的
相对坐标，确定圆周上一点
```

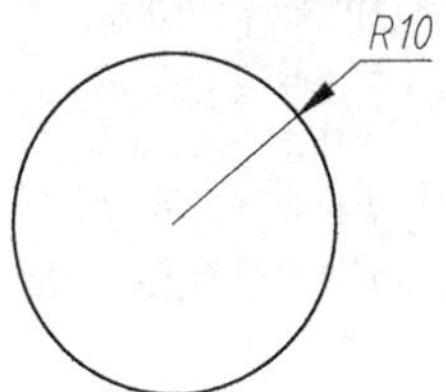

图 5-64 【圆心、半径（R）】画圆

◆【圆心、直径（D）】：用圆心和直径方式绘制圆，如图 5-65 所示。命令行操作如下。

```
命令：C↙
CIRCLE指定圆的圆心或[三点(3P)/两点(2P)/切点、切点、半
径(T)]:                    //输入坐标或用鼠标单击确定圆心
指定圆的半径或[直径(D)]<80.1736>: D↙
                                              //选择直径选项
指定圆的直径<200.00>: 20↙                      //输入直径值
```

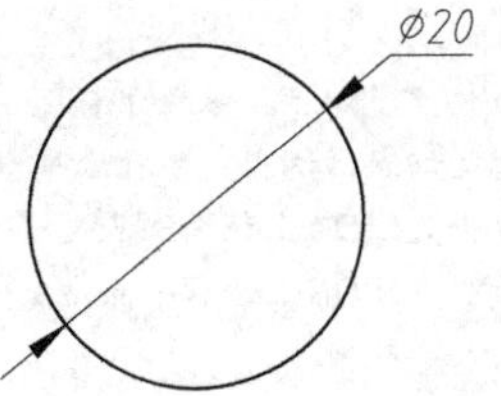

图 5-65 【圆心、直径（D）】画圆

◆【两点（2P）】：通过两点（2P）绘制圆，实际上是以这两点的连线为直径，以两点连线的中点为圆心画圆。系统会提示指定圆直径的第一端点和第二端点，如图 5-66 所示。命令行操作如下。

```
命令：C↙
CIRCLE指定圆的圆心或[三点(3P)/两点(2P)/切点、切点、半
径(T)]: 2P↙
                               //选择两点选项
指定圆直径的第一个端点：       //输入坐标或单击确定直径第
一个端点1
指定圆直径的第二个端点：       //单击确定直径第二个端点2,
或输入相对于第一个端点的相对坐标
```

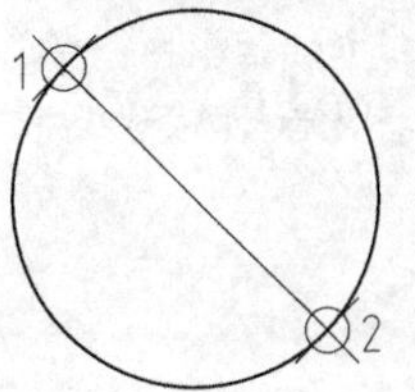

图 5-66 【两点（2P）】画圆

◆【三点（3P）】◎：通过三点（3P）绘制圆，实际上是绘制这三点确定的三角形的唯一的外接圆。系统会提示指定圆上的第一点、第二点和第三点，如图 5-67 所示。命令行提示如下。

```
命令：C↙
CIRCLE指定圆的圆心或[三点(3P)/两点(2P)/切点、切点、半径(T)]：3P↙        //选择三点选项
指定圆上的第一个点：          //单击确定第1点
指定圆上的第二个点：          //单击确定第2点
指定圆上的第三个点：          //单击确定第3点
```

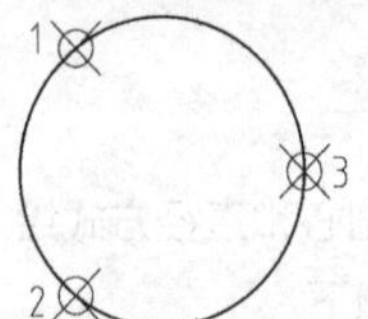

图 5-67 【三点（3P）】画圆

◆【相切、相切、半径（T）】◎：如果已经存在两个图形对象，再确定圆的半径值，就可以绘制出与这两个对象相切的公切圆。系统会提示指定圆的第一切点和第二切点及圆的半径，如图 5-68 所示。命令行提示如下。

```
命令：_circle
指定圆的圆心或 [三点(3P)/两点(2P)/切点、切点、半径(T)]: T↙
                                  //选择切点、切点、半径选项
指定对象与圆的第一个切点：   //单击直线OA上任意一点
指定对象与圆的第二个切点：   //单击直线OB上任意一点
指定圆的半径：10↙            //输入半径值
```

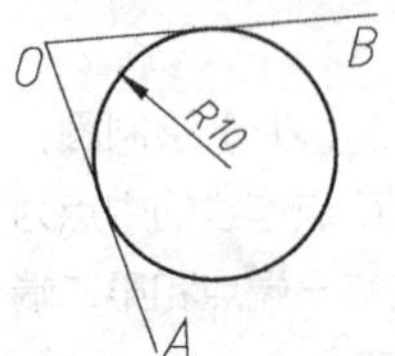

图 5-68 【相切、相切、半径（T）】画圆

◆【相切、相切、相切（A）】◎：选择三条切线来绘制圆，可以绘制出与三个图形对象相切的公切圆，如图 5-69 所示。命令行提示如下。

```
命令：_circle
指定圆的圆心或 [三点(3P)/两点(2P)/切点、切点、半径(T)]: _3p
                    //单击面板中的【相切、相切、相切】按钮◎
指定圆上的第一个点：_tan 到   //单击直线AB上任意一点
指定圆上的第二个点：_tan 到   //单击直线BC上任意一点
指定圆上的第三个点：_tan 到   //单击直线CD上任意一点
```

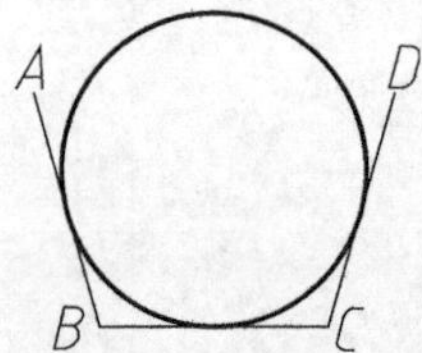

图 5-69 【相切、相切、相切（A）】画圆

·初学解答 绘图时不显示虚线框

用 AutoCAD 绘制矩形、圆时，通常会在鼠标光标处显示一动态虚线框，用来在视觉上帮助设计者判断图形绘制的大小，十分方便。而有时由于新手的误操作，会使得该虚线框无法显示，如图 5-70 所示。

这是由于系统变量 DRAGMODE 的设置出现了问题。只需在命令行中输入“DRAGMODE”，然后根据提示，将选项修改为自动（A）或开（ON）即可（推荐设置为自动）让虚线框显示恢复正常，如图 5-71 所示。

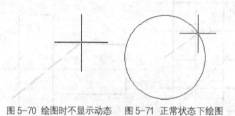

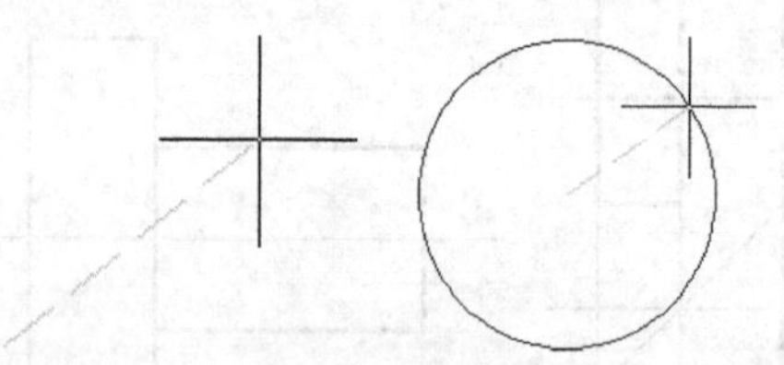
图 5-70 绘图时不显示动态虚线框　　图 5-71 正常状态下绘图显示动态虚线框

练习 5-10 绘制圆完善零件图

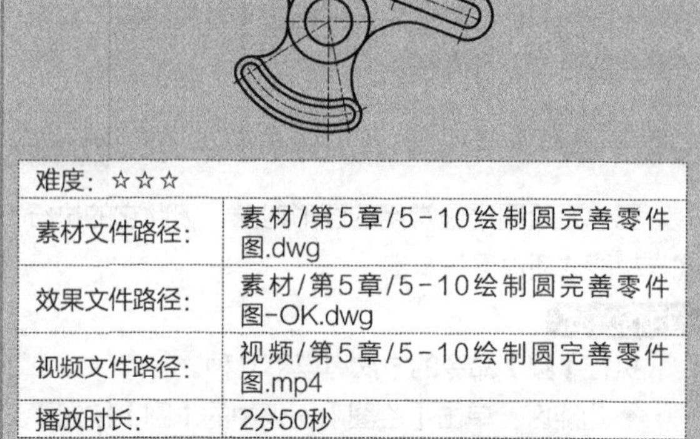

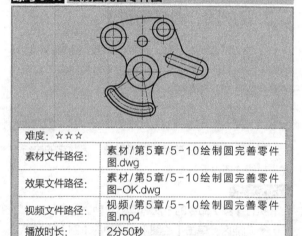

难度：☆☆☆	
素材文件路径：	素材/第5章/5-10绘制圆完善零件图.dwg
效果文件路径：	素材/第5章/5-10绘制圆完善零件图-OK.dwg
视频文件路径：	视频/第5章/5-10绘制圆完善零件图.mp4
播放时长：	2分50秒

圆在各种设计图形中都应用频繁，因此对应的创建方法也很多。而熟练掌握各种圆的创建方法，有助于提高绘图效率。

Step 01 打开素材文件“第5章/5-10绘制圆完善零件图.dwg”，其中有一残缺的零件图形，如图5-72所示。

Step 02 在【默认】选项卡中，单击【绘图】面板中的【圆】按钮◎，使用【圆心、半径】的方式，以右侧中心线的交点为圆心，绘制半径为8的圆形，如图5-73所示。

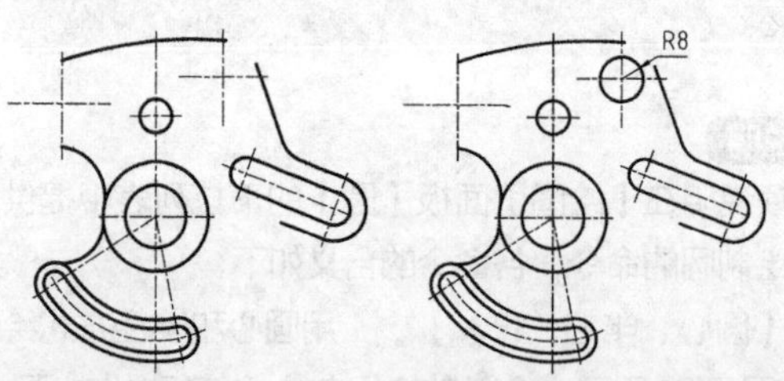

图 5-72 素材图形　　图 5-73 【圆心、半径】绘制圆

Step 03 重复调用【圆】命令，使用【圆心、直径】的方式，以左侧中心线的交点为圆心，绘制直径为20的圆形，如图5-74所示。

Step 04 重复调用【圆】命令，使用【两点】的方式绘制圆，分别捕捉两条圆弧的端点1、2，绘制结果如图5-75所示。

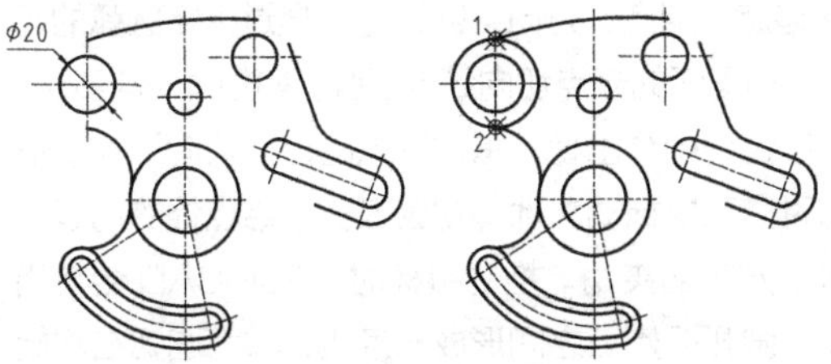

图 5-74【圆心、直径】绘制圆　图 5-75　【两点】绘制圆

Step 05 重复调用【圆】命令，使用【切点、切点、半径】的方式绘制圆，捕捉与圆相切的两个切点3、4，输入半径13，按Enter键确认，绘制结果如图5-76所示。

Step 06 重复调用【圆】命令，使用【切点、切点、切点】的方式绘制圆，捕捉与圆相切的三个切点5、6、7，绘制结果如图5-77所示。

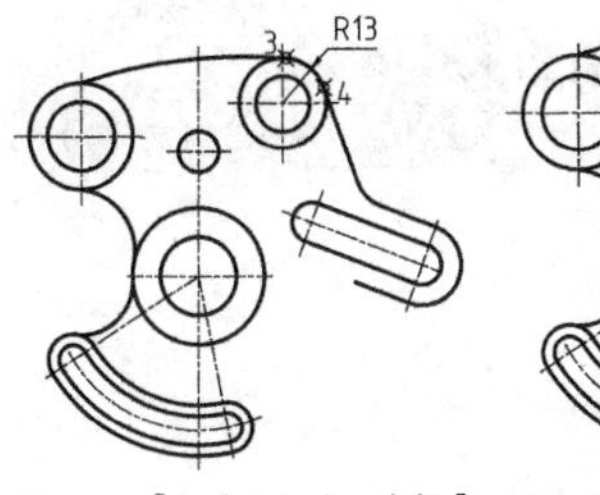

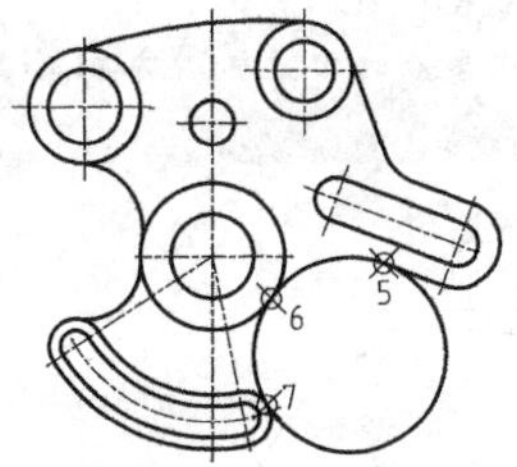

图 5-76【切点、切点、半径】绘制圆　图 5-77【切点、切点、切点】绘制圆

Step 07 在命令行中输入“TR”，调用【修剪】命令，剪切多余弧线，最终效果如图5-78所示。

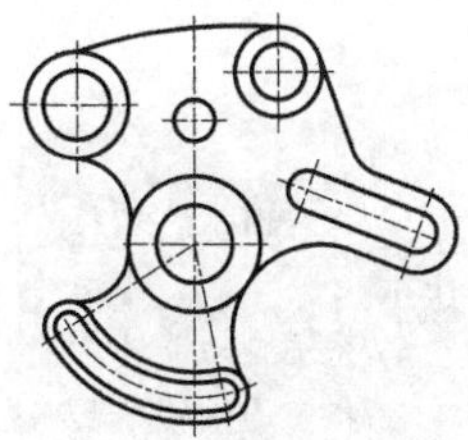

图 5-78　最终效果图

知识链接

【修剪】命令的使用方法见本书第6章。

5.3.2 圆弧 ★重点★

圆弧即圆的一部分，在技术制图中，经常需要用圆弧来光滑连接已知的直线或曲线。

•执行方式

执行【圆弧】命令的方法有以下几种。

◆功能区：单击【绘图】面板中的【圆弧】按钮。

◆菜单栏：选择【绘图】|【圆弧】命令。

◆命令行：输入“ARC”或“A”命令。

•操作步骤

命令行提示如下。

```
命令: _arc                                   //执行【圆弧】命令
指定圆弧的起点或 [圆心(C)]:                    //指定圆弧的起点
指定圆弧的第二个点或 [圆心(C)/端点(E)]:
                                             //指定圆弧的第二点
指定圆弧的端点:                                //指定圆弧的端点
```

•选项说明

在【绘图】面板【圆弧】按钮的下拉列表中提供了 11 种绘制圆弧的命令，各命令的含义如下。

三点（P）：通过指定圆弧上的三点绘制圆弧，需要指定圆弧的起点、通过的第二个点和端点，如图 5-79 所示。命令行提示如下。

```
命令: _arc
指定圆弧的起点或 [圆心(C)]:                    //指定圆弧的起点1
指定圆弧的第二个点或 [圆心(C)/端点(E)]:
                                             //指定点2
指定圆弧的端点:                                //指定点3
```

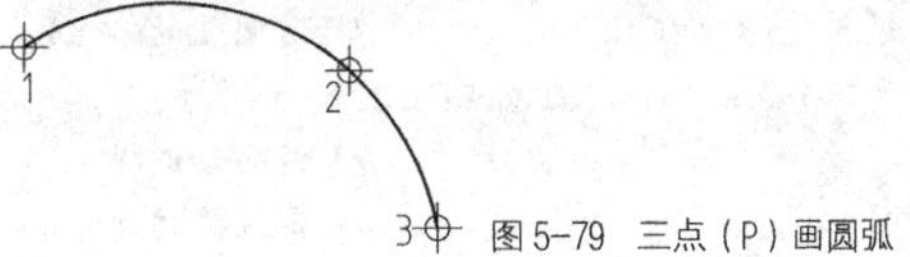

图 5-79　三点（P）画圆弧

◆起点、圆心、端点（S）：通过指定圆弧的起点、圆心、端点绘制圆弧，如图 5-80 所示。命令行提示如下。

```
命令: _arc
指定圆弧的起点或 [圆心(C)]:                    //指定圆弧的起点1
指定圆弧的第二个点或 [圆心(C)/端点(E)]: _c
                                             //系统自动选择
指定圆弧的圆心:                                //指定圆弧的圆心2
指定圆弧的端点(按住 Ctrl 键以切换方向)或 [角度(A)/弦长(L)]:
                                             //指定圆弧的端点3
```

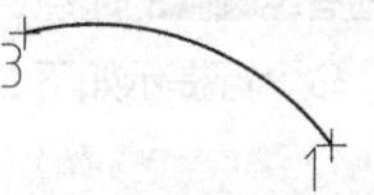

图 5-80　起点、圆心、端点（S）画圆弧

◆起点、圆心、角度（T）：通过指定圆弧的起点、圆心、包含角度绘制圆弧，执行此命令时会出现“指定夹角”的提示，在输入角时，如果当前环境设置逆时

针方向为角度正方向，且输入正的角度值，则绘制的圆弧是从起点绕圆心沿逆时针方向绘制，反之则沿顺时针方向绘制，如图 5-81 所示。命令行提示如下。

```
命令: _arc
指定圆弧的起点或 [圆心(C)]:                      //指定圆弧的起点1
指定圆弧的第二个点或 [圆心(C)/端点(E)]: _c
                                                 //系统自动选择
指定圆弧的圆心:                                  //指定圆弧的圆心2
指定圆弧的端点(按住 Ctrl 键以切换方向)或 [角度(A)/弦长
(L)]: _a                                         //系统自动选择
指定夹角(按住 Ctrl 键以切换方向): 60↙           //输入圆弧夹角角度
```

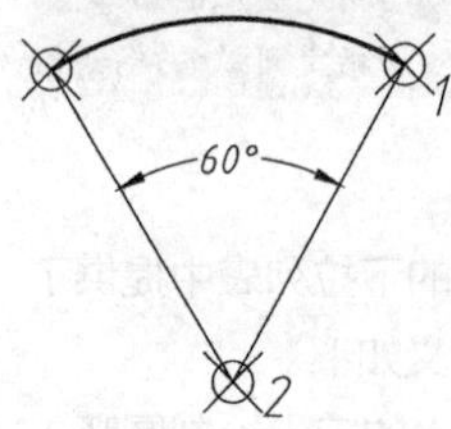

图 5-81　起点、圆心、角度（T）画圆弧

◆起点、圆心、长度（A）：通过指定圆弧的起点、圆心、弧长绘制圆弧，如图 5-82 所示。另外，在命令行提示的“指定弦长”信息下，如果所输入的值为负，则该值的绝对值将作为对应整圆的空缺部分的圆弧的弧长。命令行提示如下。

```
命令: _arc
指定圆弧的起点或 [圆心(C)]:                      //指定圆弧的起点1
指定圆弧的第二个点或 [圆心(C)/端点(E)]: _c
                                                 //系统自动选择
指定圆弧的圆心:                                  //指定圆弧的圆心2
指定圆弧的端点(按住 Ctrl 键以切换方向)或 [角度(A)/弦长
(L)]: _l                                         //系统自动选择
指定弦长(按住 Ctrl 键以切换方向): 10↙           //输入弦长
```

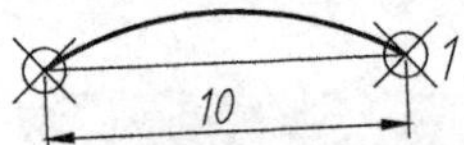

图 5-82　起点、圆心、长度（A）画圆弧

◆起点、端点、角度（N）：通过指定圆弧的起点、端点、包含角绘制圆弧，如图5-83所示。命令行提示如下。

```
命令: _arc
指定圆弧的起点或 [圆心(C)]:                      //指定圆弧的起点1
指定圆弧的第二个点或 [圆心(C)/端点(E)]: _e
                                                 //系统自动选择
指定圆弧的端点:                                  //指定圆弧的端点2
指定圆弧的中心点(按住 Ctrl 键以切换方向)或[角度(A)/方向
(D)/半径(R)]: _a                                 //系统自动选择
指定夹角(按住 Ctrl 键以切换方向): 60↙           //输入圆弧夹角角度
```

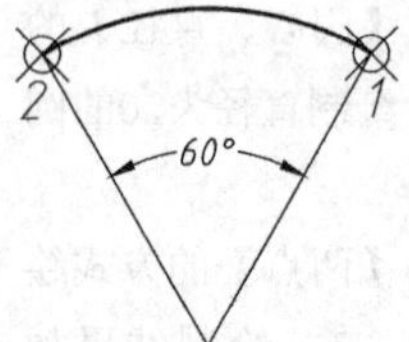

图 5-83　起点、端点、角度（N）画圆弧

◆起点、端点、方向（D）：通过指定圆弧的起点、端点和圆弧的起点切向绘制圆弧，如图 5-84 所示。命令执行过程中会出现“指定圆弧的起点切向”提示信息，此时拖动鼠标动态地确定圆弧在起始点处的切线方向和水平方向的夹角。拖动鼠标时，AutoCAD 会在当前光标与圆弧起始点之间形成一条线，即为圆弧在起始点处的切线。确定切线方向后，单击拾取键即可得到相应的圆弧。命令行提示如下。

```
命令: _arc
指定圆弧的起点或 [圆心(C)]:                      //指定圆弧的起点1
指定圆弧的第二个点或 [圆心(C)/端点(E)]: _e
                                                 //系统自动选择
指定圆弧的端点:                                  //指定圆弧的端点2
指定圆弧的中心点(按住 Ctrl 键以切换方向)或 [角度(A)/方向
(D)/半径(R)]: _d                                 //系统自动选择
指定圆弧起点的相切方向(按住Ctrl键以切换方向):
                                                 //指定点3确定方向
```

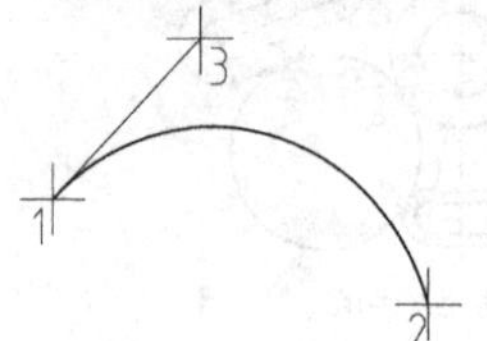

图 5-84　起点、端点、方向（D）画圆弧

◆起点、端点、半径（R）：通过指定圆弧的起点、端点和圆弧半径绘制圆弧，如图 5-85 所示。命令行提示如下。

```
命令: _arc
指定圆弧的起点或 [圆心(C)]:                      //指定圆弧的起点1
指定圆弧的第二个点或 [圆心(C)/端点(E)]: _e
                                                 //系统自动选择
指定圆弧的端点:                                  //指定圆弧的端点2
指定圆弧的中心点(按住 Ctrl 键以切换方向)或 [角度(A)/方向
(D)/半径(R)]: _r                                 //系统自动选择
指定圆弧的半径(按住 Ctrl 键以切换方向): 10↙
                                                 //输入圆弧的半径
```

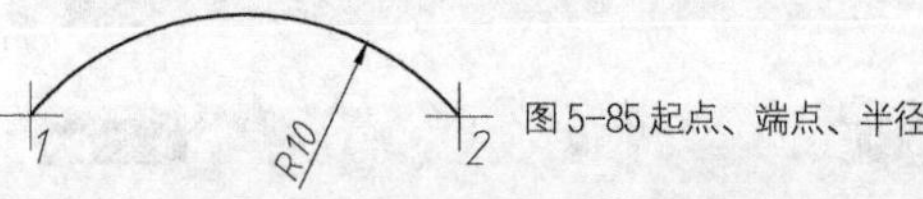

图 5-85 起点、端点、半径（R）画圆弧

提示

半径值与圆弧方向的确定请参见本节的“初学解答：圆弧的方向与大小”。

◆圆心、起点、端点（C）：以圆弧的圆心、起点、端点方式绘制圆弧，如图 5-86 所示。命令行提示如下。

```
命令: _arc
指定圆弧的起点或 [圆心(C)]: _c                    //系统自动选择
指定圆弧的圆心:                                   //指定圆弧的圆心1
指定圆弧的起点:                                   //指定圆弧的起点2
指定圆弧的端点(按住 Ctrl 键以切换方向)或 [角度(A)/弦长(L)]:
                                                  //指定圆弧的端点3
```

1

图 5-86 圆心、起点、端点（C）画圆弧

◆圆心、起点、角度（E）：以圆弧的圆心、起点、圆心角方式绘制圆弧，如图 5-87 所示。命令行提示如下。

```
命令: _arc
指定圆弧的起点或 [圆心(C)]: _c                    //系统自动选择
指定圆弧的圆心:                                   //指定圆弧的圆心1
指定圆弧的起点:                                   //指定圆弧的起点2
指定圆弧的端点(按住 Ctrl 键以切换方向)或 [角度(A)/弦长(L)]: _a
                                                  //系统自动选择
指定夹角(按住 Ctrl 键以切换方向): 60↙             //输入圆弧的夹角角度
```

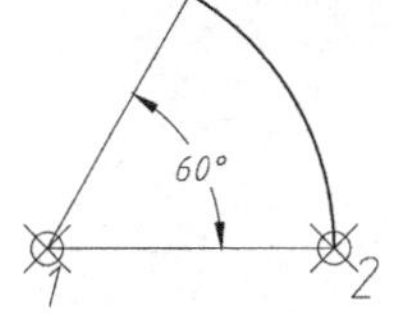

图 5-87 圆心、起点、角度（E）画圆弧

◆圆心、起点、长度（L）：以圆弧的圆心、起点、弧长方式绘制圆弧，如图 5-88 所示。命令行提示如下。

```
命令: _arc
指定圆弧的起点或 [圆心(C)]: _c                    //系统自动选择
指定圆弧的圆心:                                   //指定圆弧的圆心1
指定圆弧的起点:                                   //指定圆弧的起点2
指定圆弧的端点(按住 Ctrl 键以切换方向)或 [角度(A)/弦长
(L)]: _l                                          //系统自动选择
指定弦长(按住 Ctrl 键以切换方向): 10↙             //输入弦长
```

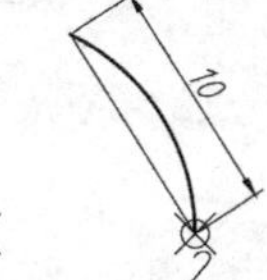

图 5-88 圆心、起点、长度（L）画圆弧

◆连续（O）：绘制其他直线与非封闭曲线后，选择【绘图】|【圆弧】|【继续】命令，系统将自动以刚才绘制的对象的终点作为即将绘制的圆弧的起点。

练习 5-11 绘制圆弧完善景观图

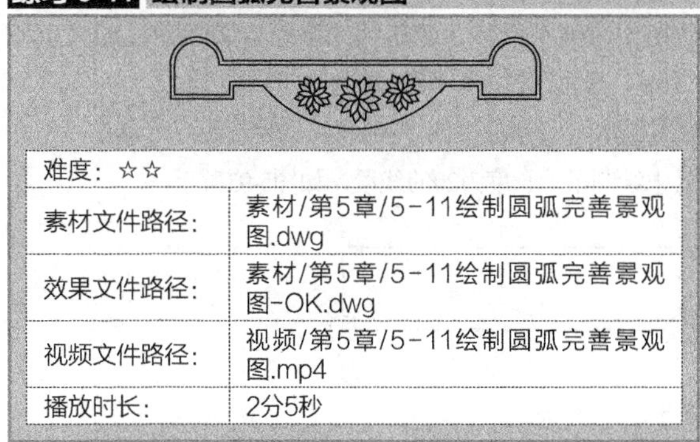

难度：☆☆	
素材文件路径：	素材/第5章/5-11绘制圆弧完善景观图.dwg
效果文件路径：	素材/第5章/5-11绘制圆弧完善景观图-OK.dwg
视频文件路径：	视频/第5章/5-11绘制圆弧完善景观图.mp4
播放时长：	2分5秒

圆弧是 AutoCAD 中创建方法最多的一种图形，这归因它在各类设计图中都有大量使用，如机械、园林、室内等。因此熟练掌握各种圆弧的创建方法，对于提高 AutoCAD 的综合能力很有帮助。

Step 01 单击快速访问工具栏中的【打开】按钮，打开"第5章/5-11绘制圆弧完善景观图.dwg"素材文件，如图5-89所示。

Step 02 在【默认】选项卡中，单击【绘图】面板中的【起点、端点、方向】按钮，使用【起点、端点、方向】的方式绘制圆弧，方向为垂直向上方向，绘制结果如图5-90所示。

图 5-89 素材图形

图 5-90 【起点、端点、方向】绘制圆弧

Step 03 重复调用【圆弧】命令，使用【起点、圆心、端点】的方式绘制圆弧，绘制如图5-91所示圆弧。

Step 04 在【默认】选项卡中，单击【绘图】面板中的【三点】按钮，使用【三点】的方式绘制圆弧，绘制结果如图5-92所示。

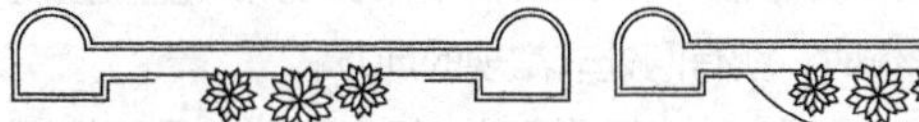

图 5-91【起点、圆心、端点】绘制圆弧 　图 5-92 绘制大圆弧

练习 5-12 绘制葫芦形体 ★重点★

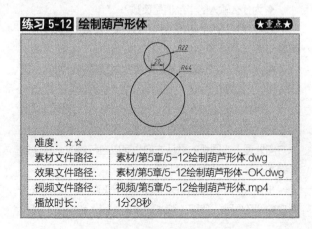

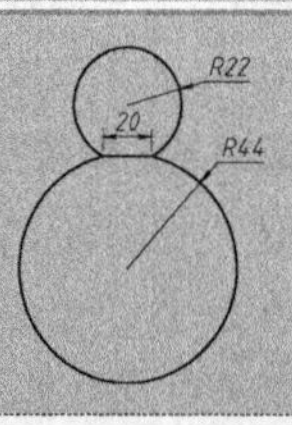

难度：☆☆	
素材文件路径：	素材/第5章/5-12绘制葫芦形体.dwg
效果文件路径：	素材/第5章/5-12绘制葫芦形体-OK.dwg
视频文件路径：	视频/第5章/5-12绘制葫芦形体.mp4
播放时长：	1分28秒

在绘制圆弧的时候，有些绘制出来的结果和用户本人所设想的不一样，这是因为没有弄清楚圆弧的大小和方向。下面通过一个经典例题来进行说明。

Step 01 打开素材文件“第5章/5-12绘制葫芦形体.dwg”，其中绘制了一长度为20的线段，如图5-93所示。

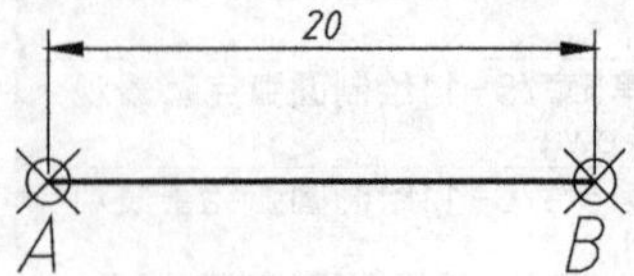

图 5-93 素材图形

Step 02 绘制上圆弧。单击【绘图】面板中【圆弧】按钮的下拉箭头，在下拉列表中选择【起点、端点、半径】选项，接着选择直线的右端点B作为起点、左端点A作为端点，然后输入半径值-22，即可绘制上圆弧，如图5-94所示。

Step 03 绘制下圆弧。单击Enter或空格键，重复执行【起点、端点、半径】绘圆弧命令，接着选择直线的左端点A作为起点，右端点B作为端点，然后输入半径值-44，即可绘制下圆弧，如图5-95所示。

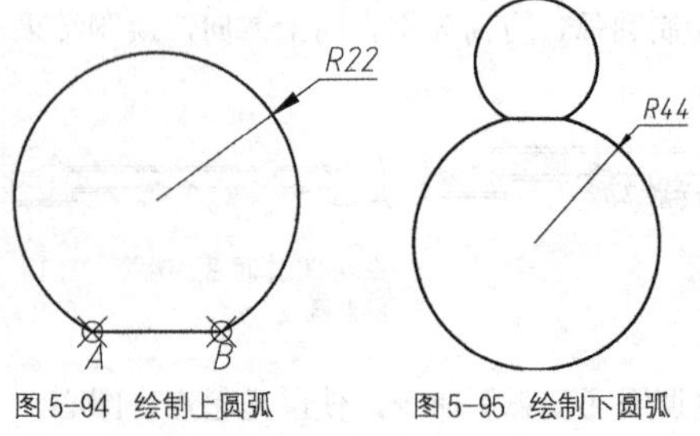

图 5-94 绘制上圆弧　　图 5-95 绘制下圆弧

·初学解答 圆弧的方向与大小

【圆弧】命令是新手最常犯错的命令之一。由于圆弧的绘制方法以及子选项都很丰富，因此初学者在掌握【圆弧】命令的时候容易对概念理解不清楚。如在练习 5-12绘制葫芦形体时，就有两处非常规的地方。

◆为什么绘制上、下圆弧时，起点和端点是互相颠倒的?

◆为什么输入的半径值是负数?

只需弄懂这两个问题，就可以理解大多数的圆弧命令，解释如下。

AutoCAD 中圆弧绘制的默认方向是逆时针方向，因此在绘制上圆弧的时候，如果我们以A 点为起点，B 点为端点，则会绘制出如图 5-96 所示的圆弧（命令行虽然提示按 Ctrl 键反向，但只能外观发现，实际绘制时还是会按原方向处理）。圆弧的默认方向也可以自行修改，具体请参看本书第 3 章的第 3.2.2 节。

根据几何学的知识可知，在半径已知的情况下，弦长对应着两段圆弧：优弧（弧长较长的一段）和劣弧（弧长短的一段）。而在 AutoCAD 中，只有输入负值，才能绘制出优弧，具体关系如图 5-97 所示。

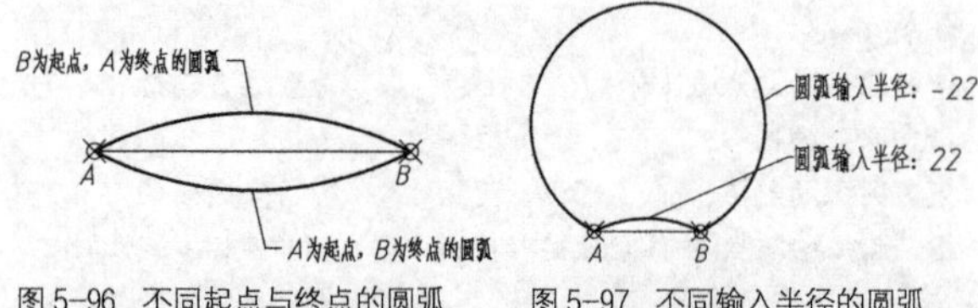

图 5-96 不同起点与终点的圆弧　　图 5-97 不同输入半径的圆弧

知识链接

圆弧的默认方向也可以自行修改，具体请参看第4章的第4.1.3节。

5.3.3 椭圆

椭圆是到两定点（焦点）的距离之和为定值的所有点的集合，与圆相比，椭圆的半径长度不一，形状由定义其长度和宽度的两条轴决定，较长的称为长轴，较短的称为短轴，如图 5-98 所示。在建筑绘图中，很多图形都是椭圆形的，比如地面拼花、室内吊顶造型等，在机械制图中，一般用椭圆来绘制轴测图上的圆。

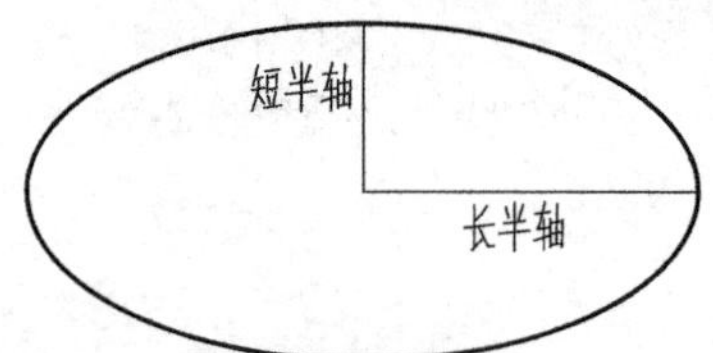

图 5-98 椭圆的长轴和短轴

·执行方式

在 AutoCAD 2016 中启动绘制【椭圆】命令有以下几种常用方法。

◆功能区：单击【绘图】面板中的【椭圆】按钮，即【圆心】或【轴，端点】按钮，如图 5-99 所示。

◆菜单栏：执行【绘图】|【椭圆】命令，如图 5-100 所示。

◆命令行：输入“ELLIPSE”或“EL”命令。

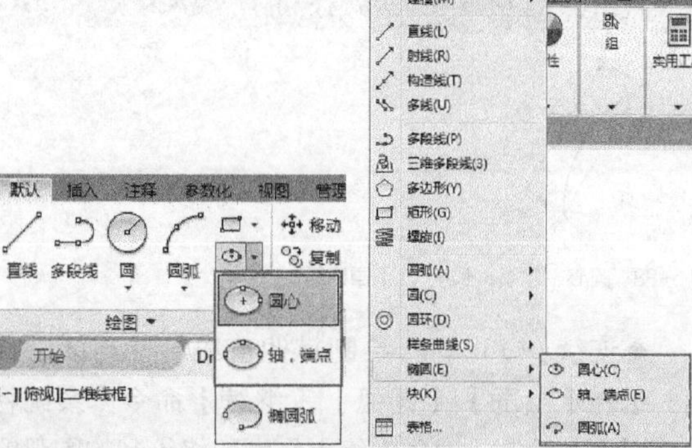

图 5-99【绘图】面板中的【椭圆】按钮　　图 5-100 不同输入半径的圆弧

·操作步骤

命令行提示如下。

```
命令: _ellipse          //执行【椭圆】命令
指定椭圆的轴端点或 [圆弧(A)/中心点(C)]: _c
                        //系统自动选择绘制对象为椭圆
指定椭圆的中心点:       //在绘图区中指定椭圆的中心点
指定轴的端点:           //在绘图区中指定一点
指定另一条半轴长度或 [旋转(R)]:
                        //在绘图区中指定一点或输入数值
```

·选项说明

在【绘图】面板【椭圆】按钮的下拉列表中有【圆心】和【轴，端点】两种方法，各方法含义介绍如下。

◆【圆心】：通过指定椭圆的中心点、一条轴的一个端点及另一条轴的半轴长度来绘制椭圆，如图 5-101 所示。即命令行中的中心点（C）选项。命令行提示如下。

```
命令: _ellipse          //执行【椭圆】命令
指定椭圆的轴端点或 [圆弧(A)/中心点(C)]: _c
                        //系统自动选择椭圆的绘制方法
指定椭圆的中心点:       //指定中心点1
指定轴的端点:           //指定轴端点2
指定另一条半轴长度或 [旋转(R)]:      15↙
                        //输入另一半轴长度
```

◆【轴，端点】：通过指定椭圆一条轴的两个端点及另一条轴的半轴长度来绘制椭圆，如图 5-102 所示。即命令行中的圆弧（A）选项。命令行提示如下。

```
命令: _ellipse                      //执行【椭圆】命令
指定椭圆的轴端点或 [圆弧(A)/中心点(C)]:
                                    //指定点1
指定轴的另一个端点:                 //指定点2
指定另一条半轴长度或 [旋转(R)]: 15↙
                                    //输入另一半轴的长度
```

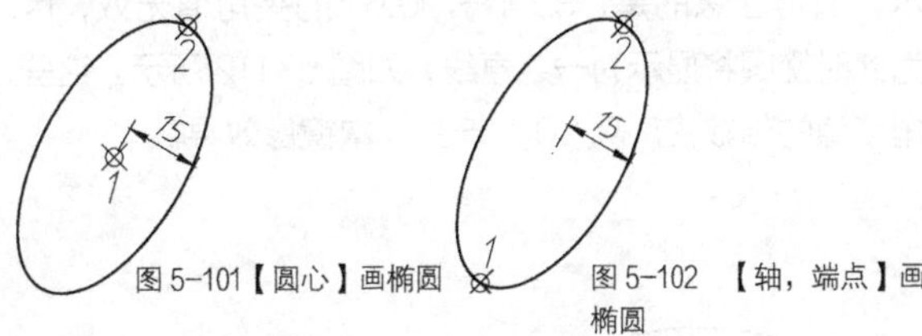

图 5-101【圆心】画椭圆　　图 5-102 【轴，端点】画椭圆

练习 5-13 绘制台盆

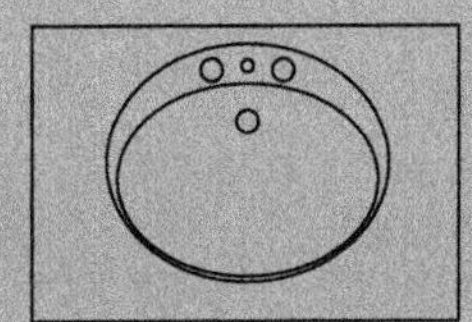

难度：☆☆☆	
素材文件路径：	素材/第5章/5-13绘制台盆.dwg
效果文件路径：	素材/第5章/5-13绘制台盆-OK.dwg
视频文件路径：	视频/第5章/5-13绘制台盆.mp4
播放时长：	3分4秒

台盆是一种洁具，即卫生间内用于洗脸、洗手的瓷盆，如图 5-103 所示。台盆又分为台上盆和台下盆两种，这并非台盆本身的区别，而是安装上的差异。台盆突出台面的叫作台上盆，台盆完全凹陷于台面以下的叫作台下盆。台上盆的安装比较简单，只需按安装图纸在台面预定位置开孔，后将盆放置于孔中，用玻璃胶将缝隙填实即可，使用时台面的水不会顺缝隙下流，又因台上盆可以在造型上做出比较多的变化，所以在风格的选择上余地较大，且装修效果比较理想，所以，在家庭中使用比较多。

台盆的材质多为陶瓷、搪瓷生铁、搪瓷钢板、水磨石等，本例便通过【椭圆】命令绘制一款室内设计常见的台盆图形。

Step 01 单击快速访问工具栏中的【打开】按钮，打开“第5章/5-13绘制台盆.dwg”素材文件，素材文件内已经绘制好了中心线，如图5-104所示。

Step 02 在命令行中输入“EL”（椭圆）命令，绘制洗面台外轮廓，如图5-105所示。命令行提示如下。

```
命令: EL↙      ELLIPSE
                        //调用【椭圆】命令
指定椭圆的轴端点或 [圆弧(A)/中心点(C)]: C↙
                        //以中心点的方式绘制椭圆
指定椭圆的中心点:       //指定中心线交点为椭圆中心点
指定轴的端点:           //指定水平中心线端点为轴的端点
指定另一条半轴长度或 [旋转(R)]:
                        //指定垂直中心线端点来定义另一条半轴
的长度
```

图 5-103 台盆　　图 5-104 素材文件　　图 5-105 创建洗面台外轮廓

Step 03 按空格键重复“EL”（椭圆）命令，细化洗漱台，如图5-106所示。命令行提示如下。

```
命令: ELLIPSE
                        //调用【椭圆】命令
指定椭圆的轴端点或 [圆弧(A)/中心点(C)]:
                        //指定中心线右侧交点为轴端点
指定轴的另一个端点:
                        //指定中心线左侧交点为轴另一个端点
指定另一条半轴长度或 [旋转(R)]:
                        //指定中心线交点为另一条半轴长度
```

Step 04 在【默认】选项卡中，单击【绘图】面板中的【圆】按钮，绘制半径为11的圆，如图5-107所示。

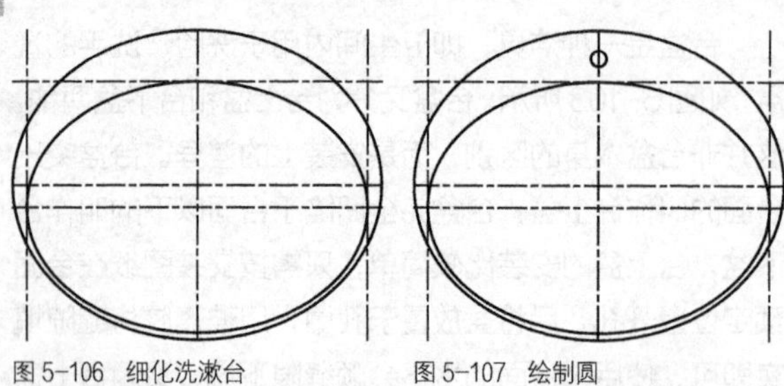

图 5-106　细化洗漱台　　　　图 5-107　绘制圆

Step 05 重复命令操作，绘制3个半径为20mm的圆，结果如图5-108所示。

Step 06 绘制台面。在命令行中输入“REC”（矩形）命令，绘制尺寸为784×521的矩形，并删除辅助线，结果如图5-109所示。

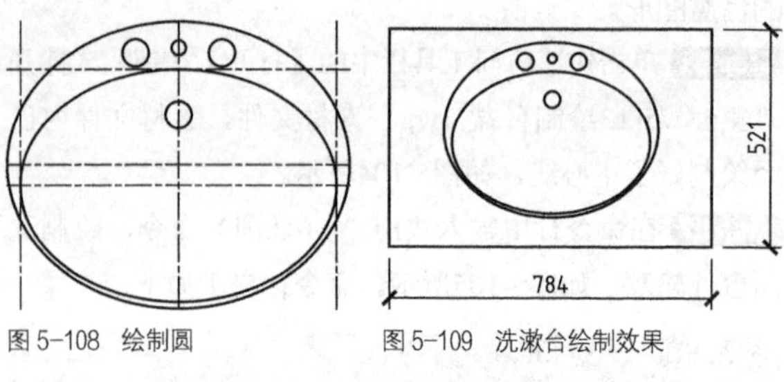

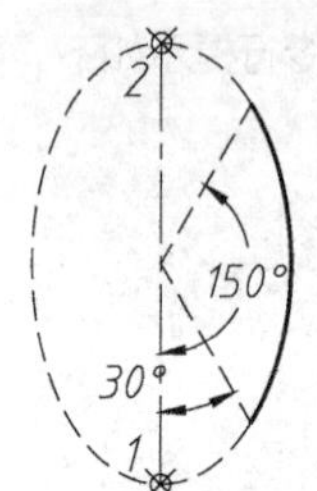

图 5-108　绘制圆　　　　图 5-109　洗漱台绘制效果

5.3.4 椭圆弧

椭圆弧是椭圆的一部分。绘制椭圆弧需要确定的参数有：椭圆弧所在椭圆的两条轴及椭圆弧的起点和终点的角度。

• 执行方式

执行【椭圆弧】命令的方法有以下两种。

◆面板：单击【绘图】面板中的【椭圆弧】按钮。

◆菜单栏：选择【绘图】|【椭圆】|【椭圆弧】命令。

• 操作步骤

命令行提示如下。

```
命令: _ellipse
        //执行【椭圆弧】命令
指定椭圆的轴端点或 [圆弧(A)/中心点(C)]: _a
        //系统自动选择绘制对象为椭圆弧
指定椭圆弧的轴端点或 [中心点(C)]:
        //在绘图区指定椭圆一轴的端点
指定轴的另一个端点:
        //在绘图区指定该轴的另一端点
指定另一条半轴长度或 [旋转(R)]:
        //在绘图区中指定一点或输入数值
指定起点角度或 [参数(P)]:
        //在绘图区中指定一点或输入椭圆弧的起始角度
指定端点角度或 [参数(P)/夹角(I)]:
        //在绘图区中指定一点或输入椭圆弧的终止角度
```

• 选项说明

【椭圆弧】中各选项含义与【椭圆】一致，唯有在指定另一半轴长度后，会提示指定起点角度与端点角度来确定椭圆弧的大小，这时有两种指定方法，即角度（A）和参数（P），分别介绍如下。

◆角度（A）：输入起点与端点角度来确定椭圆弧，角度以椭圆轴中较长的一条来为基准进行确定，如图 5-110 所示。命令行提示如下。

```
命令: _ellipse                          //执行【椭圆】命令
指定椭圆的轴端点或 [圆弧(A)/中心点(C)]: _a
                                        //系统自动选择绘制椭圆弧
指定椭圆弧的轴端点或 [中心点(C)]:
                                        //指定轴端点1
指定轴的另一个端点:                     //指定轴端点2
指定另一条半轴长度或 [旋转(R)]: 6↙
                                        //输入另一半轴长度
指定起点角度或 [参数(P)]: 30↙                 //输入起始角度
指定端点角度或 [参数(P)/夹角(I)]: 150↙  //输入终止角度
```

图 5-110　角度（A）绘制椭圆弧

◆参数（P）：用参数化矢量方程式（$p(n)=c+a\times\cos(n)+b\times\sin(n)$，式中，$n$ 是用户输入的参数；c 是椭圆弧的半焦距；a 和 b 分别是椭圆长轴与短轴的半轴长。）定义椭圆弧的端点角度。使用起点参数选项可以从角度模式切换到参数模式。模式用于控制计算椭圆的方法。

◆夹角（I）：指定椭圆弧的起点角度后，可选择该选项，然后输入夹角角度来确定圆弧，如图 5-111 所示。值得注意的是，89.4°~90.6° 的夹角值无效，因为此时椭圆将显示为一条直线，如图 5-112 所示。这些角度值的倍数将每隔 90° 产生一次镜像效果。

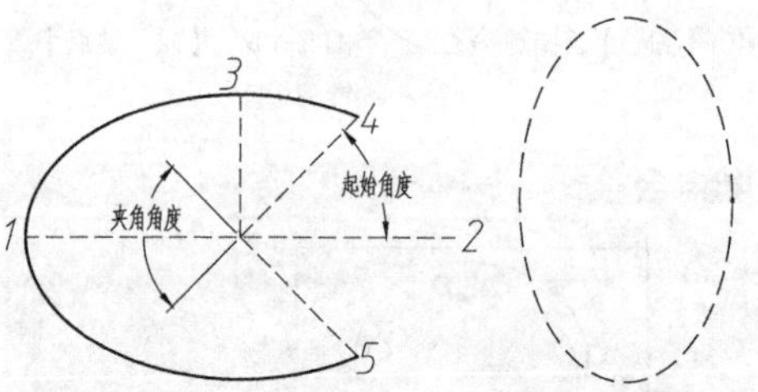

图 5-111 夹角（I）绘制椭圆弧　　图 5-112 89.4°~90.6° 的夹角不显示椭圆弧

操作技巧

椭圆弧的起始角度从长轴开始计算。

5.3.5 圆环 ★进阶★

圆环是由同一圆心、不同直径的两个同心圆组成的，控制圆环的参数是圆心、内直径和外直径。圆环可分为填充环（两个圆形中间的面积填充，可用于绘制电路图中的各接点）和实体填充圆（圆环的内直径为 0，可用于绘制各种标识 099）。圆环的典型示例如图 5-113 所示。

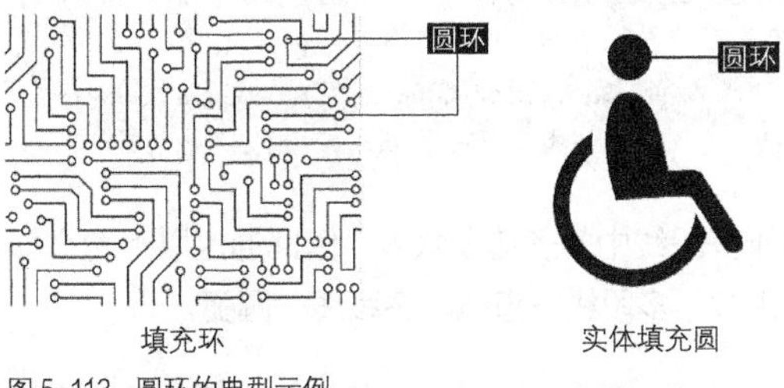

图 5-113 圆环的典型示例

•执行方式

执行【圆环】命令的方法有以下 3 种。

◆功能区：在【默认】选项卡中，单击【绘图】面板中的【圆环】按钮◎。

◆菜单栏：选择【绘图】|【圆环】菜单命令。

◆命令行：输入“DONUT”或“DO”命令。

•操作步骤

命令行提示如下。

```
命令: _donut                          //执行【圆环】命令
指定圆环的内径 <0.5000>:10↙ //指定圆环内径
指定圆环的外径 <1.0000>:20↙ //指定圆环外径
指定圆环的中心点或 <退出>: //在绘图区中指定一点放置圆环，放置位置为圆心
指定圆环的中心点或 <退出>: *取消*
                                      //按Esc键退出圆环命令
```

•选项说明

在绘制圆环时，命令行提示指定圆环的内径和外径，正常圆环的内径小于外径，且内径不为零，则效果如图 5-114 所示；若圆环的内径为 0，则圆环为一黑色实心圆，如图 5-115 所示；如果圆环的内径与外径相等，则圆环就是一个普通圆，如图 5-116 所示。

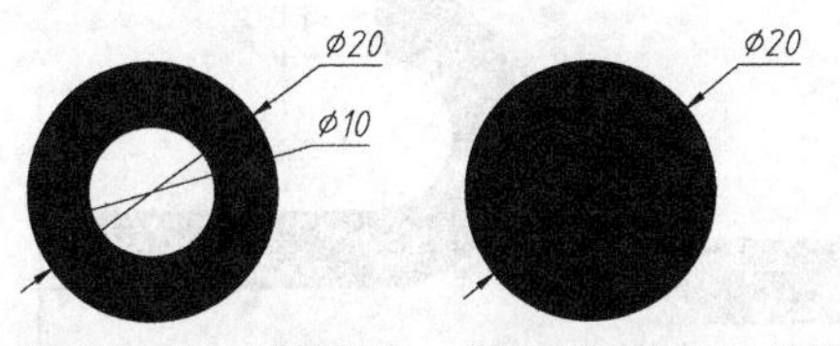

图 5-114 内、外径不相等 图 5-115 内径为 0，外径为 20

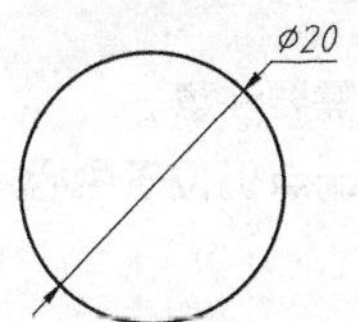

图 5-116 内径与外径均为 20

练习 5-14 绘制圆环完善电路图

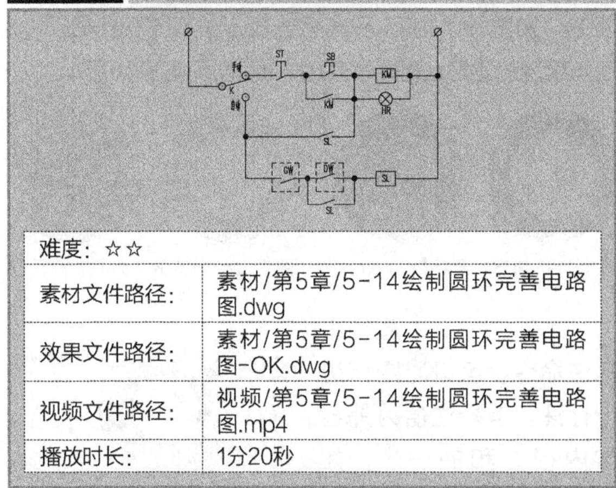

难度：☆☆	
素材文件路径：	素材/第5章/5-14绘制圆环完善电路图.dwg
效果文件路径：	素材/第5章/5-14绘制圆环完善电路图-OK.dwg
视频文件路径：	视频/第5章/5-14绘制圆环完善电路图.mp4
播放时长：	1分20秒

使用【圆环】命令可以快速创建大量实心或空心圆，因此在绘制电路图时，使用较【圆】命令要方便快捷。本例即通过【圆环】命令来完善某液位自动控制器的电路图。

Step 01 单击快速访问工具栏中的【打开】按钮，打开“第5章/5-14绘制圆环完善电路图.dwg”素材文件，素材文件内已经绘制好了一完整的电路图，如图5-117所示。

Step 02 设置圆环参数。在【默认】选项卡中，单击【绘图】面板中的【圆环】按钮◎，指定圆环的内径为0，外径为4，然后在各线交点处绘制圆环，命令行操作如下，结果如图5-118所示。

```
命令: DONUT                         //执行【圆环】命令
指定圆环的内径 <0.5000>: 0↙ //输入圆环的内径
指定圆环的外径 <1.0000>: 4↙ //输入圆环的外径
指定圆环的中心点或 <退出>:    //在交点处放置圆环
......
指定圆环的中心点或 <退出>:↙ //按Enter键结束放置
```

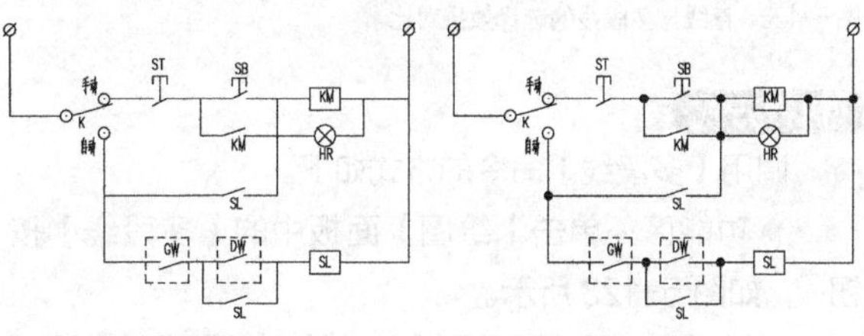

图 5-117 素材图形 图 5-118 电路图效果

•初学解答 圆环的显示效果

AutoCAD 默认情况下，所绘制的圆环为填充的实心图形。如果在绘制圆环之前在命令行中输入“FILL”，则可以控制圆环和圆的填充可见性。执行 FILL 命令后，命令行提示如下。

```
命令: FILL↙
输入模式[开(ON)][关(OFF)]<开>:
                    //输入ON或者OFF来选择填充效果的开、关
```

选择【开(ON)】模式，表示绘制的圆环和圆都会填充，如图5-119所示；而选择【关(OFF)】模式，表示绘制的圆环和圆不予填充，如图5-120所示。

图5-119 填充效果为【开(ON)】

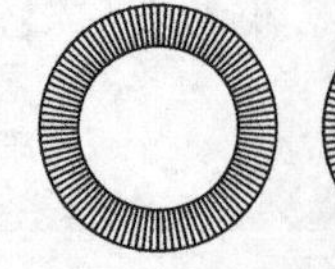
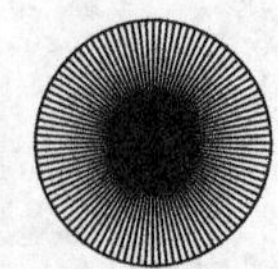

图5-120 填充效果为【关(OFF)】

此外，执行【直径】标注命令，可以对圆环进行标注。但标注值为外径与内径之和的一半，如图5-121所示。

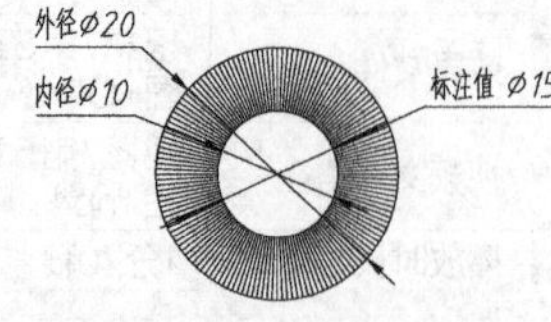

图5-121 圆环对象的标注值

5.4 多段线

多段线又称为多义线，是AutoCAD中常用的一类复合图形对象。由多段线所构成的图形是一个整体，可以统一对其进行编辑修改。

5.4.1 多段线概述

使用【多段线】命令可以生成由若干条直线和圆弧首尾连接形成的复合线实体。所谓复合对象，是指图形的所有组成部分均为一整体，单击时会选择整个图形，不能进行选择性编辑。直线与多段线的选择效果对比如图5-122所示。

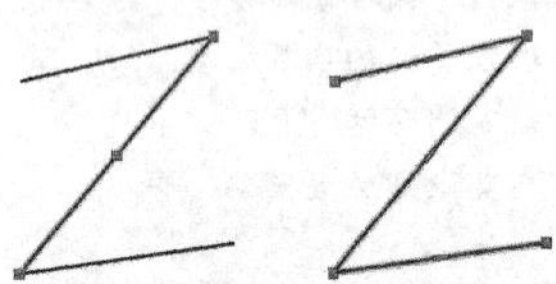

直线选择效果　多段线选择效果

图5-122 直线与多段线的选择效果对比

·执行方式

调用【多段线】命令的方式如下。

◆功能区：单击【绘图】面板中的【多段线】按钮，如图5-123所示。

◆菜单栏：调用【绘图】|【多段线】菜单命令，如图5-124所示。

◆命令行：输入“PLINE”或“PL”命令。

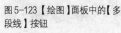

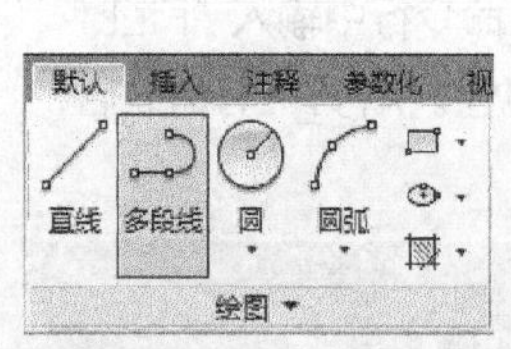

图5-123【绘图】面板中的【多段线】按钮

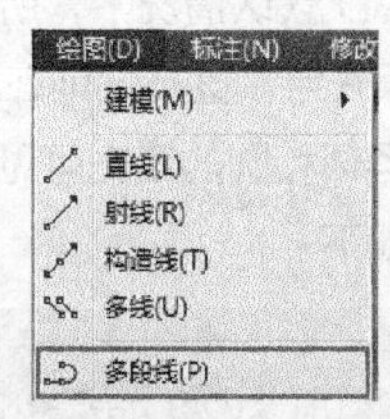

图5-124【多段线】菜单命令

·操作步骤

命令行提示如下。

```
命令: _pline            //执行【多段线】命令
指定起点:               //在绘图区中任意指定一点为起点，有临时的加号标记显示
当前线宽为 0.0000       //显示当前线宽
指定下一个点或 [圆弧(A)/半宽(H)/长度(L)/放弃(U)/宽度(W)]:
                        //指定多段线的端点
指定下一点或 [圆弧(A)/闭合(C)/半宽(H)/长度(L)/放弃(U)/宽度(W)]:        //指定下一段多段线的端点
指定下一点或 [圆弧(A)/闭合(C)/半宽(H)/长度(L)/放弃(U)/宽度(W)]:        //指定下一端点或按Enter键结束
```

由于多段线中各子选项众多，因此通过以下两个部分进行讲解：多段线—直线、多段线—圆弧。

5.4.2 多段线-直线

在执行多段线命令时，选择直线（L）子选项后便开始创建直线，是默认的选项。若要开始绘制圆弧，可选择圆弧（A）选项。直线状态下的多段线，除长度（L）子选项之外，其余皆为通用选项，其含义效果分别介绍如下。

◆闭合（C）：该选项含义同【直线】命令中的一致，可连接第一条和最后一条线段，以创建闭合的多段线。

◆半宽（H）：指定从宽线段的中心到一条边的宽度。选择该选项后，命令行提示用户分别输入起点与端点的半宽值，而起点宽度将成为默认的端点宽度，如图5-125所示。

◆长度（L）：按照与上一线段相同的角度、方向创建指定长度的线段。如果上一线段是圆弧，将创建与该圆弧段相切的新直线段。

◆宽度（W）：设置多段线起始与结束的宽度值。择该选项后，命令行提示用户分别输入起点与端点的宽度值，而起点宽度将成为默认的端点宽度，如图5-126所示。

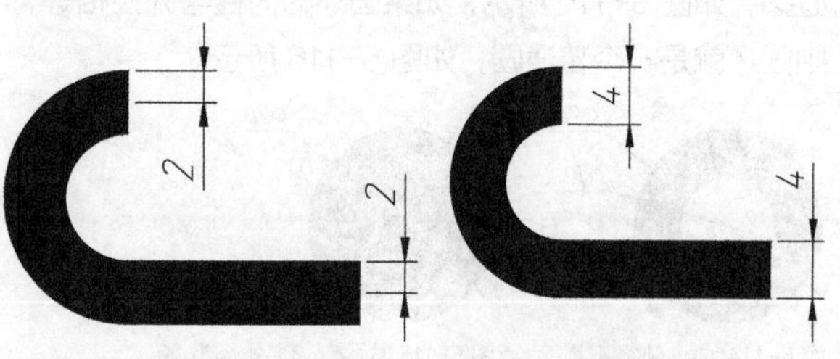

图5-125 半宽为2示例　图5-126 宽度为4示例

为多段线指定宽度后，有如下几点需要注意。

◆带有宽度的多段线，其起点与端点仍位于中心处，如图5-127所示。

◆一般情况下，带有宽度的多段线在转折角处会自动相连，如图 5-128 所示；但在圆弧段互不相切、有非常尖锐的角（小于 29°）或者使用点画线线型的情况下将不倒角，如图 5-129 所示。

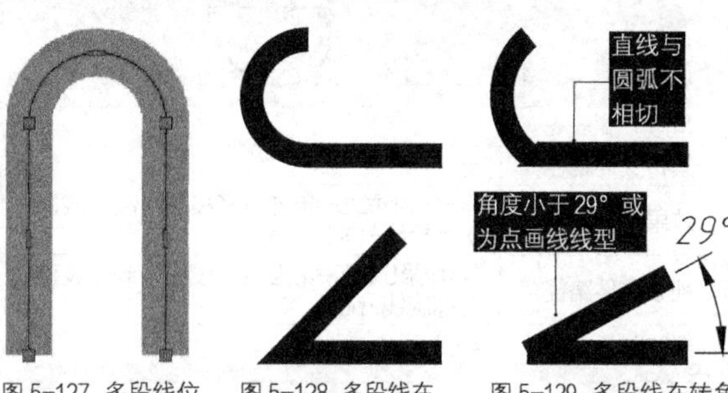

图 5-127 多段线位于宽度效果的中点　图 5-128 多段线在转角处自动相连　图 5-129 多段线在转角处不相连的情况

练习 5-15 指定多段线宽度绘制图形

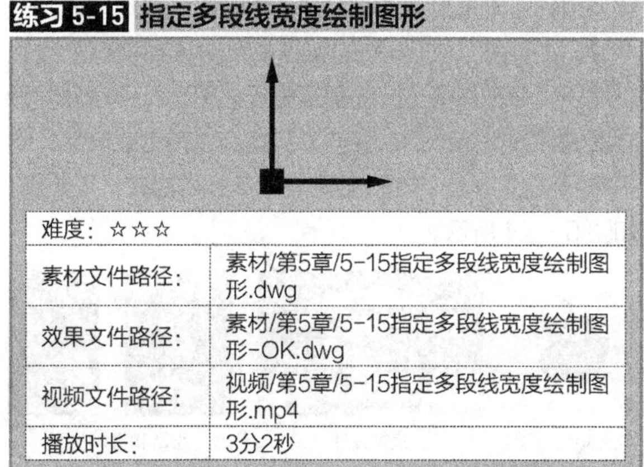

难度：☆☆☆	
素材文件路径：	素材/第5章/5-15指定多段线宽度绘制图形.dwg
效果文件路径：	素材/第5章/5-15指定多段线宽度绘制图形-OK.dwg
视频文件路径：	视频/第5章/5-15指定多段线宽度绘制图形.mp4
播放时长：	3分2秒

多段线的使用虽不及直线、圆频繁，但却可以通过指定宽度来绘制出许多独特的图形，如各种标识箭头。本例便通过灵活定义多段线的线宽来一次性绘制坐标系箭头图形。

Step 01 打开“第5章/5-15指定多段线宽度绘制图形.dwg”素材文件，其中已经绘制好了两段直线，如图5-130所示。

Step 02 绘制Y轴方向箭头。单击【绘图】面板中的【多段线】按钮，指定竖直直线的上方端点为起点，然后在命令行中输入“W”，进入【宽度】选项，指定起点宽度为0、端点宽度为5，向下绘制一段长度为10的多段线，如图5-131所示。

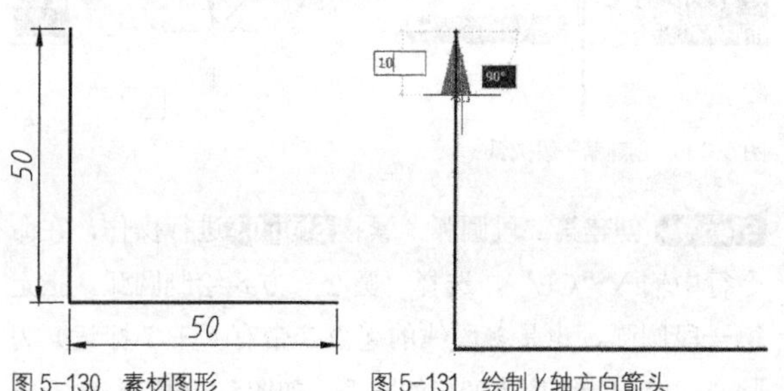

图 5-130 素材图形　图 5-131 绘制 Y 轴方向箭头

Step 03 绘制Y轴连接线。箭头绘制完毕后，再次从命令行中输入“W”，指定起点宽度为2,、端点宽度为2，向下绘制一段长度为35的多段线，如图5-132所示。

Step 04 绘制基点方框。连接线绘制完毕后，再输入“W”，指定起点宽度为10、端点宽度为10，向下绘制一段多段线至直线交点，如图5-133所示。

Step 05 保持线宽不变，向右移动光标，绘制一段长度为5的多段线，效果如图5-134所示。

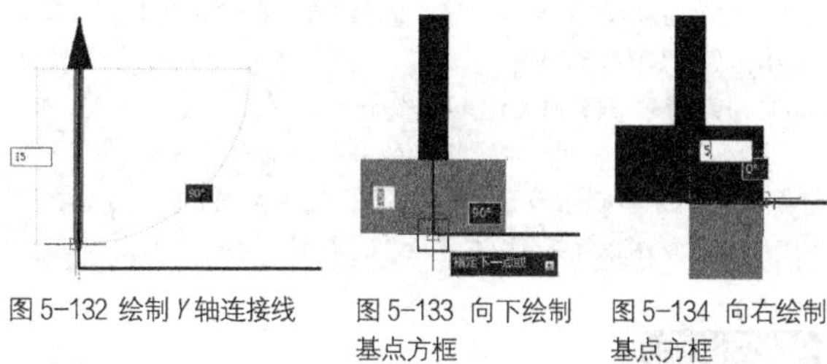

图 5-132 绘制 Y 轴连接线　图 5-133 向下绘制基点方框　图 5-134 向右绘制基点方框

Step 06 绘制X轴连接线。指定起点宽度为2、端点宽度为2，向右绘制一段长度为35的多段线，如图5-135所示。

Step 07 绘制X轴箭头。按之前的方法，绘制X轴右侧的箭头，起点宽度为5、端点宽度为0，如图5-136所示。

Step 08 单击Enter键，退出多段线的绘制，坐标系箭头标识绘制完成，如图5-137所示。

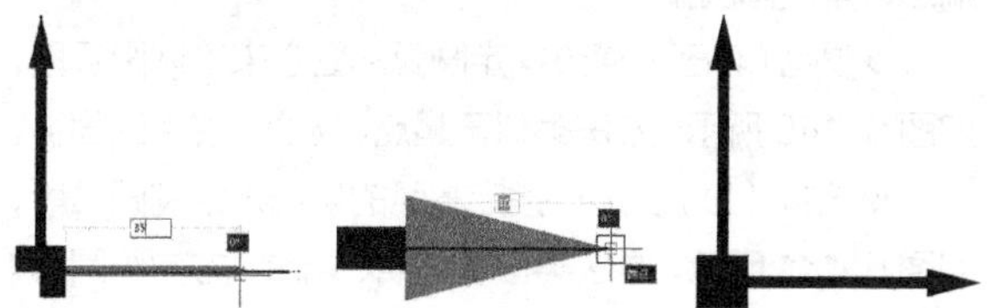

图 5-135 绘制 X 轴连接线　图 5-136 绘制 X 轴箭头　图 5-137 图形效果

操作技巧

在多段线绘制过程中，可能预览图形不会及时显示出带有宽度的转角效果，让用户误以为绘制出错。而其实只要单击Enter键完成多段线的绘制，便会自动为多段线添加转角处的平滑效果。

5.4.3 多段线－圆弧

在执行多段线命令时，选择圆弧（A）子选项后便开始创建与上一线段（或圆弧）相切的圆弧段，如图 5-138 所示。若要重新绘制直线，可选择直线（L）选项。

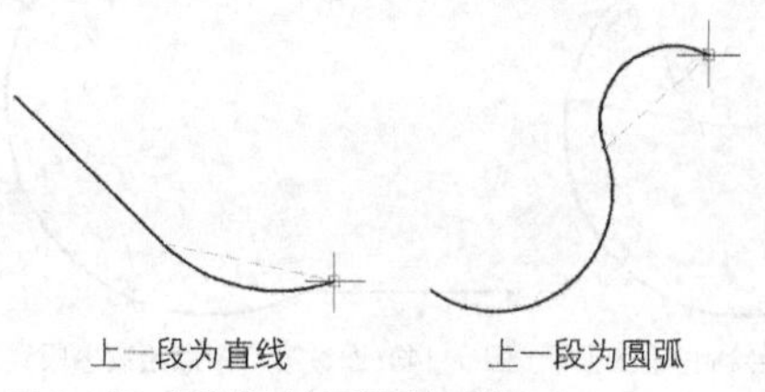

图 5-138 多段线创建圆弧时自动相切

• 操作步骤

命令行提示如下。

```
命令: _pline            //执行【多段线】命令
指定起点:               //在绘图区中任意指定一点为起点
当前线宽为 0.0000
指定下一个点或 [圆弧(A)/半宽(H)/长度(L)/放弃(U)/宽度(W)]:
A↙                      //选择圆弧子选项
指定圆弧的端点(按住 Ctrl 键以切换方向)或
                        //指定圆弧的一个端点
[角度(A)/圆心(CE)/方向(D)/半宽(H)/直线(L)/半径(R)/第二个
点(S)/放弃(U)/宽度(W)]:
指定圆弧的端点(按住 Ctrl 键以切换方向)或
                        //指定圆弧的另一个端点
[角度(A)/圆心(CE)/闭合(CL)/方向(D)/半宽(H)/直线(L)/半径
(R)/第二个点(S)/放弃(U)/宽度(W)]: *取消
```

• 选项说明

根据上面的命令行操作过程可知，在执行圆弧（A）子选项下的【多段线】命令时，会出现 9 种子选项，这里主要介绍 6 种，各选项含义部分介绍如下。

◆ 角度（A）：指定圆弧段的从起点开始的包含角，如图 5-139 所示。输入正数将按逆时针方向创建圆弧段。输入负数将按顺时针方向创建圆弧段。方法类似于起点、端点、角度画圆弧。

◆ 圆心（CE）：通过指定圆弧的圆心来绘制圆弧段，如图 5-140 所示。方法类似于起点、圆心、端点画圆弧。

◆ 方向（D）：通过指定圆弧的切线来绘制圆弧段，如图 5-141 所示。方法类似于起点、端点、方向画圆弧。

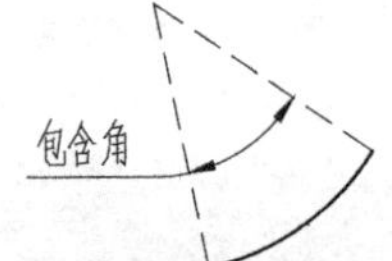

图 5-139 通过角度绘制多段线圆弧

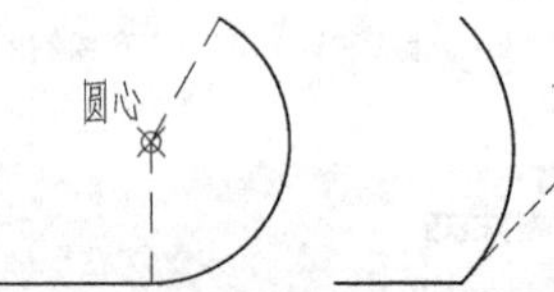

图 5-140 通过圆心绘制多段线圆弧

图 5-141 通过切线绘制多段线圆弧

◆ 直线（L）：从绘制圆弧切换到绘制直线。

◆ 半径（R）：通过指定圆弧的半径来绘制圆弧，如图 5-142 所示。方法类似于起点、端点、半径画圆弧。

◆ 第二个点（S）：通过指定圆弧上的第二点和端点来进行绘制，如图 5-143 所示。方法类似于三点画圆弧。

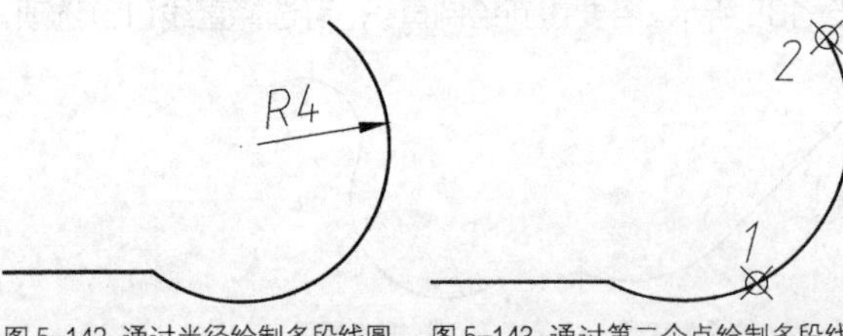

图 5-142 通过半径绘制多段线圆弧

图 5-143 通过第二个点绘制多段线圆弧

练习 5-16 通过多段线绘制斐波那契螺旋线

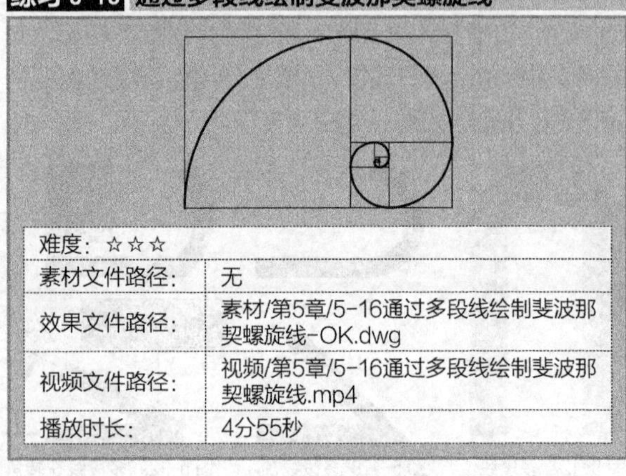

难度：☆☆☆	
素材文件路径：	无
效果文件路径：	素材/第5章/5-16通过多段线绘制斐波那契螺旋线-OK.dwg
视频文件路径：	视频/第5章/5-16通过多段线绘制斐波那契螺旋线.mp4
播放时长：	4分55秒

斐波那契螺旋线，也称“黄金螺旋”，以斐波那契数为边的正方形拼成的长方形，然后在正方形里面画一个 90° 的扇形，连起来的弧线就是斐波那契螺旋线。自然界中存在许多斐波那契螺旋线的图案，是自然界最完美的经典黄金比例。斐波那契螺旋线在工业产品、电子产品、建筑设计、绘画、摄影等诸多领域都有广泛应用，如图 5-144 所示。

产品 logo 设计　　建筑设计　　绘画和摄影构图

图 5-144 斐波那契螺旋线的应用

由于【多段线】中的圆弧命令有自动相切的特性，因此可以快速绘制出斐波那契螺旋线，具体步骤介绍如下。

Step 01 新建空白文档。

Step 02 在默认选项卡中单击【绘图】面板上的【多段线】按钮，任意指定一点为起点。

Step 03 创建第一段圆弧。在命令行中输入“A”，进入圆弧绘制方法，再输入“D”，选择通过“方向”来绘制圆弧。接着沿正上方指定一点为圆弧切向方向，然后水平向右移动光标，绘制一段距离为2的圆弧，如图5-145所示。

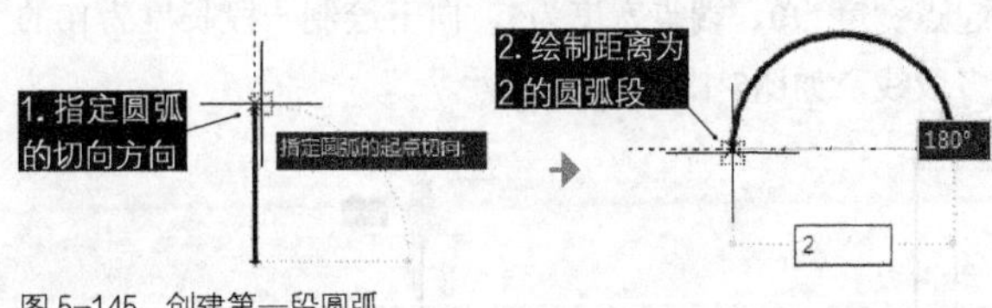

图 5-145 创建第一段圆弧

Step 04 创建第二段圆弧。紧接 **Step 03** 进行操作，在命令行中输入“CE”，选择“圆心”方式绘制圆弧。指定第一段圆弧、也是多段线的起点（带有“+”标记）为圆心，绘制一跨度为90° 的圆弧，如图5-146所示。

Step 05 创建第三段圆弧。接**Step 04**进行操作，在命令行中输入“R”，选择“半径”方式绘制圆弧。根据斐波那契数列规律可知，第三段圆弧半径为4，然后指定角度为90°，如图5-147所示。

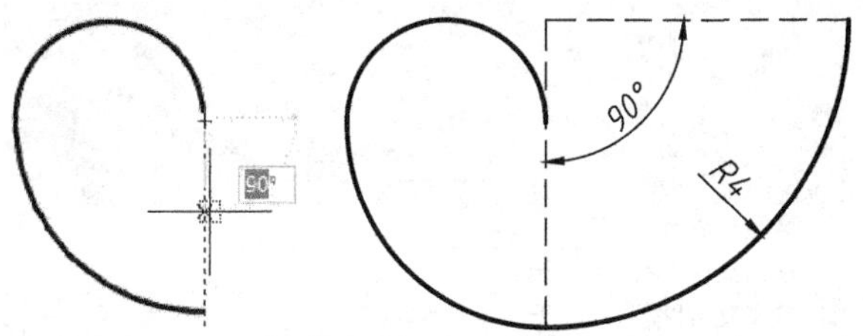

图 5-146 创建第二段圆弧　图 5-147 创建第三段圆弧

Step 06 创建第四段圆弧。紧接**Step 05**进行操作，在命令行中输入“A”，选择“角度”方式绘制圆弧。输入夹角为90°，然后指定半径为6，效果如图5-148所示。

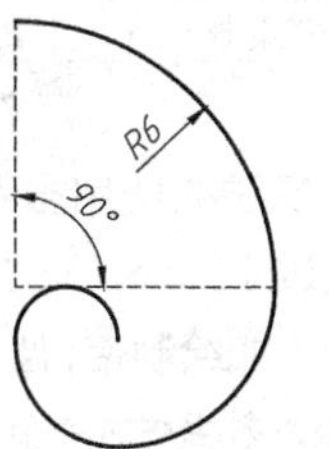

图 5-148 创建第三段圆弧

Step 07 创建第五段圆弧。再次输入“R”，选择“半径”方式绘制圆弧。指定半径为10，角度为90°，得到第五段圆弧，如图5-149所示。

Step 08 按相同方法，绘制其余段圆弧，即可得到斐波那契螺旋线，如图5-150所示。

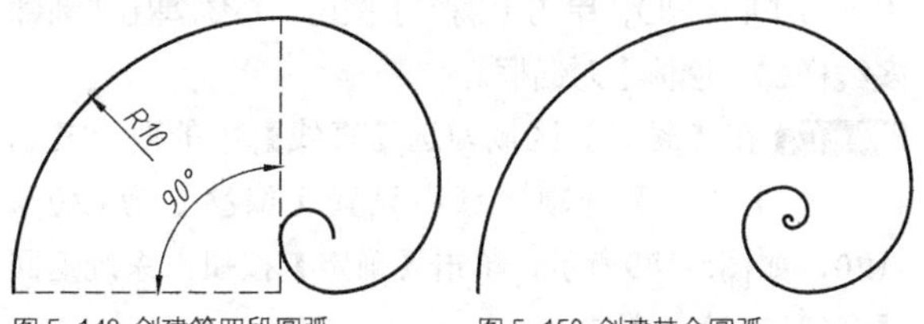

图 5-149 创建第四段圆弧　图 5-150 创建其余圆弧

5.5 多线

多线是一种由多条平行线组成的组合图形对象，它可以由1~16条平行直线组成。多线在实际工程设计中的应用非常广泛，如建筑平面图中绘制墙体，规划设计中绘制道路，机械设计中绘制键、管道工程设计中绘制管道剖面等，如图 5-151 所示。

5.5.1 多线概述

使用【多线】命令可以快速生成大量平行直线，多线同多段线一样，也是复合对象，绘制的每一条多线都是一个完整的整体，不能对其进行偏移、延伸、修剪等编辑操作，只能将其分解为多条直线后才能编辑各种多线效果。

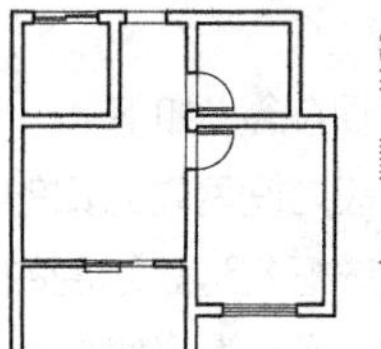
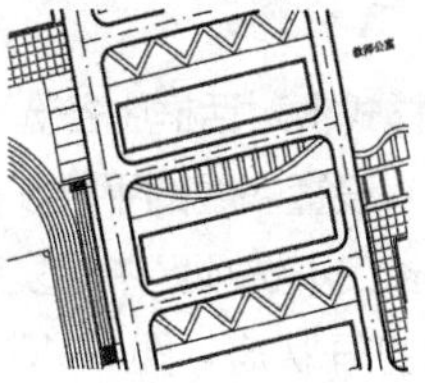
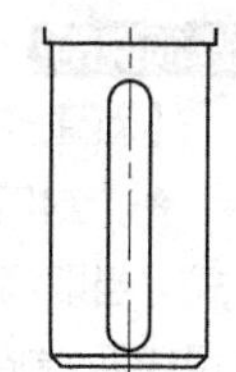

建筑平面图中的墙体　规划设计中的道路　机械设计中的键

图 5-151　各行业中的多线应用

【多线】的操作步骤与【多段线】类似，稍有不同的是【多线】需要在绘制前设置好样式与其他参数，开始绘制后便不能再随意更改。而【多段线】在一开始并不需做任何设置，而在绘制的过程中可以根据众多的子选项随时进行调整。

5.5.2 设置多线样式

系统默认的STANDARD样式由两条平行线组成，并且平行线的间距是定值。如果要绘制不同规格和样式的多线（带封口或更多数量的平行线），就需要设置多线的样式。

•执行方式

执行【多线样式】命令的方法有以下几种。

◆菜单栏：选择【格式】|【多线样式】命令。

◆命令行：输入“MLSTYLE”命令。

•操作步骤

使用上述方法打开【多线样式】对话框，其中可以新建、修改或者加载多线样式，如图 5-152 所示；单击其中的【新建】按钮，可以打开【创建新的多线样式】对话框，然后定义新多线样式的名称（如平键），如图 5-153 所示。

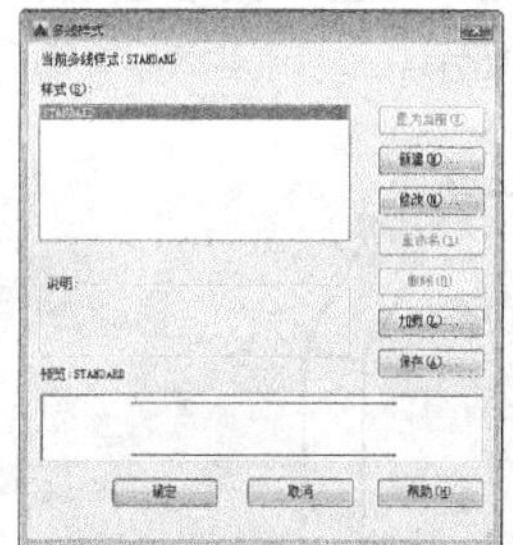

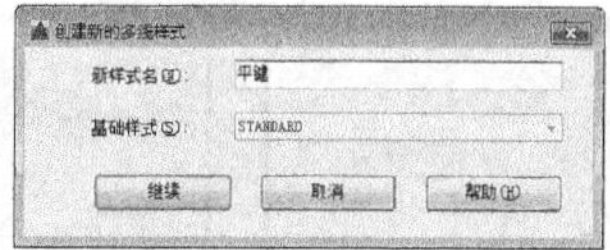

图 5-152【多线样式】对话框　图 5-153【创建新的多线样式】对话框

接着单击【继续】按钮，便打开【新建多线样式 - 平键】对话框，可以在其中设置多线的各种特性，如图 5-154 所示。

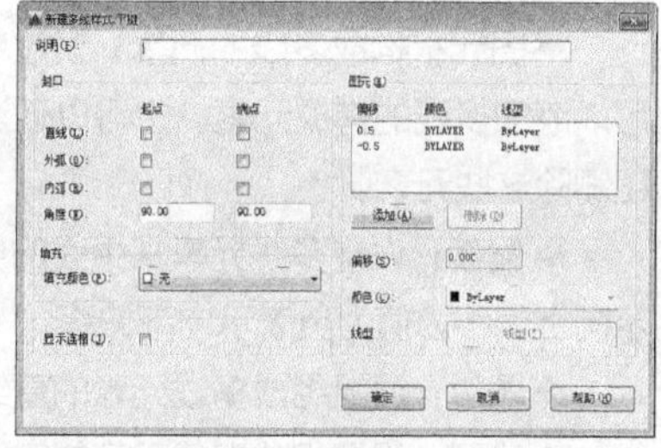

图 5-154 【新建多线样式 - 平键】对话框

·选项说明

【新建多线样式】对话框中各选项的含义如下。

◆【封口】：设置多线的平行线段之间两端封口的样式。当取消【封口】选项区中的复选框勾选，绘制的多段线两端将呈打开状态，图 5-155 所示为多线的各种封口形式。

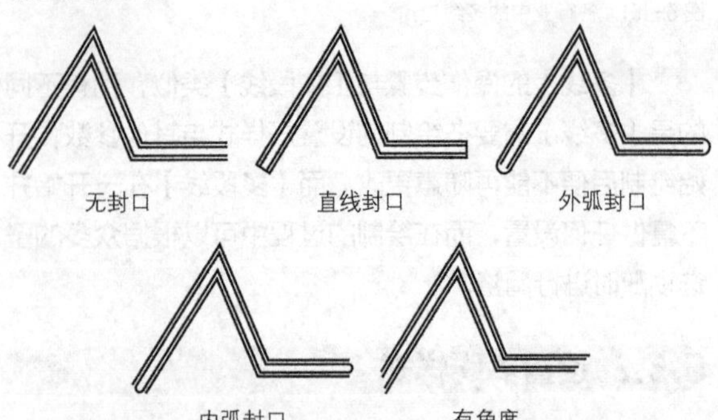

图 5-155 多线的各种封口形式

◆【填充颜色】下拉列表：设置封闭的多线内的填充颜色，选择【无】选项，表示使用透明颜色填充，如图 5-156 所示。

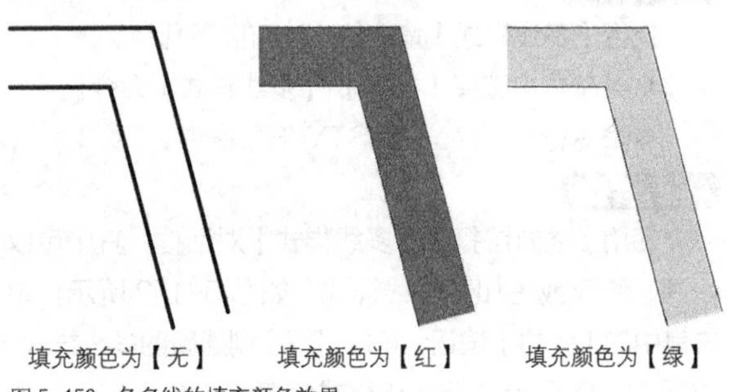

图 5-156 各多线的填充颜色效果

◆【显示连接】复选框：显示或隐藏每条多线段顶点处的连接，效果如图 5-157 所示。

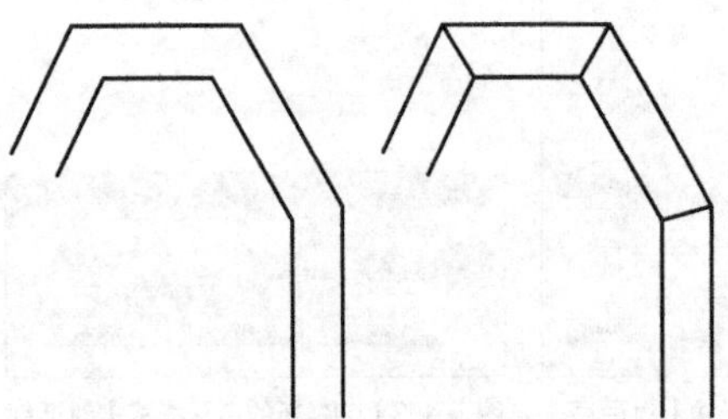

图 5-157 【显示连接】复选框效果

◆图元：构成多线的元素，通过单击【添加】按钮可以添加多线的构成元素，也可以通过单击【删除】按钮删除这些元素。

◆偏移：设置多线元素从中线的偏移值，值为正表示向上偏移，值为负表示向下偏移。

◆颜色：设置组成多线元素的直线线条颜色。

◆线型：设置组成多线元素的直线线条线型。

练习 5-17 创建墙体多线样式

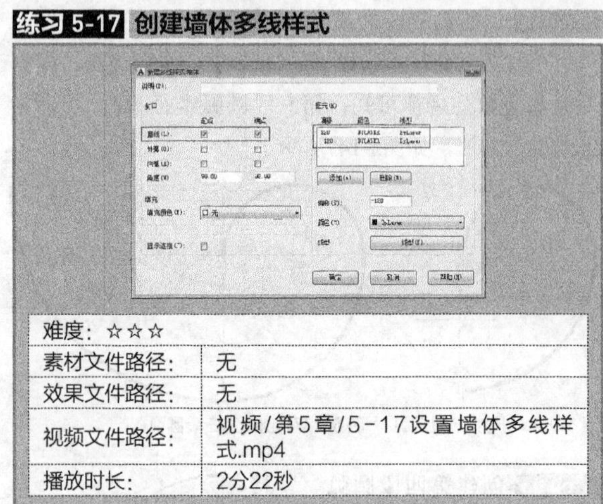

难度：☆☆☆	
素材文件路径：	无
效果文件路径：	无
视频文件路径：	视频/第5章/5-17设置墙体多线样式.mp4
播放时长：	2分22秒

多线的使用虽然方便，但是默认的 STANDARD 样式过于简单，无法用来应对现实工作中所遇到的各种问题（如绘制带有封口的墙体线）。这时就可以通过创建新的多线样式来解决，具体步骤如下。

Step 01 单击快速访问工具栏中的【新建】按钮，新建空白文件。

Step 02 在命令行中输入“MLSTYLE”并按Enter键，系统弹出【多线样式】对话框，如图5-158所示。

Step 03 单击【新建】按钮，系统弹出【创建新的多线样式】对话框，新建新样式名为墙体，基础样式为 STANDARD，单击【确定】按钮，系统弹出【新建多线样式－墙体】对话框。

Step 04 在【封口】区域勾选【直线】中的两个复选框、在【图元】选项区域中设置【偏移】为120与-120，如图5-159所示，单击【确定】按钮，系统返回【多线样式】对话框。

Step 05 单击【置为当前】按钮，单击【确定】按钮，关闭对话框，完成墙体多线样式的设置。单击快速访问工具栏中的【保存】按钮，保存文件。

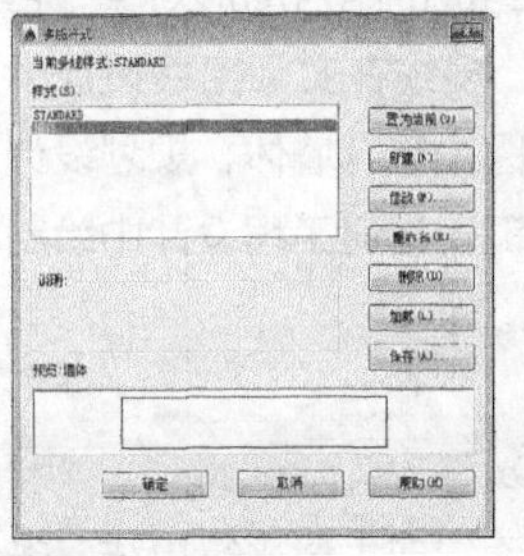

图 5-158 【多线样式】对话框

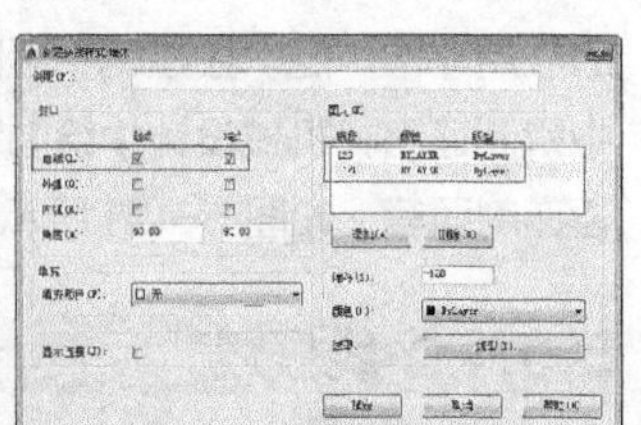

图 5-159 设置封口和偏移值

5.5.3 绘制多线

·执行方式

在 AutoCAD 中执行【多线】命令的方法不多，只有以下两种。不过用户也可以通过第 1 章的【练习 1-4】

来向功能区中添加【多线】按钮。

◆菜单栏：选择【绘图】|【多线】命令。

◆命令行：输入“MLINE”或“ML”命令。

·操作步骤

命令行提示如下。

```
命令: _mline           //执行【多线】命令
当前设置: 对正 = 上，比例 = 20.00，样式 = STANDARD
                       //显示当前的多线设置
指定起点或 [对正(J)/比例(S)/样式(ST)]:
                       //指定多线起点或修改多线设置
指定下一点:            //指定多线的端点
指定下一点或 [放弃(U)]:
                       //指定下一段多线的端点
指定下一点或 [闭合(C)/放弃(U)]:
                       //指定下一段多线的端点或按Enter键结束
```

·选项说明

执行【多线】的过程中，命令行会出现3种设置类型：对正（J）、比例（S）、样式（ST），分别介绍如下。

◆对正（J）：设置绘制多线时相对于输入点的偏移位置。该选项有【上】、【无】和【下】3个选项，【上】表示多线顶端的线随着光标移动；【无】表示多线的中心线随着光标移动；【下】表示多线底端的线随着光标移动，如图 5-160 所示。

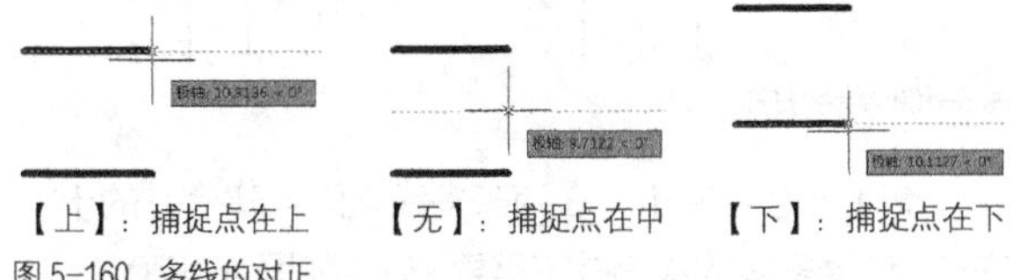

【上】：捕捉点在上　【无】：捕捉点在中　【下】：捕捉点在下

图 5-160　多线的对正

◆比例（S）：设置多线样式中多线的宽度比例，可以快速定义多线的间隔宽度，如图 5-161 所示。

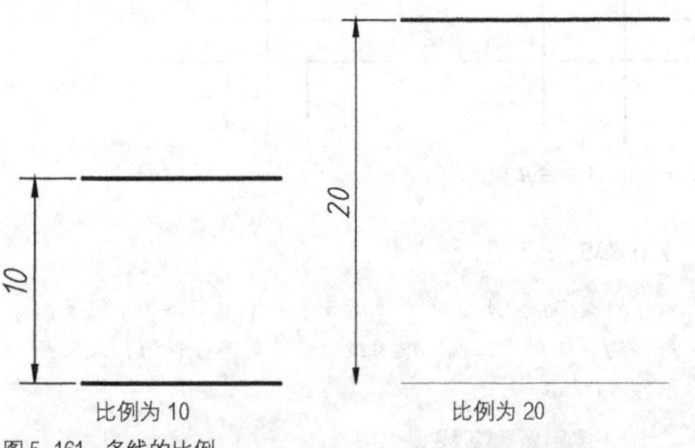

比例为 10　比例为 20

图 5-161　多线的比例

◆样式（ST）：设置绘制多线时使用的样式，默认的多线样式为 STANDARD，选择该选项后，可以在提示信息“输入多线样式”或“？”后面输入已定义的样式名。输入“？”则会列出当前图形中所有的多线样式。

练习 5-18 绘制墙体

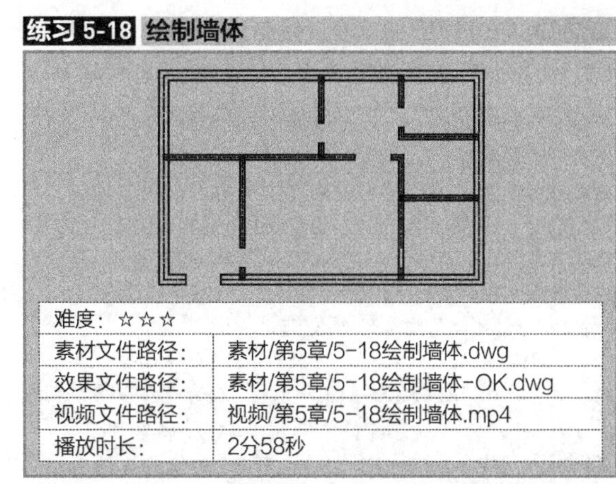

难度：☆☆☆	
素材文件路径：	素材/第5章/5-18绘制墙体.dwg
效果文件路径：	素材/第5章/5-18绘制墙体-OK.dwg
视频文件路径：	视频/第5章/5-18绘制墙体.mp4
播放时长：	2分58秒

【多线】可一次性绘制出大量平行线的特性，非常适合于用来绘制室内、建筑平面图中的墙体。本例便根据【练习 5-17】中已经设置好的墙体多线样式来进行绘图。

Step 01 单击快速访问工具栏中的【打开】按钮，打开“第5章/5-18 绘制墙体.dwg”文件，如图5-162所示。

Step 02 创建墙体多线样式。按【练习5-17】的方法创建墙体多线样式，如图5-163所示。

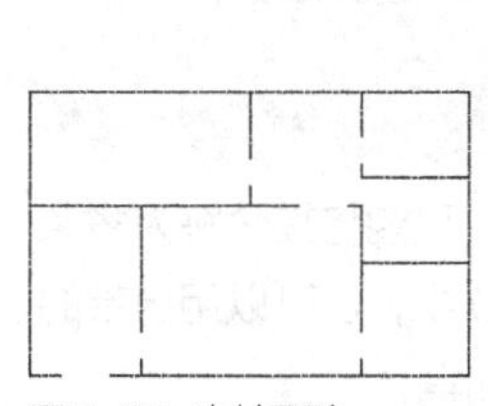

图 5-162　素材图形　　图 5-163　创建墙体多线样式

Step 03 在命令行中输入“ML”，调用【多线】命令，绘制如图5-164所示墙体，命令行提示如下。

```
命令: _mline          //调用【多线】命令
当前设置: 对正 = 上，比例 = 20.00，样式 = 墙体
指定起点或 [对正(J)/比例(S)/样式(ST)]: S↙
                      //激活【比例(S)】选项
输入多线比例 <20.00>: 1↙
                      //输入多线比例
当前设置: 对正 = 上，比例 = 1.00，样式 = 墙体
指定起点或 [对正(J)/比例(S)/样式(ST)]: J↙
                      //激活【对正(J)】选项
输入对正类型 [上(T)/无(Z)/下(B)] <上>: Z↙
                      //激活【无(Z)】选项
当前设置: 对正 = 无，比例 = 1.00，样式 = 墙体
指定起点或 [对正(J)/比例(S)/样式(ST)]:
                      //沿着轴线绘制墙体
指定下一点:
指定下一点或 [放弃(U)]:
指定下一点或 [闭合(C)/放弃(U)]: ↙
                      //按Enter键结束绘制
```

Step 04 按空格键重复命令，绘制非承重墙，把比例设置为0.5，命令行提示如下。

```
命令： MLINE↙                         //调用【多线】命令
当前设置：对正＝无，比例＝1.00，样式＝墙体
指定起点或[对正(J)/比例(S)/样式(ST)]： S↙
                                      //激活【比例(S)】选项
输入多线比例<1.00>： 0.5↙             //输入多线比例
当前设置：对正＝无，比例＝0.50，样式＝墙体
指定起点或[对正(J)/比例(S)/样式(ST)]： J↙
                                      //激活【对正(J)】选项
输入对正类型[上(T)/无(Z)/下(B)]<无>： Z↙
                                      //激活【无(Z)】选项
当前设置：对正＝无，比例＝0.50，样式＝墙体
指定起点或[对正(J)/比例(S)/样式(ST)]：
指定下一点：                          //沿着轴线绘制墙体
指定下一点或[放弃(U)]：↙              //按Enter键结束绘制
```

Step 05 最终效果如图5-165所示。

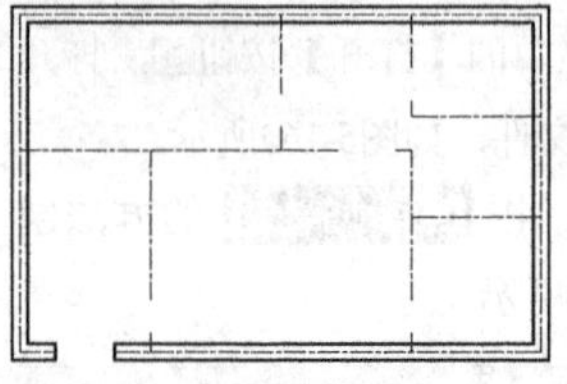
图5-164 绘制承重墙

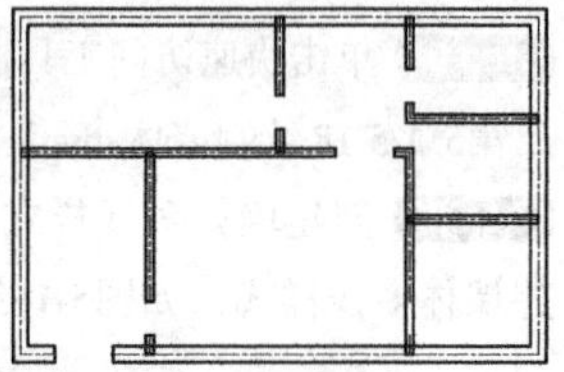
图5-165 绘图最终效果

5.5.4 编辑多线

前文介绍了多线是复合对象，只能将其分解为多条直线后才能编辑。但在AutoCAD中，也可以用自带的【多线编辑工具】对话框中进行编辑。

•执行方式

打开【多线编辑工具】对话框的方法有以下3种。

◆菜单栏：执行【修改】|【对象】|【多线】命令，如图5-166所示。

◆命令行：输入"MLEDIT"命令。

◆快捷操作：双击绘制的多线图形。

•操作步骤

执行上述任一命令后，系统自动弹出【多线编辑工具】对话框，如图5-167所示。根据图样单击选择一种适合工具图标，即可使用该工具编辑多线。

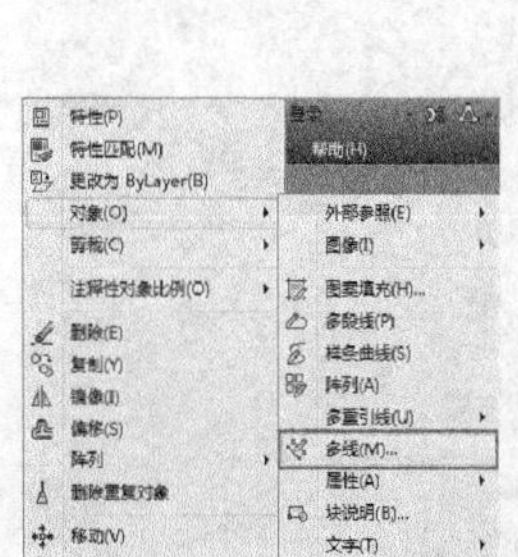
图5-166 【菜单栏】调用【多线】编辑命令

图5-167【多线编辑工具】对话框

•选项说明

【多线编辑工具】对话框中共有4列12种多线编辑工具：第一列为十字交叉编辑工具，第二列为T字交叉编辑工具，第三列为角点结合编辑工具，第四列为中断或接合编辑工具。具体介绍如下。

◆【十字闭合】：可在两条多线之间创建闭合的十字交点。选择该工具后，先选择第一条多线，作为打断的隐藏多线；再选择第二条多线，即前置的多线，效果如图5-168所示。

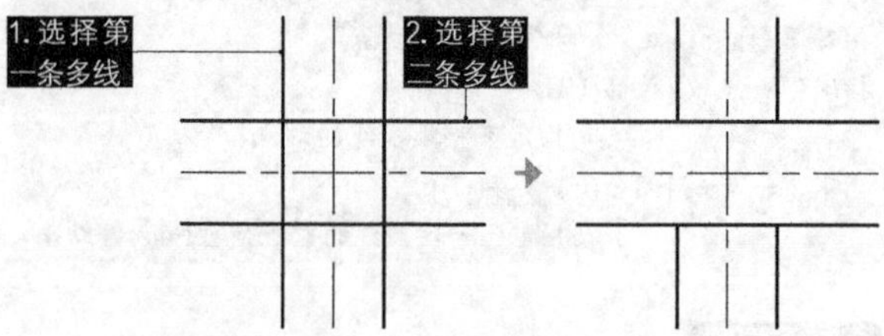

图5-168 十字闭合

◆【十字打开】：在两条多线之间创建打开的十字交点。打断将插入第一条多线的所有元素和第二条多线的外部元素，效果如图5-169所示。

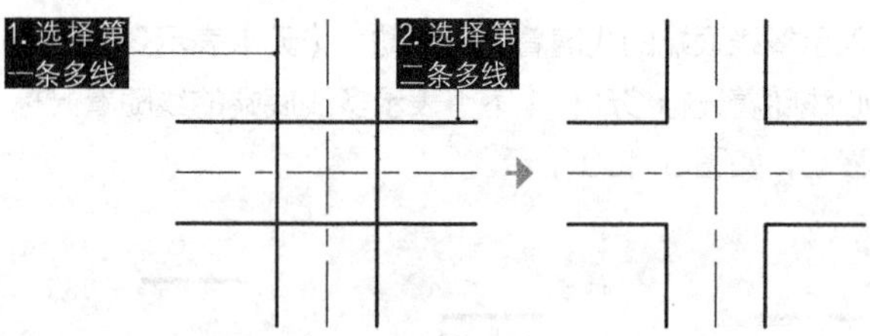

图5-169 十字打开

◆【十字合并】：在两条多线之间创建合并的十字交点。选择多线的次序并不重要，效果如图5-170所示。

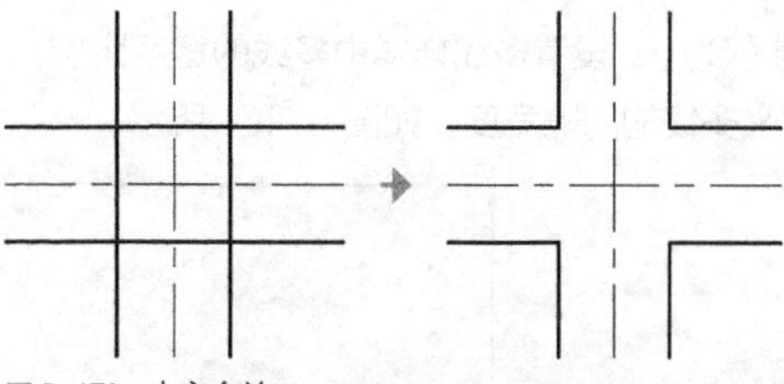
图5-170 十字合并

操作技巧

对于双数多线来说，【十字打开】和【十字合并】结果是一样的；但对于三线，中间线的结果是不一样的，效果如图5-171所示。

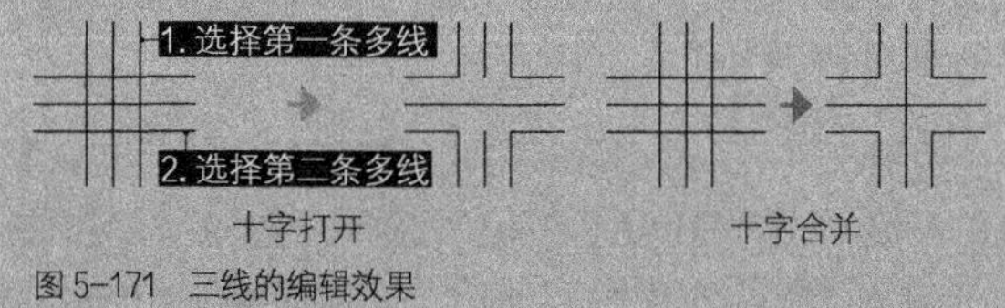

图5-171 三线的编辑效果

◆【T 形闭合】：在两条多线之间创建闭合的 T 形交点。将第一条多线修剪或延伸到与第二条多线的交点处，如图 5-172 所示。

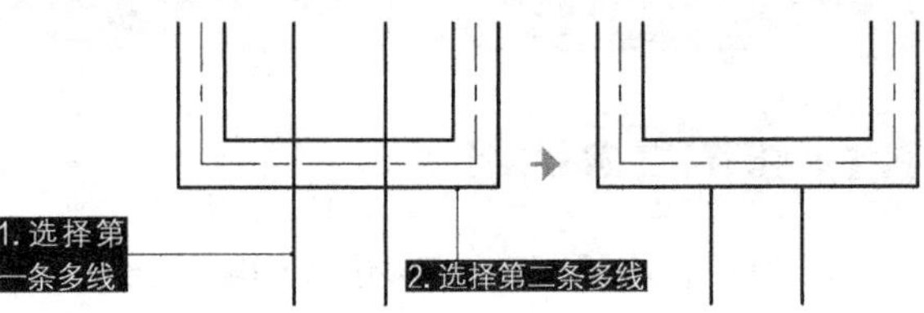

图 5-172　T 形闭合

◆【T 形打开】：在两条多线之间创建打开的 T 形交点。将第一条多线修剪或延伸到与第二条多线的交点处，如图 5-173 所示。

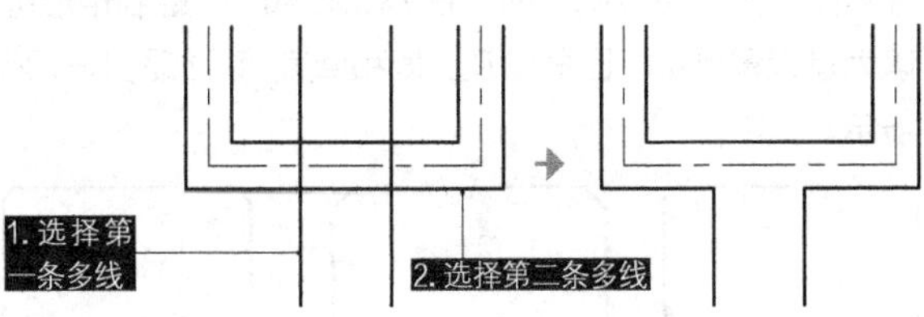

图 5-173　T 形打开

◆【T 形合并】：在两条多线之间创建合并的 T 形交点。将多线修剪或延伸到与另一条多线的交点处，如图 5-174 所示。

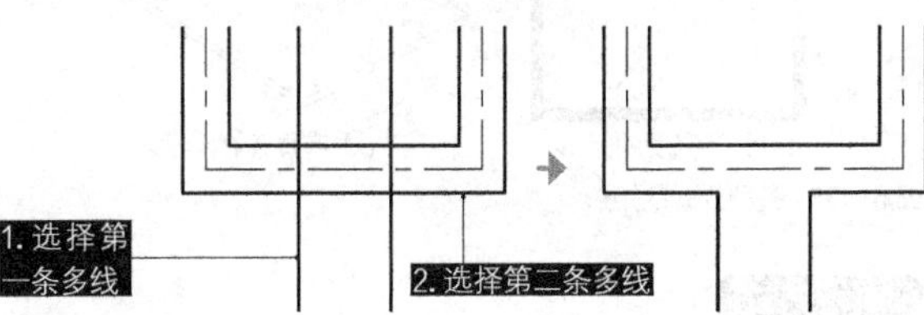

图 5-174　T 形合并

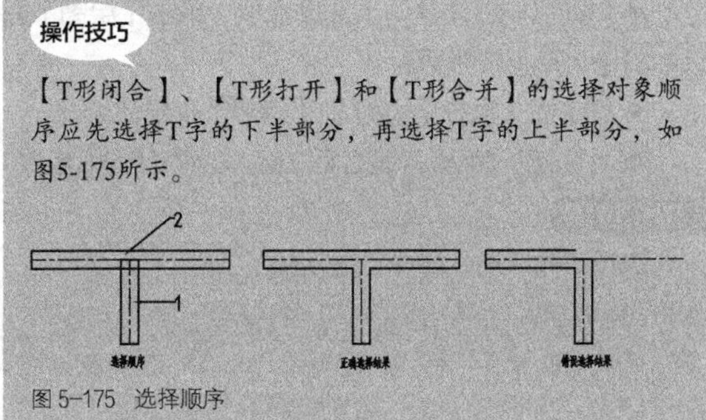

操作技巧

【T形闭合】、【T形打开】和【T形合并】的选择对象顺序应先选择T字的下半部分，再选择T字的上半部分，如图5-175所示。

图 5-175　选择顺序

◆【角点结合】：在多线之间创建角点结合。将多线修剪或延伸到它们的交点处，效果如图 5-176 所示。

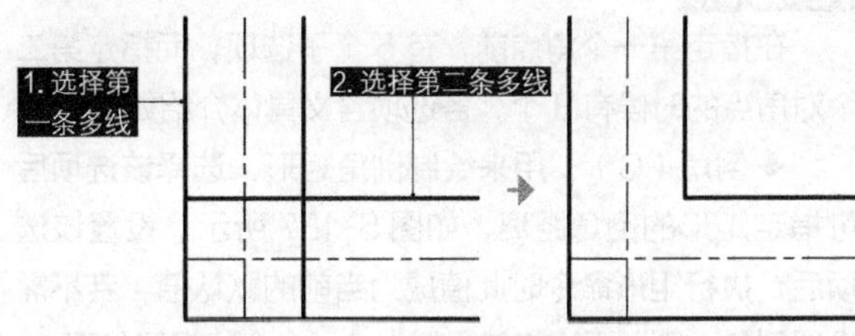

图 5-176　角点结合

◆【添加顶点】：向多线上添加一个顶点。新添加的角点就可以用于夹点编辑，效果如图 5-177 所示。

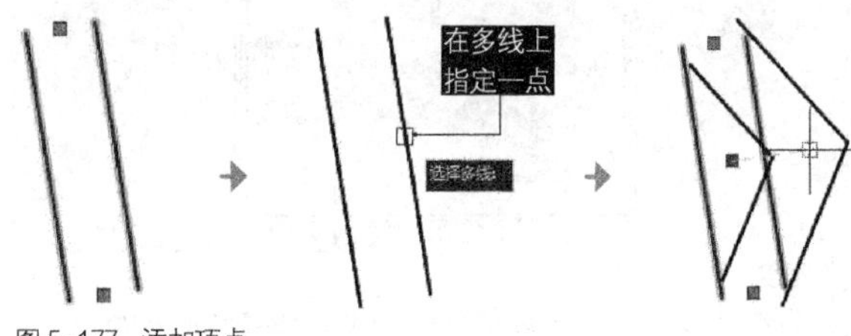

图 5-177　添加顶点

◆【删除顶点】：从多线上删除一个顶点，效果如图 5-178 所示。

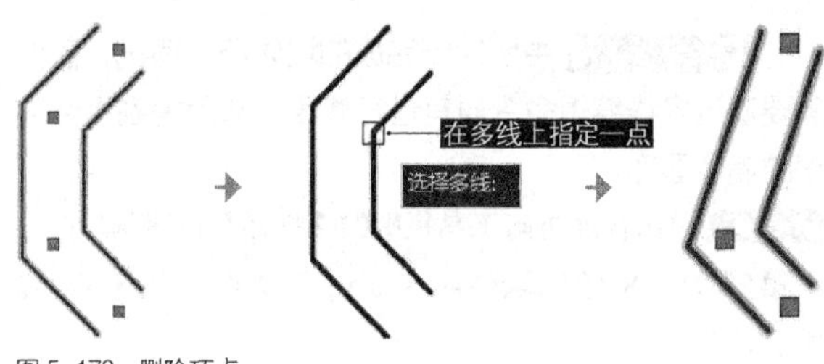

图 5-178　删除顶点

◆【单个剪切】：在选定多线元素中创建可见打断，效果如图 5-179 所示。

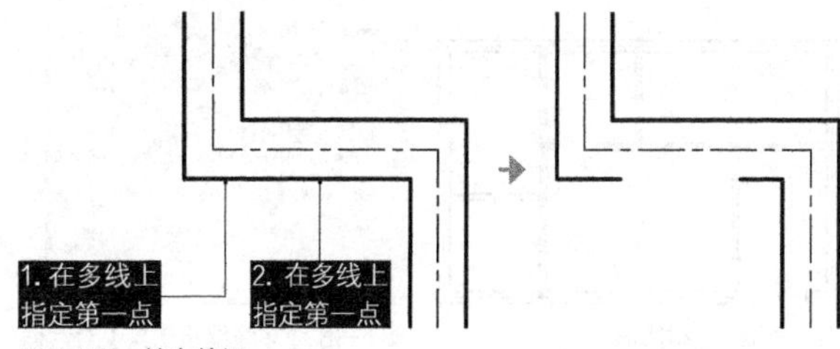

图 5-179　单个剪切

◆【全部剪切】：创建穿过整条多线的可见打断，效果如图 5-180 所示。

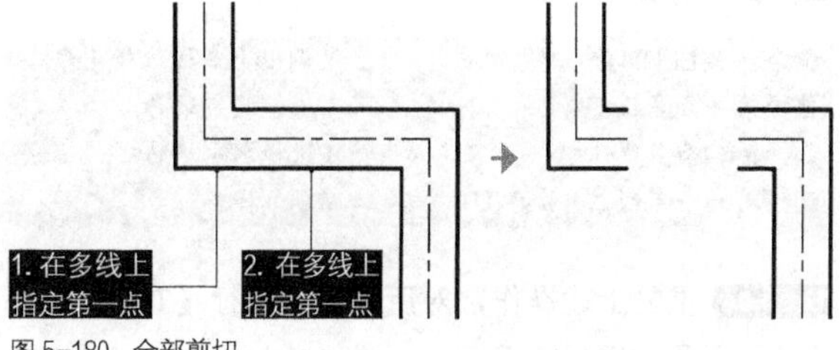

图 5-180　全部剪切

◆【全部接合】：将已被剪切的多线线段重新接合起来，如图 5-181 所示。

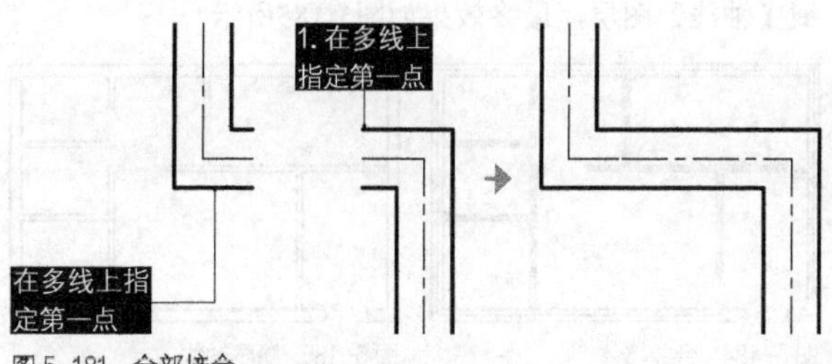

图 5-181　全部接合

练习 5-19 编辑墙体

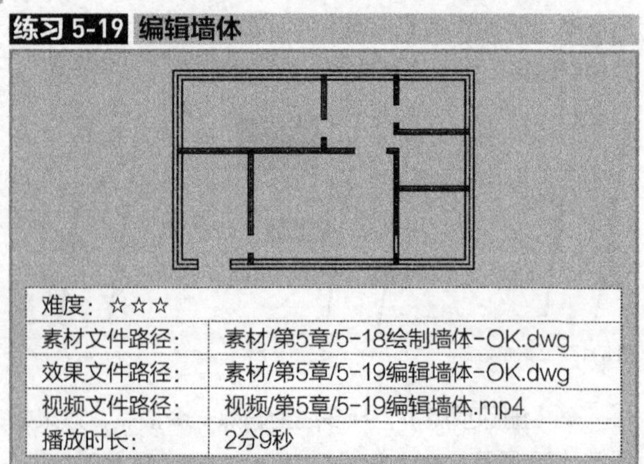

难度：☆☆☆	
素材文件路径：	素材/第5章/5-18绘制墙体-OK.dwg
效果文件路径：	素材/第5章/5-19编辑墙体-OK.dwg
视频文件路径：	视频/第5章/5-19编辑墙体.mp4
播放时长：	2分9秒

【练习 5-17】中所绘制完成的墙体仍有瑕疵，因此需要通过多线编辑命令对其进行修改，从而得到最终完整的墙体图形。

Step 01 单击快速访问工具栏中的【打开】按钮，打开“第5章/5-18 绘制墙体-OK.dwg”文件，如图5-182所示。

Step 02 在命令行中输入“MLEDIT”，调用平【多线编辑】命令，打开【多线编辑工具】对话框，如图5-183所示。

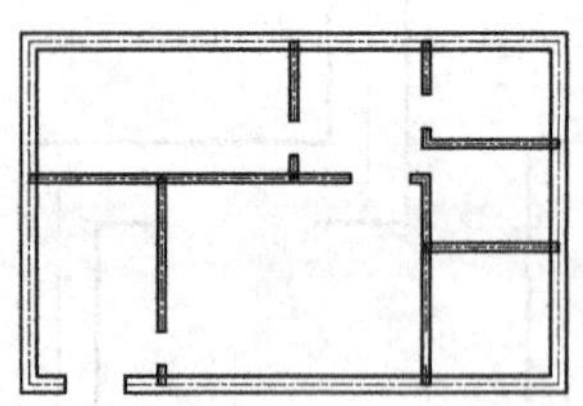

图 5-182 素材图形

图 5-183【多线编辑工具】对话框

Step 03 选择对话框中的【T形合并】选项，系统自动返回绘图区域，根据命令行提示对墙体结合部进行编辑，命令行提示如下。

```
命令：MLEDIT↙                          //调用【多线编辑】命令
选择第一条多线：                        //选择竖直墙体
选择第二条多线：                        //选择水平墙体
选择第一条多线 或 [放弃(U)]：↙          //重复操作
```

Step 04 重复上述操作，对所有墙体进行【T形合并】命令，效果如图5-184所示。

Step 05 在命令行中输入“LA”，调用【图层特性管理器】命令，在弹出的【图层特性管理器】选项板中，隐藏【轴线】图层，最终效果如图5-185所示。

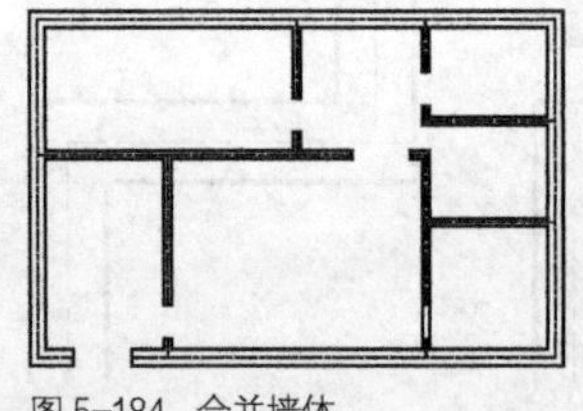

图 5-184 合并墙体

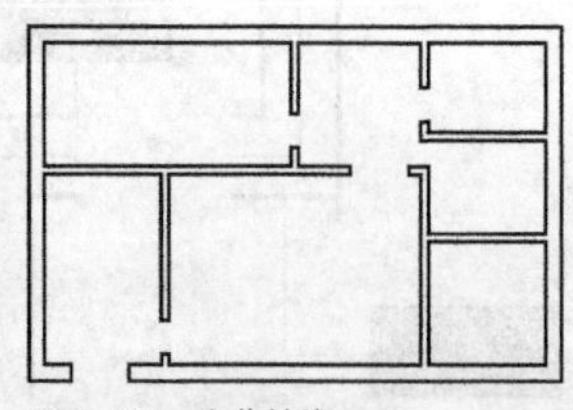

图 5-185 隐藏轴线

知识链接

中间红色的轴线可以删除也可以隐藏图层，隐藏图层的操作请见本书第9章。

5.6 矩形与多边形

多边形图形包括矩形和正多边形，也是在绘图过程中使用较多的一类图形。

5.6.1 矩形

矩形就是我们通常说的长方形，是通过输入矩形的任意两个对角位置确定的，在 AutoCAD 中绘制矩形可以为其设置倒角、圆角以及宽度和厚度值，如图 5-186 所示。

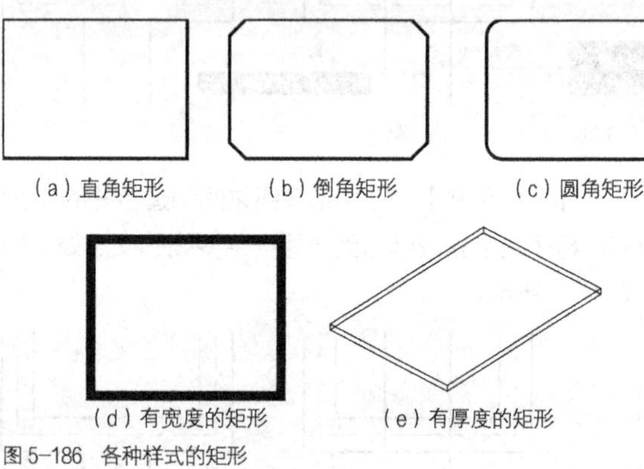

（a）直角矩形　（b）倒角矩形　（c）圆角矩形

（d）有宽度的矩形　（e）有厚度的矩形

图 5-186 各种样式的矩形

·执行方式

调用【矩形】命令的方法如下。

◆功能区：在【默认】选项卡中，单击【绘图】面板中的【矩形】按钮。

◆菜单栏：执行【绘图】|【矩形】菜单命令。

◆命令行：输入“RECTANG”或“REC”命令。

·操作步骤

执行该命令后，命令行提示如下。

```
命令：_rectang                                   //执行【矩形】命令
指定第一个角点或 [倒角(C)/标高(E)/圆角(F)/厚度(T)/宽度(W)]:
                                                //指定矩形的第一个角点
指定另一个角点或 [面积(A)/尺寸(D)/旋转(R)]:
                                                //指定矩形的对角点
```

·选项说明

在指定第一个角点前，有 5 个子选项，而指定第二个对角点的时候有 3 个，各选项含义具体介绍如下。

◆倒角（C）：用来绘制倒角矩形，选择该选项后可指定矩形的倒角距离，如图 5-187 所示。设置该选项后，执行矩形命令时此值成为当前的默认值，若不需设置倒角，则要再次将其设置为 0。命令行提示如下。

```
命令: _rectang
指定第一个角点或 [倒角(C)/标高(E)/圆角(F)/厚度(T)/宽度(W)]: C
                              //选择倒角选项
指定矩形的第一个倒角距离 <0.0000>: 2↙
                              //输入第一个倒角距离
指定矩形的第二个倒角距离 <2.0000>: 4↙
                              //输入第二个倒角距离
指定第一个角点或 [倒角(C)/标高(E)/圆角(F)/厚度(T)/宽度(W)]:
                              //指定第一个角点
指定另一个角点或 [面积(A)/尺寸(D)/旋转(R)]: //指定第二个角点
```

◆标高（E）：指定矩形的标高，即 z 方向上的值。选择该选项后，可在高为标高值的平面上绘制矩形，如图 5-188 所示。命令行提示如下。

```
命令: _rectang
指定第一个角点或 [倒角(C)/标高(E)/圆角(F)/厚度(T)/宽度(W)]:
E↙                                           //选择标高选项
指定矩形的标高 <0.0000>: 10↙                  //输入标高
指定第一个角点或 [倒角(C)/标高(E)/圆角(F)/厚度(T)/宽度(W)]:
                              //指定第一个角点
指定另一个角点或 [面积(A)/尺寸(D)/旋转(R)]: //指定第二个角点
```

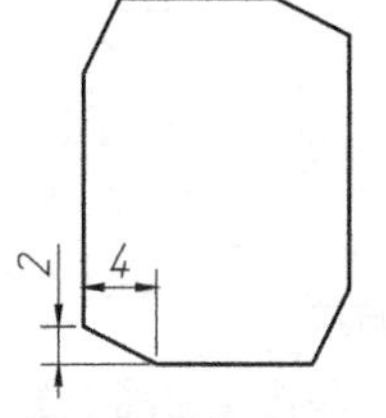

图 5-187 倒角（C）画矩形

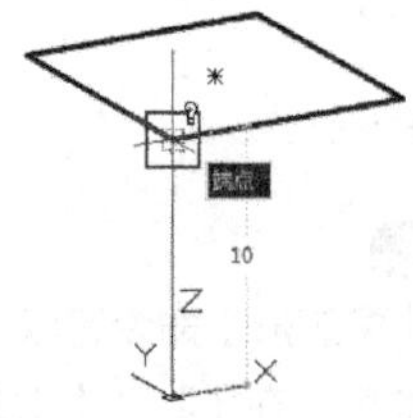

图 5-188 标高（E）画矩形

◆圆角（F）：用来绘制圆角矩形。选择该选项后，可指定矩形的圆角半径，绘制带圆角的矩形，如图 5-189 所示。命令行提示如下。

```
命令: _rectang
指定第一个角点或 [倒角(C)/标高(E)/圆角(F)/厚度(T)/宽度
(W)]: F↙                                     //选择圆角选项
指定矩形的圆角半径 <0.0000>: 5↙              //输入圆角半径值
指定第一个角点或 [倒角(C)/标高(E)/圆角(F)/厚度(T)/宽度
(W)]:                                         //指定第一个角点
指定另一个角点或 [面积(A)/尺寸(D)/旋转(R)]: //指定第二个角点
```

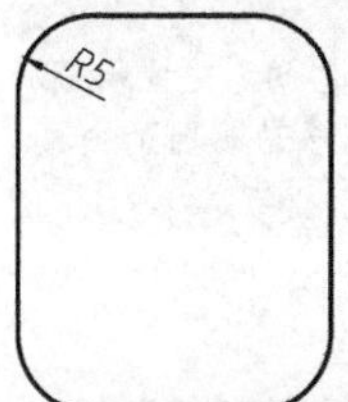

图 5-189 圆角（F）画矩形

操作技巧

如果因矩形的长度和宽度太小，无法使用当前设置创建矩形，绘制出来的矩形将不进行圆角或倒角。

◆厚度（T）：用来绘制有厚度的矩形，该选项为要绘制的矩形指定 Z 轴上的厚度值，如图 5-190 所示。命令行提示如下。

```
命令: _rectang
指定第一个角点或 [倒角(C)/标高(E)/圆角(F)/厚度(T)/宽度(W)]: T↙
                              //选择厚度选项
指定矩形的厚度 <0.0000>: 2↙ //输入矩形厚度值
指定第一个角点或 [倒角(C)/标高(E)/圆角(F)/厚度(T)/宽度(W)]:
                              //指定第一个角点
指定另一个角点或 [面积(A)/尺寸(D)/旋转(R)]: //指定第二个角点
```

◆宽度（W）：用来绘制有宽度的矩形，该选项为要绘制的矩形指定线的宽度，效果如图 5-191 所示。命令行提示如下。

```
命令: _rectang
指定第一个角点或 [倒角(C)/标高(E)/圆角(F)/厚度(T)/宽度(W)]: W↙
                              //选择宽度选项
指定矩形的线宽 <0.0000>: 1↙  //输入线宽值
指定第一个角点或 [倒角(C)/标高(E)/圆角(F)/厚度(T)/宽度(W)]:
                              //指定第一个角点
指定另一个角点或 [面积(A)/尺寸(D)/旋转(R)]: //指定第二个角点
```

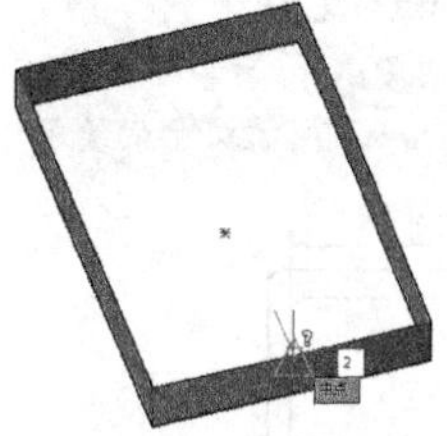
图 5-190 厚度（T）画矩形

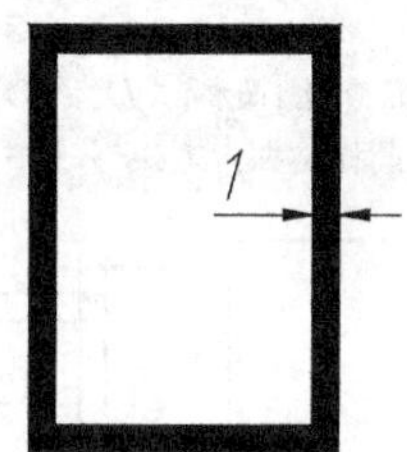

图 5-191 宽度（W）画矩形

◆面积（A）：该选项提供另一种绘制矩形的方式，即通过确定矩形面积大小的方式绘制矩形。

◆尺寸（D）：该选项通过输入矩形的长和宽确定矩形的大小。

◆旋转（R）：选择该选项，可以指定绘制矩形的旋转角度。

练习 5-20 使用矩形绘制电视机

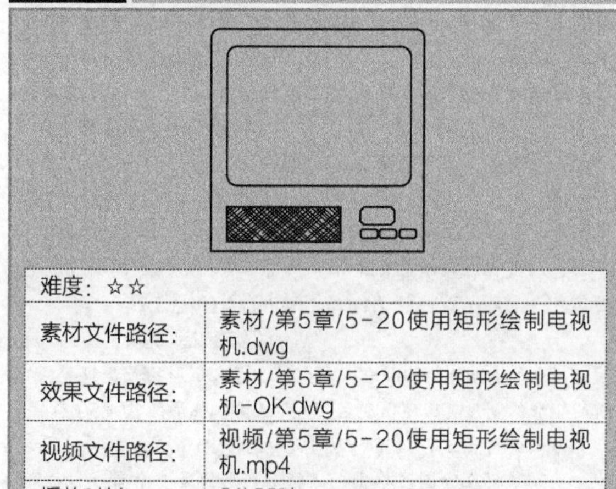

难度：☆☆	
素材文件路径：	素材/第5章/5-20使用矩形绘制电视机.dwg
效果文件路径：	素材/第5章/5-20使用矩形绘制电视机-OK.dwg
视频文件路径：	视频/第5章/5-20使用矩形绘制电视机.mp4
播放时长：	2分20秒

在室内设计中，大多数家具外形都是矩形或矩形的衍生体，如电视、沙发等，因此在 AutoCAD 中推荐使用【矩形】命令来绘制这类图形，并创建图块。

Step 01 单击快速访问工具栏中的【打开】按钮，打开“第5章/5-20使用矩形绘制电视机.dwg”文件，如图5-192所示。

Step 02 在【默认】选项卡中，单击【绘图】面板中的【矩形】按钮，绘制出圆角的电视机屏幕矩形，如图5-193所示，命令行提示如下。

```
命令：_RECTANG                                //调用【矩形】命令
指定第一个角点或 [倒角(C)/标高(E)/圆角(F)/厚度(T)/宽度(W)]：F↙                //激活圆角选项
指定矩形的圆角半径 <30.0000>：↙
                                    //按Enter键默认半径尺寸
指定第一个角点或 [倒角(C)/标高(E)/圆角(F)/厚度(T)/宽度(W)]：
            //在绘图区合适位置单击一点确定矩形的第一角点
指定另一个角点或 [面积(A)/尺寸(D)/旋转(R)]：D↙
                                    //激活“尺寸”选项
指定矩形的长度 <500.0000>：550↙
                                    //指定矩形的长度
指定矩形的宽度 <500.0000>：400↙
                                    //指定矩形的宽度
指定另一个角点或 [面积(A)/尺寸(D)/旋转(R)]：
            //鼠标单击指定矩形的另一个角点，完成矩形的绘制
```

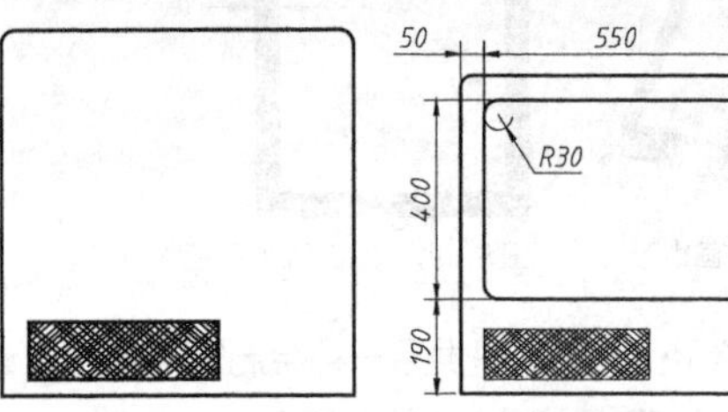

图 5-192 素材文件　　图 5-193 绘制圆角矩形

Step 03 重复调用【矩形】命令，激活【倒角】选项，运用倒角模式绘制矩形按钮，如图5-194所示，命令行提示如下。

```
命令：_RECTANG↙                          //调用【矩形】命令
当前矩形模式：圆角=30.0000
指定第一个角点或 [倒角(C)/标高(E)/圆角(F)/厚度(T)/宽度(W)]：C↙                      //激活倒角选项
指定矩形的第一个倒角距离 <30.0000>：10↙
                              //指定第一个倒角距离10
指定矩形的第二个倒角距离 <30.0000>：10↙
                              //指定第二个倒角距离10
指定第一个角点或 [倒角(C)/标高(E)/圆角(F)/厚度(T)/宽度(W)]：
        //鼠标在绘图区合适位置单击一点指定矩形的第一角点
指定另一个角点或 [面积(A)/尺寸(D)/旋转(R)]：D↙
                              //激活尺寸选项
指定矩形的长度 <550.0000>：100↙ //输入矩形的长度100
指定矩形的宽度 <400.0000>：50↙  //输入矩形的宽度50
指定另一个角点或 [面积(A)/尺寸(D)/旋转(R)]：
        //鼠标在绘图区单击一点指定矩形的另一个角点
```

Step 04 重复调用【矩形】命令，在图中位置绘制尺寸为50×25的倒角矩形，最终结果如图5-195所示。

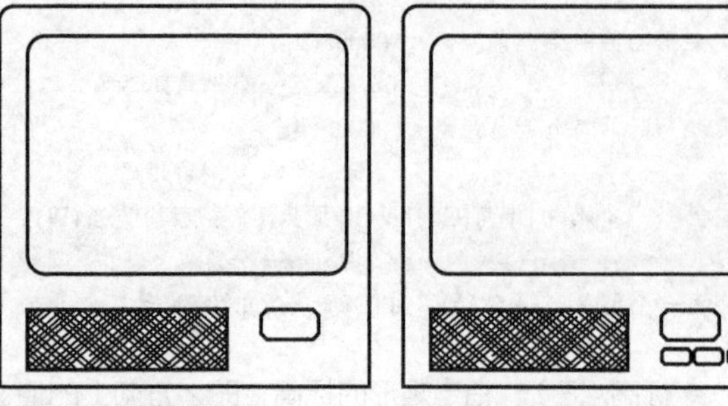

图 5-194 绘制倒角矩形　　图 5-195 绘制其他矩形按钮

5.6.2 多边形

正多边形是由 3 条或 3 条以上长度相等的线段首尾相接形成的闭合图形，其边数范围值在 3 ~ 1024，图 5-196 所示为各种正多边形效果。

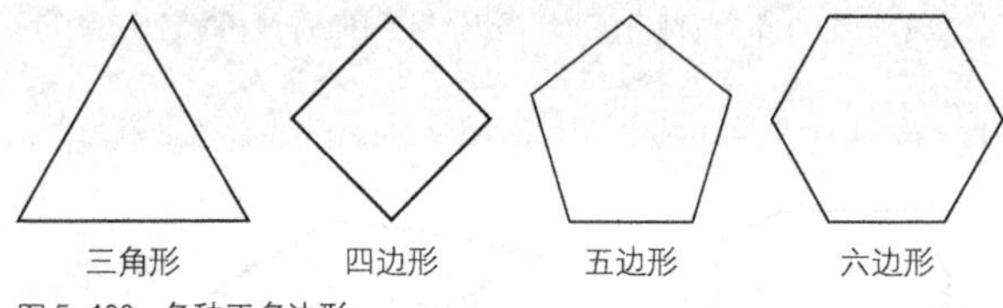

图 5-196 各种正多边形

•执行方式

启动【多边形】命令有以下 3 种方法。

◆功能区：在【默认】选项卡中，单击【绘图】面板中的【多边形】按钮。

◆菜单栏：选择【绘图】|【多边形】菜单命令。

◆命令行：输入“POLYGON”或“POL”命令。

•操作步骤

执行【多边形】命令后，命令行将出现如下提示。

```
命令：POLYGON↙                  //执行【多边形】命令
输入侧面数 <4>：                 //指定多边形的边数，默认状态为四边形
指定正多边形的中心点或 [边(E)]：
                                //确定多边形的一条边来绘制正多边形，由边数和边长确定
输入选项 [内接于圆(I)/外切于圆(C)] <I>：
                                //选择正多边形的创建方式
指定圆的半径：                   //指定创建正多边形时的内接于圆或外切于圆的半径
```

•选项说明

执行【多边形】命令时，在命令行中共有 4 种绘制方法，各方法具体介绍如下。

◆中心点：通过指定正多边形中心点的方式来绘制正多边形，为默认方式，如图 5-197 所示。命令行提示如下。

```
命令: _polygon
输入侧面数 <5>: 6                          //指定边数
指定正多边形的中心点或 [边(E)]:              //指定中心点1
输入选项 [内接于圆(I)/外切于圆(C)] <I>:
                                   //选择多边形创建方式
指定圆的半径: 100                  //输入圆半径或指定端点2
```

◆边（E）：通过指定多边形边的方式来绘制正多边形。该方式将通过边的数量和长度确定正多边形，如图 5-198 所示。选择该方式后不可指定内接于圆或外切于圆选项。命令行提示如下。

```
命令: _polygon
输入侧面数 <5>: 6                          //指定边数
指定正多边形的中心点或 [边(E)]: E          //选择边选项
指定边的第一个端点:                //指定多边形某条边的端点1
指定边的第一个端点:                //指定多边形某条边的端点2
```

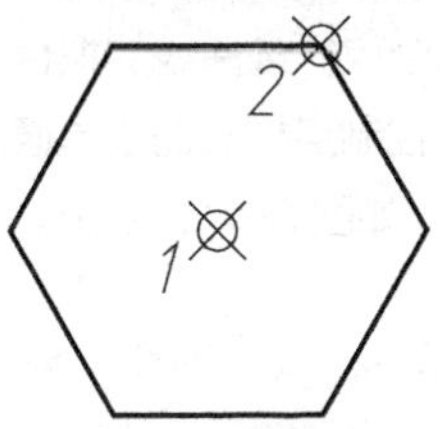

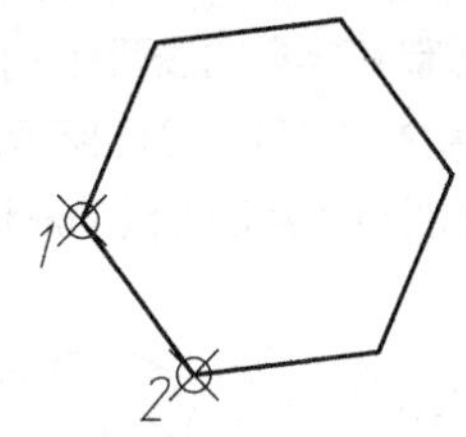

图 5-197　中心点绘制多边形　　图 5-198　边（E）绘制多边形

◆内接于圆（I）：该选项表示以指定正多边形内接圆半径的方式来绘制正多边形，如图 5-199 所示。命令行提示如下。

```
命令: _polygon
输入侧面数 <5>: 6                          //指定边数
指定正多边形的中心点或 [边(E)]:              //指定中心点
输入选项 [内接于圆(I)/外切于圆(C)] <I>:
                                   //选择内接于圆方式
指定圆的半径: 100                  //输入圆半径
```

◆外切于圆（C）：该选项表示以指定正多边形外切圆半径的方式来绘制正多边形，如图 5-200 所示。命令行提示如下。

```
命令: _polygon
输入侧面数 <5>: 6                          //指定边数
指定正多边形的中心点或 [边(E)]:              //指定中心点
输入选项 [内接于圆(I)/外切于圆(C)] <I>: C
                                   //选择外切于圆方式
指定圆的半径: 100                  //输入圆半径
```

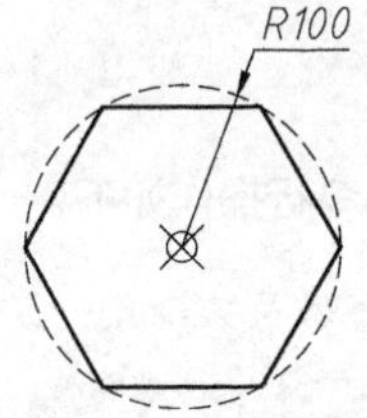

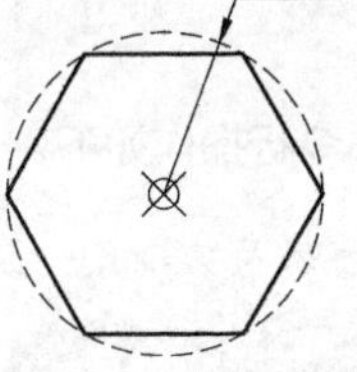

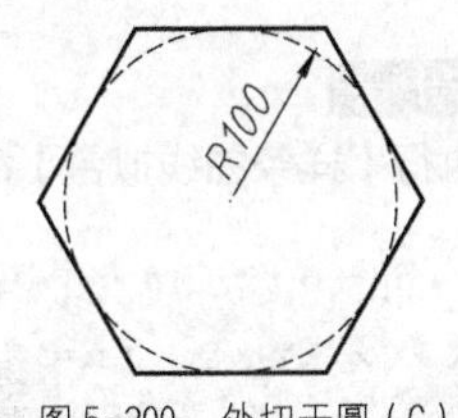

图 5-199　内接于圆（I）绘制多边形　　图 5-200　外切于圆（C）绘制多边形

练习 5-21 绘制外六角扳手

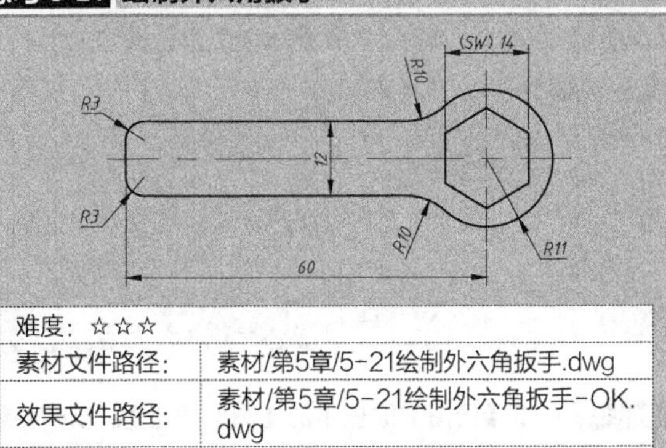

难度：☆☆☆	
素材文件路径：	素材/第5章/5-21绘制外六角扳手.dwg
效果文件路径：	素材/第5章/5-21绘制外六角扳手-OK.dwg
视频文件路径：	视频/第5章/5-21绘制外六角扳手.mp4
播放时长：	3分15秒

外六角扳手如图 5-201 所示，是一种用来装卸外六角螺钉的手工工具，不同规格的螺钉对应不同大小的扳手，具体可以翻阅 GB/T5782。本案例将绘制适用于 M10 螺钉的外六角扳手，尺寸如图 5-202 所示。图中的“（SW）14”表示螺钉的对边宽度为 14，是扳手的主要规格参数。具体操作步骤如下。

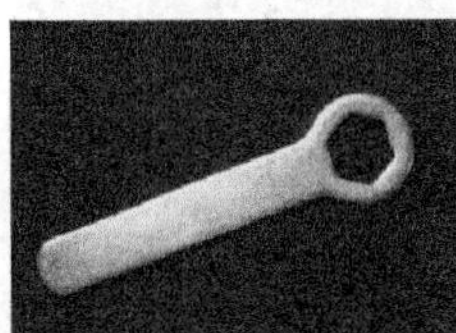

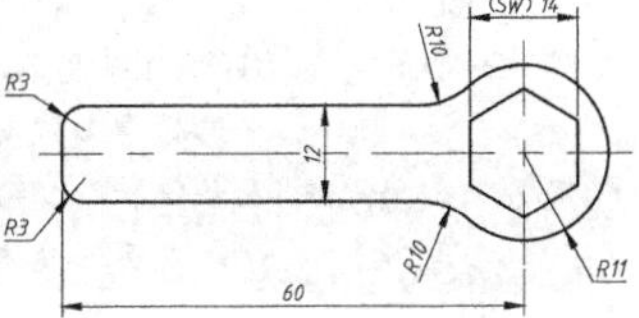

图 5-201　外六角扳手　　图 5-202　M10 螺钉用外六角扳手

Step 01 打开“第5章/5-21绘制外六角扳手.dwg”素材文件，其中已经绘制好了中心线，如图5-203所示。

Step 02 绘制正多边形。单击【绘图】面板中的【正多边形】按钮。在中心线的交点处绘制正六边形，外切圆的半径为7，结果如图5-204所示。命令行操作如下。

```
命令: _polygon
输入侧面数 <4>: 6↙
指定正多边形的中心点或 [边(E)]:
                              //指定中心线交点为中心点
输入选项 [内接于圆(I)/外切于圆(C)] <I>: C↙
                              //选择外切圆类型
指定圆的半径: 7↙
```

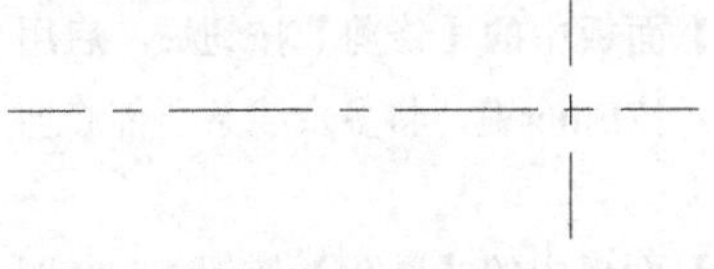

图 5-203　素材文件

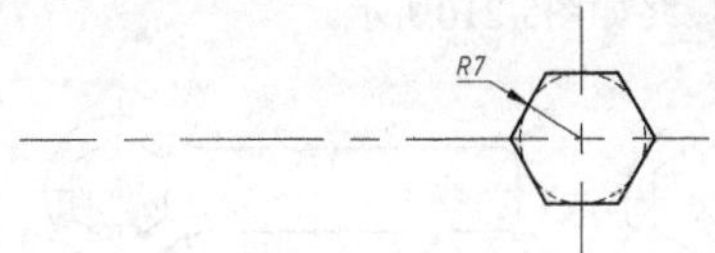

图 5-204　创建正六边形

Step 03 单击【修改】面板中的【旋转】按钮，将正六边形旋转90°，如图5-205所示，命令行操作如下。

```
命令: _rotate
UCS 当前的正角方向: ANGDIR=逆时针 ANGBASE=0
选择对象: 找到 1 个
选择对象:↙                    //选择正六边形
指定基点:                      //指定中心线交点为基点
指定旋转角度，或 [复制(C)/参照(R)] <270>: 90↙
                              //输入旋转角度
```

Step 04 单击【绘图】面板中的【圆】按钮，以中心线的交点为圆心，绘制半径为11的圆，如图5-206所示。

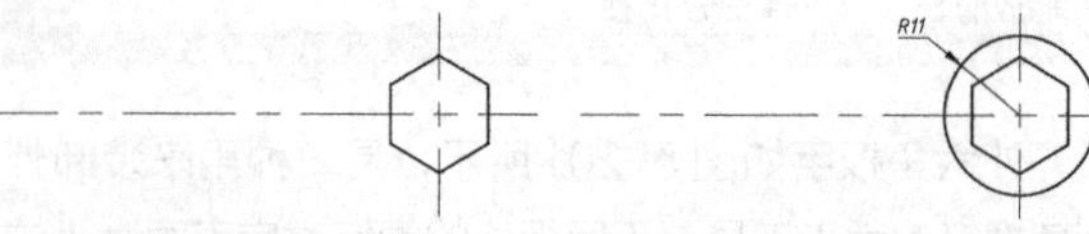

图5-205 旋转图形　　图5-206 绘制圆

Step 05 绘制矩形。以中心线交点为起始对角点，相对坐标（@-60，12）为终端对角点，绘制一个矩形，如图5-207所示。命令行操作如下。

```
命令: _rectang
指定第一个角点或 [倒角(C)/标高(E)/圆角(F)/厚度(T)/宽度(W)]:
                    //选择中心线交点
指定另一个角点或 [面积(A)/尺寸(D)/旋转(R)]: @-60,12↙
                    //输入另一角点的相对坐标
```

Step 06 单击【修改】面板中的【移动】按钮，将矩形向下移动6个单位，如图5-208所示，命令行操作过程如下。

```
命令: _move
选择对象: 找到 1 个              //选择矩形
选择对象:↙                      //按Enter键结束选择
指定基点或 [位移(D)] <位移>:
                                //任意指定一点为基点
指定第二个点或 <使用第一个点作为位移>: 6↙
        //光标向下移动，引出追踪线确保垂直，输入长度6
```

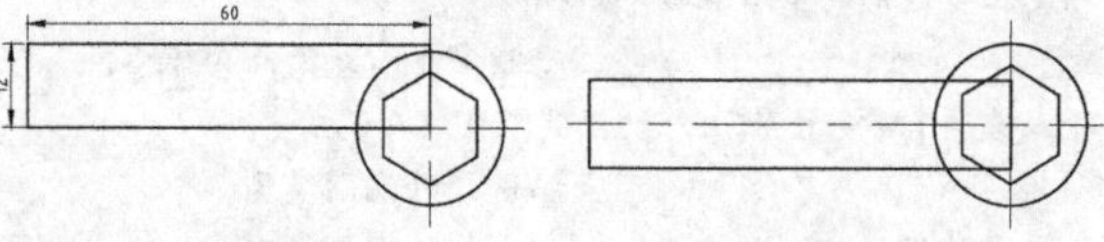

图5-207 绘制矩形　　图5-208 移动矩形

Step 07 单击【修改】面板中的【修剪】按钮，启用命令后，单击空格或者按Enter键，将多余线条全部修剪掉，如图5-209所示。

Step 08 单击【修改】面板中的【圆角】按钮，对图形进行倒圆角操作，最终如图5-210所示。

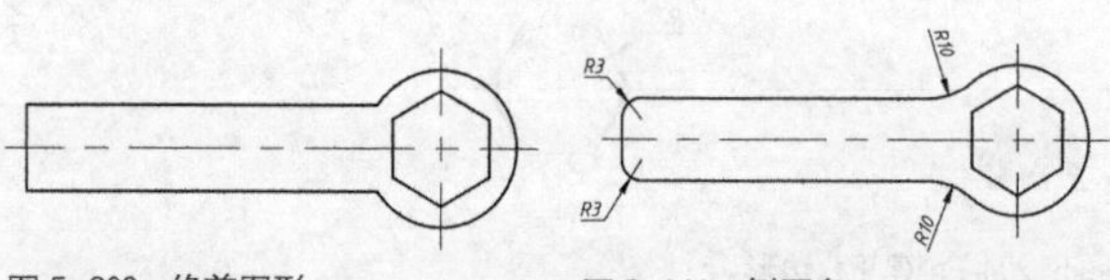

图5-209 修剪图形　　图5-210 倒圆角

> **知识链接**
>
> 【旋转】、【移动】、【修剪】、【圆角】等编辑命令的使用方法请见第6章。

5.7 样条曲线

样条曲线是经过或接近一系列给定点的平滑曲线，它能够自由编辑，以及控制曲线与点的拟合程度。在景观设计中，常用来绘制水体、流线形的园路及模纹等；在建筑制图中，常用来表示剖面符号等图形；在机械产品设计领域，则常用来表示某些产品的轮廓线或剖切线。

5.7.1 绘制样条曲线 ★重点★

在AutoCAD 2016中，样条曲线可分为拟合点样条曲线和控制点样条曲线两种，拟合点样条曲线的拟合点与曲线重合，如图5-211所示；控制点样条曲线是通过曲线外的控制点控制曲线的形状，如图5-212所示。

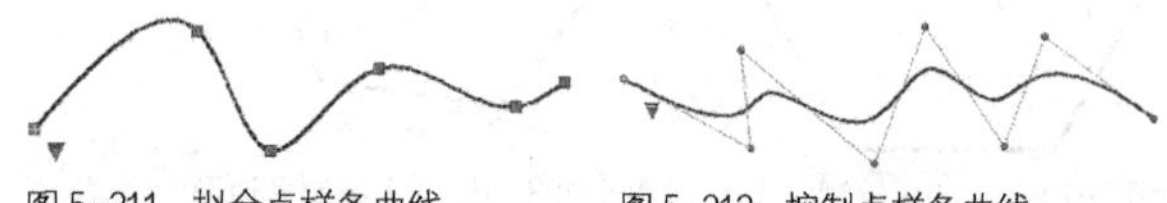

图5-211 拟合点样条曲线　　图5-212 控制点样条曲线

·执行方式

调用【样条曲线】命令的方法如下。

◆功能区：单击【绘图】滑出面板上的【样条曲线拟合】按钮或【样条曲线控制点】按钮，如图5-213所示。

◆菜单栏：选择【绘图】|【样条曲线】命令，然后在子菜单中选择【拟合点】或【控制点】命令，如图5-214所示。

◆命令行：输入“SPLINE”或“SPL”命令。

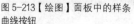

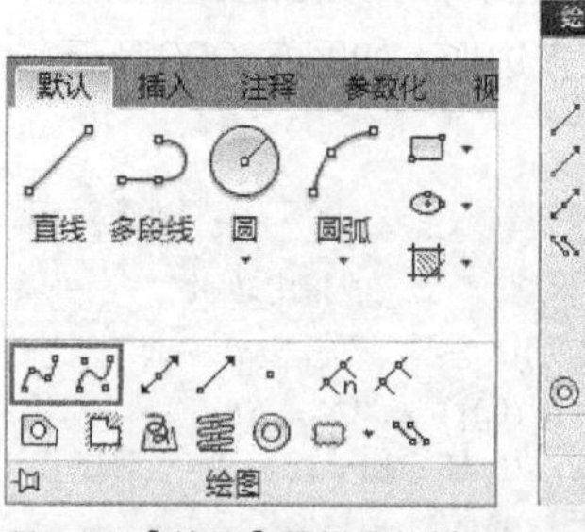

图5-213【绘图】面板中的样条曲线按钮

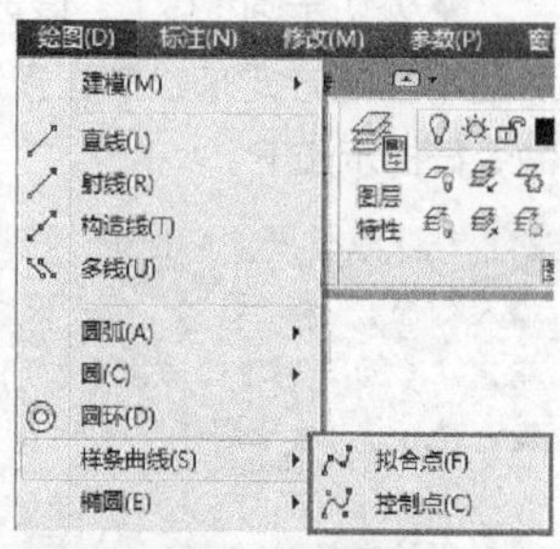

图5-214 样条曲线的菜单命令

·操作步骤

执行【样条曲线拟合】命令时，命令行操作如下。

```
命令: _SPLINE       //执行【样条曲线拟合】命令
当前设置: 方式=拟合  节点=弦
                    //显示当前样条曲线的设置
```

```
指定第一个点或 [方式(M)/节点(K)/对象(O)]: _M
                    //系统自动选择
输入样条曲线创建方式 [拟合(F)/控制点(CV)] <拟合>: _FIT
                    //系统自动选择拟合方式
当前设置: 方式=拟合  节点=弦
                    //显示当前方式下的样条曲线设置
指定第一个点或 [方式(M)/节点(K)/对象(O)]:
                    //指定样条曲线起点或选择创建方式
输入下一个点或 [起点切向(T)/公差(L)]:
                    //指定样条曲线上的第2点
输入下一个点或 [端点相切(T)/公差(L)/放弃(U)/闭合(C)]:
                    //指定样条曲线上的第3点
                    //要创建样条曲线，最少需指定3个点
```

执行【样条曲线控制点】命令时，命令行操作如下。

```
命令: _SPLINE       //执行【样条曲线控制点】命令
当前设置: 方式=控制点  阶数=3
                    //显示当前样条曲线的设置
指定第一个点或 [方式(M)/阶数(D)/对象(O)]: _M
                    //系统自动选择
输入样条曲线创建方式 [拟合(F)/控制点(CV)] <拟合>: _CV
                    //系统自动选择控制点方式
当前设置: 方式=控制点  阶数=3
                    //显示当前方式下的样条曲线设置
指定第一个点或 [方式(M)/阶数(D)/对象(O)]:
                    //指定样条曲线起点或选择创建方式
输入下一个点:       //指定样条曲线上的第2点
输入下一个点或 [闭合(C)/放弃(U)]:
                    //指定样条曲线上的第3点
```

•选项说明

虽然在 AutoCAD 2016 中，绘制样条曲线有【样条曲线拟合】和【样条曲线控制点】两种方式，但是操作过程却基本一致，只有少数选项有区别（节点与阶数），因此命令行中各选项介绍如下。

◆拟合（F）：即执行【样条曲线拟合】方式，通过指定样条曲线必须经过的拟合点来创建 3 阶（三次）B 样条曲线。在公差值大于 0（零）时，样条曲线必须在各个点的指定公差距离内。

◆控制点（CV）：即执行【样条曲线控制点】方式，通过指定控制点来创建样条曲线。使用此方法创建 1 阶（线性）、2 阶（二次）、3 阶（三次）直到最高为 10 阶的样条曲线。通过移动控制点调整样条曲线的形状通常可以提供比移动拟合点更好的效果。

◆节点（K）：指定节点参数化，是一种计算方法，用来确定样条曲线中连续拟合点之间的零部件曲线如何过渡。该选项下分 3 个子选项：弦、平方根和统一。具体介绍请见本节的“初学解答：样条曲线的节点”。

◆阶数（D）：设置生成的样条曲线的多项式阶数。使用此选项可以创建 1 阶（线性）、2 阶（二次）、3 阶（三次）直到最高 10 阶的样条曲线。

◆对象（O）：执行该选项后，选择二维或三维的、二次或三次的多段线，可将其转换成等效的样条曲线，如图 5-215 所示。

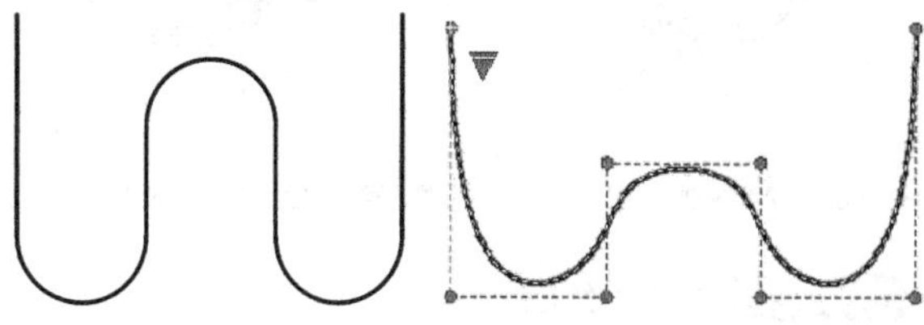

图 5-215　将多段线转为样条曲线

操作技巧

根据DELOBJ系统变量的设置，可设置保留或放弃原多段线。

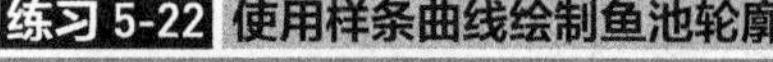

练习 5-22 使用样条曲线绘制鱼池轮廓

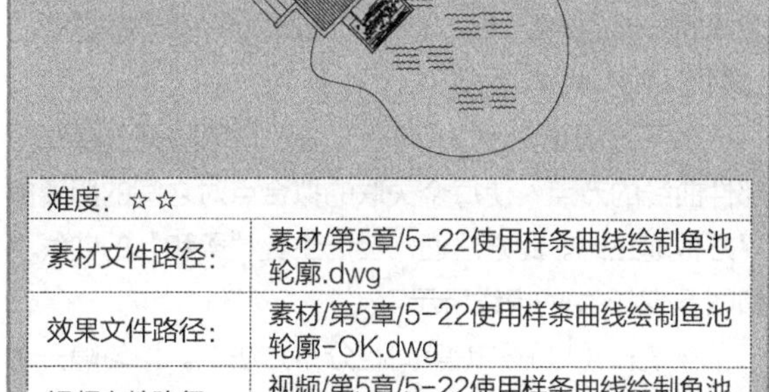

难度：☆☆	
素材文件路径：	素材/第5章/5-22使用样条曲线绘制鱼池轮廓.dwg
效果文件路径：	素材/第5章/5-22使用样条曲线绘制鱼池轮廓-OK.dwg
视频文件路径：	视频/第5章/5-22使用样条曲线绘制鱼池轮廓.mp4
播放时长：	1分13秒

在园林设计中，经常会使用样条曲线来绘制一些非常规的图形，如水体、园路、外围轮廓等。因此本例便使用样条曲线命令来绘制一鱼池轮廓。

Step 01 打开“第5章/5-22使用样条曲线绘制鱼池轮廓.dwg”素材文件，如图5-216所示。

Step 02 单击【默认】选项卡【绘图】面板中的【样条曲线拟合】按钮，绘制样条曲线，命令行提示如下。

```
命令: _SPLINE↙
当前设置: 方式=拟合  节点=弦↙
指定第一个点或 [方式(M)/节点(K)/对象(O)]: M↙
                    //选择方式选项
输入样条曲线创建方式 [拟合(F)/控制点(CV)] <拟合>: F↙
                    //选择拟合选项
当前设置: 方式=拟合  节点=弦
指定第一个点或 [方式(M)/节点(K)/对象(O)]:
                    //鼠标指定样条曲线的第一点
输入下一个点或 [起点切向(T)/公差(L)]:
                    //鼠标指定样条曲线的第二个点
输入下一个点或 [端点相切(T)/公差(L)/放弃(U)]:
                    //指定最后一点，按Enter键结束操作
```

Step 03 绘制完成的鱼池轮廓样条曲线如图5-217所示。

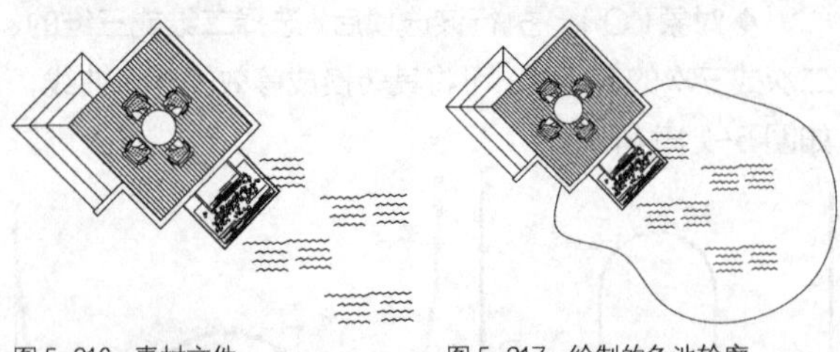

图 5-216　素材文件　　图 5-217　绘制的鱼池轮廓

·初学解答 样条曲线的节点

在执行【样条曲线拟合】命令时，指定第一点之前，命令行中会出现如下操作提示。

```
指定第一个点或 [方式(M)/节点(K)/对象(O)]:
```

如果选择节点（K）选项，则会出现如下提示，共3个子选项，分别介绍如下。

```
输入节点参数化 [弦(C)/平方根(S)/统一(U)] <弦>:
```

◆弦（C）：（弦长方法）均匀隔开连接每个部件曲线的节点，使每个关联的拟合点对之间的距离成正比，如图5-218中的实线所示。

◆平方根（S）：（向心方法）均匀隔开连接每个部件曲线的节点，使每个关联的拟合点对之间的距离的平方根成正比。此方法通常会产生更“柔和”的曲线，如图5-218中的虚线所示。

◆统一（U）：（等间距分布方法）。均匀隔开每个零部件曲线的节点，使其相等，而不管拟合点的间距如何。此方法通常可生成泛光化拟合点的曲线，如图5-218中的点画线所示。

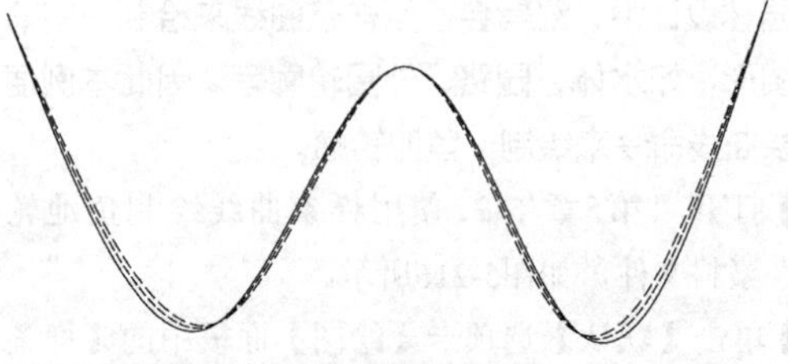

图 5-218　样条曲线中各节点选项效果

练习 5-23 使用样条曲线绘制函数曲线 ★进阶★

难度:	☆☆☆
素材文件路径:	素材/第5章/5-23使用样条曲线绘制函数曲线.dwg
效果文件路径:	素材/第5章/5-23使用样条曲线绘制函数曲线-OK.dwg
视频文件路径:	视频/第5章/5-23使用样条曲线绘制函数曲线.mp4
播放时长:	2分20秒

函数曲线又称数学曲线，是根据函数方程在笛卡尔直角坐标系中绘制出来的规律曲线，如三角函数曲线、心形线、渐开线、摆线等。本例所绘制的摆线是一个圆沿一直线缓慢地滚动，圆上一固定点所经过的轨迹，如图5-219所示。摆线是数学上的经典曲线，也是机械设计中的重要轮廓造型曲线，广泛应用于各类减速器中，如摆线针轮减速器，其中的传动轮轮廓便是一种摆线，如图5-220所示。本例便通过【样条曲线】与【多点】命令，根据摆线的方程来绘制摆线轨迹。

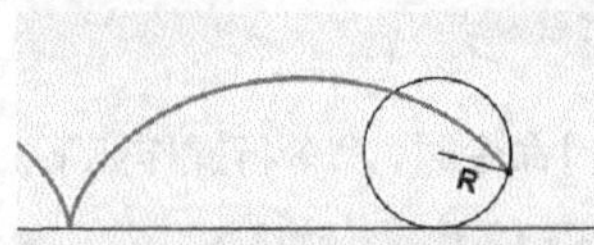

图 5-219　摆线

图 5-220 外轮廓为摆线的传动轮

Step 01 打开“第5章/5-23使用样条曲线绘制函数曲线.dwg”文件，素材文件内含有一个表格，表格中包含摆线的曲线方程和特征点坐标，如图5-221所示。

Step 02 设置点样式。选择【格式】|【点样式】命令，在弹出的【点样式】对话框中选择点样式为☒，如图5-222所示。

摆线方程式: x=R×(t-sint),y=R×(1-cost)				
R	t	x=r×(t-sint)	y=r×(1-cost)	坐标 (x,y)
R=10	0	0	0	(0,0)
	$\frac{1}{4}\pi$	0.8	2.9	(0.8,2.9)
	$\frac{1}{2}\pi$	5.7	10	(5.7,10)
	$\frac{3}{4}\pi$	16.5	17.1	(16.5,17.1)
	π	31.4	20	(31.4,20)
	$\frac{5}{4}\pi$	46.3	17.1	(46.3,17.1)
	$\frac{3}{2}\pi$	57.1	10	(57.1,10)
	$\frac{7}{4}\pi$	62	2.9	(62,2.9)
	2π	62.8	0	(62.8,0)

图 5-221　素材

图 5-222 设置点样式

Step 03 绘制各特征点。单击【绘图】面板中的【多点】按钮⊡，然后在命令行中按表格中的坐标栏输入坐标值，所绘制的9个特征点如图5-223所示，命令行操作如下。

```
命令: _point
当前点模式: PDMODE=3 PDSIZE=0.0000
指定点: 0,0↙              //输入第一个点的坐标
指定点: 0.8, 2.9↙         //输入第二个点的坐标
指定点: 5.7, 10↙          //输入第三个点的坐标
指定点: 16.5, 17.1↙       //输入第四个点的坐标
指定点: 31.4, 20↙         //输入第五个点的坐标
指定点: 46.3, 17.1↙       //输入第六个点的坐标
指定点: 57.1, 10↙         //输入第七个点的坐标
指定点: 62, 2.9↙          //输入第八个点的坐标
指定点: 62.8, 0↙          //输入第九个点的坐标
指定点: *取消*            //按【Esc】键取消多点绘制
```

Step 04 用样条曲线进行连接。单击【绘图】面板中的【样条曲线拟合】按钮⊡，启用样条曲线命令，然后依次连接绘制的9个特征点即可，如图5-224所示。

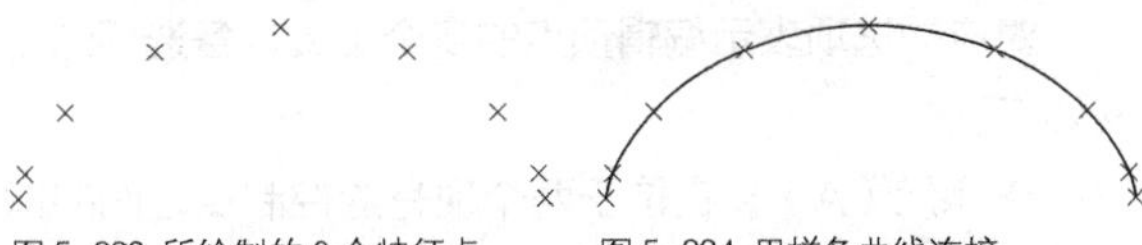

图 5-223 所绘制的 9 个特征点　　图 5-224 用样条曲线连接

> **知识链接**
>
> 函数曲线上的各点坐标可以通过Excel表来计算得出，然后按上述方法即可绘制出各种曲线。

5.7.2 编辑样条曲线 ★重点★

与【多线】一样，AutoCAD 2016 也提供了专门编辑【样条曲线】的工具。由 SPLINE 命令绘制的样条曲线具有许多特征，如数据点的数量及位置、端点特征性及切线方向等，用 SPLINEDIT（编辑样条曲线）命令可以改变曲线的这些特征。

• 执行方式

要对样条曲线进行编辑，有以下 3 种方法。

◆功能区：在【默认】选项卡中，单击【修改】面板中的【编辑样条曲线】按钮，如图 5-225 所示。

◆菜单栏：选择【修改】|【对象】|【样条曲线】菜单命令，如图 5-226 所示。

◆命令行：输入“SPEDIT”命令。

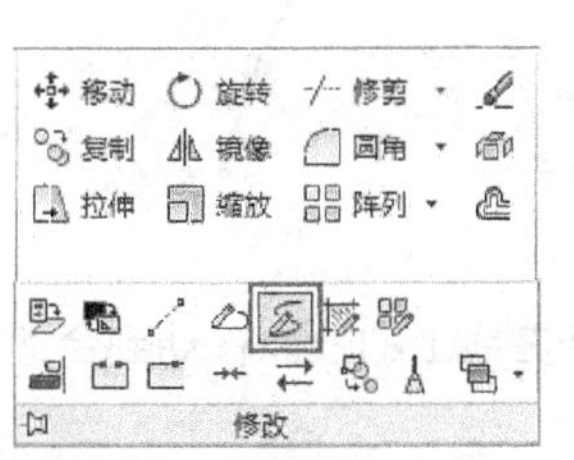

图 5-225【绘图】面板中的样条曲线编辑按钮

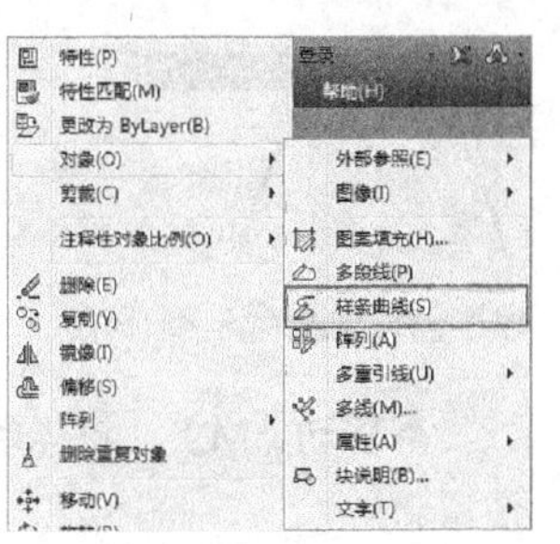

图 5-226【菜单栏】调用【样条曲线】编辑命令

• 操作步骤

按上述方法执行【编辑样条曲线】命令后，选择要编辑的样条曲线，便会在命令行中出现如下提示。

```
输入选项[闭合(C)/合并(J)/拟合数据(F)/编辑顶点(E)/转换为多线段(P)/反转(R)/放弃(U)/退出(X)]:<退出>
```

• 选项说明

命令行中各选项的含义说明如下。

1 闭合（C）

用于闭合开放的样条曲线，执行此选项后，命令将自动变为【打开 (O)】，如果再执行【打开】命令又会切换回来，如图 5-227 所示。

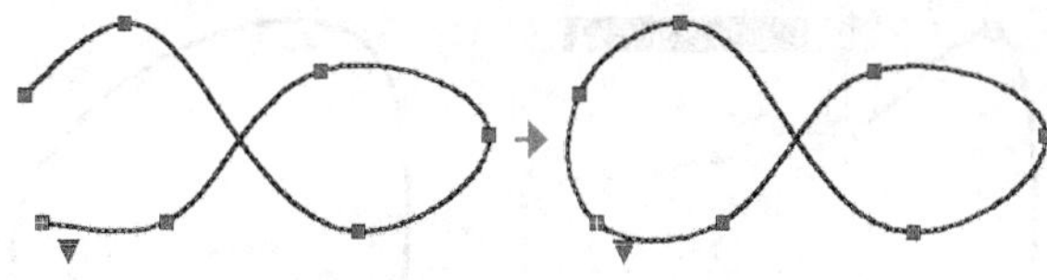

图 5-227　闭合的编辑效果

2 合并（J）

将选定的样条曲线与其他样条曲线、直线、多段线和圆弧在重合端点处合并，以形成一个较大的样条曲线。对象在连接点处使用扭折连接在一起（C0 连续性），如图 5-228 所示。

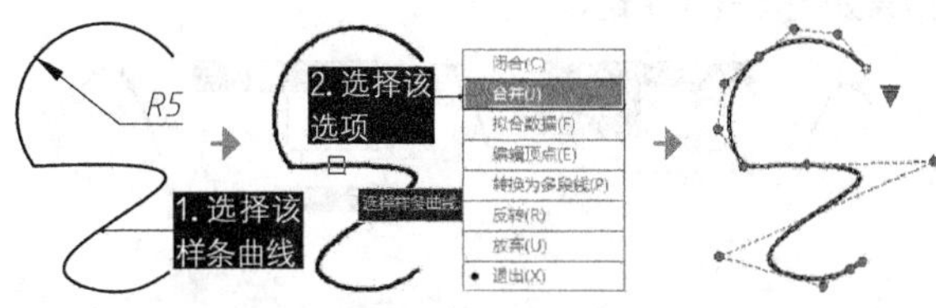

图 5-228　将其他图形合并至样条曲线

3 拟合数据（F）

用于编辑拟合点样条曲线的数据。拟合数据包括所有的拟合点、拟合公差及绘制样条曲线时与之相关联的切线。

选择该选项后，样条曲线上各控制点将会被激活，命令行提示如下。

```
输入拟合数据选项[添加(A)/闭合(C)/删除(D)/扭折(K)/移动(M)/清理(P)/切线(T)/公差(L)/退出(X)]:<退出>:
```

对应的选项表示各个拟合数据编辑工具，各选项的含义如下。

◆添加（A）：为样条曲线添加新的控制点。选择一个拟合点后，请指定要以下一个拟合点（将自动亮显）方向添加到样条曲线的新拟合点；如果在开放的样条曲线上选择了最后一个拟合点，则新拟合点将添加到样条曲线的端点；如果在开放的样条曲线上选择第一个拟合点，则可以选择将新拟合点添加到第一个点之前或之后，效果如图 5-229 所示。

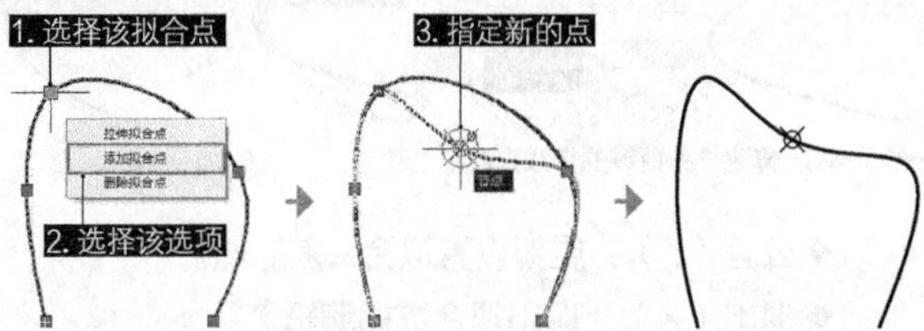

图 5-229　为样条曲线添加新的拟合点

◆闭合（C）：用于闭合开放的样条曲线，效果同之前介绍的闭合（C），如图 5-227 所示。

◆删除（D）：用于删除样条曲线的拟合点并重新用其余点拟合样条曲线，如图 5-230 所示。

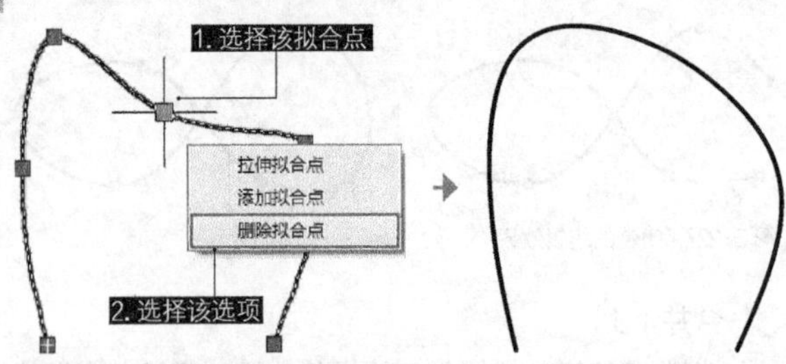

图 5-230　删除样条曲线上的拟合点

◆扭折（K）：凭空在样条曲线上的指定位置添加节点和拟合点，这不会保持在该点的相切或曲率连续性，效果如图 5-231 所示。

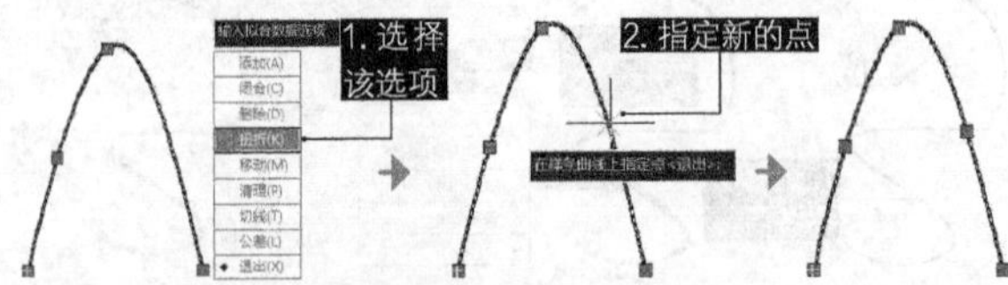

图 5-231　在样条曲线上添加节点

◆移动（M）：可以依次将拟合点移动到新位置。

◆清理（P）：从图形数据库中删除样条曲线的拟合数据，将样条曲线从拟合点转换为控制点，如图 5-232 所示。

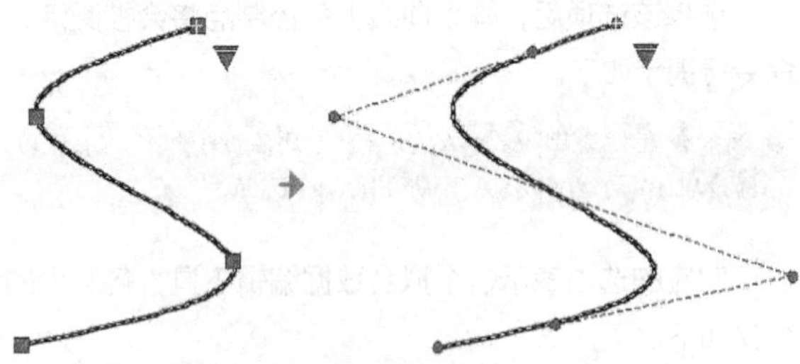

图 5-232　将样条曲线从拟合点转换为控制点

◆切线（T）：更改样条曲线的开始和结束切线。指定点以建立切线方向。可以使用对象捕捉，例如垂直或平行，效果如图 5-233 所示。

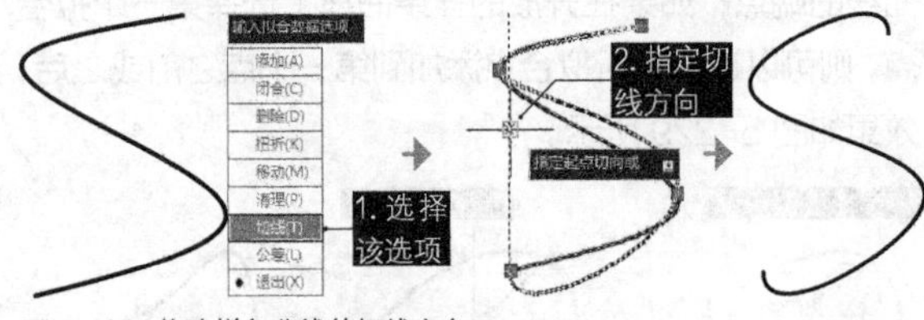

图 5-233　修改样条曲线的切线方向

◆公差（L）：重新设置拟合公差的值。

◆退出（X）：退出拟合数据编辑。

4 编辑顶点（E）

用于精密调整控制点样条曲线的顶点，选取该选项后，命令行提示如下。

```
输入顶点编辑选项 [添加(A)/删除(D)/提高阶数(E)/移动(M)/权值(W)/退出(X)] <退出>:
```

对应的选项表示编辑顶点的多个工具，各选项的含义如下。

◆添加（A）：在位于两个现有的控制点之间的指定点处添加一个新控制点，如图 5-234 所示。

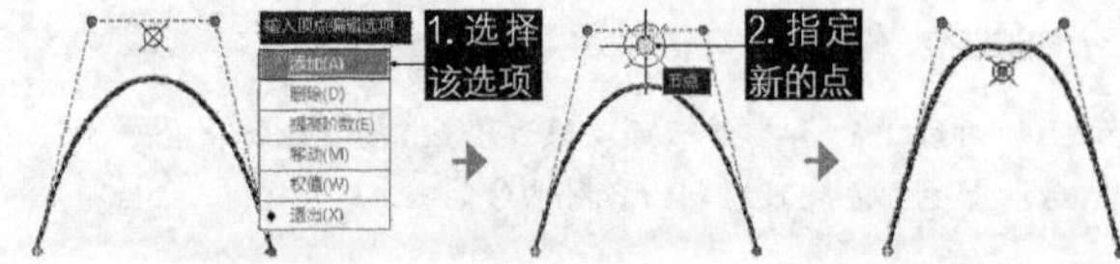

图 5-234　在样条曲线上添加顶点

◆删除（D）：删除样条曲线的顶点，如图 5-235 所示。

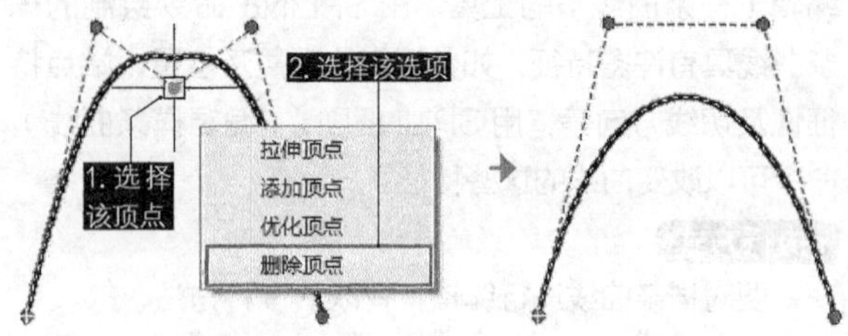

图 5-235　删除样条曲线上的顶点

◆提高阶数（E）：增大样条曲线的多项式阶数（阶数加 1），阶数最高为 26。这将增加整个样条曲线的控制点的数量，效果如图 5-236 所示。

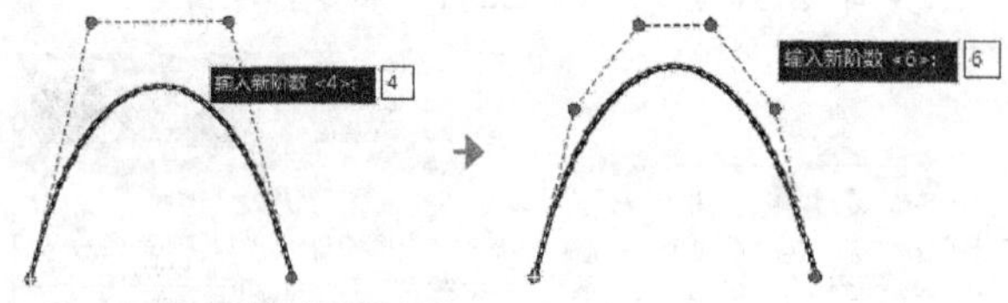

图 5-236　提高样条曲线的阶数

◆移动（M）：将样条曲线上的顶点移动到合适位置。

◆权值（W）：修改不同样条曲线控制点的权值，并根据指定控制点的新权值重新计算样条曲线。权值越大，样条曲线越接近控制点，如图 5-237 所示。

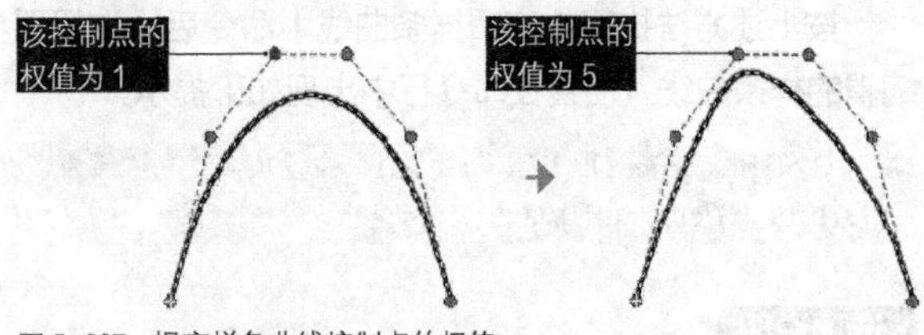

图 5-237　提高样条曲线控制点的权值

5 转换为多段线（P）

用于将样条曲线转换为多段线。精度值决定生成的多段线与样条曲线的接近程度，有效值为介于 0~99 之间的任意整数，但是较高的精度值会降低性能。

6 反转（R）

可以反转样条曲线的方向。

7 放弃（U）

还原操作，每选择一次将取消上一次的操作，可一直返回编辑任务开始时的状态。

5.8 其他绘图命令

AutoCAD 2016的功能较以往的版本要强大许多，因此绘图区的命令也更为丰富。除上面介绍的传统绘图命令之外，还有三维多段线、螺旋线、修订云线等命令。

5.8.1 三维多段线 ★进阶★

在二维的平面直角坐标系中，使用“PL”（多段线）命令可以绘制多段线，尽管各线条可以设置宽度和厚度，但它们必须共面。而使用【三维多段线】命令，则可以绘制不共面的三维多段线。但这样绘制的三维多段线是作为单个对象创建的直线段相互连接而成的序列，因此它只有直线段，没有圆弧段，如图 5-238 所示。

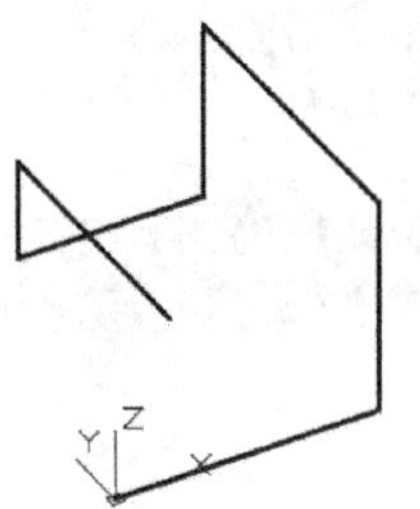
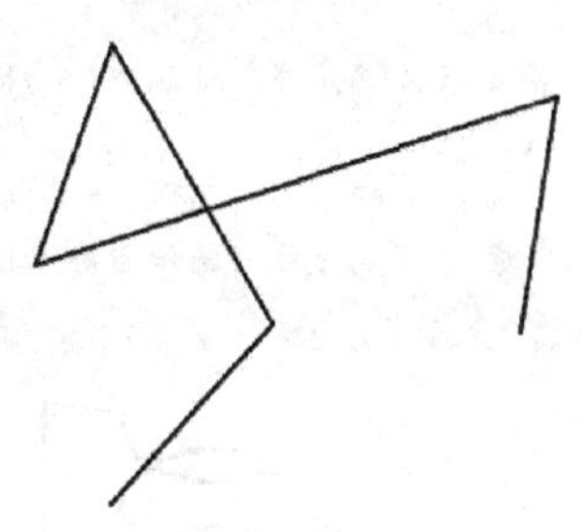

图 5-238 三维多段线不含圆弧

•执行方式

调用【三维多段线】命令的方式如下。

◆功能区：单击【绘图】面板中的【三维多段线】按钮，如图 5-239 所示。

◆菜单栏：调用【绘图】|【多段线】菜单命令，如图 5-240 所示。

◆命令行：输入“3DPOLY”命令。

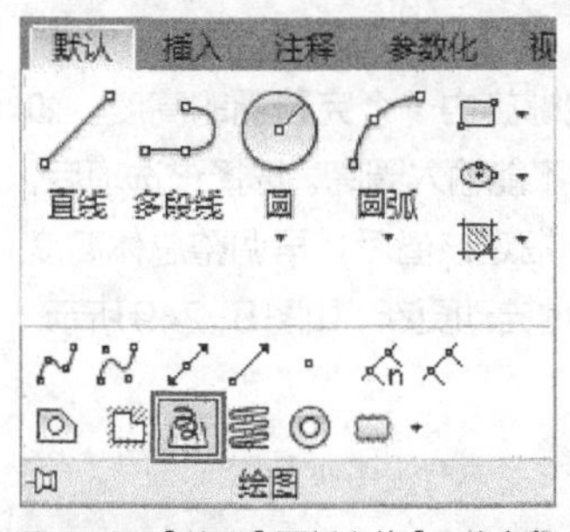

图 5-239 【绘图】面板中的【三维多段线】按钮

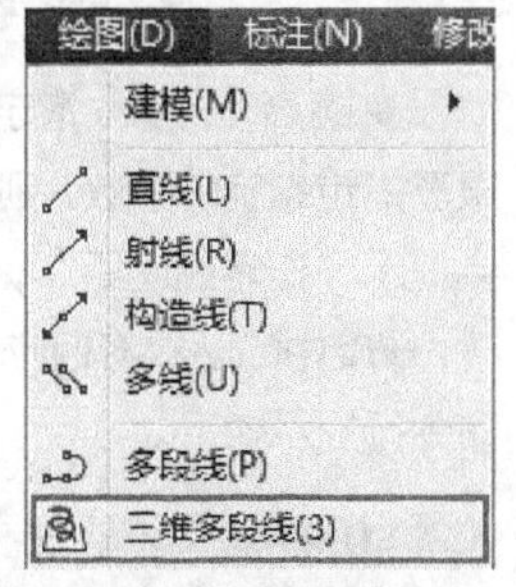

图 5-240 【三维多段线】菜单命令

•操作步骤

三维多段线的操作十分简单，执行命令后依次指定点即可绘制。命令行操作过程如下。

```
命令: _3dpoly                        //执行【三维多段线】命令
指定多段线的起点:                     //指定多段线的起点
指定直线的端点或 [放弃(U)]:           //指定多段线的下一个点
指定直线的端点或 [放弃(U)]:           //指定多段线的下一个点
指定直线的端点或 [闭合(C)/放弃(U)]://指定多段线的下一个点。输入“C”使图形闭合，或按Enter键结束命令
```

•选项说明

【三维多段线】不能像二维多段线一样添加线宽或圆弧，因此功能非常简单，命令行中也只有闭合（C）选项，同【直线】命令，在此不重复介绍。

5.8.2 螺旋线

在日常生活中，随处可见各种螺旋线，如弹簧、发条、螺纹、旋转楼梯等，如图 5-241 所示。如果要绘制这些图形，仅使用【圆弧】、【样条曲线】等命令是很难的，因此在 AutoCAD 2016 中，就提供了一项专门用来绘制螺旋线的命令——【螺旋】。

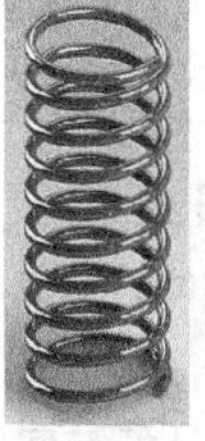

（a）弹簧

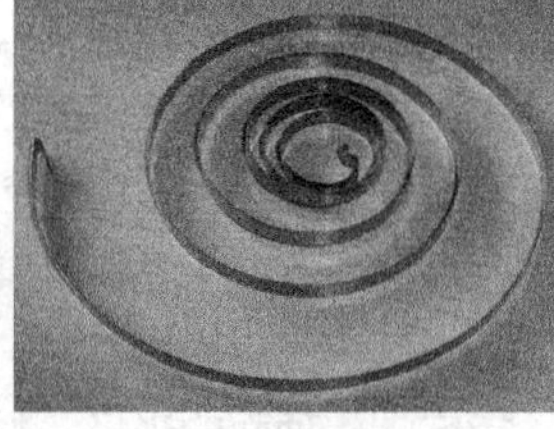

（b）发条

（c）旋转楼梯

图 5-241 各种螺旋图形

•执行方式

绘制螺旋线的方法有以下几种。

◆功能区：在【默认】选项卡中，单击【绘图】面板中的【螺旋】按钮，如图 5-242 所示。

◆菜单栏：执行【绘图】|【螺旋】菜单命令，如图 5-243 所示。

◆命令行：输入“HELIX”命令。

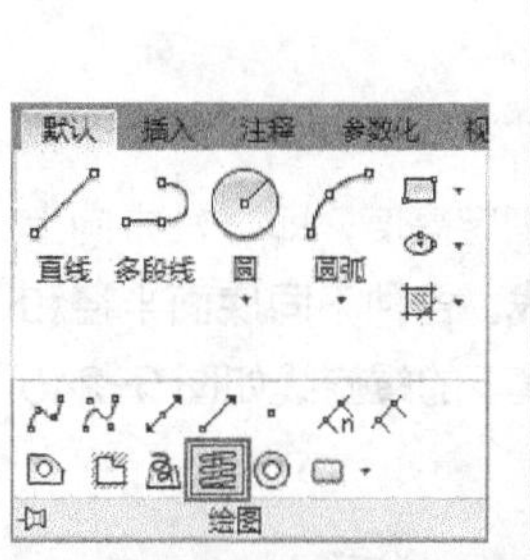

图 5-242 【绘图】面板中的【螺旋】按钮

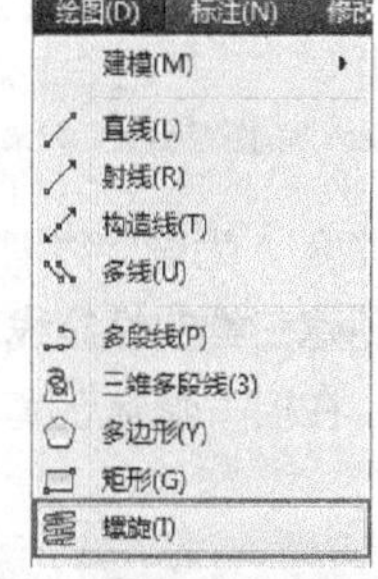

图 5-243 【螺旋】菜单命令

•操作步骤

执行【螺旋】命令后，根据命令行提示设置各项参数，即可绘制螺旋线，如图 5-244 所示。命令行提示如下。

```
命令: _Helix                          //执行【螺旋】命令
圈数 = 3.0000    扭曲=CCW             //当前螺旋线的参数设置
指定底面的中心点:                     //指定螺旋线的中心点
指定底面半径或 [直径(D)] <1.0000>: 10↙
                                      //输入最里层的圆半径值
指定顶面半径或 [直径(D)] <10.0000>: 30↙
                                      //输入最外层的圆半径值
指定螺旋高度或 [轴端点(A)/圈数(T)/圈高(H)/扭曲(W)]
<1.0000>:                             //输入螺旋线的高度值，绘制
三维的螺旋线，或单击Enter键完成操作
```

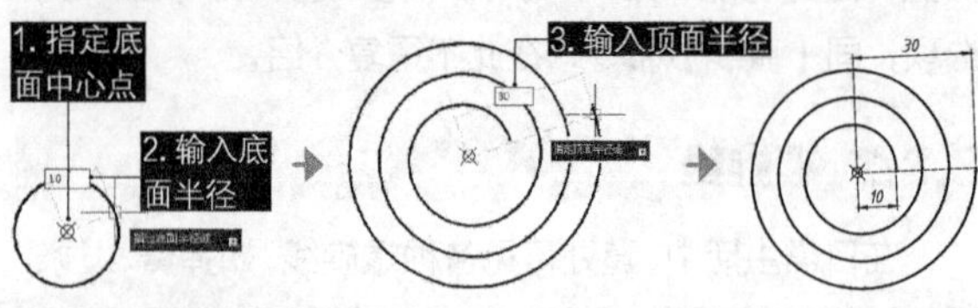

图 5-244 创建螺旋线

·选项说明

螺旋线的绘制与【螺旋】命令中各项参数设置有关，因此命令行中各选项说明解释如下。

◆底面中心点：即设置螺旋基点的中心。

◆底面半径：指定螺旋底面的半径。初始状态下，默认的底面半径设定为 1。以后在执行【螺旋】命令时，底面半径的默认值则始终是先前输入的任意实体图元或螺旋的底面半径值。

◆顶面半径：指定螺旋顶面的半径。默认值与底面半径相同。底面半径和顶面半径可以相等（但不能都设定为 0），这时创建的螺旋线在二维视图下外观就为一个圆，但三维状态下则为一标准的弹簧型螺旋线，如图 5-245 所示。

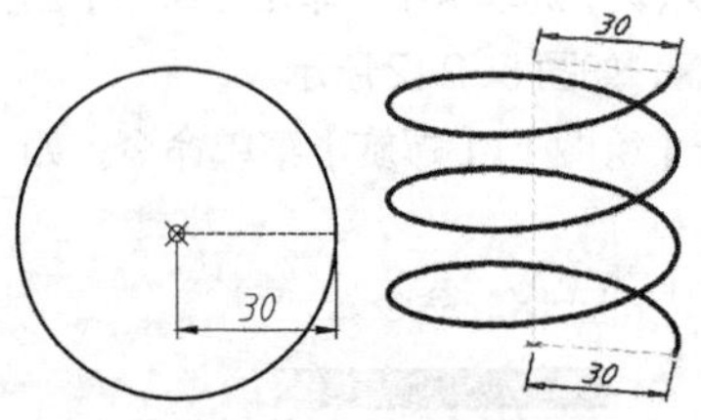

（a）二维视图　（b）三维视图

图 5-245 不同视图下的螺旋线显示效果

◆螺旋高度：为螺旋线指定高度，即 Z 轴方向上的值，从而创建三维的螺旋线。各种不同底面半径和顶面半径值，在相同螺旋高度下的螺旋线如图 5-246 所示。

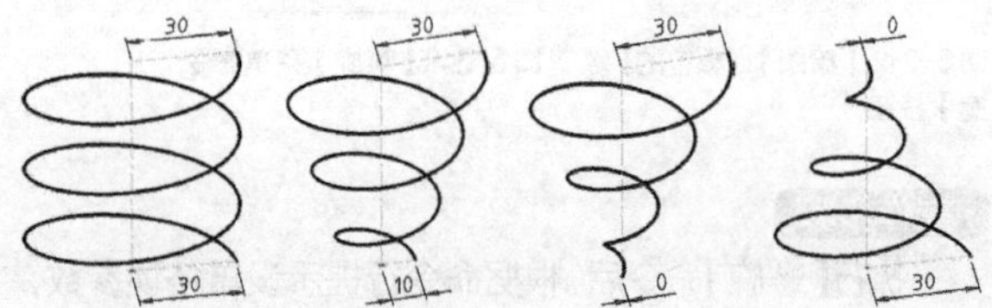

图 5-246 不同半径、相同高度的螺旋线效果

◆轴端点（A）：通过指定螺旋轴的端点位置，来确定螺旋线的长度和方向。轴端点可以位于三维空间的任意位置，因此可以通过该选项创建指向各方向的螺旋线，效果如图 5-247 所示。

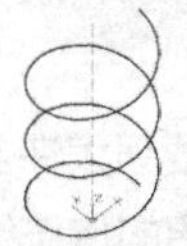

（a）沿 Z 轴指向的螺旋线　（b）沿 X 轴指向的螺旋线　（c）指向任意方向的螺旋线

图 5-247 通过轴端点可以指定螺旋线的指向

◆圈数（T）：通过指定螺旋的圈（旋转）数，来确定螺旋线的高度。螺旋的圈数最大不能超过 500。在初始状态下，圈数的默认值为 3。圈数指定后，再输入螺旋的高度值，则只会实时调整螺旋的间距值（即圈高），效果如图 5-248 所示。命令行提示如下。

```
命令: HELIX                          //执行【螺旋】命令
......
指定螺旋高度或 [轴端点(A)/圈数(T)/圈高(H)/扭曲(W)]
<60.0000>: T↙                         //选择圈数选项
输入圈数 <3.0000>: 5↙                 //输入圈数
指定螺旋高度或 [轴端点(A)/圈数(T)/圈高(H)/扭曲(W)]
<44.6038>: 60↙                        //输入螺旋高度
```

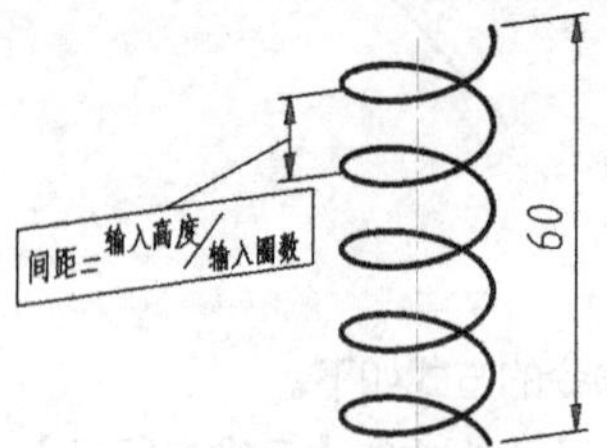

图 5-248 圈数（T）绘制螺旋线

操作技巧

一旦执行【螺旋】命令，则圈数的默认值始终是先前输入的圈数值。

◆圈高（H）：指定螺旋内一个完整圈的高度。如果已指定螺旋的圈数，则不能输入圈高。选择该选项后，会提示“指定圈间距”，指定该值后，再调整总体高度时，螺旋中的圈数将相应地自动更新，如图 5-249 所示。命令行提示如下。

```
命令: HELIX                          //执行【螺旋】命令
......
指定螺旋高度或 [轴端点(A)/圈数(T)/圈高(H)/扭曲(W)]
<60.0000>: H↙                         //选择圈高选项
指定圈间距 <15.0000>: 18↙             //输入圈间距
指定螺旋高度或 [轴端点(A)/圈数(T)/圈高(H)/扭曲(W)]
<44.6038>: 60↙                        //输入螺旋高度
```

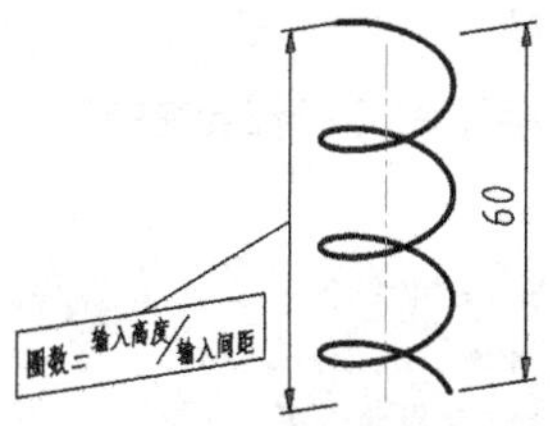

图 5-249 圈高（H）绘制螺旋线

◆扭曲（W）：可指定螺旋扭曲的方向，有顺时针和逆时针两个子选项，默认为逆时针方向。

练习 5-24 绘制发条弹簧

难度：☆☆☆☆	
素材文件路径：	素材/第5章/5-24绘制发条弹簧.dwg
效果文件路径：	素材/第5章/5-24绘制发条弹簧-OK.dwg
视频文件路径：	视频/第5章/5-24绘制发条弹簧.mp4
播放时长：	3分40秒

发条弹簧，又名平面涡卷弹簧。其一端固定而另一端作用有扭矩；在扭矩作用下，弹簧材料产生弯曲弹性变形，使弹簧在平面内产生扭转，从而积聚能量，释放后可作为简单的动力源，在众多玩具、钟表上应用广泛。图 5-250 所示为一款经典的发条弹簧应用实例。本例即利用所学的【螺旋】命令绘制该发条弹簧。

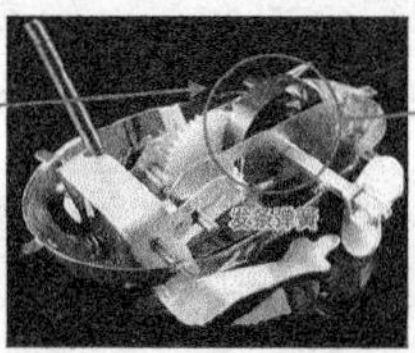

图 5-250 发条弹簧的应用实例

Step 01 打开“第5章/5-24 绘制发条弹簧.dwg”文件，如图5-251所示，其中已经绘制好了交叉的中心线。

Step 02 单击【绘图】面板中的【螺旋】按钮，以中心线的交点为中心点，绘制底面半径为10、顶面半径为20，圈数为5，高度为0，旋转方向为顺时针的平面螺旋线，如图5-252所示，命令行操作如下。

```
命令:_Helix
圈数 = 3.0000    扭曲=CCW
指定底面的中心点:                              //选择中心线的交点
指定底面半径或 [直径(D)] <1.0000>:10           //输入底面半径值
指定顶面半径或 [直径(D)] <10.0000>: 20         //输入顶面半径值
指定螺旋高度或 [轴端点(A)/圈数(T)/圈高(H)/扭曲(W)]
<0.0000>: w↙                                   //选择扭曲选项
输入螺旋的扭曲方向 [顺时针(CW)/逆时针(CCW)] <CCW>:
cw↙                                            //选择顺时针旋转方向
指定螺旋高度或 [轴端点(A)/圈数(T)/圈高(H)/扭曲(W)]
<0.0000>: t↙                                   //选择圈数选项
输入圈数 <3.0000>:5↙                           //输入圈数
指定螺旋高度或 [轴端点(A)/圈数(T)/圈高(H)/扭曲(W)]
<0.0000>:                                      //输入高度为0，结束操作
```

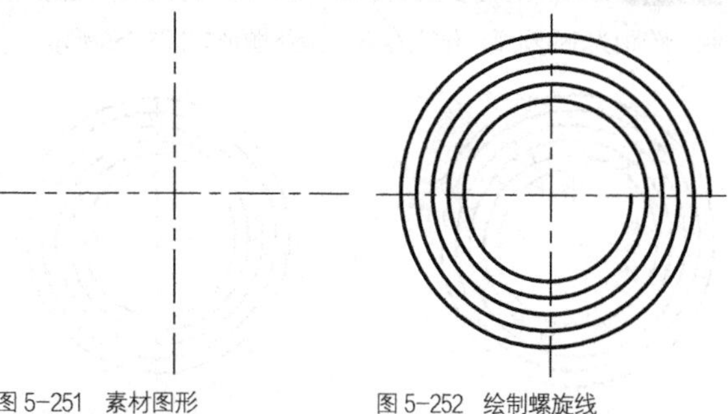

图 5-251 素材图形　　图 5-252 绘制螺旋线

Step 03 单击【修改】面板中的【旋转】按钮，将螺旋线旋转90°，如图5-253所示。

Step 04 绘制内侧吊杆。执行“L”（直线）命令，在螺旋线内圈的起点处绘制一长度为4的竖线，再单击【修改】面板中的【圆角】按钮，将直线与螺旋线倒圆*R*2，如图5-254所示。

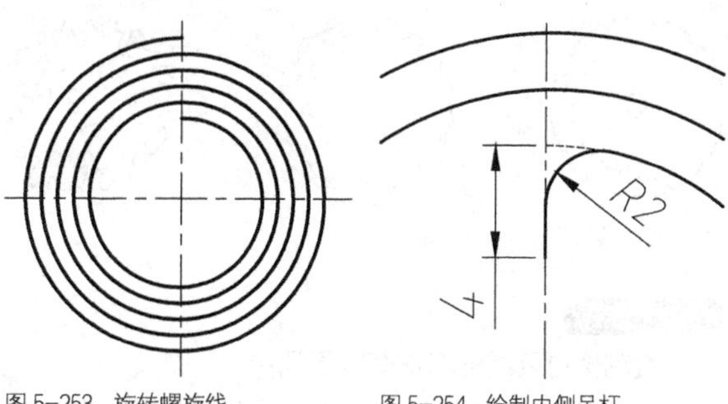

图 5-253 旋转螺旋线　　图 5-254 绘制内侧吊杆

Step 05 绘制外侧吊钩。单击【绘图】面板中的【多段线】按钮，以螺旋线外圈的终点为起点，螺旋线中心为圆心，端点角度为30°绘制圆弧，如图5-255所示，命令行操作如下。

```
命令:_pline
指定起点:                                      //指定螺旋线的终点
当前线宽为 0.0000
指定下一个点或 [圆弧(A)/半宽(H)/长度(L)/放弃(U)/宽度(W)]: A
                                               //选择圆弧子选项
指定圆弧的端点(按住 Ctrl 键以切换方向)或
[角度(A)/圆心(CE)/方向(D)/半宽(H)/直线(L)/半径(R)/第二个
点(S)/放弃(U)/宽度(W)]: ce↙
                                               //选择圆心子选项
指定圆弧的圆心:                                //指定螺旋线中心为圆心
指定圆弧的端点(按住 Ctrl 键以切换方向)或 [角度(A)/长度
(L)]: 30                                       //输入端点角度
```

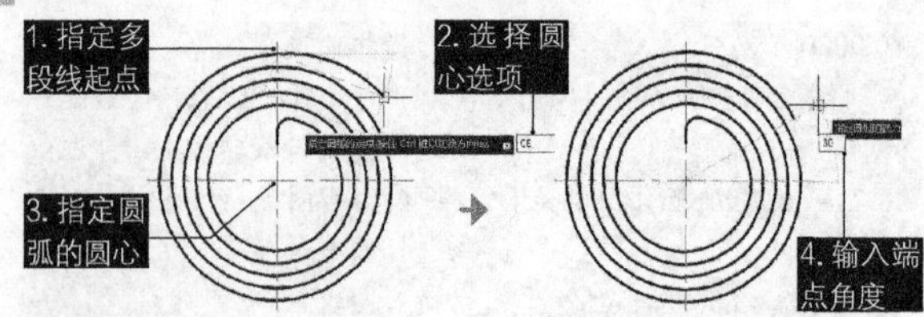

图 5-255　绘制第一段多段线

Step 06 继续执行【多段线】命令，水平向右移动光标，绘制一跨距为6的圆弧，结束命令，最终图形如图5-256所示。

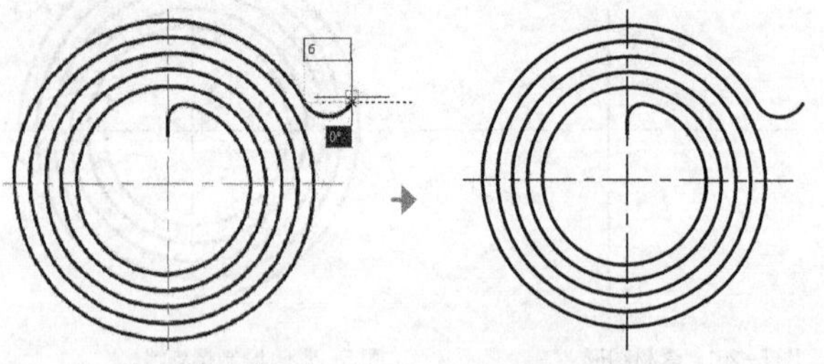

图 5-256　绘制第二段多段线

5.8.3 修订云线 ★进阶★

修订云线是一类特殊的线条，它的形状类似于云朵，主要用于突出显示图纸中已修改的部分，在园林绘图中常用于绘制灌木，如图 5-257 所示。其组成参数包括多个控制点、最大弧长和最小弧长。

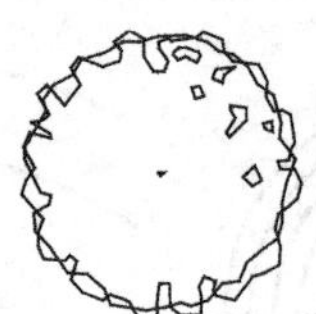

图 5-257　修订云线绘制的灌木

•执行方式

绘制修订云线的方法有以下几种。

◆功能区：单击【绘图】面板中的【矩形】按钮、【多边形】按钮、【徒手画】按钮，如图 5-258 所示。

◆菜单栏：【绘图】|【修订云线】菜单命令，如图 5-259 所示。

◆命令行：输入“REVCLOUD”命令。

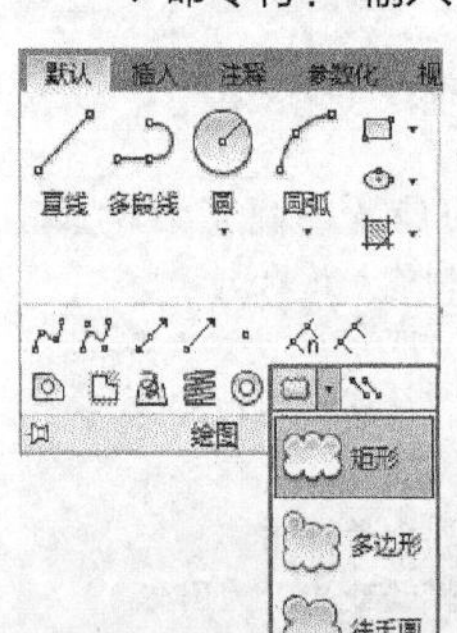

图 5-258【绘图】面板中的修订云线

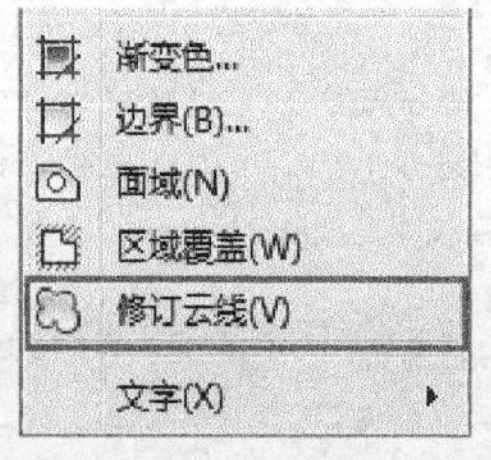

图 5-259【菜单栏】调用【修订云线】命令

•操作步骤

使用任意方法执行该命令后，命令行都会在前几行出现如下提示。

```
命令: _revcloud        //执行【修订云线】命令
最小弧长:3  最大弧长:5  样式:普通  类型:多边形
                        //显示当前修订云线的设置
指定起点或 [弧长(A)/对象(O)/矩形(R)/多边形(P)/徒手画(F)/样式(S)/修改(M)] <对象>: _F
                        //选择修订云线的创建方法或修改设置
```

•选项说明

命令行中各选项含义如下。

◆弧长（A）：指定修订云线的弧长，选择该选项后可指定最小与最大弧长，其中最大弧长不能超过最小弧长的 3 倍。

◆对象（O）：指定要转换为修订云线的单个闭合对象，如图 5-260 所示。

图 5-260　对象转换

◆矩形（R）：通过绘制矩形创建修订云线，如图 5-261 所示。命令行中提示如下。

```
命令: _revcloud
最小弧长:3  最大弧长:5  样式:普通  类型:矩形
指定第一个角点或 [弧长(A)/对象(O)/矩形(R)/多边形(P)/徒手画(F)/样式(S)/修改(M)] <对象>: _R   //选择矩形选项
指定第一个角点或 [弧长(A)/对象(O)/矩形(R)/多边形(P)/徒手画(F)/样式(S)/修改(M)] <对象>:   //指定矩形的一个角点1
指定对角点:                 //指定矩形的对角点2
```

◆多边形（P）：通过绘制多段线创建修订云线，如图 5-262 所示。命令行中提示如下。

```
命令: _revcloud
指定起点或 [弧长(A)/对象(O)/矩形(R)/多边形(P)/徒手画(F)/样式(S)/修改(M)] <对象>: _P    //选择多边形选项
指定起点或 [弧长(A)/对象(O)/矩形(R)/多边形(P)/徒手画(F)/样式(S)/修改(M)] <对象>:       //指定多边形的起点1
指定下一点:                  //指定多边形的第二点2
指定下一点或 [放弃(U)]:       //指定多边形的第三点3
指定下一点或 [放弃(U)]:
```

图 5-261 矩形（R）绘制修订云线

图 5-262 多边形（P）绘制修订云线

◆徒手画（F）：通过绘制自由形状的多段线创建修订云线，如图 5-263 所示。命令行提示如下。

```
命令: _revcloud
指定起点或 [弧长(A)/对象(O)/矩形(R)/多边形(P)/徒手画(F)/样式(S)/修改(M)] <对象>: _F      //选择徒手画选项
最小弧长: 3  最大弧长: 5  样式: 普通  类型: 徒手画
指定第一个点或 [弧长(A)/对象(O)/矩形(R)/多边形(P)/徒手画(F)/样式(S)/修改(M)] <对象>:  //指定多边形的起点
沿云线路径引导十字光标...指定下一点或 [放弃(U)]:
```

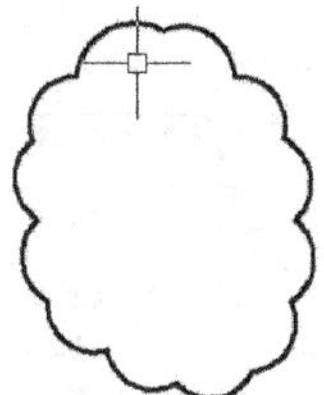

图 5-263　徒手画（F）绘制修订云线

> **操作技巧**
>
> 在绘制修订云线时，若不希望它自动闭合，可在绘制过程中将鼠标移动到合适的位置后，单击鼠标右键来结束修订云线的绘制。

◆样式（S）：用于选择修订云线的样式，选择该选项后，命令提示行将出现“选择圆弧样式 [普通 (N)/(C)]< 普通 >：提示信息，默认为普通选项，如图 5-264 所示。

◆修改（M）：对绘制的云线进行修改。

普通

手绘

图 5-264　样式效果

练习 5-25 绘制绿篱

难度：☆☆☆	
素材文件路径：	素材/第5章/5-25绘制绿篱.dwg
效果文件路径：	素材/第5章/5-25绘制绿篱-OK.dwg
视频文件路径：	视频/第5章/5-25绘制绿篱.mp4
播放时长：	59秒

在园林设计中，有时需要手动绘制一些波浪线的图形，此时就可以使用【修订云线】命令来绘制，也可以将现有的封闭图形（如矩形、多边形、圆、椭圆等）转换为修订云线。

Step 01 单击快速访问工具栏中的【打开】按钮，打开“第5章/5-25绘制绿篱.dwg”文件，如图5-265所示。

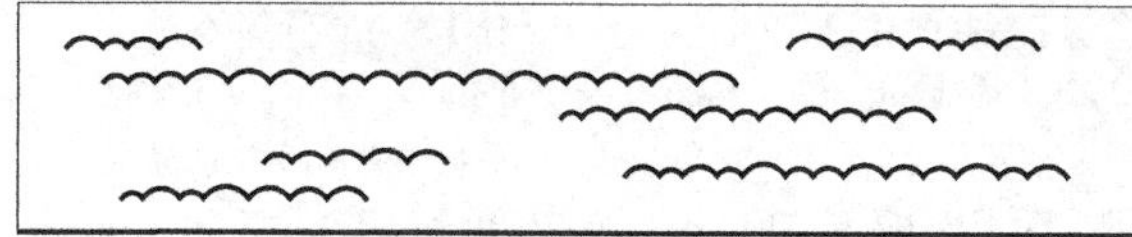

图 5-265　素材图形

Step 02 单击【绘图】面板中的【修订云线】按钮，调用【修订云线】命令，对矩形进行修改，命令行提示如下。

```
命令: _REVCLOUD↙
                    //调用【修订云线】命令
指定起点或 [弧长(A)/对象(O)/样式(S)] <对象>: A↙
                    //激活弧长选项
指定最小弧长 <10>: 100↙
                    //指定最小弧长并按Enter键确认
指定最大弧长 <100>: 200↙
                    //指定最大弧长并按Enter键确认
指定起点或 [弧长(A)/对象(O)/样式(S)] <对象>: O↙
                    //激活对象选项
反转方向 [是(Y)/否(N)] <否>: ↙
//不反转方向，按Enter键确定，再按Enter键完成修订云线
```

Step 03 绘制完成的绿篱效果如图5-266所示。

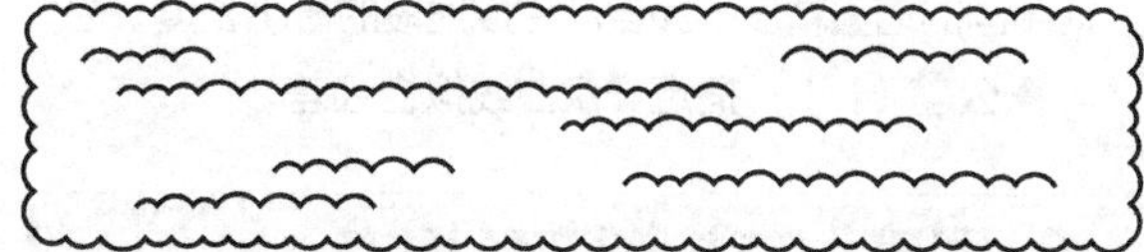

图 5-266　绘制的绿篱

5.8.4 徒手画 ★进阶★

使用【徒手画】（sketch）命令可以通过模仿手绘效果创建一系列独立的线段或多段线。这种绘图方式通常适用于签名、绘制木纹、自由轮廓以及植物等不规则图形的绘制，如图 5-267 所示。

图 5-267　徒手画效果

• 执行方式

在 AutoCAD 2016 的初始设置中，只有从命令行中输入“Sketch”才能启用【徒手画】命令。

• 操作步骤

执行【徒手画】命令后，移动光标即可绘制。命令行的提示如下。

```
命令: SKETCH                    //执行【徒手画】命令
类型 = 直线  增量 = 1.0000  公差 = 0.5000
                                //当前徒手画的参数设置
指定草图或 [类型(T)/增量(I)/公差(L)]:
                                //移动光标进行绘制
```

•选项说明

在移动光标绘制之前，可以选择命令行中提供的 3 个子选项调整有关设置，各子选项含义如下。

◆类型（T）：指定绘制徒手画的方式。其中包括直线（L）、多段线（P）、样条曲线（S），效果如图 5-268 所示。

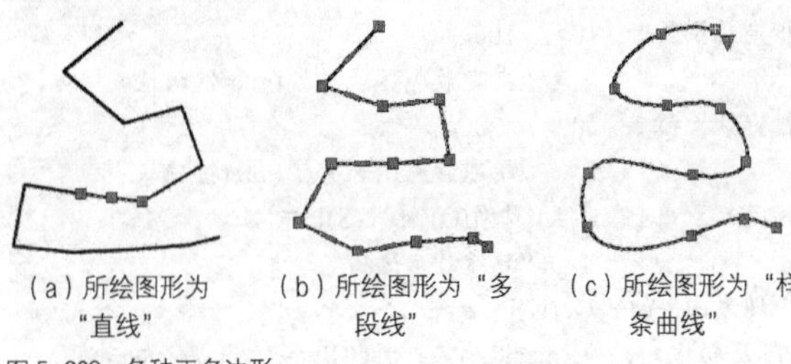

（a）所绘图形为“直线”　（b）所绘图形为“多段线”　（c）所绘图形为“样条曲线”

图 5-268　各种正多边形

◆增量（I）：指定草图增量，确定的线段长度可作为徒手画的增量精度，即自动生成线段的最小长度。

◆公差（L）：指定样条曲线拟合公差。

5.9 图案填充与渐变色填充

使用 AutoCAD 的图案和渐变色填充功能，可以方便地对图案和渐变色填充，以区别不同形体的各个组成部分。

5.9.1 图案填充

在图案填充过程中，用户可以根据实际需求选择不同的填充样式，也可以对已填充的图案进行编辑。

•执行方式

执行【图案填充】命令的方法有以下常用 3 种。

◆功能区：在【默认】选项卡中，单击【绘图】面板中的【图案填充】按钮，如图 5-269 所示。

◆菜单栏：选择【绘图】|【图案填充】菜单命令，如图 5-270 所示。

◆命令行：输入“BHATCH”“CH”或“H”命令。

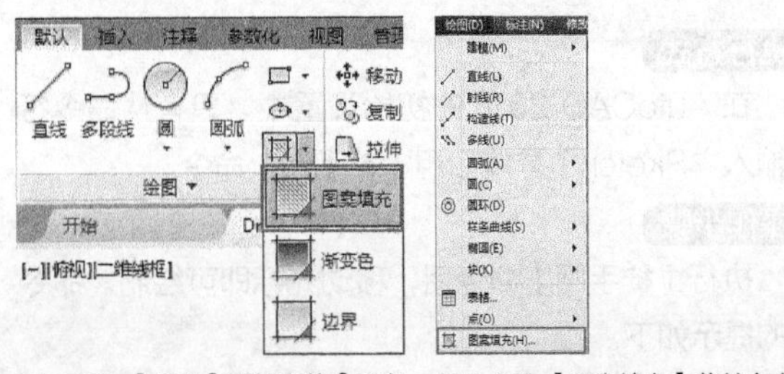

图 5-269 【修改】面板中的【图案填充】按钮　图 5-270 【图案填充】菜单命令

•操作步骤

在 AutoCAD 中执行【图案填充】命令后，将显示【图案填充创建】选项卡，如图 5-271 所示。选择所选的填充图案，在要填充的区域中单击，生成效果预览，然后于空白处单击或单击【关闭】面板上的【关闭图案填充】按钮即可创建。

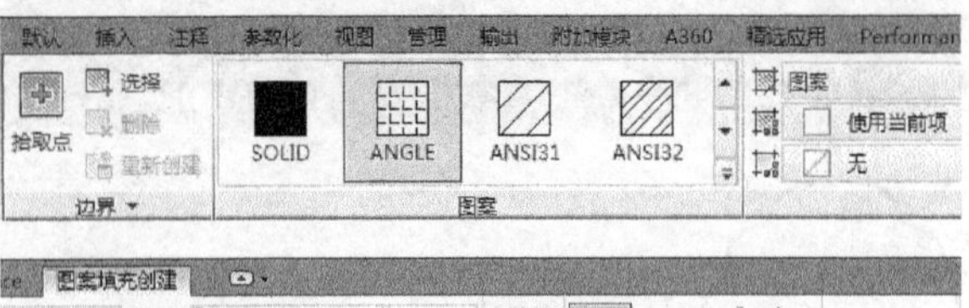

图 5-271 【图案填充创建】选项卡

•选项说明

该选项卡由【边界】、【图案】、【特性】、【原点】、【选项】和【关闭】6 个面板组成，分别介绍如下。

【边界】面板

图 5-272 所示为展开【边界】面板中隐藏的选项，其面板中各选项的含义如下。

◆【拾取点】：单击此按钮，然后在填充区域中单击一点，AutoCAD 自动分析边界集，并从中确定包围该店的闭合边界。

◆【选择】：单击此按钮，然后根据封闭区域选择对象确定边界。可通过选择封闭对象的方法确定填充边界，但并不自动检测内部对象，如图 5-273 所示。

图 5-272 【边界】面板

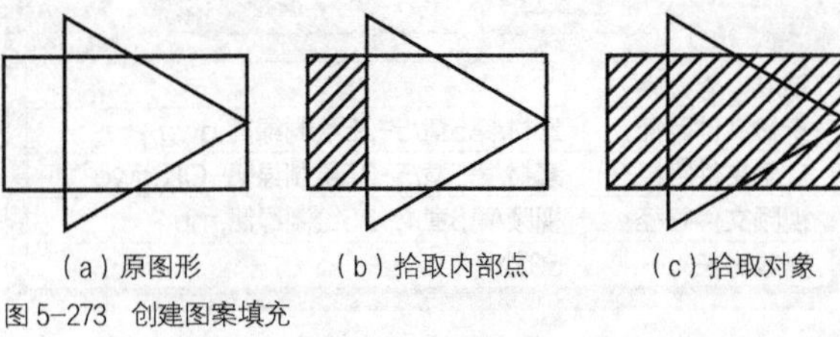

（a）原图形　（b）拾取内部点　（c）拾取对象

图 5-273　创建图案填充

◆【删除】：用于取消边界，边界即为在一个大的封闭区域内存在的一个独立的小区域。

◆【重新创建】：编辑填充图案时，可利用此按钮生成与图案边界相同的多段线或面域。

◆【显示边界对象】：单击按钮，AutoCAD 显示当前的填充边界。使用显示的夹点可修改图案填充边界。

◆【保留边界对象】: 创建图案填充时，创建多段线或面域作为图案填充的边缘，并将图案填充对象与其关联。单击下拉按钮，在下拉列表中包括【不保留边界】、【保留边界：多段线】、【保留边界：面域】。

◆【选择新边界集】: 指定对象的有限集（称为边界集），以便由图案填充的拾取点进行评估。单击下拉按钮，在下拉列表中展开【使用当前视口】选项，根据当前视口范围中的所有对象定义边界集，选择此选项将放弃当前的任何边界集。

【图案】面板

显示所有预定义和自定义图案的预览图案。单击右侧的按钮可展开【图案】面板，拖动滚动条选择所需的填充图案，如图 5-274 所示。

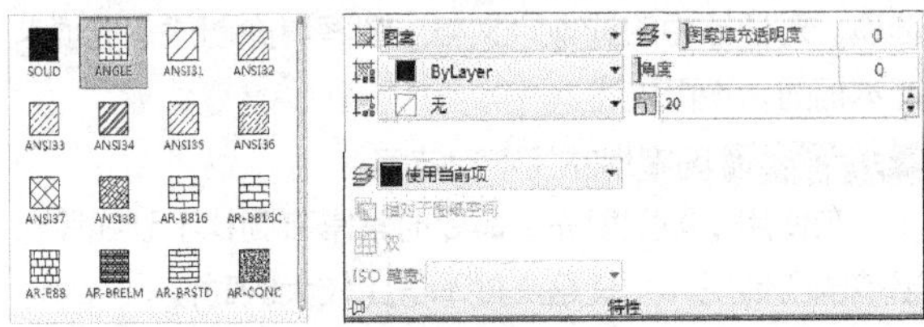

图 5-274【图案】面板　图 5-275【特性】面板

【特性】面板

图 5-275 所示为展开的【特性】面板中的隐藏选项，其各选项含义如下。

◆【图案】: 单击下拉按钮，在下拉列表中包括【实体】、【图案】、【渐变色】、【用户定义】4 个选项。若选择【图案】选项，则使用 AutoCAD 预定义的图案，这些图案保存在“acad.pat”和“acadiso.pat”文件中。若选择【用户定义】选项，则采用用户定制的图案，这些图案保存在“.pat”类型文件中。

◆【颜色】（图案填充颜色）/（背景色）：单击下拉按钮，在弹出的下拉列表中选择需要的图案颜色和背景颜色，默认状态下为无背景颜色，如图 5-276 与图 5-277 所示。

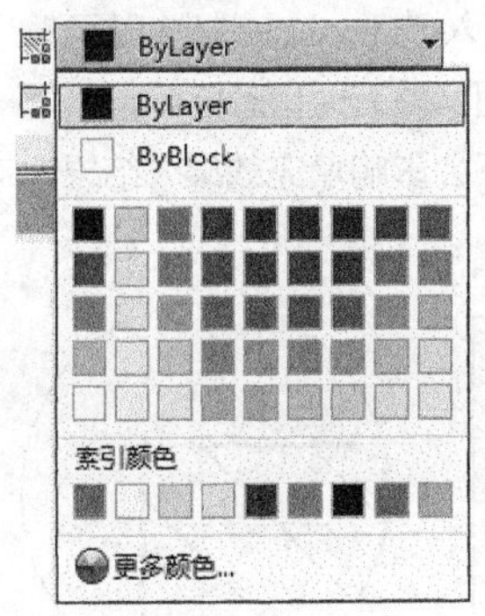

图 5-276 选择图案颜色　图 5-277 选择背景颜色

◆【图案填充透明度】: 通过拖动滑块，可以设置填充图案的透明度，如图 5-278 所示。设置完透明度之后，需要单击状态栏中的【显示/隐藏透明度】按钮，透明度才能显示出来。

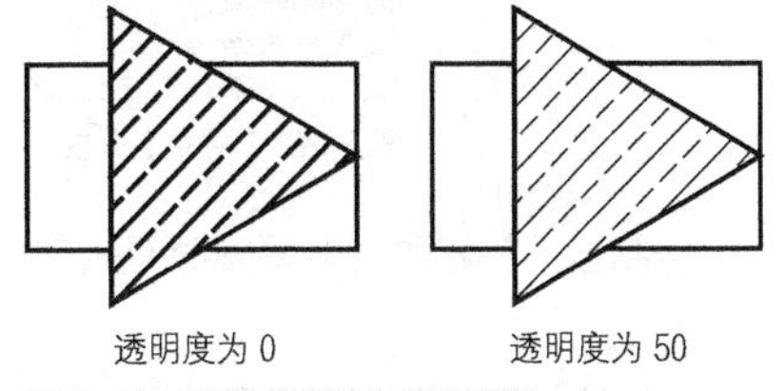

图 5-278 设置图案填充的透明度

◆【角度】: 通过拖动滑块，可以设置图案的填充角度，如图 5-279 所示。

◆【比例】: 通过在文本框中输入比例值，可以设置缩放图案的比例，如图 5-280 所示。

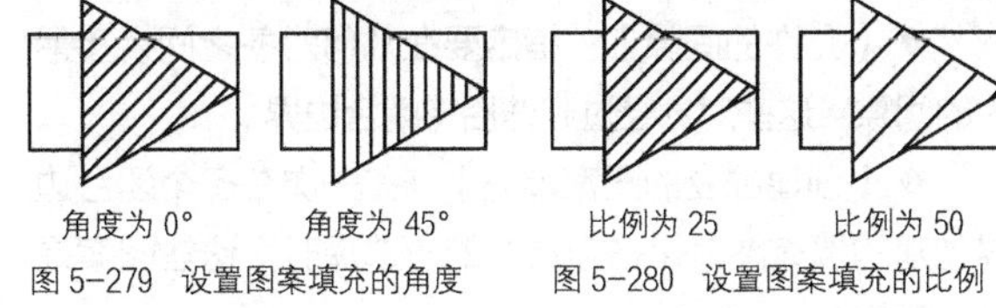

图 5-279 设置图案填充的角度　图 5-280 设置图案填充的比例

◆【图层】: 在右方的下拉列表中可以指定图案填充所在的图层。

◆【相对于图纸空间】: 适用于布局。用于设置相对于布局空间单位缩放图案。

◆【双】: 只有在【用户定义】选项时才可用。用于将绘制两组相互呈 90° 的直线填充图案，从而构成交叉线填充图案。

◆【ISO 笔宽】: 设置基于选定笔宽缩放 ISO 预定义图案。只有图案设置为 ISO 图案的一种时才可用。

【原点】面板

◆图 5-281 所示是【原点】展开隐藏的面板选项，指定原点的位置有【左下】、【右下】、【左上】、【右上】、【中心】、【使用当前原点】6 种方式。

◆【设定原点】: 指定新的图案填充原点，如图 5-282 所示。

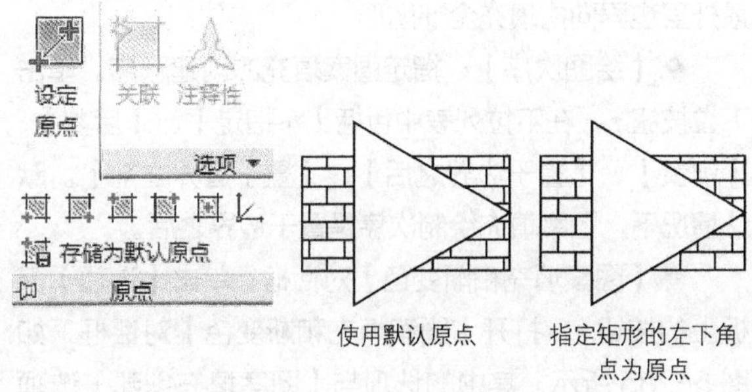

图 5-281 【原点】面板　图 5-282 设置图案填充的原点

【选项】面板

图 5-283 所示为展开的【选项】面板中的隐藏选项，其各选项含义如下。

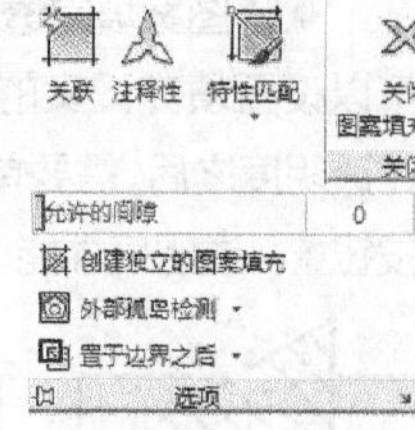

图 5-283【原点】面板

◆【关联】：控制当用户修改当期图案时是否自动更新图案填充。

◆【注释性】：指定图案填充为可注释特性。单击信息图标以了解有相关注释性对象的更多信息。

◆【特性匹配】：使用选定图案填充对象的特性设置图案填充的特性，图案填充原点除外。单击下拉按钮，在下拉列表中包括【使用当前原点】和【使用原图案原点】。

◆【允许的间隙】：指定要在几何对象之间桥接最大的间隙，这些对象经过延伸后将闭合边界。

◆【创建独立的图案填充】：一次在多个闭合边界创建的填充图案是各自独立的，选择时，这些图案是单一对象。

◆【孤岛】：在闭合区域内的另一个闭合区域。单击下拉按钮，在下拉列表中包含【无孤岛检测】、【普通孤岛检测】、【外部孤岛检测】和【忽略孤岛检测】，如图 5-284 所示。其中各选项的含义如下。

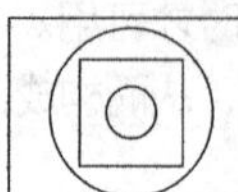
无填充

普通填充方式

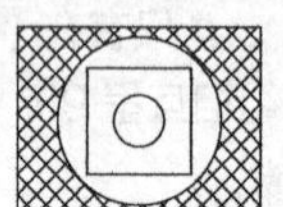
外部填充方式

忽略填充方式

图 5-284 孤岛的 3 种显示方式

①无孤岛检测：关闭以使用传统孤岛检测方法。

②普通：从外部边界向内填充，即第一层填充，第二层不填充。

③外部：从外部边界向内填充，即只填充从最外边界向内第一边界之间的区域。

④忽略：忽略最外层边界包含的其他任何边界，从最外层边界向内填充全部图形。

◆【绘图次序】：指定图案填充的创建顺序。单击下拉按钮，在下拉列表中包括【不指定】、【后置】、【前置】、【置于边界之后】、【置于边界之前】。默认情况下，图案填充绘制次序是置于边界之后。

◆【图案填充和渐变色】对话框：单击【选项】面板上的按钮，打开【图案填充和渐变色】对话框，如图 5-285 所示。其中的选项与【图案填充创建】选项卡中的选项基本相同。

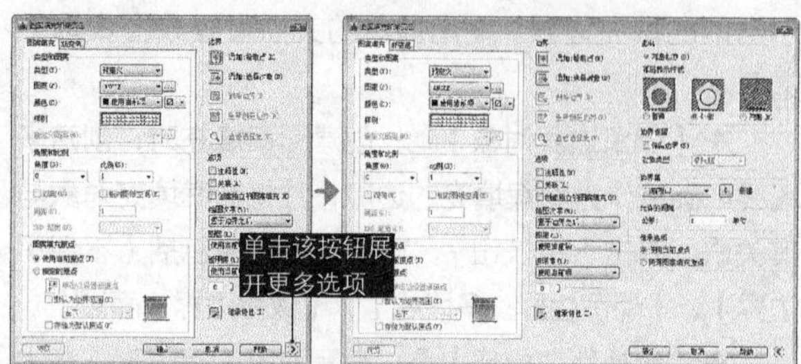

图 5-285 【图案填充和渐变色】对话框

【关闭】面板

单击面板上的【关闭图案填充创建】按钮，可退出图案填充。也可按 Esc 键代替此按钮操作。

在弹出【图案填充创建】选项卡之后，再在命令行中输入“T”，即可进入设置界面，打开【图案填充和渐变色】对话框。单击该对话框右下角的【更多选项】按钮，展开如图 5-285 所示的对话框，显示出更多选项。对话框中的选项含义与【图案填充创建】选项卡基本相同，不再赘述。

·初学解答 图案填充找不到范围

在使用【图案填充】命令时常常碰到找不到线段封闭范围的情况，尤其是文件本身比较大的时候。此时可以采用 Layiso（图层隔离）命令让欲填充的范围线所在的层“孤立”或“冻结”，再用【图案填充】命令就可以快速找到所需填充范围。

·熟能生巧 对象不封闭时进行填充

如果图形不封闭，就会出现这种情况，弹出【图案填充 - 边界定义错误】对话框，如图 5-286 所示；而且在图纸中会用红色圆圈标示出没有封闭的区域，如图 5-287 所示。

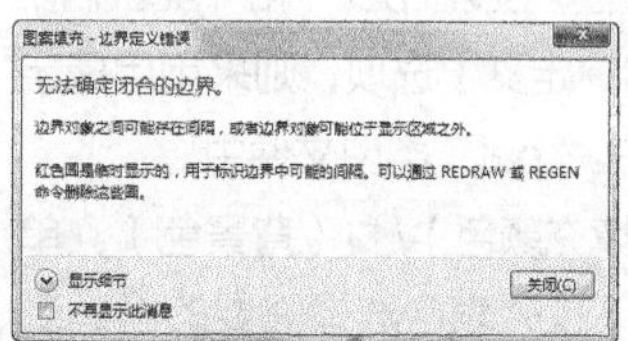

图 5-286 【图案填充 - 边界定义错误】对话框

图 5-287 红色圆圈圈出未封闭区域

这时可以在命令行中输入“Hpgaptol”，即可输入一个新的数值，用以指定图案填充时可忽略的最小间隙，小于输入数值的间隙都不会影响填充效果，结果如图 5-288 所示。

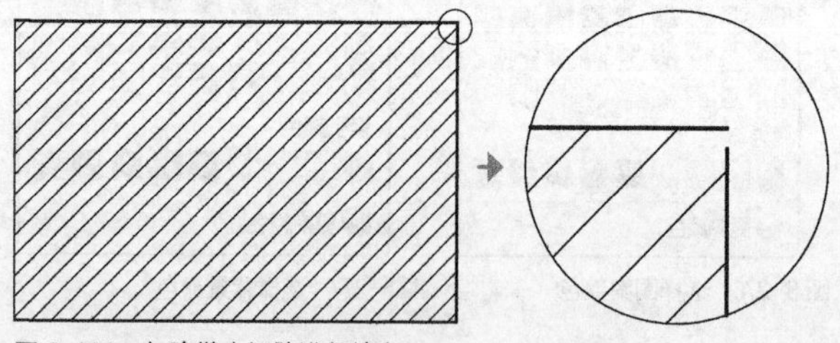
图 5-288 忽略微小间隙进行填充

·精益求精 创建无边界的图案填充

在AutoCAD中创建填充图案最常用方法是选择一个封闭的图形或在一个封闭的图形区域中拾取一个点。创建填充图案时，我们通常都是输入“HATCH”或“H”快捷键，打开【图案填充创建】选项卡进行填充的。

但是，在【图案填充创建】选项卡中是无法创建无边界填充图案的，它要求填充区域是封闭的。有的用户会想到创建填充后删除边界线或隐藏边界线的显示来达成效果，显然这样做是可行的，不过有一种更正规的方法，下面通过一个例子来进行说明。

练习 5-26 创建无边界的混凝土填充

难度：☆☆☆	
素材文件路径：	素材/第5章/5-26创建无边界的混凝土填充.dwg
效果文件路径：	素材/第5章/5-26创建无边界的混凝土填充-OK.dwg
视频文件路径：	视频/第5章/5-26创建无边界的混凝土填充.mp4
播放时长：	1分44秒

在绘制建筑设计的剖面图时，常需要使用【图案填充】命令来表示混凝土或实体地面等。这类填充的一个特点就是范围大，边界不规则，如果仍使用常规的先绘制边界、再进行填充的方法，虽然可行，但效果并不好。本例便直接从调用【图案填充】命令开始，一边选择图案，一边手动指定边界。

Step 01 打开“第5章/5-26创建无边界的混凝土填充.dwg”素材文件。

Step 02 在命令行中输入“-HATCH”命令并按回车键，命令行操作如下。

```
命令: -HATCH          //执行完整的【图案填充】命令
当前填充图案: SOLID
                      //当前的填充图案
指定内部点或 [特性(P)/选择对象(S)/绘图边界(W)/删除边界(B)/高级(A)/绘图次序(DR)/原点(O)/注释性(AN)/图案填充颜色(CO)/图层(LA)/透明度(T)]: P↙
                      //选择特性命令
输入图案名称或 [?/实体(S)/用户定义(U)/渐变色(G)]: AR-CONCl       //输入混凝土填充的名称
指定图案缩放比例 <1.0000>:10↙
                      //输入填充的缩放比例
指定图案角度 <0>: 45↙
                      //输入填充的角度
当前填充图案: AR-CONC
指定内部点或 [特性(P)/选择对象(S)/绘图边界(W)/删除边界(B)/高级(A)/绘图次序(DR)/原点(O)/注释性(AN)/图案填充颜色(CO)/图层(LA)/透明度(T)]: W↙
                      //选择【绘图编辑】命令，手动绘制边界。
```

Step 03 在绘图区依次捕捉点，注意打开捕捉模式，如图5-289所示。捕捉完之后按两次Enter键。

Step 04 系统提示指定内部点，点选绘图区的封闭区域并按回车键，绘制结果如图5-290所示。

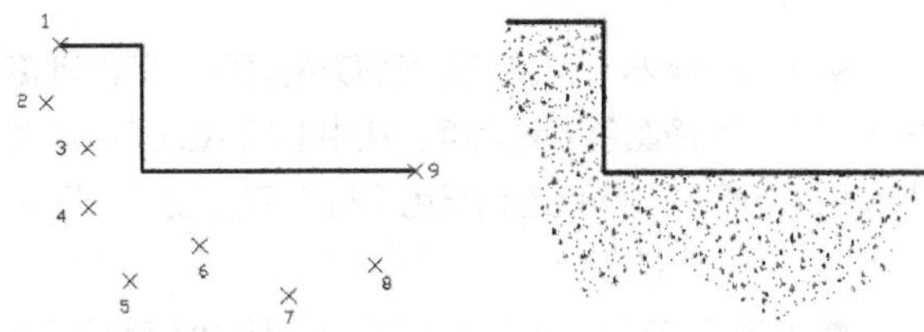

图5-289 指定填充边界参考点　　图5-290 创建的填充图案结果

5.9.2 渐变色填充

在绘图过程中，有些图形在填充时需要用到一种或多种颜色。例如，绘制装潢、美工图纸等。在AutoCAD 2016中调用【图案填充】的方法有如下几种。

◆功能区：在【默认】选项卡中，单击【绘图】面板【渐变色】按钮，如图5-291所示。

◆菜单栏：执行【绘图】|【图案填充】命令，如图5-292所示。

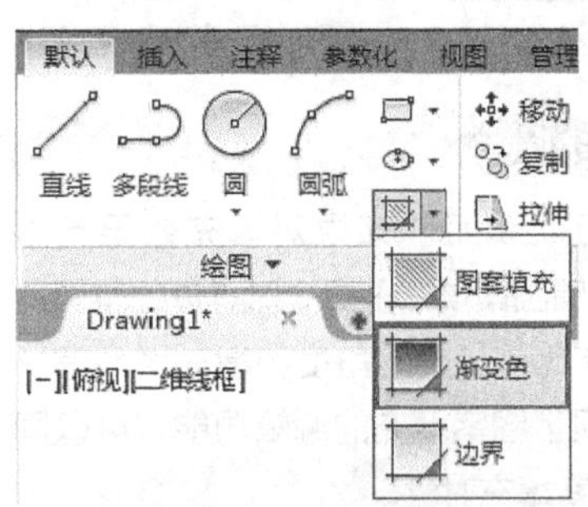

图5-291【修改】面板中的【渐变色】按钮

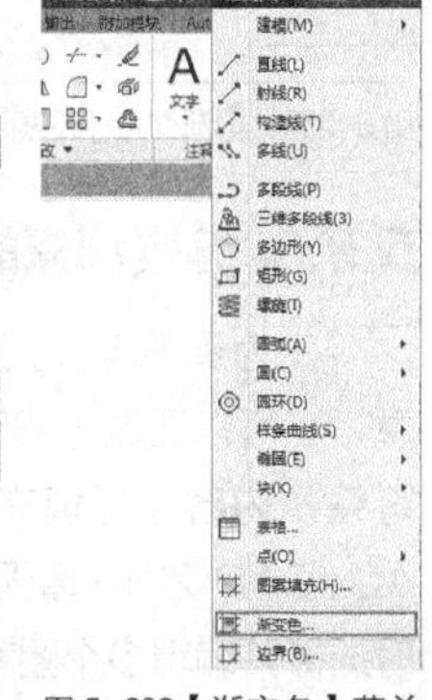

图5-292【渐变色】菜单命令

执行【渐变色】填充操作后，将弹出如图5-293所示的【图案填充创建】选项卡。该选项卡同样由【边界】、【图案】【特性】【原点】【选项】和【关闭】6个面板组成，只是图案换成了渐变色，各面板功能与之前介绍过的图案填充一致，在此不重复介绍。

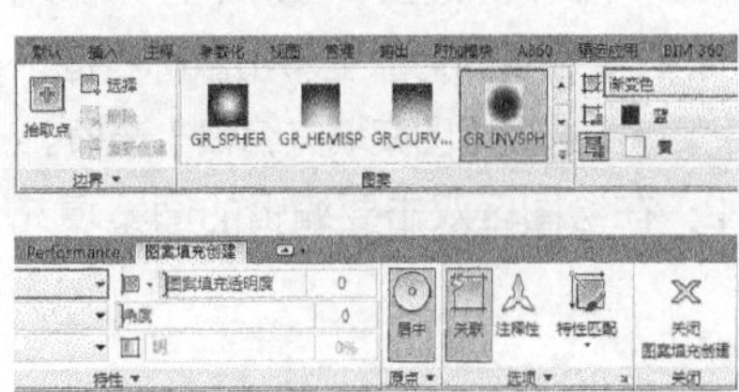

图5-293 【图案填充创建】选项卡

如果在命令行提示“拾取内部点或 [选择对象 (S)/ 放弃 (U)/ 设置 (T)]:”时，激活设置（T）选项，将打开如图 5-294 所示的【图案填充和渐变色】对话框，并自动切换到【渐变色】选项卡。

【渐变色】选项卡中常用选项含义如下。

◆【单色】：指定的颜色将从高饱和度的单色平滑过渡到透明的填充方式。

◆【双色】：指定的两种颜色进行平滑过渡的填充方式，如图 5-295 所示。

◆【颜色样本】：设定渐变填充的颜色。单击浏览按钮打开【选择颜色】对话框，从中选择 AutoCAD 索引颜色（AIC）、真彩色或配色系统颜色。显示的默认颜色为图形的当前颜色。

◆【渐变样式】：在渐变区域有 9 种固定渐变填充的图案，这些图案包括径向渐变、线性渐变等。

◆【方向列表框】：在该列表框中，可以设置渐变色的角度以及其是否居中。

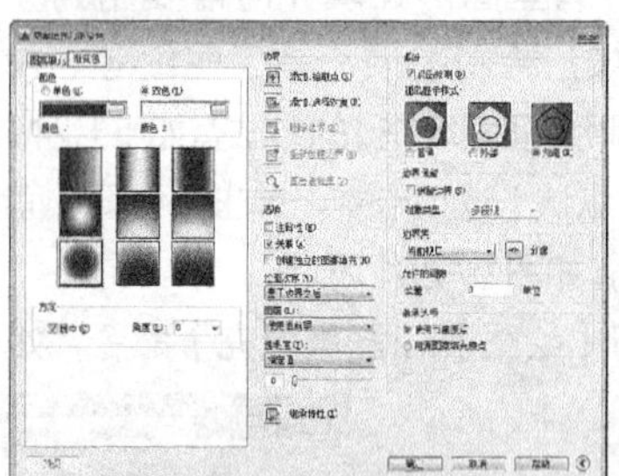

图 5-294 【渐变色】选项卡

图 5-295 渐变色填充效果

5.9.3 编辑填充的图案

在为图形填充了图案后，如果对填充效果不满意，还可以通过【编辑图案填充】命令对其进行编辑。可编辑内容包括填充比例、旋转角度和填充图案等。AutoCAD 2016 增强了图案填充的编辑功能，可以同时选择并编辑多个图案填充对象。

执行【编辑图案填充】命令的方法有以下常用的几种。

◆功能区：在【默认】选项卡中，单击【修改】面板中的【编辑图案填充】按钮，如图 5-296 所示。

◆菜单栏：选择【修改】|【对象】|【图案填充】菜单命令，如图 5-297 所示。

◆命令行：输入“HATCHEDIT”或“HE”命令。

◆快捷操作 1：在要编辑的对象上单击鼠标右键，在弹出的右键快捷菜单中选择【图案填充编辑】选项。

◆快捷操作 2：在绘图区双击要编辑的图案填充对象。

图 5-296【修改】面板中的【编辑图案填充】按钮

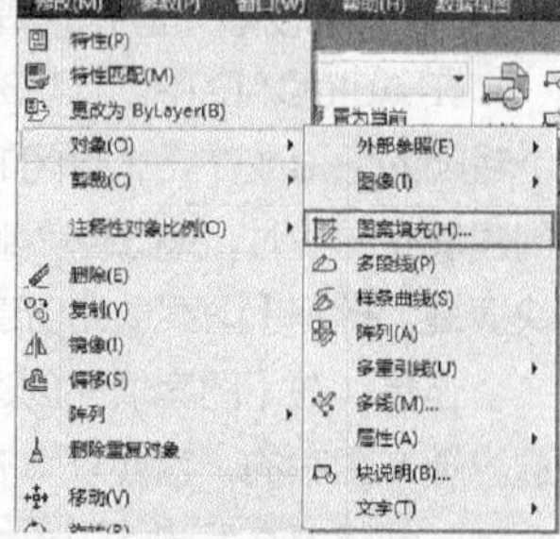

图 5-297【图案填充】菜单命令

调用该命令后，先选择图案填充对象，系统弹出【图案填充编辑】对话框，如图 5-298 所示。该对话框中的参数与【图案填充和渐变色】对话框中的参数一致，修改参数即可修改图案填充效果。

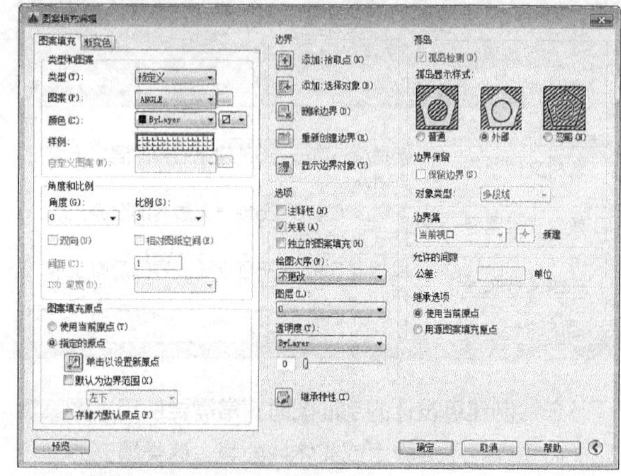

图 5-298 【图案填充编辑】对话框

练习 5-27 填充室内鞋柜立面

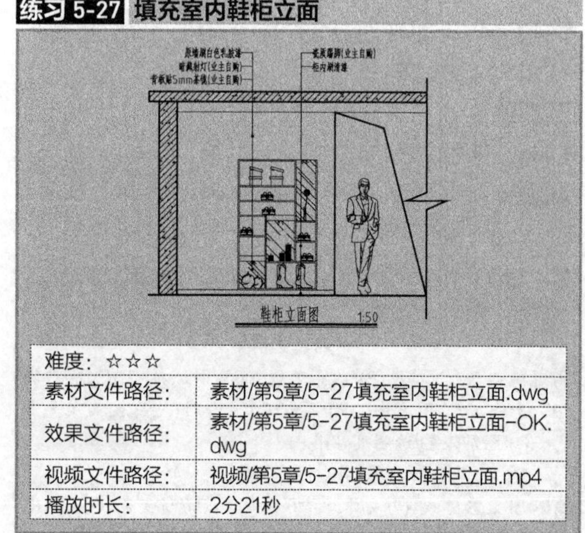

难度：☆☆☆	
素材文件路径：	素材/第5章/5-27填充室内鞋柜立面.dwg
效果文件路径：	素材/第5章/5-27填充室内鞋柜立面-OK.dwg
视频文件路径：	视频/第5章/5-27填充室内鞋柜立面.mp4
播放时长：	2分21秒

室内设计是否美观，很大程度上取决于它在主要立面上的艺术处理，包括造型与装修是否优美。在设计阶

段，立面图主要用来研究这种艺术处理，反映房屋的外貌和立面装修的做法。因此，室内立面图的绘制，很大程度上需要通过填充来表达这种装修做法。本例便通过填充室内鞋柜立面，让用户可以熟练掌握图案填充的方法。

Step 01 打开“第5章/5-27 填充室内鞋柜立面.dwg”素材文件，如图5-299所示。

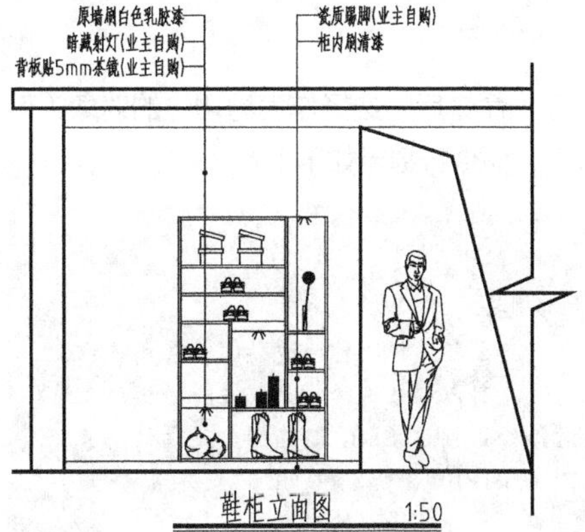

图 5-299　素材图形

Step 02 填充墙体结构图案。在命令行中输入“H”（图案填充）命令并按Enter键，系统在面板上弹出【图案填充创建】选项卡，如图5-300所示。在【图案】面板中设置【ANSI31】，【特性】面板中设置【填充图案颜色】为8，【填充图案比例】为20，设置完成后，拾取墙体为内部拾取点填充，按空格键退出，填充效果如图5-301所示。

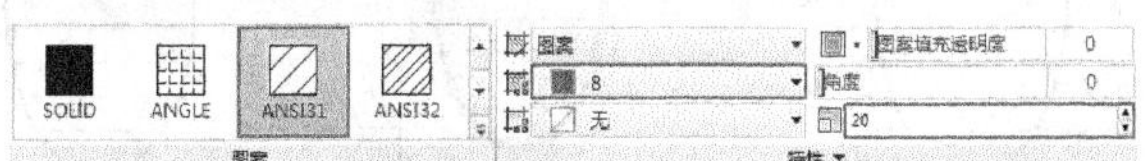

图 5-300　【图案填充创建】选项卡

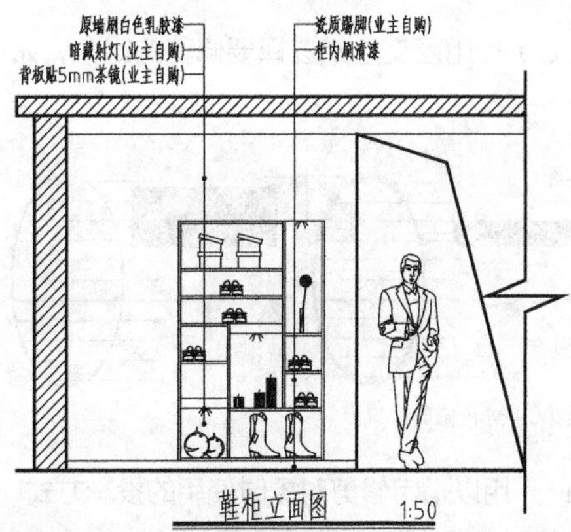

图 5-301　填充墙体钢筋

Step 03 继续填充墙体结构图案。按空格键再次调用【图案填充】命令，选择【图案】为【AR-CON】，【填充图案颜色】为8，【填充图案比例】为1，填充效果如图5-302所示。

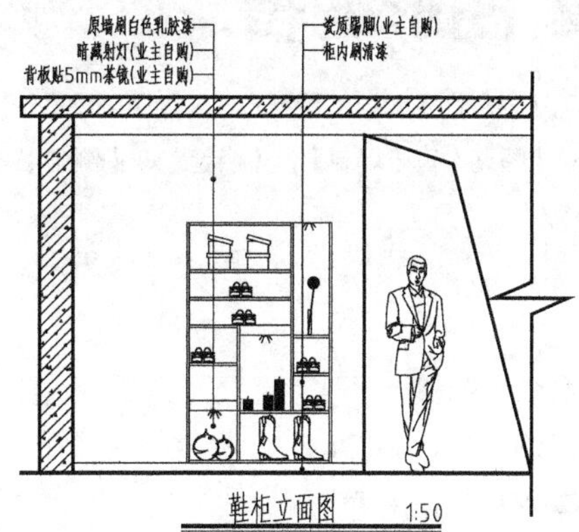

图 5-302　填充墙体混凝土

Step 04 填充鞋柜背景墙面。按空格键再次调用【图案填充】命令，选择【图案】为【AR-SAND】，【填充图案颜色】为8，【填充图案比例】为3，填充效果如图5-303所示。

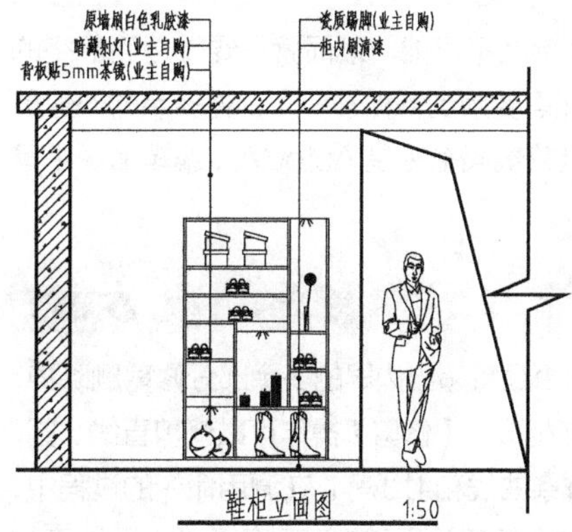

图 5-303　鞋柜背景墙面

Step 05 填充鞋柜玻璃。按空格键再次调用【图案填充】命令，选择【图案】为【AR-RROOF】，【填充图案颜色】为8，【填充图案比例】为10，最终填充效果如图5-304所示。

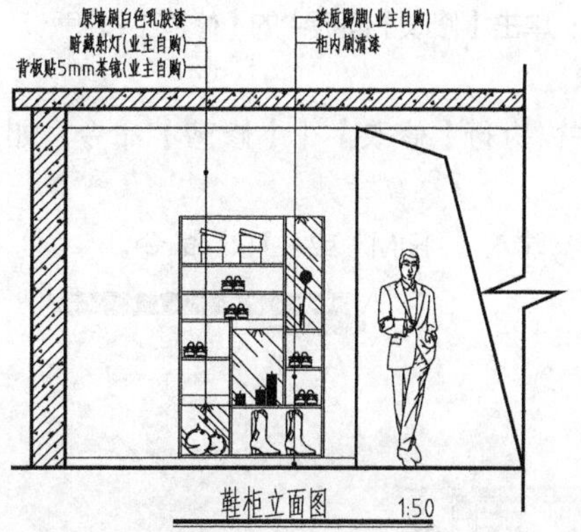

图 5-304　填充鞋柜

第 6 章 图形编辑

前面章节学习了各种图形对象的绘制方法，为了创建图形的更多细节特征以及提高绘图的效率，AutoCAD 提供了许多编辑命令，常用的有：【移动】、【复制】、【修剪】、【倒角】与【圆角】等。本章讲解这些命令的使用方法，以进一步提高用户绘制复杂图形的能力。

使用编辑命令，能够方便地改变图形的大小、位置、方向、数量及形状，从而绘制出更为复杂的图形。常用的编辑命令均集中在【默认】选项卡的【修改】面板中，如图 6-1 所示。

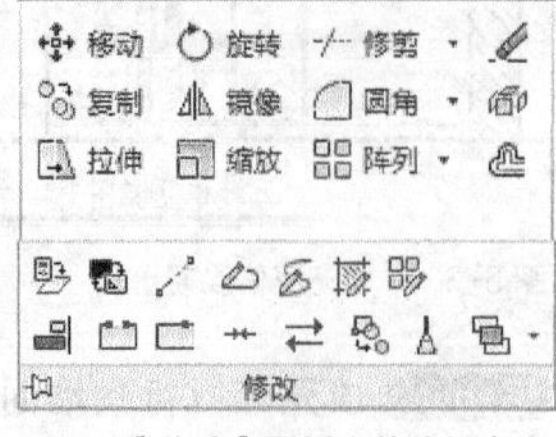

图 6-1【修改】面板中的编辑命令

6.1 图形修剪类

AutoCAD 绘图不可能一蹴而就，要想得到最终的完整图形，自然需要用到各种修剪命令将多余的部分剪去或删除，因此修剪类命令是 AutoCAD 编辑命令中最为常用的一类。

6.1.1 修剪 ★重点★

【修剪】命令是将超出边界的多余部分修剪删除掉，与橡皮擦的功能相似。【修剪】操作可以修剪直线、圆、弧、多段线、样条曲线和射线等。在调用命令的过程中，需要设置的参数有修剪边界和修剪对象两类。要注意的是，在选择修剪对象时光标所在的位置。需要删除哪一部分，则在该部分上单击。

•执行方式

在 AutoCAD 2016 中【修剪】命令有以下几种常用调用方法。

◆功能区：单击【修改】面板中的【修剪】按钮，如图 6-2 所示。

◆菜单栏：执行【修改】|【修剪】命令，如图 6-3 所示。

◆命令行：输入“TRIM”或“TR”命令。

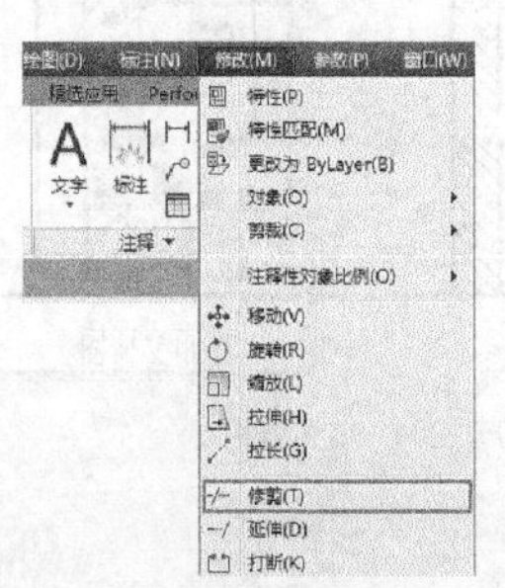

图 6-2【修改】面板中的【修剪】按钮

图 6-3【修剪】菜单命令

•操作步骤

执行上述任一命令后，选择作为剪切边的对象（可以是多个对象），命令行提示如下。

```
当前设置:投影=UCS, 边=无
选择边界的边...
选择对象或 <全部选择>:
                        //鼠标选择要作为边界的对象
选择对象:               //可以继续选择对象或按Enter键结束选择
选择要延伸的对象，或按住 Shift 键选择要延伸的对象，或
[栏选(F)/窗交(C)/投影(P)/边(E)/放弃(U)]:
                        //选择要修剪的对象
```

•选项说明

执行【修剪】命令、并选择对象之后，在命令行中会出现一些选择类的选项，这些选项的含义如下。

◆栏选（F）：用栏选的方式选择要修剪的对象，如图 6-4 所示。

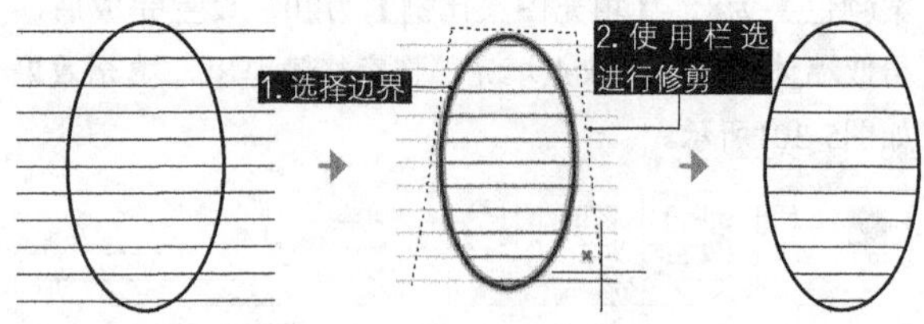

图 6-4 使用栏选（F）进行修剪

◆窗交（C）：用窗交方式选择要修剪的对象，如图 6-5 所示。

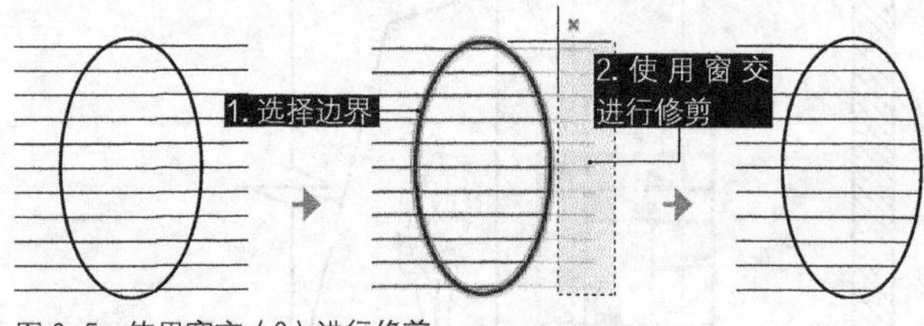

图 6-5 使用窗交（C）进行修剪

◆投影（P）：用以指定修剪对象时使用的投影方式，即选择进行修剪的空间。

◆边（E）：指定修剪对象时是否使用【延伸】模式，默认选项为【不延伸】模式，即修剪对象必须与修剪边界相交才能够修剪。如果选择【延伸】模式，则修剪对象与修剪边界的延伸线相交即可被修剪。如图 6-6 所示的圆弧，使用【延伸】模式才能够被修剪。

◆放弃（U）：放弃上一次的修剪操作。

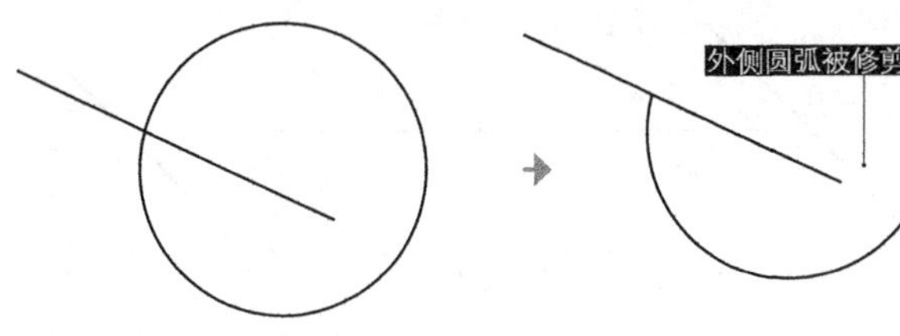

图 6-6 延伸模式修剪效果

·熟能生巧 快速修剪

剪切边也可以同时作为被剪边。默认情况下，选择要修剪的对象（即选择被剪边），系统将以剪切边为界，将被剪切对象上位于拾取点一侧的部分剪切掉。

利用【修剪】工具可以快速完成图形中多余线段的删除效果，如图 6-7 所示。

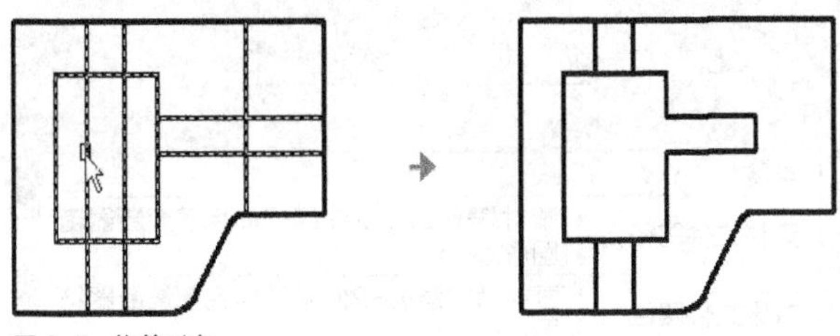

图 6-7 修剪对象

在修剪对象时，可以一次选择多个边界或修剪对象，从而实现快速修剪。例如，要将一个“井”字形路口打通，在选择修剪边界时可以使用【窗交】方式，同时选择 4 条直线，如图 6-8（b）所示；然后单击 Enter 键确认，再将光标移动至要修剪的对象上，如图 6-8（c）所示；单击鼠标左键即可完成一次修剪，依次在其他段上单击，则能得到最终的修剪结果，如图 6-8（d）所示。

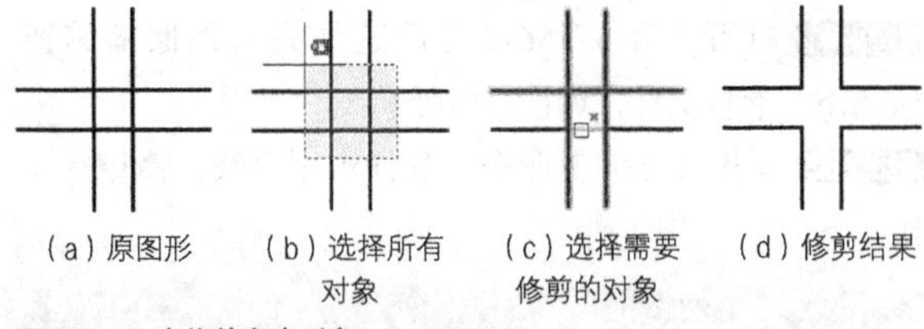

（a）原图形 （b）选择所有对象 （c）选择需要修剪的对象 （d）修剪结果

图 6-8 一次修剪多个对象

练习 6-1 修剪圆翼蝶形螺母

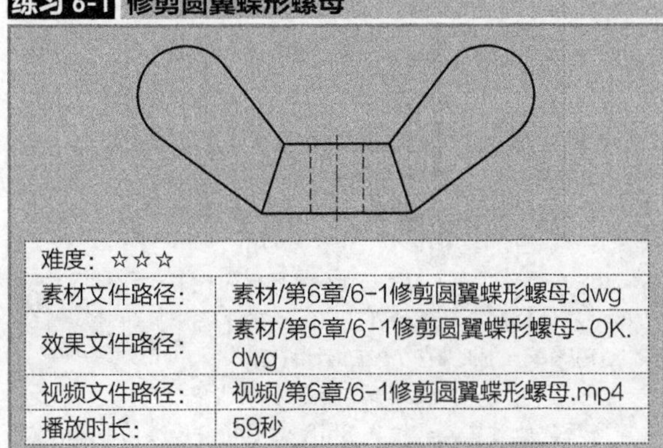

难度：☆☆☆	
素材文件路径：	素材/第6章/6-1修剪圆翼蝶形螺母.dwg
效果文件路径：	素材/第6章/6-1修剪圆翼蝶形螺母-OK.dwg
视频文件路径：	视频/第6章/6-1修剪圆翼蝶形螺母.mp4
播放时长：	59秒

蝶形螺母是机械上的常用标准件，多应用于频繁拆卸且受力不大的场合。而为了方便手拧，在螺母两端对角各有圆形或弧形的凸起，如图 6-9 所示。在使用 AutoCAD 绘制这部分“凸起”时，就需用到【修剪】命令。

Step 01 打开“第6章\ 6-1修剪圆翼蝶形螺母.dwg”素材文件，其中已经绘制好了蝶形螺母的螺纹部分，如图6-10所示。

图 6-9 蝶形螺母

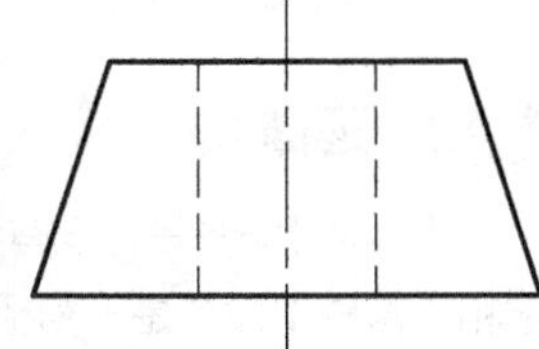

图 6-10 素材图形

Step 02 绘制凸起。单击【绘图】面板中的【射线】按钮，以右下角点为起点，绘制一角度为36°的射线，如图6-11所示。

Step 03 使用相同方法，在右上角点绘制角度为52°的射线，如图6-12所示。

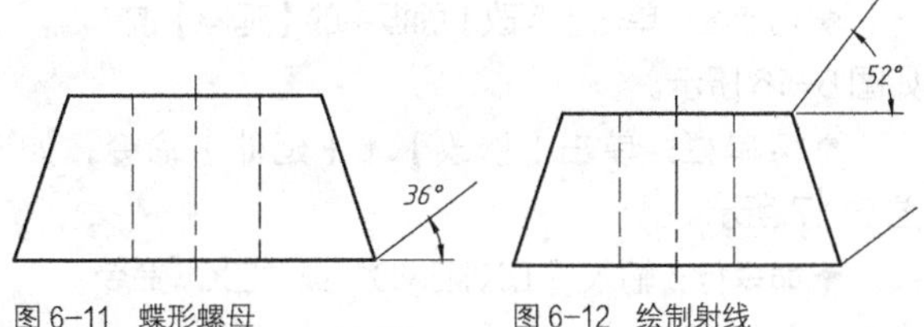

图 6-11 蝶形螺母 图 6-12 绘制射线

Step 04 绘制圆。在【绘图】面板中的【圆】下拉列表中，选择【相切、相切、半径（T）】选项，在两条射线上指定切点，然后输入半径“18”，如图6-13所示。

Step 05 按此方法绘制另一边的图形，效果如图6-14所示。

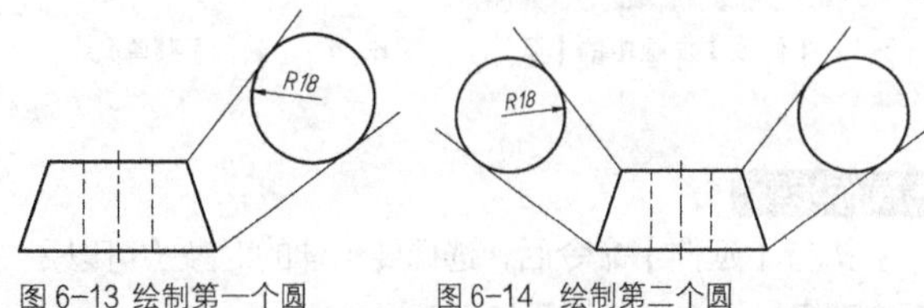

图 6-13 绘制第一个圆 图 6-14 绘制第二个圆

Step 06 修剪蝶形螺母。在命令行中输入“TR”，执行【修剪】命令，根据命令行提示进行修剪操作，结果如图6-15所示。命令行操作如下。

```
命令: _trim                    //调用【修剪】命令
当前设置:投影=UCS, 边=无
选择剪切边...
```

```
选择对象或 <全部选择>:↙
                    //选择全部对象作为修剪边界
选择要修剪的对象，或按住 Shift 键选择要延伸的对象，或
[栏选(F)/窗交(C)/投影(P)/边(E)/删除(R)/放弃(U)]:
                    //分别单击射线和两段圆弧，完成修剪
```

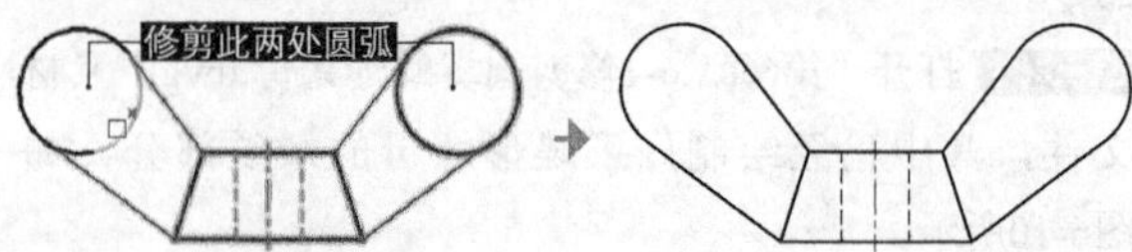

图 6-15　一次修剪多个对象

6.1.2 延伸

【延伸】命令是将没有和边界相交的部分延伸补齐，它和【修剪】命令是一组相对的命令。在调用命令的过程中，需要设置的参数有延伸边界和延伸对象两类。【延伸】命令的使用方法与【修剪】命令的使用方法相似。在使用延伸命令时，如果在按下 Shift 键的同时选择对象，则可以切换执行【修剪】命令。

·执行方式

在 AutoCAD 2016 中【延伸】命令有以下几种常用调用方法。

◆功能区：单击【修改】面板中的【延伸】按钮，如图 6-16 所示。

◆菜单栏：单击【修改】|【延伸】命令，如图 6-17 所示。

◆命令行：输入“EXTEND”或“EX”命令。

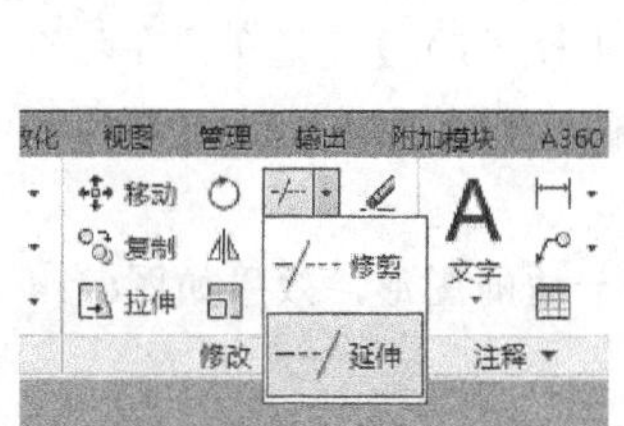

图 6-16 【修改】面板中的【延伸】按钮

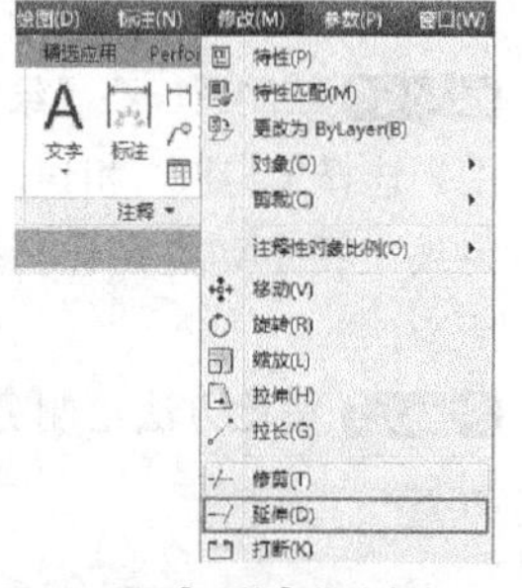

图 6-17 【延伸】菜单命令

·操作步骤

执行【延伸】命令后，选择要延伸的对象（可以是多个对象），命令行提示如下。

```
选择要修剪的对象，或按住 Shift 键选择要修剪的对象，或
[栏选(F)/窗交(C)/投影(P)/边(E)/删除(R)/放弃(U)]:
```

选择延伸对象时，需要注意延伸方向的选择。朝哪个边界延伸，则在靠近边界的那部分上单击。如图 6-18 所示，将直线 *AB* 延伸至边界直线 *M* 时，需要在 *A* 端单击直线，将直线 *AB* 延伸到直线 *N* 时，则在 *B* 端单击直线。

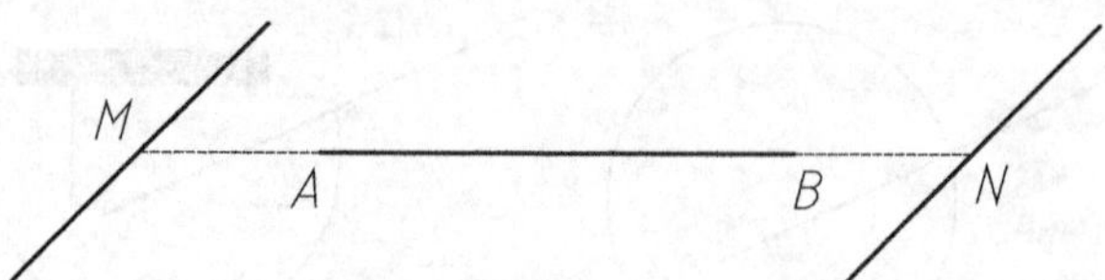

图 6-18　使用【延伸】命令延伸直线

> **提示**
>
> 命令行中各选项的含义与【修剪】命令相同，在此不多加赘述。

练习 6-2　使用延伸完善熔断器箱图形

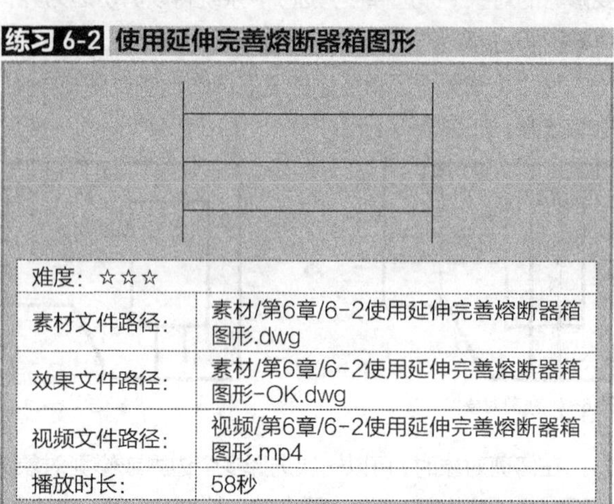

难度：☆☆☆	
素材文件路径：	素材/第6章/6-2使用延伸完善熔断器箱图形.dwg
效果文件路径：	素材/第6章/6-2使用延伸完善熔断器箱图形-OK.dwg
视频文件路径：	视频/第6章/6-2使用延伸完善熔断器箱图形.mp4
播放时长：	58秒

熔断器是根据电流超过规定值一定时间后，以其自身产生的热量使熔体熔化，从而使电路断开的原理制成的一种电流保护器。熔断器广泛应用于低压配电系统和控制系统及用电设备中，作为短路和过电流保护，是应用最普遍的保护器件之一。

Step 01 打开“第6章\6-2使用延伸完善熔断器箱图形.dwg”素材文件，如图6-19所示。

Step 02 调用【延伸】命令，延伸水平直线，命令行操作如下。

```
命令:EX↙ EXTEND
                    //调用延伸命令
当前设置:投影=UCS，边=无
选择边界的边...
选择对象或 <全部选择>:
                    //选择如图6-20所示的边作为延伸边界
找到 1 个
选择对象:↙          //按Enter键结束选择
选择要延伸的对象，或按住 Shift 键选择要修剪的对象，或
[栏选(F)/窗交(C)/投影(P)/边(E)/放弃(U)]:
                    //选择如图6-21所示的线条
选择要延伸的对象，或按住 Shift 键选择要修剪的对象，或
[栏选(F)/窗交(C)/投影(P)/边(E)/放弃(U)]:
                    //选择第二条同样的线条
选择要延伸的对象，或按住 Shift 键选择要修剪的对象，或
[栏选(F)/窗交(C)/投影(P)/边(E)/放弃(U)]:
              //使用同样的方法，延伸其他直线，如图6-22所示
```

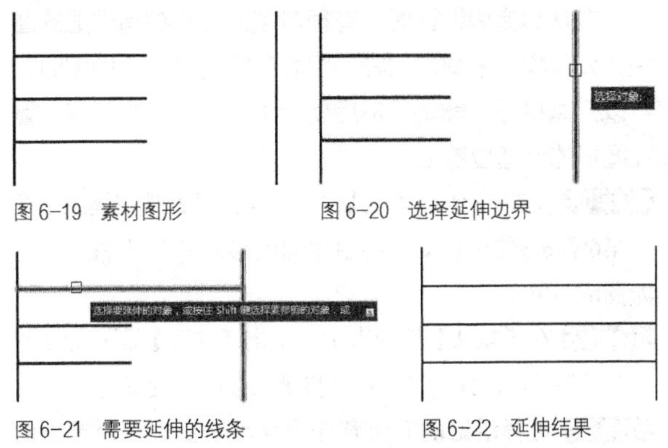

图 6-19　素材图形　　图 6-20　选择延伸边界

图 6-21　需要延伸的线条　　图 6-22　延伸结果

6.1.3 删除

【删除】命令可将多余的对象从图形中完全清除，是 AutoCAD 最为常用的命令之一，使用也最为简单。

•执行方式

在 AutoCAD 2016 中执行【删除】命令的方法有以下 4 种。

◆功能区：在【默认】选项卡中，单击【修改】面板中的【删除】按钮，如图 6-23 所示。

◆菜单栏：选择【修改】|【删除】菜单命令，如图 6-24 所示。

◆命令行：输入“ERASE”或“E”命令。

◆快捷操作：选中对象后直接按 Delete 键。

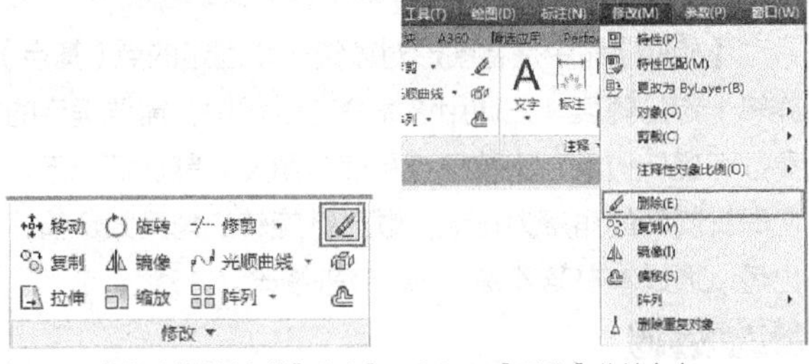

图 6-23【修改】面板中的【删除】按钮　图 6-24【删除】菜单命令

•操作步骤

执行上述命令后，根据命令行的提示选择需要删除的图形对象，按 Enter 键即可删除已选择的对象，如图 6-25 所示。

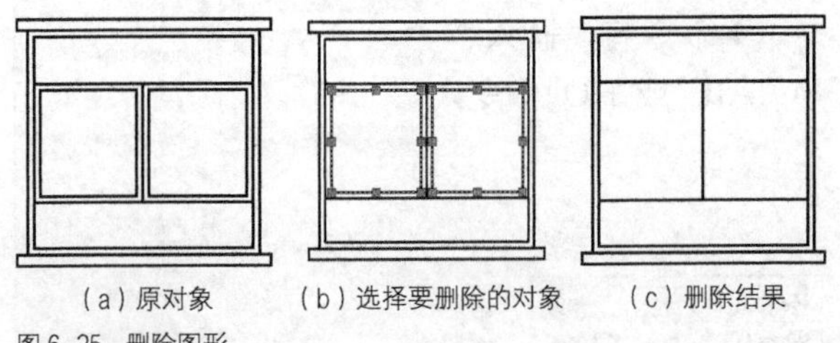

（a）原对象　（b）选择要删除的对象　（c）删除结果

图 6-25　删除图形

•初学解答 回复删除对象

在绘图时如果意外删错了对象，可以使用 UNDO（撤销）命令或 OOPS（恢复删除）命令将其恢复。

◆UNDO（撤销）：即放弃上一步操作，快捷键 Ctrl+Z，对所有命令有效。

◆OOPS（恢复删除）：OOPS 可恢复由上一个 ERASE（删除）命令删除的对象，该命令对 ERASE 有效。

•熟能生巧 删除命令的隐藏选项

此外，【删除】命令还有一些隐藏选项，在命令行提示“选择对象”时，除用选择方法选择要删除的对象外，还可以输入特定字符，执行隐藏操作，介绍如下。

◆输入“L”：删除绘制的上一个对象。

◆输入“P”：删除上一个选择集。

◆输入“All”：从图形中删除所有对象。

◆输入“？”：查看所有选择方法列表。

6.2 图形变化类

在绘图的过程中，可能要对某一图元进行移动、旋转或拉伸等操作来辅助绘图，因此操作类命令也是使用极为频繁的一类编辑命令。

6.2.1 移动

【移动】命令是将图形从一个位置平移到另一位置，移动过程中图形的大小、形状和倾斜角度均不改变。在调用【移动】命令的过程中，需要确定的参数有：需要移动的对象、移动基点和第二点。

•执行方式

【移动】命令有以下几种调用方法。

◆功能区：单击【修改】面板中的【移动】按钮，如图 6-26 所示。

◆菜单栏：执行【修改】|【移动】命令，如图 6-27 所示。

◆命令行：输入“MOVE”或“M”命令。

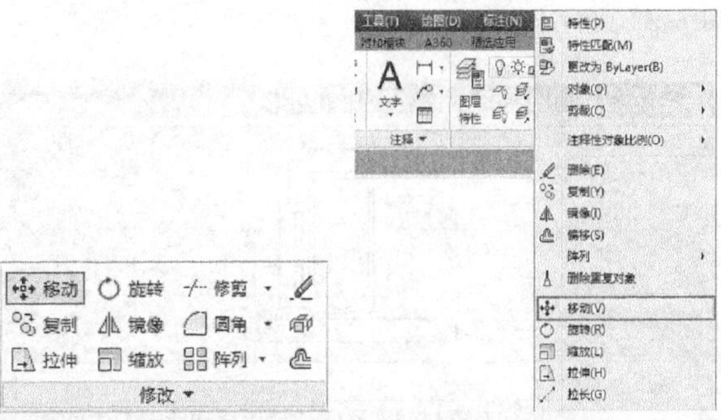

图 6-26【修改】面板中的【移动】按钮　图 6-27【移动】菜单命令

•操作步骤

调用【移动】命令后，根据命令行提示，在绘图区中拾取需要移动的对象后按右键确定，然后拾取移动基点，最后指定第二个点（目标点）即可完成移动操作，如图 6-28 所示。命令行操作如下。

```
命令: _move                          //执行【移动】命令
选择对象: 找到 1 个                  //选择要移动的对象
指定基点或 [位移(D)] <位移>: //选取移动的参考点
指定第二个点或 <使用第一个点作为位移>:
                                     //选取目标点，放置图形
```

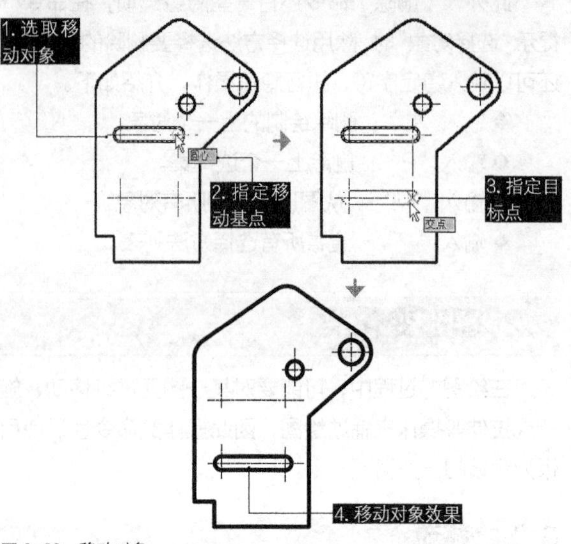

图 6-28　移动对象

·选项说明

执行【移动】命令时，命令行中只有一个子选项，即位移（D），该选项可以输入坐标以表示矢量。输入的坐标值将指定相对距离和方向，图 6-29 为输入坐标（500，100）的位移结果。

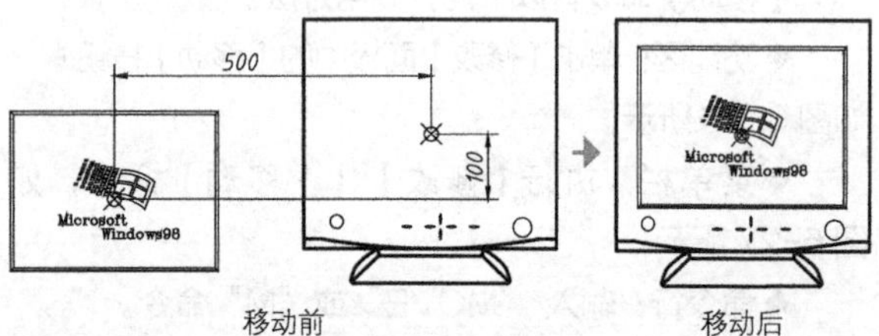

图 6-29　位移移动效果

练习 6-3 使用移动完善卫生间图形

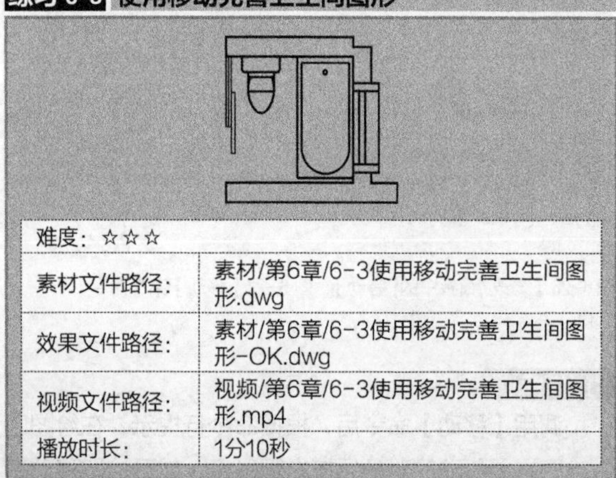

难度：☆☆☆	
素材文件路径：	素材/第6章/6-3使用移动完善卫生间图形.dwg
效果文件路径：	素材/第6章/6-3使用移动完善卫生间图形-OK.dwg
视频文件路径：	视频/第6章/6-3使用移动完善卫生间图形.mp4
播放时长：	1分10秒

在从事室内设计时，有很多装饰图形都有现成的图块，如马桶、书桌、门等。因此在绘制室内平面图时，可以先直接插入图块，然后使用【移动】命令将其放置在图形的合适位置上。

Step 01 单击快速访问工具栏中的【打开】按钮，打开"第6章/6-3使用移动完善卫生间图形.dwg"素材文件，如图6-30所示。

Step 02 在【默认】选项卡中，单击【修改】面板的【移动】按钮，选择浴缸，按空格键或按Enter键确定。

Step 03 选择浴缸的右上角作为移动基点，拖至厕所的右上角，如图6-31所示。

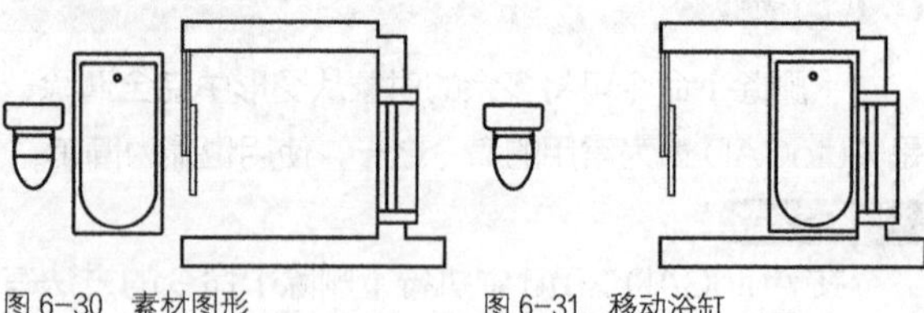

图 6-30　素材图形　　图 6-31　移动浴缸

Step 04 重复调用【移动】命令，将马桶移至厕所的上方，最终效果如图6-32所示。

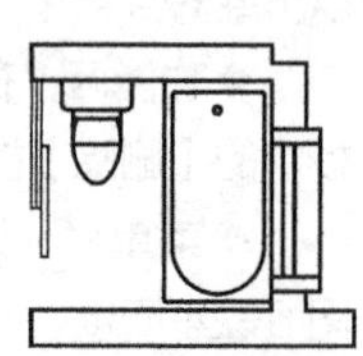

图 6-32　移动马桶

6.2.2 旋转

【旋转】命令是将图形对象绕一个固定的点（基点）旋转一定的角度。在调用该命令的过程中，需要确定的参数有旋转对象、旋转基点和旋转角度。默认情况下，逆时针旋转的角度为正值，顺时针旋转的角度为负值，也可以通过本书第 4 章 4.1.3 节来修改。

·执行方式

在 AutoCAD 2016 中【旋转】命令有以下几种常用调用方法。

◆功能区：单击【修改】面板中的【旋转】按钮，如图 6-33 所示。

◆菜单栏：执行【修改】|【旋转】命令，如图 6-34 所示。

◆命令行：输入"ROTATE"或"RO"命令。

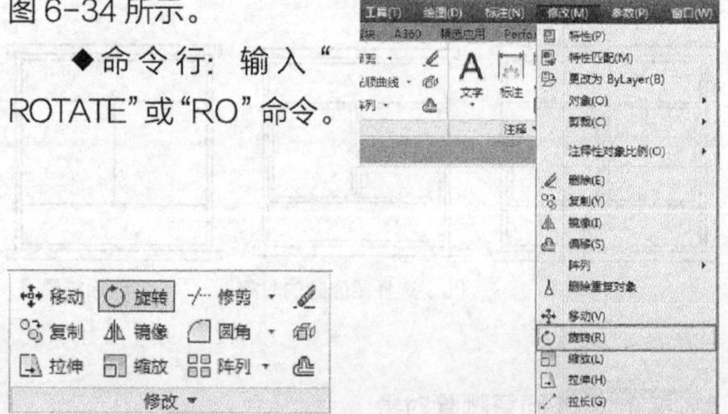

图 6-33【修改】面板中的【旋转】按钮　图 6-34【旋转】菜单命令

• 操作步骤

按上述方法执行【旋转】命令后，命令后提示如下。

```
命令: ROTATE                        //执行【旋转】命令
UCS 当前的正角方向: ANGDIR=逆时针 ANGBASE=0
                                    //当前的角度测量方式和基准
选择对象: 找到 1 个                 //选择要旋转的对象
指定基点:                           //指定旋转的基点
指定旋转角度，或 [复制(C)/参照(R)] <0>: 45
                                    //输入旋转的角度
```

• 选项说明

在命令行提示“指定旋转角度”时，除了默认的旋转方法，还有复制（C）和参照（R）两种旋转，分别介绍如下。

◆默认旋转：利用该方法旋转图形时，源对象将按指定的旋转中心和旋转角度旋转至新位置，不保留对象的原始副本。执行上述任一命令后，选取旋转对象，然后指定旋转中心，根据命令行提示输入旋转角度，按 Enter 键即可完成旋转对象操作，如图 6-35 所示。

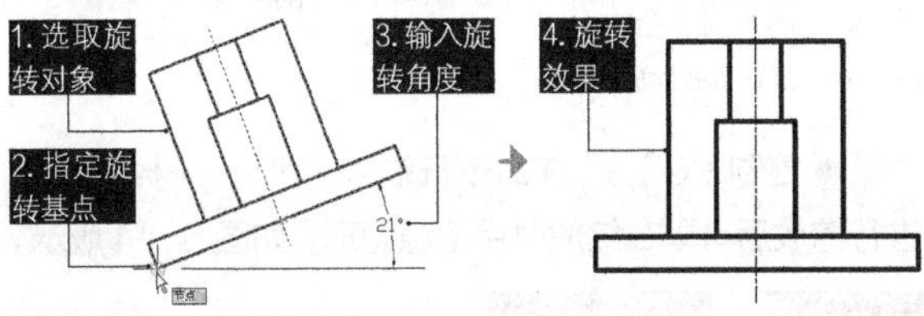

图 6-35 默认方式旋转图形

◆复制（C）：使用该旋转方法进行对象的旋转时，不仅可以将对象的放置方向调整一定的角度，还保留源对象。执行【旋转】命令后，选取旋转对象，然后指定旋转中心，在命令行中激活复制 C 子选项，并指定旋转角度，按 Enter 键退出操作，如图 6-36 所示。

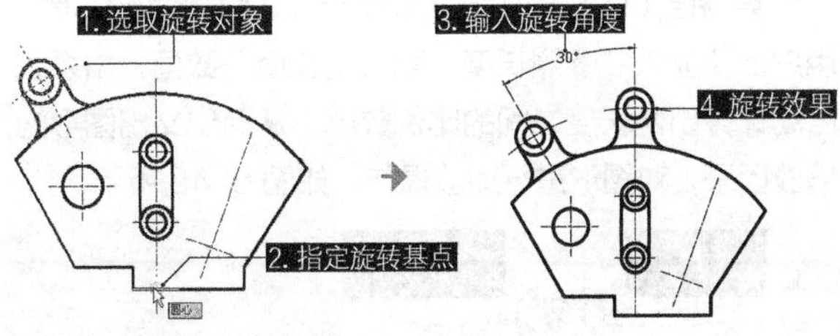

图 6-36 复制（C）旋转对象

◆参照（R）：可以将对象从指定的角度旋转到新的绝对角度，特别适合于旋转那些角度值为非整数或未知的对象。执行【旋转】命令后，选取旋转对象然后指定旋转中心，在命令行中激活参照 R 子选项，再指定参照第一点、参照第二点，这两点的连线与 X 轴的夹角即为参照角，接着移动鼠标即可指定新的旋转角度，如图 6-37 所示。

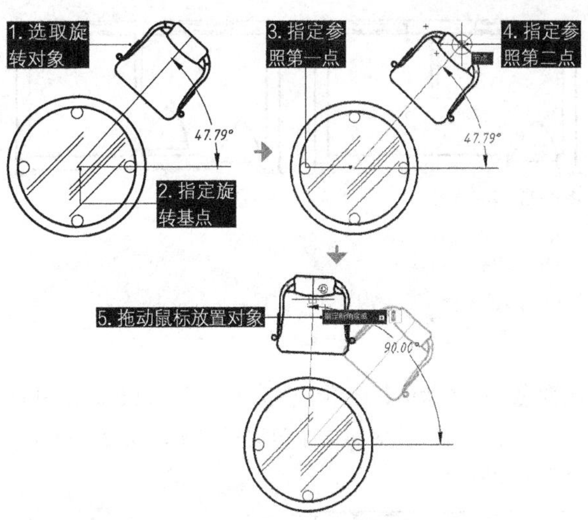

图 6-37 参照（R）旋转对象

练习 6-4 使用旋转修改门图形

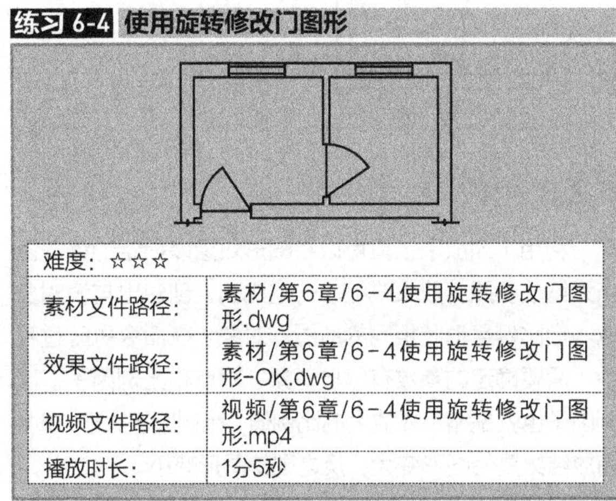

难度：☆☆☆	
素材文件路径：	素材/第6章/6-4使用旋转修改门图形.dwg
效果文件路径：	素材/第6章/6-4使用旋转修改门图形-OK.dwg
视频文件路径：	视频/第6章/6-4使用旋转修改门图形.mp4
播放时长：	1分5秒

室内设计图中有许多图块是相同且重复的，如门、窗等图形的图块。【移动】命令可以将这些图块放置在所设计的位置，但某些情况下却力不能及，如旋转了一定角度的位置。这时就可使用【旋转】命令来辅助绘制。

Step 01 单击快速访问工具栏中的【打开】按钮，打开“第6章/6-4使用旋转修改门图形.dwg”素材文件，如图6-38所示。

Step 02 在【默认】选项卡中，单击【修改】面板中的【复制】按钮，复制一个门，拖至另一个门口处，如图6-39所示。命令行的提示如下。

```
命令: CO↙        COPY           //调用【复制】命令
选择对象: 指定对角点: 找到 3个
选择对象:                       //选择门图形
当前设置:  复制模式 = 多个
指定基点或 [位移(D)/模式(O)] <位移>:
                                //指定门右侧的基点
指定第二个点或 [阵列(A)] <使用第一个点作为位移>:
                                //指定墙体中点为目标点
指定第二个点或 [阵列(A)/退出(E)/放弃(U)] <退出>: *取消*
                                //按Esc键退出
```

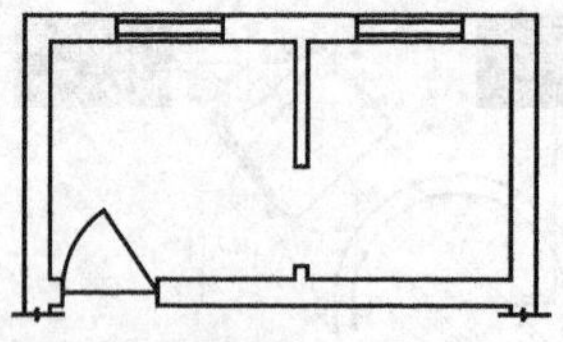
图 6-38　素材图形

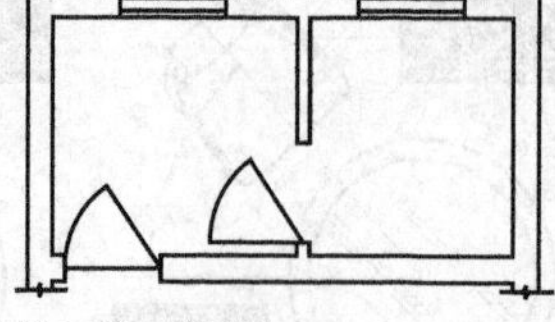
图 6-39　移动门

知识链接

COPY【复制】命令的操作请见本章的6.3.1节。

Step 03 在【默认】选项卡中，单击【修改】面板中的【旋转】按钮，对第二个门进行旋转，角度为-90，如图6-40所示。

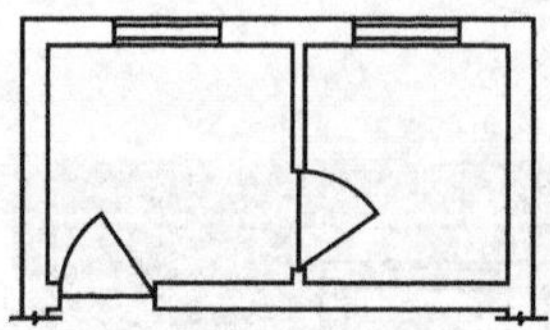
图 6-40　旋转门效果

6.2.3 缩放

利用【缩放】工具可以将图形对象以指定的缩放基点为缩放参照，放大或缩小一定比例，创建出与源对象成一定比例且形状相同的新图形对象。在命令执行过程中，需要确定的参数有缩放对象、基点和比例因子。比例因子也就是缩小或放大的比例值，比例因子大于1时，缩放结果是使图形变大，反之则使图形变小。

·执行方式

在 AutoCAD 2016 中【缩放】命令有以下几种调用方法。

◆功能区：单击【修改】面板中的【缩放】按钮，如图 6-41 所示。

◆菜单栏：执行【修改】|【缩放】命令，如图 6-42 所示。

◆命令行：输入“SCALE”或“SC”命令。

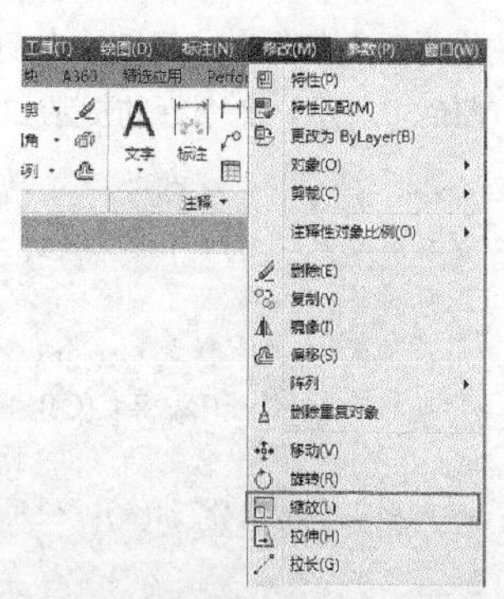

图 6-41【修改】面板中的【缩放】按钮　图 6-42【缩放】菜单命令

·步骤操作

执行以上任一方式启用【缩放】命令后，命令行操作提示如下。

```
命令: _scale                              //执行【缩放】命令
选择对象: 找到 1 个                        //选择要缩放的对象
指定基点:                                  //选取缩放的基点
指定比例因子或 [复制(C)/参照(R)]: 2          //输入比例因子
```

·选项说明

【缩放】命令与【旋转】差不多，除了默认的操作之外，同样有复制（C）和参照（R）两个子选项，介绍如下。

◆默认缩放：指定基点后直接输入比例因子进行缩放，不保留对象的原始副本，如图 6-43 所示。

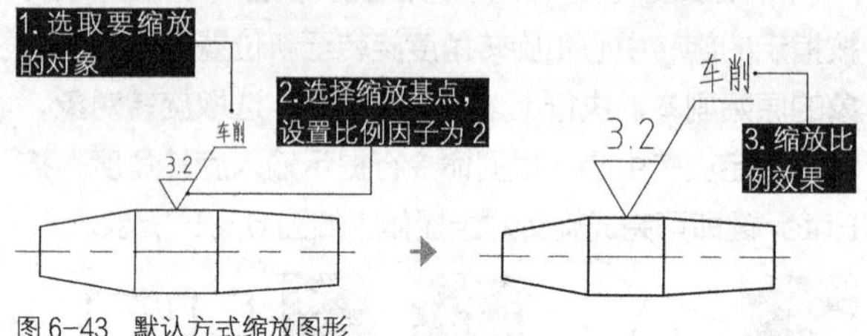

图 6-43　默认方式缩放图形

◆复制（C）：在命令行输入“c”，选择该选项进行缩放后可以在缩放时保留源图形，如图 6-44 所示。

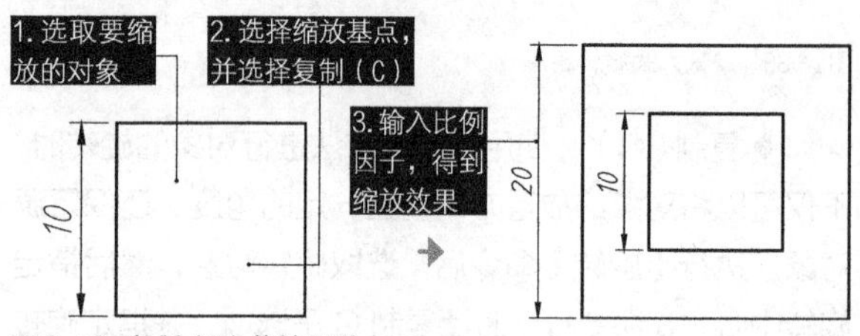

图 6-44　复制（C）缩放图形

◆参照（R）：如果选择该选项，则命令行会提示用户需要输入“参照长度”和“新长度”数值，由系统自动计算出两长度之间的比例数值，从而定义出图形的缩放因子，对图形进行缩放操作，如图 6-45 所示。

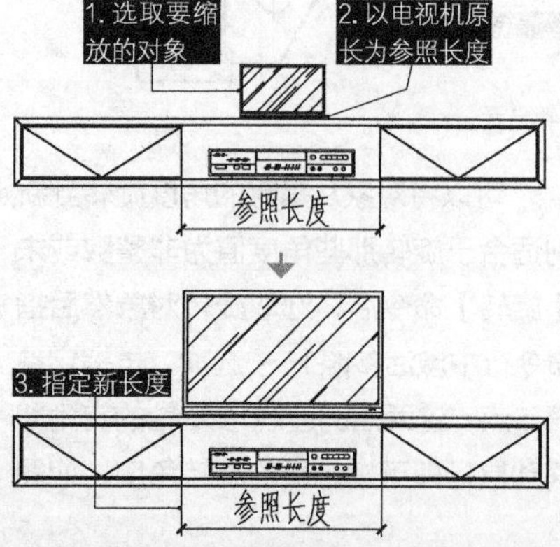

图 6-45　参照（R）缩放图形

练习 6-5 参照缩放树形图

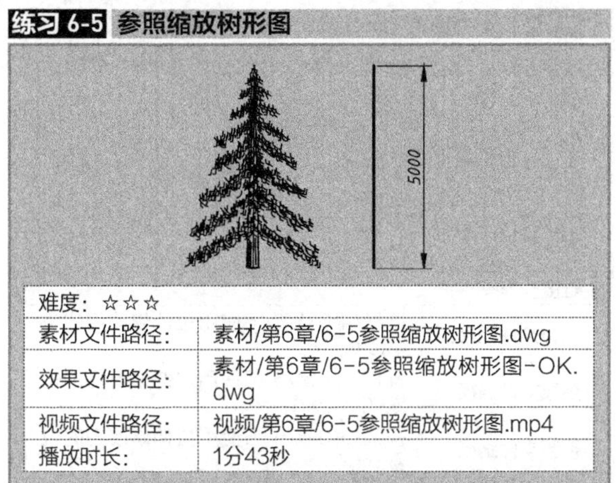

难度:	☆☆☆
素材文件路径:	素材/第6章/6-5参照缩放树形图.dwg
效果文件路径:	素材/第6章/6-5参照缩放树形图-OK.dwg
视频文件路径:	视频/第6章/6-5参照缩放树形图.mp4
播放时长:	1分43秒

在园林设计中，经常会用到各种植物图形，如松树、竹林等，这些图形可以从网上下载所得，也可以自行绘制。在实际应用过程中，往往会根据具体的设计要求来调整这些图块的大小，这时就可以使用【缩放】命令中的【参照（R）】功能来进行实时缩放，从而获得适合大小的图形。本例便将一任意高度的松树缩放至 5000 高度的大小。

Step 01 打开“第6章/6.2.4 参照缩放树形图.dwg”素材文件，素材图形如图6-46所示，其中有一绘制好的树形图和一长5000的垂直线。

Step 02 在【默认】选项卡中，单击【修改】面板中的【缩放】按钮，选择树形图，并指定树形图块的最下方中点为基点，如图6-47所示。

图 6-46　素材图形

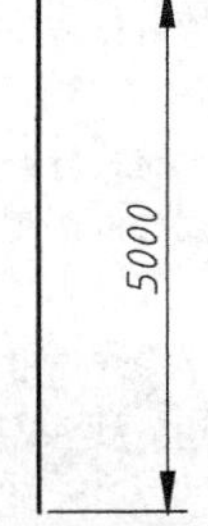

图 6-47　指定基点

Step 03 此时根据命令行提示，选择参照（R）选项，然后指定参照长度的测量起点，再指定测量终点，即指定原始的树高，接着输入新的参照长度，即最终的树高5000，操作如图6-48所示，命令行操作如下。

```
指定比例因子或 [复制(C)/参照(R)]: R
                    //选择参照选项
                    //以树桩处中点为参照长度的测量起点
指定参照长度 <2839.9865>: 指定第二点:
                    //以树梢处端点为参照长度的测量终点
指定新的长度或 [点(P)] <1.0000>: 5000
                    //输入或指定新的参照长度
```

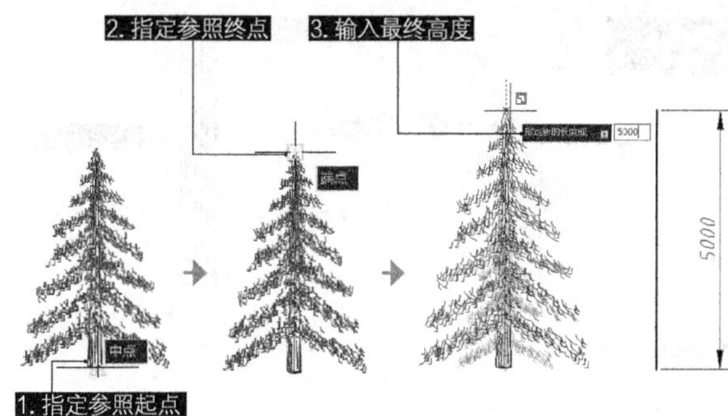

图 6-48　参照缩放

6.2.4 拉伸 ★重点★

【拉伸】命令通过沿拉伸路径平移图形夹点的位置，使图形产生拉伸变形的效果。它可以对选择的对象按规定方向和角度拉伸或缩短，并且使对象的形状发生改变。

·执行方式

【拉伸】命令有以下几种常用调用方法。

◆功能区：单击【修改】面板中的【拉伸】按钮，如图 6-49 所示。

◆菜单栏：执行【修改】|【拉伸】命令，如图 6-50 所示。

◆命令行：输入“STRETCH”或“S”命令。

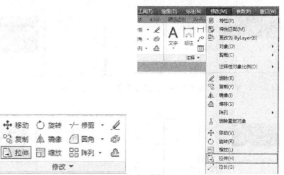

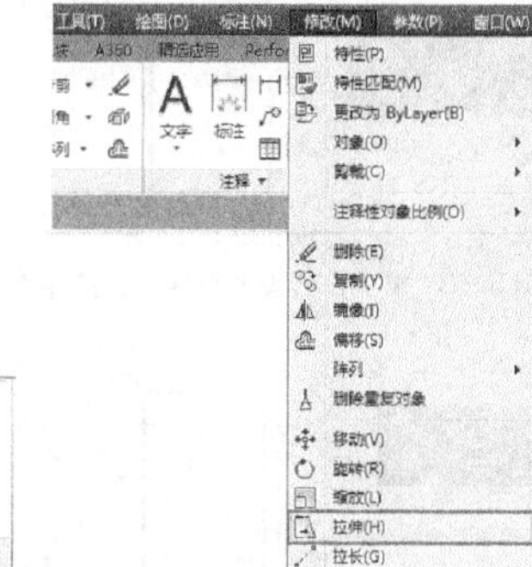

图 6-49【修改】面板中的【拉伸】按钮　图 6-50【拉伸】菜单命令

·操作步骤

拉伸命令需要设置的主要参数有拉伸对象、拉伸基点和拉伸位移 3 项。拉伸位移决定了拉伸的方向和距离，如图 6-51 所示，命令行操作如下。

```
命令: _stretch          //执行【拉伸】命令
以交叉窗口或交叉多边形选择要拉伸的对象...
选择对象: 指定对角点: 找到 1 个
选择对象:
                    //以窗交、圈围等方式选择拉伸对象
指定基点或 [位移(D)] <位移>:
                    //指定拉伸基点
指定第二个点或 <使用第一个点作为位移>:
                    //指定拉伸终点
```

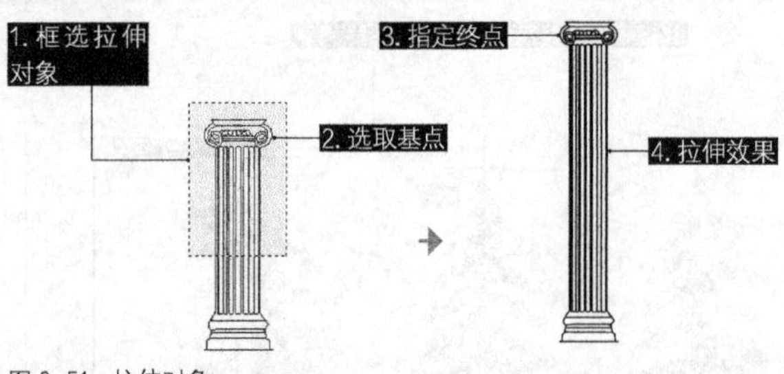

图 6-51　拉伸对象

拉伸遵循以下原则：

◆通过单击选择和窗口选择获得的拉伸对象将只被平移，不被拉伸。

◆通过框选选择获得的拉伸对象，如果所有夹点都落入选择框内，图形将发生平移，如图 6-52 所示；如果只有部分夹点落入选择框，图形将沿拉伸位移拉伸，如图 6-53 所示；如果没有夹点落入选择窗口，图形将保持不变，如图 6-54 所示。

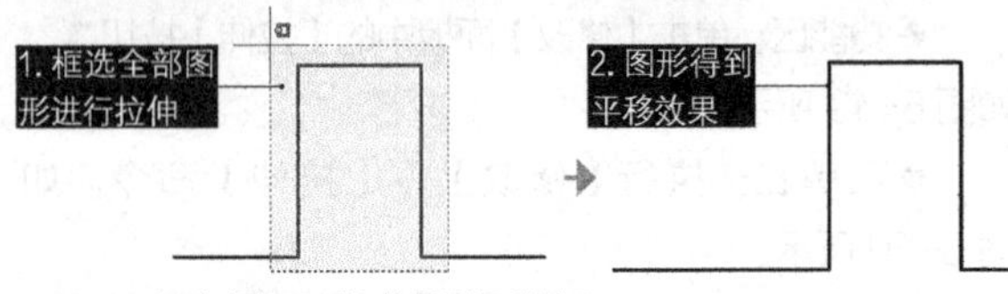

图 6-52　框选全部图形拉伸得到平移效果

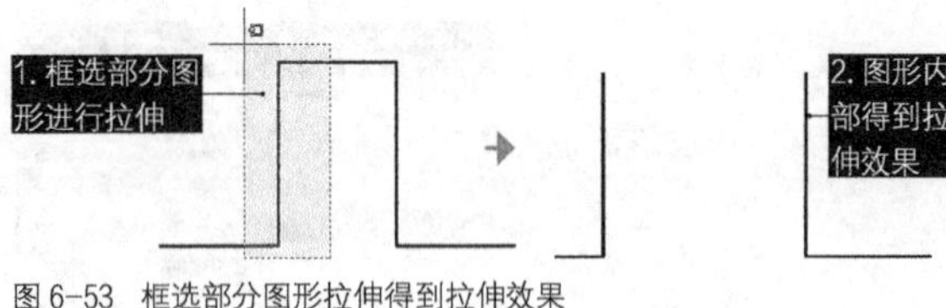

图 6-53　框选部分图形拉伸得到拉伸效果

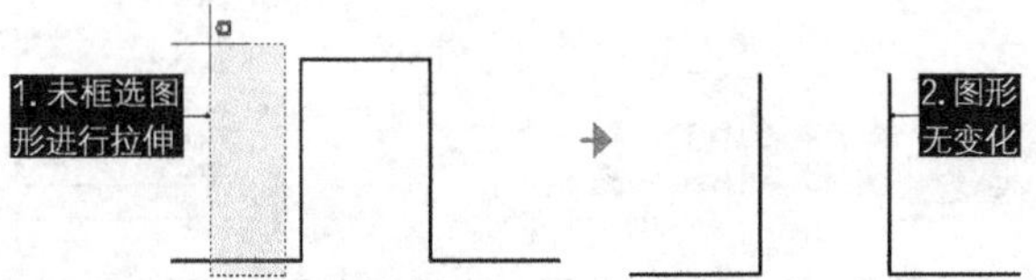

图 6-54　未框选图形拉伸无效果

•选项说明

【拉伸】命令同【移动】命令一样，命令行中只有一个子选项，即位移（D），该选项可以输入坐标以表示矢量。输入的坐标值将指定拉伸相对于基点的距离和方向，图 6-29 为输入坐标（1000，200）的位移结果。

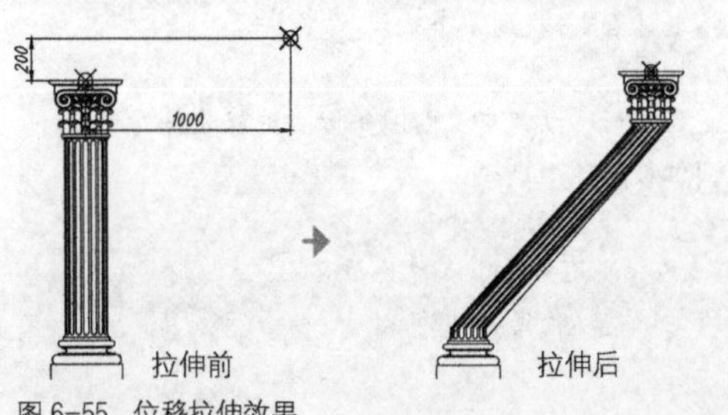

图 6-55　位移拉伸效果

练习 6-6　使用拉伸修改门的位置

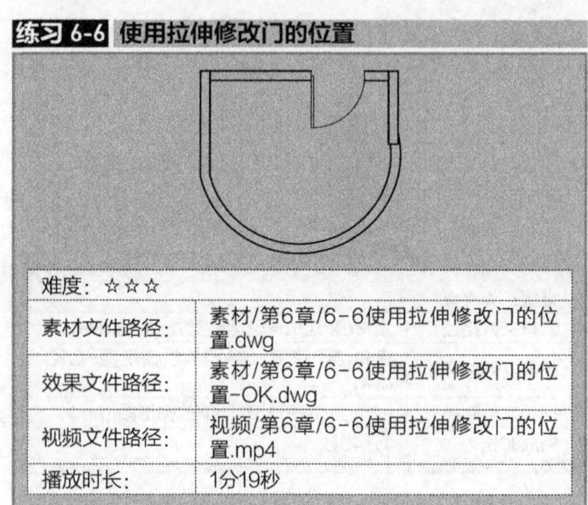

难度：☆☆☆	
素材文件路径：	素材/第6章/6-6使用拉伸修改门的位置.dwg
效果文件路径：	素材/第6章/6-6使用拉伸修改门的位置-OK.dwg
视频文件路径：	视频/第6章/6-6使用拉伸修改门的位置.mp4
播放时长：	1分19秒

在室内设计中，有时需要对大门或其他图形的位置进行调整，而又不能破坏原图形的结构。这时就可以使用【拉伸】命令来进行修改。

Step 01 打开“第6章\6-6使用拉伸修改门的位置.dwg”素材文件，如图6-56所示。

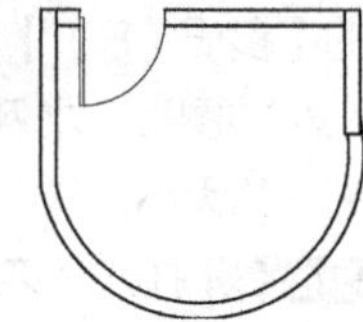
图 6-56　素材图形

Step 02 在【默认】选项卡中，单击【修改】面板上的【拉伸】按钮，将门沿水平方向拉伸1800，操作如图6-57所示，命令行提示如下。

```
命令：_stretch↙                          //调用【拉伸】命令
以交叉窗口或交叉多边形选择要拉伸的对象...
选择对象：指定对角点：找到 11 个
                                         //框选对象
选择对象：↙                              //按Enter键结束选择
指定基点或 [位移(D)] <位移>:
                                         //选择顶边上任意一点
指定第二个点或 <使用第一个点作为位移>: <正交 开> 1800↙
                                         //打开正交功能，在竖直方向
拖动指针并输入拉伸距离
```

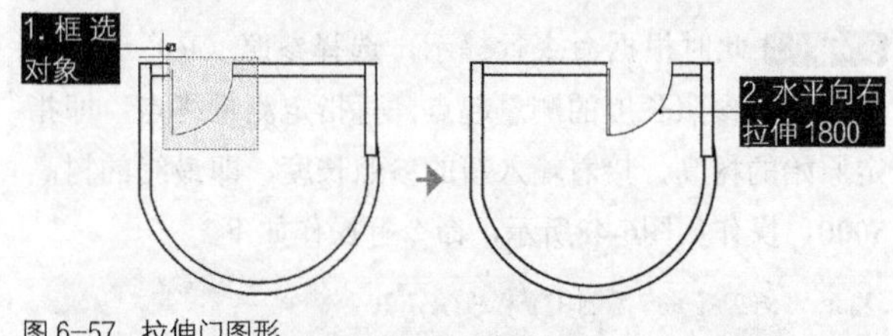

图 6-57　拉伸门图形

6.2.5 拉长

拉长图形就是改变原图形的长度，可以把原图形变长，也可以将其缩短。用户可以通过指定一个长度增量、角度增量（对于圆弧）、总长度或者相对于原长的百分比增量来改变原图形的长度，也可以通过动态拖动的方式来直接改变原图形的长度。

·执行方式

调用【拉长】命令的方法如下。

◆功能区：单击【修改】面板中的【拉长】按钮，如图 6-58 所示。

◆菜单栏：调用【修改】|【拉长】菜单命令，如图 6-59 所示。

◆命令行：输入“LENGTHEN”或“LEN”命令。

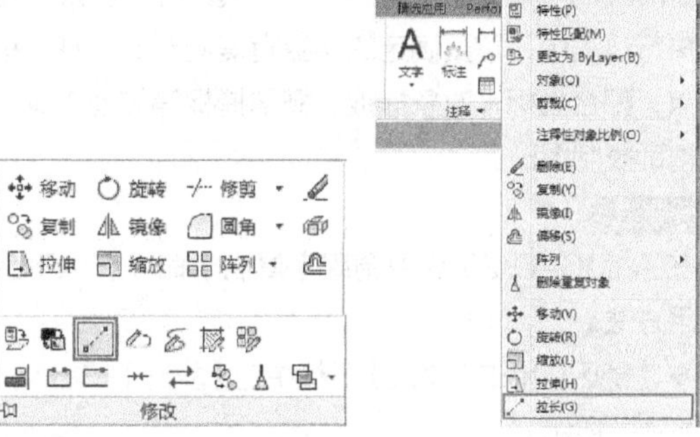

图 6-58【修改】面板中的【拉长】按钮　图 6-59【拉长】菜单命令

·操作步骤

调用该命令后，命令行显示如下提示。

```
选择要测量的对象或 [增量(DE)/百分比(P)/总计(T)/动态(DY)]
<总计(T)>:
```

只有选择了各子选项并确定了拉长方式后，才能对图形进行拉长，因此各操作需结合不同的选项进行说明。

·选项说明

命令行中各子选项含义如下。

◆增量（DE）：表示以增量方式修改对象的长度。可以直接输入长度增量来拉长直线或者圆弧，长度增量为正时拉长对象，如图 6-60 所示，为负时缩短对象；也可以输入“A”，通过指定圆弧的长度和角增量来修改圆弧的长度，如图 6-61 所示。命令行提示如下。

```
命令: _lengthen
选择要测量的对象或 [增量(DE)/百分比(P)/总计(T)/动态(DY)]:
DE                              //输入“DE”，选择增量选项
输入长度增量或 [角度(A)] <0.0000>:10    //输入增量数值
选择要修改的对象或 [放弃(U)]:
                                //按Enter键完成操作
```

```
命令: _lengthen
选择要测量的对象或 [增量(DE)/百分比(P)/总计(T)/动态(DY)]:
DE                              //输入“DE”，选择增量选项
输入长度增量或 [角度(A)] <0.0000>: A
                                //输入“A”执行角度方式
输入角度增量 <0>:30             //输入角度增量
选择要修改的对象或 [放弃(U)]:
                                //按Enter键完成操作
```

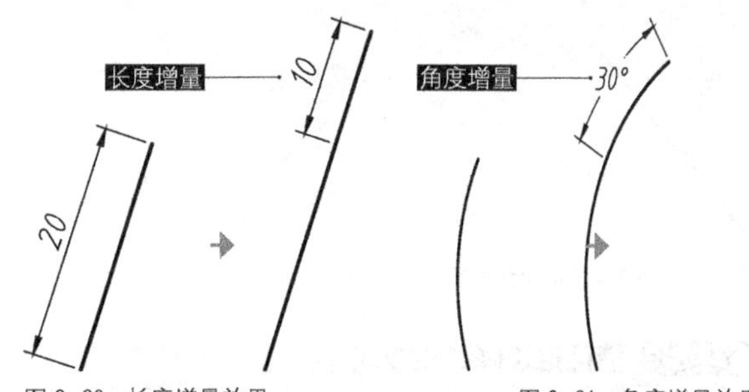

图 6-60　长度增量效果　图 6-61　角度增量效果

◆百分比（P）：通过输入百分比来改变对象的长度或圆心角大小，百分比的数值以原长度为参照。若输入 50，则表示将图形缩短至原长度的 50%，如图 6-62 所示。命令行提示如下。

```
命令: _lengthen
选择要测量的对象或 [增量(DE)/百分比(P)/总计(T)/动态(DY)]: P
                        //输入P，选择百分比选项
输入长度百分数 <0.0000>:50
                        //输入百分比数值
选择要修改的对象或 [放弃(U)]:
                        //按Enter键完成操作
```

◆总计（T）：将对象从离选择点最近的端点拉长到指定值，该指定值为拉长后的总长度，因此该方法特别适合于对一些尺寸为非整数的线段（或圆弧）进行操作，如图 6-63 所示。命令行提示如下。

```
命令: _lengthen
选择要测量的对象或 [增量(DE)/百分比(P)/总计(T)/动态(DY)]:
T                               //输入“T”，选择总计选项
指定总长度或 [角度(A)] <0.0000>: 20
                                //输入总长数值
选择要修改的对象或 [放弃(U)]:
                                //按Enter键完成操作
```

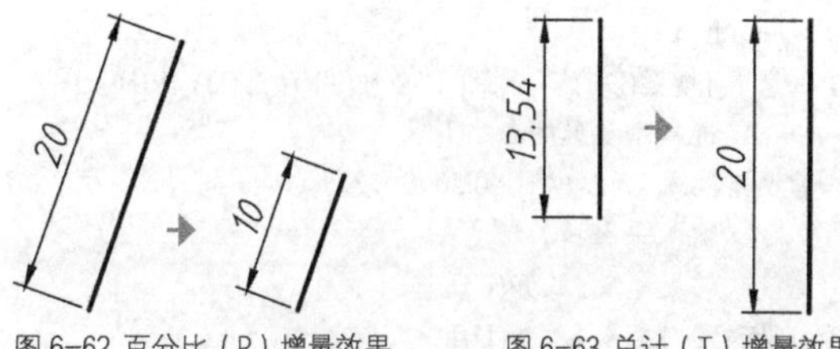

图 6-62 百分比（P）增量效果　图 6-63 总计（T）增量效果

◆动态（DY）：用动态模式拖动对象的一个端点来改变对象的长度或角度，如图6-64所示。命令行提示如下。

```
命令: _lengthen
选择要测量的对象或 [增量(DE)/百分比(P)/总计(T)/动态(DY)]:
DY                              //输入“DY”，选择动态选项
选择要修改的对象或 [放弃(U)]:
                                //选择要拉长的对象
指定新端点:                     //指定新的端点
选择要修改的对象或 [放弃(U)]:
                                //按Enter键完成操作
```

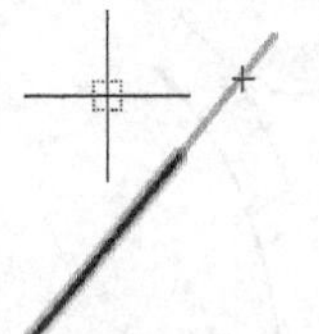

图 6-64　动态（DY）增量效果

练习 6-7 使用拉长修改中心线

难度：☆☆☆	
素材文件路径：	素材/第6章/6-7使用拉长修改中心线.dwg
效果文件路径：	素材/第6章/6-7使用拉长修改中心线-OK.dwg
视频文件路径：	视频/第6章/6-7使用拉长修改中心线.mp4
播放时长：	1分16秒

大部分图形（如圆、矩形）均需要绘制中心线，而在绘制中心线的时候，通常需要将中心线延长至图形外，且伸出长度相等。如果一根根去拉伸中心线的话，就略显麻烦，这时就可以使用【拉长】命令来快速延伸中心线，使其符合设计规范。

Step 01 打开“第6章\6-7使用拉长修改中心线.dwg”素材文件，如图6-65所示。

Step 02 单击【修改】面板中的按钮，激活【拉长】命令，在2条中心线的各个端点处单击，向外拉长3个单位，命令行操作如下。

```
命令: _lengthen
选择对象或 [增量(DE)/百分数(P)/全部(T)/动态(DY)]:DE↙
        //选择增量选项
输入长度增量或 [角度(A)] <0.5000>: 3↙
        //输入每次拉长增量
选择要修改的对象或 [放弃(U)]:
选择要修改的对象或 [放弃(U)]:
选择要修改的对象或 [放弃(U)]:
选择要修改的对象或 [放弃(U)]:
        //依次在两中心线4个端点附近单击，完成拉长
选择要修改的对象或 [放弃(U)]:↙
        //按Enter结束拉长命令，拉长结果如图6-66所示
```

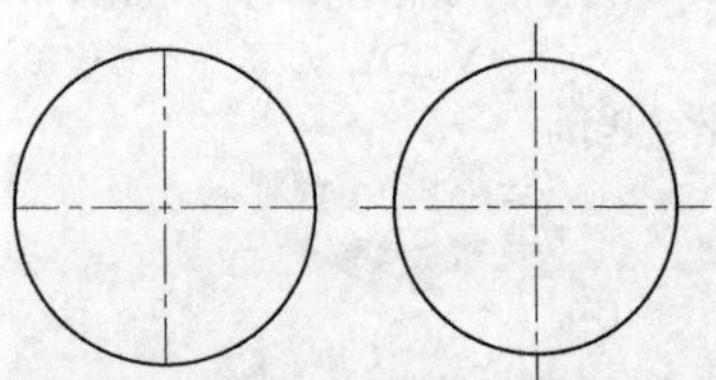

图 6-65　素材文件　　图 6-66　拉长结果

6.3 图形复制类

如果设计图中含有大量重复或相似的图形，就可以使用图形复制类命令进行快速绘制，如【复制】、【偏移】、【镜像】等。

6.3.1 复制 ★重点★

【复制】命令是指在不改变图形大小、方向的前提下，重新生成一个或多个与原对象一模一样的图形。在命令执行过程中，需要确定的参数有复制对象、基点和第二点，配合坐标、对象捕捉、栅格捕捉等其他工具，可以精确复制图形。

• 执行方式

在 AutoCAD 2016 中调用【复制】命令有以下几种常用方法。

◆功能区：单击【修改】面板中的【复制】按钮，如图 6-67 所示。

◆菜单栏：执行【修改】|【复制】命令，如图 6-68 所示。

◆命令行：输入“COPY”“CO”或“CP”命令。

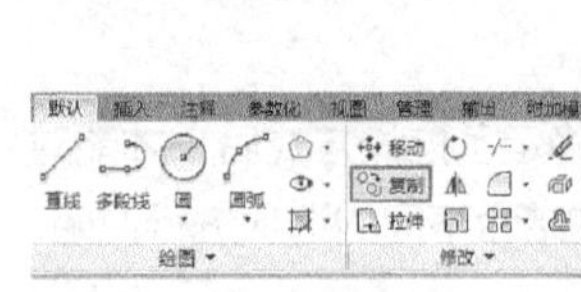

图 6-67【修改】面板中的【复制】按钮　　图 6-68【复制】菜单命令

• 操作步骤

执行【复制】命令后，选取需要复制的对象，指定复制基点，然后拖动鼠标指定新基点即可完成复制操作，继续单击，还可以复制多个图形对象，如图 6-69 所示。命令行操作如下。

```
命令: _copy
                        //执行【复制】命令
选择对象: 找到 1 个
                        //选择要复制的图形
当前设置: 复制模式 = 多个
                        //当前的复制设置
指定基点或 [位移(D)/模式(O)] <位移>:
                        //指定复制的基点
指定第二个点或 [阵列(A)] <使用第一个点作为位移>:
                        //指定放置点1
指定第二个点或 [阵列(A)/退出(E)/放弃(U)] <退出>:
                        //指定放置点2
指定第二个点或 [阵列(A)/退出(E)/放弃(U)] <退出>:
                        //单击Enter键完成操作
```

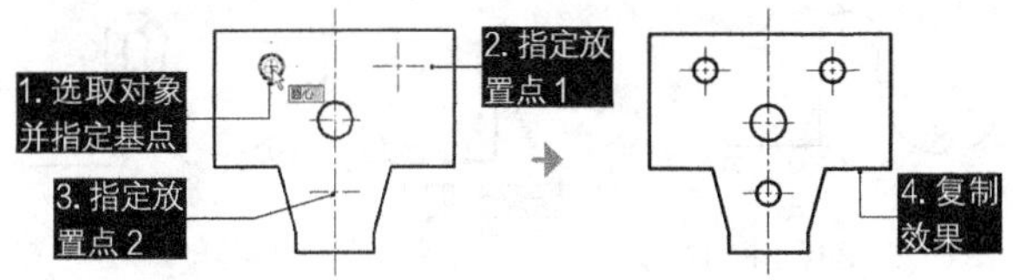

图 6-69　复制对象

• 选项说明

执行【复制】命令时，命令行中出现的各选项介绍如下。

◆ 位移（D）：使用坐标指定相对距离和方向。指定的两点定义一个矢量，指示复制对象的放置离原位置有多远以及以哪个方向放置。基本与【移动】、【拉伸】命令中的位移（D）选项一致，在此不多加赘述。

◆ 模式（O）：该选项可控制【复制】命令是否自动重复。选择该选项后会有单一（S）、多个（M）两个子选项，单一（S）可创建选择对象的单一副本，执行一次复制后便结束命令；而多个（M则可以自动重复。

◆ 阵列（A）：选择该选项，可以以线性阵列的方式快速大量复制对象，如图 6-70 所示。命令行操作如下。

```
命令: _copy                                      //执行【复制】命令
选择对象: 找到 1 个                              //选择复制对象
当前设置: 复制模式 = 多个
指定基点或 [位移(D)/模式(O)] <位移>:             //指定复制基点
指定第二个点或 [阵列(A)] <使用第一个点作为位移>: A
                                     //输入"A"，选择阵列选项
输入要进行阵列的项目数: 4
                                     //输入阵列的项目数
指定第二个点或 [布满(F)]: 10
                                     //移动鼠标确定阵列间距
指定第二个点或 [阵列(A)/退出(E)/放弃(U)] <退出>:
                                     //按Enter键完成操作
```

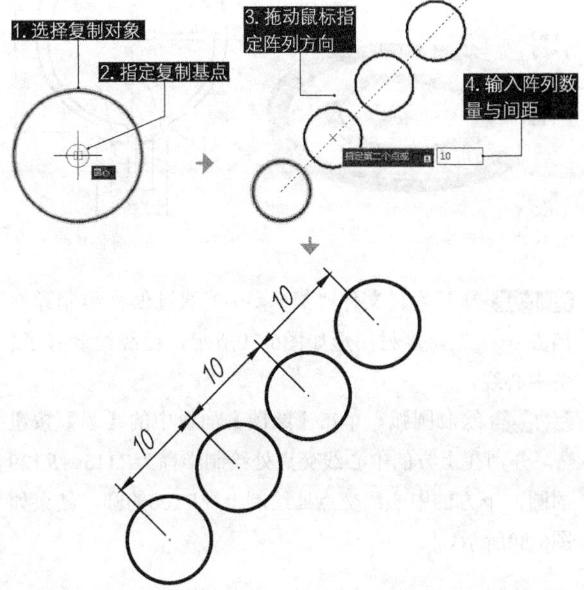

图 6-70　阵列复制

练习 6-8　使用复制补全螺纹孔

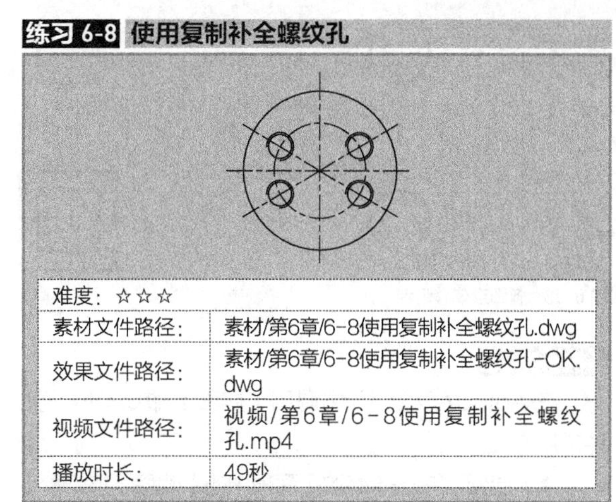

难度：☆☆☆	
素材文件路径：	素材/第6章/6-8使用复制补全螺纹孔.dwg
效果文件路径：	素材/第6章/6-8使用复制补全螺纹孔-OK.dwg
视频文件路径：	视频/第6章/6-8使用复制补全螺纹孔.mp4
播放时长：	49秒

在机械制图中，螺纹孔、沉头孔、通孔等孔系图形十分常见，在绘制这类图形时，可以先单独绘制出一个，然后使用【复制】命令将其放置在其他位置上。

Step 01 打开素材文件"第6章/6-8使用复制补全螺纹孔.dwg"，素材图形如图6-71所示。

Step 02 单击【修改】面板中的【复制】按钮，复制螺纹孔到*A*、*B*、*C*点，如图6-72所示。命令行操作如下。

```
命令: _copy                          //执行【复制】命令
选择对象: 指定对角点: 找到 2 个
                                     //选择螺纹孔内、外圆弧
选择对象:                            //按Enter键结束选择
当前设置: 复制模式 = 多个
指定基点或 [位移(D)/模式(O)] <位移>:
                                     //选择螺纹孔的圆心作为基点
指定第二个点或 [阵列(A)] <使用第一个点作为位移>:
                                     //选择A点
指定第二个点或 [阵列(A)/退出(E)/放弃(U)] <退出>:
                                     //选择B点
指定第二个点或 [阵列(A)/退出(E)/放弃(U)] <退出>:
                                     //选择C点
指定第二个点或 [阵列(A)/退出(E)/放弃(U)] <退出>:*取消*
                                     //按Esc键退出复制
```

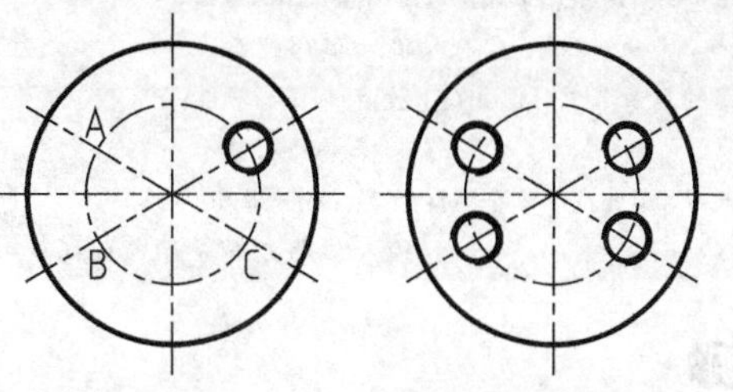

图 6-71　素材图形　　图 6-72　复制的结果

6.3.2 偏移

使用【偏移】工具可以创建与源对象成一定距离的形状相同或相似的新图形对象。可以进行偏移的图形对象包括直线、曲线、多边形、圆、圆弧等，如图 6-73 所示。

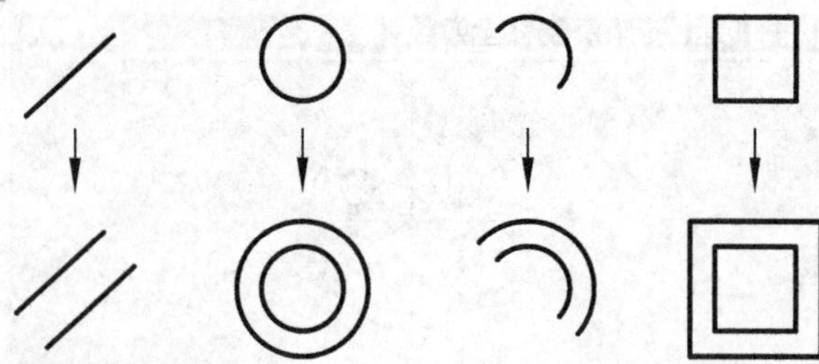

图 6-73 各图形偏移示例

·执行方式

在 AutoCAD 2016 中调用【偏移】命令有以下几种常用方法。

◆功能区：单击【修改】面板中的【偏移】按钮，如图 6-74 所示。

◆菜单栏：执行【修改】|【偏移】命令，如图 6-75 所示。

◆命令行：输入“OFFSET”或“O”命令。

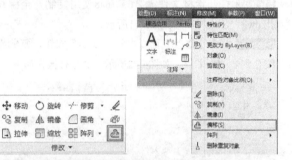

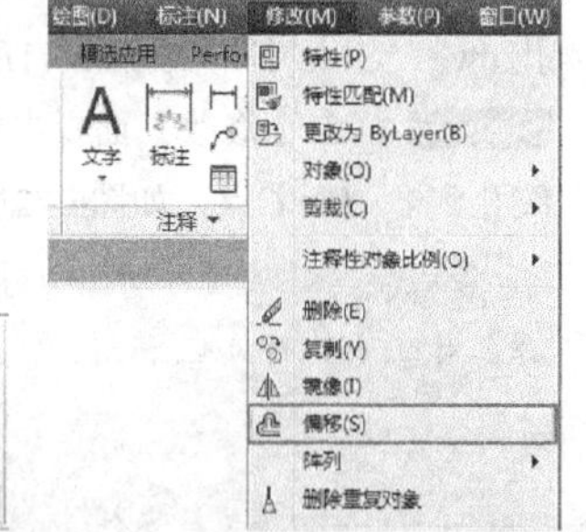

图 6-74【修改】面板中的【偏移】按钮 图 6-75【偏移】菜单命令

·操作步骤

偏移命令需要输入的参数有需要偏移的源对象、偏移距离和偏移方向。只要在需要偏移的一侧的任意位置单击即可确定偏移方向，也可以指定偏移对象通过已知的点。执行【偏移】命令后，命令行操作如下。

```
命令：_OFFSET↙                        //调用【偏移】命令
指定偏移距离或 [通过(T)/删除(E)/图层(L)] <通过>:
                                      //输入偏移距离
选择要偏移的对象，或 [退出(E)/放弃(U)] <退出>:
                                      //选择偏移对象
指定通过点或 [退出(E)/多个(M)/放弃(U)] <退出>:
                                      //输入偏移距离或指定目标点
```

·选项说明

命令行中各选项的含义如下。

◆通过（T）：指定一个通过点定义偏移的距离和方向，如图 6-76 所示。

◆删除（E）：偏移源对象后将其删除。

◆图层（L）：确定将偏移对象创建在当前图层上还是源对象所在的图层上。

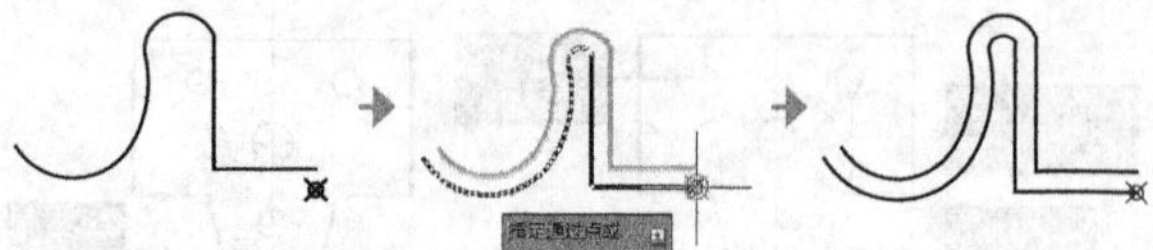

图 6-76 通过（T）偏移效果

练习 6-9 通过偏移绘制弹性挡圈

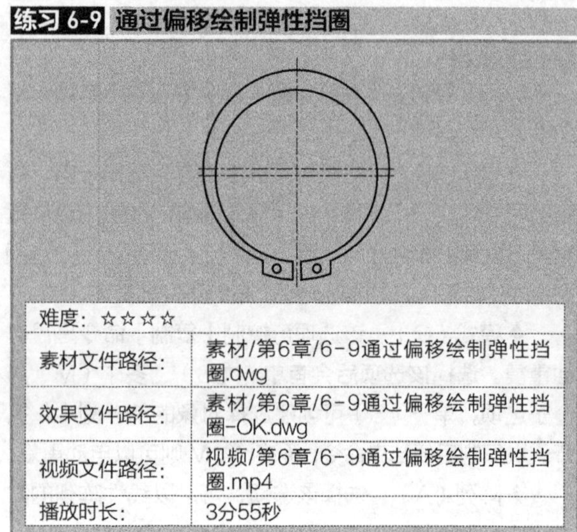

难度：☆☆☆☆	
素材文件路径：	素材/第6章/6-9通过偏移绘制弹性挡圈.dwg
效果文件路径：	素材/第6章/6-9通过偏移绘制弹性挡圈-OK.dwg
视频文件路径：	视频/第6章/6-9通过偏移绘制弹性挡圈.mp4
播放时长：	3分55秒

弹性挡圈分为轴用与孔用两种，如图 6-77 所示，均是用来紧固在轴或孔上的圈形机件，可以防止装在轴或孔上其他零件的窜动。弹性挡圈的应用非常广泛，在各种工程机械与农业机械上都很常见。弹性挡圈通常采用 65Mn 板料冲切制成，截面呈矩形。

弹性挡圈的规格与安装槽标准可参阅 GB/T893（孔用）与 GB/T894（轴用），本例便利用【偏移】命令绘制如图 6-78 所示的轴用弹性挡圈。

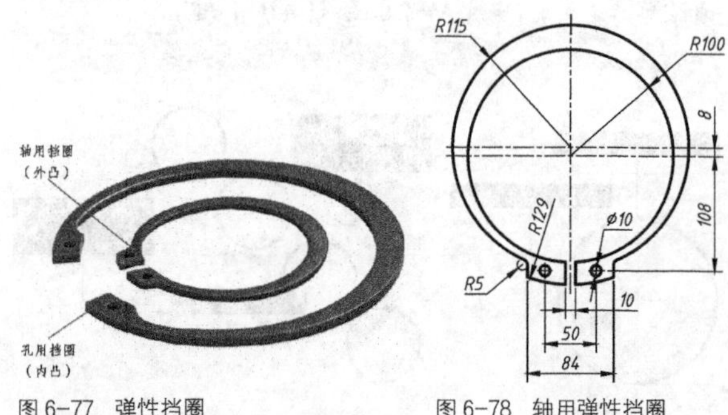

图 6-77 弹性挡圈 图 6-78 轴用弹性挡圈

Step 01 打开素材文件“第6章\6-9 通过偏移绘制弹性挡圈.dwg”，素材图形如图6-79所示，已经绘制好了3条中心线。

Step 02 绘制圆弧。单击【绘图】面板中的【圆】按钮，分别在上方的中心线交点处绘制半径为$R115$、$R129$的圆，下方的中心线交点处绘制半径$R100$的圆，结果如图6-80所示。

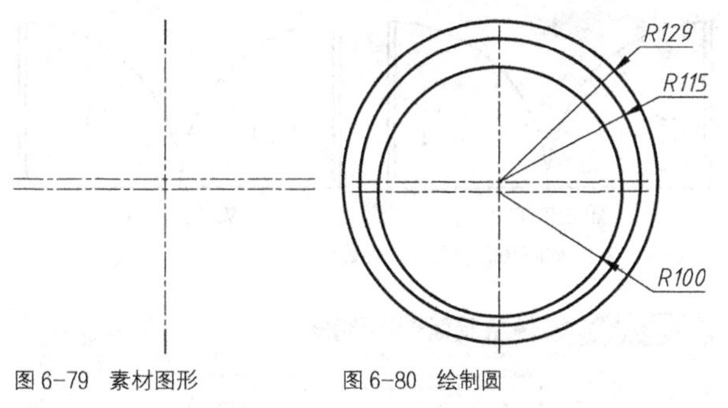

图 6-79　素材图形　　图 6-80　绘制圆

Step 03 修剪图形。单击【修改】面板中的【修剪】按钮，修剪左侧的圆弧，如图6-81所示。

Step 04 偏移图形。单击【修改】面板中的【偏移】按钮，将垂直中心线分别向右偏移5、42，结果如图6-82所示。

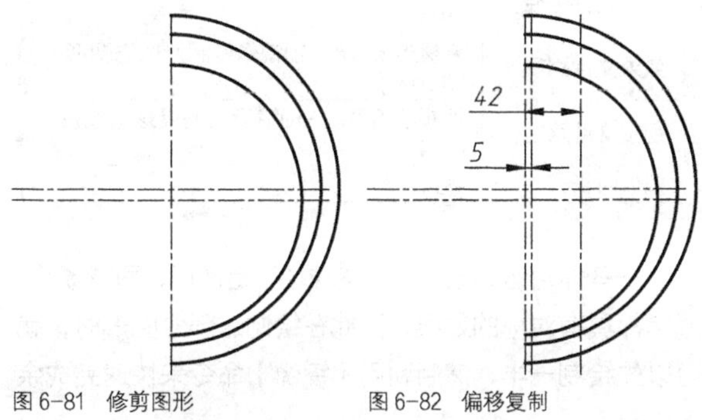

图 6-81　修剪图形　　图 6-82　偏移复制

Step 05 绘制直线。单击【绘图】面板中的【直线】按钮，绘制直线，删除辅助线，结果如图6-83所示。

Step 06 偏移中心线。单击【修改】面板中的【偏移】按钮，将竖直中心线向右偏移25，将下方的水平中心线向下偏移108，如图6-84所示。

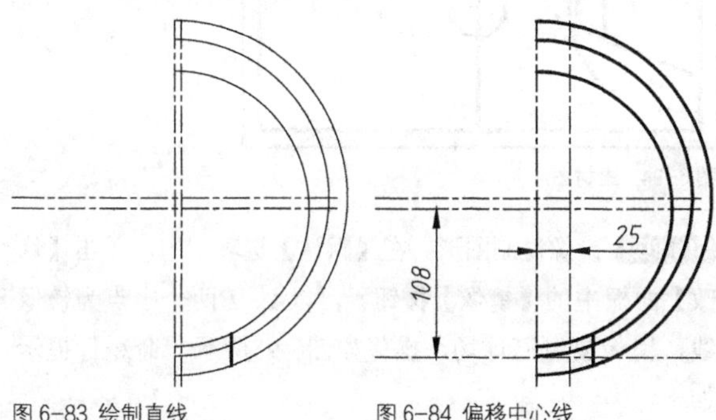

图 6-83 绘制直线　　图 6-84 偏移中心线

Step 07 绘制圆。单击【绘图】面板中的【圆】按钮，在偏移出的辅助中心线交点处绘制直径为10的圆，如图6-85所示。

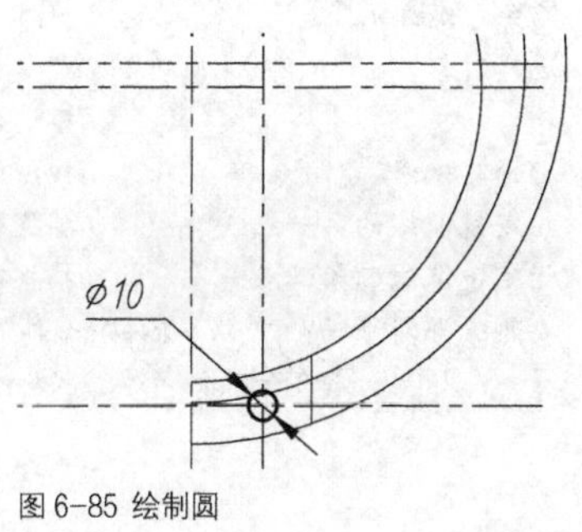

图 6-85 绘制圆

Step 08 修剪图形。单击【修改】面板中的【修剪】按钮，修剪出右侧图形，如图6-86所示。

Step 09 镜像图形。单击【修改】面板中的【镜像】按钮，以垂直中心线作为镜像线，镜像图形，结果如图6-87所示。

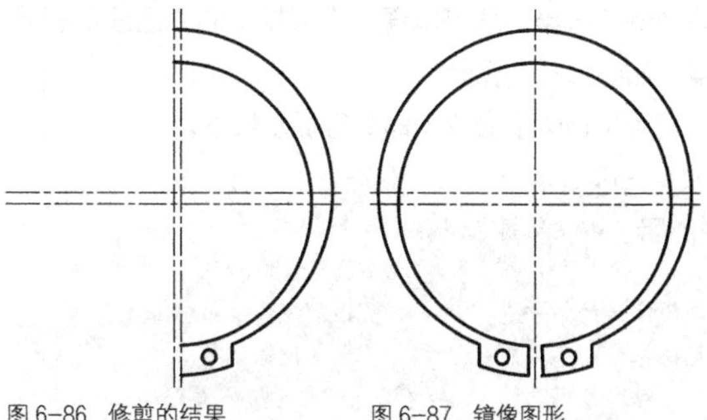

图 6-86　修剪的结果　　图 6-87　镜像图形

知识链接

最后步骤所用到的【镜像】命令，操作详情请见下一小节。

6.3.3 镜像

【镜像】命令是指将图形绕指定轴（镜像线）镜像复制，常用于绘制结构规则且有对称特点的图形，如图 6-68 所示。AutoCAD 2016 通过指定临时镜像线镜像对象，镜像时可选择删除或保留原对象。

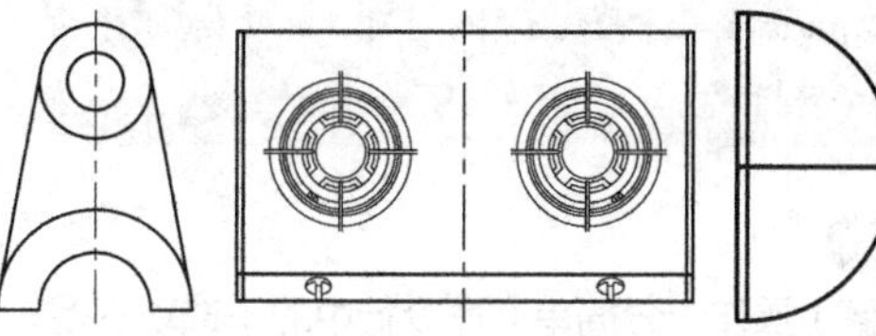

图 6-88　对称图形

·执行方式

在AutoCAD 2016中【镜像】命令的调用方法如下。

◆功能区：单击【修改】面板中的【镜像】按钮，如图 6-89 所示。

◆菜单栏：执行【修改】|【镜像】命令，如图 6-90 所示。

◆命令行：输入“MIRROR”或“MI”命令。

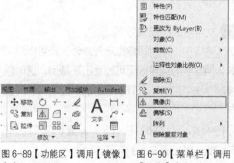

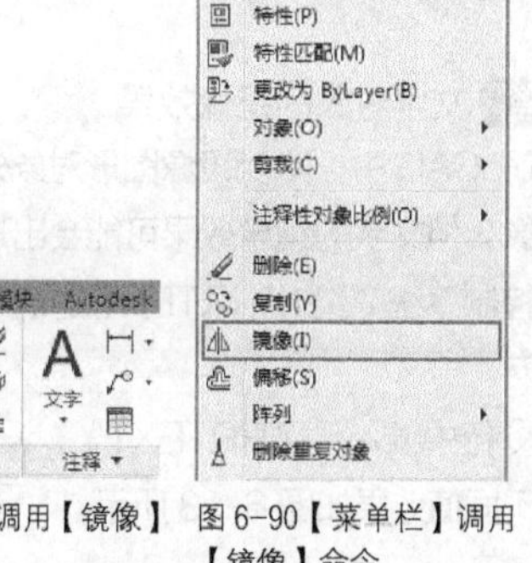

图 6-89【功能区】调用【镜像】命令　　图 6-90【菜单栏】调用【镜像】命令

·操作步骤

在命令执行过程中，需要确定镜像复制的对象和对称轴。对称轴可以是任意方向的，所选对象将根据该轴线进行对称复制，并且可以选择删除或保留源对象。在实际工程设计中，许多对象都为对称形式，如果绘制了这些图例的一半，就可以通过【镜像】命令迅速得到另一半，如图6-91所示。

调用【镜像】命令，命令行提示如下。

```
命令：_MIRROR↙                    //调用【镜像】命令
选择对象：指定对角点：找到 14 个
                                  //选择镜像对象
指定镜像线的第一点：              //指定镜像线第一点A
指定镜像线的第二点：              //指定镜像线第二点B
要删除源对象吗？[是(Y)/否(N)] <N>：↙
                                  //选择是否删除源对象，或按
Enter键结束命令
```

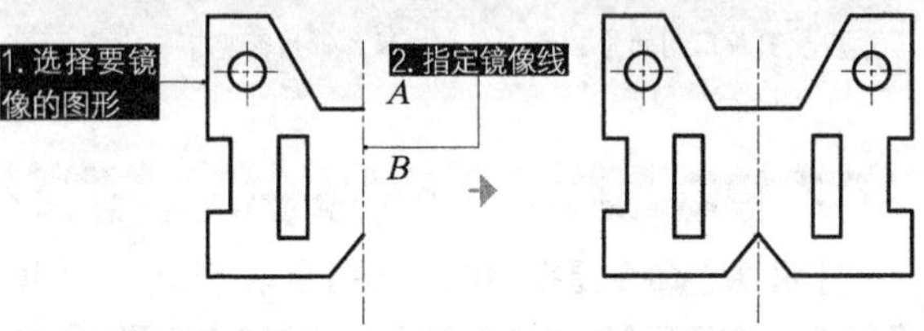

图6-91　镜像图形

操作技巧

如果是水平或者竖直方向镜像图形，可以使用【正交】功能快速指定镜像轴。

·选项说明

【镜像】操作十分简单，命令行中的子选项不多，只有在结束命令前可选择是否删除源对象。如果选择“是”，则删除选择的镜像图形，效果如图6-92所示。

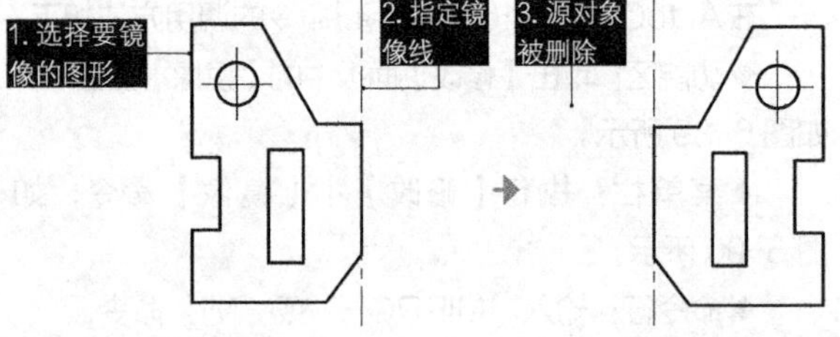

图6-92　删除源对象的镜像

·初学解答 文字对象的镜像效果

在AutoCAD中，除能镜像图形对象外，还可以对文字进行镜像，但文字的镜像效果可能会出现颠倒，这时就可以通过控制系统变量MIRRTEXT的值来控制文字对象的镜像方向。

在命令行中输入“MIRRTEXT”，设置MIRRTEXT变量值，不同值效果如图6-93所示。

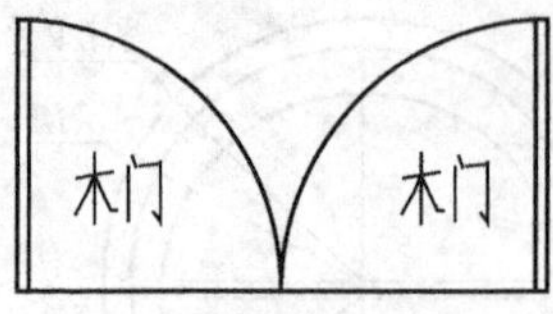

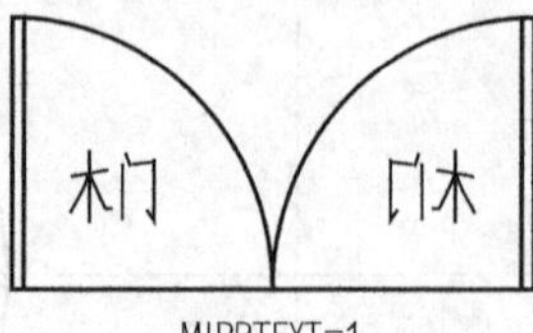

图6-93　不同MIRRTEXT变量值镜像效果

练习 6-10　镜像绘制篮球场图形

难度：☆☆	
素材文件路径：	素材/第6章/6-10镜像绘制篮球场图形.dwg
效果文件路径：	素材/第6章/6-10镜像绘制篮球场图形-OK.dwg
视频文件路径：	视频/第6章/6-10镜像绘制篮球场图形.mp4
播放时长：	1分12秒

一些体育运动场所，如篮球场、足球场、网球场等，通常都具有对称的效果，因此在绘制这部分图形时，就可以先绘制一半，然后利用【镜像】命令来快速完成余下部分。

Step 01 打开“第6章/6-10镜像绘制篮球场图形.dwg”素材文件，素材图形如图6-94所示。

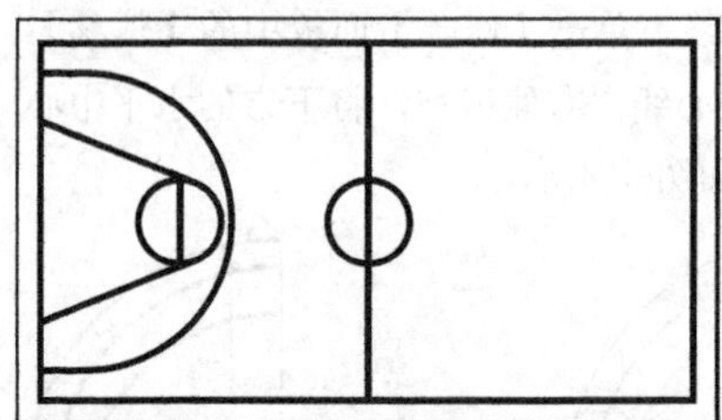
图6-94　素材图形

Step 02 镜像复制图形。在【默认】选项卡中，单击【修改】面板中的【镜像】按钮，以A、B两个中点为镜像线，镜像复制篮球场，操作如图6-95所示，命令行提示如下。

```
命令：_mirror↙                    //执行【镜像】命令
选择对象：指定对角点：找到 11 个
                                  //框选左侧图形
选择对象：                        //按Enter键确定
指定镜像线的第一点：              //捕捉确定对称轴第一点A
指定镜像线的第二点：              //捕捉确定对称轴第二点B
要删除源对象吗？[是(Y)/否(N)] <N>:N↙
              //选择不删除源对象，按Enter键确定完成镜像
```

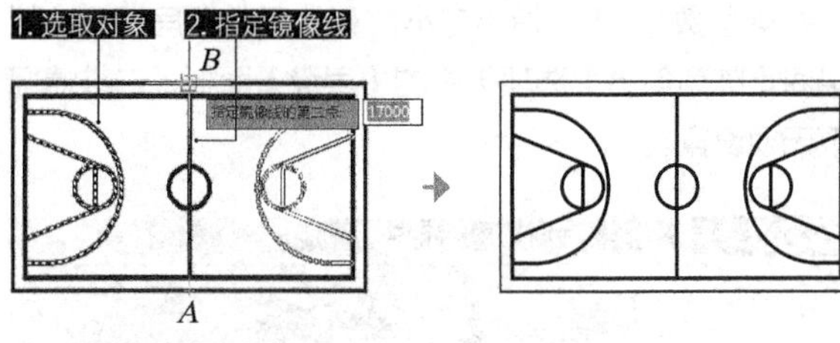

图 6-95 镜像绘制篮球场

6.4 图形阵列类

复制、镜像和偏移等命令，一次只能复制得到一个对象副本。如果想要按照一定规律大量复制图形，可以使用 AutoCAD 2016 提供的【阵列】命令。【阵列】是一个功能强大的多重复制命令，它可以一次将选择的对象复制多个并按指定的规律进行排列。

在 AutoCAD 2016 中，提供了 3 种【阵列】方式：矩形阵列、极轴（环形）阵列、路径阵列，可以按照矩形、环形（极轴）和路径的方式，以定义的距离、角度和路径复制出源对象的多个对象副本，如图 6-96 所示。

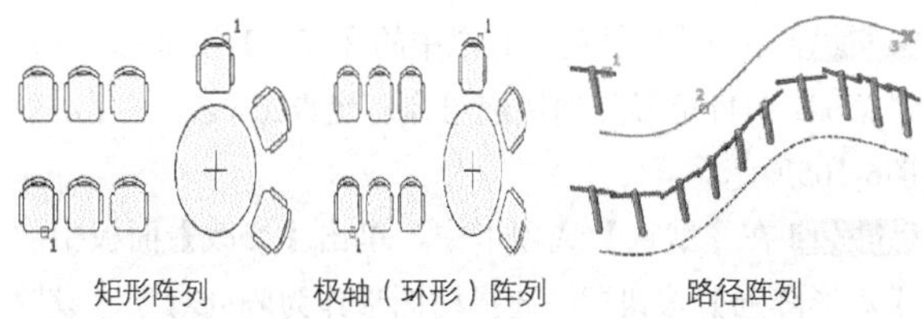

图 6-96 阵列的三种方式

6.4.1 矩形阵列

矩形阵列就是将图形呈行列类进行排列，如园林平面图中的道路绿化、建筑立面图的窗格、规律摆放的桌椅等。

·执行方式

调用【阵列】命令的方法如下。

◆功能区：在【默认】选项卡中，单击【修改】面板中的【矩形阵列】按钮，如图 6-97 所示。

◆菜单栏：执行【修改】|【阵列】|【矩形阵列】命令，如图 6-98 所示。

◆命令行：输入“ARRAYRECT”命令。

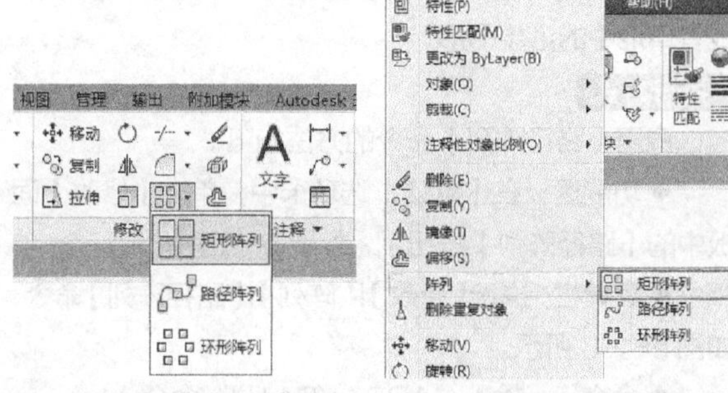

图 6-97【功能区】调用【矩形阵列】命令　图 6-98【菜单栏】调用【矩形阵列】命令

·操作步骤

使用矩形阵列需要设置的参数有阵列的源对象、行和列的数目、行距和列距。行和列的数目决定了需要复制的图形对象有多少个。

调用【阵列】命令，功能区显示矩形方式下的【阵列创建】选项卡，如图 6-99 所示，命令行提示如下。

```
命令: _arrayrect                    //调用【矩形阵列】命令
选择对象: 找到 1 个                  //选择要阵列的对象
类型 = 矩形  关联 = 是               //显示当前的阵列设置
选择夹点以编辑阵列或 [关联(AS)/基点(B)/计数(COU)/间距(S)/列数(COL)/行数(R)/层数(L)/退出(X)]: ↙
                                    //设置阵列参数，按Enter键退出
```

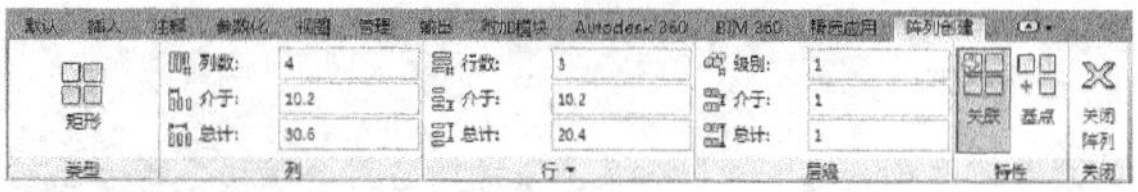

图 6-99【阵列创建】选项卡

·选项说明

命令行中主要选项介绍如下。

◆关联（AS）：指定阵列中的对象是关联的还是独立的。选择“是”，则单个阵列对象中的所有阵列项目皆关联，类似于块，更改源对象则所有项目都会更改，如图 6-100 左图所示；选择“否”，则创建的阵列项目均作为独立对象，更改一个项目不影响其他项目，如图 6-100 右图所示。图 6-99【阵列创建】选项卡中的【关联】按钮亮显则为“是”，反之为“否”。

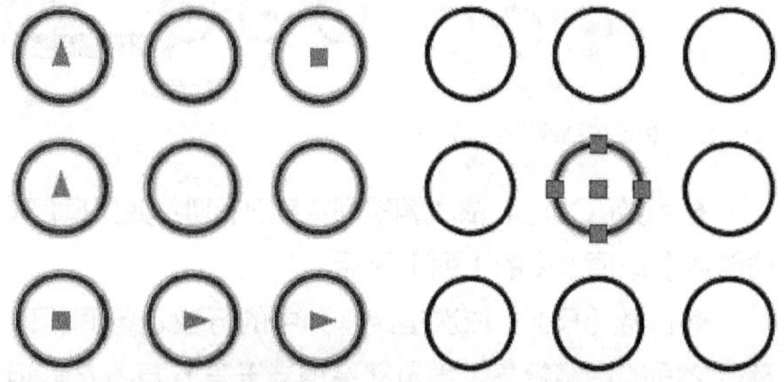

图 6-100 阵列的关联效果

◆基点（B）：定义阵列基点和基点夹点的位置，默认为质心，如图 6-101 所示。该选项只有在启用“关联”时才有效。效果同【阵列创建】选项卡中的【基点】按钮。

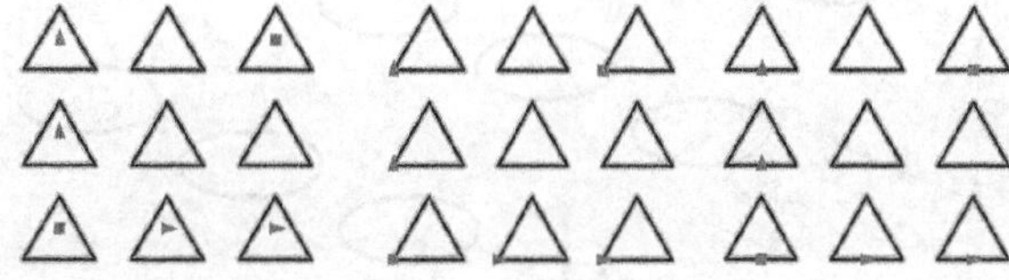

图 6-101 不同的基点效果

◆计数（COU）：可指定行数和列数，并使用户在移动光标时可以动态观察阵列结果，如图6-102所示。效果同【阵列创建】选项卡中的【列数】、【行数】文本框。

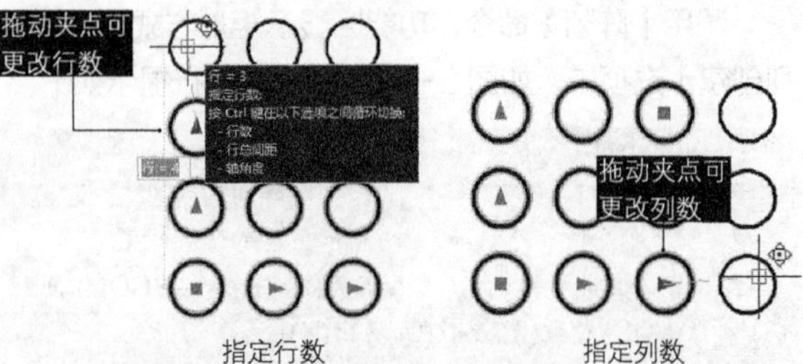

图6-102　更改阵列的行数与列数

操作技巧

在矩形阵列的过程中，如果希望阵列的图形往相反的方向复制，在列数或行数前面加“-”符号即可，也可以向反方向拖动夹点。

◆间距（S）：指定行间距和列间距，并使用户在移动光标时可以动态观察结果，如图6-103所示。效果同【阵列创建】选项卡中的两个【介于】文本框。

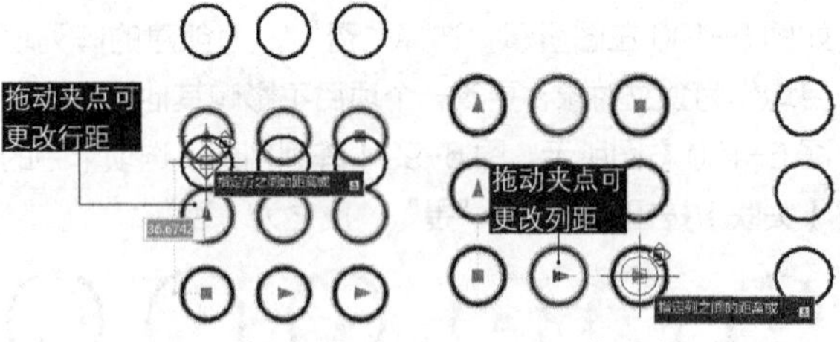

图6-103　更改阵列的行距与列距

◆列数（COL）：依次编辑列数和列间距，效果同【阵列创建】选项卡中的【列】面板。

◆行数（R）：依次指定阵列中的行数、行间距以及行之间的增量标高。增量标高相当于第5章5.6.1矩形章节中的标高选项，指三维效果中 z 方向上的增量，图6-104所示为增量标高为10的效果。

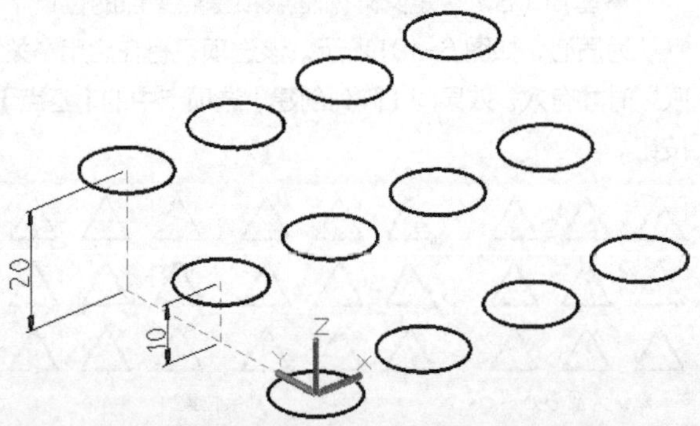

图6-104　阵列的增量标高效果

◆层数（L）：指定三维阵列的层数和层间距，效果同【阵列创建】选项卡中的【层级】面板，二维情况下无须设置。

练习 6-11　矩形阵列快速绘制行道路

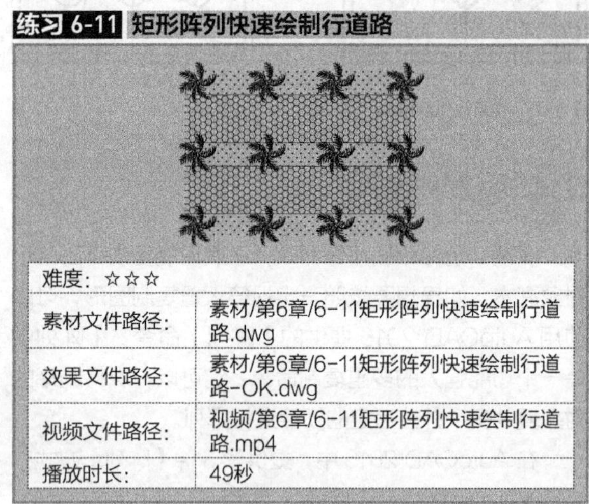

难度：☆☆☆	
素材文件路径：	素材/第6章/6-11矩形阵列快速绘制行道路.dwg
效果文件路径：	素材/第6章/6-11矩形阵列快速绘制行道路-OK.dwg
视频文件路径：	视频/第6章/6-11矩形阵列快速绘制行道路.mp4
播放时长：	49秒

园林设计中需要为园路布置各种植被、绿化图形，此时就可以灵活使用【阵列】命令来快速大量的放置。

Step 01 单击快速访问工具栏中的【打开】按钮，打开“第6章/6-11矩形阵列快速绘制行道路.dwg”文件，如图6-105所示。

Step 02 在【默认】选项卡中，单击【修改】面板中的【矩形阵列】按钮，选择树图形作为阵列对象，设置行、列间距为6000，阵列结果如图6-106所示。

图6-105　素材图形　　图6-106　阵列结果

6.4.2 路径阵列 ★重点★

路径阵列可沿曲线（可以是直线、多段线、三维多段线、样条曲线、螺旋、圆弧、圆或椭圆）阵列复制图形，通过设置不同的基点，能得到不同的阵列结果。在园林设计中，使用路径阵列可快速复制园路与街道旁的树木，或者草地中的汀步图形。

·执行方式

调用【路径阵列】命令的方法如下。

◆功能区：在【默认】选项卡中，单击【修改】面板中的【路径阵列】按钮，如图6-107所示。

◆菜单栏：执行【修改】|【阵列】|【路径阵列】命令，如图6-108所示。

◆命令行：输入“ARRAYPATH”命令。

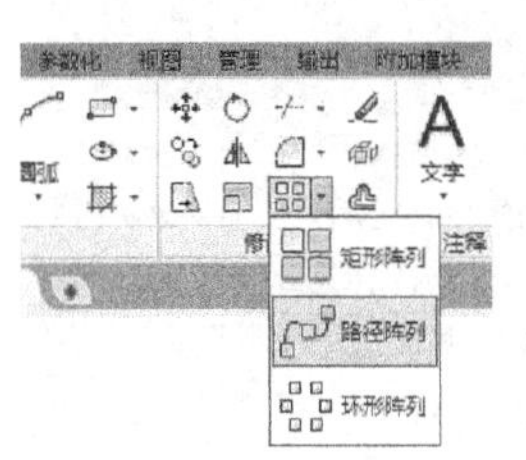

图 6-107 【功能区】调用【路径阵列】命令

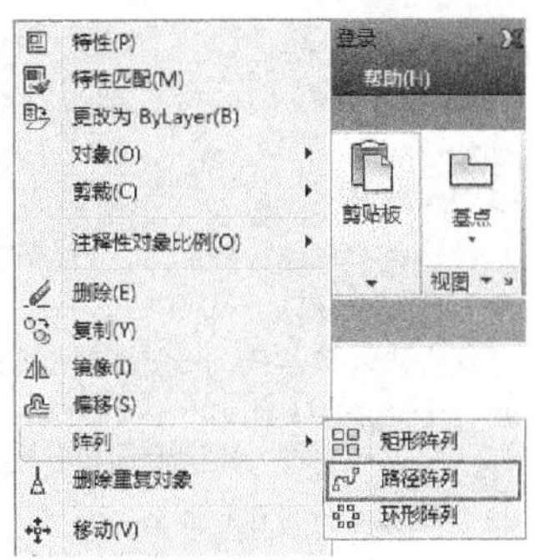

图 6-108 【菜单栏】调用【路径阵列】命令

·操作步骤

路径阵列需要设置的参数有阵列路径、阵列对象和阵列数量、方向等。

调用【阵列】命令，功能区显示路径方式下的【阵列创建】选项卡，如图 6-109 所示，命令行提示如下。

```
命令: _arraypath                        //调用【路径阵列】命令
选择对象: 找到 1 个                      //选择要阵列的对象
选择对象:
类型 = 路径  关联 = 是                   //显示当前的阵列设置
选择路径曲线:                            //选取阵列路径
选择夹点以编辑阵列或 [关联(AS)/方法(M)/基点(B)/切向(T)/
项目(I)/行(R)/层(L)/对齐项目(A)/Z 方向(Z)/退出(X)] <退出
>: ↙                    //设置阵列参数，按Enter键退出
```

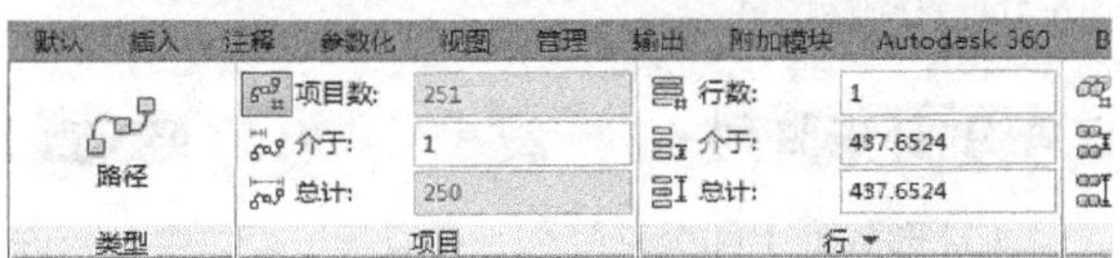

图 6-109 【阵列创建】选项卡

·选项说明

命令行中主要选项介绍如下。

◆关联（AS）：与【矩形阵列】中的关联选项相同，这里不重复讲解。

◆方法（M）：控制如何沿路径分布项目，有定数等分（D）和定距等分（M）两种方式。效果与第 5 章的 5.1.3 定数等分、5.1.4 定距等分中的"块"一致，只是阵列方法较灵活，对象不限于块，可以是任意图形。

◆基点（B）：定义阵列的基点。路径阵列中的项目相对于基点放置，选择不同的基点，进行路径阵列的效果也不同，如图 6-110 所示。效果同【阵列创建】选项卡中的【基点】按钮。

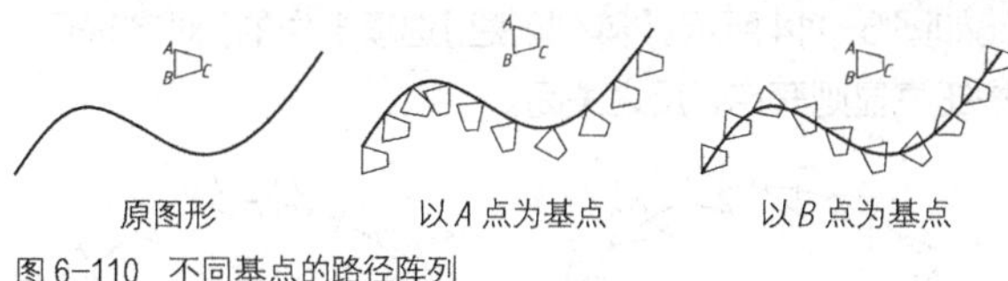

图 6-110 不同基点的路径阵列

◆切向（T）：指定阵列中的项目如何相对于路径的起始方向对齐，不同基点、切向的阵列效果如图 6-111 所示。效果同【阵列创建】选项卡中的【切线方向】按钮。

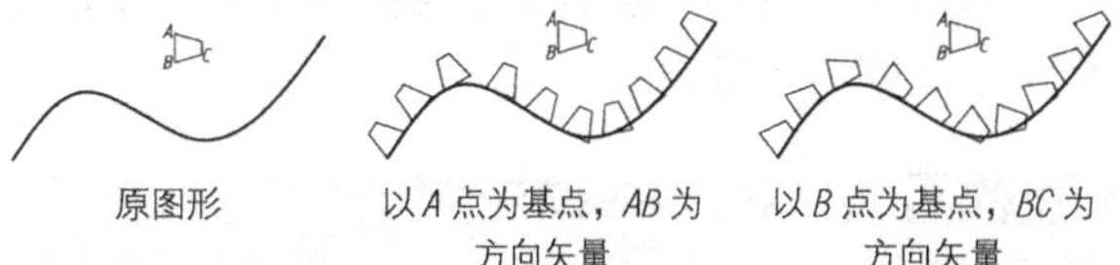

图 6-111 不同基点、切向的路径阵列

◆ 项目（I）：根据方法设置，指定项目数（方法为定数等分）或项目之间的距离（方法为定距等分），如图 6-112 所示。效果同【阵列创建】选项卡中的【项目】面板。

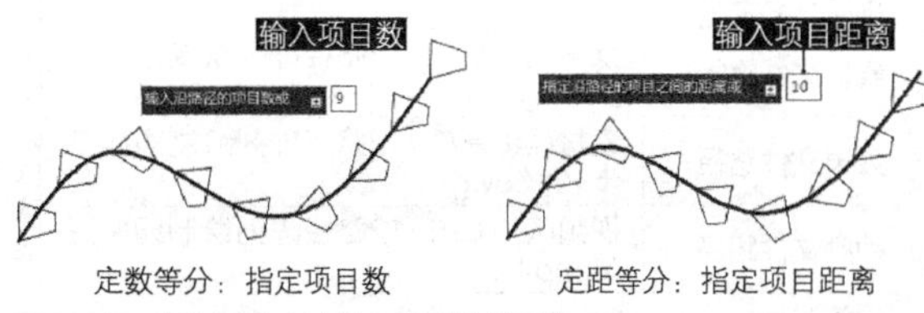

图 6-112 根据所选方法输入阵列的项目数

◆行（R）：指定阵列中的行数、它们之间的距离以及行之间的增量标高，如图 6-113 所示。效果同【阵列创建】选项卡中的【行】面板。

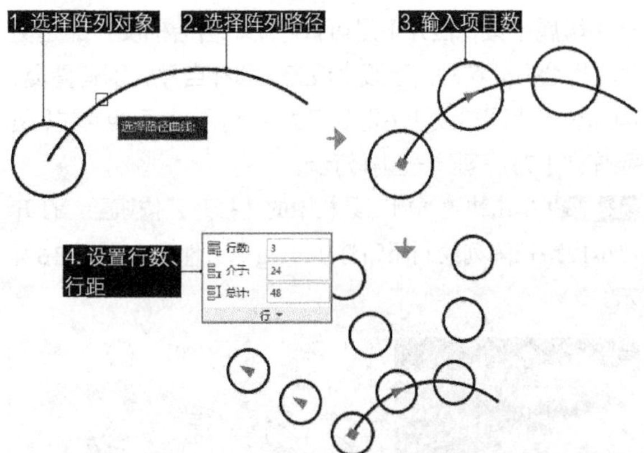

图 6-113 路径阵列的行效果

◆层（L）：指定三维阵列的层数和层间距，效果同【阵列创建】选项卡中的【层级】面板，二维情况下无须设置。

◆对齐项目（A）：指定是否对齐每个项目以与路径的方向相切，对齐相对于第一个项目的方向，效果对

比如图6-114所示。【阵列创建】选项卡中的【对齐项目】按钮亮显则开启，反之关闭。

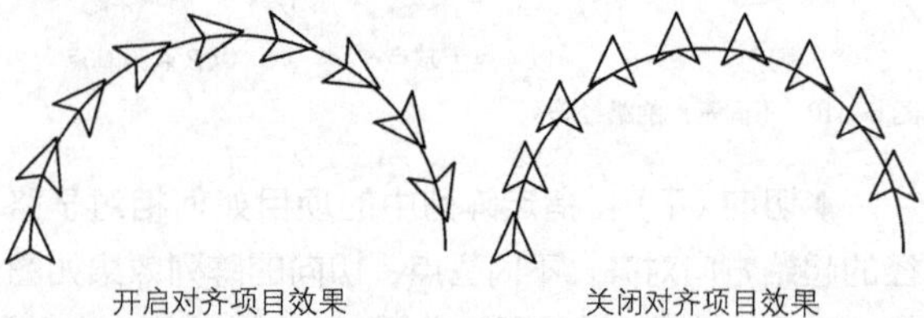

图6-114　对齐项目效果

◆Z方向：控制是否保持项目的原始z方向或沿三维路径自然倾斜项目。

练习6-12 路径阵列绘制园路汀步

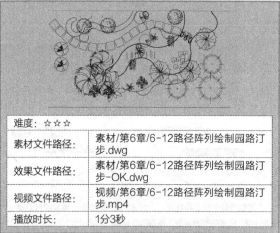

难度：☆☆☆	
素材文件路径：	素材/第6章/6-12路径阵列绘制园路汀步.dwg
效果文件路径：	素材/第6章/6-12路径阵列绘制园路汀步-OK.dwg
视频文件路径：	视频/第6章/6-12路径阵列绘制园路汀步.mp4
播放时长：	1分3秒

在中国古典园林中，常以零散的叠石点缀于窄而浅的水面上，如图6-115所示。使人易于蹑步而行，名为汀步，或叫掇步、踏步，日本又称为泽飞。汀步在园林中虽属小景，但并不是可有可无，恰恰相反，却是更见"匠心"。这种古老渡水设施，质朴自然，别有情趣，因此在当代园林设计中得到了大量运用。本例便通过【路径阵列】方法创建一园林汀步。

Step 01 单击快速访问工具栏中的【打开】按钮，打开"6-12路径阵列绘制园路汀步.dwg"文件，如图6-116所示。

图6-115　汀步

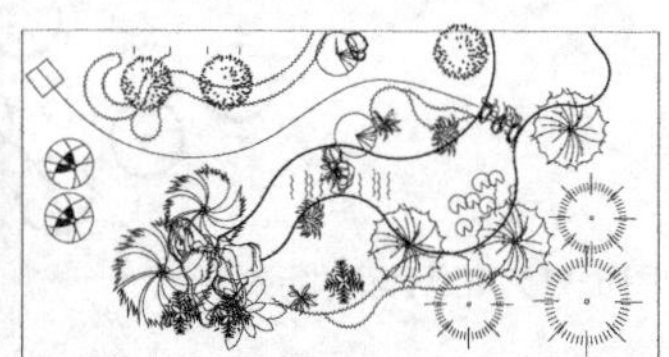

图6-116　素材图形

Step 02 在【默认】选项卡中，单击【修改】面板中的【路径阵列】按钮，选择阵列对象和阵列曲线进行阵列，命令行操作如下。

```
命令: _arraypath                              //执行【路径阵列】命令
选择对象: 找到 1 个                           //选择矩形汀步图形，按Enter确认
类型 = 路径  关联 = 是
选择路径曲线:                                 //选择样条曲线作为阵列路径，按Enter确认
选择夹点以编辑阵列或 [关联(AS)/方法(M)/基点(B)/切向(T)/项目(I)/行(R)/层(L)/对齐项目(A)/z 方向(Z)/退出(X)] <退出>: I↙
                                              //选择项目选项
指定沿路径的项目之间的距离或 [表达式(E)] <126>: 700↙
                                              //输入项目距离
最大项目数 = 16
指定项目数或 [填写完整路径(F)/表达式(E)] <16>:↙
                                              //按Enter键确认阵列数量
选择夹点以编辑阵列或 [关联(AS)/方法(M)/基点(B)/切向(T)/项目(I)/行(R)/层(L)/对齐项目(A)/z 方向(Z)/退出(X)] <退出>:↙
                                              //按Enter键完成操作
```

Step 03 路径阵列完成后，删除路径曲线，园路汀步绘制完成，最终效果如图6-117所示。

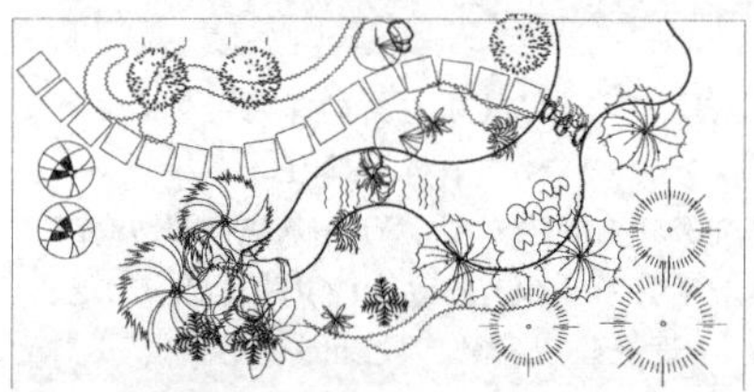

图6-117　路径阵列结果

6.4.3 环形阵列 ★重点★

【环形阵列】即极轴阵列，是以某一点为中心点进行环形复制，阵列结果是使阵列对象沿中心点的四周均匀排列成环形。

·执行方式

调用【极轴阵列】命令的方法如下。

◆功能区：在【默认】选项卡中，单击【修改】面板中的【环形阵列】按钮，如图6-118所示。

◆菜单栏：执行【修改】|【阵列】|【环形阵列】命令，如图6-119所示。

◆命令行：输入"ARRAYPOLAR"命令。

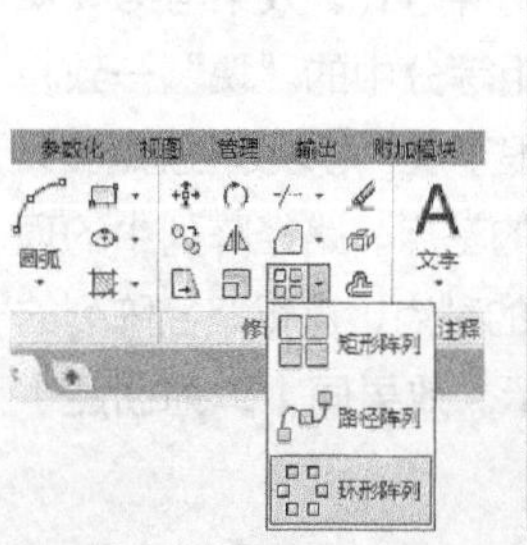

图6-118　【功能区】调用【环形阵列】命令

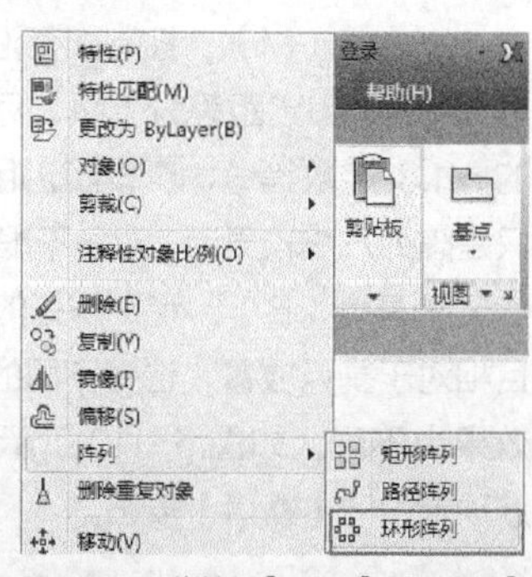

图6-119　菜单栏】调用【环形阵列】命令

·操作步骤

【环形阵列】需要设置的参数有阵列的源对象、项目总数、中心点位置和填充角度。填充角度是指全部项目排成的环形所占有的角度。例如，对于 360° 填充，所有项目将排满一圈，如图 6-121 所示；对于 240° 填充，所有项目只排满 2/3 圈，如图 6-121 所示。

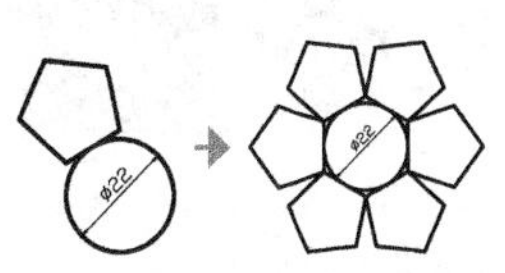

图 6-120 指定项目总数和填充角度阵列

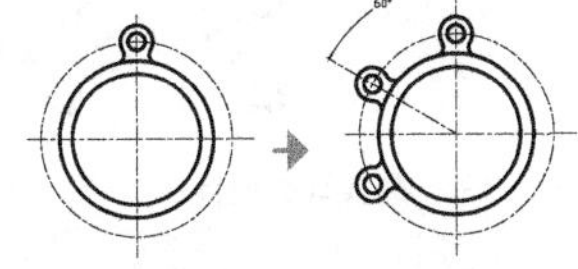

图 6-121 指定项目总数和项目间的角度阵列

调用【阵列】命令，功能区面板显示【阵列创建】选项卡，如图 6-122 所示，命令行提示如下。

```
命令: _arraypolar                          //调用【环形阵列】命令
选择对象: 找到 1 个                         //选择阵列对象
选择对象:
类型 = 极轴  关联 = 是                      //显示当前的阵列设置
指定阵列的中心点或 [基点(B)/旋转轴(A)]:
                                          //指定阵列中心点
选择夹点以编辑阵列或 [关联(AS)/基点(B)/项目(I)/项目间角度(A)/填充角度(F)/行(ROW)/层(L)/旋转项目(ROT)/退出(X)] <退出>: ↙        //设置阵列参数并按Enter键退出
```

图 6-122 【阵列创建】选项卡

·选项说明

命令行主要选项介绍如下。

◆关联（AS）：与【矩形阵列】中的关联选项相同，这里不重复讲解。

◆基点（B）：指定阵列的基点，默认为质心，效果同【阵列创建】选项卡中的【基点】按钮。

◆项目（I）：使用值或表达式指定阵列中的项目数，默认为 360° 填充下的项目数，如图 6-123 所示。

◆项目间角度（A）：使用值表示项目之间的角度，如图 6-124 所示。同【阵列创建】选项卡中的【项目】面板。

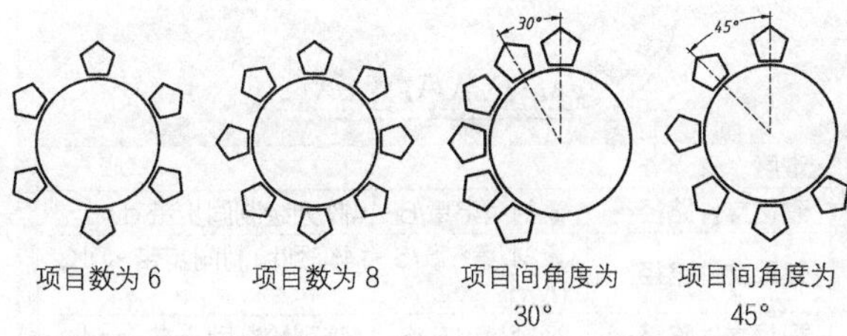

项目数为 6　　项目数为 8　　项目间角度为 30°　　项目间角度为 45°

图 6-123 不同的项目数效果　　图 6-124 不同的项目间角度效果

◆填充角度（F）：使用值或表达式指定阵列中第一个和最后一个项目之间的角度，即环形阵列的总角度。

◆行（ROW）：指定阵列中的行数、它们之间的距离以及行之间的增量标高，效果与【路径阵列】中的“行（R）”选项一致，在此不重复讲解。

◆层（L）：指定三维阵列的层数和层间距，效果同【阵列创建】选项卡中的【层级】面板，二维情况下无须设置。

◆旋转项目（ROT）：控制在阵列项时是否旋转项，效果对比如图 6-125 所示。【阵列创建】选项卡中的【旋转项目】按钮亮显则开启，反之关闭。

开启旋转项目效果

关闭旋转项目效果

图 6-125 旋转项目效果

练习 6-13 环形阵列绘制树池

难度：☆☆☆	
素材文件路径：	素材/第6章/6-13环形阵列绘制树池.dwg
效果文件路径：	素材/第6章/6-13环形阵列绘制树池-OK.dwg
视频文件路径：	视频/第6章/6-13环形阵列绘制树池.mp4
播放时长：	55秒

当在有铺装的地面上栽种树木时，应在树木的周围保留一块没有铺装的土地，通常把它叫树池或树穴，这是景观设计中较为常见的图形。根据设计的总体效果，树池周围的铺装多为矩形或环形，如图 6-126 所示。本例便通过【环形阵列】绘制一环形树池。

矩形树池

环形树池

图 6-126 树池

Step 01 单击快速访问工具栏中的【打开】按钮，打开“第6章/6-13环形阵列绘制树池.dwg”文件，如图6-127所示。

Step 02 在【默认】选项卡中，单击【修改】面板中的【环形阵列】按钮，启动环形阵列。

Step 03 选择图形下侧的矩形作为阵列对象，命令行操作如下。

```
类型＝极轴 关联＝是
指定阵列的中心点或 [基点(B)/旋转轴(A)]:
            //指定树池圆心作为阵列的中心点进行阵列
选择夹点以编辑阵列或 [关联(AS)/基点(B)/项目(I)/项目间角度(A)/填充角度(F)/行(ROW)/层(L)/旋转项目(ROT)/退出(X)] <退出>: I↙
输入阵列中的项目数或 [表达式(E)] <6>: 70↙
选择夹点以编辑阵列或 [关联(AS)/基点(B)/项目(I)/项目间角度(A)/填充角度(F)/行(ROW)/层(L)/旋转项目(ROT)/退出(X)] <退出>:
```

Step 04 环形阵列结果如图6-128所示。

图 6-127 素材图形　　图 6-128 环形阵列结果

·熟能生巧 编辑关联阵列

要对所创建的阵列进行编辑，可使用如下方法。

◆命令行：输入“ARRAYEDIT”命令。

◆快捷操作 1：选中阵列图形，拖动对应夹点。

◆快捷操作 2：选中阵列图形，打开如图 6-129 所示的【阵列】选项卡，选择该选项卡中的功能进行编辑。这里要注意的是，不同的阵列类型，对应的【阵列】选项卡中的按钮虽然不一样，但名称却是一样的。

◆快捷操作 3：按 Ctrl 键拖动阵列中的项目。

图 6-129 三种【阵列】选项卡

单击【阵列】选项卡【选项】面板中的【替换项目】按钮，用户可以使用其他对象替换选定的项目，其他阵列项目将保持不变，如图 6-130 所示。

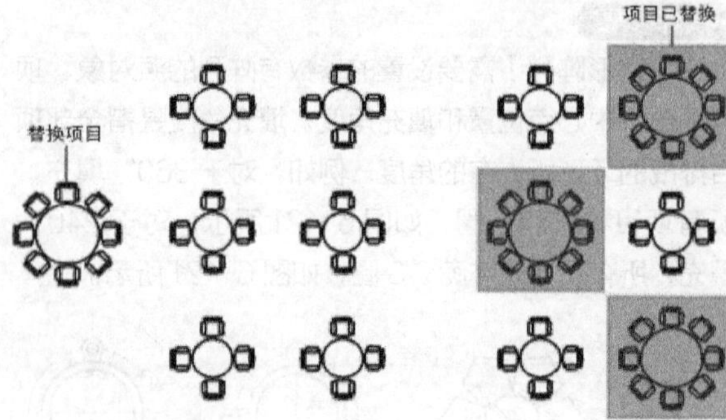

图 6-130 替换阵列项目

单击【阵列】选项卡【选项】面板中的【编辑来源】按钮，可进入阵列项目源对象编辑状态，保存更改后，所有的更改（包括创建新的对象）将立即应用于参考相同源对象的所有项目，如图 6-131 所示。

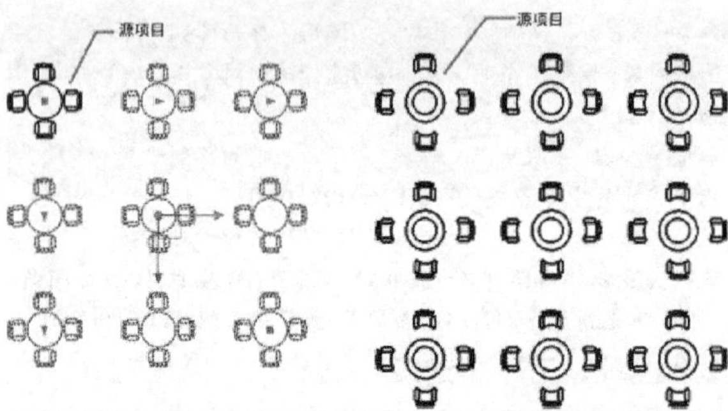

图 6-131 编辑阵列源项目

按 Ctrl 键并单击阵列中的项目，可以单独删除、移动、旋转或缩放选定的项目，而不会影响其余的阵列，如图 6-132 所示。

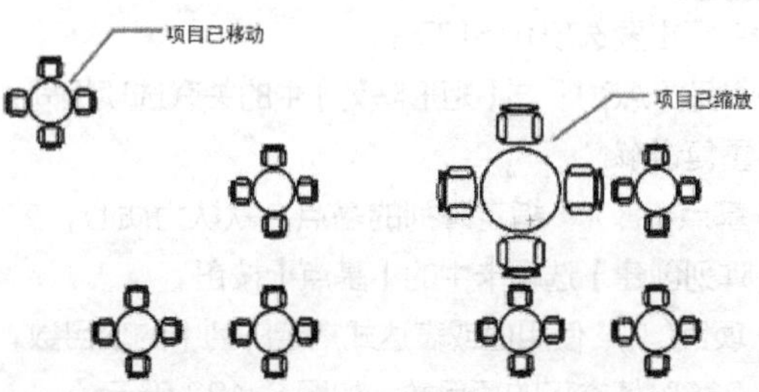

图 6-132 单独编辑阵列项目

练习 6-14 阵列绘制同步带

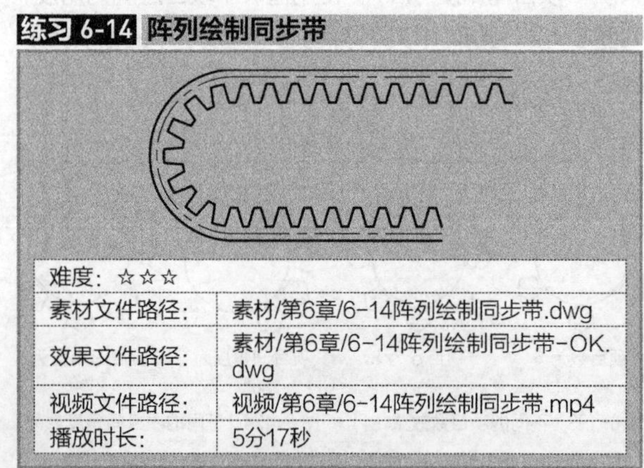

难度：☆☆☆	
素材文件路径：	素材/第6章/6-14阵列绘制同步带.dwg
效果文件路径：	素材/第6章/6-14阵列绘制同步带-OK.dwg
视频文件路径：	视频/第6章/6-14阵列绘制同步带.mp4
播放时长：	5分17秒

同步带是以钢丝绳或玻璃纤维为强力层，外覆以聚氨酯或氯丁橡胶的环形带，带的内周制成齿状，使其与齿形带轮啮合，如图 6-133 所示。同步带广泛用于纺织、机床、烟草、通信电缆、轻工、化工、冶金、仪表仪器、食品、矿山、石油、汽车等各行业各种类型的机械传动中。因此本例将使用阵列的方式绘制如图 6-134 所示的同步带。

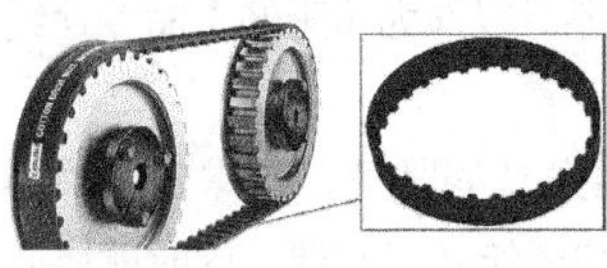

图 6-133 同步带的应用

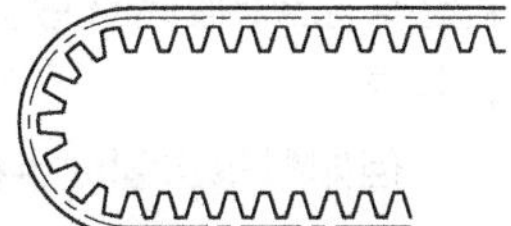

图 6-134 同步带效果图形

Step 01 打开“第6章/6-14阵列绘制同步带.dwg”素材文件，素材图形如图6-135所示。

Step 02 阵列同步带齿。单击【修改】面板中的【矩形阵列】按钮，选择单个齿轮作为阵列对象，设置列数为12，行数为1，距离为-18，阵列结果如图6-136所示。

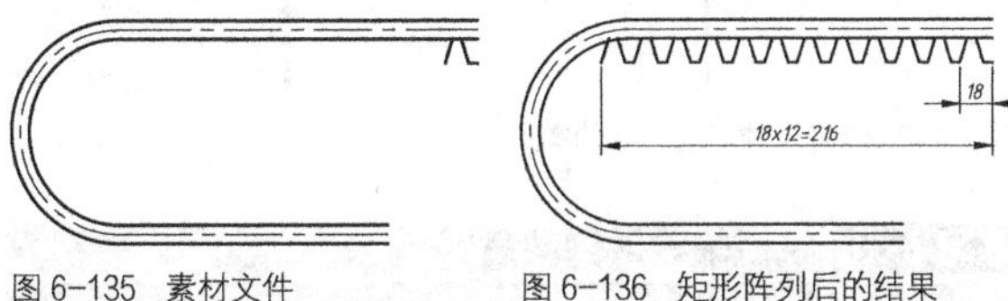

图 6-135 素材文件　　图 6-136 矩形阵列后的结果

Step 03 分解阵列图形。单击【修改】面板中的【分解】按钮，将矩形阵列的齿分解，并删除左端多余的部分。

Step 04 环形阵列。单击【修改】面板中的【环形阵列】按钮，选择最左侧的一个齿作为阵列对象，设置填充角度为180，项目数量为8，结果如图6-137所示。

Step 05 镜像齿条。单击【修改】面板中的【镜像】按钮，选择如图6-138所示的8个齿作为镜像对象，以通过圆心的水平线作为镜像线，镜像结果如图6-139所示。

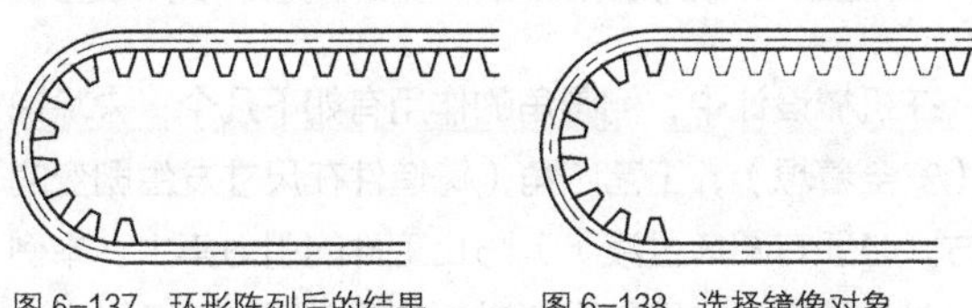

图 6-137 环形阵列后的结果　　图 6-138 选择镜像对象

Step 06 修剪图形。单击【修改】面板中的【修剪】按钮，修剪多余的线条，结果如图6-140所示。

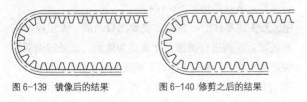

图 6-139 镜像后的结果　　图 6-140 修剪之后的结果

6.5 辅助绘图类

图形绘制完成后，有时还需要对细节部分做一定的处理，这些细节处理包括倒角、倒圆、曲线及多段线的调整等。此外，部分图形可能还需要分解或打断进行二次编辑，如矩形、多边形等。

6.5.1 圆角

利用【圆角】命令可以将两条相交的直线通过一个圆弧连接起来，通常用来表示在机械加工中把工件的棱角切削成圆弧面，是倒钝、去毛刺的常用手段，因此多见于机械制图中，如图 6-141 所示。

·执行方式

在 AutoCAD 2016 中【圆角】命令有以下几种调用方法。

◆功能区：单击【修改】面板中的【圆角】按钮，如图 6-142 所示。

◆菜单栏：执行【修改】|【圆角】命令。

◆命令行：输入“FILLET”或“F”命令。

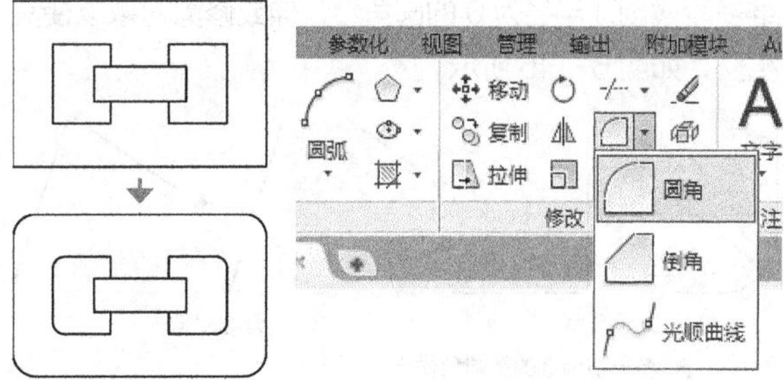

图 6-141 绘制圆角　　图 6-142【修改】面板中的【圆角】按钮

·操作步骤

执行【圆角】命令后，命令行显示如下。

```
命令: _fillet              //执行【圆角】命令
当前设置: 模式 = 修剪，半径 = 3.0000
                           //当前圆角设置
选择第一个对象或 [放弃(U)/多段线(P)/半径(R)/修剪(T)/多个(M)]:
                           //选择要倒圆的第一个对象
选择第二个对象，或按住 Shift 键选择对象以应用角点或 [半径(R)]:
                           //选择要倒圆的第二个对象
```

创建的圆弧的方向和长度由选择对象所拾取的点确定，始终在距离所选位置的最近处创建圆角，如图 6-143 所示。

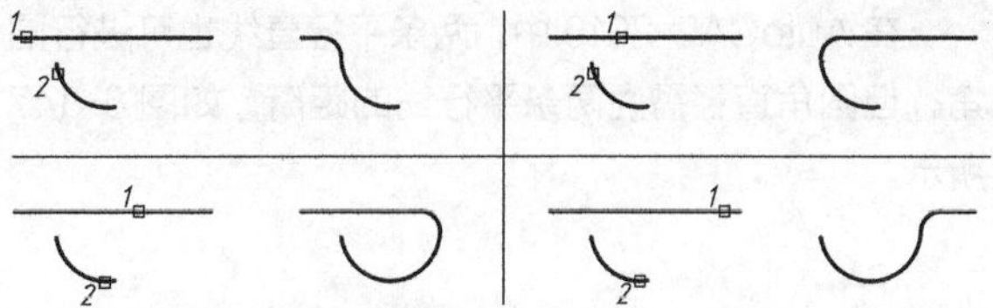

图 6-143 所选对象位置与所创建圆角的关系

重复【圆角】命令之后，圆角的半径和修剪选项无须重新设置，直接选择圆角对象即可，系统默认以上一次圆角的参数创建之后的圆角。

·选项说明

命令行中各选项的含义如下。

◆放弃（U）：放弃上一次的圆角操作。

◆多段线（P）：选择该选项，将对多段线中每个顶点处的相交直线进行圆角，并且圆角后的圆弧线段将成为多段线的新线段（除非修剪（T）选项设置为不修剪），如图6-144所示。

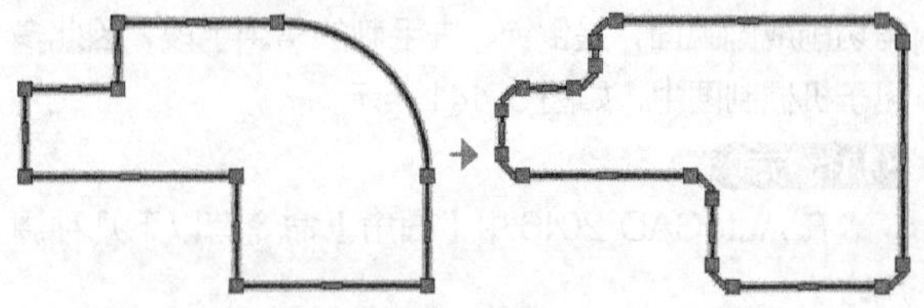

图 6-144 多段线（P）倒圆

◆半径（R）：选择该选项，可以设置圆角的半径，更改此值不会影响现有圆角。0半径值可用于创建锐角，还原已倒圆的对象，或为两条直线、射线、构造线、二维多段线创建半径为0的圆角会延伸或修剪对象以使其相交，如图6-145所示。

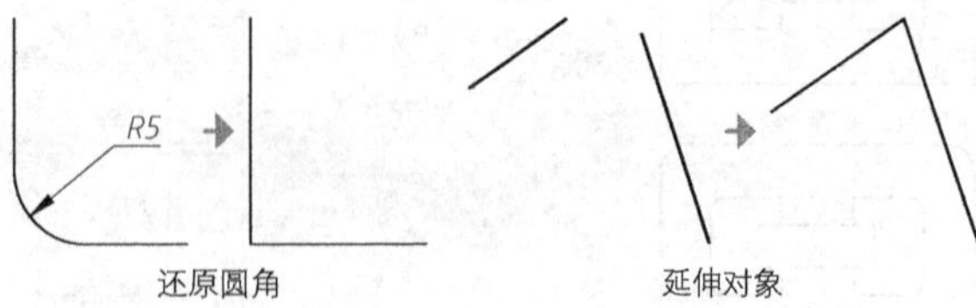

图 6-145 半径值为 0 的倒圆角作用

◆修剪（T）：选择该选项，设置是否修剪对象。修剪与不修剪的效果对比如图6-146所示。

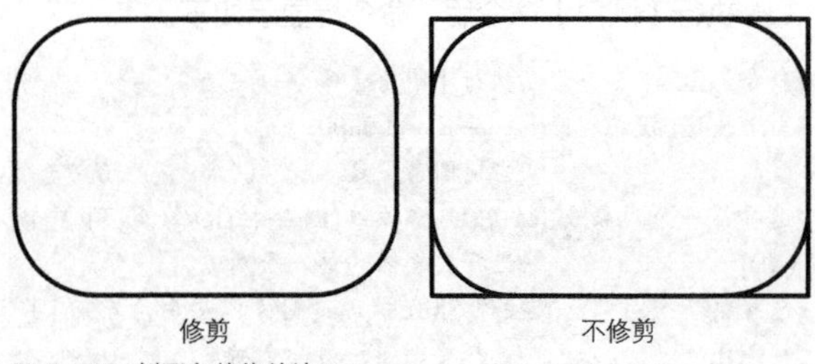

图 6-146 倒圆角的修剪效果

◆多个（M）：选择该选项，可以在依次调用命令的情况下对多个对象进行圆角。

·初学解答 平行线倒圆角

在AutoCAD 2016中，两条平行直线也可进行圆角，但圆角直径需为两条平行线的距离，如图6-147所示。

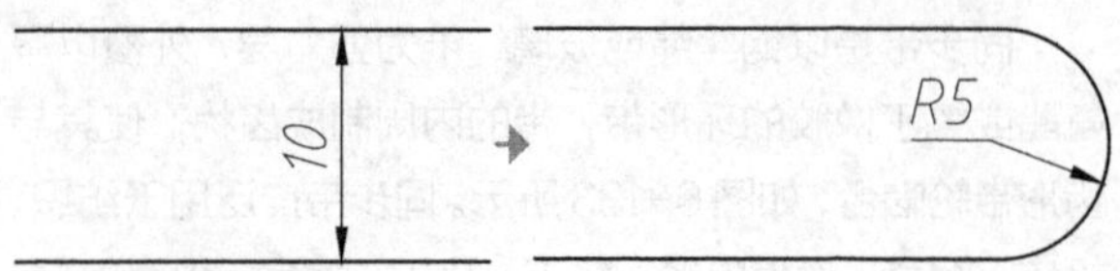

图 6-147 平行线倒圆角

·熟能生巧 快速创建半径为0的圆角

创建半径为0的圆角在设计绘图时十分有用，不仅能还原已经倒圆的线段，还可以作为【延伸】命令让线段相交。

但如果每次创建半径为0的圆角，都需要选择半径（R）进行设置的话，则操作多有不便。这时就可以按住Shift键来快速创建半径为0的圆角，如图6-148所示。

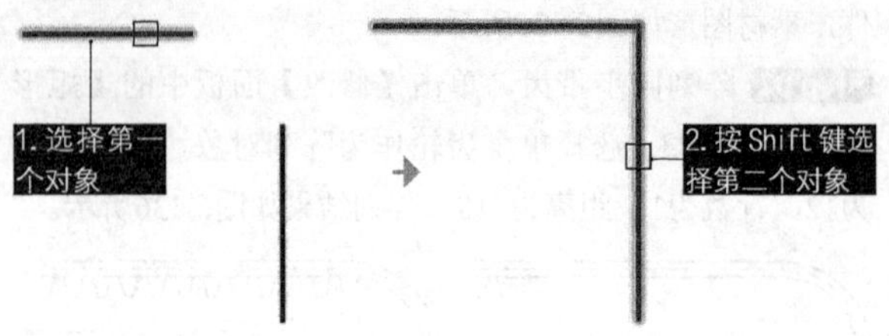

图 6-148 快速创建半径为 0 的圆角

练习 6-15 机械轴零件倒圆角

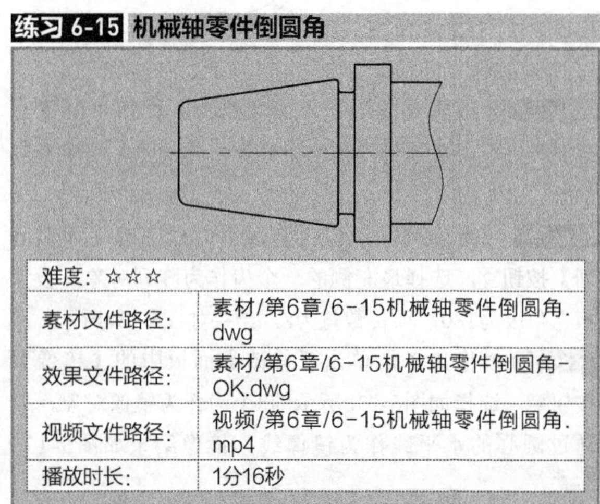

难度：☆☆☆	
素材文件路径：	素材/第6章/6-15机械轴零件倒圆角.dwg
效果文件路径：	素材/第6章/6-15机械轴零件倒圆角-OK.dwg
视频文件路径：	视频/第6章/6-15机械轴零件倒圆角.mp4
播放时长：	1分16秒

在机械设计中，倒圆角的作用有如下几个：去除锐边（安全着想）、工艺圆角（铸造件在尺寸发生剧变的地方，必须有圆角过渡）、防止工件的引力集中。本例通过对一轴零件的局部图形进行倒圆角操作，可以进一步帮助用户理解倒圆角的操作及含义。

Step 01 打开“第6章/6-15 机械轴零件倒圆角.dwg”素材文件，素材图形如图6-149所示。

Step 02 轴零件的左侧为方便装配设计成一锥形段，因此还可对左侧进行倒圆，使其更为圆润，此处的倒圆半径可适当增大。单击【修改】面板中的【圆角】按钮□，设置圆角半径为3，对轴零件最左侧进行倒圆，如图6-150所示。

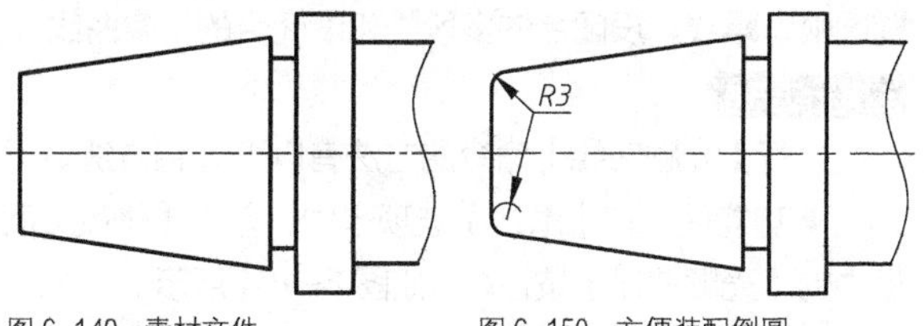

图 6-149 素材文件　　图 6-150 方便装配倒圆

Step 03 锥形段的右侧截面处较尖锐，需进行倒圆处理。重复倒圆命令，设置倒圆半径为1，操作结果如图6-151所示。

Step 04 退刀槽倒圆。为在加工时便于退刀，且在装配时与相邻零件保证靠紧，通常会在台肩处加工出退刀槽。该槽也是轴类零件的危险截面，如果轴失效发生断裂，多半是断于该处。因此为了避免退刀槽处的截面变化太大，会在此处设计有圆角，以防止应力集中，本例便在退刀槽两端处进行倒圆处理，圆角半径为1，效果如图6-152所示。

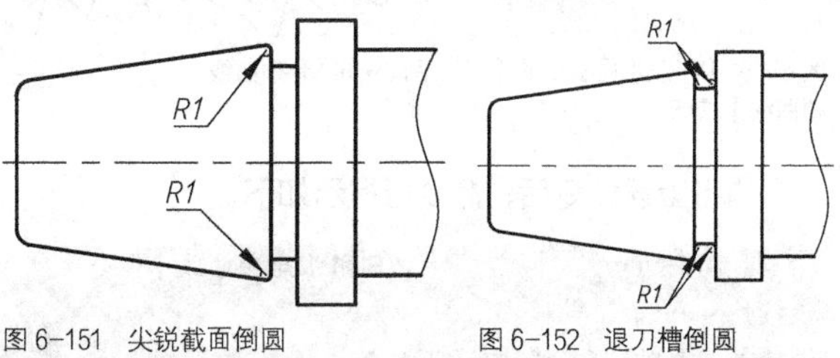

图 6-151 尖锐截面倒圆　　图 6-152 退刀槽倒圆

6.5.2 倒角

【倒角】命令用于将两条非平行直线或多段线以一斜线相连，在机械、家具、室内等设计图中均有应用。默认情况下，需要选择进行倒角的两条相邻的直线，然后按当前的倒角大小对这两条直线倒角。图 6-153 所示为绘制倒角的图形。

•执行方式

在 AutoCAD 2016 中，【倒角】命令有以下几种调用方法。

◆功能区：单击【修改】面板中的【倒角】按钮◻，如图 6-154 所示。

◆菜单栏：执行【修改】|【倒角】命令。

◆命令行：输入“CHAMFER”或“CHA”命令。

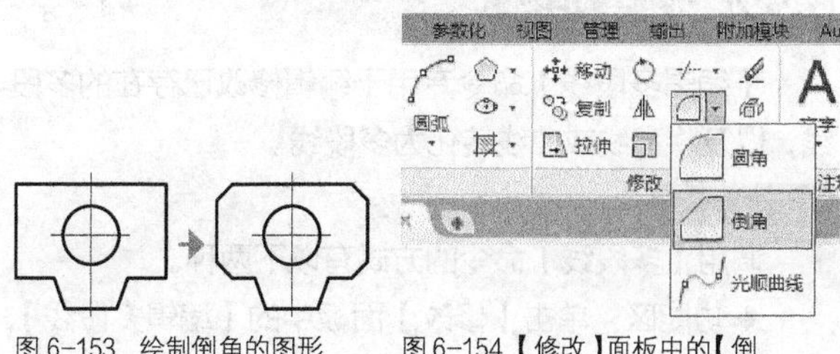

图 6-153 绘制倒角的图形　　图 6-154【修改】面板中的【倒角】按钮

•操作步骤

倒角命令使用分两个步骤：第一步，确定倒角的大小，通过命令行里的【距离】选项实现；第二步，选择需要倒角的两条边。调用【倒角】命令，命令行提示如下。

```
命令：_chamfer        //调用【倒角】命令
（“修剪”模式）当前倒角距离 1 = 0.0000，距离 2 = 0.0000
选择第一条直线或 [放弃(U)/多段线(P)/距离(D)/角度(A)/修剪(T)/方式(E)/多个(M)]:
                        //选择倒角的方式，或选择第一条倒角边
选择第二条直线，或按住 Shift 键选择直线以应用角点或 [距离(D)/角度(A)/方法(M)]:
                        //选择第二条倒角边
```

•选项说明

执行该命令后，命令行显示如下。

◆ 放弃（U）：放弃上一次的倒角操作。

◆多段线（P）：对整个多段线每个顶点处的相交直线进行倒角，并且倒角后的线段将成为多段线的新线段。如果多段线包含的线段过短，以至于无法容纳倒角距离，则不对这些线段倒角，如图 6-155 所示（倒角距离为 3）。

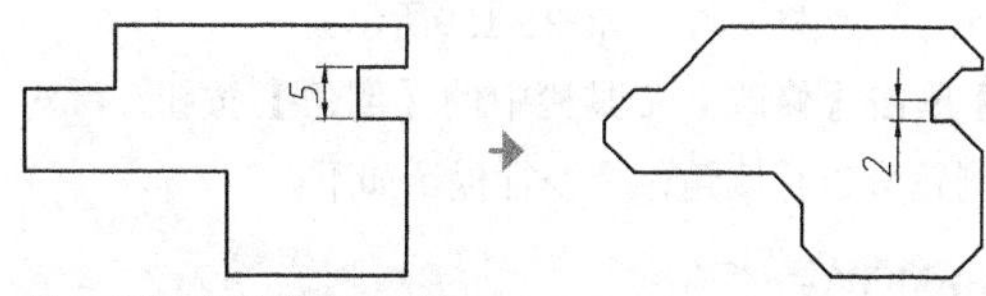

图 6-155 多段线（P）倒角

◆距离（D）：通过设置两个倒角边的倒角距离来进行倒角操作，第二个距离默认与第一个距离相同。如果将两个距离均设定为零，CHAMFER 将延伸或修剪两条直线，以使它们终止于同一点，同半径为 0 的倒圆角，如图 6-156 所示。

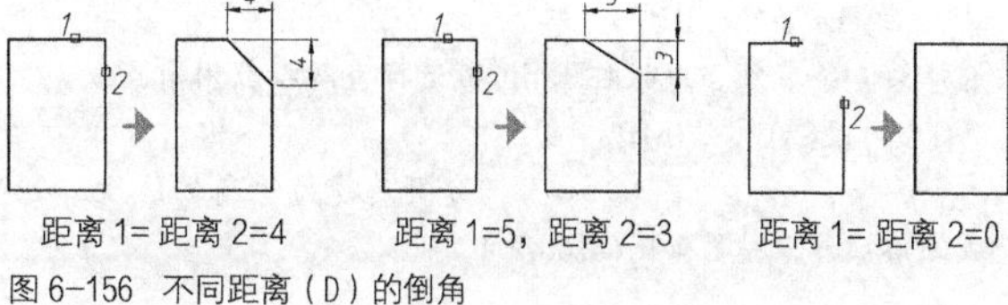

图 6-156 不同距离（D）的倒角

◆角度（A）：用第一条线的倒角距离和第二条线的角度设定倒角距离，如图 6-157 所示。

◆修剪（T）：设定是否对倒角进行修剪，如图 6-158 所示。

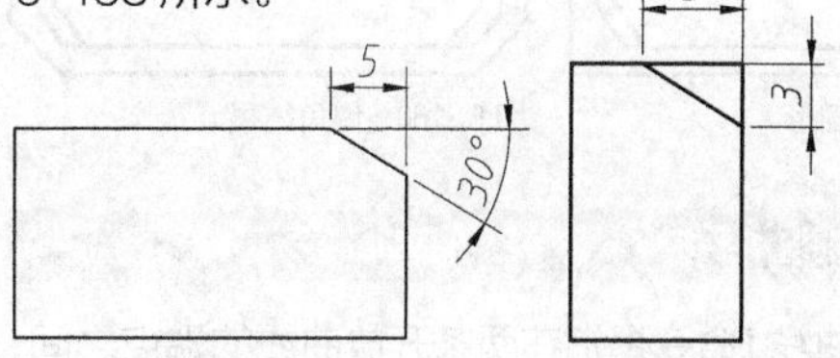

图 6-157 角度倒角方式　　图 6-158 不修剪的倒角效果

◆方式（E）：选择倒角方式，与选择距离(D)或角度(A)的作用相同。

◆多个（M）：选择该项，可以对多组对象进行倒角。

练习 6-16 家具倒斜角处理

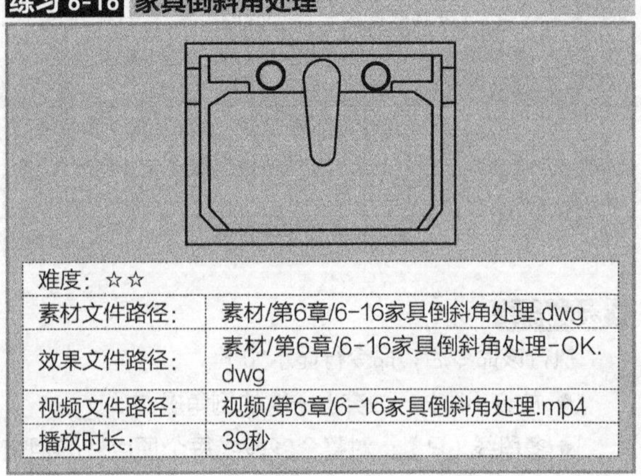

难度：☆☆	
素材文件路径：	素材/第6章/6-16家具倒斜角处理.dwg
效果文件路径：	素材/第6章/6-16家具倒斜角处理-OK.dwg
视频文件路径：	视频/第6章/6-16家具倒斜角处理.mp4
播放时长：	39秒

在家具设计中，随处可见倒斜角，如洗手池、八角桌、方凳等。

Step 01 按Ctrl+O快捷键，打开“第6章\6-16家具倒斜角处理.dwg”素材文件，如图6-159所示。

Step 02 单击【修改】工具栏中的【倒角】按钮，对图形外侧轮廓进行倒角，命令行提示如下。

```
命令: CHAMFER↙
(修剪模式) 当前倒角距离 1 = 0.0000，距离 2 = 0.0000
选择第一条直线或 [放弃(U)/多段线(P)/距离(D)/角度(A)/修剪(T)/方式(E)/多个(M)]:D↙        //输入“D”，选择距离选项
指定第一个倒角距离 <0.0000>: 55↙
                                  //输入第一个倒角距离
指定第二个倒角距离 <55.0000>:55↙
                                  //输入第二个倒角距离
选择第一条直线或 [放弃(U)/多段线(P)/距离(D)/角度(A)/修剪(T)/方式(E)/多个(M)]:
选择第二条直线，或按住 Shift 键选择直线以应用角点或 [距离(D)/角度(A)/方法(M)]:
                                  //分别选择待倒角的线段，完成倒角操作，结果如图6-160所示
```

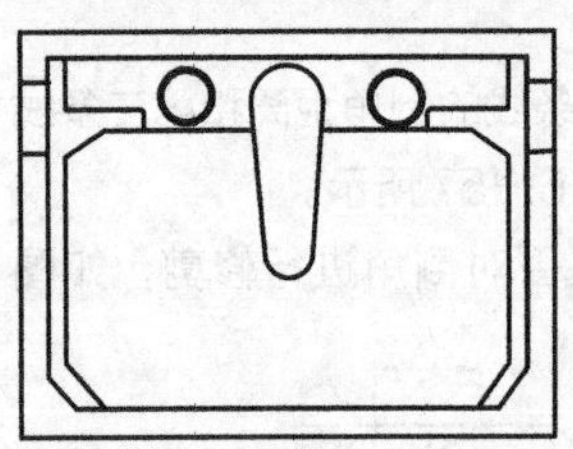

图 6-159　素材图形

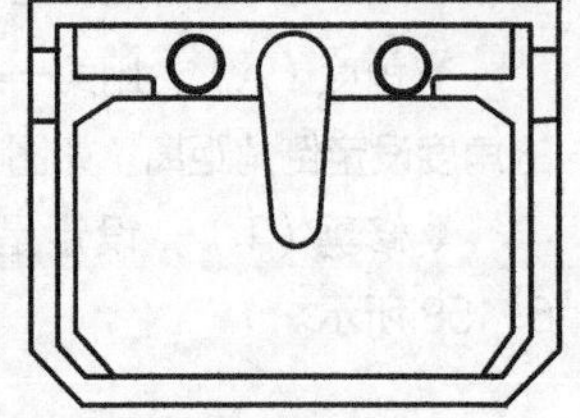

图 6-160　倒角结果

6.5.3 光顺曲线

【光顺曲线】命令是指在两条开放曲线的端点之间，创建相切或平滑的样条曲线，有效对象包括直线、圆弧、椭圆弧、螺线、没闭合的多段线和没闭合的样条曲线。

·执行方式

执行【光顺曲线】命令的方法有以下 3 种方法。

◆功能区：在【默认】选项卡中，单击【修改】面板中的【光顺曲线】按钮，如图 6-161 所示。

◆菜单栏：选择【修改】|【光顺曲线】菜单命令。

◆命令行：输入“BLEND”命令。

·操作步骤

光顺曲线的操作方法与倒角类似，依次选择要光顺的 2 个对象即可，效果如图 6-162 所示。有效对象包括直线、圆弧、椭圆弧、螺旋、开放的多段线和开放的样条曲线。

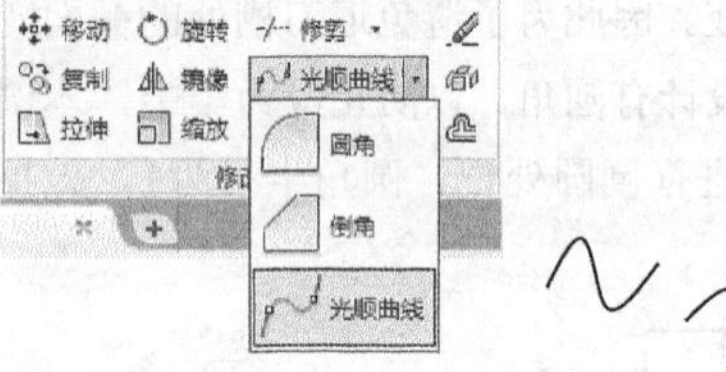

图 6-161【修改】面板中的【光顺曲线】按钮　图 6-162 光顺曲线

执行上述命令后，命令行提示如下。

```
命令: _BLEND↙                    //调用【光顺曲线】命令
连续性 = 相切
选择第一个对象或 [连续性(CON)]:
                                 //要光顺的对象
选择第二个点: CON↙              //激活【连续性】选项
输入连续性 [相切(T)/平滑(S)] <相切>: S↙
                                 //激活【平滑】选项
选择第二个点:                    //单击第二点完成命令操作
```

·选项说明

其中各选项的含义如下。

◆连续性（CON）：设置连接曲线的过渡类型，有相切、平滑两个子选项，含义说明如下。

◆相切（T）：创建一条 3 阶样条曲线，在选定对象的端点处具有相切连续性。

◆平滑（S）：创建一条 5 阶样条曲线，在选定对象的端点处具有曲率连续性。

6.5.4 编辑多段线 ★进阶★

【编辑多段线】命令专用于编辑修改已存在的多段线，以及将直线或曲线转化为多段线。

·执行方式

调用【多段线】命令的方式有以下两种。

◆功能区：单击【修改】面板中的【编辑多段线】按钮，如图 6-163 所示。

◆菜单栏：调用【修改】|【对象】|【多段线】菜单命令，如图 6-164 所示。

◆命令行：输入“PEDIT”或“PE”命令。

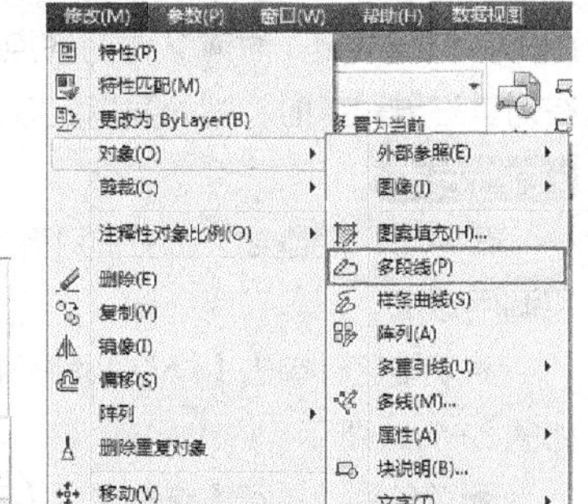

图 6-163【修改】面板中的【编辑多段线】按钮　图 6-164【编辑多段线】菜单命令

·操作步骤

启动命令后，选择需要编辑的多段线。然后命令行提示各备选项，选择其中的一项来对多段线进行编辑。命令行提示如下。

```
命令: PE↙                                    //启动命令
PEDIT 选择多段线或 [多条(M)]:
                                    //选择一条或多条多段线
输入选项 [闭合(C)/合并(J)/宽度(W)/编辑顶点(E)/拟合(F)/样条
曲线(S)/非曲线化(D)/线型生成(L)/反转(R)/放弃(U)]:
                                    //提示选择备选项
```

·选项说明

下面介绍常用的备选项用法。

◎合并（J）

合并（J）备选项是 PEDIT 命令中最常用的一种编辑操作，可以将首尾相连的不同多段线合并成一个多段线。

更具实用意义的是，它能够将首尾相连的非多段线（如直线、圆弧等）连接起来，并转化成一个单独的多段线，如图 6-165 所示。这个功能在三维建模中经常用到，用以创建封闭的多段线，从而生成面域。

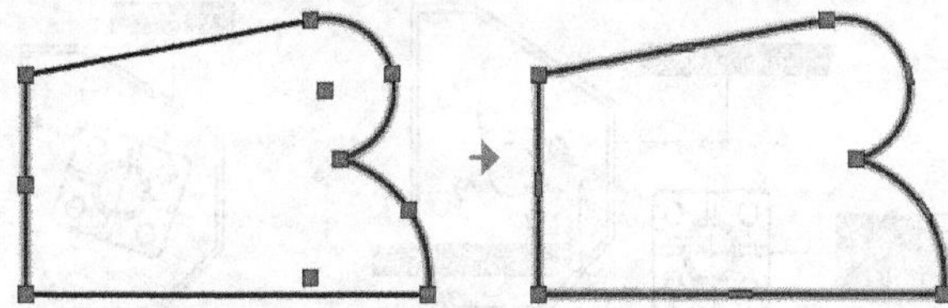

图 6-165　将非多段线合并为一条多段线

◎打开（O）/ 闭合（C）

对于首尾相连的闭合多段线，可以选择打开（O）备选项，删除多段线的最后一段线段；对于非闭合的多段线，可以选择闭合（C）备选项，连接多段线的起点和终点，形成闭合多段线，如图 6-166 所示。

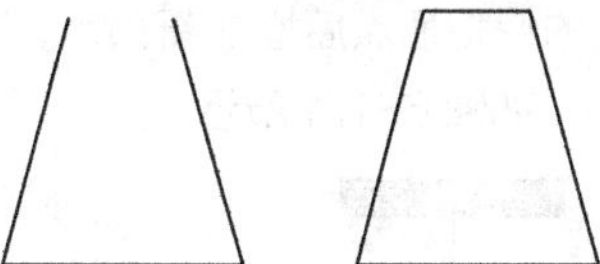
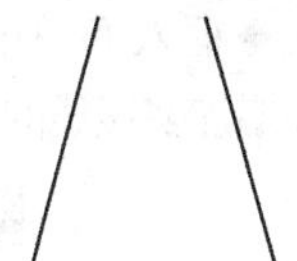

原始图形　选择闭合（C）选项　再选择打开（O）选项

图 6-166　不同基点、切向的路径阵列

◎拟和（F）/ 还原多段线

多段线和平滑曲线之间可以相互转换，相关操作的备选项如下。

◆拟和（F）：用曲线拟和方式将已存在的多段线转化为平滑曲线。曲线经过多段线的所有顶点并成切线方向，如图 6-167 所示。

◆样条曲线（S）：用样条拟和方式将已存在的多段线转化为平滑曲线。曲线经过第一个和最后一个顶点，如图 6-168 所示。

◆非曲线化（D）：将平滑曲线还原成为多段线，并删除所有拟和曲线，如图 6-169 所示。

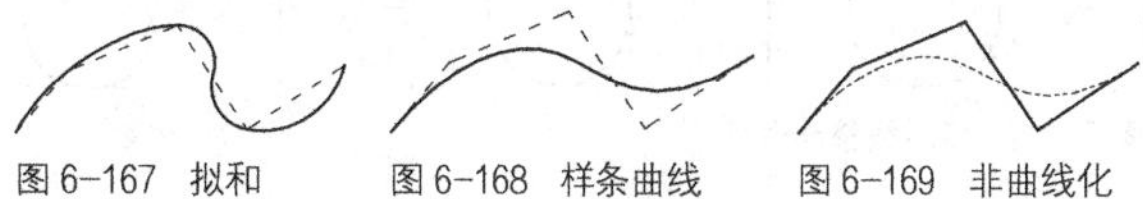

图 6-167　拟和　图 6-168　样条曲线　图 6-169　非曲线化

◎编辑顶点（E）

选择编辑顶点（E）备选项，可以对多段线的顶点进行增加、删除、移动等操作，从而修改整个多段线的形状。选择该备选项后，命令行进入顶点编辑模式。

```
输入顶点编辑选项[下一个(N)/上一个(P)/打断(B)/插入(I)/移动
(M)/重生成(R)/拉直(S)/切向(T)/宽度(W)/退出(X)]<N>:
```

顶点编辑模式中各备选项功能的说明如下。

◆下一个（N）/ 上一个（P）：用于选择编辑顶点。选择相应的备选项后，屏幕上的“×”形光标将移到下一顶点或上一顶点，以便选择并编辑其他选项。

◆打断（B）：将“×”标记移到任何其他顶点时，保存已标记的顶点位置，并在该点处打断多段线，如图 6-170 所示。如果指定的一个顶点在多段线的端点上，得到的将是一条被截断的多段线。如果指定的两个顶点都在多段线端点上，或者只指定了一个顶点并且也在端点上，则不能使用打断选项。

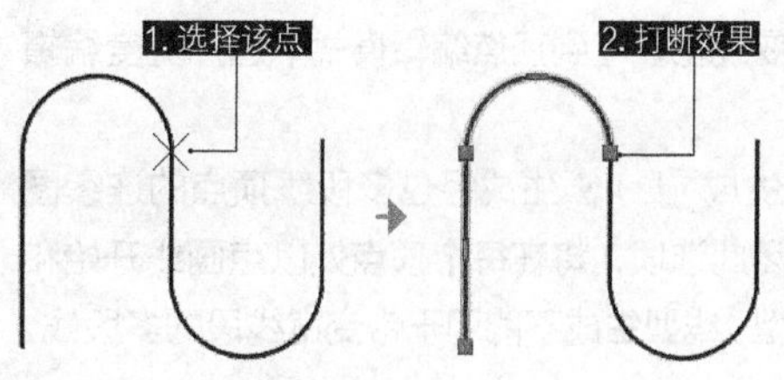

图 6-170　多段线的打断效果

◆插入（I）：在所选的编辑顶点后增加新顶点，从而增加多段线的线段数目，如图 6-171 所示。

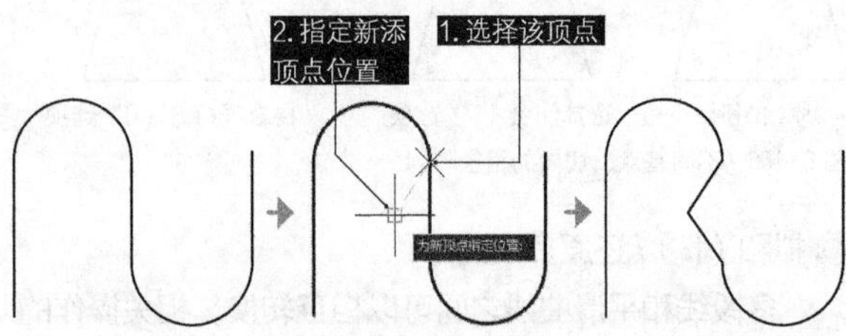

图 6-171　多段线添加顶点

◆移动（M）：移动编辑顶点的位置，从而改变整个多段线形状，如图 6-172 所示。其效果是不会改变多段线上圆弧与直线的关系，这是移动选项与夹点编辑拉伸最主要的区别。

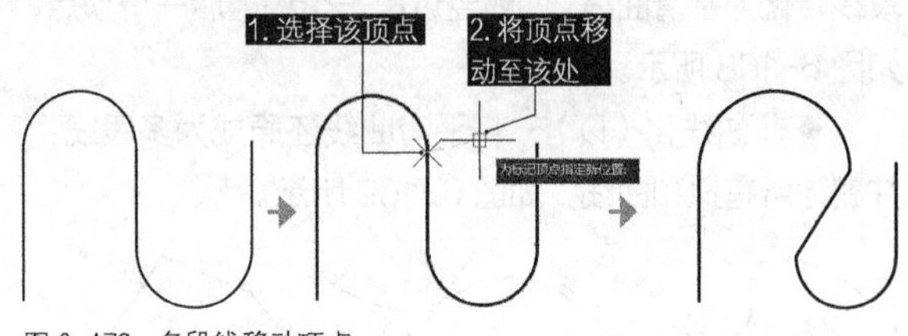

图 6-172　多段线移动顶点

◆重生成（R）：重画多段线，编辑多段线后，刷新屏幕，显示编辑后的效果。

◆拉直（S）：删除顶点并拉直多段线。选择该备选项后，以多段线端点为起点，通过下一个备选项中移动“×”标记，起点与该标记点之间的所有顶点将被删除从而拉直多段线，如图 6-173 所示。

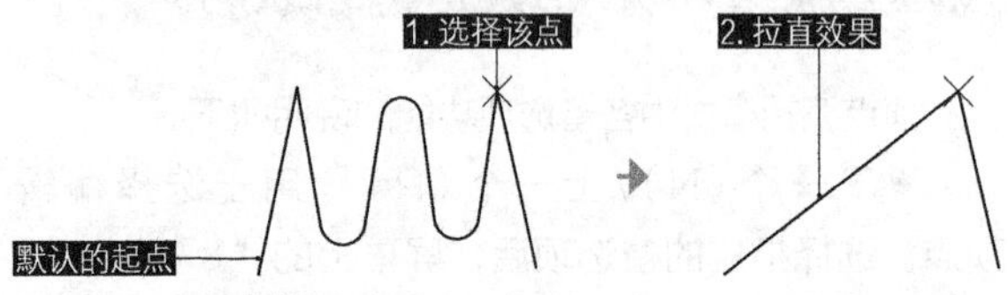

图 6-173　多段线的拉直效果

◆切向（T）：为编辑顶点增加一个切线方向。将多段线拟和成曲线时，该切线方向将会被用到。该选项对现有的多段线形状不会有影响。

◆退出（X）：退出顶点编辑模式。

◎ 其他备选项

◆宽度（W）：修改多段线线宽。这个选项只能使多段线各段具有统一的线宽值。如果要设置各段不同的线宽值或渐变线宽，可到顶点编辑模式下选择宽度编辑选项。

◆线型生成（L）：生成经过多段线顶点的连续图案线型。关闭此选项，将在每个顶点处以点画线开始和结束生成线型。线型生成不能用于带变宽线段的多段线。

6.5.5 对齐 ★重点★

【对齐】命令可以使当前的对象与其他对象对齐，既适用于二维对象，也适用于三维对象。在对齐二维对象时，可以指定 1 对或 2 对对齐点（源点和目标点），在对其三维对象时，则需要指定 3 对对齐点。

•执行方式

在 AutoCAD 2016 中【对齐】命令有以下几种常用调用方法。

◆功能区：单击【修改】面板中的【对齐】按钮，如图 6-174 所示。

◆菜单栏：执行【修改】|【三维操作】|【对齐】命令，如图 6-175 所示。

◆命令行：输入“ALIGN”或“AL”命令。

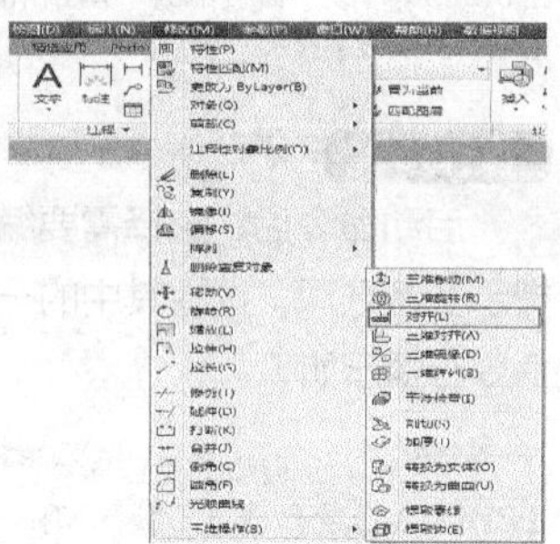

图 6-174【修改】面板中的【对齐】按钮　图 6-175【对齐】菜单命令

•操作步骤

执行上述任一命令后，根据命令行提示，依次选择源点和目标点，按 Enter 键结束操作，如图 6-176 所示。命令行提示如下。

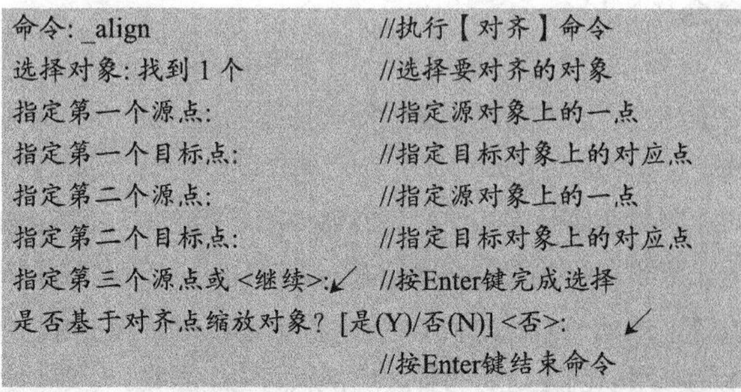

```
命令: _align                              //执行【对齐】命令
选择对象: 找到 1 个                        //选择要对齐的对象
指定第一个源点:                            //指定源对象上的一点
指定第一个目标点:                          //指定目标对象上的对应点
指定第二个源点:                            //指定源对象上的一点
指定第二个目标点:                          //指定目标对象上的对应点
指定第三个源点或 <继续>:↙                  //按Enter键完成选择
是否基于对齐点缩放对象? [是(Y)/否(N)] <否>: ↙
                                          //按Enter键结束命令
```

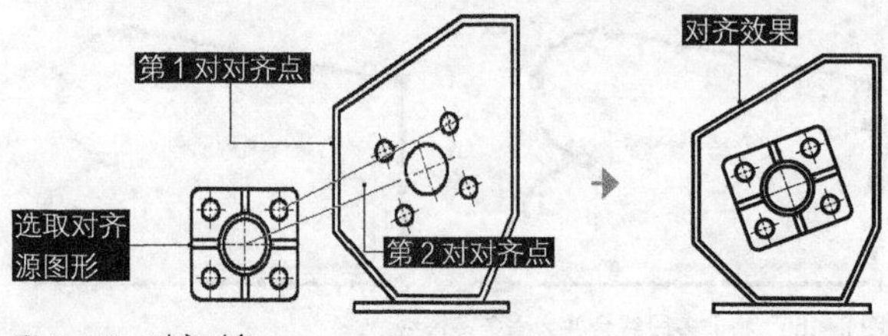

图 6-176　对齐对象

•选项说明

执行【对齐】命令后，根据命令行提示选择要对齐的对象，并按 Enter 键结束命令。在这个过程中，可以指定一对、两对或三对对齐点（一个源点和一个目标点合称为一对对齐点）来对齐选定对象。对齐点的对数不同，操作结果也不同，具体介绍如下。

一对对齐点（一个源点、一个目标点）

当只选择一对源点和目标点时，所选的对象将在二维或三维空间从源点 1 移动到目标点 2，类似于【移动】操作，如图 6-177 所示。

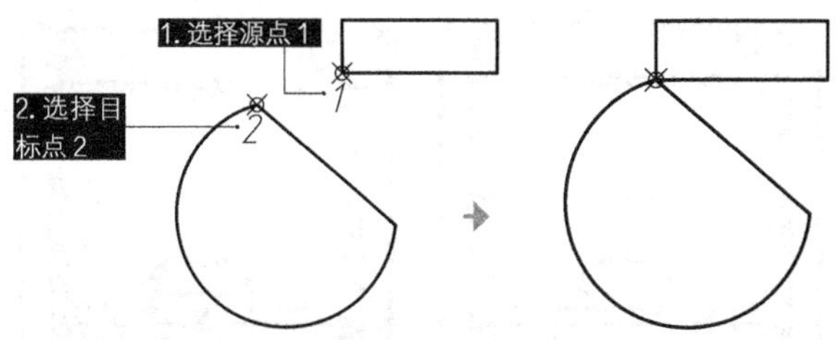

图 6-177　一对对齐点仅能移动对象

该对齐方法的命令行操作如下。

```
命令: ALIGN                    //执行【对齐】命令
选择对象: 找到 1 个              //选择图中的矩形
指定第一个源点:                  //选择点1
指定第一个目标点:                //选择点2
指定第二个源点:↙
        //按Enter键结束操作，矩形移动至对象上
```

两对对齐点（两个源点、两个目标点）

当选择两对点时，可以移动、旋转和缩放选定对象，以便与其他对象对齐。第一对源点和目标点定义对齐的基点（点1、2），第二对对齐点定义旋转的角度（点3、4），效果如图 6-178 所示。

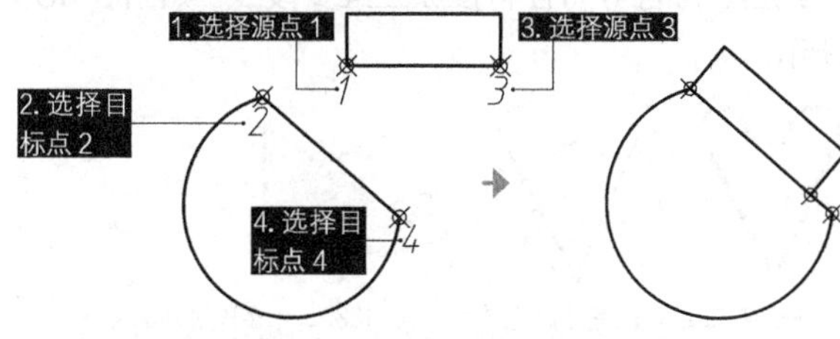

图 6-178　两对对齐点可将对象移动并对齐

该对齐方法的命令行操作如下。

```
命令: ALIGN                    //执行【对齐】命令
选择对象: 找到 1 个              //选择图中的矩形
指定第一个源点:                  //选择点1
指定第一个目标点:                //选择点2
指定第二个源点:                  //选择点3
指定第二个目标点:                //选择点4
指定第三个源点或 <继续>:↙        //按Enter键完成选择
是否基于对齐点缩放对象? [是(Y)/否(N)] <否>:↙
                               //按Enter键结束操作
```

在输入第二对点后，系统会给出【缩放对象】的提示。如果选择"是（Y）"，则源对象将进行缩放，使得其上的源点3与目标点4重合，效果如图6-179所示；如果选择"否（N）"，则源对象大小保持不变，源点3落在目标点2、4的连线上，如图6-178所示。

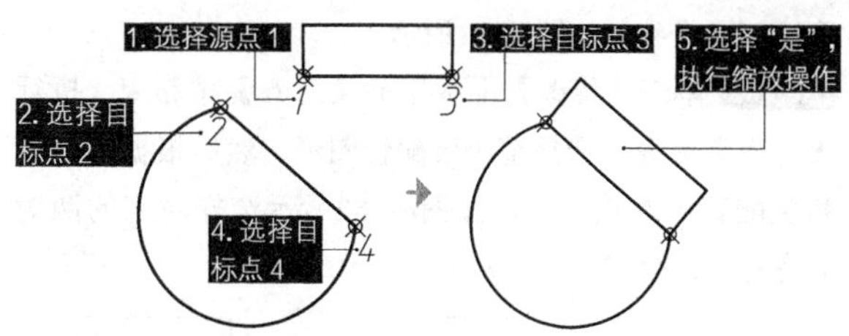

图 6-179　对齐时的缩放效果

> **操作技巧**
>
> 只有使用两对对齐点对象时才能使用缩放。

三对对齐点（三个源点、三个目标点）

对于二维图形来说，两对对齐点已可以满足绝大多数的使用需要，只有在三维空间中才会用得上三对对齐点。当选择三对对齐点时，选定的对象可在三维空间中进行移动和旋转，使之与其他对象对齐，如图 6-180 所示。

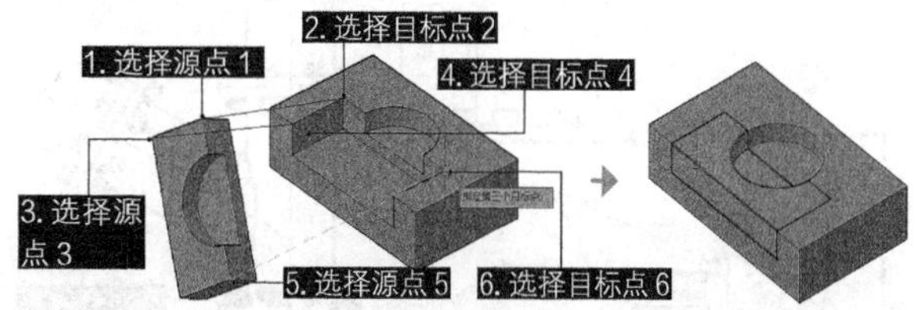

图 6-180　三对对齐点可在三维空间中对齐

练习 6-17　使用对齐命令装配三通管　★重点★

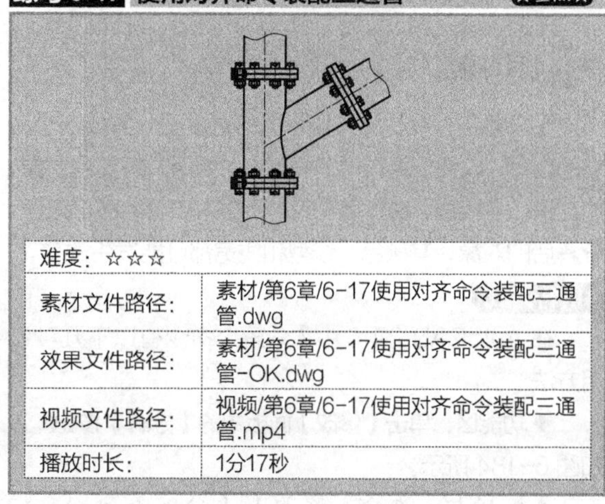

难度：☆☆☆	
素材文件路径：	素材/第6章/6-17使用对齐命令装配三通管.dwg
效果文件路径：	素材/第6章/6-17使用对齐命令装配三通管-OK.dwg
视频文件路径：	视频/第6章/6-17使用对齐命令装配三通管.mp4
播放时长：	1分17秒

在机械装配图的绘制过程中，如果仍使用一笔一画的绘制方法，则效率极为低下，无法体现出 AutoCAD 绘图的强大功能，也不能满足现代设计的需要。因此对 AutoCAD 掌握熟练，熟悉其中的各种绘制、编辑命令，对提供工作效率有很大的作用。在本例中，如果使用【移动】、【旋转】等方法，难免费时费力，而使用【对齐】命令，则可以一步到位，极为简便。

Step 01 打开"第6章/6-17使用对齐命令装配三通管.dwg"素材文件，其中已经绘制好了一三通管和装配管，但图形比例不一致，如图6-181所示。

Step 02 单击【修改】面板中的【对齐】按钮，执行【对齐】命令，选择整个装配管图形，然后根据三通管和装配管的对接方式，按图6-182所示选择对应的两对对齐点（1对应2、3对应4）。

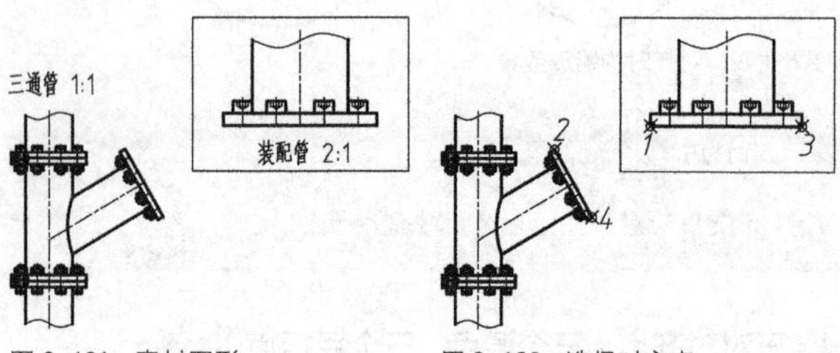

图 6-181　素材图形　　图 6-182　选择对齐点

Step 03 两对对齐点指定完毕后，单击Enter键，命令行提示“是否基于对齐点缩放对象”，输入“Y”，选择“是”，再单击Enter键，即可将装配管对齐至三通管中，效果如图6-183所示。

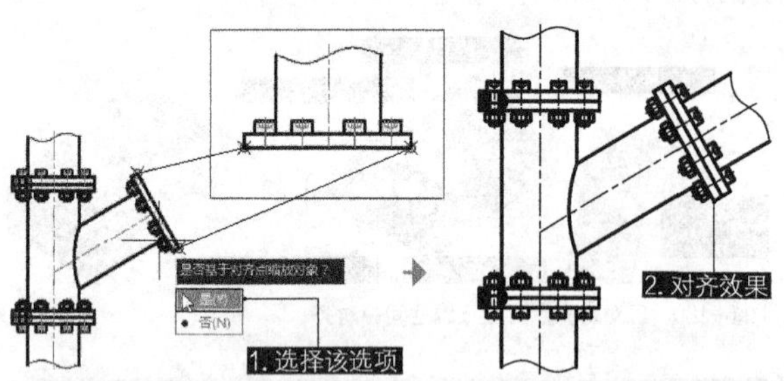

图 6-183　三对对齐点的对齐效果

6.5.6 分解

【分解】命令是将某些特殊的对象，分解成多个独立的部分，以便于更具体的编辑。主要用于将复合对象，如矩形、多段线、块、填充等，还原为一般的图形对象。分解后的对象，其颜色、线型和线宽都可能发生改变。

·执行方式

在 AutoCAD 2016 中【分解】命令有以下几种调用方法。

◆功能区：单击【修改】面板中的【分解】按钮，如图 6-184 所示。

◆菜单栏：选择【修改】|【分解】命令，如图 6-185 所示。

◆命令行：输入“EXPLODE”或“X”命令。

图 6-184【修改】面板中的【分解】按钮

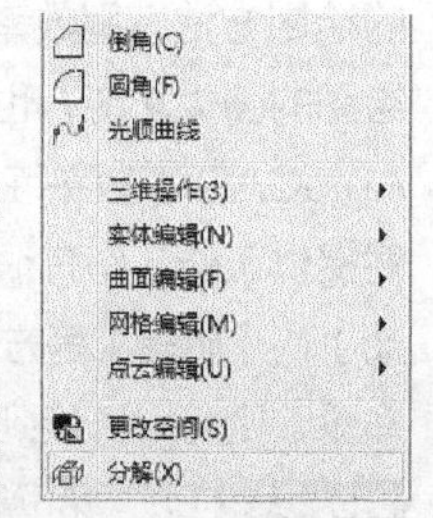

图 6-185【分解】菜单命令

·操作步骤

执行上述任一命令后，选择要分解的图形对象，按 Enter 键，即可完成分解操作，操作方法与【删除】一致。如图 6-186 所示的微波炉图块被分解后，可以单独选择到其中的任一条边。

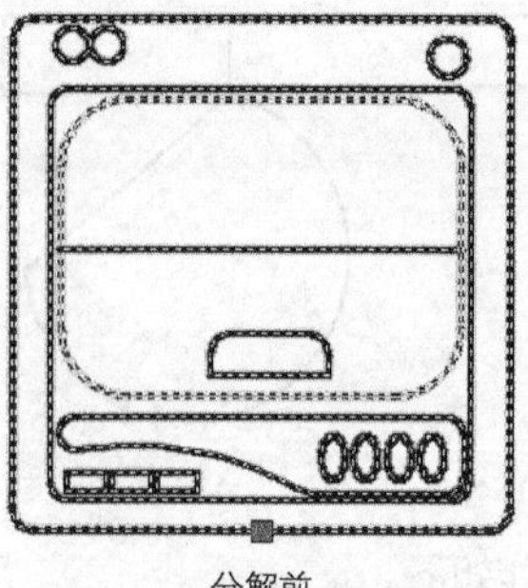

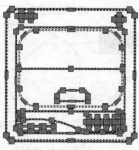

分解前　　分解后

图 6-186　图形分解前后对比

·初学解答 各 AutoCAD 对象的分解效果

根据前面的介绍可知，【分解】命令可用于各复合对象，如矩形、多段线、块等，除此之外，该命令还能对三维对象以及文字进行分解，这些对象的分解效果总结如下。

◆二维多段线：将放弃所有关联的宽度或切线信息。对于宽多段线，将沿多段线中心放置直线和圆弧，如图 6-187 所示。

◆三维多段线：将分解成直线段。分解后的直线段线型、颜色等特性将按原三维多段线，如图 6-188 所示。

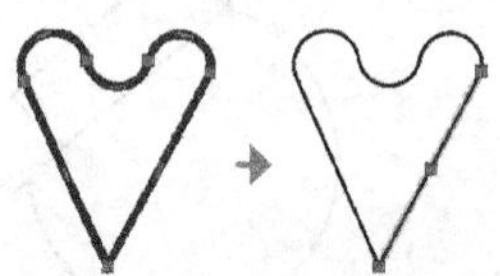

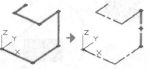

图 6-187　二维多段线分解为单独的线　　图 6-188　三维多段线分解为单独的线

◆阵列对象：将阵列图形分解为原始对象的副本，相对于复制出来的图形，如图 6-189 所示。

◆填充图案：将填充图案分解为直线、圆弧、点等基本图形，如图 6-190 所示。SOLID 实体填充图形除外。

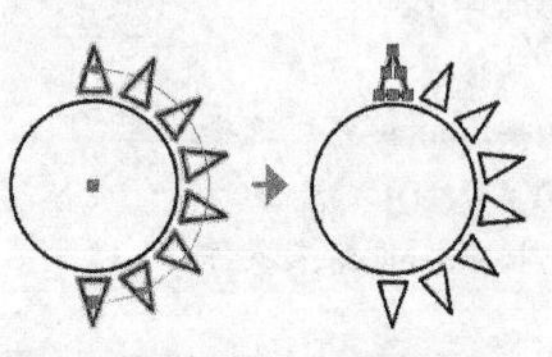
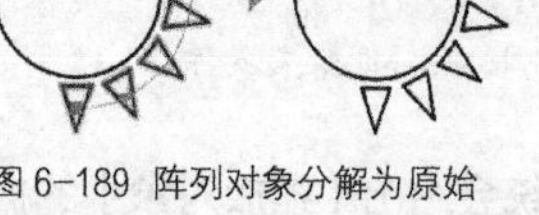
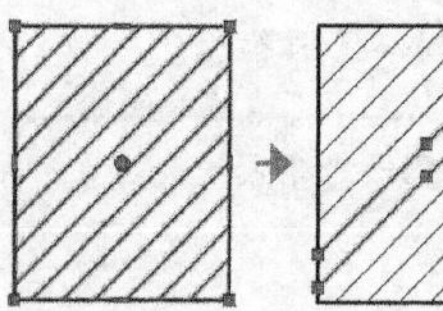

图 6-189　阵列对象分解为原始对象　　图 6-190　填充图案分解为基本图形

◆引线：根据引线的不同，可分解成直线、样条曲线、实体（箭头）、块插入（箭头、注释块）、多行文字或公差对象，如图 6-191 所示。

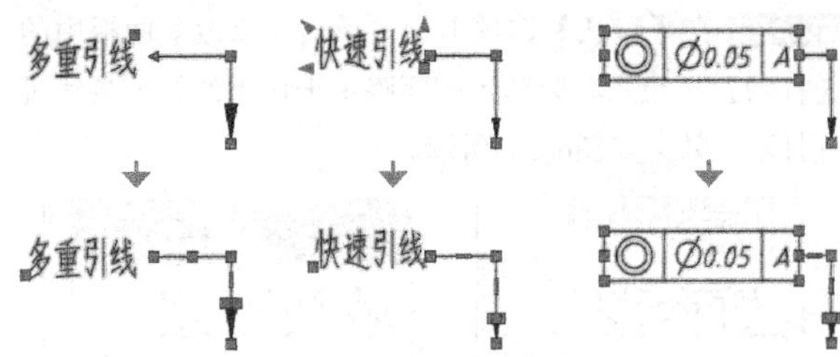

图 6-191 引线分解为单行文字和多段线

◆多行文字：将分解成单行文字。如果要将文字彻底分解至直线等图元对象，需使用 TXTEXP【文字分解】命令，效果如图 6-192 所示。

原始图形（多行文字） 【分解】效果（单行文字） TXTEXP 效果（普通线条）

图 6-192 多行的文字的分解效果

◆面域：分解成直线、圆弧或样条曲线，即还原为原始图形，消除面域效果，如图 6-193 所示。

◆三维实体：将实体上平整的面分解成面域，不平整的面分解为曲面，如图 6-194 所示。

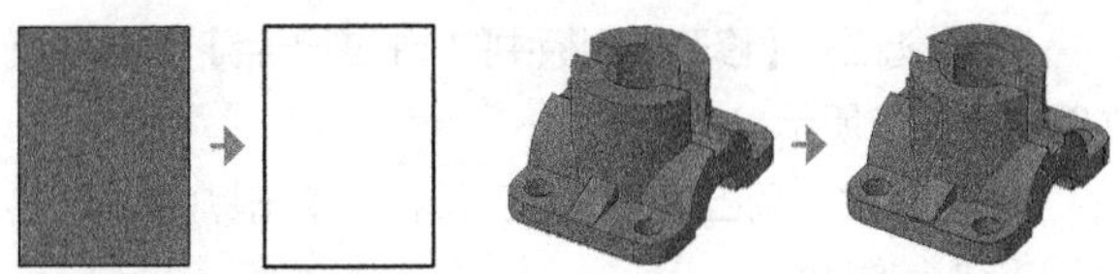
图 6-193 面域对象分解为原始图形　图 6-194 三维实体分解为面

◆三维曲面：分解成直线、圆弧或样条曲线，即还原为基本轮廓，消除曲面效果，如图 6-195 所示。

◆三维网格：将每个网格面分解成独立的三维面对象，网格面将保留指定的颜色和材质，如图 6-196 所示。

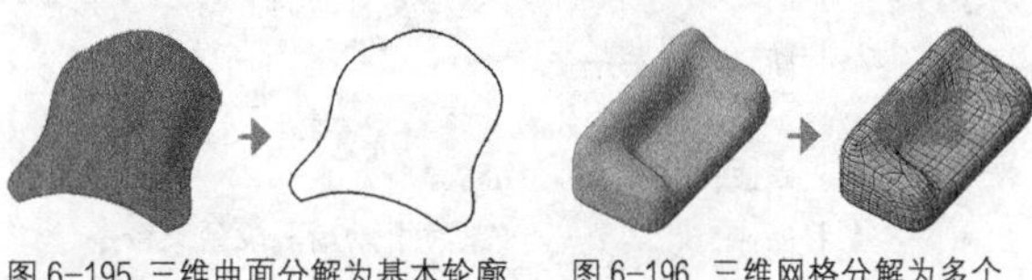
图 6-195 三维曲面分解为基本轮廓　图 6-196 三维网格分解为多个三维面

精益求精 不能被分解的图块

在 AutoCAD 中，有 3 类图块是无法被使用【分解】命令分解的，即 MINSERT（阵列插入图块）、外部参照、外部参照的依赖块。而分解一个包含属性的块将删除属性值并重新显示属性定义。

◆MINSERT（阵列插入图块）：用 MINSERT 命令多重引用插入的块，如果行列数目设置不为 1 的话，插入的块将不能被分解，如图 6-197 所示。该命令在插入块的时候，可以通过命令行指定行数、列数以及间距，类似于矩形阵列。

◆XATTACH（附着外部 DWG 参照）：使用外部 DWG 参照插入的图形，会在绘图区中淡化显示，只能用作参考，不能编辑与分解，如图 6-198 所示。

◆外部参照的依赖块：即外部参照图形中所包含的块。

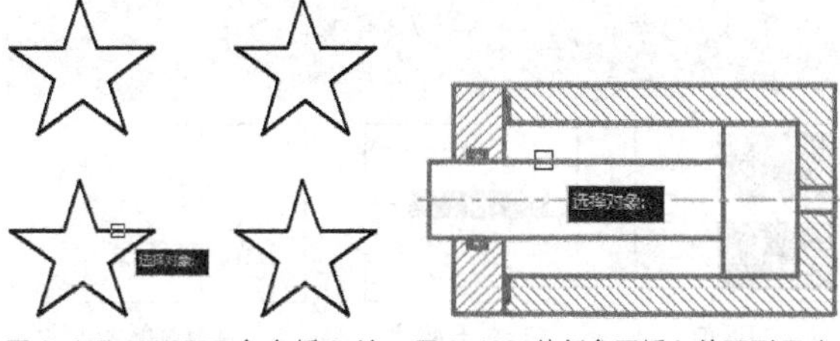

图 6-197 MINSERT 命令插入并阵列的图块无法分解　图 6-198 外部参照插入的图形无法分解

6.5.7 打断

在 AutoCAD2016 中，根据打断点数量的不同，【打断】命令可以分为【打断】和【打断于点】两种，分别介绍如下。

1 打断

执行【打断】命令可以在对象上指定两点，然后两点之间的部分会被删除。被打断的对象不能是组合形体，如图块等，只能是单独的线条，如直线、圆弧、圆、多段线、椭圆、样条曲线、圆环等。

•执行方式

在 AutoCAD 2016 中【打断】命令有以下几种调用方法。

◆功能区：单击【修改】面板上的【打断】按钮，如图 6-199 所示。

◆菜单栏：执行【修改】|【打断】命令，如图 6-200 所示。

◆命令行：输入“BREAK”或“BR”命令。

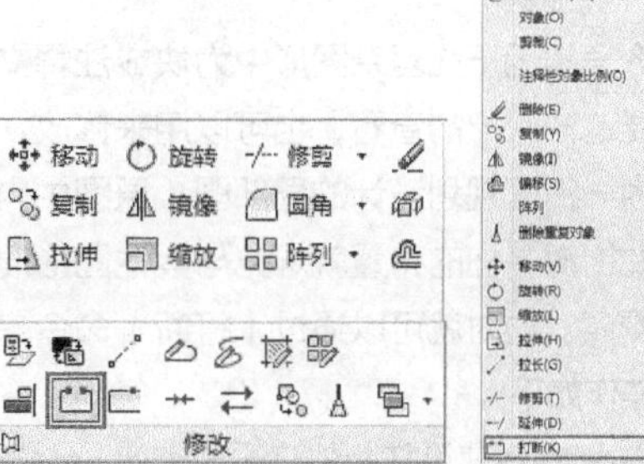

图 6-199【修改】面板中的【打断】按钮　图 6-200【打断】菜单命令

·操作步骤

【打断】命令可以在选择的线条上创建两个打断点，从而将线条断开。如果在对象之外指定一点为第二个打断点，系统将以该点到被打断对象的垂直点位置为第二个打断点，除去两点间的线段。如图 6-201 所示为打断对象的过程，可以看到利用【打断】命令能快速完成图形效果的调整。对应的命令行操作如下。

```
命令: _break                          //执行【打断】命令
选择对象:                             //选择要打断的图形
指定第二个打断点 或 [第一点(F)]: F↙
            //选择第一点选项，指定打断的第一点
指定第一个打断点:                     //选择A点
指定第二个打断点:                     //选择B点
```

打断前　　打断于 AB 点　　第二点为对象之外的点

图 6-201　图形打断效果

·选项说明

默认情况下，系统会以选择对象时的拾取点作为第一个打断点。若此时直接在对象上选取另一点，即可去除两点之间的图形线段，但这样的打断效果往往不符要求，因此可在命令行中输入字母“F”，执行第一点（F）选项，通过指定第一点来获取准确的打断效果。

练习 6-18 使用打断创建注释空间

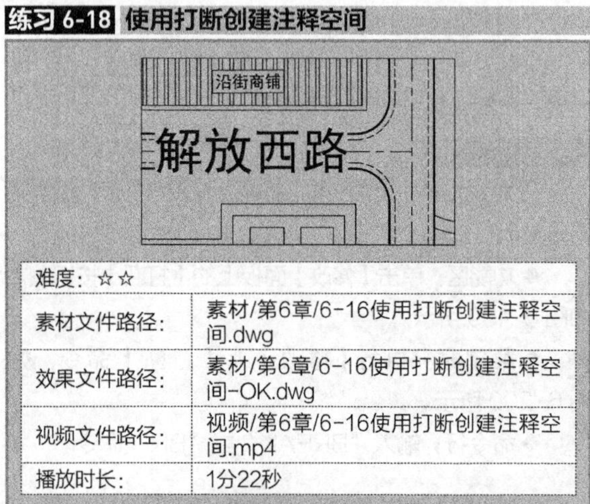

难度：☆☆	
素材文件路径：	素材/第6章/6-16使用打断创建注释空间.dwg
效果文件路径：	素材/第6章/6-16使用打断创建注释空间-OK.dwg
视频文件路径：	视频/第6章/6-16使用打断创建注释空间.mp4
播放时长：	1分22秒

【打断】命令通常用于在复杂图形中为块或注释文字创建空间，方便这些对象的查看，也可以用来修改、编辑图形。本例为一街区规划设计的局部图，原图中内容十分丰富，因此街道名称的布置就难免与其他图形混杂在一块，难以看清。这时就可以通过【打断】命令来进行修改，具体操作如下。

Step 01 打开“第6章/6-18使用打断创建注释空间.dwg”素材文件，素材图形如图6-202所示，为一街区局部图。

Step 02 在【默认】选项卡中，单击【修改】面板中的【打断】按钮，选择解放西路主干道上的第一条线进行打断，效果如图6-203所示。

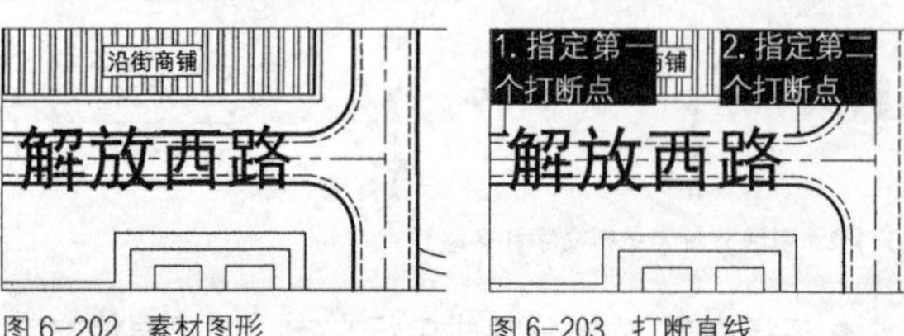

图 6-202　素材图形　　图 6-203　打断直线

Step 03 按相同方法打断街道上的其他直线，得到的最终结果如图6-204所示。

图 6-204　打断效果

2 打断于点

【打断于点】是从【打断】命令派生出来的，【打断于点】是指通过指定一个打断点，将对象从该点处断开成两个对象。

·执行方式

在 AutoCAD 2016 中【打断于点】命令不能通过命令行输入和菜单调用，因此有以下两种调用方法。

◆功能区：【修改】面板中的【打断于点】按钮，如图 6-205 所示。

◆工具栏：调出【修改】工具栏，单击其中的【打断于点】按钮。

·操作步骤

【打断于点】命令在执行过程中，需要输入的参数只有打断对象和一个打断点。打断之后的对象外观无变化，没有间隙，但选择时已在打断点处分成两个对象，如图 6-206 所示。对应命令行操作如下。

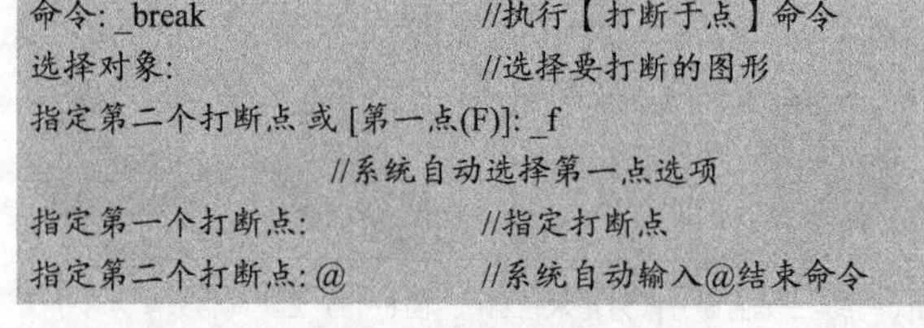

```
命令: _break                          //执行【打断于点】命令
选择对象:                             //选择要打断的图形
指定第二个打断点 或 [第一点(F)]: _f
            //系统自动选择第一点选项
指定第一个打断点:                     //指定打断点
指定第二个打断点: @                   //系统自动输入@结束命令
```

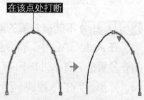

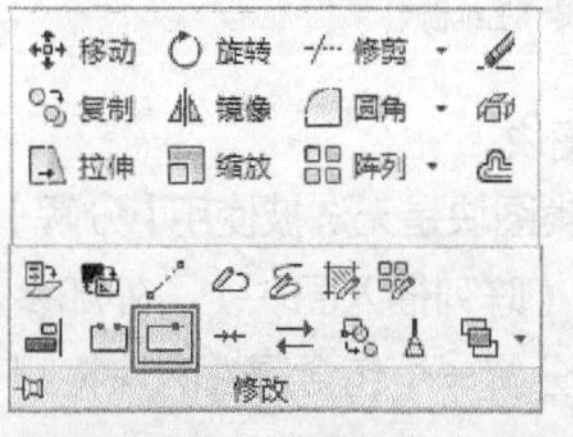

在该点处打断

图 6-205【修改】面板中的【打断于点】按钮　　图 6-206 打断于点的图形

> **操作技巧**
>
> 不能在一点打断闭合对象（例如圆）。

·初学解答 【打断手点】与【打断】命令的区别

用户可以发现【打断于点】与【打断】的命令行操作相差无几，甚至在命令行中的代码都是“_break”。这是由于【打断于点】可以理解为【打断】命令的一种特殊情况，即第二点与第一点重合。因此，如果在执行【打断】命令时，要想让输入的第二个点和第一个点相同，那在指定第二点时在命令行输入“@”字符即可，此操作即相当于【打断于点】。

练习 6-19 使用打断修改电路图

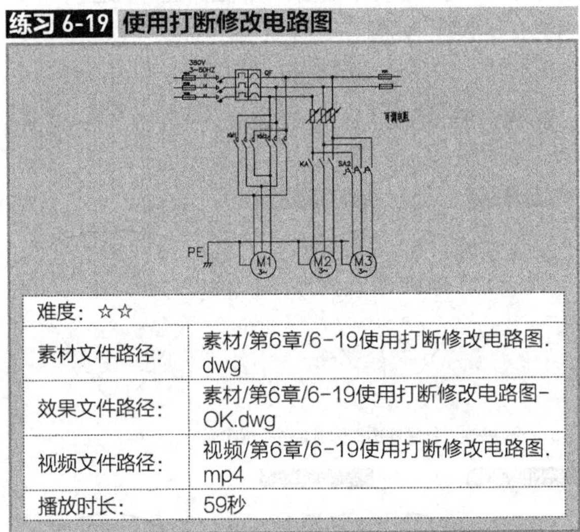

难度：☆☆	
素材文件路径：	素材/第6章/6-19使用打断修改电路图.dwg
效果文件路径：	素材/第6章/6-19使用打断修改电路图-OK.dwg
视频文件路径：	视频/第6章/6-19使用打断修改电路图.mp4
播放时长：	59秒

【打断】命令除为文字、标注等创建注释空间外，还可以用来修改、编辑图形，尤其适用于修改由大量直线、多段线等线性对象构成的电路图。本例便通过【打断】命令的灵活使用，为某电路图添加电气元件。

Step 01 打开“第6章/6-19使用打断修改电路图.dwg”素材文件，其中绘制好了一简单电路图和一孤悬在外的电气元件（可调电阻），如图6-207所示。

Step 02 在【默认】选项卡中，单击【修改】面板中的【打断】按钮，选择可调电阻左侧的线路作为打断对象，可调电阻的上、下两个端点作为打断点，打断效果如图6-208所示。

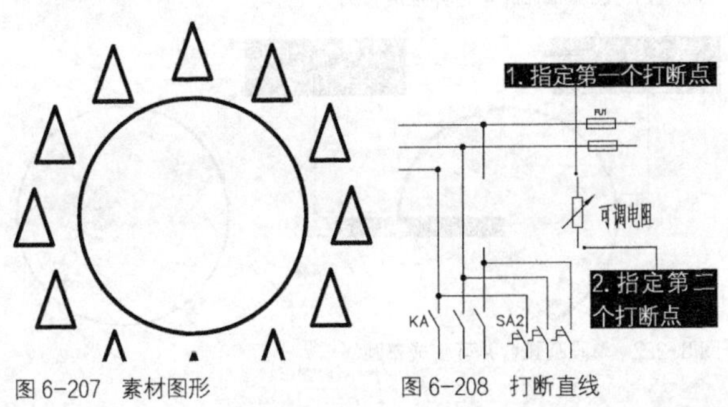

图 6-207 素材图形　　图 6-208 打断直线

Step 03 按相同方法打断剩下的两条线路，效果如图6-209所示。

Step 04 单击【修改】面板中的【复制】按钮，将可调电阻复制到打断的三条线路上，如图6-210所示。

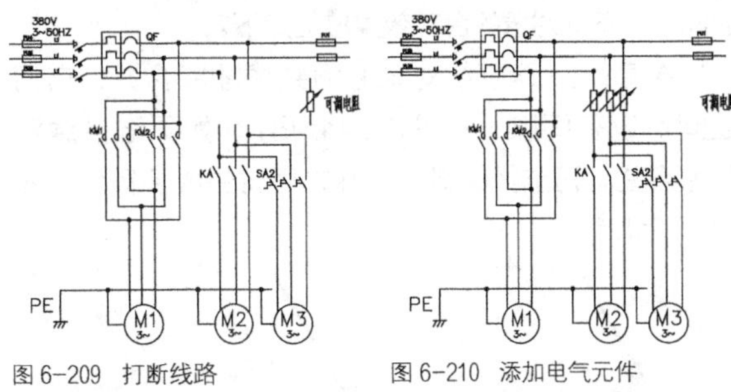

图 6-209 打断线路　　图 6-210 添加电气元件

6.5.8 合并

【合并】命令用于将独立的图形对象合并为一个整体。它可以将多个对象进行合并，对象包括直线、多段线、三维多段线、圆弧、椭圆弧、螺旋线和样条曲线等。

·执行方式

在AutoCAD 2016中【合并】命令有以下几种调用方法。

◆功能区：单击【修改】面板中的【合并】按钮，如图 6-211 所示。

◆菜单栏：执行【修改】|【合并】命令，如图 6-212 所示。

◆命令行：输入“JOIN”或“J”命令。

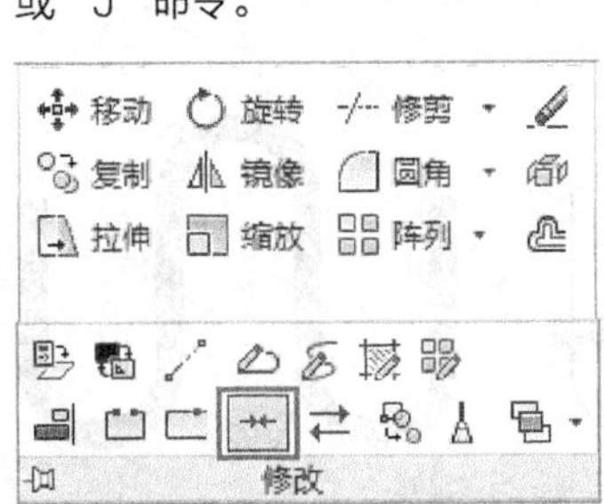

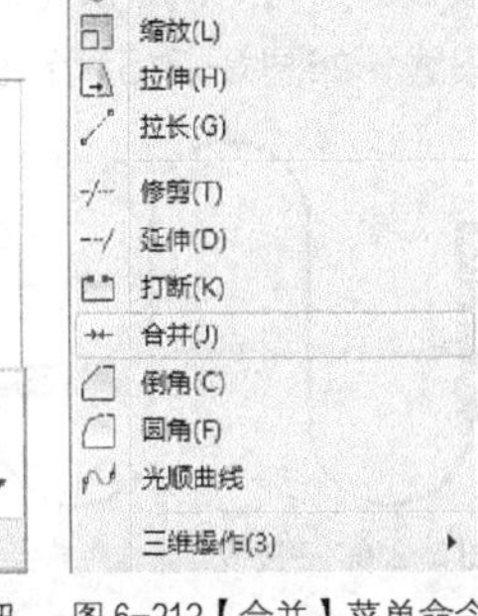

图 6-211【修改】面板中的【合并】按钮　　图 6-212【合并】菜单命令

·操作步骤

执行以上任一命令后，选择要合并的对象按 Enter 键退出，如图 6-213 所示。命令行操作如下。

```
命令: _join                              //执行【合并】命令
选择源对象或要一次合并的多个对象: 找到 1 个
                                         //选择源对象
选择要合并的对象: 找到 1 个，总计 2 个
                                         //选择要合并的对象
选择要合并的对象:↙                       //按Enter键完成操作
```

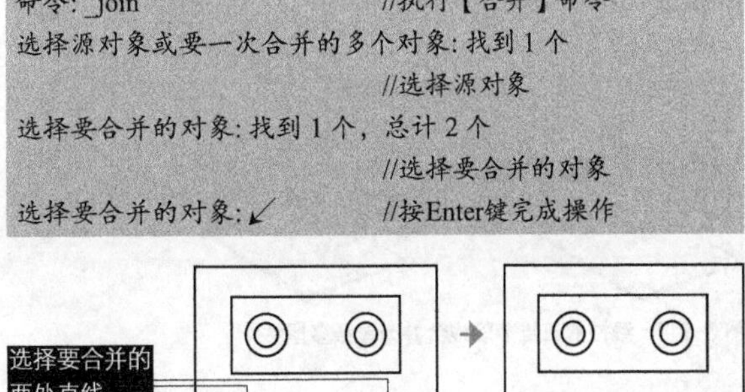

图 6-213 合并图形

·选项说明

【合并】命令产生的对象类型取决于所选定的对象类型、首先选定的对象类型以及对象是否共线(或共面)。因此【合并】操作的结果与所选对象及选择顺序有关，因此，将不同对象的合并效果总结如下。

◆直线：两直线对象必须共线才能合并，它们之间可以有间隙，如图 6-214 所示；如果选择源对象为直线，再选择圆弧，合并之后将生成多段线，如图 6-215 所示。

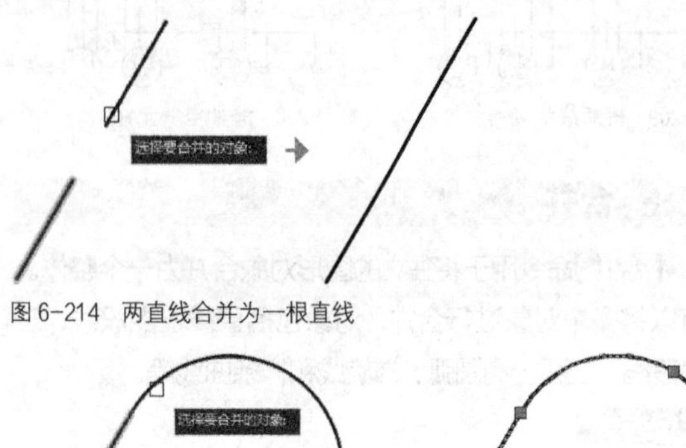

图 6-214 两直线合并为一根直线

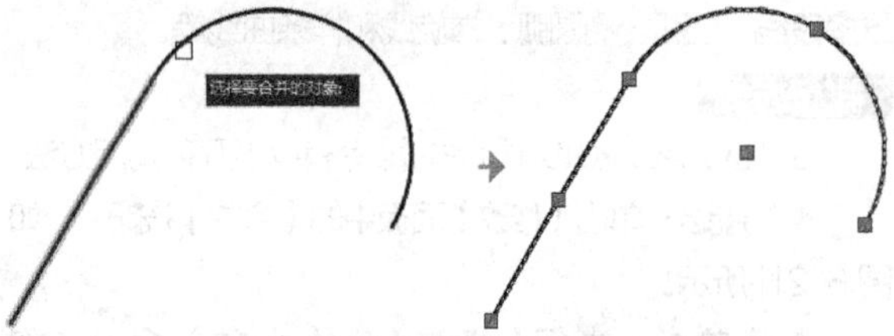

图 6-215 直线、圆弧合并为多段线

◆多段线：直线、多段线和圆弧可以合并到源多段线。所有对象必须连续且共面，生成的对象是单条多段线，如图 6-216 所示。

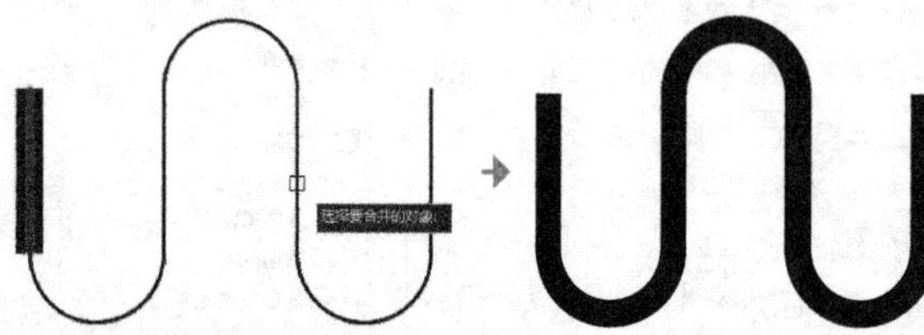

图 6-216 多段线与其他对象合并仍为多段线

◆三维多段线：所有线性或弯曲对象都可以合并到源三维多段线。所选对象必须是连续的，可以不共面。产生的对象是单条三维多段线或单条样条曲线，分别取决于用户连接到线性对象还是弯曲的对象，如图 6-217 和图 6-218 所示。

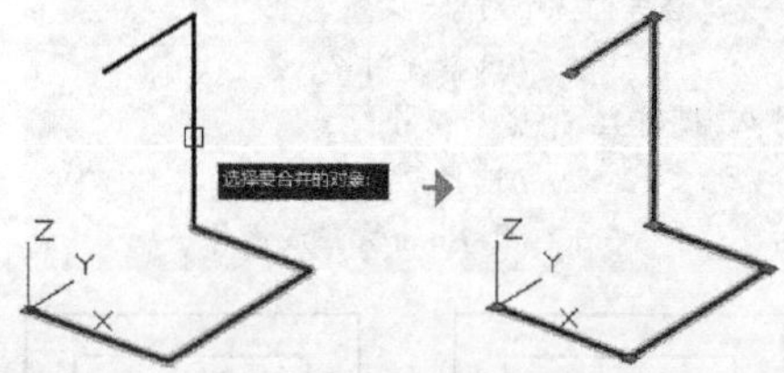

图 6-217 线性的三维多段线合并为单条多段线

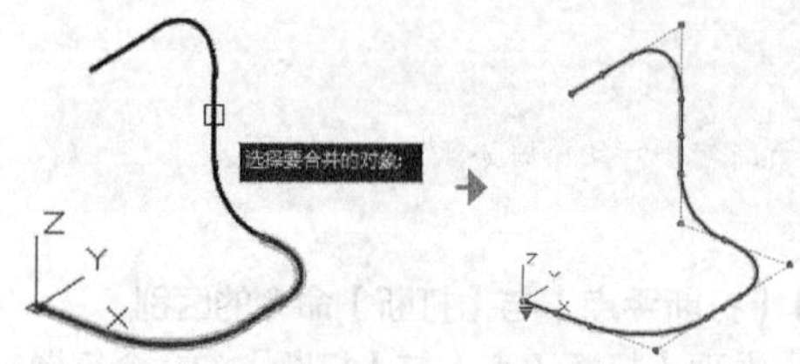

图 6-218 弯曲的三维多段线合并为样条曲线

◆圆弧：只有圆弧可以合并到源圆弧。所有的圆弧对象必须同心、同半径，之间可以有间隙。合并圆弧时，源圆弧按逆时针方向进行合并，因此不同的选择顺序，所生成的圆弧也有优弧、劣弧之分，如图 6-219 所示和图 6-220 所示；如果两圆弧相邻，之间没有间隙，则合并时命令行会提示是否转换为圆，选择“是(Y)”，则生成一整圆，如图 6-221 所示，选择“否(N)”，则无效果；如果选择单独的一段圆弧，则可以在命令行提示中选择闭合(L)，来生成该圆弧的整圆，如图 6-222 所示。

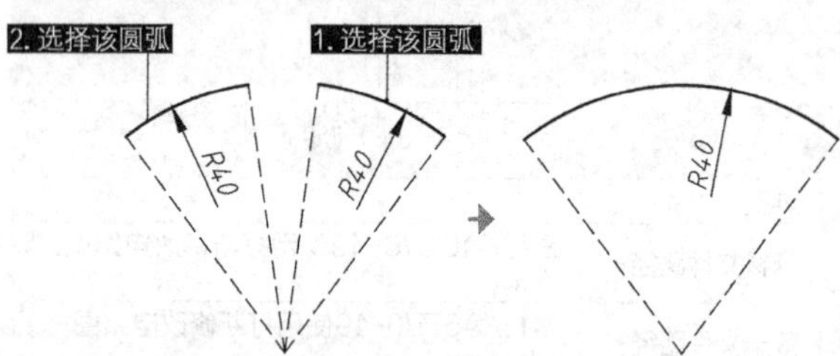

图 6-219 按逆时针顺序选择圆弧合并生成劣弧

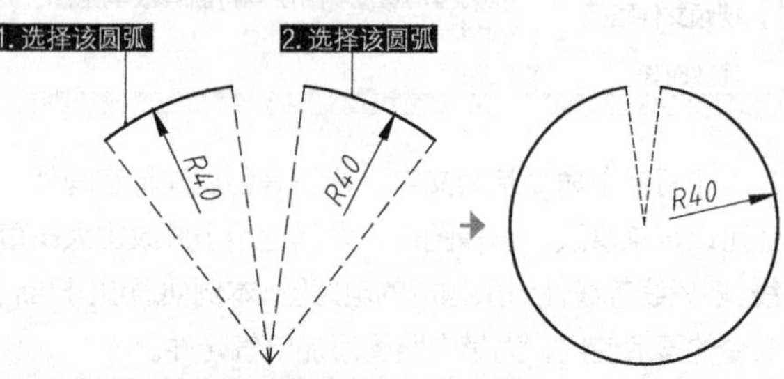

图 6-220 按顺时针顺序选择圆弧合并生成优弧

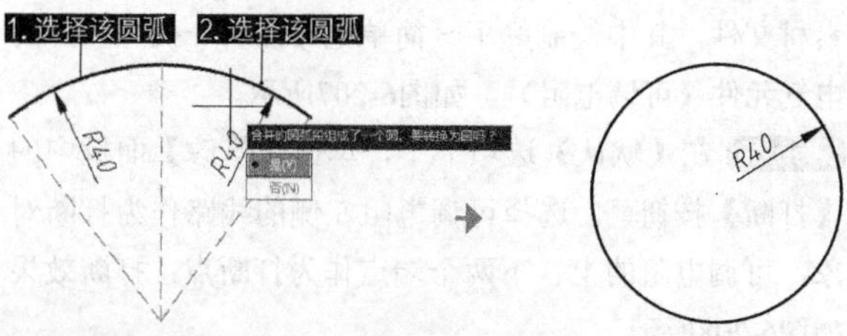

图 6-221 圆弧相邻时可合并生成整圆

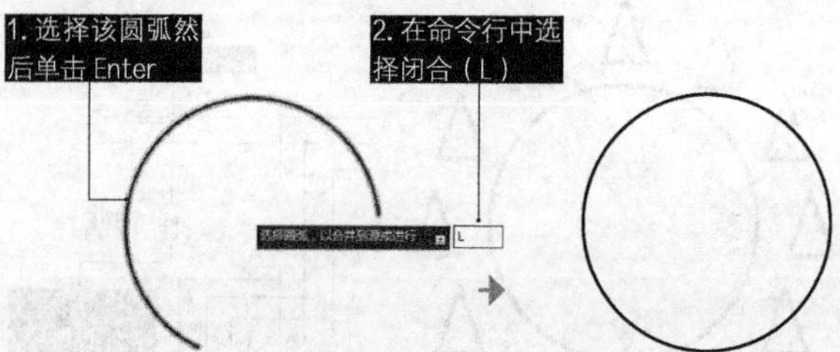

图 6-222 单段圆弧合并可生成整圆

◆椭圆弧：仅椭圆弧可以合并到源椭圆弧。椭圆弧必须共面且具有相同的主轴和次轴，它们之间可以有间隙。从源椭圆弧按逆时针方向合并椭圆弧。操作基本与圆弧一致，在此不重复介绍。

◆螺旋线：所有线性或弯曲对象可以合并到源螺旋线。要合并的对象必须是相连的，可以不共面。结果对象是单个样条曲线，如图 6-223 所示。

◆样条曲线：所有线性或弯曲对象可以合并到源样条曲线。要合并的对象必须是相连的，可以不共面。结果对象是单个样条曲线，如图 6-224 所示。

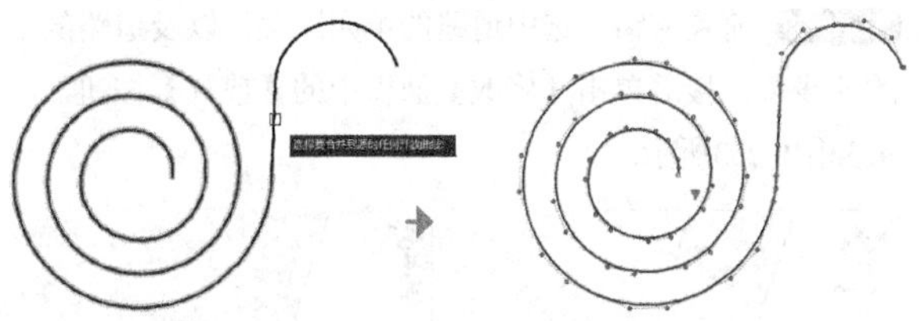

图 6-223 螺旋线的合并效果

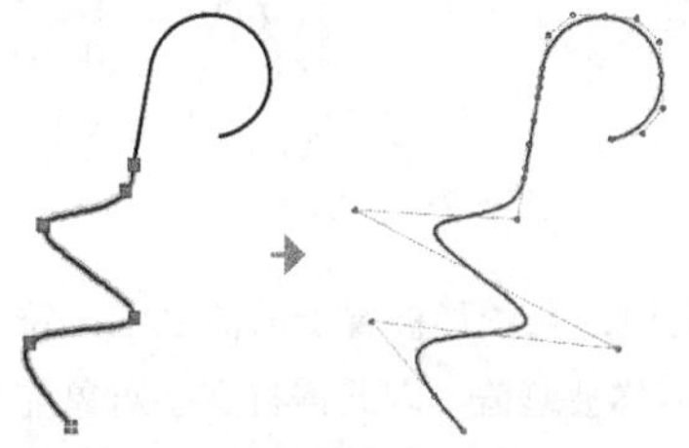

图 6-224 样条曲线的合并效果

练习 6-20 使用合并修改电路图

难度：☆☆	
素材文件路径：	素材/第6章/6-20使用合并修改电路图.dwg
效果文件路径：	素材/第6章/6-20使用合并修改电路图-OK.dwg
视频文件路径：	视频/第6章/6-20使用合并修改电路图.mp4
播放时长：	44秒

在【练习 6-19】中，使用了【打断】命令为电路图中添加了元器件，而如果反过来需要删除元器件，则可以通过本节所学的【合并】命令来完成，具体操作方法如下。

Step 01 打开“第6章/6-20使用合并修改电路图.dwg”素材文件，其中已经绘制好了一完整电路图，如图6-225所示。

Step 02 删除元器件。在【默认】选项卡中，单击【修改】面板中的【删除】按钮，删除在【练习6-19】中添加的3个可调电阻，如图6-226所示。

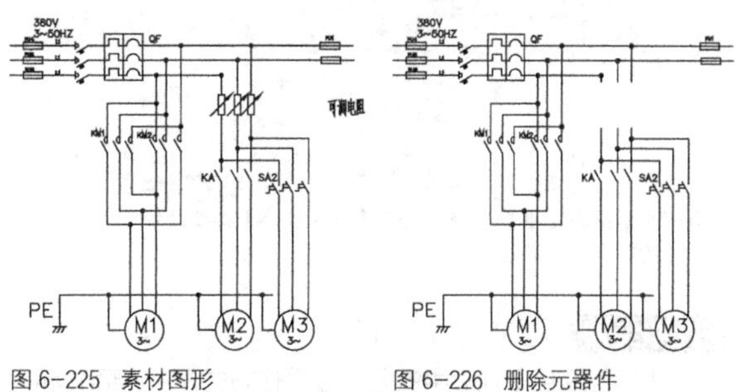

图 6-225 素材图形　　图 6-226 删除元器件

Step 03 单击【修改】面板中的【合并】按钮，分别单击打断线路的两端，将直线合并，如图6-227所示。

Step 04 按相同方法合并剩下的两条线路，最终效果如图6-228所示。

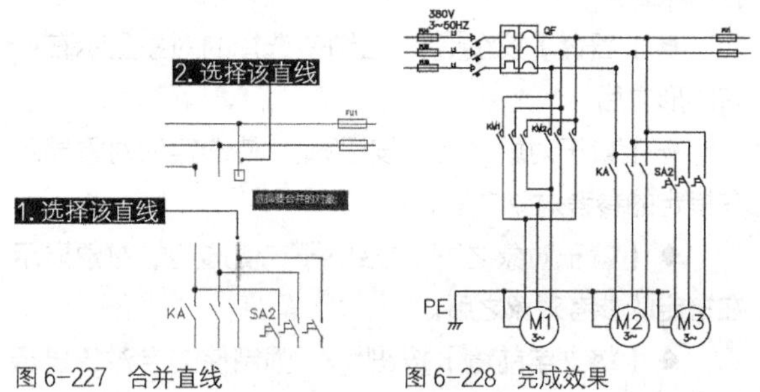

图 6-227 合并直线　　图 6-228 完成效果

6.5.9 绘图次序 ★进阶★

如果当前工作文件中的图形元素很多，而且不同的图形重重叠叠，则不利于操作。例如，要选择某一个图形，但是这个图形被其他图形遮住而无法选择，此时就可以通过控制图形的显示层次来解决，将挡在前面的图形后置，或让要选择的图形前置，即可让被遮住的图形显示在最前面，如图 6-229 所示。

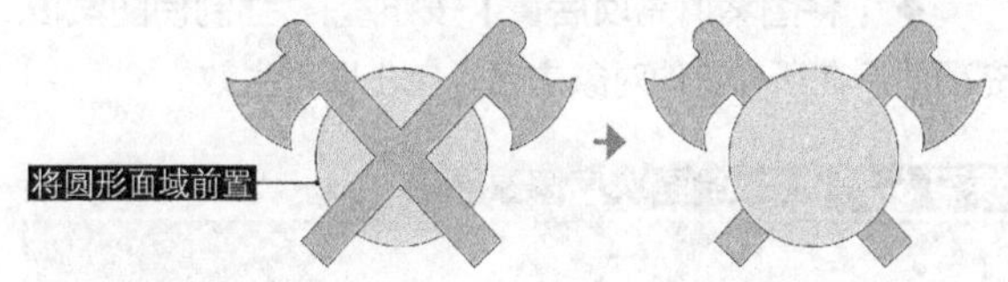

图 6-229 绘图次序的变化效果

•执行方式

在 AutoCAD 2016 中调整图形叠放次序有如下几种方法。

◆功能区：在【修改】面板上的【绘图次序】下拉列表中单击所需的命令按钮，如图 6-230 所示。

◆菜单栏：在【工具】|【绘图次序】列表中选择相应的命令，如图 6-231 所示。

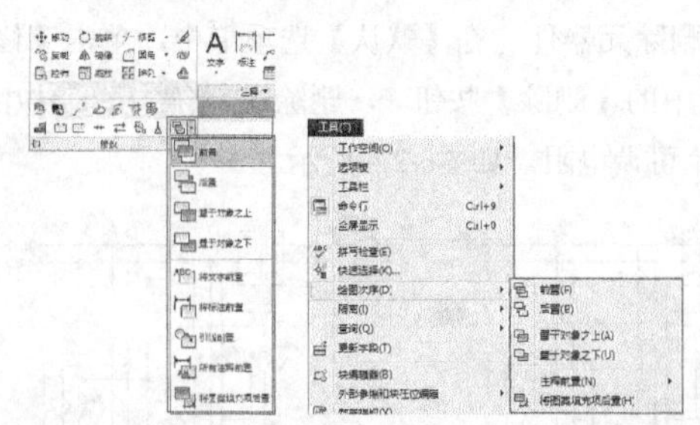

图 6-230【修改】面板中的【绘图次序】列表　图 6-231【绘图次序】菜单命令

•操作步骤

【绘图次序】列表中的各命令操作方式基本相同，而且十分简单，启用命令后，直接选择要前置或后置的对象即可。

•选项说明

【绘图次序】列表中的各命令含义说明如下。

◆【前置】按钮：强制使选择的对象显示在所有对象之前。

◆【后置】按钮：强制使选择的对象显示在所有图形之后。

◆【置于对象之上】按钮：使选定的对象显示在指定的参考对象之前。

◆【置于对象之下】按钮：使选定的对象显示在指定的参考对象之后。

◆【将文字前置】按钮：强制使文字对象显示在所有其他对象之前，单击即可生效。

◆【将标注前置】按钮：强制使标注对象显示在所有其他对象之前，单击即可生效。

◆【引线前置】按钮：强制使引线对象显示在所有其他对象之前，单击即可生效。

◆【所有注释前置】按钮：强制使所有注释对象（标注、文字、引线等）显示在所有其他对象之前，单击即可生效。

◆【将图案填充项后置】按钮：强制使图案填充项显示在所有其他对象之后，单击即可生效。

练习 6-21 更改绘图次序修改图形

难度：☆☆	
素材文件路径：	素材/第6章/6-21更改绘图次序修改图形.dwg
效果文件路径：	素材/第6章/6-21更改绘图次序修改图形-OK.dwg
视频文件路径：	视频/第6章/6-21更改绘图次序修改图形.mp4
播放时长：	1分25秒

在进行城镇的规划布局设计时，一张设计图可能包含数以千计的图形，如各种建筑、道路、河流、绿化等。这时就难免会因为绘图时的先后顺序，使得各图形的叠放效果不一样，就可能会出现一些违反生活常识的图形，如本例素材中的河流就淹没了所绘制的道路，这明显是不符合设计要求的。这时就可以通过【绘图次序】命令来进行修改，具体操作方法如下。

Step 01 打开“第6章/6-21更改绘图次序修改图形.dwg”素材文件，其中已经绘制好了一市政规划的局部图，图中可见道路、文字等被河流所隐藏，如图6-232所示。

Step 02 前置道路。选中道路的填充图案，以及道路的上的各线条，接着单击【修改】面板中的【前置】按钮，结果如图6-233所示。

图 6-232　素材图形

图 6-233　前置道路

Step 03 前置文字。此时道路图形被置于河流之上，符合生活实际，但道路名称被遮盖，因此需将文字对象前置。单击【修改】面板中的【将文字前置】按钮，即可完成操作，结果如图6-234所示。

Step 04 前置边框。上述步骤操作后图形边框被置于各对象之下，因此为了打印效果可将边框置于最高层，结果如图6-235所示。

图 6-234　将文字前置

图 6-235　前置边框

6.6 通过夹点编辑图形

所谓夹点，是指图形对象上的一些特征点，如端点、顶点、中点、中心点等，图形的位置和形状通常是由夹点的位置决定的。在 AutoCAD 中，夹点是一种集成的编辑模式，利用夹点可以编辑图形的大小、位置、方向以及对图形进行镜像复制操作等。

6.6.1 夹点模式概述

在夹点模式下，图形对象以虚线显示，图形上的特征点（如端点、圆心、象限点等）将显示为蓝色的小方框，如图 6-236 所示，这样的小方框称为夹点。

夹点有未激活和被激活两种状态。蓝色小方框显示的夹点处于未激活状态，单击某个未激活夹点，该夹点以红色小方框显示，处于被激活状态，被称为热夹点。以热夹点为基点，可以对图形对象进行拉伸、平移、复制、缩放和镜像等操作。同时按 Shift 键可以选择激活多个热夹点。

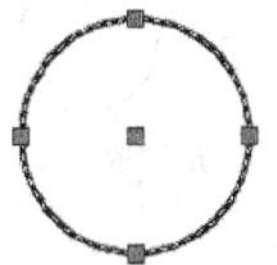

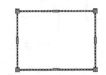

图 6-236　不同对象的夹点

知识链接

夹点的大小、颜色等特征的修改请见第4章的4.2.22小节。

6.6.2 利用夹点拉伸对象

如需利用夹点拉伸图形，则操作方法如下。

◆快捷操作：在不执行任何命令的情况下选择对象，然后单击其中的一个夹点，系统自动将其作为拉伸的基点，即进入拉伸编辑模式。通过移动夹点，就可以将图形对象拉伸至新位置。夹点编辑中的【拉伸】与 STRETCH【拉伸】命令一致，效果如图 6-237 所示。

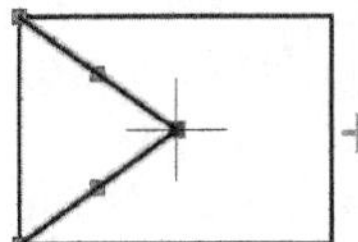
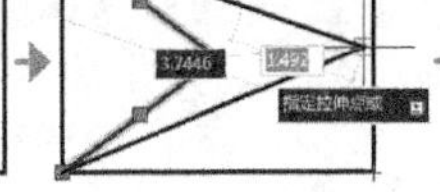
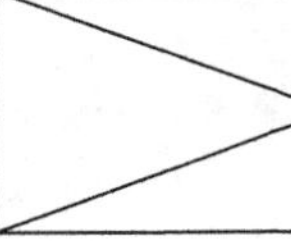

（1）选择夹点　（2）拖动夹点　（3）拉伸结果

图 6-237　利用夹点拉伸对象

操作技巧

对于某些夹点，拖动时只能移动而不能拉伸，如文字、块、直线中点、圆心、椭圆中心和点对象上的夹点。

6.6.3 利用夹点移动对象

如需利用夹点移动图形，则操作方法如下。

◆快捷操作：选中一个夹点，单击 1 次 Enter 键，即进入【移动】模式。

◆命令行：在夹点编辑模式下确定基点后，输入“MO”进入【移动】模式，选中的夹点即为基点。

通过夹点进入【移动】模式后，命令行提示如下。

```
** MOVE **
指定移动点或 [基点(B)/复制(C)/放弃(U)/退出(X)]:
```

使用夹点移动对象，可以将对象从当前位置移动到新位置，同 MOVE（移动）命令，如图 6-238 所示。

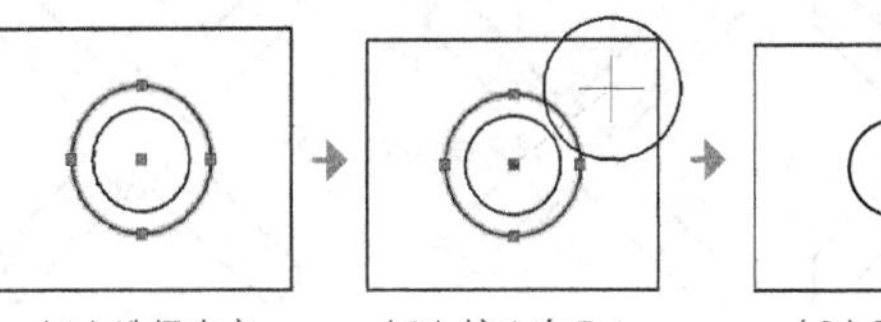

（1）选择夹点　（2）按 1 次 Enter 键，拖动夹点　（3）移动结果

图 6-238　利用夹点移动对象

6.6.4 利用夹点旋转对象

如需利用夹点移动图形，则操作方法如下。

◆快捷操作：选中一个夹点，单击 2 次 Enter 键，即进入【旋转】模式。

◆命令行：在夹点编辑模式下确定基点后，输入“RO”进入【旋转】模式，选中的夹点即为基点。

通过夹点进入【移动】模式后，命令行提示如下。

```
** 旋转 **
指定旋转角度或 [基点(B)/复制(C)/放弃(U)/参照(R)/退出(X)]:
```

默认情况下，输入旋转角度值或通过拖动方式确定旋转角度后，即可将对象绕基点旋转指定的角度。也可以选择【参照】选项，以参照方式旋转对象。操作方法同 ROTATE（旋转）命令，利用夹点旋转对象如图 6-239 所示。

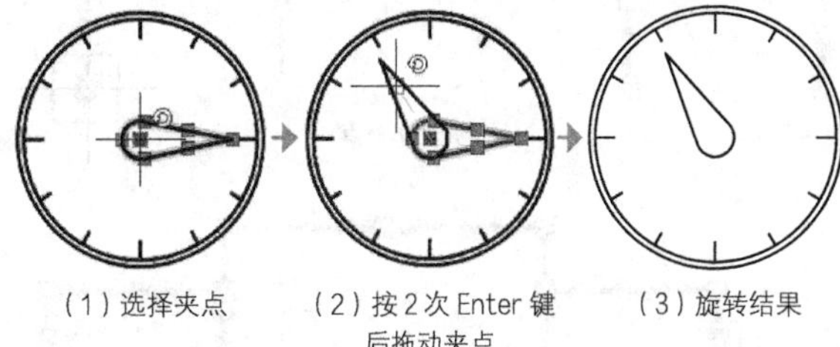

（1）选择夹点　（2）按 2 次 Enter 键后拖动夹点　（3）旋转结果

图 6-239　利用夹点旋转对象

6.6.5 利用夹点缩放对象

如需利用夹点移动图形，则操作方法如下。

◆快捷操作：选中一个夹点，单击 3 次 Enter 键，即进入【缩放】模式。

◆命令行：选中的夹点即为缩放基点，输入“SC”进入【缩放】模式。

通过夹点进入【缩放】模式后，命令行提示如下。

```
** 比例缩放 **
指定比例因子或 [基点(B)/复制(C)/放弃(U)/参照(R)/退出(X)]:
```

默认情况下，当确定了缩放的比例因子后，AutoCAD 将相对于基点进行缩放对象操作。当比例因子大于 1 时放大对象；当比例因子大于 0 而小于 1 时缩小对象，操作同 SCALE（缩放）命令，如图 6-240 所示。

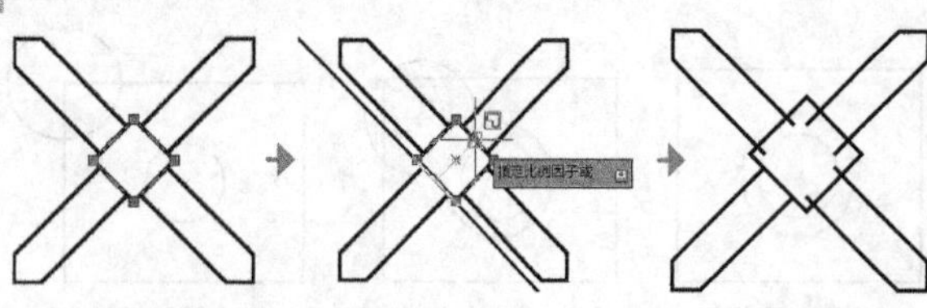

图 6-240　利用夹点缩放对象

6.6.6 利用夹点镜像对象

如需利用夹点镜像图形，则操作方法如下。

◆快捷操作：选中一个夹点，单击 4 次 Enter 键，即进入【镜像】模式。

◆命令行：输入“MI”进入【镜像】模式，选中的夹点即为镜像线第一点。

通过夹点进入【镜像】模式后，命令行提示如下。

```
** 镜像 **
指定第二点或 [基点(B)/复制(C)/放弃(U)/退出(X)]:
```

指定镜像线上的第 2 点后，AutoCAD 将以基点作为镜像线上的第 1 点，将对象进行镜像操作并删除源对象。利用夹点镜像对象如图 6-241 所示。

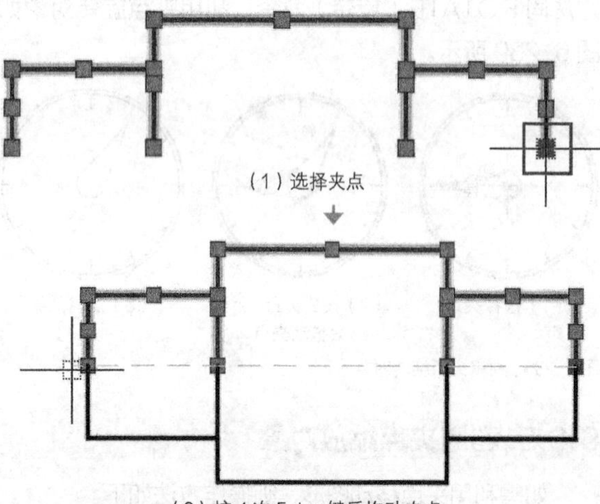

图 6-241　利用夹点镜像对象

6.6.7 利用夹点复制对象

如需利用夹点复制图形，则操作方法如下。

◆命令行：选中夹点后进入【移动】模式，然后在命令行中输入“C”，调用复制（C）选项即可，命令行操作如下。

```
** MOVE **           //进入【移动】模式
指定移动点 或 [基点(B)/复制(C)/放弃(U)/退出(X)]:C↙
                     //选择复制选项
** MOVE (多个) **    //进入【复制】模式
指定移动点 或 [基点(B)/复制(C)/放弃(U)/退出(X)]: ↙
                     //指定放置点，并按Enter键完成操作
```

使用夹点复制功能，选定中心夹点进行拖动时需按住 Ctrl 键，复制效果如图 6-242 所示。

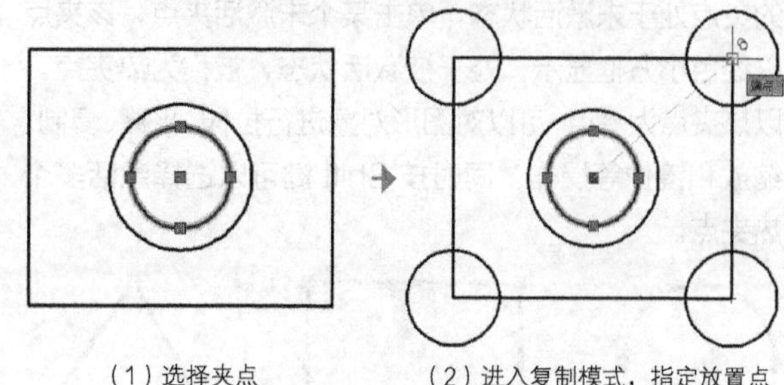

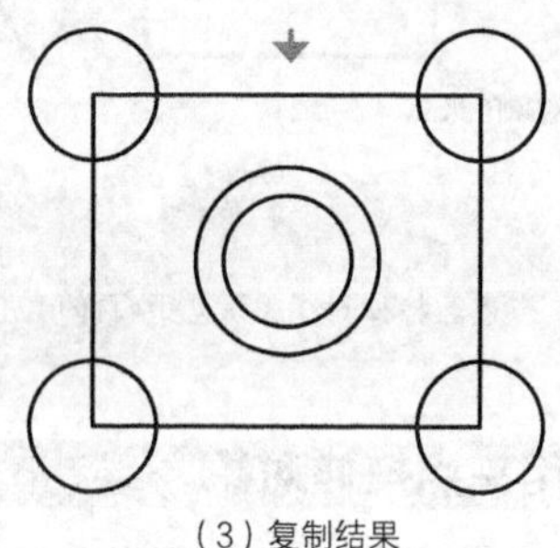

图 6-242　夹点复制

第 7 章 创建图形标注

使用 AutoCAD 进行设计绘图时，首先要明确的一点就是：图形中的线条长度，并不代表物体的真实尺寸，一切数值应按标注为准。无论是零件加工，还是建筑施工，所依据的是标注的尺寸值，因而尺寸标注是绘图中最为重要的部分。像一些成熟的设计师，在现场或无法使用 AutoCAD 的场合，会直接用笔在纸上手绘出一张草图，图不一定要画得好看，但记录的数据却力求准确。由此也可见，图形仅是标注的辅助而已。

对于不同的对象，其定位所需的尺寸类型也不同。AutoCAD 2016 包含了一套完整的尺寸标注的命令，可以标注直径、半径、角度、直线及圆心位置等对象，还可以标注引线、形位公差等辅助说明。

7.1 尺寸标注的组成与原则

尺寸标注在 AutoCAD 中是一个复合体，以块的形式存储在图形中。在标注尺寸时需要遵循一定的规则，以避免标注混乱或引起歧义。

7.1.1 尺寸标注的组成

在 AutoCAD 中，一个完整的尺寸标注由“尺寸界线”“尺寸线”“尺寸箭头”和“尺寸文字”4 个要素构成，如图 7-1 所示。AutoCAD 的尺寸标注命令和样式设置，都是围绕着这 4 个要素进行的。

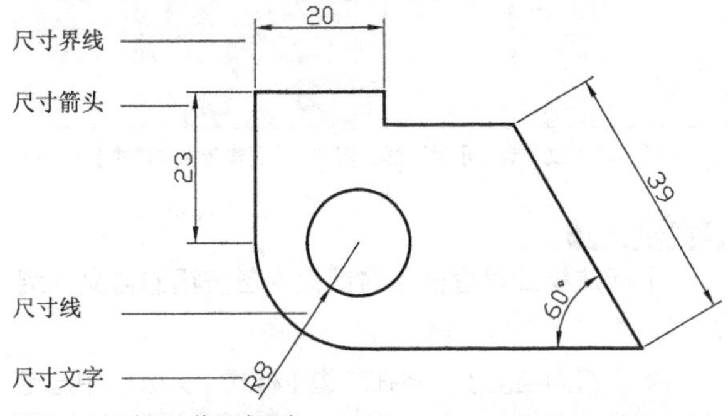

图 7-1 尺寸标注的组成要素

各组成部分的作用与含义分别如下。

◆尺寸界线：也称为投影线，用于标注尺寸的界限，由图样中的轮廓线、轴线或对称中心线引出。标注时，延伸线从所标注的对象上自动延伸出来，它的端点与所标注的对象接近但并未相连。

◆尺寸箭头：也称为标注符号。标注符号显示在尺寸线的两端，用于指定标注的起始位置。AutoCAD 默认使用闭合的填充箭头作为标注符号。此外，AutoCAD 还提供了多种箭头符号，以满足不同行业的需要，如建筑制图的箭头以 45° 的粗短斜线表示，而机械制图的箭头以实心三角形箭头表示等。

◆尺寸线：用于表明标注的方向和范围。通常与所标注对象平行，放在两延伸线之间，一般情况下为直线，但在角度标注时，尺寸线呈圆弧形。

◆尺寸文字：表明标注图形的实际尺寸大小，通常位于尺寸线上方或中断处。在进行尺寸标注时，AutoCAD 会生动生成所标注对象的尺寸数值，我们也可以对标注的文字进行修改、添加等编辑操作。

7.1.2 尺寸标注的原则

尺寸标注要求对标注对象进行完整、准确、清晰的标注，标注的尺寸数值真实地反映标注对象的大小。国家标准对尺寸标注做了详细的规定，要求尺寸标注必须遵守以下基本原则。

◆物体的真实大小应以图形上所标注的尺寸数值为依据，与图形的显示大小和绘图的精确度无关。

◆图形中的尺寸为图形所表示的物体的最终尺寸，如果是绘制过程中的尺寸（如在涂镀前的尺寸等），则必须另加说明。

◆物体的每一尺寸，一般只标注一次，并应标注在最能清晰反映该结构的视图上。

由于 AutoCAD 在建筑和机械方面运用最为广泛，所以这里仅讲解建筑和机械方面相关的尺寸标注的规定。

1 建筑标注的相关规定

对建筑制图进行尺寸标注时，应遵守如下规定。

◆当图形中的尺寸以毫米为单位时，不需要标注计量单位。否则须注明所采用的单位代号或名称，如 cm（厘米）和 m（米）。

◆图形的真实大小应以图样上标注的尺寸数值为依据，与所绘制图形的大小比例及准确性无关。

◆尺寸数字一般写在尺寸线上方，也可以写在尺寸线中断处，尺寸数字的字高必须相同。

◆标注文字中的字体必须按照国家标准规定进行书写，汉字必须使用仿宋体，数字使用阿拉伯数字或罗马数字，字母使用希腊字母或拉丁字母。各种字体的具体大小可以从 2.5、3.5、5、7、10、14 和 20 共 7 种规格中选取。

◆图形中每一部分的尺寸应只标注一次，并且标注在最能反映其形体特征的视图上。

◆图形中所标注的尺寸应为该构件在完工后的标准

尺寸，否则须另加说明。

2 机械标注的相关规定

对机械制图进行尺寸标注时，应遵循如下规定。

◆符合国家标准的有关规定，标注制造零件所需的全部尺寸，不重复，不遗漏，尺寸排列整齐，并符合设计和工艺的要求。

◆每个尺寸一般只标注一次，尺寸数字为零件的真实大小，与所绘图形的比例及准确性无关。尺寸标注以毫米为单位，若采用其他单位，则必须注明单位名称。

◆标注文字中的字体按照国家标准规定书写，图样中的字体为仿宋体，字号分1.8、2.5、3.5、5、7、10、14、和20共8种，其字体高度应按$\sqrt{2}$的比率递增。

◆字母和数字分A型和B型，A型字体的笔画宽度（d）与字体高度（h）符合$d=h/14$，B型字体的笔画宽度与字体高度符合$d=h/10$。

◆在同一张纸上，只允许选用一种形式的字体。

◆字母和数字分直体和斜体两种，但在同一张纸上只能采用一种书写形式，常用的是斜体。

7.2 尺寸标注样式

【标注样式】用来控制标注的外观，如箭头样式、文字位置和尺寸公差等。在同一个AutoCAD文档中，可以同时定义多个不同的命名样式。修改某个样式后，就可以自动修改所有用该样式创建的对象。

绘制不同的工程图纸，需要设置不同的尺寸标注样式，要系统地了解尺寸设计和制图的知识，请参考有关机械或建筑等有关行业制图的国家规范和标准，以及其他的相关资料。

7.2.1 新建标注样式

同之前介绍过的【多线】命令一样，尺寸标注在AutoCAD中也需要指定特定的样式来进行下一步操作。但尺寸标注样式的内容相当丰富，涵盖了标注从箭头形状到尺寸线的消隐、伸出距离、文字对齐方式等诸多方面。因此可以通过在AutoCAD中设置不同的标注样式，使其适应不同的绘图环境，如机械标注、建筑标注等。

·执行方式

如果要新建标注样式，可以通过【标注样式和管理器】对话框来完成。在AutoCAD 2016中调用【标注样式和管理器】有如下几种常用方法。

◆功能区：在【默认】选项卡中单击【注释】面板下拉列表中的【标注样式】按钮，如图7-2所示。

◆菜单栏：执行【格式】|【标注样式】命令，如图7-3所示。

◆命令行：输入“DIMSTYLE”或“D”命令。

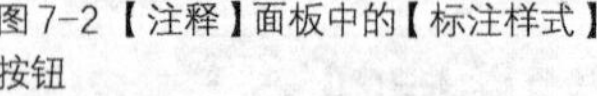

图7-2【注释】面板中的【标注样式】按钮

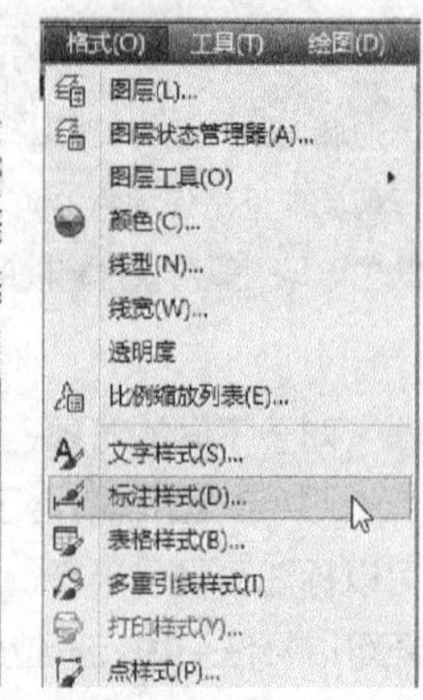

图7-3【标注样式】菜单命令

·操作步骤

执行上述任一命令后，系统弹出【标注样式管理器】对话框，如图7-4所示。

单击【新建】按钮，系统弹出【创建新标注样式】对话框，如图7-5所示。然后在【新样式名】文本框中输入新样式的名称，单击【继续】按钮，即可打开【新建标注样式】对话框进行新建。

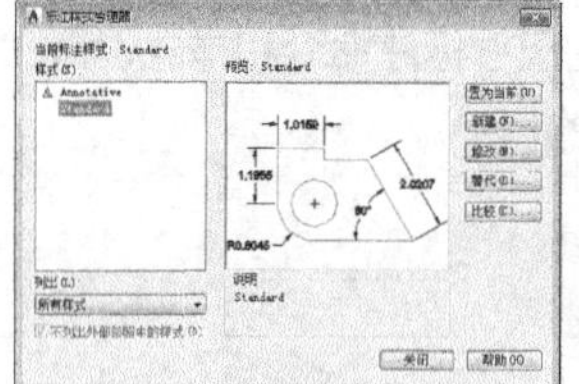

图7-4【标注样式管理器】对话框

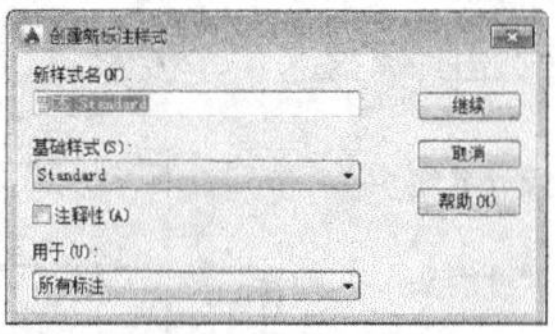

图7-5【创建新标注样式】对话框

·选项说明

【标注样式管理器】对话框中各按钮的含义介绍如下。

◆【置为当前】：将在左边【样式】列表框中选定的标注样式设定为当前标注样式，当前样式将应用于所创建的标注。

◆【新建】：单击该按钮，打开【创建新标注样式】对话框，输入名称后可打开【新建标注样式】对话框，从中可以定义新的标注样式。

◆【修改】：单击该按钮，打开【修改标注样式】对话框，从中可以修改现有的标注样式。该对话框各选项均与【新建标注样式】对话框一致。

◆【替代】：单击该按钮，打开【替代当前样式】对话框，从中可以设定标注样式的临时替代值。该对话框各选项与【新建标注样式】对话框一致。替代将作为未保存的更改结果显示在【样式】列表中的标注样式下，如图7-6所示。

◆【比较】：单击该按钮，打开【比较标注样式】

对话框，如图 7-7 所示。从中可以比较所选定的两个标注样式（选择相同的标注样式进行比较，则会列出该样式的所有特性）。

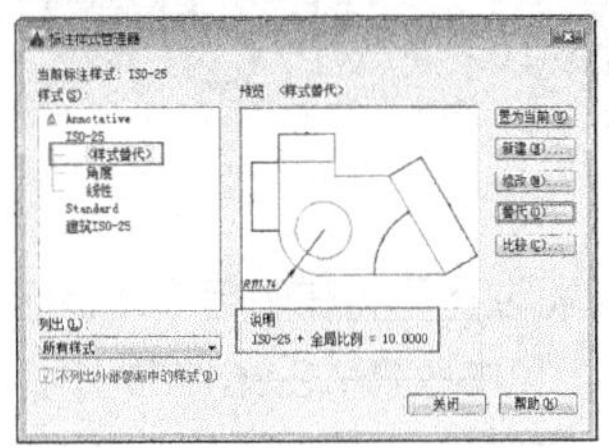
图 7-6　样式替代效果

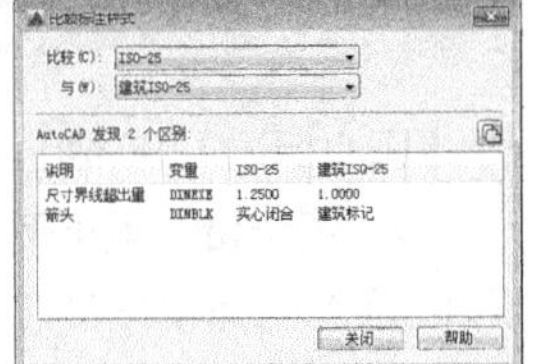
图 7-7【比较标注样式】对话框

【创建新标注样式】对话框中各选项的含义介绍如下。

◆【基础样式】：在该下拉列表框中选择一种基础样式，新样式将在该基础样式的基础上进行修改。

◆【注释性】：勾选【注释性】复选框，可将标注定义成可注释对象。

◆【用于】下拉列表：选择其中的一种标注，即可创建一种仅适用于该标注类型（如仅用于直径标注、线性标注等）的标注子样式，如图 7-8 所示。

设置了新样式的名称、基础样式和适用范围后，单击该对话框中的【继续】按钮，系统弹出【新建标注样式】对话框，在上方 7 个选项卡中可以设置标注中的直线、符号和箭头、文字、单位等内容，如图 7-9 所示。

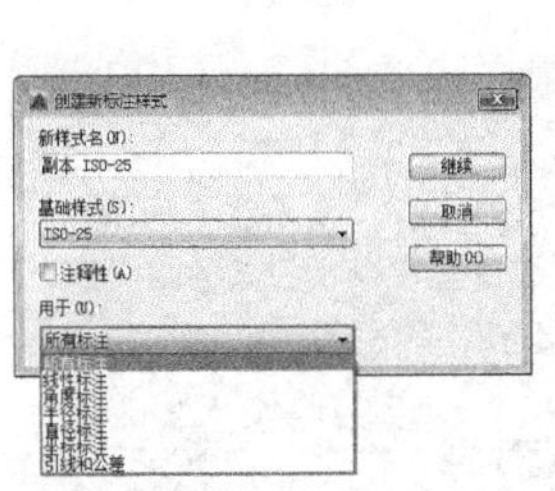
图 7-8　用于选定的标注

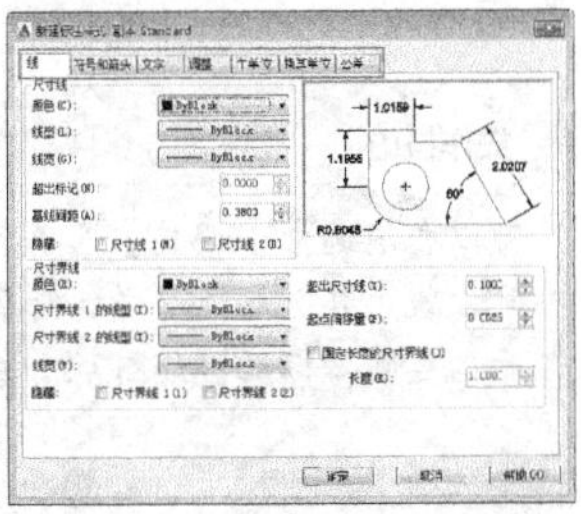

图 7-9　【新建标注样式】对话框

操作技巧

AutoCAD 2016中的标注按类型分的话，只有“线性标注”“角度标注”“半径标注”“直径标注”“坐标标注”“引线标注”6个类型。

7.2.2 设置标注样式 ★重点★

在上文新建标注样式的介绍中，打开【新建标注样式】对话框之后的操作是最重要的，这也是本小节所要着重讲解的。在【新建标注样式】对话框中可以设置尺寸标注的各种特性，对话框中有【线】、【符号和箭头】、【文字】、【调整】、【主单位】、【换算单位】和【公差】7 个选项卡，如图 7-9 所示。每一个选项卡对应一种特性的设置，分别介绍如下。

1 【线】选项卡

切换到【新建标注样式】对话框中的【线】选项卡，如图 7-9 所示。可见【线】选项卡中包括【尺寸线】和【尺寸界线】两个选项组。在该选项卡中可以设置尺寸线、尺寸界线的格式和特性。

◎【尺寸线】选项组

◆【颜色】：用于设置尺寸线的颜色，一般保持默认值“Byblock”（随块）即可。也可以使用变量 DIMCLRD 设置。

◆【线型】：用于设置尺寸线的线型，一般保持默认值“Byblock”（随块）即可。

◆【线宽】：用于设置尺寸线的线宽，一般保持默认值“Byblock”（随块）即可。也可以使用变量 DIMLWD 设置。

◆【超出标记】：用于设置尺寸线超出量。若尺寸线两端是箭头，则此框无效；若在对话框的【符号和箭头】选项卡中设置了箭头的形式是“倾斜”和“建筑标记”时，可以设置尺寸线超过尺寸界线外的距离，如图 7-10 所示。

◆【基线间距】：用于设置基线标注中尺寸线之间的间距。

◆【隐藏】：【尺寸线 1】和【尺寸线 2】分别控制了第一条和第二条尺寸线的可见性，如图 7-11 所示。

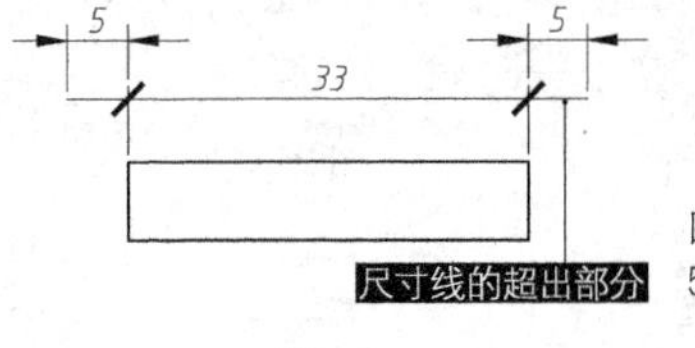

图 7-10【超出标记】设置为 5 时的示例

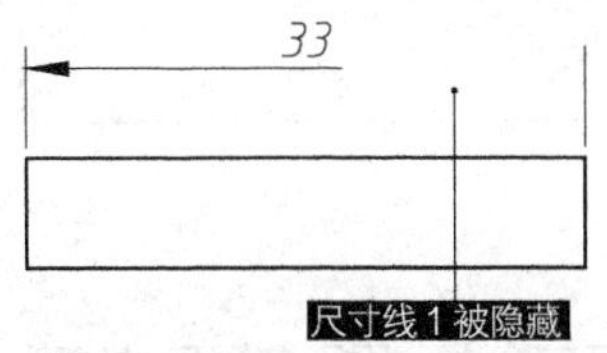

图 7-11【隐藏尺寸线 1】效果图

◎【尺寸界线】选项组

◆【颜色】：用于设置延伸线的颜色，一般保持默认值“Byblock”（随块）即可。也可以使用变量 DIMCLRD 设置。

◆【线型】：分别用于设置【尺寸界线 1】和【尺寸界线 2】的线型，一般保持默认值“Byblock”（随块）即可。

◆【线宽】：用于设置延伸线的宽度，一般保持默认值“Byblock”（随块）即可。也可以使用变量 DIMLWD 设置。

◆【隐藏】：【尺寸界线 1】和【尺寸界线 2】分

别控制了第一条和第二条尺寸界线的可见性。

◆【超出尺寸线】：控制尺寸界线超出尺寸线的距离，如图7-12所示。

◆【起点偏移量】：控制尺寸界线起点与标注对象端点的距离，如图7-13所示。

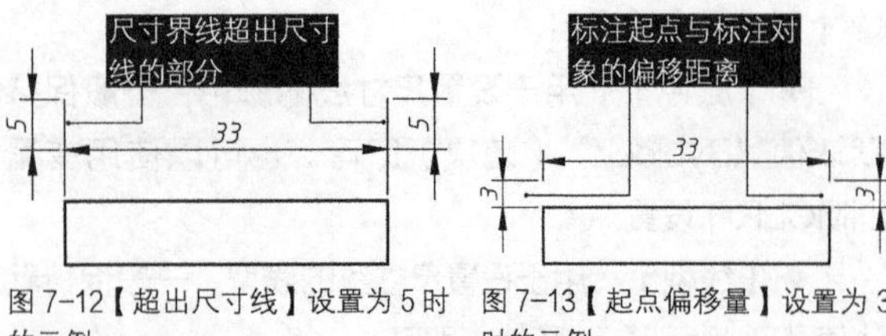

图7-12【超出尺寸线】设置为5时的示例　图7-13【起点偏移量】设置为3时的示例

> **设计点拨**
>
> 如果是在机械制图的标注中，为了区分尺寸标注和被标注对象，用户应使尺寸界线与标注对象不接触，因此尺寸界线的【起点偏移量】一般设置为2～3mm。

2 【符号和箭头】选项卡

【符号和箭头】选项卡中包括【箭头】、【圆心标记】、【折断标注】、【弧长符号】、【半径折弯标注】和【线性折弯标注】6个选项组，如图7-14所示。

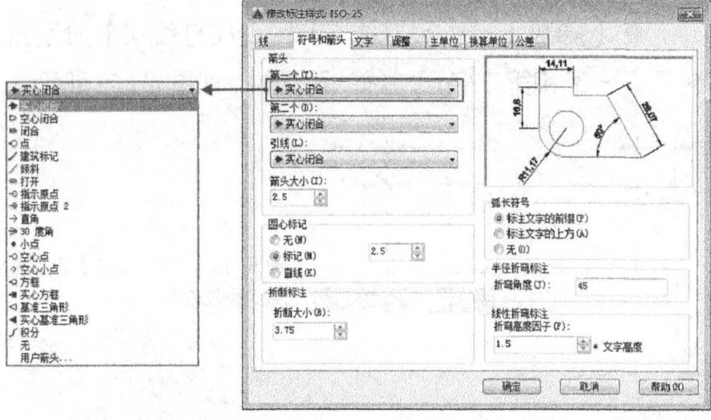

图7-14 【符号和箭头】选项卡

◎【箭头】选项组

◆【第一个】以及【第二个】：用于选择尺寸线两端的箭头样式。在建筑绘图中通常设为"建筑标注"或"倾斜"样式，如图7-15所示；机械制图中通常设为"箭头"样式，如图7-16所示。

◆【引线】：用于设置快速引线标注（命令：LE）中的箭头样式，如图7-17所示。

◆【箭头大小】：用于设置箭头的大小。

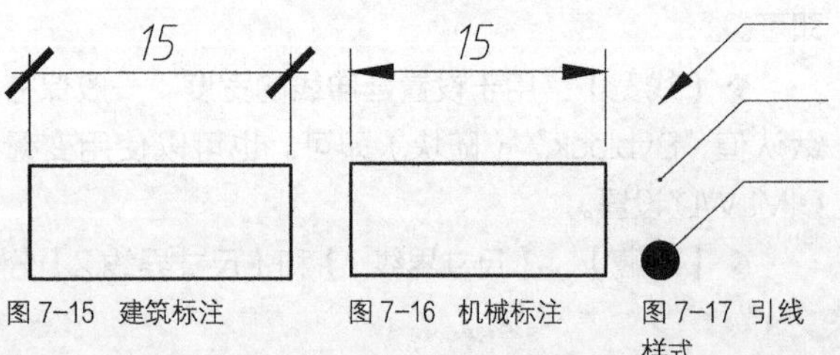

图7-15 建筑标注　图7-16 机械标注　图7-17 引线样式

> **操作技巧**
>
> Auto CAD中提供了19种箭头，如果选择了第一个箭头的样式，第二个箭头会自动选择和第一个箭头一样的样式。也可以在第二个箭头下拉列表中选择不同的样式。

◎【圆心标记】选项组

圆心标记是一种特殊的标注类型，在使用【圆心标记】（命令：DIMCENTER，见本章第7.3.15小节）时，可以在圆弧中心生成一个标注符号，【圆心标记】选项组用于设置圆心标记的样式，各选项的含义如下。

◆【无】：使用【圆心标记】命令时，无圆心标记，如图7-18所示。

◆【标记】：创建圆心标记。在圆心位置将会出现小十字架，如图7-19所示。

◆【直线】：创建中心线。在使用【圆心标记】命令时，十字架线将会延伸到圆或圆弧外边，如图7-20所示。

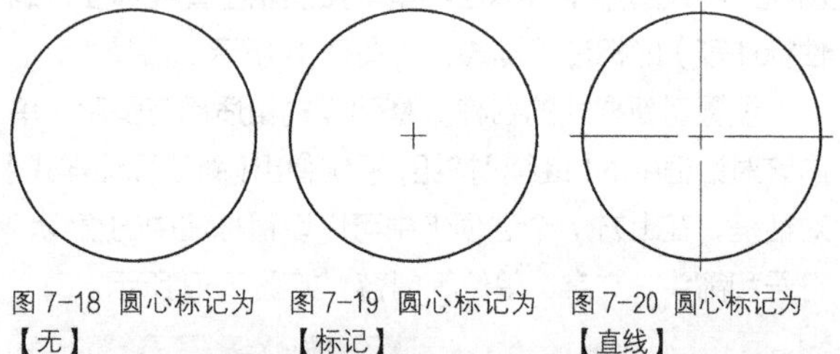

图7-18 圆心标记为【无】　图7-19 圆心标记为【标记】　图7-20 圆心标记为【直线】

> **操作技巧**
>
> 可以取消选中【调整】选项卡中的【在尺寸界线之间绘制尺寸线】复选框，这样就能在标注直径或半径尺寸时，同时创建圆心标记，如图7-21所示。
>
> 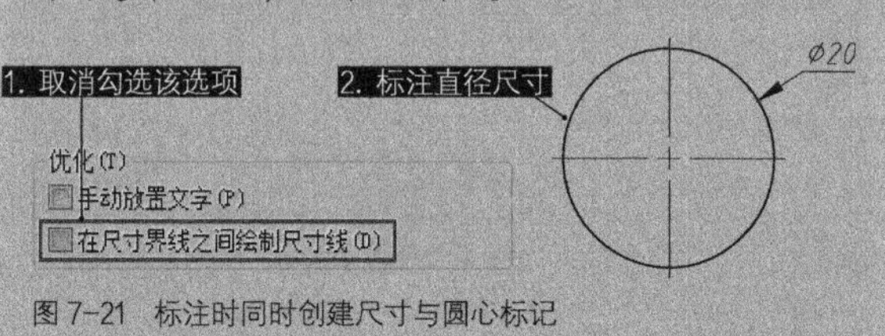
>
>
> 图7-21 标注时同时创建尺寸与圆心标记

◎【折断标注】选项组

其中的【折断大小】文本框可以设置在执行DIMBREAK【标注打断】命令时标注线的打断长度。

◎【弧长符号】选项组

在该选项组中可以设置弧长符号的显示位置，包括【标注文字的前缀】、【标注文字的上方】和【无】3种方式，如图7-22所示。

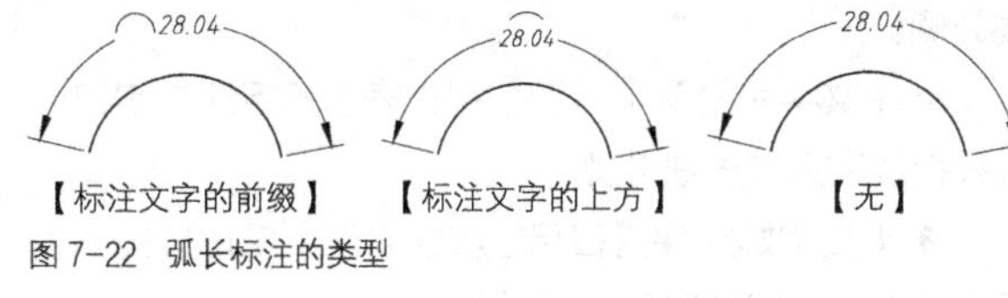

图 7-22 弧长标注的类型

◎【半径折弯标注】选项组

其中的【折弯角度】文本框可以确定折弯半径标注中，尺寸线的横向角度，其值不能大于 90°。

◎【线性折弯标注】选项组

其中的【折弯高度因子】文本框可以设置折弯标注打断时折弯线的高度。

3 【文字】选项卡

【文字】选项卡包括【文字外观】、【文字位置】和【文字对齐】3 个选项组，如图 7-23 所示。

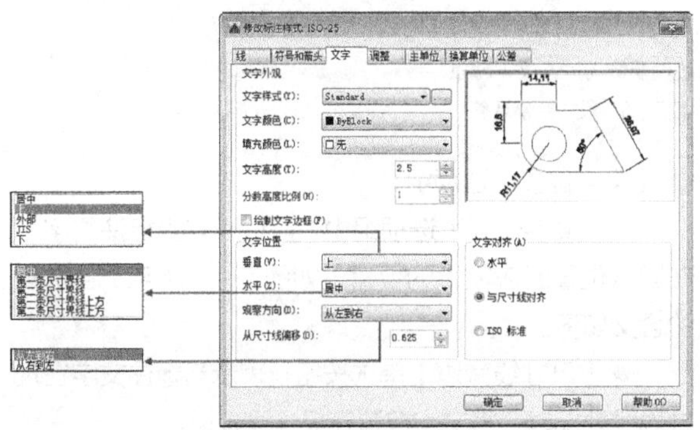
图 7-23 【文字】选项卡

◎【文字外观】选项组

◆【文字样式】：用于选择标注的文字样式。也可以单击其后的...按钮，系统弹出【文字样式】对话框，选择文字样式或新建文字样式。

◆【文字颜色】：用于设置文字的颜色，一般保持默认值“Byblock”（随块）即可。也可以使用变量 DIMCLRT 设置。

◆【填充颜色】：用于设置标注文字的背景色。默认为“无”，如果图纸中尺寸标注很多，就会出现图形轮廓线、中心线、尺寸线与标注文字相重叠的情况，这时若将【填充颜色】设置为“背景”，即可有效改善图形，如图 7-24 所示。

图 7-24 【填充颜色】为“背景”效果

◆【文字高度】：设置文字的高度，也可以使用变量 DIMCTXT 设置。

◆【分数高度比例】：设置标注文字的分数相对于其他标注文字的比例，AutoCAD 将该比例值与标注文字高度的乘积作为分数的高度。

◆【绘制文字边框】：设置是否给标注文字加边框。

◎【文字位置】选项组

◆【垂直】：用于设置标注文字相对于尺寸线在垂直方向的位置。【垂直】下拉列表中有【置中】、【上】、【下】、【外部】和【JIS】等选项。选择【置中】选项可以把标注文字放在尺寸线中间；选择【上】选项将把标注文字放在尺寸线的上方；选择【外部】选项可以把标注文字放在远离第一定义点的尺寸线一侧；选择【JIS】选项则按 JIS 规则（日本工业标准）放置标注文字。各种效果如图 7-25 所示。

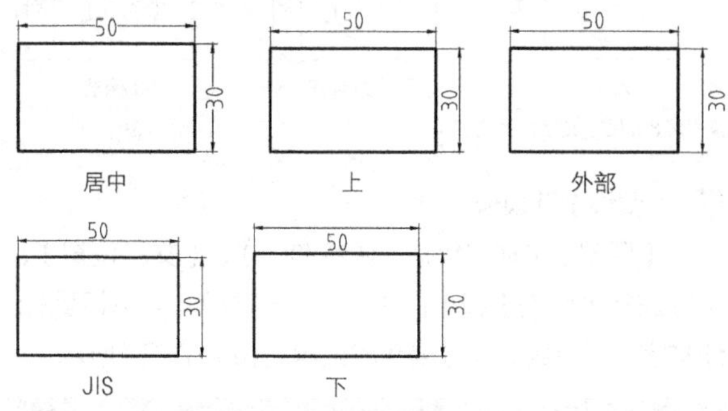

图 7-25 文字设置垂直方向的位置效果图

◆【水平】：用于设置标注文字相对于尺寸线和延伸线在水平方向的位置。其中水平放置位置有【居中】、【第一条尺寸界线】、【第二条尺寸界线】、【第一条尺寸界线上方】、【第二条尺寸界线上方】，各种效果如图 7-26 所示。

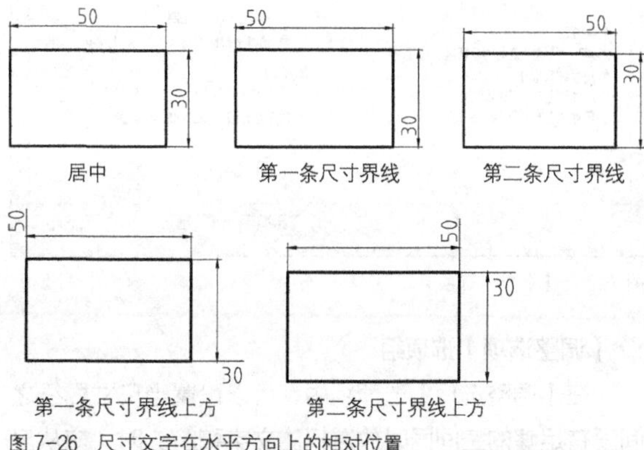

图 7-26 尺寸文字在水平方向上的相对位置

◆【从尺寸线偏移】：设置标注文字与尺寸线之间的距离，如图 7-27 所示。

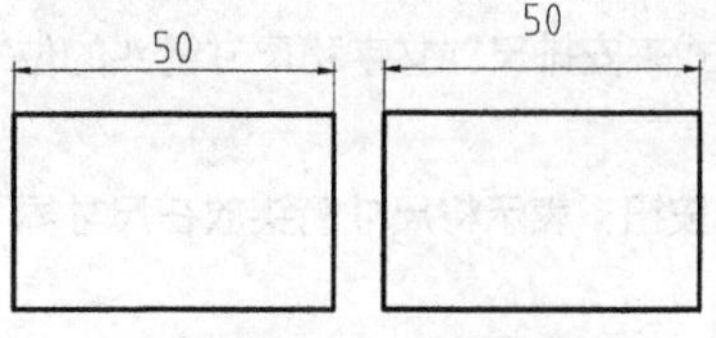

图 7-27 文字偏移量设置

◎【文字对齐】选项组

在【文字对齐】选项组中，可以设置标注文字的对齐方式，如图 7-28 所示。各选项的含义如下。

◆【水平】单选按钮：无论尺寸线的方向如何，文字始终水平放置。

◆【与尺寸线对齐】单选按钮：文字的方向与尺寸线平行。

◆【ISO 标准】单选按钮：按照 ISO 标准对齐文字。当文字在尺寸界线内时，文字与尺寸线对齐。当文字在尺寸界线外时，文字水平排列。

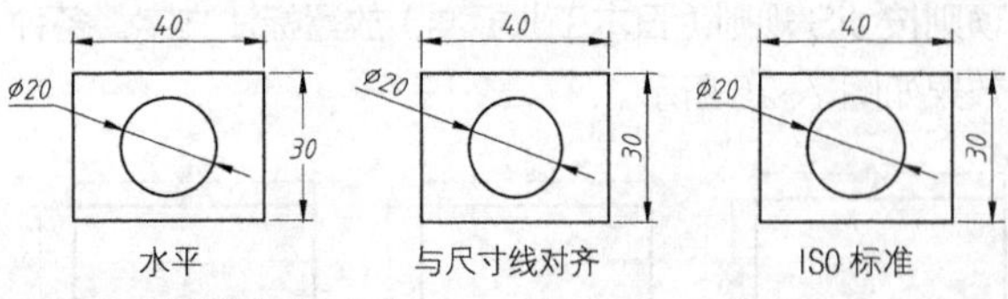

图 7-28 尺寸文字对齐方式

4 【调整】选项卡

【调整】选项卡包括【调整选项】、【文字位置】、【标注特征比例】和【优化】4 个选项组，可以设置标注文字、尺寸线、尺寸箭头的位置，如图 7-29 所示。

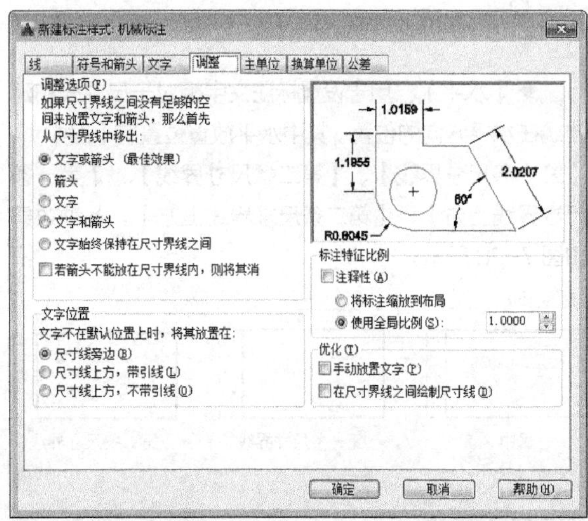

图 7-29 【调整】选项卡

◎【调整选项】选项组

在【调整选项】选项组中，可以设置当尺寸界线之间没有足够的空间同时放置标注文字和箭头时，应从尺寸界线之间移出的对象，如图 7-30 所示。各选项的含义如下。

◆【文字或箭头（最佳效果）】单选按钮：表示由系统选择一种最佳方式来安排尺寸文字和尺寸箭头的位置。

◆【箭头】单选按钮：表示将尺寸箭头放在尺寸界线外侧。

◆【文字】单选按钮：表示将标注文字放在尺寸界线外侧。

◆【文字和箭头】单选按钮：表示将标注文字和尺寸线都放在尺寸界线外侧。

◆【文字始终保持在尺寸界线之间】单选按钮：表示标注文字始终放在尺寸界线之间。

◆【若箭头不能放在尺寸界线内，则将其消】单选按钮：表示当尺寸界线之间不能放置箭头时，不显示标注箭头。

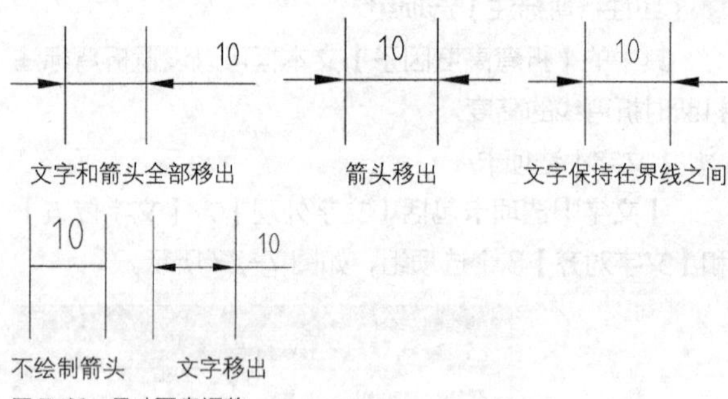

图 7-30 尺寸要素调整

◎【文字位置】选项组

在【文字位置】选项组中，可以设置当标注文字不在默认位置时应放置的位置，如图 7-31 所示。各选项的含义如下。

◆【尺寸线旁边】单选按钮：表示当标注文字在尺寸界线外部时，将文字放置在尺寸线旁边。

◆【尺寸线上方，带引线】单选按钮：表示当标注文字在尺寸界线外部时，将文字放置在尺寸线上方并加一条引线相连。

◆【尺寸线上方，不带引线】单选按钮：表示当标注文字在尺寸界线外部时，将文字放置在尺寸线上方，不加引线。

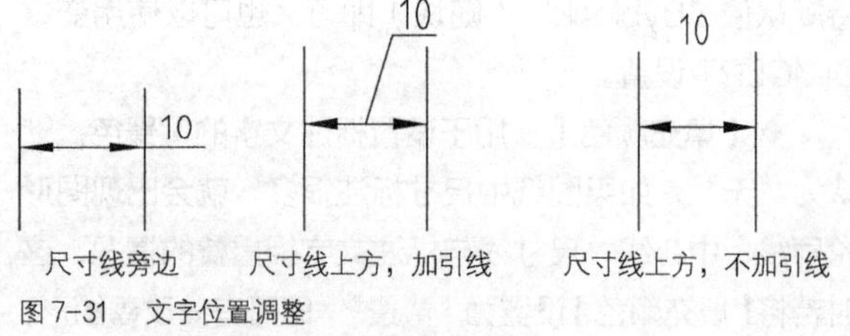

图 7-31 文字位置调整

◎【标注特征比例】选项组

在【标注特征比例】选项组中，可以设置标注尺寸的特征比例以便通过设置全局比例来调整标注的大小。各选项的含义如下。

◆【注释性】复选框：选择该复选框，可以将标注定义成可注释性对象。

◆【将标注缩放到布局】单选按钮：选中该单选按钮，可以根据当前模型空间视口与图纸之间的缩放关系设置比例。

◆【使用全局比例】单选按钮：选择该单选按钮，可以对全部尺寸标注设置缩放比例，该比例不改变尺寸的测量值，效果如图 7-32 所示。

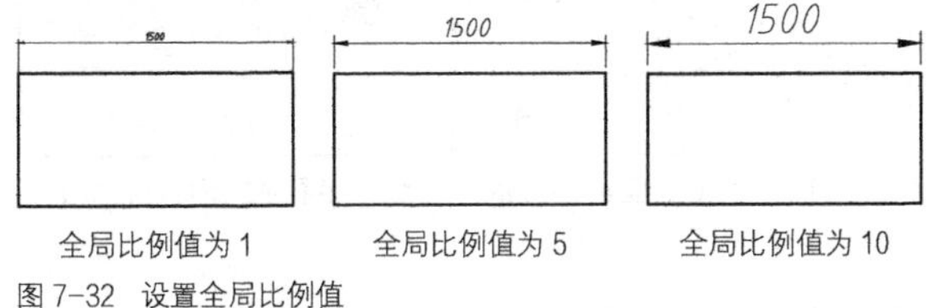

图 7-32 设置全局比例值

◎【优化】选项组

在【优化】选项组中，可以对标注文字和尺寸线进行细微调整。该选项区域包括以下两个复选框。

◆【手动放置文字】：表示忽略所有水平对正设置，并将文字手动放置在“尺寸线位置”的相应位置。

◆【在尺寸界线之间绘制尺寸线】：表示在标注对象时，始终在尺寸界线间绘制尺寸线。

5 【主单位】选项卡

【主单位】选项卡包括【线性标注】、【测量单位比例】、【消零】、【角度标注】和【消零】5 个选项组，如图 7-33 所示。

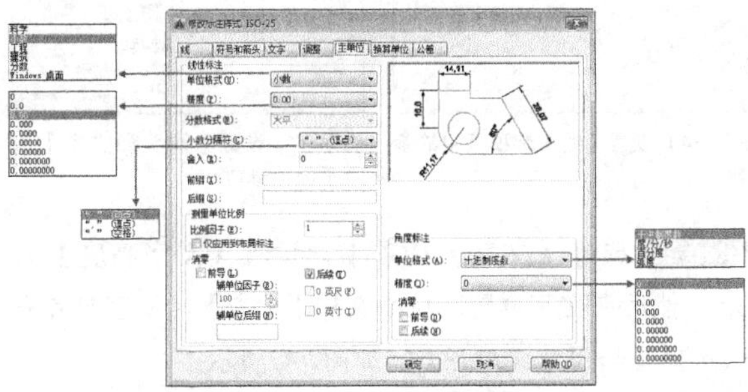

图 7-33 【主单位】选项卡

【主单位】选项卡可以对标注尺寸的精度进行设置，并能给标注文本加入前缀或者后缀等。

◎【线性标注】选项组

◆【单位格式】：设置除角度标注之外的其余各标注类型的尺寸单位，包括【科学】、【小数】、【工程】、【建筑】、【分数】等选项。

◆【精度】：设置除角度标注之外的其他标注的尺寸精度。

◆【分数格式】：当单位格式是分数时，可以设置分数的格式，包括【水平】【对角】和【非堆叠】3 种方式。

◆【小数分隔符】：设置小数的分隔符，包括【逗点】、【句点】和【空格】3 种方式。

◆【舍入】：用于设置除角度标注外的尺寸测量值的舍入值。

◆【前缀】和【后缀】：设置标注文字的前缀和后缀，在相应的文本框中输入字符即可。

◎【测量单位比例】选项组

使用【比例因子】文本框可以设置测量尺寸的缩放比例，AutoCAD 的实际标注值为测量值与该比例的积。选中【仅应用到布局标注】复选框，可以设置该比例关系仅适用于布局。

◎【消零】选项组

该选项组中包括【前导】和【后续】两个复选框。设置是否消除角度尺寸的前导和后续零，如图 7-34 所示。

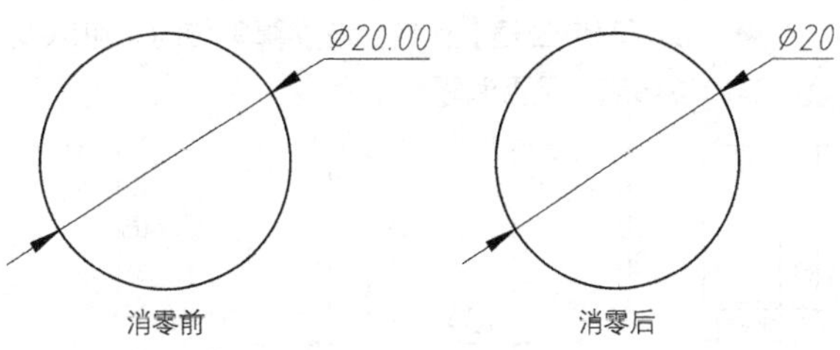

图 7-34 【后续】消零示例

◎【角度标注】选项组

◆【单位格式】：在此下拉列表框中设置标注角度时的单位。

◆【精度】：在此下拉列表框的设置标注角度的尺寸精度。

6 【换算单位】选项卡

【换算单位】选项卡包括【换算单位】、【消零】和【位置】3 个选项组，如图 7-35 所示。

【换算单位】可以方便地改变标注的单位，通常我们用的就是公制单位与英制单位的互换。

选中【显示换算单位】复选框后，对话框的其他选项才可用，可以在【换算单位】选项组中设置换算单位的【单位格式】、【精度】、【换算单位倍数】、【舍入精度】、【前缀】及【后缀】等，方法与设置主单位的方法相同，在此不一一讲解。

7 【公差】选项卡

【公差】选项卡包括【公差格式】、【公差对齐】、【消零】、【换算单位公差】和【消零】5 个选项组，如图 7-36 所示。

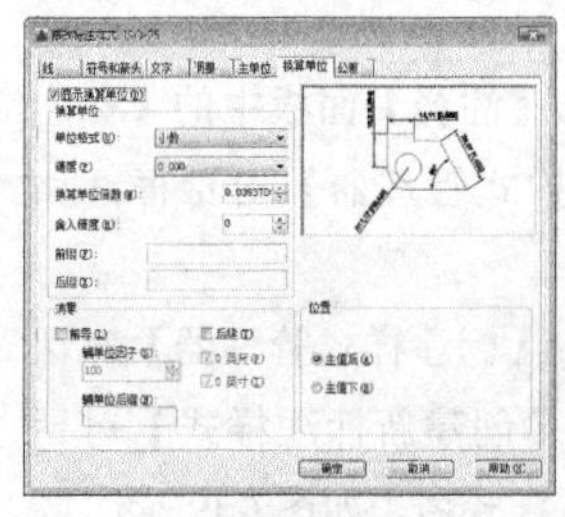

图 7-35 【换算单位】选项卡

图 7-36 【公差】选项卡

【公差】选项卡可以设置公差的标注格式，其中常用功能含义如下。

◆【方式】：在此下拉列表框中有表示标注公差的几种方式，如图 7-37 所示。

◆【上偏差和下偏差】设置尺寸上偏差、下偏差值。

◆【高度比例】：确定公差文字的高度比例因子。确定后，AutoCAD 将该比例因子与尺寸文字高度之积作为公差文字的高度。

◆【垂直位置】：控制公差文字相对于尺寸文字的位置，包括【上】、【中】和【下】3 种方式。

◆【换算单位公差】：当标注换算单位时，可以设置换算单位精度和是否消零。

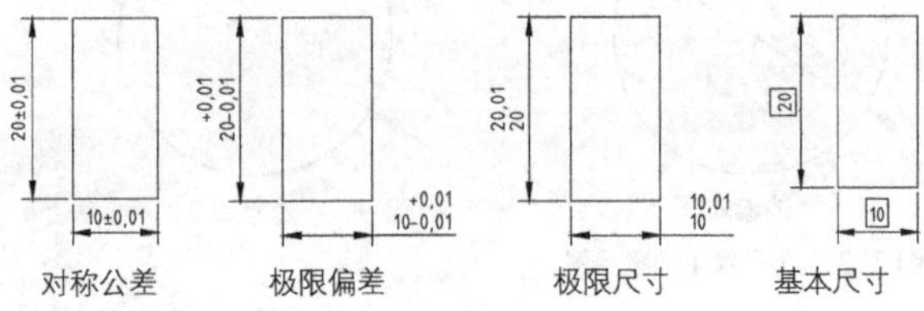

图 7-37　公差的各种表示方式效果图

练习 7-1 创建建筑制图标注样式

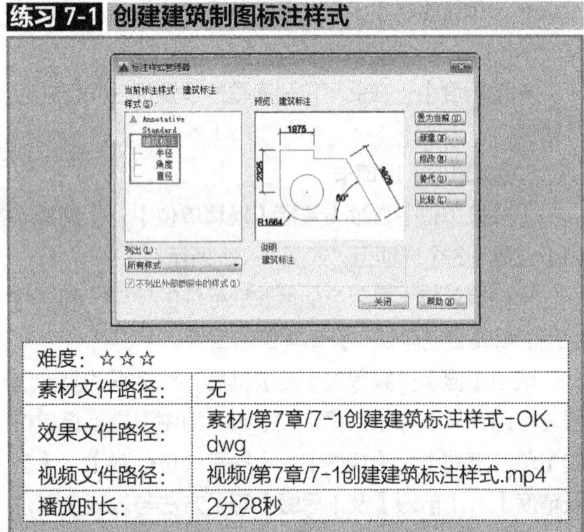

难度：☆☆☆	
素材文件路径：	无
效果文件路径：	素材/第7章/7-1创建建筑标注样式-OK.dwg
视频文件路径：	视频/第7章/7-1创建建筑标注样式.mp4
播放时长：	2分28秒

建筑标注样式可按《房屋建筑制图统一标准》GB/T50001-2010 来进行设置。需要注意的是，建筑制图中的线性标注箭头为斜线的建筑标记，而半径、直径、角度标注则仍为实心箭头，因此在新建建筑标注样式时要注意分开设置。

Step 01 新建空白文档，单击【注释】面板中的【标注样式】按钮，打开【标注样式管理器】对话框，如图7-38所示。

Step 02 设置通用参数。单击【标注样式管理器】对话框中的【新建】按钮，打开【创建新标注样式】对话框，在其中输入"建筑标注"样式名，如图7-39所示。

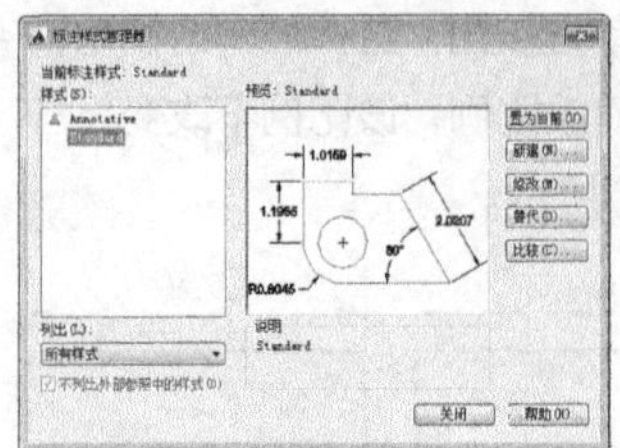

图 7-38【标注样式管理器】对话框

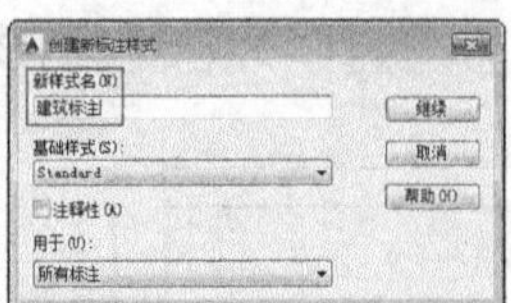

图 7-39【创建新标注样式】对话框

Step 03 单击【创建新标注样式】对话框中的【继续】按钮，打开【新建标注样式：建筑标注】对话框，选择【线】选项卡，设置【基线间距】为7，【超出尺寸线】为2，【起点偏移量】为3，如图7-40所示。

Step 04 选择【符号和箭头】选项卡，在【箭头】参数栏的【第一个】、【第二个】下拉列表中选择【建筑标记】；在【引线】下拉列表中保持默认，最后设置箭头大小为2，如图7-41所示。

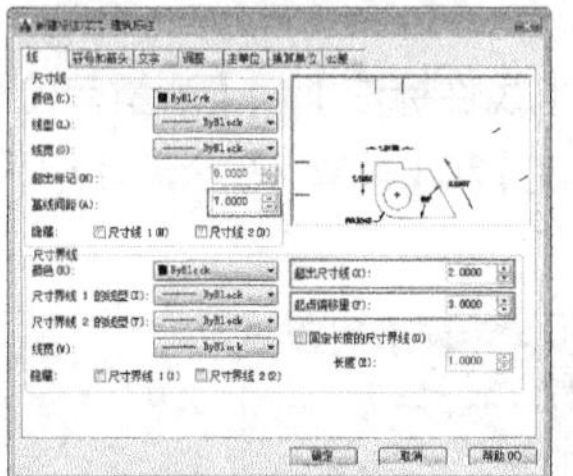

图 7-40 设置【线】选项卡中的参数

图 7-41　设置【箭头和文字】选项卡中的参数

Step 05 选择【文字】选项卡，设置【文字高度】为3.5，然后在文字位置区域中选择【上方】，文字对齐方式选择【与尺寸线对齐】，如图7-42所示。

Step 06 选择【调整】选项卡，因为建筑图往往尺寸都非常巨大，因此设置全局比例为100，如图7-43所示。

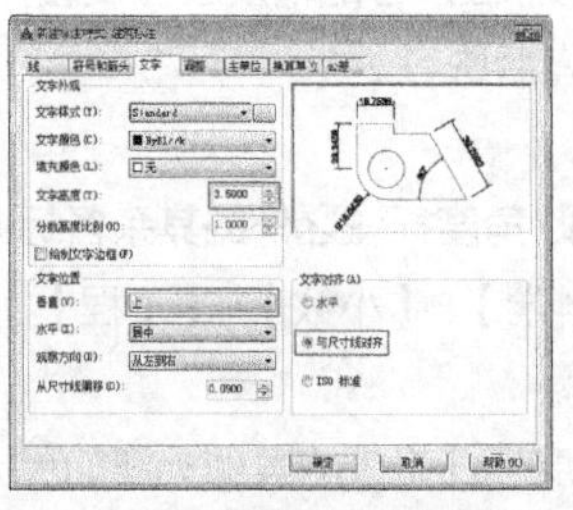

图 7-42 设置【线】选项卡中的参数

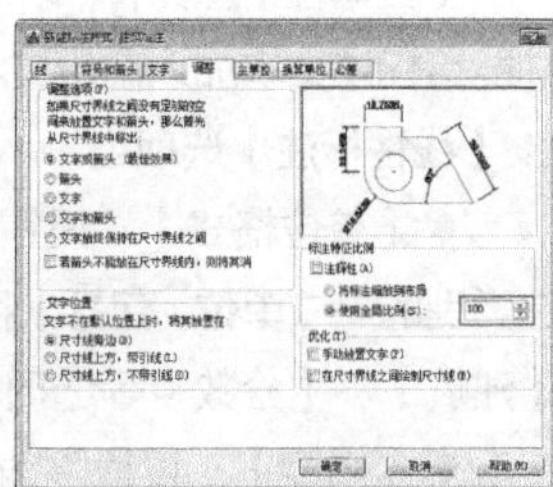

图 7-43 设置【箭头和文字】选项卡中的参数

Step 07 其余选项卡参数保持默认，单击【确定】按钮，返回【标注样式管理器】对话框。以上为建筑标注的常规设置，接着再针对性地设置半径、直径、角度等标注样式。

Step 08 设置半径标注样式。在【标注样式管理器】对话框中选择创建好的【建筑标注】，然后单击【新建】按钮，打开【创建新标注样式】对话框，输入新样式名为“半径”，在【基础样式】下拉列表中选择【半径标注】选项，如图7-44所示。

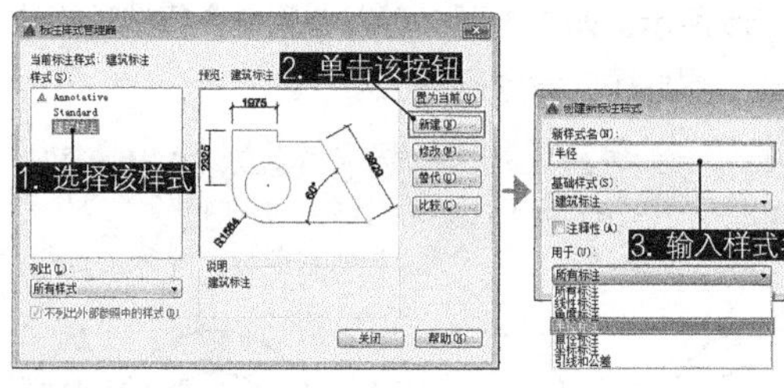

图 7-44 创建仅用于半径标注的样式

Step 09 单击【继续】按钮，打开【新建标注样式：建筑标注：半径】对话框，设置其中的箭头符号为【实心闭合】，文字对齐方式为【ISO标准】，其余选项卡参数不变，如图7-45所示。

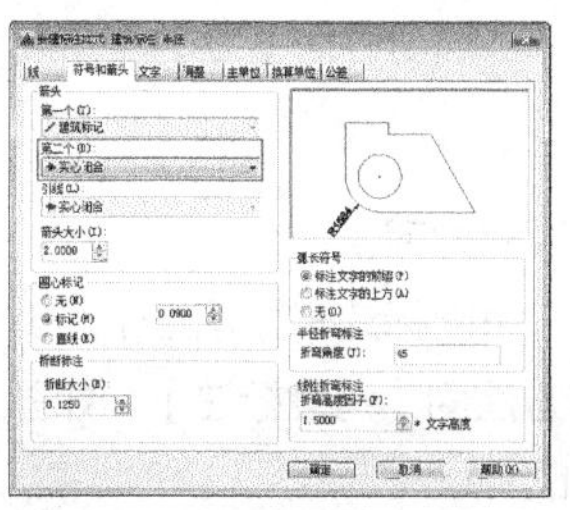
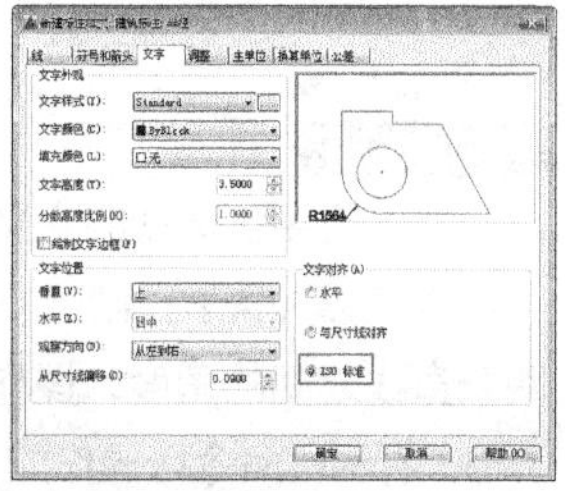

图 7-45 设置半径标注的参数

Step 10 单击【确定】按钮，返回【标注样式管理器】对话框，可在左侧的【样式】列表框中发现在【建筑标注】下多出了一个【半径】分支，如图7-46所示。

Step 11 设置直径标注样式。按相同方法，设置仅用于直径的标注样式，结果如图7-47所示。

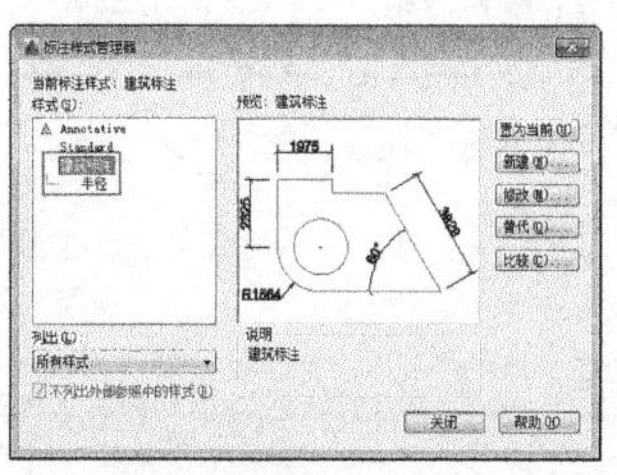

图 7-46 新创建的半径标注

图 7-47 设置直径标注的参数

Step 12 设置角度标注样式。按相同方法，设置仅用于角度的标注样式，结果如图7-48所示。

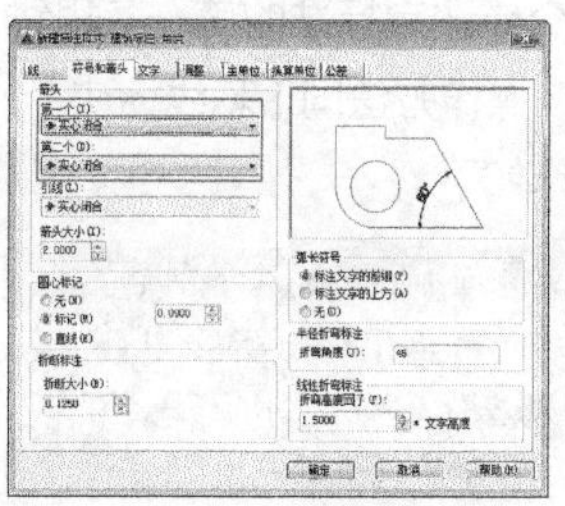
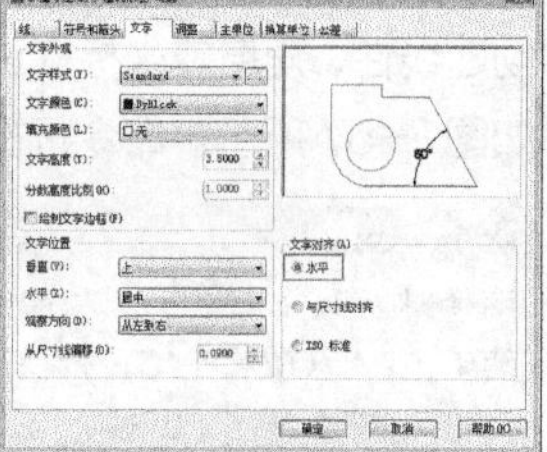

图 7-48 设置角度标注的参数

Step 13 设置完成之后的建筑标注样式在【标注样式管理器】中如图7-49所示，典型的标注实例如图7-50所示。

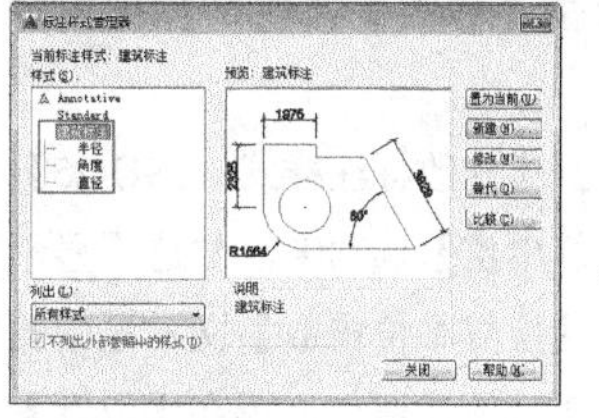

图 7-49 新创建的半径标注

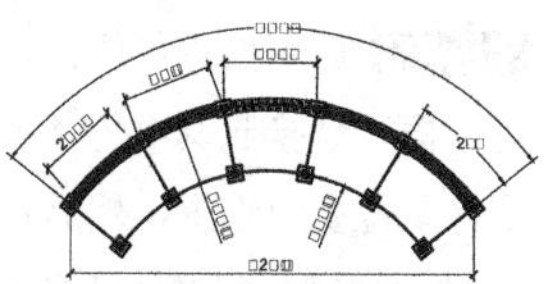

图 7-50 建筑标注样例

练习 7-2 创建公制 - 英制的换算样式 ★进阶★

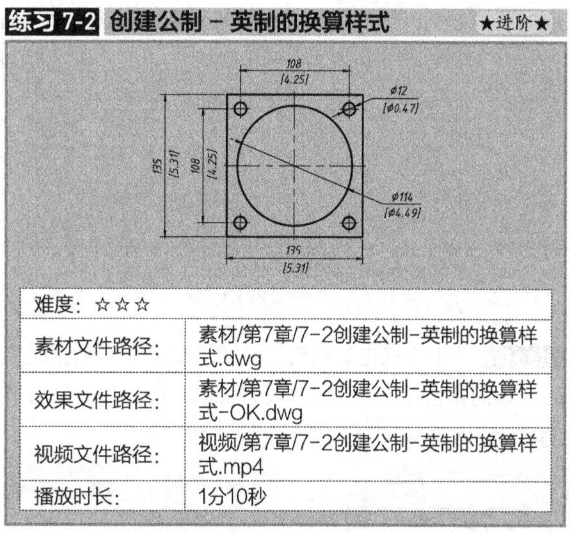

难度：☆☆☆	
素材文件路径：	素材/第7章/7-2创建公制-英制的换算样式.dwg
效果文件路径：	素材/第7章/7-2创建公制-英制的换算样式-OK.dwg
视频文件路径：	视频/第7章/7-2创建公制-英制的换算样式.mp4
播放时长：	1分10秒

在现实的设计工作中，有时会碰到一些国外设计师所绘制的图纸，或绘图发往国外。此时就必须注意图纸上所标注的尺寸是“公制”还是“英制”。一般来说，图纸上如果标有单位标记，如 INCHES、in（英寸），或在标注数字后有“' ”标记，则为英制尺寸；反之，带有 METRIC、mm（毫米）字样的，则为公制尺寸。

1 in（英寸）= 25.4 mm（毫米），因此英制尺寸如果换算为我国所用的公制尺寸，需放大 25.4 倍，反之缩小 1/25.4（约 0.0393）。本例便通过新建标注样式的方式，在公制尺寸旁添加英制尺寸的参考，高效、快速的完成尺寸换算。

Step 01 打开“第7章/7-2创建公制-英制的换算样式.dwg”素材文件，其中已绘制好一法兰零件图形，并已添加公制尺寸标注，如图7-51所示。

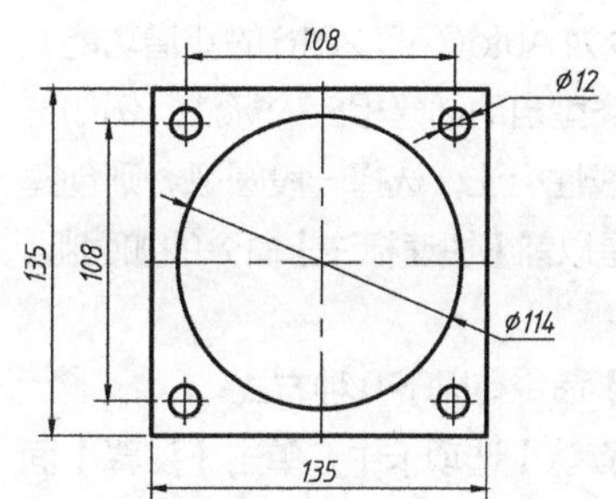

图 7-51 素材文件

Step 02 单击【注释】面板中的【标注样式】按钮，打开【标注样式管理器】对话框，选择当前正在使用的【ISO-25】标注样式，单击【修改】按钮，如图7-52所示。

Step 03 启用换算单位。打开【修改标注样式：ISO-25】对话框，切换到其中的【换算单位】选项卡，勾选【显示换算单位】复选框，然后在【换算单位倍数】文本框中输入0.0393701，即毫米换算至英寸的比例值，再在【位置】区域选择换算尺寸的放置位置，如图7-53所示。

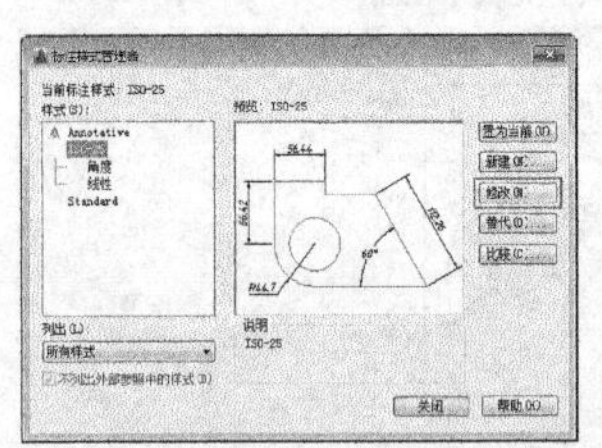

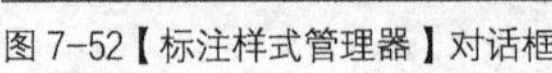

图 7-52【标注样式管理器】对话框

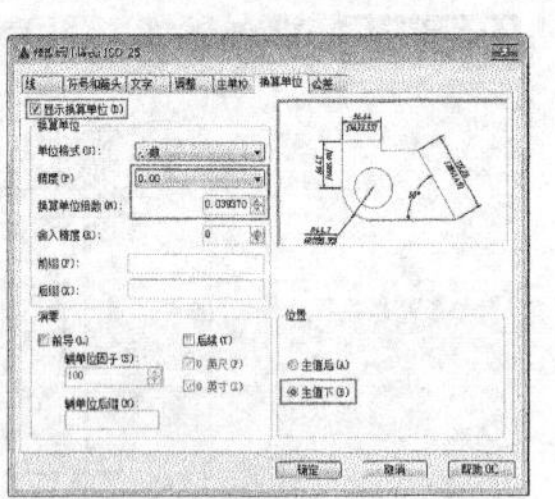

图 7-53 【修改标注样式：ISO-25】对话框

Step 04 单击【确定】按钮，返回绘图区，可见在原标注区域的指定位置处添加了带括号的数值，该值即为英制尺寸，如图7-54所示。

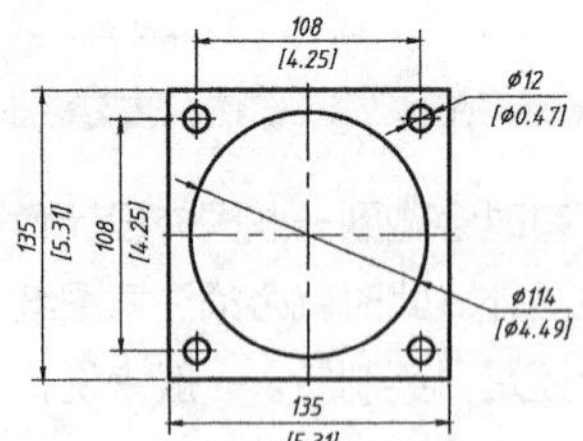

图 7-54 绘图结果

7.3 标注的创建

为了更方便、快捷地标注图纸中的各个方向和形式的尺寸，AutoCAD 2016 提供了智能标注、线性标注、对齐标注、角度标注、半径标注、直径标注、折弯标注和弧长标注等多种标注类型。掌握这些标注方法可以为各种图形灵活添加尺寸标注，使其成为生产制造或施工的依据。

7.3.1 智能标注 ★重点★

【智能标注】命令为AutoCAD 2016的新增功能，可以根据选定的对象类型自动创建相应的标注，例如选择一条线段，则创建线性标注；选择一段圆弧，则创建半径标注。可以看作是以前【快速标注】命令的加强版。

·执行方式

执行【智能标注】命令有以下几种方式。

◆功能区：在【默认】选项卡中，单击【注释】面板中的【标注】按钮。

◆命令行：输入“DIM”命令。

·操作步骤

使用上面任一种方式启动【智能标注】命令，将鼠标置于对应的图形对象上，就会自动创建出相应的标注，如图 7-55 所示。如果需要，可以使用命令行选项更改标注类型。具体操作命令行提示如下。

```
选择对象或指定第一个尺寸界线原点或 [角度(A)/基线(B)/连续(C)/坐标(O)/对齐(G)/分发(D)/图层(L)/放弃(U)]:
                              //选择图形或标注对象
```

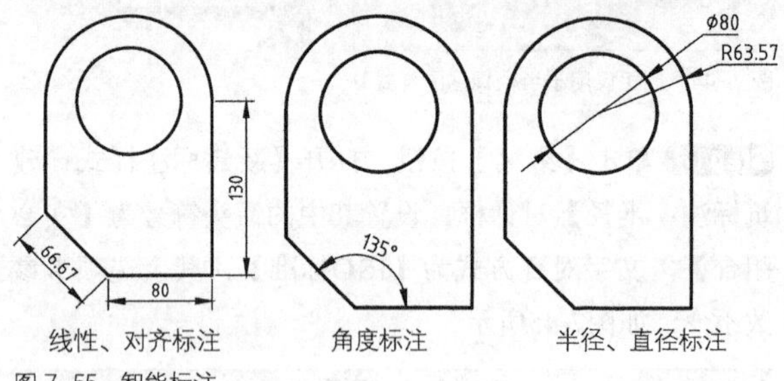

图 7-55 智能标注

·选项说明

命令行中各选项的含义说明如下。

◆角度（A）：创建一个角度标注来显示三个点或两条直线之间的角度，操作方法同【角度标注】，如图 7-56 所示。命令行操作如下。

```
命令: _dim            //执行【智能标注】命令
选择对象或指定第一个尺寸界线原点或 [角度(A)/基线(B)/连续(C)/坐标(O)/对齐(G)/分发(D)/图层(L)/放弃(U)]:  A↙
                      //选择角度选项
选择圆弧、圆、直线或 [顶点(V)]:
                      //选择第1个对象
选择直线以指定角度的第二条边:
                      //选择第2个对象
指定角度标注位置或 [多行文字(M)/文字(T)/文字角度(N)/放弃(U)]:          //放置角度
```

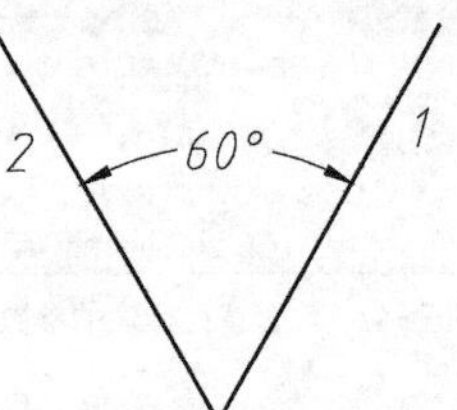

图 7-56 角度（A）标注尺寸

◆基线（B）：从上一个或选定标准的第一条界线创建线性、角度或坐标标注，操作方法同【基线标注】，如图 7-57 所示。命令行操作如下。

```
命令: _dim                        //执行【智能标注】命令
选择对象或指定第一个尺寸界线原点或 [角度(A)/基线(B)/连续(C)/坐标(O)/对齐(G)/分发(D)/图层(L)/放弃(U)]:  B↙
                                  //选择基线选项
```

```
当前设置: 偏移 (DIMDLI) = 3.750000
                                   //当前的基线标注参数
指定作为基线的第一个尺寸界线原点或 [偏移(O)]:
                                   //选择基线的参考尺寸
指定第二个尺寸界线原点或 [选择(S)/偏移(O)/放弃(U)] <选择>:
标注文字 = 20                      //选择基线标注的下一点1
指定第二个尺寸界线原点或 [选择(S)/偏移(O)/放弃(U)] <选择>:
标注文字 = 30                      //选择基线标注的下一点2
……下略……                          //按Enter键结束命令
```

◆连续（C）：从选定标注的第二条尺寸界线创建线性、角度或坐标标注，操作方法同【连续标注】，如图 7-58 所示。命令行操作如下。

```
命令: _dim                         //执行【智能标注】命令
选择对象或指定第一个尺寸界线原点或 [角度(A)/基线(B)/连续(C)/坐标(O)/对齐(G)/分发(D)/图层(L)/放弃(U)]:    C↙
                                   //选择连续选项
指定第 一个尺寸界线原点以继续:
                                   //选择标注的参考尺寸
指定第二个尺寸界线原点或 [选择(S)/放弃(U)] <选择>:
标注文字 = 10                      //选择连续标注的下一点1
指定第二个尺寸界线原点或 [选择(S)/放弃(U)] <选择>:
标注文字 = 10                      //选择连续标注的下一点2
……下略……                          //按Enter键结束命令
```

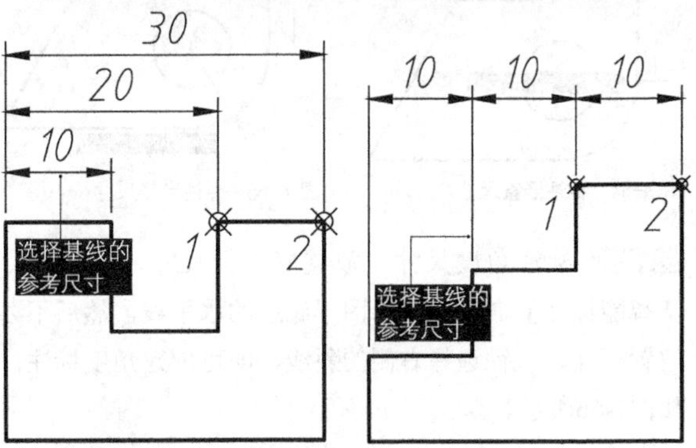

图 7-57 基线（B）标注尺寸　　图 7-58 连续（C）标注尺寸

◆坐标（O）：创建坐标标注，提示选取部件上的点，如端点、交点或对象中心点，如图 7-59 所示。命令行操作如下。

```
命令: _dim                         //执行【智能标注】命令
选择对象或指定第一个尺寸界线原点或[角度(A)/基线(B)/连续(C)/坐标(O)/对齐(G)/分发(D)/图层(L)/放弃(U)]:    O↙
                                   //选择坐标选项
指定点坐标或 [放弃(U)]:            //选择点1
指定引线端点或 [X基准(X)/Y基准(Y)/多行文字(M)/文字(T)/角度(A)/放弃(U)]:
标注文字 = 8
指定点坐标或 [放弃(U)]:            //选择点2
指定引线端点或[X基准(X)/Y基准(Y)/多行文字(M)/文字(T)/角度(A)/放弃(U)]:
标注文字 = 16
指定点坐标或 [放弃(U)]: ↙          //按Enter键结束命令
```

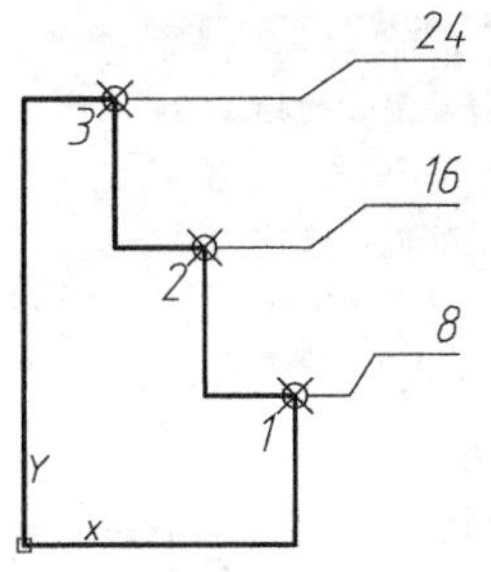

图 7-59　坐标（O）标注尺寸

◆对齐（G）：将多个平行、同心或同基准的标注对齐到选定的基准标注，用于调整标注，让图形看起来工整、简洁，如图 7-60 所示，命令行操作如下。

```
命令: _dim                         //执行【智能标注】命令
选择对象或指定第一个尺寸界线原点或 [角度(A)/基线(B)/连续(C)/对齐(G)/分发(D)/图层(L)/放弃(U)]:G↙
                                   //选择对齐选项
选择基准标注:                      //选择基准标注10
选择要对齐的标注:找到 1 个         //选择要对齐的标注12
选择要对齐的标注:找到 1 个，总计 2 个
                                   //选择要对齐的标注15
选择要对齐的标注: ↙                //按Enter键结束命令
```

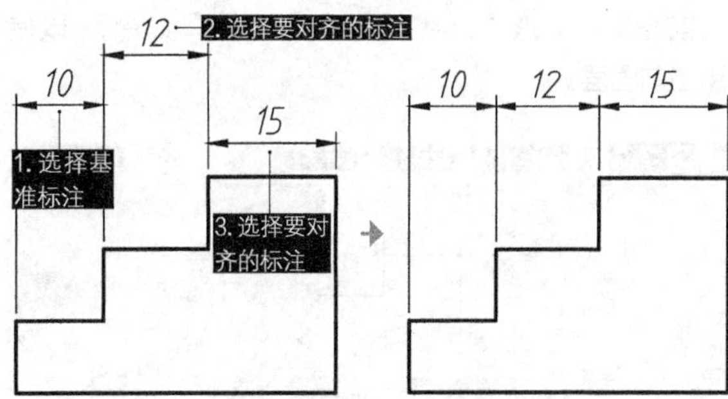

图 7-60　对齐（G）选项修改标注

知识链接

该操作也可以通过DIMSPACE【调整间距】命令来完成。详见本章第7.4.2小节。

◆分发（D）：指定可用于分发一组选定的孤立线性标注或坐标标注的方法，可将标注按一定间距隔开，如图 7-61 所示。命令行操作如下。

```
命令: _dim                         //执行【智能标注】命令
选择对象或指定第一个尺寸界线原点或 [角度(A)/基线(B)/连续(C)/对齐(G)/分发(D)/图层(L)/放弃(U)]:D↙
                                   //选择分发选项
当前设置: 偏移 (DIMDLI) = 6.000000
                                   //当前分发选项的参数设置，偏移值即为间距值
指定用于分发标注的方法 [相等(E)/偏移(O)] <相等>:O
                                   //选择偏移选项
选择基准标注或 [偏移(O)]:          //选择基准标注10
```

```
选择要分发的标注或 [偏移(O)]:找到 1 个
                              //选择要隔开的标注12
选择要分发的标注或 [偏移(O)]:找到 1 个，总计 2 个
                              //选择要隔开的标注15
选择要分发的标注或 [偏移(O)]:↙
                              //按Enter键结束命令
```

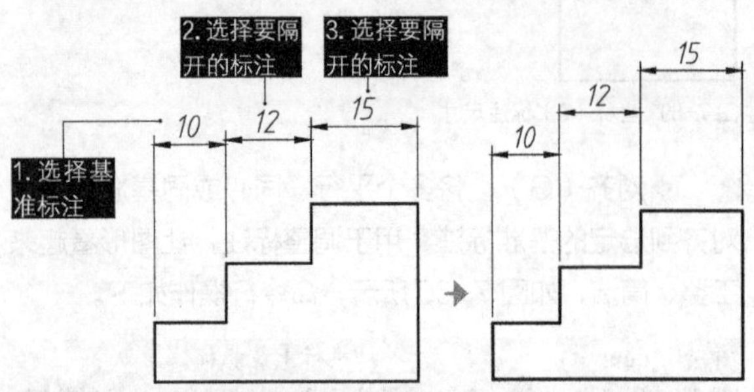

图 7-61 分发（D）选项修改标注

知识链接

该操作也可以通过DIMSPACE【调整间距】命令来完成。详见本章第7.4.2小节。

◆图层（L）：为指定的图层指定新标注，以替代当前图层。输入“Use Current”或“.”命令，以使用当前图层。

练习 7-3 使用智能标注注释图形 ★重点★

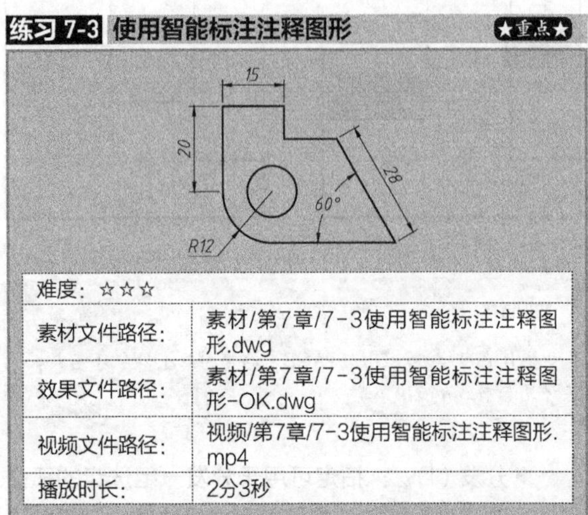

难度：☆☆☆	
素材文件路径：	素材/第7章/7-3使用智能标注注释图形.dwg
效果文件路径：	素材/第7章/7-3使用智能标注注释图形-OK.dwg
视频文件路径：	视频/第7章/7-3使用智能标注注释图形.mp4
播放时长：	2分3秒

如果用户在使用AutoCAD 2016之前，有用过UG、Solidworks或天正CAD等设计软件的话，那对【智能标注】命令的操作肯定不会感到陌生。传统的AutoCAD标注方法需要根据对象的类型来选择不同的标注命令，这种方式效率低下，已不合时宜。因此，快速选择对象，实现无差别标注的方法就应运而生，本例便仅通过【智能标注】对图形添加标注，用户也可以使用传统方法进行标注，以此来比较二者之间的差异。

Step 01 打开“第7章/7-3 使用智能标注注释图形.dwg”素材文件，其中已绘制好一示例图形，如图7-62所示。

Step 02 标注水平尺寸。在【默认】选项卡中，单击【注释】面板上的【标注】按钮，然后移动光标至图形上方的水平线段，系统自动生成线性标注，如图7-63所示。

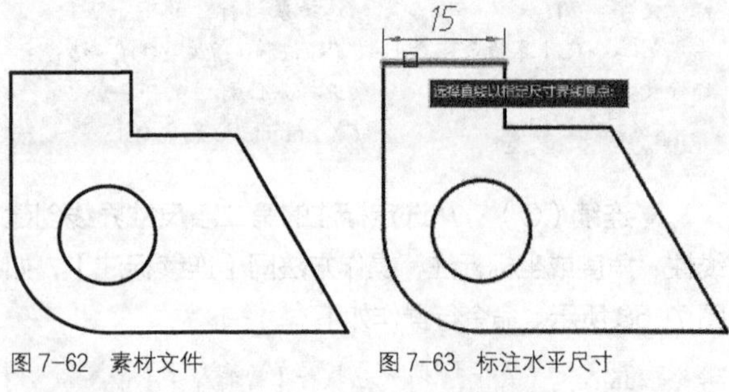

图 7-62 素材文件　　图 7-63 标注水平尺寸

Step 03 标注竖直尺寸。放置好Step 02创建的尺寸，即可继续执行【智能标注】命令。接着选择图形左侧的竖直线段，即可得到如图7-64所示的竖直尺寸。

Step 04 标注半径尺寸。放置好竖直尺寸，接着选择左下角的圆弧段，即可创建半径标注，如图7-65所示。

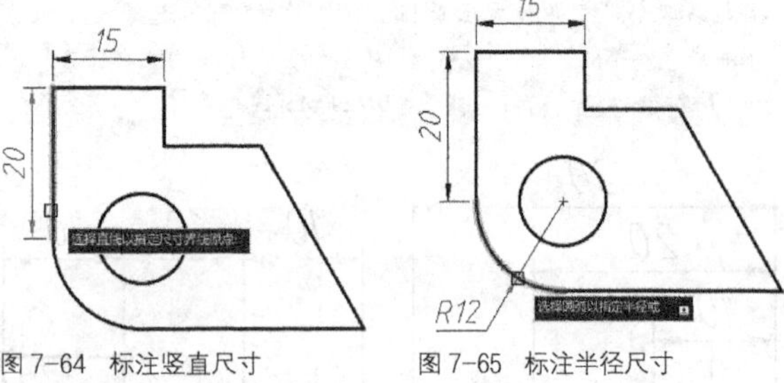

图 7-64 标注竖直尺寸　　图 7-65 标注半径尺寸

Step 05 标注角度尺寸。放置好半径尺寸，继续执行【智能标注】命令。选择图形底边的水平线，然后不要放置标注，直径选择右侧的斜线，即可创建角度标注，如图7-66所示。

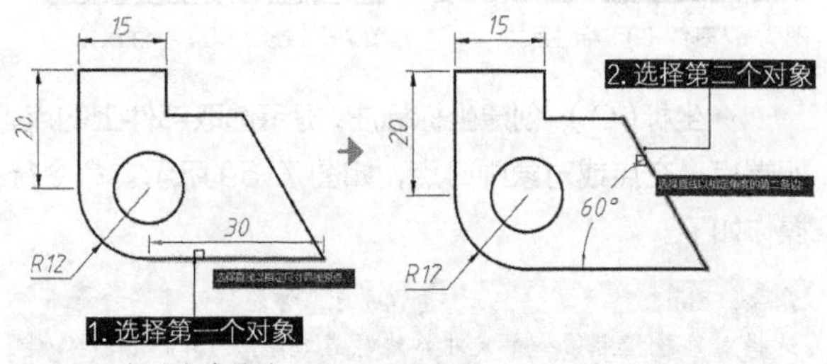

图 7-66 标注角度尺寸

Step 06 创建对齐标注。放置角度标注之后，移动光标至右侧的斜线，得到如图7-67所示的对齐标注。

Step 07 单击Enter键结束【智能标注】命令，最终标注结果如图7-68所示。用户也可自行使用【线性】、【半径】等传统命令进行标注，以比较两种方法之间的异同，来选择自己所习惯的一种。

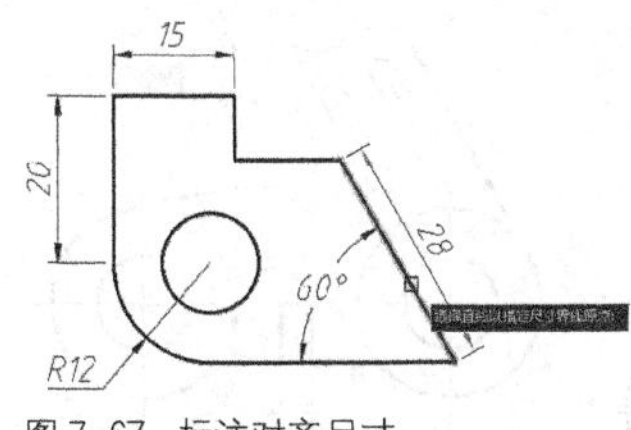

图 7-67 标注对齐尺寸

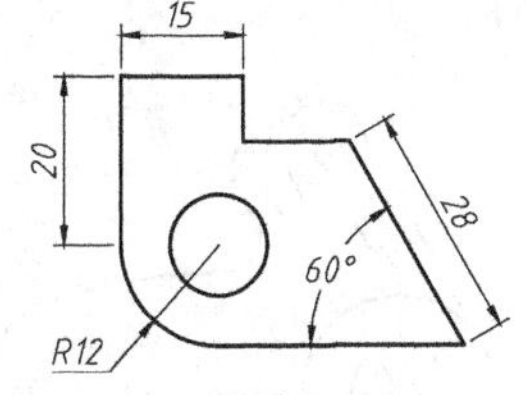

图 7-68 最终效果

7.3.2 线性标注 ★重点★

使用水平、竖直或旋转的尺寸线创建线性的标注尺寸。【线性标注】仅用于标注任意两点之间的水平或竖直方向的距离。

• 执行方式

执行【线性标注】命令的方法有以下几种。

◆功能区：在【默认】选项卡中，单击【注释】面板中的【线性】按钮，如图 7-69 所示。

◆菜单栏：选择【标注】|【线性】命令，如图 7-70 所示。

◆命令行：输入“DIMLINEAR”或“DLI”命令。

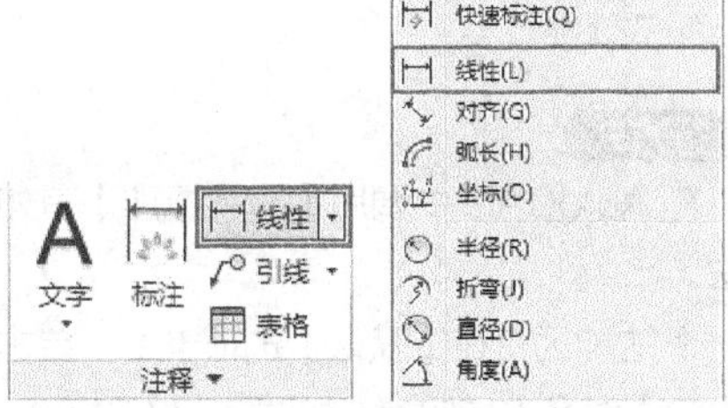

图 7-69 【注释】面板中的【线性】按钮 图 7-70【线性】菜单命令

• 操作步骤

执行【线性标注】命令后，依次指定要测量的两点，即可得到线性标注尺寸。命令行提示如下。

```
命令: _dimlinear                    //执行【线性标注】命令
指定第一个尺寸界线原点或<选择对象>:   //指定测量的起点
指定第二条尺寸界线原点:      //指定测量的终点
指定尺寸线位置或【多行文字（M）/文字（T）/角度（A）/水平（H）/垂直（V）/旋转（R）】          //放置标注尺寸，结束操作
```

• 选项说明

执行【线性标注】命令后，有两种标注方式，即【指定原点】和【选择对象】。这两种方式的操作方法与区别介绍如下。

1 指定原点

默认情况下，在命令行提示下指定第一条尺寸界线的原点，并在“指定第二条尺寸界线原点”提示下指定第二条尺寸界线原点后，命令行提示如下。

```
指定尺寸线位置或[多行文字(M)/文字(T)/角度(A)/水平(H)/垂直(V)/旋转(R)]:
```

因为线性标注有水平和竖直方向两种情况，因此指定尺寸线的位置后，尺寸值才能够完全确定。以上命令行中其他选项的功能说明如下。

◆多行文字（M）：选择该选项将进入多行文字编辑模式，可以使用【多行文字编辑器】对话框输入并设置标注文字。其中，文字输入窗口中的尖括号（< >）表示系统测量值。

◆文字（T）：以单行文字形式输入尺寸文字。

◆角度（A）：设置标注文字的旋转角度，效果如图 7-71 所示。

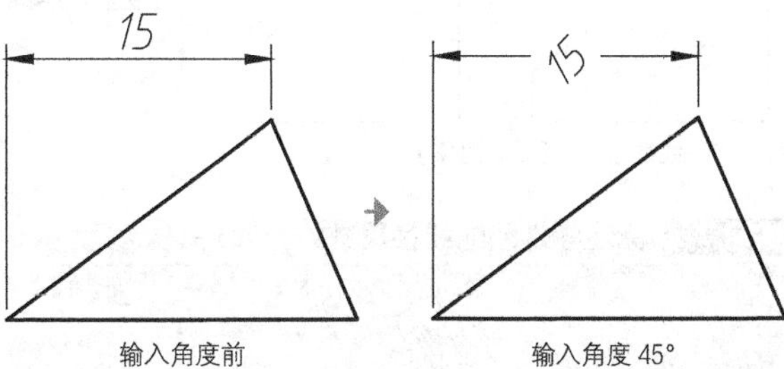

图 7-71 线性标注时输入角度效果

◆水平（H）和垂直（V）：标注水平尺寸和垂直尺寸。可以直接确定尺寸线的位置，也可以选择其他选项来指定标注的标注文字内容或标注文字的旋转角度。

◆旋转（R）：旋转标注对象的尺寸线，测量值也会随之调整，相当于【对齐标注】。

指定原点标注的操作方法示例如图 7-72 所示，命令行的操作如下。

```
命令: _dimlinear                  //执行【线性标注】命令
指定第一个尺寸界线原点或<选择对象>:
                                  //选择矩形一个顶点
指定第二条尺寸界线原点:           //选择矩形另一侧边的顶点
指定尺寸线位置或
[多行文字(M)/文字(T)/角度(A)/水平(H)/垂直(V)/旋转(R)]:
                                  //向上拖动指针，在合适位置单击放置尺寸线
标注文字 = 50                     //生成尺寸标注
```

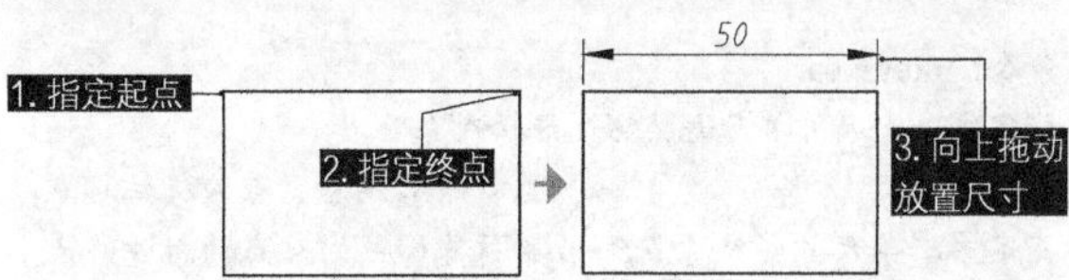

图 7-72 线性标注之【指定原点】

2 选择对象

执行【线性标注】命令之后，直接按 Enter 键，则要求选择标注尺寸的对象。选择了对象之后，系统便以对象的两个端点作为两条尺寸界线的起点。

该标注的操作方法示例如图 7-73 所示，命令行操作如下。

```
命令: _dimlinear        //执行【线性标注】命令
指定第一个尺寸界线原点或 <选择对象>:↙
                        //按Enter键选择“选择对象”选项
选择标注对象:            //单击直线AB
指定尺寸线位置或
[多行文字(M)/文字(T)/角度(A)/水平(H)/垂直(V)/旋转(R)]:
                        //水平向右拖动指针，在合适位置放置尺寸线（若上下拖动，则生成水平尺寸）
标注文字 = 30
```

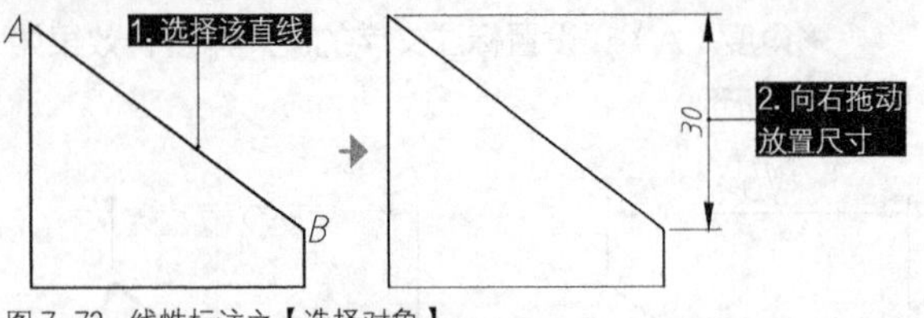

图 7-73 线性标注之【选择对象】

练习 7-4 标注零件图的线性尺寸

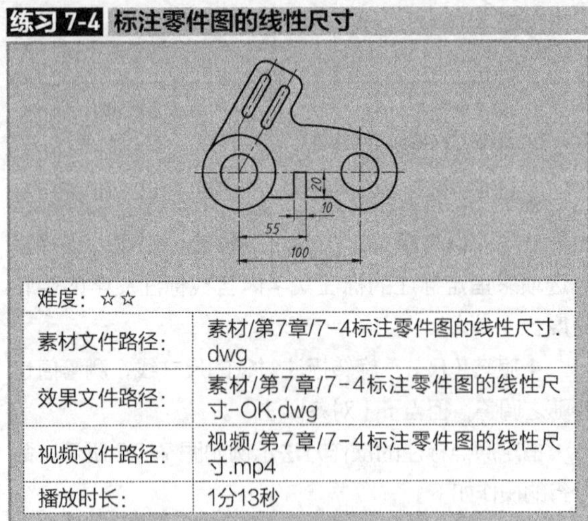

难度：☆☆	
素材文件路径：	素材/第7章/7-4标注零件图的线性尺寸.dwg
效果文件路径：	素材/第7章/7-4标注零件图的线性尺寸-OK.dwg
视频文件路径：	视频/第7章/7-4标注零件图的线性尺寸.mp4
播放时长：	1分13秒

机械零件上具有多种结构特征，需灵活使用AutoCAD中提供的各种标注命令才能为其添加完整的注释。本例便先为零件图添加最基本的线性尺寸。

Step 01 打开“第7章/7-4 标注零件图的线性尺寸.dwg”素材文件，其中已绘制好一零件图形，如图7-74所示。

Step 02 单击【注释】面板中的【线性】按钮，执行【线性标注】命令，命令行操作如下。

```
命令: _dimlinear
指定第一个尺寸界线原点或 <选择对象>:
                              //选择中心线左交点为标注起点
指定第二条尺寸界线原点:        //选择中心线右交点为标注终点
指定尺寸线位置或
[多行文字(M)/文字(T)/角度(A)/水平(H)/垂直(V)/旋转(R)]:
标注文字 = 100
              //单击左键，确定尺寸线放置位置，完成操作
```

Step 03 用同样的方法标注其他水平或垂直方向的尺寸，标注完成后，其效果如图7-75所示。

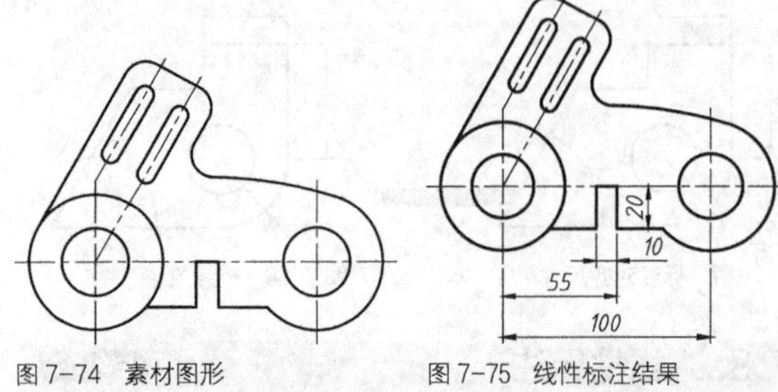

图 7-74 素材图形　　图 7-75 线性标注结果

7.3.3 对齐标注 ★重点★

在对直线段进行标注时，如果该直线的倾斜角度未知，那么使用【线性标注】的方法将无法得到准确的测量结果，这时可以使用【对齐标注】完成如图 7-76 所示的标注效果。

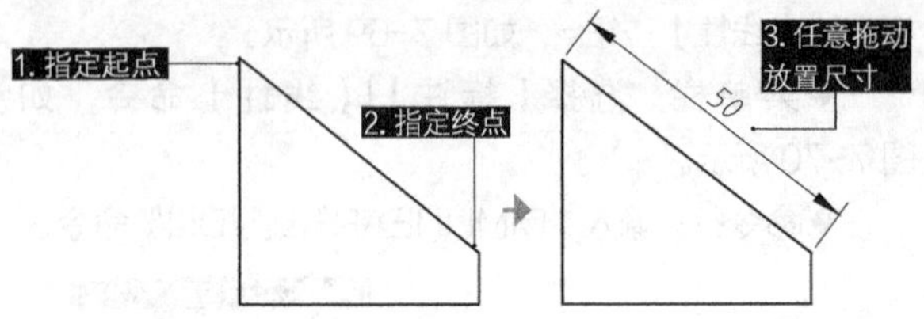

图 7-76 对齐标注

• 执行方式

在 AutoCAD 中调用【对齐标注】有如下几种常用方法。

◆ 功能区：在【默认】选项卡中，单击【注释】面板中的【对齐】按钮，如图 7-77 所示。

◆ 菜单栏：执行【标注】|【对齐】命令，如图 7-78 所示。

◆ 命令行：输入“DIMALIGNED”或“DAL”命令。

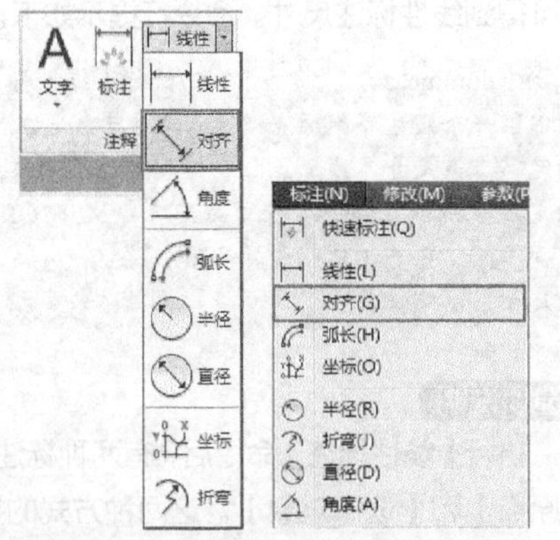

图 7-77【注释】面板中的【对齐】按钮　图 7-78【对齐】菜单命令

• 操作步骤

【对齐标注】的使用方法与【线性标注】相同，指定两目标点后就可以创建尺寸标注，命令行操作如下。

```
命令: _dimaligned
指定第一个尺寸界线原点或 <选择对象>:
                              //指定测量的起点
指定第二条尺寸界线原点:       //指定测量的终点
指定尺寸线位置或              //放置标注尺寸，结束操作
[多行文字(M)/文字(T)/角度(A)]:
标注文字 = 50
```

•选项说明

命令行中各选项含义与【线性标注】中的一致，这里不再赘述。

练习 7-5 标注零件图的对齐尺寸

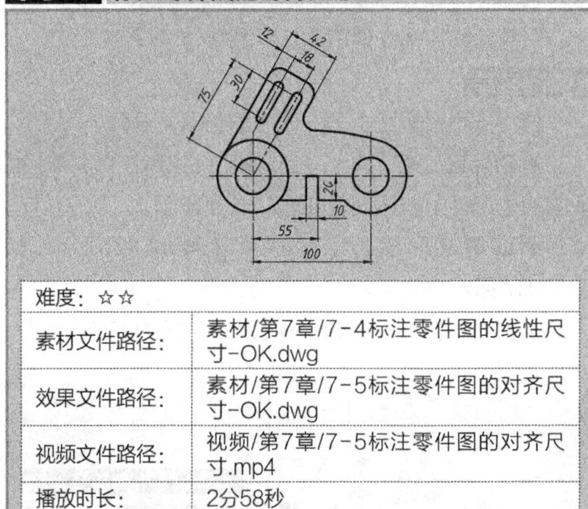

难度：☆☆	
素材文件路径：	素材/第7章/7-4标注零件图的线性尺寸-OK.dwg
效果文件路径：	素材/第7章/7-5标注零件图的对齐尺寸-OK.dwg
视频文件路径：	视频/第7章/7-5标注零件图的对齐尺寸.mp4
播放时长：	2分58秒

在机械零件图中，有许多非水平、垂直的平行轮廓，这类尺寸的标注就需要用到【对齐】命令。本例延续【练习7-4】的结果，为零件图添加对齐尺寸。

Step 01 单击快速访问工具栏中的【打开】按钮，打开"第7章/7-4 标注零件图的线性尺寸-OK.dwg"素材文件，如图7-75所示。

Step 02 在【默认】选项卡中，单击【注释】面板中的【对齐】按钮，执行【对齐标注】命令，命令行操作如下。

```
命令: _dimaligned
指定第一个尺寸界线原点或 <选择对象>:
                              //指定横槽的圆心为起点
指定第二条尺寸界线原点:       //指定横槽的另一圆心为终点
指定尺寸线位置或
[多行文字(M)/文字(T)/角度(A)]:
标注文字 = 30                 //单击左键，确定尺寸线放置
位置，完成操作
```

Step 03 操作完成后，其效果如图 7-79所示。

Step 04 用同样的方法标注其他非水平、竖直的线性尺寸，对齐标注完成后，其效果如图 7-80所示。

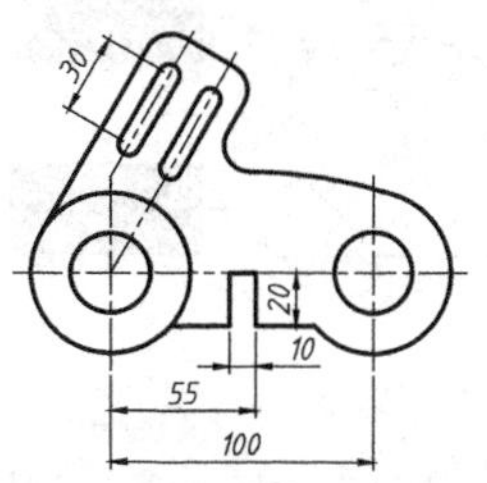

图 7-79 标注第一个对齐尺寸 30

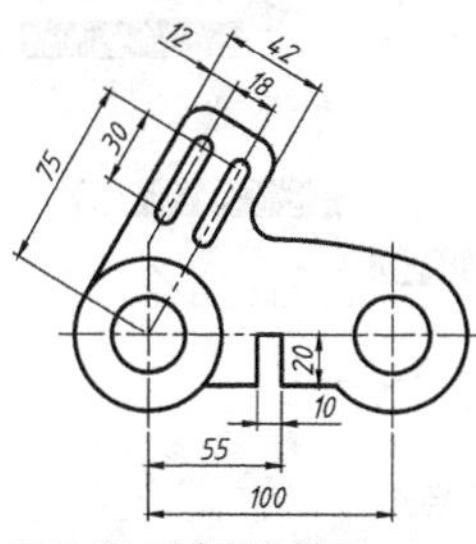

图 7-80 对齐标注结果

7.3.4 角度标注

利用【角度】标注命令不仅可以标注两条呈一定角度的直线或 3 个点之间的夹角，选择圆弧的话，还可以标注圆弧的圆心角。

•执行方式

在 AutoCAD 中调用【角度】标注有如下几种方法。

◆功能区：在【默认】选项卡中，单击【注释】面板中的【角度】按钮，如图 7-81 所示。

◆菜单栏：执行【标注】|【角度】命令，如图 7-82 所示。

◆命令行：输入"DIMANGULAR"或"DAN"命令。

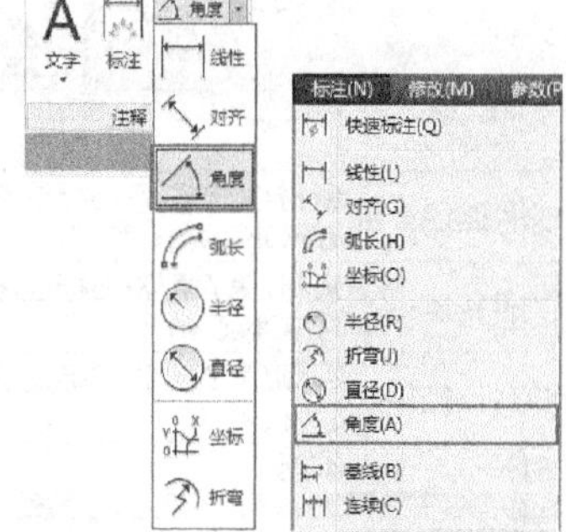

图 7-81【注释】面板中的【角度】按钮　图 7-82【角度】菜单命令

•操作步骤

通过以上任意一种方法执行该命令后，选择图形上要标注角度尺寸的对象，即可进行标注。操作示例如图 7-83 所示，命令行操作如下。

```
命令: _dimangular
选择圆弧、圆、直线或 <指定顶点>:
                        //选择直线CO
选择第二条直线:         //选择直线AO
指定标注弧线位置或 [多行文字(M)/文字(T)/角度(A)/象限点
(Q)]:                   //在锐角内放置圆弧线，结束命令
标注文字 = 45
↙                       //单击Enter，重复【角度标注】命令
命令: _dimangular       //执行【角度标注】命令
选择圆弧、圆、直线或 <指定顶点>:
                        //选择圆弧AB
指定标注弧线位置或 [多行文字(M)/文字(T)/角度(A)/象限点
(Q)]:                   //在合适位置放置圆弧线，结束命令
标注文字 = 50
```

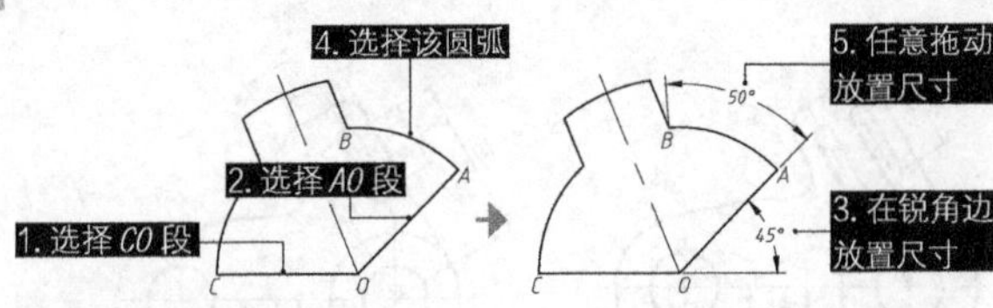

图 7-83　角度标注

知识链接

【角度标注】的计数仍默认从逆时针开始算起。也可以参考第4章的4.1.3节进行修改。

• 选项说明

【角度标注】同【线性标注】一样，也可以选择具体的对象来进行标注，其他选项含义均一样，在此不重复介绍。

练习 7-6　标注零件图的角度尺寸

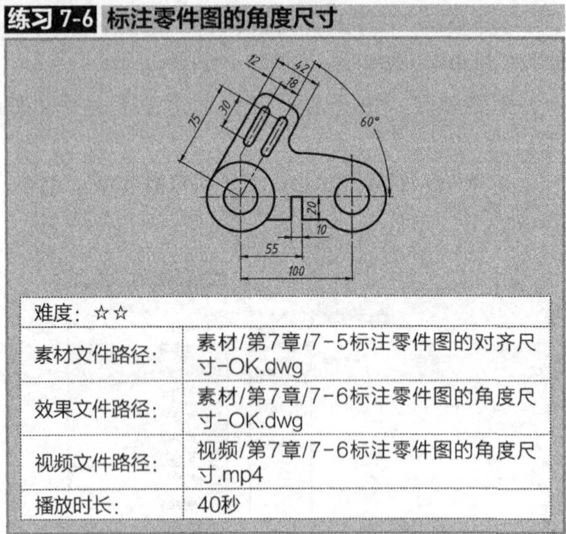

难度：☆☆	
素材文件路径：	素材/第7章/7-5标注零件图的对齐尺寸-OK.dwg
效果文件路径：	素材/第7章/7-6标注零件图的角度尺寸-OK.dwg
视频文件路径：	视频/第7章/7-6标注零件图的角度尺寸.mp4
播放时长：	40秒

在机械零件图中，有时会出现一些转角、拐角之类的特征，这部分特征可以通过角度标注并结合旋转剖面图来进行表达，常见于一些叉架类零件图。本例延续【练习 7-5】的结果，为零件图添加角度尺寸。

Step 01 单击快速访问工具栏中的【打开】按钮，打开“第7章/7-5 标注零件图的对齐尺寸-OK.dwg”素材文件，如图7-84所示。

Step 02 在【默认】选项卡中，单击【注释】面板上的【角度】按钮，标注角度，命令行提示如下。

```
命令: _dimangular
选择圆弧、圆、直线或 <指定顶点>:
                                //选择第一条直线
选择第二条直线:                   //选择第二条直线
指定标注弧线位置或 [多行文字(M)/文字(T)/角度(A)/象限点
(Q)]:                             //指定尺寸线位置
标注文字 = 30
```

Step 03 标注完成后，其效果如图7-85所示。

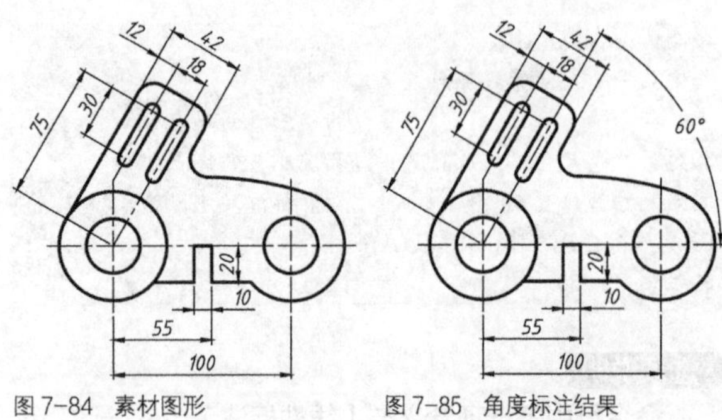

图 7-84　素材图形　　图 7-85　角度标注结果

7.3.5 半径标注　★重点★

利用【半径标注】可以快速标注圆或圆弧的半径大小，系统自动在标注值前添加半径符号“*R*”。

• 执行方式

执行【半径标注】命令的方法有以下几种。

◆ 功能区：在【默认】选项卡中，单击【注释】面板中的【半径】按钮，如图 7-86 所示。

◆ 菜单栏：执行【标注】|【半径】命令，如图 7-87 所示。

◆ 命令行：输入“DIMRADIUS”或“DRA”命令。

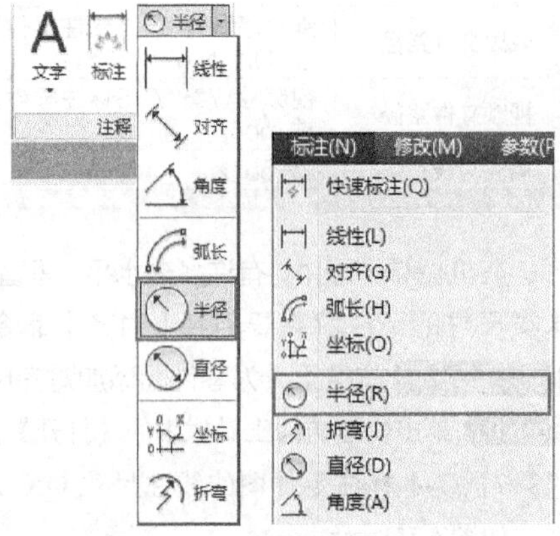

图 7-86【注释】面板中的【半径】按钮　图 7-87【半径】菜单命令

• 操作步骤

执行任一命令后，命令行提示选择需要标注的对象，单击圆或圆弧即可生成半径标注，拖动指针在合适的位置放置尺寸线。该标注方法的操作示例如图 7-88 所示，命令行操作如下。

```
命令: _dimradius                 //执行【半径】标注命令
选择圆弧或圆:                     //单击选择圆弧A
标注文字 = 150
指定尺寸线位置或 [多行文字(M)/文字(T)/角度(A)]:
            //在圆弧内侧合适位置放置尺寸线，结束命令
```

单击 Enter 键可重复上一命令，按此方法重复【半径】标注命令，即可标注圆弧 *B* 的半径。

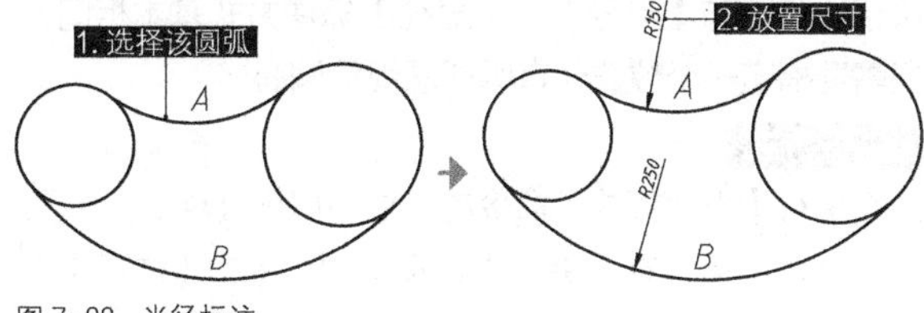

图 7-88 半径标注

·选项说明

【半径标注】中命令行各选项含义与之前所介绍的一致，在此不重复介绍。唯独半径标记“R”需引起注意。

在系统默认情况下，系统自动加注半径符号“R”。但如果在命令行中选择【多行文字】和【文字】选项重新确定尺寸文字时，只有在输入的尺寸文字加前缀，才能使标注出的半径尺寸有半径符号“R”，否则没有该符号。

练习 7-7 标注零件图的半径尺寸

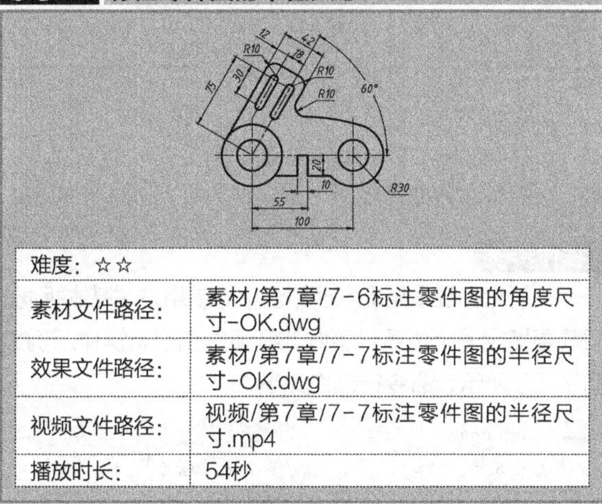

难度：☆☆	
素材文件路径：	素材/第7章/7-6标注零件图的角度尺寸-OK.dwg
效果文件路径：	素材/第7章/7-7标注零件图的半径尺寸-OK.dwg
视频文件路径：	视频/第7章/7-7标注零件图的半径尺寸.mp4
播放时长：	54秒

【半径标注】适用于标注图纸上一些未画成整圆的圆弧和圆角。如果为一整圆，宜使用【直径标注】；而如果对象的半径值过大，则应使用【折弯标注】。本例延续【练习 7-6】的结果，为零件图添加半径尺寸。

Step 01 单击快速访问工具栏中的【打开】按钮，打开“第7章/7-6 标注零件图的角度尺寸-OK.dwg”素材文件，如图7-85所示。

Step 02 单击【注释】面板中的【半径】按钮，选择右侧的圆弧为对象，标注半径如图7-89所示，命令行操作如下。

```
命令: _dimradius
选择圆弧或圆:        //选择右侧圆弧
标注文字 = 30
指定尺寸线位置或 [多行文字(M)/文字(T)/角度(A)]:
                        //在合适位置放置尺寸线，结束命令
```

Step 03 用同样的方法标注其他不为整圆的圆弧以及倒圆角，效果如图7-90所示。

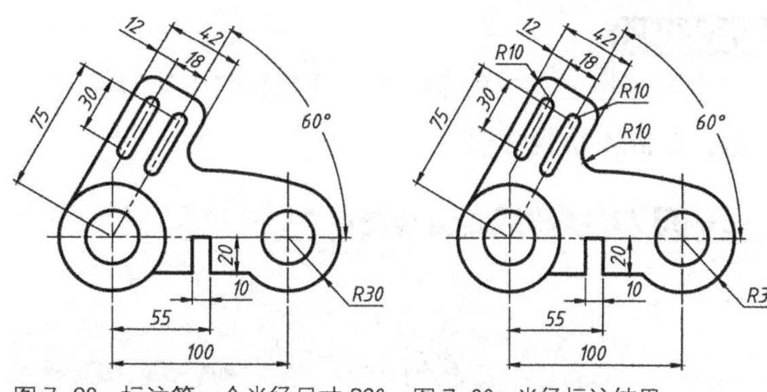

图 7-89 标注第一个半径尺寸 *R30*　图 7-90 半径标注结果

7.3.6 直径标注 ★重点★

利用直径标注可以标注圆或圆弧的直径大小，系统自动在标注值前添加直径符号“*Φ*”。

·执行方式

执行【直径标注】命令的方法有以下几种。

◆功能区：在【默认】选项卡中，单击【注释】面板中的【直径】按钮，如图 7-91 所示。

◆菜单栏：执行【标注】|【角度】命令，如图 7-92 所示。

◆命令行：输入“DIMDIAMETER”或“DDI”命令。

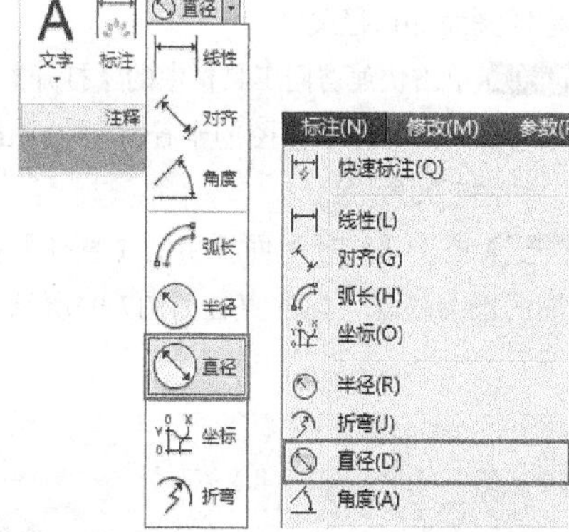

图 7-91【注释】面板中的【直径】按钮　图 7-92【直径】菜单命令

·操作步骤

【直径】标注的方法与【半径】标注的方法相同，执行【直径标注】命令之后，选择要标注的圆弧或圆，然后指定尺寸线的位置即可，如图 7-93 所示，命令行操作如下。

```
命令: _dimdiameter              //执行【直径】标注命令
选择圆弧或圆:                   //单击选择圆
标注文字 = 160
指定尺寸线位置或 [多行文字(M)/文字(T)/角度(A)]:
                        //在合适位置放置尺寸线，结束命令
```

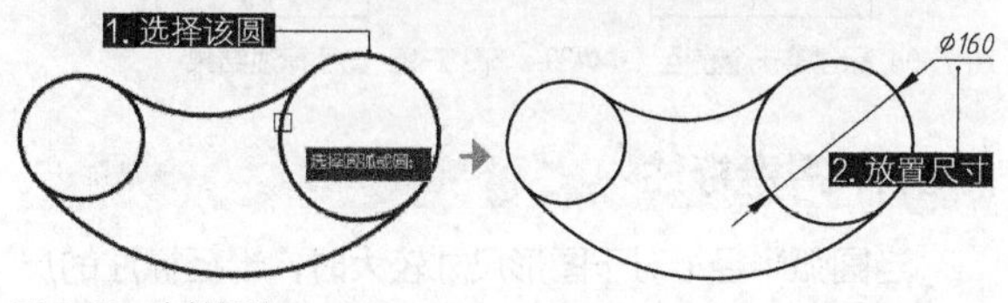

图 7-93 直径标注

·选项说明

【直径标注】中命令行各选项含义与【半径标注】一致，在此不重复介绍。

练习 7-8 标注零件图的直径尺寸

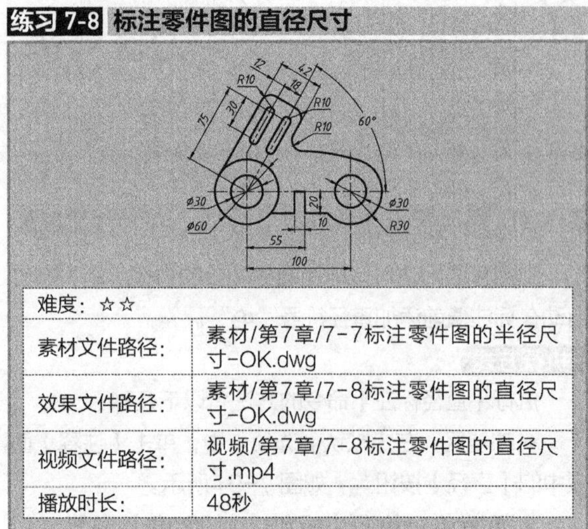

难度：☆☆	
素材文件路径：	素材/第7章/7-7标注零件图的半径尺寸-OK.dwg
效果文件路径：	素材/第7章/7-8标注零件图的直径尺寸-OK.dwg
视频文件路径：	视频/第7章/7-8标注零件图的直径尺寸.mp4
播放时长：	48秒

图纸中的整圆一般直径用【直径标注】命令标注，而不用【半径标注】。本例延续【练习 7-7】的结果，为零件图添加直径尺寸。

Step 01 单击快速访问工具栏中的【打开】按钮，打开“第7章/7-7 标注零件图的半径尺寸-OK.dwg”素材文件，如图7-90所示。

Step 02 单击【注释】面板中的【直径】按钮，选择右侧的圆为对象，标注直径如图7-94所示，命令行操作如下。

```
命令: _dimdiameter
选择圆弧或圆:        //选择右侧圆
标注文字 = 30
指定尺寸线位置或 [多行文字(M)/文字(T)/角度(A)]:
                     //在合适位置放置尺寸线，结束命令
```

Step 03 用同样的方法标注其他圆的直径尺寸，效果如图7-95所示。

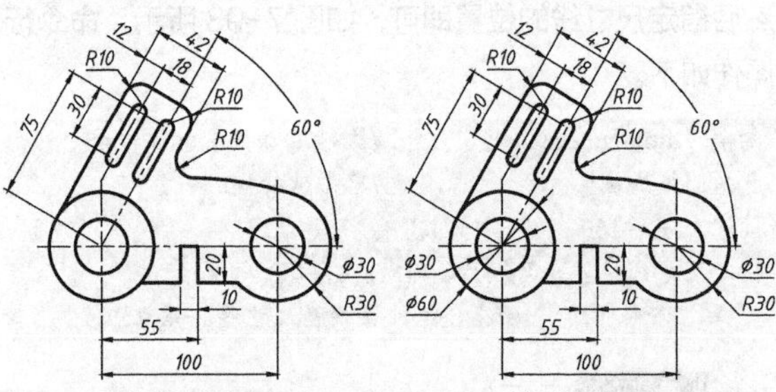

图 7-94 标注第一个直径尺寸Φ30　　图 7-95 直径标注结果

7.3.7 折弯标注 ★进阶★

当圆弧半径相对于图形尺寸较大时，半径标注的尺寸线相对于图形显得过长，这时可以使用【折弯标注】。该标注方式与【半径】、【直径】标注方式基本相同，但需要指定一个位置代替圆或圆弧的圆心。

·执行方式

执行【折弯标注】命令的方法有以下几种。

◆功能区：在【默认】选项卡中，单击【注释】面板中的【折弯】按钮，如图 7-96 所示。

◆菜单栏：选择【标注】|【折弯】命令，如图 7-97 所示。

◆命令行：输入“DIMJOGGED”命令。

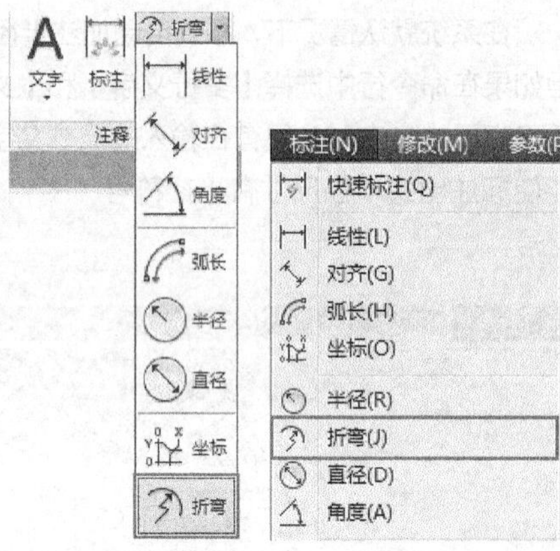

图 7-96【注释】面板中的【折弯】按钮　图 7-97【折弯】菜单命令

·操作步骤

【折弯标注】与【半径标注】的使用方法基本相同，但需要指定一个位置代替圆或圆弧的圆心，操作示例如图 7-98 所示，命令行操作如下。

```
命令: _dimjogged                      //执行【折弯】标注命令
选择圆弧或圆:                          //单击选择圆弧
指定图示中心位置:                      //指定A点
标注文字 = 250
指定尺寸线位置或 [多行文字(M)/文字(T)/角度(A)]:
指定折弯位置:                          //指定折弯位置，结束命令
```

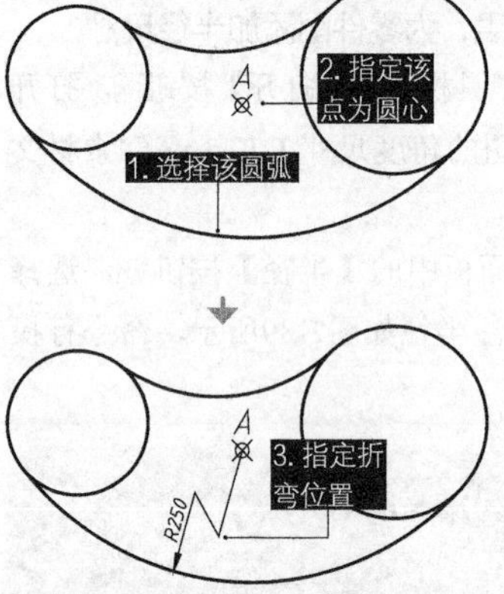

图 7-98 折弯标注

·选项说明

【折弯标注】中命令行各选项含义与【半径标注】一致，在此不重复介绍。

练习 7-9 标注零件图的折弯尺寸

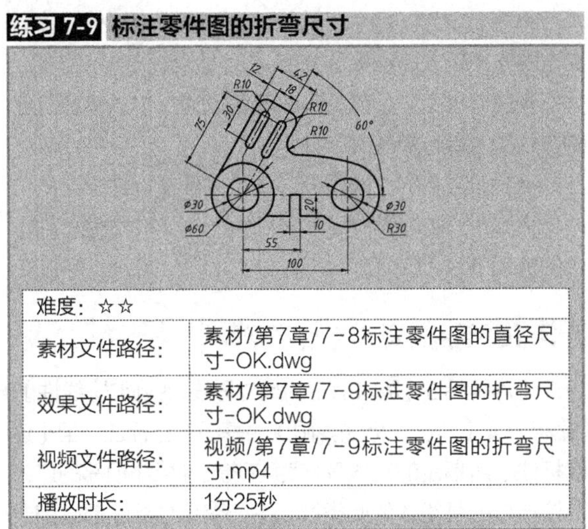

难度：☆☆	
素材文件路径：	素材/第7章/7-8标注零件图的直径尺寸-OK.dwg
效果文件路径：	素材/第7章/7-9标注零件图的折弯尺寸-OK.dwg
视频文件路径：	视频/第7章/7-9标注零件图的折弯尺寸.mp4
播放时长：	1分25秒

机械设计中为追求零件外表面的流线、圆润效果，会设计成大半径的圆弧轮廓。这类图形在标注时如直接采用【半径标注】，则连线过大，影响视图显示效果，因此推荐使用【折弯标注】来注释这部分图形。本例仍延续【练习 7-8】进行操作。

Step 01 单击快速访问工具栏中的【打开】按钮，打开“第7章/7-8 标注零件图的直径尺寸-OK.dwg”素材文件，如图7-95所示。

Step 02 在【默认】选项卡中，单击【注释】面板中的【折弯】按钮，选择上侧圆弧为对象，标注折弯半径，如图7-99所示。

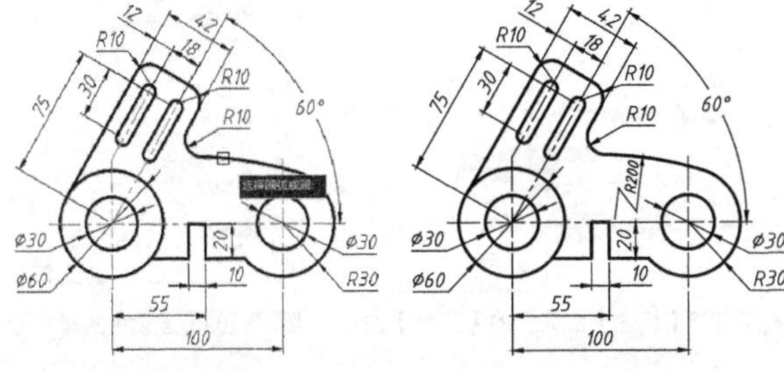

图 7-99 折弯标注结果

7.3.8 弧长标注

弧长标注用于标注圆弧、椭圆弧或者其他弧线的长度。

·执行方式

在 AutoCAD 中调用【弧长标注】有如下几种常用方法。

◆功能区：在【默认】选项卡中，单击【注释】面板中的【弧长】按钮，如图 7-100 所示。

◆菜单栏：执行【标注】|【弧长】命令，如图 7-101 所示。

◆命令行：输入“DIMARC”命令。

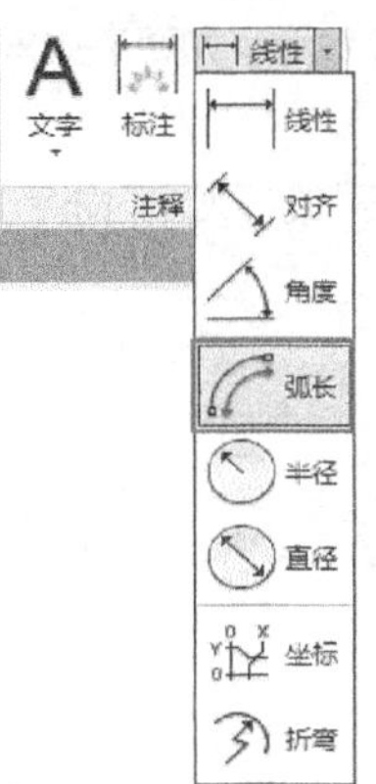

图 7-100【注释】面板中的【弧长】按钮

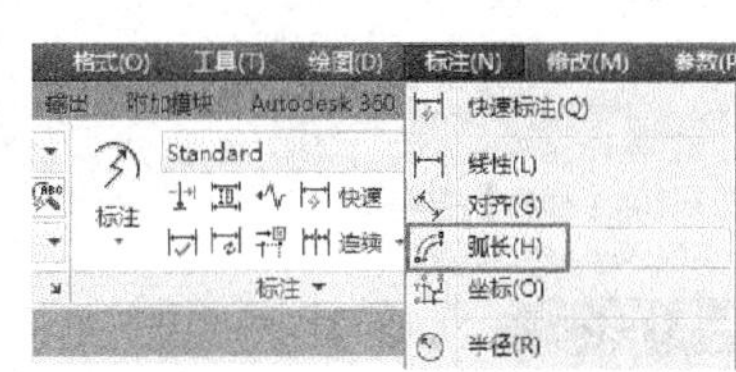

图 7-101【弧长】菜单命令

·操作步骤

【弧长】标注的操作与【半径】、【直径】标注相同，直接选择要标注的圆弧即可。该标注的操作方法如图 7-102 所示，命令行的操作如下。

```
命令: _dimarc                           //执行【弧长标注】命令
选择弧线段或多段线圆弧段:                //单击选择要标注的圆弧
指定弧长标注位置或 [多行文字(M)/文字(T)/角度(A)/部分(P)/引线(L)]:
标注文字 = 67                           //在合适的位置放置标注
```

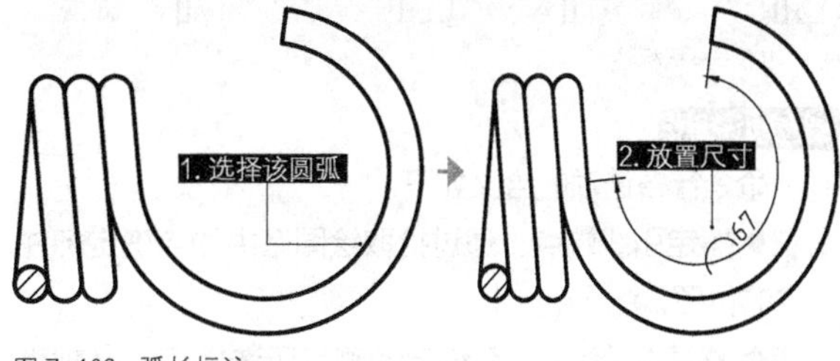

图 7-102 弧长标注

7.3.9 坐标标注 ★进阶★

【坐标】标注是一类特殊的引注，用于标注某些点相对于 UCS 坐标原点的 x 和 y 坐标。

·执行方式

在 AutoCAD 2016 中调用【坐标】标注有如下几种常用方法。

◆功能区：在【默认】选项卡中，单击【注释】面板上的【坐标】按钮，如图 7-103 所示。

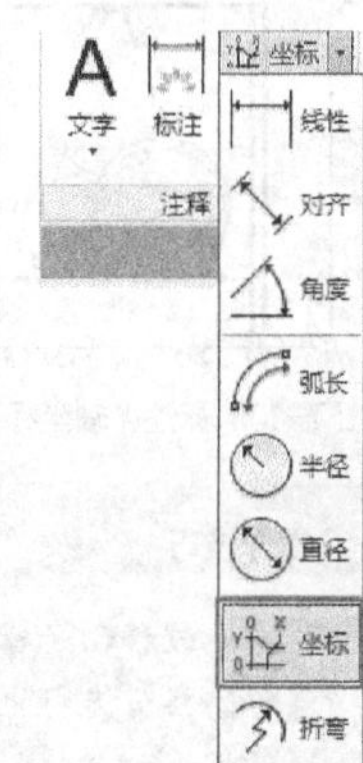

图 7-103 【注释】面板中的【坐标】按钮

◆菜单栏：执行【标注】|【坐标】命令，如图7-104所示。

◆命令行：输入“DIMORDINATE”或“DOR”命令。

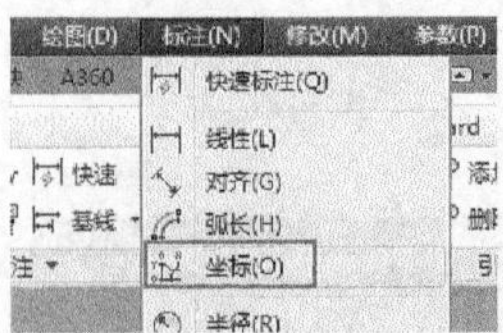

图7-104【坐标】菜单命令

·操作步骤

按上述方法执行【坐标】命令后，指定标注点，即可进行坐标标注，如图7-105所示，命令行提示如下。

```
命令: _dimordinate
指定点坐标:
指定引线端点或 [X 基准(X)/Y 基准(Y)/多行文字(M)/文字(T)/角度(A)]:
标注文字 = 100
```

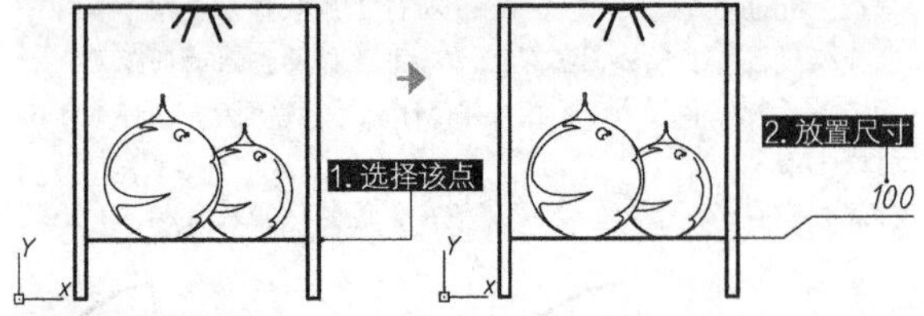

图7-105　坐标标注

·选项说明

命令行各选项的含义如下。

◆指定引线端点：通过拾取绘图区中的点确定标注文字的位置。

◆X基准（X）：系统自动测量所选择点的x轴坐标值并确定引线和标注文字的方向，如图7-106所示。

◆Y基准（Y）：系统自动测量所选择点的y轴坐标值并确定引线和标注文字的方向，如图7-107所示。

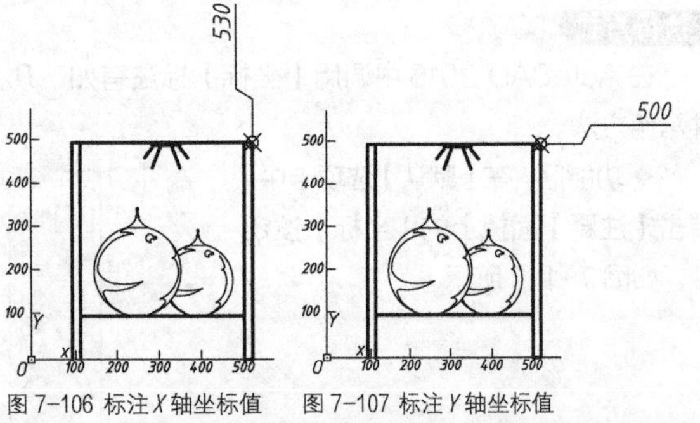

图7-106 标注X轴坐标值　图7-107 标注Y轴坐标值

> **操作技巧**
>
> 可以通过移动光标的方式在X基准（X）和Y基准（Y）中来回切换，光标上、下移动为X轴坐标；光标左、右移动为Y轴坐标。

◆多行文字（M）：选择该选项可以通过输入多行文字的方式输入多行标注文字。

◆文字（T）：选择该选项可以通过输入单行文字的方式输入单行标注文字。

◆角度（A）：选择该选项可以设置标注文字的方向与X（Y）轴夹角，系统默认为0°，与【线性标注】中的选项一致。

7.3.10 连续标注

【连续标注】是以指定的尺寸界线（必须以【线性】、【坐标】或【角度】标注界限）为基线进行标注，但【连续标注】所指定的基线仅作为与该尺寸标注相邻的连续标注尺寸的基线，依此类推，下一个尺寸标注都以前一个标注与其相邻的尺寸界线为基线进行标注。

·执行方式

在AutoCAD 2016中调用【连续】标注有如下几种常用方法。

◆功能区：在【注释】选项卡中，单击【标注】面板中的【连续】按钮，如图7-108所示。

◆菜单栏：执行【标注】|【连续】命令，如图7-109所示。

◆命令行：输入“DIMCONTINUE”或“DCO”命令。

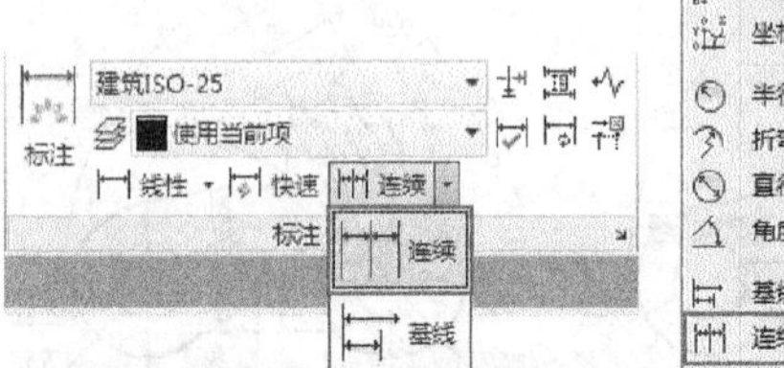

图7-108【标注】面板上的【连续】按钮　图7-109【连续】菜单命令

·操作步骤

标注连续尺寸前，必须存在一个尺寸界线起点。进行连续标注时，系统默认将上一个尺寸界线终点作为连续标注的起点，提示用户选择第二条延伸线起点，重复指定第二条延伸线起点，则创建出连续标。【连续】标注在进行墙体标注时极为方便注，其效果如图7-110所示，命令行操作如下。

```
命令: _dimcontinue                //执行【连续标注】命令
选择连续标注:                     //选择作为基准的标注
指定第二个尺寸界线原点或 [选择(S)/放弃(U)] <选择>:
                                  //指定标注的下一点，系统自动放置尺寸
标注文字 = 2400
指定第二个尺寸界线原点或 [选择(S)/放弃(U)] <选择>:
```

```
                    //指定标注的下一点，系统自动放置尺寸
标注文字 = 1400
指定第二个尺寸界线原点或 [选择(S)/放弃(U)] <选择>:
                    //指定标注的下一点，系统自动放置尺寸
标注文字 = 1600
指定第二个尺寸界线原点或 [选择(S)/放弃(U)] <选择>:
                    //指定标注的下一点，系统自动放置尺寸
标注文字 = 820
指定第二个尺寸界线原点或 [选择(S)/放弃(U)] <选择>:↙
                    //按Enter键完成标注
选择连续标注: *取消*↙
                    //按Enter键结束命令
```

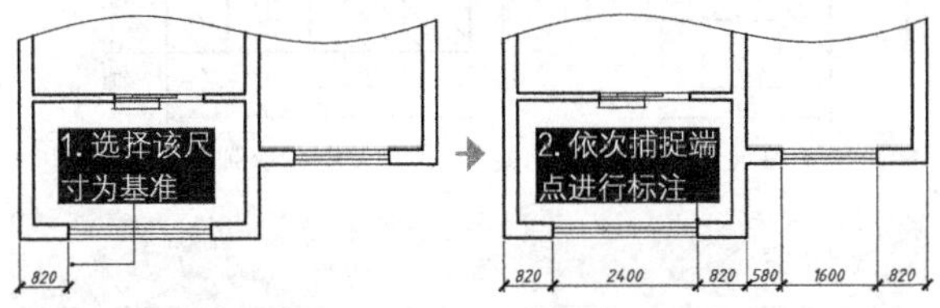

图 7-110　连续标注示例

• 选项说明

在执行【连续标注】时，可随时执行命令行中的选择（S）选项进行重新选取，也可以执行放弃（U）命令回退到上一步进行操作。

练习 7-10 连续标注墙体轴线尺寸

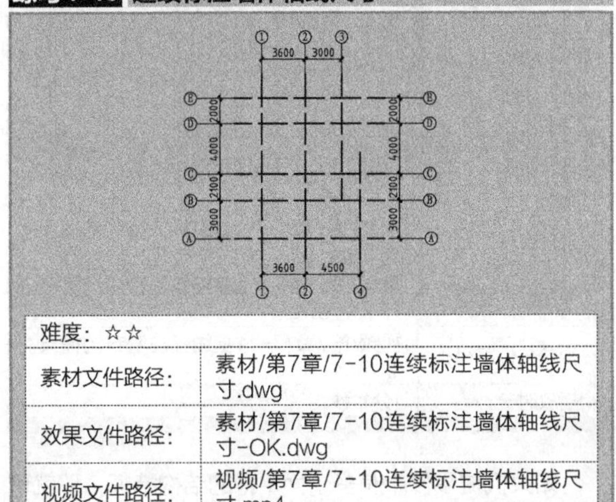

难度：☆☆	
素材文件路径：	素材/第7章/7-10连续标注墙体轴线尺寸.dwg
效果文件路径：	素材/第7章/7-10连续标注墙体轴线尺寸-OK.dwg
视频文件路径：	视频/第7章/7-10连续标注墙体轴线尺寸.mp4
播放时长：	58秒

建筑轴线是人为地在建筑图纸中为了标示构件的详细尺寸，按照一般的习惯或标准虚设的一道线（在图纸上），习惯上标注在对称界面或截面构件的中心线上，如基础、梁、柱等结构上。这类图形的尺寸标注基本采用【连续标注】，这样标注出来的图形尺寸完整、外形美观工整。

Step 01 按Ctrl+O组合键，打开“第7章/7-10线性标注墙体轴线尺寸.dwg”素材文件，如图7-111所示。

Step 02 标注第一个竖直尺寸。在命令行中输入“DLI”，执行【线性标注】命令，为轴线添加第一个尺寸标注，如图7-112所示。

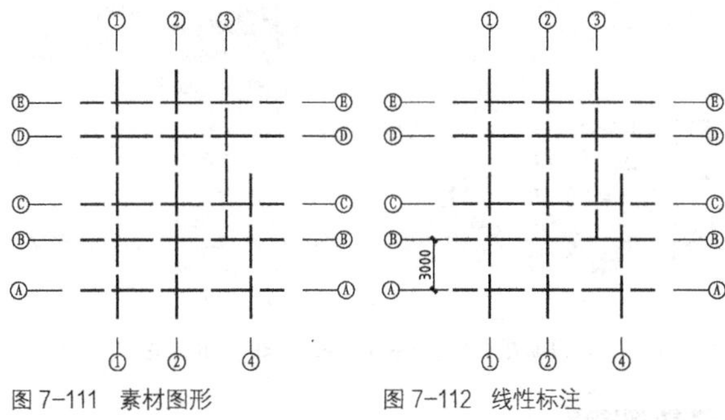

图 7-111　素材图形　　图 7-112　线性标注

Step 03 在【注释】选项卡中，单击【标注】面板中的【连续】按钮，执行【连续标注】命令，命令行提示如下。

```
命令: DCO↙    DIMCONTINUE
                                //调用【连续标注】命令
选择连续标注:                    //选择标注
指定第二条尺寸界线原点或 [放弃(U)/选择(S)] <选择>:
                                //指定第二条尺寸界线原点
标注文字 = 2100
指定第二条尺寸界线原点或 [放弃(U)/选择(S)] <选择>:
标注文字 = 4000                  //按Esc键退出绘制，完成连续
标注的结果如图7-113所示
```

Step 04 用上述相同的方法继续标注轴线，结果如图7-114所示。

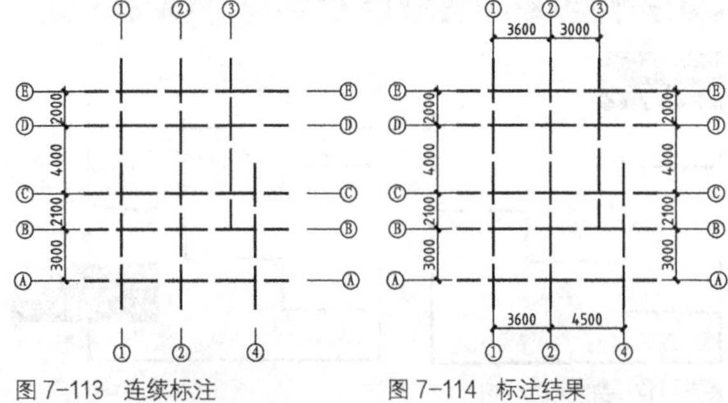

图 7-113　连续标注　　图 7-114　标注结果

7.3.11 基线标注

【基线标注】用于以同一尺寸界线为基准的一系列尺寸标注，即从某一点引出的尺寸界线作为第一条尺寸界线，依次进行多个对象的尺寸标注。

• 执行方式

在 AutoCAD 2016 中调用【基线】标注有如下几种常用方法。

◆ 功能区：在【注释】选项卡中，单击【标注】面板中的【基线】按钮，如图 7-115 所示。

◆ 菜单栏：【标注】|【基线】命令，如图 7-116 所示。

◆ 命令行：输入“DIMBASELINE”或“DBA”命令。

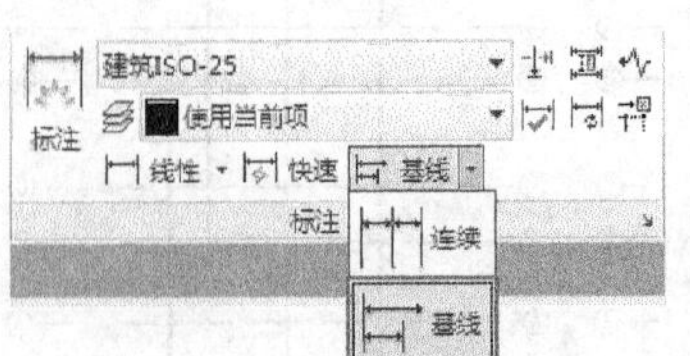

图 7-115【标注】面板上的【基线】按钮

图 7-116【基线】菜单命令

·操作步骤

按上述方式执行【基线标注】命令后，将光标移动到第一条尺寸界线起点，单击鼠标左键，即完成一个尺寸标注。重复拾取第二条尺寸界线的终点即可以完成一系列基线尺寸的标注，如图 7-117 所示，命令行操作如下。

```
命令: _dimbaseline    //执行【基线标注】命令
选择基准标注:         //选择作为基准的标注
指定第二个尺寸界线原点或 [选择(S)/放弃(U)] <选择>:
                      //指定标注的下一点，系统自动放置尺寸
标注文字 = 20
指定第二个尺寸界线原点或 [选择(S)/放弃(U)] <选择>:
                      //指定标注的下一点，系统自动放置尺寸
标注文字 = 30
指定第二个尺寸界线原点或 [选择(S)/放弃(U)] <选择>:l
                      //按Enter键完成标注
选择基准标注:↙        //按Enter键结束命令
```

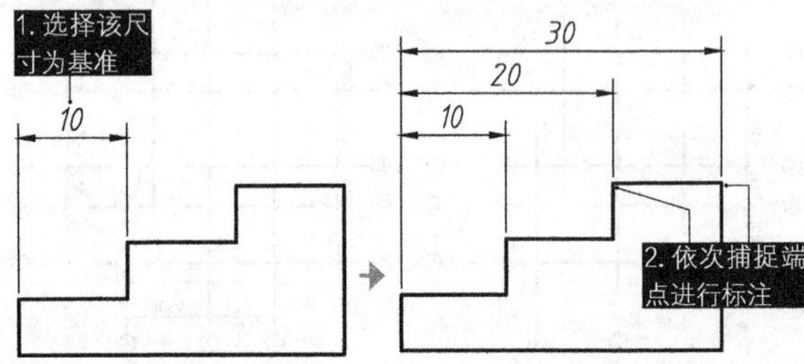

图 7-117 基线标注示例

·选项说明

【基线标注】的各命令行选项与【连续标注】相同，在此不重复介绍。

·初学解答 机械设计中的基准

在机械零件图中，为了确定零件上各结构特征（点、线、面）的位置关系，必须确定一个“基准”，因此“基准”即是零件上用来确定其他点、线、面的位置所依据的点、线、面。在加工过程中，作为基准的点、线、面应首先加工出来，以便尽快为后续工序的加工提供精基准，称为基准先行。而到了质检环节，各尺寸的校验也应以基准为准。

在零件图中，如果各尺寸标注边共用一个点、线、面，则可以认定该点、线、面为定位基准。如图 7-118 中的平面 *A*，即是平面 *B*、平面 *C* 以及平面 *D* 的基准，在加工时需先精加工平面 *A*，才能进行其他平面的加工；同理，图 7-119 中的平面 *E* 是平面 *F* 和平面 *G* 的设计基准，也是 *Φ*16 孔的垂直度和平面 *F* 平行度的设计基准（形位公差的基准按基准符号为准）。

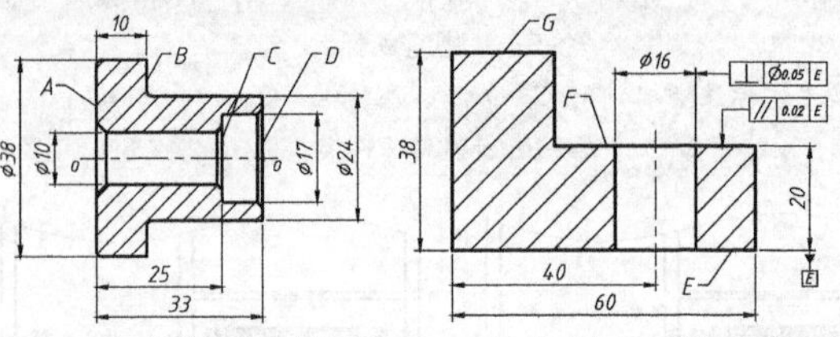

图 7-118 基准分析示例 图 7-119 基准分析示例（带基准符号）

设计点拨

图7-118中所示的钻套中心线 *O-O* 是各外圆表面 *Φ*38、*Φ*24及内孔 *Φ*10、*Φ*17的设计基准。

练习 7-11 基线标注密封沟槽尺寸

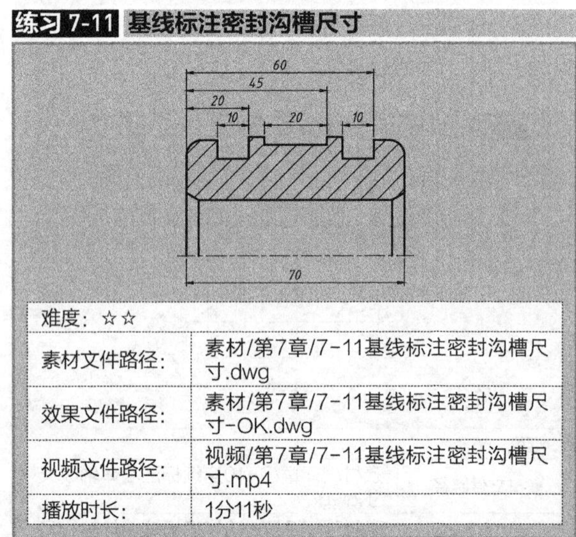

难度：☆☆	
素材文件路径：	素材/第7章/7-11基线标注密封沟槽尺寸.dwg
效果文件路径：	素材/第7章/7-11基线标注密封沟槽尺寸-OK.dwg
视频文件路径：	视频/第7章/7-11基线标注密封沟槽尺寸.mp4
播放时长：	1分11秒

如果机械零件中有多个面平行的结构特征，那就可以先确定基准面，然后使用【基线标注】的命令来添加标注。而在各类工程机械的设计中，液压部分的密封沟槽就具有这样的特征，如图 7-120 所示，因此非常适合使用【基线标注】。本例便通过【基线标注】命令对图 7-120 中的活塞密封沟槽添加尺寸标注。

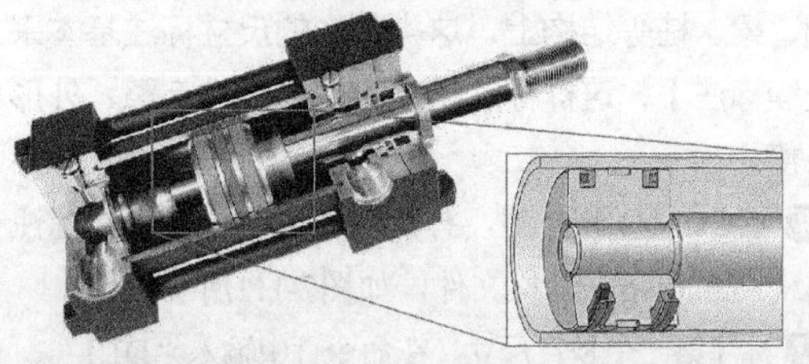

图 7-120 液压缸中的活塞结构示意图

Step 01 打开“第7章/7-11基线标注密封沟槽尺寸.dwg”素材文件，其中已绘制好一活塞的半边剖面图，如图7-121所示。

Step 02 标注第一个水平尺寸。单击【注释】面板中的【线性】按钮，在活塞上端添加一个水平，如图7-122所示。

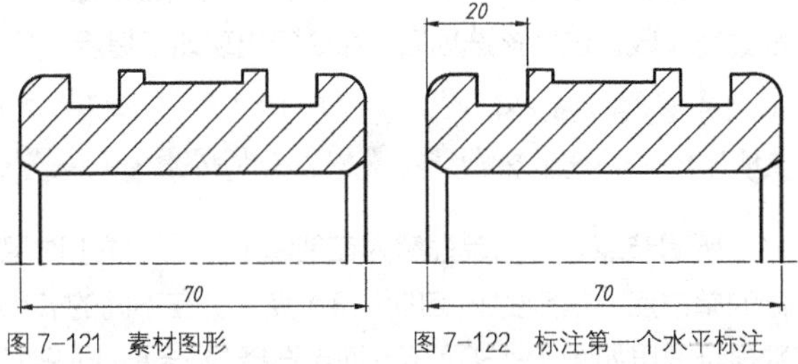

图 7-121 素材图形　　图 7-122 标注第一个水平标注

> **设计点拨**
>
> 如果图形为对称结构，那在绘制剖面图时，可以选择只绘制半边图形，如图7-121所示。

Step 03 标注沟槽定位尺寸。切换至【注释】选项卡，单击【标注】面板中的【基线】按钮，系统自动以Step02创建的标注为基准，接着依次选择活塞图上各沟槽的右侧端点，用作定位尺寸，如图7-123所示。

Step 04 补充沟槽定型尺寸。退出【基线】命令，重新切换到【默认】选项卡，再次执行【线性】标注，依次将各沟槽的定型尺寸补齐，如图7-124所示。

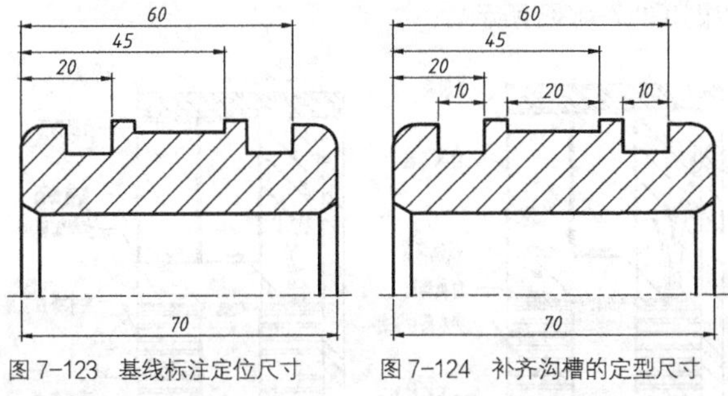

图 7-123 基线标注定位尺寸　　图 7-124 补齐沟槽的定型尺寸

7.3.12 多重引线标注 ★重点★

使用【多重引线】工具添加和管理所需的引出线，不仅能够快速地标注装配图的证件号和引出公差，而且能够更清楚地标识制图的标准、说明等内容。此外，还可以通过修改【多重引线样式】对引线的格式、类型以及内容进行编辑。因此本节便按“创建多重引线标注”和“设置多重引线样式”两部分来进行介绍。

1 创建多重引线标注

本小节介绍多重引线的标注方法。

• 执行方式

在 AutoCAD 2016 中启用【多重引线】标注有如下几种常用方法。

◆功能区：在【默认】选项卡中，单击【注释】面板上的【引线】按钮，如图 7-125 所示。

◆菜单栏：执行【标注】|【多重引线】命令，如图 7-126 所示。

◆命令行：输入“MLEADER”或“MLD”命令。

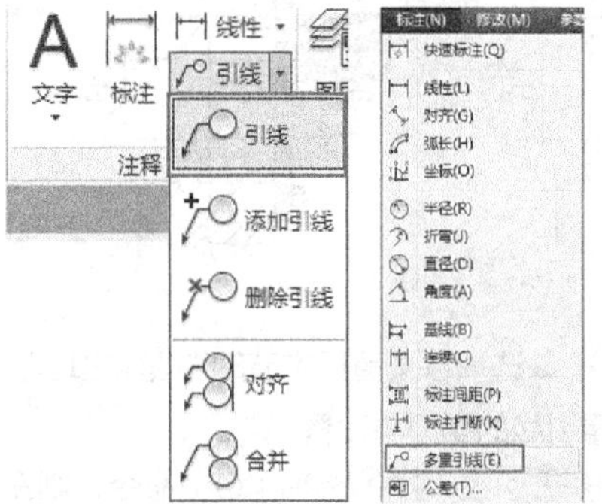

图 7-125 【注释】面板上的【引线】按钮　　图 7-126【多重引线】标注菜单命令

• 操作步骤

执行上述任一命令后，在图形中单击确定引线箭头位置；然后在打开的文字出入窗口中输入注释内容即可，如图 7-127 所示，命令行提示如下。

```
命令: _mleader                         //执行【多重引线】命令
指定引线箭头的位置或 [引线基线优先(L)/内容优先(C)/选项(O)] <选项>:    //指定引线箭头位置
指定引线基线的位置:                    //指定基线位置，并输入注释文字，空白处单击即可结束命令
```

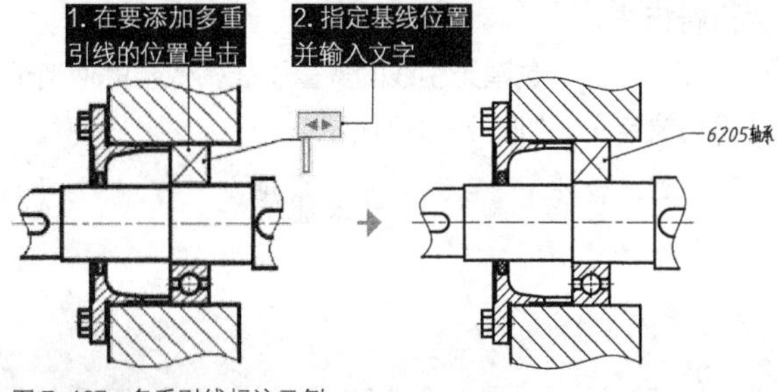

图 7-127 多重引线标注示例

• 选项说明

命令行中各选项含义说明如下。

◆引线基线优先（L）：选择该选项，可以颠倒多重引线的创建顺序，为先创建基线位置（即文字输入的位置），再指定箭头位置，如图 7-128 所示。

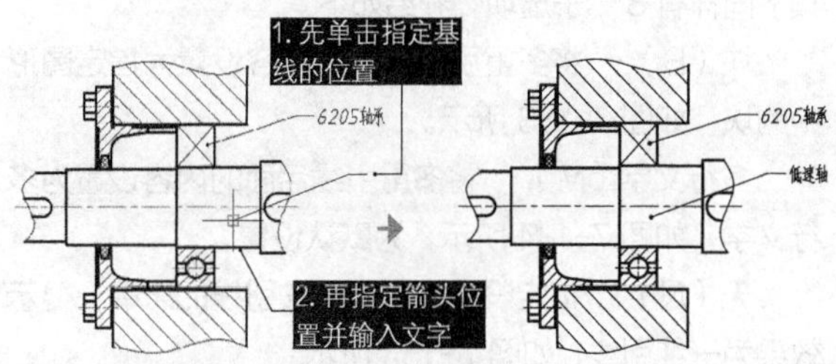

图 7-128 引线基线优先（L）标注多重引线

◆ 内容优先（C）：选择该选项，可以先创建标注文字，再指定引线箭头来进行标注，如图 7-129 所示。该方式下的基线位置可以自动调整，随鼠标移动方向而定。

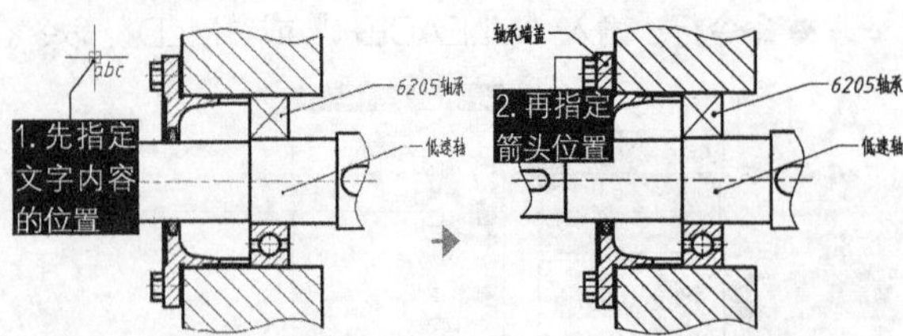

图 7-129 内容优先（C）标注多重引线

◆ 选项（O）：该选项含义请见本节的“熟能生巧”。

·熟能生巧 多重引线的类型与设置

如果执行【多重引线】中的选项（O）命令，则命令行出现如下提示：

```
输入选项 [引线类型(L)/引线基线(A)/内容类型(C)/最大节点数(M)/第一个角度(F)/第二个角度(S)/退出选项(X)] <退出选项>:
```

命令行中各选项含义说明如下。

引线类型（L）：可以设置多重引线的处理方法，其下还分有 3 个子选项，介绍如下。

直线（S）：将多重引线设置为直线形式，为默认的显示状态，如图 7-130 所示。

样条曲线（P）：将多重引线设置为样条曲线形式，如图 7-131 所示。适合在一些凌乱、复杂的图形环境中进行标注。

无（N）：创建无引线的多重引线，效果就相当于【多行文字】，如图 7-132 所示。

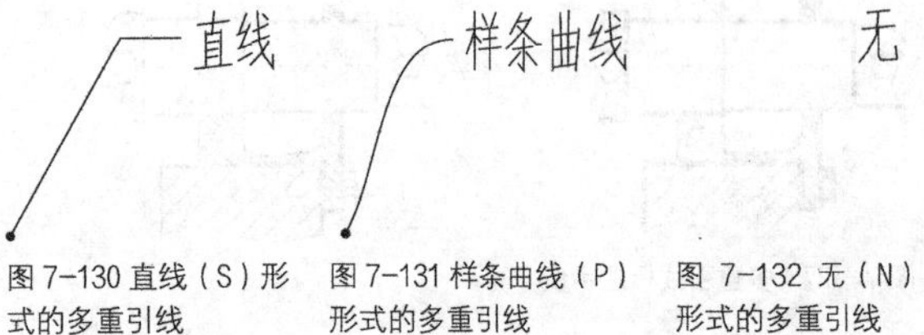

图 7-130 直线（S）形式的多重引线　图 7-131 样条曲线（P）形式的多重引线　图 7-132 无（N）形式的多重引线

引线基线（A）：可以指定是否添加水平基线。如果输入“是”，将提示设置基线的长度，效果同【多重引线样式管理器】中的【设置基线距离】文本框。

内容类型（C）：可以指定用于多重引线的内容类型，其下同样有 3 个子选项，介绍如下。

块（B）：将多重引线后面的内容设置为指定图形中的块，如图 7-133 所示。

多行文字（M）：将多重引线后面的内容设置为多行文字，如图 7-134 所示，为默认设置。

无（N）：指定没有内容显示在引线的末端，显示效果为一纯引线，如图 7-135 所示。

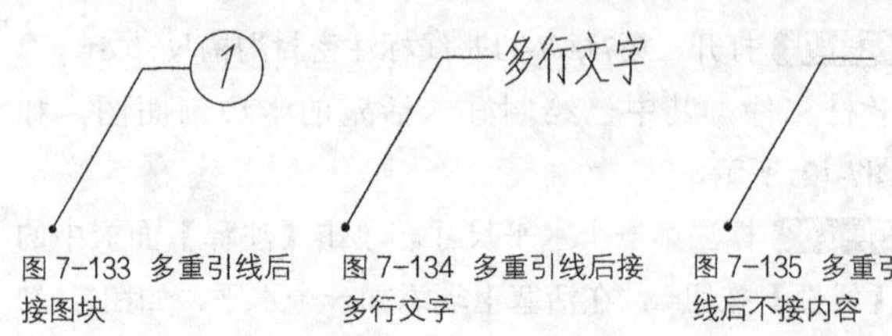

图 7-133 多重引线后接图块　图 7-134 多重引线后接多行文字　图 7-135 多重引线后不接内容

“最大节点数（M）”：可以指定新引线的最大点数或线段数。选择该选项后，命令行出现如下提示。

```
输入引线的最大节点数 <2>:
//输入【多行引线】的节点数，默认为2，即由2条线段构成
```

所谓节点，可简单理解为在创建【多重引线】时鼠标的单击点（指定的起点即为第 1 点）。在不同的节点数显示效果如图 7-136 所示；而当选择“样条曲线（P）”形式的多重引线时，节点数即相当于样条曲线的控制点数，效果如图 7-137 所示。

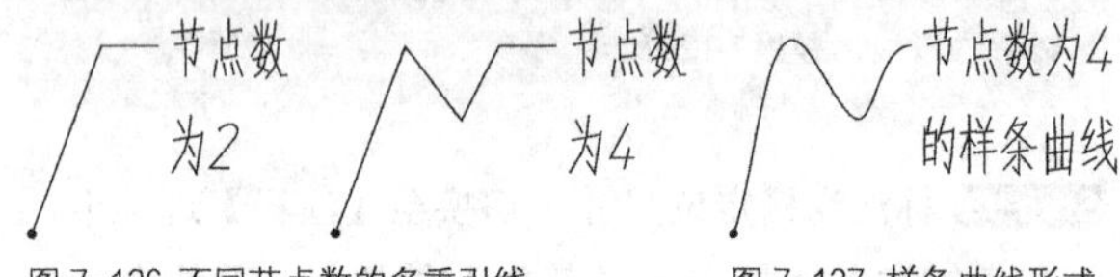

图 7-136 不同节点数的多重引线　图 7-137 样条曲线形式下的多节点引线

第一个角度（F）：可以约束新引线中的第一个点的角度。

第二个角度（S）：可以约束新引线中的第二个角度。

这两个选项联用可以创建外形工整的多重引线，效果如图 7-138 所示。

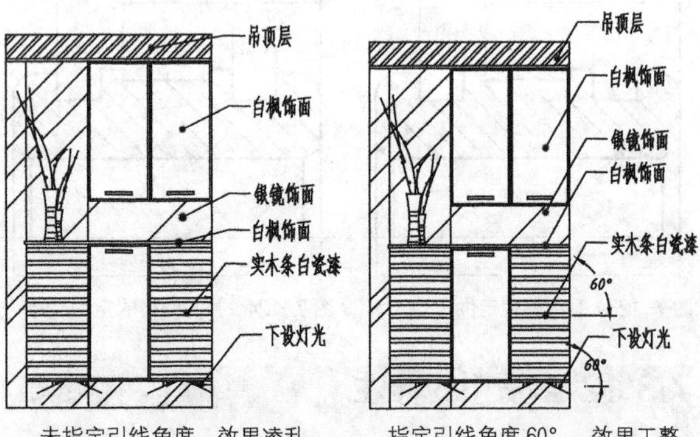

未指定引线角度，效果凌乱　指定引线角度 60°，效果工整

图 7-138 设置多重引线的角度效果

设计点拨

机械装配图中对引线的规范、整齐有严格的要求，因此设置合适的引线角度，可以让机械装配图的引线标注达到事半功倍的效果，且外观工整，彰显专业。

练习 7-12 多重引线标注机械装配图 ★进阶★

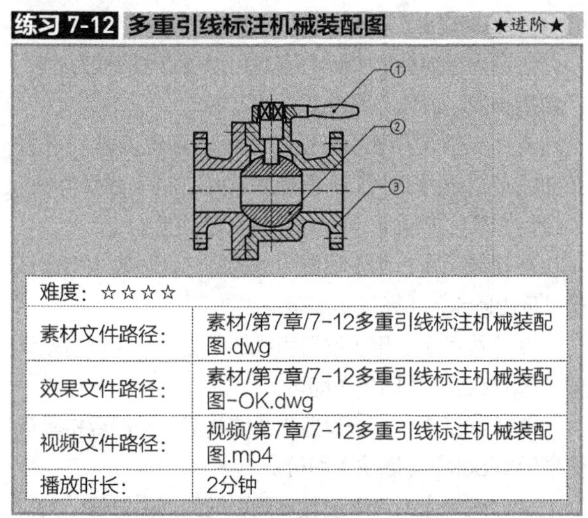

难度：☆☆☆☆	
素材文件路径：	素材/第7章/7-12多重引线标注机械装配图.dwg
效果文件路径：	素材/第7章/7-12多重引线标注机械装配图-OK.dwg
视频文件路径：	视频/第7章/7-12多重引线标注机械装配图.mp4
播放时长：	2分钟

在机械装配图中，有时会因为零部件过多，而采用分类编号的方法（如螺钉一类、螺母一类、加工件一类），不同类型的编号在外观上自然也不能一样（如外围带圈、带方块），因此就需要灵活使用【多重引线】命令中的块（B）选项来进行标注。此外，还需要指定【多重引线】的角度，让引线在装配图中达到工整、整齐的效果。

Step 01 打开“第7章/7-12多重引线标注机械装配图.dwg”素材文件，其中已绘制好一球阀的装配图和一名称为“1”的属性图块，如图7-139所示。

Step 02 绘制辅助线。单击【修改】面板中的【偏移】按钮，将图形中的竖直中心线向右偏移50，如图7-140所示，用作多重引线的对齐线。

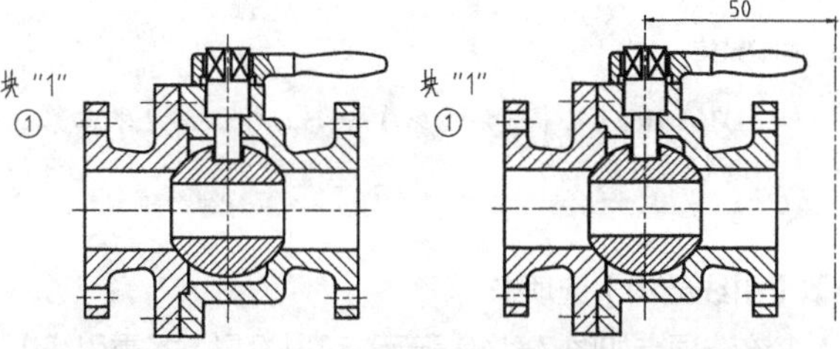

图 7-139 素材图形　　图 7-140 多重引线标注菜单命令

Step 03 在【默认】选项卡中，单击【注释】面板上的【引线】按钮，执行【多重引线】命令，并选择命令行中的选项（O）命令，设置内容类型为块，指定块①；然后选择第一个角度（F）选项，设置角度为60°，再设置第二个角度（F）为180°，在手柄处添加引线标注，如图7-141所示，命令行操作如下。

```
命令: _mleader
指定引线箭头的位置或 [引线基线优先(L)/内容优先(C)/选项(O)] <选项>:
输入选项 [引线类型(L)/引线基线(A)/内容类型(C)/最大节点数(M)/第一个角度(F)/第二个角度(S)/退出选项(X)] <退出选项>:
C↙                              //选择内容类型选项
选择内容类型 [块(B)/多行文字(M)/无(N)] <多行文字>: B↙
                                //选择块选项
输入块名称 <1>: 1               //输入要调用的块名称
输入选项 [引线类型(L)/引线基线(A)/内容类型(C)/最大节点数(M)/第一个角度(F)/第二个角度(S)/退出选项(X)] <内容类型>:
F↙                              //选择第一个角度选项
输入第一个角度约束 <0>: 60      //输入引线箭头的角度
输入选项 [引线类型(L)/引线基线(A)/内容类型(C)/最大节点数(M)/第一个角度(F)/第二个角度(S)/退出选项(X)] <第一个角度>: S↙
                                //选择第二个角度选项
输入第二个角度约束 <0>: 180     //输入基线的角度
输入选项 [引线类型(L)/引线基线(A)/内容类型(C)/最大节点数(M)/第一个角度(F)/第二个角度(S)/退出选项(X)] <第二个角度>: X↙
                                //退出选项
指定引线箭头的位置或 [引线基线优先(L)/内容优先(C)/选项(O)] <选项>:
                                //在手柄处单击放置引线箭头
指定引线基线的位置:             //在辅助线上单击放置，结束命令
```

Step 04 按相同方法，标注球阀中的阀芯和阀体，分别标注序号②、③，如图7-142所示。

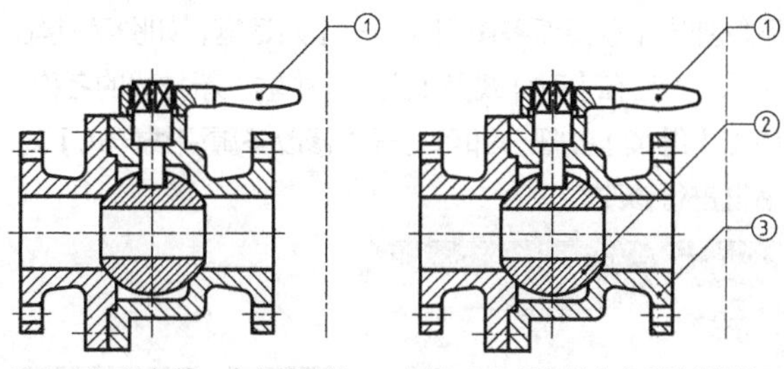

图 7-141 添加第一个多重引线标注　　图 7-142 添加其余多重引线标注

2 设置多重引线样式

与标注一样，多重引线也可以设置“多重引线样式”来指定引线的默认效果，如箭头、引线、文字等特征。创建不同样式的多重引线，可以使其适用于不同的使用环境。

•执行方式

在AutoCAD 2016中打开【多重引线样式管理器】有如下几种常用方法。

◆功能区：在【默认】选项卡中单击【注释】面板下拉列表中的【多重引线样式】按钮，如图7-143所示。

图 7-143【注释】面板中的【多重引线样式】按钮

◆菜单栏：执行【格式】|【多重引线样式】命令，如图 7-144 所示。

◆命令行：输入“MLEADER-STYLE” 或“MLS” 命令。

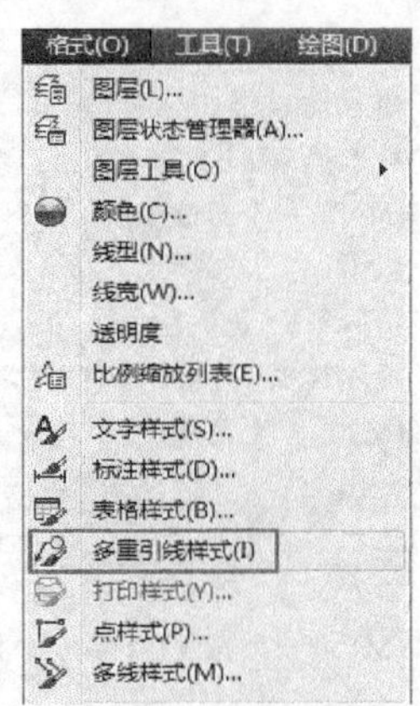

图 7-144 【多重引线样式】菜单命令

•操作步骤

执行以上任意方法，系统均将打开【多重引线样式管理器】对话框，如图 7-145 所示。

该对话框和【标注样式管理器】对话框功能类似，可以设置多重引线的格式和内容。单击【新建】按钮，系统弹出【创建新多重引线样式】对话框，如图 7-146 所示。然后在【新样式名】文本框中输入新样式的名称，单击【继续】按钮，即可打开【修改多重引线样式】对话框进行修改。

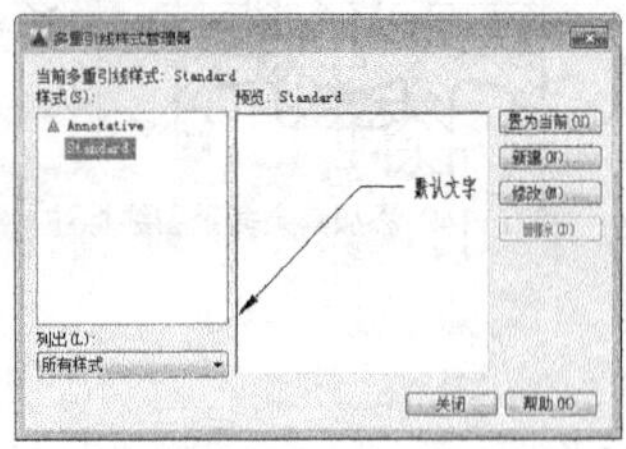

图 7-145【多重引线样式管理器】对话框

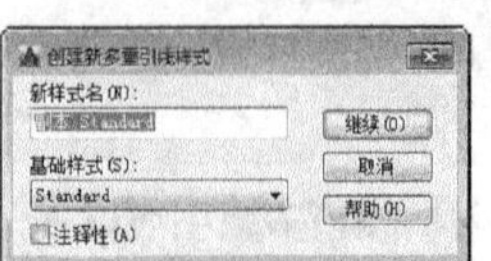

图 7-146【创建新多重引线样式】对话框

•选项说明

在【修改多重引线样式】对话框中可以设置多重引线标注的各种特性，对话框中有【引线格式】、【引线结构】和【内容】3 个选项卡，如图 7-147 所示。每一个选项卡对应一种特性的设置，分别介绍如下。

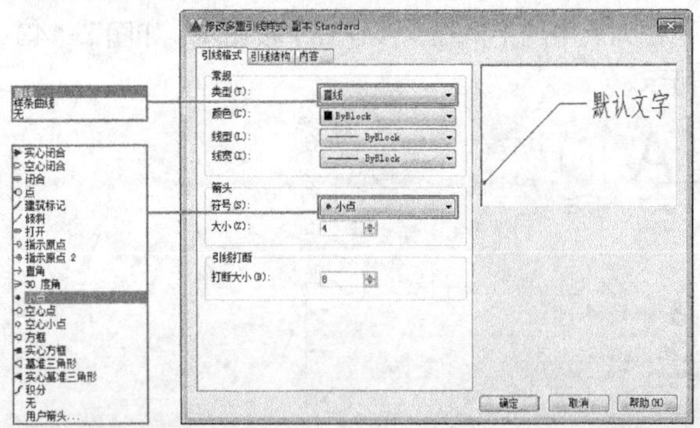

图 7-147 【修改多重引线样式】对话框

◎【引线格式】选项卡

该选项卡如图 7-147 所示，可以设置引线的线型、颜色和类型，具体选项含义介绍如下。

◆【类型】：用于设置引线的类型，包含【直线】、【样条曲线】和【无】3 种，效果同前文介绍过的引线类型（L）命令行选项，如图 7-130~ 图 7-132 所示。

◆【颜色】：用于设置引线的颜色，一般保持默认值“Byblock”（随块）即可。

◆【线型】：用于设置引线的线型，一般保持默认值“Byblock”（随块）即可。

◆【线宽】：用于设置引线的线宽，一般保持默认值“Byblock”（随块）即可。

◆【符号】：可以设置多重引线的箭头符号，共有 19 种。

◆【大小】：用于设置箭头的大小。

◆【打断大小】：设置多重引线在用于 DIMBREAK【标注打断】命令时的打断大小。该值只有在对【多重引线】使用【标注打断】命令时才能观察到效果，值越大，则打断的距离越大，如图 7-148 所示。

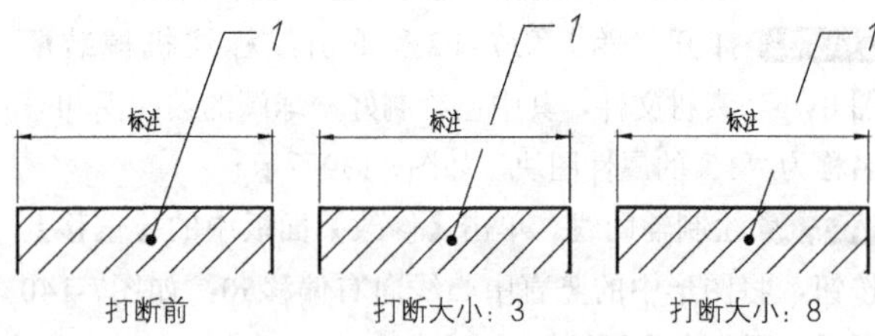

图 7-148 不同【打断大小】在执行【标注打断】后的效果

> **知识链接**
>
> 有关DIMBREAK【标注打断】命令的知识请见本章第 7.4.1节标注打断。

◎【引线结构】选项卡

该选项卡如图 7-149 所示，可以设置【多重引线】的折点数、引线角度以及基线长度等，各选项具体含义介绍如下。

◆【最大引线点数】：可以指定新引线的最大点数或线段数，效果同前文介绍的最大节点数（M）命令行选项，如图 7-136 所示。

◆【第一段角度】：该选项可以约束新引线中的第一个点的角度，效果同前文介绍的第一个角度（F）命令行选项。

◆【第二段角度】：该选项可以约束新引线中的第二个点的角度，效果同前文介绍的第二个角度（S）命令行选项。

◆【自动包含基线】：确定【多重引线】命令中是

否含有水平基线。

◆【设置基线距离】：确定【多重引线】中基线的固定长度。只有勾选【自动包含基线】复选框后才可使用。

◎【内容】选项卡

【内容】选项卡如图 7-150 所示，在该选项卡中，可以对【多重引线】的注释内容进行设置，如文字样式、文字对齐等。

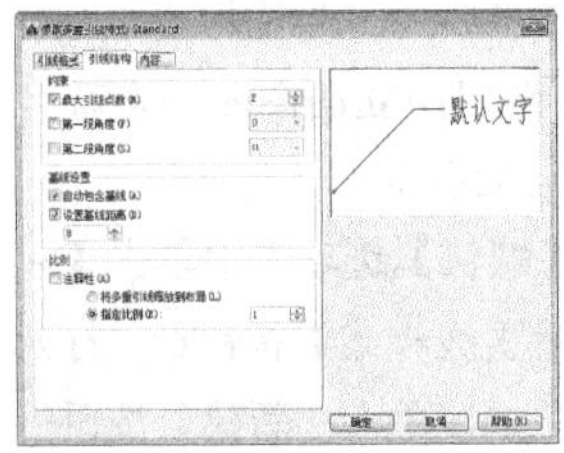

图 7-149【引线结构】选项卡

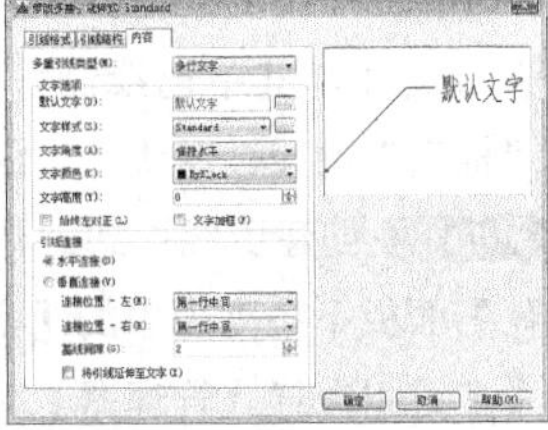

图 7-150【内容】选项卡

◎【多重引线类型】：该下拉列表中可以选择【多重引线】的内容类型，包含【多行文字】、【块】和【无】3 个选项，效果同前文介绍过的内容类型（C）命令行选项，如图 7-133~ 图 7-135 所示。

◆【文字样式】：用于选择标注的文字样式。也可以单击其后的...按钮，系统弹出【文字样式】对话框，选择文字样式或新建文字样式。

◆【文字角度】：指定标注文字的旋转角度，下有【保持水平】、【按插入】、【始终正向读取】三个选项。【保持水平】为默认选项，无论引线如何变化，文字始终保持水平位置，如图 7-151 所示；【按插入】则根据引线方向自动调整文字角度，使文字对齐至引线，如图 7-152 所示；【始终正向读取】同样可以让文字对齐至引线，但对齐时会根据引线方向自动调整文字方向，使其一直保持从右往左的正向读取方向，如图 7-153 所示。

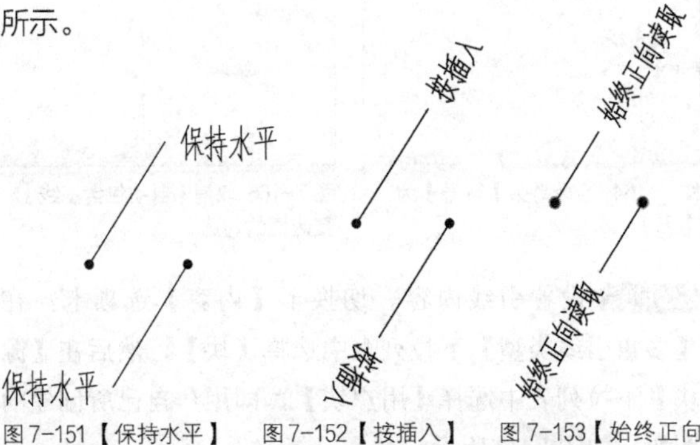

图 7-151【保持水平】效果　图 7-152【按插入】效果　图 7-153【始终正向读取】效果

操作技巧

【文字角度】只有在取消【自动包含基线】复选框后才会生效。

◆【文字颜色】：用于设置文字的颜色，一般保持默认值【Byblock】（随块）即可。

◆【文字高度】：设置文字的高度。

◆【始终左对正】：始终指定文字内容左对齐。

◆【文字加框】：为文字内容添加边框，如图 7-154 所示。边框始终从基线的末端开始，与文本之间的间距就相当于基线到文本的距离，因此通过修改【基线间隙】文本框中的值，就可以控制文字和边框之间的距离。

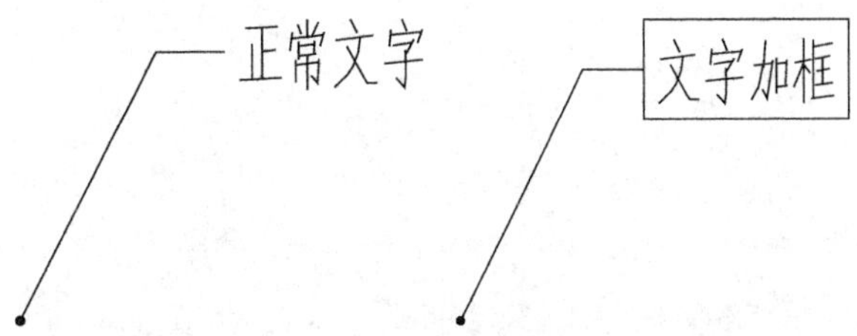

图 7-154　【文字加框】效果对比

◎【引线连接】：将引线插入文字内。

◆【水平连接】：将引线插入文字内容的左侧或右侧，包括文字和引线之间的基线，为默认设置，如图 7-155 所示。

◆【垂直连接】：将引线插入文字内容的顶部或底部，不包括文字和引线之间的基线，如图 7-156 所示。

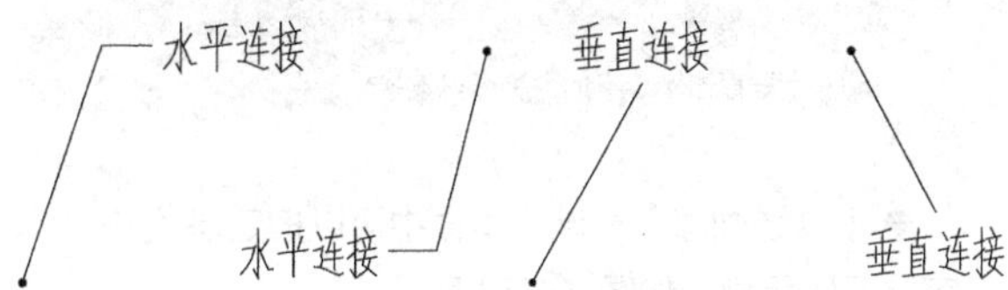

图 7-155【水平连接】引线在文字内容左、右两侧　图 7-156【垂直连接】引线在文字内容上、下两侧

操作技巧

【垂直连接】选项下不含基线效果。

◆【连接位置】：该选项控制基线连接到文字的方式，根据【引线连接】的不同有不同的选项。如果选择的是【水平连接】，则【连接位置】有左、右之分，每个下拉列表都有 9 个位置可选，如图 7-157 所示；如果选择的是【垂直连接】，则【连接位置】有上、下之分，每个下拉列表只有 2 个位置可选，如图 7-158 所示。

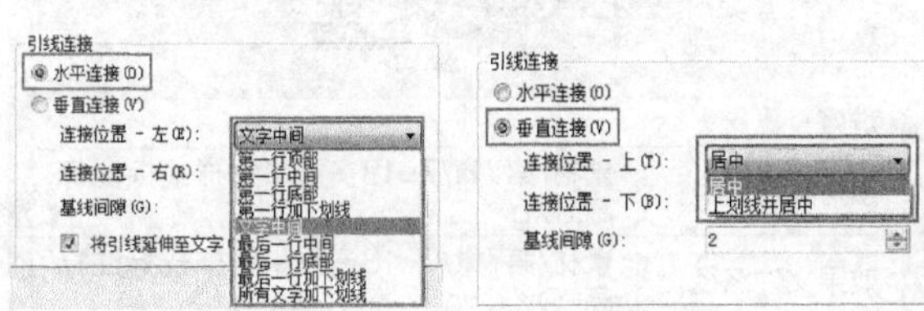

图 7-157【水平连接】下的引线连接位置　图 7-158【垂直连接】下的引线连接位置

操作技巧

【水平连接】下的9种引线连接位置如图7-159所示；【垂直连接】下的两种引线连接位置如图7-160所示。通过指定合适的位置，可以创建出适用于不同行业的多重引线，有关典例请见本章的【练习7-13】。

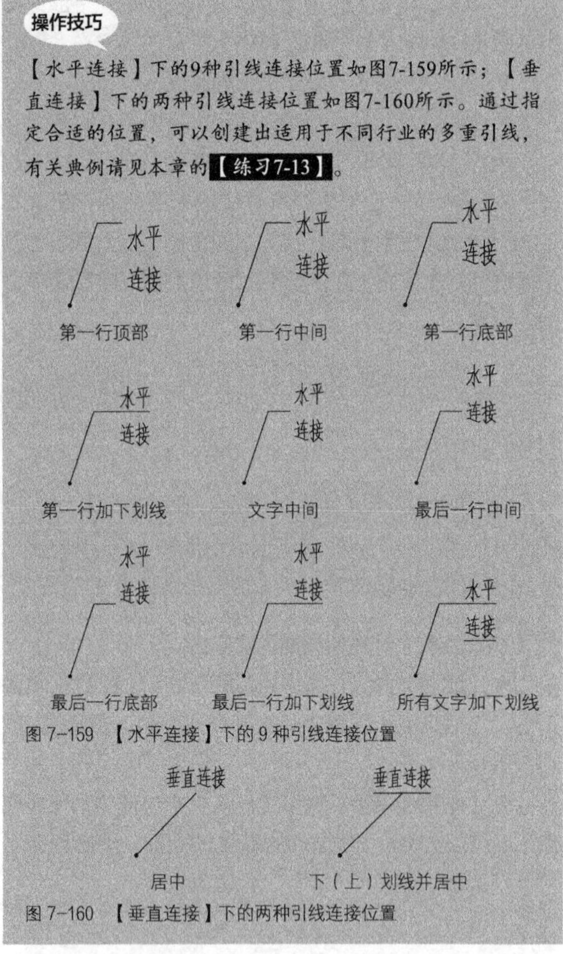

图 7-159 【水平连接】下的 9 种引线连接位置

图 7-160 【垂直连接】下的两种引线连接位置

◆【基线间隙】：该文本框中可以指定基线和文本内容之间的距离，如图 7-161 所示。

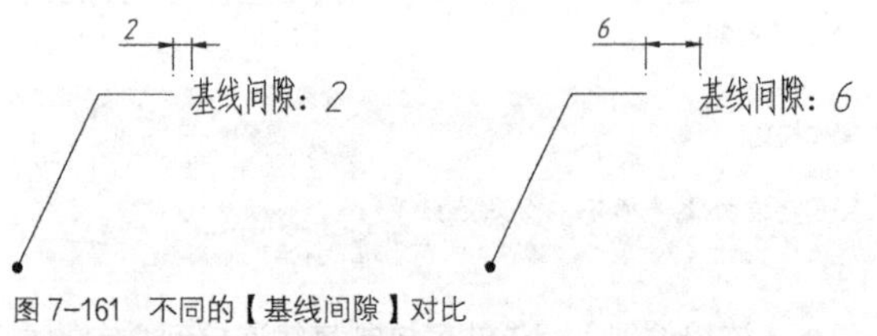

图 7-161 不同的【基线间隙】对比

练习 7-13 多重引线样式标注标高 ★进阶★

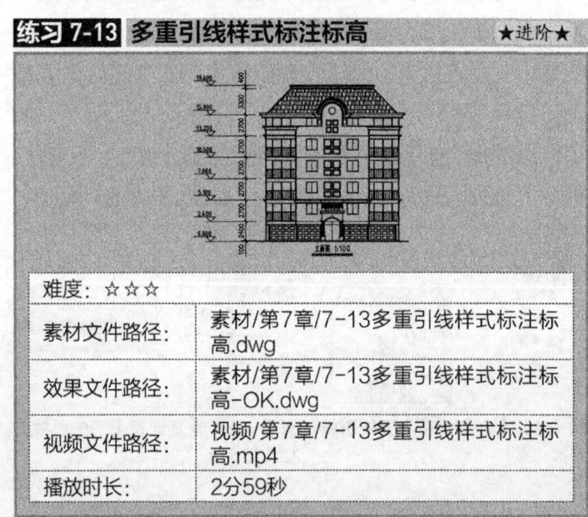

难度：☆☆☆	
素材文件路径：	素材/第7章/7-13多重引线样式标注标高.dwg
效果文件路径：	素材/第7章/7-13多重引线样式标注标高-OK.dwg
视频文件路径：	视频/第7章/7-13多重引线样式标注标高.mp4
播放时长：	2分59秒

在建筑设计中，常使用标高来表示建筑物各部分的高度。标高是建筑物某一部位相对于基准面（标高的零点）的竖向高度，是建筑物竖向定位的依据。在施工图中经常有一个小小的直角等腰三角形，三角形的尖端或向上或向下，上面带有数值（即所指部位的高度，单位为米），这便是标高的符号。在 AutoCAD 中，就可以灵活设置【多重引线样式】来创建专门用于标注标高的多重引线，大大提高施工图的绘制效率。

Step 01 打开“第7章/7-13多重引线样式标注标高.dwg”素材文件，其中已绘制好一楼层的立面图和一名称为“标高”的属性图块，如图7-162所示。

Step 02 创建引线样式。在【默认】选项卡中单击【注释】面板下拉列表中的【多重引线样式】按钮，打开【多重引线样式管理器】对话框，单击【新建】按钮，新建一名称为“标高引线”的样式，如图7-163所示。

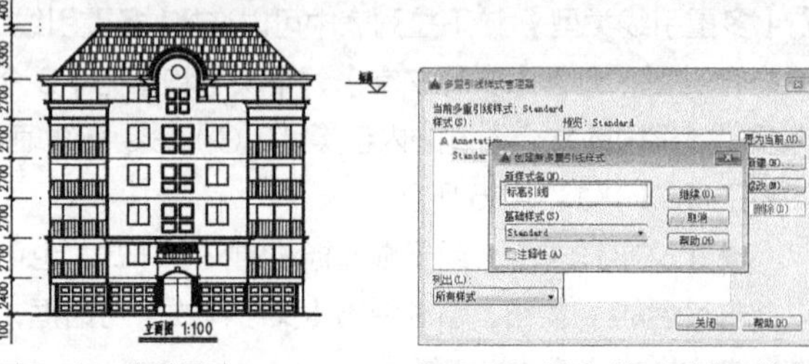

图 7-162 素材图形 图 7-163 新建“标高引线”样式

Step 03 设置引线参数。单击【继续】按钮，打开【修改多重引线样式：标高引线】对话框，在【引线格式】选项卡中设置箭头【符号】为【无】，如图7-164所示；在【引线结构】选项卡中取消【自动包含基线】复选框的勾选，如图7-165所示。

图 7-164 选择箭头【符号】为【无】

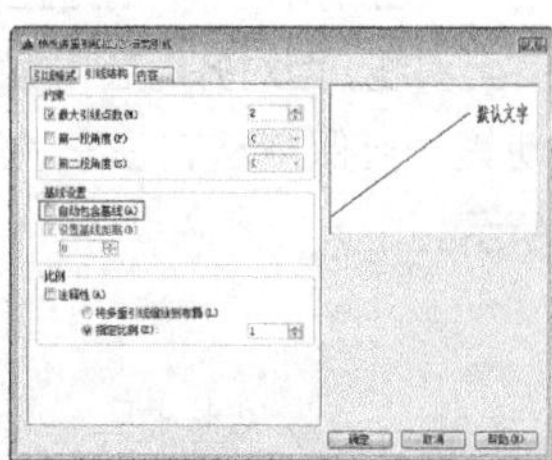

图 7-165 取消【自动包含基线】复选框的勾选

Step 04 设置引线内容。切换至【内容】选项卡，在【多重引线类型】下拉列表中选择【块】，然后在【源块】下拉列表中选择【用户块】，即用户自己所创建的图块，如图7-166所示。

Step 05 接着系统自动打开【选择自定义内容块】对话框，在下拉列表中提供了图形中所有的图块，在其中选择素材图形中已创建好的【标高】图块即可，如图7-167所示。

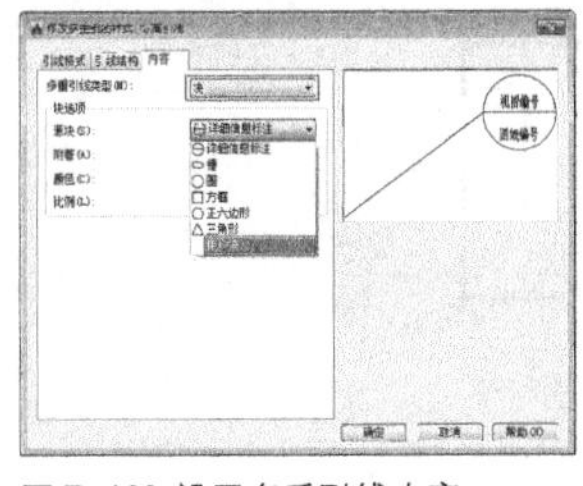

图 7-166 设置多重引线内容

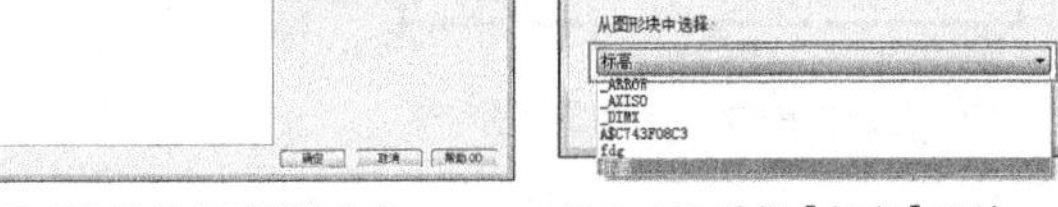

图 7-167 选择【标高】图块

Step 06 选择完毕后，自动返回【修改多重引线样式：标高引线】对话框，然后再在【内容】选项卡的【附着】下拉列表中选择【插入点】选项，则所有引线参数设置完成，如图7-168所示。

Step 07 单击【确定】按钮完成引线设置，返回【多重引线样式管理器】对话框，将【标高引线】置为当前，如图7-169所示。

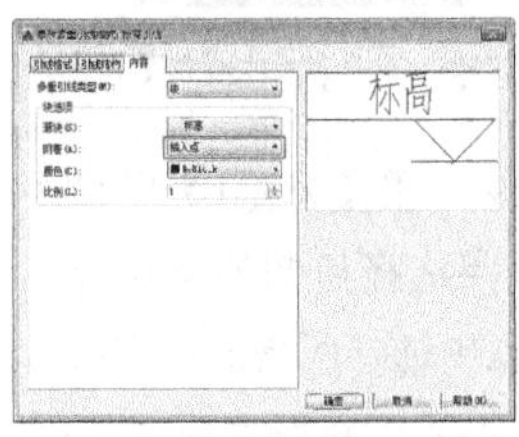

图 7-168 设置多重引线的附着点

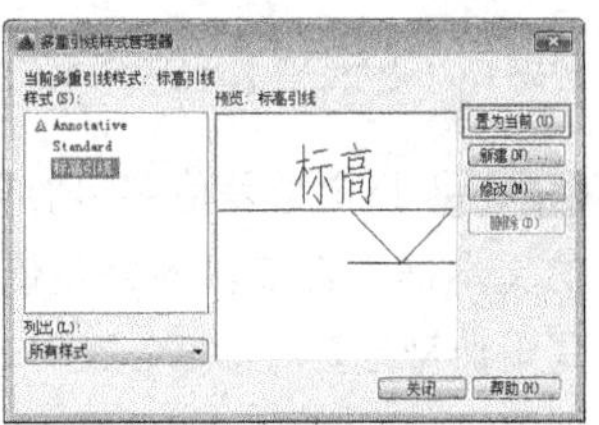

图 7-169 将【标高引线】样式置为当前

Step 08 标注标高。返回绘图区后，在【默认】选项卡中，单击【注释】面板上的【引线】按钮，执行【多重引线】命令，从左侧标注的最下方尺寸界线端点开始，水平向左引出第一条引线，然后单击鼠标左键放置，打开【编辑属性】对话框，输入标高值“0.000”，即基准标高，如图7-170所示。

图 7-170 通过【多重引线】放置标高

Step 09 标注效果如图7-171所示。接着按相同方法，对其余位置进行标注，即可快速创建该立面图的所有标高，最终效果如图7-172所示。

图 7-171 标注第一个标高　　图 7-172 标注其余标高

7.3.13 快速引线标注

【快线引线】标注命令是 AutoCAD 常用的引线标注命令，相较于【多重引线】来说，【快线引线】是一种形式较为自由的引线标注，其结构组成如图 7-173 所示，其中转折次数可以设置，注释内容也可设置为其他类型。

• 执行方式

【快线引线】命令只能在命令行中输入“QLEADER”或“LE”来执行。

• 操作步骤

在命令行中输入“QLEADER”或“LE”命令，然后按 Enter 键，此时命令行提示如下。

```
命令: LE                                  //执行【快速引线】命令
QLEADER
指定第一个引线点或 [设置(S)] <设置>:
                                          //指定引线箭头位置
指定下一点:                                //指定转折点位置
指定下一点:                                //指定要放置内容的位置
指定文字宽度 <0>:↙                         //输入文本宽度或保持默认
输入注释文字的第一行 <多行文字(M)>: 快速引线1  //输入文本内容
输入注释文字的下一行:↙                      //指定下一行内容或单击Enter键完成操作
```

• 选项说明

在命令行中输入“S”命令，系统弹出【引线设置】对话框，如图 7-174 所示，可以在其中对引线的注释、引出线和箭头、附着等参数进行设置。

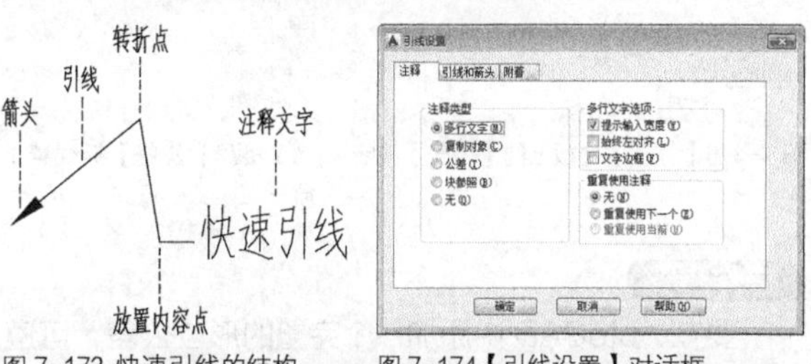

图 7-173 快速引线的结构　　图 7-174【引线设置】对话框

7.3.14 形位公差标注

在产品设计及工程施工时很难做到分毫无差，因此必须考虑形位公差标注，最终产品不仅有尺寸误差，而且还有形状上的误差和位置上的误差。通常将形状误差和位置误差统称为形位误差，这类误差影响产品的功能，因此设计时应规定相应的【公差】，并按规定的标准符号标注在图样上。

通常情况下，形位公差的标注主要由公差框格和指引线组成，而公差框格内又包括公差代号、公差值以及基准代号。其中，第一个特征控制框为几何特征符号，表示应用公差的几何特征，例如位置、轮廓、形状、方向、同轴或跳动。形位公差可以控制直线度、平行度、圆度和圆柱度，典型组成结构如图 7-175 所示。第二个特征控制框为公差值及相关符号。下面简单介绍形位公差的标注方法。

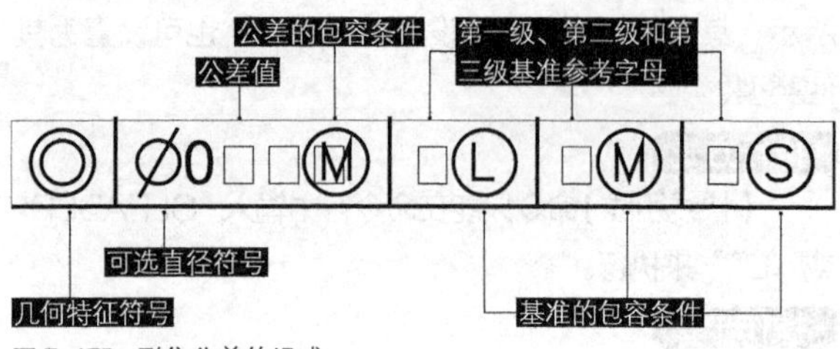

图 7-175　形位公差的组成

·执行方式

在 AutoCAD 中启用【形位公差】标注有如下几种常用方法。

◆功能区：在【注释】选项卡中，单击【标注】面板中的【公差】按钮，如图 7-176 所示。

◆菜单栏：执行【标注】|【公差】命令，如图 7-177 所示。

◆命令行：在命令行中输入“TOLERANCE/TOL”命令。

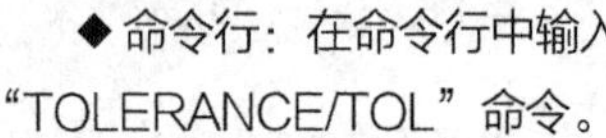

图 7-176【标注】面板上的【公差】按钮

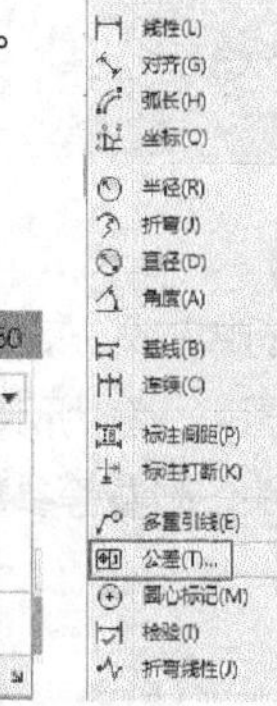

图 7-177【公差】标注菜单命令

·操作步骤

要在 AutoCAD 中添加一个完整的形位公差，可遵循以下 4 步。

Step 01 绘制基准代号和公差指引。通常在进行形位公差标注之前指定公差的基准位置绘制基准符号，并在图形上的合适位置利用引线工具绘制公差标注的箭头指引线，如图7-178所示。

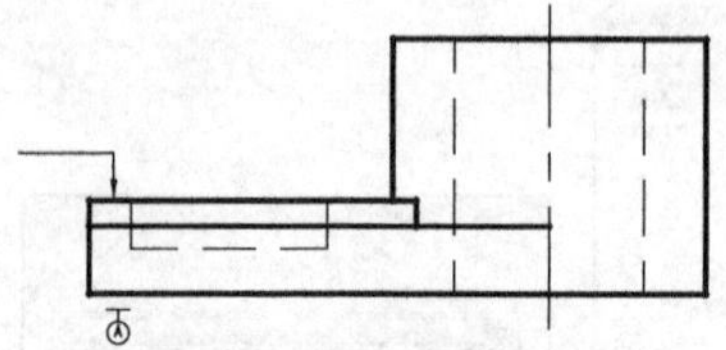

图 7-178　绘制公差基准代号和箭头指引线

Step 02 指定形位公差符号。通过前文介绍的方法执行【公差】命令后，系统弹出【形位公差】对话框，如图7-179所示。选择对话框中的【符号】色块，系统弹出【特征符号】对话框，选择公差符号，即可完成公差符号的指定，如图7-180所示。

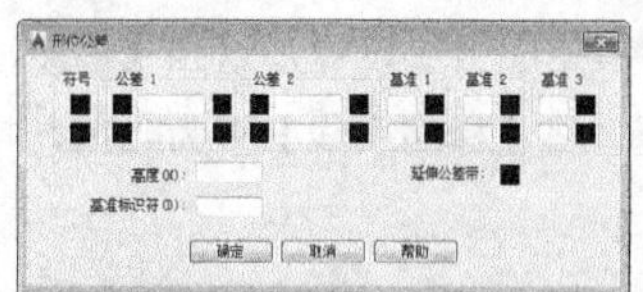

图 7-179【形位公差】对话框

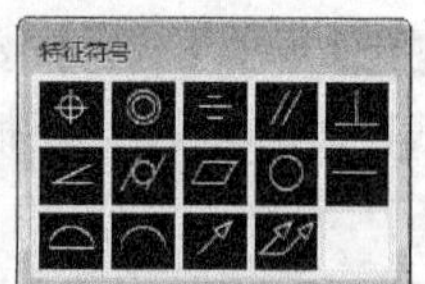

图 7-180【特征符号】对话框

Step 03 指定公差值和包容条件。在【公差1】区域中的文本框中直接输入公差值，并选择后侧的色块弹出【附加符号】对话框，在对话框中选择所需的包容符号即可完成指定。

Step 04 指定基准并放置公差框格。在【基准1】区域中的文本框中直接输入该公差基准代号*A*，然后单击【确定】按钮，并在图中所绘制的箭头指引处放置公差框格即可完成公差标注，如图7-181所示。

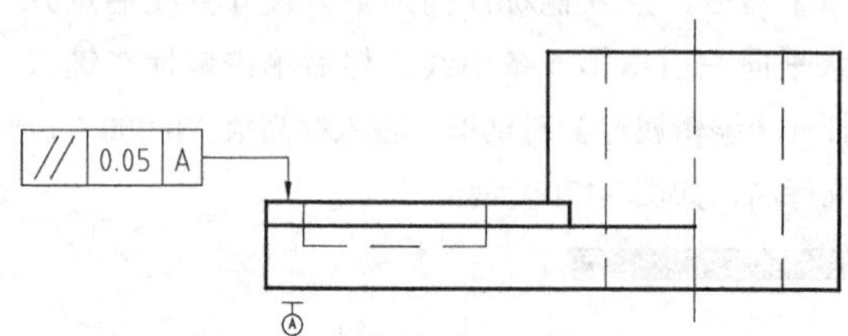

图 7-181　标注形位公差

·选项说明

通过【形位公差】对话框，可添加特征控制框里的各个符号及公差值。各个区域的含义如下。

◆【符号】区域：单击“■”框，系统弹出【特征符号】对话框，如图 7-180 所示，在该对话框中选择公差符号。各个符号的含义和类型如表 7-1 所示。再次单击“■”框，表示清空已填入的符号。

表7-1　特征符号的含义和类型

符号	特征	类型
⌖	位置	位置
◎	同轴（同心）度	位置
⌯	对称度	位置
//	平行度	方向

（续表）

符号	特征	类型
⊥	垂直度	方向
∠	倾斜度	方向
⌭	圆柱度	形状
▱	平面度	形状
○	圆度	形状
—	直线度	形状
⌓	面轮廓度	轮廓
⌒	线轮廓度	轮廓
↗	圆跳动	跳动
⌰	全跳动	跳动

◆【公差1】和【公差2】区域：每个【公差】区域包含3个框。第一个为“■”框，单击插入直径符号；第二个为文本框，可输入公差值；第三个为“■”框，单击后弹出【附加符号】对话框（见图7-182），用来插入公差的包容条件。其中符号M代表材料的一般中等情况；L代表材料的最大状况；S代表材料的最小状况。

◆【基准1】、【基准2】和【基准3】区域：这3个区域用来添加基准参照，3个区域分别对应第一级、第二级和第三级基准参照。

◆【高度】文本框：输入特征控制框中的投影公差零值。

◆【基准标识符】文本框：输入参照字母组成的基准标识符。

◆【延伸公差带】选项：在延伸公差带值的后面插入延伸公差带符号。

图 7-182 【附加符号】对话框

·熟能生巧 使用引线命令创建公差标注

如需标注带引线的形位公差，可通过两种引线方法实现：执行【多重引线】标注命令，不输入任何文字，直接创建箭头，然后运行形位公差，并标注于引线末端，如图7-183所示；执行快速引线命令后，选择其中的公差（T）选项，实现带引线的形位公差并标注，如图7-184所示。

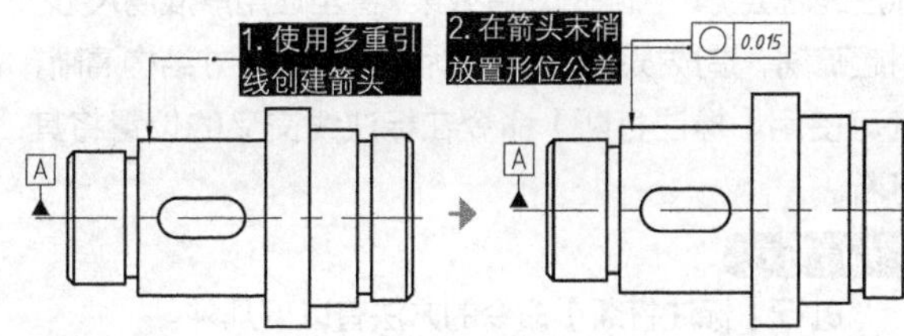

图 7-183 使用【多重引线】标注形位公差

图 7-184 使用【快速引线】标注形位公差

练习 7-14 标注轴的形位公差

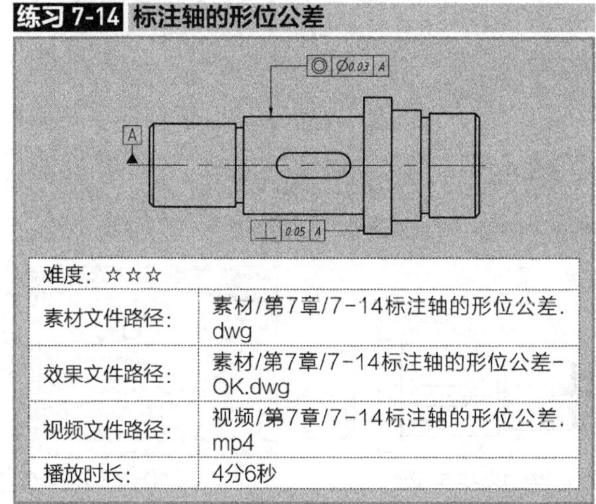

难度：☆☆☆	
素材文件路径：	素材/第7章/7-14标注轴的形位公差.dwg
效果文件路径：	素材/第7章/7-14标注轴的形位公差-OK.dwg
视频文件路径：	视频/第7章/7-14标注轴的形位公差.mp4
播放时长：	4分6秒

形位公差的作用已经介绍过，因此本例便根据前文所学的【多重引线】和【快速引线】两种方法分别创建形位公差，以期让用户达到学以致用的目的，并能举一反三。

Step 01 打开素材文件“第7章/7-14标注轴的形位公差.dwg”，如图7-185所示。

Step 02 单击【绘图】面板中的【矩形】、【直线】按钮，绘制基准符号，并添加文字，如图7-186所示。

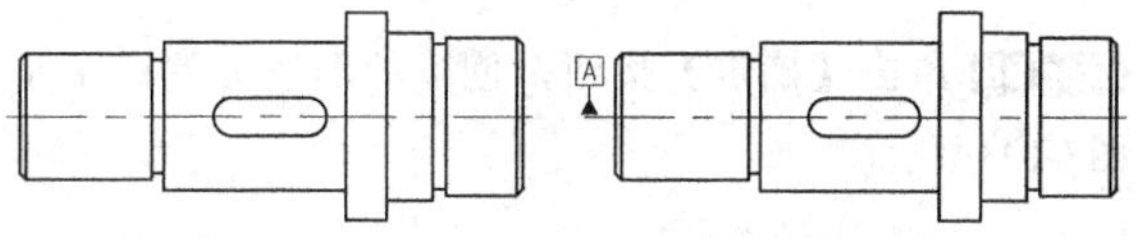

图 7-185 素材图形　　图 7-186 绘制基准符号

Step 03 选择【标注】|【公差】命令，弹出【形位公差】对话框，选择公差类型为【同轴度】，然后输入公差值Φ“0.03”和公差基准“A”，如图7-187所示。

Step 04 单击【确定】按钮，在要标注的位置附近单击，放置该形位公差，如图7-188所示。

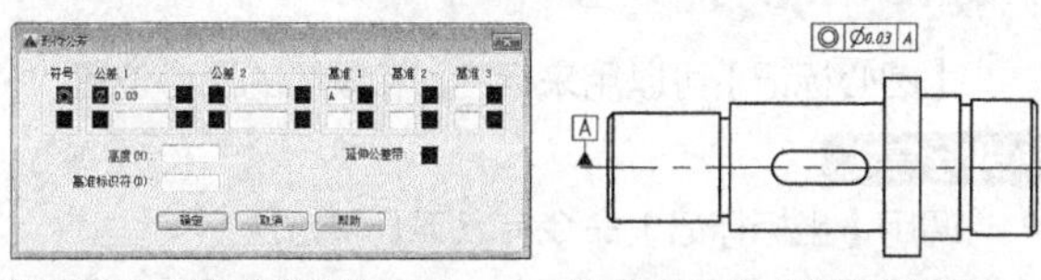

图 7-187 设置公差参数　　图 7-188 生成的形位公差

Step 05 单击【注释】面板中的【多重引线】按钮，绘制多重引线指向公差位置，如图7-189所示。

Step 06 使用【快速引线】命令快速绘制形位公差。在命令行中输入“LE”并按Enter键，利用快速引线标注形位公差，命令行操作如下。

```
命令: LE↙              //调用【快速引线】命令
QLEADER
指定第一个引线点或 [设置(S)] <设置>:
                       //选择【设置】选项，弹出【引线设置】对话框，设置类型为【公差】，如图7-190所示，单击【确定】按钮，继续执行以下命令行操作
指定第一个引线点或 [设置(S)] <设置>:
                       //在要标注公差的位置单击，指定引线箭头位置
指定下一点:            //指定引线转折点
指定下一点:            //指定引线端点
```

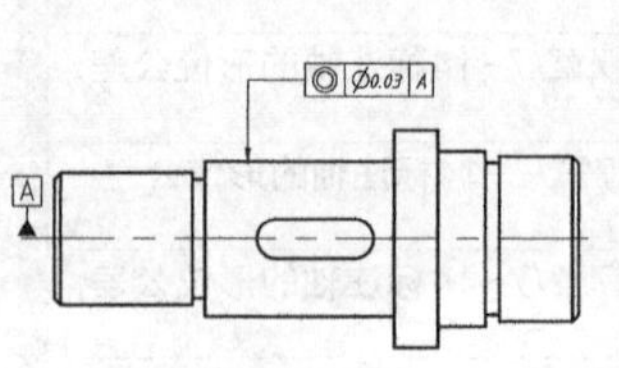

图 7-189　添加多重引线

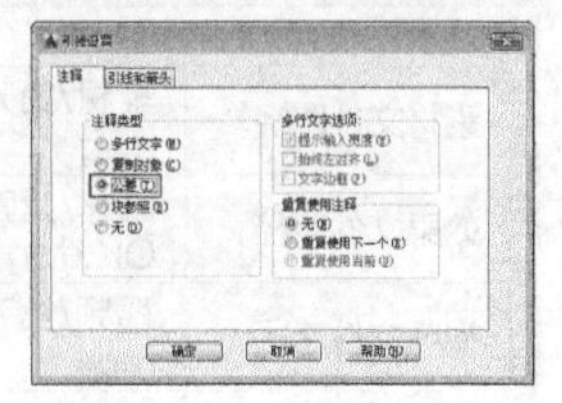

图 7-190　【引线设置】对话框

Step 07 在需要标注形位公差的地方定义引线，如图7-191所示。定义之后，弹出【形位公差】对话框，设置公差参数，如图7-192所示。

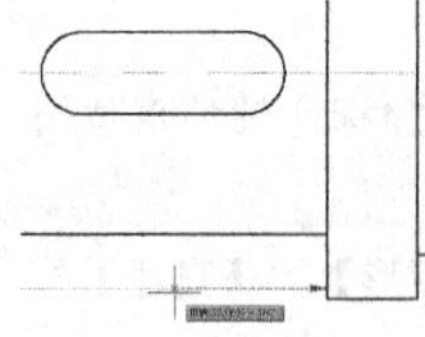

图 7-191　绘制快速引线

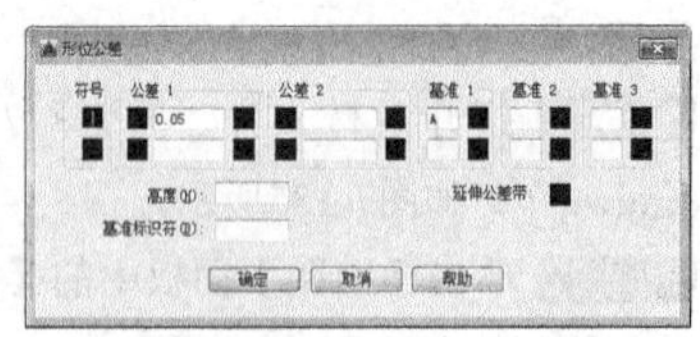

图 7-192　设置公差参数

Step 08 单击【确定】按钮，创建的形位公差标注如图7-193所示。

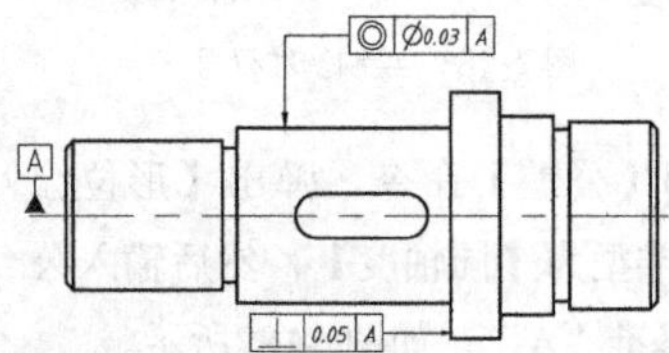

图 7-193　标注的形位公差

7.3.15 圆心标记

【圆心标记】可以用来标注圆和圆弧的圆心位置。

·执行方式

调用【坐标标记】命令有以下几种方法。

◆功能区：在【注释】选项卡中，单击【标注】滑出面板上的【圆心标记】按钮⊙，如图 7-194 所示。

◆菜单栏：选择【标注】|【圆心标记】命令，如图 7-195 所示。

◆命令行：输入“DIMCENTER”或“DCE”命令。

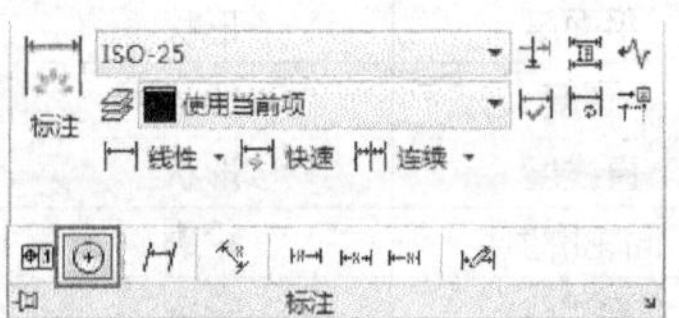

图 7-194【标注】面板上的【圆心标记】按钮

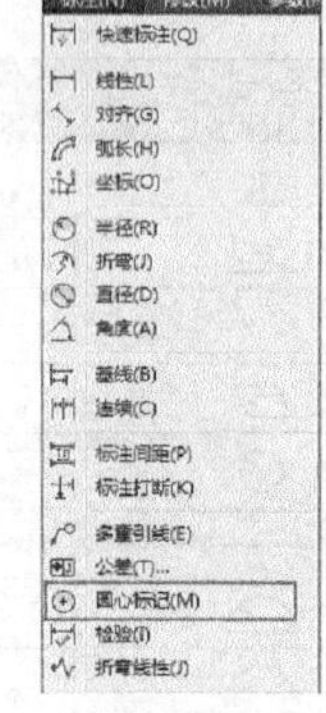

图 7-195【圆心标记】菜单命令

·操作步骤

【圆心标记】的操作十分简单，执行命令后选择要添加标记的圆或圆弧即可放置，如图 7-196 所示。命令行操作如下。

```
命令: _dimcenter↙           //调用【圆心标记】命令
选择圆弧或圆:               //选择圆
```

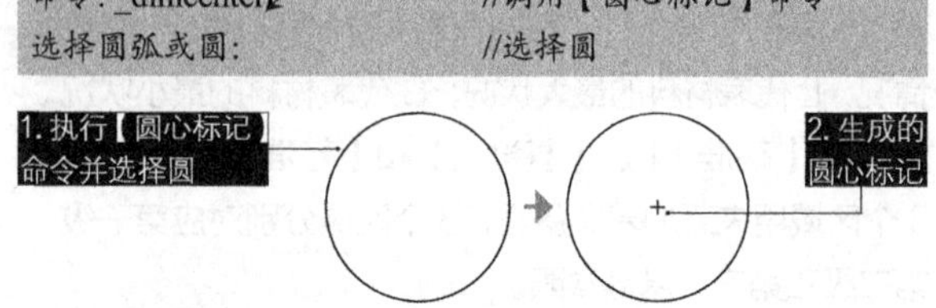

图 7-196　创建圆心标记

·选项说明

圆心标记符号由两条正交直线组成，可以在【修改标注样式】对话框的【符号和箭头】选项卡中设置圆心标记符号的大小。对符号大小的修改只对修改之后的标注起作用。详见本章7.2.2节中的第2小节【符号和箭头】选项卡，以及图 7-18~ 图 7-20。

7.4 标注的编辑

在创建尺寸标注后，如未能达到预期的效果，还可以对尺寸标注进行编辑，如修改尺寸标注文字的内容、编辑标注文字的位置、更新标注和关联标注等操作，而不必删除所标注的尺寸对象再重新进行标注。

7.4.1 标注打断

在图纸内容丰富、标注繁多的情况下，过于密集的标注线就会影响图纸的观察效果，甚至让用户混淆尺寸，引起疏漏，造成损失。因此，为了使图纸尺寸结构清晰，就可使用【标注打断】命令在标注线交叉的位置将其打断。

·执行方式

执行【标注打断】命令的方法有以下几种。

◆功能区：在【注释】选项卡中，单击【标注】面

板中的【打断】按钮，如图 7-197 所示。

◆菜单栏：选择【标注】|【标注打断】命令，如图 7-198 所示。

◆命令行：输入“DIM-BREAK”命令。

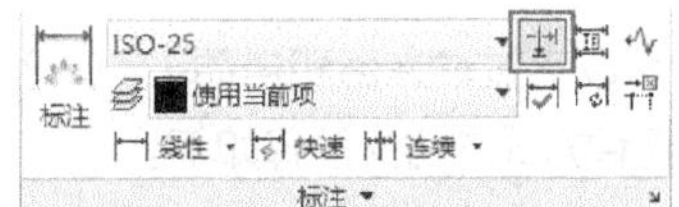

图 7-197【标注】面板上的【打断】按钮

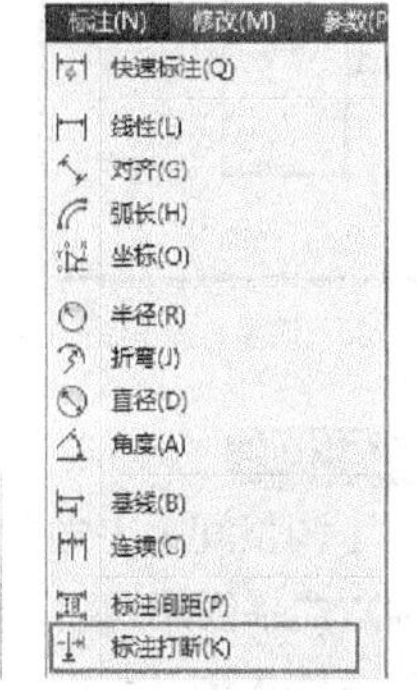

图 7-198【标注打断】标注菜单命令

•操作步骤

【标注打断】的操作示例如图 7-199 所示，命令行操作如下。

```
命令: _DIMBREAK //执行【标注打断】命令
选择要添加/删除折断的标注或 [多个(M)]:
                    //选择线性尺寸标注50
选择要折断标注的对象或 [自动(A)/手动(M)/删除(R)] <自动>:↙
                    //选择多重引线或直接按Enter键
1 个对象已修改
```

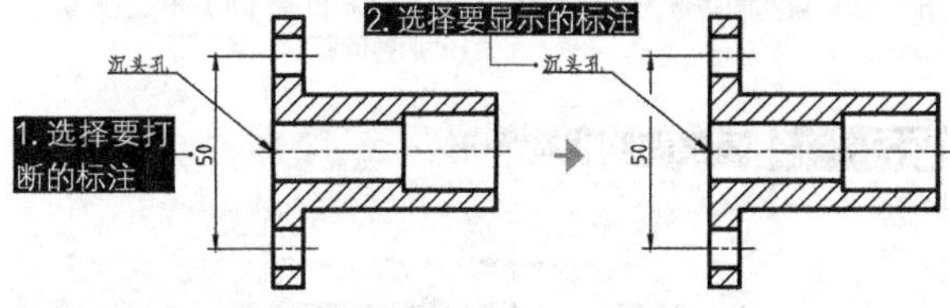

图 7-199 【标注打断】操作示例

•选项说明

命令行中各选项的含义如下。

◆多个（M）：指定要向其中添加折断或要从中删除折断的多个标注。

◆自动（A）：此选项是默认选项，用于在标注相交位置自动生成打断。普通标注的打断距离为【修改标注样式】对话框中【箭头和符号】选项卡下【折断大小】文本框中的值，见图 7-14；多重引线的打断距离则通过【修改多重引线样式】对话框中【引线格式】选项卡下的【打断大小】文本框中的值来控制，见图 7-148。

◆手动（M）：选择此项，需要用户指定两个打断点，将两点之间的标注线打断。

◆删除（R）：选择此项可以删除已创建的打断。

练习 7-15 打断标注优化图形

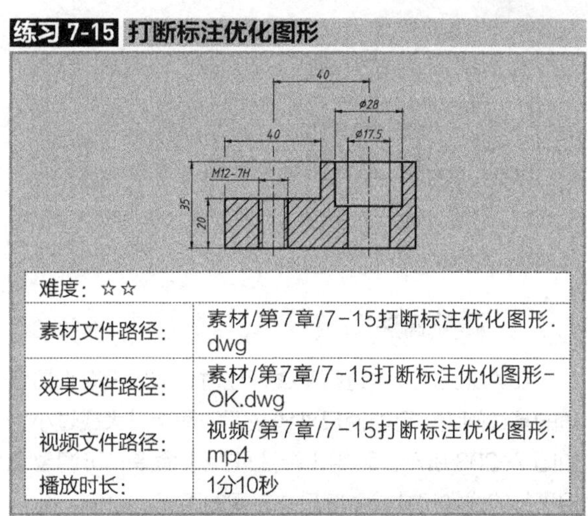

难度：☆☆	
素材文件路径：	素材/第7章/7-15打断标注优化图形.dwg
效果文件路径：	素材/第7章/7-15打断标注优化图形-OK.dwg
视频文件路径：	视频/第7章/7-15打断标注优化图形.mp4
播放时长：	1分10秒

如果图形中孔系繁多，结构复杂，那图形的定位尺寸、定形尺寸就相当丰富，而且互相交叉，对我们观察图形有一定影响。而且这类图形打印出来之后，如果打印机像素不高，就可能模糊成一团，让加工人员无从下手。因此本例便通过对一定位块的标注进行优化，来让用户进一步理解【标注打断】命令的操作。

Step 01 打开素材文件“第7章/7-15打断标注优化图形.dwg”，如图7-200所示，可见各标注相互交叉，有尺寸被遮挡。

Step 02 在【注释】选项卡中，单击【标注】面板中的【打断】按钮，然后在命令行中输入“M”，执行多个（M）选项，接着选择最上方的尺寸40，连按两次Enter键，完成打断标注的选取，结果如图7-201所示，命令行操作如下。

```
命令: _DIMBREAK
选择要添加/删除折断的标注或 [多个(M)]: M↙
                    //选择多个选项
选择标注: 找到 1 个 //选择最上方的尺寸40为要打断的尺寸
选择标注:↙          //按Enter键完成选择
选择要折断标注的对象或 [自动(A)/删除(R)] <自动>:↙
                    //按Enter键完成要显示的标注选择，即所有其他标注
1 个对象已修改
```

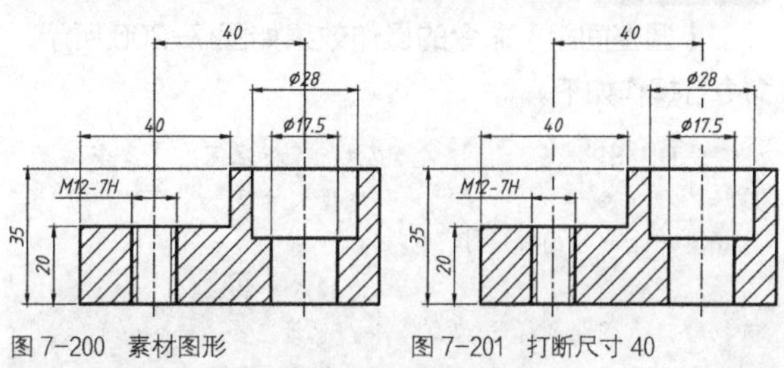

图 7-200 素材图形　　图 7-201 打断尺寸 40

Step 03 根据相同的方法，打断其余要显示的尺寸，最终结果如图7-202所示。

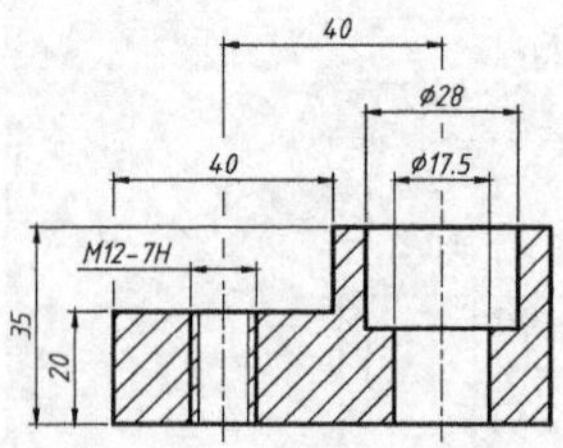

图 7-202　图形的最终打断效果

7.4.2 调整标注间距

在 AutoCAD 中进行基线标注时，如果没有设置合适的基线间距，可能使尺寸线之间的间距过大或过小，如图 7-203 所示。利用【标注间距】命令，可调整互相平行的线性尺寸或角度尺寸之间的距离。

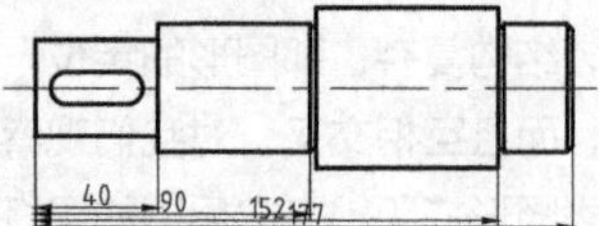
图 7-203　标注间距过小

·执行方式

◆功能区：在【注释】选项卡中，单击【标注】面板中的【调整间距】按钮，如图 7-204 所示。

◆菜单栏：选择【标注】|【标注间距】命令，如图 7-205 所示。

◆命令行：输入“DIMSPACE”命令。

图 7-204　【标注】面板上的【调整间距】按钮　　图 7-205 【标注】菜单命令

·操作步骤

【调整间距】命令的操作效果如图 7-206 所示，命令行操作如下。

```
命令: _DIMSPACE                    //执行【标注间距】命令
选择基准标注:                       //选择尺寸29
选择要产生间距的标注:找到 1 个
                                   //选择尺寸49
选择要产生间距的标注:找到 1 个，总计 2 个
                                   //选择尺寸69
选择要产生间距的标注:↙              //单击Enter键，结束选择
输入值或 [自动(A)] <自动>: 10↙
                                   //输入间距值
```

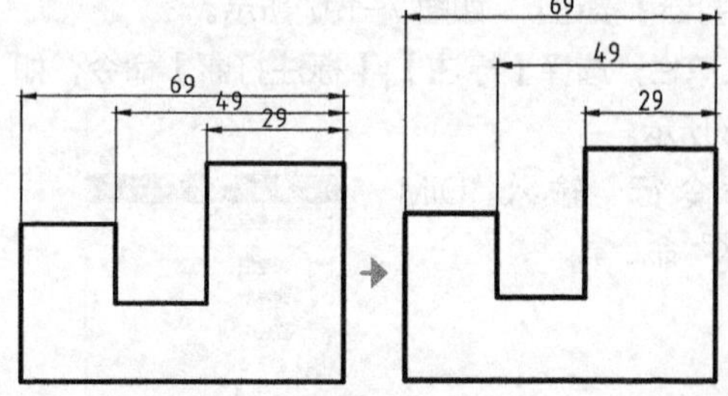

图 7-206　调整标注间距的效果

·选项说明

【调整间距】命令可以通过输入值和自动（A）这两种方式来创建间距，两种方式的含义解释如下。

◆输入值：为默认选项。可以在选定的标注间隔开所输入的间距距离。如果输入的值为 0，则可以将多个标注对齐在同一水平线上，如图 7-207 所示。

◆自动（A）：根据所选择的基准标注的标注样式中指定的文字高度自动计算间距。所得的间距距离是标注文字高度的 2 倍，如图 7-208 所示。

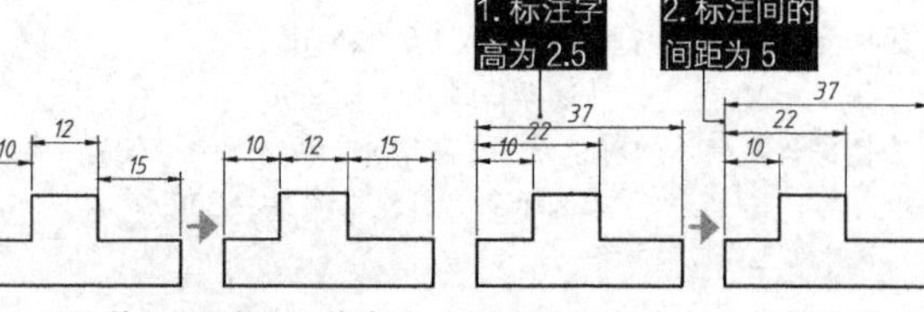

图 7-207 输入间距值为 0 的效果　　图 7-208 自动（A）根据字高自动调整间距

练习 7-16 调整间距优化图形

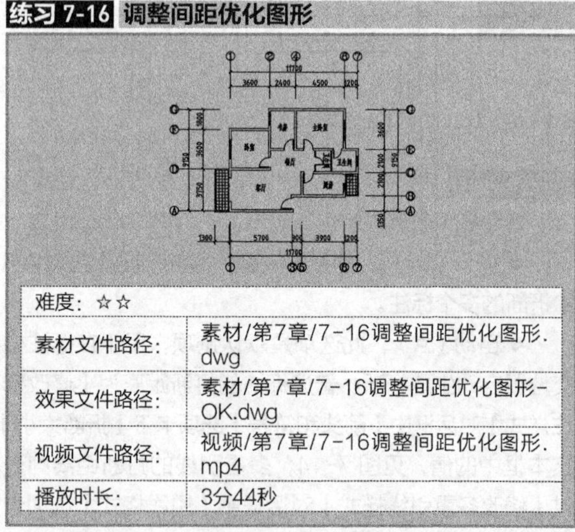

难度：☆☆	
素材文件路径：	素材/第7章/7-16调整间距优化图形.dwg
效果文件路径：	素材/第7章/7-16调整间距优化图形-OK.dwg
视频文件路径：	视频/第7章/7-16调整间距优化图形.mp4
播放时长：	3分44秒

在建筑等工程类图纸中，墙体及其轴线尺寸均需要整列或整排的对齐。但是，有些时候图形会因为标注关联点的设置问题，导致尺寸移位，就需要重新将尺寸一一对齐，这在打开外来图纸时尤其常见。如果用户纯手工地去一个个调整标注，那效率将十分低下，这时就可以借助【调整间距】命令来快速整理图形。

Step 01 打开素材文件“第7章/7-16调整间距优化图形.dwg”，如图7-209所示，图形中各尺寸出现了移位，并不工整。

Step 02 水平对齐底部尺寸。在【注释】选项卡中，单击【标注】面板中的【调整间距】按钮，选择左下方的阳台尺寸1300作为基准标注，然后依次选择右方的尺寸5700、900、3900、1200作为要产生间距的标注，输入间距值为0，则所选尺寸都统一水平对齐至尺寸1300处，如图7-210所示，命令行操作如下。

```
命令: _DIMSPACE
选择基准标注: /                    //选择尺寸1300
选择要产生间距的标注:找到 1 个
                                   //选择尺寸5700
选择要产生间距的标注:找到 1 个, 总计 2 个
                                   //选择尺寸900
选择要产生间距的标注:找到 1 个, 总计 3 个
                                   //选择尺寸3900
选择要产生间距的标注:找到 1 个, 总计 4 个
                                   //选择尺寸1200
选择要产生间距的标注:↙             //单击Enter键, 结束选择
输入值或 [自动(A)] <自动>: 0↙
                                   //输入间距值0, 得到水平排列
```

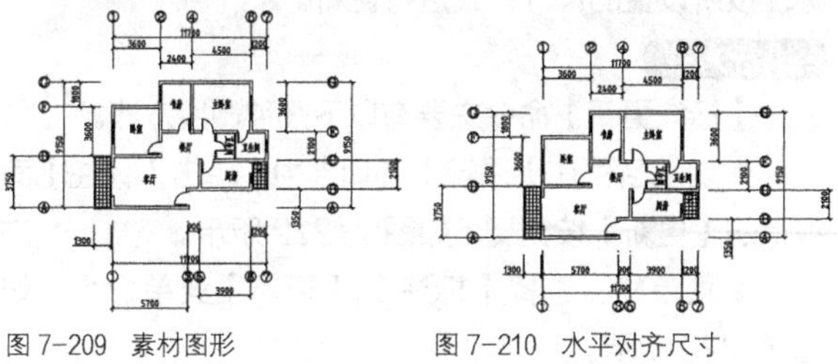

图 7-209 素材图形　　图 7-210 水平对齐尺寸

Step 03 垂直对齐右侧尺寸。选择右下方1350尺寸为基准尺寸，然后选择上方的尺寸2100、2100、3600，输入间距值为0，得到垂直对齐尺寸，如图7-211所示。

Step 04 对齐其他尺寸。按相同方法，对齐其余尺寸，最外层的总长尺寸除外，效果如图7-212所示。

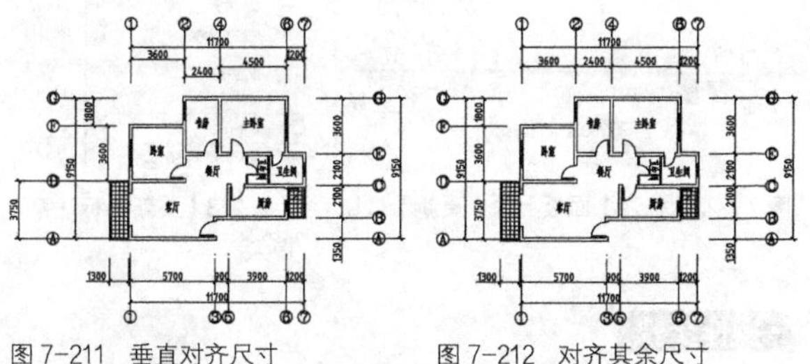

图 7-211 垂直对齐尺寸　　图 7-212 对齐其余尺寸

Step 05 调整外层间距。再次执行【调整间距】命令，仍选择左下方的阳台尺寸1300作为基准尺寸，然后选择下方的总长尺寸11700为要产生间距的尺寸，输入间距值为1300，效果如图7-213所示。

Step 06 按相同方法，调整所有外层总长尺寸，最终结果如图7-214所示。

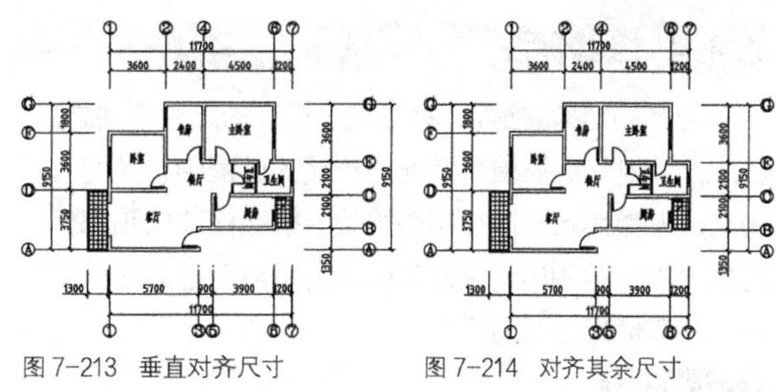

图 7-213 垂直对齐尺寸　　图 7-214 对齐其余尺寸

7.4.3 折弯线性标注

在标注一些长度较大的轴类打断视图的长度尺寸时，可以对应的使用折弯线性标注。

•执行方式

在 AutoCAD 2016 中调用【折弯线性】标注有如下几种常用方法。

◆功能区：在【注释】选项卡中，单击【标注】面板中的【折弯线性】按钮，如图 7-215 所示。

◆菜单栏：执行【标注】|【折弯线性】命令，如图 7-216 所示。

◆命令行：输入“DIMJOGLINE”命令。

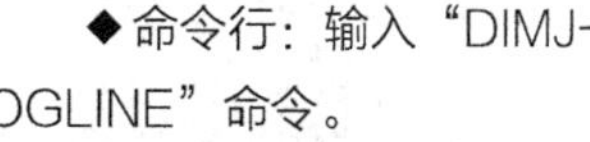

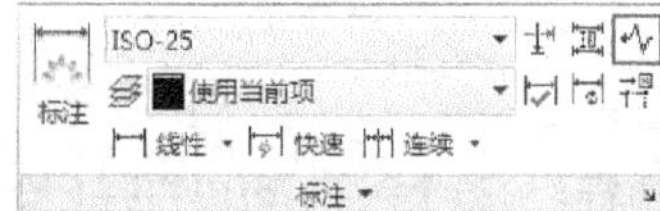

图 7-215【标注】面板上的【折弯线性】按钮　　图 7-216【折弯线性】标注菜单命令

•操作步骤

执行上述任一命令后，选择需要添加折弯的线性标注或对齐标注，然后指定折弯位置即可，如图 7-217 所示，命令行操作如下。

```
命令: _DIMJOGLINE              //执行【折弯线性】标注命令
选择要添加折弯的标注或 [删除(R)]:
                               //选择要折弯的标注
指定折弯位置 (或按 Enter 键):
                    //指定折弯位置, 结束命令
```

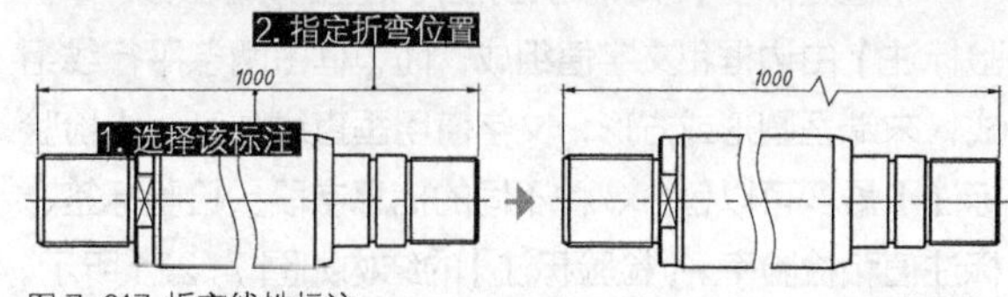

图 7-217 折弯线性标注

7.4.4 检验标注 ★进阶★

当产品结构图画完，并生成了相应的尺寸标注之后，在生产、制造、质检、装配该产品的过程中，需要检验员对一些重点尺寸进行相关检验，确保标注值和部件公差位于指定范围内。因此就可以为重点尺寸添加检验标注，和其他尺寸区别开来。

·执行方式

在 AutoCAD 2016 中调用【检验标注】有如下几种常用方法。

◆功能区：在【注释】选项卡中，单击【标注】面板中的【检验】按钮，如图 7-218 所示。

◆菜单栏：执行【标注】|【检验】命令，如图 7-219 所示。

◆命令行：输入“DIMJOGLINE”命令。

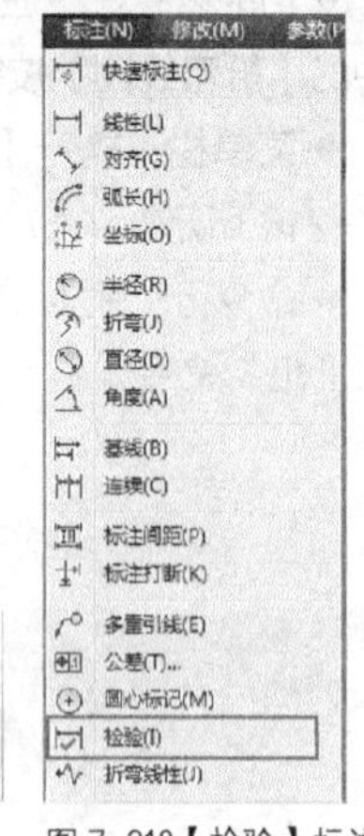

图 7-218【标注】面板上的【检验】按钮　图 7-219【检验】标注菜单命令

·操作步骤

按上述介绍的方法执行【检验】命令，可以打开【检验标注】对话框。在对话框中输入有关检验信息，然后单击左上角的【选择标注】按钮，返回绘图区选择要添加检验的标注，即可创建【检验标注】，如图 7-220 所示。

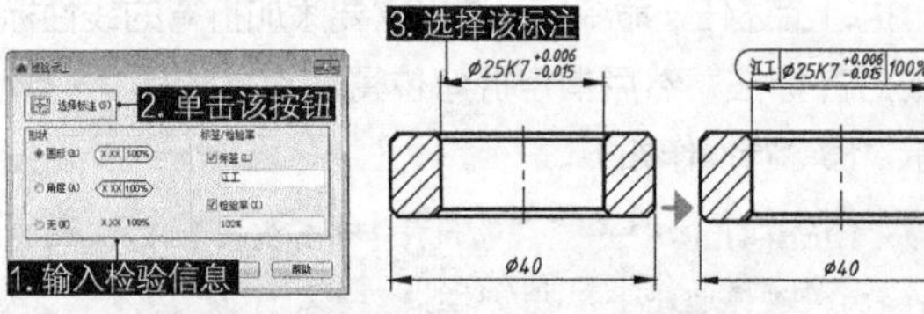

图 7-220　创建【检验标注】

·选项说明

【检验标注】可以添加到任何类型的标注对象，【检验标注】由边框和文字值组成，而边框由两条平行线组成，末端呈圆形或方形；文字值用垂直线隔开。【检验标注】最多可以包含 3 种不同的信息字段：检验标签、标注值和检验率。【检验标注】的结构如图 7-221 所示。

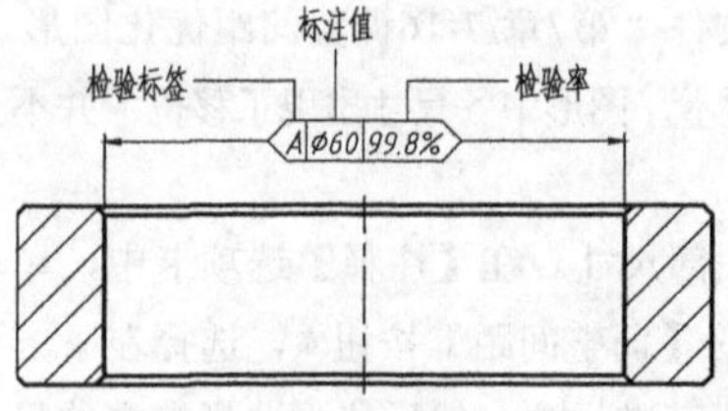

图 7-221　【检验标注】结构图

◆检验标签：用来标识各检验标注的文字，各个公司或单位皆有不同的标法。该标签位于检验标注的最左侧部分。

◆标注值：添加检验标注之前，显示的标注值是相同的值。标注值可以包含公差、文字（前缀和后缀）和测量值。标注值位于检验标注的中心部分。

◆检验率：用于传达应检验标注值的频率，以百分比表示。检验率位于检验标注的最右侧部分。

7.4.5 更新标注 ★进阶★

在创建尺寸标注过程中，若发现某个尺寸标注不符合要求，可采用替代标注样式的方法修改尺寸标注的相关变量，然后使用【标注更新】功能，使要修改的尺寸标注按所设置的尺寸样式进行更新。

·执行方式

【标注更新】命令主要有以下几种调用方法。

◆功能区：在【注释】选项卡中，单击【标注】面板上的【更新】按钮，如图 7-222 所示。

◆菜单栏：选择【标注】|【更新】菜单命令，如图 7-223 所示。

◆命令行：输入“DIMSTYLE”命令。

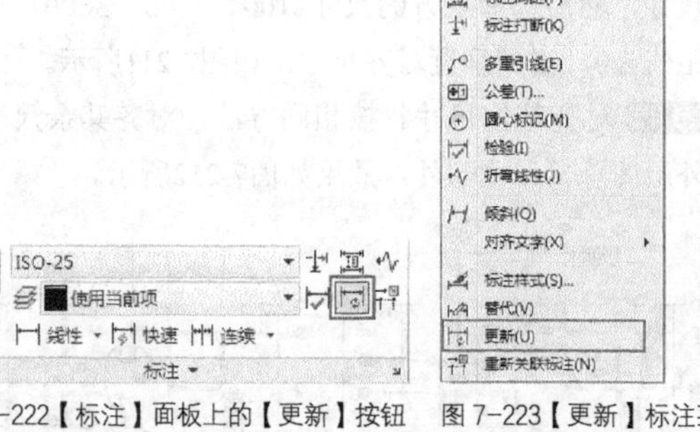

图 7-222【标注】面板上的【更新】按钮　图 7-223【更新】标注菜单命令

·操作步骤

执行【标注更新】命令后，命令行提示如下。

```
命令: _-dimstyle↙                    //调用【更新】标注命令
当前标注样式: 标注  注释性: 否
输入标注样式选项
[注释性(AN)/保存(S)/恢复(R)/状态(ST)/变量(V)/应用(A)/?] <
恢复>: _apply
选择对象: 找到 1 个
```

•选项说明

命令行中其各选项含义如下。

◆注释性（AN）：将标注更新为可注释的对象。

◆保存（S）：将标注系统变量的当前设置保存到标注样式。

◆状态（ST）：显示所有标注系统变量的当前值，并自动结束 DIMSTYLE 命令。

◆变量（V）：列出某个标注样式或设置选定标注的系统变量，但不能修改当前设置。

◆“应用（A）：将当前尺寸标注系统变量设置应用到选定标注对象，永久替代应用于这些对象的任何现有标注样式。选择该选项后，系统提示选择标注对象，选择标注对象后，所选择的标注对象将自动被更新为当前标注格式。

7.4.6 尺寸关联性 ★进阶★

尺寸关联是指尺寸对象及其标注的对象之间建立了联系，当图形对象的位置、形状、大小等发生改变时，其尺寸对象也会随之动态更新。如一个长 50、宽 30 的矩形，使用【缩放】命令将矩形放大两倍，不仅图形对象放大了两倍，而且尺寸标注也同时放大了两倍，尺寸值变为缩放前的两倍，如图 7-224 所示。

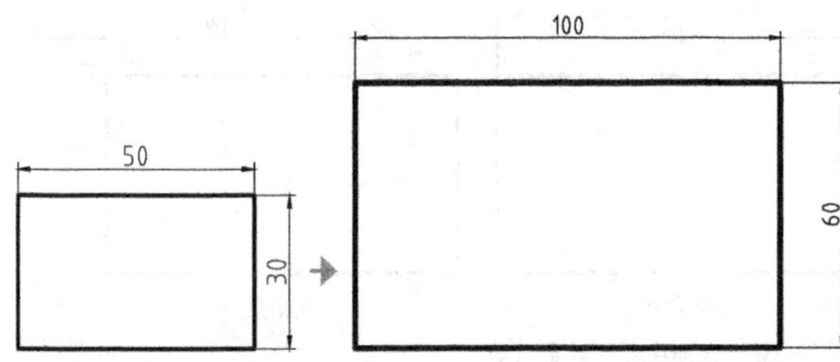

图 7-224 尺寸关联示例

1 尺寸关联

在模型窗口中标注尺寸时，尺寸是自动关联的，无须用户进行关联设置。但是，如果在输入尺寸文字时不使用系统的测量值，而是由用户手工输入尺寸值，那么尺寸文字将不会与图形对象关联。

•执行方式

对于没有关联，或已经解除了关联的尺寸对象和图形对象，重建标注关联的方法如下。

◆功能区：在【注释】选项卡中，单击【标注】面板中的【重新关联】按钮，如图 7-225 所示。

◆菜单栏：执行【标注】|【重新关联标注】命令，如图 7-226 所示。

◆命令行：输入“DIMREASSOCIATE”或“DRE”命令。

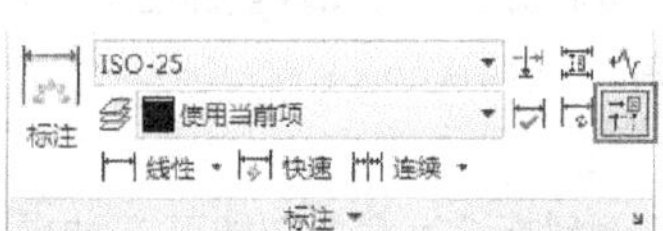

图 7-225【标注】面板上的【重新关联】按钮

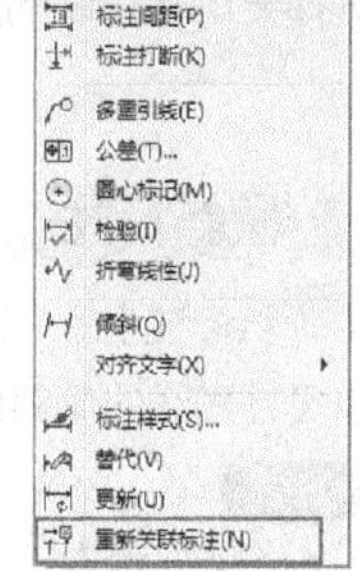

图 7-226【重新关联标注】菜单命令

•操作步骤

执行【重新关联】命令之后，命令行提示如下。

```
命令: _dimreassociate            //执行【重新关联】命令
选择要重新关联的标注 ...
选择对象或 [解除关联(D)]: 找到 1 个
                                 //选择要建立关联的尺寸
选择对象或 [解除关联(D)]:
指定第一个尺寸界线原点或 [选择对象(S)] <下一个>:
                                 //选择要关联的第一点
指定第二个尺寸界线原点 <下一个>:
                                 //选择要关联的第二点
```

每个关联点提示旁边都会显示有一个标记，如果当前标注的定义点与几何对象之间没有关联，则标记将显示为蓝色的“╳”；如果定义点与几何对象之间已有了关联，则标记将显示为蓝色的“☒”。

2 解除关联

对于已经建立了关联的尺寸对象及其图形对象，可以用【解除关联】命令解除尺寸与图形的关联性。解除标注关联后，对图形对象进行修改，尺寸对象不会发生任何变化。因为尺寸对象已经和图形对象彼此独立，没有任何关联关系了。

•执行方式

解除关联有如下两种方法。

◆命令行：输入“DIMDISASSOCIATE”或“DDA”命令。

◆内容选项：执行【重新关联】命令时选择其中的解除关联（D）选项。

•操作步骤

在命令行中输入“DDA”命令并按Enter键，执行【解除关联】命令后，命令行提示如下。

```
命令: DDA↙
DIMDISASSOCIATE
选择要解除关联的标注 ...
                                 //选择要解除关联的尺寸
选择对象:
```

选择要解除关联的尺寸对象，按 Enter 键即可解除关联。

7.4.7 倾斜标注 ★进阶★

【倾斜标注】命令可以旋转、修改或恢复标注文字，并更改尺寸界线的倾斜角。

·执行方式

AutoCAD 中启动【倾斜标注】命令有如下 3 种常用方法。

◆功能区：在【注释】选项卡中，单击【标注】滑出面板上的【倾斜】按钮，如图 7-227 所示。

◆菜单栏：调用【标注】|【倾斜】菜单命令，如图 7-228 所示。

◆命令行：输入“DIMEDIT”或“DED”命令。

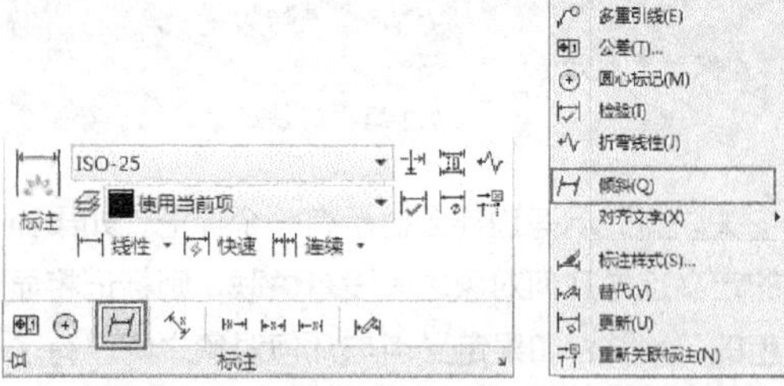

图 7-227【标记】面板上的【倾斜】按钮　图 7-228【倾斜】标注菜单命令

·操作步骤

在以前版本的 AutoCAD 中，【倾斜】命令归类于 DIMEDIT【标注编辑】命令之内，而到了 AutoCAD 2016，开始作为一个独立的命令出现在面板上。但如果还是以命令行中输入“DIMEDIT”的方式调用，则可以执行其他属于【标注编辑】的命令，命令行提示如下。

```
输入标注编辑类型[默认（H）/新建（N）/旋转（R）/倾斜（O）]〈默认〉:
```

·选项说明

命令行中各选项的含义如下。

◆默认（H）：选择该选项并选择尺寸对象，可以按默认位置和方向放置尺寸文字。

◆新建（N）：选择该选项后，系统将打开【文字编辑器】选项卡，选中输入框中的所有内容，然后重新输入需要的内容，单击该对话框上的【确定】按钮。返回绘图区，单击要修改的标注，如图 7-229 所示，按 Enter 键即可完成标注文字的修改，结果如图 7-230 所示。

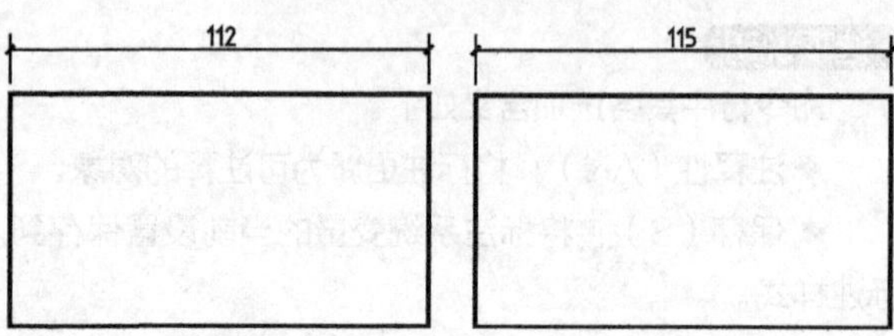

图 7-229　选择修改对象　　图 7-230　修改结果

◆旋转（R）：选择该项后，命令行提示“输入文字旋转角度：”，此时，输入文字旋转角度后，单击要修改的文字对象，即可完成文字的旋转。如图 7-231 所示为将文字旋转 30° 后的效果对比。

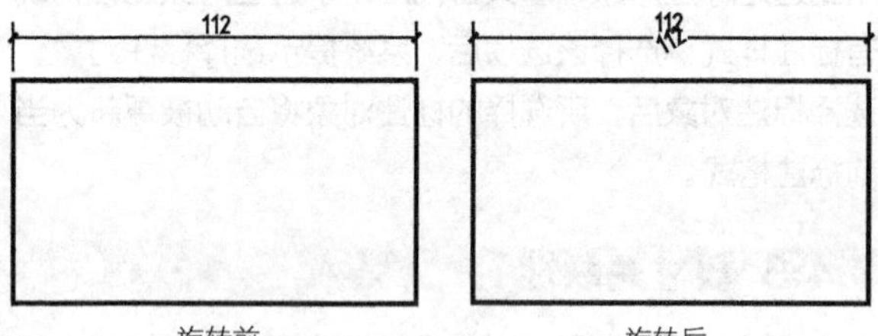

图 7-231　文字旋转效果对比

◆倾斜（O）：用于修改延伸线的倾斜度。选择该项后，命令行会提示选择修改对象，并要求输入倾斜角度。图 7-232 所示为延伸线倾斜 60° 后的效果对比。

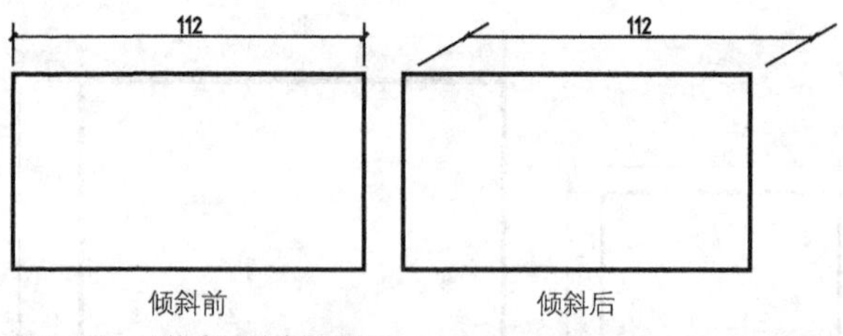

图 7-232　延伸线倾斜效果对比

> **操作技巧**
>
> 在命令行中输入“DDEDIT”或“ED”命令，也可以很方便地修改标注文字的内容。

7.4.8 对齐标注文字 ★进阶★

调用【对齐标注文字】命令可以调整标注文字在标注上的位置。

·执行方式

AutoCAD 中启动【对齐标注文字】命令有如下 3 种常用方法。

◆功能区：单击【注释】选项卡中【标注】面板下的相应按钮，【文字角度】按钮、【左对正】按钮、【居中对正】按钮、【右对正】按钮等，如图 7-233 所示。

◆菜单栏：调用【标注】|【对齐文字】菜单命令，如图 7-234 所示。

◆命令行：输入“DIMTEDIT”命令。

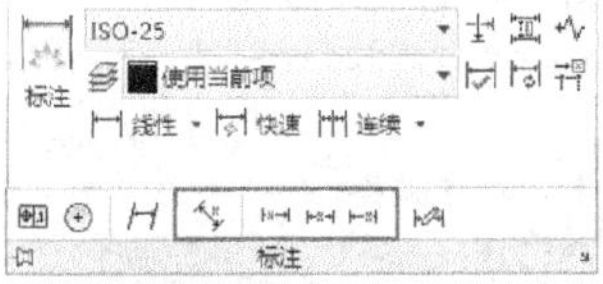

图 7-233【标记】面板上与对齐文字有关的命令按钮

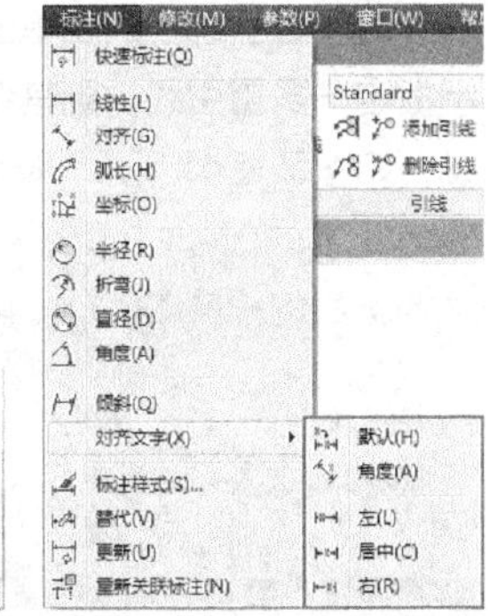

图 7-234【对齐文字】标注菜单命令

•操作步骤

调用编辑标注文字命令后，命令行提示如下。

```
命令: _dimtedit
选择标注:            //选择已有的标注作为编辑对象
为标注文字指定新位置或 [左对齐(L)/右对齐(R)/居中(C)/默认(H)/角度(A)]:      //指定编辑标注文字选项
标注已解除关联      //显示编辑标注文字结果信息
```

•选项说明

其各选项含义如下：

◆左对齐（L）：将标注文字放置于尺寸线的左边，如图 7-235（a）所示。

◆右对齐（R）：将标注文字放置于尺寸线的右边，如图 7-235（b）所示。

◆居中（C）：将标注文字放置于尺寸线的中心，如图 7-235（c）所示。

◆默认（H）：恢复系统默认的尺寸标注位置。

◆角度（A）：用于修改标注文字的旋转角度，与 DIMEDIT 命令的旋转选项效果相同，如图 7-235（d）所示。

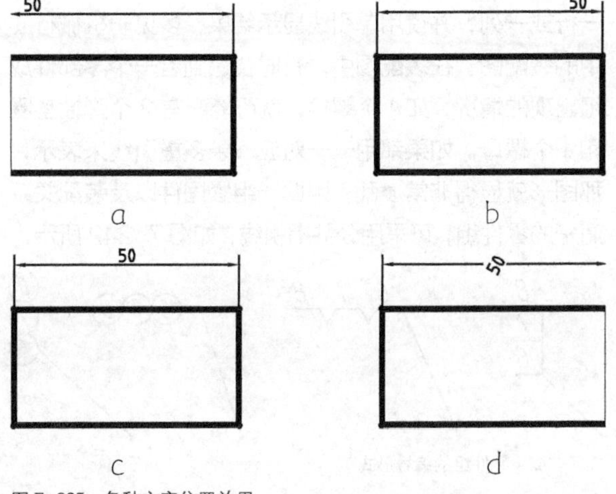

图 7-235 各种文字位置效果

7.4.9 翻转箭头

当尺寸界线内的空间狭窄时，可使用翻转箭头将尺寸箭头翻转到尺寸界线之外，使尺寸标注更清晰。选中需要翻转箭头的标注，则标注会以夹点形式显示，指针移到尺寸线夹点上，弹出快捷菜单，选择其中的【翻转箭头】命令即可翻转该侧的一个箭头。使用同样的操作翻转另一端的箭头，操作示例如图 7-236 所示。

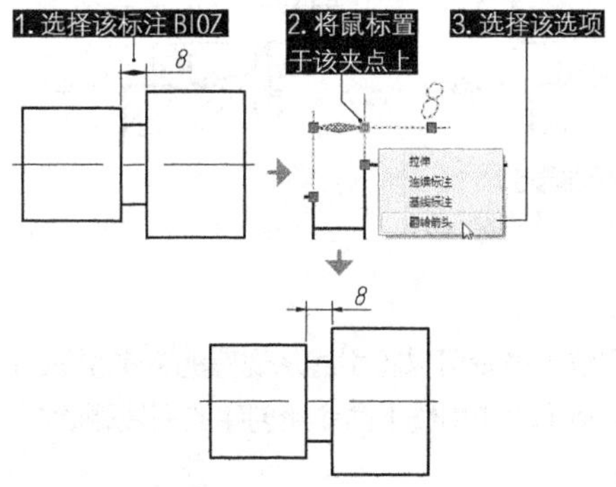

图 7-236 翻转箭头

7.4.10 编辑多重引线 ★重点★

使用【多重引线】命令注释对象后，可以对引线的位置和注释内容进行编辑。在 AutoCAD 2016 中，提供了 4 种【多重引线】的编辑方法，分别介绍如下。

1 添加引线

【添加引线】命令可以将引线添加至现有的多重引线对象，从而创建一对多的引线效果。

•执行方式

◆功能区 1：在【默认】选项卡中，单击【注释】面板中的【添加引线】按钮，如图 7-237 所示。

◆功能区 2：在【注释】选项卡中，单击【引线】面板中的【添加引线】按钮，如图 7-238 所示。

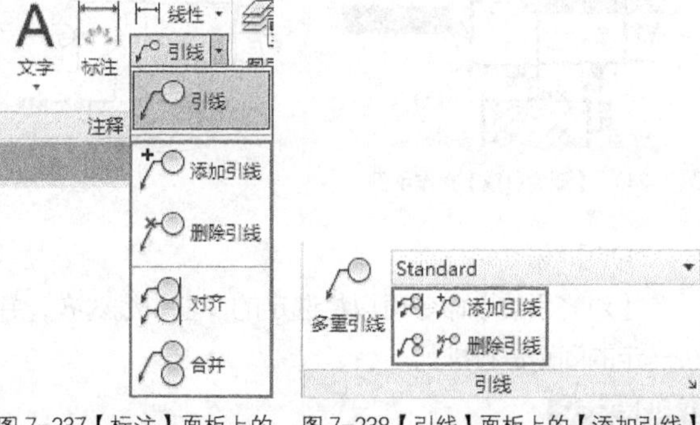

图 7-237【标注】面板上的【添加引线】按钮　图 7-238【引线】面板上的【添加引线】按钮

•操作步骤

单击【添加引线】按钮执行命令后，直接选择要添加引线的【多重引线】，然后在指定引线的箭头放置点即可，如图 7-239 所示，命令行操作如下。

```
选择多重引线:          //选择要添加引线的多重引线
找到 1 个
指定引线箭头位置或 [删除引线(R)]:
                    //指定新的引线箭头位置，按Enter键结束命令
```

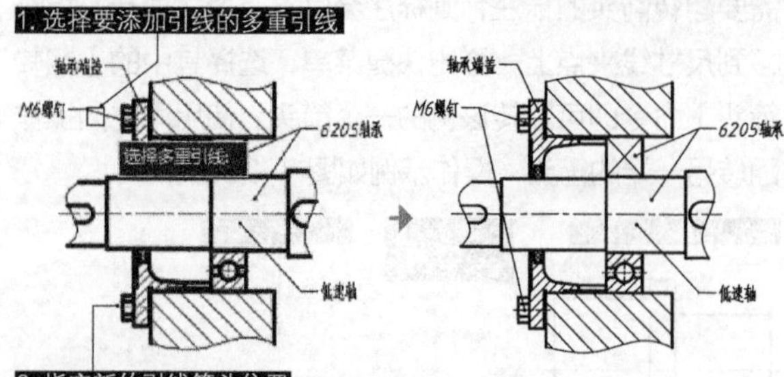

图 7-239 【添加引线】操作示例

2 删除引线

【删除引线】命令可以将引线从现有的多重引线对象中删除，即将【添加引线】命令所创建的引线删除。

• 执行方式

◆功能区 1：在【默认】选项卡中，单击【注释】面板中的【删除引线】按钮，如图 7-237 所示。

◆功能区 2：在【注释】选项卡中，单击【引线】面板中的【删除引线】按钮，如图 7-238 所示。

• 操作步骤

单击【删除引线】按钮执行命令后，直接选择要删除引线的【多重引线】即可，如图 7-240 所示，命令行操作如下。

```
选择多重引线:                    //选择要删除引线的多重引线
找到 1 个
指定要删除的引线或 [添加引线(A)]: ↙
                                //按Enter键结束命令
```

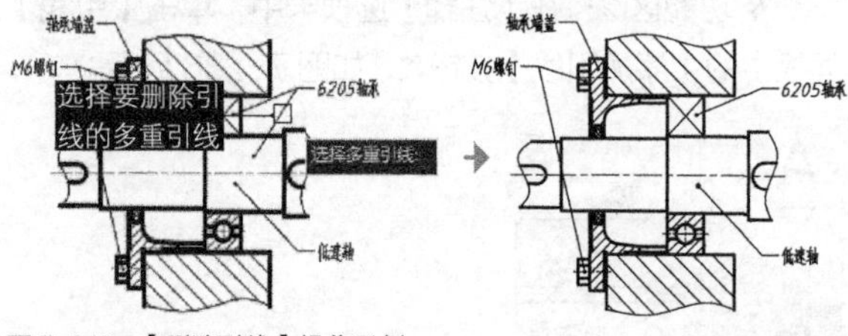

图 7-240 【删除引线】操作示例

3 对齐引线

【对齐引线】命令可以将选定的多重引线对齐，并按一定的间距进行排列。

• 执行方式

◆功能区 1：在【默认】选项卡中，单击【注释】面板中的【对齐】按钮，如图 7-237 所示。

◆功能区 2：在【注释】选项卡中，单击【引线】面板中的【对齐】按钮，如图 7-238 所示。

◆命令行：输入“MLEADERALIGN”命令。

• 操作步骤

单击【对齐】按钮执行命令后，选择所有要进行对齐的多重引线，然后单击 Enter 键确认，接着根据提示指定一多重引线，则其余多重引线均对齐至该多重引线，如图 7-241 所示，命令行操作如下。

```
命令: _mleaderalign  //执行【对齐引线】命令
选择多重引线: 指定对角点: 找到 6 个
                    //选择所有要进行对齐的多重引线
选择多重引线: ↙      //单击Enter键完成选择
当前模式: 使用当前间距
                    //显示当前的对齐设置
选择要对齐的多重引线或 [选项(O)]:
                    //选择作为对齐基准的多重引线
指定方向:            //移动光标指定对齐方向，单击左键结束
命令
```

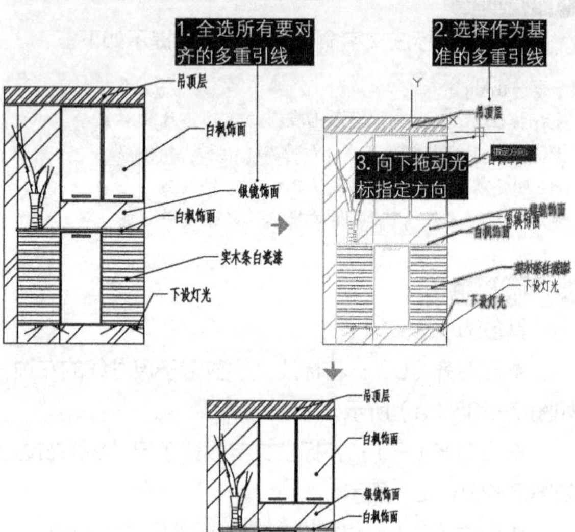

图 7-241 【对齐引线】操作示例

4 合并引线

【合并引线】命令可以将包含块的多重引线组织成一行或一列，并使用单引线显示结果，多见于机械行业中的装配图。在装配图中，有时会遇到若干个零部件成组出现的情况，如 1 个螺栓，就可能配有 2 个弹性垫圈和 1 个螺母。如果都用一一对应一条多重引线来表示，那图形就显得非常凌乱，因此一组紧固件以及装配关系清楚的零件组，可采用公共指引线，如图 7-242 所示。

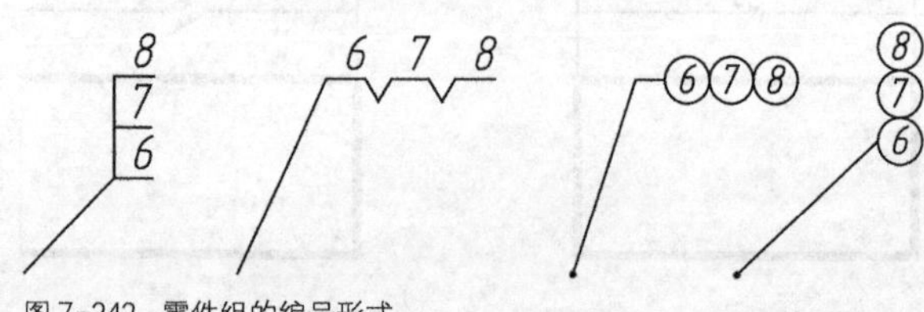

图 7-242 零件组的编号形式

·执行方式

◆功能区 1：在【默认】选项卡中，单击【注释】面板中的【合并】按钮，如图 7-237 所示。

◆功能区 2：在【注释】选项卡中，单击【引线】面板中的【合并】按钮，如图 7-238 所示。

◆命令行：输入“MLEADERCOLLECT”命令。

·操作步骤

单击【合并】按钮执行命令后，选择所有要合并的多重引线，然后单击 Enter 确认，接着根据提示选择多重引线的排列方式，或直接单击鼠标左键放置多重引线，如图 7-243 所示，命令行操作如下。

```
命令: _mleadercollect
                    //执行【合并引线】命令
选择多重引线: 指定对角点: 找到 3 个
                    //选择所有要进行对齐的多重引线
选择多重引线: ↙     //单击Enter键完成选择
指定收集的多重引线位置或 [垂直(V)/水平(H)/缠绕(W)] <水平>:   //选择引线排列方式，或单击左键结束命令
```

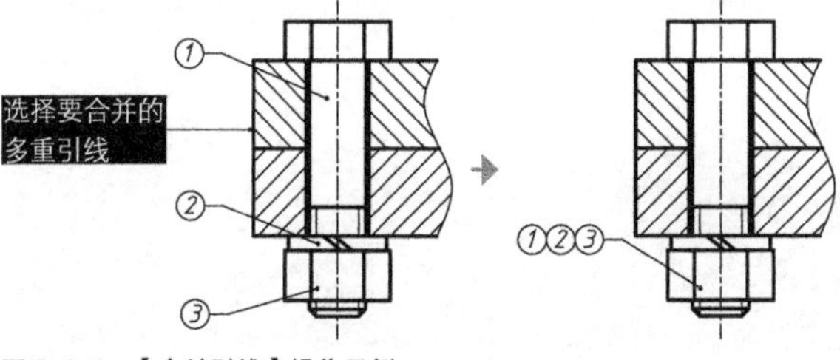

图 7-243 【合并引线】操作示例

> **操作技巧**
>
> 执行【合并】命令的多重引线，其注释的内容必须是块。如果是多行文字，则无法操作。

·选项说明

命令行中提供了 3 种多重引线合并的方式，分别介绍如下。

◆垂直（V）：将多重引线集合放置在一列或多列中，如图 7-244 所示。

◆水平（H）：将多重引线集合放置在一行或多行中，为默认选项，如图 7-245 所示。

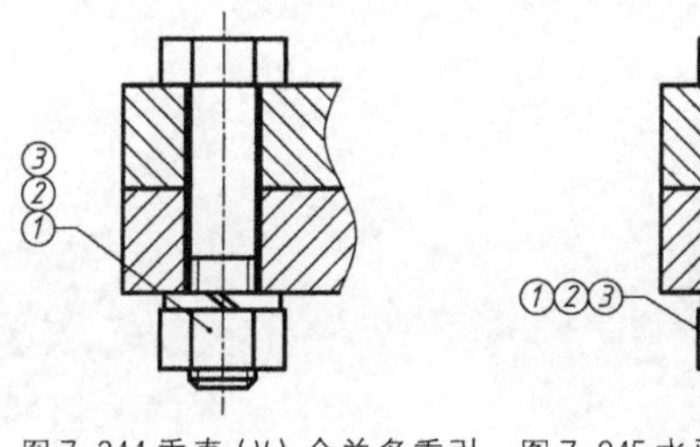

图 7-244 垂直（V）合并多重引线

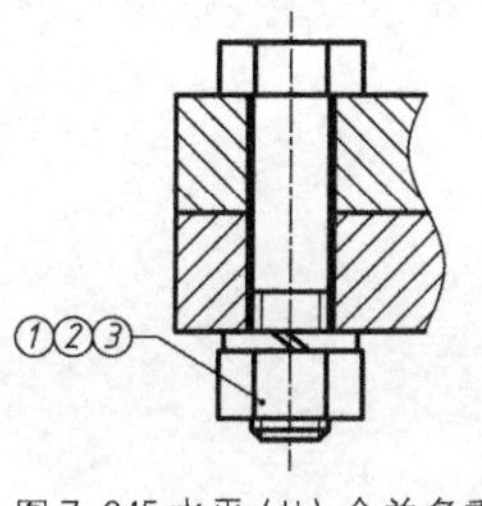

图 7-245 水平（H）合并多重引线

◆缠绕（W）：指定缠绕的多重引线集合的宽度。选择该选项后，可以指定缠绕宽度和数目，可以指定序号的列数，效果如图 7-246 所示。

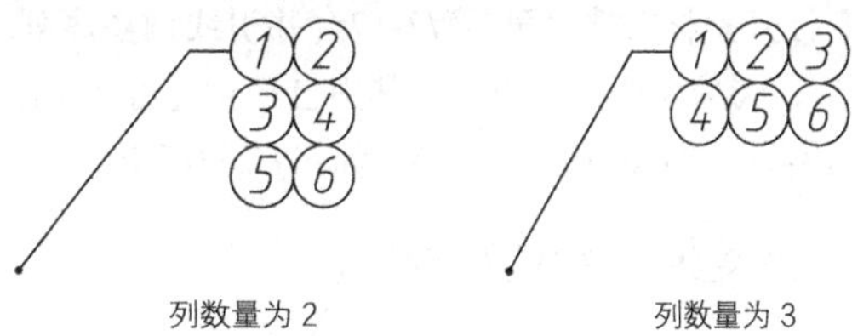

图 7-246 不同数量的合并效果

·熟能生巧 选择顺序对合并引线的效果影响

对【多重引线】执行【合并】命令时，最终的引线序号应按顺序依次排列，而不能出现数字颠倒、错位的情况。错位现象的出现是由于用户在操作时没有按顺序选择多重引线所致，因此，无论是单独点选还是一次性框选，都需要考虑各引线的选择先后顺序，如图 7-247 所示。

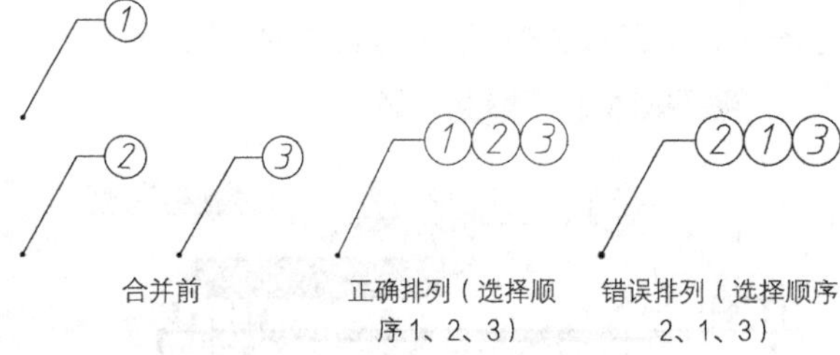

图 7-247 选择顺序对【合并引线】的影响效果

除了序号排列效果，最终合并引线的水平基线和箭头所指点也与选择顺序有关，具体总结如下。

◆水平基线即为所选的第一个多重引线的基线。

◆箭头所指点即为所选的最后一个多重引线的箭头所指点。

下面便通过一个具体实例来详解选择顺序对于【合并引线】的影响。

练习 7-17 合并引线调整序列号

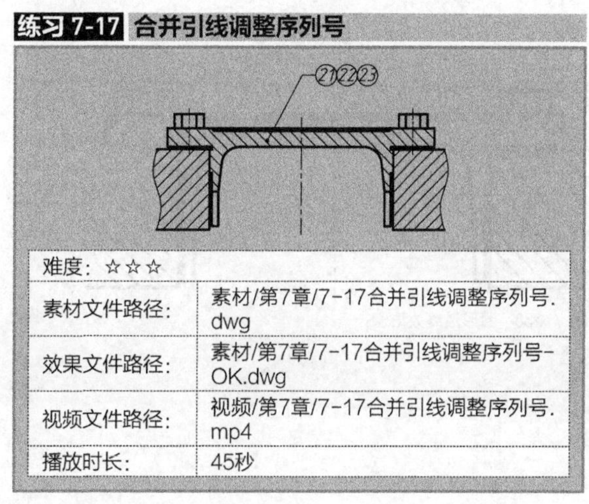

难度：☆☆☆	
素材文件路径：	素材/第7章/7-17合并引线调整序列号.dwg
效果文件路径：	素材/第7章/7-17合并引线调整序列号-OK.dwg
视频文件路径：	视频/第7章/7-17合并引线调整序列号.mp4
播放时长：	45秒

装配图中有一些零部件是成组出现的，因此可以采用公共指引线的方式来调整，使得图形显示效果更为简洁。

Step 01 打开素材文件“第7章/7-17合并引线调整序列号.dwg”，为装配图的一部分，其中已经创建好了3个多重引线标注，序号为㉑、㉒、㉓，如图7-248所示。

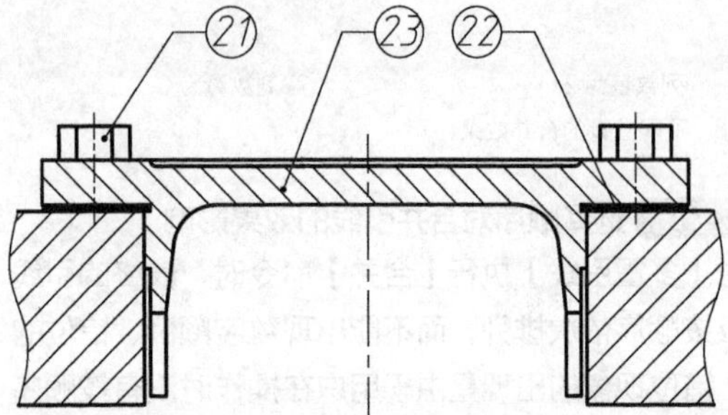

图 7-248 素材图形

Step 02 在【默认】选项卡中，单击【注释】面板中的【合并】按钮，选择序号㉑为第一个多重引线，然后选择序号㉒，最后选择序号㉓，如图7-249所示。

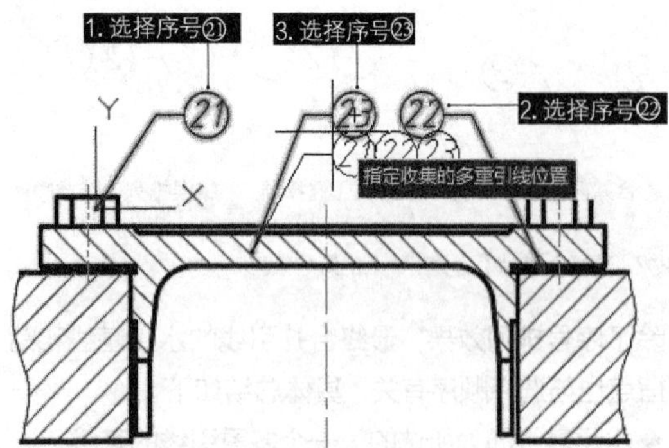

图 7-249 选择要合并的多重引线

Step 03 此时可预览到合并后引线序号顺序为㉑、㉒、㉓，且引线箭头点与原引线㉓一致。在任意点处单击放置，即可结束命令，最终图形效果如图7-250所示。

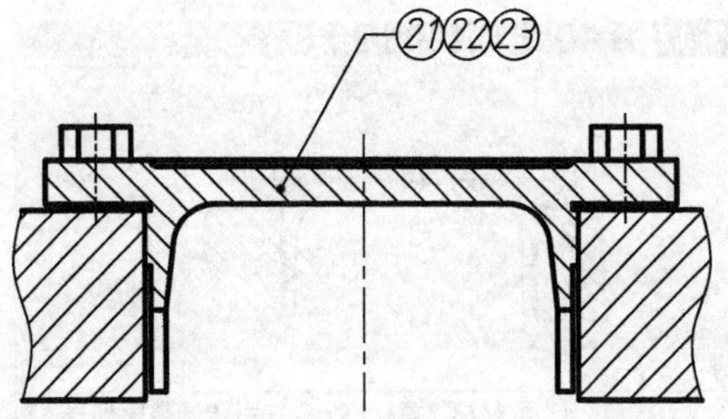

图 7-250 图形最终效果

第 8 章 文字和表格

文字和表格是图纸中的重要组成部分，用于注释和说明图形难以表达的特征，例如，机械图纸中的技术要求、材料明细表，建筑图纸中的安装施工说明、图纸目录表等。本章便介绍 AutoCAD 中文字、表格的设置和创建方法。

8.1 创建文字

文字注释是绘图过程中很重要的内容，进行各种设计时，不仅要绘制出图形，还需要在图形中标注一些注释性的文字，这样可以对不便于表达的图形设计加以说明，使设计表达更加清晰。

8.1.1 文字样式的创建与其他操作

与【标注样式】一样，文字内容也可以设置【文字样式】来定义文字的外观，包括字体、高度、宽度比例、倾斜角度以及排列方式等，是对文字特性的一种描述。

1 新建文字样式

要创建文字样式首先要打开【文字样式】对话框。该对话框不仅显示了当前图形文件中已经创建的所有文字样式，并显示当前文字样式及其有关设置、外观预览。在该对话框中不但可以新建并设置文字样式，还可以修改或删除已有的文字样式。

• 执行方式

调用【文字样式】有如下几种常用方法。

◆功能区：在【默认】选项卡中，单击【注释】滑出面板上的【文字样式】按钮，如图 8-1 所示。

◆菜单栏：选择【格式】|【文字样式】菜单命令，如图 8-2 所示。

◆命令行：输入“STYLE”或“ST”命令。

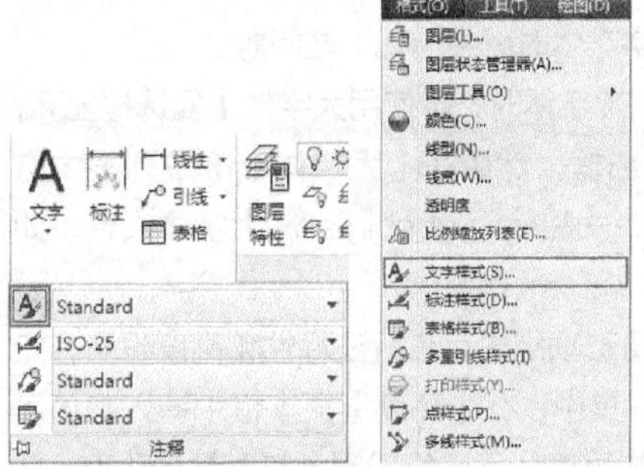

图 8-1【注释】面板中的【文字样式】按钮　图 8-2【文字样式】菜单命令

• 操作步骤

通执行该命令后，系统弹出【文字样式】对话框，如图 8-3 所示，可以在其中新建或修改当前文字样式，以指定字体、高度等参数。

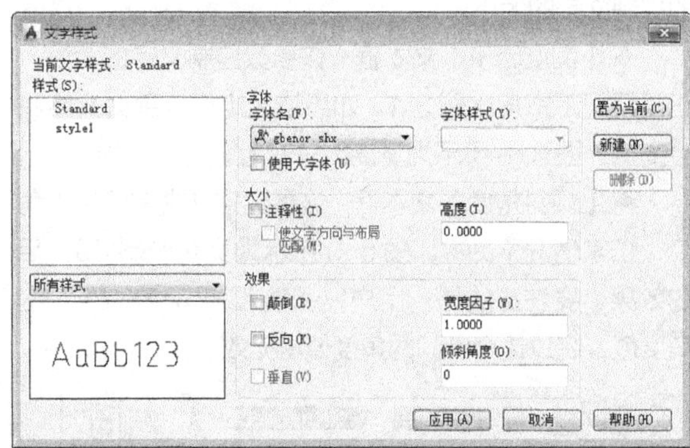

图 8-3 【文字样式】对话框

• 选项说明

【文字样式】对话框中各参数的含义如下。

◆【样式】列表框：列出了当前可以使用的文字样式，默认文字样式为 Standard（标准）。

◆【字体名】下拉列表：在该下拉列表中可以选择不同的字体，如宋体、黑体和楷体等，如图 8-4 所示。

◆【使用大字体】复选框：用于指定亚洲语言的大字体文件，只有后缀名为 .sxh 的字体文件才可以创建大字体。

◆【字体样式】下拉列表：在该下拉列表中可以选择其他字体样式。

◆【置为当前】按钮：：单击该按钮，可以将选择的文字样式设置成当前的文字样式

◆【新建】按钮：单击该按钮，系统弹出【新建文字样式】对话框，如图 8-5 所示。在样式名文本框中输入新建样式的名称，单击【确定】按钮，新建文字样式将显示在【样式】列表框中。

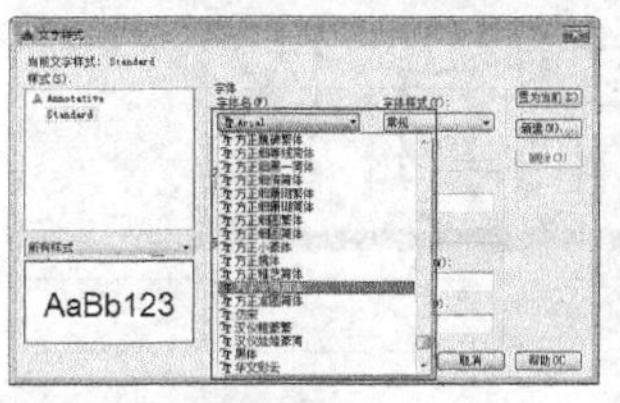

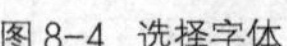

图 8-4　选择字体

图 8-5【新建文字样式】复选框

◆【颠倒】复选框：勾选【颠倒】复选框之后，文字方向将翻转，如图 8-6 所示。

◆【反向】复选框：勾选【反向】复选框，文字的阅读顺序将与开始时相反，如图 8-7 所示。

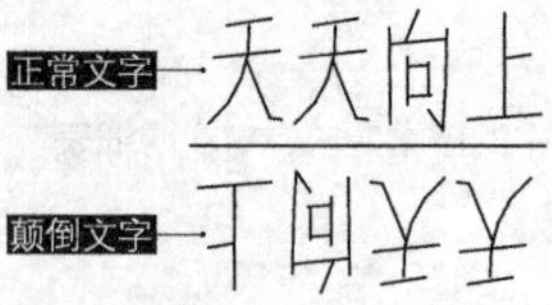

图 8-6 颠倒文字效果

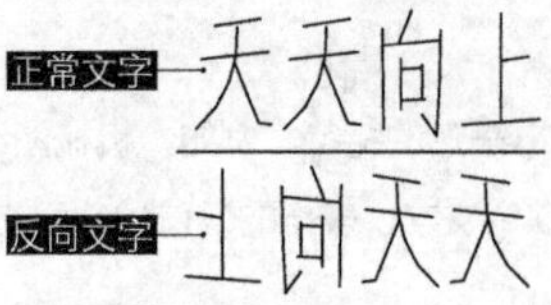

图 8-7 反向文字效果

◆【高度】文本框：该参数可以控制文字的高度，即控制文字的大小。

◆【宽度因子】文本框：该参数控制文字的宽度，正常情况下宽度比例为 1。如果增大比例，那么文字将会变宽。图 8-8 所示为宽度因子变为 2 时的效果。

◆【倾斜角度】文本框：该参数控制文字的倾斜角度，正常情况下为 0。图 8-9 所示为文字倾斜 45° 后的效果。要注意的是：用户只能输入 -85° ~ 85° 的角度值，超过这个区间的角度值将无效。

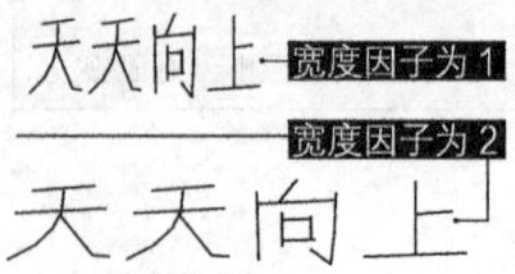

图 8-8 调整宽度因子

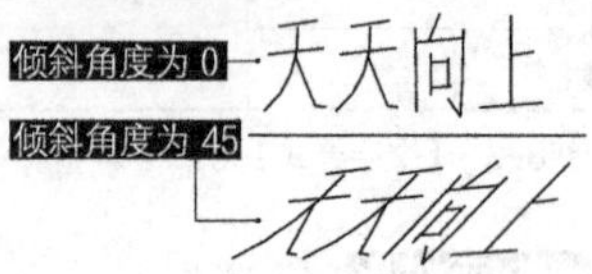

图 8-9 调整倾斜角度

·初学解答 修改了文字样式，却无相应变化？

在【文字样式】对话框中修改的文字效果，仅对单行文字有效果。用户如果使用的是多行文字创建的内容，则无法通过更改【文字样式】对话框中的设置来达到相应效果，如倾斜、颠倒等。

·熟能生巧 图形中的文字显示为问号？

打开文件后字体和符号变成了问号“？”，或有些字体不显示；打开文件时提示“缺少 SHX 文件”或“未找到字体”；出现上述字体无法正确显示的情况均是字体库出现了问题，可能是系统中缺少显示该文字的字体文件、指定的字体不支持全角标点符号或文字样式已被删除，有的特殊文字需要特定的字体才能正确显示。下面通过一个例子来介绍修复的方法。

练习 8-1 将“???”还原为正常文字

难度：☆☆☆	
素材文件路径：	素材/第8章/8-1将“???”还原为正常文字.dwg
效果文件路径：	素材/第8章/8-1将“???”还原为正常文字-OK.dwg
视频文件路径：	视频/第8章/8-1将“???”还原为正常文字.mp4
播放时长：	58秒

在进行实际的设计工作时，因为要经常与其他设计师进行图纸交流，所有会碰到许多外来图纸，这时就很容易碰到图纸中文字或标注显示不正常的情况。这一般都是样式出现了问题，因为电脑中没有样式所选用的字体，故显示问号或其他乱码。

Step 01 打开“第8章/8-1将‘???’还原为正常文字.dwg”素材文件，所创建的文字显示为问号，内容不明，如图8-10所示。

Step 02 点选出现问号的文字，单击鼠标右键，在弹出的下拉列表中选择【特性】选项，系统弹出【特性】管理器。在【特性】管理器【文字】列表中，可以查看文字的【内容】、【样式】、【高度】等特性，并且能够修改。将其修改为【宋体】样式，如图8-11所示。

图 8-10 素材文件

图 8-11 修改文字样式

Step 03 文字得到正确显示，如图8-12所示。

图 8-12 正常显示的文字

·精益求精 .shx 字体与 .ttf 字体的区别

在 AutoCAD 2016 中存在着两种类型的字体文件：.SHX 字体和 .TTF（TrueType）字体。这两类字体文件都支持英文显示，但显示中、日、韩等非 ASCII 编码的亚洲文字字体时就会出现一些问题。

当选择 SHX 字体时，【使用大字体】复选框显亮，用户选中该复选框，然后在【大字体】下拉列表中选择大字体文件，一般使用 gbcbig.shx 大字体文件，如图 8-13 所示。

在【大小】选项组中可进行注释性和高度设置，如图 8-14 所示。其中，在【高度】文本框中键入数值可改变当前文字的高度，不进行设置，其默认值为 0，并且每次使用该样式时，命令行都将提示指定文字高度。

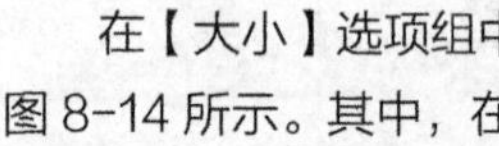

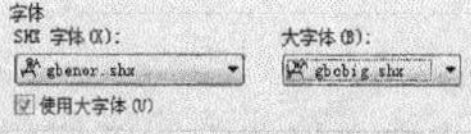

图 8-13 使用【大字体】

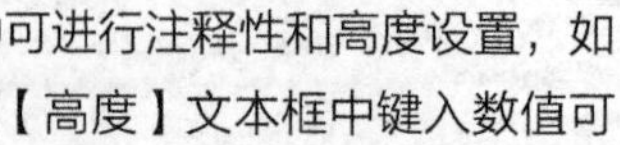

图 8-14 设置文字高度

这两种字体的含义分别介绍如下。

SHX 字体文件

SHX 字体是 AutoCAD 自带的字体文件，符合 AutoCAD 的标准。这种字体文件的后缀名是“.shx”，存放在 AutoCAD 的文件搜索路径下。

在【文字样式】对话框中，SHX 字体前面会显示一个圆规形状的图标。AutoCAD 默认的 SHX 字体文件是“txt.shx”。AutoCAD 自带的 SHX 字体文件都不支持中文等亚洲语言字体。为了能够显示这些亚洲语言字体，一类被称作大字体文件（big font）的特殊类型的 SHX 文件被第三方开发出来。

为了在使用 SHX 字体文件时能够正常显示中文，可以将字体设置为同时使用 SHX 文件和大字体文件。或者在【SHX 字体】下拉列表框中选择需要的 SHX 文件，用于显示英文，而在【大字体】下拉列表框中选择能够支持中文显示的大字体文件。

值得注意的是：有的大字体文件仅仅支持有限的亚洲文字字体，并不一定支持中文显示。在【大字体】下拉列表框中选择的大字体文件如果不能支持中文时，中文会无法正常显示。

TrueType 字体文件

TrueType 字体是 Windows 自带的字体文件，符合 Windows 标准。支持这种字体的字体文件的后缀是“.ttf”。这些文件存放在“Windonws\Fonts\”下。

在【文字样式】对话框中取消【使用大字体】复选框，可以在【字体名】下拉列表框中显示所有的 TrueType 字体和 SHX 字体列表。TrueType 字体前面会显示一个“T”形图标。

中文版的 Windows 都带有支持中文显示的 TTF 字体文件，其中包括经常使用的字体如实“宋体”“黑体”“楷体 -GB2312”等。由于中国用户的计算机几乎都安装了中文版 Windows，所以用 TTF 字体标注中文就不会出现中文显示不正常的问题。

2 应用文字样式

在创建的多种文字样式中，只能有一种文字样式作为当前的文字样式，系统默认创建的文字均按照当前文字样式。因此要应用文字样式，首先应将其设置为当前文字样式。

设置当前文字样式的方法有以下两种。

◆在【文字样式】对话框的【样式】列表框中选择要置为当前的文字样式，单击【置为当前】按钮，如图 8-15 所示。

◆在【注释】面板的【文字样式控制】下拉列表框中选择要置为当前的文字样式，如图 8-16 所示。

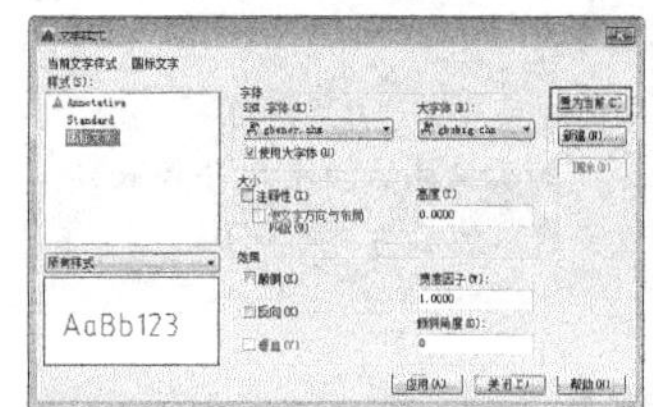

图 8-15 在【文字样式】对话框中置为当前

图 8-16 通过【注释】面板设置当前文字样式

3 重命名文字样式

有时在命名文字样式时出现错误，需对其重新进行修改，重命名文字样式的方法有以下两种。

◆在命令行输入“RENAME”（或“REN”）命令并回车，打开【重命名】对话框。在【命名对象】列表框中选择【文字样式】，然后在【项目】列表框中选择【标注】，在【重命名为】文本框中输入新的名称，如“园林景观标注”，然后单击【重命名为】按钮，最后单击【确定】按钮关闭对话框，如图 8-17 所示。

◆在【文字样式】对话框的【样式】列表框中选择要重命名的样式名，并单击鼠标右键，在弹出的快捷菜单中选择【重命名】命令，如图 8-18 所示。但采用这种方式不能重命名 STANDARD 文字样式。

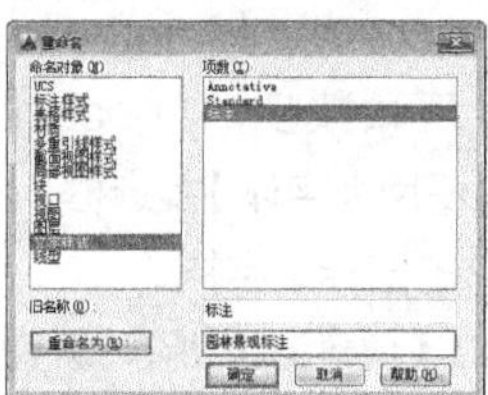

图 8-17 【重命名】对话框

图 8-18 重命名文字样式

4 删除文字样式

文字样式会占用一定的系统存储空间，可以删除一些不需要的文字样式，以节约存储空间。删除文字样式的方法只有一种，即在【文字样式】对话框的【样式】列表框中选择要删除的样式名，并单击鼠标右键，在弹出的快捷菜单中选择【删除】命令，或单击对话框中的【删除】按钮，如 8-19 所示。

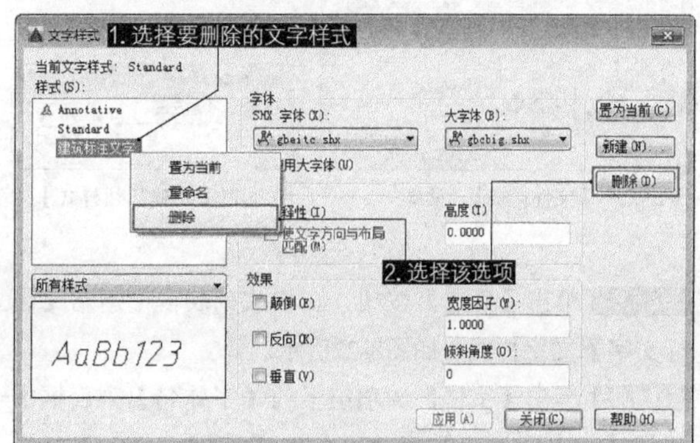

图 8-19 删除文字样式

操作技巧

当前的文字样式不能被删除。如果要删除当前文字样式，可以先将别的文字样式置为当前，然后再进行删除。

练习 8-2 创建国标文字样式

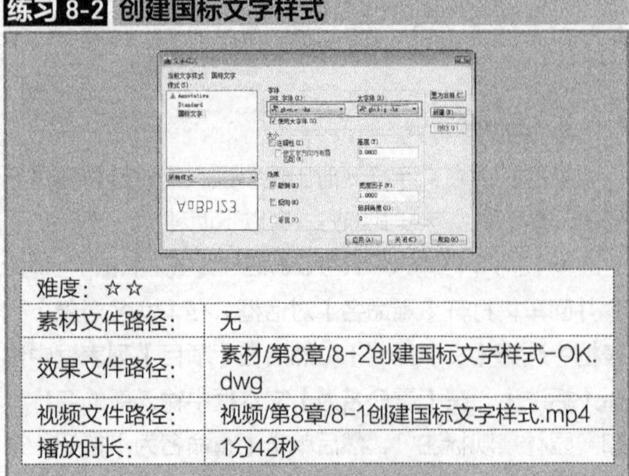

难度：☆☆	
素材文件路径：	无
效果文件路径：	素材/第8章/8-2创建国标文字样式-OK.dwg
视频文件路径：	视频/第8章/8-1创建国标文字样式.mp4
播放时长：	1分42秒

国家标准规定了工程图纸中字母、数字及汉字的书写规范（详见《技术制图 字体》GB/T14691-1993）。AutoCAD也专门提供了三种符合国家标准的中文字体文件，即【gbenor.shx】、【gbeitc.shx】、【gbcbig.shx】文件。其中，【gbenor.shx】、【gbeitc.shx】用于标注直体和斜体字母和数字，【gbcbig.shx】用于标注中文（需要勾选【使用大字体】复选框）。本例便创建【gbenor.shx】字体的国标文字样式。

Step 01 单击快速访问工具栏中的【新建】按钮，新建图形文件。

Step 02 在【默认】选项卡中，单击【注释】面板中的【文字样式】按钮，系统弹出【文字样式】对话框，如图8-20所示。

Step 03 单击【新建】按钮，弹出【新建文字样式】对话框，系统默认新建【样式1】样式名，在【样式名】文本框中输入“国标文字”，如图8-21所示。

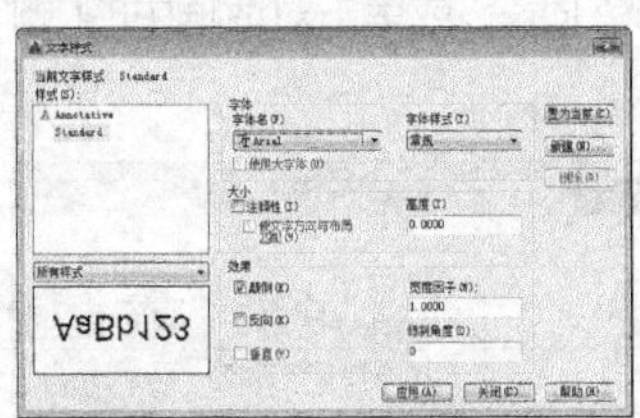
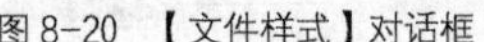

图 8-20 【文件样式】对话框

图 8-21【新建标注样式】对话框

Step 04 单击【确定】按钮，在样式列表框中新增【国标文字】文字样式，如图8-22所示。

Step 05 单击【字体】选项组下的【字体名】列表框中选择【gbenor.shx】字体，勾选【使用大字体】复选框，在大字体复选框中选择【gbcbig.shx】字体。其他选项保持默认，如图8-23所示。

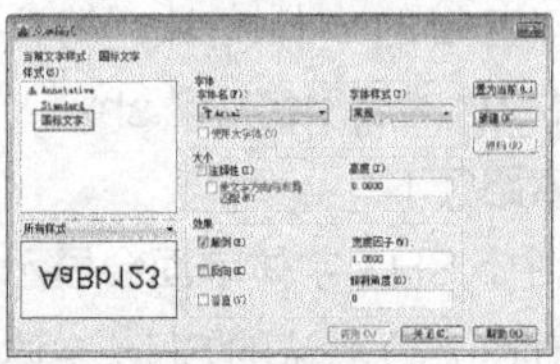

图 8-22 新建标注样式

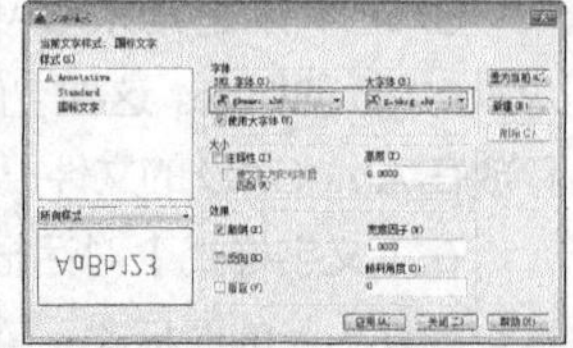

图 8-23 更改设置

Step 06 单击【应用】按钮，然后单击【置为当前】按钮，将【国标文字】置于当前样式。

Step 07 单击【关闭】按钮，完成【国标文字】的创建。创建完成的样式可用于【多行文字】、【单行文字】等文字创建命令，也可以用于标注、动态块中的文字。

8.1.2 创建单行文字

【单行文字】是将输入的文字以“行”为单位作为一个对象来处理。即使在单行文字中输入若干行文字，每一行文字仍是单独的对象。【单行文字】的特点就是每一行均可以独立移动、复制或编辑，因此，可以用来创建内容比较简短的文字对象，如图形标签、名称、时间等。

·执行方式

在AutoCAD 2015中启动【单行文字】命令的方法有以下几种。

◆功能区：在【默认】选项卡中，单击【注释】面板上的【单行文字】按钮，如图8-24所示。

◆菜单栏：执行【绘图】|【文字】|【单行文字】命令，如图8-25所示。

◆命令行：输入“DT”“TEXT”或“DTEXT”命令。

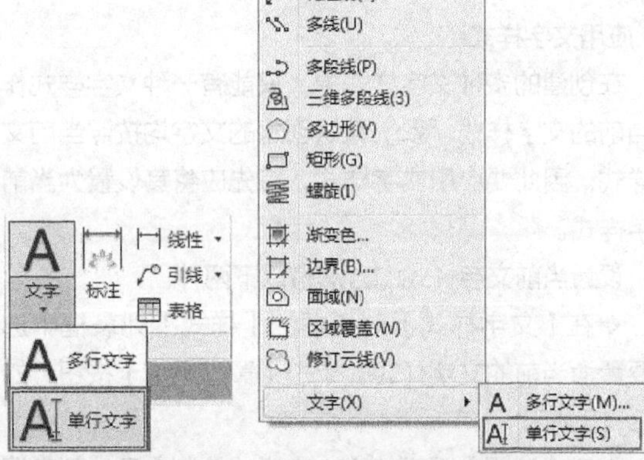

图 8-24【注释】面板中的【单行文字】按钮

图 8-25【单行文字】菜单命令

·操作步骤

调用【单行文字】命令后，就可以根据命令行的提示输入文字，命令行提示如下。

```
命令: _dtext                          //执行【单行文字】命令
当前文字样式: "Standard"  文字高度: 2.5000  注释性: 否
                                      //显示当前文字样式
指定文字的起点或 [对正(J)/样式(S)]:
                                      //在绘图区域合适位置任意拾取一点
指定高度 <2.5000>: 3.5↙               //指定文字高度
指定文字的旋转角度 <0>:↙              //指定文字旋转角度，一般默认为0
```

在调用命令的过程中，需要输入的参数有文字起点、文字高度（此提示只有在当前文字样式的字高为 0 时才显示）、文字旋转角度和文字内容。文字起点用于指定文字的插入位置，是文字对象的左下角点。文字旋转角度指文字相对于水平位置的倾斜角度。

设置完成后，绘图区域将出现一个带光标的矩形框，在其中输入相关文字即可，如图 8-26 所示。

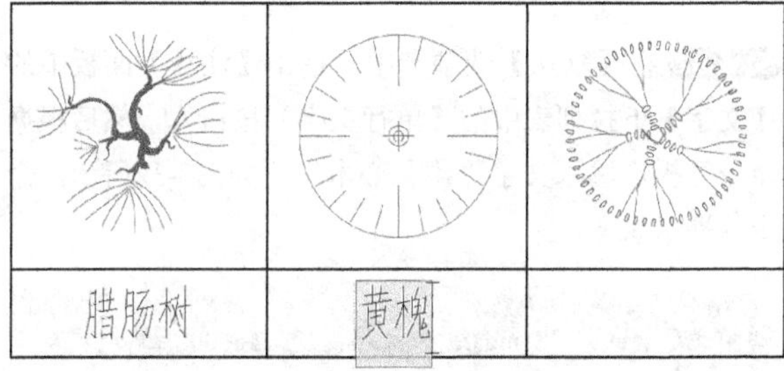

图 8-26　输入单行文字

在输入单行文字时，按 Enter 键不会结束文字的输入，而是表示换行，且行与行之间还是互相独立存在的；在空白处单击左键则会新建另一处单行文字；只有按快捷键 Ctrl+Enter 才能结束单行文字的输入。

·选项说明

【单行文字】命令行中各选项含义说明如下。

◆指定文字的起点：默认情况下，所指定的起点位置即是文字行基线的起点位置。在指定起点位置后，继续输入文字的旋转角度即可进行文字的输入。在输入完成后，按两次回车键或将鼠标移至图纸的其他任意位置并单击，然后按 Esc 键即可结束单行文字的输入。

◆对正（J）：该选项可以设置文字的对正方式，共有 15 种方式，详见本节的"初学解答：单行文字的对正方式"。

◆样式（S）：选择该选项可以在命令行中直接输入文字样式的名称，也可以输入"？"，便会打开【AutoCAD 文本窗口】对话框，该对话框将显示当前图形中已有的文字样式和其他信息，如图 8-27 所示。

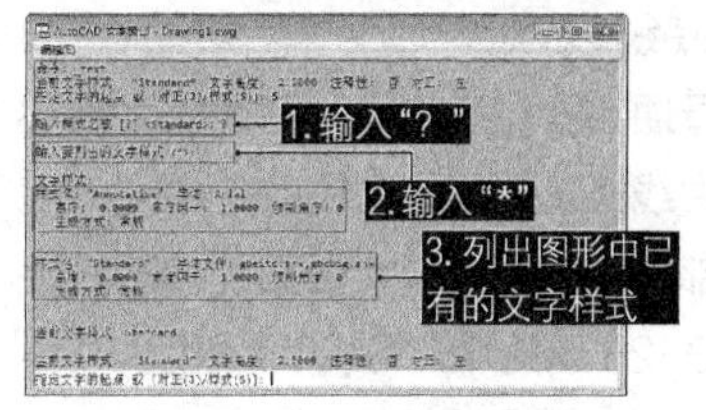

图 8-27 【AutoCAD 文本窗口】对话框

·初学解答 单行文字的对正方式

对正（J）备选项用于设置文字的缩排和对齐方式。选择该备选项，可以设置文字的对正点，命令行提示如下。

```
[左(L)/居中(C)/右(R)/对齐(A)/中间(M)/布满(F)/左上(TL)/中上(TC)/右上(TR)/左中(ML)/正中(MC)/右中(MR)/左下(BL)/中下(BC)/右下(BR)]:
```

命令行提示中主要选项如下。

◆左（L）：可使生成的文字以插入点为基点向左对齐。

◆居中（C）：可使生成的文字以插入点为中心向两边排列。

◆右（R）：可使生成的文字以插入点为基点向右对齐。

◆中间（M）：可使生成的文字以插入点为中心向两边排列。

◆左上（TL）：可使生成的文字以插入点为字符串的左上角。

◆中上（TC）：可使生成的文字以插入点为字符串顶线的中心点。

◆右上（TR）：可使生成的文字以插入点为字符串的右上角。

◆左中（ML）：可使生成的文字以插入点为字符串的左中点。

◆正中（MC）：可使生成的文字以插入点为字符串的正中点。

◆右中（MR）：可使生成的文字以插入点为字符串的右中点。

◆左下（BL）：可使生成的文字以插入点为字符串的左下角。

◆中下（BC）：可使生成的文字以插入点为字符串底线的中点。

◆右下（BR）：可使生成的文字以插入点为字符串的右下角。

要充分理解各对齐位置与单行文字的关系，就需要先了解文字的组成结构。

AutoCAD 为【单行文字】的水平文本行规定了 4 条定位线：顶线（Top Line）、中线（Middle Line）、基线（Base Line）、底线（Bottom Line），如图 8-28 所示。顶线为大写字母顶部所对齐的线，基线为大写字母底部所对齐的线，中线处于顶线与基线的正中间，底线为长尾小字字母底部所在的线，汉字在顶线和基线之间。系统提供了如图 8-28 示的 13 个对齐点以及 15 种对齐方式。其中，各对齐点即为文本行的插入点，结合前文与该图，即可对单行文字的对齐有充分了解。

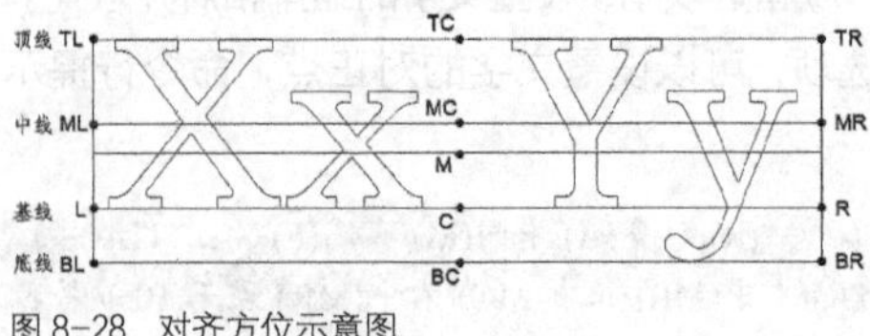

图 8-28 对齐方位示意图

图 8-28 中还有对齐（A）和布满（F）两种方式没有示意，分别介绍如下。

◆对齐（A）：指定文本行基线的两个端点确定文字的高度和方向。系统将自动调整字符高度使文字在两端点之间均匀分布，而字符的宽高比例不变，如图 8-29 所示。

◆布满（F）：指定文本行基线的两个端点确定文字的方向。系统将调整字符的宽高比例，以使文字在两端点之间均匀分布，而文字高度不变，如图 8-30 所示。

对齐方式　　文字布满

其宽高比例不变　　其文字高度不变

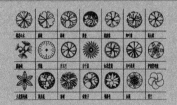

指定不在水平线的两点　　指定不在水平上的两点

图 8-29 文字对齐方式效果　　图 8-30 文字布满方式效果

练习 8-3 使用单行文字注释图形

难度：☆☆☆	
素材文件路径：	素材/第8章/8-3使用单行文字注释图形.dwg
效果文件路径：	素材/第8章/8-3使用单行文字注释图形-OK.dwg
视频文件路径：	视频/第8章/8-3使用单行文字注释图形.mp4
播放时长：	1分50秒

单行文字输入完成后，可以不退出命令，而直接在另一个要输入文字的地方单击鼠标，同样会出现文字输入框。因此在需要进行多次单行文字标注的图形中使用此方法，可以大大节省时间。如机械制图中的剖切图标识、园林图中的植被统计表，都可以在最后统一使用单行文字进行标注。

Step 01 打开“第8章/8-3使用单行文字注释图形.dwg”素材文件，其中已绘制好了一植物平面图例，如图8-31所示。

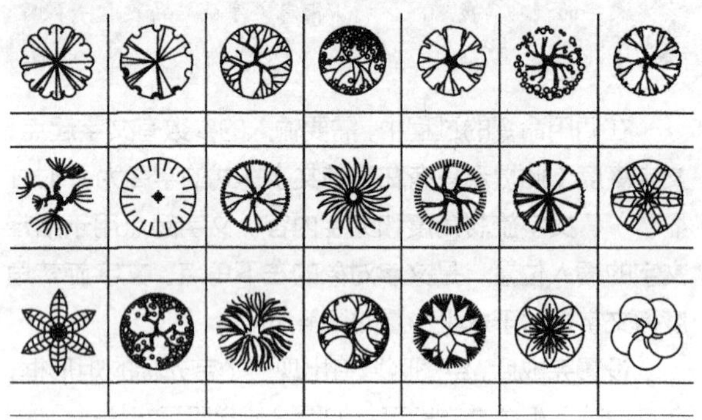

图 8-31 素材文件

Step 02 在【默认】选项卡中，单击【注释】面板中的【文字】下拉列表中的【单行文字】按钮A，然后根据命令行提示输入文字“桃花心木”，如图8-32所示，命令行提示如下。

```
命令: DTEXT↙
当前文字样式: "Standard"  文字高度: 2.5000 注释性: 否
指定文字的起点或 [对正(J)/样式(S)]:
指定高度 <2.5000>: 600↙            //指定文字高度
指定文字的旋转角度 <0>:↙
                                    //指定文字角度。按Ctrl+
Enter键，结束命令
命令: _text
当前文字样式: "Standard"  文字高度: 2.5000 注释性: 否
对正: 左
指定文字的起点或 [对正(J)/样式(S)]: J↙
                                    //选择对正选项
输入选项 [左(L)/居中(C)/右(R)/对齐(A)/中间(M)/布满(F)/左上
(TL)/中上(TC)/右上(TR)/左中(ML)/正中(MC)/右中(MR)/左下
(BL)/中下(BC)/右下(BR)]: TL↙
                                    //选择左上对齐方式
指定文字的左上点:                   //选择表格的左上角点
指定高度 <2.5000>: 600↙            //输入文字高度为600
指定文字的旋转角度 <0>:↙           //文字旋转角度为0
                                    //输入文字“桃花心木”
```

Step 03 输入完成后，可以不退出命令，直接在右边的框格中单击鼠标，同样会出现文字输入框，输入第二个单行文字“麻楝”（楝：音lian），如图8-33所示。

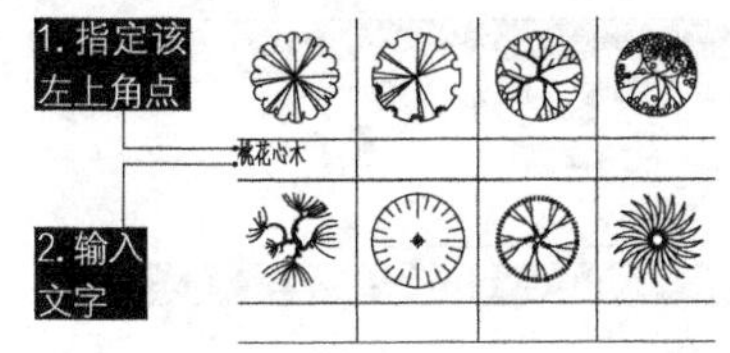

图 8-32 创建第一个单行文字

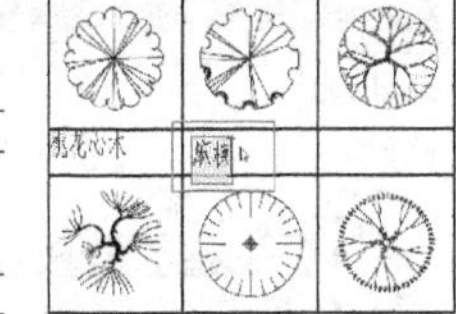

图 8-33 创建第二个单行文字

Step 04 按相同方法，在各个框格中输入植被名称，效果如图8-34所示。

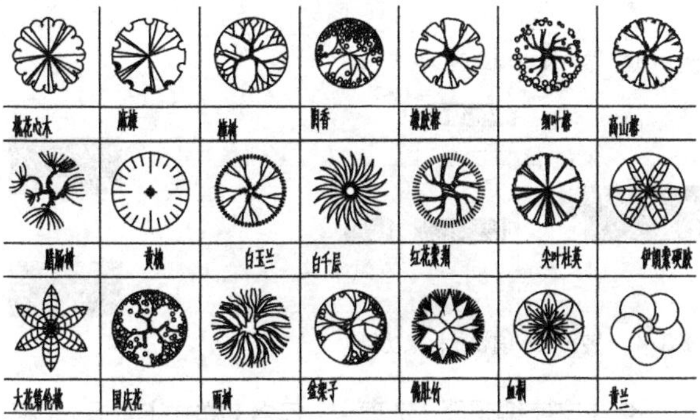

图 8-34 创建其余单行文字

Step 05 使用【移动】命令或通过夹点拖移，将各单行文字对齐，最终结果如图8-35所示。

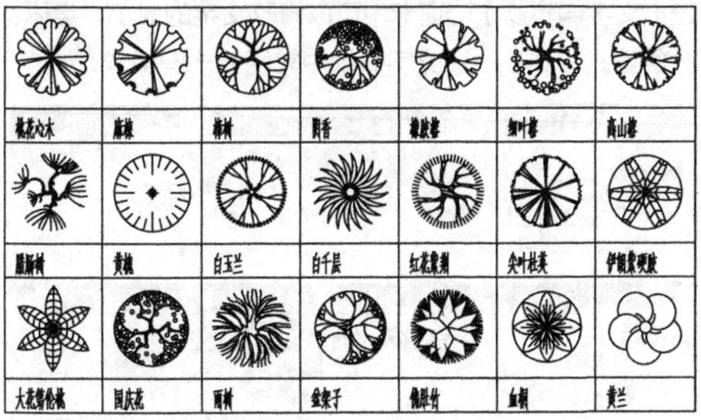

图 8-35 对齐所有单行文字

8.1.3 单行文字的编辑与其他操作

同 Word、Excel 等办公软件一样，在 AutoCAD 中，也可以对文字进行编辑和修改。本节便介绍如何在 AutoCAD 中对【单行文字】的文字特性和内容进行编辑与修改。

1 修改文字内容

修改文字内容的方法如下。

◆菜单栏：调用【修改】|【对象】|【文字】|【编辑】菜单命令。

◆命令行：输入“DDEDIT”或“ED”命令。

◆快捷操作：直接在要修改的文字上双击。

调用以上任意一种操作后，文字将变成可输入状态，如图 8-36 所示。此时可以重新输入需要的文字内容，然后按 Enter 键退出即可，如图 8-37 所示。

图 8-36 可输入状态 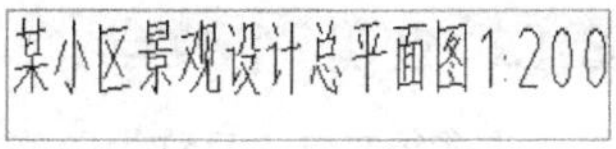　图 8-37 编辑文字内容

2 修改文字特性

在标注的文字出现错输、漏输及多输入的状态下，可以运用上面的方法修改文字的内容。但是它仅仅只能够修改文字的内容，而很多时候我们还需要修改文字的高度、大小、旋转角度、对正样式等特性。

修改单行文字特性的方法有以下 3 种。

◆功能区：在【注释】选项卡中，单击【文字】面板中的【缩放】按钮或【对正】按钮，如图 8-38 所示。

◆菜单栏：调用【修改】|【对象】|【文字】|【比例】|【对正】菜单命令，如图 8-39 所示。

◆对话框：在【文字样式】对话框中修改文字的颠倒、反向和垂直效果。

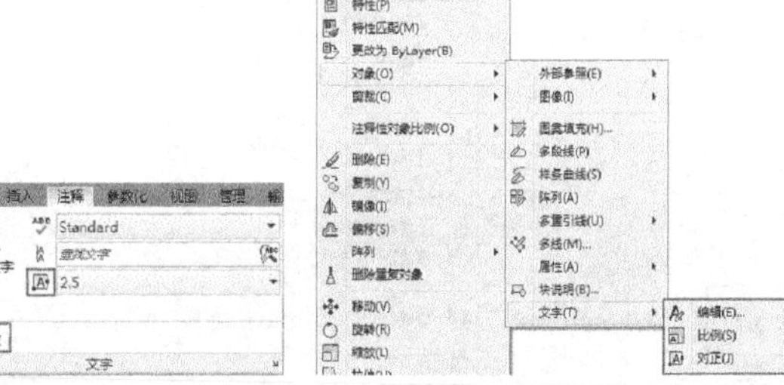

图 8-38【文字】面板中的修改文字按钮　图 8-39 修改文字的菜单命令

3 单行文字中插入特殊符号

单行文字的可编辑性较弱，只能通过输入控制符的方式插入特殊符号。

AutoCAD 的特殊符号由两个百分号（%%）和一个字母构成，常用的特殊符号输入方法如表 8-1 所示。在文本编辑状态输入控制符时，这些控制符也临时显示在屏幕上。当结束文本编辑之后，这些控制符将从屏幕上消失，转换成相应的特殊符号。

表8-1 AutoCAD文字控制符

特殊符号	功能
%%O	打开或关闭文字上划线
%%U	打开或关闭文字下划线
%%D	标注（°）符号
%%P	标注正负公差（±）符号
%%C	标注直径（Φ）符号

在 AutoCAD 的控制符中，%%O 和 %%U 分别是上划线与下划线的开关。第一次出现此符号时，可打开上划线或下划线；第二次出现此符号时，则会关掉上划线或下划线。

8.1.4 创建多行文字 ★重点★

【多行文字】又称为段落文字，是一种更易于管理的文字对象，可以由两行以上的文字组成，而且各行文字都是作为一个整体处理。在制图中常使用多行文字功能创建较为复杂的文字说明，如图样的工程说明或技术要求等。与【单行文字】相比，【多行文字】格式更工整规范，可以对文字进行更为复杂的编辑，如为文字添加下划线，设置文字段落对齐方式，为段落添加编号和项目符号等。

·执行方式

可以通过如下3种方法创建多行文字。

◆功能区：在【默认】选项卡中，单击【注释】面板上的【多行文字】按钮A，如图8-40所示。

◆菜单栏：选择【绘图】|【文字】|【多行文字】命令，如图8-41所示。

◆命令行：输入“T”“MT”或“MTEXT”命令。

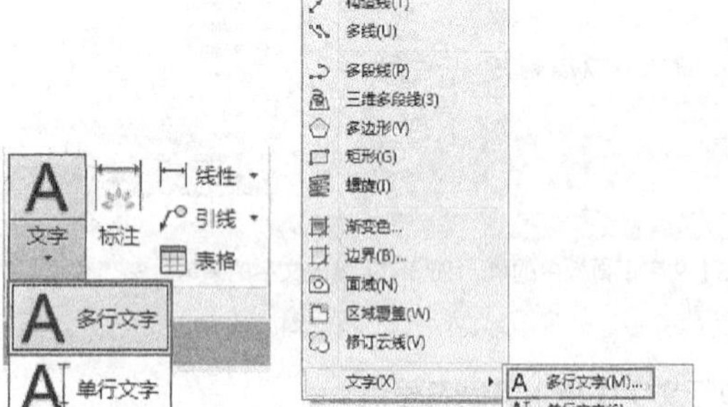

图8-40【注释】面板中的【多行文字】按钮　图8-41【多行文字】菜单命令

·操作过程

调用该命令后，命令行操作如下。

```
命令: MTEXT
当前文字样式: “景观设计文字样式” 文字高度: 600 注释性: 否
指定第一角点:        //指定多行文字框的第一个角点
指定对角点或 [高度(H)/对正(J)/行距(L)/旋转(R)/样式(S)/宽度(W)/栏(C)]:        //指定多行文字框的对角点
```

在指定了输入文字的对角点之后，弹出如图8-42所示的【文字编辑器】选项卡和编辑框，用户可以在编辑框中输入、插入文字。

·选项说明

【多行文字编辑器】由【多行文字编辑框】和【文字编辑器】选项卡组成，它们的作用说明如下。

◆【多行文字编辑框】：包含制表位和缩进，可以十分快捷地对所输入的文字进行调整，各部分功能如图8-43所示。

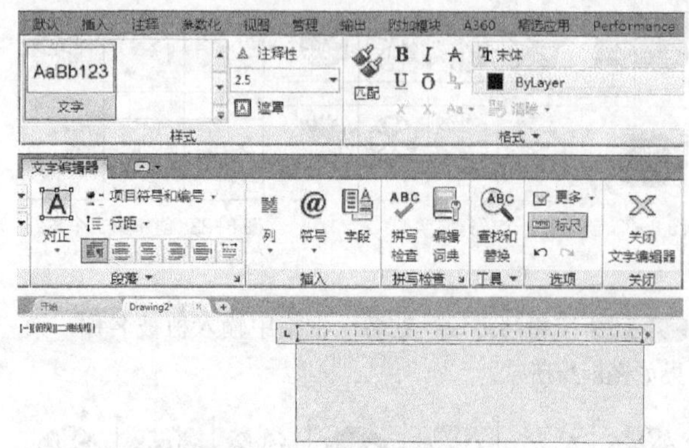

图8-42 多行文字编辑器

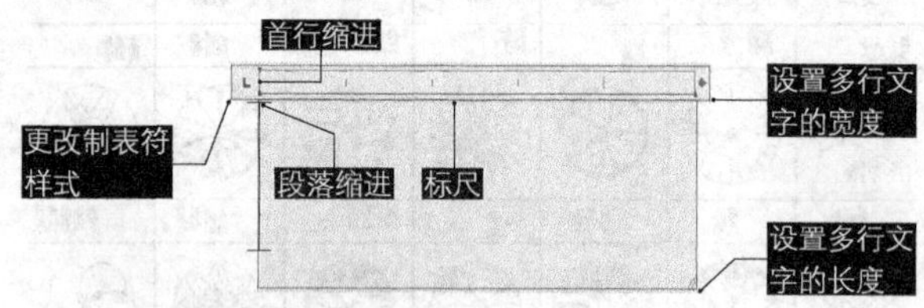

图8-43 多行文字编辑器标尺功能

◆【文字编辑器】选项卡：包含【样式】面板、【格式】面板、【段落】面板、【插入】面板、【拼写检查】面板、【工具】面板、【选项】面板和【关闭】面板，如图8-44所示。在多行文字编辑框中，选中文字，通过【文字编辑器】选项卡中可以修改文字的大小、字体、颜色等，完成在一般文字编辑中常用的一些操作。

图8-44 【文字编辑器】选项卡

练习 8-4 使用多行文字创建技术要求

技术要求
1.未注尺寸公差按IT12级；
2.未注形位公差按D级；
3.未注倒角C2；
4.去毛刺，锐边倒钝R0.5。

难度：☆☆	
素材文件路径：	素材/第8章/8-4使用多行文字创建技术要求.dwg
效果文件路径：	素材/第8章/8-4使用多行文字创建技术要求-OK.dwg
视频文件路径：	视频/第8章/8-4使用多行文字创建技术要求.mp4
播放时长：	3分1秒

技术要求是机械图纸的补充，需要用文字注解说明制造和检验零件时在技术指标上应达到的要求。技术要求的内容包括零件的表面结构要求、零件的热处理和表面修饰的说明、加工材料的特殊性、成品尺寸的检验方法、各种加工细节的补充等。本例将使用多行文字创建一般性的技术要求，可适用于各类机加工零件。

Step 01 打开“第8章/8-4使用多行文字创建技术要求.dwg”素材文件，其中已绘制好了一零件图，如图8-45所示。

Step 02 设置文字样式。选择【格式】|【文字样式】命令，新建名称为“文字”的文字样式。

Step 03 在【文字样式】对话框中设置字体为【仿宋】，字体样式为【常规】，高度为3.5，宽度因子为0.7，并将该字体设置为当前，如图8-46所示。

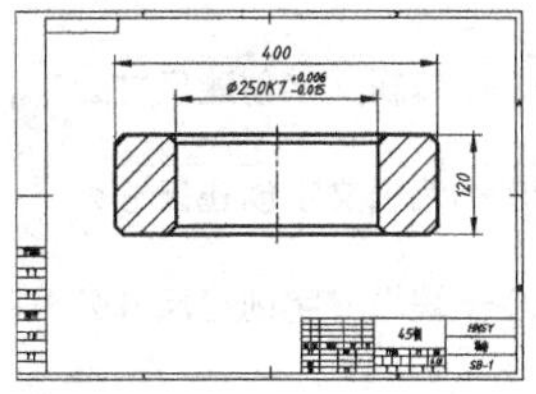
图 8-45 素材图形

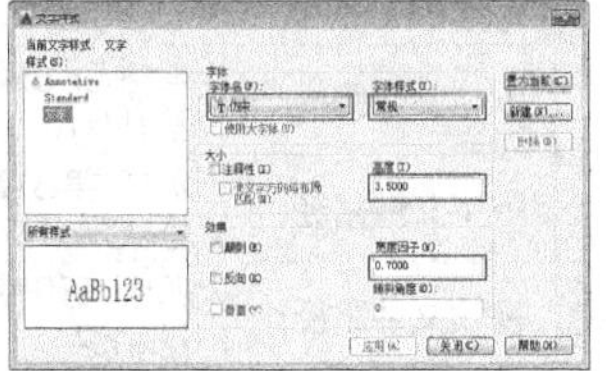
图 8-46 设置文字样式

Step 04 在命令行中输入“T”命令并按Enter键，根据命令行提示在图形左下角指定一个矩形范围作为文本区域，如图8-47所示。

图 8-47 指定文本框

Step 05 在文本框中输入如图8-48所示的多行文字，在【文字编辑器】选项卡中设置字高为12.5，输入一行之后，按Enter键换行。在文本框外任意位置单击，结束输入，结果如图8-49所示。

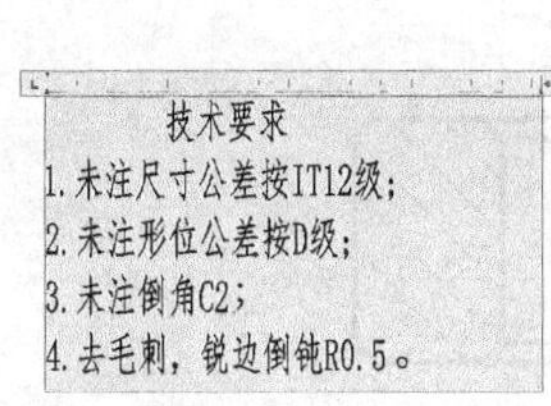

图 8-48 输入多行文字

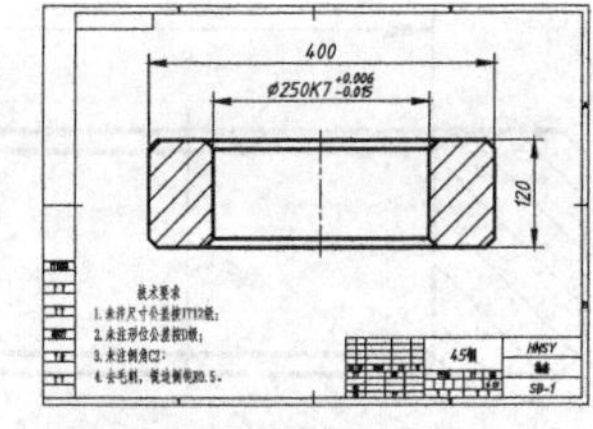
图 8-49 创建的技术要求

·熟能生巧 创建弧形文字

很多时候需要对文字进行一些特殊处理，如输入圆弧对齐文字，即所输入的文字沿指定的圆弧均匀分布。要实现这个功能，可以手动输入文字后，再以阵列的方式完成操作，但在 AutoCAD 中还有一种更为快捷有效的方法，下面通过例子来进行说明。

练习 8-5 创建弧形文字 ★进阶★

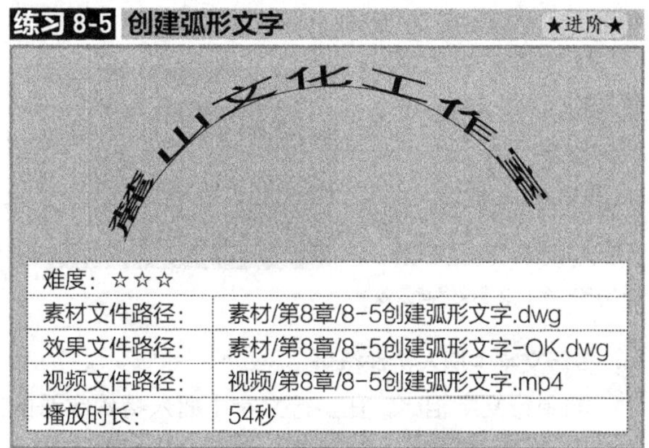

难度：☆☆☆	
素材文件路径：	素材/第8章/8-5创建弧形文字.dwg
效果文件路径：	素材/第8章/8-5创建弧形文字-OK.dwg
视频文件路径：	视频/第8章/8-5创建弧形文字.mp4
播放时长：	54秒

其他软件中有专门的工具可以将文字对齐至曲线，从而创建样式各异的艺术文字。在 AutoCAD 其实也提供了这样的命令。

Step 01 打开“第8章/8-5创建弧形文字.dwg”素材文件，选择创建好的圆弧，然后在命令行中输入“Arctext”命令，单击Enter 键。

Step 02 单击圆弧，弹出【ArcAlignedText Workshop-Create】对话框；在对话框中设置字体样式，输入文字内容，即可在圆弧上创建弧形文字，如图8-50所示。

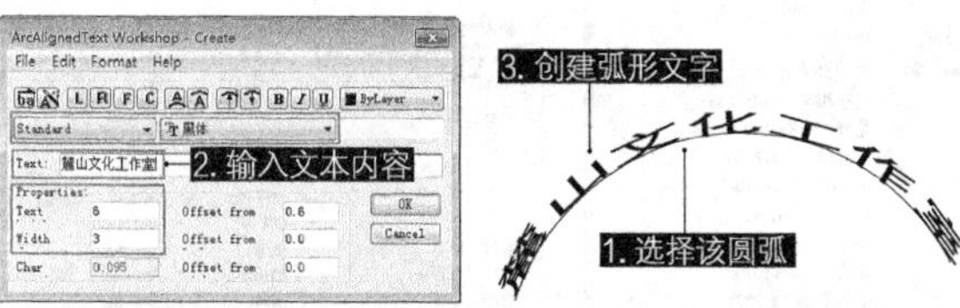

图 8-50 创建弧形文字

8.1.5 多行文字的编辑与其他操作 ★重点★

【多行文字】的编辑和【单行文字】编辑操作相同，在此不再赘述，本节只介绍与【多行文字】有关的其他操作。

1 添加多行文字背景

有时为了使文字更清晰地显示在复杂的图形中，用户可以为文字添加不透明的背景。

双击要添加背景的多行文字，打开【文字编辑器】选项卡，单击【样式】面板上的【遮罩】按钮，系统弹出【背景遮罩】对话框，如图 8-51 所示。

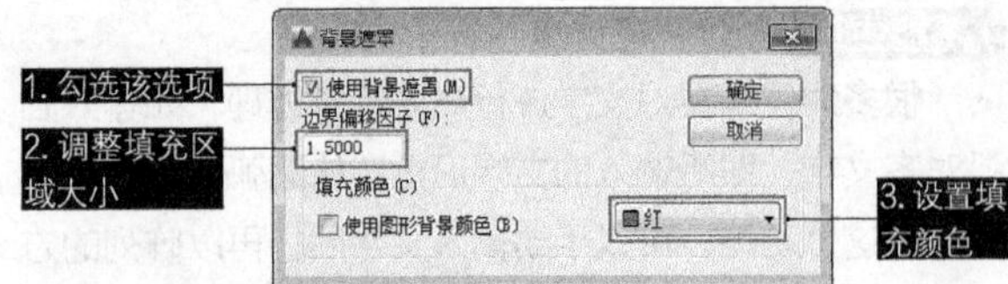

图 8-51 【背景遮罩】对话框

勾选其中的【使用背景遮罩】选项，再设置填充背景的大小和颜色即可，效果如图 8-52 所示。

技术要求
1.未注倒角为C2。
2.未注圆角半径为R3。
3.正火处理160-220HBS。

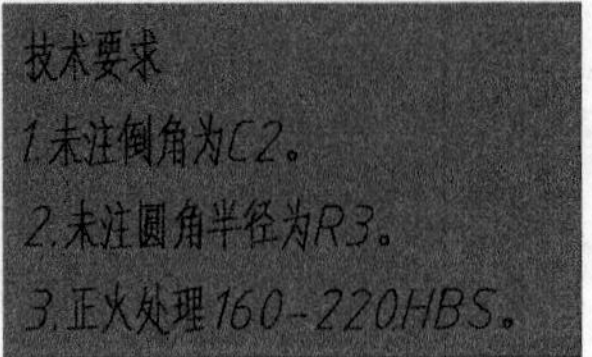

图 8-52 多行文字文字背景效果

2 多行文字中插入特殊符号

与单行文字相比，在多行文字中插入特殊字符的方式更灵活。除使用控制符的方法外，还有以下两种途径。

◆在【文字编辑器】选项卡中，单击【插入】面板上的【符号】按钮，在弹出列表中选择所需的符号即可，如图 8-53 所示。

◆在编辑状态下右击，在弹出的快捷菜单中选择【符号】命令，如图 8-54 所示。其子菜单中包括常用的各种特殊符号。

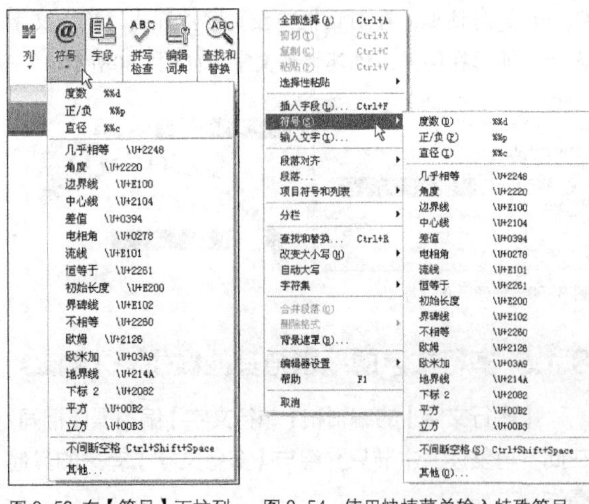

图 8-53 在【符号】下拉列表中选择符号　　图 8-54 使用快捷菜单输入特殊符号

3 创建堆叠文字

如果要创建堆叠文字（一种垂直对齐的文字或分数），可先输入要堆叠的文字，然后在其间使用"/""#"或"^"分隔，再选中要堆叠的字符，单击【文字编辑器】选项卡中【格式】面板中的【堆叠】按钮，则文字按照要求自动堆叠。堆叠文字在机械绘图中应用很多，可以用来创建尺寸公差、分数等，如图 8-55 所示。需要注意的是：这些分割符号必须是英文格式的符号。

14 1/2 → $14\frac{1}{2}$

14 1^2 → $14\begin{smallmatrix}1\\2\end{smallmatrix}$

14 1#2 → 14 ¹⁄₂

图 8-55 文字堆叠效果

练习 8-6 编辑文字创建尺寸公差

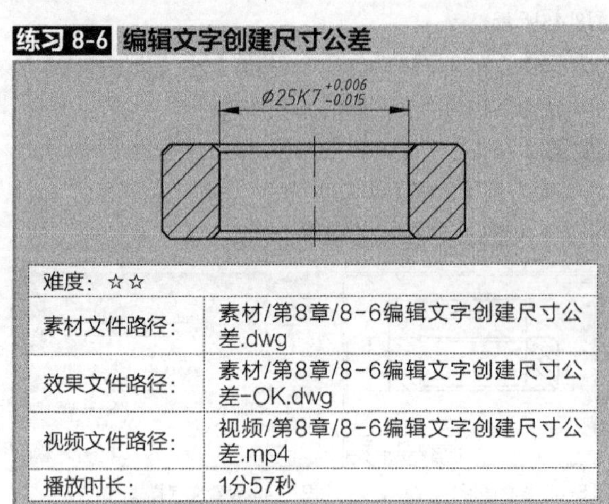

难度：☆☆	
素材文件路径：	素材/第8章/8-6编辑文字创建尺寸公差.dwg
效果文件路径：	素材/第8章/8-6编辑文字创建尺寸公差-OK.dwg
视频文件路径：	视频/第8章/8-6编辑文字创建尺寸公差.mp4
播放时长：	1分57秒

在机械制图中，不带公差的尺寸是很少见的，这是因为在实际的生产中，误差是始终存在的。因此制定公差的目的就是为了确定产品的几何参数，使其变动量在一定的范围之内，以便达到互换或配合的要求。

如图 8-56 所示的零件图，内孔设计尺寸为 Φ25，公差为 K7，公差范围在 -0.015~ 0.006 之间，因此最终的内孔尺寸只需在 Φ24.985 ~ Φ25.006 mm 之间，就可以算作合格。而图 8-57 中显示实际测量值为 24.99mm，在公差范围内，因此可以算合格产品。

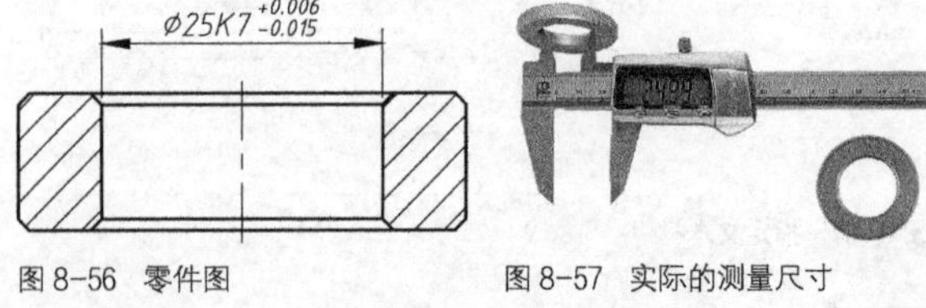

图 8-56 零件图　　图 8-57 实际的测量尺寸

本实例便标注该尺寸公差，操作步骤如下。

Step 01 打开素材文件"第8章/8-6编辑文字创建尺寸公差.dwg"，如图8-58所示，已经标注好了所需的尺寸。

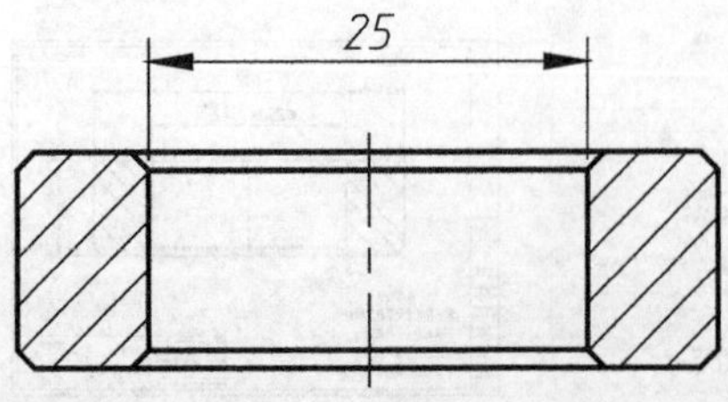

图 8-58 素材图形

Step 02 添加直径符号。双击尺寸25，打开【文字编辑器】选项卡，然后将鼠标移动至25之前，输入“%%C”，为其添加直径符号，如图8-59所示。

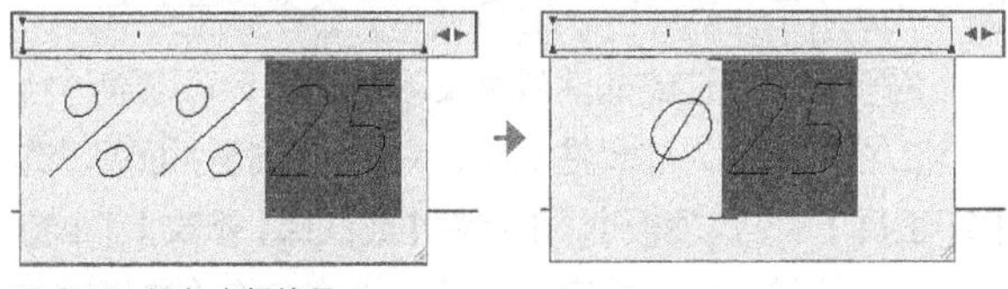

图 8-59 添加直径符号

Step 03 输入公差文字。再将鼠标移动至25的后方，依次输入“K7 +0.006^-0.015”，如图8-60所示。

图 8-60 输入公差文字

Step 04 创建尺寸公差。接着按住鼠标左键，向后拖移，选中“+0.006^-0.015”文字，然后单击【文字编辑器】选项卡中【格式】面板中的【堆叠】按钮，即可创建尺寸公差，如图8-61所示。

图 8-61 堆叠公差文字

8.1.6 文字的查找与替换

在一个图形文件中往往有大量的文字注释，有时需要查找某个词语，并将其替换。例如，替换某个拼写上的错误，这时就可以使用【查找】命令定位至特定的词语，并进行替换。

• 执行方式

执行【查找】命令的方法有以下几种。

◆功能区：在【注释】选项卡中，于【文字】面板上的【查找】文本框中输入要查找的文字，如图 8-62 所示。

◆菜单栏：选择【编辑】|【查找】命令，如图 8-63 所示。

◆命令行：输入“FIND”命令。

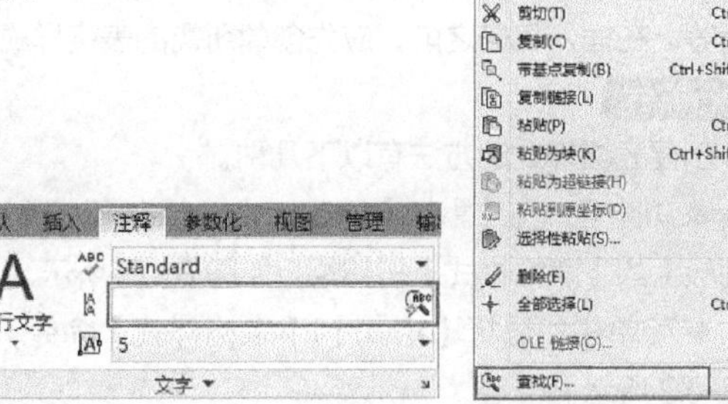

图 8-62【文字】面板中的【查找】文本框　图 8-63【查找】菜单命令

• 操作步骤

执行以上任一操作之后，弹出【查找和替换】对话框，如图 8-64 所示。然后在【查找内容】文本框中输入要查找的文字，或在【替换为】文本框中输入要替换的文本，单击【完成】按钮即可完成操作。该对话框的操作与 Word 等其他文本编辑软件一致。

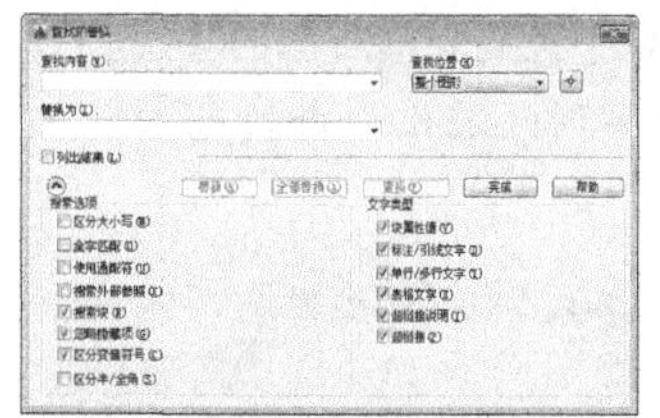

图 8-64 【查找和替换】对话框

• 选项说明

【查找和替换】对话框中各选项的含义如下。

◆【查找内容】下拉列表框：用于指定要查找的内容。

◆【替换为】下拉列表框：指定用于替换查找内容的文字。

◆【查找位置】下拉列表框：用于指定查找范围是在整个图形中查找还是仅在当前选择中查找。

◆【搜索选项】选项组：用于指定搜索文字的范围和大小写区分等。

◆【文字类型】选项组：用于指定查找文字的类型。

◆【查找】按钮：输入查找内容之后，此按钮变为可用，单击即可查找指定内容。

◆【替换】按钮：用于将光标当前选中的文字替换为指定文字。

◆【全部替换】按钮：将图形中所有的查找结果替换为指定文字。

练习 8-7 替换技术要求中的文字

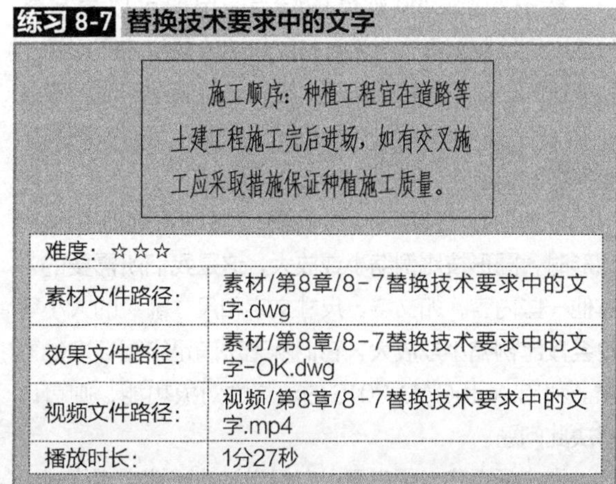

施工顺序：种植工程宜在道路等
土建工程施工完后进场，如有交叉施
工应采取措施保证种植施工质量。

难度：☆☆☆	
素材文件路径：	素材/第8章/8-7替换技术要求中的文字.dwg
效果文件路径：	素材/第8章/8-7替换技术要求中的文字-OK.dwg
视频文件路径：	视频/第8章/8-7替换技术要求中的文字.mp4
播放时长：	1分27秒

在实际工作中经常碰到要修改文字的情况，因此灵活使用查找与替换功能就格外方便了，本例中需要将文字中的“实施”替换为“施工”。

Step 01 打开“第8章/8-7替换技术要求中的文字.dwg”文件，如图8-65所示。

Step 02 在命令行输入“FIND”命令并回车，打开【查找和替换】对话框。在【查找内容】文本框中输入“实施”，在【替换为】文本框中输入“施工”。

Step 03 在【查找位置】下拉列表框中选择【整个图形】选项，也可以单击该下拉列表框右侧的【选择对象】按钮，选择一个图形区域作为查找范围，如图8-66所示。

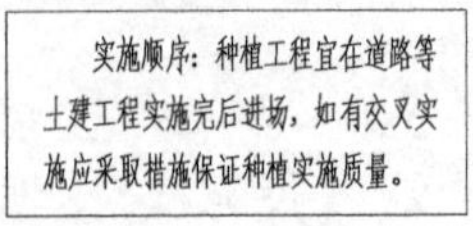

实施顺序：种植工程宜在道路等土建工程实施完后进场，如有交叉实施应采取措施保证种植实施质量。

图 8-65 输入文字

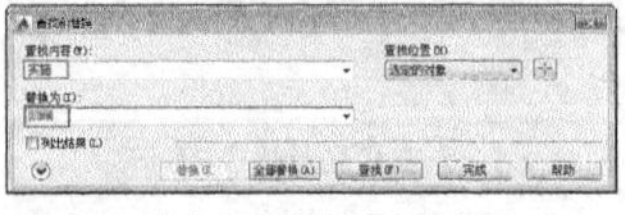

图 8-66 【查找和替换】对话框

Step 04 单击对话框左下角的【更多选项】按钮，展开折叠的对话框。在【搜索选项】区域取消【区分大小写】复选框，在【文字类型】区域取消【块属性值】复选框，如图8-67所示。

Step 05 单击【全部替换】按钮，将当前文字中所有符合查找条件的字符全部替换。在弹出的【查找和替换】对话框中单击【确定】按钮，关闭对话框，结果如图8-68所示。

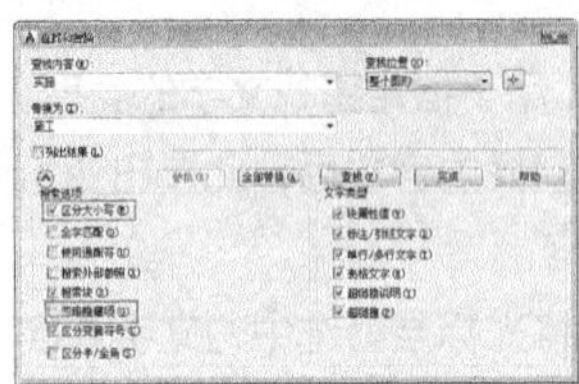

图 8-67 设置查找与替换选项

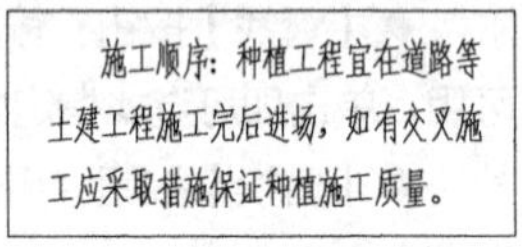

施工顺序：种植工程宜在道路等土建工程施工完后进场，如有交叉施工应采取措施保证种植施工质量。

图 8-68 替换结果

8.1.7 注释性文字 ★进阶★

基于 AutoCAD 软件的特点，用户可以直接按 1∶1 比例绘制图形，当通过打印机或绘图仪将图形输出到图纸时，再设置输出比例。这样，绘制图形时就不需要考虑尺寸的换算问题，而且同一幅图形可以按不同的比例多次输出。

但这种方法就存在一个问题，当以不同的比例输出图形时，图形按比例缩小或放大，这是我们所需要的。其他一些内容，如文字、尺寸文字和尺寸箭头的大小等也会按比例缩小或放大，它们就无法满足绘图标准的要求。利用 AutoCAD 2016 的注释性对象功能，则可以解决此问题。

为方便操作，用户可以专门定义注释性文字样式，用于定义注释性文字样式的命令也是 STYLE，其定义过程与前面介绍的内容相似，只需选中【注释性】复选框即可。

当用 DTEXT 命令标注【注释性】文字后，应首先将对应的【注释性】文字样式设为当前样式，然后利用状态栏上的【注释比例】列表设置比例，如图 8-69 所示，最后可以用 DTEXT 命令标注文字。

对于已经标注的非注释性文字或对象，可以通过特性窗口将其设置为注释性文字。只要通过特性面板、选择【工具】|【选项板】|【特性】或选择【修改】|【特性】，选中该文字，则可以利用特性窗口将【注释性】设为【是】，如图 8-70 所示。通过注释比例设置比例即可。

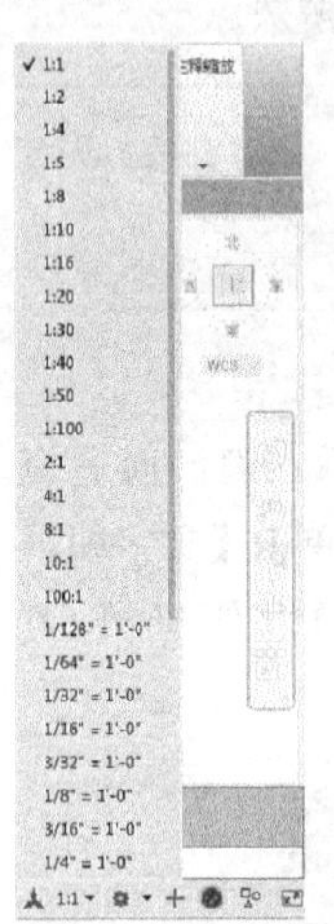

图 8-69 注释比例列表

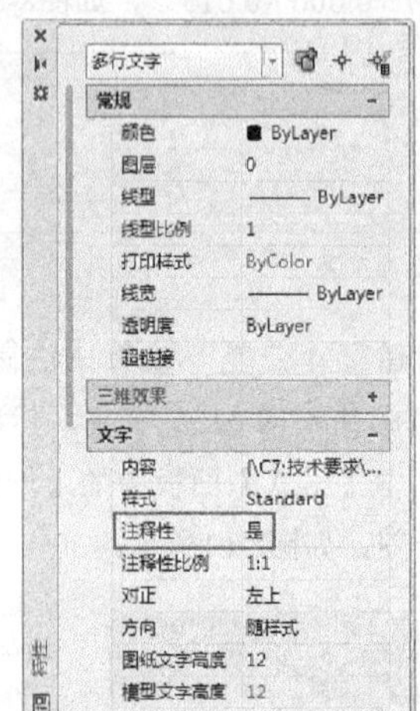

图 8-70 利用特性窗口设置文字注释性

8.2 创建表格

表格在各类制图中的运用非常普遍，主要用来展示于图形相关的标准、数据信息、材料和装配信息等内容。根据不同类型的图形（如机械图形、工程图形、电子的线路图形等），对应的制图标准也不相同，这就需要设置符合产品设计要求的表格样式，并利用表格功能快速、清晰、醒目地反映设计思想及创意。使用 AutoCAD 的表格功能，能够自动地创建和编辑表格，其操作方法与 Word、Excel 相似。

8.2.1 表格样式的创建

与文字类似，AutoCAD 中的表格也有一定样式，包括表格内文字的字体、颜色、高度以及表格的行高、行距等。在插入表格之前，应先创建所需的表格样式。

·执行方式

创建表格样式的方法有以下几种。

◆功能区：在【默认】选项卡中，单击【注释】滑出面板上的【表格样式】按钮，如图 8-71 所示。

◆菜单栏：选择【格式】|【表格样式】命令，如图 8-72 所示。

◆命令行：输入“TABLESTYLE”或“TS”命令。

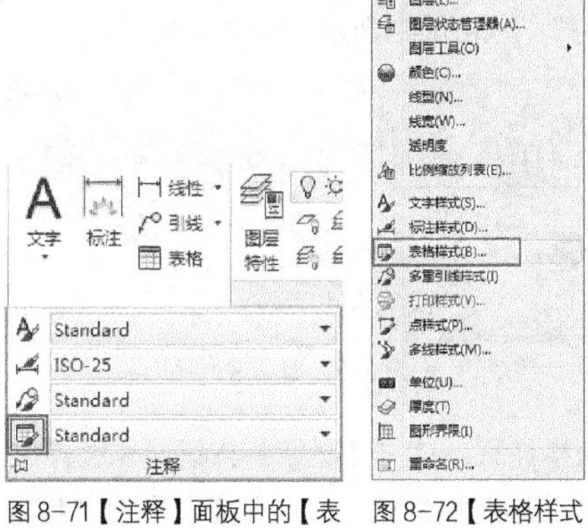

图 8-71【注释】面板中的【表格样式】按钮　图 8-72【表格样式】菜单命令

·操作步骤

执行上述任一命令后，系统弹出【表格样式】对话框，如图 8-73 所示。

通过该对话框可执行将表格样式置为当前、修改、删除或新建操作。单击【新建】按钮，系统弹出【创建新的表格样式】对话框，如图 8-74 所示。

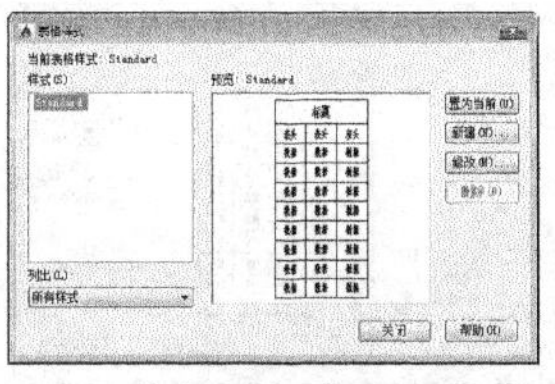

图 8-73【表格样式】对话框

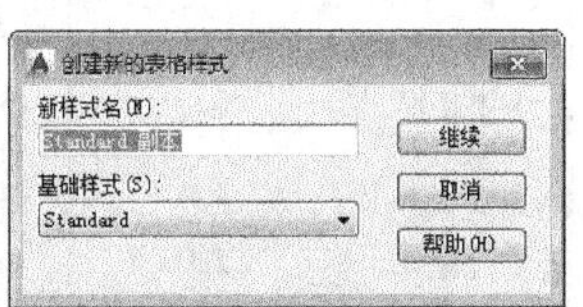

图 8-74【创建新的表格样式】对话框

在【新样式名】文本框中输入表格样式名称，在【基础样式】下拉列表框中选择一个表格样式为新的表格样式提供默认设置，单击【继续】按钮，系统弹出【新建表格样式】对话框，如图 8-75 所示，可以对样式进行具体设置。

当单击【新建表格样式】对话框中【管理单元样式】按钮时，弹出如图 8-76 所示【管理单元格式】对话框，在该对话框里可以对单元格式进行添加、删除和重命名。

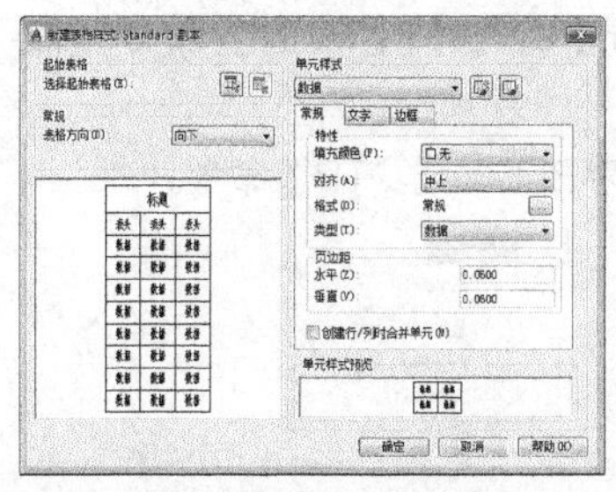

图 8-75【新建表格样式】对话框

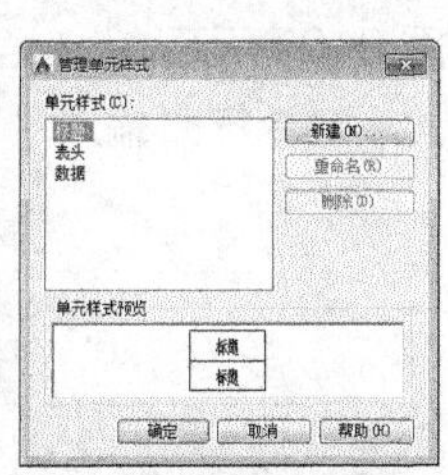

图 8-76【管理单元样式】对话框

·选项说明

【新建表格样式】对话框由【起始表格】、【常规】、【单元样式】和【单元样式预览】4 个区域组成，其各选项的含义如下。

【起始表格】区域

该选项允许用户在图形中制定一个表格用作样例来设置此表格样式的格式。单击【选择表格】按钮，进入绘图区，可以在绘图区选择表格。【删除表格】按钮与【选择表格】按钮作用相反。

【常规】区域

该选项用于更改表格方向，通过【表格方向】下拉列表框选择【向下】或【向上】来设置表格方向。

- 【向下】：创建由上而下读取的表格，标题行和列都在表格的顶部。
- 【向上】：创建由下而上读取的表格，标题行和列都在表格的底部。
- 【预览框】：显示当前表格样式设置效果的样例。

【单元样式】区域

该区域用于定义新的单元样式或修改现有单元样式。

【单元样式】列表：该列表中显示表格中的单元样式。系统默认提供了【数据】、【标题】和【表头】三种单元样式，用户如需要创建新的单元样式，可以单击右侧第一个【创建新单元样式】按钮，打开【创建新单元样式】对话框，如图 8-77 所示。在对话框中输入新的单元样式名，单击【继续】按钮创建新的单元样式。

如单击右侧第二个【管理单元样式】按钮，则弹出如图 8-78 所示【管理单元格式】对话框，在该对话框里可以对单元格式进行添加、删除和重命名。

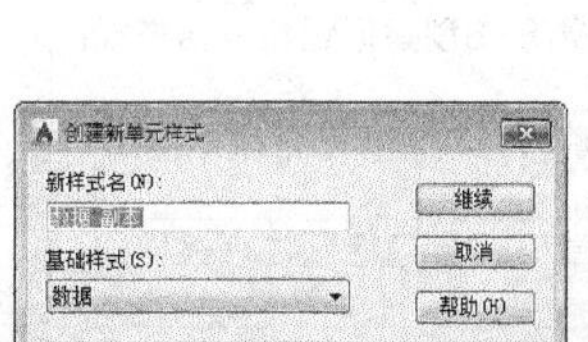

图 8-77【创建新单元样式】对话框

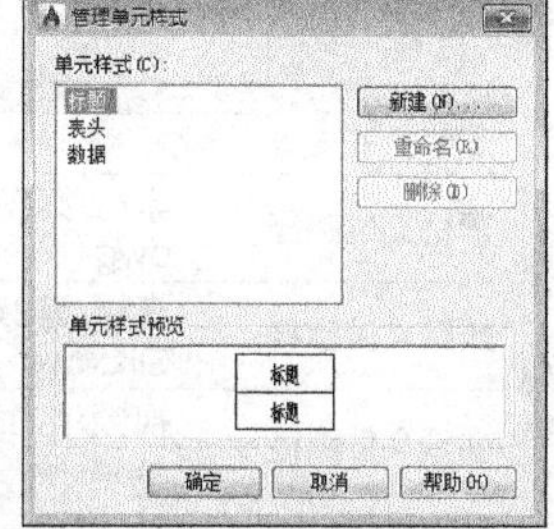

图 8-78【管理单元格式】对话框

【单元样式】区域中还有 3 个选项卡，如图 8-79 所示，各含义分别介绍如下。

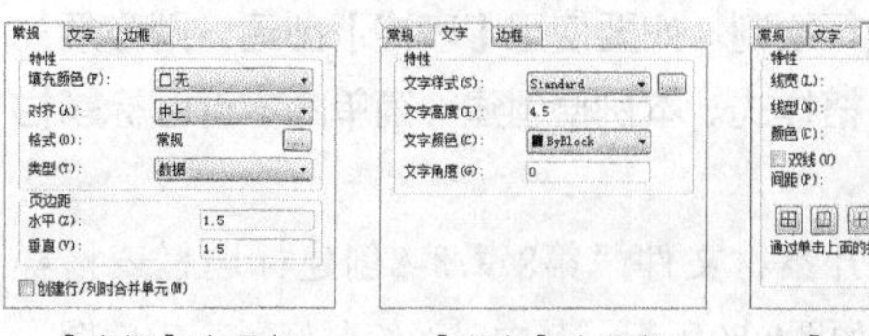

【常规】选项卡　【文字】选项卡　【边框】选项卡

图 8-79 【单元样式】区域中的 3 个选项卡

【常规】选项卡

◆【填充颜色】：制定表格单元的背景颜色，默认值为【无】。

◆【对齐】：设置表格单元中文字的对齐方式。

◆【水平】：设置单元文字与左右单元边界之间的距离。

◆【垂直】：设置单元文字与上下单元边界之间的距离。

【文字】选项卡

◆【文字样式】：选择文字样式，单击按钮，打开【文字样式】对话框，利用它可以创建新的文字样式。

◆【文字角度】：设置文字倾斜角度。逆时针为正，顺时针为负。

【边框】选项卡

◆【线宽】：指定表格单元的边界线宽。

◆【颜色】：指定表格单元的边界颜色。

◆按钮：将边界特性设置应用于所有单元格。

◆按钮：将边界特性设置应用于单元的外部边界。

◆按钮：将边界特性设置应用于单元的内部边界。

◆按钮：将边界特性设置应用于单元的底、左、上及下边界。

◆按钮：隐藏单元格的边界。

练习 8-8 创建标题栏表格样式

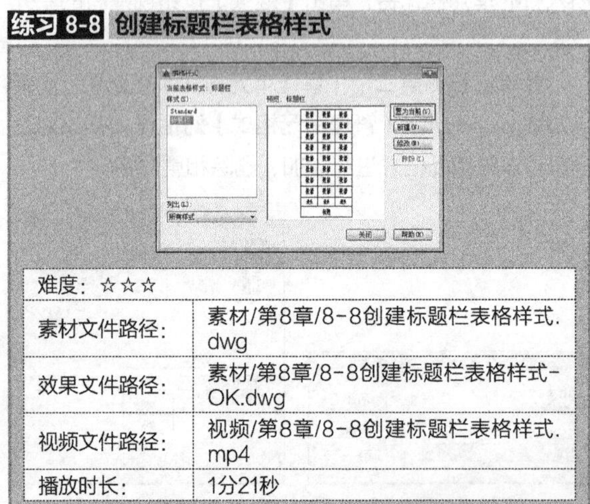

难度：☆☆☆	
素材文件路径：	素材/第8章/8-8创建标题栏表格样式.dwg
效果文件路径：	素材/第8章/8-8创建标题栏表格样式-OK.dwg
视频文件路径：	视频/第8章/8-8创建标题栏表格样式.mp4
播放时长：	1分21秒

机械制图中的标题栏尺寸和格式已经标准化，在AutoCAD中可以使用【表格】工具创建，也可以直接使用直线进行绘制。如要使用【表格】创建，则必须先创建它的表格样式。本例便创建一简单的零件图标题栏表格样式。

Step 01 打开素材文件“第8章/8-8创建标题栏表格样式.dwg”，如图8-80所示，其中已经绘制好了一零件图。

Step 02 选择【格式】|【表格样式】命令，系统弹出【表格样式】对话框，单击【新建】按钮，系统弹出【创建新的表格样式】对话框，在【新样式名】文本框中输入“标题栏”，如图8-81所示。

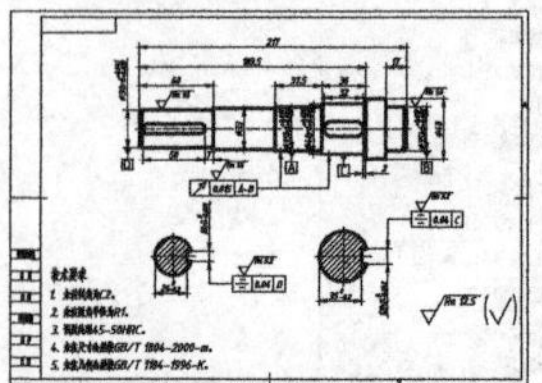

图 8-80 素材文件

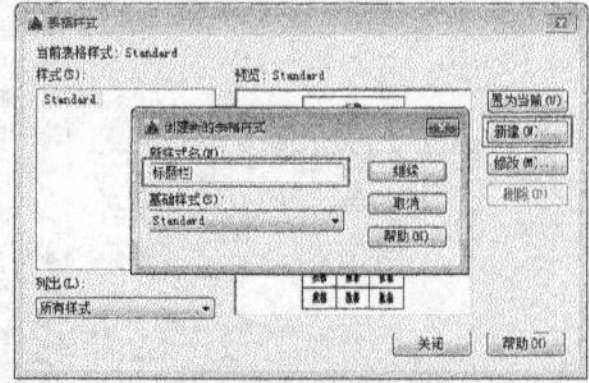

图 8-81 输入表格样式名

Step 03 设置表格样式。单击【继续】按钮，系统弹出【新建新的样式：标题栏】对话框，在【表格方向】下拉列表中选择【向上】；选择【文字】选项卡，在【文字样式】下拉列表中选择【表格文字】选项，并设置【文字高度】为4，如图8-82所示。

Step 04 单击【确定】按钮，返回【表格样式】对话框，选择新创建的“标题栏”样式，然后单击【置为当前】按钮，如图8-83所示。单击【关闭】按钮，完成表格样式的创建。

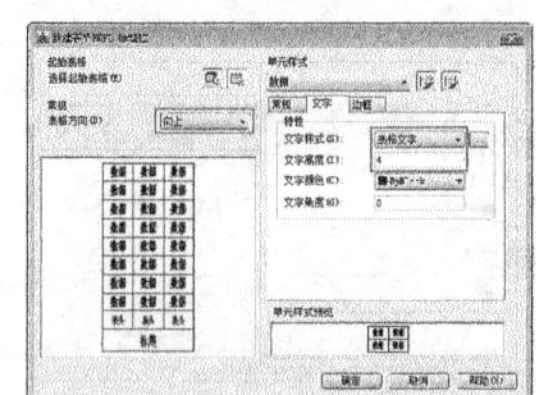

图 8-82 设置文字样式

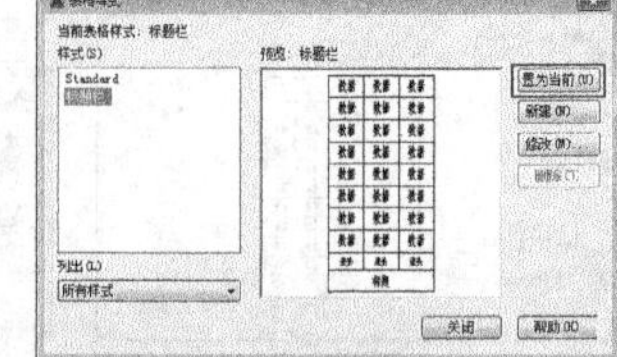

图 8-83 将“标题栏”样式置为当前

8.2.2 插入表格

表格是在行和列中包含数据的对象，在设置表格样式后便可以从空格或表格样式创建表格对象，还可以将表格链接至Microsoft Excel电子表格中的数据。

• 执行方式

在AutoCAD 2016中插入表格有以下几种常用方法。

◆功能区：在【默认】选项卡中，单击【注释】面板中的【表格】按钮，如图8-84所示。

◆菜单栏：执行【绘图】|【表格】命令，如图8-85所示。

命令行：输入“TABLE”或“TB”命令。

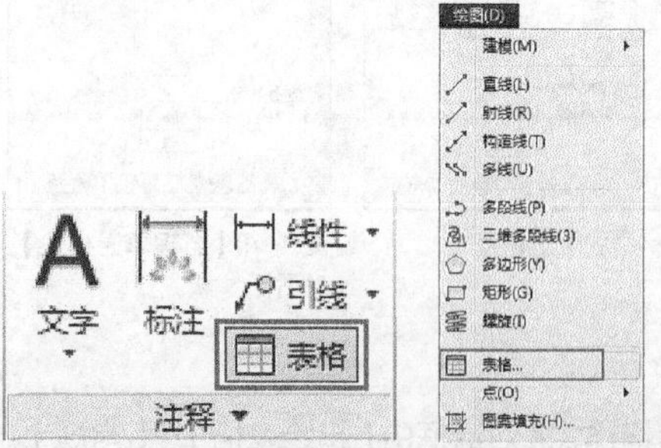

图 8-84【注释】面板中的【表格】按钮　图 8-85【表格】菜单命令

·操作步骤

通过以上任意一种方法执行该命令后，系统弹出【插入表格】对话框，如图 8-86 所示。在【插入表格】面板中包含多个选项组和对应选项。

设置好列数和列宽、行数和行高后，单击【确定】按钮，并在绘图区指定插入点，将会在当前位置按照表格设置插入一个表格，然后在此表格中添加上相应的文本信息即可完成表格的创建。

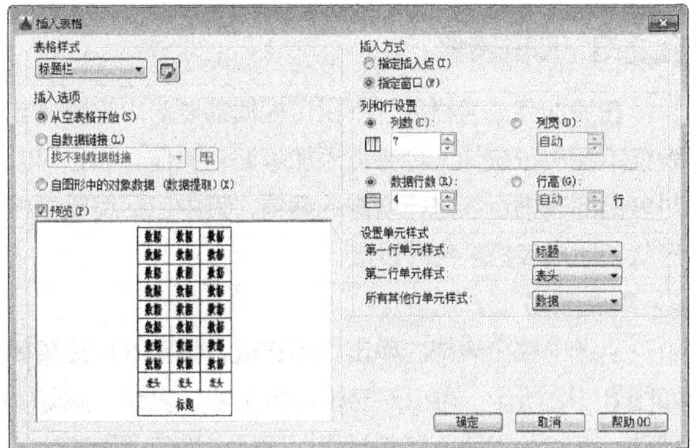

图 8-86【插入表格】对话框

·选项说明

【插入表格】对话框中包含 5 大区域，各区域参数的含义说明如下。

◆【表格样式】区域：在该区域中不仅可以从下拉列表框中选择表格样式，也可以单击右侧的按钮后创建新表格样式。

◆【插入选项】区域：该区域中包含 3 个单选按钮，其中选中【从空表格开始】单选按钮可以创建一个空的表格；而选中【自数据连接】单选按钮可以从外部导入数据来创建表格，如 Excel；若选中【自图形中的对象数据（数据提取）】单选按钮，则可以用于从可输出到表格或外部的图形中提取数据来创建表格。

◆【插入方式】区域：该区域中包含两个单选按钮，其中选中【指定插入点】单选按钮可以在绘图窗口中的某点插入固定大小的表格；选中【指定窗口】单选按钮可以在绘图窗口中通过指定表格两对角点的方式来创建任意大小的表格。

◆【列和行设置】区域：在此选项区域中，可以通过改变【列数】、【列宽】、【数据行数】和【行高】文本框中的数值来调整表格的外观大小。

◆【设置单元样式】区域：在此选项组中可以设置【第一行单元样式】、【第二行单元样式】和【所有其他行单元样式】选项。默认情况下，系统均以【从空表格开始】方式插入表格。

练习 8-9 通过表格创建标题栏

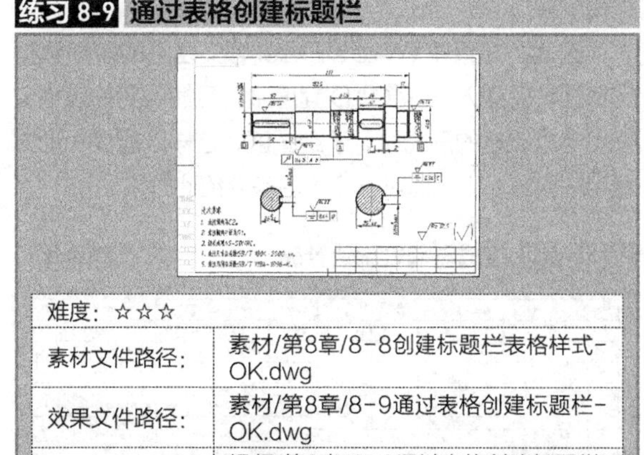

难度：☆☆☆	
素材文件路径：	素材/第8章/8-8创建标题栏表格样式-OK.dwg
效果文件路径：	素材/第8章/8-9通过表格创建标题栏-OK.dwg
视频文件路径：	视频/第8章/8-9通过表格创建标题栏.mp4
播放时长：	1分28秒

与其他技术制图类似，机械制图中的标题栏也配置在图框的右下角。本例便延续【练习 8-8】的结果，在“标题栏”表格样式下进行创建。

Step 01 打开素材文件“第8章/8-8创建标题栏表格样式-OK.dwg”，如图8-80所示，其中已经绘制好了一零件图。

Step 02 在命令行输入“TB”命令并按Enter键，系统弹出【插入表格】对话框。选择插入方式为【指定窗口】，然后设置【列数】为7，【数据行数】为2，设置所有行的单元样式均为【数据】，如图8-87所示。

Step 03 单击【插入表格】对话框上的【确定】按钮，然后在绘图区单击确定表格左下角点，向上拖动指针，在合适的位置单击确定表格右下角点。生成的表格如图8-88所示。

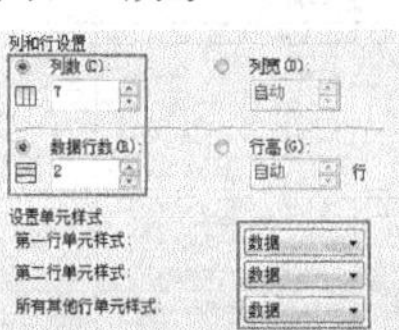

图 8-87 设置表格参数

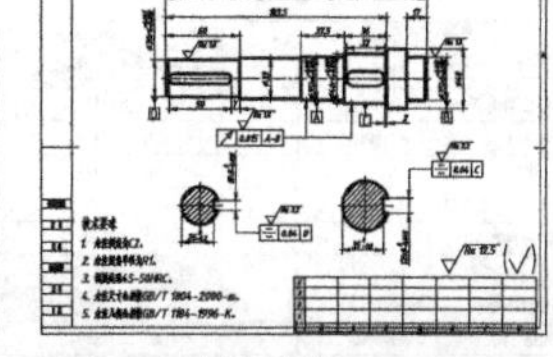

图 8-88 插入表格

操作技巧

在设置行数的时候，需要看清楚对话框中输入的是【数据行数】，这里的数据行数是应该减去标题与表头的数值，即“最终行数=输入行数+2”。

·精益求精 将 Excel 输入 AutoCAD 中的表格

AutoCAD 程序具有完善的图形绘制功能、强大的图形编辑功能。尽管还有文字与表格的处理能力，但相对于专业的数据处理、统计分析和辅助决策的 Excel 软件来说功能还是很弱。在实际工作中，往往需要绘制各种复杂的表格，输入大量的文字，并调整表格大小和文字样式。这在 AutoCAD 程序中操作比较烦琐，速度也将慢下来。

因此，如果将 Word、Excel 等文档中的表格数据选择性粘贴插入 AutoCAD 程序中，且插入后的表格数据也会以表格的形式显示于绘图区，这样就能极大地方便用户整理。下面通过一个练习来介绍此方法。

练习 8-10 生成电气设施统计表 ★重点★

序号	名 称	规格型号		重量/原值（吨/万元）	制造/投用（时间）	主体材质	操作条件	安装地点/使用部门	生产制造单位	备注
1.0000	吸氨泵、碳化泵、浓氨泵（TH01）	MNS	1.0000		2010.04/2010.08	敷铝锌板	交流控制（AC380V/220V）	碳化配电室/	上海德力西开关有限公司	
2.0000	离心机1#-3#主机、辅机控制（TH02）	MNS	1.0000		2010.04/2010.08	敷铝锌板	交流控制（AC380V/220V）	碳化配电室/	上海德力西开关有限公司	
3.0000	防爆控制箱	XBK-B24D24G	1.0000		2010.07	铸铁	交流控制（AC220V）	碳化值班室内/	新黎明防爆电器有限公司	
4.0000	防爆照明（动力）配电箱	CBP51-7KXXG	1.0000		2010.11	铸铁	交流控制（AC380V）	碳化二楼/	长城电器集团有限公司	
5.0000	防爆动力（电磁）启动箱	BXG	1.0000		2010.07	铸铁	交流控制（AC380V）	碳化值班室内/	新黎明防爆电器有限公司	
6.0000	防爆照明（动力）配电箱	CBP51-7KXXG	1.0000		2010.11	铸铁	交流控制（AC380V）	碳化一楼/	长城电器集团有限公司	
7.0000	碳化循环水控制柜		1.0000		2010.11	普通钢板	交流控制（AC380V）	碳化配电室内/	自配控制柜	
8.0000	碳化深水泵控制柜		1.0000		2011.04	普通钢板	交流控制（AC380V）	碳化配电室内/	自配控制柜	
9.0000	防爆控制箱	XBK-B12D12G	1.0000		2010.07	铸铁	交流控制（AC380V）	碳化二楼/	新黎明防爆电器有限公司	
10.0000	防爆控制箱	XBK-B30D30G	1.0000		2010.07	铸铁	交流控制（AC380V）	碳化二楼/	新黎明防爆电器有限公司	

难度：☆☆☆	
素材文件路径：	素材/第8章/8-10生成电气设施统计表.xls
效果文件路径：	素材/第8章/8-10生成电气设施统计表-OK.dwg
视频文件路径：	视频/第8章/8-10生成电气设施统计表.mp4
播放时长：	1分28秒

如果要统计的数据过多，如电气设施的统计表，那首选肯定会使用 Excel 进行处理，然后再导入 AutoCAD 中作为表格即可。在一般公司中，这类表格数据都由其他部门制作，设计人员无需自行整理。

Step 01 打开素材文件"第8章/8-10生成电气设施统计表.xls"，如图8-89所示，已用Excel创建好了一张电气设施的统计表格。

电 气 设 备 设 施 一 览 表

统计：黄程笑　统计日期：2012年3月22日　审核：罗武　审核日期：2012年3月22日　编号：10

序号	名 称	规格型号		重量/原值（吨/万元）	制造/投用（时间）	主体材质	操作条件	安装地点/使用部门	生产制造单位	备注
1	吸氨泵、碳化泵、浓氨泵（TH01）	MNS	1		2010、04/2010、08	敷铝锌板	交流控制（AC380V/220V）	碳化配电室/	上海德力西开关有限公司	
2	离心机1#-3#主机、辅机控制（TH02）	MNS	1		2010、04/2010、08	敷铝锌板	交流控制（AC380V/220V）	碳化配电室/	上海德力西开关有限公司	
3	防爆控制箱	XBK-B24D24G	1		2010、07	铸铁	交流控制（AC220V）	碳化值班室内/	新黎明防爆电器有限公司	
4	防爆照明（动力）配电箱	CBP51-7KXXG	1		2010、11	铸铁	交流控制（AC380V）	碳化二楼/	长城电器集团有限公司	
5	防爆动力（电磁）启动箱	BXG	1		2010、07	铸铁	交流控制（AC380V）	碳化值班室内/	新黎明防爆电器有限公司	
6	防爆照明（动力）配电箱	CBP51-7KXXG	1		2010、11	铸铁	交流控制（AC380V）	碳化一楼/	长城电器集团有限公司	
7	碳化循环水控制柜		1		2010、11	普通钢板	交流控制（AC380V）	碳化配电室内/	自配控制柜	
8	碳化深水泵控制柜		1		2011、04	普通钢板	交流控制（AC380V）	碳化配电室内/	自配控制柜	
9	防爆控制箱	XBK-B12D12G	1		2010、07	铸铁	交流控制（AC380V）	碳化二楼/	新黎明防爆电器有限公司	
10	防爆控制箱	XBK-B30D30G	1		2010、07	铸铁	交流控制（AC380V）	碳化二楼/	新黎明防爆电器有限公司	

图 8-89 素材文件

Step 02 将表格主体（即行3~13、列A~K），复制到剪贴板。

Step 03 打开AutoCAD，新建一空白文档，再选择【编辑】菜单中的【选择性粘贴】选项，打开【选择性粘贴】对话框，选择其中的【AutoCAD图元】选项，如图8-90所示。

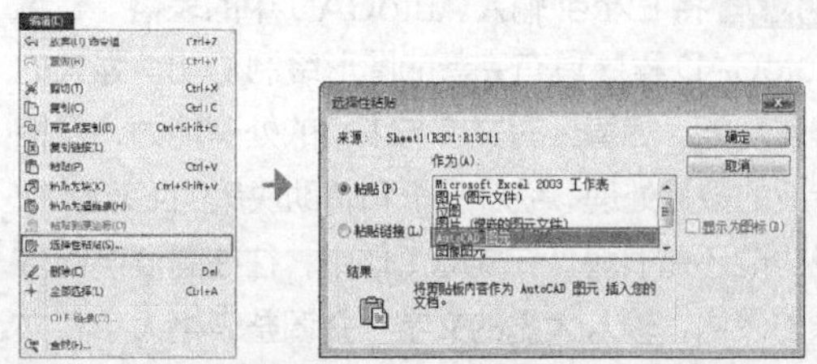

图 8-90 选择性粘贴

Step 04 按【确定】键，表格转化成AutoCAD 中的表格，如图8-91所示。即可以编辑其中的文字，非常方便。

序号	名 称	规格型号		重量/原值（吨/万元）	制造/投用（时间）	主体材质	操作条件	安装地点/使用部门	生产制造单位	备注
1.0000	吸氨泵、碳化泵、浓氨泵（TH01）	MNS	1.0000		2010.04/2010.08	敷铝锌板	交流控制（AC380V/220V）	碳化配电室/	上海德力西开关有限公司	
2.0000	离心机1#-3#主机、辅机控制（TH02）	MNS	1.0000		2010.04/2010.08	敷铝锌板	交流控制（AC380V/220V）	碳化配电室/	上海德力西开关有限公司	
3.0000	防爆控制箱	XBK-B24D24G	1.0000		2010.07	铸铁	交流控制（AC220V）	碳化值班室内/	新黎明防爆电器有限公司	
4.0000	防爆照明（动力）配电箱	CBP51-7KXXG	1.0000		2010.11	铸铁	交流控制（AC380V）	碳化二楼/	长城电器集团有限公司	
5.0000	防爆动力（电磁）启动箱	BXG	1.0000		2010.07	铸铁	交流控制（AC380V）	碳化值班室内/	新黎明防爆电器有限公司	
6.0000	防爆照明（动力）配电箱	CBP51-7KXXG	1.0000		2010.11	铸铁	交流控制（AC380V）	碳化一楼/	长城电器集团有限公司	
7.0000	碳化循环水控制柜		1.0000		2010.11	普通钢板	交流控制（AC380V）	碳化配电室内/	自配控制柜	
8.0000	碳化深水泵控制柜		1.0000		2011.04	普通钢板	交流控制（AC380V）	碳化配电室内/	自配控制柜	
9.0000	防爆控制箱	XBK-B12D12G	1.0000		2010.07	铸铁	交流控制（AC380V）	碳化二楼/	新黎明防爆电器有限公司	
10.0000	防爆控制箱	XBK-B30D30G	1.0000		2010.07	铸铁	交流控制（AC380V）	碳化二楼/	新黎明防爆电器有限公司	

图 8-91 粘贴为 AutoCAD 中的表格

8.2.3 编辑表格

在添加完成表格后，不仅可根据需要对表格整体或表格单元执行拉伸、合并或添加等编辑操作，而且可以对表格的表指示器进行所需的编辑，其中包括编辑表格形状和添加表格颜色等设置。

1 编辑表格

当选中整个表格，单击鼠标右键，弹出的快捷菜单如图 8-92 所示。可以对表格进行剪切、复制、删除、移动、缩放和旋转等简单操作，还可以均匀调整表格的行、列大小，删除所有特性替代。当选择【输出】命令时，还可以打开【输出数据】对话框，以 .csv 格式输出表格中的数据。

当选中表格后，也可以通过拖动夹点来编辑表格，其各夹点的含义，如图 8-93 所示。

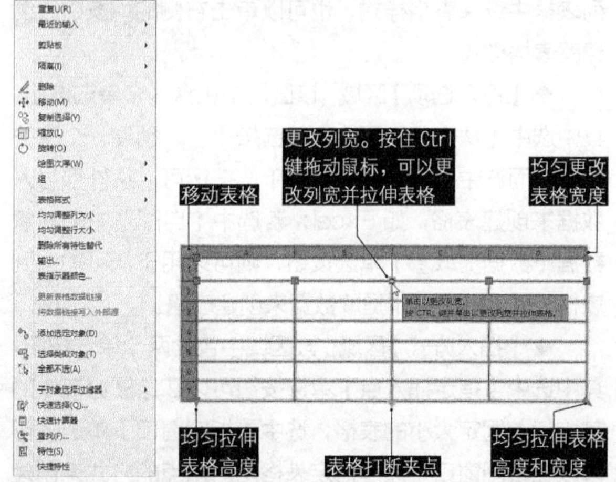

图 8-92 快捷菜单　图 8-93 选中表格时各夹点的含义

2 编辑表格单元

当选中表格单元时，其右键快捷菜单如图 8-94 所示。

当选中表格单元格后，在表格单元格周围出现夹点，也可以通过拖动这些夹点来编辑单元格，其各夹点的含义如图 8-95 所示。如果要选择多个单元，可以按鼠标左键并在欲选择的单元上拖动；也可以按住 Shift 键并在欲选择的单元内按鼠标左键，可以同时选中这两个单元以及它们之间的所有单元。

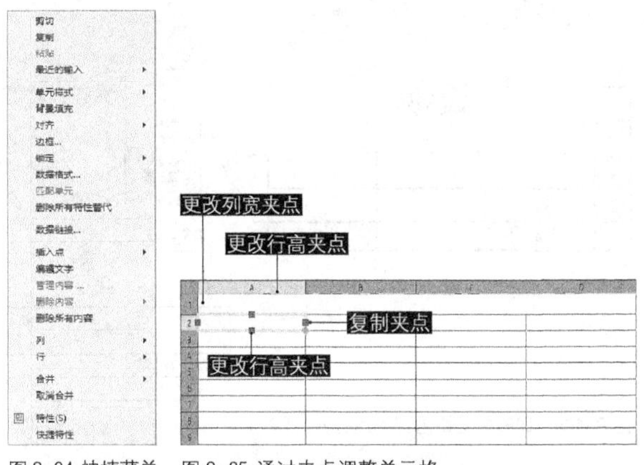

图 8-94 快捷菜单　图 8-95 通过夹点调整单元格

8.2.4 添加表格内容

在 AutoCAD 2016 中，表格的主要作用就是能够清晰、完整、系统地表现图纸中的数据。表格中的数据都是通过表格单元进行添加的，表格单元不仅可以包含文本信息，而且还可以包含多个块。此外，还可以将 AutoCAD 中的表格数据与 Microsoft Excel 电子表格中的数据进行链接。

确定表格的结构之后，最后在表格中添加文字、块、公式等内容。添加表格内容之前，必须了解单元格的选中状态和激活状态。

◆选中状态：单元格的选中状态在上一节已经介绍，如图 8-95 所示。单击单元格内部即可选中单元格，选中单元格之后系统弹出【表格单元】选项卡。

◆激活状态：在单元格的激活状态，单元格呈灰底显示，并出现闪动光标，如图 8-96 所示。双击单元格可以激活单元格，激活单元格之后系统弹出【文字编辑器】选项卡。

1 添加数据

当创建表格后，系统会自动亮显第一个表格单元，并打开【文字格式】工具栏，此时可以开始输入文字，在输入文字的过程中，单元的行高会随输入文字的高度或行数的增加而增加。要移动到下一单元，可以按 Tab 键或是用箭头键向左、向右、向上和向下移动。通过在选中的单元中按 F2 键可以快速编辑单元格文字。

2 在表格中添加块

在表格中添加块和方程式需要选中单元格。选中单元格之后，系统将弹出【表格单元】选项卡，单击【插入】面板上的【块】按钮，系统弹出【在表格单元中插入块】对话框，如图 8-97 所示，浏览到块文件，然后插入块。在表格单元中插入块时，块可以自动适应单元的大小，也可以调整单元以适应块的大小，并且可以将多个块插入同一个表格单元中。

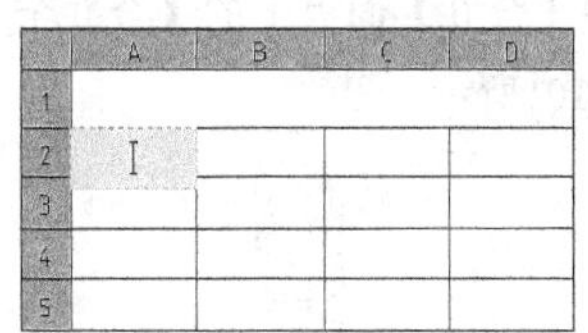

图 8-96 激活单元格

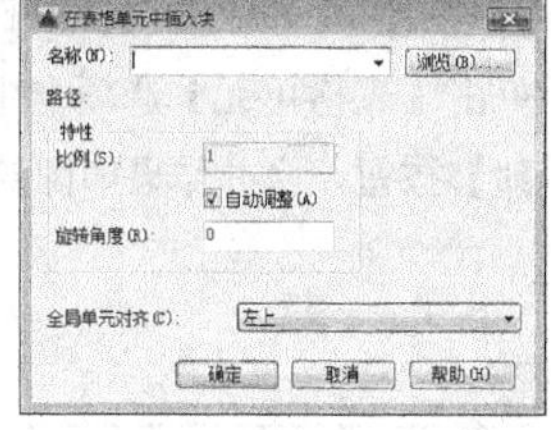

图 8-97【在表格单元中插入块】对话框

3 在表格中添加方程式

在表格中添加方程式可以将某单元格的值定义为其他单元格的组合运算值。选中单元格之后，在【表格单元】选项卡中，单击【插入】面板上的【公式】按钮，弹出图 8-98 所示的选项，选择【方程式】选项，将激活单元格，进入文字编辑模式。输入与单元格标号相关的运算公式，如图 8-99 所示。该方程式的运算结果如图 8-100 所示。如果修改方程所引用的单元格，运算结果也随之更新。

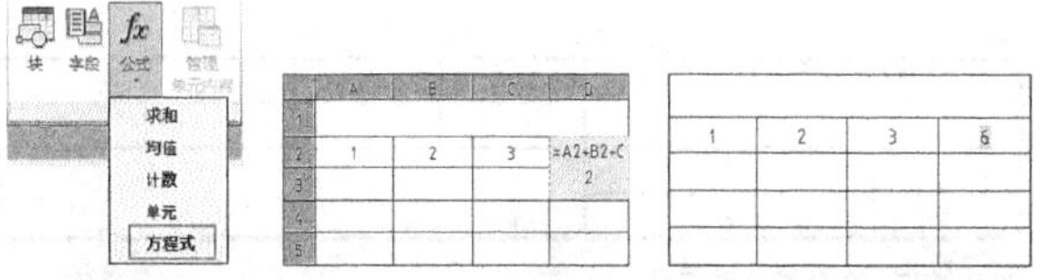

图 8-98【公式】下拉列表　图 8-99 输入方程表达式　图 8-100 方程运算结果

练习 8-11 填写标题栏表格

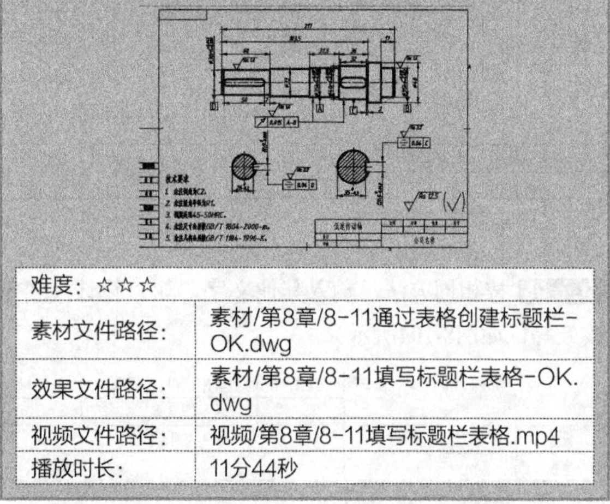

难度：☆☆☆	
素材文件路径：	素材/第8章/8-11通过表格创建标题栏-OK.dwg
效果文件路径：	素材/第8章/8-11填写标题栏表格-OK.dwg
视频文件路径：	视频/第8章/8-11填写标题栏表格.mp4
播放时长：	11分44秒

机械制图中的标题栏一般由更改区、签字区、其他区、名称以及代号区组成。填写的内容主要有零件的名称、材料、数量、比例、图样代号以及设计、审核、批准者的姓名、日期等。本例延续【练习 8-9】的结果，填写已经创建完成的标题栏。

Step 01 打开素材文件“第8章/8-9通过表格创建标题栏-OK.dwg”，如图8-88所示，其中已经绘制好了零件图形和标题栏。

Step 02 编辑标题栏。框选左上角的6个单元格，然后单击【表格单元】选项卡中【合并】面板上的【合并全部】按钮，合并结果如图8-101所示。

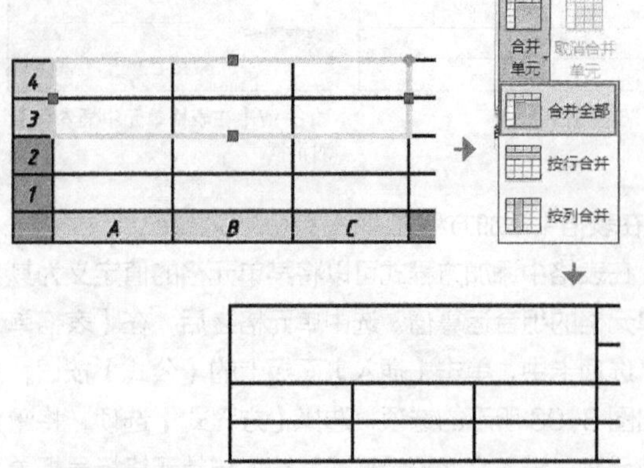

图 8-101　合并单元格

Step 03 合并其余单元格。使用相同的方法，合并其余的单元格，最终结果如图8-102所示。

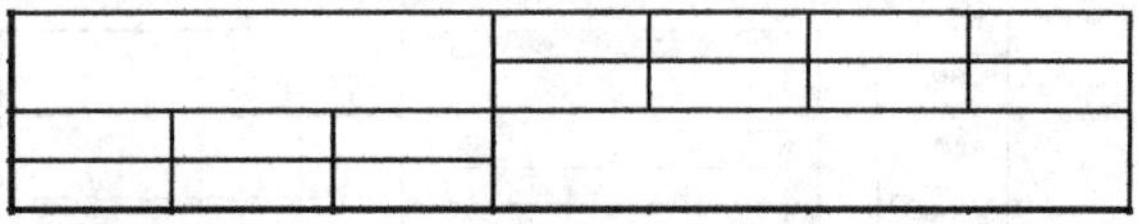

图 8-102　合并其余单元格

Step 04 输入文字。双击左上角合并之后的大单元格，输入图形的名称“低速传动轴”，如图8-103所示。此时输入的文字，其样式为“标题栏”表格样式中所设置的样式。

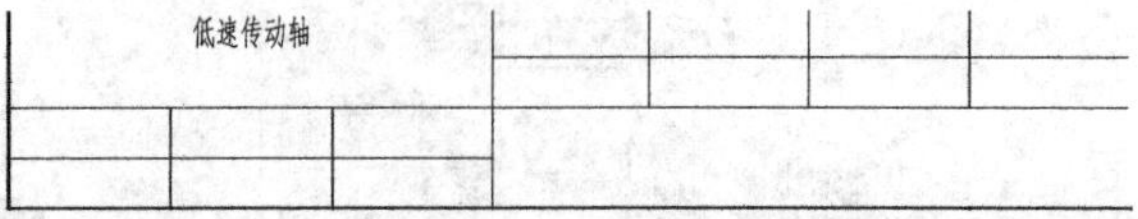

低速传动轴						

图 8-103　输入单元格文字

Step 05 按相同方法，输入其他文字，如“设计”“审核”等，如图8-104所示。

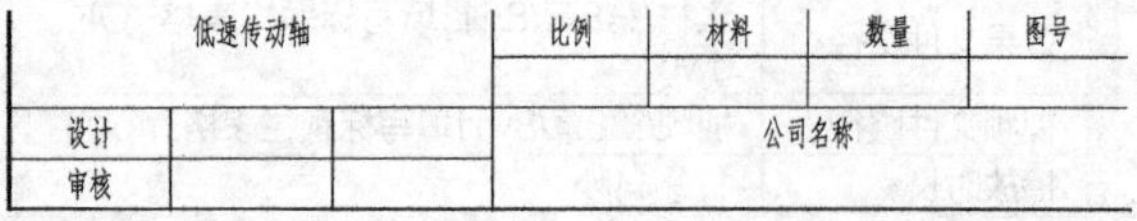

低速传动轴			比例	材料	数量	图号
设计			公司名称			
审核						

图 8-104　在其他单元格中输入文字

Step 06 调整文字内容。单击左上角的大单元格，在【表格单元】选项卡中，选择【单元样式】面板下的【正中】选项，将文字对齐至单元格的中心，如图8-105所示。

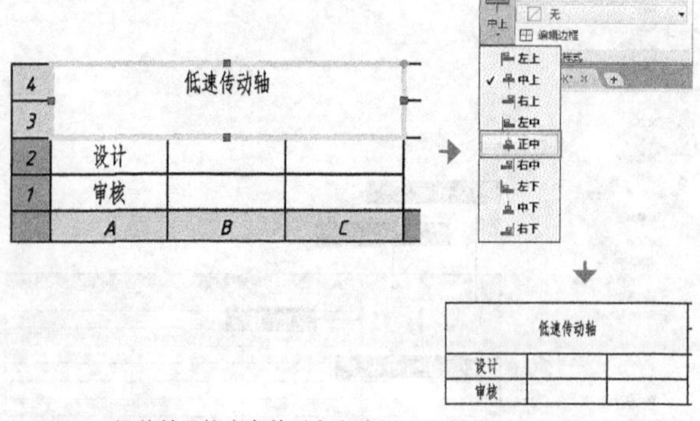

图 8-105　调整单元格内容的对齐方式

Step 07 按相同方法，对齐所有单元格内容（也可以直接选中表格，再单击【正中】，即将表格中所有单元格对齐方式统一为【正中】），再将两处文字字高调整为8，则最终结果如图8-106所示。

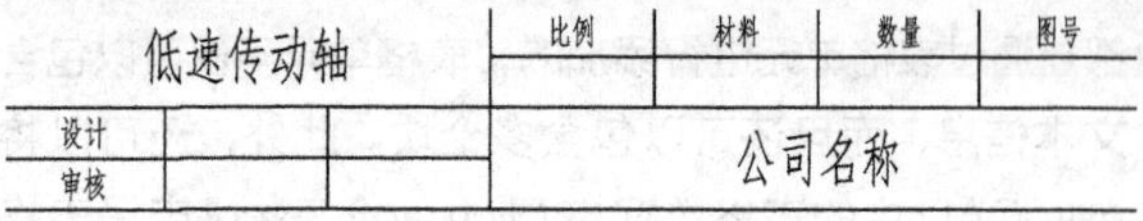

低速传动轴			比例	材料	数量	图号
设计			公司名称			
审核						

图 8-106　对齐其他单元格

第 9 章 图层与图层特性

图层是AutoCAD提供给用户的组织图形的强有力工具。AutoCAD的图形对象必须绘制在某个图层上，它可能是默认的图层，也可以是用户自己创建的图层。利用图层的特性，如颜色、线宽、线型等，可以非常方便地区分不同的对象。此外，AutoCAD还提供了大量的图层管理功能（打开/关闭、冻结/解冻、加锁/解锁等），这些功能使用户在组织图层时非常方便。

9.1 图层概述

本节介绍图层的基本概念和分类原则，使用户对AutoCAD图层的含义和作用，以及一些使用的原则有一个清晰地认识。

9.1.1 图层的基本概念

AutoCAD图层相当于传统图纸中使用的重叠图纸。它就如同一张张透明的图纸，整个AutoCAD文档就是由若干透明图纸上下叠加的结果，如图9-1所示。用户可以根据不同的特征、类别或用途，将图形对象分类组织到不同的图层中。同一个图层中的图形对象具有许多相同的外观属性，如线宽、颜色、线型等。

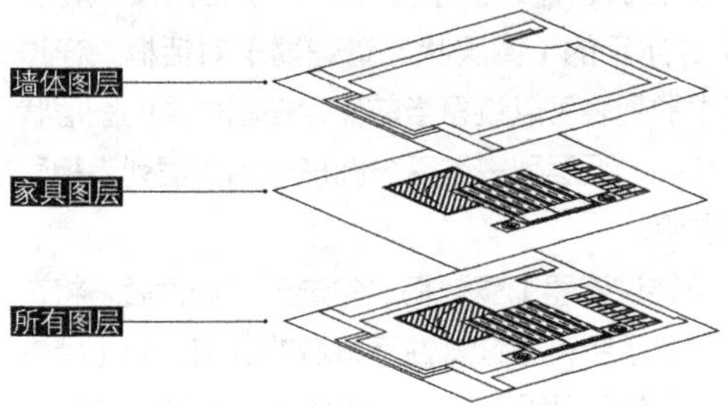

图 9-1 图层的原理

按图层组织数据有很多好处。首先，图层结构有利于设计人员对AutoCAD文档的绘制和阅读。不同工种的设计人员，可以将不同类型数据组织到各自的图层中，最后统一叠加。阅读文档时，可以暂时隐藏不必要的图层，减少屏幕上的图形对象数量，提高显示效率，也有利于看图。修改图纸时，可以锁定或冻结其他工种的图层，以防误删、误改他人图纸。其次，按照图层组织数据，可以减少数据冗余，压缩文件数据量，提高系统处理效率。许多图形对象都有共同的属性。如果逐个记录这些属性，那么这些共同属性将被重复记录。而按图层组织数据以后，具有共同属性的图形对象同属一个层。

9.1.2 图层分类原则

按照图层组织数据，将图形对象分类组织到不同的图层中，这是AutoCAD设计人员的一个良好习惯。在新建文档时，首先应该在绘图前大致设计好文档的图层结构。多人协同设计时，更应该设计好一个统一而又规范的图层结构，以便数据交换和共享。切忌将所有的图形对象全部放在同一个图层中。

图层可以按照以下的原则组织。

◆按照图形对象的使用性质分层。例如，在建筑设计中，可以将墙体、门窗、家具、绿化分在不同的层。

◆按照外观属性分层。具有不同线型或线宽的实体应当分数不同的图层，这是一个很重要的原则。例如，机械设计中，粗实线（外轮廓线）、虚线（隐藏线）和点画线（中心线）就应该分属三个不同的层，也方便打印控制。

◆按照模型和非模型分层。AutoCAD制图的过程实际上是建模的过程。图形对象是模型的一部分；文字标注、尺寸标注、图框、图例符号等并不属于模型本身，是设计人员为了便于设计文件的阅读而人为添加的说明性内容，所以模型和非模型应当分属不同的层。

9.2 图层的创建与设置

图层的新建、设置等操作通常在【图层特性管理器】选项板中进行。此外，用户也可以使用【图层】面板或【图层】工具栏快速管理图层。【图层特性管理器】选项板中可以控制图层的颜色、线型、线宽、透明度、是否打印等，本节仅介绍其中常用的前三种，后面的设置操作方法与此相同，便不再介绍。

9.2.1 新建并命名图层

在使用AutoCAD进行绘图工作前，用户宜先根据自身行业要求创建好对应的图层。AutoCAD的图层创建和设置都在【图层特性管理器】选项板中进行。

·执行方式

打开【图层特性管理器】选项板有以下几种方法。

◆功能区：在【默认】选项卡中，单击【图层】面板中的【图层特性】按钮，如图9-2所示。

◆菜单栏：选择【格式】|【图层】命令，如图9-3所示。

◆命令行：输入“LAYER”或“LA”命令。

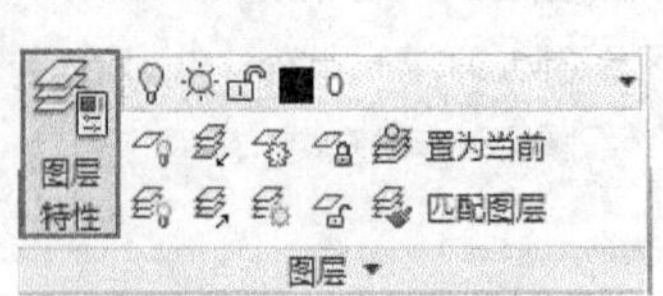

图 9-2【图层】面板中的【图层特性】按钮

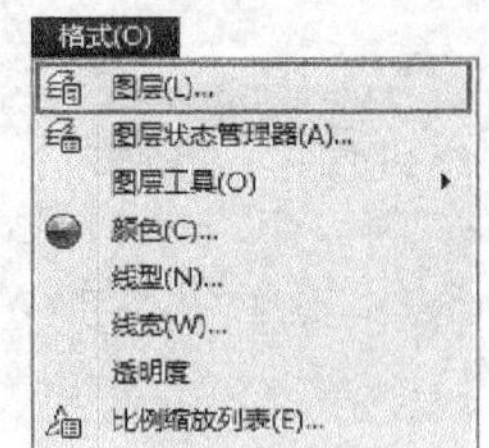

图 9-3 粗实线图层

·操作步骤

执行任一命令后，弹出【图层特性管理器】选项板，如图 9-4 所示，单击对话框上方的【新建】按钮，即可新建一个图层项目。默认情况下，创建的图层会依以"图层 1""图层 2"等按顺序进行命名，用户也可以自行输入易辨别的名称，如"轮廓线""中心线"等。输入图层名称之后，依次设置该图层对应的颜色、线型、线宽等特性。

设置为当前的图层项目前会出现✔符号。图 9-5 所示为将粗实线图层置为当前图层，颜色设置为红色、线型为实线，线宽为 0.3mm 的结果。

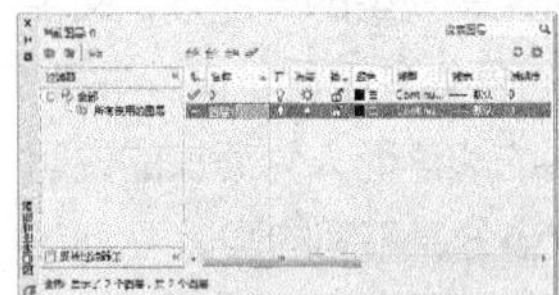

图 9-4【图层特性管理器】选项板

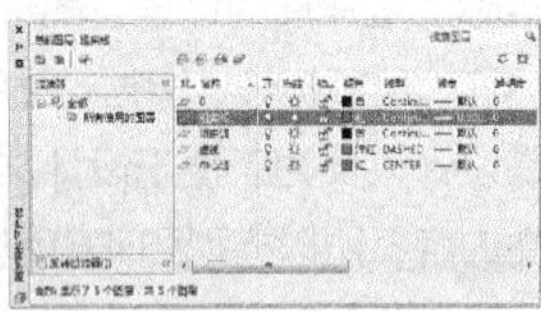

图 9-5 粗实线图层

操作技巧

图层的名称最多可以包含255个字符，并且中间可以含有空格，图层名区分大小写字母。图层名不能包含的符号有<、>、^、"、"、;、?、*、|、,、=、' 等，如果用户在命名图层时提示失败，可检查是否含有这些非法字符。

·选项说明

【图层特性管理器】选项板主要分为【图层树状区】与【图层设置区】两部分，如图 9-6 所示。

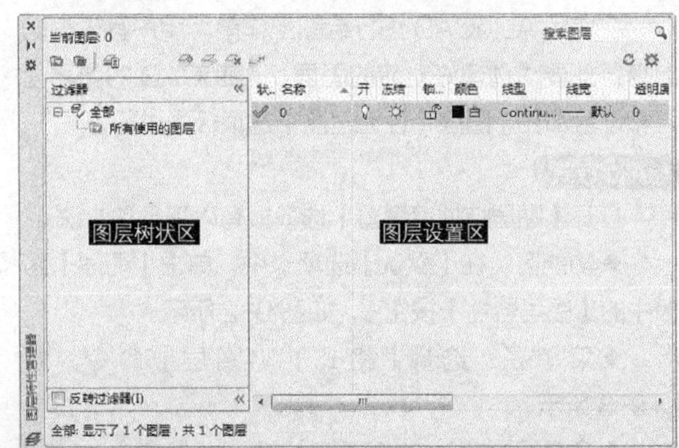

图 9-6 图层特性管理器

◎ **图层树状区**

【图层树状区】用于显示图形中图层和过滤器的层次结构列表，其中【全部】用于显示图形中所有的图层，而【所有使用的图层】过滤器则为只读过滤器，过滤器按字母顺序进行显示。

【图层树状区】各选项及功能按钮的作用如下。

◆【新建特性过滤器】按钮：单击该按钮将弹出如图 9-7 所示的【图层过滤器特性】对话框，此时可以根据图层的若干特性（如颜色、线宽）创建【特性过滤器】。

◆【新建组过滤器】按钮：单击该按钮可创建【组过滤器】，在【组过滤器】内可包含多个【特性过滤器】，如图 9-8 所示。

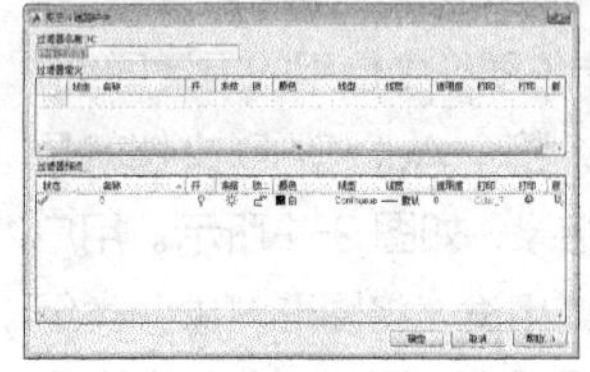

图 9-7【图层过滤器特性】对话框

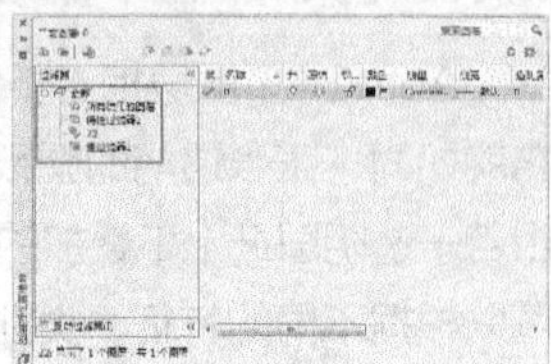

图 9-8 创建组过滤器

◆【图层状态管理器】按钮：单击该按钮将弹出如图 9-9 所示的【图层状态管理器】对话框，通过该对话框中的列表可以查看当前保存在图形中的图层状态、存在空间、图层列表是否与图形中的图层列表相同以及可选说明。

◆【反转过滤器】复选框：勾选该复选框后，将在右侧列表中显示所有与过滤性不符合的图层，当【特性过滤器 1】中选择到所有颜色为绿色的图层时，勾选该复选框将显示所有非绿色的图层，如图 9-10 所示。

◆【状态栏】：在状态栏内罗列了当前过滤器的名称、列表视图中显示的图层数与图形中的图层数等信息。

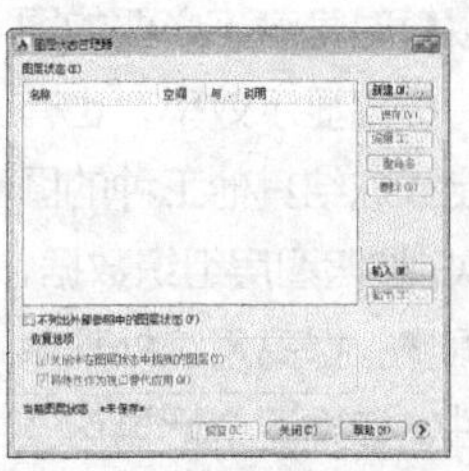

图 9-9 图层状态管理器

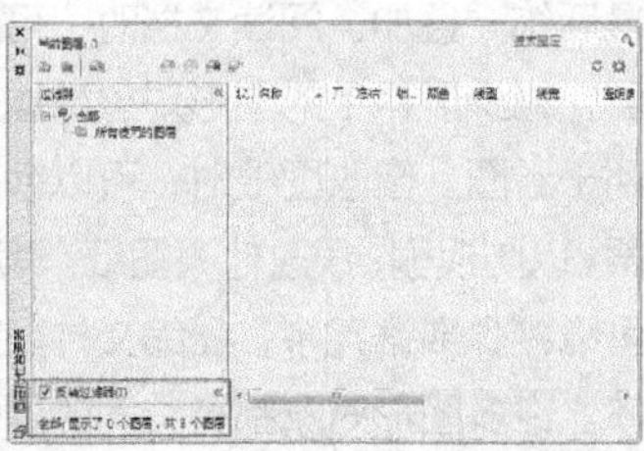

图 9-10 反转过滤器

◎ **图层设置区**

【图层设置区】具有搜索、创建、删除图层等功能，并能显示图层具体的特性与说明，【图形树状区】各选项及功能按钮的作用如下。

◆【搜索图层】文本框：通过在其左侧的文本框内输入搜索关键字符，可以按名称快速搜索至相关的图层列表。

◆【新建图层】按钮：单击该按钮可以在列表中新建一个图层。

◆【在所有视口中都被冻结的新图层视口】按钮：单击该按钮可以创建一个新图层，但在所有现有的布局视口中会将其冻结。

◆【删除图层】按钮：单击该按钮将删除当前选中的图层。

◆【置为当前】按钮：单击该按钮可以将当前选中的图层置为当前层，用户所绘制的图形将存放在该图层上。

◆【刷新】按钮：单击该按钮可以刷新图层列表中的内容。

◆【设置】按钮：单击该按钮将显示如图 9-11 所示的【图层设置】对话框，用于调整【新图层通知】、【隔离图层设置】以及【对话框设置】等内容。

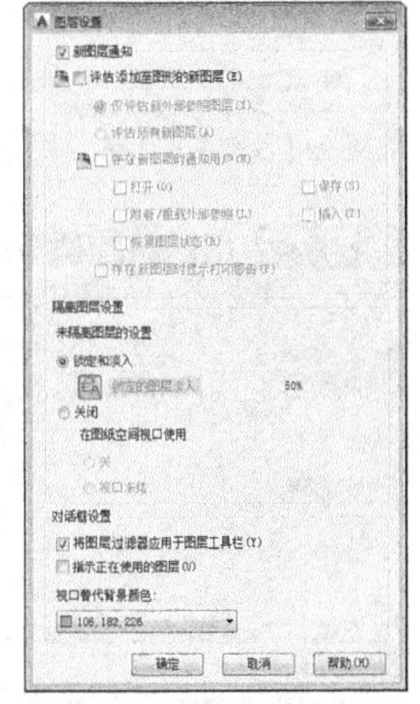
图 9-11【图层设置】对话框

9.2.2 设置图层颜色 ★重点★

如前文所述，为了区分不同的对象，通常为不同的图层设置不同的颜色。设置图层颜色之后，该图层上的所有对象均显示为该颜色（修改了对象特性的图形除外）。

打开【图层特性管理器】选项板，单击某一图层对应的【颜色】项目，如图 9-12 所示。弹出【选择颜色】对话框，如图 9-13 所示。在调色板中选择一种颜色，单击【确定】按钮，即完成颜色设置。

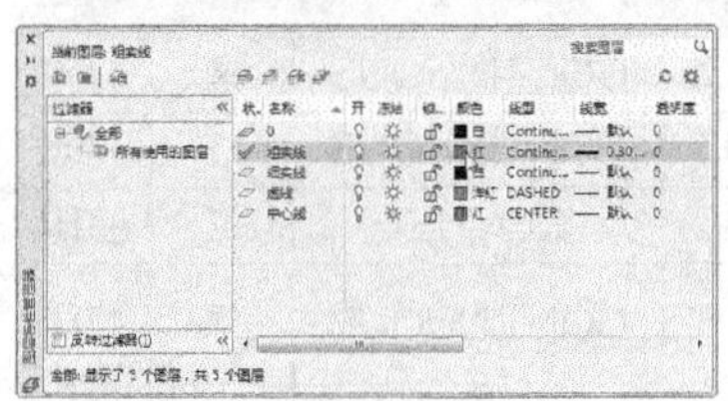
图 9-12 单击图层颜色项目

图 9-13【选择颜色】对话框

9.2.3 设置图层线型 ★重点★

线型是指图形基本元素中线条的组成和显示方式，如实线、中心线、点画线、虚线等。通过线型的区别，可以直观判断图形对象的类别。在 AutoCAD 中默认的线型是实线（Continuous），其他线型需要加载才能使用。

在【图层特性管理器】选项板中，单击某一图层对应的【线型】项目，弹出【选择线型】对话框，如图 9-14 所示。在默认状态下，【选择线型】对话框中只有 Continuous 一种线型。如果要使用其他线型，必须将其添加到【选择线型】对话框中。单击【加载】按钮，弹出【加载或重载线型】对话框，如图 9-15 所示。从对话框中选择要使用的线型，单击【确定】按钮，完成线型加载。

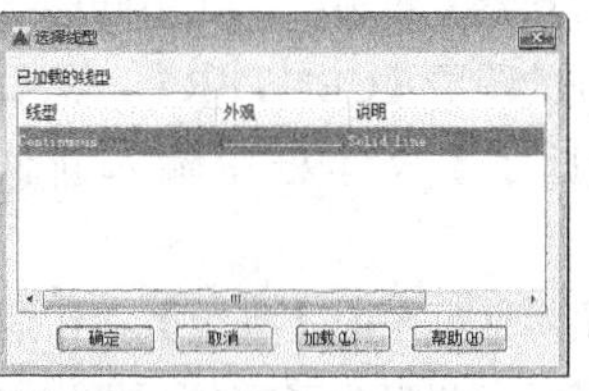
图 9-14【选择线型】对话框

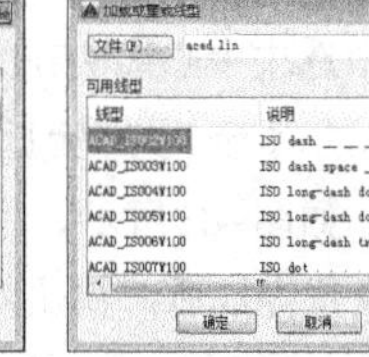
图 9-15【加载或重载线型】对话框

练习 9-1 调整中心线线型比例

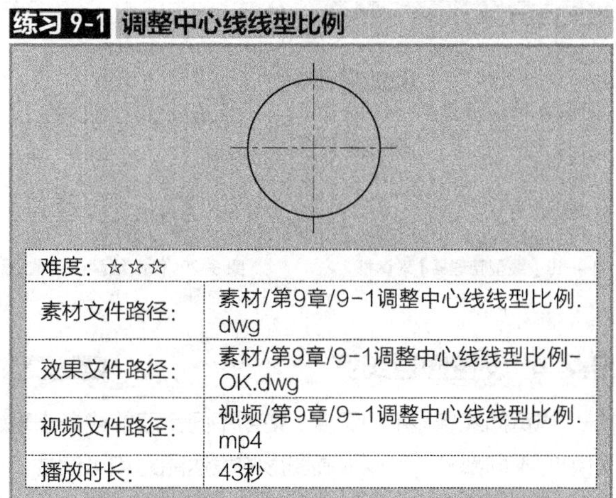

难度：☆☆☆	
素材文件路径：	素材/第9章/9-1调整中心线线型比例.dwg
效果文件路径：	素材/第9章/9-1调整中心线线型比例-OK.dwg
视频文件路径：	视频/第9章/9-1调整中心线线型比例.mp4
播放时长：	43秒

有时设置好了非连续线型（如虚线、中心线）的图层，但绘制时仍会显示出实线的效果。这通常是因为线型的【线型比例】值过大，修改数值即可显示出正确的线型效果，如图 9-16 所示。具体操作方法说明如下。

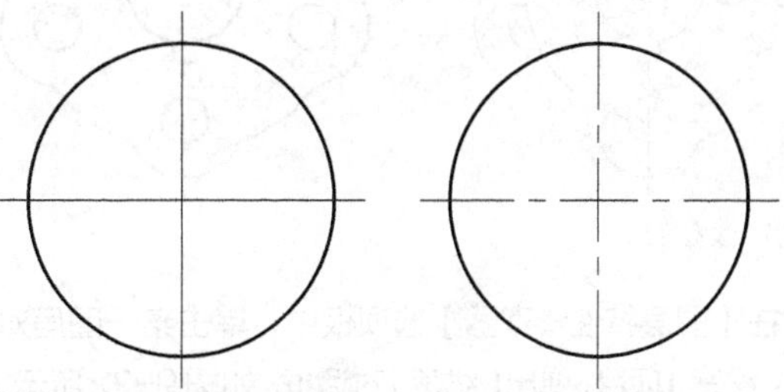
图 9-16 线型比例的变化效果

Step 01 打开“第9章/9-1调整中心线线型比例.dwg”素材文件，如图9-17所示，图形的中心线为实线显示。

Step 02 在【默认】选项卡中，单击【特性】面板中【线型】下拉列表中的【其他】按钮，如图9-18所示。

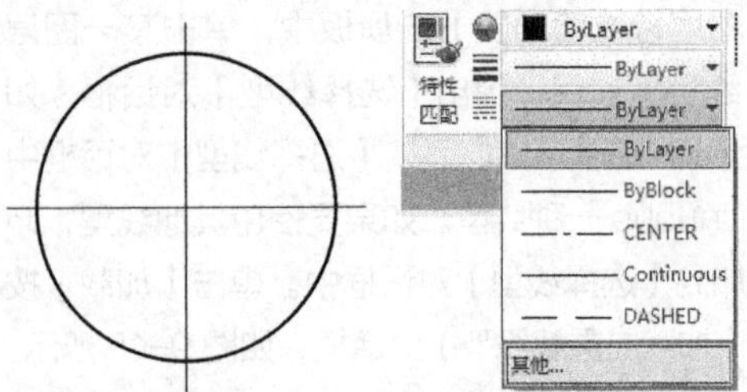

图 9-17　素材图形　　图 9-18【特性】面板中的【其他】按钮

Step 03 系统弹出【线型管理器】对话框，在中间的线型列表框中选中中心线所在的图层【CENTER】，然后在右下方的【全局比例因子】文本框中输入新值"0.25"，如图9-19所示。

Step 04 设置完成后，单击对话框中的【确定】按钮返回绘图区，可以看到中心线的效果发生了变化，成为点画线，如图9-20所示。

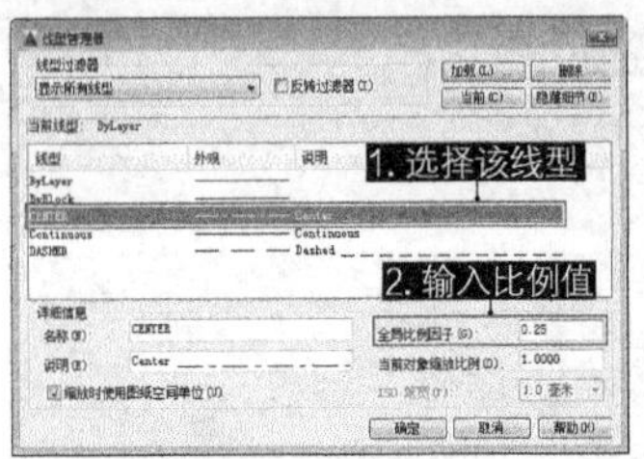

图 9-19【线型管理器】对话框

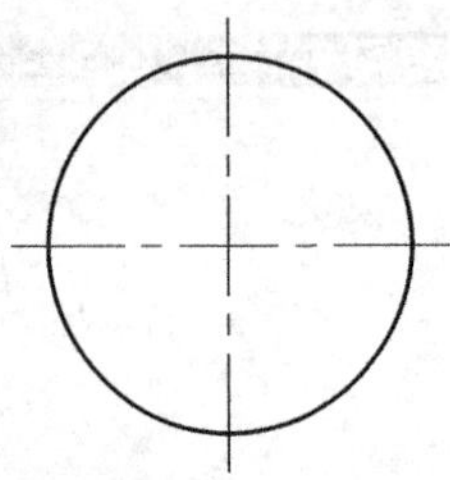

图 9-20　修改线型比例值之后的图形

9.2.4 设置图层线宽 ★重点★

线宽即线条显示的宽度。使用不同宽度的线条表现对象的不同部分，可以提高图形的表达能力和可读性，如图 9-21 所示。

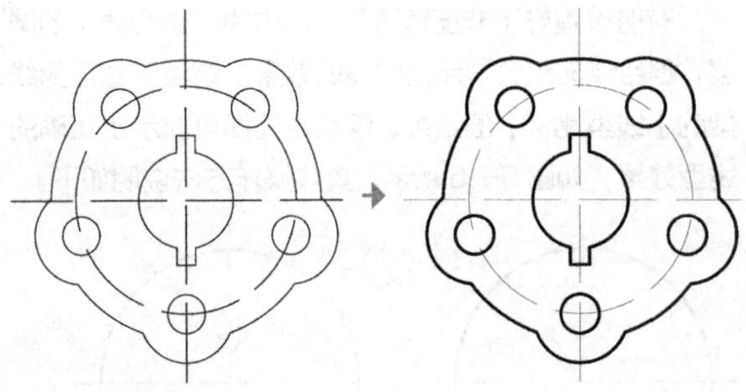

图 9-21　线宽变化

在【图层特性管理器】选项板中，单击某一图层对应的【线宽】项目，弹出【线宽】对话框，如图 9-22 所示，从中选择所需的线宽即可。

如果需要自定义线宽，在命令行中输入"LWEIGHT"或"LW"命令并按 Enter 键，弹出【线宽设置】对话框，如图 9-23 所示。通过调整线宽比例，可使图形中的线宽显示得更宽或更窄。

机械、建筑制图中通常采用粗、细两种线宽，在AutoCAD 中常设置粗细比例为 2 : 1。共有 0.25/0.13、0.35/0.18、0.5/0.25、0.7/0.35、1/0.5、1.4/0.7、2/1（单位均为 mm）这 7 种组合，同一图纸只允许采用一种组合，其余行业制图请查阅相关标准。

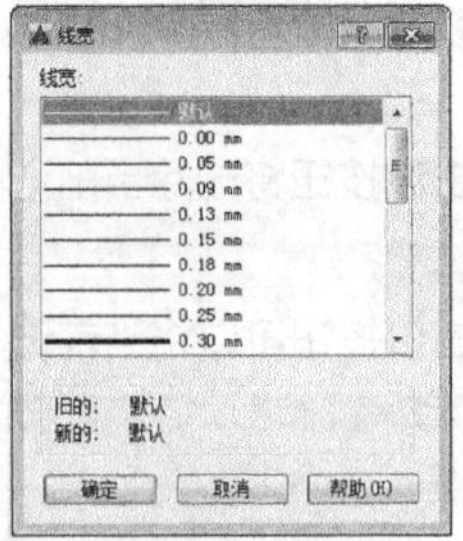

图 9-22【线宽】对话框

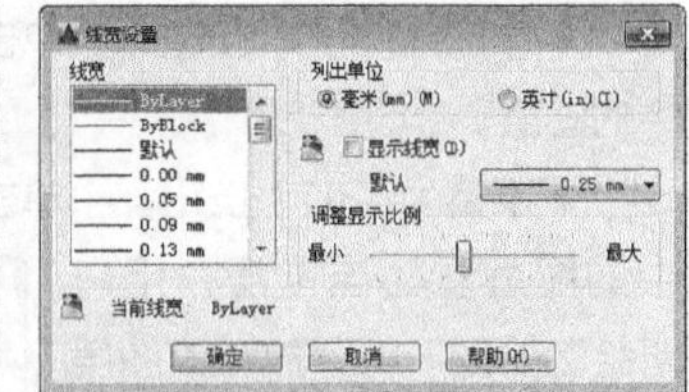

图 9-23【线宽设置】对话框

练习 9-2 创建绘图基本图层

难度：☆☆☆	
素材文件路径：	无.dwg
效果文件路径：	无.dwg
视频文件路径：	视频/第9章/9-2创建绘图基本图层.mp4
播放时长：	2分49秒

本实例介绍绘图基本图层的创建，要求分别建立【粗实线】、【中心线】、【细实线】、【标注与注释】和【细虚线】层，这些图层的主要特性如表 9-1 所示（根据《技术制图图线》GB/T17450 所述适用于建筑、机械等工程制图）。

表 9-1　图层列表

序号	图层名	线宽/mm	线型	颜色	打印属性
1	粗实线	0.3	CONTINUOUS	黑	打印
2	细实线	0.15	CONTINUOUS	红	打印
3	中心线	0.15	CENTER	红	打印
4	标注与注释	0.15	CONTINUOUS	绿	打印
5	细虚线	0.15	ACAD-ISO 02W100	5	打印

Step 01 单击【默认】选项卡中，单击【图层】面板中的【图层特性】按钮。系统弹出【图层特性管理器】选项板，单击【新建】按钮，新建图层。系统默认【图层1】的名称新建图层，如图9-24所示。

Step 02 此时文本框呈可编辑状态，在其中输入文字"中心线"并按Enter键，完成中心线图层的创建，如图9-25所示。

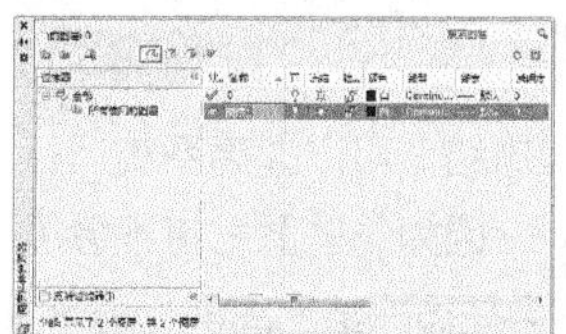

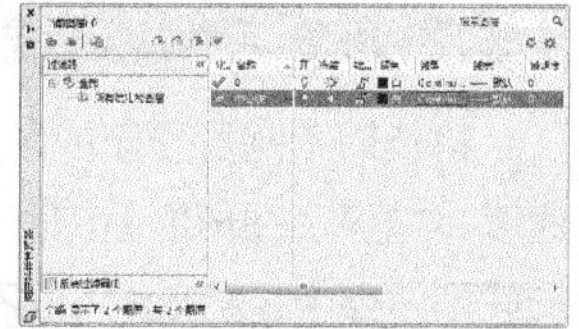

图 9-24【图层特性管理器】选项板　图 9-25 重命名图层

Step 03 单击【颜色】属性项，在弹出的【选择颜色】对话框，选择【红色】，如图9-26所示。单击【确定】按钮，返回【图层特性管理器】选项板。

Step 04 单击【线型】属性项，弹出【选择线型】对话框，如图9-27所示。

图 9-26　设置图层颜色

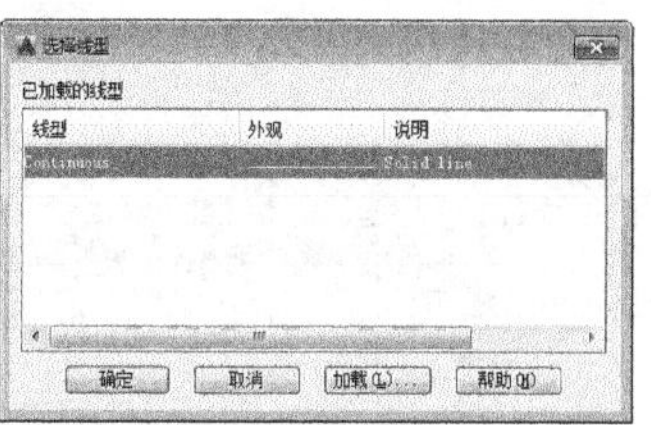

图 9-27　【选择线型】对话框

Step 05 在对话框中单击【加载】按钮，在弹出的【加载或重载线型】对话框中选择【CENTER】线型，如图9-28所示。单击【确定】按钮，返回【选择线型】对话框。再次选择【CENTER】线型，如图9-29所示。

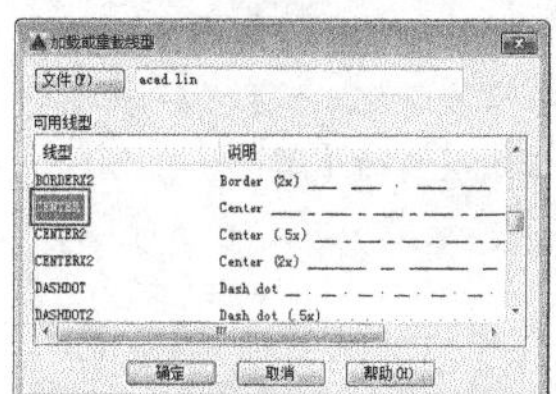

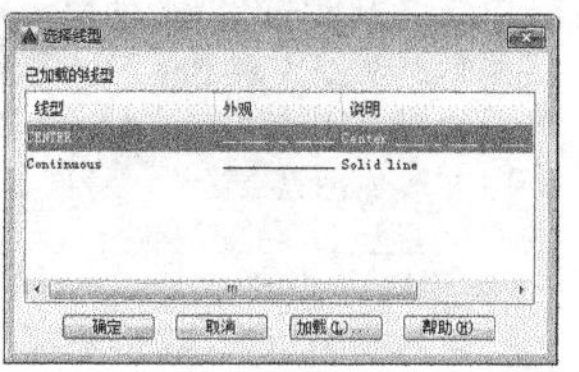

图 9-28【加载或重载线型】对话框　图 9-29 设置线型

Step 06 单击【确定】按钮，返回【图层特性管理器】选项板。单击【线宽】属性项，在弹出的【线宽】对话框，选择线宽为0.15mm，如图9-30所示。

Step 07 单击【确定】按钮，返回【图层特性管理器】选项板，设置的中心线图层如图9-31所示。

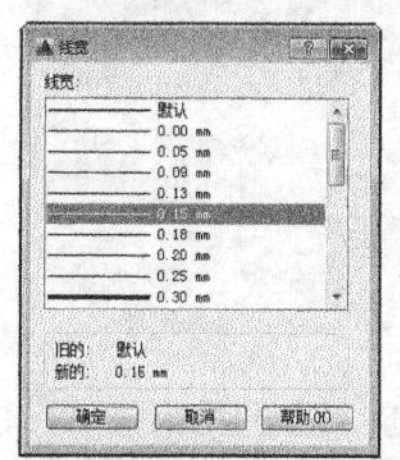

图 9-30 选择线宽

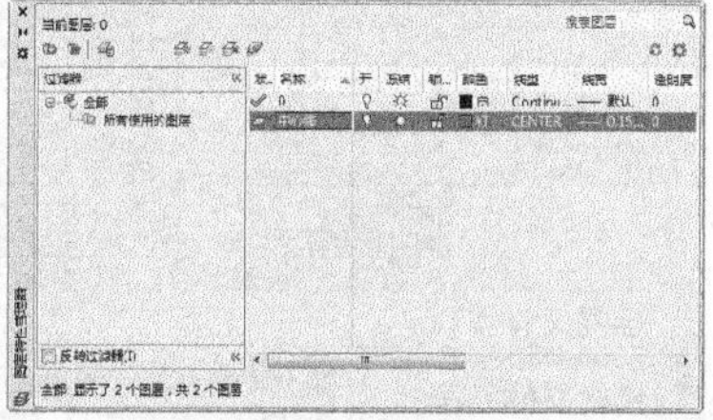

图 9-31 设置的中心线图层

Step 08 重复上述步骤，分别创建【粗实线】层、【细实线】层、【标注与注释】层和【细虚线】层，为各图层选择合适的颜色、线型和线宽特性，结果如图9-32所示。

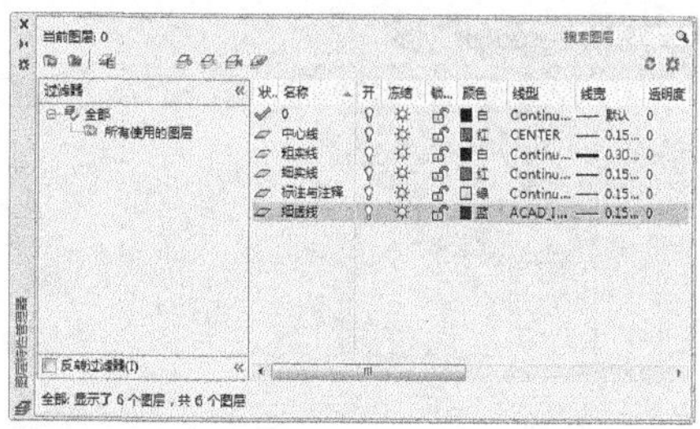

图 9-32　图层设置结果

9.3 图层的其他操作

在 AutoCAD 中，还可以对图层进行隐藏、冻结以及锁定等其他操作，这样在使用 AutoCAD 绘制复杂的图形对象时，就可以有效地降低误操作，提高绘图效率。

9.3.1 打开与关闭图层 ★重点★

在绘图的过程中可以将暂时不用的图层关闭，被关闭的图层中的图形对象将不可见，并且不能被选择、编辑、修改以及打印。在 AutoCAD 中关闭图层的常用方法有以下几种。

◆对话框：在【图层特性管理器】对话框中选中要关闭的图层，单击按钮即可关闭选择图层，图层被关闭后该按钮将显示为，表明该图层已经被关闭，如图 9-33 所示。

◆功能区：在【默认】选项卡中，打开【图层】面板中的【图层控制】下拉列表，单击目标图层按钮即可关闭图层，如图 9-34 所示。

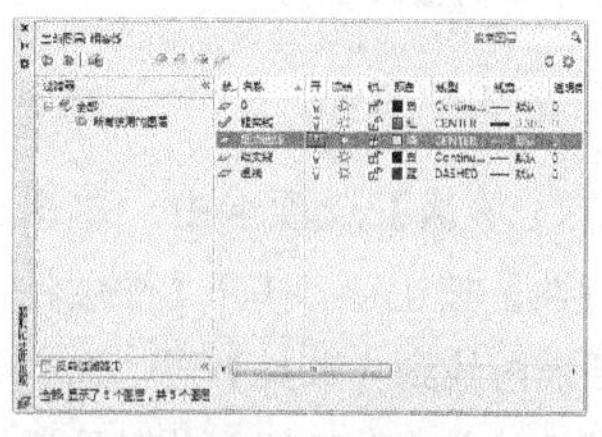

图 9-33　通过图层特性管理器关闭图层

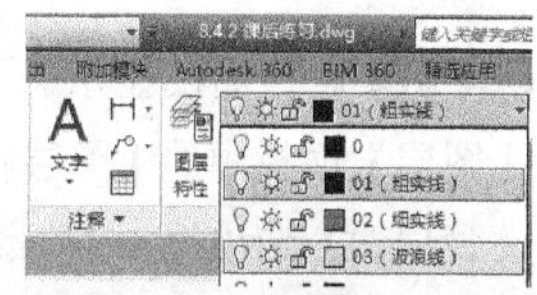

图 9-34　通过功能面板图标关闭图层

操作技巧

当关闭的图层为【当前图层】时，将弹出如图9-35所示的确认对话框，此时单击【关闭当前图层】链接即可。如果要恢复关闭的图层，重复以上操作，单击图层前的【关闭】图标即可打开图层。

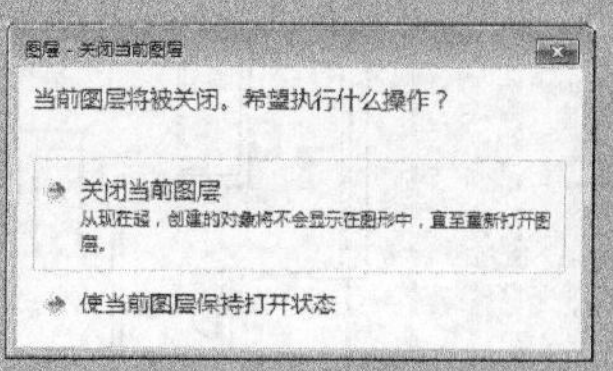

图 9-35 确定关闭当前图层

练习 9-3 通过关闭图层控制图形

难度：☆☆☆	
素材文件路径：	素材/第9章/9-3通过关闭图层控制图形.dwg
效果文件路径：	素材/第9章/9-3通过关闭图层控制图形-OK.dwg
视频文件路径：	视频/第9章/9-3通过关闭图层控制图形.mp4
播放时长：	1分26秒

在进行室内设计时，通常会将不同的对象分属于各个不同的图层，如家具图形属于“家具层”、墙体图形属于“墙体层”、轴线类图形属于“轴线层”等，这样做的好处就是可以通过打开或关闭图层来控制设计图的显示，使其快速呈现仅含墙体、轴线之类的图形。

Step 01 打开素材文件“第9章/9-3通过关闭图层控制图形.dwg”，其中已经绘制好了一室内平面图，如图9-36所示；且图层效果全开，如图9-37所示。

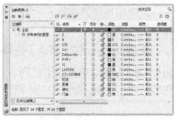

图 9-36 素材图形

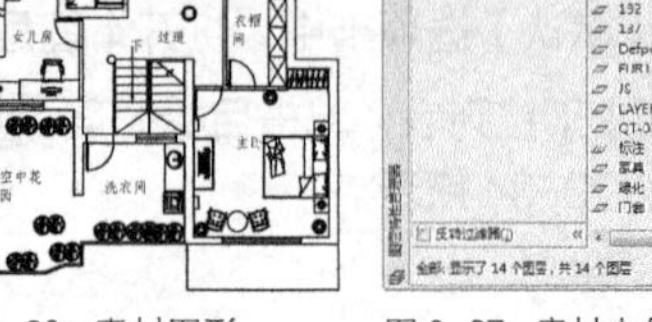

图 9-37 素材中的图层

Step 02 设置图层显示。在【默认】选项卡中，单击【图层】面板中的【图层特性】按钮，打开【图层特性管理器】选项板。在对话框内找到【家具】层，选中该层前的打开/关闭图层按钮，单击此按钮，此时按钮变成，即可关闭【家具】层。再按此方法关闭其他图层，只保留【QT-000墙体】和【门窗】图层开启，如图9-38所示。

Step 03 关闭【图层特性管理器】选项板，此时图形仅包含墙体和门窗，效果如图9-39所示。

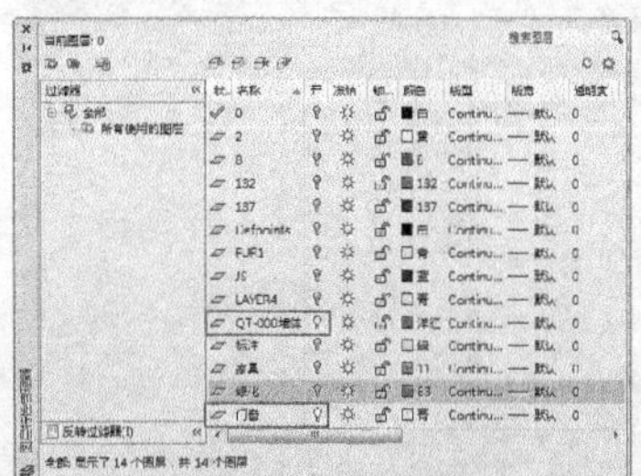

图 9-38 关闭除墙体和门窗之外的所有图层

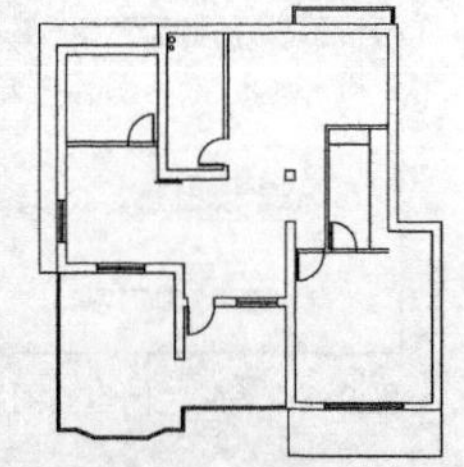

图 9-39 关闭图层效果

9.3.2 冻结与解冻图层 ★重点★

将长期不需要显示的图层冻结，可以提高系统运行速度，减少了图形刷新的时间，因为这些图层将不会被加载到内存中。AutoCAD 不会在被冻结的图层上显示、打印或重生成对象。

在 AutoCAD 中关闭图层的常用方法有以下几种。

◆对话框：在【图层特性管理器】对话框中单击要冻结的图层前的【冻结】按钮，即可冻结该图层，图层冻结后将显示为，如图 9-40 所示。

◆功能区：在【默认】选项卡中，打开【图层】面板中的【图层控制】下拉列表，单击目标图层按钮，如图 9-41 所示。

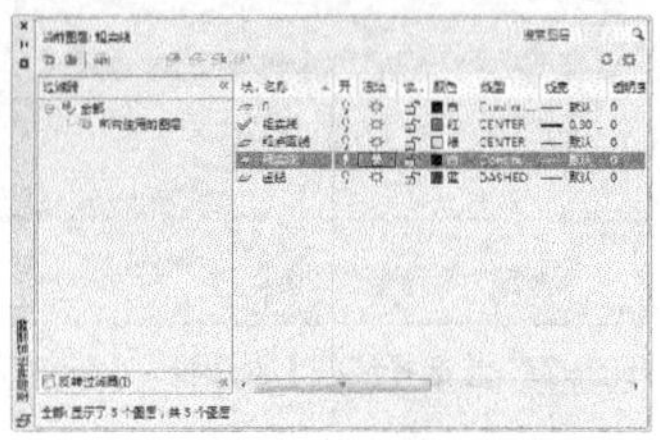

图 9-40 通过图层特性管理器冻结图层

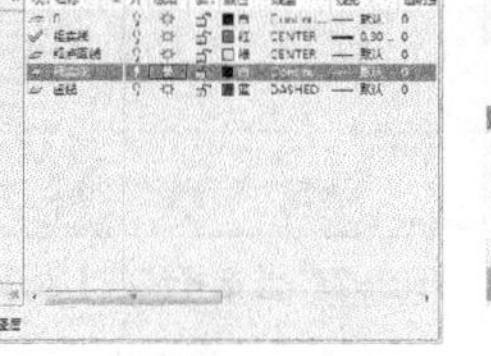

图 9-41 通过功能面板图标冻结图层

操作技巧

如果要冻结的图层为【当前图层】，将弹出如图9-42所示的对话框，提示无法冻结【当前图层】，此时需要将其他图层设置为【当前图层】才能冻结该图层。如果要恢复冻结的图层，重复以上操作，单击图层前的【解冻】图标即可解冻图层。

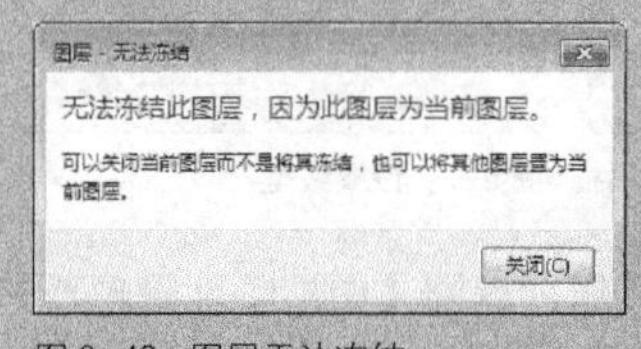

图 9-42 图层无法冻结

练习 9-4 通过冻结图层控制图形

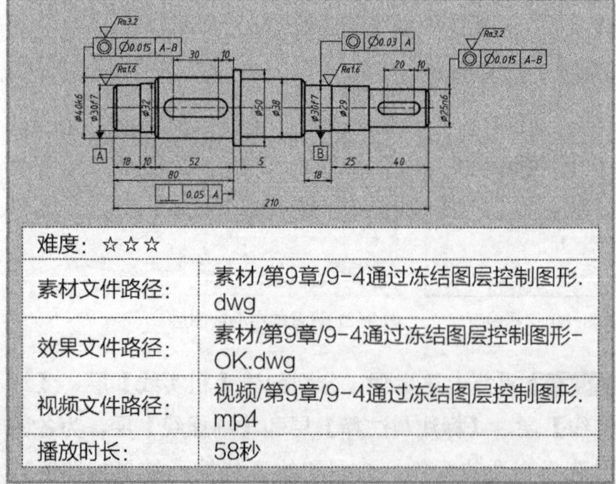

难度：☆☆☆	
素材文件路径：	素材/第9章/9-4通过冻结图层控制图形.dwg
效果文件路径：	素材/第9章/9-4通过冻结图层控制图形-OK.dwg
视频文件路径：	视频/第9章/9-4通过冻结图层控制图形.mp4
播放时长：	58秒

在使用 AutoCAD 绘图时，有时会在绘图区的空白处随意绘制一些辅助图形。待图纸全部绘制完毕后，既不想让辅助图形影响整张设计图的完整性，又不想删除这些辅助图形，这时就可以使用【冻结】工具来将其隐藏。

Step 01 打开素材文件“第9章/9-4通过冻结图层控制图形.dwg”，其中已经绘制好了一完整图形，但在图形上方还有绘制过程中遗留的辅助图，如图9-43所示。

Step 02 冻结图层。在【默认】选项卡中，打开【图层】面板中的【图层控制】下拉列表，在列表框内找到【Defpoints】层，单击该层前的【冻结】按钮☼，变成❄，即可冻结【Defpoints】层，如图9-44所示。

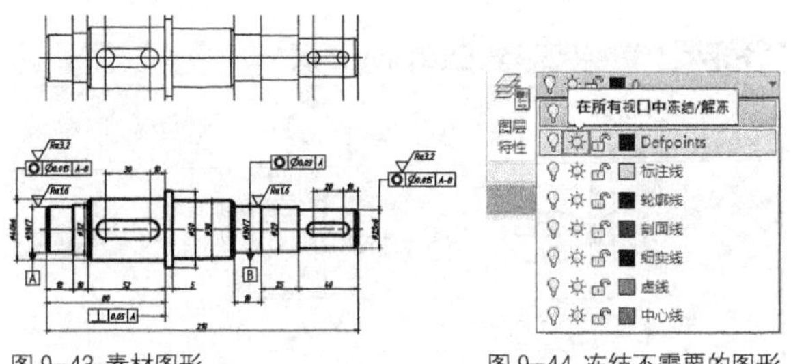

图 9-43 素材图形

图 9-44 冻结不需要的图形图层

Step 03 冻结【Defpoints】层之后的图形如图9-45所示，可见上方的辅助图形被消隐。

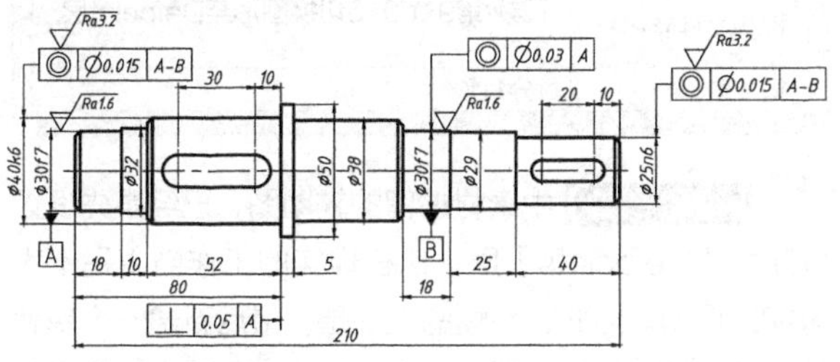

图 9-45 图层冻结之后的结果

图层【冻结】和【关闭】的区别

图层的【冻结】和【关闭】，都能使得该图层上的对象全部被隐藏，看似效果一致，其实仍有不同。被【关闭】的图层，不能显示、不能编辑、不能打印，但仍然存在于图形当中，图形刷新时仍会计算该层上的对象，可以近似理解为被“忽视”；而被【冻结】的图层，除不能显示、不能编辑、不能打印之外，还不会再被认为属于图形，图形刷新时也不会再计算该层上的对象，可以理解为被“无视”。

图层【冻结】和【关闭】的一个典型区别就是视图刷新时的处理差别，以【练习 9-4】为例，如果选择关闭【Defpoints】层，那双击鼠标中键进行【范围】缩放时，则效果如图 9-46 所示，辅助图虽然已经隐藏，但图形上方仍空出了它的区域；反之，【冻结】则如图 9-47 所示，相当于删除了辅助图。

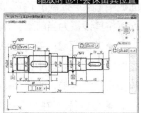

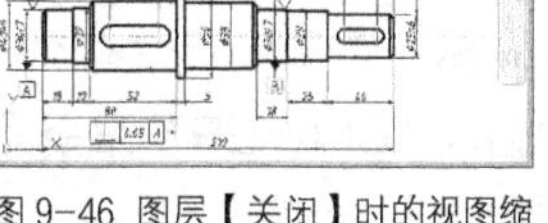

被【关闭】的图形不显示，但缩放时仍会保留其位置

图 9-46 图层【关闭】时的视图缩放效果

被【冻结】的图形不显示，缩放时也不会保留其位置

图 9-47 图层【冻结】时的视图缩放效果

9.3.3 锁定与解锁图层

如果某个图层上的对象只需要显示、不需要选择和编辑，那么可以锁定该图层。被锁定图层上的对象仍然可见，但会淡化显示，而且可以被选择、标注和测量，但不能被编辑、修改和删除，另外，还可以在该层上添加新的图形对象。因此使用 AutoCAD 绘图时，可以将中心线、辅助线等基准线条所在的图层锁定。

锁定图层的常用方法有以下几种。

◆对话框：在【图层特性管理器】对话框中单击【锁定】图标🔓，即可锁定该图层，图层锁定后，该图标将显示为🔒，如图 9-48 所示。

◆功能区：在【默认】选项卡中，打开【图层】面板中的【图层控制】下拉列表，单击🔓图标即可锁定该图层，如图 9-49 所示。

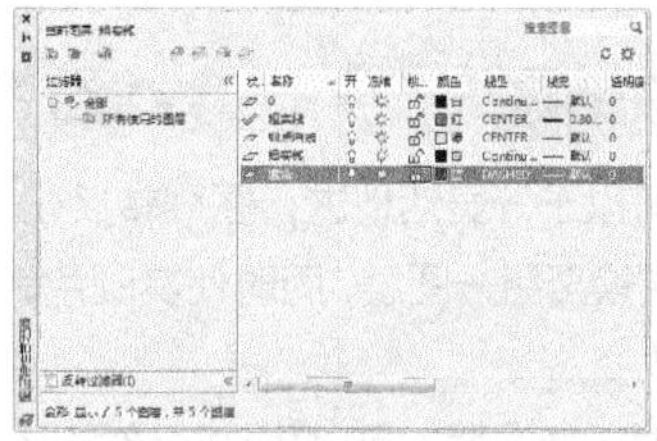

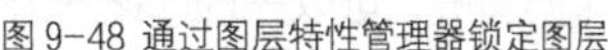

图 9-48 通过图层特性管理器锁定图层

图 9-49 通过功能面板图标锁定图层

操作技巧

如果要解除图层锁定，重复以上的操作，单击【解锁】按钮🔒，即可解锁已经锁定的图层。

9.3.4 设置当前图层 ★重点★

当前图层是当前工作状态下所处的图层。设定某一图层为当前图层之后，接下来所绘制的对象都位于该图层中。如果要在其他图层中绘图，就需要更改当前图层。

在 AutoCAD 中设置当前层有以下几种常用方法。

◆对话框：在【图层特性管理器】选项板中选择目标图层，单击【置为当前】按钮，如图 9-50 所示。被置为当前的图层在项目前会出现✔符号。

◆功能区 1：在【默认】选项卡中，单击【图层】面板中【图层控制】下拉列表，在其中选择需要的图层，即可将其设置为当前图层，如图 9-51 所示。

◆功能区 2：在【默认】选项卡中，单击【图层】面板中【置为当前】按钮，即可将所选图形对象的图层置为当前，如图 9-52 所示。

◆命令行：在命令行中输入“CLAYER”命令，然后输入图层名称，即可将该图层置为当前。

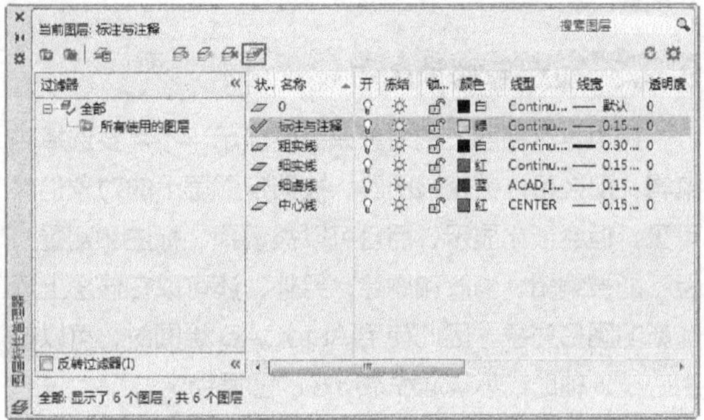

图 9-50【图层特性管理器】中置为当前

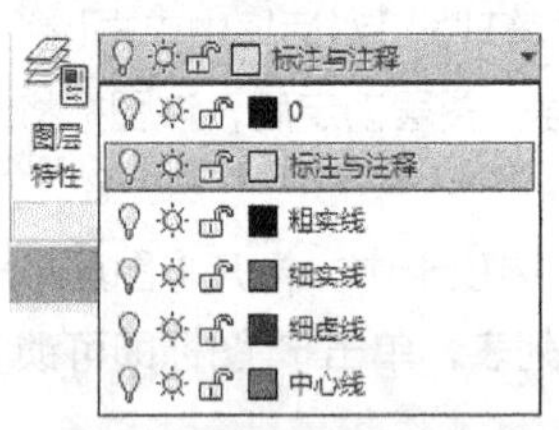

图 9-51【图层控制】下拉列表

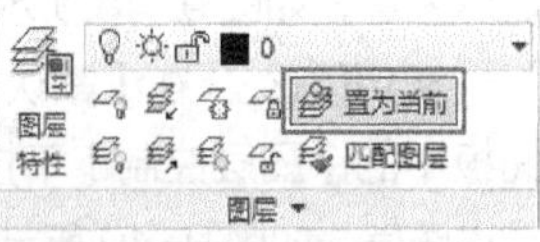

图 9-52【置为当前】按钮

9.3.5 转换图形所在图层 ★重点★

在 AutoCAD 中还可以十分灵活地进行图层转换，即将某一图层内的图形转换至另一图层，同时使其颜色、线型、线宽等特性发生改变。

如果某图形对象需要转换图层，可以先选择该图形对象，然后单击【图层】面板中的【图层控制】下拉列表框，选择要转换的目标图层即可，如图 9-53 所示。

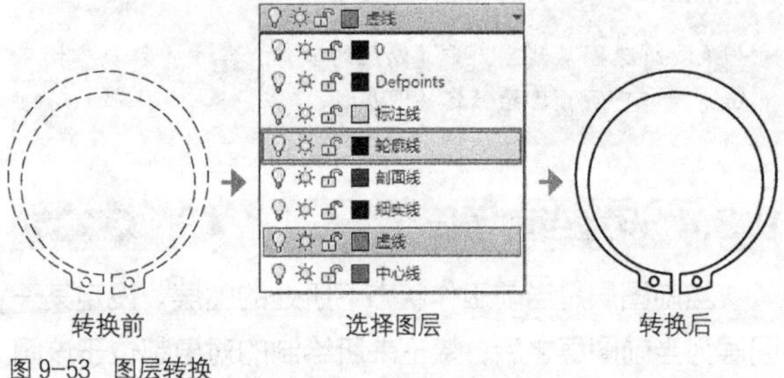

图 9-53　图层转换

绘制复杂的图形时，由于图形元素的性质不同，用户常需要将某个图层上的对象转换到其他图层上，同时使其颜色、线型、线宽等特性发生改变。除之前所介绍的方法之外，其余在 AutoCAD 中转换图层的方法如下。

1 通过【图层控制】列表转换图层

选择图形对象后，在【图层控制】下拉列表选择所需图层。操作结束后，列表框自动关闭，被选中的图形对象转移至刚选择的图层上。

2 通过【图层】面板中的命令转换图层

在【图层】面板中，有如下命令可以帮助转换图层。

◆【匹配图层】按钮：先选择要转换图层的对象，然后单击 Enter 键确认，再选择目标图层对象，即可将原对象匹配至目标图层。

◆【更改为当前图层】按钮：选择图形对象后单击该按钮，即可将对象图层转换为当前图层。

练习 9-5 切换图形至 Defpoint 层

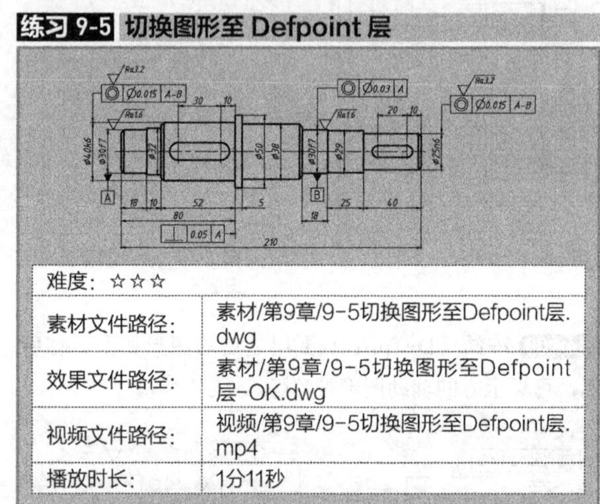

难度：☆☆☆	
素材文件路径：	素材/第9章/9-5切换图形至Defpoint层.dwg
效果文件路径：	素材/第9章/9-5切换图形至Defpoint层-OK.dwg
视频文件路径：	视频/第9章/9-5切换图形至Defpoint层.mp4
播放时长：	1分11秒

【练习 9-4】中素材遗留的辅助图，已经事先设置好了为【Defpoints】层，这在现实的工作当中是不大可能出现的。因此，习惯的做法是：最后新建一个单独的图层，然后将要隐藏的图形转移至该图层上，再进行冻结、关闭等操作。

Step 01 打开“第9章/9-5切换图形至Defpoint层.dwg”素材文件，其中已经绘制好了一完整图形，在图形上方还有绘制过程中遗留的辅助图，如图9-54所示。

Step 02 选择要切换图层的对象。框选上方的辅助图，如图9-55所示。

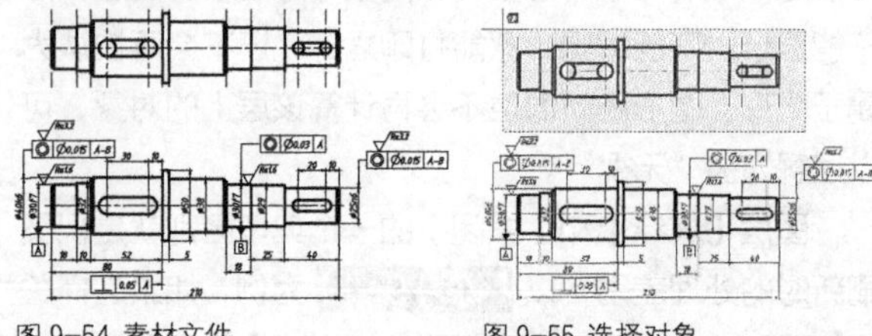

图 9-54 素材文件　　图 9-55 选择对象

Step 03 切换图层。然后在【默认】选项卡中，打开【图层】面板中的【图层控制】下拉列表，在列表框内选择【Defpoints】层并单击，如如图9-56所示。

Step 04 此时图形对象由其他图层转换为【Defpoints】层，如图9-57所示。再延续【练习9-4】的操作，即可完成冻结。

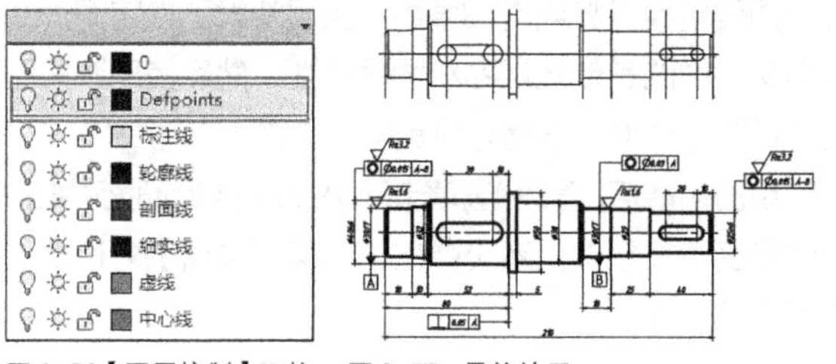

图 9-56【图层控制】下拉列表　图 9-57　最终效果

9.3.6 排序图层、按名称搜索图层

有时即便对图层进行了过滤，得到的图层结果还是很多，这时如果想要快速定位至所需的某个图层就不是一件简单的事情。此种情况就需要应用到图层排序与搜索。

1 排序图层

在【图层特性管理器】选项板中可以对图层进行排序，以便图层的寻找。在【图形特性管理器】选项板中，单击列表框顶部的【名称】标题，图层将以字母的顺序排列出来，如果再次单击，排列的顺序将倒过来，如图 9-58 所示。

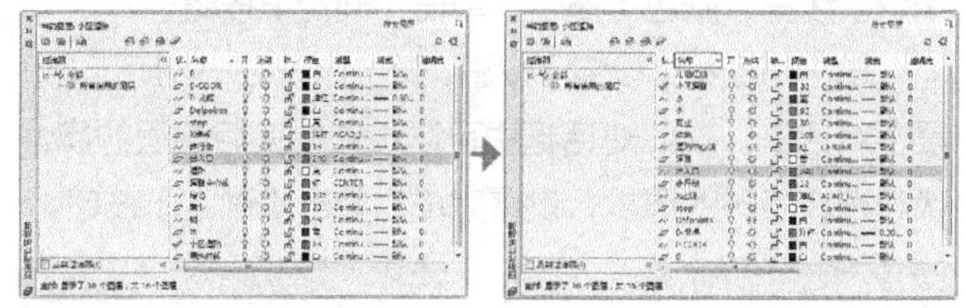

图 9-58　排序图层效果

2 按名称搜索图层

对于复杂且图层多的设计图纸而言，逐一查取某一图层很浪费时间，因此可以通过输入图层名称来快速的搜索图层，大大提高了工作效率。

打开【图层特性管理器】选项板，在右上角搜索图层中输入图层名称，系统则自动搜索到该图层，如图 9-59 所示。

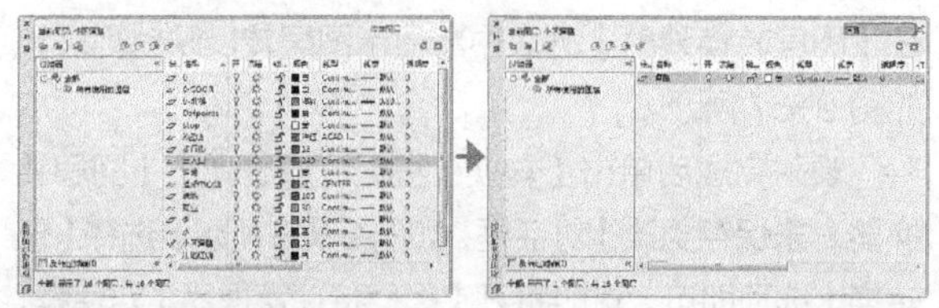

图 9-59　按名称搜索图层

9.3.7 保存和恢复图层状态 ★进阶★

通常在编辑部分对象的过程中，可以锁定其他图层以免修改这些图层上的对象；也可以在最终打印图形前将某些图层设置为不可打印，但对草图是可以打印的；还可以暂时改变图层的某些特性，例如颜色、线型、线宽和打印样式等，然后再改回来。

每次调整所有这些图层状态和特性都可能要花费很长的时间。实际上，可以保存并恢复图层状态集，也就是保存并恢复某个图形的所有图层的特性和状态，保存图层状态集之后，可随时恢复其状态。还可以将图层状态设置导出到外部文件中，然后在另一个具有完全相同或类似图层的图形中使用该图层状态设置。

1 保存图层状态

要保存图层状态，可以按下面的步骤进行操作。

Step 01 创建好所需的图层并设置好它们的各项特性。

Step 02 在【图层特性管理器】中单击【图层状态管理器】按钮，打开【图层状态管理器】对话框，如图9-60所示。

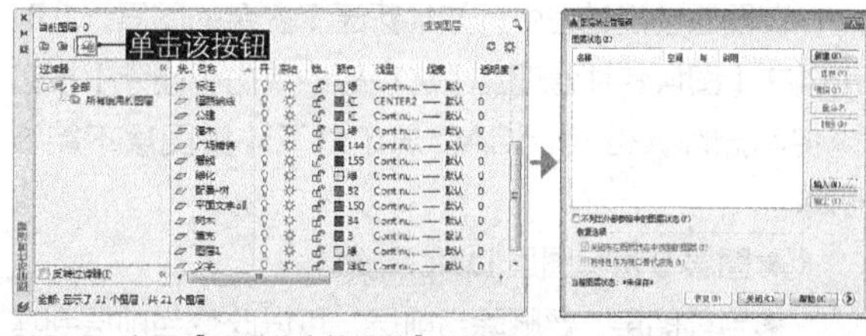

图 9-60　打开【图层状态管理器】对话框

Step 03 在对话框中单击【新建】按钮，系统弹出【要保存的新图层状态】对话框，在该对话框的【新图层状态名】文本框中输入新图层的状态名，如图9-61所示，用户也可以输入说明文字进行备忘。最后单击【确定】按钮返回。

Step 04 系统返回【图层状态管理器】对话框，这时单击对话框右下角的按钮，展开其余选项，在【要恢复的图层特性】区域内选择要保存的图层状态和特性即可，如图9-62所示。

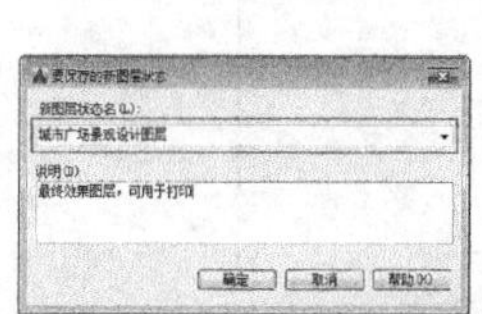

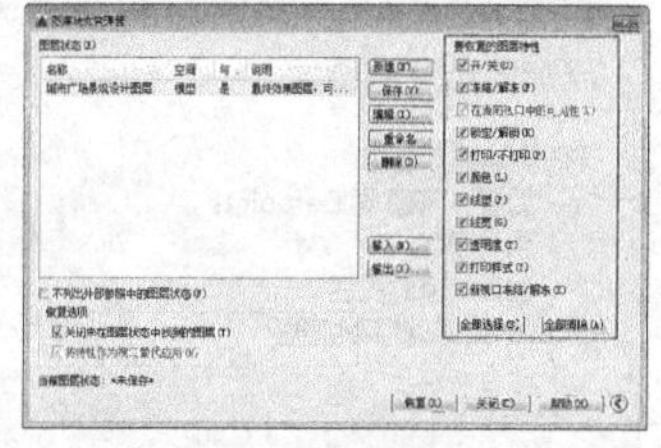

图 9-61【要保存的新图层状态】对话框　图 9-62 选择要保存的图层状态和特性

没有保存的图层状态和特性在后面进行恢复图层状态的时候就不会起作用。例如，如果仅保存图层的开/关状态，然后在绘图时修改图层的开/关状态和颜色，那恢复图层状态时，仅仅开/关状态可以被还原，而颜色仍为修改后的新颜色。如果要使得图形与保存图层状态时完全一样（就图层来说），可以勾选【关闭未在图

层状态中找到的图层（T）】选项，这样，在恢复图层状态时，在图层状态已保存之后新建的所有图层都会被关闭。

2 恢复图层状态

要恢复图层状态，同样需先打开【图层状态管理器】对话框，然后选择图层状态并单击【恢复】按钮即可。利用【图层状态管理器】可以在以下几个方面管理图层状态。

◆恢复：恢复保存的图层状态。

◆删除：删除某图层状态。

◆输出：以 .las 文件形式保存某图层状态的设置。输出图层状态可以使得其他人访问用户创建的图层状态。

◆输入：输入之前作为 .las 文件输出的图层状态。输入图层状态使得可以访问其他人保存的图层状态。

9.3.8 删除多余图层

在图层创建过程中，如果新建了多余的图层，此时可以在【图层特性管理器】选项板中单击【删除】按钮将其删除，但 AutoCAD 规定以下 4 类图层不能被删除。

◆图层 0 层和图层 Defpoints。

◆当前图层。要删除当前层，可以改变当前层到其他层。

◆包含对象的图层。要删除该层，必须先删除该层中所有的图形对象。

◆依赖外部参照的图层。要删除该层，必先删除外部参照。

·精益求精 删除顽固图层

如果图形中图层太多且杂，不易管理，想要将一些图层删除时，系统可能提示无法删除，如图 9-63 所示。

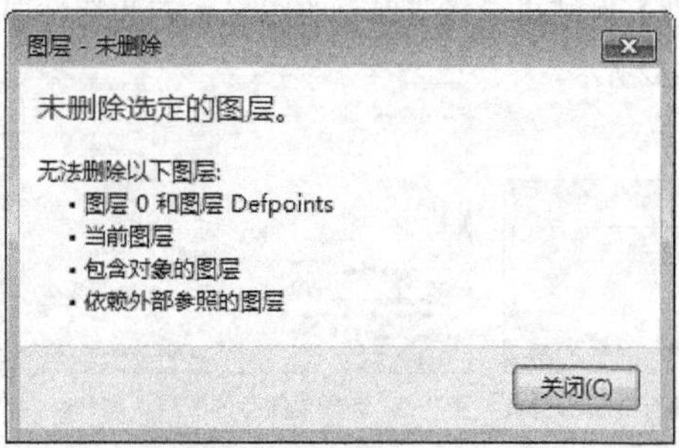

图 9-63 【图层 - 未删除】对话框

不仅如此，局部打开图形中的图层也被视为已参照并且不能删除。对于 0 图层和 Defpoints 图层是系统自己建立的，无法删除这是常识，用户应该把图形绘制在别的图层；对于当前图层无法删除，可以更改当前图层再实行删除操作；对于包含对象或依赖外部参照的图层实行移动操作比较困难，用户可以使用“图层转换”或“图层合并”的方式删除。

1 图层转换的方法

图层转换是将当前图像中的图层映射到指定图形或标准文件中的其他图层名和图层特性，然后使用这些贴图对其进行转换，下面介绍其操作步骤。

单击功能区【管理】选项卡【CAD 标准】组面板中【图层转换器】按钮，系统弹出【图层转换器】对话框，如图 9-64 所示。

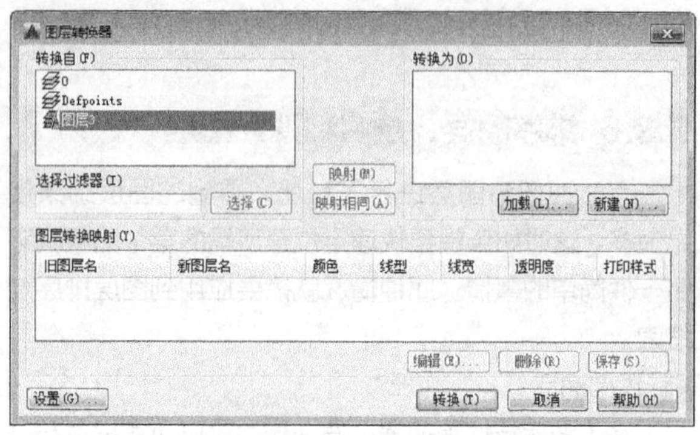

图 9-64 【图层转换器】对话框

单击对话框【转换为】功能框中【新建】按钮，系统弹出【新图层】对话框，如图 9-65 所示。在【名称】文本框中输入现有的图层名称或新的图层名称，并设置线型、线宽、颜色等属性，单击【确定】按钮。

单击对话框【设置】按钮，弹出如图 9-66 所示【设置】对话框。在此对话框中可以设置转换后图层的属性状态和转换时的请求，设置完成后单击【确定】按钮。

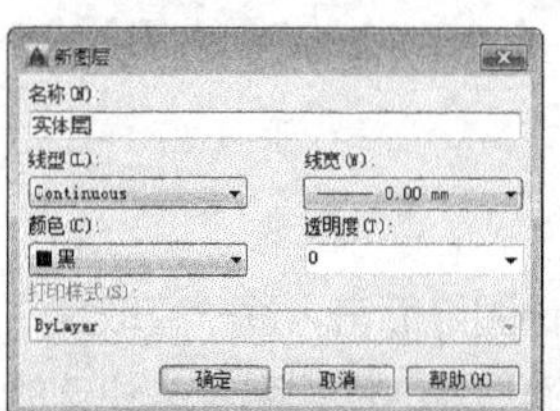

图 9-65 【新图层】对话框

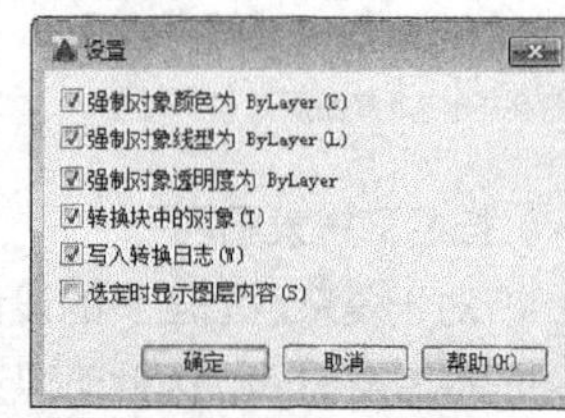

图 9-66 【设置】对话框

在【图层转换器】对话框【转换自】选项列表中选择需要转换的图层名称，在【转换为】选项列表中选择需要转换到的图层。这时激活【映射】按钮，单击此按钮，在【图层转换映射】列表中将显示图层转换映射列表，如图 9-67 所示。

映射完成后单击【转换】按钮，系统弹出【图层转换器 - 未保存更改】对话框，如图 9-68 所示。选择【仅转换】选项即可，这时打开【图层特性管理器】对话框，会发现选择的【转换自】图层不见了，这是由于转换后图层被系统自动删除，如果选择的【转换自】图层是 0 图层和 Defpoints 图层，将不会被删除。

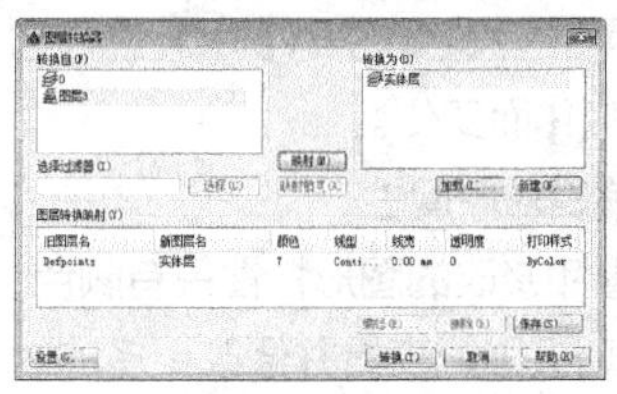

图 9-67【图层转换器】对话框

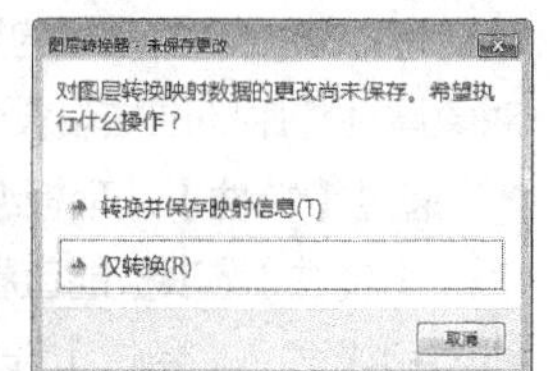

图 9-68【图层转换器 - 未保存更改】对话框

2 图层合并的方法

可以通过合并图层来减少图形中的图层数。将所合并图层上的对象移动到目标图层，并从图形中清理原始图层。以这种方法同样可以删除顽固图层，下面介绍其操作步骤。

在命令行中输入“LAYMRG”命令并单击 Enter 键，系统提示：“选择要合并的图层上的对象或［命名 (N)］”。可以用鼠标在绘图区框选图形对象，也可以输入“N”命令并单击 Enter 键。弹出【合并图层】对话框，如图 9-69 所示。在【合并图层】对话框中选择要合并的图层，单击【确定】按钮。

如需继续选择合并对象可以框选绘图区对象或输入“N”命令并单击 Enter 键；如果选择完毕，单击 Enter 键即可。命令行提示：“选择目标图层上的对象或［名称 (N)］”。可以用鼠标在绘图区框选图形对象，也可以输入“N”命令并单击 Enter 键。弹出【合并图层】对话框，如图 9-70 所示。

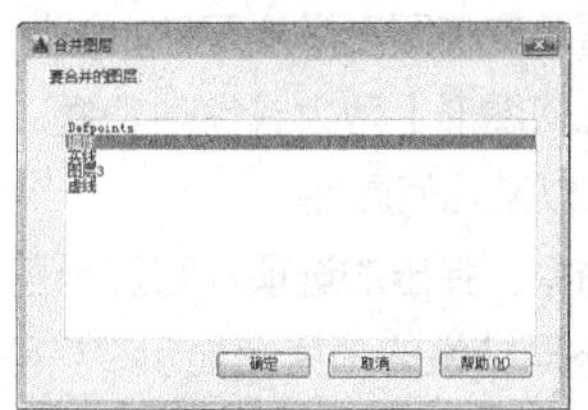

图 9-69 选择要合并的图层

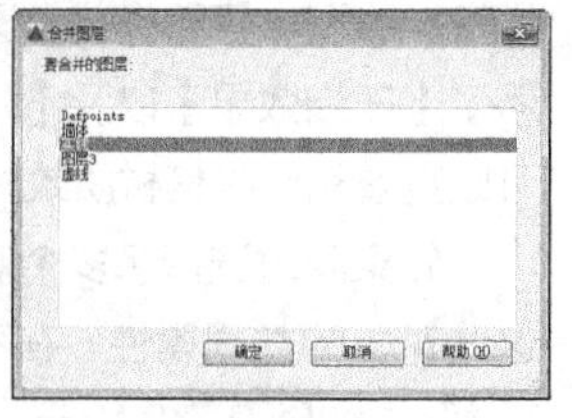

图 9-70 选择合并到的图层

在【合并图层】对话框中选择要合并的图层，单击【确定】按钮。系统弹出【合并到图层】对话框，如图 9-71 所示。单击【是】按钮。这时打开【图层特性管理器】对话框，图层列表中【墙体】被删除了。

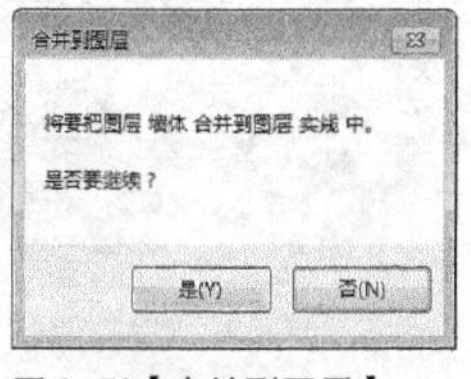

图 9-71【合并到图层】

9.3.9 清理图层和线型 ★进阶★

由于图层和线型的定义都要保存在图形数据库中，所有它们会增加图形的大小。因此，清除图形中不再使用的图层和线型就非常有用。当然，也可以删除多余的图层，但有时很难确定哪个图层中没有对象。而使用【清理】（PURGE）命令就可以删除，包括图层和线型。

调用【清理】命令的方法如下。

◆应用程序菜单按钮：在应用程序菜单按钮中选择【图形实用工具】，然后再选择【清理】选项，如图 9-72 所示。

◆命令行：输入“PURGE”命令。

执行上述命令后都会打开如图 9-73 所示的【清理】对话框。在对话框的顶部，可以选择查看能清理的对象或不能清理的对象。不能清理的对象可以帮助用户分析对象不能被清理的原因。

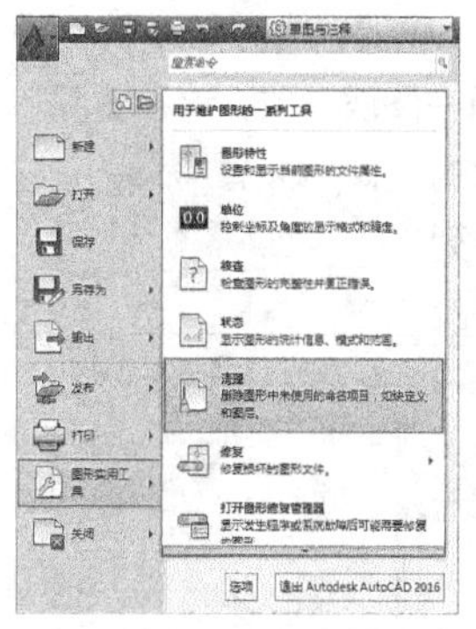

图 9-72 应用程序菜单按钮中选择【清理】

图 9-73【清理】对话框

要开始进行清理操作，选择【查看能清理的项目】选项。每种对象类型前的“+”号表示它包含可清理的对象。要清理个别项目，只需选择该选项，然后单击【清理】按钮；也可以单击【全部清理】按钮对所有项目进行清理。清理的过程中将会弹出如图 9-74 所示的对话框，提示用户是否确定清理该项目。

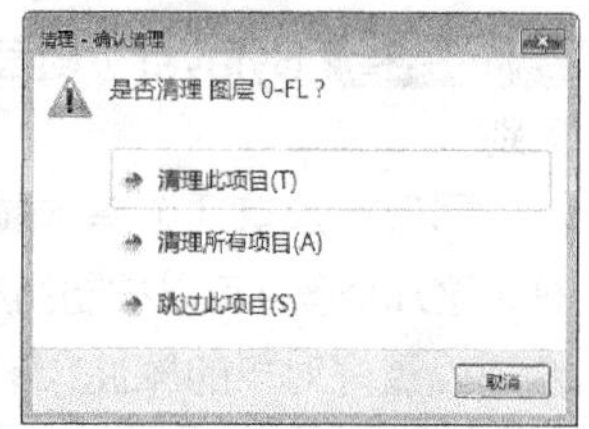

图 9-74【清理 - 确认清理】对话框

9.4 图形特性设置

在用户确实需要的情况下，可以通过【特性】面板或工具栏为所选择的图形对象单独设置特性，绘制出既属于当前层，又具有不同于当前层特性的图形对象。

操作技巧

频繁设置对象特性，会使图层的共同特性减少，不利于图层组织。

9.4.1 查看并修改图形特性

一般情况下，图形对象的显示特性都是【随图层】（ByLayer），表示图形对象的属性与其所在的图层特性相同；若选择【随块】（ByBlock）选项，则对象从它所在的块中继承颜色和线型。

1 通过【特性】面板编辑对象属性

·执行方式

◆功能区：在【默认】选项卡的【特性】面板中选择要编辑的属性栏，如图 9-75 所示。

·操作步骤

该面板分为多个选项列表框，分别控制对象的不同特性。选择一个对象，然后在对应选项列表框中选择要修改为的特性，即可修改对象的特性。

·选项说明

默认设置下，对象颜色、线宽、线型 3 个特性为 ByLayer（随图层），即与所在图层一致，这种情况下绘制的对象将使用当前图层的特性，通过 3 种特性的下拉列表框（见图 9-76），可以修改当前绘图特性。

图 9-75 【特性】面板

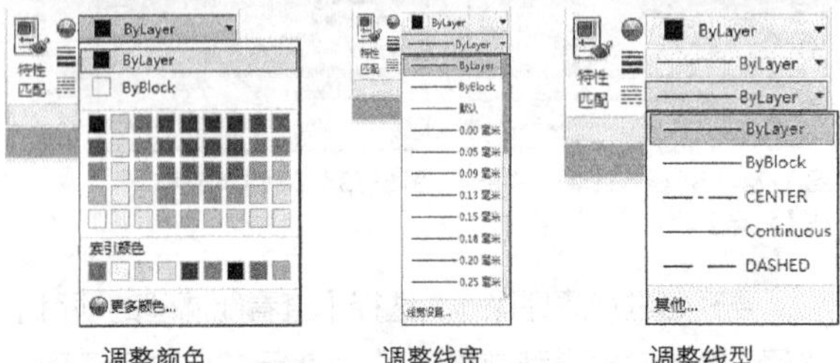

调整颜色 调整线宽 调整线型

图 9-76 【特性】面板选项列表

·初学解答 Bylayer（随层）与 Byblock（随块）的区别

图形对象有几个基本属性，即颜色、线型、线宽等，这几个属性可以控制图形的显示效果和打印效果，合理设置好对象的属性，不仅可以使图面看上去更美观、清晰，更重要的是可以获得正确的打印效果。在设置对象的颜色、线型、线宽的属性时都会看到列表中的 Bylayer（随层）、Byblock（随块）这两个选项。

Bylayer（随层）即对象属性使用它所在的图层的属性。绘图过程中通常会将同类的图形放在同一个图层中，用图层来控制图形对象的属性很方便。因此通常设置好图层的颜色、线型、线宽等，然后在所在图层绘制图形，假如图形对象属性有误，还可以调换图层。

图层特性是硬性的，不管独立的图形对象、图块、外部参照等都会分配在图层中。图块对象所属图层跟图块定义时图形所在图层和块参照插入的图层都有关系。如果图块在 0 层创建定义，图块插入哪个层，图块就属于哪个层；如果图块不在 0 层创建定义，图块无论插入哪个层，图块仍然属于原来创建的那个图层。

Byblock（随块）即对象属性使用它所在的图块的属性。通常只有将要做成图块的图形对象才设置为这个属性。当图形对象设置为 Byblock 并被定义成图块后，我们可以直接调整图块的属性，设置成 Byblock 属性的对象属性将跟随图块设置变化而变化。

2 通过【特性】选项板编辑对象属性

【特性】选项板能查看和修改的图形特性只有颜色、线型和线宽，【特性】选项板则能查看并修改更多的对象特性。

·执行方式

在 AutoCAD 中打开对象的【特性】选项板有以下几种常用方法。

◆功能区：选择要查看特性的对象，然后单击【标准】面板中的【特性】按钮。

◆菜单栏：选择要查看特性的对象，然后选择【修改】|【特性】命令；也可先执行菜单命令，再选择对象。

◆命令行：选择要查看特性的对象，然后在命令行中输入“PROPERTIES”“PR”或“CH”命令并按 Enter 键。

◆快捷键：选择要查看特性的对象，然后按快捷键 Ctrl+1。

·操作步骤

如果只选择了单个图形，执行以上任意一种操作将打开该对象的【特性】选项板，对其中所显示的图形信息进行修改即可，如图 9-77 所示。

·选项说明

从选项板中可以看到，该选项板不但列出了颜色、线宽、线型、打印样式、透明度等图形常规属性，还增添了【三维效果】以及【几何图形】两大属性列表框，可以查看和修改其材质效果以及几何属性。

如果同时选择了多个对象，弹出的选项板则显示了这些对象的共同属性，在不同特性的项目上显示“*多种*”，如图 9-78 所示。在【特性】选项板中包括选项列表框和文本框等项目，选择相应的选项或输入参数，即可修改对象的特性。

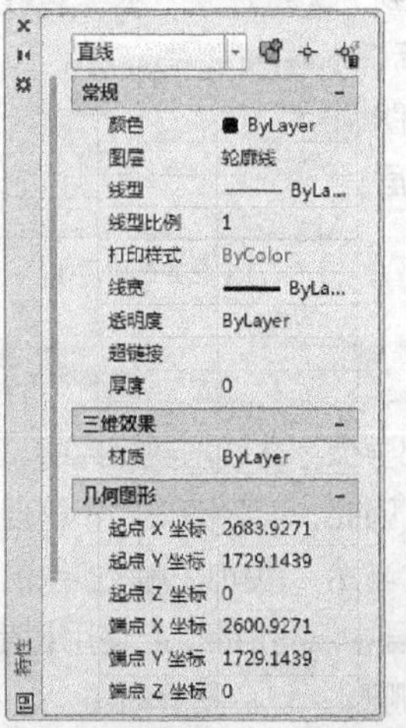

图 9-77 单个图形的【特性】选项板

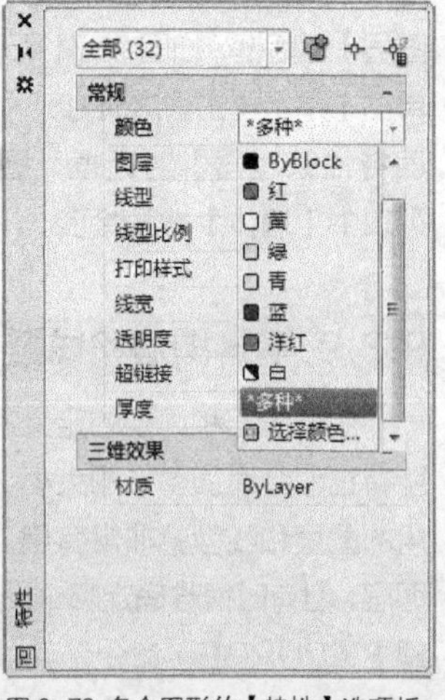

图 9-78 多个图形的【特性】选项板

9.4.2 匹配图形属性 ★重点★

特性匹配的功能就如同 Office 软件中的“格式刷”一样，可以把一个图形对象（源对象）的特性完全“继承”给另外一个（或一组）图形对象（目标对象），是这些图形对象的部分或全部特性和源对象相同。

在 AutoCAD 中执行【特性匹配】命令有以下两种常用方法。

- ◆菜单栏：执行【修改】|【特性匹配】命令。
- ◆功能区：单击【默认】选项卡内【特性】面板的【特性匹配】按钮，如图 9-79 所示。
- ◆命令行：输入“MATCHPROP”或“MA”命令。

特性匹配命令执行过程当中，需要选择两类对象：源对象和目标对象。操作完成后，目标对象的部分或全部特性和源对象相同。命令行输入如下。

```
命令：MA↙                          //调用【特性匹配】命令
MATCHPROP
选择源对象：                        //单击选择源对象
当前活动设置： 颜色 图层 线型 线型比例 线宽 透明度 厚度
打印样式 标注 文字 图案填充 多段线 视口 表格材质 阴影显
示 多重引线
选择目标对象或 [设置(S)]：          //光标变成格式刷形状，选择
目标对象，可以立即修改其属性
选择目标对象或 [设置(S)]：↙
                                    //选择目标对象完毕后单击
Enter键，结束命令
```

通常，源对象可供匹配的的特性很多，选择“设置”备选项，将弹出如图 9-80 所示的【特性设置】对话框。在该对话框中，可以设置哪些特性允许匹配，哪些特性不允许匹配。

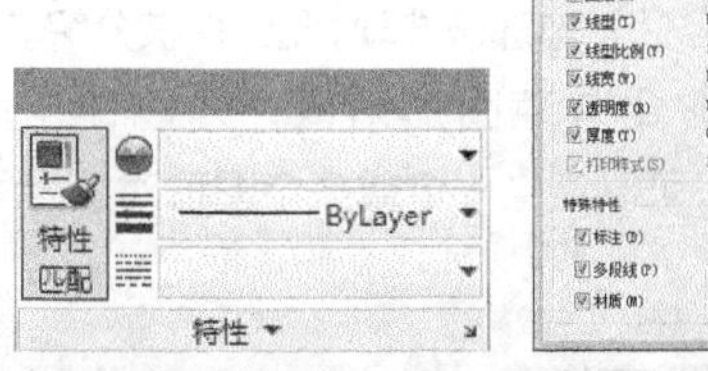

图 9-79【特性】面板

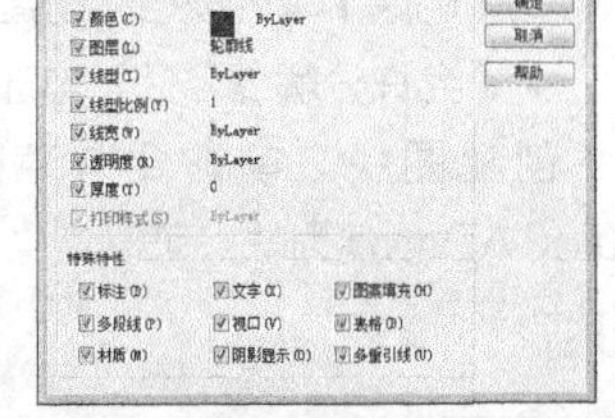
图 9-80【特性设置】对话框

练习 9-6 特性匹配图形

难度：☆☆☆	
素材文件路径：	素材/第9章/9-6特性匹配图形.dwg
效果文件路径：	素材/第9章/9-6特性匹配图形-OK.dwg
视频文件路径：	视频/第9章/9-6特性匹配图形.mp4
播放时长：	1分1秒

为如图 9-81 所示的素材文件进行特性匹配，其最终效果如图 9-82 所示。

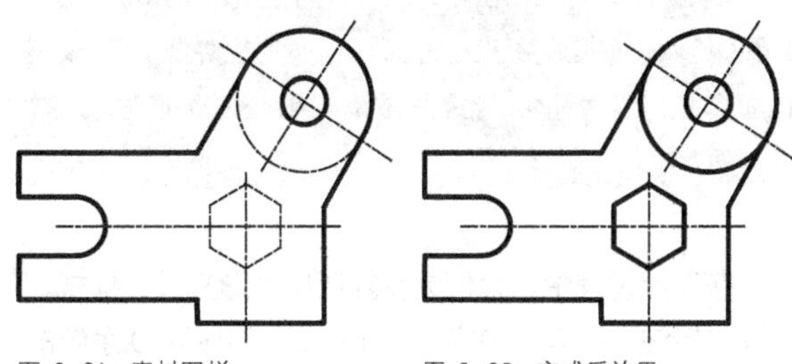
图 9-81 素材图样　　图 9-82 完成后效果

Step 01 单击快速访问栏中的打开按钮，打开“第9章/9-6特性匹配图形.dwg”素材文件，如图 9-81所示。

Step 02 单击【默认】选项卡中【特性】面板中的【特性匹配】按钮，选择如图 9-83所示的源对象。

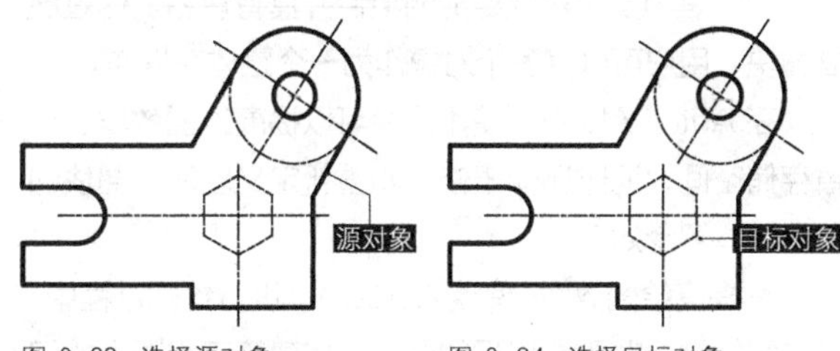

图 9-83 选择源对象　　图 9-84 选择目标对象

Step 03 当鼠标指针由方框变成刷子时，表示源对象选择完成。单击素材图样中的六边形，此时图形效果如图 9-84所示。命令行操作如下。

```
命令：'_matchprop
选择源对象：
            //选择如图 9-83所示中的直线为源对象
当前活动设置： 颜色 图层 线型 线型比例 线宽 透明度 厚度
打印样式 标注 文字 图案填充 多段线 视口 表格材质 阴影显
示 多重引线
选择目标对象或 [设置(S)]：
            //选择如图 9-84所示六边形目标对象
```

Step 04 重复以上操作，继续给素材图样进行特性匹配，最后完成效果如图 9-82所示。

第 10 章 图块与外部参照

在实际制图中，常常需要用到同样的图形，例如机械设计中的粗糙度符号，室内设计中的门、床、家居、电器等。如果每次都重新绘制，不但浪费了大量的时间，同时也降低了工作效率。因此，AutoCAD 提供了图块的功能，用户可以将一些经常使用的图形对象定义为图块。当需要重新利用到这些图形时，只需要按合适的比例插入相应的图块到指定的位置即可。

在设计过程中，我们会反复调用图形文件、样式、图块、标注、线型等内容，为了提高 AutoCAD 系统的效率，AutoCAD 提供了设计中心这一资源管理工具，对这些资源进行分门别类地管理。

10.1 图块

图块是由多个对象组成的集合并具有块名。通过建立图块，用户可以将多个对象作为一个整体来操作。

在 AutoCAD 中，使用图块可以提高绘图效率、节省存储空间，同时还便于修改和重新定义图块。图块的特点具体解释如下。

◆提高绘图效率：使用 AutoCAD 进行绘图过程中，经常需绘制一些重复出现的图形，如建筑工程图中的门和窗等，如果把这些图形做成图块并以文件的形式保存在电脑中，当需要调用时再将其调入图形文件中，就可以避免大量的重复工作，从而提高工作效率。

◆节省存储空间：AutoCAD 要保存图形中的每一个相关信息，如对象的图层、线型和颜色等，都占用大量的空间，可以把这些相同的图形先定义成一个块，然后再插入所需的位置，如在绘制建筑工程图时，可将需修改的对象用图块定义，从而节省大量的存储空间。

◆为图块添加属性：AutoCAD 允许为图块创建具有文字信息的属性并可以在插入图块时指定是否显示这些属性。

10.1.1 内部图块

内部图块是存储在图形文件内部的块，只能在存储文件中使用，而不能在其他图形文件中使用。

•执行方式

调用【创建块】命令的方法如下。

◆菜单栏：执行【绘图】|【块】|【创建】命令。

◆命令行：在命令行中输入“BLOCK/B”命令。

◆功能区：在【默认】选项卡中，单击【块】面板中的【创建块】按钮。

•执行方式

操作步骤执行上述任一命令后，系统弹出【块定义】对话框，如图 10-1 所示。在对话框中设置好块名称，块对象、块基点这 3 个主要要素即可创建图块。

图 10-1 【块定义】对话框

•选项说明

该对话块中常用选项的功能介绍如下。

◆【名称】文本框：用于输入或选择块的名称。

◆【拾取点】按钮：单击该按钮，系统切换到绘图窗口中拾取基点。

◆【选择对象】按钮：单击该按钮，系统切换到绘图窗口中拾取创建块的对象。

◆【保留】单选按钮：创建块后保留源对象不变。

◆【转换为块】单选按钮：创建块后将源对象转换为块。

◆【删除】单选按钮：创建块后删除源对象。

◆【允许分解】复选框：勾选该选项，允许块被分解。

创建图块之前需要有源图形对象，才能使用 AutoCAD 创建为块。可以定义一个或多个图形对象为图块。

练习 10-1 创建电视内部图块

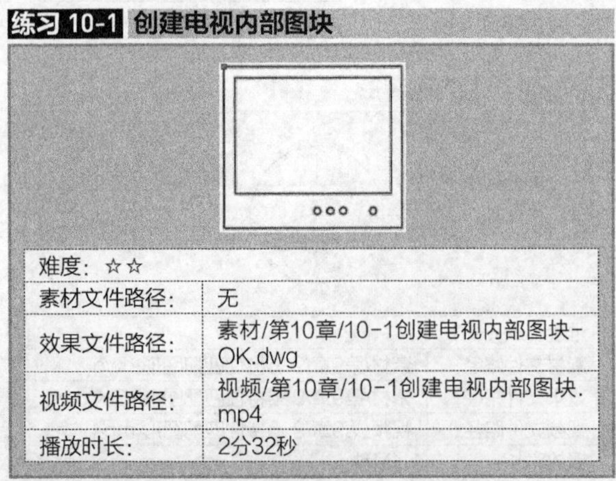

难度：☆☆	
素材文件路径：	无
效果文件路径：	素材/第10章/10-1创建电视内部图块-OK.dwg
视频文件路径：	视频/第10章/10-1创建电视内部图块.mp4
播放时长：	2分32秒

本例创建好的电视机图块只存在于“创建电视内部图块 -OK.dwg”这个素材文件之中。

Step 01 单击快速访问工具栏中的【新建】按钮，新建空白文件。

Step 02 在【常用】选项卡中，单击【绘图】面板中的【矩形】按钮，绘制长800、宽600的矩形。

Step 03 在命令行中输入“O”命令，将矩形向内偏移50，如图10-2所示。

Step 04 在【常用】选项卡中，单击【修改】面板中的【拉伸】按钮，窗交选择外矩形的下侧边作为拉伸对象，向下拉伸100的距离，如图10-3所示。

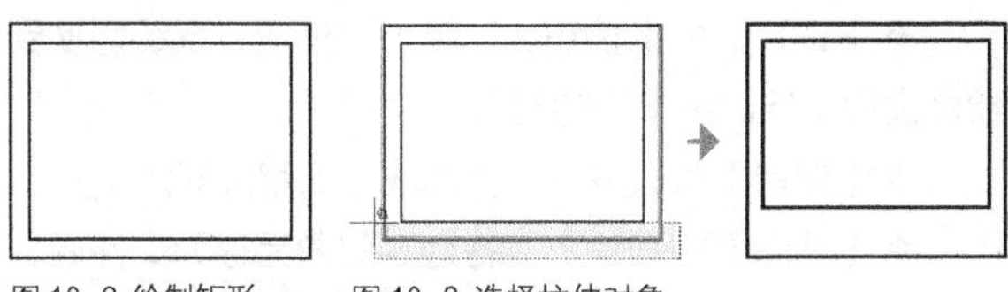

图 10-2 绘制矩形　　图 10-3 选择拉伸对象

Step 05 在矩形内绘制几个圆作为电视机按钮，拉伸结果如图10-4所示。

Step 06 在【常用】选项卡中，单击【块】面板中的【创建块】按钮，系统弹出【块定义】对话框，在【名称】文本框中输入“电视”，如图10-5所示。

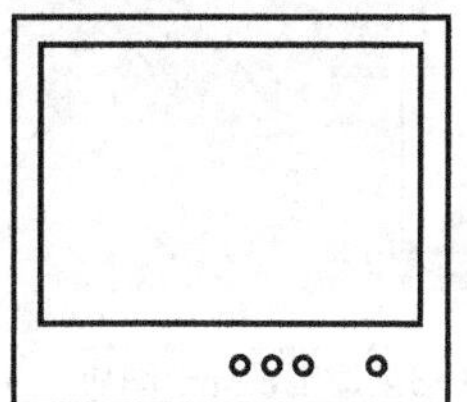

图 10-4 矩形拉伸后效果

图 10-5【块定义】对话框

Step 07 在【对象】选项区域单击【选择对象】按钮，在绘图区选择整个图形，按空格键返回对话框。

Step 08 在【基点】选项区域单击【拾取点】按钮，返回绘图区指定图形中心点作为块的基点，如图10-6所示。

Step 09 单击【确定】按钮，完成普通块的创建，此时图形成为一个整体，其夹点显示如图10-7所示。

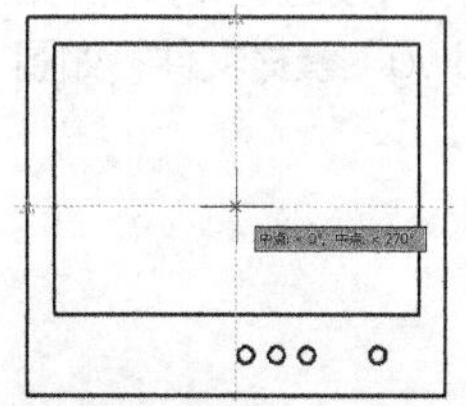

图 10-6 选择基点

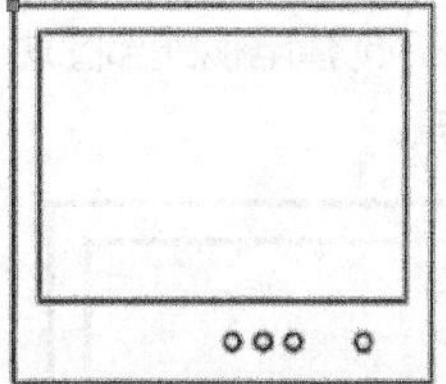

图 10-7 电视图块

•熟能生巧 统计文件中图块的数量

在室内、园林等设计图纸中，都具有数量非常多的图块，若要人工进行统计，则工作效率很低，且准确度不高。这时就可以使用第 3 章所学的快速选择命令来进行统计，下面通过一个例子来进行说明。

练习 10-2 统计平面图中的电脑数量 ★进阶★

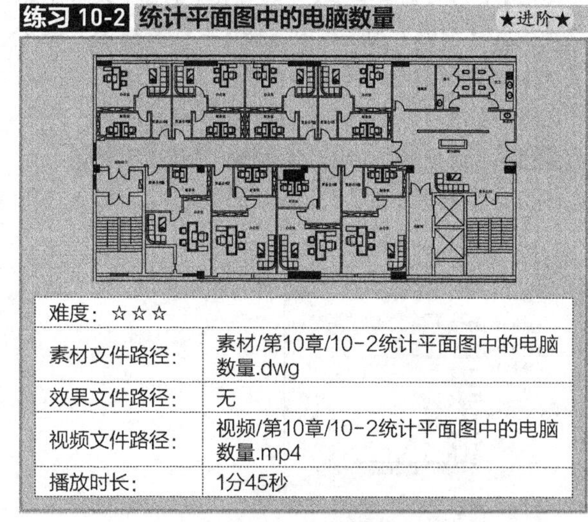

难度：☆☆☆	
素材文件路径：	素材/第10章/10-2统计平面图中的电脑数量.dwg
效果文件路径：	无
视频文件路径：	视频/第10章/10-2统计平面图中的电脑数量.mp4
播放时长：	1分45秒

创建图块不仅可以减少平面设计图所占的内存大小，还能更快地进行布置，且事后可以根据需要进行统计。本例便根据某办公室的设计平面图，来统计所用的普通办公电脑数量。

Step 01 打开“第10章/10-2统计平面图中的电脑数量.dwg”素材文件，如图10-8所示。

Step 02 查找块对象的名称。在需要统计的图块上双击鼠标，系统弹出【编辑块定义】对话框，在块列表中显示图块名称为“普通办公电脑”，如图10-9所示。

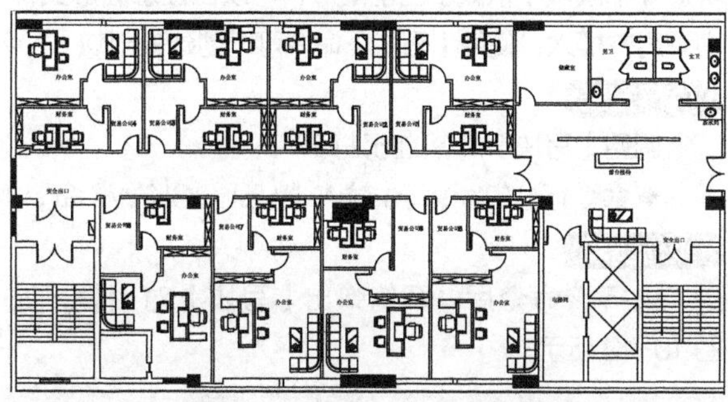

图 10-8　素材文件

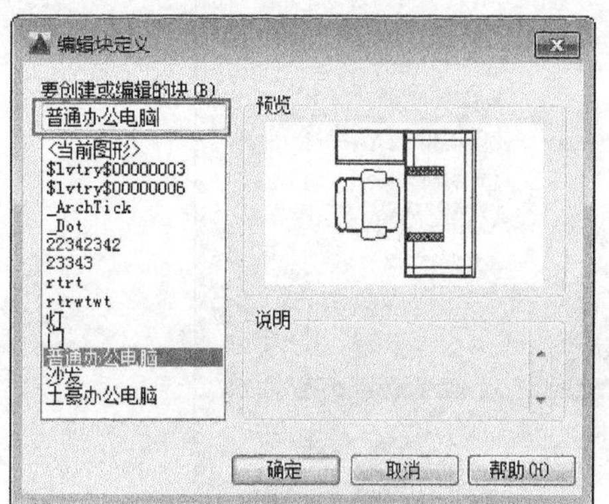

图 10-9　【编辑块定义】对话框

Step 03 在命令行中输入“QSELECT”命令并按Enter键，弹出【快速选择】对话框，选择【应用到】为【整个图形】，在【对象类型】下拉列表中选择【块参照】选项，在【特性】列表框中选择【名称】选项，再在【值】下拉列表中选择【普通办公电脑】选项，指定【运算符】选项为【=等于】，如图10-10所示。

Step 04 设置完成后，单击对话框中【确定】按钮，在文本信息栏里就会显示找到对象的数量，如图10-11所示，即为15台普通办公电脑。

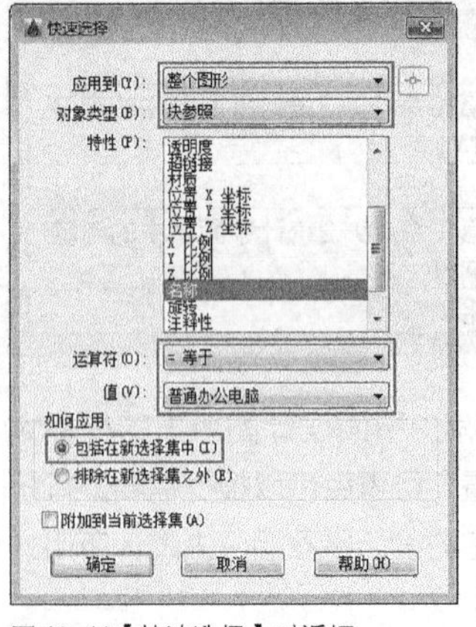

图 10-10【快速选择】对话框

命令: QSELECT
已选定 15 个项目。

图 10-11 命令行中显示数量

10.1.2 外部图块

内部块仅限于在创建块的图形文件中使用，当其他文件中也需要使用时，则需要创建外部块，也就是永久块。外部图块不依赖于当前图形，可以在任意图形文件中调用并插入。使用【写块】命令可以创建外部块。

·执行方式

调用【写块】命令的方法如下。

◆命令行：在命令行中输入“WBLOCK/W”命令。

·操作步骤

执行该命令后，系统弹出【写块】对话框，如图10-12所示。

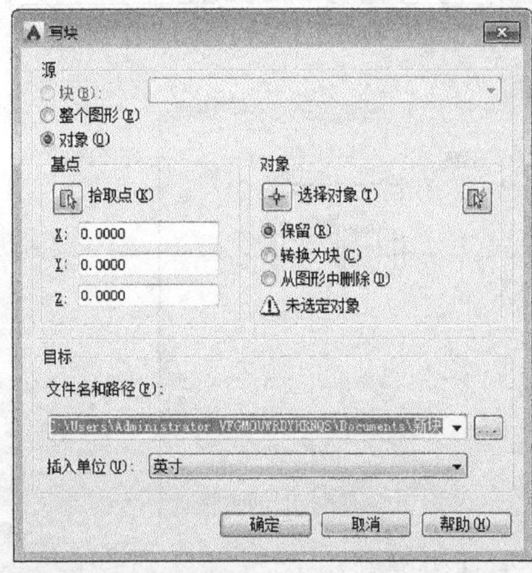

图 10-12【写块】对话框

·选项说明

【写块】对话框常用选项介绍如下。

◆【块】：将已定义好的块保存，可以在下拉列表中选择已有的内部块，如果当前文件中没有定义的块，该单选按钮不可用。

◆【整个图形】：将当前工作区中的全部图形保存为外部块。

◆【对象】：选择图形对象定义为外部块。该项为默认选项，一般情况下选择此项即可。

◆【拾取点】按钮：单击该按钮，系统切换到绘图窗口中拾取基点。

◆【选择对象】按钮：单击该按钮，系统切换到绘图窗口中拾取创建块的对象。

◆【保留】单选按钮：创建块后保留源对象不变。

◆【从图形中删除】：将选定对象另存为文件后，从当前图形中删除它们。

◆【目标】：用于设置块的保存路径和块名。单击该选项组【文件名和路径】文本框右边的按钮，可以在打开的对话框中选择保存路径。

练习 10-3 创建电视外部图块

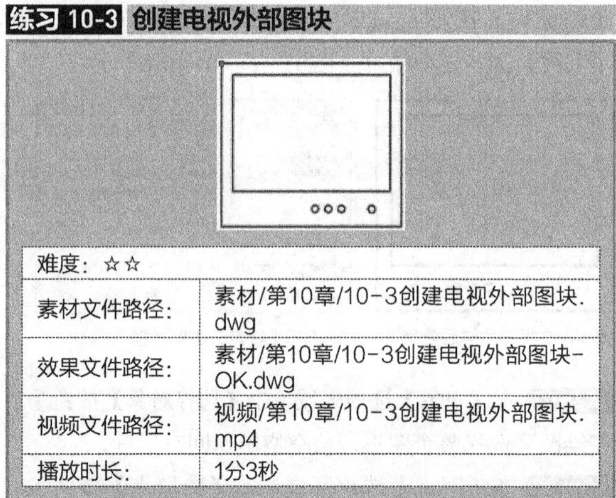

难度：☆☆	
素材文件路径：	素材/第10章/10-3创建电视外部图块.dwg
效果文件路径：	素材/第10章/10-3创建电视外部图块-OK.dwg
视频文件路径：	视频/第10章/10-3创建电视外部图块.mp4
播放时长：	1分3秒

本例创建好的电视机图块，不仅存在于“10-3创建电视外部图块-OK.dwg”中，还存在于所指定的路径（桌面）上。

单击快速访问工具栏中的【打开】按钮，打开“第10章/10-3创建电视外部图块.dwg”素材文件，如图10-13所示。

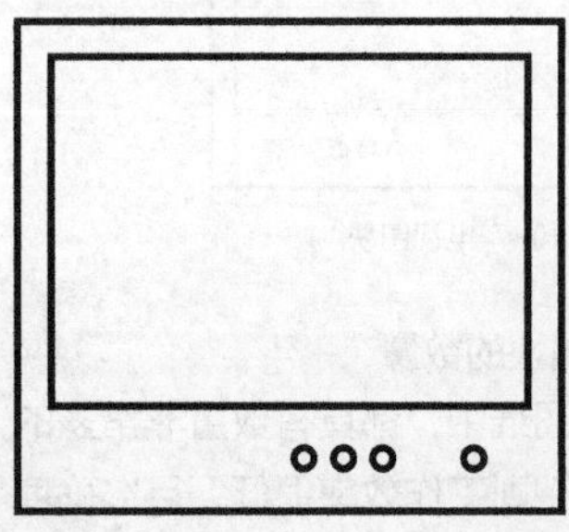

图 10-13 素材图形

Step 01 在命令行中输入“WBLOCK”命令，打开【写块】对话框，在【源】选项区域选择【块】复选框，然后在其右侧的下拉列表框中选择【电视】图块，如图10-14所示。

Step 02 指定保存路径。在【目标】选项区域，单击【文件名和路径】文本框右侧的按钮，在弹出的对话框中选择保存路径，将其保存于桌面上，如图10-15所示。

Step 03 单击【确定】按钮，完成外部块的创建。

图 10-14　选择目标块

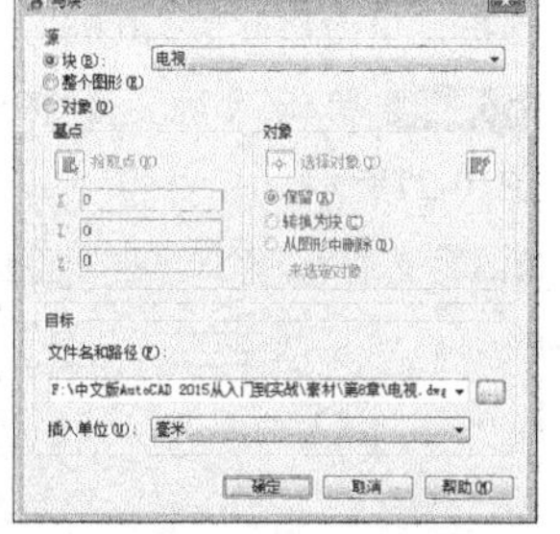

图 10-15　指定保存路径

10.1.3 属性块 ★重点★

图块包含的信息可以分为两类：图形信息和非图形信息。块属性是图块的非图形信息，例如，办公室工程中定义办公桌图块，每个办公桌的编号、使用者等属性。块属性必须和图块结合在一起使用，在图纸上显示为块实例的标签或说明，单独的属性是没有意义的。

1 创建块属性

在 AutoCAD 中添加块属性的操作主要分为 3 步：

定义块属性；

在定义图块时附加块属性；

在插入图块时输入属性值。

• 执行方式

定义块属性必须在定义块之前进行，定义块属性的命令启动方式有以下几种。

◆功能区：单击【插入】选项卡【属性】面板【定义属性】按钮，如图 10-16 所示。

◆菜单栏：单击【绘图】|【块】|【定义属性】命令，如图 10-17 所示。

◆命令行：输入“ATTDEF”或“ATT”命令。

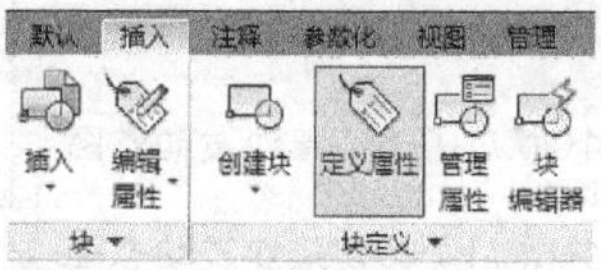

图 10-16　定义块属性面板按钮

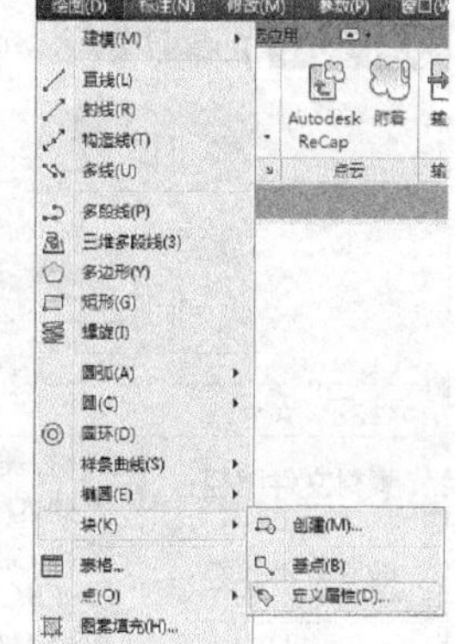

图 10-17　定义块属性菜单命令

• 操作步骤

执行上述任一命令后，系统弹出【属性定义】对话框，如图 10-18 所示。然后分别填写【标记】、【提示】与【默认】，再设置好文字位置与对正等属性，单击【确定】按钮，即可创建一块属性。

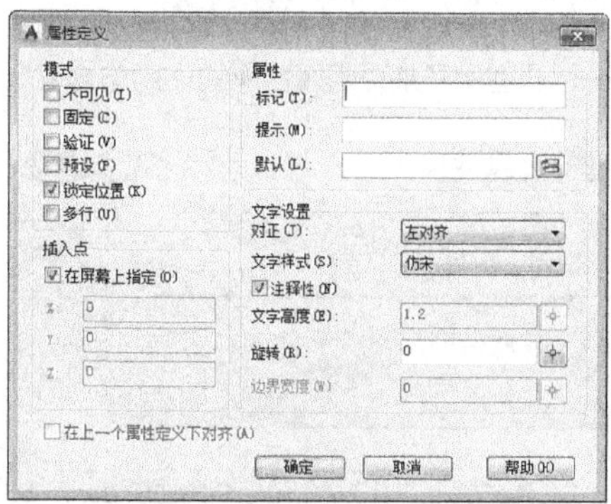

图 10-18【属性定义】对话框

• 选项说明

【属性定义】对话框中常用选项的含义如下。

◆【属性】：用于设置属性数据，包括【标记】、【提示】、【默认】3 个文本框。

◆【插入点】：该选项组用于指定图块属性的位置。

◆【文字设置】：该选项组用于设置属性文字的对正、样式、高度和旋转。

2 修改属性定义

直接双击块属性，系统弹出【增强属性编辑器】对话框。在【属性】选项卡的列表框中选择要修改的文字属性，然后在下面的【值】文本框中输入块中定义的标记和值属性，如图 10-19 所示。

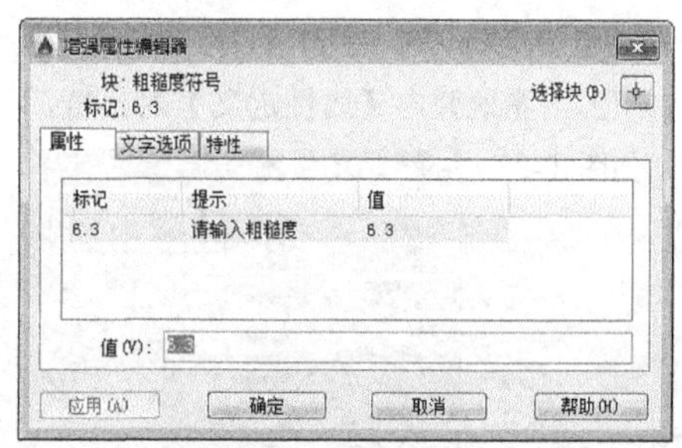

图 10-19【增强属性编辑器】对话框

在【增强属性编辑器】对话框中，各选项卡的含义如下。

◆属性：显示了块中每个属性的标识、提示和值。在列表框中选择某一属性后，在【值】文本框中将显示出该属性对应的属性值，可以通过它来修改属性值。

◆文字选项：用于修改属性文字的格式，该选项卡如图 10-20 所示。

◆特性：用于修改属性文字的图层以及其线宽、线型、颜色及打印样式等，该选项卡如图 10-21 所示。

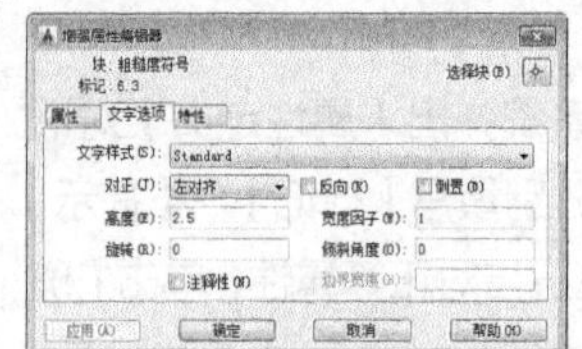
图 10-20【文字选项】选项卡

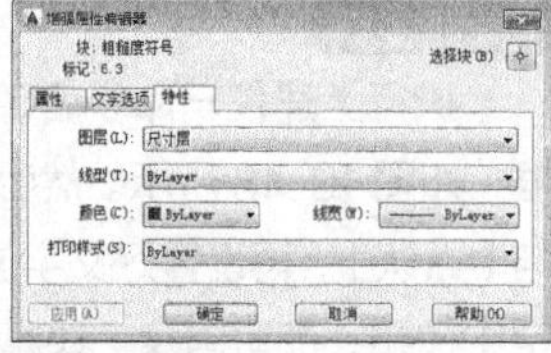
图 10-21【特性】选项卡

下面通过一个典型例子来说明属性块的作用与含义。

练习 10-4 创建标高属性块 ★重点★

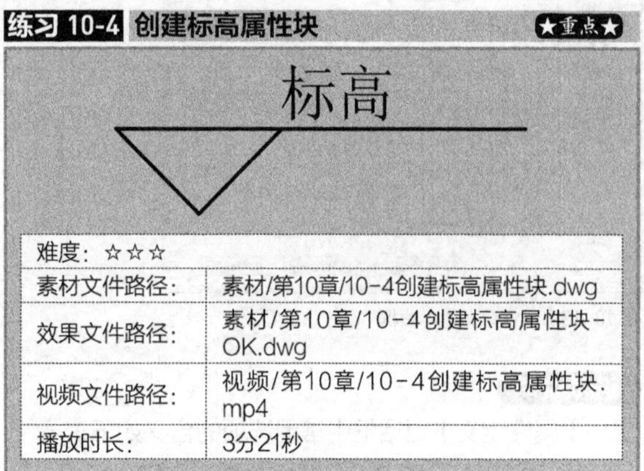

难度：☆☆☆	
素材文件路径：	素材/第10章/10-4创建标高属性块.dwg
效果文件路径：	素材/第10章/10-4创建标高属性块-OK.dwg
视频文件路径：	视频/第10章/10-4创建标高属性块.mp4
播放时长：	3分21秒

标高表示建筑物各部分的高度，是建筑物某一部位相对于基准面（标高的零点）的竖向高度，是竖向定位的依据。在施工图中经常有一个小小的直角等腰三角形，三角形的尖端或向上或向下，这是标高的符号，上面的数值则为建筑的竖向高度。标高符号在图形中形状相似，仅数值不同，因此可以创建为属性块，在绘图时直接调用即可，具体方法如下。

Step 01 打开“第10章/10-4 创建标高属性块.dwg”素材文件，如图10-22所示。

Step 02 在【默认】选项卡中，单击【块】面板上的【定义属性】按钮，系统弹出【属性定义】对话框，定义属性参数，如图10-23所示。

图 10-22 素材图形

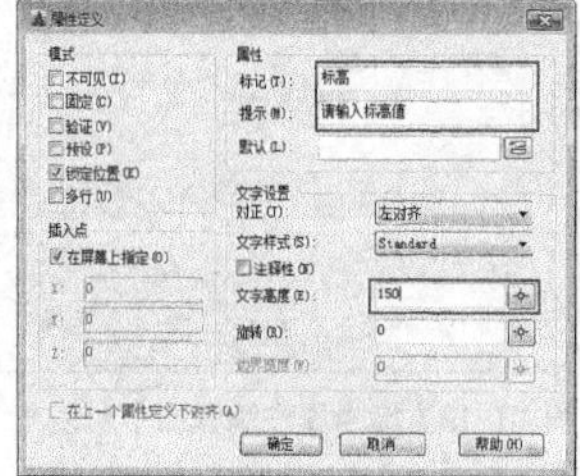
图 10-23 【属性定义】对话框

Step 03 单击【确定】按钮，在水平线上合适位置放置属性定义，如图10-24所示。

Step 04 在【默认】选项卡中，单击【块】面板上的【创建】按钮，系统弹出【块定义】对话框。在【名称】下拉列表框中输入“标高”；单击【拾取点】按钮，拾取三角形的下角点作为基点；单击【选择对象】按钮，选择符号图形和属性定义，如图10-25所示。

标高

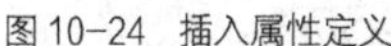
图 10-24 插入属性定义

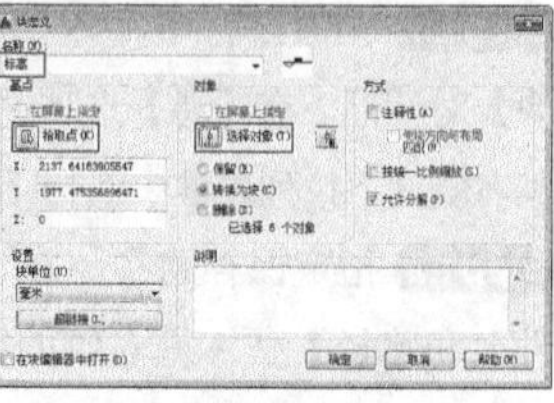
图 10-25 【块定义】对话框

Step 05 单击【确定】按钮，系统弹出【编辑属性】对话框，更改属性值为0.000，如图10-26所示。

Step 06 单击【确定】按钮，标高符创建完成，如图10-27所示。

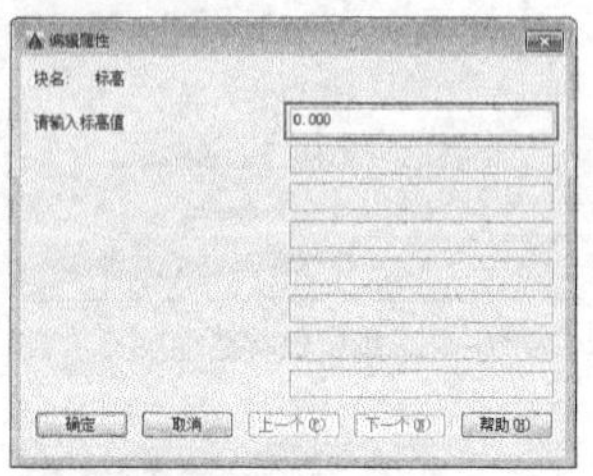
图 10-26【编辑属性】对话框

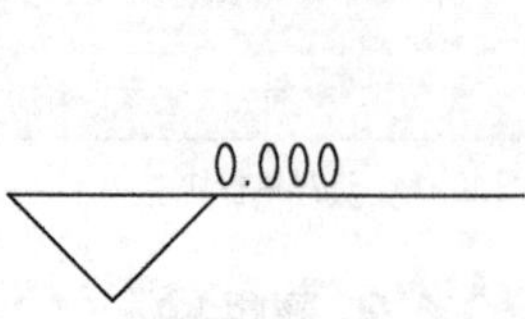

图 10-27 标高属性块

10.1.4 动态图块 ★重点★

在 AutoCAD 中，可以为普通图块添加动作，将其转换为动态图块，动态图块可以直接通过移动动态夹点来调整图块大小、角度，避免了频繁地参数输入或命令调用（如【缩放】、【旋转】、【镜像】命令等），使图块的操作变得更加轻松。

创建动态块的步骤有两步：一是往图块中添加参数，二是为添加的参数添加动作。动态块的创建需要使用【块编辑器】。块编辑器是一个专门的编写区域，用于添加能够使块成为动态块的元素。

调用【块编辑器】命令的方法如下。

◆菜单栏：执行【工具】|【块编辑器】命令。

◆命令行：在命令行中输入“BEDIT/BE”命令。

◆功能区：在【插入】选项卡中，单击【块】面板中的【块编辑器】按钮。

练习 10-5 创建沙发动态图块 ★重点★

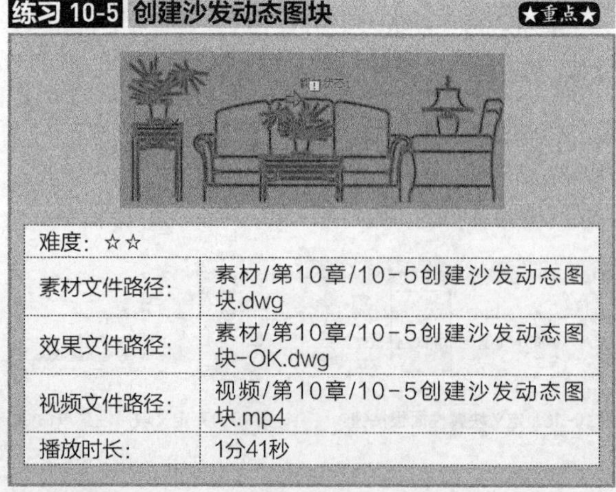

难度：☆☆	
素材文件路径：	素材/第10章/10-5创建沙发动态图块.dwg
效果文件路径：	素材/第10章/10-5创建沙发动态图块-OK.dwg
视频文件路径：	视频/第10章/10-5创建沙发动态图块.mp4
播放时长：	1分41秒

Step 01 单击快速访问工具栏中的【打开】按钮，打开“第10章/10-5创建沙发动态图块.dwg”素材文件。

Step 02 在命令行中输入“BEDIT”命令，系统弹出【编辑块定义】对话框，选择对话框中的【沙发】块，如图 10-28所示。

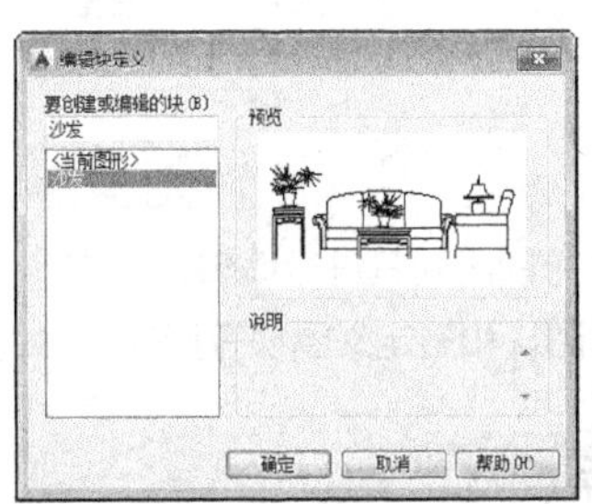
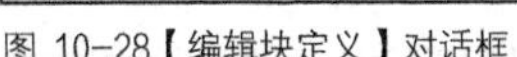

图 10-28【编辑块定义】对话框

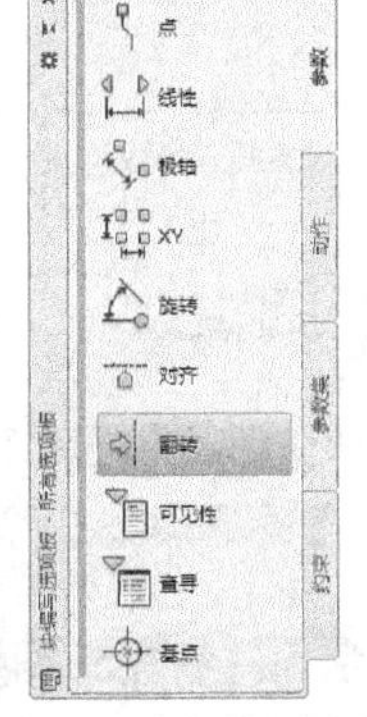

图 10-29【块编辑器】面板

Step 03 单击【确定】按钮，打开【块编辑器】面板，此时绘图窗口变为浅灰色。

Step 04 为图块添加线性参数。在【块编写选项板】右侧单击【参数】选项卡，再单击【翻转】按钮，如图 10-29所示，为块添加翻转参数，命令行提示如下。

```
命令: _BParameter 翻转
指定投影线的基点或 [名称(N)/标签(L)/说明(D)/选项板(P)]:
        //在如图 10-30所示位置指定基点
指定投影线的端点:
        //在如图 10-31所示位置指定端点
指定标签位置:
        //在如图 10-32所示位置指定标签位置
```

图 10-30 指定基点

图 10-31 指定投引线端点

图 10-32 指定标签位置

图 10-33 添加参数的效果

Step 05 添加翻转参数结果如图 10-33所示。

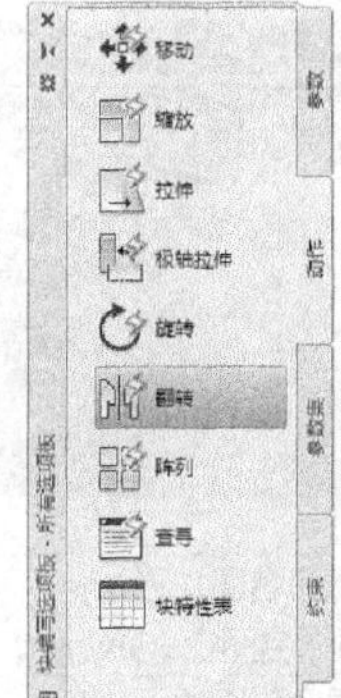

图 10-34【动作】选项卡

图 10-35 选择动作参数

Step 06 为线性参数添加动作。在【块编写选项板】右侧单击【动作】选项卡，再单击【翻转】按钮，如图10-34所示，根据提示为线性参数添加拉伸动作，命令行提示如下。

```
命令: _BActionTool 翻转
选择参数:          //如图 10-35所示，选择【翻转状态1】
指定动作的选择集   //如图 10-36所示，选择全部图形
选择对象: 指定对角点: 找到 388 个
```

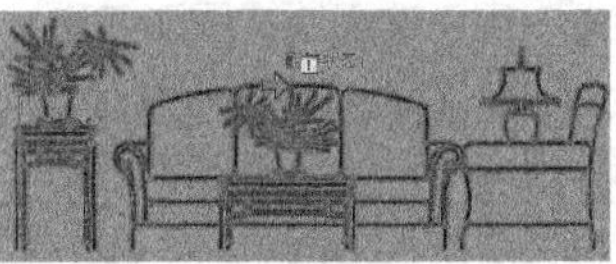

图 10-36 选择对象

图 10-37 保存块定义

Step 07 在【块编辑器】选项卡中，单击【保存块】按钮，如图 10-37所示。保存创建的动作块，单击【关闭块编辑器】按钮，关闭块编辑器，完成动态块的创建，并返回绘图窗口。

Step 08 为图块添加翻转动作效果如图 10-38所示。

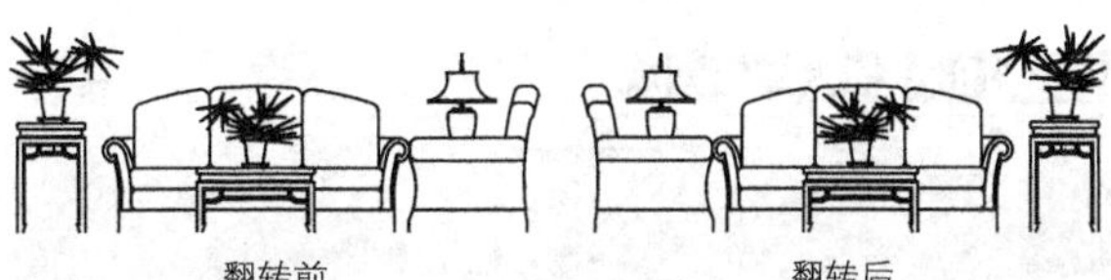

图 10-38 沙发动态块

10.1.5 插入块

块定义完成后，就可以插入与块定义关联的块实例了。

·执行方式

启动【插入块】命令的方式有以下几种。

◆功能区：单击【插入】选项卡【注释】面板【插入】按钮，如图 10-39 所示。

◆菜单栏：执行【插入】|【块】命令，如图 10-40 所示。

◆命令行：输入“INSERT”或“I”命令。

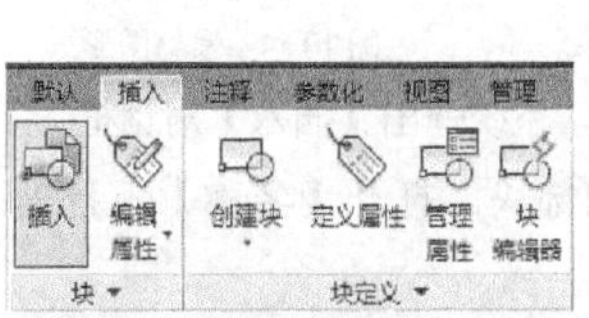

图 10-39 插入块工具按钮

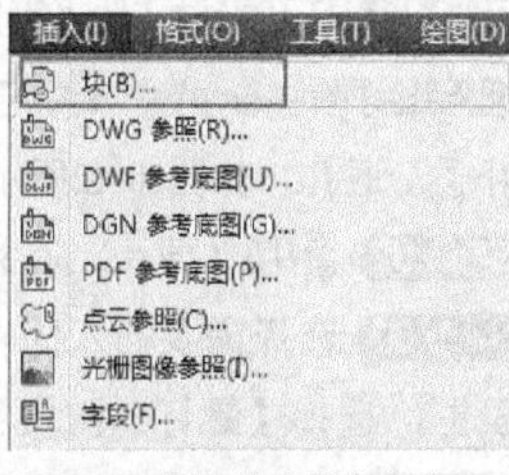

图 10-40 插入块菜单命令

·操作步骤

执行上述任一命令后，系统弹出【插入】对话框，如图 10-41 所示。在其中选择要插入的图块再返回绘图区指定基点即可。

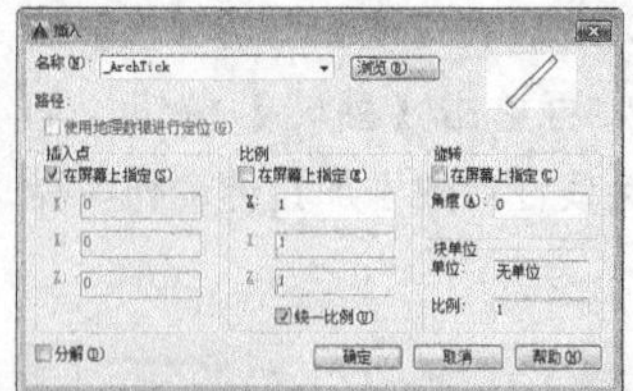

图 10-41【插入】对话框

·选项说明

【插入】对话框中常用选项的含义如下。

◆【名称】下拉列表框：用于选择块或图形名称。可以单击其后的【浏览】按钮，系统弹出【打开图形文件】对话框，选择保存的块和外部图形。

◆【插入点】选项区域：设置块的插入点位置。

◆【比例】选项区域：用于设置块的插入比例。

◆【旋转】选项区域：用于设置块的旋转角度。可直接在【角度】文本框中输入角度值，也可以通过选中【在屏幕上指定】复选框，在屏幕上指定旋转角度。

◆【分解】复选框：可以将插入的块分解成块的各基本对象。

练习 10-6 插入螺钉图块

难度：☆☆	
素材文件路径：	素材/第10章/10-6插入螺钉图块.dwg
效果文件路径：	素材/第10章/10-6插入螺钉图块-OK.dwg
视频文件路径：	视频/第10章/10-6插入螺钉图块.mp4
播放时长：	1分28秒

在如图10-42 所示的通孔图形中，插入定义好的“螺钉”块。因为定义的螺钉图块公称直径为10，该通孔的直径仅为6，因此门图块应缩小至原来的0.6倍。

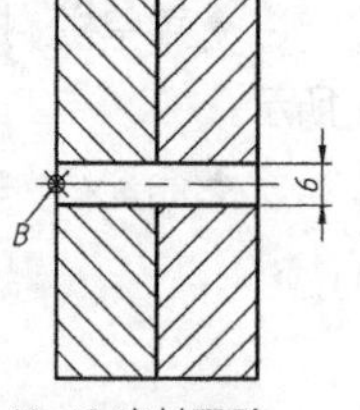

图 10-42 素材图形

Step 01 打开素材文件“第10章/10-6插入螺钉图块.dwg”，其中已经绘制好了一通孔，如图10-42所示。

Step 02 调用I（插入）命令，系统弹出【插入】对话框。

Step 03 选择需要插入的内部块。打开【名称】下拉列表框，选择【螺钉】图块。

Step 04 确定缩放比例。勾选【统一比例】复选框，在【X】框中输入“0.6”，如图10-43所示。

Step 05 确定插入基点位置。勾选【在屏幕上指定】复选框，单击【确定】按钮退出对话框。插入块实例到所示的*B*点位置，结束操作，如图10-44所示。

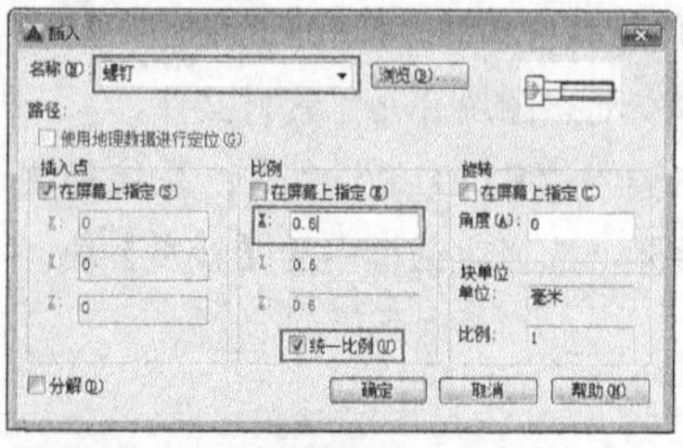

图 10-43 设置插入参数

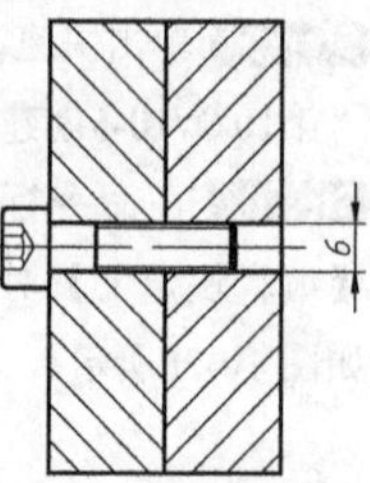

图 10-44 完成图形

10.2 编辑块

图块在创建完成后还可随时对其进行编辑，如重命名图块、分解图块、删除图块和重定义图块等操作。

10.2.1 设置插入基点

在创建图块时，可以为图块设置插入基点，这样在插入时就可以直接捕捉基点插入。但是，如果创建的块事先没有指定插入基点，插入时系统默认的插入点为该图的坐标原点，这样往往会给绘图带来不便，此时可以使用【基点】命令为图形文件制定新的插入原点。

调用【基点】命令的方法如下。

◆菜单栏：执行【绘图】|【块】|【基点】命令。

◆命令行：在命令行中输入“BASE”命令。

◆功能区：在【默认】选项卡中，单击【块】面板中的【设置基点】按钮。

执行该命令后，可以根据命令行提示输入基点坐标或用鼠标直接在绘图窗口中指定。

10.2.2 重命名图块

创建图块后，对其进行重命名的方法有多种。如果是外部图块文件，可直接在保存目录中对该图块文件进行重命名；如果是内部图块，可使用重命名命令RENAME/REN来更改图块的名称。

调用【重命名图块】命令的方法如下。

◆命令行:在命令行中输入“RENAME/REN”命令。

◆菜单栏：执行【格式】|【重命名】命令。

练习 10-7 重命名图块

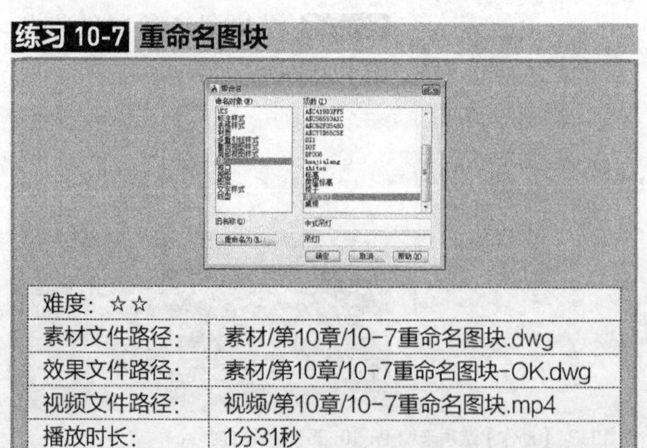

难度：☆☆	
素材文件路径：	素材/第10章/10-7重命名图块.dwg
效果文件路径：	素材/第10章/10-7重命名图块-OK.dwg
视频文件路径：	视频/第10章/10-7重命名图块.mp4
播放时长：	1分31秒

如果已经定义好了图块，但最后觉得图块的名称不合适，便可以通过该方法来重新定义。

Step 01 单击快速访问工具栏中的【打开】按钮，打开“第10章/10-7重命名图块.dwg”文件。

Step 02 在命令行中输入“REN”【重命名图块】命令，系统弹出【重命名】对话框，如图 10-45所示。

Step 03 在对话框左侧的【命名对象】列表框中选择【块】选项，在右侧的【项目】列表框中选择【中式吊灯】块。

Step 04 在【旧名称】文本框中显示该块的旧名称，如图 10-46所示。

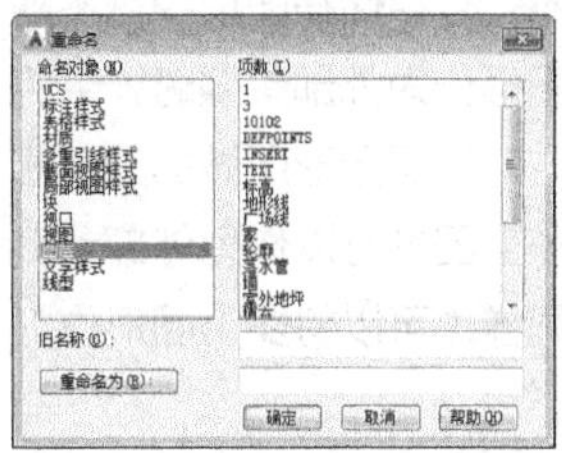

图 10-45 【重命名】对话框

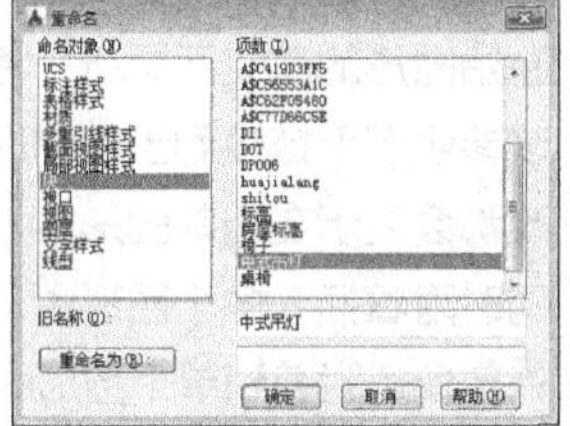

图 10-46 选择需重命名对象

Step 05 在【重命名为】按钮后面的文本框中输入新名称“吊灯”，单击【确定】按钮，重命名图块完成，如图 10-47所示。

图 10-47 重命名完成效果

10.2.3 分解图块

由于插入的图块是一个整体，在需要对图块进行编辑时，必须先将其分解。

• 执行方式

调用【分解图块】的命令方法如下。

◆菜单栏：执行【修改】|【分解】命令。

◆工具栏：单击【修改】工具栏中的【分解】按钮。

◆命令行：在命令行中输入“EXPLODE/X”命令。

◆功能区：在【默认】选项卡中，单击【修改】面板中的【分解】按钮。

• 操作步骤

分解图块的操作非常简单，执行分解命令后，选择要分解的图块，再按回车键即可。图块被分解后，它的各个组成元素将变为单独的对象，之后便可以单独对各个组成元素进行编辑。

练习 10-8 分解房间图块

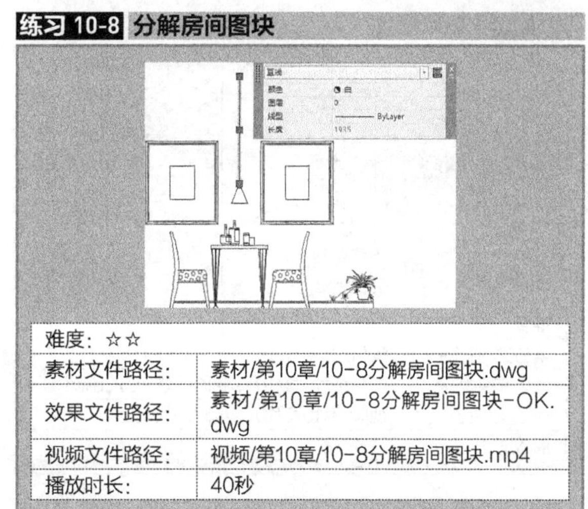

难度：☆☆	
素材文件路径：	素材/第10章/10-8分解房间图块.dwg
效果文件路径：	素材/第10章/10-8分解房间图块-OK.dwg
视频文件路径：	视频/第10章/10-8分解房间图块.mp4
播放时长：	40秒

Step 01 单击快速访问工具栏中的【打开】按钮，打开“第10章/10-8分解房间图块.dwg”文件，如图 10-48所示。

Step 02 框选图形，图块的夹点显示和属性板如图 10-49所示。

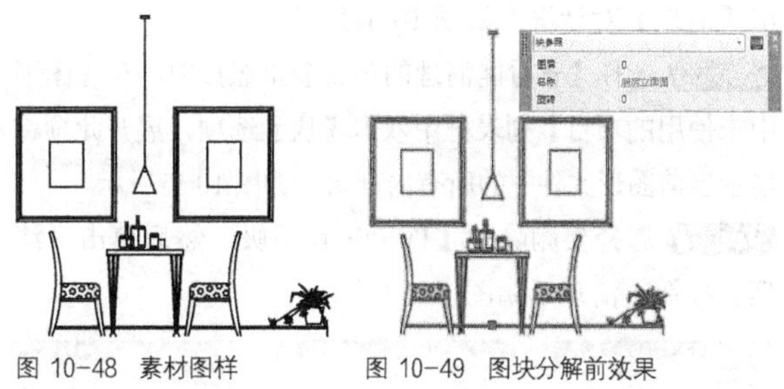

图 10-48 素材图样　　图 10-49 图块分解前效果

Step 03 在命令行中输入“X”（分解）命令，按回车键确认分解，分解后框选图形效果如图 10-50所示。

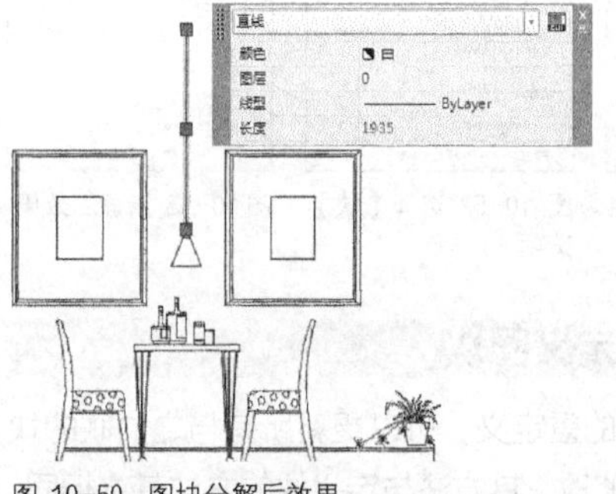

图 10-50 图块分解后效果

10.2.4 删除图块

如果图块是外部图块文件，可直接在电脑中删除；如果图块是内部图块，可使用以下删除方法删除。

◆应用程序：单击【应用程序】按钮，在下拉菜单中选择【图形实用工具】中的【清理】命令。

◆命令行：在命令行中输入“PURGE/PU”命令。

练习 10-9 删除图块

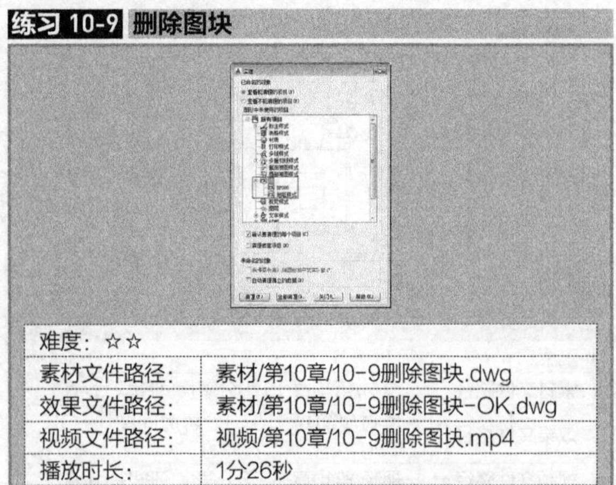

难度：☆☆	
素材文件路径：	素材/第10章/10-9删除图块.dwg
效果文件路径：	素材/第10章/10-9删除图块-OK.dwg
视频文件路径：	视频/第10章/10-9删除图块.mp4
播放时长：	1分26秒

图形中如果存在用不到的图块，最好将其清除，否则，过多的图块文件会占用图形的内存，使得绘图时反应变慢。

Step 01 单击快速访问工具栏中的【打开】按钮，打开"第10章/10-9删除图块.dwg"文件。

Step 02 在命令行中输入PU【删除图块】命令，系统弹出【清理】对话框，如图 10-51所示。

Step 03 选择【查看能清理的项目】单选按钮，在【图形中未使用的项目】列表框中双击【块】选项，展开此项将显示当前图形文件中的所有内部块，如图 10-52所示。

Step 04 选择要删除的【DP006】图块，然后单击【清理】按钮，清理后如图 10-53所示。

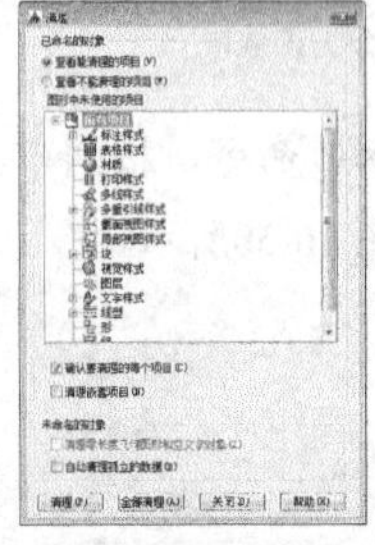

图 10-51【清理】对话框

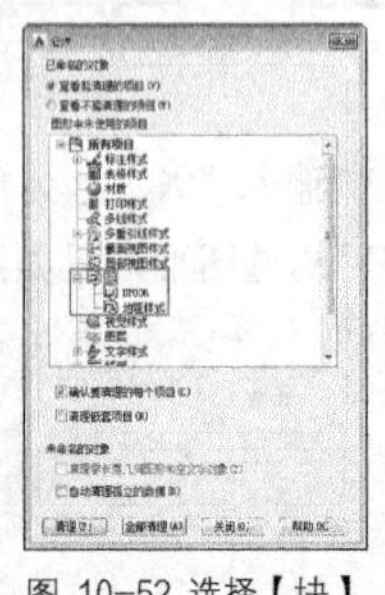

图 10-52 选择【块】选项

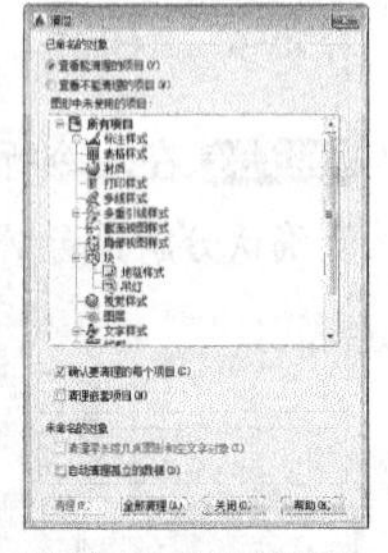

图 10-53 清理后效果

10.2.5 重新定义图块

通过对图块的重定义，可以更新所有与之关联的块实例，实现自动修改，其方法与定义块的方法基本相同。

其具体操作步骤如下。

Step 01 使用分解命令将当前图形中需要重新定义的图块分解为由单个元素组成的对象。

Step 02 对分解后的图块组成元素进行编辑。完成编辑后，再重新执行【块定义】命令，在打开的【块定义】对话框的【名称】下拉列表中选择源图块的名称。

Step 03 选择编辑后的图形并为图块指定插入基点及单位，单击【确定】按钮，在打开如图10-54所示的询问对话框中单击【重定义】按钮，完成图块的重定义。

图 10-54 【重定义块】对话框

10.3 外部参照

AutoCAD 将外部参照作为一种图块类型定义，它也可以提高绘图效率。但外部参照与图块有一些重要的区别，将图形作为图块插入时，它存储在图形中，不随原始图形的改变而更新；将图形作为外部参照时，会将该参照图形链接到当前图形，对参照图形所做的任何修改都会显示在当前图形中。一个图形可以作为外部参照同时附着插入多个图形中，同样也可以将多个图形作为外部参照附着到单个图形中。

10.3.1 了解外部参照

外部参照通常称为 XREF，用户可以将整个图形作为参照图形附着到当前图形中，而不是插入它。这样可以通过在图形中参照其他用户的图形协调用户之间的工作，查看当前图形是否与其他图形相匹配。

当前图形记录外部参照的位置和名称，以便能很容易地参考，但并不是当前图形的一部分。和块一样，用户同样可以捕捉外部参照中的对象，从而使用它作为图形处理的参考。此外，还可以改变外部参照图层的可见性设置。

使用外部参照要注意以下几点。

◆确保显示参照图形的最新版本。打开图形时，将自动重载每个参照图形，从而反映参照图形文件的最新状态。

◆请勿在图形中使用参照图形中已存在的图层名、标注样式、文字样式和其他命名元素。

◆当工程完成并准备归档时，将附着的参照图形和当前图形永久合并（绑定）到一起。

10.3.2 附着外部参照

用户可以将其他文件的图形作为参照图形附着到当前图形中，这样可以通过在图形中参照其他用户的图形来协调各用户之间的工作，查看当前图形是否与其他图形相匹配。

·执行方式

下面介绍 4 种【附着】外部参照的方法。

◆菜单栏：执行【插入】|【DWG 参照】命令。

◆工具栏：单击【插入】工具栏中的【附着】按钮。

◆命令行：在命令行中输入“XATTACH/XA”命令。

◆功能区：在【插入】选项卡中，单击【参照】面板中的【附着】按钮。

·操作步骤

执行附着命令，选择一个 DWG 文件打开后，弹出【附着外部参照】对话框，如图 10-55 所示。

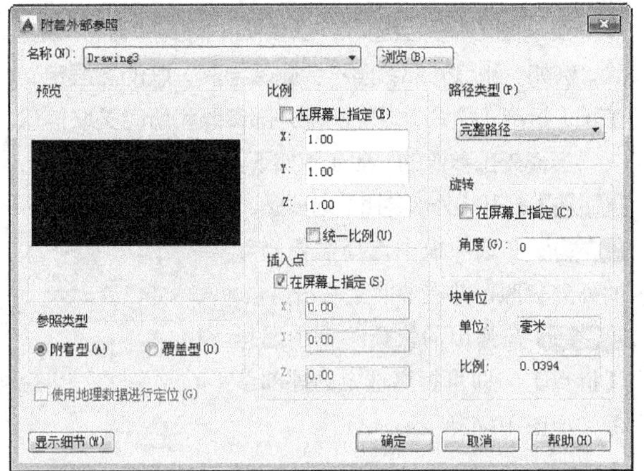

图 10-55 【附着外部参照】对话框

·选项说明

【附着外部参照】对话框各选项介绍如下。

◆【参照类型】选项组：选择【附着型】单选按钮，表示显示出嵌套参照中的嵌套内容；选择【覆盖型】单选按钮，表示不显示嵌套参照中的嵌套内容。

◆【路径类型】选项组：【完整路径】，使用此选项附着外部参照时，外部参照的精确位置将保存到主图形中，此选项的精确度最高，但灵活性最小，如果移动工程文件，AutoCAD 将无法融入任何使用完整路径附着的外部参照；【相对路径】，使用此选项附着外部参照时，将保存外部参照相对于主图形的位置，此选项的灵活性最大，如果移动工程文件夹，AutoCAD 仍可以融入使用相对路径附着的外部参照，只要此外部参照相对主图形的位置未发生变化；【无路径】，在不使用路径附着外部参照时，AutoCAD 首先在主图形中的文件夹中查找外部参照，当外部参照文件与主图形位于同一个文件夹中时，此选项非常有用。

d. 精益求精：外部参照在图形设计中的应用

1 保证各专业设计协作的连续一致性

外部参照可以保证各专业的设计、修改同步进行。例如，建筑专业对建筑条件做了修改，其他专业只要重新打开图或者重载当前图形，就可以看到修改的部分，从而马上按照最新建筑条件继续设计工作，从而避免了其他专业因建筑专业的修改出现图纸对不上的问题。

2 减小文件容量

含有外部参照的文件只是记录了一个路径，该文件的存储容量增大不多。采用外部参照功能，可以使一批引用文件附着在一个较小的图形文件上，从而生成一个复杂的图形文件，可以大大提高图形的生成速度。在设计中，如果能利用外部参照功能，可以轻松处理由多个专业配合、汇总而成的庞大的图形文件。

3 提高绘图速度

由于外部参照“立竿见影”的功效，各个相关专业的图纸都在随着设计内容的改变随时更新，而不需要不断复制，不断滞后，这样，不但可以提高绘图速度，而且可以大大减少修改图形所耗费的时间和精力。同时，CAD 的参照编辑功能可以让设计人员在不打开部分外部参照文件的情况下对外部参照文件进行修改，从而加快绘图速度。

4 优化设计文件的数量

一个外部参照文件可以被多个文件引用，而且一个文件可以重复引用同一个外部参照文件，从而使图形文件的数量减少到最低，提高了项目组文件管理的效率。

练习 10-10 附着外部参照机件

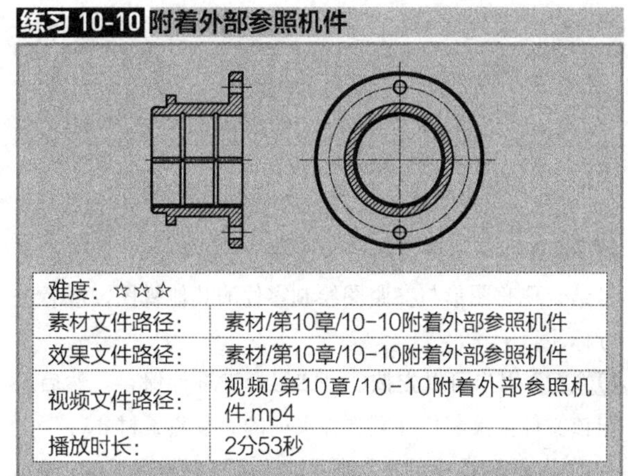

难度：☆☆☆	
素材文件路径：	素材/第10章/10-10附着外部参照机件
效果文件路径：	素材/第10章/10-10附着外部参照机件
视频文件路径：	视频/第10章/10-10附着外部参照机件.mp4
播放时长：	2分53秒

外部参照图形非常适合用作参考插入。据统计，如果要参考某一现成的 dwg 图纸来进行绘制，那绝大多数设计师都会采取打开该 dwg 文件，然后使用 Ctrl+C、Ctrl+V 直接将图形复制到新创建的图纸上。这种方法使用方便、快捷，但缺陷就是新建的图纸与原来的 dwg 文件没有关联性，如果参考的 dwg 文件有所更改，则新建的图纸不会有所提升。而如果采用外部参照的方式插入参考用的 dwg 文件，则可以实时更新。下面通过一个例子来进行介绍。

Step 01 单击快速访问工具栏中的【打开】按钮，打开“第10章/10-10附着外部参照机件.dwg”文件，如图 10-56所示。

Step 02 在【插入】选项卡中，单击【参照】面板中的【附着】按钮，系统弹出【选择参照文件】对话框。在【文件类型】下拉列表中选择“图形（*.dwg）”，并找到同文件内的“参照素材.dwg”文件，如图 10-57 所示。

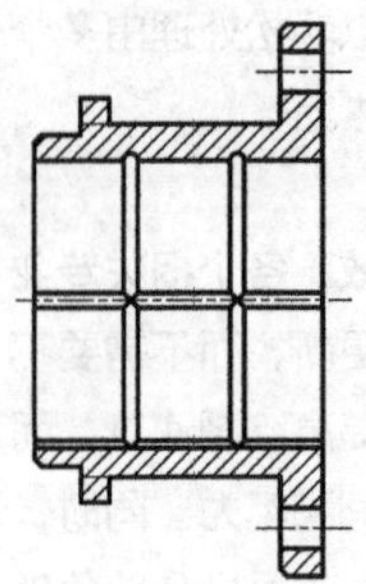

图 10-56 素材图样

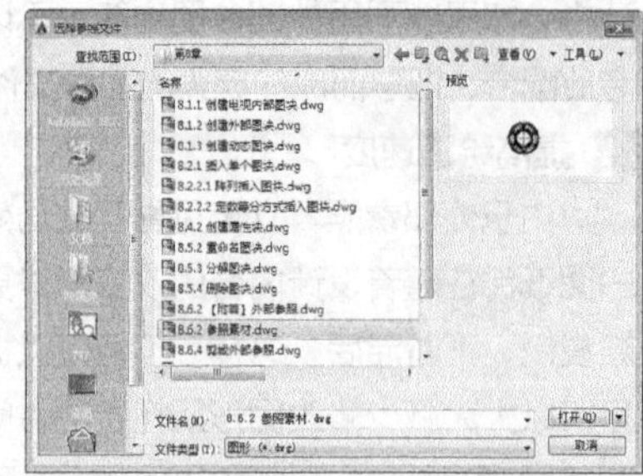

图 10-57【选择参照文件】对话框

Step 03 单击【打开】按钮，系统弹出【附着外部参照】对话框，所有选项保持默认，如图 10-58所示。

Step 04 单击【确定】按钮，在绘图区域指定端点，并调整其位置，即可附着外部参照，如图 10-59所示。

图 10-58【附着外部参照】对话框

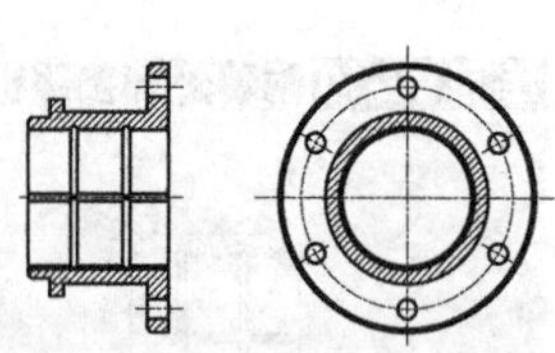

图 10-59 附着参照效果

Step 05 插入的参照图形为该零件的右视图，此时就可以结合现有图形与参照图绘制零件的其他视图，或者进行标注。

Step 06 用户可以先按Ctrl+S组合键进行保存，然后退出该文件；接着打开同文件夹内的“参照素材.dwg”文件，并删除其中的4个小孔，如图10-60所示。再按Ctrl+S组合键进行保存，然后退出。

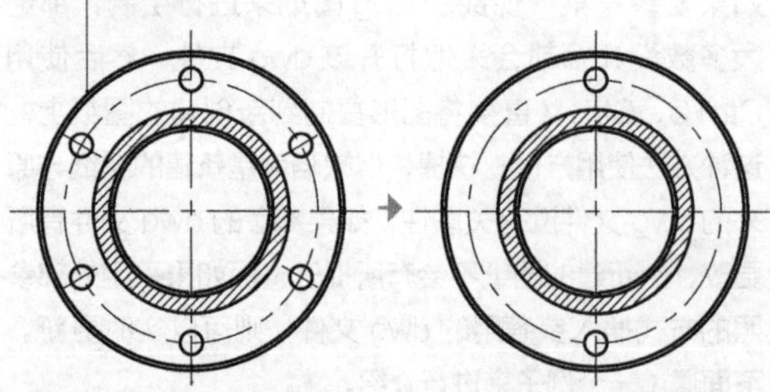

图 10-60 对参照文件进行修改

Step 07 此时再重新打开“10-10附着外部参照机件.dwg”文件，则会出现如图10-61所示的提示，单击“重载参照素材”链接，则变为如图10-62所示图形。这样参照的图形得到了实时更新，可以保证设计的准确性。

图 10-61 参照提示

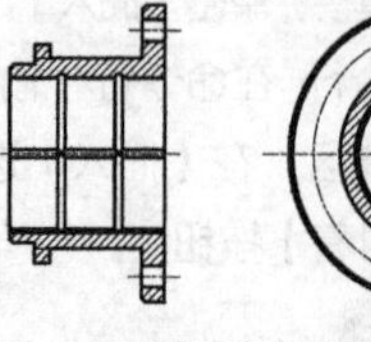

图 10-62 更好参照对象后的附着效果

10.3.3 拆离外部参照 ★进阶★

要从图形中完全删除外部参照，需要拆离而不是删除。例如，删除外部参照不会删除与其关联的图层定义。使用【拆离】命令，才能删除外部参照和所有关联信息。

拆离外部参照的一般步骤如下。

Step 01 打开【外部参照】选项板。

Step 02 在选项板中选择需要删除的外部参照，并在参照上右击。

Step 03 在弹出的快捷菜单中选择【拆离】，即可拆离选定的外部参考，如图 10-63所示。

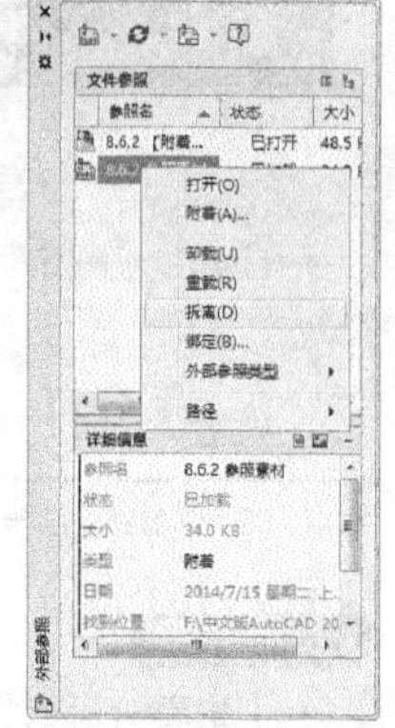

图 10-63【外部参考】选项板

10.3.4 管理外部参照 ★进阶★

在 AutoCAD 中，可以在【外部参照】选项板中对外部参照进行编辑和管理。

·执行方式

调用【外部参照】选项板的方法如下。

◆命令行：在命令行中输入“XREF/XR”命令。

◆功能区：在【插入】选项卡中，单击【注释】面板右下角箭头按钮。

◆菜单栏：执行【插入】|【外部参照】命令。

·操作步骤

【外部参照】选项板各选项功能如下。

◆按钮区域：此区域有【附着】、【刷新】、【帮助】3 个按钮，【附着】按钮可以用于添加不同格式的外部参照文件；【刷新】按钮用于刷新当前选项卡显示；【帮助】按钮可以打开系统的帮助页面，从而可以快速了解相关的知识。

◆【文件参照】列表框：此列表框中显示了当前图形中各个外部参照文件名称，单击其右上方的【列表图】或【树状图】按钮，可以设置文件列表框的显示形式。【列表图】表示以列表形式显示，如图 10-64 所示；【树状图】表示以树形显示，如图 10-65 所示。

◆【详细信息】选项区域：用于显示外部参照文件的各种信息。选择任意一个外部参照文件后，将在此处显示该外部参照文件的名称、加载状态、文件大小、参照类型、参照日期以及参照文件的存储路径等内容，如图 10-66 所示。

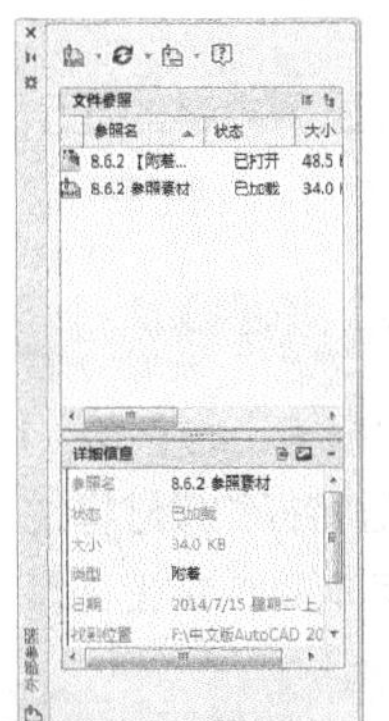
图 10-64【列表图】样式

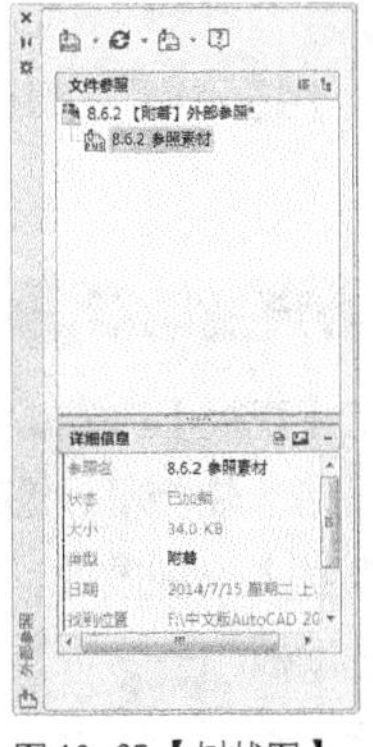
图 10-65【树状图】样式

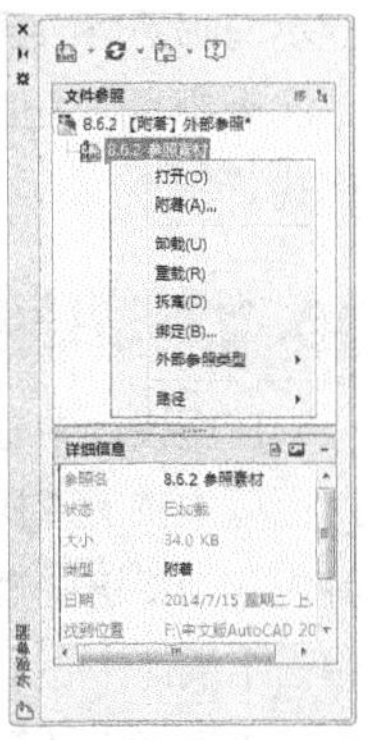
图 10-66 参照文件详细信息

• 选项说明

当附着多个外部参照后，在文件参照列表框中文件上右击，将弹出快捷菜单，在菜单上选择不同的命令可以对外部参照进行相关操作。

快捷菜单中各命令的含义如下。

◆【打开】：单击该按钮可在新建窗口中打开选定的外部参照进行编辑。在【外部参照管理器】对话框关闭后，显示新建窗口。

◆【附着】：单击该按钮可打开【选择参照文件】对话框，在该对话框中可以选择需要插入当前图形中外部参照文件。

◆【卸载】：单击该按钮可从当前图形中移走不需要的外部参照文件，但移走后仍保留该文件的路径，当希望再次参照该图形时，单击对话框中的【重载】按钮即可。

◆【重载】：单击该按钮可在不退出当前图形的情况下，更新外部参照文件。

◆【拆离】：单击该按钮可从当前图形中移去不再需要的外部参照文件。

10.3.5 剪裁外部参照 ★进阶★

剪裁外部参照可以去除多余的参照部分，而无需更改原参照图形。

启动剪裁外部参照的方法如下。

◆菜单栏：执行【修改】|【剪裁】|【外部参照】命令。

◆命令行：在命令行中输入“CLIP”命令。

◆功能区：在【插入】选项卡中，单击【参照】面板中的【剪裁】按钮。

练习 10-11 剪裁外部参照

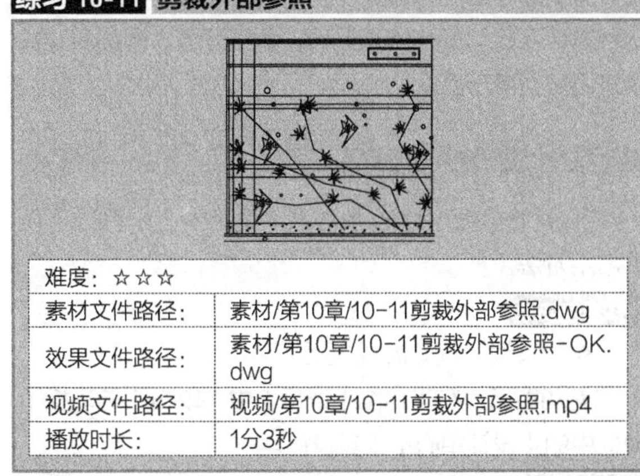

难度：☆☆☆	
素材文件路径：	素材/第10章/10-11剪裁外部参照.dwg
效果文件路径：	素材/第10章/10-11剪裁外部参照-OK.dwg
视频文件路径：	视频/第10章/10-11剪裁外部参照.mp4
播放时长：	1分3秒

Step 01 单击快速访问工具栏中的【打开】按钮，打开“第10章/10-11剪裁外部参照.dwg”文件，如图 10-67 所示。

Step 02 在【插入】选项板中，单击【参照】面板中的【剪裁】按钮，根据命令行的提示修剪参照，如图 10-68所示，命令行操作如下。

```
命令: _xclip↙                          //调用【剪裁】命令
选择对象: 找到 1 个                     //选择外部参照
选择对象:
输入剪裁选项
[开(ON)/关(OFF)/剪裁深度(C)/删除(D)/生成多段线(P)/新建边界(N)] <新建边界>: ON↙   //激活【开(ON)】选项
输入剪裁选项
[开(ON)/关(OFF)/剪裁深度(C)/删除(D)/生成多段线(P)/新建边界(N)] <新建边界>: n↙    //激活【新建边界(N)】选项
外部模式-边界外的对象将被隐藏
指定剪裁边界或选择反向选项:
[选择多段线(S)/多边形(P)/矩形(R)/反向剪裁(I)] <矩形>: p↙
                                        //激活【多边形(P)】选项
指定第一点:                             //拾取A、B、C、D点指定剪裁边界，如图 10-67所示
指定下一点或 [放弃(U)]:
指定下一点或 [放弃(U)]:
指定下一点或 [放弃(U)]: ↙               //按Enter键完成修剪
```

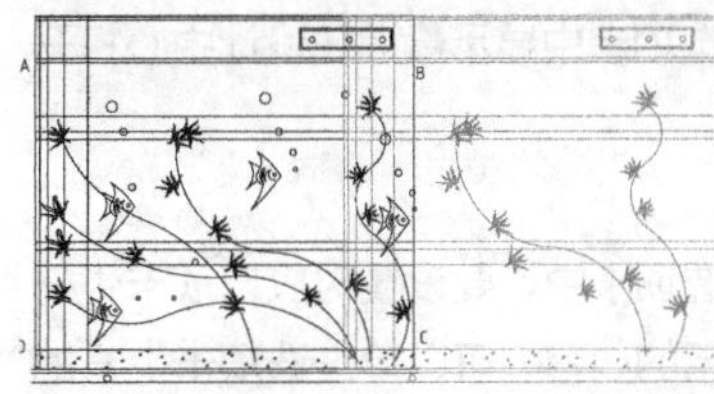
图 10-67 素材图样

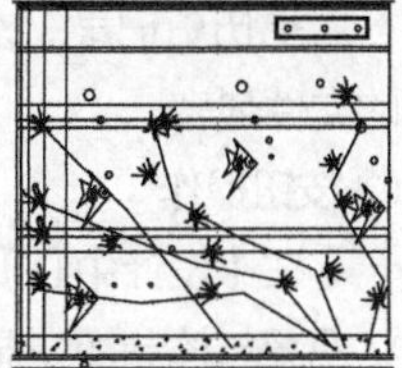
图 10-68 剪裁后效果

10.4 AutoCAD设计中心

AutoCAD 设计中心类似于 Windows 资源管理器，可执行对图形、块、图案填充和其他图形内容的访问等辅助操作，并在图形之间复制和粘贴其他内容，从而使

设计者更好地管理外部参照、块参照和线型等图形内容。这种操作不仅可简化绘图过程，而且可通过网络资源共享来服务当前产品设计。

10.4.1 设计中心窗口 ★进阶★

在 AutoCAD 2016 中进入【设计中心】有以下两种常用方法。

·执行方式

◆快捷键：按 Ctrl+2 组合键。

◆功能区：在【视图】选项卡中，单击【选项板】面板中的【设计中心】工具按钮。

·操作步骤

执行上述任一命令后，均可打开 AutoCAD【设计中心】选项板，如图 10-69 所示。

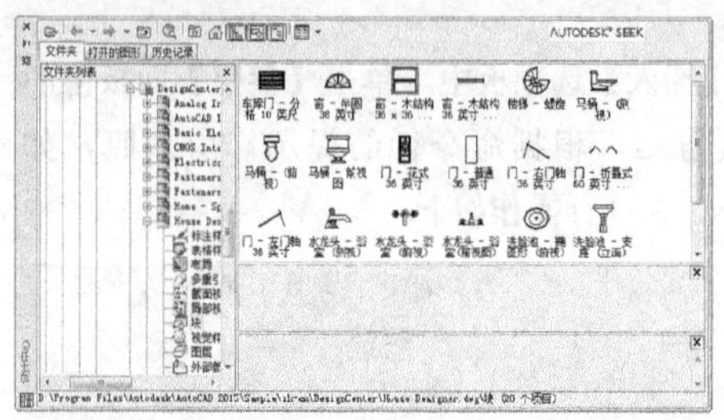

图 10-69 【设计中心】选项板

·选项说明

设计中心窗口的按钮和选项卡的含义及设置方法如下。

◎ 选项卡操作

在设计中心中，可以在 4 个选项卡之间进行切换，各选项含义如下。

◆文件夹：指定文件夹列表框中的文件路径（包括网络路径），右侧显示图形信息。

◆打开的图形：该选项卡显示当前已打开的所有图形，并在右方的列表框中包括图形中的块、图层、线型、文字样式、标注样式和打印样式。

◆历史记录：该选项卡中显示最近在设计中心打开的文件列表。

◎ 按钮操作

在【设计中心】选项卡中，要设置对应选项卡中树状视图与控制板中显示的内容，可以单击选项卡上方的按钮执行相应的操作，各按钮的含义如下。

◆加载按钮：使用该按钮通过桌面、收藏夹等路径加载图形文件。

◆搜索按钮：用于快速查找图形对象。

◆搜藏夹按钮：通过收藏夹来标记存放在本地硬盘和网页中常用的文件。

◆主页按钮：将设计中心返回默认文件夹。

◆树状图切换按钮：使用该工具打开/关闭树状视图窗口。

◆预览按钮：使用该工具打开/关闭选项卡右下侧窗格。

◆说明按钮：打开或关闭说明窗格，以确定是否显示说明窗格内容。

◆视图按钮：用于确定控制板显示内容的显示格式。

10.4.2 设计中心查找功能 ★进阶★

使用设计中心的【查找】功能，可在弹出的【搜索】对话框中快速查找图形、块特征、图层特征和尺寸样式等内容，将这些资源插入当前图形，可辅助当前设计。单击【设计中心】选项板中的【搜索】按钮，系统弹出【搜索】对话框，如图 10-70 所示。

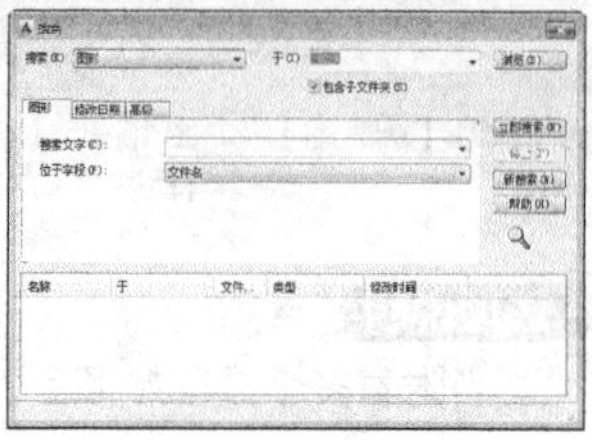

图 10-70 【搜索】对话框

在该对话框指定搜索对象所在的盘符，然后在【搜索文字】列表框中输入搜索对象名称，在【位于字段】列表框中输入搜索类型，单击【立即搜索】按钮，即可执行搜索操作。另外，还可以选择其他选项卡设置不同的搜索条件。

将图形选项卡切换到【修改日期】选项卡，可指定图形文件创建或修改的日期范围。默认情况下不指定日期，需要在此之前指定图形修改日期。

切换到【高级】选项卡可指定其他搜索参数。

10.4.3 插入设计中心图形 ★进阶★

使用 AutoCAD 设计中心最终的目的是在当前图形中调入块、引用图像和外部参照，并且在图形之间复制块、图层、线型、文字样式、标注样式以及用户定义的内容等。也就是说，根据插入内容类型的不同，对应插入设计中心图形的方法也不相同。

1 插入块

通常情况下，执行插入块操作可根据设计需要确定插入方式。

◆自动换算比例插入块：选择该方法插入块时，可从设计中心窗口中选择要插入的块，并拖动到绘图窗口。移到插入位置时释放鼠标，即可实现块的插入操作。

◆常规插入块：在【设计中心】对话框中选择要插入的块，然后用鼠标右键将该块拖动到窗口后释放鼠标，此时将弹出一个快捷菜单，选择【插入块】选项，即可弹出【插入块】对话框，可按照插入块的方法确定插入点、插入比例和旋转角度，将该块插入当前图形中。

2 复制对象

复制对象就在控制板中展开相应的块、图层、标注样式列表，然后选中某个块、图层或标注样式并将其拖入当前图形，即可获得复制对象效果。如果按住右键将其拖入当前图形，此时系统将弹出一个快捷菜单，通过此菜单可以进行相应的操作。

3 以动态块形式插入图形文件

要以动态块形式在当前图形中插入外部图形文件，只需要通过右键快捷菜单，执行【块编辑器】命令即可，此时系统将打开【块编辑器】窗口，用户可以通过该窗口将选中的图形创建为动态图块。

4 引入外部参照

从【设计中心】对话框选择外部参照，用鼠标右键将其拖动到绘图窗口后释放，在弹出的快捷菜单中选择【附加为外部参照】选项，弹出【外部参照】对话框，可以在其中确定插入点、插入比例和旋转角度。

练习 10-12 插入沙发图块

难度: ☆☆☆	
素材文件路径:	无
效果文件路径:	素材/第10章/10-12插入沙发图块
视频文件路径:	视频/第10章/10-12插入沙发图块.mp4
播放时长:	2分59秒

Step 01 单击快速访问工具栏上的【新建】按钮，新建空白文件。

Step 02 按Ctrl+2组合键，打开【设计中心】选项板。

Step 03 展开【文件夹】标签，在树状图目录中定位“10章”素材文件夹，文件夹中包含的所有图形文件显示在内容区，如图10-71所示。

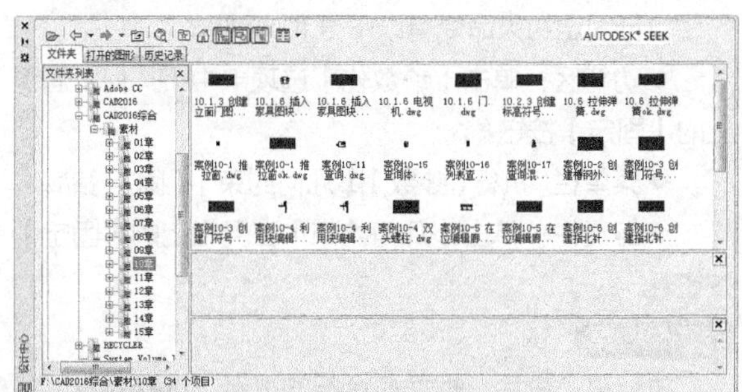

图 10-71 浏览到文件夹

Step 04 在内容区选择“长条沙发”文件并右击，弹出快捷菜单，如图10-72所示。选择【插入为块】命令，系统弹出【插入】对话框，如图10-73所示。

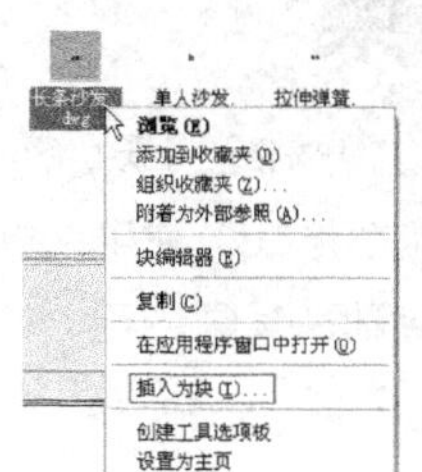

图 10-72 快捷菜单

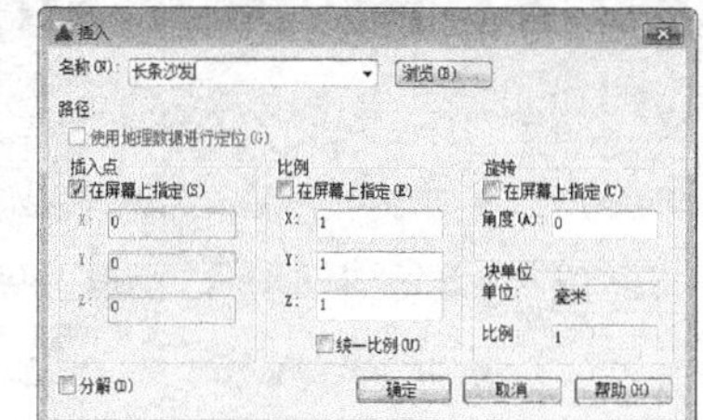

图 10-73【插入】对话框

Step 05 单击【确定】按钮，将该图形作为一个块插入当前文件，如图10-74所示。

Step 06 在内容区选择同文件夹的“长条沙发”图形文件，将其拖动到绘图区，根据命令行提示插入单人沙发，如图10-75所示。命令行操作如下。

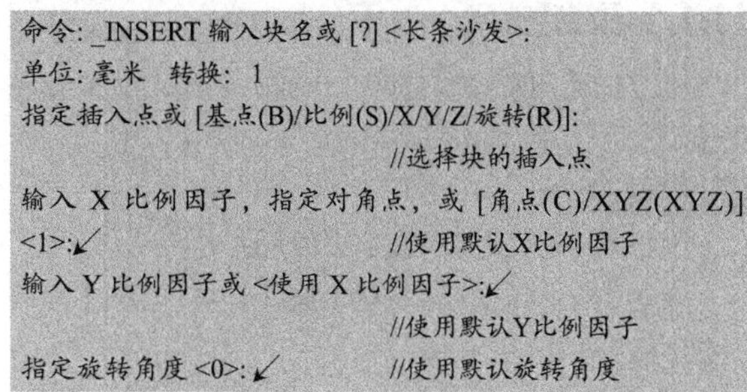

```
命令: _INSERT 输入块名或 [?] <长条沙发>:
单位: 毫米   转换: 1
指定插入点或 [基点(B)/比例(S)/X/Y/Z/旋转(R)]:
                                    //选择块的插入点
输入 X 比例因子，指定对角点，或 [角点(C)/XYZ(XYZ)]
<1>:↙                               //使用默认X比例因子
输入 Y 比例因子或 <使用 X 比例因子>:↙
                                    //使用默认Y比例因子
指定旋转角度 <0>:↙                   //使用默认旋转角度
```

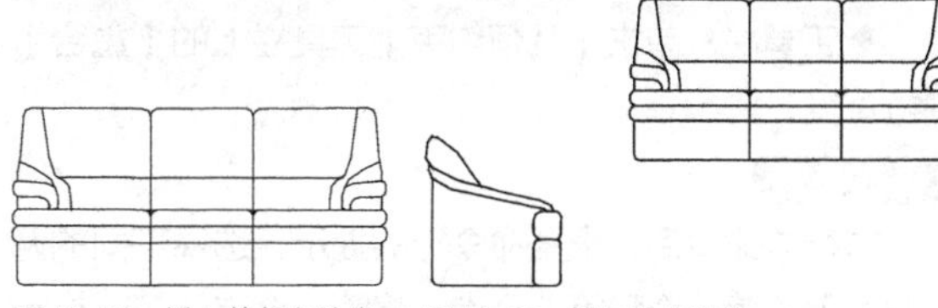

图 10-74 插入的长条沙发　图 10-75 插入单人沙发

Step 07 在命令行输入“M”并按Enter键，将刚插入的“单人沙发”图块移动到合适位置，然后使用【镜像】命令镜像一个与之对称的单人沙发，结果如图10-76所示。

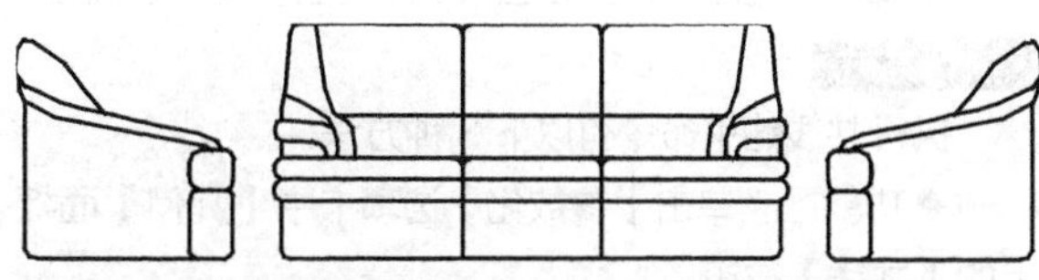

图 10-76 移动和镜像沙发的结果

Step 08 在【设计中心】选项板左侧切换到【打开的图形】窗口，树状图中显示当前打开的图形文件，选择【块】项目，在内容区显示当前文件中的两个图块，如图10-77所示。

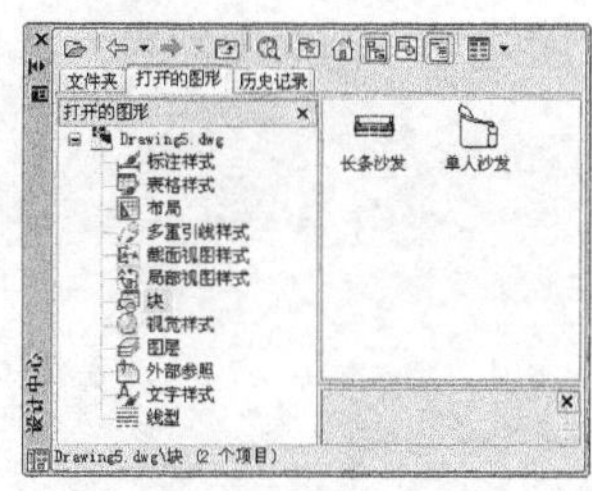

图 10-77 当前图形中的块

第 11 章 图形约束

图形约束是从 AutoCAD 2010 版本开始新增的一大功能，这将大大改变在 AutoCAD 中绘制图形的思路和方式。图形约束能够使设计更加方便，也是今后设计领域的发展趋势。常用的约束有几何约束和尺寸约束两种，其中几何约束用于控制对象的关系，尺寸约束用于控制对象的距离、长度、角度和半径值。

11.1 几何约束

几何约束用来定义图形元素和确定图形元素之间的关系。几何约束类型包括重合、共线、同心、固定、平行、垂直、水平、竖直、相切、平滑、对称、相等等约束。

11.1.1 重合约束

重合约束用于强制使两个点或一个点和一条直线重合。

·执行方式

执行重合约束命令有以下 3 种方法。

◆功能区：单击【参数化】选项卡中【几何】面板上的【重合】按钮。

◆菜单栏：执行【参数】|【几何约束】|【重合】命令。

◆工具栏：单击【几何约束】工具栏上的【重合】按钮。

·操作步骤

执行该命令后，根据命令行的提示，选择不同的两个对象上的第一个和第二个点，将第二个点与第一个点重合，如图 11-1 所示。

11.1.2 共线约束

共线约束用于约束两条直线，使其位于同一直线上。

·执行方式

执行共线约束命令有以下 3 种方法。

◆功能区：单击【参数化】选项卡中【几何】面板上的【共线】按钮。

◆菜单栏：执行【参数】|【几何约束】|【共线】命令。

◆工具栏：单击【几何约束】工具栏上的【共线】按钮。

·操作步骤

执行该命令后，根据命令行的提示，选择第一个和第二个对象，将第二个对象与第一个对象共线，如图 11-2 所示。

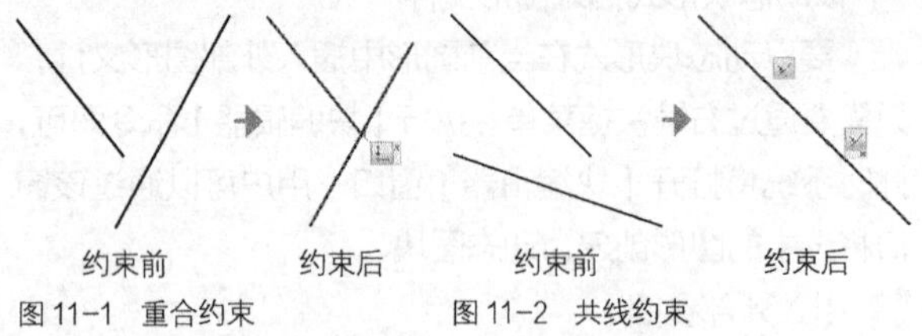

图 11-1　重合约束　　图 11-2　共线约束

11.1.3 同心约束

同心约束用于约束选定的圆、圆弧或者椭圆，使其具有相同的圆心点。

·执行方式

执行同心约束命令有以下 3 种方法。

◆功能区：单击【参数化】选项卡中【几何】面板上的【同心】按钮。

◆菜单栏：执行【参数】|【几何约束】|【同心】命令。

◆工具栏：单击【几何约束】工具栏上的【同心】按钮。

·操作步骤

执行该命令后，根据命令行的提示，分别选择第一个和第二个圆弧或圆对象，第二个圆弧或圆对象将会进行移动，与第一个对象具有同一个圆心，如图 11-3 所示。

11.1.4 固定约束

固定约束用于约束一个点或一条曲线，使其固定在相对于世界坐标系（WCS）的特定位置和方向上。

·执行方式

执行固定约束命令有以下 3 种方法。

◆功能区：单击【参数化】选项卡中【几何】面板上的【固定】按钮。

◆菜单栏：执行【参数】|【几何约束】|【固定】命令。

◆工具栏：单击【几何约束】工具栏上的【固定】按钮。

·操作步骤

执行该命令后，根据命令行的提示，选择对象上的点，对对象上的点应用固定约束会将节点锁定，但仍然可以移动该对象，如图 11-4 所示。

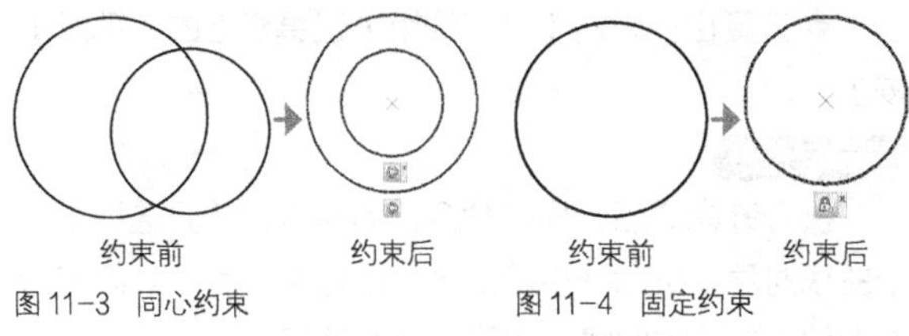

图 11-3 同心约束　　图 11-4 固定约束

11.1.5 平行约束

平行约束用于约束两条直线，使其保持相互平行。

·执行方式

执行平行约束命令有以下 3 种方法。

◆功能区：单击【参数化】选项卡中【几何】面板上的【平行】按钮。

◆菜单栏：执行【参数】|【几何约束】|【平行】命令。

◆工具栏：单击【几何约束】工具栏上的【平行】按钮。

·操作步骤

执行该命令后，根据命令行的提示，依次选择要进行平行约束的两个对象，第二个对象将被设为与第一个对象平行，如图 11-5 所示。

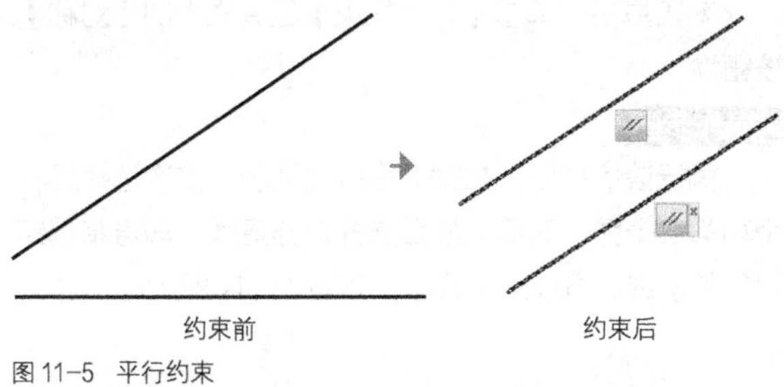

图 11-5 平行约束

11.1.6 垂直约束

垂直约束用于约束两条直线，使其夹角始终保持 90°。

·执行方式

执行垂直约束命令有以下 3 种方法。

◆功能区：单击【参数化】选项卡中【几何】面板上的【垂直】按钮。

◆菜单栏：执行【参数】|【几何约束】|【垂直】命令。

◆工具栏：单击【几何约束】工具栏上的【垂直】按钮。

·操作步骤

执行该命令后，根据命令行的提示，依次选择要进行垂直约束的两个对象，第二个对象将被设为与第一个对象垂直，如图 11-6 所示。

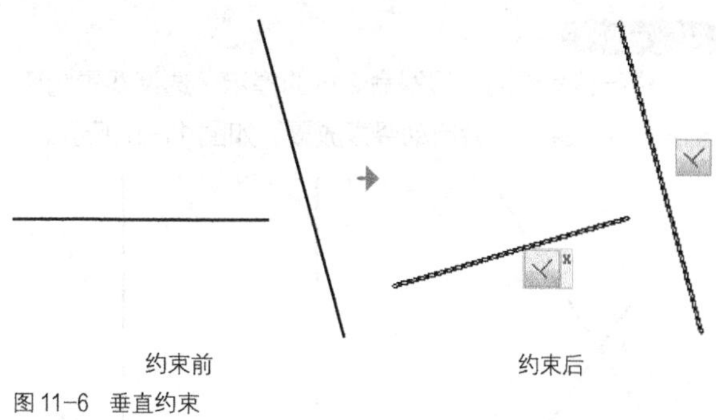

图 11-6 垂直约束

11.1.7 水平约束

水平约束用于约束一条直线或一对点，使其与当前 UCS 的 *X* 轴保持平行。

·执行方式

执行水平约束命令有以下 3 种方法。

◆功能区：单击【参数化】选项卡中【几何】面板上的【水平】按钮。

◆菜单栏：执行【参数】|【几何约束】|【水平】命令。

◆工具栏：单击【几何约束】工具栏上的【水平】按钮。

·操作步骤

执行该命令后，根据命令行的提示，选择要进行水平约束的直线，直线将会自动水平放置，如图 11-7 所示。

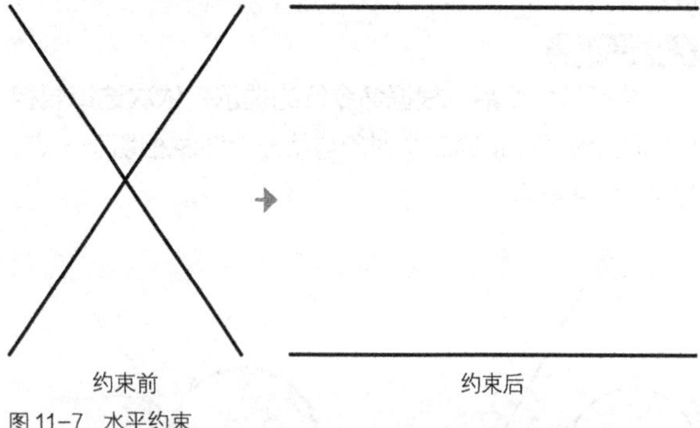

图 11-7 水平约束

11.1.8 竖直约束

竖直约束用于约束一条直线或者一对点，使其与当前 UCS 的 *Y* 轴保持平行。

·执行方式

执行竖直约束命令有以下 3 种方法。

◆功能区：单击【参数化】选项卡中【几何】面板上的【竖直】按钮。

◆菜单栏：执行【参数】|【几何约束】|【竖直】命令。

◆工具栏：单击【几何约束】工具栏上的【竖直】按钮。

·操作步骤

执行该命令后，根据命令行的提示，选择要置为竖直的直线，直线将会自动竖直放置，如图 11-8 所示。

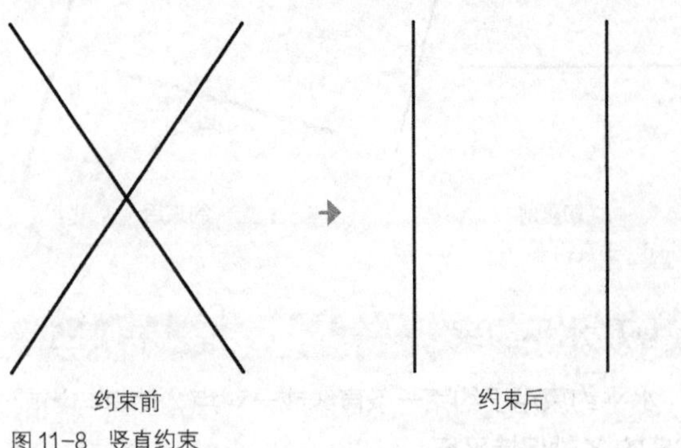

图 11-8 竖直约束

11.1.9 相切约束

相切约束用于约束两条曲线，或是一条直线和一段曲线（圆、圆弧等），使其彼此相切或其延长线彼此相切。

·执行方式

执行相切约束命令有以下 3 种方法。

◆功能区：单击【参数化】选项卡中【几何】面板上的【相切】按钮。

◆菜单栏：执行【参数】|【几何约束】|【相切】命令。

◆工具栏：单击【几何约束】工具栏上的【相切】按钮。

·操作步骤

执行该命令后，根据命令行的提示，依次选择要相切的两个对象，使第二个对象与第一个对象相切于一点，如图 11-9 所示。

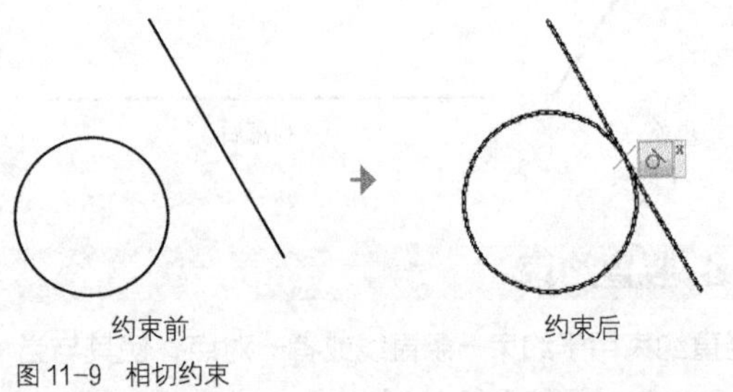

图 11-9 相切约束

11.1.10 平滑约束

平滑约束用于约束一条样条曲线，使其与其他样条曲线、直线、圆弧或多段线彼此相连并保持平滑连续。

·执行方式

执行平滑约束命令有以下 3 种方法。

◆功能区：单击【参数化】选项卡中的【几何】面板上的【平滑】按钮。

◆菜单栏：执行【参数】|【几何约束】|【平滑】命令。

◆工具栏：单击【几何约束】工具栏上的【平滑】按钮。

·操作步骤

执行该命令后，根据命令行的提示，首先选择第一个曲线对象，然后选择第二个曲线对象，两个对象将转换为相互连续的曲线，如图 11-10 所示。

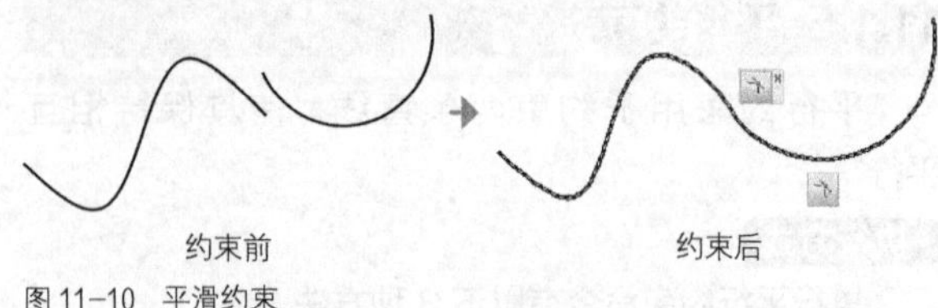

图 11-10 平滑约束

11.1.11 对称约束

对称约束用于约束两条曲线或者两个点，使其以选定直线为对称轴彼此对称。

·执行方式

执行对称约束命令有以下 3 种方法。

◆功能区：单击【参数化】选项卡中【几何】面板上的【对称】按钮。

◆菜单栏：执行【参数】|【几何约束】|【对称】命令。

◆工具栏：单击【几何约束】工具栏上的【对称】按钮。

·操作步骤

执行该命令后，根据命令行的提示，依次选择第一个和第二个图形对象，然后选择对称直线，即可将选定对象关于选定直线对称约束，如图 11-11 所示。

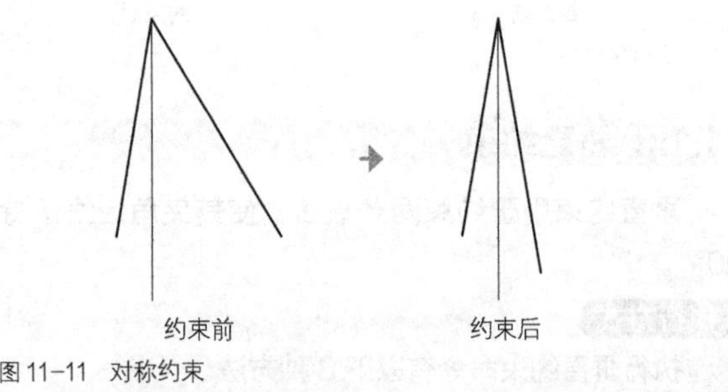

图 11-11 对称约束

11.1.12 相等约束

相等约束用于约束两条直线或多段线，使其具有相同的长度，或约束圆弧和圆使其具有相同的半径值。

·执行方式

执行相等约束命令有以下 3 种方法。

◆菜单栏：执行【参数】|【几何约束】|【相等】命令。

◆工具栏：单击【几何约束】工具栏上的【相等】按钮。

◆功能区：单击【参数化】选项卡中【几何】面板上的【相等】按钮。

·操作步骤

执行该命令后，根据命令行的提示，依次选择第一个和第二个图形对象，第二个对象即可与第一个对象相等，如图 11-12 所示。

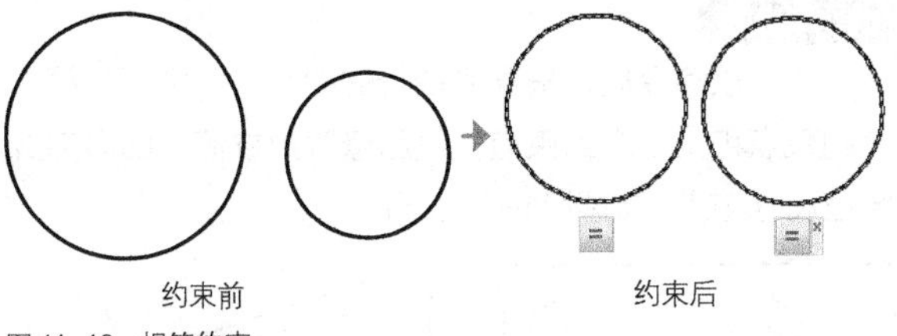

图 11-12　相等约束

·初学解答 约束的选择顺序

在某些情况下，应用约束时两个对象选择的顺序非常重要。通常所选的第二个对象会根据第一个对象调整。例如，应用水平约束时，选择第二个对象将调整为平行于第一个对象。

练习 11-1 通过约束修改几何图形

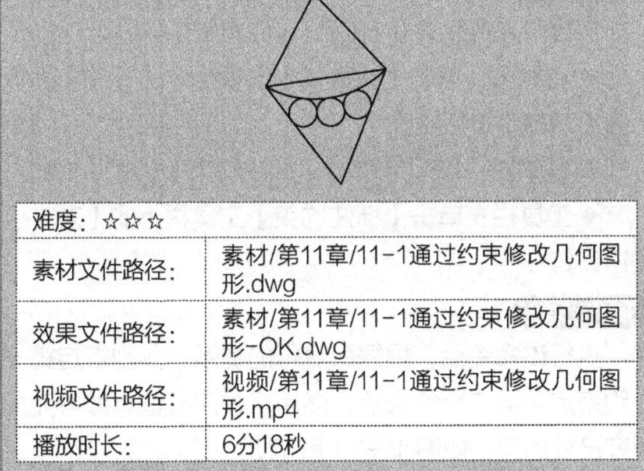

难度：☆☆☆	
素材文件路径：	素材/第11章/11-1通过约束修改几何图形.dwg
效果文件路径：	素材/第11章/11-1通过约束修改几何图形-OK.dwg
视频文件路径：	视频/第11章/11-1通过约束修改几何图形.mp4
播放时长：	6分18秒

Step 01 打开素材文件“第11章/11-1通过约束修改几何图形.dwg”，如图11-13所示。

Step 02 在【参数化】选项卡中，单击【几何】面板中的【自动约束】按钮，对图形添加重合约束，如图11-14所示。

Step 03 在【参数化】选项卡中，单击【几何】面板中的【固定】按钮，选择直线上任意一点，为三角形的一边创建固定约束，如图11-15所示。

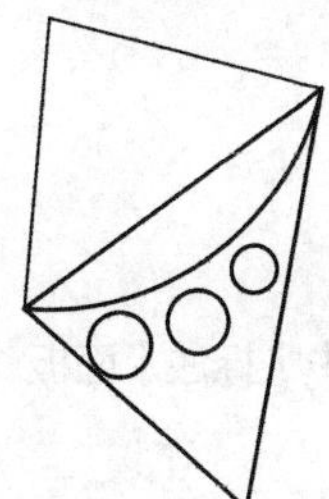

图 11-13 素材文件

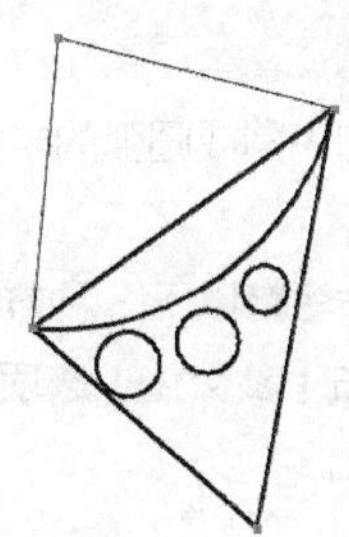

图 11-14　创建【自动约束】

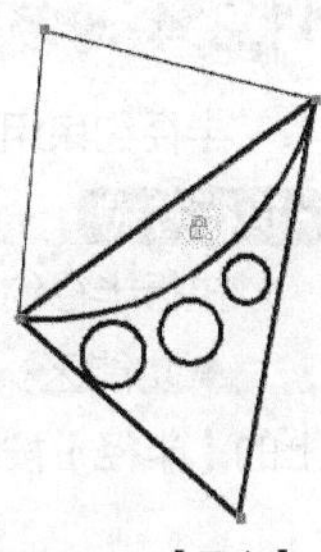

图 11-15【固定】约束

Step 04 在【参数化】选项卡中，单击【几何】面板中的【相等】按钮，为3个圆创建相等约束，如图11-16所示。命令行提示如下。

```
命令: _GcEqual↙                          //调用【相等】约束命令
选择第一个对象或 [多个(M)]: M
                                          //激活【多个】对象选项
选择第一个对象:                           //选择左侧圆为第一个对象
选择对象以使其与第一个对象相等:
                                          //选择第二个圆
选择对象以使其与第一个对象相等:
                      //选择第三个圆，并按Enter键结束操作
```

Step 05 按空格键重复命令操作，将三角形的边创建相等约束，如图11-17所示。

Step 06 在【参数化】选项卡中，单击【几何】面板中的【相切】按钮，选择相切关系的圆、直线边和圆弧，将其创建相切约束，如图11-18所示。

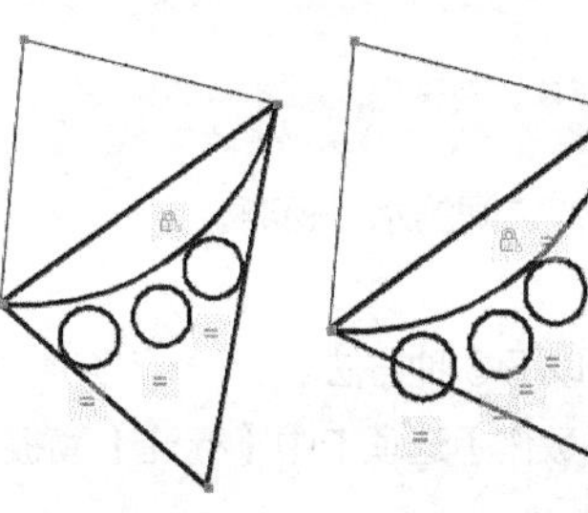

图 11-16　为圆创建【相等】约束

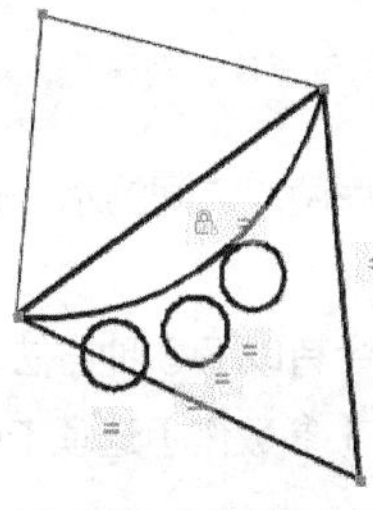

图 11-17　为边创建【相等】约束

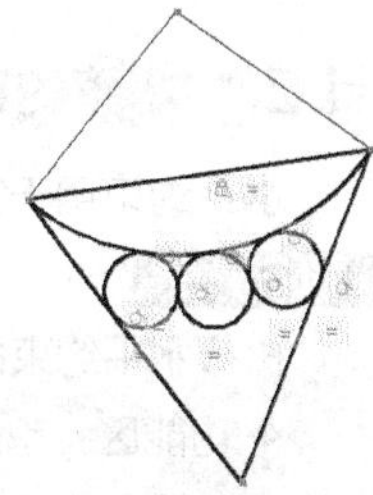

图 11-18　创建【相切】约束

Step 07 在【参数化】选项卡中，单击【标注】面板中的【对齐】按钮和【角度】按钮，对三角形边创建对齐约束、圆弧圆心辅助线的角度约束，结果如图11-19所示。

Step 08 在【参数化】选项卡中，单击【管理】面板中的【参数管理器】按钮，在弹出【参数管理器】选项板中修改标注约束参数，结果如图11-20所示。

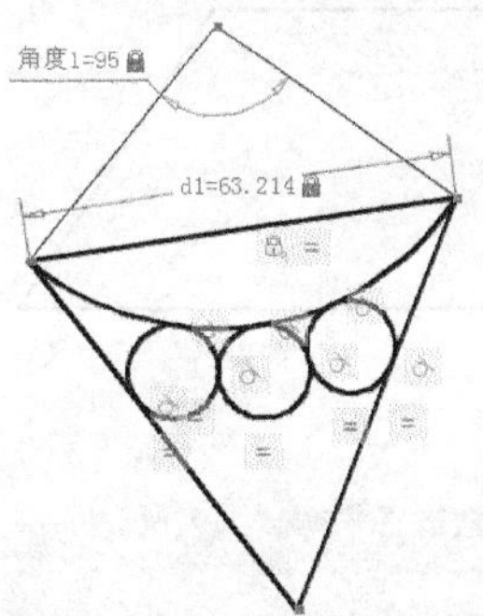

图 11-19　创建标注约束

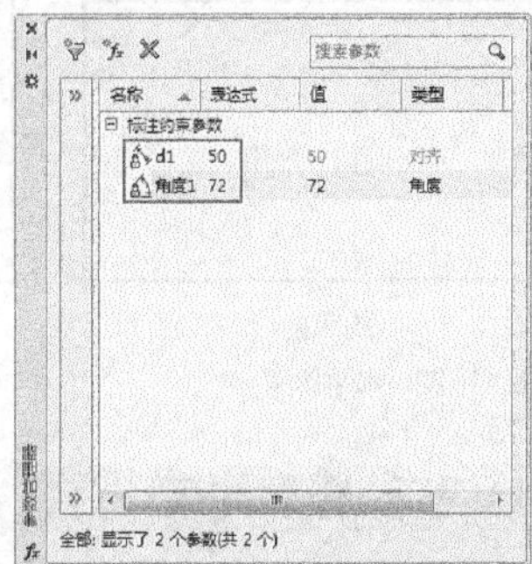

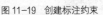

图 11-20　【参数管理器】选项板

Step 09 关闭【参数管理器】选项板，此时可以看到绘图区中图形也发生了相应的变化，完善几何图形结果如图11-21所示。

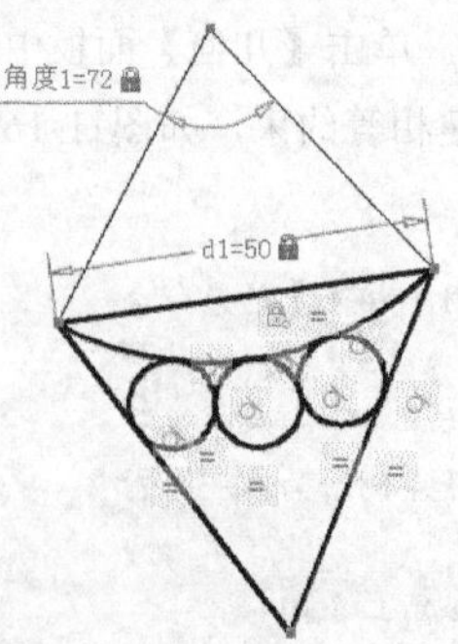

图 11-21 完成效果

11.2 尺寸约束

尺寸约束用于控制二维对象的大小、角度以及两点之间的距离，改变尺寸约束将驱动对象发生相应变化。尺寸约束类型包括水平、竖直、对齐、半径、直径以及角度等约束。

11.2.1 水平约束

水平约束用于约束两点之间的水平距离。

·执行方式

执行水平约束命令有以下 3 种方法。

◆功能区：单击【参数化】选项卡中【标注】面板上的【水平】按钮。

◆菜单栏：执行【参数】|【标注约束】|【水平】命令。

◆工具栏：单击【标注约束】工具栏上的【水平】按钮。

·操作步骤

执行该命令后，根据命令行的提示，分别指定第一个约束点和第二个约束点，然后修改尺寸值，即可完成水平尺寸约束，如图 11-22 所示。

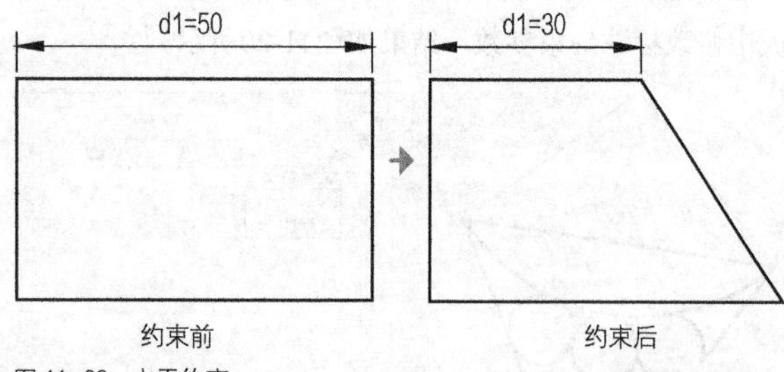

图 11-22 水平约束

11.2.2 竖直约束

竖直约束用于约束两点之间的竖直距离。

·执行方式

执行竖值约束命令有以下 3 种方法。

◆功能区：单击【参数化】选项卡中【标注】面板上的【竖直】按钮。

◆菜单栏：执行【参数】|【标注约束】|【竖直】命令。

◆工具栏：单击【标注约束】工具栏中的【竖直】按钮。

·操作步骤

执行该命令后，根据命令行的提示，分别指定第一个约束点和第二个约束点，然后修改尺寸值，即可完成竖直尺寸约束，如图 11-23 所示。

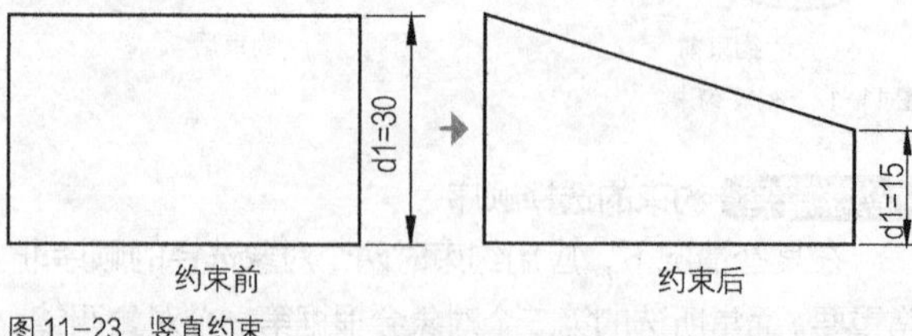

图 11-23 竖直约束

11.2.3 对齐约束

对齐约束用于约束两点之间的距离。

·执行方式

执行对齐约束命令有以下 3 种方法。

◆功能区：单击【参数化】选项卡中【标注】面板上的【对齐】按钮。

◆菜单栏：执行【参数】|【标注约束】|【对齐】命令。

◆工具栏：单击【标注约束】工具栏上的【对齐】按钮。

·操作步骤

执行该命令后，根据命令行的提示，分别指定第一个约束点和第二个约束点，然后修改尺寸值，即可完成对齐尺寸约束，如图 11-24 所示。

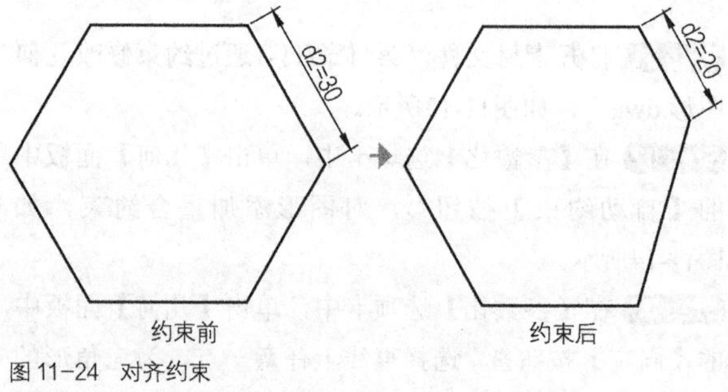

图 11-24 对齐约束

11.2.4 半径约束

半径约束用于约束圆或圆弧的半径。

·执行方式

执行半径约束命令有以下 3 种方法。

◆功能区：单击【参数化】选项卡中【标注】面板上的【半径】按钮。

◆菜单栏：执行【参数】|【标注约束】|【半径】命令。

◆工具栏：单击【标注约束】工具栏上的【半径】按钮。

·操作步骤

执行该命令后，根据命令行的提示，首先选择圆或圆弧，再确定尺寸线的位置，然后修改半径值，即可完成半径尺寸约束，如图 11-25 所示。

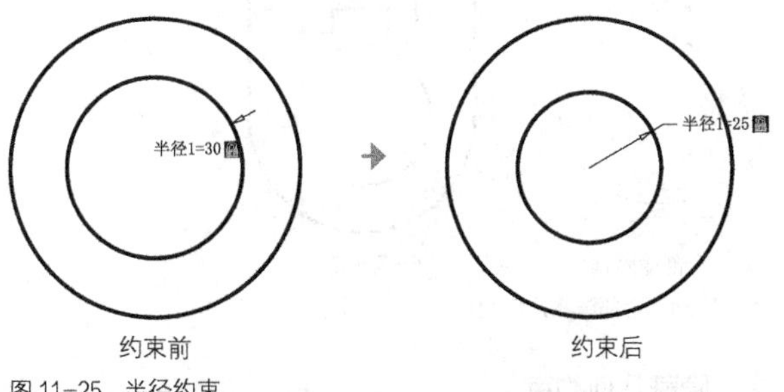

图 11-25　半径约束

11.2.5 直径约束

直径约束用于约束圆或圆弧的直径。

·执行方式

执行直径约束命令有以下 3 种方法。

◆功能区：单击【参数化】选项卡中【标注】面板上的【直径】按钮。

◆菜单栏：执行【参数】|【标注约束】|【直径】命令。

◆工具栏：单击【标注约束】工具栏上的【直径】按钮。

·操作步骤

执行该命令后，根据命令行的提示，首先选择圆或圆弧，接着指定尺寸线的位置，然后修改直径值，即可完成直径尺寸约束，如图 11-26 所示。

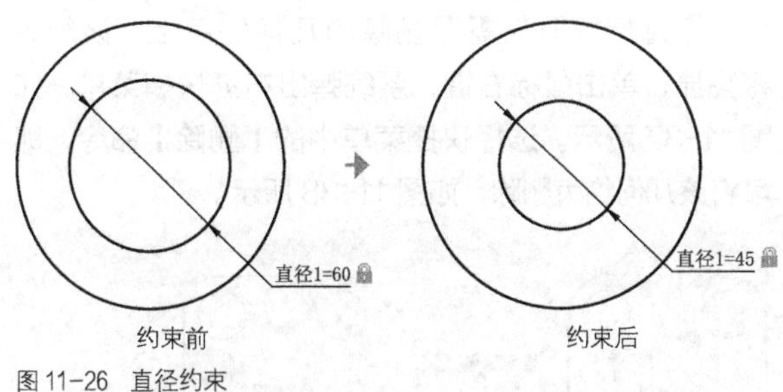

图 11-26　直径约束

11.2.6 角度约束

角度约束用于约束直线之间的角度或圆弧的包含角。

·执行方式

执行角度约束命令有以下 3 种方法。

◆功能区：单击【参数化】选项卡中【标注】面板上的【角度】按钮。

◆菜单栏：执行【参数】|【标注约束】|【角度】菜单命令。

◆工具栏：单击【标注约束】工具栏上的【角度】按钮。

·操作步骤

执行该命令后，根据命令行的提示，首先指定第一条直线和第二条直线，然后指定尺寸线的位置，然后修改角度值，即可完成角度尺寸约束，如图 11-27 所示。

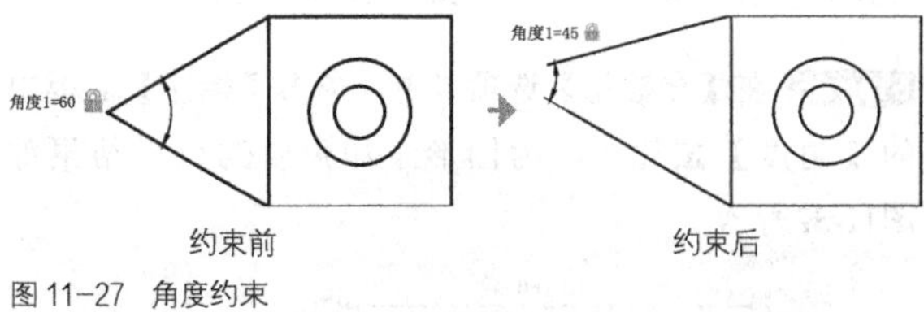

图 11-27　角度约束

练习 11-2 通过尺寸约束修改机械图形

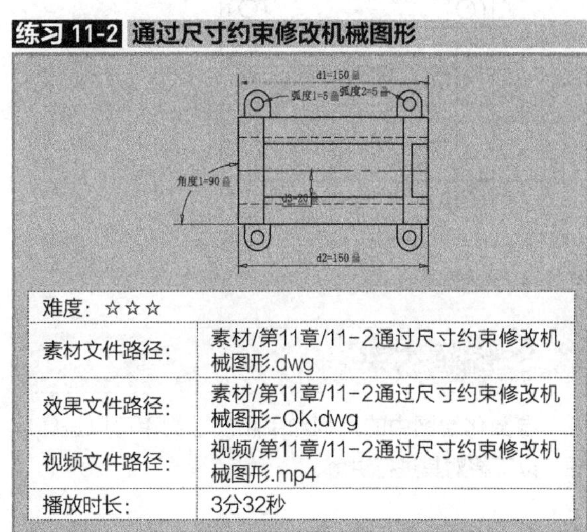

难度：☆☆☆	
素材文件路径：	素材/第11章/11-2通过尺寸约束修改机械图形.dwg
效果文件路径：	素材/第11章/11-2通过尺寸约束修改机械图形-OK.dwg
视频文件路径：	视频/第11章/11-2通过尺寸约束修改机械图形.mp4
播放时长：	3分32秒

Step 01 打开素材文件“第11章/11-2通过尺寸约束修改机械图形.dwg”，如图11-28所示。

Step 02 在【参数化】选项卡中，单击【标注】面板中的【水平】按钮，水平约束图形，结果如图11-29所示。

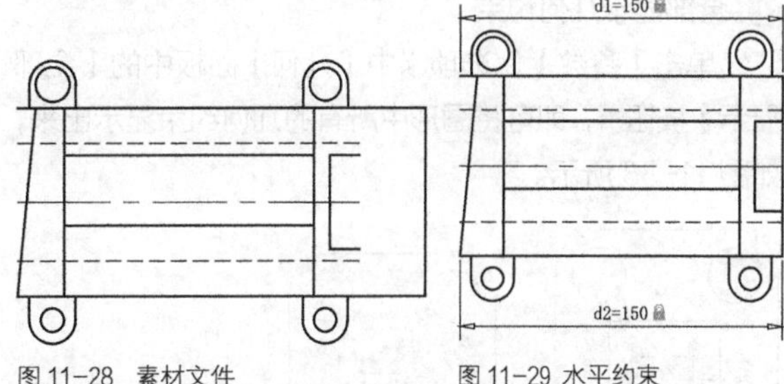

图 11-28　素材文件　　图 11-29 水平约束

Step 03 在【参数化】选项卡中，单击【标注】面板中的【竖直】按钮，竖直约束图形，结果如图11-30所示。

Step 04 在【参数化】选项卡中，单击【标注】面板中的【半径】按钮，半径约束圆孔并修改相应参数，如图11-31所示。

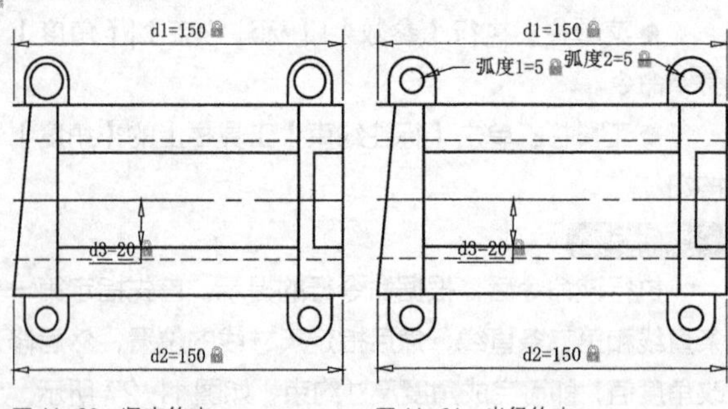

图 11-30　竖直约束　　　　图 11-31　半径约束

Step 05 在【参数化】选项卡中，单击【标注】面板中的【角度】按钮，为图形添加角度约束，结果如图11-32所示。

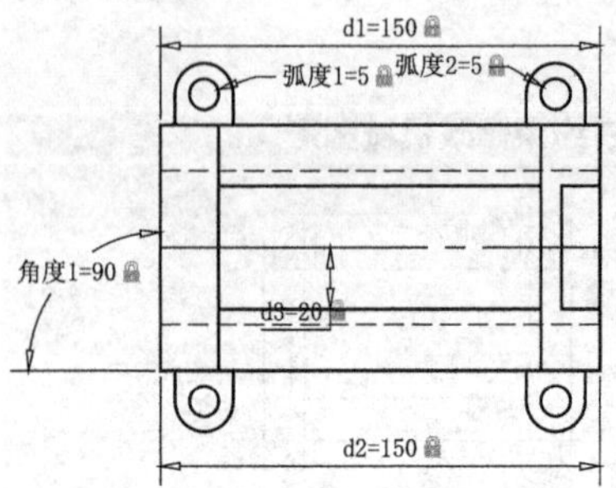

图 11-32　角度约束

11.3 编辑约束

参数化绘图中的几何约束和尺寸约束可以进行编辑，以下将对其进行讲解。

11.3.1 编辑几何约束

在参数化绘图中添加几何约束后，对象旁会出现约束图标。将光标移动到图形对象或图标上，此时相关的对象及图标将亮显。然后可以对添加到图形中的几何约束进行显示、隐藏以及删除等操作。

1 全部显示几何约束

单击【参数】化选项卡中【几何】面板中的【全部显示】按钮，即可将图形中所有的几何约束显示出来，如图 11-33 所示。

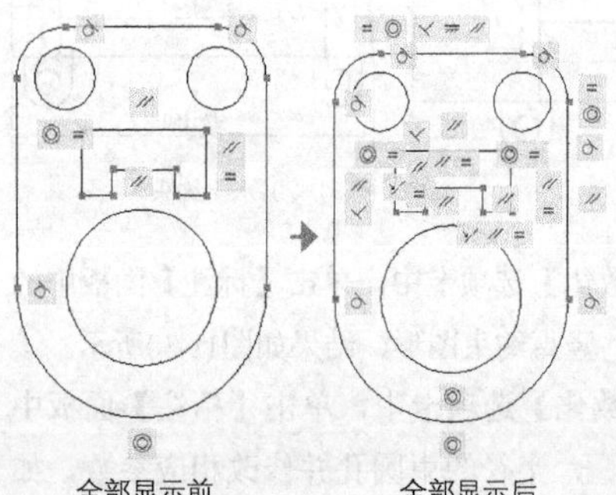

图 11-33　全部显示几何约束

2 全部隐藏几何约束

单击【参数化】选项卡中的【几何】面板上的【全部隐藏】按钮，即可将图形中所有的几何约束隐藏，如图 11-34 所示。

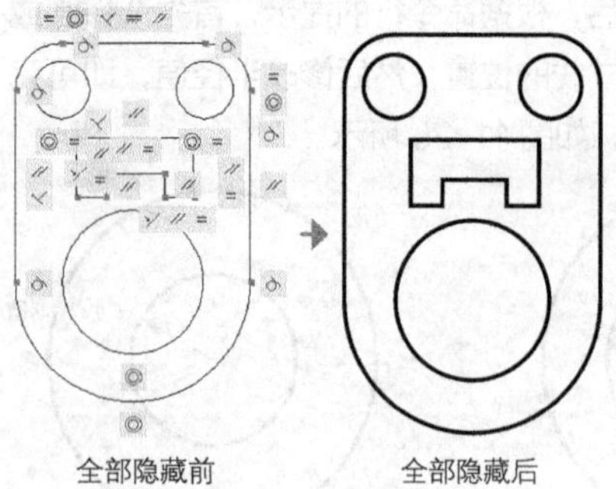

图 11-34　全部隐藏几何约束

3 隐藏几何约束

将光标放置在需要隐藏的几何约束上，该约束将亮显，单击鼠标右键，系统弹出右键快捷菜单，如图 11-35 所示。选择快捷菜单中的【隐藏】命令，即可将该几何约束隐藏，如图 11-36 所示。

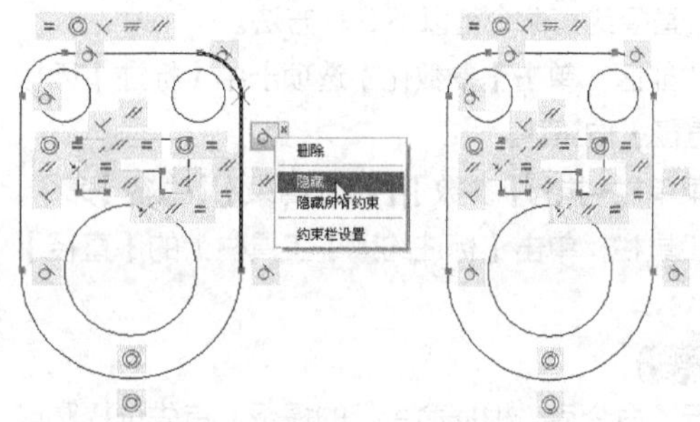

图 11-35 选择需隐藏的几何约束　　图 11-36 隐藏几何约束

4 删除几何约束

将光标放置在需要删除的几何约束上，该约束将亮显，单击鼠标右键，系统弹出右键快捷菜单，如图 11-37 所示。选择快捷菜单中的【删除】命令，即可将该几何约束删除，如图 11-38 所示。

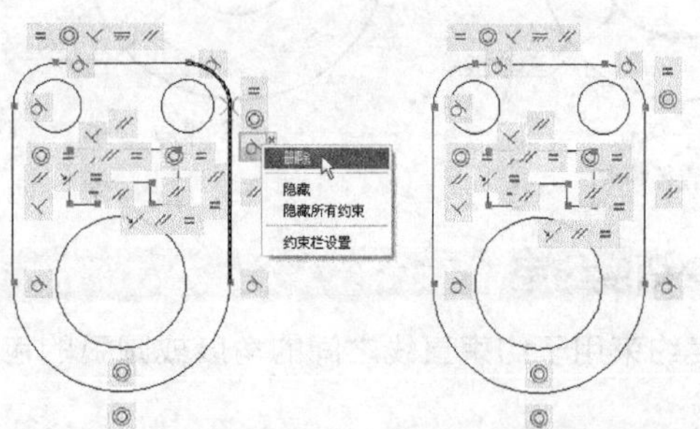

图 11-37 选择需删除的几何约束　　图 11-38 删除几何约束

5 约束设置

单击【参数化】选项卡中的【几何】面板或【标注】面板右下角的小箭头，如图 11-39 所示。系统将弹出一个如图 11-40 所示的【约束设置】对话框。通过该对话框可以设置约束栏图标的显示类型以及约束栏图标的透明度。

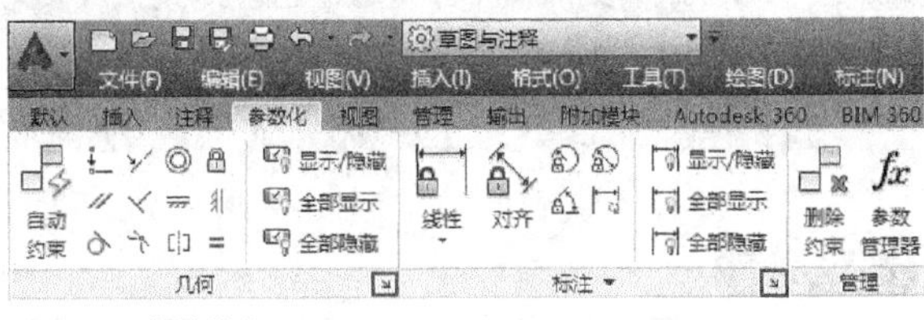

图 11-39 快捷菜单

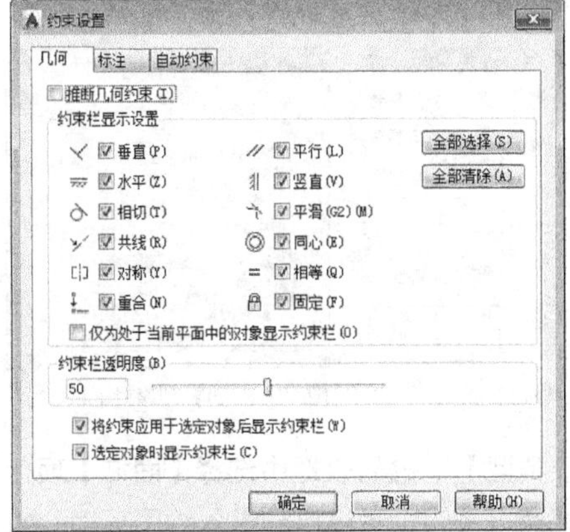

图 11-40 【约束设置】对话框

11.3.2 编辑尺寸约束

编辑尺寸标注的方法有以下 3 种。

◆双击尺寸约束或利用 DDEDIT 命令编辑约束的值、变量名称或表达式。

◆选中约束，单击鼠标右键，利用快捷菜单中的选项编辑约束。

◆选中尺寸约束，拖动与其关联的三角形关键点改变约束的值，同时改变图形对象。

执行【参数】|【参数管理器】命令，系统弹出如图 11-41 所示的【参数管理器】选项板。在该选项板中列出了所有的尺寸约束，修改表达式的参数即可改变图形的大小。

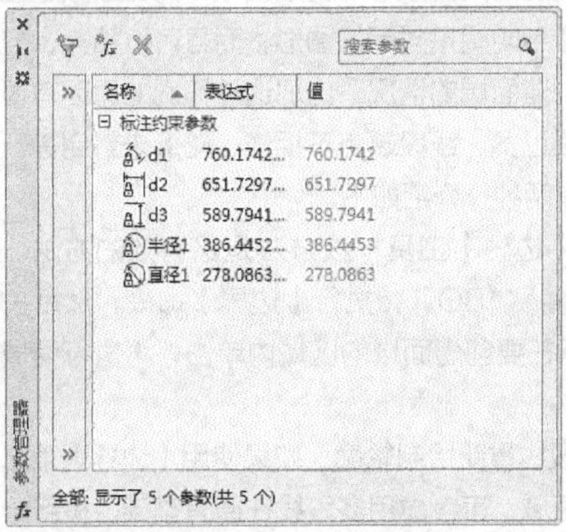

图 11-41 【参数管理器】选项板

执行【参数】|【约束设置】命令，系统弹出如图 11-42 所示的【约束设置】对话框，在其中可以设置标注名称的格式、是否为注释性约束显示锁定图标和是否为对象显示隐藏的动态约束。图 11-43 所示为取消为注释性约束显示锁定图标的前后效果对比。

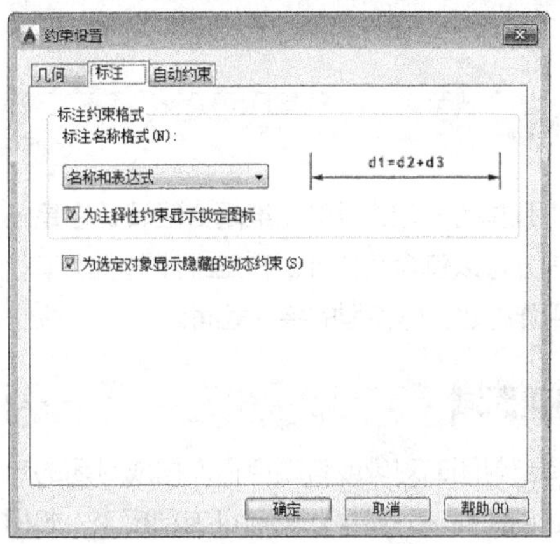

图 11-42 【约束设置】对话框

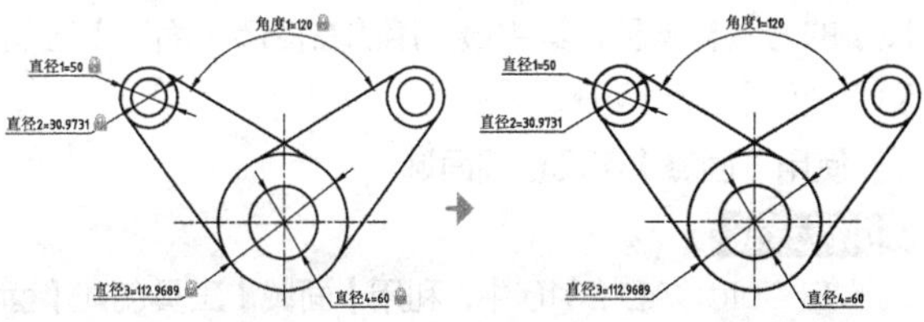

图 11-43 取消为注释性约束显示锁定图标的前后效果对比

第 12 章 面域与图形信息查询

计算机辅助设计不可缺少的一个功能就是提供对图形对象的点坐标、距离、周长、面积等属性的几何查询。AutoCAD 2016 提供了查询图形对象的面积、距离、坐标、周长、体积等工具。面域则是 AutoCAD 一类特殊的图形对象，它除了可以用于填充图案和着色，还可以分析其几何属性和物理属性，在模型分析中具有十分重要的意义。

12.1 面域

【面域】是具有一定边界的二维闭合区域，它是一个面对象，内部可以包含孔特征。在三维建模状态下，面域也可以用作构建实体模型的特征截面。

12.1.1 创建面域

通过选择自封闭的对象或者端点相连构成封闭的对象，可以快速创建面域。如果对象自身内部相交（如相交的圆弧或自相交的曲线），就不能生成面域。创建【面域】的方法有多种，其中最常用的有使用【面域】工具和【边界】工具两种。

1 使用【面域】工具创建面域

·执行方式

在 AutoCAD 2016 中，利用【面域】工具创建【面域】有以下 3 种常用方法。

◆功能区：单击【创建】面板【面域】工具按钮，如图 12-1 所示。

◆菜单栏：执行【绘图】|【面域】命令。

◆命令行：输入“REGION”或“REG”命令。

·操作步骤

执行以上任一命令后，选择一个或多个用于转换为面域的封闭图形，如图 12-2 所示，AutoCAD 将根据选择的边界自动创建面域，并报告已经创建的面域数目。

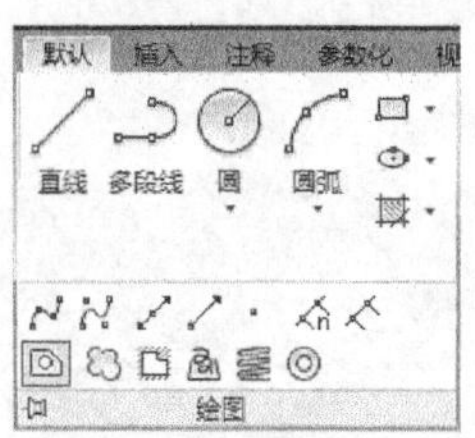

图 12-1 面域面板按钮

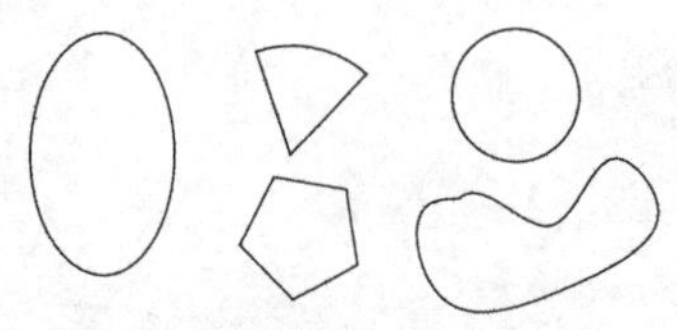

图 12-2 可创建面域的对象

2 使用【边界】工具创建面域

·执行方式

【边界】命令的启动方式有以下 3 种。

◆功能区：单击【创建】面板【边界】工具按钮，如图 12-3 所示。

◆菜单栏：执行【绘图】|【边界】命令。

◆命令行：输入“BOUNDARY”或“BO”命令。

·操作步骤

执行上述任一命令后，弹出如图 12-4 所示的【边界创建】对话框。

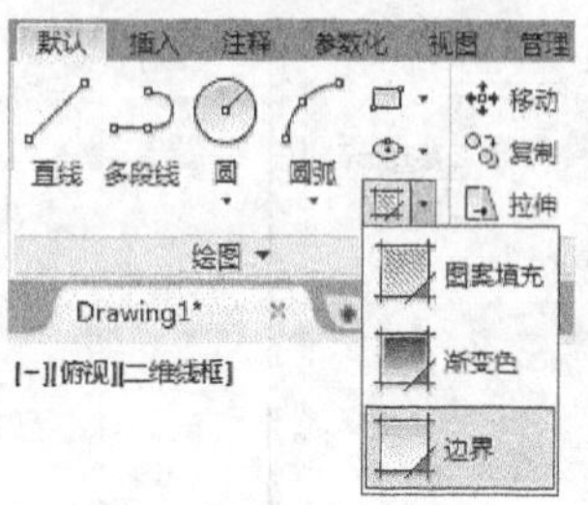

图 12-3 边界工具按钮

图 12-4 边界创建对话框

在【对象类型】下拉列表框中选择【面域】项，再单击【拾取点】按钮，系统自动进入绘图环境。如图 12-5 所示，在矩形和圆重叠区域内单击，然后按回车键确定，即可在原来矩形和圆的重叠部分处，新创建一个面域对象。如果选择【多段线】选项，则可以在重叠部分创建一封闭的多段线。

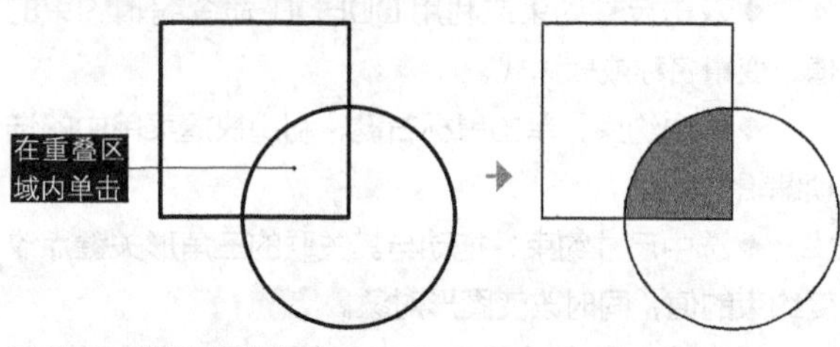

图 12-5 列表查询图形对象

·熟能生巧 无法创建面域时的解决方法

根据面域的概念可知，只有选择自封闭的对象或者端点相连构成的封闭对象才能创建面域。而在绘图过程中，经常会碰到明明是封闭的图形，而且可以填充，但却无法正常创建面域的情况。出现这种情况的原因有很多种，如线段过多、线段端点不相连、轮廓未封闭等。解决的方法有两种，介绍如下。

◆使用【边界】工具：该方法是最有效的方法。在命令行中输入“BO”，执行【边界】命令，然后按图 12-5 所示在要创建面域的区域内单击，再执行面域命令即可。

◆用多段线重新绘制轮廓：如果使用【边界】工具仍无法创建面域，可考虑用多段线在原有基础上重新绘制一层轮廓，然后再创建面域。

12.1.2 面域布尔运算

布尔运算是数学中的一种逻辑运算，它可以对实体和共面的面域进行剪切、添加以及获取交叉部分等操作，对于普通的线框和未形成面域或多段线的线框，无法执行布尔运算。

布尔运算主要有【并集】、【差集】与【交集】三种运算方式。

1 面域求和

利用【并集】工具可以合并两个面域，即创建两个面域的和集。

•执行方式

在 AutoCAD 2016 中，【并集】命令有以下 3 种启动方法。

◆功能区：【三维基础】工作空间中单击【编辑】面板上的【并集】按钮；或【三维建模】工作空间中单击【实体编辑】面板上的【并集】按钮，如图 12-6 所示。

◆菜单栏：【修改】|【实体编辑】|【并集】命令，如图 12-7 所示。

◆命令行：输入“UNION”或“UNI”命令。

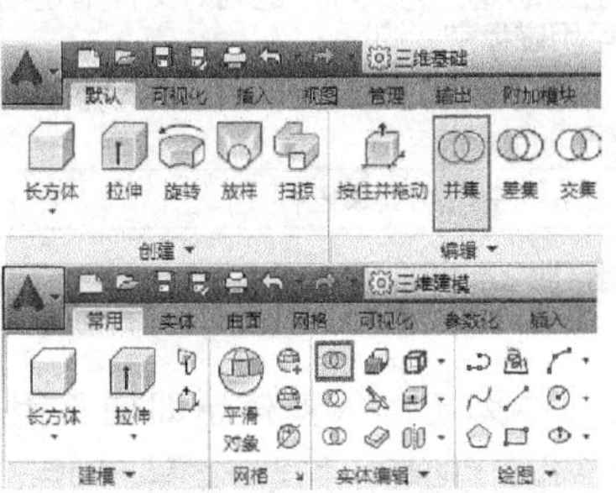

图 12-6 并集面板按钮

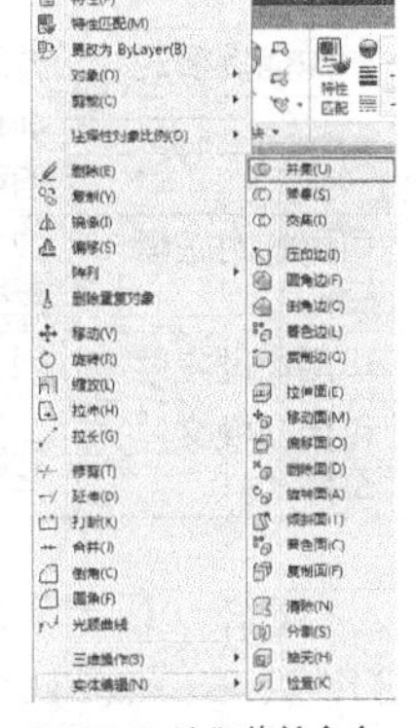

图 12-7 并集菜单命令

•操作步骤

执行上述任一命令后，按住 Ctrl 键依次选取要进行合并的面域对象，右击或按 Enter 键即可将多个面域对象并为一个面域，如图 12-8 所示。

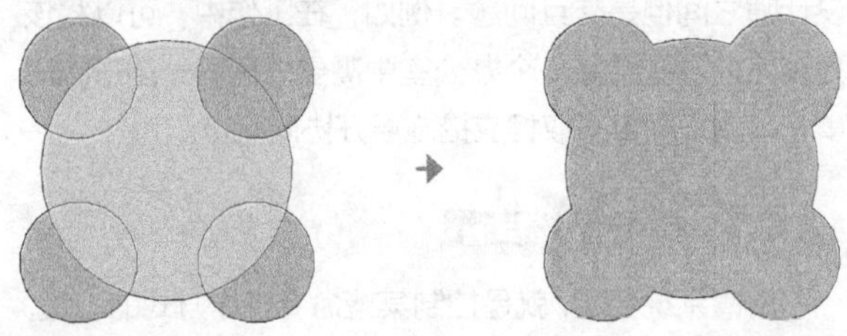

图 12-8 面域求和

2 面域求差

利用【差集】工具可以将一个面域从另一面域中去除，即两个面域的求差。

•执行方式

在 AutoCAD 2016 中，【差集】命令有以下 3 种调用方法。

◆功能区：单击【三维基础】或【三维建模】工作空间中的【差集】按钮。

◆菜单栏：执行【修改】|【实体编辑】|【差集】命令。

◆命令行：输入“SUBTRACT”或“SU”命令。

•操作步骤

执行上述任一命令后，首先选取被去除的面域，然后右击并选取要去除的面域，右击或按 Enter 键，即可执行面域求差操作，如图 12-9 所示。

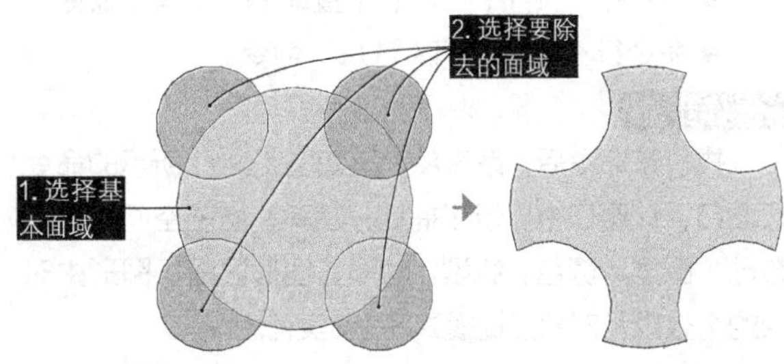

图 12-9 面域求差

3 面域求交

利用此工具可以获取两个面域之间的公共部分面域，即交叉部分面域。

•执行方式

在 AutoCAD 2016 中，【交集】命令有以下 3 种启动方法。

◆功能区：【三维基础】或【三维建模】空间【交集】工具按钮。

◆工具栏：【实体编辑】工具栏【交集】按钮。

◆菜单栏：执行【修改】|【实体编辑】|【交集】命令。

◆命令行：输入“ INTERSECT”或“IN”命令。

•操作步骤

执行上述任一命令后，依次选取两个相交面域并右击鼠标即可，如图 12-10 所示。

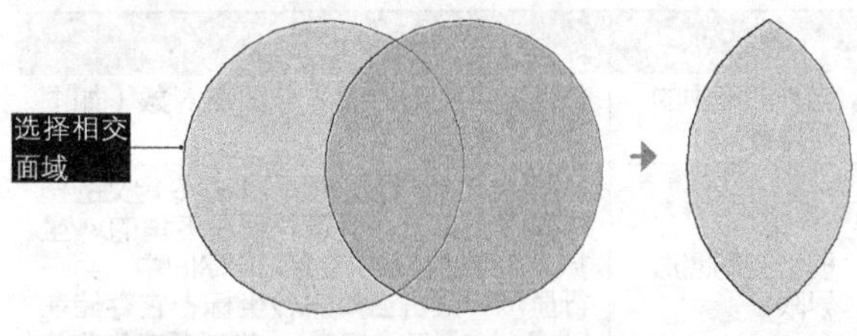

图 12-10 面域求交

12.2 图形类信息查询

图形类信息包括图形的状态、创建时间以及图形的系统变量 3 种，分别介绍如下。

12.2.1 查询图形的状态

在 AutoCAD2016 中，使用 STATUS【状态】命令可以查询当前图形中对象的数目和当前空间中各种对象的类型等信息，包括图形对象（例如圆弧和多段线）、非图形对象（例如图层和线型）和块定义。除全局图形统计信息和设置外，还将列出系统中安装的可用内存量、可用磁盘空间量以及交换文件中的可用空间量。

·执行方式

执行状态查询命令有以下两种方法。

◆菜单栏：执行【工具】|【查询】|【状态】命令。

◆命令行：输入“STATUS”命令。

·操作步骤

执行该命令后，系统将弹出如图 12-11 所示的命令行窗口，该窗口中显示了捕捉分辨率、当前空间类型、布局、图层、颜色、线型、材质、图形界限、图形中对象的个数以及对象捕捉模式等 24 类信息。

```
AutoCAD 文本窗口 - 17.9 高速齿轮轴零件图-OK.dwg
编辑(E)
命令: STATUS
1076 个对象在D:\    .\CAD改稿\CAD2016机械设计实例\素材\第17章\17.9 高速齿轮轴零件图-
放弃文件大小:      1066 个字节
模型空间图形界限      X:     0.0000   Y:     0.0000  (关)
                    X:   420.0000   Y:   297.0000
模型空间使用          X:  1521.6316   Y:  1356.5983
                    X:  1941.7967   Y:  1653.7437 **超过
显示范围             X:  1352.8296   Y:  1355.0469
                    X:  2110.5988   Y:  1655.2951
插入基点             X:     0.0000   Y:     0.0000   Z:    0.0000
捕捉分辨率           X:    10.0000   Y:    10.0000
栅格间距             X:    10.0000   Y:    10.0000

当前空间:            模型空间
当前布局:            Model
当前图层:            0
当前颜色:            BYLAYER -- 7 (白)
当前线型:            BYLAYER -- "Continuous"
当前材质:            BYLAYER -- "Global"
当前线宽:            BYLAYER
按 ENTER 键继续:
当前标高:            0.0000  厚度:    0.0000
填充 开  栅格 关  正交 关  快速文字 关  捕捉 关  数字化仪 关
对象捕捉模式:    圆心, 端点, 几何中心, 插入点, 交点, 中点, 节点, 垂足, 象限点, 切点
可用图形磁盘 (D:) 空间: 16633.0 MB
可用临时磁盘 (C:) 空间: 4063.1 MB
可用物理内存: 779.2 MB (物理内存总量 3991.5 MB).
可用交换文件空间: 4864.8 MB (共 7981.2 MB).
命令:
```

图 12-11 查询状态

·选项说明

各查询内容的含义如表 12-1 所示。

表12-1 STATUS【状态】命令的查询内容

列表项	说明
当前图形中的对象数	包括各种图形对象、非图形对象（如图层）和块定义
模型空间图形界限	显示由Limits【图形界限】命令定义的栅格界限。第一行显示界限左下角的*xy*坐标，它存储在系统变量LIMMIN中；第二行显示界限右上角的*xy*坐标，它存储在LIMMAX系统变量中。*y*坐标值右边的注释“关”表示界限检查设置为0
模型空间使用	显示图形范围（包括数据库中的所有对象），可以超出栅格界限。第一行显示该范围左下角的*xy*坐标；第二行显示右上角的*xy*坐标。如果*y*坐标值的右边有“超过”注释，则表明该图形的范围超出了栅格界限

（续表）

列表项	说明
显示范围	列出当前视口中可见的图形范围部分。第一行显示左下角的*xy*坐标，第二行显示右上角的*xy*坐标
插入基点	列出图形的插入点
捕捉分辨率	设置当前视口的捕捉间距
栅格间距	指定当前视口的栅格间距（包括*x*和*y*方向）
当前空间	显示当前激活的是模型空间还是图纸空间
当前布局	显示“模型”或当前布局的名称
当前图层	显示当前图层
当前颜色	设置新对象的颜色
当前线型	设置新对象的线型
当前线宽	设置新对象的线宽
当前材质	设置新对象的材质
当前标高	存储新对象相对于当前UCS的标高
厚度	设置当前的三维厚度
填充、栅格、正交、快速文字、捕捉和数字化仪	显示这些模式是开或者关
对象捕捉模式	显示正在运行的对象捕捉模式
可用图形磁盘	列出驱动器上为该程序的临时文件指定的可用磁盘空间的量
可用临时磁盘空间	列出驱动器上为临时文件指定的可用磁盘空间的量
可用物理内存	列出系统中可用安装内存
可用交换文件空间	列出交换文件中的可用空间

显然，在表 12-1 中列出的很多信息即使不用 STATUS【状态】命令也可以得到，如当前图层、颜色、线型和线宽等，这些信息可以直接在【图层】面板或特性选项板中看到。不过，一些其他的信息，如可用磁盘空间与可用内存的统计等，这些信息则很难直接观察到。

·初学解答 STATUS【状态】命令的用途

STATUS【状态】命令最常见的用途是解决不同设计师之间但是交互问题。例如，在工作中，可以将该列表信息发送给另一个办公室中需要处理同一图形的同事，以便于同事采取相应措施展开协同工作。

12.2.2 查询系统变量

所谓系统变量，就是控制某些命令工作方式的设置。命令通常用于启动活动或打开对话框，而系统变量则用于控制命令的行为、操作的默认值或用户界面的外观。

系统变量有打开或关闭模式，如【捕捉】、【栅格】或【正交】；有设定填充图案的默认比例；存储有关当前图形或程序配置的信息。可以使用系统变量来更改设

置或显示当前状态。也可以在对话框中或在功能区中修改许多系统变量设置。对于一些能人来说，还可以通过二次开发程序来控制。

•执行方式

查询系统变量有以下两种方法。

◆菜单栏：执行【工具】|【查询】|【设置变量】命令。

◆命令行：输入“SETVAR”命令。

•操作步骤

执行该命令后，命令行提示如下。

```
命令: SETVAR                //调用【设置变量】命令
输入变量名或 [?]:           //输入要查询的变量名称
```

根据命令行的提示，输入要查询的变量名称，如ZOOMFACTOR 等，再输入新的值，即可进行更改；也可以输入问号“？”，再输入“*”来列出所有可设置的变量。

•选项说明

罗列出来的变量通常会非常多，而且不同的图形文件会显示出不一样的变量，因此本书便对其中常见的几种进行总结，如表 12-2 所示。

表12-2 SETVAR【设置变量】显示的变量内容与含义

列表项	说明
3DCONVERSIONMODE	用于将材质和光源定义转换为当前产品版本。 0：打开图形时不会发生材质或光源转换 1：材质和光源转换将自动发生 2：提示用户转换任意材质或光源
3DDWFPREC	控制三维 DWF 或三维 DWFx 发布的精度。可输入1~6的正整数值，值越大，精度越高
3DSELECTIONMODE	控制使用三维视觉样式时视觉上和实际上重叠的对象的选择优先级。 0：使用传统三维选择优先级 1：使用视线三维选择优先级选择三维实体和曲面。
ACADLSPASDOC	控制是将 acad.lsp 文件加载到每个图形中，还是仅加载到任务中打开的第一个图形中 0：仅将 acad.lsp 加载到任务中打开的第一个图形中 1：将 acad.lsp 加载到每一个打开的图形中
ANGBASE	将相对于当前 UCS 的基准角设定为指定值，初始值为0
ANGDIR	设置正角度的方向。0为逆时针计算；1为顺时针计算
APBOX	打开或关闭自动捕捉靶框的显示。0为关闭；1为开启
APERTURE	控制对象捕捉靶框大小

•精益求精 不同文件间的系统变量“找不同”

在使用 AutoCAD 绘图的时候，用户都有着自己的独特操作习惯，如鼠标缩放的快慢、命令行的显示大小、软件界面的布置、操作按钮的排列等。但在某些特殊情况下，如使用陌生环境的电脑、重装软件、误操作等都可能会变更已经习惯了的软件设置，让用户的操作水平大打折扣。这时就可以使用【设置变量】命令来进行对比调整，具体步骤如下。

Step 01 新建一个图形文件（新建文件的系统变量是默认值），或使用没有问题的图形文件。分别在两个文件中运行【SETVAR】回车，单击命令行问号再回车，系统弹出AutoCAD文本窗口，如图12-12所示。

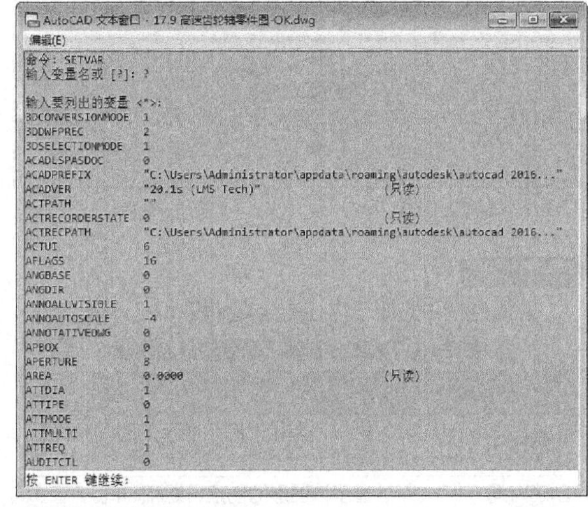

图 12-12　系统变量文本窗口

Step 02 框选文本窗口中的变量数据，拷贝到Excel文档中。一个位于A列，另一个位于B列，比较变量中哪些不一样，这样可以大大减少查询变量的时间。

Step 03 在C列输入"＝IF(A1=B1,0,1)"公式，下拉单元格算出所有行的值，这样不相同的单元格就会以数字1表示，相同的单元格会以0表示，再分析变量查出哪些变量有问题即可，如图12-13所示。

图 12-13　Excel 变量数据列表

12.2.3 查询时间

时间查询命令用于查询图形文件的日期和时间的统计信息，如当前时间、图形的创建时间等。

·执行方式

调用时间查询命令有以下两种方法。

◆菜单栏：选择【工具】|【查询】|【时间】命令。

◆命令行：输入“TIME”命令。

·操作步骤

执行以上操作之后，系统弹出AutoCAD文本窗口，显示出时间查询结果，如图12-14所示。

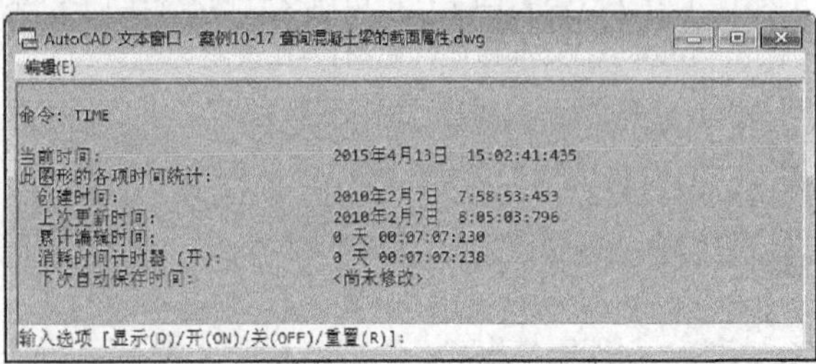

图12-14 时间查询结果

·选项说明

时间查询中各显示内容的含义如表12-3所示。

表12-3 TIME（时间）命令的查询内容

列表项	说明
当前时间	当前日期和时间。显示的时间精确到毫秒
创建时间	显示该图形的创建日期和时间
上次更新时间	最近一次保存该图形的日期和时间
累计编辑时间	花费在绘图上的累积时间，不包括打印时间和修改图形但没有保存修改就退出的时间
消耗时间计时器	累积花费在绘图上的时间，但可以打开、关闭或重置它
下次自动保存时间	显示何时将自动保存该图形。在【选项】对话框的【打开和保存】选项卡下可以设置自动保存图形的时间，详见第2章2.14节

在表12-3列出的信息中，可以把“累计编辑时间”选项看成是汽车的里程表，把“消耗时间计时器”看成是一个跑表，就好比一些汽车可以允许用户记录一段路的里程。

在图12-14文本框的末尾，可以看到“输入选项[显示(D)/开(ON)/关(OFF)/重置(R)]”的提示，该提示中各子选项的含义说明如下。

◆显示（D）：可以使用更新的时间重新显示列表。

◆开（ON）/关（OFF）：打开或关闭“消耗时间计时器”。

◆重置（R）：将“消耗时间计时器”重置为0。

12.3 对象类信息查询

对象信息包括所绘制图形的各种信息，如距离、半径、点坐标，以及在工程设计中需经常查用的面积、周长、体积等。

12.3.1 查询距离

查询距离命令主要用来查询指定两点间的长度值与角度值。

·执行方式

在AutoCAD 2016中，调用该命令的常用方法如下。

◆功能区：单击【实用工具】面板上的【距离】工具按钮▭。

◆菜单栏：执行【工具】|【查询】|【距离】命令。

◆命令行：输入“DIST”或“DI”命令。

·操作步骤

执行上述任一命令后，单击鼠标左键逐步指定查询的两个点，即可在命令行中显示当前查询距离、倾斜角度等信息，如图12-15所示。

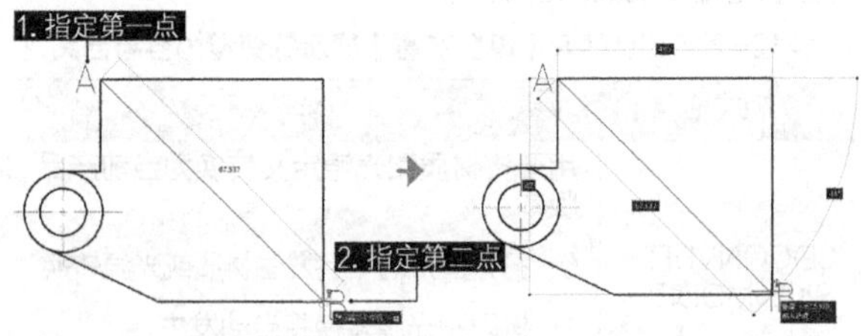

图12-15 查询距离

12.3.2 查询半径

查询半径命令主要用来查询指定圆以及圆弧的半径值。

·执行方式

在AutoCAD 2016中，调用该命令的常用方法如下。

◆功能区：单击【实用工具】面板上的【半径】工具按钮◎。

◆菜单栏：执行【工具】|【查询】|【半径】命令。

◆命令行：输入“MEASUREGEOM”命令。

·操作步骤

执行上述任一命令后，选择图形中的圆或圆弧，即可在命令行中显示其半径数值，如图12-16所示。

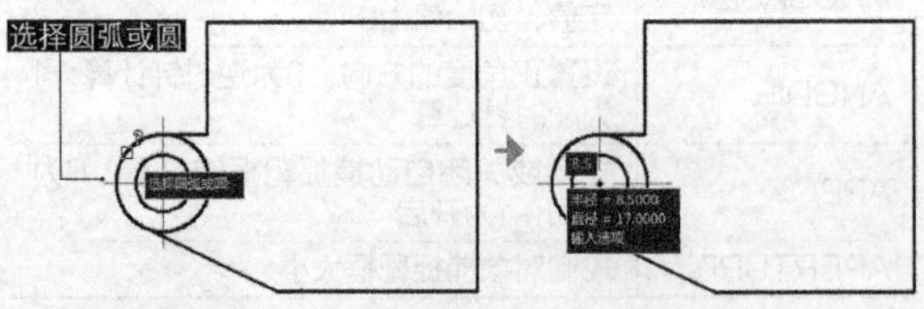

图12-16 查询半径

12.3.3 查询角度

查询角度命令用于查询指定线段之间的角度大小。

•执行方式

在 AutoCAD 2016 中，调用该命令的常用方法如下。

◆功能区：单击【实用工具】面板上的【角度】工具按钮。

◆菜单栏：执行【工具】|【查询】|【角度】命令。

◆命令行：输入“MEASUREGEOM”命令。

•操作步骤

执行上述任一命令后，单击鼠标左键，逐步选择构成角度的两条线段或角度顶点，即可在命令行中显示其角度数值，如图 12-17 所示。

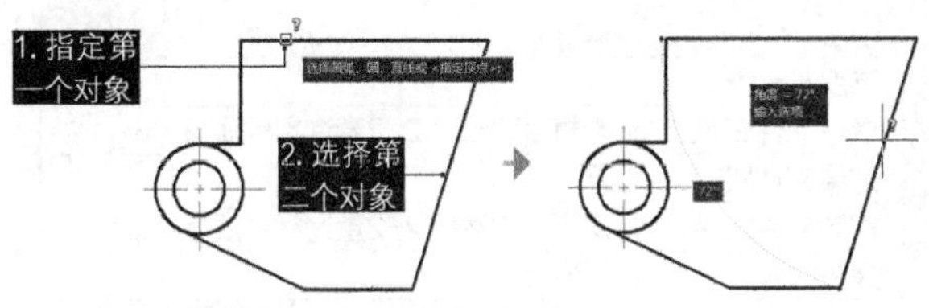

图 12-17 查询角度

12.3.4 查询面积及周长 ★重点★

查询面积命令用于查询对象面积和周长值，同时还可以对面积及周长进行加减运算。

•执行方式

在 AutoCAD 2016 中，调用该命令的常用方法如下。

◆功能区：单击【实用工具】面板上的【面积】工具按钮。

◆菜单栏：执行【工具】|【查询】|【面积】命令。

◆命令行：输入“AREA”或“AA”命令。

•操作步骤

执行上述任一命令后，命令行提示如下。

```
指定第一个角点或 [对象(O)/增加面积(A)/减少面积(S)/退出(X)] <对象(O)>:
```

在【绘图区】中选择查询的图形对象，或用鼠标划定需要查询的区域后，按 Enter 键或者空格键，绘图区显示快捷菜单，以及查询结果，如图 12-18 所示。

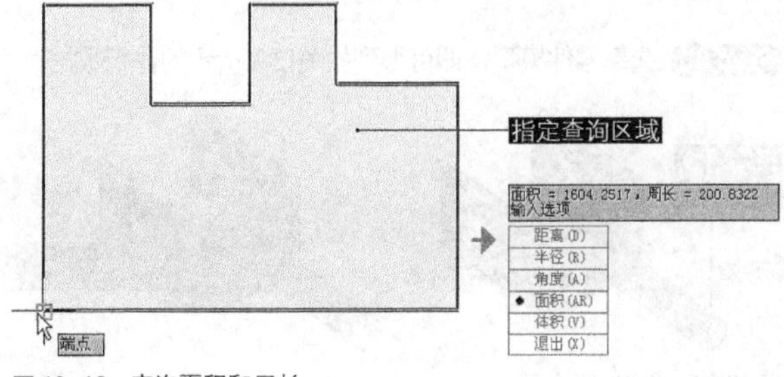

图 12-18 查询面积和周长

练习 12-1 查询住宅室内面积

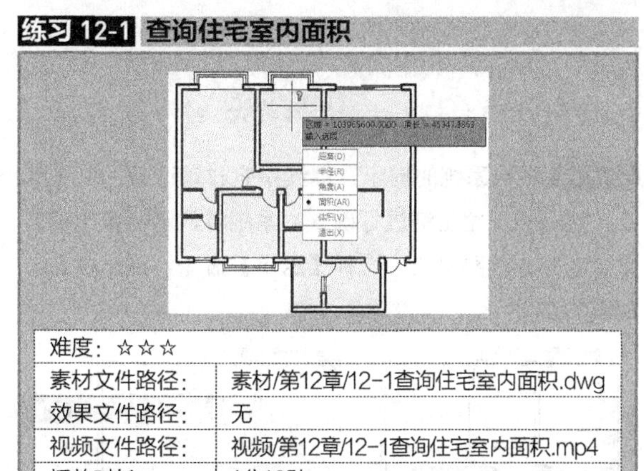

难度：☆☆☆	
素材文件路径：	素材/第12章/12-1查询住宅室内面积.dwg
效果文件路径：	无
视频文件路径：	视频/第12章/12-1查询住宅室内面积.mp4
播放时长：	1分18秒

使用 AutoCAD 绘制好室内平面图后，自然就可以通过查询方法来获取室内面积。对于购房者来说，室内面积无疑是一个很重要的考虑因素，计算住宅使用面积，可以比较直观地反应住宅的使用状况，但在住宅买卖中，一般不采用使用面积来计算价格。即室内面积减去墙体面积，也就是屋中的净使用面积。

Step 01 单击快速访问工具栏中的【打开】按钮，打开配套光盘提供的“第12章/12-1查询住宅室内面积.dwg”素材文件，如图12-19所示。

Step 02 在【默认】选项卡中，单击【实用工具】面板中的【面积】工具按钮，当系统提示“指定第一个角点或 [对象(O)/增加面积(A)/减少面积(S)/退出(X)] <对象(O)>：”时，指定建筑区域的第一个角点，如图12-20所示。

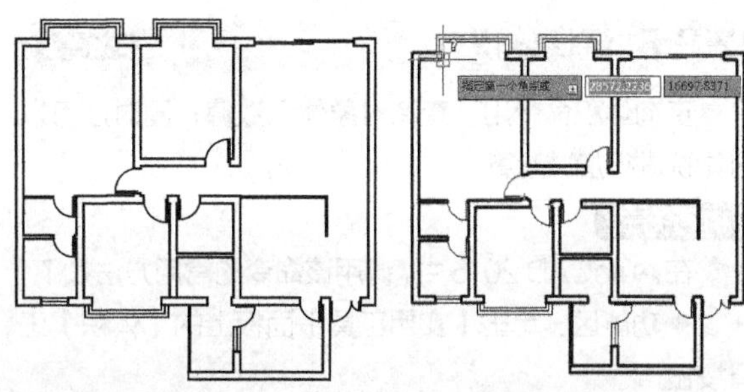

图 12-19 素材文件　　图 12-20 指定第一点

Step 03 当系统提示“指定下一个点或 [圆弧(A)/长度(L)/放弃(U)]：”时，指定建筑区域的下一个角点，如图12-21所示。命令行提示如下。

```
命令: _MEASUREGEOM↙     //调用【查询面积】命令
输入选项 [距离(D)/半径(R)/角度(A)/面积(AR)/体积(V)] <距离>: _area
指定第一个角点或 [对象(O)/增加面积(A)/减少面积(S)/退出(X)] <对象(O)>:     //指定第一个角点
指定下一个点或 [圆弧(A)/长度(L)/放弃(U)]:
                         //指定另一个角点
……
```

指定下一个点或 [圆弧(A)/长度(L)/放弃(U)/总计(T)] <总计>:
区域 = 107624600.0000，周长 = 48780.8332
//查询结果

Step 04 根据系统的提示，继续指定建筑区域的其他角点，然后按下空格键进行确认，系统将显示测量出的结果，在弹出的菜单栏中选择【退出】命令，退出操作，如图12-22所示。

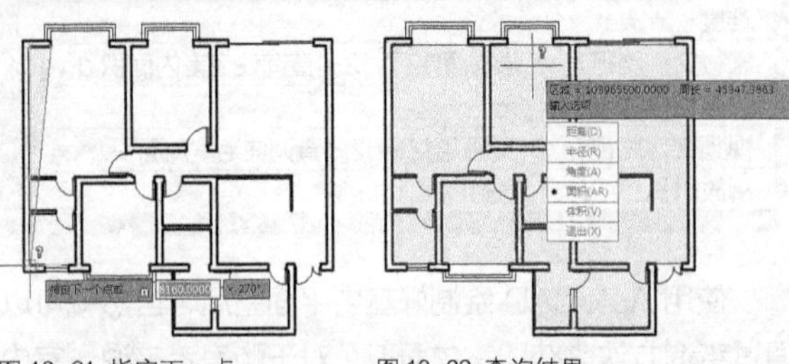

图 12-21 指定下一点　　图 12-22 查询结果

> **设计点拨**
>
> 在建筑实例中，平面图的单位为毫米。因此，这里查询得到的结果，周长的单位为毫米；面积的单位为平方毫米。而 $1mm^2 = 0.000001m^2$。

Step 05 命令行中的“区域”即为所查得的面积，而AutoCAD默认的面积单位为平方毫米mm^2，因此需转换为常用的平方米m^2，即：107624600 mm^2=107.62 m^2，该住宅粗算面积为107m^2。

Step 06 使用相同方法加入阳台面积、减去墙体面积，便得到真实的净使用面积，其过程略。

12.3.5 查询体积 ★重点★

查询体积命令用于查询对象体积数值，同时还可以对体积进行加减运算。

·执行方式

在AutoCAD 2016中，调用该命令的常用方法如下。

◆功能区：单击【实用工具】面板上的【体积】工具按钮。

◆菜单栏：执行【工具】|【查询】|【体积】命令。

◆命令行：输入“MEASUREGEOM”命令。

·操作步骤

执行上述任一命令后，命令行提示如下。

指定第一个角点或 [对象(O)/增加体积(A)/减去体积(S)/退出(X)] <对象(O)>:

在【绘图区】中选择查询的三维对象，按Enter键或者空格键，绘图区显示快捷菜单及查询结果，如图12-23所示。

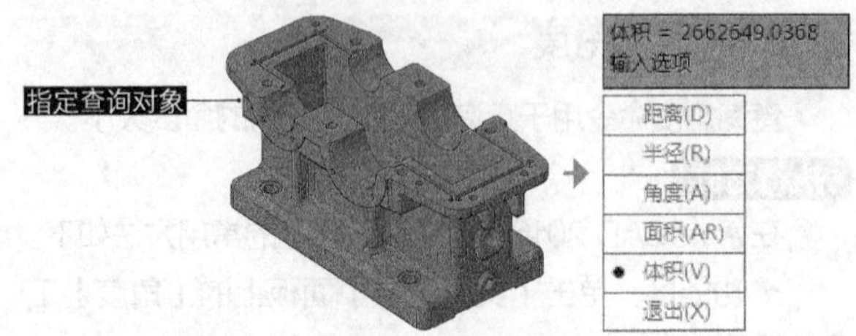

图 12-23 查询体积

练习 12-2 查询零件质量

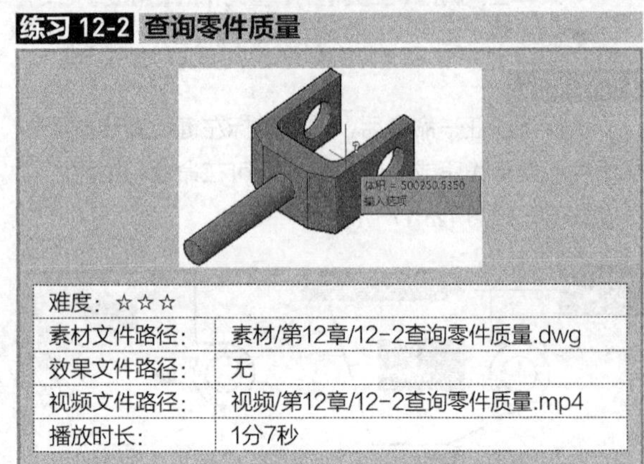

难度：☆☆☆	
素材文件路径：	素材/第12章/12-2查询零件质量.dwg
效果文件路径：	无
视频文件路径：	视频/第12章/12-2查询零件质量.mp4
播放时长：	1分7秒

在实际机械加工行业中，有时需要对客户所需的产品进行报价，虽然每个公司都有自己的专门方法，但通常都是基于成品质量与加工过程之上的。因此快速、准确的得出零件的成品质量，无疑在报价上就能先得头筹。

Step 01 单击【快速访问】工具栏中的【打开】按钮，打开配套光盘提供的“第12章/12-2查询零件质量.dwg”素材文件，如图12-24所示，其中已创建好一零件模型。

Step 02 在【默认】选项卡中，单击【实用工具】面板中的【面积】工具按钮，当系统提示“指定第一个角点或[对象(O)/增加面积(A)/减少面积(S)/退出(X)] <对象(O)>：”时，选择“对象（O）”选项，如图12-25所示。

图 12-24 素材文件

```
命令: _MEASUREGEOM
输入选项 [距离(D)/半径(R)/角度(A)/面积(AR)/体积(V)] <距离>: _volume
MEASUREGEOM 指定第一个角点或 [对象(O) 增加体积(A) 减去体积(S) 退出(X)] <对象(O)>: O
```

图 12-25 指定第一点

Step 03 选择零件模型，即可得到如图12-26所示的体积数据。

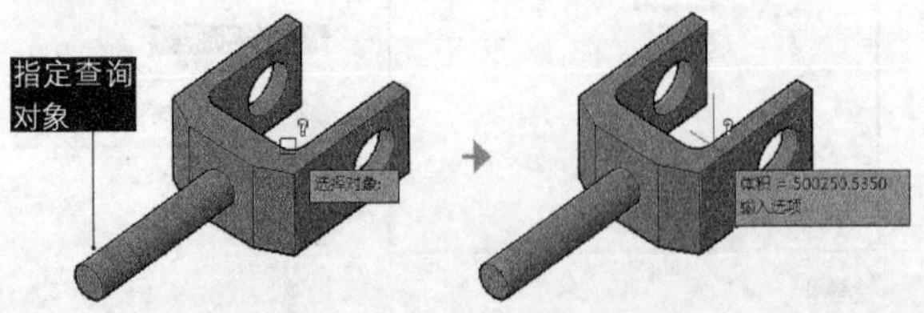

图 12-26 查询对象体积

> **设计点拨**
>
> 在机械实例中，零件的单位为毫米。因此，这里查询得到的结果，体积的单位为立方毫米。$1mm^3=0.001\ cm^3=10^{-9}m^3$。

Step 04 将该体积乘以零件的材料密度，即可得到最终的质量。如果本例的模型为铁，查得铁密度为7.85g/cm^3，则该零件体积为500250.53mm^3=500.25cm^3，则零件质量为7.85×500.25=3926.96g=3.9kg。

12.3.6 面域 / 质量特性查询

面域 / 质量特性也可称为截面特性，包括面积、质心位置、惯性矩等，这些特性关系到物体的力学性能，在建筑或机械设计中，经常需要查询这些特性。

• 执行方式

调用【面域 / 质量特性】命令有以下几种方法。

◆菜单栏：选择【工具】|【查询】|【面域 \ 质量特征】命令。

◆工具栏：单击【查询】工具栏上的【面域 \ 质量特征】按钮。

◆命令行：输入“MASSPROP”命令。

• 操作步骤

在【绘图区】中选择要查询的面域对象或实体对象，按 Enter 键或者空格键，绘图区显示快捷菜单及查询结果。根据所选对象的不同，最终显示结果和数据类型也不一样。查询面域时的显示结果如图 12-27 所示。

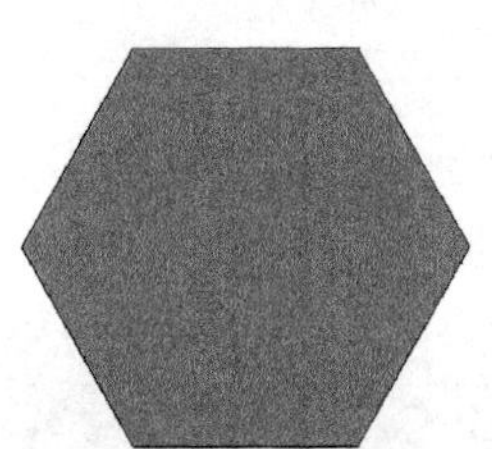

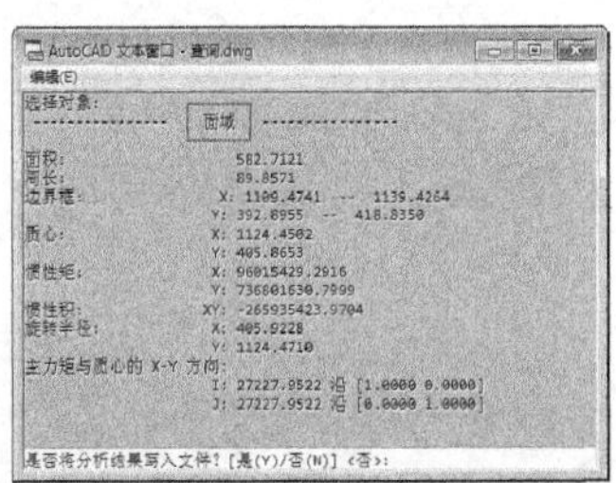

图 12-27 查询面域的质量特性

• 选项说明

查询面域时文本框中各显示的质量特性含义如表 12-4 所示。

表12-4 查询面域的质量特性说明

质量特性	说明
面积	三维实体的表面积或面域的封闭面积
周长	面域内环和外环的总长度。未计算三维实体的周长
边界框	用于定义边界框的两个坐标。对于与当前用户坐标系的XY平面共面的面域，边界框由包含该面域的矩形的对角点定义。对于与当前用户坐标系的XY平面不共面的面域，边界框由包含该面域的三维框的对角点定义

（续表）

质量特性	说明
质心	代表面域或圆心的二维或三维坐标。对于当前用户坐标系的XY平面共面的面域，质心是一个二维点。对于与当前用户坐标系的XY平面不共面的面域，质心是一个三维点
惯性矩	用来确定导致对象运动的力的特性。计算时通常考虑两个正交平面。计算YZ平面和XZ平面惯性积的公式是： product_of_inertia YZ,XZ=mass * centroid_to_YZ * dist centroid_to_XZ 这个XY值表示为质量单位乘以距离的平方
旋转半径	表示三维实体惯性矩的另一种方法。计算旋转半径的公式是： gyration_radii=(moments_of_inertia/body_mass)1/2 旋转半径以距离单位表示
质心的主力矩与X、Y、Z方向	根据惯性积计算得出，它们具有相同的单位值。穿过对象质心的某个轴的惯性矩值最大。穿过第2个轴（第1个轴的法线，也穿过质心）的惯性矩值最小。由此导出第3个惯性矩值，介于最大值与最小值之间

如果选择的是三维实体，则会显示如图 12-28 所示的质量特性。

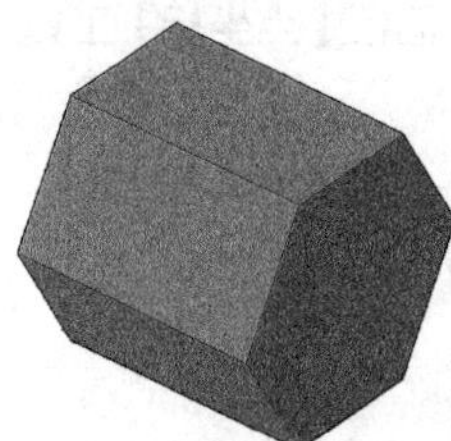

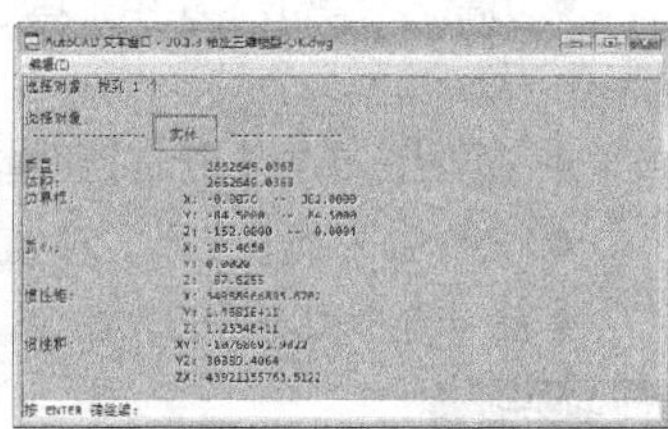

图 12-28 查询实体的质量特性

查询实体时文本框中各显示的质量特性含义如表 12-5 所示。

表12-5 查询实体的质量特性说明

质量特性	说明
质量	用于测量物体的惯性。由于默认使用的密度为1，因此质量与体积具有相同的值
体积	实体包容的三维空间总量
边界框	包含实体的三维框的对角点
形心	代表实体质量中心的一个三维点。假定实体具有统一的密度
惯性矩	质量惯性矩，用来计算绕给定的轴旋转对象（例如车轮绕车轴旋转）时所需的力。质量惯性矩的计算公式是： mass_moments_of_inertia = object_mass * radius axis 2 质量惯性矩的单位是质量乘以距离的平方

（续表）

质量特性	说明
惯性积	用来确定导致对象运动的力的特性。计算时通常考虑两个正交平面。计算YZ平面和XZ平面惯性积的公式是： product_of_inertia YZ,XZ=mass * dist centroid_to_YZ * dist centroid_to_XZ 这个XY值表示为质量单位乘以距离的平方
旋转半径	表示三维实体惯性矩的另一种方法。计算旋转半径的公式是： gyration_radii=(moments_of_inertia/body_mass)1/2 旋转半径以距离单位表示
形心的主力矩与X、Y、Z方向	根据惯性积计算得出，它们具有相同的单位值。穿过对象形心的某个轴的惯性矩值最大。穿过第2个轴（第1个轴的法线，也穿过形心）的惯性矩值最小。由此导出第3个惯性矩值，介于最大值与最小值之间

12.3.7 查询点坐标

使用点坐标查询命令 ID，可以查询某点在绝对坐标系中的坐标值。

·执行方式

在 AutoCAD 2016 中，调用该命令的方法如下。

◆功能区：单击【实用工具】面板【点坐标】工具按钮。

◆工具栏：单击【查询】工具栏【点坐标】按钮。

◆菜单栏：执行【工具】|【查询】|【点坐标】命令。

◆命令行：输入“ID”命令。

·操作步骤

执行命令时，只需用对象捕捉的方法确定某个点的位置，即可自动计算该点的X、Y和Z坐标，如图 12-29 所示。在二维绘图中，Z 坐标一般为 0。

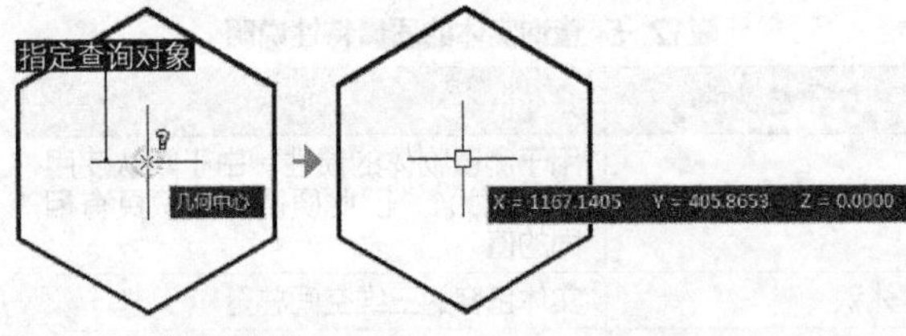

图 12-29 查询点坐标

12.3.8 列表查询

列表查询可以将所选对象的图层、长度、边界坐标等信息在 AutoCAD 文本窗口中列出。

·执行方式

调用列表查询命令有以下几种方法。

◆菜单栏：选择【工具】|【查询】|【列表】命令。

◆工具栏：单击【查询】工具栏上的【列表】按钮。

◆命令行：在命令行输入“LIST”命令并按Enter键。

·操作步骤

在【绘图区】中选择要查询的图形对象，按 Enter 键或者空格键，绘图区便会显示快捷菜单及查询结果，如图 12-30 所示。

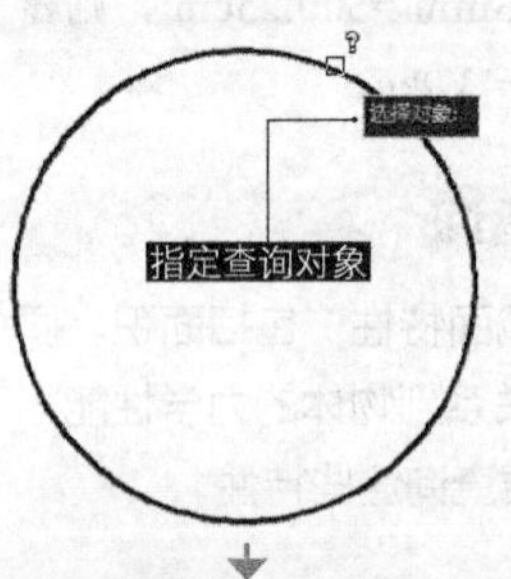

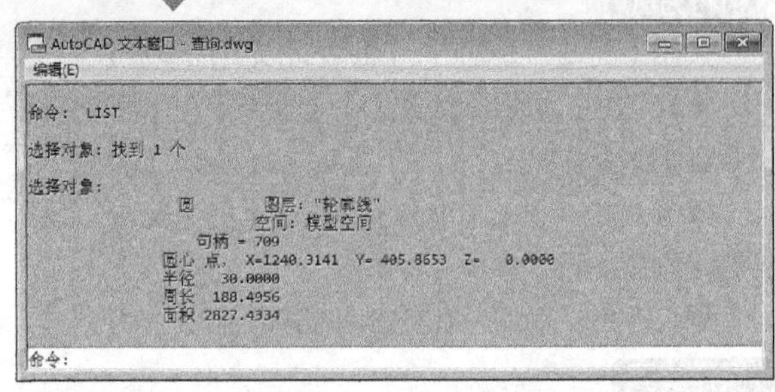

图 12-30 列表查询图形对象

第 13 章 图形打印和输出

当完成所有的设计和制图工作之后，就需要将图形文件通过绘图仪或打印输出为图样。本章主要讲述 AutoCAD 出图过程中涉及的一些问题，包括模型空间与图样空间的转换、打印样式、打印比例设置等。

13.1 模型空间与布局空间

模型空间和布局空间是 AutoCAD 的两个功能不同的工作空间，单击绘图区下面的标签页，可以在模型空间和布局空间切换，一个打开的文件中只有一个模型空间和两个默认的布局空间，用户也可创建更多的布局空间。

13.1.1 模型空间

当打开或新建一个图形文件时，系统将默认进入模型空间，如图 13-1 所示。模型空间是一个无限大的绘图区域，可以在其中创建二维或三维图形，以及进行必要的尺寸标注和文字说明。

模型空间对应的窗口称模型窗口，在模型窗口中，十字光标在整个绘图区域都处于激活状态，并且可以创建多个不重复的平铺视口，以展示图形的不同视口，如在绘制机械三维图形时，可以创建多个视口，以从不同的角度观测图形。在一个视口中对图形做出修改后，其他视口也会随之更新，如图 13-2 所示。

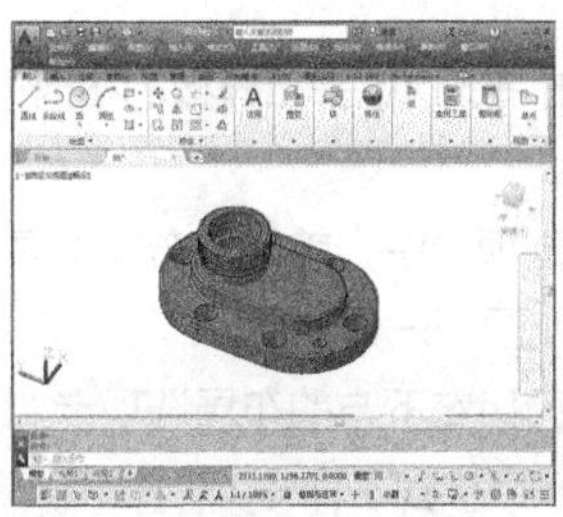

图 13-1　模型空间

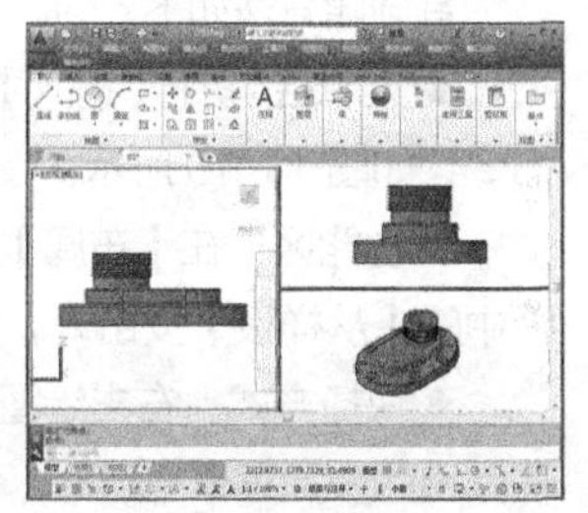

图 13-2　模型空间的视口

13.1.2 布局空间

布局空间又称为图纸空间，主要用于出图。模型建立后，需要将模型打印到纸面上形成图样。使用布局空间可以方便地设置打印设备、纸张、比例尺、图样布局，并预览实际出图的效果，如图 13-3 所示。

图 13-3　布局空间

布局空间对应的窗口称布局窗口，可以在同一个 AutoCAD 文档中创建多个不同的布局图，单击工作区左下角的各个布局按钮，可以从模型窗口切换到各个布局窗口，当需要将多个视图放在同一张图样上输出时，布局就可以很方便地控制图形的位置，输出比例等参数。

13.1.3 空间管理

右击绘图窗口下【模型】或【布局】选项卡，在弹出的快捷菜单中选择相应的命令，可以对布局进行删除、新建、重命名、移动、复制、页面设置等操作，如图 13-4 所示。

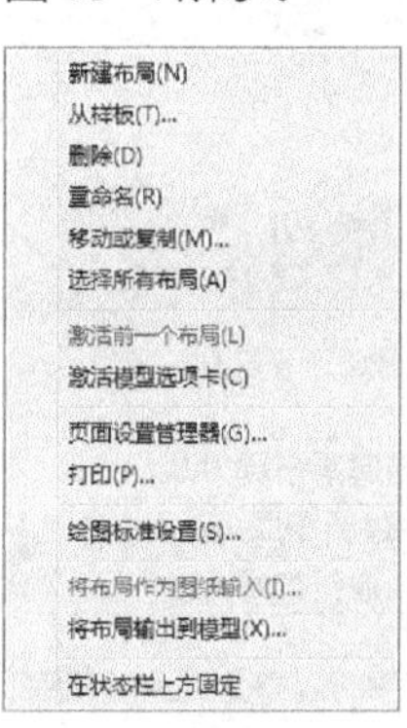

图 13-4　布局快捷菜单

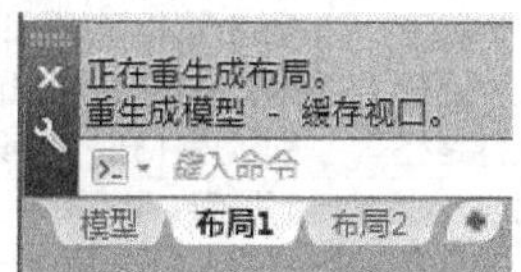

图 13-5　空间切换

1 空间的切换

在模型中绘制完图样后，若需要进行布局打印，可单击绘图区左下角的布局空间选项卡，即【布局 1】和【布局 2】进入布局空间，对图样打印输出的布局效果进行设置。设置完毕后，单击【模型】选项卡即可返回到模型空间，如图 13-5 所示。

2 创建新布局

布局是一种图纸空间环境，它模拟显示图纸页面，提供直观的打印设置，主要用来控制图形的输出，布局中所显示的图形与图纸页面上打印出来的图形完全一样。

• 执行方式

调用【创建布局】的方法如下。

◆菜单栏：执行【工具】|【向导】|【创建布局】命令，如图 13-6 所示。

◆命令行：在命令行中输入 “LAYOUT” 命令。

◆功能区：在【布局】选项卡中，单击【布局】面

板中的【新建】按钮，如图 13-7 所示

◆快捷方式：右击绘图窗口下的【模型】或【布局】选项卡，在弹出的快捷菜单中，选择【新建布局】命令。

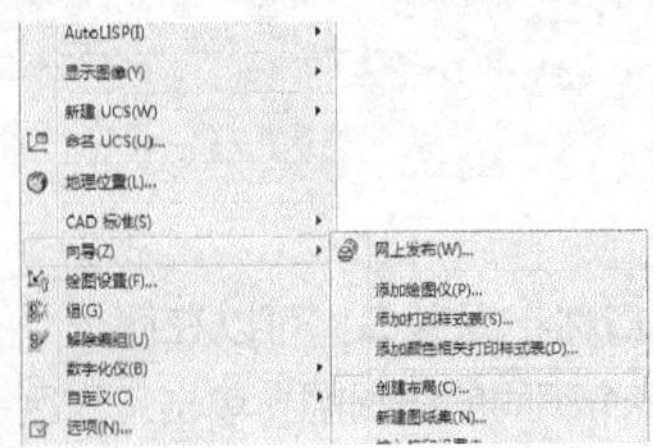

图 13-6 【菜单栏】调用【创建布局】命令

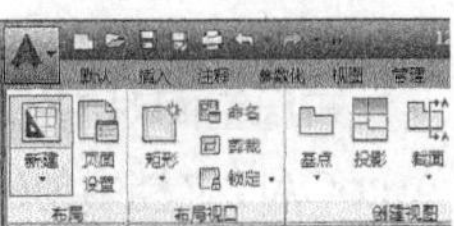

图 13-7 【功能区】调用【新建布局】命令

·操作步骤

【创建布局】的操作过程与新建文件相差无几，同样可以通过功能区中的选项卡来完成。下面便通过一个具体案例来进行说明。

练习 13-1 创建新布局

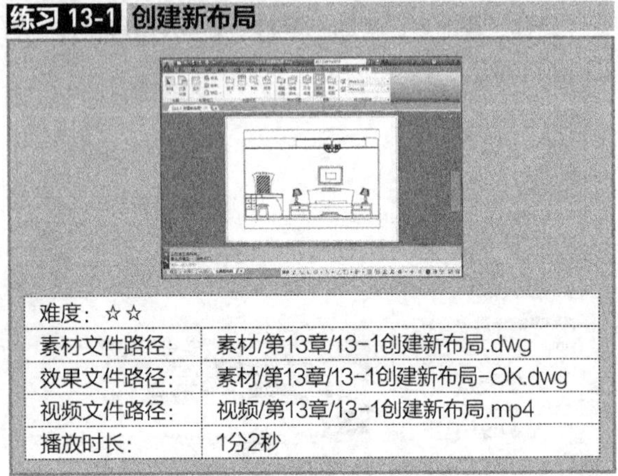

难度：☆☆	
素材文件路径：	素材/第13章/13-1创建新布局.dwg
效果文件路径：	素材/第13章/13-1创建新布局-OK.dwg
视频文件路径：	视频/第13章/13-1创建新布局.mp4
播放时长：	1分2秒

创建布局并重命名为合适的名称，可以起到快速浏览文件的作用，也能快速定位至需要打印的图纸，如立面图、平面图等。

Step 01 单击快速访问工具栏中的【打开】按钮，打开“第13章/13-1创建新布局.dwg”，如图13-8所示，是【布局1】窗口显示界面。

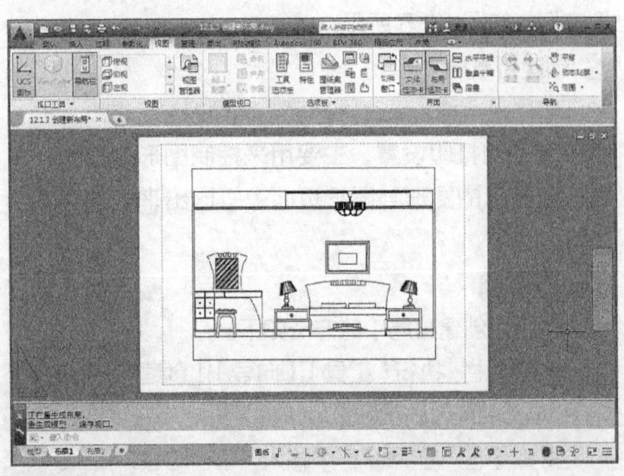

图 13-8 素材文件

Step 02 在【布局】选项卡中，单击【布局】面板中的【新建】按钮，新建名为“立面图布局”的布局，命令行提示如下。

```
命令: _layout↙
输入布局选项 [复制(C)/删除(D)/新建(N)/样板(T)/重命名(R)/另存为(SA)/设置(S)/?] <设置>: _new
输入新布局名 <布局3>: 立面图布局
```

Step 03 完成布局的创建，单击【立面图布局】选项卡，切换至【立面图布局】空间，效果如图13-9所示。

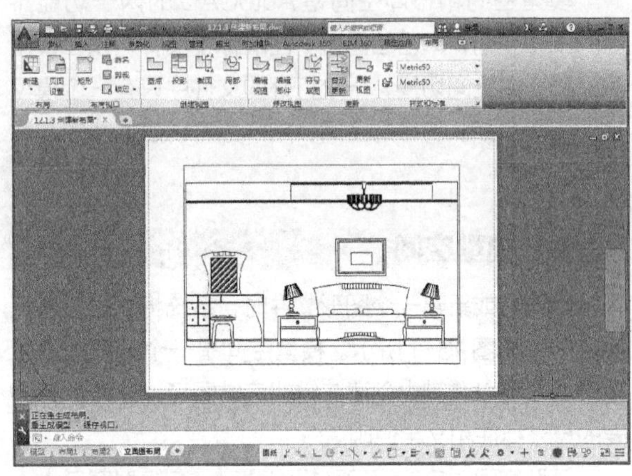

图 13-9 创建布局空间

3 插入样板布局

在 AutoCAD 中，提供了多种样板布局，以供用户使用。

·执行方式

其创建方法如下。

◆菜单栏：执行【插入】|【布局】|【来自样板的布局】命令，如图 13-10 所示。

◆功能区：在【布局】选项卡中，单击【布局】面板中的【从样板】按钮，如图 13-11 所示。

◆快捷方式：右击绘图窗口左下方的布局选项卡，在弹出的快捷菜单中选择【来自样板】命令。

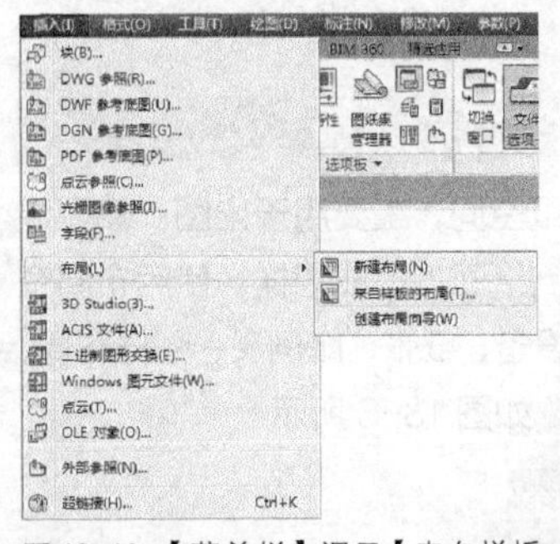

图 13-10 【菜单栏】调用【来自样板的布局】命令

图 13-11 【功能区】调用【从样板新建布局】命令

·操作步骤

执行上述命令后，系统将弹出【从文件选择样板】对话框，可以在其中选择需要的样板创建布局。

练习 13-2 插入样板布局

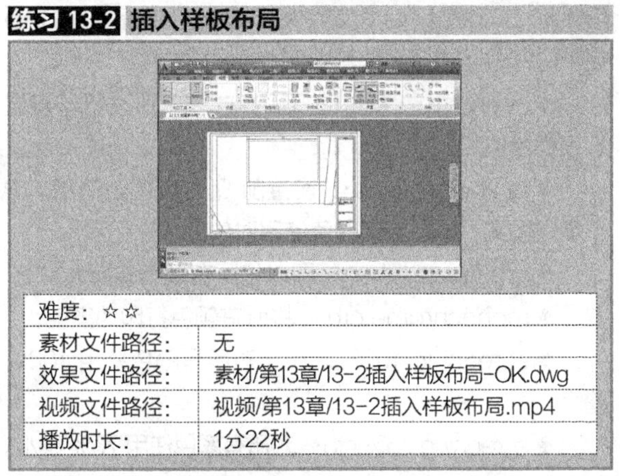

难度：☆☆	
素材文件路径：	无
效果文件路径：	素材/第13章/13-2插入样板布局-OK.dwg
视频文件路径：	视频/第13章/13-2插入样板布局.mp4
播放时长：	1分22秒

如果需要将图纸发送至国外的用户，可以尽量采用 AutoCAD 中自带的英制或公制模板。

Step 01 单击快速访问工具栏中的【新建】按钮，新建空白文件。

Step 02 在【布局】选项卡中，单击【布局】面板中的【从样板】按钮，系统弹出【从文件选择样板】对话框，如图13-12所示。

Step 03 选择【Tutorial-iArch】样板，单击【打开】按钮，系统弹出【插入布局】对话框，如图13-13所示，选择布局名称后单击【确定】按钮。

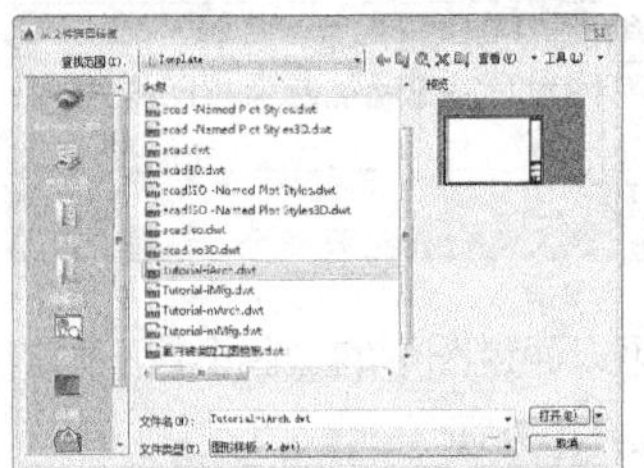

图 13-12 【从文件选择样板】对话

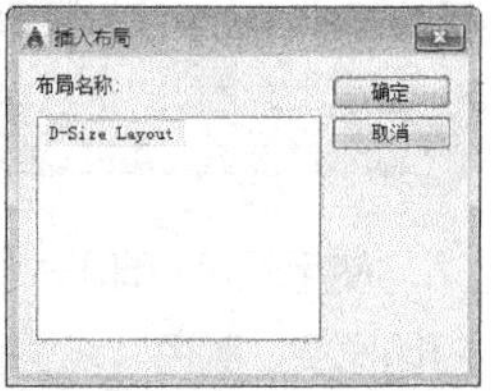

图 13-13 【插入布局】对话框

Step 04 完成样板布局的插入，切换至新创建的【D-Size Layout】布局空间，效果如图13-14所示。

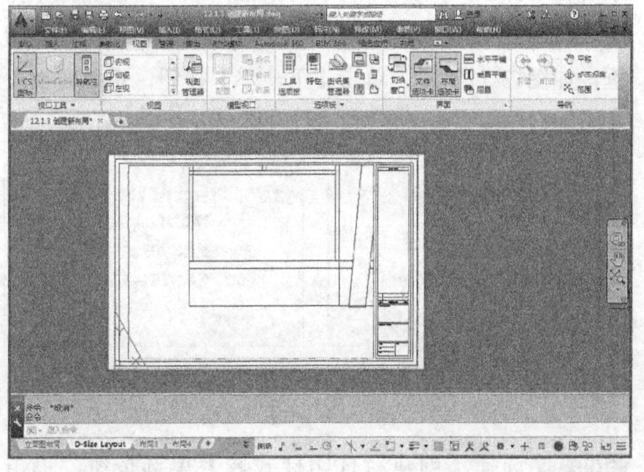

图 13-14 样板空间

4 布局的组成

布局图中通常存在 3 个边界，如图 13-15 所示，最外层的是纸张边界，是在【纸张设置】中的纸张类型和打印方向确定的。靠里面的是一个虚线线框打印边界，其作用就好像 Word 文档中的页边距一样，只有位于打印边界内部的图形才会被打印出来。位于图形四周的实线线框为视口边界，边界内部的图形就是模型空间中的模型，视口边界的大小和位置是可调的。

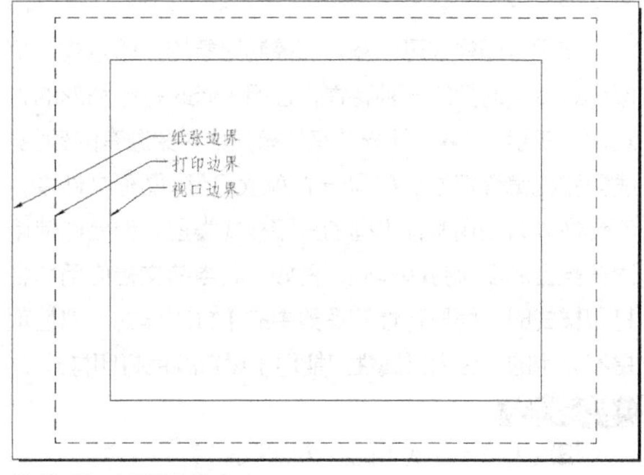

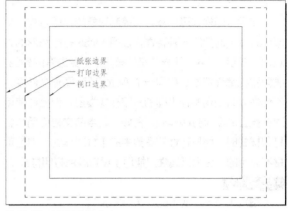

图 13-15 布局图的组成

13.2 打印样式

在图形绘制过程中，AutoCAD 可以为单个的图形对象设置颜色、线型、线宽等属性，这些样式可以在屏幕上直接显示出来。在出图时，有时用户希望打印出来的图样和绘图时图形所显示的属性有所不同，例如，在绘图时，一般会使用各种颜色的线型，但打印时仅以黑白打印。

打印样式的作用就是在打印时修改图形外观。每种打印样式都有其样式特性，包括端点、连接、填充图案，以及抖动、灰度等打印效果。打印样式特性的定义都以打印样式表文件的形式保存在 AutoCAD 的支持文件搜索路径下。

13.2.1 打印样式的类型

AutoCAD 中有两种类型的打印样式：【颜色相关样式】（CTB）和【命名样式】（STB）。

◆颜色相关打印样式以对象的颜色为基础，共有 255 种颜色相关打印样式。在颜色相关打印样式模式下，通过调整与对象颜色对应的打印样式可以控制所有具有同种颜色的对象的打印方式。颜色相关打印样式表文件的后缀名为“.ctb”。

◆命名打印样式可以独立于对象的颜色使用，可以给对象指定任意一种打印样式，不管对象的颜色是什么。命名打印样式表文件的后缀名为“.stb”。

简而言之，“.ctb”的打印样式是根据颜色来确定线宽的，同一种颜色只能对应一种线宽；而“.stb”则是根据对象的特性或名称来指定线宽的，同一种颜色打印出来可以有两种不同的线宽，因为它们的对象可能不一样。

13.2.2 打印样式的设置

使用打印样式可以多方面控制对象的打印方式，打印样式属于对象的一种特性，它用于修改打印图形的外观。用户可以设置打印样式来代替其他对象原有的颜色、线型和线宽等特性。在同一个AutoCAD图形文件中，不允许同时使用两种不同的打印样式类型，但允许使用同一类型的多个打印样式。例如，若当前文档使用命名打印样式时，图层特性管理器中的【打印样式】属性项是不可用的，因为该属性只能用于设置颜色打印样式。

•执行方式

设置【打印样式】的方法如下。

◆菜单栏：执行【文件】|【打印样式管理器】命令。

◆命令行：在命令行中输入“STYLESMANAGER”命令。

•操作步骤

执行上述任一命令后，系统自动弹出如图13-16所示对话框。所有CTB和STB打印样式表文件都保存在这个对话框中。

双击【添加打印样式表向导】文件，可以根据对话框提示逐步创建新的打印样式表文件。将打印样式附加到相应的布局图，就可以按照打印样式的定义进行打印了。

图13-16 打印样式管理器

•选项说明

在系统盘的AutoCAD存储目录下，可以打开图13-16所示的【Plot Styles】文件夹，其中存放着AutoCAD自带的打印样式(.ctp)，其中几种打印样式含义说明如下。

◆acad.ctp：默认的打印样式表，所有打印设置均为初始值。

◆fill Patterns.ctb：设置前9种颜色，使用前9个填充图案，所有其他颜色使用对象的填充图案。

◆grayscale.ctb：打印时将所有颜色转换为灰度。

◆monochrome.ctb：将所有颜色打印为黑色。

◆screening 100%.ctb：对所有颜色使用100%墨水。

◆screening 75%.ctb：对所有颜色使用75%墨水。

◆screening 50%.ctb：对所有颜色使用50%墨水。

◆screening 25%.ctb：对所有颜色使用25%墨水。

练习13-3 添加颜色打印样式

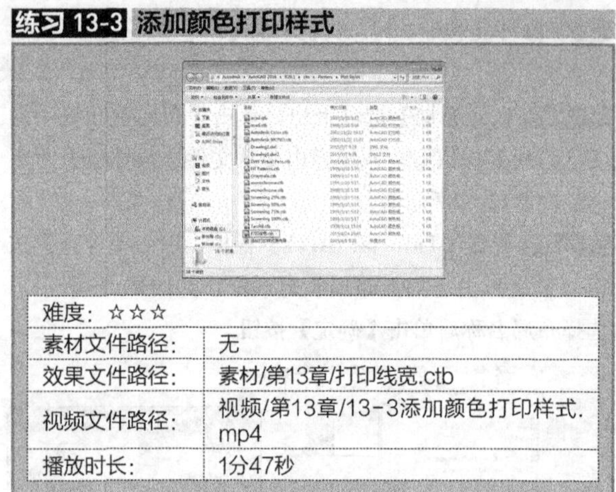

难度：☆☆☆	
素材文件路径：	无
效果文件路径：	素材/第13章/打印线宽.ctb
视频文件路径：	视频/第13章/13-3添加颜色打印样式.mp4
播放时长：	1分47秒

使用颜色打印样式可以通过图形的颜色设置不同的打印宽度、颜色、线型等打印外观。

Step 01 单击快速访问工具栏中的【新建】按钮，新建空白文件。

Step 02 执行【文件】|【打印样式管理器】菜单命令，系统自动弹出如图13-17所示对话框，双击【添加打印样式表向导】图标，系统弹出【添加打印样式表】对话框，如图13-17所示，单击【下一步】按钮，系统转换成【添加打印样式表-开始】对话框，如图13-18所示。

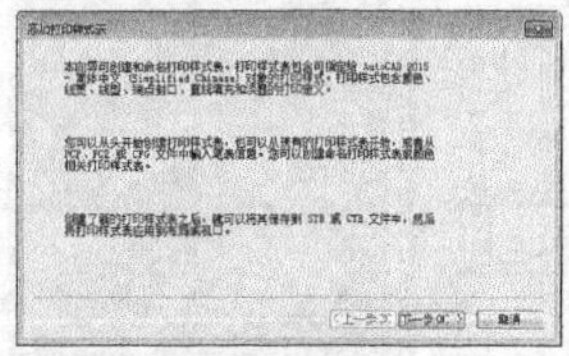

图13-17【添加打印样式表】对话框

图13-18【添加打印样式表-开始】对话框

Step 03 选择【创建新打印样式表】单选按钮，单击【下一步】按钮，系统打开【添加打印样式表-选择打印样式表】对话框，如图13-19所示，选择【颜色相关打印样式表】单选按钮，单击【下一步】按钮，系统转换成【添加打印样式表-文件名】对话框，如图13-20所示，新建一个名为“打印线宽”的颜色打印样式表文件，单击【下一步】按钮。

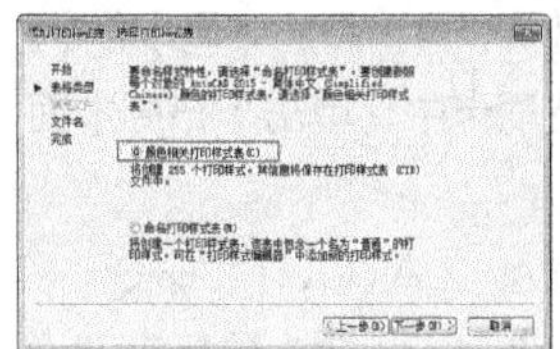
图 13-19【添加打印样式表 – 选择打印样式】

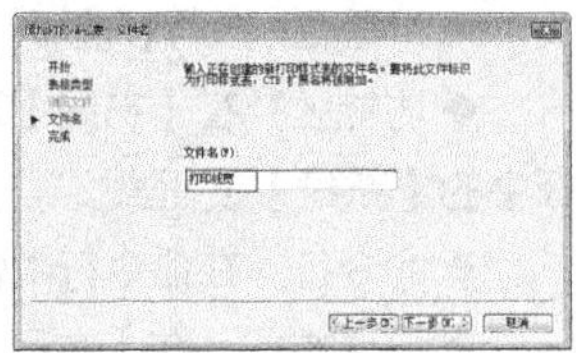
图 13-20【添加打印样式表 – 文件名】对话框

Step 04 在【添加打印样式表-完成】对话框中单击【打印样式表编辑器】按钮，打开图13-21所示的【打印样式表编辑器】对话框。

Step 05 在【打印样式】列表框中选择【颜色1】，单击【表格视图】选项卡中【特性】选项组的【颜色】下拉列表框中选择黑色，【线宽】下拉列表框中选择线宽0.3000mm，如图13-22所示。

图 13-21 【添加打印样式表 – 完成】对话框

图 13-22 【打印样式表编辑器】对话框

操作技巧

黑白打印机常用灰度区分不同的颜色，使得图样比较模糊。可以在【打印样式表编辑器】对话框的【颜色】下拉列表框中将所有颜色的打印样式设置为“黑色”，以得到清晰的出图效果。

Step 06 单击【保存并关闭】按钮，这样所有用【颜色1】的图形打印时都将以线宽0.3000mm来出图，设置完成后，再选择【文件】|【打印样式管理器】，在打开的对话框中，【打印线宽】就出现在该对话框中，如图13-23所示。

图 13-23 添加打印样式结果

练习 13-4 添加命名打印样式

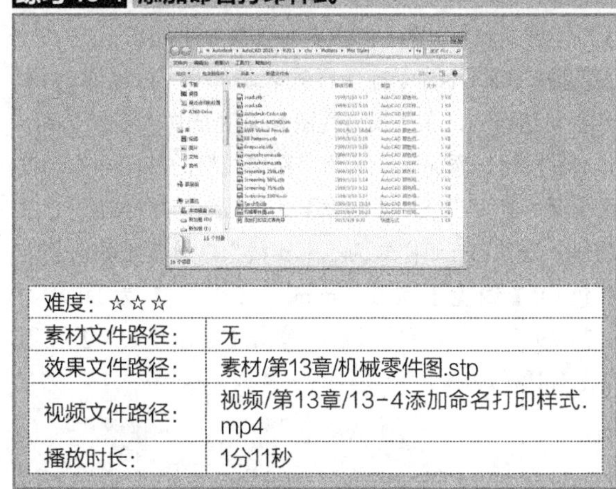

难度：☆☆☆	
素材文件路径：	无
效果文件路径：	素材/第13章/机械零件图.stp
视频文件路径：	视频/第13章/13-4添加命名打印样式.mp4
播放时长：	1分11秒

采用“.stb”打印样式类型，为不同的图层设置不同的命名打印样式。

Step 01 单击快速访问工具栏中的【新建】按钮，新建空白文件。

Step 02 执行【文件】|【打印样式管理器】菜单命令，单击系统弹出的对话框中的【添加打印样式表向导】图标，系统弹出【添加打印样式表】对话框，如图13-24所示。

Step 03 单击【下一步】按钮，打开【添加打印样式表-开始】对话框，选择【创建新打印样式表】单选按钮，如图13-25所示。

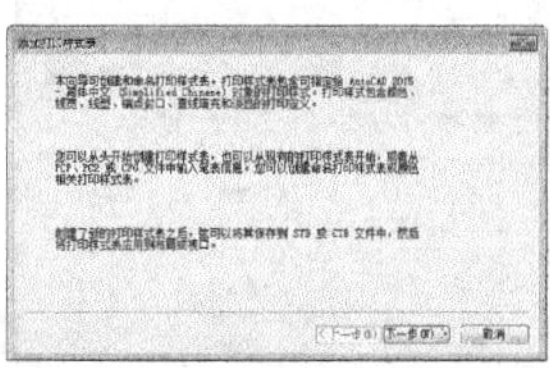
图 13-24 【添加打印样式表】对话框

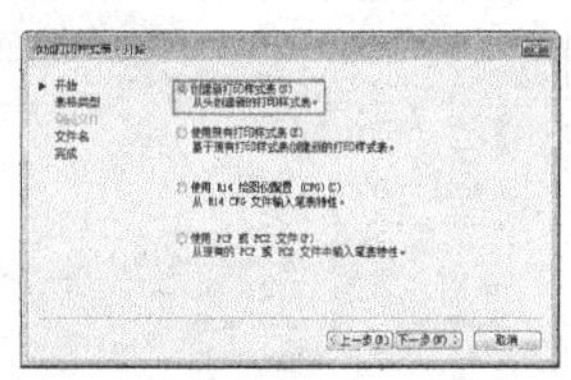
图 13-25 【添加打印样式表 — 开始】对话框

Step 04 单击【下一步】按钮，打开【添加打印样式表-选择打印样式表】对话框，单击【命名打印样式表】单选按钮，如图13-26所示。

Step 05 单击【下一步】按钮，系统打开【添加打印样式表-文件名】对话框，如图13-27所示，新建一个名为“机械零件图”的打印样式表文件，单击【下一步】按钮。

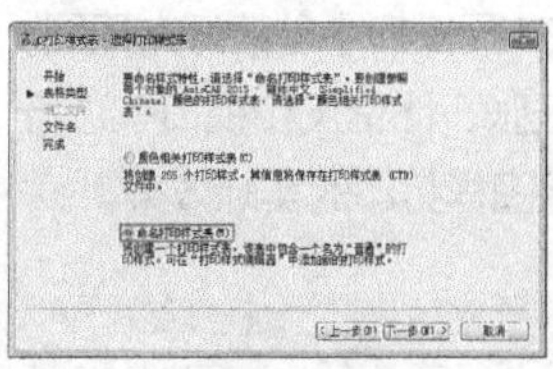
图 13-26 【添加打印样式表 – 选择打印样式】对话框

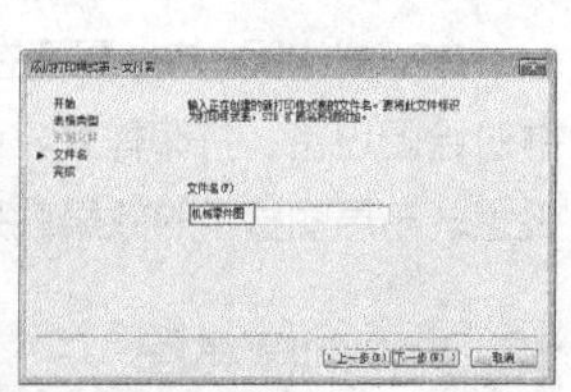
图 13-27 【添加打印样式表 – 文件名】对话框

Step 06 在【添加打印样式表-完成】对话框中单击【打印样式表编辑器】按钮，如图13-28所示。

Step 07 在打开的【打印样式表编辑器-机械零件图.stb】对话框中，在【表格视图】选项卡中，单击【添加样式】按钮，添加一个名为“粗实线”的打印样式，设置【颜色】为黑色，【线宽】为0.3mm。用同样的方法添加一个命名打印样式为“细实线”，设置【颜色】为黑色，【线宽】为0.1mm，【淡显】为30，如图13-29所示。设置完成后，单击【保存并关闭】按钮退出对话框。

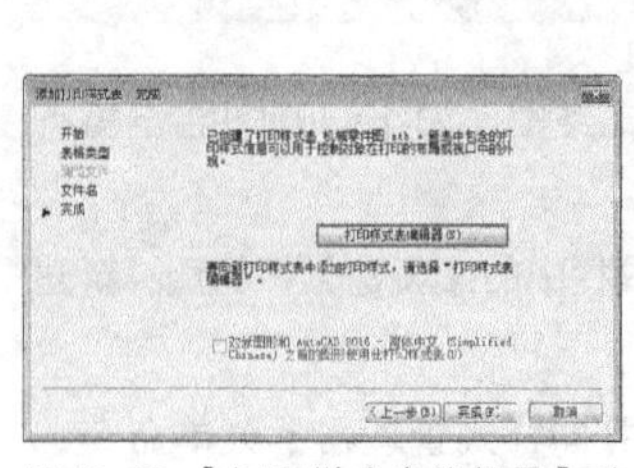

图 13-28 【打印样式表编辑器】对话框

图 13-29 【添加打印样式】对话框

Step 08 设置完成后，再执行【文件】|【打印样式管理器】，在打开的对话框中可以看到，【机械零件图】就出现在该对话框中，如图13-30所示。

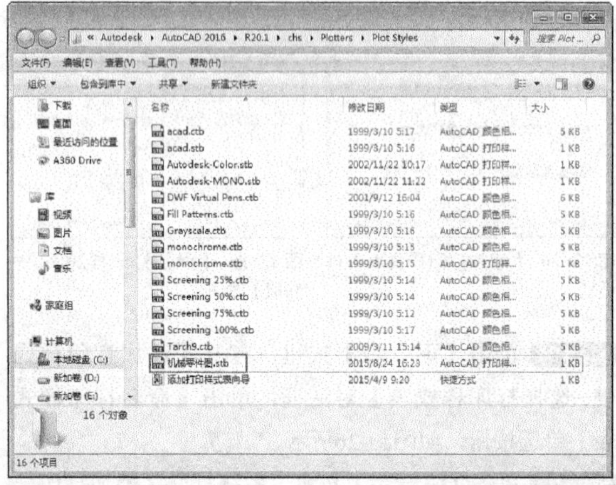

图 13-30 添加打印样式结果

13.3 布局图样

在正式出图之前，需要在布局窗口中创建好布局图，并对绘图设备、打印样式、纸张、比例尺和视口等进行设置。布局图显示的效果就是图样打印的实际效果。

13.3.1 创建布局

打开一个新的AutoCAD图形文件时，就已经存在了两个【布局1】和【布局2】。在布局图标签上右击，弹出快捷菜单。在弹出的快捷菜单中选择【新建布局】命令，通过该方法，可以新建更多的布局图。

•执行方式

【创建布局】命令的方法如下。

◆菜单栏：执行【插入】|【布局】|【新建布局】命令。

◆功能区：在【布局】选项卡中，单击【布局】面板中的【新建】按钮。

◆命令行：在命令行中输入“LAYOUT”命令。

◆快捷方式：在【布局】选项卡上单击鼠标右键，在弹出的快捷菜单中选择【新建布局】命令。

•操作步骤

按上述任意方法即可创建新布局。

•熟能生巧 通过向导创建布局

上述介绍的方法所创建的布局，都与图形自带的【布局1】与【布局2】相同，如果要创建新的布局格式，只能通过布局向导来创建。下面通过一个例子进行介绍。

练习 13-5 通过向导创建布局 ★进阶★

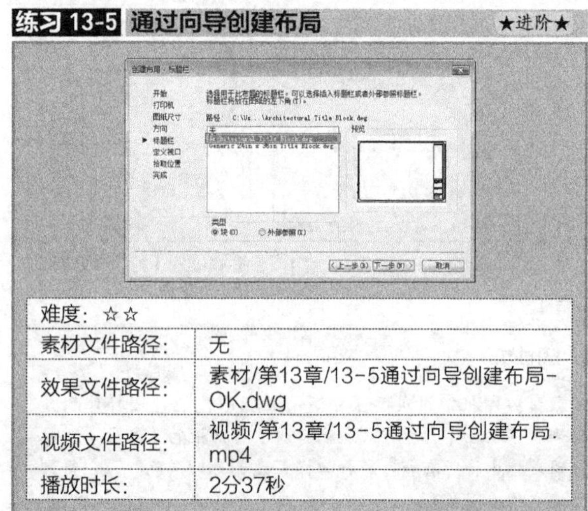

难度：☆☆	
素材文件路径：	无
效果文件路径：	素材/第13章/13-5通过向导创建布局-OK.dwg
视频文件路径：	视频/第13章/13-5通过向导创建布局.mp4
播放时长：	2分37秒

通过使用向导创建布局可以选择【打印机/绘图仪】、定义【图纸尺寸】、插入【标题栏】等，其能够自定义视口，能够使模型在视口中显示完整。这些定义能够被创建为模板文件（.dwt），方便调用。要使用向导创建布局，可以按以下方法来激活LAYOUTWIZARD命令。

◆方法一：在命令行中输入“LAYOUTWIZARD”，并按回车键。

◆方法二：单击【插入】菜单，在弹出的下拉菜单中选择【布局】|【创建布局向导】命令。

◆方法三：单击【工具】菜单，在弹出的下拉菜单中选择【向导】|【创建布局】命令。

Step 01 新建空白文档，然后按上述3种方法执行命令，系统弹出【创建布局-开始】对话框，在【输入新布局的名称】文本框中输入名称，如图13-31所示。

Step 02 单击【下一步】按钮，系统跳转到【创建布局-打印机】对话框，在绘图仪列表中选择合适的选项，如图13-32所示。

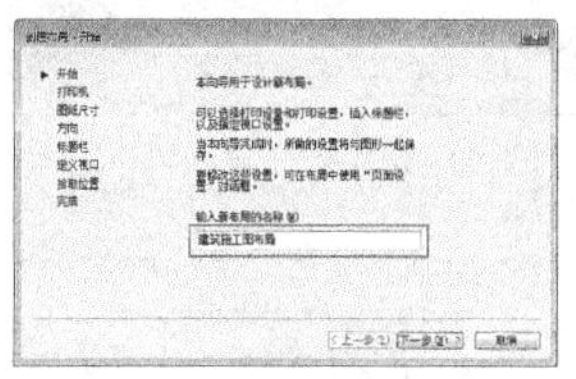

图 13-31 【创建布局 - 开始】对话框

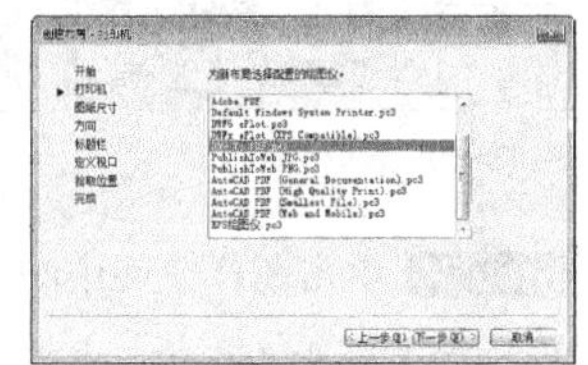

图 13-32 【创建布局 - 打印机】对话框

Step 03 单击【下一步】按钮，系统跳转到【创建布局-图纸尺寸】对话框，在图纸尺寸下拉列表中选择合适的尺寸，尺寸根据实际图纸的大小来确定，这里选择A4图纸，如图13-33所示。并设置图形单位为【毫米】。

Step 04 单击【下一步】按钮，系统跳转到【创建布局-方向】对话框，一般选择图形方向为【横向】，如图13-34所示。

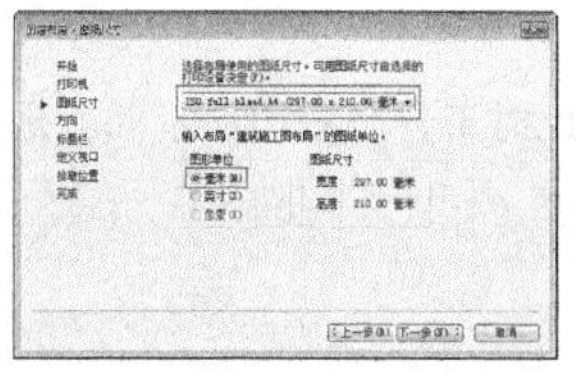

图 13-33 【创建布局 - 图纸尺寸】对话框

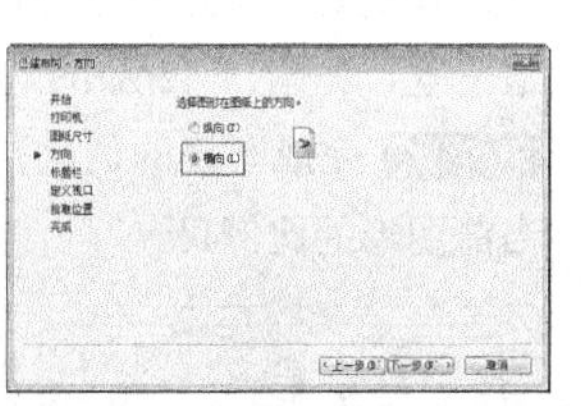

图 13-34 【创建布局 - 方向】对话框

Step 05 单击【下一步】按钮，系统跳转到【创建布局-标题栏】对话框，如图 13-35所示。此处选择系统自带的国外版建筑图标题栏。

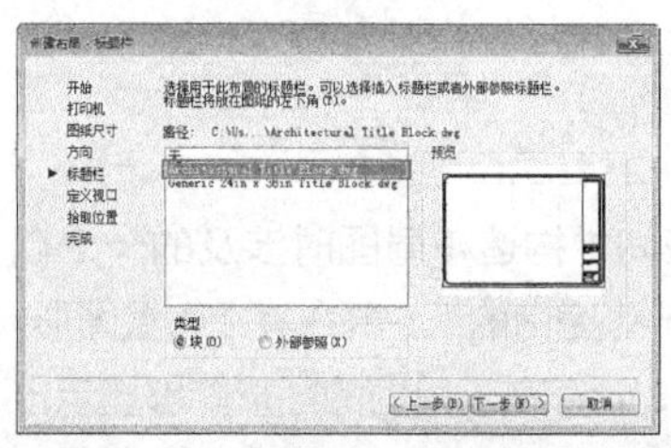

图 13-35 【创建布局 - 标题栏】对话框

> **操作技巧**
>
> 用户也可以自行创建标题栏文件，然后放至路径C:\Users\Administrator\AppData\Local\Autodesk\AutoCAD 2016\R20.1\chs\Template中。可以控制以图块或外部参照的方式创建布局。

Step 06 单击【下一步】按钮，系统跳转到【创建布局-定义视口】对话框，在【视口设置】选项框中可以设置4种不同的选项，如图13-36所示。这与VPORTS命令类似，在这里可以设置【阵列】视口，而在【视口】对话框中可以修改视图样式和视觉样式等。

Step 07 单击【下一步】按钮，系统跳转到【创建布局-拾取位置】对话框，如图13-37所示。单击【选择位置】按钮，可以在图纸空间中框选矩形作为视口，如果不指定位置直接单击【下一步】按钮，系统会默认以“布满”的方式。

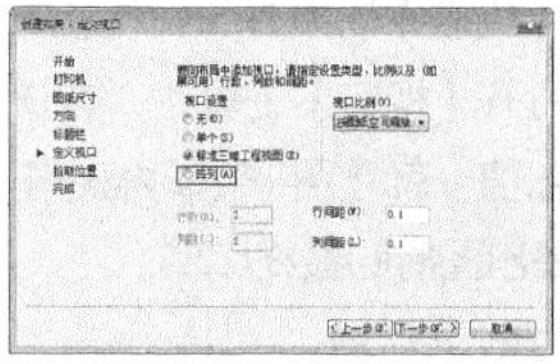

图 13-36 【创建布局 - 定义视口】对话框

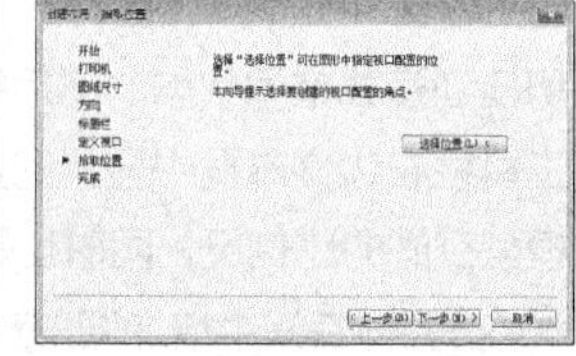

图 13-37 【创建布局 - 拾取位置】对话框

Step 08 单击【下一步】按钮，系统跳转到【创建布局-完成】对话框，再单击对话框中【完成】按钮，结束整个布局的创建。

13.3.2 调整布局 ★重点★

创建好一个新的布局图后，接下来的工作就是对布局图中的图形位置和大小进行调整和布置。

1 调整视口

视口的大小和位置是可以调整的，视口边界实际上市在图样空间中自动创建的一个矩形图形对象，单击视口边界，4 个角点上出现夹点，可以利用夹点拉伸的方法调整视口，如图 13-38 所示。

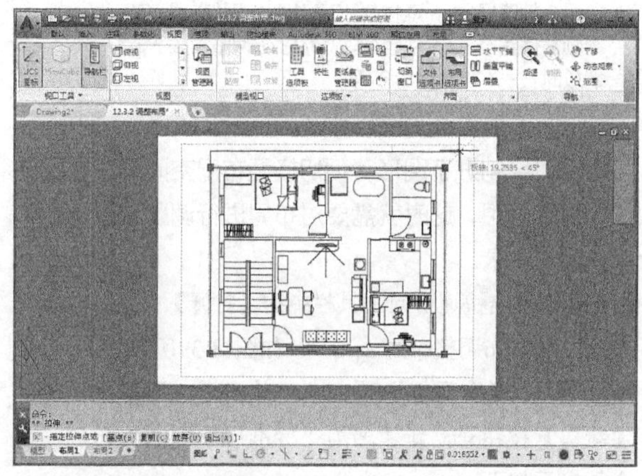

图 13-38 利用夹点调整视口

如果出图时只需要一个视口，通常可以调整视口边界到充满整个打印边界。

2 设置图形比例

设置比例尺是出图过程中最重要的一个步骤，该比例尺反映了图上距离和实际距离的换算关系。

AutoCAD 制图和传统纸面制图在比例设置比例尺这一步骤上有很大的不同。传统制图的比例尺一开始就已经确定，并且绘制的是经过比例换算后的图形。而在AutoCAD 建模过程中，在模型空间中始终按照 1:1 的实际尺寸绘图。只有在出图时，才按照比例尺将模型缩小到布局图上进行出图。

如果需要观看当前布局图的比例尺，首先应在视口内部双击，使当前视口内的图形处于激活状态，然后单击工作区间右下角【图样】/【模型】切换开关，将视口切换到模式空间状态。然后打开【视口】工具栏。在该工具栏右边文本框中显示的数值，就是图样空间相对于模型空间的比例尺，同时也是出图时的最终比例。

3 在图样空间中增加图形对象

有时候需要在出图时添加一些不属于模型本身的内容，例如制图说明、图例符号、图框、标题栏、会签栏等，此时可以在布局空间状态下添加这些对象，这些对象只会添加到布局图中，而不会添加到模型空间中。

练习 13-6 调整布局

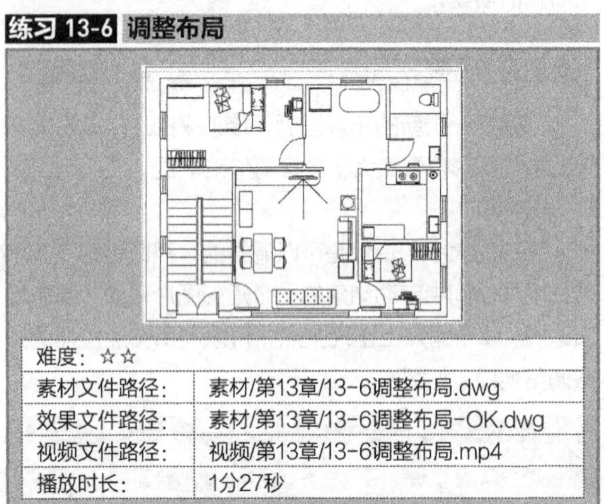

难度：☆☆	
素材文件路径：	素材/第13章/13-6调整布局.dwg
效果文件路径：	素材/第13章/13-6调整布局-OK.dwg
视频文件路径：	视频/第13章/13-6调整布局.mp4
播放时长：	1分27秒

有时绘制好了图形，但切换至布局空间时，显示的效果并不理想，这时就需要对布局进行调整，使视图符合打印的要求。

Step 01 单击快速访问工具栏中的【打开】按钮，打开"第13章/13-6调整布局.dwg"，如图13-39所示。

Step 02 在【布局】选项卡中，单击【布局】面板中的【新建】按钮，新建名为"标准层平面图"布局，命令行提示如下。

```
输入布局选项 [复制(C)/删除(D)/新建(N)/样板(T)/重命名(R)/另存为(SA)/设置(S)/?] <设置>: _new↙
输入新布局名 <布局3>:标准层平面图↙
```

Step 03 创建完毕后，切换至【标准层平面图】布局空间，效果如图13-40所示。

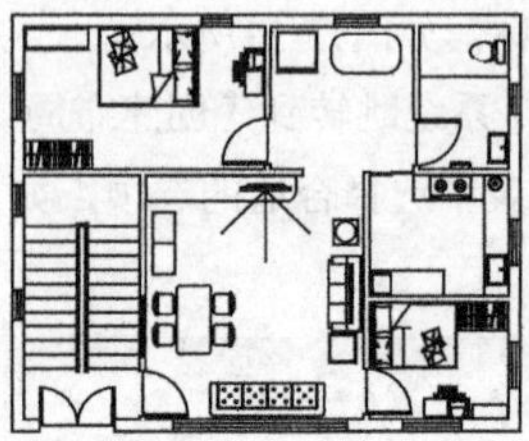
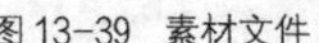

图 13-39 素材文件

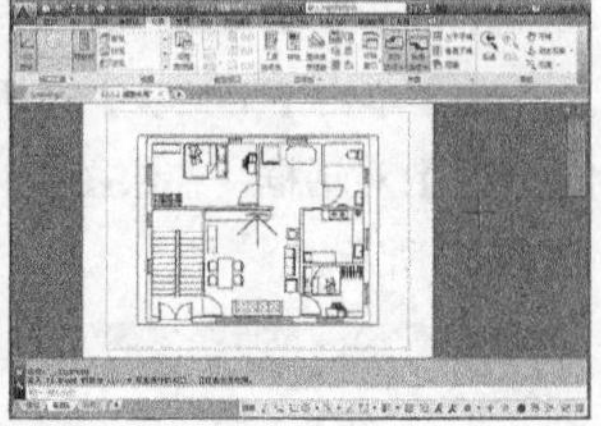

图 13-40 切换空间

Step 04 单击图样空间中的视口边界，4个角点上出现夹点，调整视口边界到充满整个打印边界，如图13-41所示。

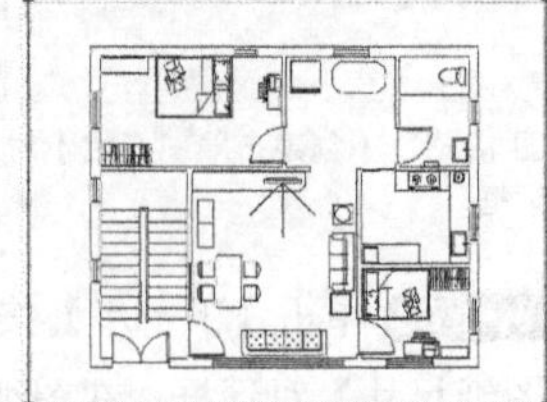

图 13-41 调整布局

Step 05 单击工作区右下角【图纸/模型】切换开关图纸，将视口切换到模型空间状态。

Step 06 在命令行输入"ZOOM"，调用【缩放】命令，使所有的图形对象充满整个视口，并调整图形到合适位置，如图13-42所示。

Step 07 完成布局的调整，此时工作区右边显示的就是当前图形的比例尺。

图 13-42 缩放图形

13.4 视口

视口是在布局空间中构造布局图时涉及的一个概念，布局空间相当于一张空白的纸，要在其上布置图形，先要在纸上开一扇窗，让存在于里面的图形能够显示出来，视口的作用就相当于这扇窗。可以将视口视为布局空间的图形对象，并对其进行移动和调整，这样就可以在一个布局内进行不同视图的放置、绘制、编辑和打印，视口可以相互重叠或分离。

13.4.1 删除视口

打开布局空间时，系统就已经自动创建了一个视口，所以能够看到分布在其中的图形。

在布局中，选择视口的边界，如图 13-43 所示。按 Delete 键可删除视口，删除后，显示于该视口的图像将不可见，如图 13-44 所示。

图 13-43 选中视口

图 13-44 删除视口

13.4.2 新建视口 ★进阶★

系统默认的视口往往不能满足布局的要求，尤其是在进行多视口布局时，这时需要手动创建新视口，并对其进行调整和编辑。

启动【新建视口】的方法如下。

◆功能区：在【输出】选项卡中，单击【布局视口】面板中各按钮，可创建相应的视口。

◆菜单栏：执行【视图】|【视口】命令。

◆命令行：输入“VPORTS”命令。

1 创建标准视口

执行上述命令下的【新建视口】子命令后，将打开【视口】对话框，如图 13-45 所示。在【新建视口】选项卡的【标准视口】列表中可以选择要创建的视口类型，在右边的预览窗口中可以进行预览。可以创建单个视口，也可以创建多个视口，如图 13-46 所示。还可以选择多个视口的摆放位置。

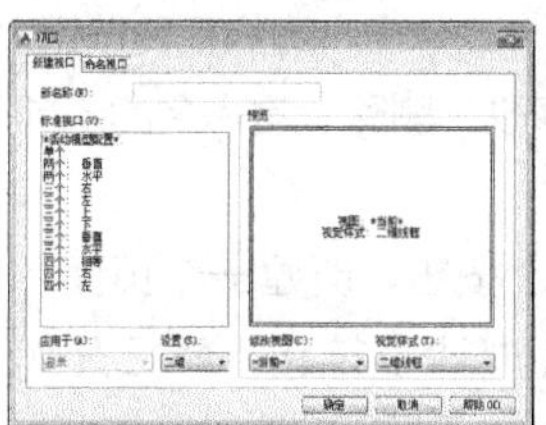
图 13-45 【视口】对话框

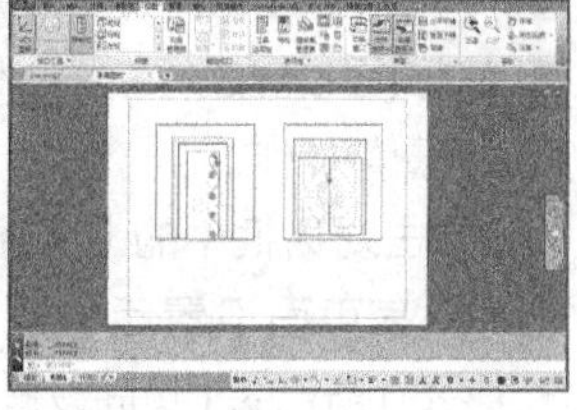
图 13-46 创建多个视口

调用多个视口的方法如下。

◆功能区：在【布局】选项卡中，单击【布局视口】中的各按钮，如图 13-47 所示。

◆菜单栏：执行【视图】|【视口】命令，如图 13-48 所示。

◆命令行：输入“VPORTS”命令。

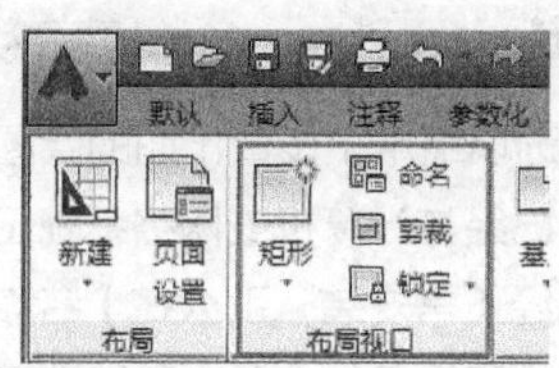

图 13-47 从【功能区】调用【视口】命令

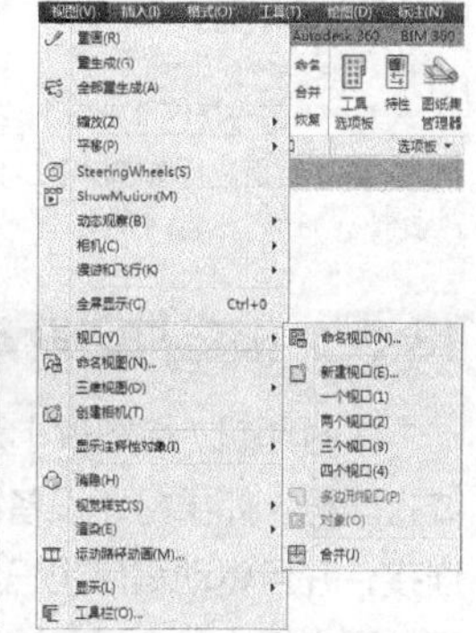
图 13-48 从【菜单栏】调用【视口】命令

2 创建特殊形状的视口

执行上述命令中的【多边形视口】命令，可以创建多边形的视口，如图 13-49 所示。甚至还可以在布局图样中手动绘制特殊的封闭对象边界，如多边形、圆、样条曲线或椭圆等，然后使用【对象】命令，将其转换为视口，如图 13-50 所示。

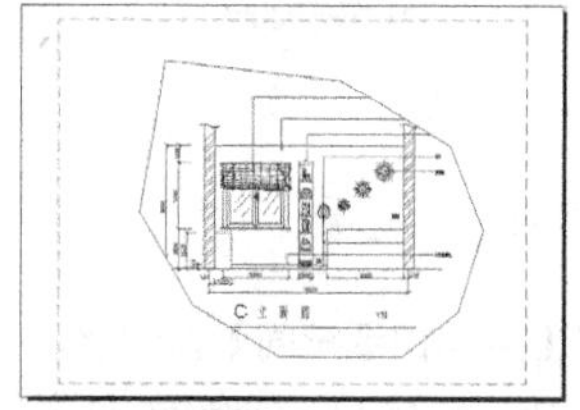
图 13-49 多边形视口

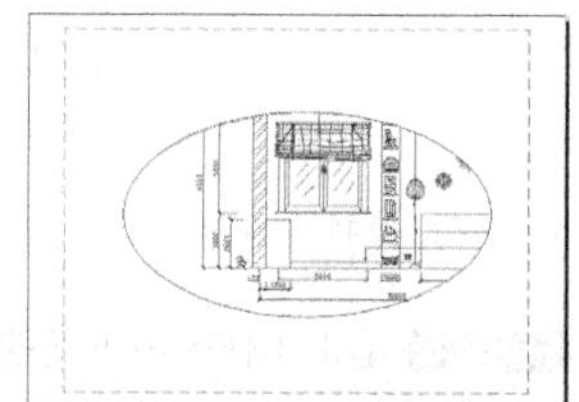
图 13-50 转换为视口

练习 13-7 创建正五边形视口

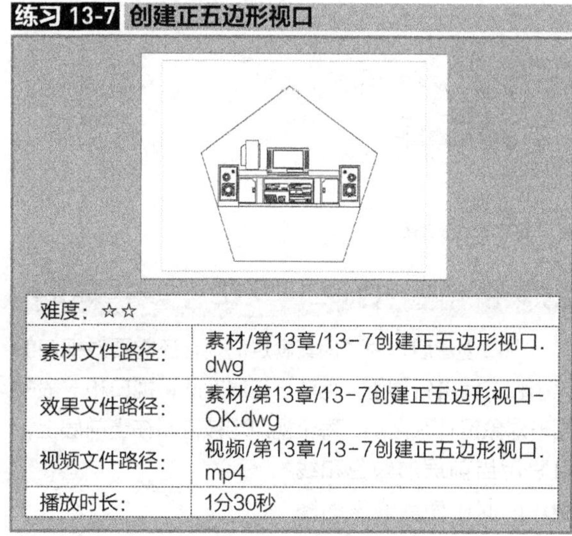

难度：☆☆	
素材文件路径：	素材/第13章/13-7创建正五边形视口.dwg
效果文件路径：	素材/第13章/13-7创建正五边形视口-OK.dwg
视频文件路径：	视频/第13章/13-7创建正五边形视口.mp4
播放时长：	1分30秒

有时为了让布局空间显示更多的内容，可以通过【视口】命令来创建多个显示窗口，也可手工绘制矩形或多边形，然后将其转换为视口。

Step 01 单击快速访问工具栏中的【打开】按钮，打开“第13章/13-7创建正五边形视口.dwg”，如图13-51所示。

Step 02 切换至【布局1】空间，选取默认的矩形浮动视口，按Delete键删除，此时图像将不可见，如图13-52所示。

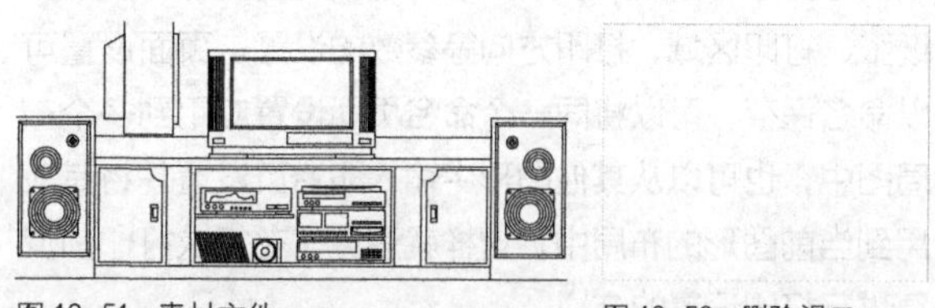
图 13-51 素材文件

图 13-52 删除视口

Step 03 在【默认】选项卡中，单击【绘图】面板中的【正多边形】按钮，绘制内接于圆半径为90的正五边形，如图13-53所示。

Step 04 在【布局】选项卡中，单击【布局视口】面板中的【对象】按钮，选择正五边形，将正五边形转换为视口，效果如图13-54所示。

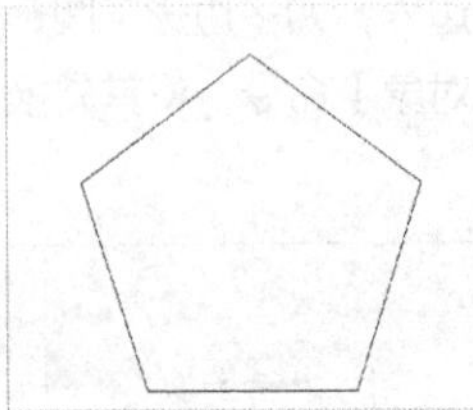
图 13-53 绘制正五边形

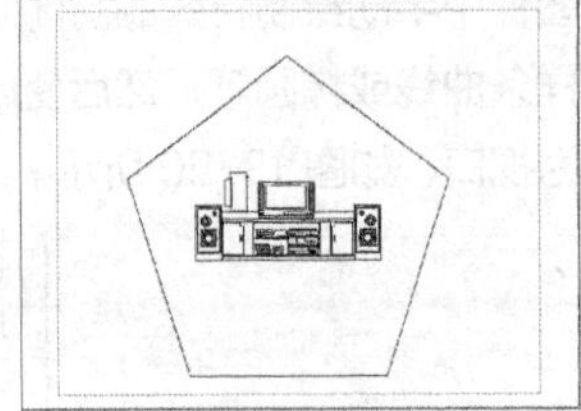
图 13-54 转换视口

Step 05 单击工作区右下角的【模型/图纸空间】按钮，切换为模型空间，对图形进行缩放，最终结果如图13-55所示。

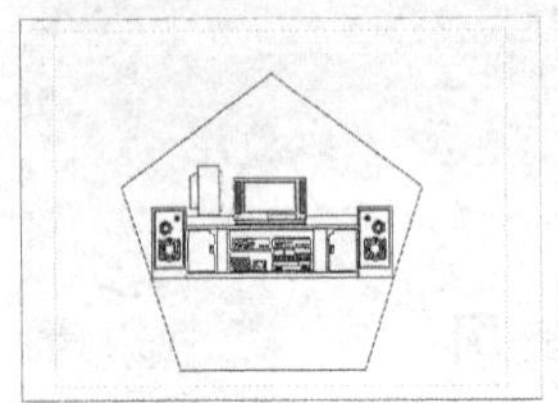
图 13-55 最终效果图

13.4.3 调整视口 ★进阶★

视口创建后，为了使其满足需要，还需要对视口的大小和位置进行调整，相对于布局空间，视口和一般的图形对象没什么区别，每个视口均被绘制在当前层上，且采用当前层的颜色和线型。因此可使用通常的图形编辑方法来编辑视口。例如，可以通过拉伸和移动夹点来调整视口的边界，如图 13-56 所示。

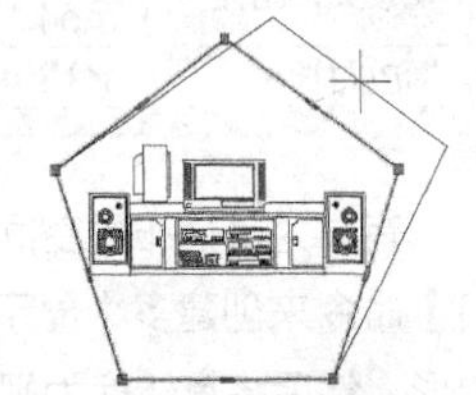
图 13-56 利用夹点调整视口

13.5 页面设置

页面设置是出图准备过程中的最后一个步骤，打印的图形在进行布局之前，先要对布局的页面进行设置，以确定出图的纸张大小等参数。页面设置包括打印设备、纸张、打印区域、打印方向等参数的设置。页面设置可以命名保存，可以将同一个命名页面设置应用到多个布局图中，也可以从其他图形中输入命名页设置并将其应用到当前图形的布局中，这样就避免了在每次打印前反复进行打印设置的麻烦。

a. 执行方式

页面设置在【页面设置管理器】对话框中进行，调用【新建页面设置】的方法如下。

◆菜单栏：执行【文件】|【页面设置管理器】命令，如图 13-57 所示。

◆命令行：在命令行中输入“PAGESETUP”命令。

◆功能区：在【输出】选项卡中，单击【布局】面板或【打印】面板中的【页面设置】按钮，如图 13-58 所示。

◆快捷方式：右击绘图窗口下的【模型】或【布局】选项卡，在弹出的快捷菜单中，选择【页面设置管理器】命令。

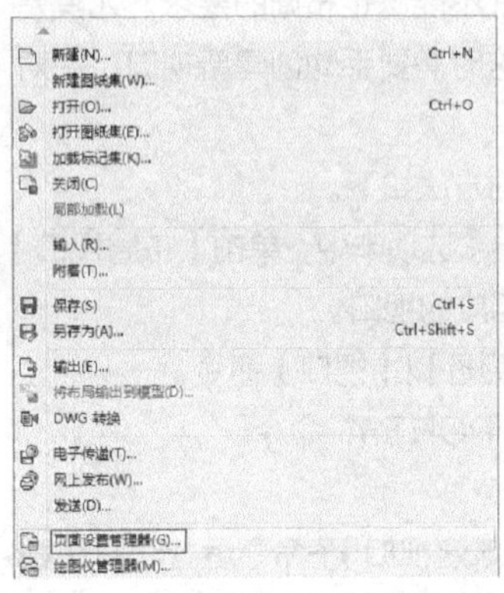

图 13-57 【菜单栏】调用【页面设置管理器】命令

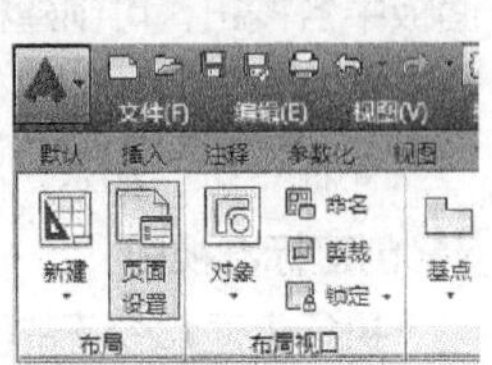

图 13-58 【功能区】调用【页面设置管理器】命令

b. 操作步骤

执行该命令后，将打开【页面设置管理器】对话框，如图 13-59 所示，对话框中显示已存在的所有页面设置的列表。通过右击页面设置，或单击右边的工具按钮，可以对页面设置进行新建、修改、删除、重命名和当前页面设置等操作。

单击对话框中的【新建】按钮，新建一个页面，或选中某页面设置后单击【修改】按钮，将打开如图 13-60 所示的【页面设置】对话框。在该对话框中，可以进行打印设备、图样、打印区域、比例等选项的设置。

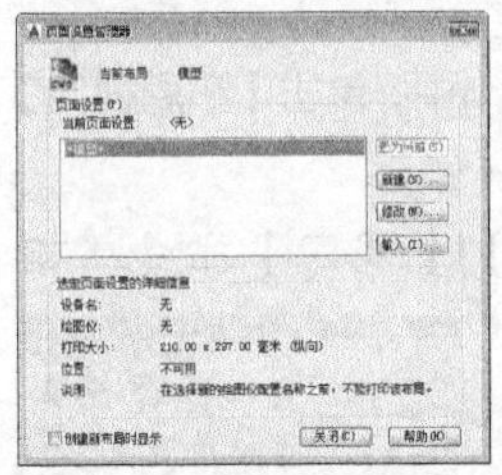
图 13-59 【页面设置管理器】对话框

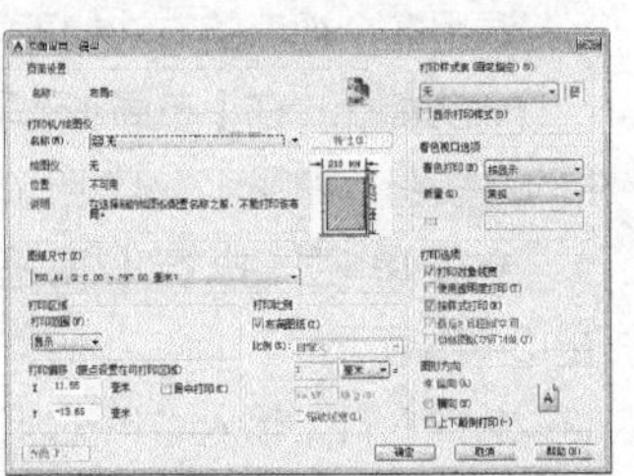
图 13-60 【页面设置】对话框

13.5.1 指定打印设备 ★重点★

【打印机 / 绘图仪】选项组用于设置出图的绘图仪或打印机。如果打印设备已经与计算机或网络系统正确连接，并且驱动程序也已经正常安装，那么在【名称】下拉列表框中就会显示该打印设备的名称，可以选择需要打印设备。

AutoCAD 将打印介质和打印设备的相关信息储存在后缀名为 *.pc3 的打印配置文件中，这些信息包括绘图仪配置设置指定端口信息、光栅图形和矢量图形的质量、图样尺寸以及取决于绘图仪类型的自定义特性。这样使得打印配置可以用于其他 AutoCAD 文档，能够实现共享，避免了反复设置。

·执行方式

单击功能区【输出】选项卡【打印】组面板中【打印】按钮，系统弹出【打印 - 模型】对话框，如图13-61所示。在对话框【打印机 / 绘图仪】功能框的【名称】下拉列表中选择要设置的名称选项，单击右边的【特性】按钮 特性(R)... ，系统弹出【绘图仪配置编辑器】对话框，如图 13-62 所示。

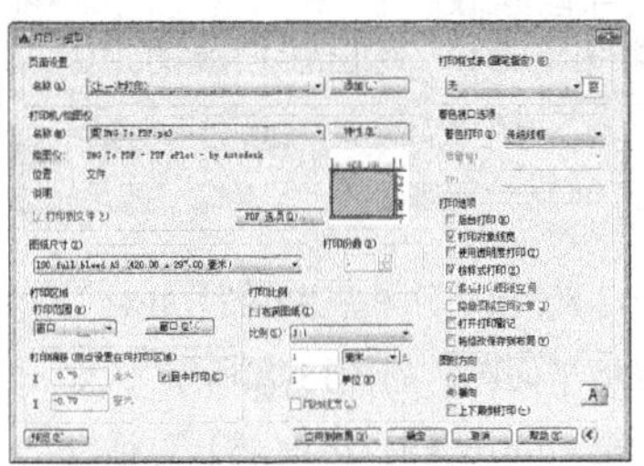

图 13-61【打印 - 模型】对话框

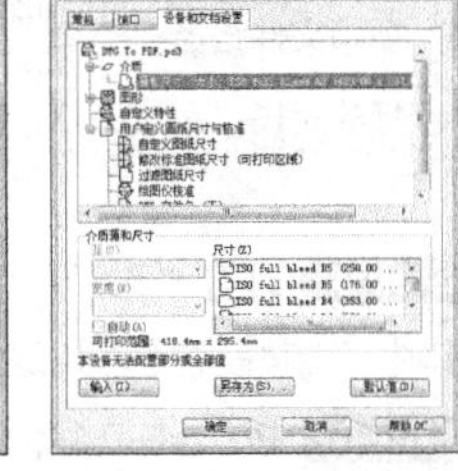

图 13-62【绘图仪配置编辑器】对话框

·操作步骤

切换到【设备和文档设置】选项卡，选择各个节点，然后进行更改即可，各节点修改的方法见本节的“c. 选项说明”。在这里，如果更改了设置，所做更改将出现在设置名旁边的尖括号 (< >) 中。修改过其值的节点图标上还会显示一个复选标记。

·选项说明

对话框中共有【介质】、【图形】、【自定义特性】和【用户定义图纸尺寸与校准】4 个主节点，除【自定义特性】节点外，其余节点皆有子菜单。下面对各个节点进行介绍。

◎【介质】节点

该节点可指定纸张来源、大小、类型和目标，在点选此选项后，在【尺寸】选项列表中指定。有效的设置取决于配置的绘图仪支持的功能。对于 Windows 系统打印机，必须使用【自定义特性】节点配置介质设置。

◎【图形】节点

为打印矢量图形、光栅图形和 TrueType 文字指定设置。根据绘图仪的性能，可修改颜色深度、分辨率和抖动。可为矢量图形选择彩色输出或单色输出。在内存有限的绘图仪上打印光栅图像时，可以通过修改打印输出质量来提高性能。如果使用支持不同内存安装总量的非系统绘图仪，则可以提供此信息以提高性能。

◎【自定义特性】节点

点选【自定义特性】选项，单击【自定义特性】按钮，系统弹出【PDF 选项】对话框，如图 13-63 所示。在此对话框中，可以修改绘图仪配置的特定设备特性。每一种绘图仪的设置各不相同。如果绘图仪制造商没有为设备驱动程序提供【自定义特性】对话框，则【自定义特性】选项不可用。对于某些驱动程序，例如 ePLOT，这是显示的唯一树状图选项。对于 Windows 系统打印机，多数设备特有的设置在此对话框中完成。

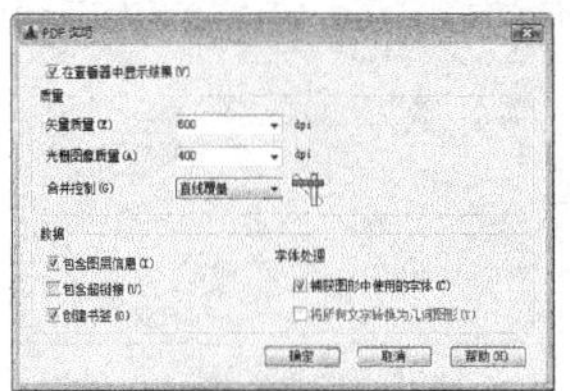

图 13-63 【PDF 特性】对话框

◎【用户定义图纸尺寸与校准】主节点

用户定义图纸尺寸与校准节点。将 PMP 文件附着到 PC3 文件，校准打印机并添加、删除、修订或过滤自定义图纸尺寸，具体步骤介绍如下。

Step 01 在【绘图仪配置编辑器】对话框中单击【自定义图纸尺寸】选项，单击【添加】按钮，系统弹出【自定义图纸尺寸-开始】对话框，如图13-64所示。

Step 02 在对话框中选择【创建新图纸】选项，或者选择现有的图纸进行自定义，单击【下一步】按钮，系统跳转到【自定义图纸尺寸-介质边界】对话框，如图13-65所示。在文本框中输入介质边界的宽度和高度值，这里可以设置非标准A0、A1、A2等规格的图框，有些图形需要加长打印便可在此设置，并确定单位名称为毫米。

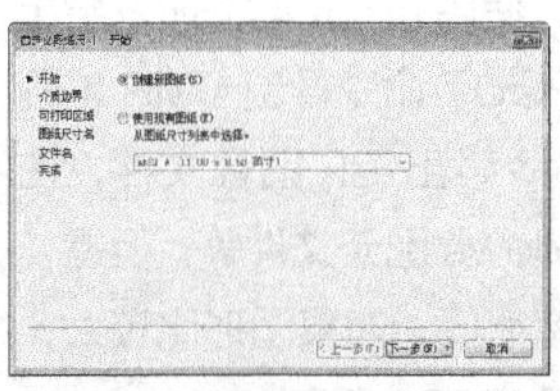

图 13-64 【自定义图纸尺寸 - 开始】对话框

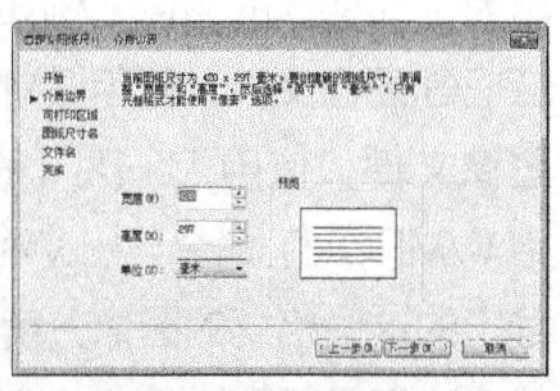

图 13-65 【自定义图纸尺寸 - 介质边界】对话框

Step 03 单击【下一步】按钮，系统跳转到自定义图纸尺寸-可打印区域】对话框，如图13-66所示。在对话框中可以设置图纸边界与打印边界线的距离，即设置非打印区域。大多数驱动程序与图纸边界的指定距离用来计算可打印区域。

Step 04 单击【下一步】按钮，系统跳转到【自定义图纸尺寸-图纸尺寸名】对话框，如图 13-67所示。在【名称】文本框中输入图纸尺寸名称。

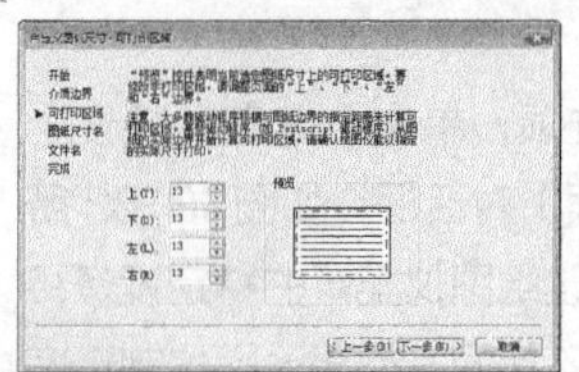

图 13-66 【自定义图纸尺寸 - 可打印区域】对话框

图 13-67 【自定义图纸尺寸 - 图纸尺寸名】对话框

Step 05 单击对话框【下一步】按钮，系统跳转到【自定义图纸尺寸-文件名】对话框，如图13-68所示。在【PMP文件名】文本框中输入文件名称。PMP文件可以跟随PC3文件。输入完成单击【下一步】按钮，再单击【完成】按钮。至此完成整个自定义图纸尺寸的设置。

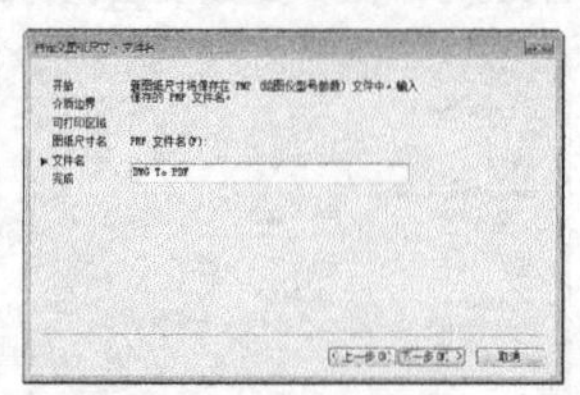

图 13-68【自定义图纸尺寸 - 文件名】对话框

在配置编辑器中可修改标准图纸尺寸。通过节点可以访问"绘图仪校准"和"自定义图纸尺寸"向导，方法与自定义图纸尺寸方法类似。如果正在使用的绘图仪已校准过，则绘图仪型号参数 (PMP) 文件包含校准信息。如果 PMP 文件还未附着到正在编辑的 PC3 文件中，那么必须创建关联才能够使用 PMP 文件。如果创建当前 PC3 文件时在"添加绘图仪"向导中校准了绘图仪，则 PMP 文件已附着。使用"用户定义的图纸尺寸和校准"下面的"PMP 文件名"选项，将 PMP 文件附着或拆离正在编辑的 PC3 文件。

·熟能生巧 输出高分辨率的 JPG 图片

在第 2 章的 2.3 节中已经介绍了几种常见文件的输出，除此之外，dwg 图纸还可以通过命令将选定对象输出为不同格式的图像，例如，使用 JPGOUT 命令导出 JPEG 图像文件，使用 BMPOUT 命令导出 BMP 位图图像文件，使用 TIFOUT 命令导出 TIF 图像文件，使用 WMFOUT 命令导出 Windows 图元文件等。但是，导出的这些格式的图像分辨率很低，如果图形比较大，就无法满足印刷的要求，如图 13-69 所示。

图 13-69 分辨率很低的 JPG 图片

不过，学习了指定打印设备的方法后，就可以通过修改图纸尺寸的方式，来输出高分辨率的 JPG 图片。下面通过一个例子来介绍具体的操作方法。

练习 13-8 输出高分辨率的 JPG 图片 ★进阶★

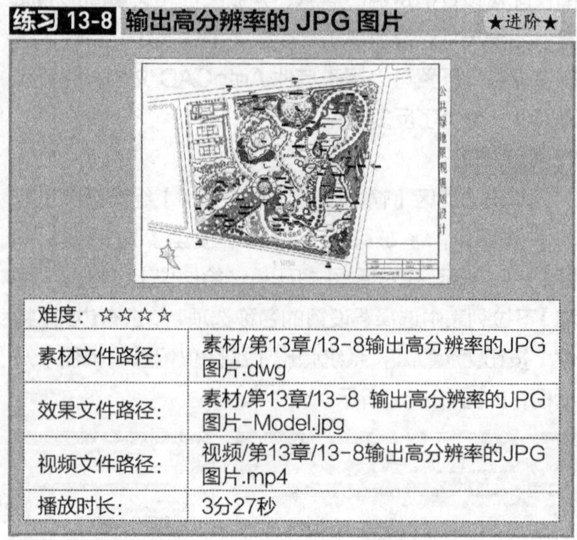

难度：☆☆☆☆	
素材文件路径：	素材/第13章/13-8输出高分辨率的JPG图片.dwg
效果文件路径：	素材/第13章/13-8 输出高分辨率的JPG图片-Model.jpg
视频文件路径：	视频/第13章/13-8输出高分辨率的JPG图片.mp4
播放时长：	3分27秒

Step 01 打开"第13章/13-8输出高分辨率JPG图片.dwg"，其中绘制好了某公共绿地平面图，如图13-70所示。

Step 02 按Ctrl+P组合键，弹出【打印-模型】对话框。然后在【名称】下拉列表框中选择所需的打印机，本例要输出JPG图片，便选择【PublishToWeb JPG.pc3】打印机，如图13-71所示。

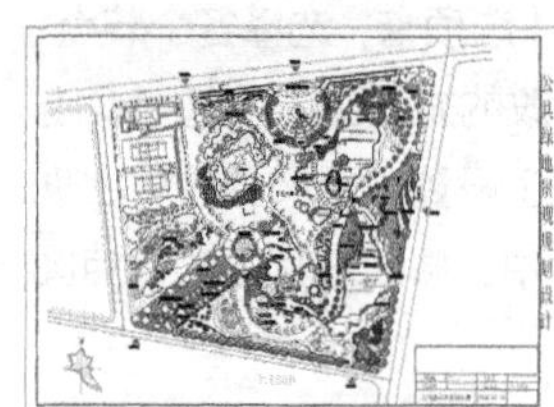

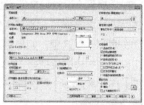

图 13-70 素材文件　　图 13-71 指定打印机

Step 03 单击【PublishToWeb JPG.pc3】右边的【特性】按钮 特性(R)... ，系统弹出【绘图仪配置编辑器】对话框，选择【用户定义图纸尺寸与校准】节点下的【自定义图纸尺寸】，然后单击右下方的【添加】按钮，如图13-72所示。

Step 04 系统弹出【自定义图纸尺寸-开始】对话框，选择【创建新图纸】选项，然后单击【下一步】按钮，如图13-73所示。

图 13-72 【绘图仪配置编辑器】对话框

图 13-73【自定义图纸尺寸 - 开始】对话框

Step 05 调整分辨率。系统跳转到【自定义图纸尺寸-介质边界】对话框，这里会提示当前图形的分辨率，可以酌情进行调整，本例修改分辨率如图13-74所示。

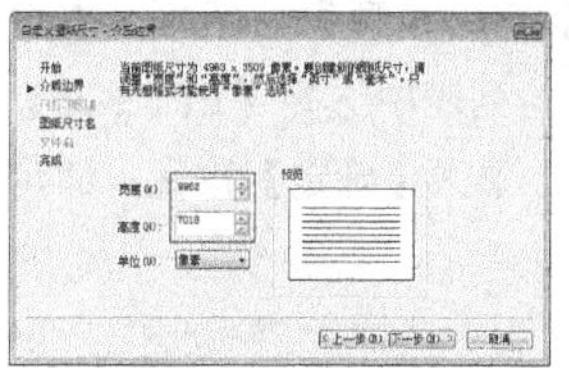

图 13-74 调整分辨率

> **操作技巧**
>
> 设置分辨率时，要注意图形的长宽比与原图一致。如果所输入的分辨率与原图长、宽不成比例，则会失真。

Step 06 单击【下一步】按钮，系统跳转到【自定义图纸尺寸-图纸尺寸名】对话框，在【图纸尺寸名】文本框中输入图纸尺寸名称，如图13-75所示。

Step 07 单击【下一步】按钮，再单击【完成】按钮，完成高清分辨率的设置。返回【绘图仪配置编辑器】对话框后单击【确定】按钮，再返回【打印-模型】对话框，在【图纸尺寸】下拉列表中选择刚才创建好的【高清分辨率】，如图13-76所示。

图 13-75 【自定义图纸尺寸 - 图纸尺寸名】对话框

图 13-76 选择图纸尺寸（即分辨率）

Step 08 单击【确定】按钮，即可输出高清分辨率的JPG图片，局部截图效果如图13-77所示（亦可打开素材中的效果文件进行观察）。

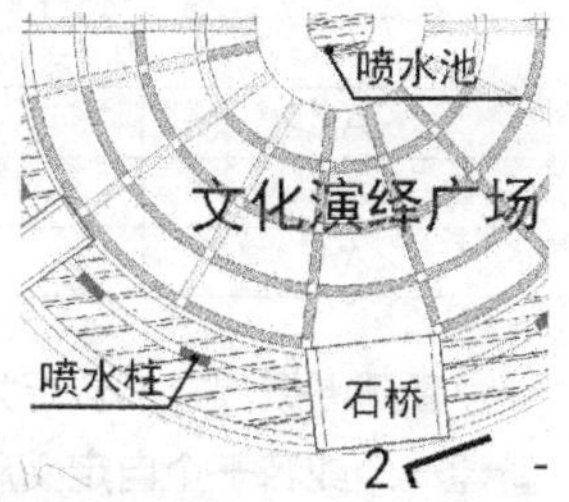

图 13-77 局部效果

·精益求精 将 AutoCAD 图形导入 Photoshop

对于新时期的设计工作来说，已不能仅靠一门软件来进行操作，无论是客户要求还是自身发展，都在逐渐向多软件互通的方向靠拢。因此使用 AutoCAD 进行设计时，就必须掌握 dwg 文件与其他主流软件（如Word、PS、CorelDRAW）的交互。

下面通过一个例子来介绍具体的操作方法。

练习 13-9 输出供 PS 用的 EPS 文件 ★进阶★

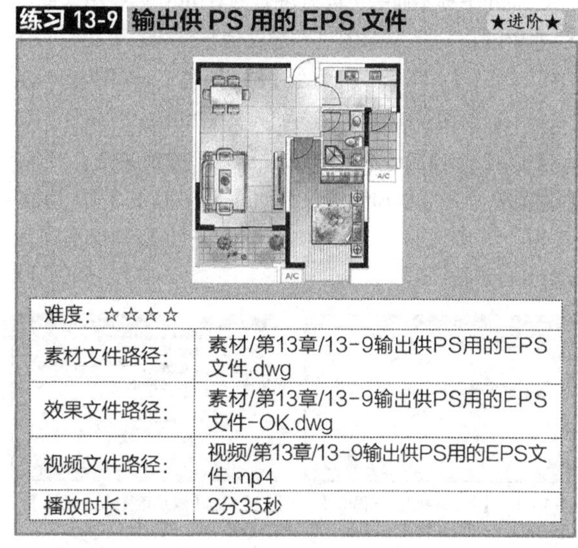

难度：☆☆☆☆	
素材文件路径：	素材/第13章/13-9输出供PS用的EPS文件.dwg
效果文件路径：	素材/第13章/13-9输出供PS用的EPS文件-OK.dwg
视频文件路径：	视频/第13章/13-9输出供PS用的EPS文件.mp4
播放时长：	2分35秒

通过添加打印设备，可以让 AutoCAD 输出 EPS 文件，然后再通过 PS、CorelDRAW 进行二次设计，即可得到极具表现效果的设计图（彩平图），如图 13-78 和图 13-79 所示，这在室内设计中极为常见。

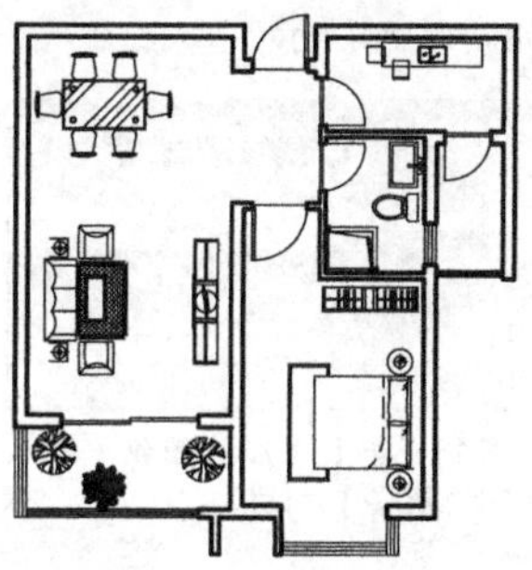

图 13-78 原始的 DWG 平面图

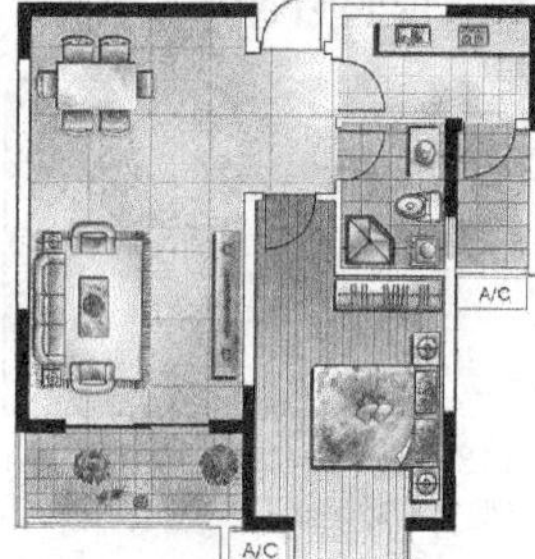

图 13-79 经过 PS 修缮后的彩平图

Step 01 打开"第13章/13-9输出供PS用的EPS文件.dwg"，其中绘制好了一幅简单室内平面图，如图13-78所示。

Step 02 单击功能区【输出】选项卡【打印】组面板中【绘图仪管理器】按钮，系统打开【Plotters】文件夹窗口，如图13-80所示。

图 13-80 【Plotters】文件夹窗口

Step 03 双击文件夹窗口中【添加绘图仪向导】快捷方式，打开【添加绘图仪-简介】对话框，如图13-81所示。简介中称本向导可配置现有的Windows绘图仪或新的非Windows系统绘图仪。配置信息将保存在PC3文件中。PC3文件将添加为绘图仪图标，该图标可从Autodesk绘图仪管理器中选择。在【Plotters】文件夹窗口中以【.pc3】为后缀名的文件都是绘图仪文件。

Step 04 单击【添加绘图仪-简介】对话框中【下一步】按钮，系统跳转到【添加绘图仪-开始】对话框，如图13-82所示。

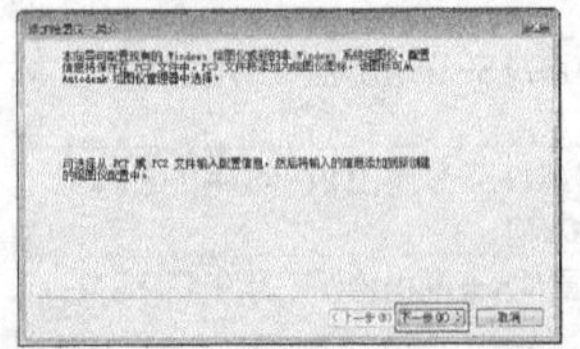
图13-81 【添加绘图仪－简介】对话框

图13-82 【添加绘图仪－开始】对话框

Step 05 选择默认的选项【我的电脑】，单击【下一步】按钮，系统跳转到【添加绘图仪-绘图仪型号】对话框，如图13-83所示。选择默认的生产商及型号，单击对话框中【下一步】按钮，系统跳转到【添加绘图仪-输入PCP或PC2】对话框，如图13-84所示。

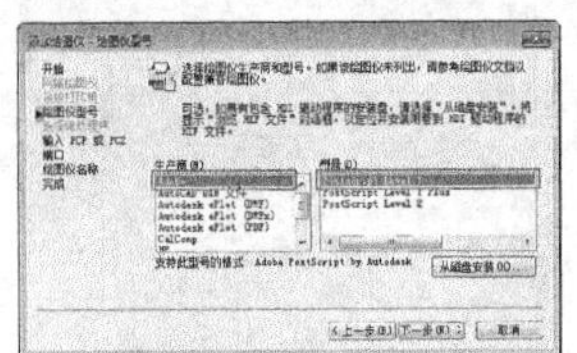
图13-83 【添加绘图仪－绘图仪型号】对话框图

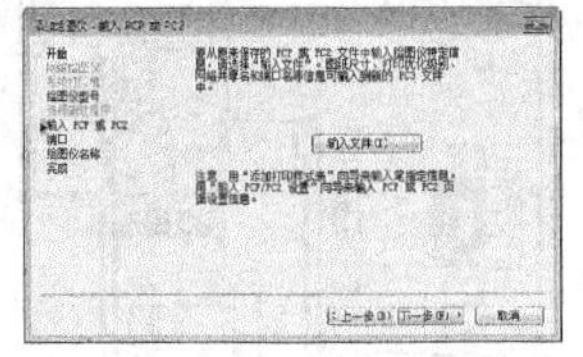
图13-84 【添加绘图仪－输入PCP或PC2】对话框

Step 06 单击对话框中【下一步】按钮，系统跳转到【添加绘图仪-端口】对话框，选择【打印到文件】选项，如图13-85所示。因为是用虚拟打印机输出，打印时弹出保存文件的对话框，所以选择打印到文件。

Step 07 单击【添加绘图仪-端口】对话框中【下一步】按钮，系统跳转到【添加绘图仪-绘图仪名称】对话框，如图13-86所示。在【绘图仪名称】文本框中输入名称“EPS”。

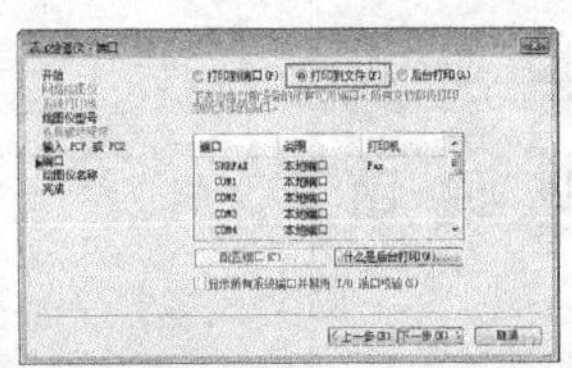
图13-85 【添加绘图仪－端口】对话框

图13-86 【添加绘图仪－绘图仪名称】对话框

Step 08 单击【添加绘图仪-绘图仪名称】对话框中【下一步】按钮，系统跳转到【添加绘图仪-完成】对话框，单击【完成】按钮，完成EPS绘图仪的添加，如图13-87所示。

Step 09 单击功能区【输出】选项卡【打印】组面板中【打印】按钮，系统弹出【打印-模型】对话框，在对话框【打印机／绘图仪】下拉列表中选择【EPS.pc3】选项，即上述创建的绘图仪。单击【确定】按钮，即可创建EPS文件。

图13-87 【添加绘图仪－完成】对话框

图13-88 【打印－模型】对话框

Step 10 通过此绘图仪输出的文件便是EPS类型的文件，用户可以使用AI（Adobe Illustrator）、CDR（CorelDraw）、PS（PhotoShop）等图像处理软件打开，置入的EPS文件是智能矢量图像，可自由缩放。能打印出高品质的图形图像，最高能表示32位图形图像。

13.5.2 指定打印设备 ★重点★

在【图纸尺寸】下拉列表框中选择打印出图时的纸张类型，控制出图比例。

工程制图的图纸有一定的规范尺寸，一般采用英制A系列图纸尺寸，包括A0、A1、A2等标准型号，以及A0+、A1+等加长图纸型号。图纸加长的规定是：可以将边延长1/4或1/4的整数倍，最多可以延长至原尺寸的两倍，短边不可延长。各型号图纸的尺寸如表13-1所示。

表13-1 标准图纸尺寸 （单位：mm）

图纸型号	长宽尺寸
A0	1189×841
A1	841×594
A2	594×420
A3	420×297
A4	297×210

新建图纸尺寸的步骤为：首先在打印机配置文件中新建一个或若干个自定义尺寸，然后保存为新的打印机配置pc3文件。这样，以后需要使用自定义尺寸时，只需要在【打印机/绘图仪】对话框中选择该配置文件即可。

13.5.3 设置打印区域 ★重点★

在使用模型空间打印时，一般在【打印】对话框中设置打印范围，如图13-89所示。

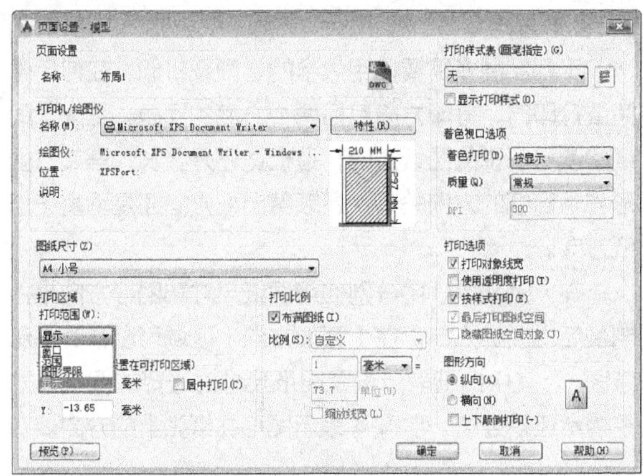

图 13-89 设置打印范围

【打印范围】下拉列表用于确定设置图形中需要打印的区域，其各选项含义如下。

◆【布局】：打印当前布局图中的所有内容。该选项是默认选项，选择该项可以精确地确定打印范围、打印尺寸和比例。

◆【窗口】：用窗选的方法确定打印区域。单击该按钮后，【页面设置】对话框暂时消失，系统返回绘图区，可以用鼠标在模型窗口中的工作区间拉出一个矩形窗口，该窗口内的区域就是打印范围。使用该选项确定打印范围简单方便，但是不能精确比例尺和出图尺寸。

◆【范围】：打印模型空间中包含所有图形对象的范围。

◆【显示】：打印模型窗口当前视图状态下显示的所有图形对象，可以通过 ZOOM 命令调整视图状态，从而调整打印范围。

在使用布局空间打印图形时，单击【打印】面板中的【预览】按钮，预览当前的打印效果。图签有时会出现部分不能完全打印的状况，如图 13-90 所示，这是因为图签大小超越了图纸可打印区域的缘故。可以通过【绘图配置编辑器】对话框中的【修改标准图纸所示（可打印区域）】选择重新设置图纸的可打印区域来解决，如图 13-91 所示的虚线表示了图纸的可打印区域。

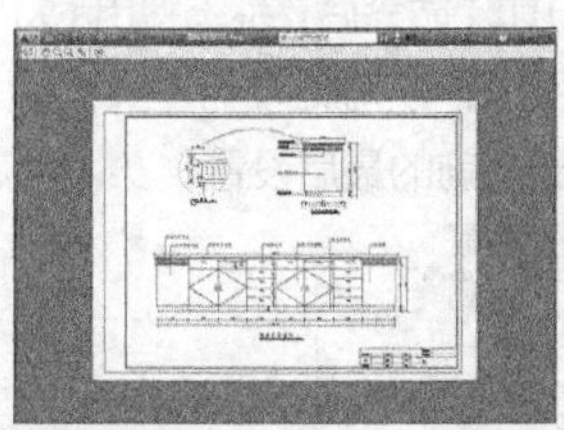

图 13-90 打印预览

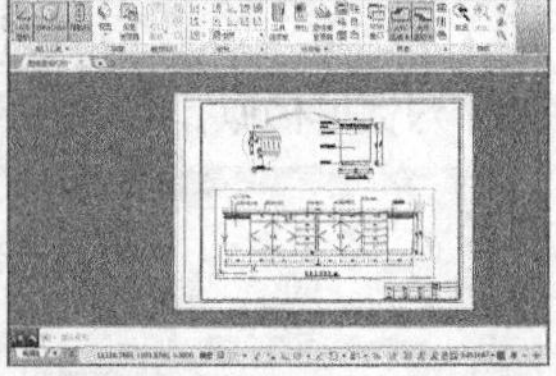

图 13-91 可打印区域

单击【打印】面板中的【绘图仪管理器】按钮，系统弹出【Plotters】对话框，如图 13-92 所示，双击所设置的打印设备。系统弹出【绘图仪配置编辑器】，在对话框单击选择【修改标准图纸所示（可打印区域）】选项，重新设置图纸的可打印区域，如图 13-93 所示。也可以在【打印】对话框中选择打印设备后，再单击右边的【特性】按钮，可以打开【绘图仪配置编辑器】对话框。

图 13-92 【Plotters】对话框

图 13-93 绘图仪配置编辑器

在【修改标准图纸尺寸】栏中选择当前使用的图纸类型（即在【页面设置】对话框中的【图纸尺寸】列表中选择的图纸类型），如图 13-94 所示光标所在的位置（不同打印机有不同的显示）。

单击【修改】按钮弹出【自定义图纸尺寸 - 可打印区域】对话框，如图 13-95 所示，分别设置上、下、左、右页边距（可以使打印范围略大于图框即可），两次单击【下一步】按钮，再单击【完成】按钮，返回【绘图仪配置编辑器】对话框，单击【确定】按钮关闭对话框。

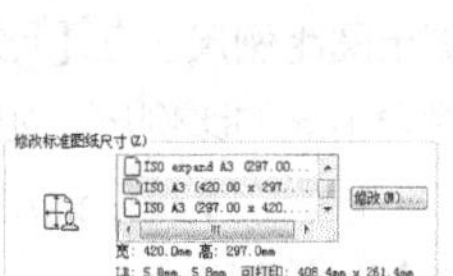

图 13-94 选择图纸类型

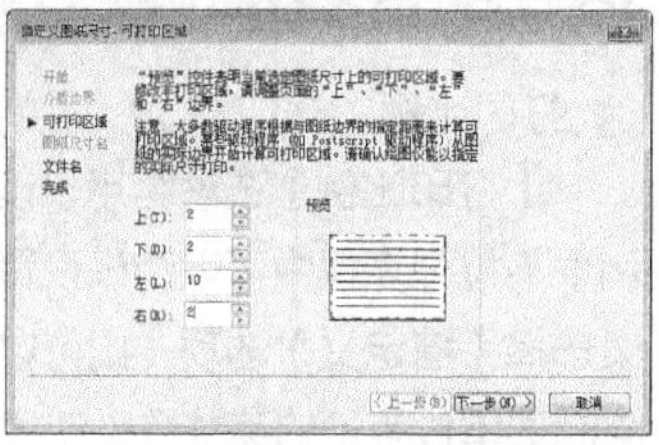

图 13-95 【自定义图纸尺寸 - 可打印区域】对话框

修改图纸可打印区域之后，此时布局如图 13-96 所示（虚线内表示可打印区域）

在命令行中输入“LAYER”，调用【图层特性管理器】命令，系统弹出【图层特性管理器】对话框，将视口边框所在图层设置为不可打印，如图 13-97 所示，这样视口边框将不会被打印。

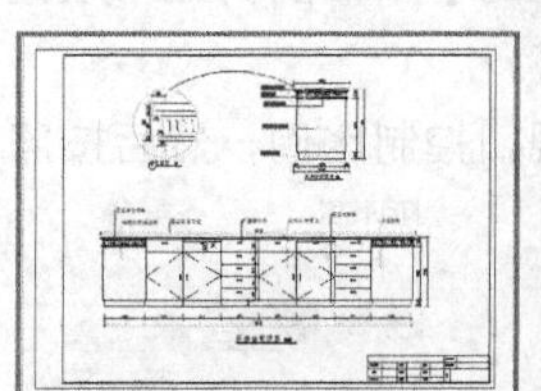

图 13-96 布局效果

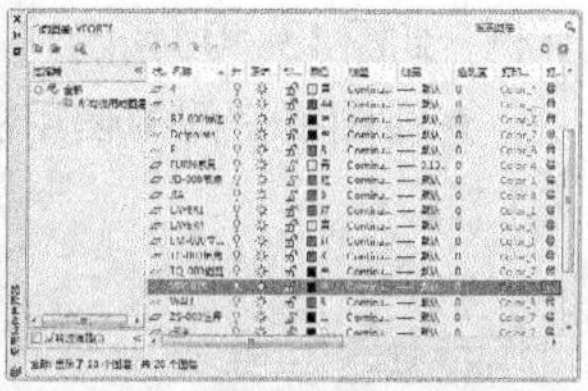

图 13-97 设置视口边框图层属性

再次预览打印效果如图 13-98 所示，图形可以正确打印。

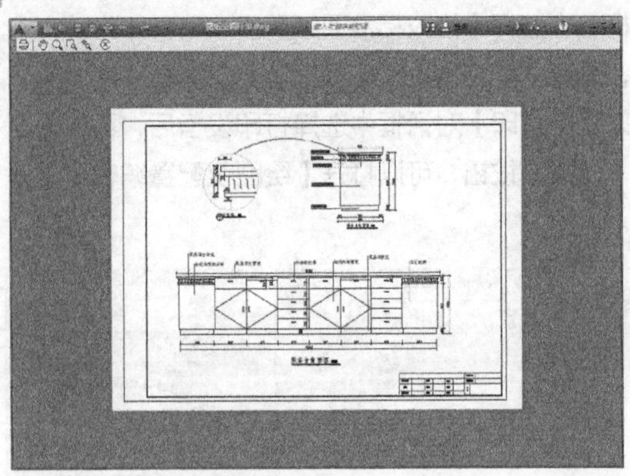

图 13-98 修改页边距后的打印效果

13.5.4 设置打印偏移

【打印偏移】选项组用于指定打印区域偏离图样左下角的 x 方向和 y 方向偏移值，一般情况下，都要求出图充满整个图样，所以设置 x 和 y 偏移值均为 0，如图 13-99 所示。

通常情况下，打印的图形和纸张的大小一致，不需要修改设置。选中【居中打印】复选框，则图形居中打印。这个【居中】是指在所选纸张大小 A1、A2 等尺寸的基础上居中，也就是 4 个方向上各留空白，而不只是卷筒纸的横向居中。

13.5.5 设置打印比例

1 打印比例

【打印比例】选项组用于设置出图比例尺。在【比例】下拉列表框中可以精确设置需要出图的比例尺。如果选择【自定义】选项，则可以在下方的文本框中设置与图形单位等价的英寸数来创建自定义比例尺。

如果对出图比例尺和打印尺寸没有要求，可以直接选中【布满图样】复选框，这样 AutoCAD 会将打印区域自动缩放到充满整个图样。

【缩放线框】复选框用于设置线宽值是否按打印比例缩放。通常要求直接按照线宽值打印，而不按打印比例缩放。

在 AutoCAD 中，有两种方法控制打印出图比例。

◆在打印设置或页面设置的【打印比例】区域设置比例，如图 13-100 所示。

◆在图纸空间中使用视口控制比例，然后按照 1:1 打印。

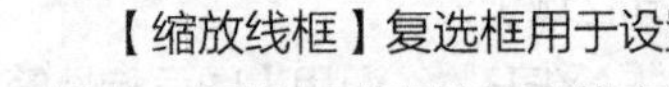

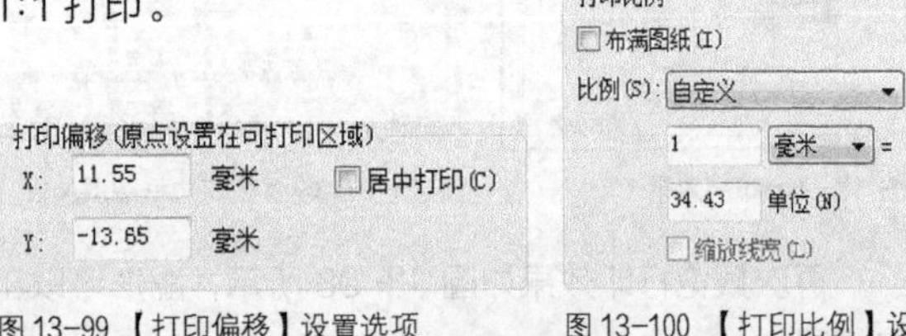

图 13-99 【打印偏移】设置选项

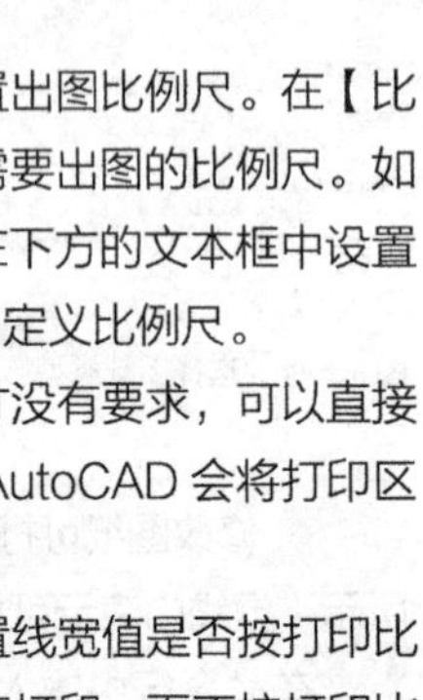

图 13-100 【打印比例】设置选项

2 图形方向

工程制图多需要使用大幅的卷筒纸打印，在使用卷筒纸打印时，打印方向包括两个方面的问题：第一，图纸阅读时所说的图纸方向，是横宽还是竖长；第二，图形与卷筒纸的方向关系，是顺着出纸方向还是垂直于出纸方向。

在 AutoCAD 中分别使用图纸尺寸和图形方向来控制最后出图的方向。在【图形方向】区域可以看到小示意图，其中白纸表示设置图纸尺寸时选择的图纸尺寸是横宽还是竖长，字母 A 表示图形在纸张上的方向。

13.5.6 指定打印样式表

【打印样式表】下拉列表框用于选择已存在的打印样式，从而非常方便地用设置好的打印样式替代图形对象原有属性，并体现在出图格式中。

13.5.7 设置打印方向

在【图形方向】选项组中选择纵向或横向打印，选中【反向打印】复选框，可以允许在图样中上下颠倒地打印图形。

13.6 打印

在完成上述所有设置工作后，就可以打印出图了。

调用【打印】命令的方法如下。

◆功能区：在【输出】选项卡中，单击【打印】面板中的【打印】按钮。

◆菜单栏：执行【文件】|【打印】命令。

◆命令行：输入“PLOT”命令。

◆快捷操作：按 Ctrl+P 组合键。

在 AutoCAD 中打印分为两种形式：模型打印和布局打印。

13.6.1 模型打印

在模型空间中，执行【打印】命令后，系统弹出【打印】对话框，如图 13-101 所示，该对话框与【页面设置】对话框相似，可以进行出图前的最后设置。

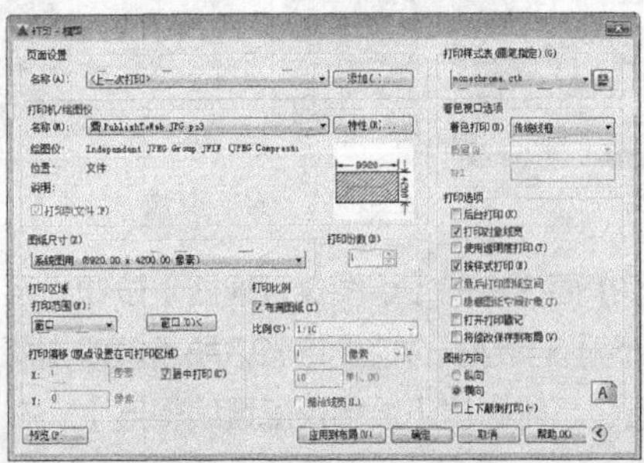

图 13-101 模型空间【打印】对话框

下面通过具体的实例来讲解模型空间打印的具体步骤。

练习 13-10 打印地面平面图

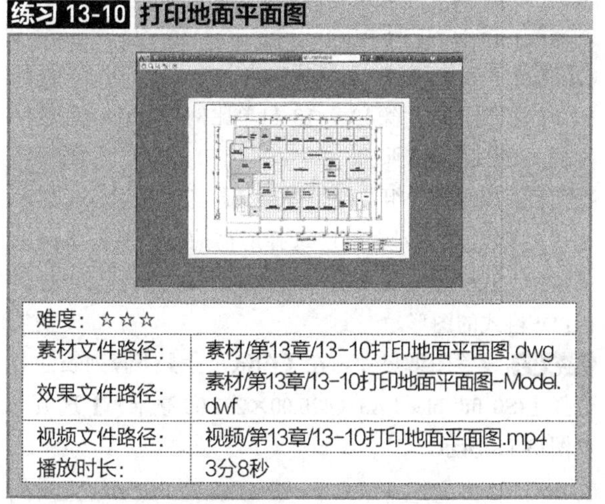

难度：☆☆☆	
素材文件路径：	素材/第13章/13-10打印地面平面图.dwg
效果文件路径：	素材/第13章/13-10打印地面平面图-Model.dwf
视频文件路径：	视频/第13章/13-10打印地面平面图.mp4
播放时长：	3分8秒

本例介绍直接从模型空间进行打印的方法。先设置打印参数，然后再进行打印，是基于统一规范的考虑。用户可以用此方法调整自己常用的打印设置，也可以直接从Step 07开始进行快速打印。

Step 01 单击快速访问工具栏中的【打开】按钮，打开“第13章/13-10打印地面平面图”素材文件，如图13-102所示。

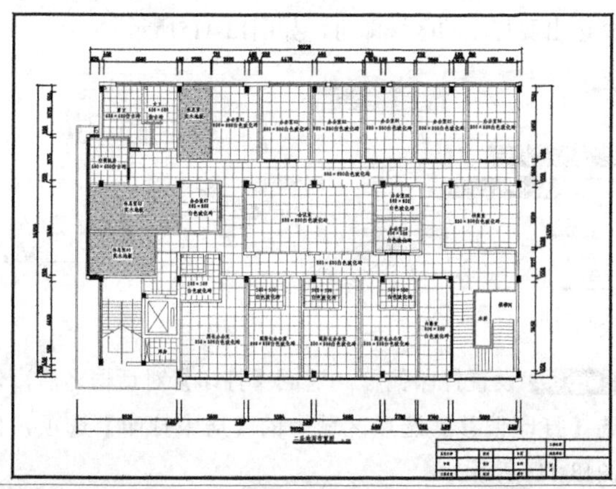

图 13-102 素材文件

Step 02 单击【应用程序】按钮，在弹出的下拉菜单中选择【打印】|【管理绘图仪】命令，系统弹出【Plotter】对话框，如图13-103所示。

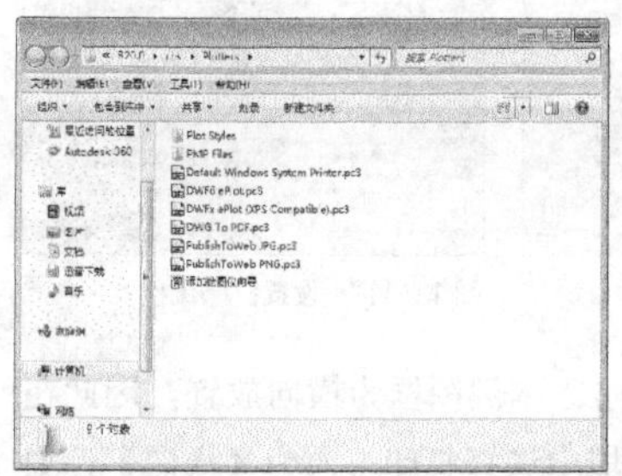

图 13-103 【Plottery】对话框

Step 03 双击对话框中的【DWF6 ePlot】图标，系统弹出【绘图仪配置编辑器-DWF6 ePlot.pc3】对话框。在对话框中单击【设备和文档设置】选项卡。单击选择对话框中的【修改标准图纸尺寸（可打印区域）】，如图13-104所示。

Step 04 在【修改标准图纸尺寸】选择框中选择尺寸为【ISOA2（594.00×420.00）】，如图13-105所示。

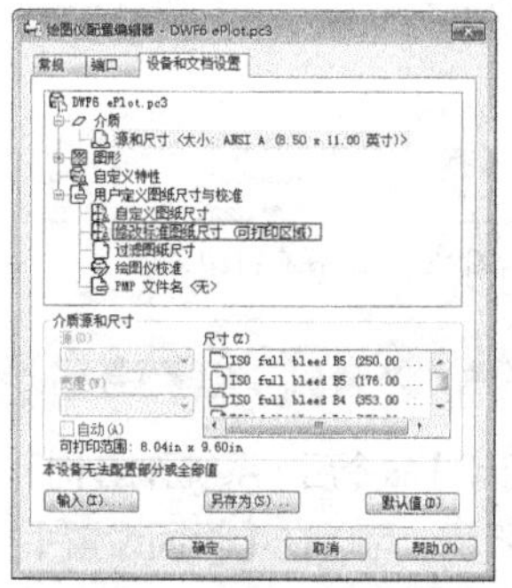

图 13-104 选择【修改标准图纸尺寸（可打印区域）】

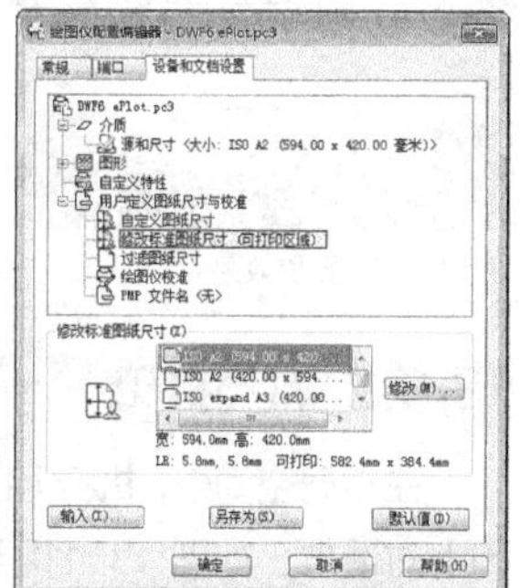

图 13-105 选择图纸尺寸

Step 05 单击【修改】按钮，系统弹出【自定义图纸尺寸-可打印区域】对话框，设置参数，如图13-106所示。

Step 06 单击【下一步】按钮，系统弹出【自定义尺寸-完成】对话框，如图13-107所示。在对话框中单击【完成】按钮，返回【绘图仪配置编辑器-DWF6 ePlot.pc3】对话框，单击【确定】按钮，完成参数设置。

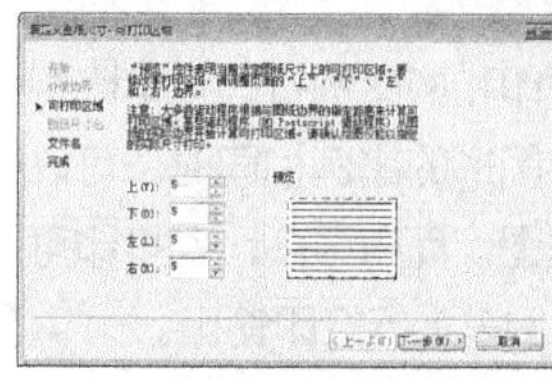

图 13-106 设置图纸打印区域

图 13-107 完成参数设置

Step 07 单击【应用程序】按钮，在其下拉菜单中选择【打印】|【页面设置】命令，系统弹出【页面设置管理器】对话框，如图13-108所示。

Step 08 【当前布局】为【模型】，单击【修改】按钮，系统弹出【页面设置-模型】对话框，设置参数，如图13-109所示。【打印范围】选择【窗口】，框选整个素材文件图形。

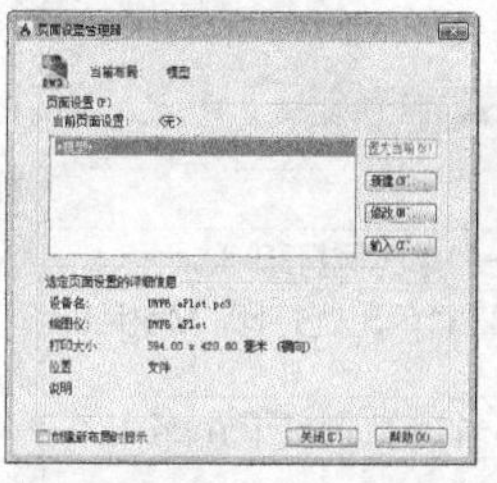

图 13-108 【页面设置管理器】对话框

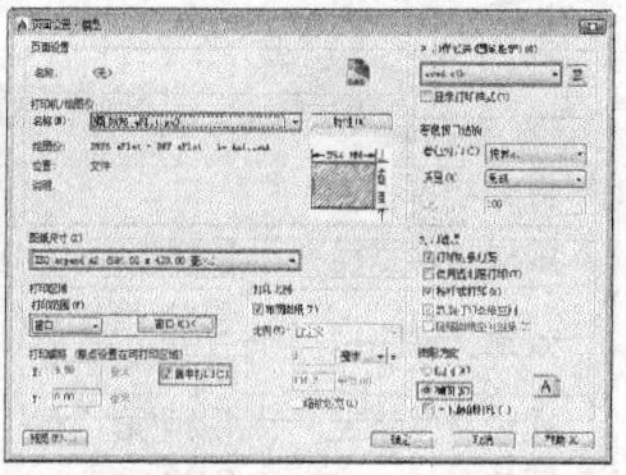

图 13-109 选择图纸尺寸

Step 09 单击【预览】按钮，效果如图13-110所示。

Step 10 如果效果满意，单击鼠标右键，在弹出的快捷菜单中选择【打印】选项，系统弹出【浏览打印文件对话框】，如图13-111所示。设置保存路径，单击【保存】按钮，保存文件，完成模型打印的操作。

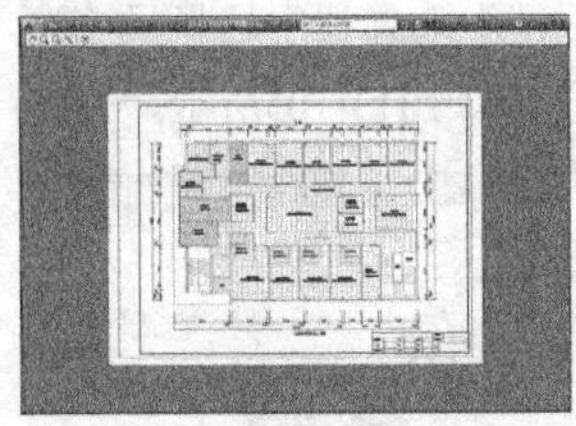

图 13-110　预览效果

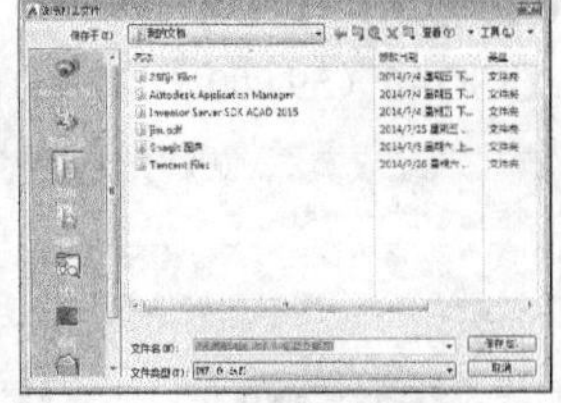

图 13-111　保存打印文件

13.6.2 布局打印 ★重点★

在布局空间中，执行【打印】命令后，系统弹出【打印】对话框，如图 13-112 所示。可以在【页面设置】选项组中的【名称】下拉列表框中直接选中已经定义好的页面设置，这样就不必再反复设置对话框中的其他选项了。

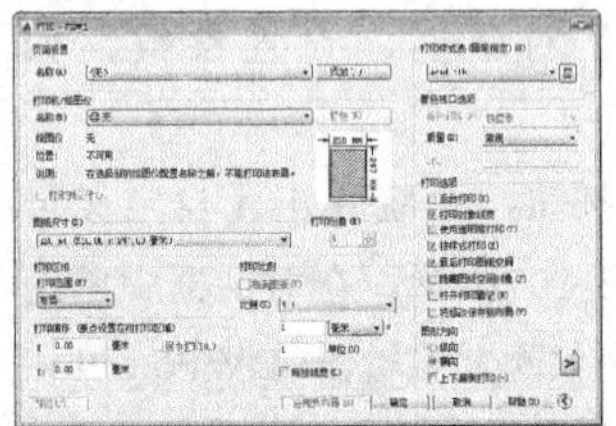

图 13-112 布局空间【打印】对话框

布局打印又分为单比例打印和多比例打印。单比例打印就是当一张图纸上有多个图形的比例相同时，可以直接在模型空间内插入图框出图。而布局多比例打印可以对不同的图形指定不同的比例来进行打印输出。

通过下面的两个实例，来讲解单比例和多比例打印的过程，单比例打印过程同多比例打印过程相比，只是打印的比例相同，并且单比例打印视口可多可少。

练习 13-11 单比例打印 ★重点★

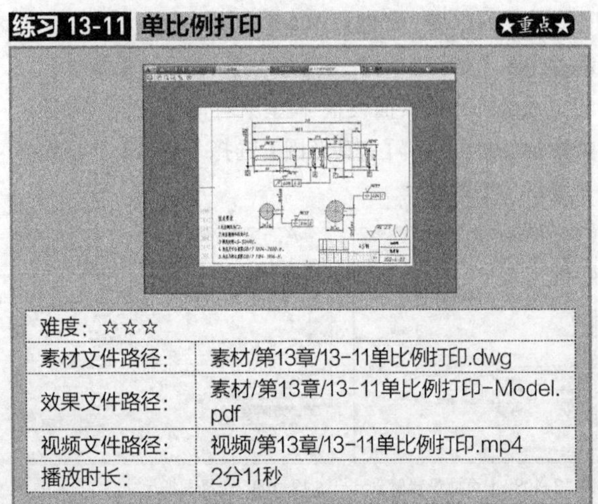

难度：☆☆☆	
素材文件路径：	素材/第13章/13-11单比例打印.dwg
效果文件路径：	素材/第13章/13-11单比例打印-Model.pdf
视频文件路径：	视频/第13章/13-11单比例打印.mp4
播放时长：	2分11秒

单比例打印通常用于打印简单的图形，机械图纸多为此种方法打印。通过本实例的操作，用户能够熟悉布局空间的创建、多视口的创建、视口的调整、打印比例的设置、图形的打印等。

Step 01 单击快速访问工具栏中的【打开】按钮，打开配套光盘提供的“第13章/13-11单比例打印.dwg”素材文件，如图13-113所示。

Step 02 按Ctrl+P组合键，弹出【打印】对话框。然后在【名称】下拉列表框中选择所需的打印机，本例以【DWG To PDF.pc3】打印机为例。该打印机可以打印出PDF格式的图形。

Step 03 设置图纸尺寸。在【图纸尺寸】下拉列表框中选择【ISO full bleed A3（420.00×297.00 毫米）】选项，如图13-114所示。

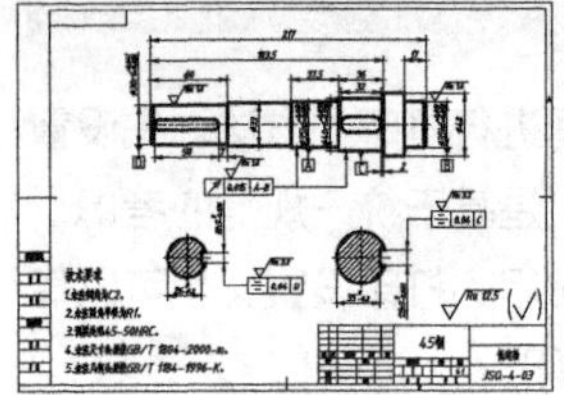

图 13-113　素材文件

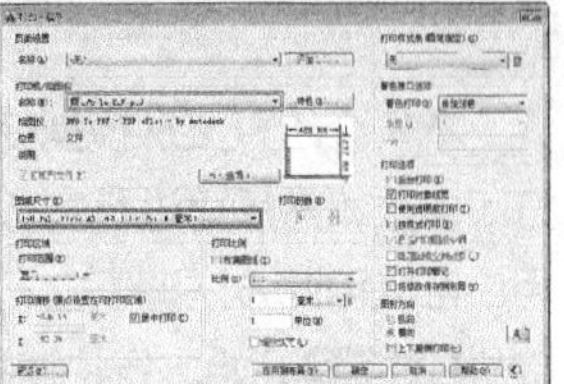

图 13-114　指定打印机

Step 04 设置打印区域。在【打印范围】下拉列表框中选择【窗口】选项，系统自动返回绘图区，然后在其中框选出要打印的区域即可，如图13-115所示。

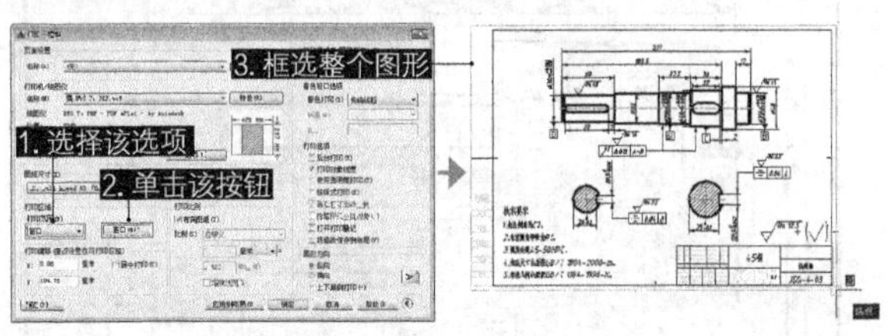

图 13-115　设置打印区域

Step 05 设置打印偏移。返回【打印】对话框之后，勾选【打印偏移】选项区域中的【居中打印】选项，如图13-116所示。

Step 06 设置打印比例。取消勾选【打印比例】选项区域中的【布满图纸】选项，然后在【比例】下拉列表中选择1:1选项，如图13-117所示。

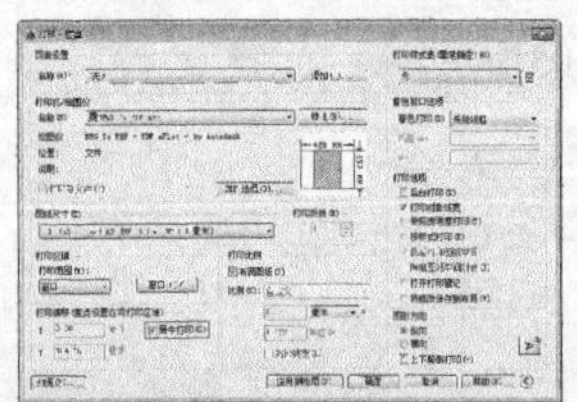

图 13-116　设置打印偏移

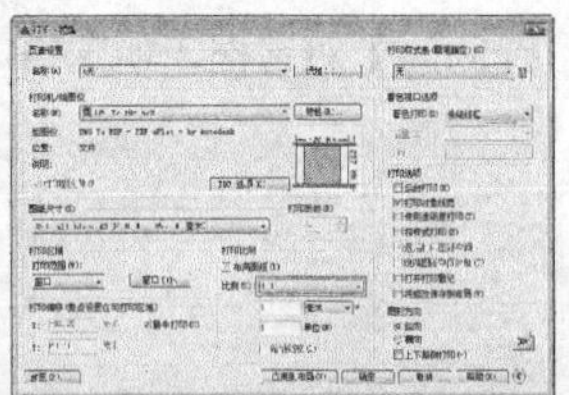

图 13-117　设置打印比例

Step 07 设置图形方向。本例图框为横向放置，因此在【图形方向】选项区域中选择打印方向为【横向】，如

图13-118所示。

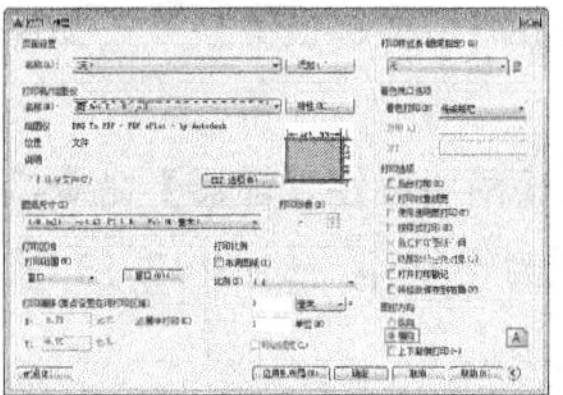
图 13-118 设置图形方向

Step 08 打印预览。所有参数设置完成后，单击【打印】对话框左下角的【预览】按钮进行打印预览，效果如图13-119所示。

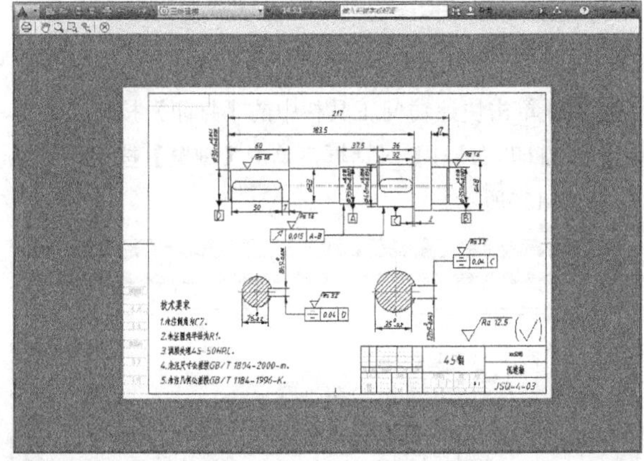
图 13-119 打印预览

Step 09 打印图形。图形显示无误后，便可以在预览窗口中单击鼠标右键，在弹出的快捷菜单中选择【打印】选项，即可输出打印。

练习 13-12 多比例打印 ★进阶★

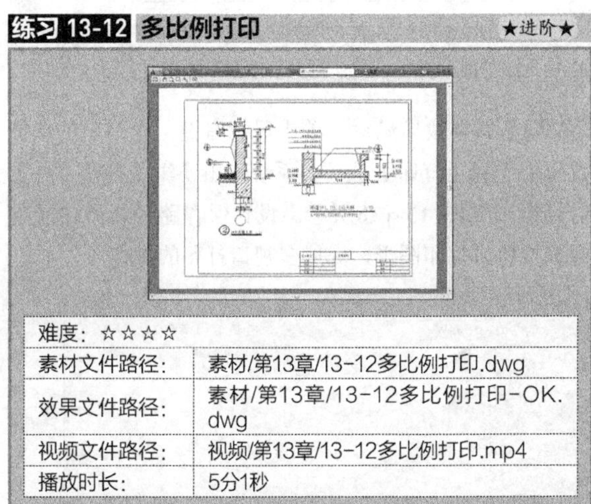

难度：☆☆☆☆	
素材文件路径：	素材/第13章/13-12多比例打印.dwg
效果文件路径：	素材/第13章/13-12多比例打印-OK.dwg
视频文件路径：	视频/第13章/13-12多比例打印.mp4
播放时长：	5分1秒

通过本实例的操作，用户能够熟悉布局空间的创建、多视口的创建、视口的调整、打印比例的设置、图形的打印等。

Step 01 单击快速访问工具栏中的【打开】按钮，打开配套光盘提供的“第13章/13-12多比例打印.dwg”素材文件，如图13-120所示。

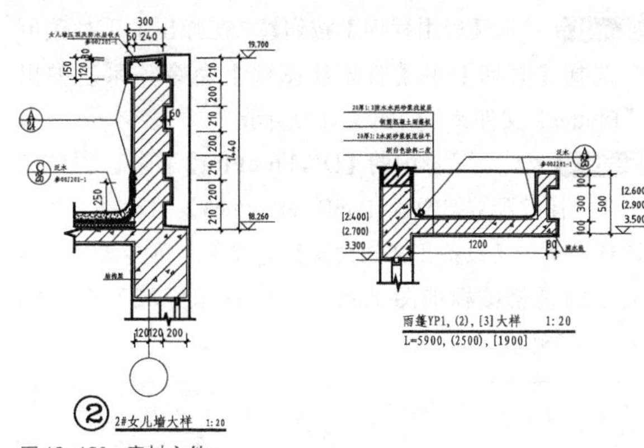

图 13-120 素材文件

Step 02 切换模型空间空间至【布局1】，如图 13-121所示。

Step 03 选中【布局1】中的视口，按Delete键删除，如图 13-122所示。

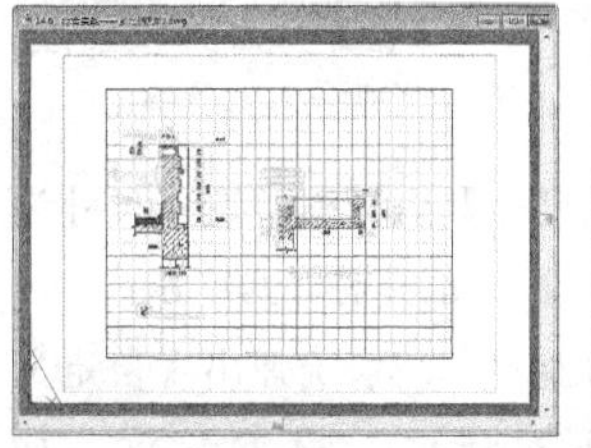
图 13-121 切换布局

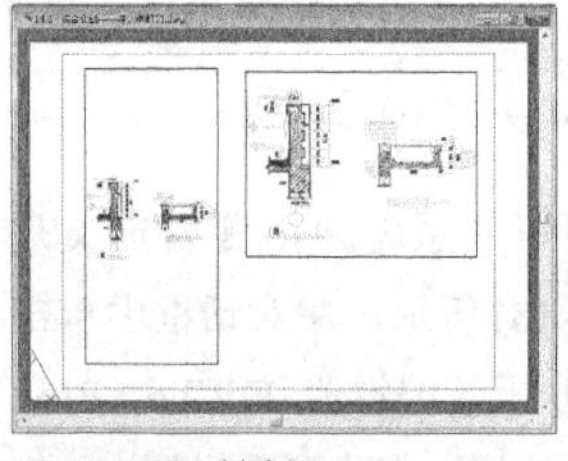
图 13-122 删除视口

Step 04 在【布局】选项卡中，单击【布局视口】面板中的【矩形】按钮，在【布局1】中创建两个视口，如图 13-123所示。

Step 05 双击进入视口，对图形进行缩放，调整至合适效果，如图 13-124所示。

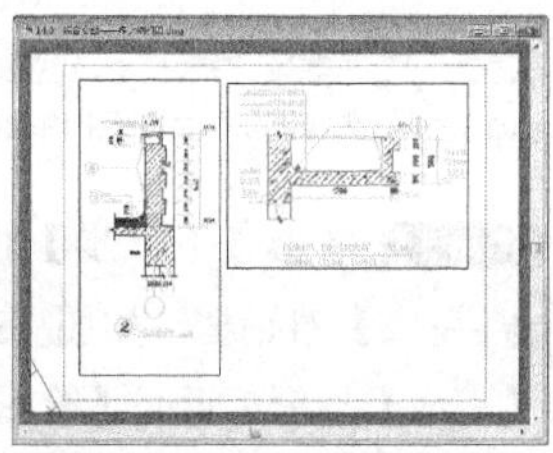
图 13-123 创建视口

图 13-124 缩放图形

Step 06 调用I【插入】命令，插入A3图框，并调整图框和视口大小和位置，结果如图 13-125与图 13-126所示。

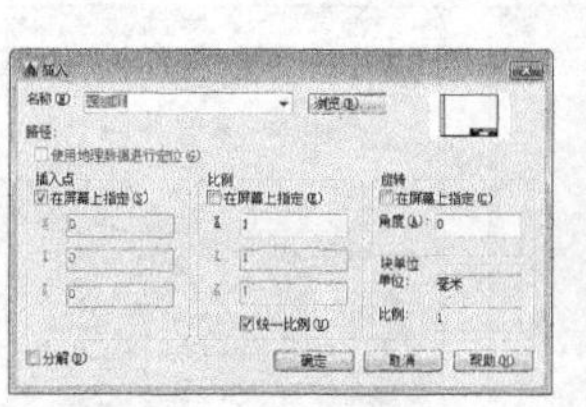
图 13-125【插入】对话框

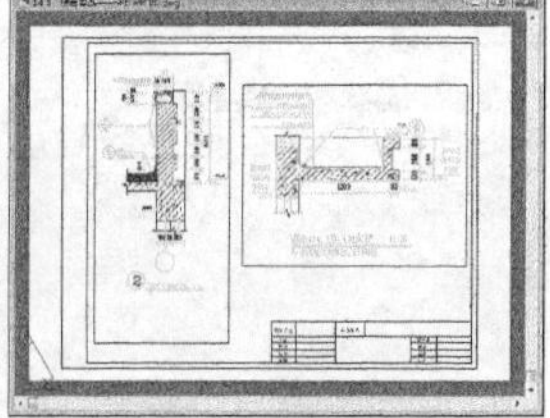
图 13-126 插入 A3 图框

Step 07 单击【应用程序】按钮，在弹出的下拉菜单中选择【打印】|【管理绘图仪】命令，系统弹出【Plotter】文件夹，如图13-127所示。

Step 08 双击对话框中的【DWF6 ePlot】图标，系统弹出【绘图仪配置编辑器–DWF6 ePlot.pc3】对话框。在对话框中单击【设备和文档设置】选项卡，单击选择对话框中的【修改标准图纸尺寸（可打印区域）】，如图13-128所示。

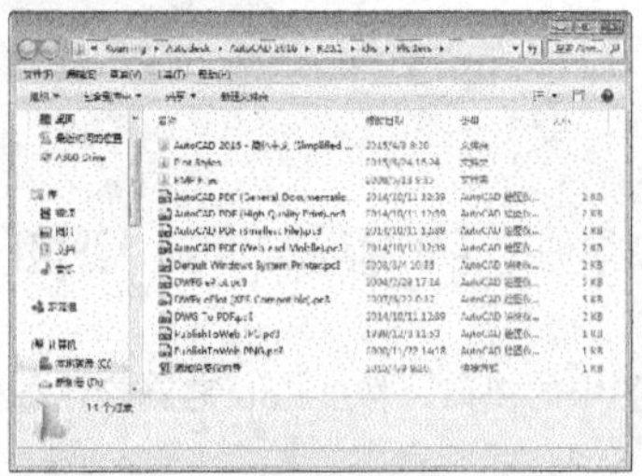
图13-127【Plottery】文件夹

图13-128 【绘图仪配置编辑器 - DWF6 ePlot.pc3】对话框

Step 09 在【修改标准图纸尺寸】选择框中选择尺寸为【ISOA3（420.00×297.00）】，如图13-129所示。

Step 10 单击【修改】按钮，系统弹出【自定义图纸尺寸–可打印区域】对话框，设置参数，如图13-130所示。

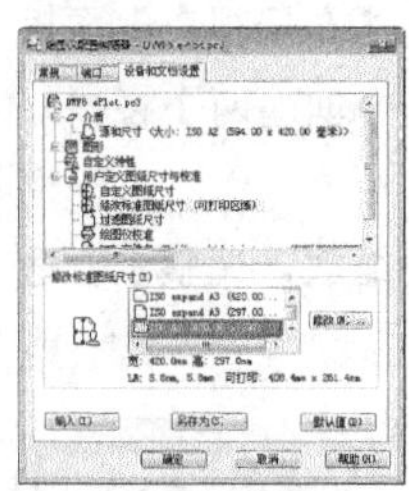
图13-129 选择图纸尺寸 图13-130 设置图纸打印区域

Step 11 单击【下一步】按钮，系统弹出【自定义尺寸–完成】对话框，如图13-131所示。在对话框中单击【完成】按钮，返回【绘图仪配置编辑器–DWF6 ePlot.pc3】对话框，单击【确定】按钮，完成参数设置。

Step 12 单击【应用程序】按钮，在其下拉菜单中选择【打印】|【页面设置】命令，系统弹出【页面设置管理器】对话框，如图13-132所示。

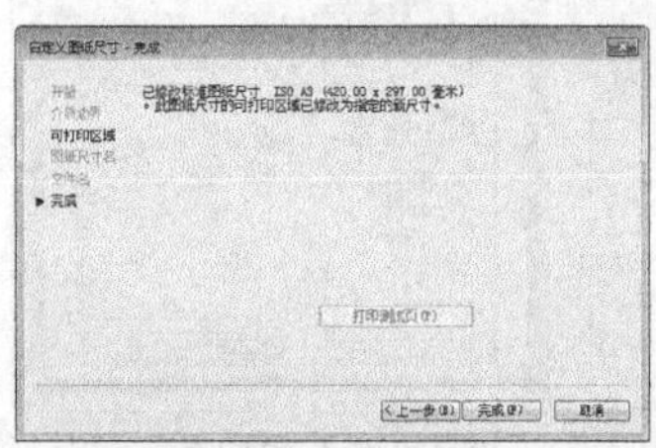
图13-131 完成参数设置

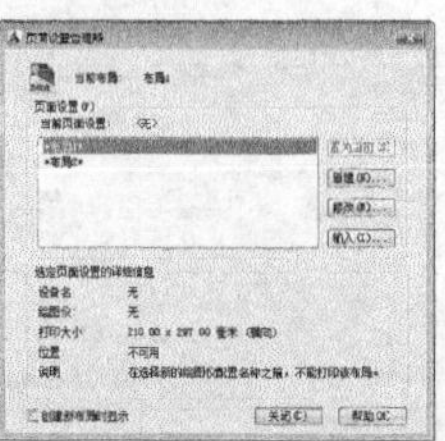
图13-132【页面设置管理器】对话框

Step 13 当前布局为【布局1】，单击【修改】按钮，系统弹出【页面设置–布局1】对话框，设置参数，如图13-133所示。

Step 14 在命令行中输入LA【图层特性管理器】命令，新建【视口】图层，并设置为不打印，如图13-134所示。再将视口边框转变成该图层。

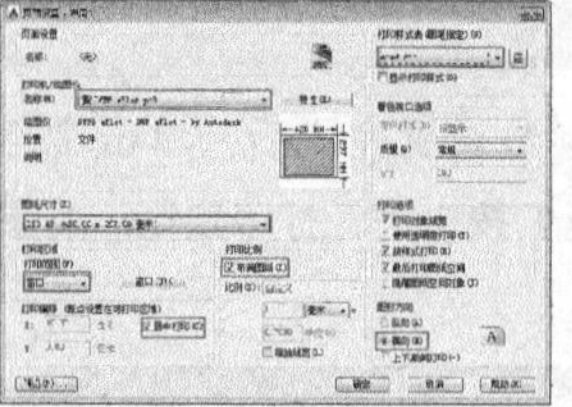
图13-133 设置页面参数

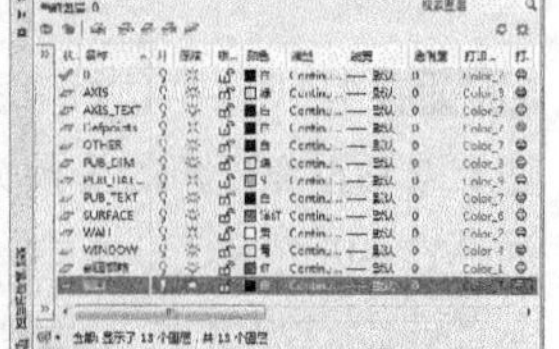
图13-134 新建【视口】图层

Step 15 单击快速访问工具栏中的【打印】按钮，系统弹出【打印–布局1】对话框，单击【浏览】按钮，效果如图13-135所示。

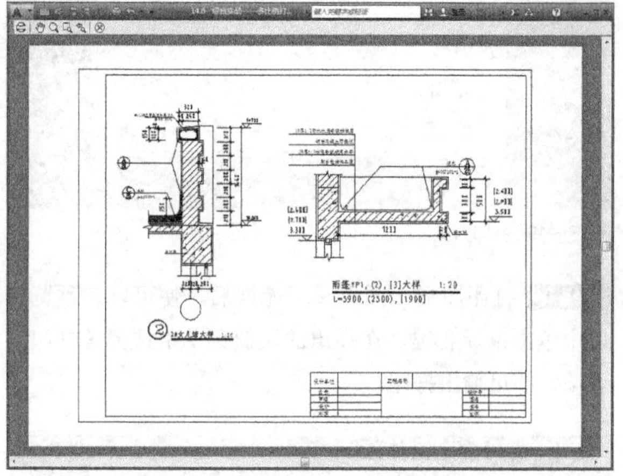
图13-135 预览效果

Step 16 如果效果满意，单击鼠标右键，在弹出的快捷菜单中选择【打印】选项，系统弹出【浏览打印文件】对话框，如图13-136所示。设置保存路径，单击【保存】按钮，打印图形，完成多视口打印的操作。

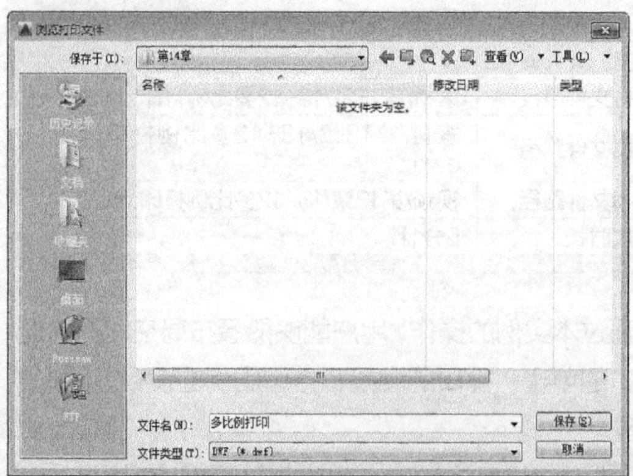

图13-136 保存打印文件

第 14 章 三维绘图基础

近年来，三维 CAD 技术发展迅速，相比之下，传统的平面 CAD 绘图难免有不够直观、不够生动的缺点，为此 AutoCAD 提供了三维建模的工具，并逐步完善了许多功能。现在，AutoCAD 的三维绘图工具已经能够满足基本的设计需要。

本章主要介绍三维建模之前的预备知识，包括三维建模空间、坐标系的使用、视图和视觉样式的调整等知识，最后介绍在三维空间绘制点和线的方法，为后续章节创建复杂模型奠定基础。

14.1 三维建模工作空间

AutoCAD 三维建模空间是一个三维空间，与草图与注释空间相比，此空间中多出一个 z 轴方向的维度。三维建模功能区的选项卡有：【常用】、【实体】、【曲面】、【网格】、【渲染】、【参数化】、【插入】、【注释】、【布局】、【视图】、【管理】、和【输出】，每个选项卡下都有与之对应的功能面板。由于此空间侧重的是实体建模，所以功能区中还提供了【三维建模】、【视觉样式】、【光源】、【材质】、【渲染】和【导航】等面板，这些都为创建、观察三维图形，以及对附着材质、创建动画、设置光源等操作。

进入三维模型空间的执行方法如下。

◆快速访问工具栏：启动 AutoCAD 2016，单击快速访问工具栏上的【切换工作空间】列表框，如图 14-1 所示，在下拉列表中选择【三维建模】工作空间。

◆状态栏 在状态栏右边，单击【切换工作空间】按钮，展开菜单如图 14-2 所示，选择【三维建模】工作空间。

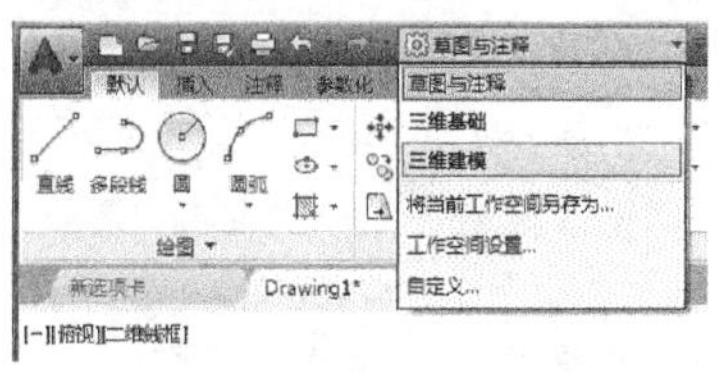

图 14-1 快速访问工具栏切换工作空间

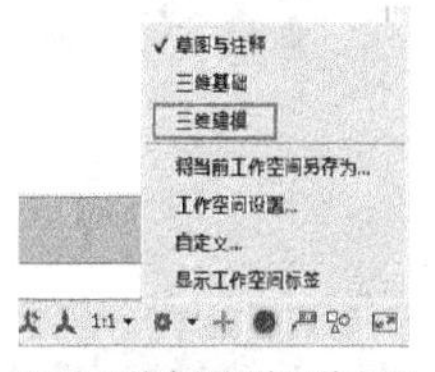

图 14-2 状态栏切换工作空间

14.2 三维模型分类

AutoCAD 支持三种类型的三维模型包括线框模型、表面模型和实体模型。每种模型都有各自的创建和编辑方法，以及不同的显示效果。

14.2.1 线框模型

线框模型是一种轮廓模型，它是三维对象的轮廓描述，主要有描述对象的三维直线和曲线轮廓，没有面和体的特征。在 AutoCAD 中，可以通过在三维空间绘制点、线、曲线的方式得到线框模型，图 14-3 所示为线框模型效果。

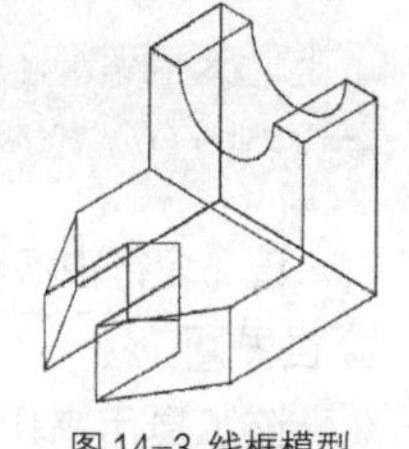

图 14-3 线框模型

设计点拨

线框模型虽然具有三维的显示效果，但实际上由线构成，没有面和体的特征，既不能对其进行面积、体积、重心、转动质量、惯性矩形等计算，也不能进行着色、渲染等操作。

14.2.2 表面模型

表面模型是由零厚度的表面拼接组合成三维的模型效果，只有表面而没有内部填充。AutoCAD 中表面模型分为曲面模型和网格模型，曲面模型是连续曲率的单一表面，而网格模型是用许多多边形网格来拟合曲面。表面模型适合于构造不规则的曲面模型，如模具、发动机叶片、汽车等复杂零件的表面，而在体育馆、博物馆等大型建筑的三维效果图中，屋顶、墙面、格间等就可简化为曲面模型。对于网格模型，多边形网格越密，曲面的光滑程度越高。此外，由于表面模型具有面的特征，因此可以对它进行计算面积、隐藏、着色、渲染、求两表面交线等操作。

图 14-4 所示为创建的表面模型。

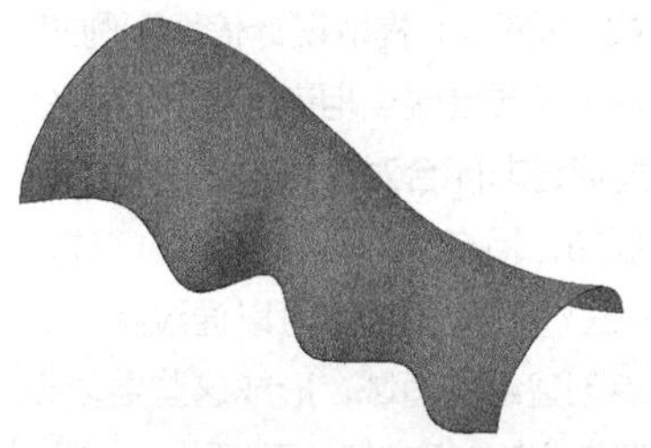

图 14-4 表面模型

14.2.3 实体模型

实体模型具有边线、表面和厚度属性，是最接近真实物体的三维模型。在 AutoCAD 中，实体模型不仅具有线和面的特征，而且还具有体的特征，各实体对象间可以进行各种布尔运算操作，从而创建复杂的三维实体模型。在 AutoCAD 中还可以直接了解它的特性，如体积、重心、转动惯量、惯性矩等，可以对它进行隐藏、剖切、装配干涉检查等操作，还可以对具有基本形状的实体进行并、交、差等布尔运算，以构造复杂的模型。

图 14-5 所示为创建的实体模型。

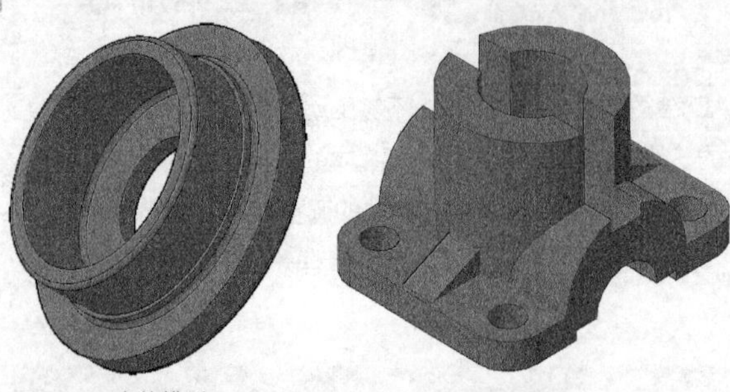

图 14-5 实体模型

【图块】、【面域】和【实体】的区别：

【图块】是由多个对象组成的集合，对象间可以不封闭，无规则，并通过块功能可为图块赋予参数和动作等属性。有【内部块】(Block)和【外部块】(WBlock)之分，内部块随图形文件一起，外部块能够以 DWG 文件格式储存供其他文件调用。

通过建立块，用户可以将多个对象作为整体来操作；可以随时将块作为单个对象插入当前图形中的指定位置上，插入时可以指定不同的缩入系数和旋转角度。如果是定义属性的块，插入后可以更改属性参数。

【面域】(REGION)是使用形成闭合环的对象创建的二维闭合区域，环可以是直线、多段线、圆、圆弧、椭圆、椭圆弧和样条曲线等对象的组合，组成环的对象必须闭合或通过与其他对象共享端点而形成闭合的区域。面域是具有物理特性（例如，质心）的二维封闭区域，可以将现有面域合并到单个复杂面域。

【面域】可用于：应用填充和着色；使用 MASS PROP 分析特性（例如，面积）；提取设计信息（例如，形心）。也可以通过多个环或者端点相连形成环的开曲线来创建面域。但不能通过非闭合对象内部相交构成的闭合区域构造面域，例如，相交的圆弧或自交的曲线。还可以使用 BOUNDARY 创建面域， 可以通过结合、减去或查找面域的交点创建组合面域，形成这些更复杂的面域后，可以应用填充或者分析它们的面积。

【实体】通常以某种基本形状或图元作为起点，之后用户可以对其进行修改和重新合并。其基本的三维对象包括长方体、圆锥体、圆柱体、球体、楔体和圆环体，然后利用布尔运算对这些实体进行合并、求交和求差，这样反复操作会生成更加复杂的实体，也可以将二维对象沿路径拉伸或绕轴旋转来创建实体，通过对实体点、线、面的编辑，可以制作出许多特殊效果。

14.3 三维坐标系

AutoCAD 的三维坐标系由 3 个通过同一点且彼此垂直的坐标轴构成，这 3 个坐标轴分别称为 *X* 轴、*Y* 轴、*Z* 轴，交点为坐标系的原点，也就是各个坐标轴的坐标零点。从原点出发，沿坐标轴正方向上的点用坐标值度量，而沿坐标轴负方向上的点用负的坐标值度量。因此，在三维空间中，任意一点的位置可以由该点的三维坐标（*x*，*y*，*z*）唯一确定。

在 AutoCAD 2016 中，【世界坐标系】(WCS)和【用户坐标系】(UCS)是常用的两大坐标系。【世界坐标系】是系统默认的二维图形坐标系，它的原点及各个坐标轴方向固定不变。对于二维图形绘制，世界坐标系足以满足要求，但在三维建模过程中，需要频繁地定位对象，使用固定不变的坐标系十分不便。三维建模一般需要使用【用户坐标系】，【用户坐标系】是用户自定义的坐标系，可在建模过程中灵活创建。

14.3.1 定义 UCS ★重点★

UCS 坐标系表示了当前坐标系的坐标轴方向和坐标原点位置，也表示了相对于当前 UCS 的 *XY* 平面的视图方向，尤其在三维建模环境中，它可以根据不同的指定方位来创建模型特征。

•执行方式

在 AutoCAD 2016 中，管理 UCS 坐标系主要有如下几种常用方法。

◆功能区：单击【坐标】面板工具按钮，如图 14-6 所示。

◆菜单栏：选择【工具】|【新建 UCS】，如图 14-7 所示。

◆命令行：输入“UCS”命令。

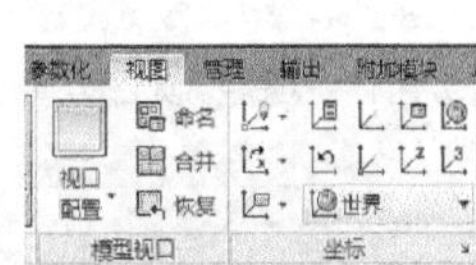

图 14-6【坐标】面板中的【UCS】命令

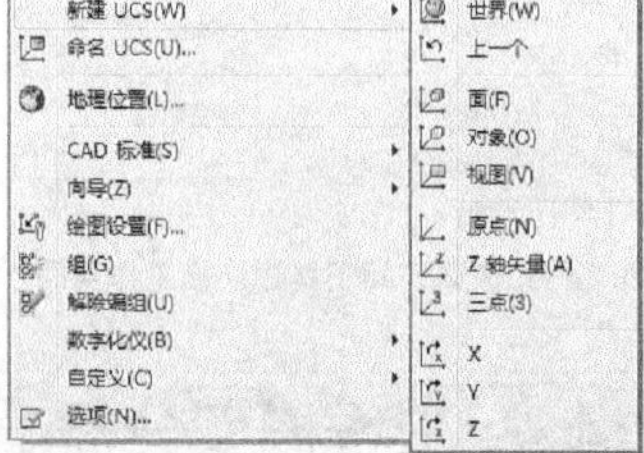

图 14-7 菜单栏中的【UCS】命令

•操作步骤

以【坐标】面板中的【UCS】命令为例，介绍常用 UCS 坐标的调整方法。

◎ UCS

单击该按钮，命令行出现如下提示。

```
指定 UCS 的原点或 [面(F)/命名(NA)/对象(OB)/上一个(P)/视图(V)/世界(W)/X/Y/Z/Z 轴(ZA)] <世界>:
```

该命令行中各选项与功能区中的按钮相对应。

◎ 世界

该工具用来切换回模型或视图的世界坐标系，即

WCS 坐标系。世界坐标系也称为通用或绝对坐标系，它的原点位置和方向始终是保持不变的，如图 14-8 所示。

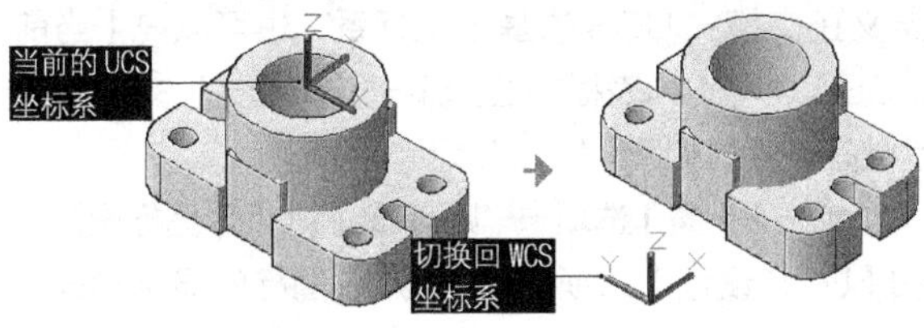

图 14-8 切换回世界坐标系

上一个 UCS

上一个 UCS 是通过使用上一个 UCS 确定坐标系，它相当于绘图中的撤销操作，可返回上一个绘图状态，但区别在于该操作仅返回上一个 UCS 状态，其他图形保持更改后的效果。

面 UCS

该工具主要用于将新用户坐标系的 *XY* 平面与所选实体的一个面重合。在模型中选取实体面或选取面的一个边界，此面被加亮显示，按 Enter 键即可将该面与新建 UCS 的 *XY* 平面重合，效果如图 14-9 所示。

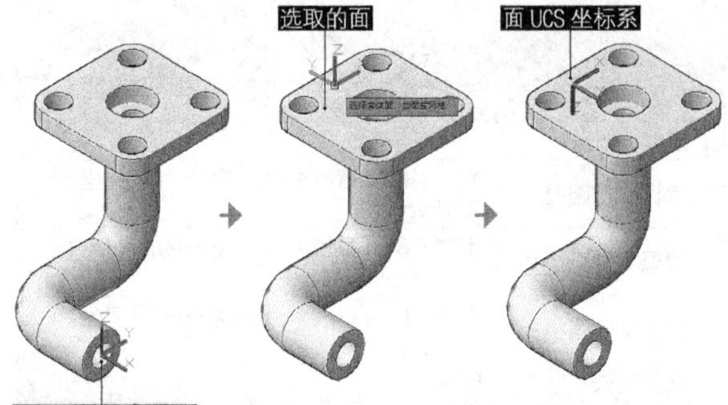

图 14-9 创建面 UCS 坐标

对象

该工具通过选择一个对象，定义一个新的坐标系，坐标轴的方向取决于所选对象的类型。当选择一个对象时，新坐标系的原点将放置在创建该对象时定义的第一点，*X* 轴的方向为从原点指向创建该对象时定义的第二点，*Z* 轴方向自动保持与 *XY* 平面垂直，如图 14-10 所示。

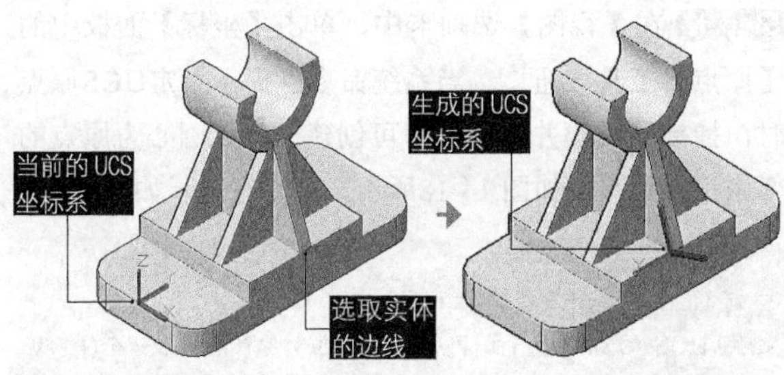

图 14-10 由选取对象生成 UCS 坐标

如果选择不同类型的对象，坐标系的原点位置与 *X* 轴的方向会有所不同，如表 14-1 所示。

表 14-1 选取对象与坐标的关系

对象类型	新建UCS坐标方式
直线	距离选取点最近的一个端点成为新UCS的原点，*X*轴沿直线方向
圆	圆的圆心成为新UCS的原点，*XY*平面与圆面重合
圆弧	圆弧的圆心成为新的UCS的原点，*X*轴通过距离选取点最近的圆弧端点
二维多段线	多段线的起点成为新的UCS的原点，*X*轴沿从下一个顶点的线段延伸方向
实心体	实体的第一点成为新的UCS的原点，新*X*轴为两起始点之间的直线
尺寸标注	标注文字的中点为新的UCS的原点，新*X*轴的方向平行于绘制标注时有效UCS的*X*轴

视图

该工具可使新坐标系的 *XY* 平面与当前视图方向垂直，*Z* 轴与 *XY* 面垂直，而原点保持不变。通常情况下，该方式主要用于标注文字，当文字需要与当前屏幕平行而不需要与对象平行时，用此方式比较简单。

原点

【原点】工具是系统默认的 UCS 坐标创建方法，它主要用于修改当前用户坐标系的原点位置，坐标轴方向与上一个坐标相同，由它定义的坐标系将以新坐标存在。

在 UCS 工具栏中单击 UCS 按钮，然后利用状态栏中的对象捕捉功能，捕捉模型上的一点，按 Enter 键结束操作。

Z 轴矢量

该工具是通过指定一点作为坐标原点，指定一个方向作为 *Z* 轴的正方向，从而定义新的用户坐标系。此时，系统将根据 *Z* 轴方向自动设置 *X* 轴、*Y* 轴的方向，如图 14-11 所示。

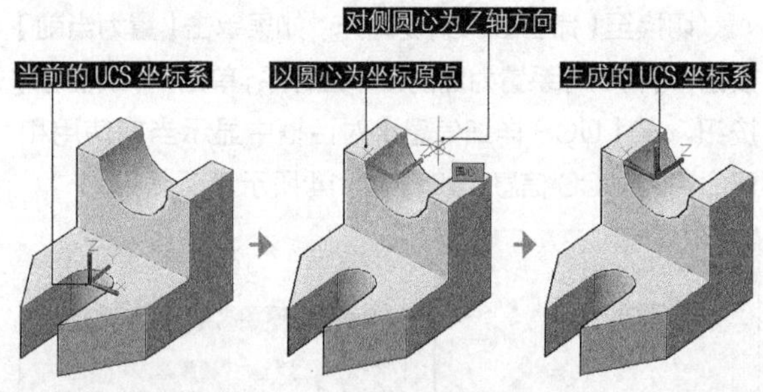

图 14-11 由 *Z* 轴矢量生成 UCS 坐标系

三点

该方式是最简单也是最常用的一种方法，只需选取 3 个点就可确定新坐标系的原点、*X* 轴与 *Y* 轴的正向。

◎ X/Y/Z 轴

该方式是将当前 UCS 坐标绕 X 轴、Y 轴或 Z 轴旋转一定的角度，从而生成新的用户坐标系。它可以通过指定两个点或输入一个角度值来确定所需要的角度。

14.3.2 动态 UCS ★重点★

动态 UCS 功能可以在创建对象时使 UCS 的 XY 平面自动与实体模型上的平面临时对齐。

·执行方式

执行动态 UCS 命令的方法如下。

◆快捷键：按 F6 键。

◆状态栏：单击状态栏中的【动态 UCS】按钮。

·操作步骤

使用绘图命令时，可以通过在面的一条边上移动光标对齐 UCS，而无需使用 UCS 命令。结束该命令后，UCS 将恢复到其上一个位置和方向。使用动态 UCS 绘图如图 14-12 所示。

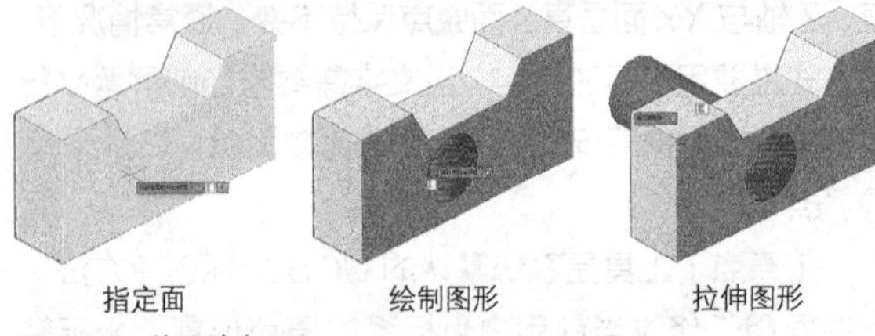

图 14-12 使用动态 UCS

14.3.3 管理 UCS ★重点★

与图块、参照图形等参考对象一样，UCS 也可以进行管理。

·执行方式

◆命令行：输入"UCSMAN"命令。

·操作步骤

执行 UCSMAN 命令后，将弹出如图 14-13 所示的【UCS】对话框。该对话框集中了 UCS 命名、UCS 正交、显示方式设置以及应用范围设置等多项功能。

切换至【命名 UCS】选项卡，如果单击【置为当前】按钮，可将坐标系置为当前工作坐标系，单击【详细信息】按钮，在【UCS 详细信息】对话框中显示当前使用和已命名的 UCS 信息，如图 14-14 所示。

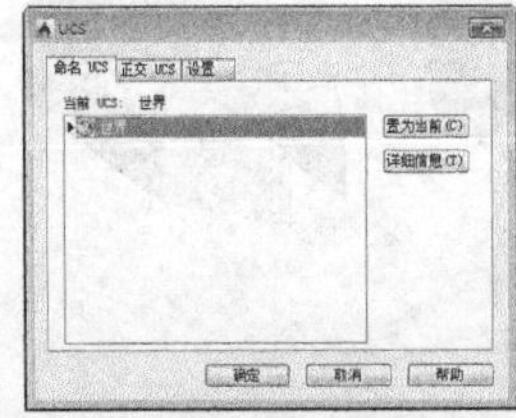

图 14-13 【UCS】对话框

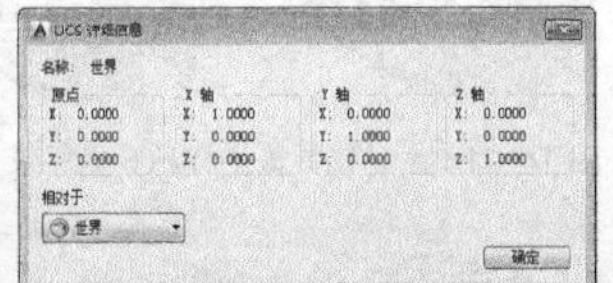

图 14-14 显示当前 UCS 信息

·选项说明

【正交 UCS】选项卡用于将 UCS 设置成一个正交模式。用户可以在【相对于】下拉列表中确定用于定义正交模式 UCS 的基本坐标系，也可以在【当前 UCS：世界】列表框中选择某一正交模式，并将其置为当前使用，如图 14-15 所示。

单击【设置】选项卡，则可通过【UCS 图标设置】和【UCS 设置】选项组设置 UCS 图标的显示形式、应用范围等特性，如图 14-16 所示。

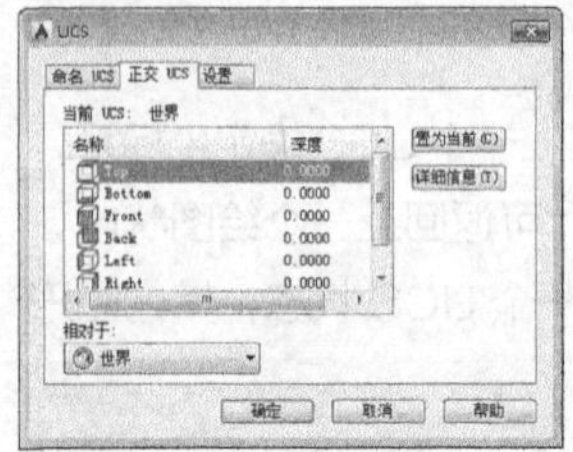

图 14-15【正交 UCS】选项卡

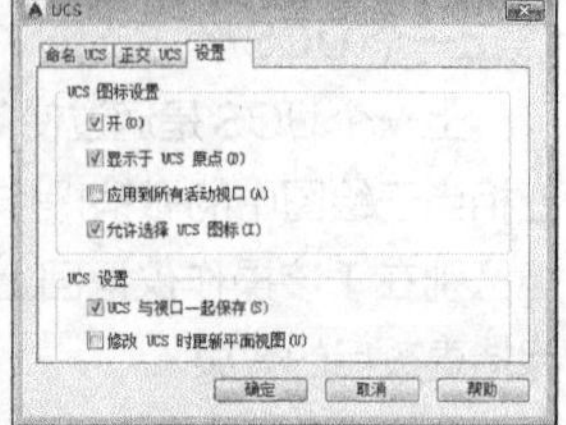

图 14-16【设置】选项卡

练习 14-1 创建新的用户坐标系

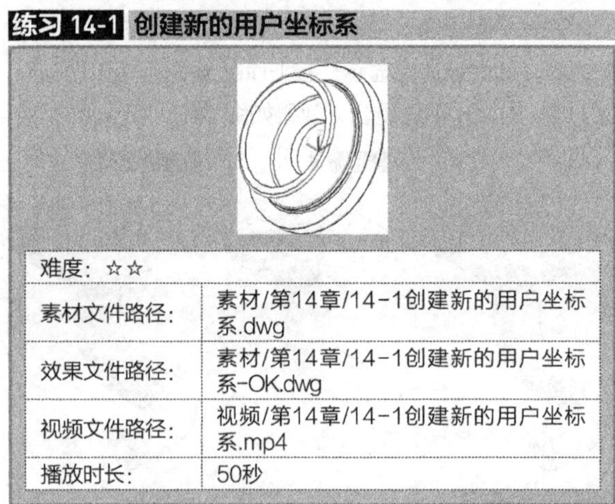

难度：☆☆	
素材文件路径：	素材/第14章/14-1创建新的用户坐标系.dwg
效果文件路径：	素材/第14章/14-1创建新的用户坐标系-OK.dwg
视频文件路径：	视频/第14章/14-1创建新的用户坐标系.mp4
播放时长：	50秒

与其他建模软件（UG、Solidworks、犀牛）不同，AutoCAD 中没有【基准面】、【基准轴】的命令，取而代之的是灵活的 UCS。在 AutoCAD 中通过新建 UCS，同样可以达到其他软件中的【基准面】、【基准轴】效果。

Step 01 单击快速访问工具栏中的【打开】按钮，打开"第14章/14-1创建新的用户坐标系.dwg"文件，如图 14-17所示。

Step 02 在【视图】选项卡中，单击【坐标】面板中的【原点】工具按钮。当系统命令行提示指定UCS原点时，捕捉到圆心并单击，即可创建一个以圆心为原点的新用户坐标系，如图 14-18所示。命令行提示如下。

```
命令: _ucs                                  //调用【新建坐标系】命令
当前 UCS 名称: *没有名称*
指定 UCS 的原点或 [面(F)/命名(NA)/对象(OB)/上一个(P)/视图(V)/世界(W)/X/Y/Z/Z 轴(ZA)] <世界>: _o
指定新原点 <0,0,0>:                          //单击选中的圆心
```

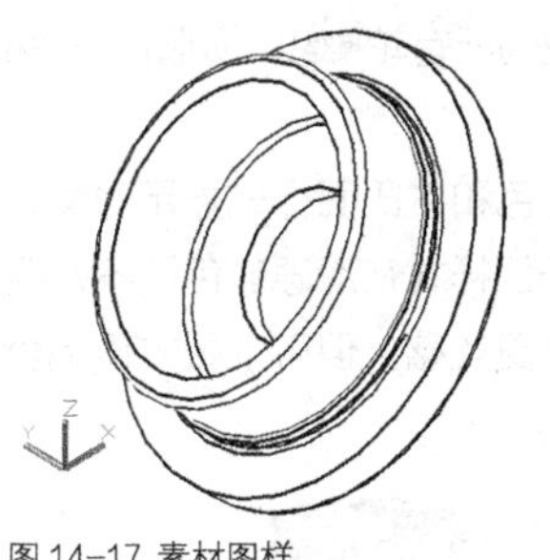

图 14-17 素材图样

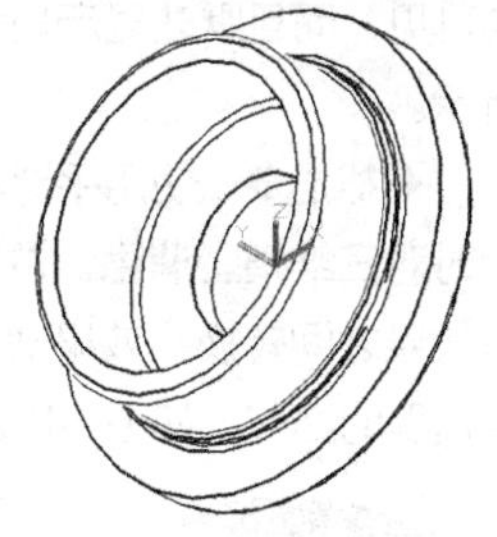

图 14-18 新建用户坐标系

14.4 三维模型的观察

为了从不同角度观察、验证三维效果模型，AutoCAD 提供了视图变换工具。所谓视图变换，是指在模型所在的空间坐标系保持不变的情况下，从不同的视点来观察模型得不到的视图。

因为视图是二维的，所以能够显示在工作区间中。这里，视点如同一架照相机的镜头，观察对象则是相机对准拍摄的目标点，视点和目标点的连线形成了视线，而拍摄出的照片就是视图。从不同角度拍摄的照片有所不同，所以从不同视点观察到的视图也不同。

14.4.1 视图控制器 ★重点★

AutoCAD 提供了俯视、仰视、右视、左视、主视和后视 6 个基本视点，如图 14-19 所示。选择【视图】|【三维视图】命令，或者单击【视图】工具栏中相应的图标，工作区间即显示从上述视点观察三维模型的 6 个基本视图。

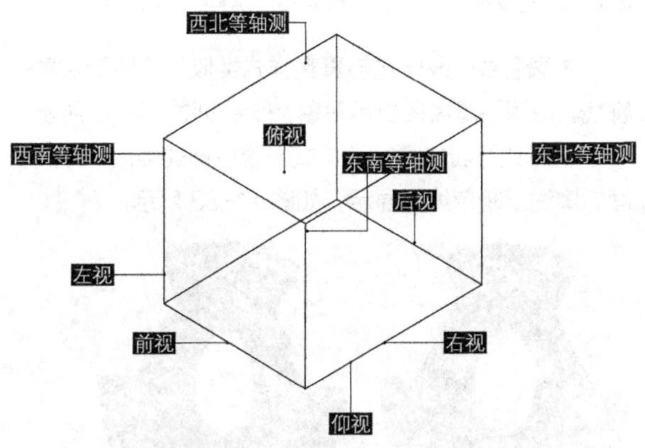

图 14-19 三维视图观察方向

从这 6 个基本视点来观察图形非常方便，因为这 6 个基本视点的视线方向都与 *X*、*Y*、*Z* 三坐标轴之一平行，而与 *XY*、*XZ*、*YZ* 三坐标轴平面之一正交。所以，相对应的 6 个基本视图实际上是三维模型投影在 *XY*、*XZ*、*YZ* 平面上的二维图形。这样，就将三维模型转化为二维模型。在这 6 个基本视图上对模型进行编辑，就如同绘制二维图形一样。

另外，AutoCAD 还提供了西南等轴测、东南等轴测、东北等轴测和西北等轴测 4 个特殊视点。从这 4 个特殊视点观察，可以得到具有立体感的 4 个特殊视图。在各个视图间进行切换的方法主要有以下几种。

◆菜单栏：选择【视图】|【三维视图】命令，展开其子菜单，选择所需的三维视图，如图 14-20 所示。

◆功能区：在【常用】选项卡中，展开【视图】面板中的【视图】下拉列表框，选择所需的模型视图，如图 14-21 所示。

◆视觉样式控件：单击绘图区左上角的视图控件，在弹出的菜单中选择所需的模型视图，如图 14-22 所示。

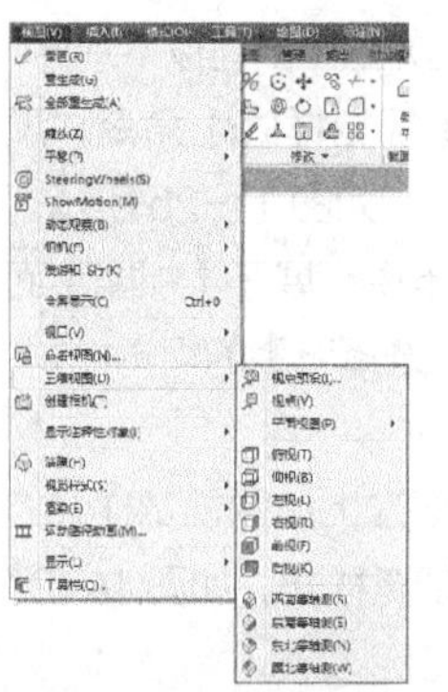

图 14-20 三维视图菜单

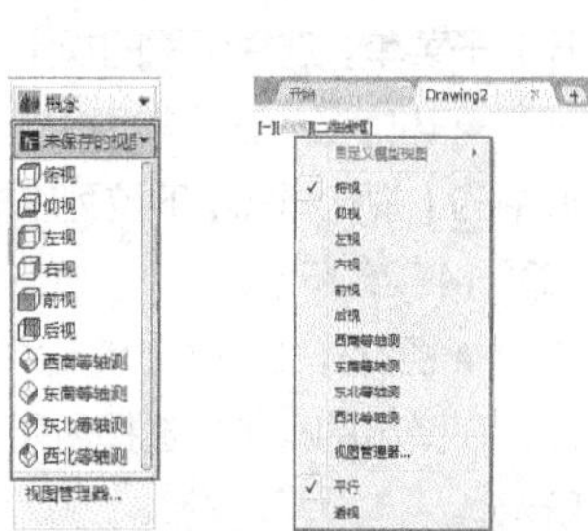

图 14-21【三维视图】下拉列表框

图 14-22 视图控件菜单

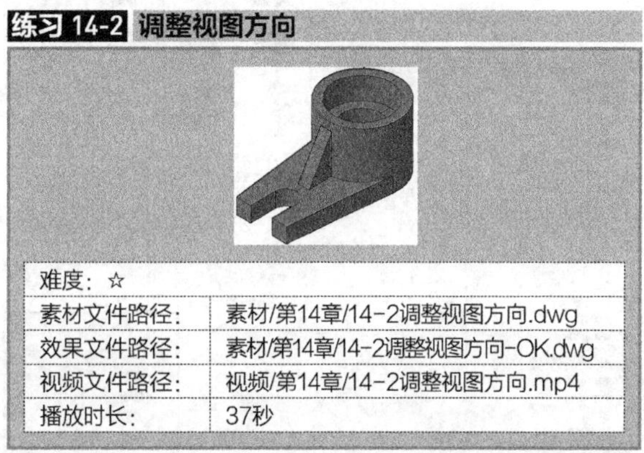

练习 14-2 调整视图方向

难度：☆	
素材文件路径：	素材/第14章/14-2调整视图方向.dwg
效果文件路径：	素材/第14章/14-2调整视图方向-OK.dwg
视频文件路径：	视频/第14章/14-2调整视图方向.mp4
播放时长：	37秒

通过 AutoCAD 自带的视图工具，可以很方便地将模型视图调节至标准方向。

Step 01 单击快速访问工具栏中的【打开】按钮，打开“第14章/14-2调整视图方向.dwg”文件，如图14-23所示。

图 14-23 素材图样

Step 02 单击视图面板中的【西南等轴测】按钮，选择俯视面区域，转换至西南等轴测，结果如图14-24所示。

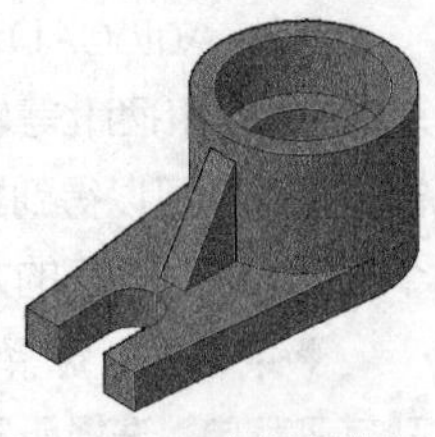

图 14-24 西南等轴测视图

14.4.2 视觉样式 ★重点★

视觉样式用于控制视口中的三维模型边缘和着色的显示。一旦对三维模型应用了视觉样式或更改了其他设置，就可以在视口中查看视觉效果。

·执行方式

在各个视觉样式间进行切换的方法主要有以下几种。

◆菜单栏：选择【视图】|【视觉样式】命令，展开其子菜单，选择所需的视觉样式，如图 14-25 所示。

◆功能区：在【常用】选项卡中，展开【视图】面板中的【视觉样式】下拉列表框，选择所需的视觉样式，如图 14-26 所示。

◆视觉样式控件：单击绘图区左上角的视觉样式控件，在弹出的菜单中选择所需的视觉样式，如图 14-27 所示。

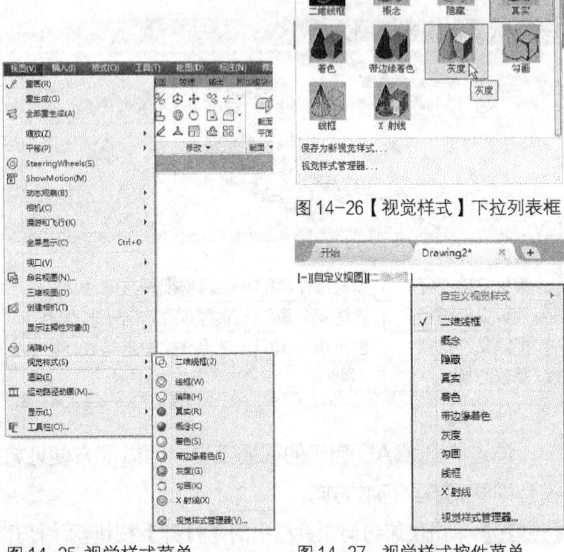

图 14-25 视觉样式菜单　图 14-26【视觉样式】下拉列表框　图 14-27 视觉样式控件菜单

·操作步骤

选择任意视觉样式，即可将视图切换对应的效果。

·选项说明

AutoCAD 2016 中有以下几种视觉样式。

◆二维线框：是在三维空间中的任何位置放置二维（平面）对象来创建的线框模型，图形显示用直线和曲线表示边界的对象。光栅和 OLE 对象、线型和线宽均可见，而且默认显示模型的所有轮廓线，如图 14-28 所示。

◆概念：使用平滑着色和古氏面样式显示对象，同时对三维模型消隐。古氏面样式在冷暖颜色而不是明暗效果之间转换。效果缺乏真实感，但可以更方便地查看模型的细节，如图 14-29 所示。

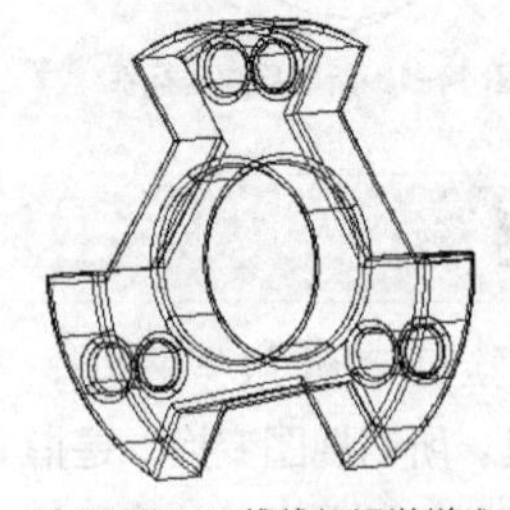
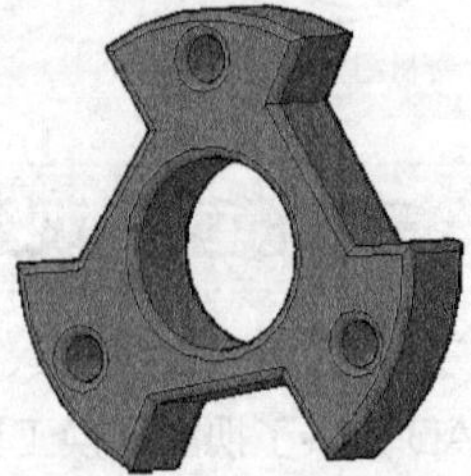

图 14-28 二维线框视觉样式　图 14-29 概念视觉样式

◆隐藏：即三维隐藏，用三维线框表示法显示对象，并隐藏背面的线。此种显示方式可以较为容易和清晰地观察模型，此时显示效果如图 14-30 所示。

◆真实：使用平滑着色来显示对象，并显示已附着到对象的材质，此种显示方法可得到三维模型的真实感表达，如图 14-31 所示。

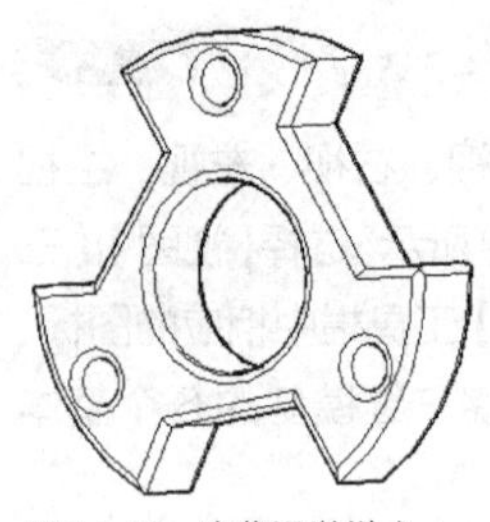

图 14-30 隐藏视觉样式　图 14-31 真实视觉样式

◆着色：该样式与真实样式类似，不显示对象轮廓线，使用平滑着色显示对象，效果如图 14-32 所示。

◆带边缘着色：该样式与着色样式类似，对其表面轮廓线以暗色线条显示，如图 14-33 所示。

图 14-32 着色视觉样式　图 14-33 带边缘着色视觉样式

◆灰度：使用平滑着色和单色灰度显示对象并显示可见边，效果如图 14-34 所示。

◆勾画：使用线延伸和抖动边修改显示手绘效果的对象，仅显示可见边，如图 14-35 所示。

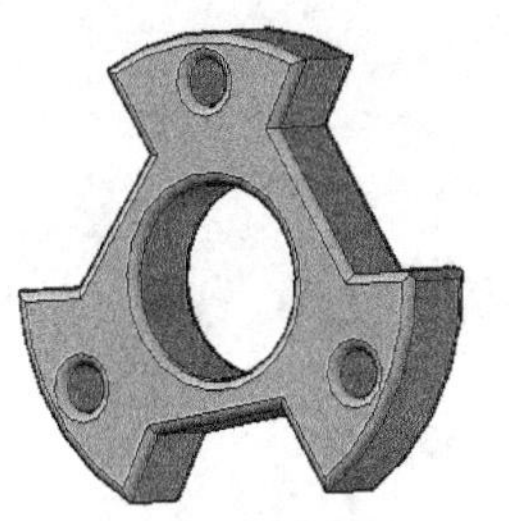

图 14-34 灰度视觉样式

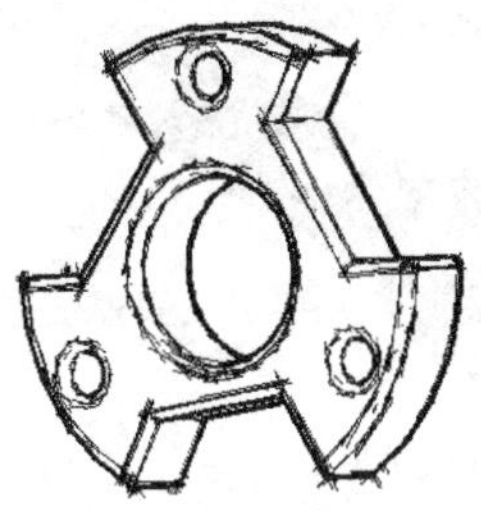

图 14-35 勾画视觉样式

◆线框：即三维线框，通过使用直线和曲线表示边界的方式显示对象，所有的边和线都可见。在此种显示方式下，复杂的三维模型难以分清结构。此时，坐标系变为一个着色的三维 UCS 图标。如果系统变量 COMPASS 为 1，三维指南针将出现，如图 14-36 所示。

◆X 射线：以局部透视方式显示对象，因而不可见边也会褪色显示，如图 14-37 所示。

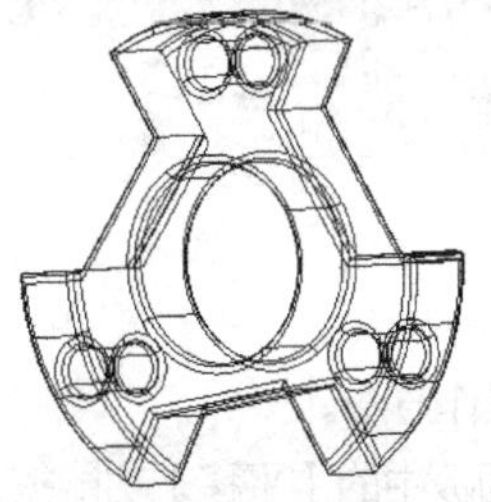

图 14-36 线框视觉样式

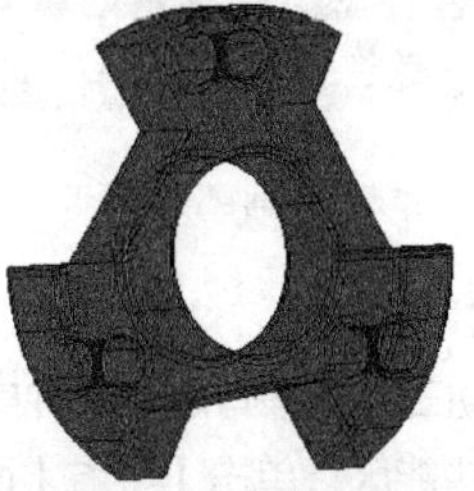

图 14-37 X 射线视觉样式

练习 14-3 切换视觉样式与视点

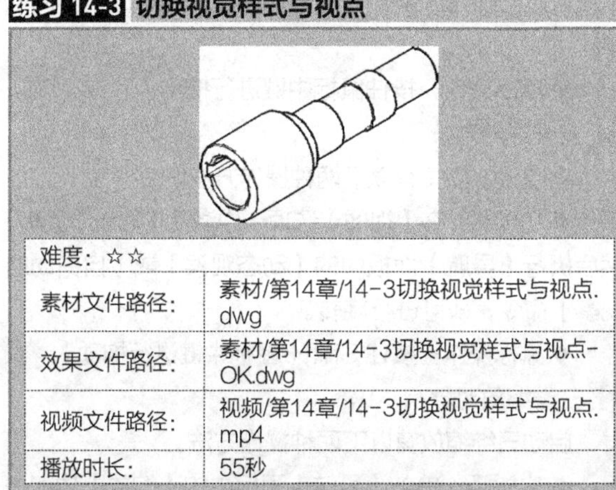

难度：☆☆	
素材文件路径：	素材/第14章/14-3切换视觉样式与视点.dwg
效果文件路径：	素材/第14章/14-3切换视觉样式与视点-OK.dwg
视频文件路径：	视频/第14章/14-3切换视觉样式与视点.mp4
播放时长：	55秒

与视图一样，AutoCAD 也提供了多种视觉样式，选择对应的选项，即可快速切换至所需的样式。

Step 01 单击快速访问工具栏中的【打开】按钮，打开“第14章/14-3切换视觉样式与视点.dwg”文件，如图 14-38所示。

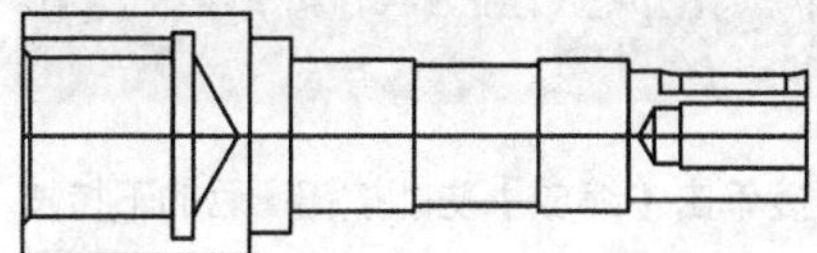

图 14-38 素材图样

Step 02 单击【视图】面板中的【西南等轴测】按钮，将视图转换至西南等轴测，结果如图 14-39所示。

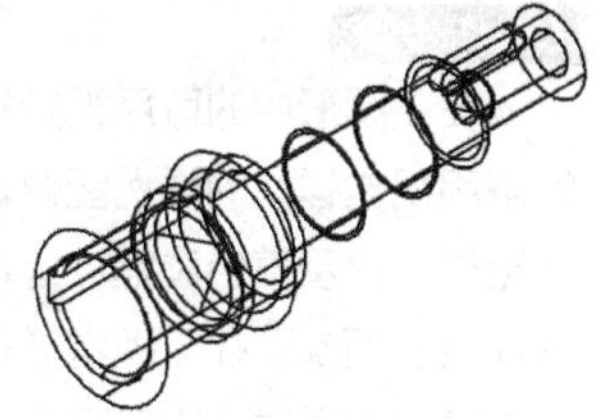

图 14-39 西南等轴测图

Step 03 在【视图】选项卡中，在【视觉样式】面板中展开【视觉样式】下拉列表，选择【勾画】视觉样式，如图 14-40所示。

Step 04 至此【视觉样式】设置完成，结果如图 14-41 所示。

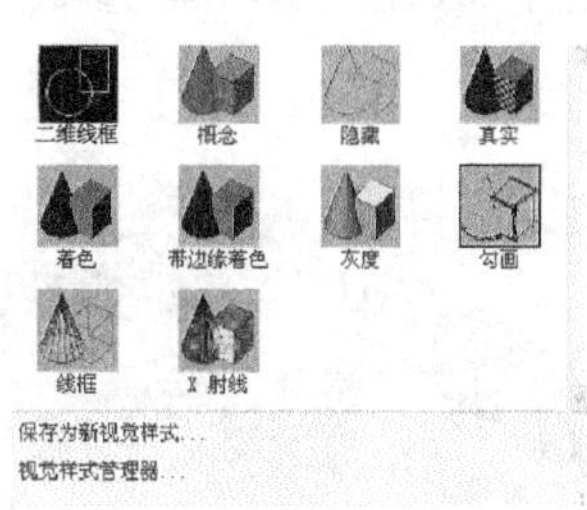

图 14-40 选择视觉样式

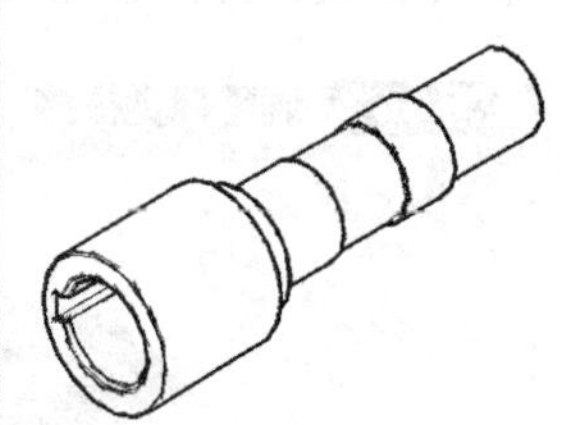

图 14-41 最终结果

14.4.3 管理视觉样式

在实际建模过程中，除应用 10 种默认视觉样式外，还可以通过【视觉样式管理器】选项面板来控制边线显示、面显示、背景显示、材质和纹理以及模型显示精度等特性。

·执行方式

通过【视觉样式管理器】可以对各种视觉样式进行调整，打开该管理器有如下几种方法。

◆功能区：单击【视图】选项卡中【视觉样式】面板右下角按钮。

◆菜单栏：选择【视图】|【视觉样式】|【视觉样式管理器】命令。

◆命令行：输入“VISUALSTYLES”命令。

通过以上任意一种方法打开【视觉样式管理器】选项板，如图 14-42 所示。

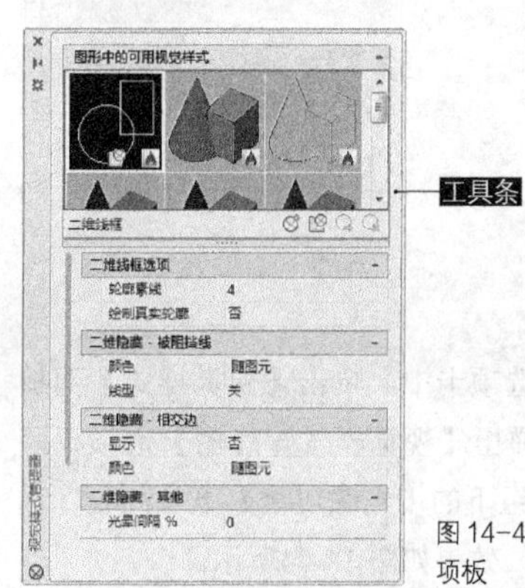

图 14-42【视觉样式管理器】选项板

·操作步骤

在【图形中的可用视觉样式】列表中显示了图形中的可用视觉样式的样例图像。当选定某一视觉样式，该视觉样式显示黄色边框，选定的视觉样式的名称显示在选项板的顶部。在【视觉样式管理器】选项板的下部，集中了该视觉样式的面设置、环境设置和边设置等参数。

在【视觉样式管理器】选项板中，使用工具条中的工具按钮，可以创建新的视觉样式、将选定的视觉样式应用于当前视口、将选定的视觉样式输出到工具选项板以及删除选定的视觉样式。

用户可以在【图形中的可用视觉样式】列表中选择一种视觉样式作为基础，然后在参数栏设置所需的参数，即可创建自定义的视觉样式。

练习 14-4 调整视觉样式

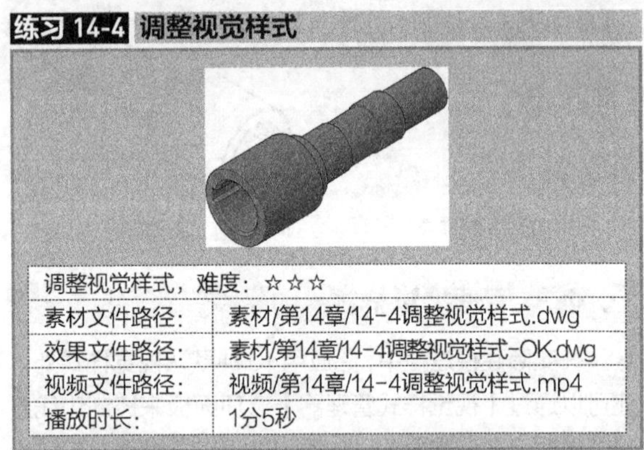

调整视觉样式，难度：☆☆☆	
素材文件路径：	素材/第14章/14-4调整视觉样式.dwg
效果文件路径：	素材/第14章/14-4调整视觉样式-OK.dwg
视频文件路径：	视频/第14章/14-4调整视觉样式.mp4
播放时长：	1分5秒

即便是相同的视觉样式，如果参数设置不一样，其显示效果也不一样。本例便通过调整模型的光源质量，来进行演示。

Step 01 单击快速访问工具栏中的【打开】按钮，打开“第14章/14-4调整视觉样式”文件，如图 14-43

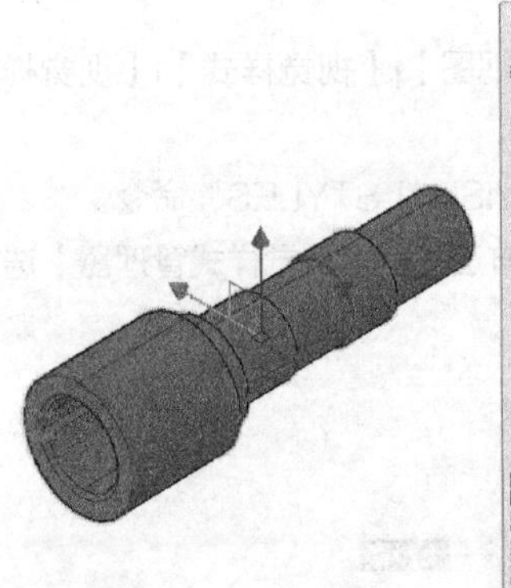

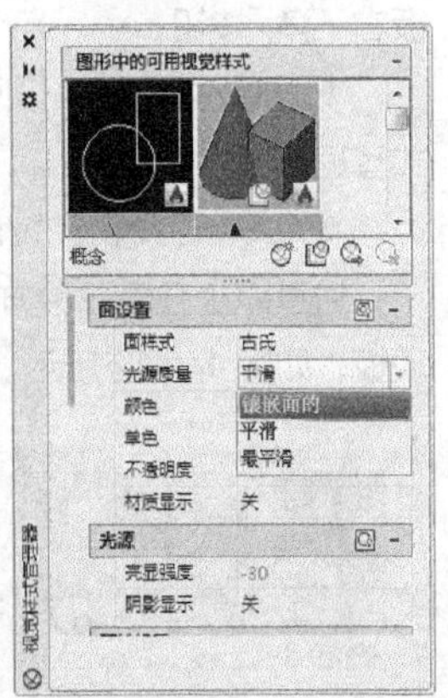

图 14-43 素材图样

Step 02 在【视图】选项卡中，单击【视觉样式】面板右下角按钮，系统弹出【视觉样式管理器】选项板，单击【面设置】选项组下的【光源质量】下拉列表，选择【镶嵌面的】选项，效果如图 14-44所示。

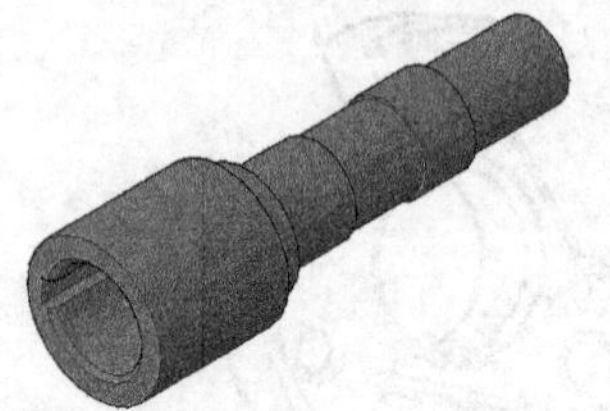

图 14-44 调整效果

14.4.4 三维视图的平移、旋转与缩放 ★重点★

利用【三维平移】工具可以将图形所在的图纸随鼠标的任意移动而移动。利用【三维缩放】工具可以改变图纸的整体比例，从而达到放大图形观察细节或缩小图形观察整体的目的。通过如图 14-45 所示【三维建模】工作空间中【视图】选项卡中的【导航】面板可以快速执行这两项操作。

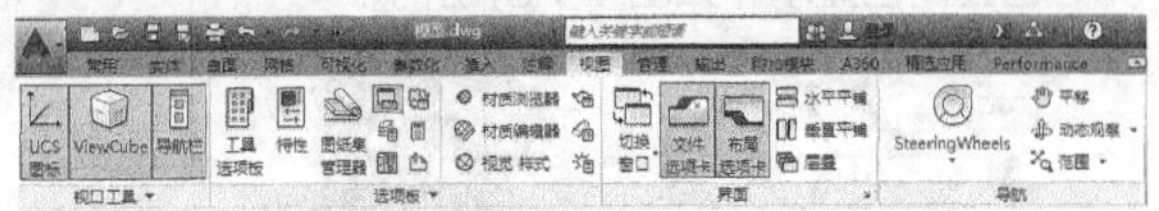

图 14-45 三维建模空间视图选项卡

1 三维平移对象

启动三维平移有以下两种操作方法。

◆功能区：单击【导航】面板中的【平移】功能按钮，此时绘图区中的指针呈形状，按住鼠标左键并沿任意方向拖动，窗口内的图形将随光标在同一方向上移动。

◆鼠标操作：按住鼠标中键进行拖动。

2 三维旋转对象

启动三维旋转有以下两种操作方法。

◆功能区：在【视图】选项卡中激活【导航】面板，然后执行【导航】面板中的【动态观察】或【自由动态观察】命令，即可进行旋转。

◆鼠标操作：按住 Shift+ 鼠标中键进行拖动。

3 三维缩放对象

启动三维缩放有以下两种操作方法。

◆功能区：单击【导航】面板中的【缩放】功能按钮，此根据实际需要，选择其中一种方式进行缩放即可。

◆鼠标操作：滚动鼠标滚轮。

单击【导航】面板中的【缩放】功能按钮后，命令行提示如下。

```
[全部(A)/中心(C)/动态(D)/范围(E)/上一个(P)/比例(S)/窗口(W)/对象(O)] <实时>:
```

此时也可直接单击【缩放】功能按钮后的下拉按钮，选择对应的工具按钮进行缩放。

14.4.5 三维动态观察

AutoCAD 提供了一个交互的三维动态观察器，该命令可以在当前视口中创建一个三维视图，用户可以使用鼠标实时地控制和改变这个视图，以得到不同的观察效果。使用三维动态观察器，既可以查看整个图形，也可以查看模型中任意的对象。

通过图 14-46 所示【视图】选项卡【导航】面板工具，可以快速执行三维动态观察。

1 动态观察

利用此工具可以对视图中的图形进行一定约束的动态观察，即水平、垂直或对角拖动对象进行动态观察。在观察视图时，视图的目标位置保持不动，并且相机位置（或观察点）围绕该目标移动。默认情况下，观察点会约束沿着世界坐标系的 *XY* 平面或 *Z* 轴移动。

单击【导航】面板中的【动态观察】按钮，此时【绘图区】光标呈形状。按住鼠标左键并拖动光标，可以对视图进行受约束三维动态观察，如图 14-47 所示。

图 14-46 三维建模空间视图选项卡

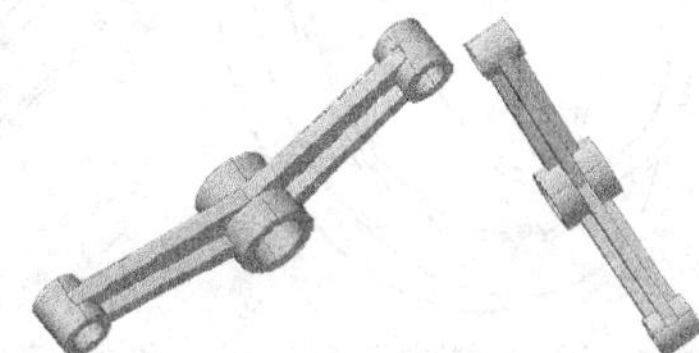

图 14-47 受约束的动态观察

2 自由动态观察

利用此工具可以对视图中的图形进行任意角度的动态观察，此时选择并在转盘的外部拖动光标，这将使视图围绕延长线通过转盘的中心并垂直于屏幕的轴旋转。

单击【导航】面板中的【自由动态观察】按钮，此时在【绘图区】显示出一个导航球，如图 14-48 所示。光标位置有 3 种，分别介绍如下。

◎ 光标在弧线球内拖动

当在弧线球内拖动光标进行图形的动态观察时，光标将变成形状，此时观察点可以在水平、垂直以及对角线等任意方向上移动任意角度，即可以对观察对象做全方位的动态观察，如图 14-49 所示。

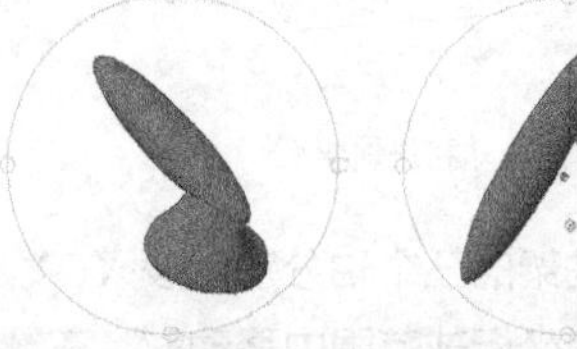

图 14-48 导航球　　图 14-49 光标在弧线球内拖动

◎ 光标在弧线球外拖动

当光标在弧线外部拖动时，光标呈形状，此时拖动光标图形将围绕着一条穿过弧线球球心且与屏幕正交的轴（即弧线球中间的绿色圆心）进行旋转，如图 14-50 所示。

◎ 光标在左右侧小圆内拖动

当光标置于导航球顶部或者底部的小圆上时，光标呈形状，按鼠标左键并上下拖动将使视图围绕着通过导航球中心的水平轴进行旋转。当光标置于导航球左侧或者右侧的小圆时，光标呈形状，按鼠标左键并左右拖动，将使视图围绕着通过导航球中心的垂直轴进行旋转，如图 14-51 所示。

3 连续动态观察

利用此工具可以使观察对象绕指定的旋转轴和旋转速度连续做旋转运动，从而对其进行连续动态的观察。

单击【导航】面板中的【连续动态观察】按钮，此时在【绘图区】光标呈形状，在单击鼠标左键并拖动光标，使对象沿拖动方向开始移动。释放鼠标后，对象将在指定的方向上继续运动。光标移动的速度决定了对象的旋转速度。

图 14-50 光标在弧线球外拖动

图 14-51 光标在左右侧小圆内拖动

14.4.6 设置视点 ★进阶★

视点是指观察图形的方向，在三维工作空间中，通过在不同的位置设置视点，可在不同方位观察模型的投影效果，从而全方位地了解模型的外形特征。

在三维环境中，系统默认的视点为（0、0、1），即从（0、0、1）点向（0、0、0）点观察模型，亦即视图中的俯视方向。要重新设置视点，在 AutoCAD 2015 中有以下几种方法。

- 菜单栏：【视图】|【三维视图】|【视点】选项。
- 命令行：输入“VPOINT”命令。

此时命令行内列出以下 3 种视点设置方式。

1 指定视点

指定视点是指通过确定一点作为视点方向，然后将该点与坐标原点的连线方向作为观察方向，则在绘图区显示该方向投影的效果，如图 14-52 所示。

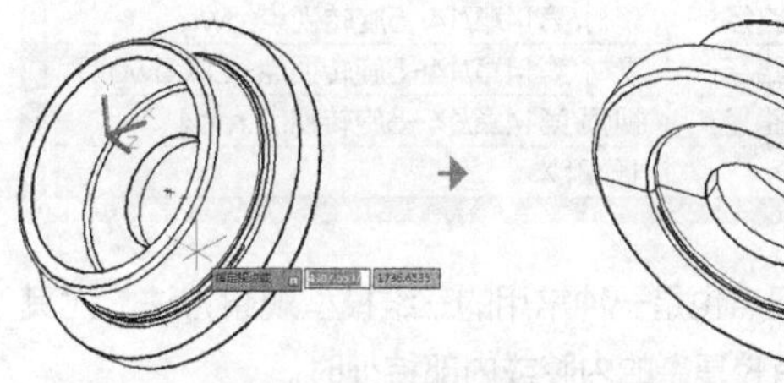

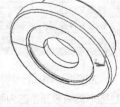

图 14-52 通过指定视点改变投影效果

此外，对于不同的标准投影视图，其对应的视点、角度及夹角各不相同，并且是唯一的，如表14-2所示。

表 14-2 标准投影方向对应的视点、角度及夹角

标准投影方向	视点	在XY平面上的角度(°)	和XY平面的夹角(°)
俯视	0，0，1	270	90
仰视	0，0，-1	270	-90
左视	-1，0，0	180	0
右视	1，0，0	0	0
主视	0，-1，0	270	0
后视	0，1，0	90	0
西南等轴测	-1，-1，1	225	45
东南等轴测	1，-1，1	315	45
东北等轴测	1，1，1	45	45
西北等轴测	-1，1，1	135	45

操作技巧

设置视点输入的视点坐标均相对于世界坐标系，例如，创建一个法兰，世界坐标系如图14-53所示，当前UCS如图14-54所示，如果输入视点坐标为（0,0,1），视图的方向如图14-55所示，可以看出此视点方向以世界坐标系为参照，与当前UCS无关。

图 14-53 WCS方向

图 14-54 UCS方向

图 14-55 设置视点之后的方向

2 旋转

使用两个角度指定新的方向，第一个角是在XY平面中与X轴的夹角，第二个角是与XY平面的夹角，位于XY平面的上方或下方。

练习 14-5 旋转视点

难度：☆☆☆	
素材文件路径：	素材/第14章/14-5旋转视点.dwg
效果文件路径：	素材/第14章/14-5旋转视点-OK.dwg
视频文件路径：	视频/第14章/14-5旋转视点.mp4
播放时长：	1分2秒

旋转视点也是一种常用的三维模型观察方法，尤其是图形具有较复杂的内腔或内部特征时。

Step 01 单击快速访问工具栏中的【打开】按钮，打开“第14章/14-5旋转视点.dwg”文件。如图14-56所示。

Step 02 在命令行中输入“VPOINT”命令，根据命令行的提示进行旋转视点的操作，命令行操作如下。

```
命令: VPOINT                          //调用【设置视点】命令
*** 切换至 WCS ***
当前视图方向: VIEWDIR=0.0000,0.0000,5024.4350
指定视点或 [旋转(R)] <显示指南针和三轴架>: r
                                      //选择【旋转】选项
输入XY平面中与X轴的夹角 <270>: 30
                                      //输入第一个角度
输入与XY平面的夹角 <90>: 60
                                      //输入第二个角度
*** 返回 UCS ***                      //完成操作
```

Step 03 完成旋转视点操作，其旋转效果如图14-57所示。

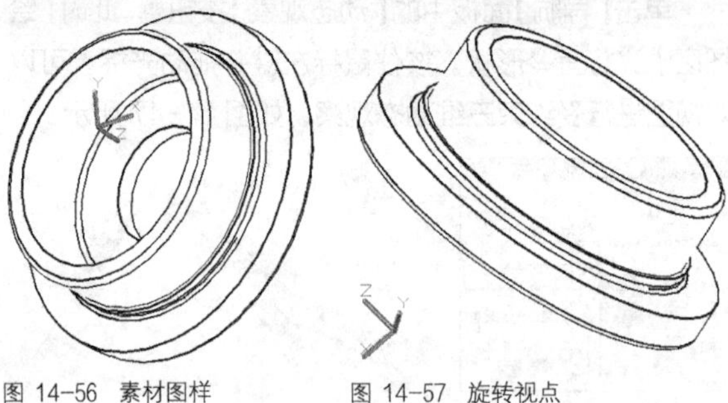
图 14-56 素材图样　　图 14-57 旋转视点

3 显示坐标球和三轴架

默认状态下，选择【视图】|【三维视图】|【视点】选项，则在绘图区显示坐标球和三轴架。通过移动光标，可调整三轴架的不同方位，同时将直接改变视点方向，图14-58所示为光标在A点时的图形投影。

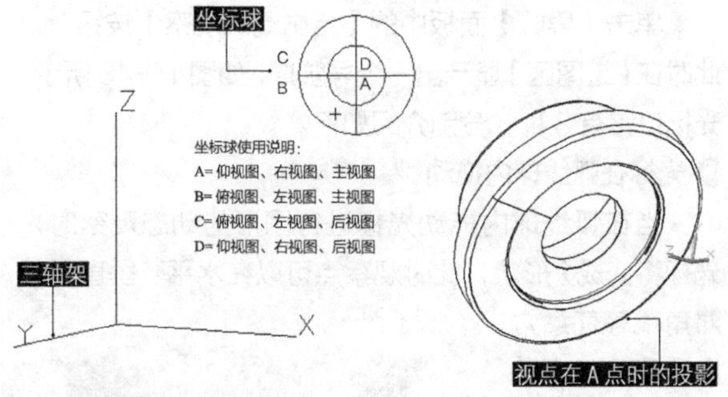

图 14-58 坐标球和三轴架

三轴架的三个轴分别代表X、Y、和Z轴的正方向。当光标在坐标球范围内移动时，三维坐标系通过绕Z轴旋转可调整X、Y轴的方向。坐标球中心及两个同心圆可定义视点和目标点连线与X、Y、Z平面的角度。

操作技巧

坐标球的维度表示如下：中心点为北极（0、0、1），相当于视点位于Z轴正方向；内环为赤道（n、n、0）；整个外环为南极（0、0、-1）。当光标位于内环时，相当于视点在球体的上半球体；光标位于内环与外环之间时，表示视点在球体的下半球体。随着光标的移动，三轴架及视点位置也在不断变化。

14.4.7 使用视点切换平面视图 ★进阶★

单击【设置为平面视图（V）】按钮，则可以将坐标系设置为平面视图（XY 平面）。具体操作如图 14-59 所示。

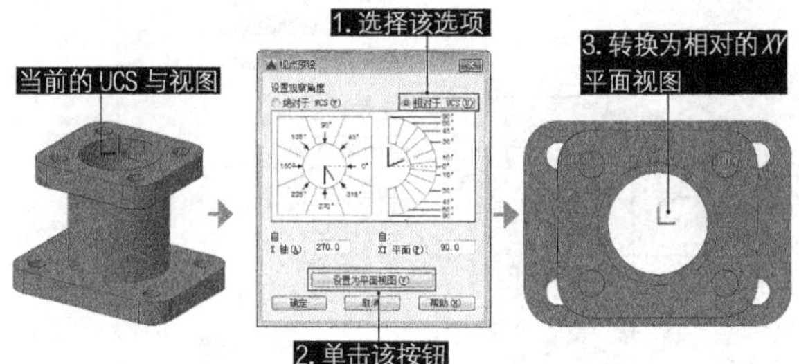

图 14-59 设置相对于 UCS 的平面视图

如果选择的是【绝对于 WCS】单选项，则会将视图调整至世界坐标系中的 XY 平面，与用户指定的 UCS 无关，如图 14-60 所示。

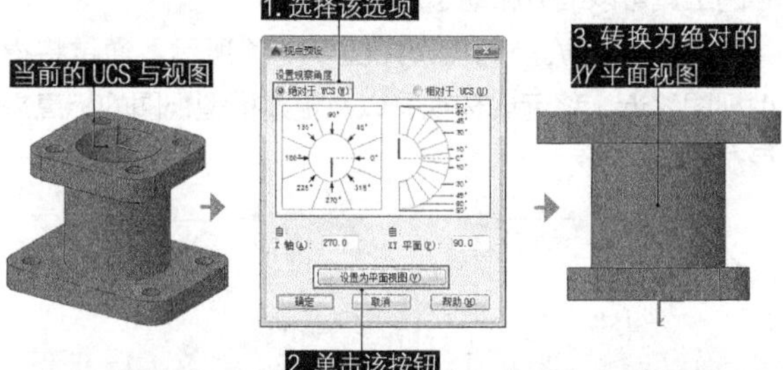

图 14-60 设置绝对于 WCS 的平面视图

14.4.8 ViewCube（视角立方）

在【三维建模】工作空间中，使用 ViewCube 工具可切换各种正交或轴测视图模式，即可切换 6 种正交视图、8 种正等轴测视图和 8 种斜等轴测视图，以及其他视图方向，可以根据需要快速调整模型的视点。

ViewCube 工具中显示了非常直观的 3D 导航立方体，单击该工具图标的各个位置将显示不同的视图效果，如图 14-61 所示。

该工具图标的显示方式可根据设计进行必要的修改，用鼠标右键单击立方体并执行【ViewCube 设置】选项，系统弹出【ViewCube 设置】对话框，如图 14-62 所示。

在该对话框设置参数值可控制立方体的显示和行为，并且可在对话框中设置默认的位置、尺寸和立方体的透明度。

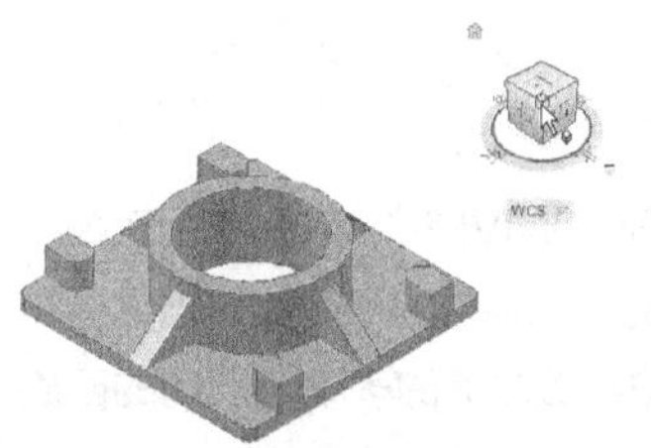

图 14-61 利用导航工具切换视图方向

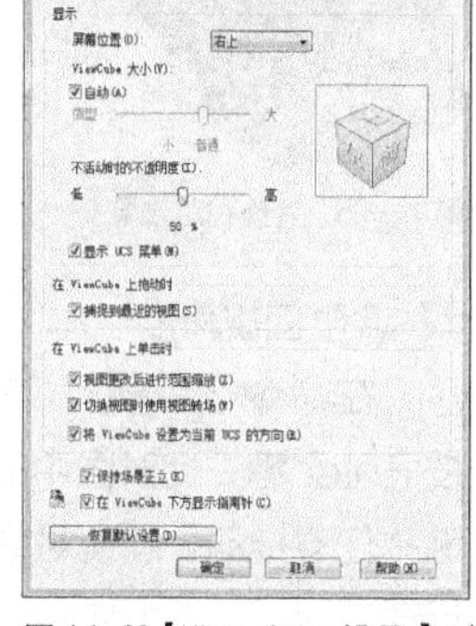

图 14-62【View Cube 设置】对话框

此外，用鼠标右键单击 ViewCube 工具，可以通过弹出的快捷菜单定义三维图形的投影样式，模型的投影样式可分为【平行】投影和【透视】投影两种。

◆【平行】投影模式：是平行的光源照射到物体上所得到的投影，可以准确地反映模型的实际形状和结构，效果如图 14-63 所示。

◆【透视】投影模式：可以直观地表达模型的真实投影状况，具有较强的立体感。透视投影视图取决于理论相机和目标点之间的距离。当距离较小时产生的投影效果较为明显；反之，当距离较大时产生的投影效果较为轻微，效果如图 14-64 所示。

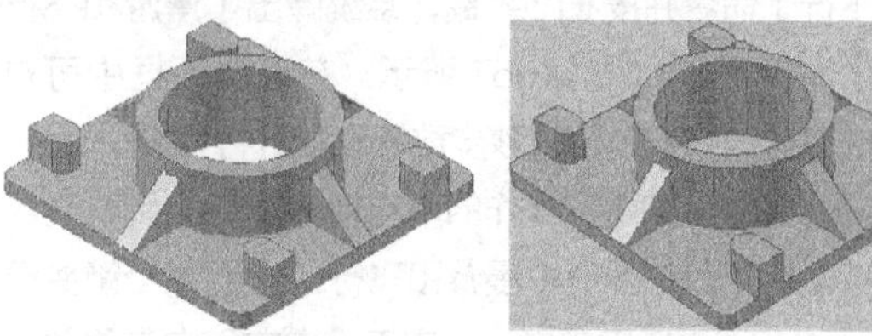

图 14-63 【平行】投影模式 图 14-64 【透视】投影模式

14.4.9 设置视距和回旋角度 ★进阶★

利用三维导航中的【调整视距】以及回旋工具，使图形以绘图区的中心点为缩放点进行操作，或以观察对象为目标点，使观察点绕其做回旋运动。

1 调整观察视距

在命令行中输入“3DDISTANCE”【调整视距】命令并按 Enter 键，此时按鼠标左键，并在垂直方向上向屏幕顶部拖动，光标变为Q+，可使相机推近对象，从而使对象显示的更大；按住鼠标左键并在垂直方向上向屏幕底部拖动时，光标变为Q-，可使相机拉远对象，从而使对象显示的更小，如图 14-65 所示。

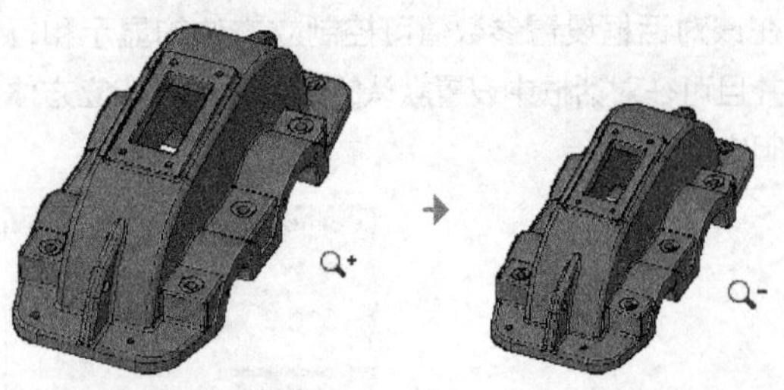

图 14-65　调整视距效果

2 调整回旋角度

在命令行中输入“3DSWIVEL”（回旋）命令并按 Enter 键，此时图中的光标指针呈形状，按鼠标左键并任意拖动，观察对象将随鼠标的移动做反向的回旋运动。

14.4.10 漫游和飞行

在命令行中输入“3DWALK”（漫游）或“3DFLY”（飞行）命令并按 Enter 键，即可使用【漫游】或者【飞行】工具。此时打开【定位器】选项板，设置位置指示器和目标指示器的具体位置，用以调整观察窗口中视图的观察方位，如图 14-66 所示。

将鼠标移动至【定位器】选项板中的位置指示器上，此时光标呈形状，单击鼠标左键并拖动，即可调整绘图区中视图的方位；在【常规】选项组中可设置指示器和目标指示器的颜色、大小以及位置等参数。

在命令行中输入“WALKFLYSETTINGS”（漫游和飞行）命令并按 Enter 键，系统弹出【漫游和飞行设置】对话框，如图 14-67 所示。在该对话框中可对漫游或飞行的步长以及每秒步数等参数进行设置。

设置好漫游和飞行操作的所有参数值后，可以使用键盘和鼠标交互在图形中漫游和飞行。使用 4 个箭头键或 W、A、S 和 D 键来向上、向下、向左和向右移动；使用 F 键可以方便地在漫游模式和飞行模式之间切换；如果要指定查看方向，只需沿查看的方向拖动鼠标即可。

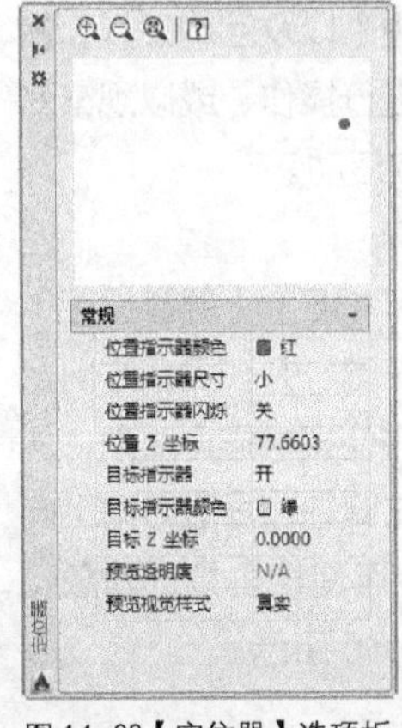

漫游和飞行设置
设置
显示指令气泡:
进入漫游和飞行模式时(W)
每个任务显示一次(O)
从不(N)
显示定位器窗口(P)
当前图形设置
漫游/飞行步长(S): 6.0000 图形单位
每秒步数(T): 2.0000
确定 取消 帮助(H)

图 14-66【定位器】选项板　图 14-67【漫游和飞行设置】对话框

14.4.11 控制盘辅助操作

控制盘又称 Steering Wheels，是用于追踪悬停在绘图窗口上的光标的菜单，通过这些菜单可以从单一界面中访问二维和三维导航工具，选择【视图】|SteeringWheels 命令，打开导航控制盘，如图 14-68 所示。

控制盘分为若干个按钮，每个按钮包含一个导航工具。可以通过单击按钮或单击并拖动悬停在按钮上的光标来启动导航工具。用鼠标右键单击【导航控制盘】，弹出如图 14-69 所示的快捷菜单。整个控制盘分为 3 个不同的控制盘来达到用户的使用要求，其中各个控制盘均拥有独特的导航方式，分别介绍如下。

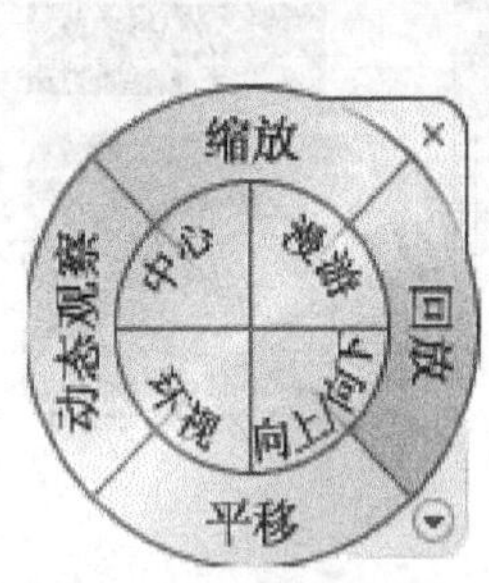

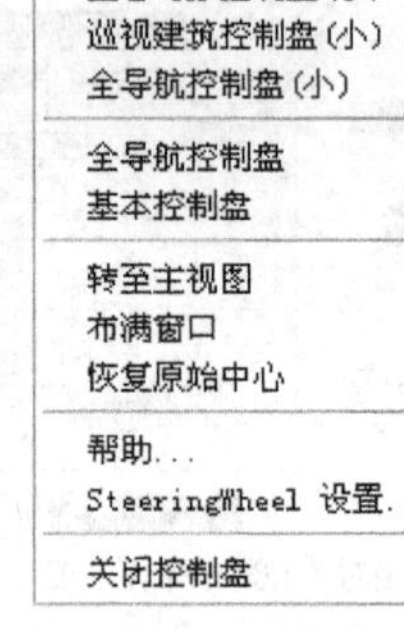

图 14-68　全导航控制盘　图 14-69　快捷菜单

◆查看对象控制盘：如图 14-70 所示，将模型置于中心位置，并定义中心点，使用【动态观察】工具栏中的工具可以缩放和动态观察模型。

◆巡视建筑控制盘：如图 14-71 所示，通过将模型视图移近、移远或环视，以及更改模型视图的标高来导航模型。

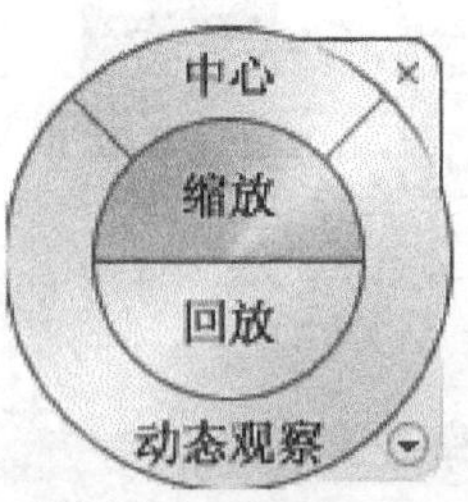

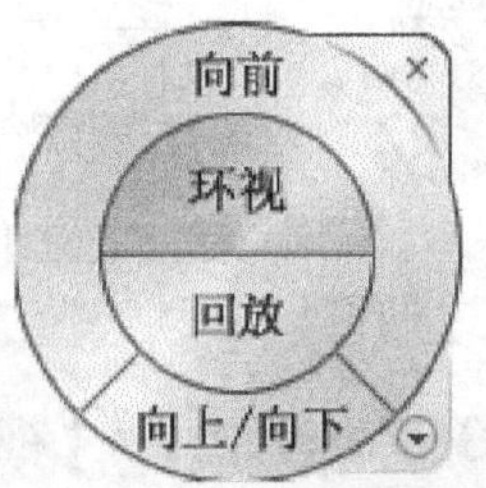

图 14-70　查看对象控制盘　图 14-71　巡视建筑控制盘

◆全导航控制盘：如图 14-69 所示，将模型置于中心位置并定义轴心点，便可执行漫游和环视、更改视图标高、动态观察、平移和缩放模型等操作。

单击该控制盘中的任意按钮都将执行相应的导航操作。在执行多次导航操作后，单击【回放】按钮或单击【回放】按钮并在上面拖动，可以显示回放历史，恢复先前的视图，如图 14-72 所示。

此外，还可以根据设计需要对滚轮各参数值进行设置，即自定义导航滚轮的外观和行为。用鼠标右键单击导航控制盘，选择【SteeringWheels 设置】命令，弹出【SteeringWheels 设置】对话框，可以设置导航控制盘中的各个参数，如图 14-73 所示。

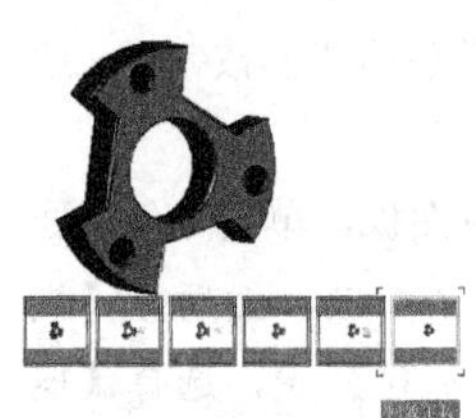

图 14-72 回放视图

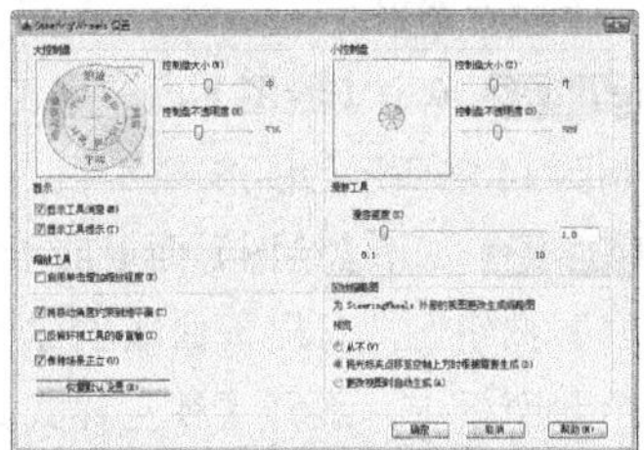

图 14-73【SteeringWheels 设置】对话框

14.5 绘制三维点和线

三维空间中的点和线是构成三维实体模型的最小几何单元，创建方法与二维对象的点和直线类似，但相比之下，多出一个定位坐标。在三维空间中，三维点和直线不仅可以用来绘制特征截面继而创建模型，还可以构造辅助直线或辅助平面来辅助实体创建。一般情况下，三维线段包括直线、射线、构造线、多段线、螺旋线以及样条曲线等类型；而点则可以根据其确定方式分为特殊点和坐标点两种类型。

14.5.1 绘制点和直线

三维空间中的点和直线是构成线框模型的基本元素，也是创建三维实体或曲面模型的基础。在 AutoCAD 中，三维点和直线与创建二维对象类似，但二维绘图对象始终在固定平面上，而绘制三维点和直线时，需时刻注意对象所在的平面。

1 绘制三维空间点

利用三维空间的点可以绘制直线、圆弧、圆、多段线及样条曲线等基本图形，也可以标注实体模型的尺寸参数，还可以作为辅助点间接创建实体模型。要确定空间中的点，可通过输入坐标和捕捉特殊点两种方式完成。

◎ 通过坐标绘点

在 AutoCAD 中，可以通过绝对或相对坐标的方式确定点的位置，可使用绝对或相对的直角坐标、极坐标、柱面坐标和球面坐标等类型。需注意的是：输入的点坐标是相对于当前坐标系的坐标，因此在三维绘图的过程中，一般将坐标系显示，便于定位。

要绘制三维空间点，展开【绘图】面板的下拉面板，单击【多点】按钮，然后在命令行内输入三维坐标即可确定三维点，在 AutoCAD 中绘制点，如果省略输入 Z 方向的坐标，系统默认 Z 坐标为 0，即该点在 XY 平面内。三维空间绘制点的效果如图 14-74 所示。

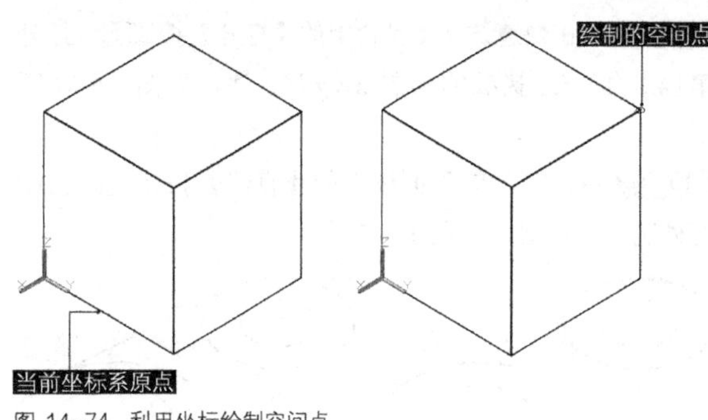

图 14-74 利用坐标绘制空间点

◎ 捕捉空间特殊点

三维实体模型上的一些特殊点，如交点、端点以及中点等，可通过启用【对象捕捉】功能捕捉来确定位置，如图 14-75 所示。

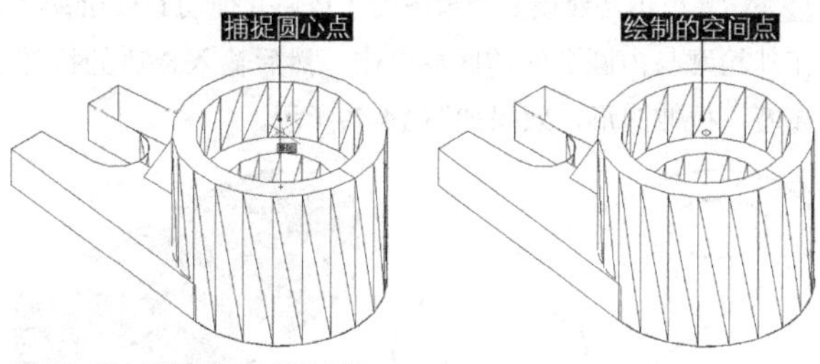

图 14-75 利用捕捉功能绘制点

2 绘制空间直线

空间直线的绘制方法与平面直线相似，即由两个端点确定一条直线。不同的是，空间直线的两端点需要由三维坐标确定。单击【绘图】面板上【直线】按钮，即可激活直线命令，用户可以依次输入起点和端点的坐标，也可以捕捉模型上的特殊点来定位直线。

另外，在三维建模过程中，也会用到射线和构造线定位，射线和构造线与直线有相同的性质，定位两点即可绘制该对象。

练习 14-6 连接板的绘制

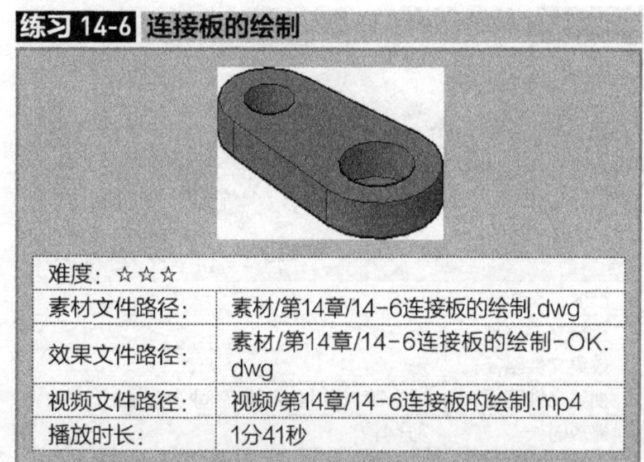

难度：☆☆☆	
素材文件路径：	素材/第14章/14-6连接板的绘制.dwg
效果文件路径：	素材/第14章/14-6连接板的绘制-OK.dwg
视频文件路径：	视频/第14章/14-6连接板的绘制.mp4
播放时长：	1分41秒

本例通过视图操作，以及三维空间中点和直线的绘制方法，来创建一个简单的三维模型——连接板。

Step 01 单击快速访问工具栏中的【打开】按钮，打开第14章/14-6连接板的绘制.dwg”文件，如图 14-76所示。

Step 02 单击【绘图】面板中的【直线】按钮。绘制两外圆的公切线，如图 14-77所示。

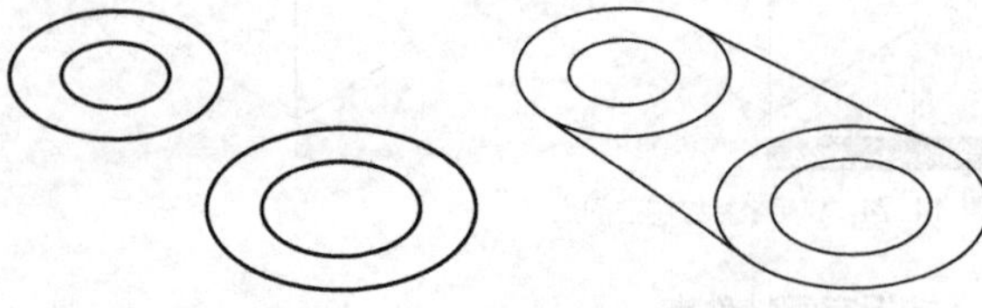

图 14-76 素材图样　　图 14-77 绘制空间直线

Step 03 单击【修改】面板中的【修剪】按钮修剪绘制的空间图形，其效果如图 14-78所示。

Step 04 单击【建模】面板中的【按住并拖动】按钮，在外轮廓与内圆之间的区域单击，然后输入合适的拉伸高度，拉伸图形，效果如图 14-79所示。

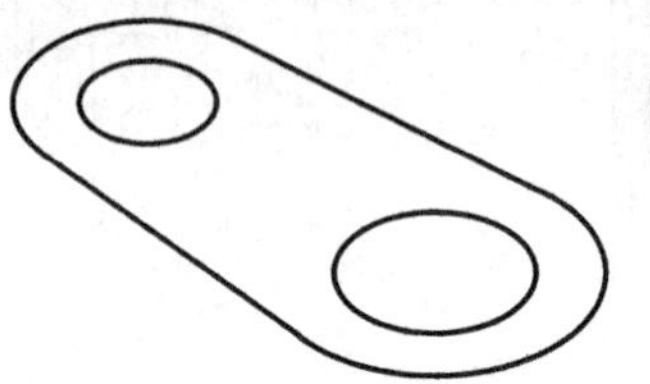

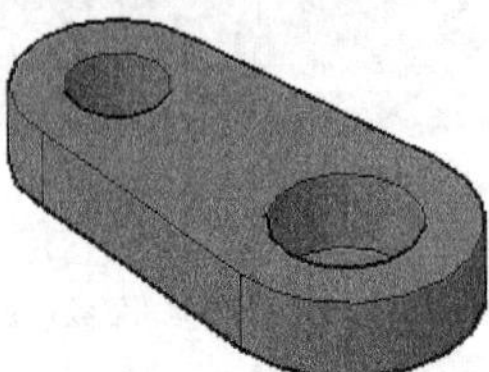

图 14-78 修剪图形　　图 14-79 连接板三维效果

14.5.2 绘制样条曲线

样条曲线是一条通过一系列控制点的光滑曲线，它在控制点的形状取决于曲线在控制点的矢量方向和曲率半径。与平面样条曲线不同，空间样条曲线可以向任意方向延伸，因此经常用来创建曲面边界。要绘制样条曲线，单击【绘图】面板中的【样条曲线】按钮，依据命令行提示依次选取样条曲线控制点即可。

练习 14-7 绘制空间样条曲线

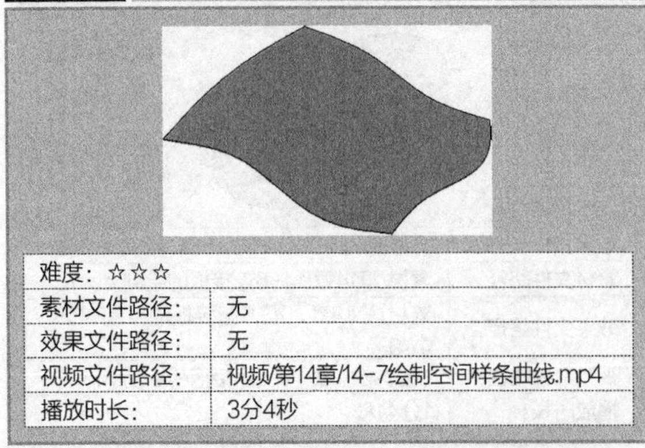

难度：☆☆☆	
素材文件路径：	无
效果文件路径：	无
视频文件路径：	视频/第14章/14-7绘制空间样条曲线.mp4
播放时长：	3分4秒

与二维环境下的【样条曲线】命令一样，三维空间中的【样条曲线】同样需要任意指定点来进行绘制。但要注意的是：三维空间中光标的移动可能会引起样条曲线上的点坐标值紊乱。看似距离很接近的两个点，也许相隔了非常大的距离。

Step 01 单击快速访问工具栏中的【新建】按钮，新建一个空白图形。

Step 02 单击【绘图】面板中【样条曲线】按钮，绘制图 14-80所示的图形。

Step 03 展开【绘图】面板的下拉面板，单击【创建面域】按钮，有样条曲线创建一个面域，然后在【视图】面板中，展开【视觉样式】下拉列表，选择【概念】选项，其效果如图 14-81所示。

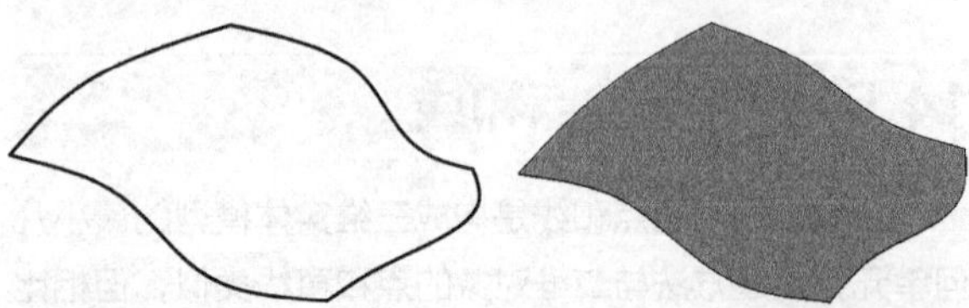

图 14-80 绘制空间样条曲线　　图 14-81 由样条曲线构成的曲面

练习 14-8 绘制三维线架

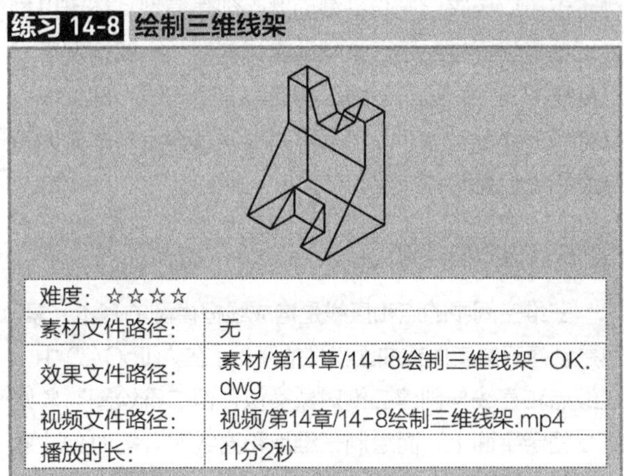

难度：☆☆☆☆	
素材文件路径：	无
效果文件路径：	素材/第14章/14-8绘制三维线架-OK.dwg
视频文件路径：	视频/第14章/14-8绘制三维线架.mp4
播放时长：	11分2秒

本实例通过绘制如图 14-82 所示的三维线架，以熟悉 UCS 坐标与三维视图的运用。

Step 01 单击快速访问工具栏中的【新建】按钮，系统弹出【选择样板】对话框，选择“acadiso.dwt”样板，单击【打开】按钮，进入AutoCAD绘图模式。

Step 02 单击绘图区左上角的视图快捷控件，将视图切换至【东南等轴测】，此时绘图区呈三维空间状态，其坐标显示如图14-83所示。

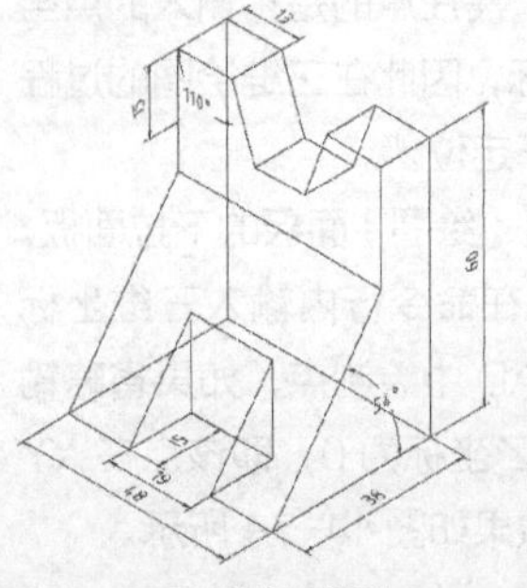

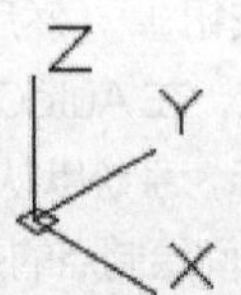

图 14-82 三维线架模型　　图 14-83 坐标系显示状态

Step 03 调用L【直线】命令，根据命令行的提示，在绘图区空白处单击一点确定第一点，鼠标向左移动输入"14.5"，鼠标向上移动输入"15"，鼠标向左移动输入"19"，鼠标向下移动输入"15"，鼠标向左移动输入"14.5"，鼠标向上移动输入"38"，鼠标向右移动输入"48"，输入"C"激活闭合选项，完成如图14-84所示线架底边线条的绘制。

Step 04 单击绘图区左上角的视图快捷控件，将视图切换至【东南等轴测】，查看所绘制的图形，如图14-85所示。

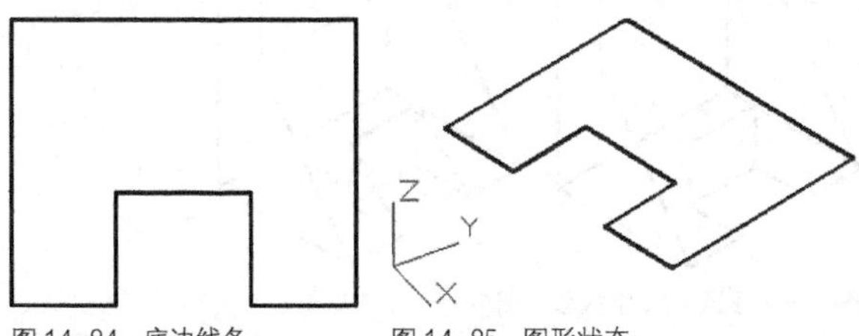

图 14-84 底边线条　　图 14-85 图形状态

Step 05 单击【坐标】面板中的【Z轴矢量】按钮，在绘图区选择两点以确定新坐标系的Z轴方向，如图14-86所示。

Step 06 单击绘图区左上角的视图快捷控件，将视图切换至【右视】，进入二维绘图模式，以绘制线架的侧边线条。

Step 07 用鼠标右键单击【状态栏】中的【极轴追踪】，在弹出的快捷菜单中选择【设置】命令，添加极轴角为126°。

Step 08 调用L（直线）命令，绘制如图14-87所示的侧边线条，命令行提示如下。

```
命令: LINE↙
指定第一点:          //在绘图区指定直线的端点"A点"
指定下一点或 [放弃(U)]: 60↙
指定下一点或 [放弃(U)]: 12↙
                     //利用极轴追踪绘制直线
指定下一点或 [闭合(C)/放弃(U)]:
                     //在绘图区指定直线的终点
指定下一点或 [放弃(U)]: *取消*
                     //按Esc键，结束绘制直线操作
命令: LINE↙          //再次调用直线命令，绘制直线
指定第一点:          //在绘图区单击确定直线一端点"B点"
指定下一点或 [放弃(U)]:
                     //利用极轴绘制直线
```

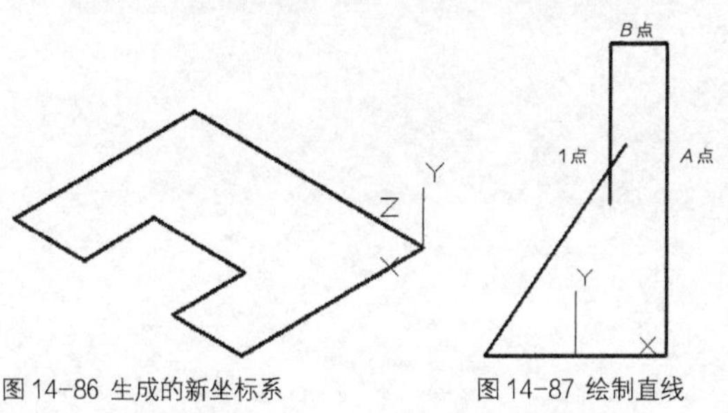

图 14-86 生成的新坐标系　　图 14-87 绘制直线

Step 09 调用TR（修剪）命令，修剪掉多余的线条，单击绘图区左上角的视图快捷控件，将视图切换至【东南等轴测】，查看所绘制的图形状态，如图14-88所示。

Step 10 调用CO（复制）命令，在三维空间中选择要复制的右侧线条。

Step 11 单击鼠标右键或按Enter键，然后选择基点位置，拖动鼠标在合适的位置单击放置复制图形，按Esc键或Enter键完成复制操作，复制效果如图14-89所示。

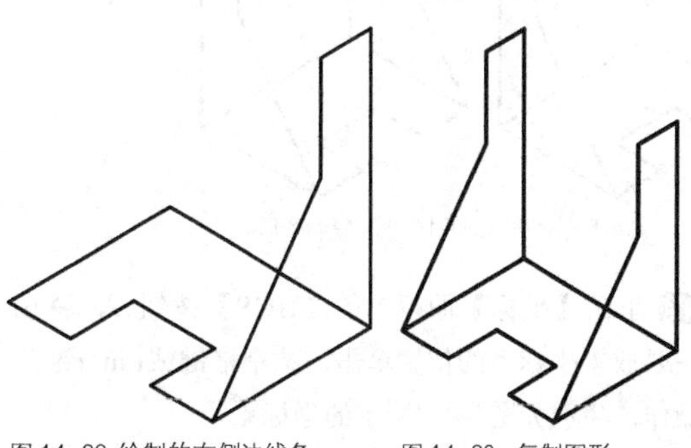
图 14-88 绘制的右侧边线条　　图 14-89 复制图形

Step 12 单击【坐标】面板中的【三点】按钮，在绘图区选择三点以确定新坐标系的Z轴方向，如图14-90所示。

Step 13 单击绘图区左上角的视图快捷控件，将视图切换至【后视】，进入二维绘图模式，绘制线架的后方线条，如图14-91所示。命令行提示如下。

```
命令: LINE↙
指定第一点:
指定下一点或 [放弃(U)]: 13↙
指定下一点或 [放弃(U)]: @20<290↙
指定下一点或 [闭合(C)/放弃(U)]: *取消*
                     //利用极坐标方式绘制直线，
按Esc键，结束直线绘制命令
命令: LINE↙
指定第一点:
指定下一点或 [放弃(U)]: 13↙
指定下一点或 [放弃(U)]: @20<250↙
指定下一点或 [闭合(C)/放弃(U)]: *取消*
                     //用同样的方法绘制直线
```

Step 14 调用O（偏移）命令，将底边直线向上偏移45，如图14-91所示。

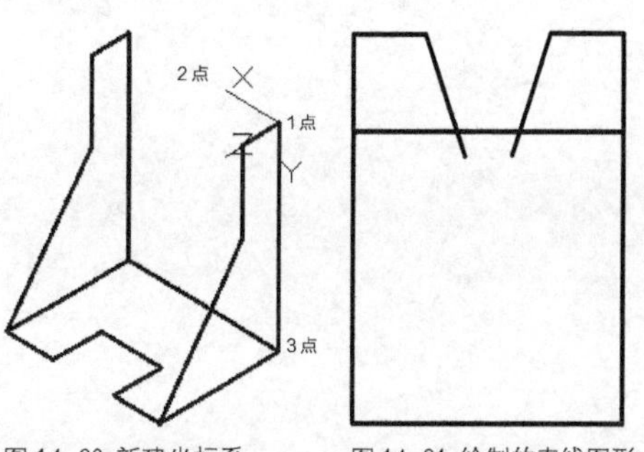

图 14-90 新建坐标系　　图 14-91 绘制的直线图形

Step 15 调用TR（修剪）命令，修剪掉多余的线条，如图14-92所示。

Step 16 重复Step09、Step10的方法，复制图形，其复制效果如图14-93所示。

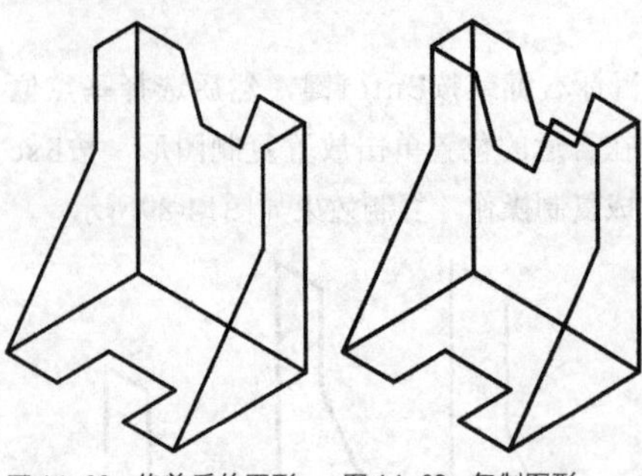

图 14-92 修剪后的图形　图 14-93 复制图形

Step 17 单击【坐标】面板中的【UCS】按钮，移动鼠标在要放置坐标系的位置单击，按空格键或Enter键，结束操作，生成如图14-94所示的坐标系。

Step 18 单击绘图区左上角的视图快捷控件，将视图切换至【前视】，进入二维绘图模式，绘制二维图形，向上距离为15，两侧直线中间相距19，如图14-95所示。

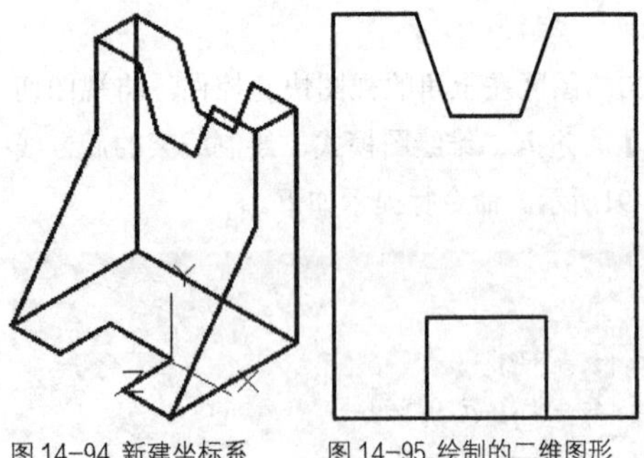

图 14-94 新建坐标系　图 14-95 绘制的二维图形

Step 19 单击绘图区左上角的视图快捷控件，将视图切换至【东南等轴测】，查看所绘制的图形状态，如图14-96所示。

Step 20 调用L【直线】命令，将三维线架中需要连接的部分用直线连接，其效果如图14-97所示，完成三维线架绘制。

图 14-96 图形的三维状态　图 14-97 三维线架

第 15 章 创建三维实体和网格曲面

在 AutoCAD 中，曲面、网格和实体都能用来表现模型的外观。本章先介绍实体建模方法，包括基本实体、由二维图形创建实体的各种方法，再介绍创建网格曲面的方法。

15.1 创建基本实体

基本实体是构成三维实体模型的最基本的元素，如长方体、楔体、球体等，在 AutoCAD 中可以通过多种方法来创建基本实体。

15.1.1 创建长方体

长方体具有长、宽、高三个尺寸参数，可以创建各种方形基体，例如，创建零件的底座、支撑板、建筑墙体及家具等。

a. 执行方式

在 AutoCAD 2016 中调用绘制【长方体】命令有如下几种方法。

◆功能区：在【常用】选项卡中，单击【建模】面板【长方体】按钮。

◆工具栏：单击【建模】工具栏【长方体】按钮。

◆菜单栏：执行【绘图】|【建模】|【长方体】命令。

◆命令行：在命令行中输入“BOX”命令。

b. 操作步骤

通过以上任意一种方法执行该命令，命令行出现如下提示。

```
指定第一个角点[中心（C）]:
```

c. 选项说明

此时可以根据提示利用两种方法进行【长方体】的绘制。

1 指定角点

该方法是创建长方体的默认方法，即是通过依次指定长方体底面的两对角点或指定一角点和长、宽、高的方式进行长方体的创建，如图 15-1 所示。

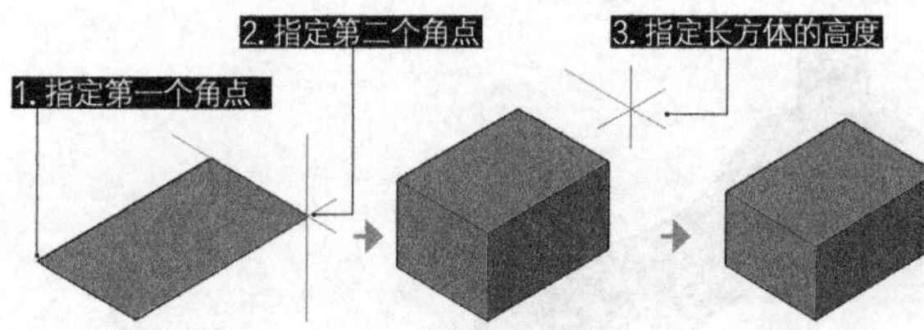

图 15-1 利用指定角点的方法绘制长方体

2 指定中心

利用该方法可以先指定长方体中心，再指定长方体中截面的一个角点或长度等参数，最后指定高度来创建长方体，如图 15-2 所示。

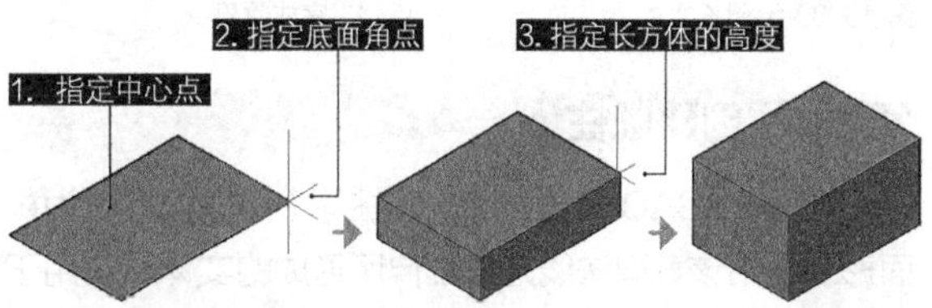

图 15-2 利用指定中心的方法绘制长方体

练习 15-1 绘制长方体

难度：☆☆	
素材文件路径：	无
效果文件路径：	素材/第15章/15-1绘制长方体-OK.dwg
视频文件路径：	视频/第15章/15-1绘制长方体.mp4
播放时长：	1分31秒

Step 01 启动AutoCAD 2016，单击快速访问工具栏中的【新建】按钮，建立一个新的空白图形。

Step 02 在【常用】选项卡中，单击【建模】面板上【长方体】按钮，绘制一个长方体，命令行提示如下。

```
命令: _box              //调用【长方体】命令
指定第一个角点或 [中心(C)]:C↙
                        //选择定义长方体中心
指定中心: 0,0,0↙        //输入坐标，指定长方体中心
指定其他角点或 [立方体(C)/长度(L)]: L↙
                        //由长度定义长方体
指定长度: 40↙           //捕捉到X轴正向，然后输入长度为40
指定宽度: 20↙           //输入长方体宽度为20
指定高度或 [两点(2P)]: 20↙
                        //输入长方体高度为20
指定高度或 [两点(2P)] <175>:
                        //指定高度
```

Step 03 通过操作即可完成如图 15-3所示的长方体。

Step 04 单击【功能区】中【实体编辑】面板上【抽壳】工具按钮，选择顶面为删除的面，抽壳距离为2，即可创建一个长方体箱体，其效果如图 15-4所示。

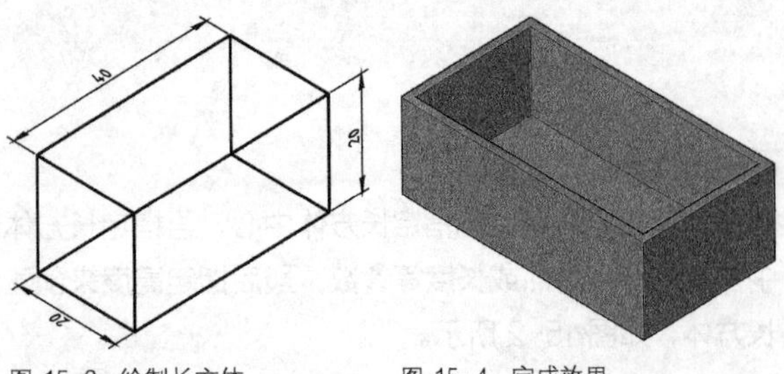

图 15-3　绘制长方体　　图 15-4　完成效果

15.1.2 创建圆柱体

在 AutoCAD 中创建的【圆柱体】是以面或圆为截面形状，沿该截面法线方向拉伸所形成的实体，常用于绘制各类轴类零件、建筑图形中的各类立柱等特征。

·执行方式

在 AutoCAD 2016 中调用绘制【圆柱体】命令有如下几种常用方法。

◆菜单栏：执行【绘图】|【建模】|【圆柱体】命令，如图 15-5 所示。

◆功能区：在【常用】选项卡中，单击【建模】面板【圆柱体】工具按钮，如图 15-6 所示。

◆工具栏：单击【建模】工具栏【圆柱体】按钮。

◆命令行：输入"CYLINDER"命令。

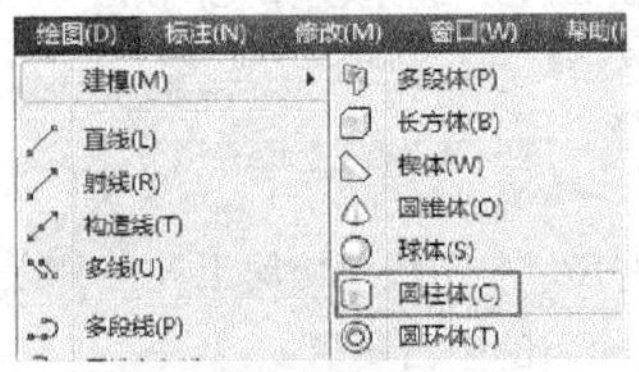

图 15-5　创建圆柱体菜单命令　　图 15-6　圆柱体创建面板按钮

·操作步骤

执行上述任一命令后，命令行提示如下。

```
指定底面的中心点或 [三点(3P)/两点(2P)/切点、切点、半径(T)/椭圆(E)]:
```

根据命令行提示选择一种创建方法即可绘制【圆柱体】图形，如图 15-7 所示。

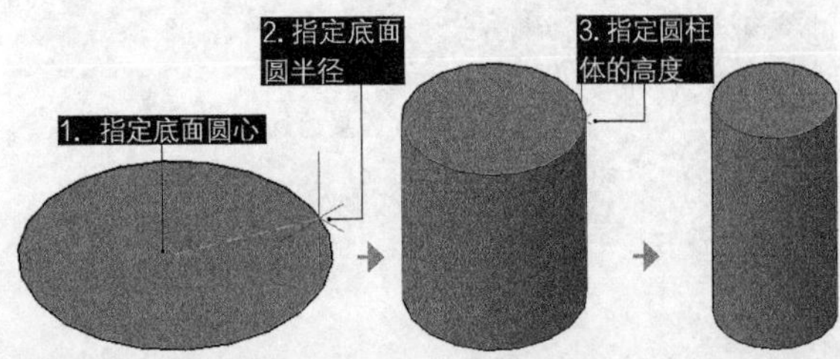

图 15-7　创建圆柱体

练习 15-2　绘制圆柱体

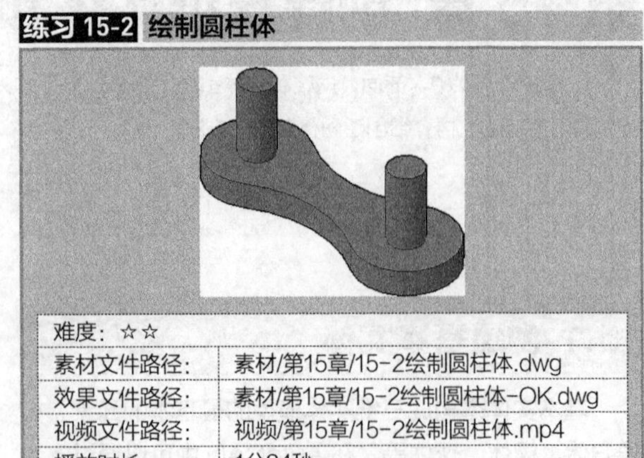

难度：☆☆	
素材文件路径：	素材/第15章/15-2绘制圆柱体.dwg
效果文件路径：	素材/第15章/15-2绘制圆柱体-OK.dwg
视频文件路径：	视频/第15章/15-2绘制圆柱体.mp4
播放时长：	1分24秒

Step 01 单击快速访问工具栏中的【打开】按钮，打开"第15章/15-2绘制圆柱体.dwg"文件，如图 15-8所示。

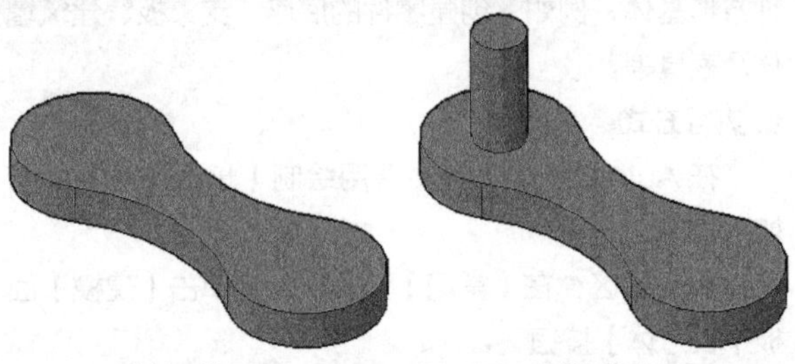

图 15-8　素材图样　　图 15-9　绘制圆柱体

Step 02 在【常用】选项卡中，单击【建模】面板【圆柱体】工具按钮，在底板上面绘制两个圆柱体，命令行提示如下。

```
命令: _cylinder                                //调用【圆柱体】命令
指定底面的中心点或 [三点(3P)/两点(2P)/切点、切点、半径(T)/椭圆(E)]:    //捕捉到圆心为中心点
指定底面半径或 [直径(D)] <50.0000>: 7↙
                                               //输入圆柱体底面半径
指定高度或 [两点(2P)/轴端点(A)] <10.0000>: 30↙
                                               //输入圆柱体高度
```

Step 03 通过以上操作，可绘制一个圆柱体，如图 15-9所示。

Step 04 重复以上操作，绘制另一边的圆柱体，即可完成连接板的绘制，其效果如图 15-10所示。

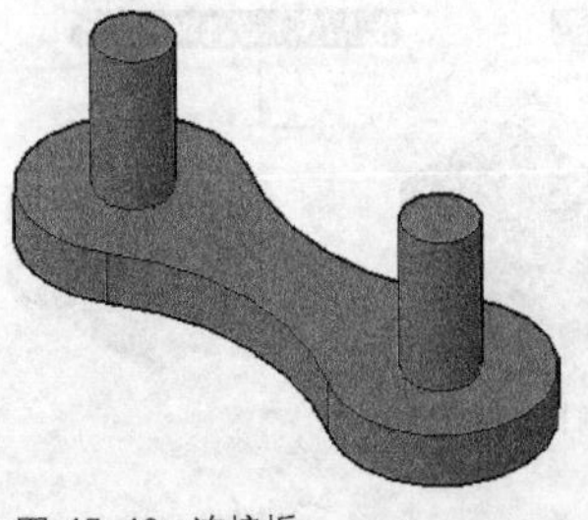

图 15-10　连接板

15.1.3 绘制圆锥体

【圆锥体】是指以圆或椭圆为底面形状，沿其法线方向并按照一定锥度向上或向下拉伸而形成的实体。使用【圆锥体】命令可以创建【圆锥】、【平截面圆锥】两种类型的实体。

1 创建常规圆锥体

·执行方式

在 AutoCAD 2016 中调用绘制【圆柱体】命令有如下几种常用方法。

◆菜单栏：执行【绘图】|【建模】|【圆锥体】命令，如图 15-11 所示。

◆功能区：在【常用】选项卡中，单击【建模】面板【圆锥体】工具按钮，如图 15-12 所示。

◆工具栏：单击【建模】工具栏【圆锥体】按钮△。

◆命令行：输入“CONE”命令。

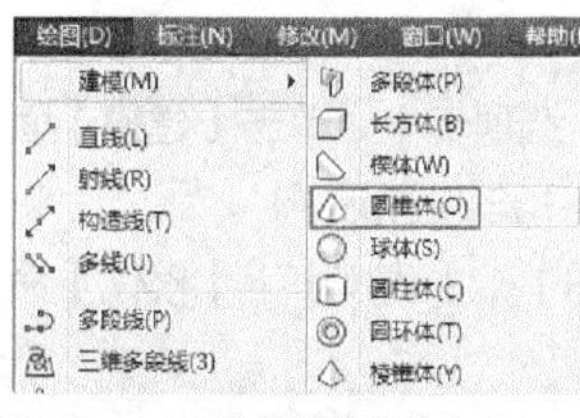

图 15-11 创建圆锥体菜单命令

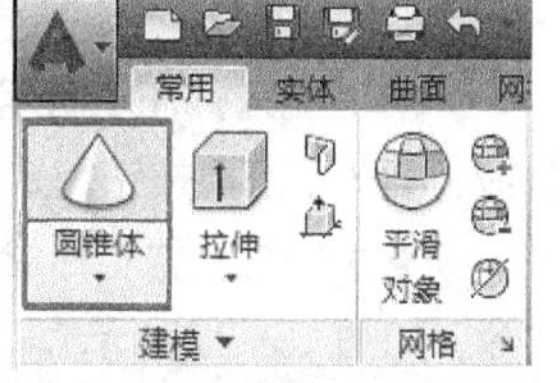

图 15-12 创建圆锥体面板按钮

·操作步骤

执行上述任一命令后，在【绘图区】指定一点为底面圆心，并分别指定底面半径值或直径值，最后指定圆锥高度值，即可获得【圆锥体】效果，如图 15-13 所示。

2 创建平截面圆锥体

平截面圆锥体即圆台体，可看作是由平行于圆锥底面，且与底面的距离小于锥体高度的平面为截面，截取该圆锥而得到的实体。

当启用【圆锥体】命令后，指定底面圆心及半径，命令提示行信息为“指定高度或[两点(2P)/轴端点(A)/顶面半径(T)] <9.1340>:”，选择【顶面半径】选项，输入顶面半径值，最后指定平截面圆锥体的高度，即可获得【平截面圆锥】效果，如图 15-14 所示。

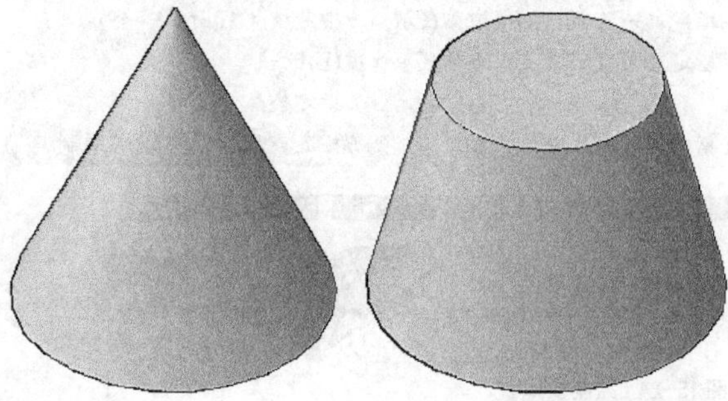

图 15-13 圆锥体　　图 15-14 平截面圆锥体

练习 15-3 绘制圆锥体销钉

难度：☆☆	
素材文件路径：	素材/第15章/15-3绘制圆锥体销钉.dwg
效果文件路径：	素材/第15章/15-3绘制圆锥体销钉-OK.dwg
视频文件路径：	视频/第15章/15-3绘制圆锥体销钉.mp4
播放时长：	1分6秒

Step 01 单击快速访问工具栏中的【打开】按钮，打开“第15章/15-3绘制圆锥体销钉.dwg”文件，如图 15-15 所示。

Step 02 在【默认】选项卡中，单击【建模】面板上【圆锥体】按钮△，绘制一个圆锥体，命令行提示如下。

```
命令:_cone                                    //调用【圆锥体】命令
指定底面的中心点或[三点(3P)/两点(2P)/切点、切点、半径
(T)/椭圆(E)]:                                 //指定圆锥体底面中心
指定底面半径或[直径(D)]:6↙
                                              //输入圆锥体底面半径值
指定高度或[两点(2P)/轴端点(A)/顶面半径(T)]: 7↙
                                              //输入圆锥体高度
```

Step 03 通过以上操作，即可绘制一个圆锥体，如图 15-16所示。

Step 04 调用ALIGN（对齐）命令，将圆锥体移动到圆柱顶面，其效果如图 15-17所示。

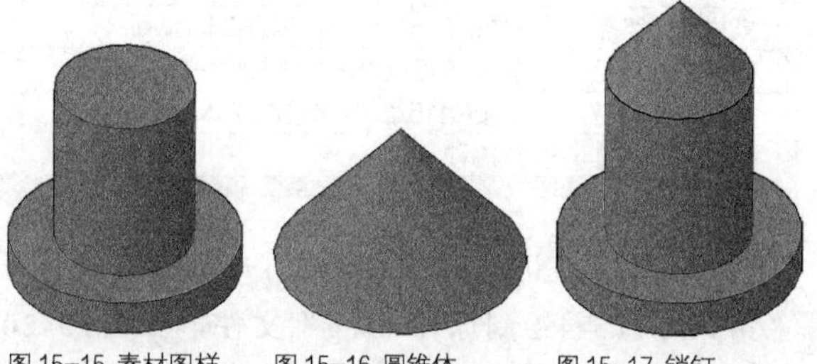

图 15-15 素材图样　　图 15-16 圆锥体　　图 15-17 销钉

15.1.4 创建球体

【球体】是在三维空间中，到一个点（即球心）距离相等的所有点的集合形成的实体，它广泛应用于机械、建筑等制图中，如创建档位控制杆、建筑物的球形屋顶等。

·执行方式

在 AutoCAD 2016 中调用绘制【球体】命令有如下几种常用方法。

◆菜单栏：执行【绘图】|【建模】|【球体】命令，如图 15-18 所示。

◆功能区：在【常用】选项卡中，单击【建模】面板【球体】工具按钮，如图 15-19 所示。

◆工具栏：单击【建模】工具栏【球体】按钮。

◆命令行：输入“SPHERE”命令。

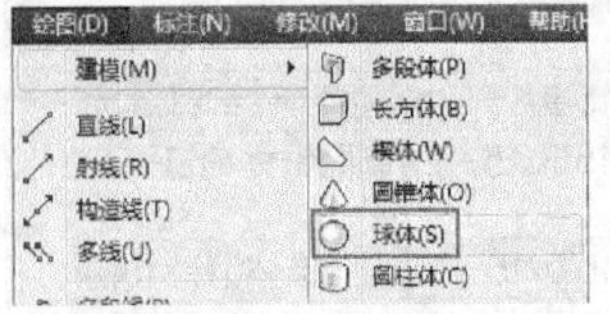

图 15-18 创建球体菜单命令

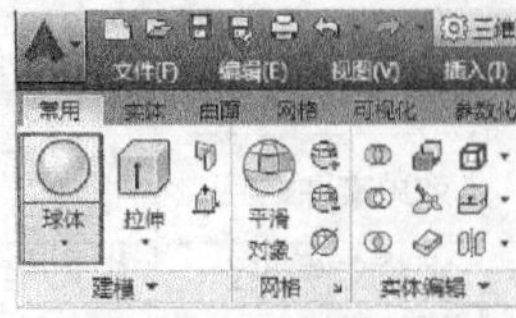

图 15-19 球体创建工具按钮

·操作步骤

执行上述任一命令后，命令行提示如下。

```
指定中心点或 [三点(3P)/两点(2P)/切点、切点、半径(T)]:
```

此时直接捕捉一点为球心，然后指定球体的半径值或直径值，即可获得球体效果。另外，可以按照命令行提示使用以下 3 种方法创建球体，即从【三点】、【两点】和【相切、相切、半径】，其具体的创建方法与二维图形中【圆】的相关创建方法类似。

练习 15-4 绘制球体

难度：☆☆	
素材文件路径：	素材/第15章/15-4绘制球体.dwg
效果文件路径：	素材/第15章/15-4绘制球体-OK.dwg
视频文件路径：	视频/第15章/15-4绘制球体.mp4
播放时长：	1分3秒

Step 01 单击快速访问工具栏中的【打开】按钮，打开“第15章/15-4绘制球体.dwg”文件，如图15-20所示。

Step 02 在【常用】选项卡中，单击【建模】面板上【球体】按钮，在底板上绘制一个球体，命令行提示如下。

```
命令: _sphere                              //调用【球体】命令
指定中心点或 [三点(3P)/两点(2P)/切点、切点、半径(T)]:
2p↙                                        //指定绘制球体方法
指定直径的第一个端点:
                                           //捕捉到长方体上表面的中心
指定直径的第二个端点: 120↙
                                           //输入球体直径，绘制完成
```

Step 03 通过以上操作即可完成球体的绘制，其效果如图 15-21所示。

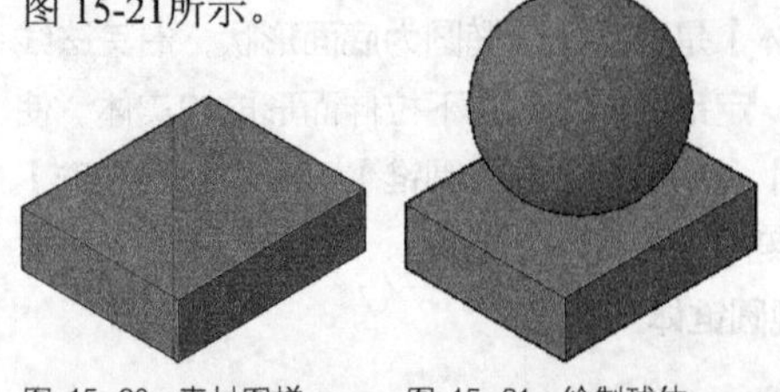
图 15-20 素材图样　　图 15-21 绘制球体

15.1.5 创建楔体

【楔体】可以看作是以矩形为底面，其一边沿法线方向拉伸所形成的具有楔状特征的实体。该实体通常用于填充物体的间隙，如安装设备时用于调整设备高度及水平度的楔体和楔木。

·执行方式

在 AutoCAD 2016 中调用绘制【楔体】命令有如下几种常用方法。

◆功能区：在【常用】选项卡中，单击【建模】面板【楔体】工具按钮，如图 15-22 所示。

◆菜单栏：执行【绘图】|【建模】|【楔体】命令，如图 15-23 所示。

◆工具栏：单击【建模】工具栏【楔体】按钮。

◆命令行：输入“WEDGE”或“WE”命令。

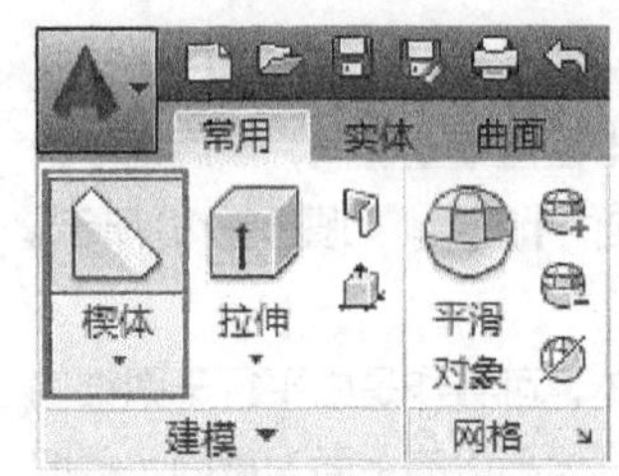

图 15-22 创建楔体面板按钮

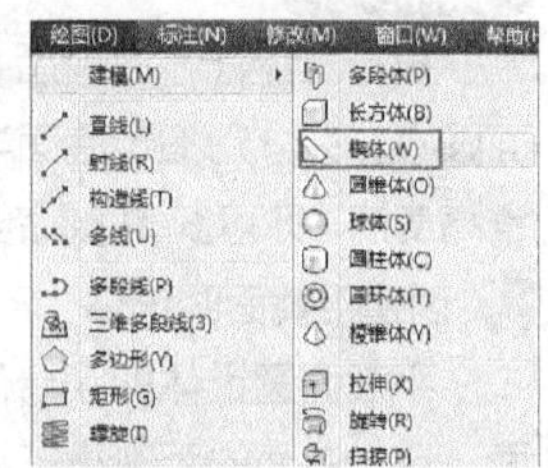

图 15-23 创建楔体菜单命令

·操作步骤

执行以上任意一种方法均可创建【楔体】，创建【楔体】的方法同长方体的方法类似，操作如图 15-24 所示。命令行提示如下。

```
命令: _wedge↙                          //调用【楔体】命令
指定第一个角点或 [中心(C)]:             //指定楔体底面第一个角点
指定其他角点或 [立方体(C)/长度(L)]:
                                       //指定楔体底面另一个角点
指定高度或 [两点(2P)]:                  //指定楔体高度并完成绘制
```

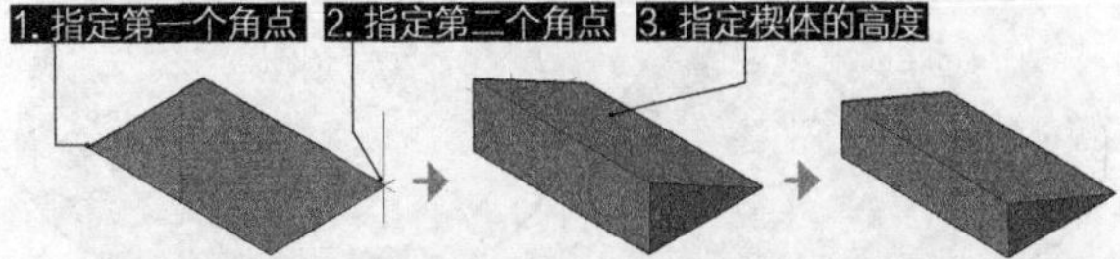

图 15-24 绘制楔体

练习 15-5 绘制楔体

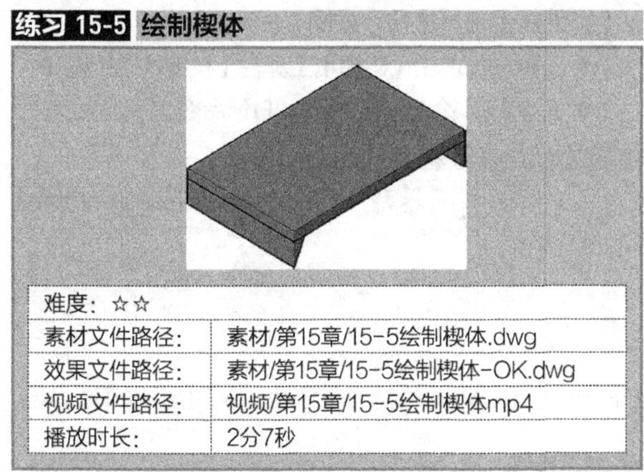

难度：☆☆	
素材文件路径：	素材/第15章/15-5绘制楔体.dwg
效果文件路径：	素材/第15章/15-5绘制楔体-OK.dwg
视频文件路径：	视频/第15章/15-5绘制楔体mp4
播放时长：	2分7秒

Step 01 单击快速访问工具栏中的【打开】按钮，打开"第15章/15-5绘制楔体.dwg"文件，如图15-25所示。

Step 02 在【常用】选项卡中，单击【建模】面板上【楔体】按钮，在长方体底面创建两个支撑，命令行提示如下。

```
命令: _wedge          //调用【楔体】命令
指定第一个角点或 [中心(C)]:
                      //指定底面矩形的第一个角点
指定其他角点或 [立方体(C)/长度(L)]:L↙
                      //指定第二个角点的输入方式为长度输入
指定长度：5↙          //输入底面矩形的长度
指定宽度：50↙         //输入底面矩形的宽度
指定高度或 [两点(2P)] : 10↙
                      //输入楔体高度
```

Step 03 通过以上操作，即可绘制一个楔体，如图15-26所示。

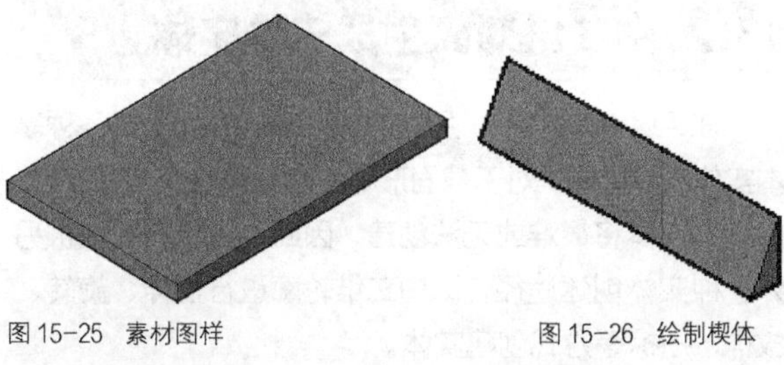

图 15-25 素材图样　　图 15-26 绘制楔体

Step 04 重复以上操作，绘制另一个楔体，调用ALIGN（对齐）命令将两个楔体移动到合适位置，其效果如图 15-27所示。

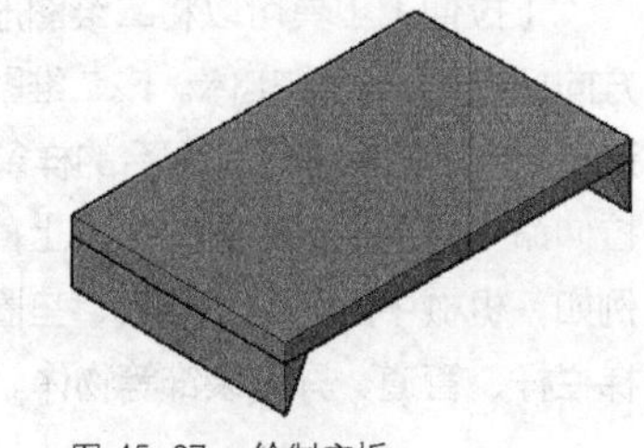

图 15-27 绘制座板

15.1.6 创建圆环体

【圆环体】可以看作是在三维空间内，圆轮廓线绕与其共面直线旋转所形成的实体特征，该直线即是圆环的中心线；直线和圆心的距离即是圆环的半径；圆轮廓线的直径即是圆环的直径。

•执行方式

在 AutoCAD 2016 中调用绘制【圆环体】命令有如下几种常用方法。

◆菜单栏：执行【绘图】|【建模】|【圆环体】命令，如图 15-28 所示。

◆功能区：在【常用】选项卡中，单击【建模】面板【圆环体】工具按钮，如图 15-29 所示。

◆工具栏：单击【建模】工具栏【圆环体】按钮。

◆命令行：输入"TORUS"命令。

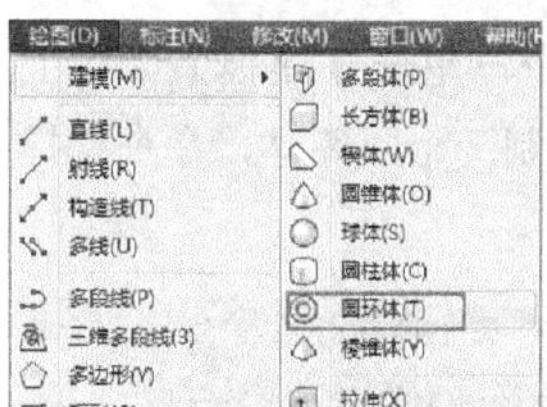

图 15-28 创建圆环体菜单命令

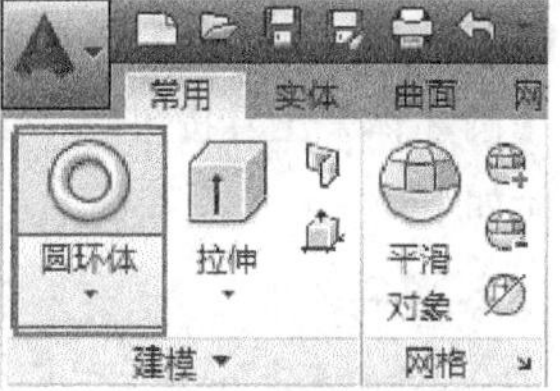

图 15-29 创建圆环体面板按钮

•操作步骤

通过以上任意一种方法执行该命令后，首先确定圆环的位置和半径，然后确定圆环圆管的半径即可完成创建，如图 15-30 所示，命令行操作如下。

```
命令: _torus↙        //调用【圆环体】命令
指定中心点或 [三点(3P)/两点(2P)/切点、切点、半径(T)]:
                     //在绘图区域合适位置拾取一点
指定半径或 [直径(D)] <50.0000>: 15↙
                     //输入圆环半径
指定圆管半径或 [两点(2P)/直径(D)]: 3↙
                     //输入圆环截面半径
```

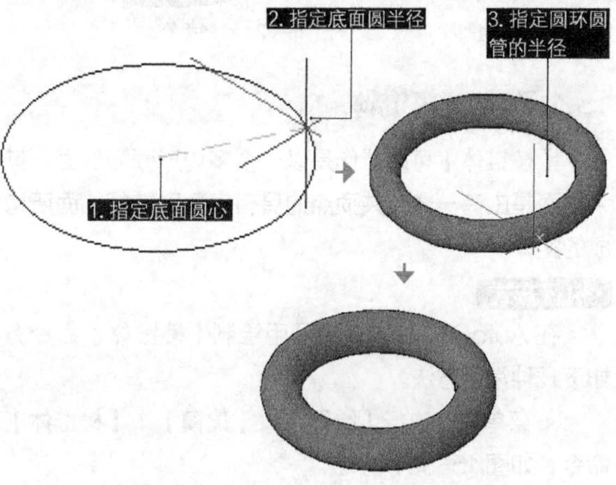

图 15-30 创建圆环体

练习 15-6 绘制圆环体手轮

难度：☆☆	
素材文件路径：	素材/第15章/15-6绘制圆环体手轮.dwg
效果文件路径：	素材/第15章/15-6绘制圆环体手轮-OK.dwg
视频文件路径：	视频/第15章/15-6绘制圆环体手轮.mp4
播放时长：	55秒

Step 01 单击快速访问工具栏中的【打开】按钮，打开“第15章/15-6绘制圆环体手轮.dwg”文件，如图 15-31所示。

Step 02 在【常用】选项卡中，单击【建模】面板上【圆环体】工具按钮，绘制一个圆环体，命令行提示如下。

```
命令:_torus                          //调用【圆环体】命令
指定中心点或 [三点(3P)/两点(2P)/切点、切点、半径(T)]:
                                     //捕捉到圆心
指定半径或 [直径(D)] <20.0000>: 45↙
                                     //输入圆环半径值
指定圆管半径或 [两点(2P)/直径(D)] : 2.5↙
                                     //输入圆管半径值
```

Step 03 通过以上操作，即可绘制一个圆环体，其效果如图 15-32所示。

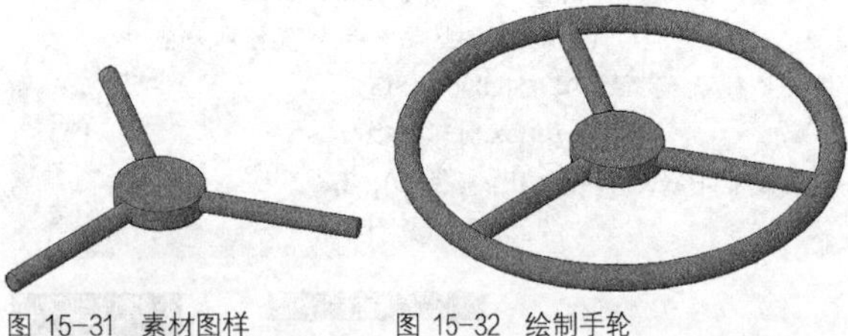
图 15-31 素材图样　　图 15-32 绘制手轮

15.1.7 创建棱锥体

【棱锥体】可以看作是以一个多边形面为底面，其余各面是由有一个公共顶点的具有三角形特征的面所构成的实体。

·执行方式

在 AutoCAD 2016 中调用绘制【棱锥体】命令有如下几种常用方法。

◆菜单栏：执行【绘图】|【建模】|【棱锥体】命令，如图 15-33 所示。

◆功能区：在【常用】选项卡中，单击【建模】面板【棱锥体】工具按钮，如图 15-34 所示。

◆工具栏：单击【建模】工具栏【棱锥体】按钮。

◆命令行：输入“PYRAMID”命令。

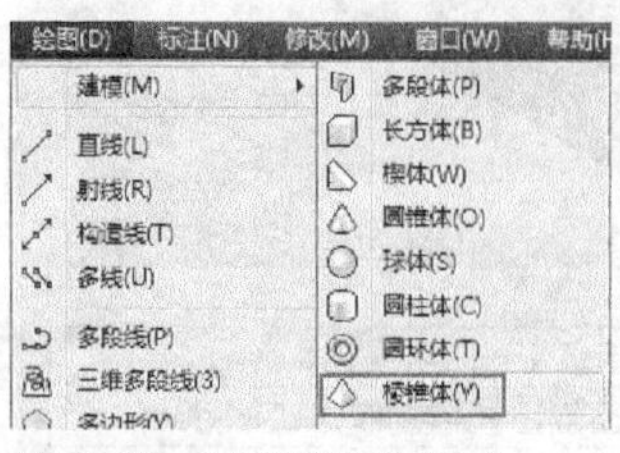

图 15-33 创建棱锥体菜单命令

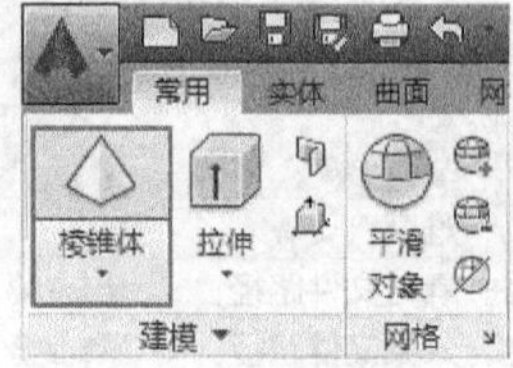

图 15-34 创建棱锥体面板按钮

·操作步骤

在 AutoCAD 中使用以上任意一种方法可以通过参数的调整创建多种类型的【棱锥体】和【平截面棱锥体】。其绘制方法与绘制【圆锥体】的方法类似，绘制完成的结果如图 15-35 和图 15-36 所示。

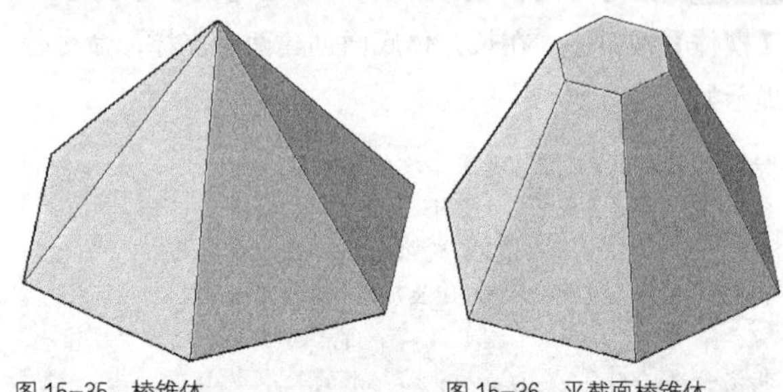
图 15-35 棱锥体　　图 15-36 平截面棱锥体

> **操作技巧**
>
> 在利用【棱锥体】工具进行棱锥体创建时，所指定的边数必须是3～32之间的整数。

15.2 由二维对象生成三维实体

在 AutoCAD 中，几何形状简单的模型可由各种基本实体组合而成，对于截面形状和空间形状复杂的模型，用基本实体将很难或无法创建，因此 AutoCAD 提供另外一种实体创建途径，即由二维轮廓进行拉伸、旋转、放样、扫掠等方式创建实体。

15.2.1 拉伸 ★重点★

【拉伸】工具可以将二维图形沿其所在平面的法线方向扫描形成三维实体。该二维图形可以是多段线、多边形、矩形、圆、椭圆、闭合的样条曲线、圆环和面域等。拉伸命令常用于创建某一方向上截面固定不变的实体，例如，机械中的齿轮、轴套、垫圈等，建筑制图中的楼梯栏杆、管道、异型装饰等物体。

·执行方式

在 AutoCAD 2015 中调用【拉伸】命令有如下几种常用方法。

◆功能区：在【常用】选项卡中，单击【建模】面板【拉伸】按钮。

◆工具栏：单击【建模】工具栏【拉伸】按钮。

◆菜单栏：执行【绘图】|【建模】|【拉伸】命令。

◆命令行：输入“EXTRUDE/EXT”命令。

·操作步骤

通过以上任意一种方法执行该命令后，可以使用两种拉伸二维轮廓的方法：一种是指定拉升的倾斜角度和高度，生成直线方向的常规拉伸体；另一种是指定拉伸路径，可以选择多段线或圆弧，路径可以闭合，也可以不闭合。图 15-37 所示为使用拉伸命令创建的实体模型。

调用【拉伸】命令后，选中要拉伸的二维图形，命令行提示如下。

```
指定拉伸的高度或 [方向(D)/路径(P)/倾斜角(T)/表达式(E)]
<2.0000>: 2
```

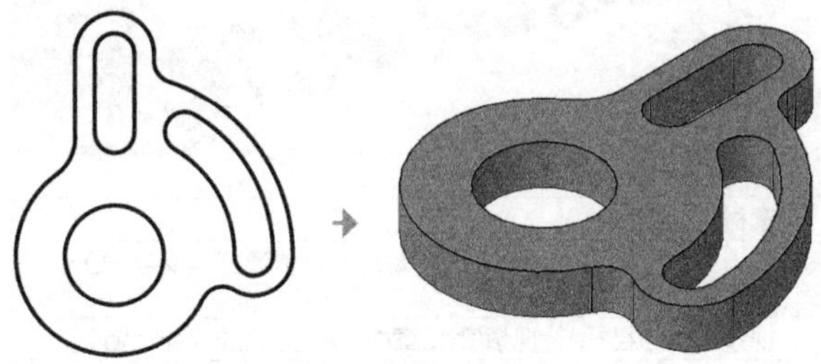

图 15-37　创建拉伸实体

> **操作技巧**
>
> 当指定拉伸角度时，其取值范围为-90～90，正值表示从基准对象逐渐变细，负值表示从基准对象逐渐变粗。默认情况下，角度为0，表示在与二维对象所在的平面垂直的方向上进行拉伸。

·选项说明

命令行中各选项的含义如下。

◆方向（D）：默认情况下，对象可以沿 Z 轴方向拉伸，拉伸的高度可以为正值或负值，此选项通过指定一个起点到端点的方向，来定义拉伸方向。

◆路径（P）：通过指定拉伸路径将对象拉伸为三维实体，拉伸的路径可以是开放的，也可以是封闭的。

◆倾斜角（T）：通过指定的角度拉伸对象，拉伸的角度也可以为正值或负值，其绝对值不大于 90°。若倾斜角为正，将产生内锥度，创建的侧面向里靠；若倾斜角度为负，将产生外锥度，创建的侧面则向外。

练习 15-7　绘制门把手

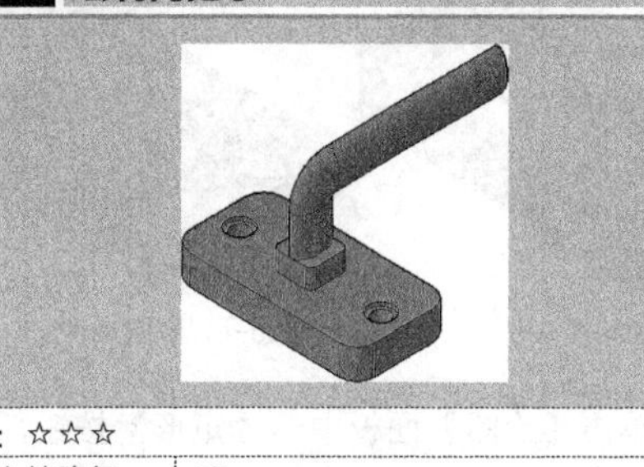

难度：☆☆☆	
素材文件路径：	无
效果文件路径：	素材/第15章/15-7绘制门把手-OK.dwg
视频文件路径：	视频/第15章/15-7绘制门把手.mp4
播放时长：	7分21秒

Step 01 启动AutoCAD 2016，单击快速访问工具栏中的【新建】按钮，建立一个新的空白图形。

Step 02 将工作空间切换到【三维建模】工作空间中，单击【绘图】面板中的【矩形】按钮，绘制一个长为10、宽为5的矩形。然后单击【修改】面板中的【圆角】按钮，在矩形边角创建R1的圆角。然后绘制两个半径为0.5的圆，其圆心到最近边的距离为1.2，截面轮廓效果如图 15-38所示。

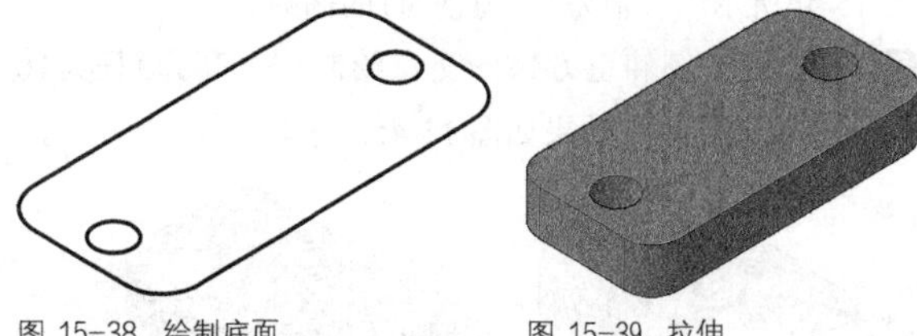

图 15-38　绘制底面　　图 15-39　拉伸

Step 03 将视图切换到【东南等轴测】，将图形转换为面域，并利用【差集】命令由矩形面域减去两个圆的面域，然后单击【建模】面板上的【拉伸】按钮，拉伸高度为1.5，效果如图 15-39所示。命令行提示如下。

```
命令：_extrude                              //调用拉伸命令
当前线框密度：ISOLINES=4，闭合轮廓创建模式 = 实体
选择要拉伸的对象或 [模式(MO)]: _MO 闭合轮廓创建模式
[实体(SO)/曲面(SU)] <实体>: _SO
选择要拉伸的对象或 [模式(MO)]: 找到 1 个
                                            //选择面域
指定拉伸的高度或 [方向(D)/路径(P)/倾斜角(T)/表达式(E)]:
1.5                                         //输入拉伸高度
```

Step 04 单击【绘图】面板中的【圆】按钮，绘制两个半径为0.7的圆，位置如图 15-40所示。

Step 05 单击【建模】面板上的【拉伸】按钮，选择上一步绘制的两个圆，向下拉伸高度为0.2。单击实体编辑中的【差集】按钮，在底座中和减去两圆柱实体，效果如图 15-41所示。

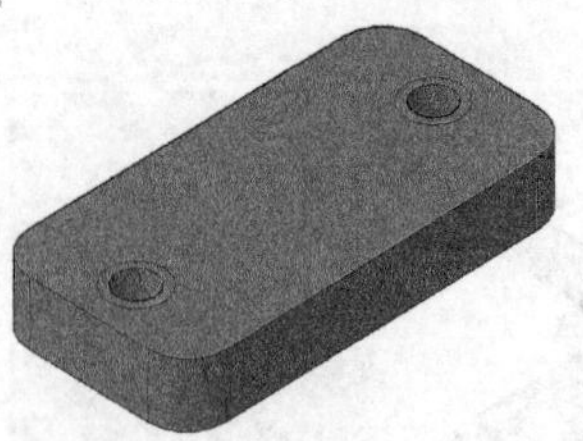
图 15-40 绘制圆

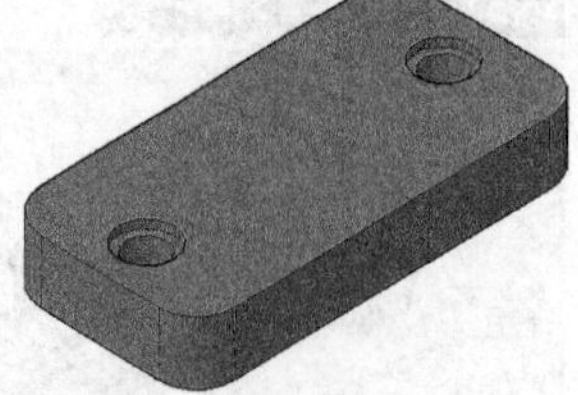
图 15-41 沉孔效果

Step 06 单击【绘图】面板中的【矩形】按钮，绘制一个边长为2正方形，在边角处创建半径为0.5的圆角，效果如图 15-42所示。

Step 07 单击【建模】面板上的【拉伸】按钮，拉伸上一步绘制的正方形，拉伸高度为1，效果如图 15-43所示。

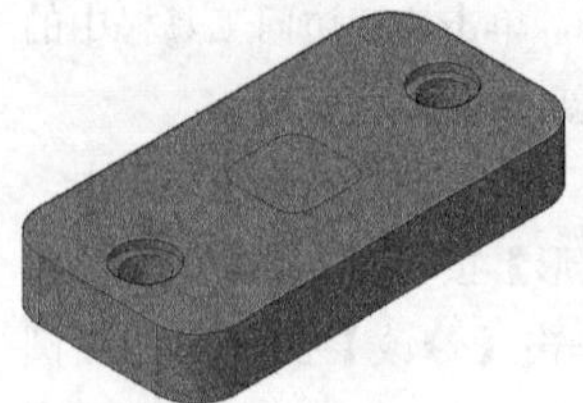
图 15-42 绘制正方形

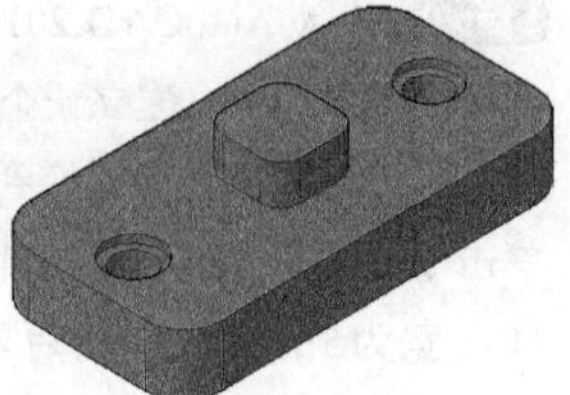
图 15-43 拉伸正方体

Step 08 单击【绘图】面板中的【椭圆】按钮，绘制如图 15-44所示的长轴为2、短轴为1的椭圆。

Step 09 在椭圆和正方体的交点绘制一个高为3长为10圆角为*R*1的路径，效果如图 15-45所示。

图 15-44 绘制椭圆

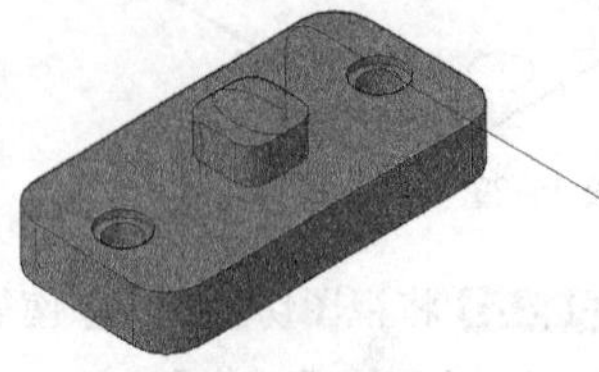
图 15-45 绘制拉伸路径

Step 10 单击【建模】面板上的【拉伸】按钮，拉伸椭圆，拉伸路径选择Step09绘制的拉伸路径，命令行提示如下。

```
命令: _extrude                          //调用【拉伸】命令
当前线框密度: ISOLINES=4, 闭合轮廓创建模式 = 实体
选择要拉伸的对象或 [模式(MO)]: _MO 闭合轮廓创建模式
[实体(SO)/曲面(SU)] <实体>: _SO
选择要拉伸的对象或 [模式(MO)]: 找到 1 个
                                        //选择椭圆
指定拉伸的高度或 [方向(D)/路径(P)/倾斜角(T)/表达式(E)]
<1.0000>: p↙                            //选择路径方式
选择拉伸路径或[倾斜角（T）]:
                                        //选择绘制的路径
```

Step 11 通过以上操作步骤即可完成门把手的绘制，效果如图 15-46所示。

图 15-46 门把手

·精益求精 创建三维文字

在一些专业的三维建模软件（如 UG、Solidworks）中，经常可以看到三维文字的创建，并利用创建好的三维文字与其他模型实体进行编辑，得到镂空或雕刻状的铭文。在 AutoCAD 的三维功能虽然有所不足，但同样可以获得这种效果，下面通过一个例子来介绍具体创建的方法。

练习 15-8 创建三维文字 ★进阶★

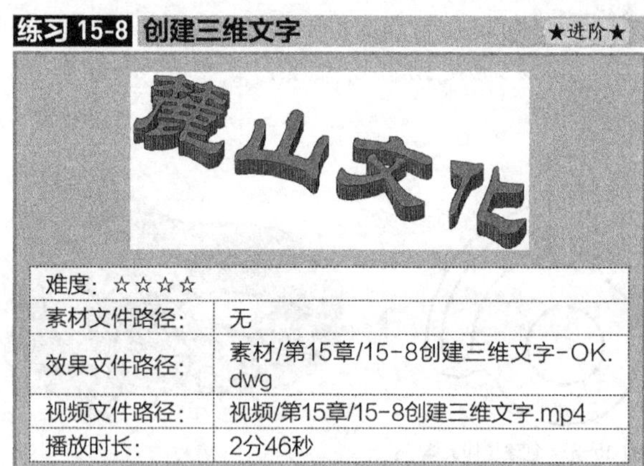

难度: ☆☆☆☆	
素材文件路径:	无
效果文件路径:	素材/第15章/15-8创建三维文字-OK.dwg
视频文件路径:	视频/第15章/15-8创建三维文字.mp4
播放时长:	2分46秒

三维文字对于建模来说非常重要，只有创建出了三维文字，才可以在模型中表现出独特的商标或品牌名称。通过 AutoCAD 的三维建模功能，同样也可以创建这样的三维文字。

Step 01 执行【多行文字】命令，创建任意文字。值得注意的是：字体必须为隶书、宋体、新魏等中文字体，如图15-47所示。

Step 02 在命令行中输入"Txtexp"【文字分解】命令，然后选中要分解的文字，即可得到文字分解后的线框图，如图15-48所示。

麓山文化 麓山文化

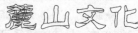

图 15-47 输入多行文字　图 15-48 使用 Txtexp 命令分解文字

Step 03 单击【绘图】面板中的【面域】按钮，选中所有的文字线框，创建文字面域，如图15-49所示。

Step 04 使用【并集】命令，分别框选各个文字上的小片面域，即可合并为单独的文字面域，效果如图15-50所示。

图 15-49 创建的文字面域　　图 15-50 合并小块的文字面域

Step 05 如果再与其他对象执行【并集】或【差集】等操作，即可获得三维浮雕文字或者三维镂空文字，效果如图15-51所示。

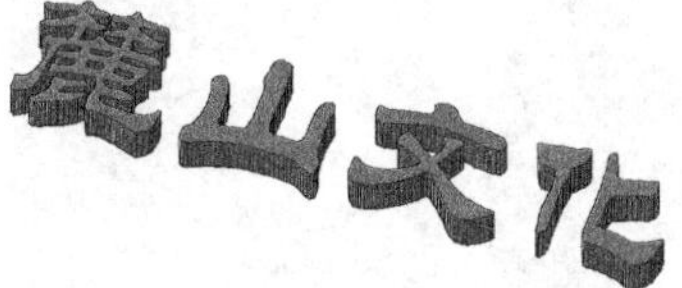

图 15-51 创建的三维文字效果

15.2.2 旋转 ★重点★

旋转是将二维对象绕指定的旋转线旋转一定的角度而形成的模型实体，例如带轮、法兰盘和轴类等具有回旋特征的零件。用于旋转的二维对象可以是封闭多段线、多边形、圆、椭圆、封闭样条曲线、圆环及封闭区域。三维对象、包含在块中的对象、有交叉或干涉的多段线不能被旋转，而且每次只能旋转一个对象。

·执行方式

在 AutoCAD 2015 中调用该命令有以下几种常用方法。

◆功能区：在【常用】选项卡中，单击【建模】面板【旋转】工具按钮，如图 15-52 所示。

◆菜单栏：执行【绘图】|【建模】|【旋转】命令，如图 15-53 所示。

◆工具栏：单击【建模】工具栏【旋转】按钮。

◆命令行：输入“REVOLVE”或“REV”命令。

图 15-52 【旋转】面板按钮

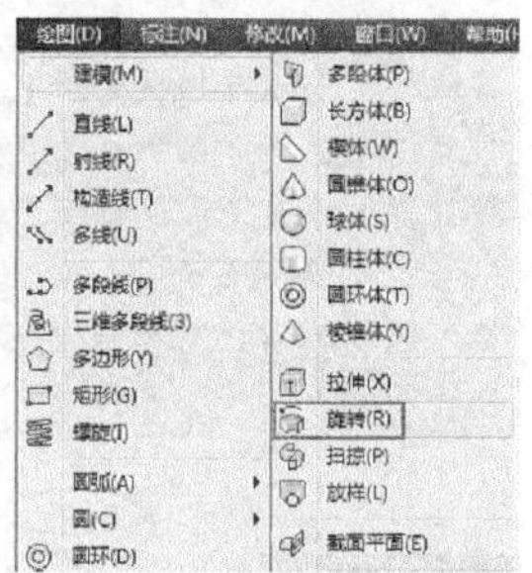

图 15-53 【旋转】菜单命令

·操作步骤

通过以上任意一种方法可调用旋转命令，选取旋转对象，将其旋转 360°，结果如图 15-54 所示。命令行提示如下。

```
命令: REVOLVE↙
选择要旋转的对象: 找到 1 个        //选取素材面域为旋转对象
选择要旋转的对象:↙                 //按Enter键
指定轴起点或根据以下选项之一定义轴 [对象(O)/X/Y/Z] <对象>:    //选择直线上端点为轴起点
指定轴端点:                        //选择直线下端点为轴端点
指定旋转角度或 [起点角度(ST)] <360>:↙
                                   //按Enter键
```

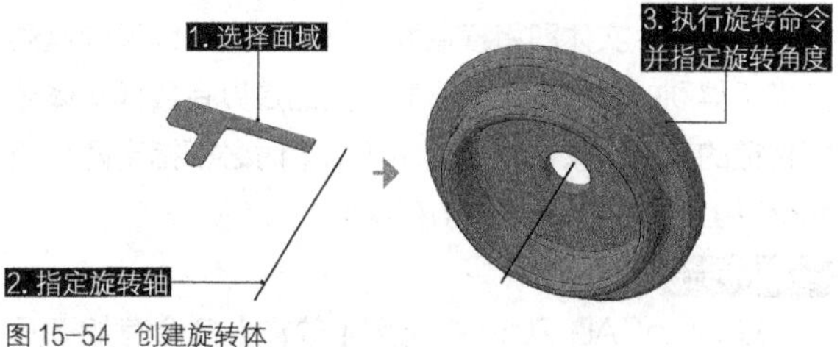

图 15-54 创建旋转体

练习 15-9 绘制花盆

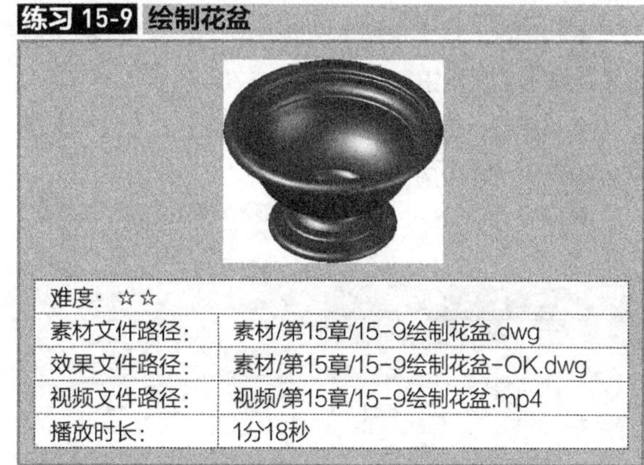

难度：☆☆	
素材文件路径：	素材/第15章/15-9绘制花盆.dwg
效果文件路径：	素材/第15章/15-9绘制花盆-OK.dwg
视频文件路径：	视频/第15章/15-9绘制花盆.mp4
播放时长：	1分18秒

Step 01 单击快速访问工具栏中的【打开】按钮，打开“第15章/15-9绘制花盆.dwg”文件，如图 15-55所示。

Step 02 单击【建模】面板中【旋转】按钮。选中花盆的轮廓线，通过旋转命令绘制实体花盆，命令行提示如下。

```
命令: _revolve                    //调用【旋转】命令
当前线框密度: ISOLINES=4，闭合轮廓创建模式 = 实体
选择要旋转的对象或 [模式(MO)]: _MO 闭合轮廓创建模式 [实体(SO)/曲面(SU)] <实体>: _SO
选择要旋转的对象或 [模式(MO)]: 指定对角点: 找到 40 个
                                  //选中花盆的所有轮廓线
指定轴起点或根据以下选项之一定义轴 [对象(O)/X/Y/Z] <对象>:    //定义旋转轴的起点
指定轴端点:                       //定义旋转轴的端点
指定旋转角度或 [起点角度(ST)/反转(R)/表达式(EX)] <360>:
          //系统默认为旋转一周，按Enter键，旋转对象
```

Step 03 通过以上操作即可完成花盆的绘制，其效果如图 15-56所示。

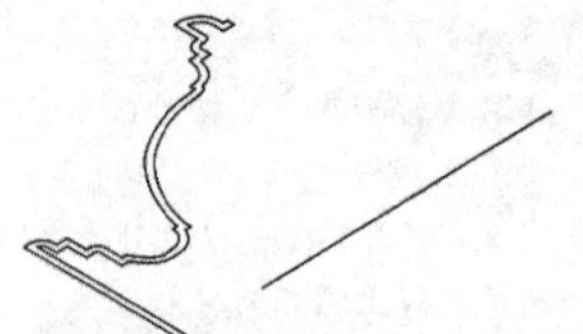

图 15-55 素材图样

图 15-56 旋转效果

15.2.3 放样 ★重点★

【放样】实体即将横截面沿指定的路径或导向运动扫描所得到的三维实体。横截面指的是具有放样实体截面特征的二维对象，并且使用该命令时必须指定两个或两个以上的横截面来创建放样实体。

·执行方式

在 AutoCAD 2016 中调用【放样】命令有如下几种常用方法。

◆功能区：在【常用】选项卡中，单击【建模】面板【放样】工具按钮，如图 15-57 所示。

◆菜单栏：执行【绘图】|【建模】|【放样】命令，如图 15-58 所示。

◆命令行：输入“LOFT”命令。

图 15-57【建模】面板中的【放样】按钮

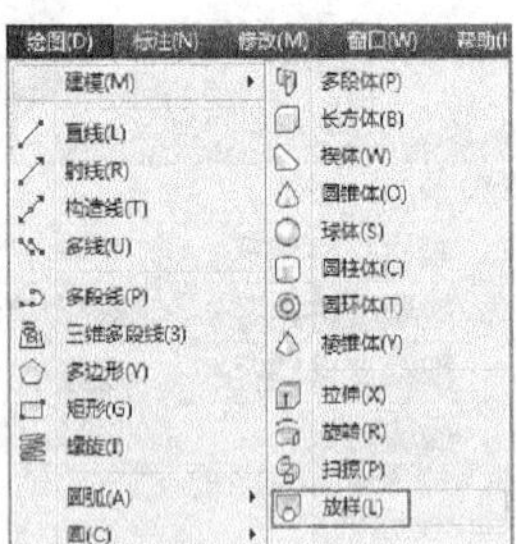

图 15-58【放样】菜单命令

·操作步骤

执行【放样】命令后，根据命令行的提示，依次选择截面图形，然后定义放样选项，即可创建放样图形。操作如图 15-59 所示，命令行操作如下。

```
命令: _loft                              //调用【放样】命令
当前线框密度: ISOLINES=4, 闭合轮廓创建模式 = 实体
按放样次序选择横截面或 [点(PO)/合并多条边(J)/模式(MO)]:
_MO 闭合轮廓创建模式 [实体(SO)/曲面(SU)] <实体>: _SO
按放样次序选择横截面或 [点(PO)/合并多条边(J)/模式(MO)]:
找到 1 个                                //选取横截面1
按放样次序选择横截面或 [点(PO)/合并多条边(J)/模式(MO)]:
找到 1 个, 总计 2 个                      //选取横截面2
按放样次序选择横截面或 [点(PO)/合并多条边(J)/模式(MO)]:
找到 1 个, 总计 3 个                      //选取横截面3
按放样次序选择横截面或 [点(PO)/合并多条边(J)/模式(MO)]:
找到 1 个, 总计 4 个                      //选取横截面4
选中了 4 个横截面
输入选项 [导向(G)/路径(P)/仅横截面(C)/设置(S)/连续性(CO)/
凸度幅值(B)]: p↙         //选择路径方式
选择路径轮廓:            //选择路径5
```

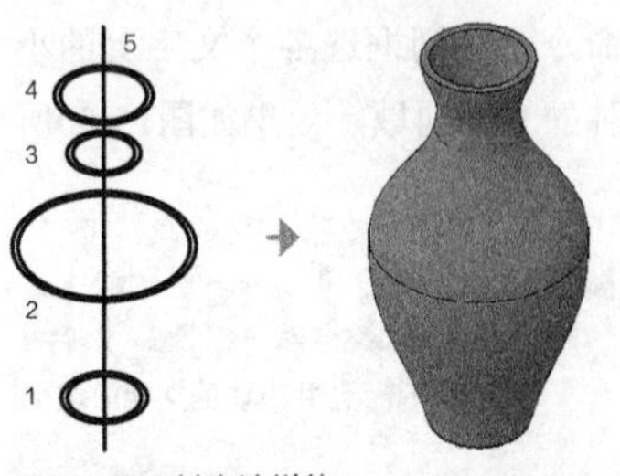

图 15-59 创建放样体

练习 15-10 绘制花瓶

难度：☆☆	
素材文件路径：	素材/第15章/15-10绘制花瓶.dwg
效果文件路径：	素材/第15章/15-10绘制花瓶-OK.dwg
视频文件路径：	视频/第15章/15-10绘制花瓶.mp4
播放时长：	1分3秒

Step 01 单击快速访问工具栏中的【打开】按钮，打开“第15章/15-10绘制花瓶.dwg”素材文件。

Step 02 单击【常用】选项卡【建模】面板中的【放样】工具按钮，然后依次选择素材中的四个截面，操作如图15-60所示，命令行操作如下。

```
命令: _loft                              //调用【放样】命令
当前线框密度: ISOLINES=4, 闭合轮廓创建模式 = 实体
按放样次序选择横截面或 [点(PO)/合并多条边(J)/模式(MO)]:
_mo 闭合轮廓创建模式 [实体(SO)/曲面(SU)] <实体>: _su
按放样次序选择横截面或 [点(PO)/合并多条边(J)/模式(MO)]:
找到 1 个
按放样次序选择横截面或 [点(PO)/合并多条边(J)/模式(MO)]:
找到 1 个, 总计 2 个
按放样次序选择横截面或 [点(PO)/合并多条边(J)/模式(MO)]:
找到 1 个, 总计 3 个
按放样次序选择横截面或 [点(PO)/合并多条边(J)/模式(MO)]:
找到 1 个, 总计 4 个
按放样次序选择横截面或 [点(PO)/合并多条边(J)/模式(MO)]:
选中了 4 个横截面
输入选项 [导向(G)/路径(P)/仅横截面(C)/设置(S)] <仅横截面>:
C↙                                       //选择截面连接方式
```

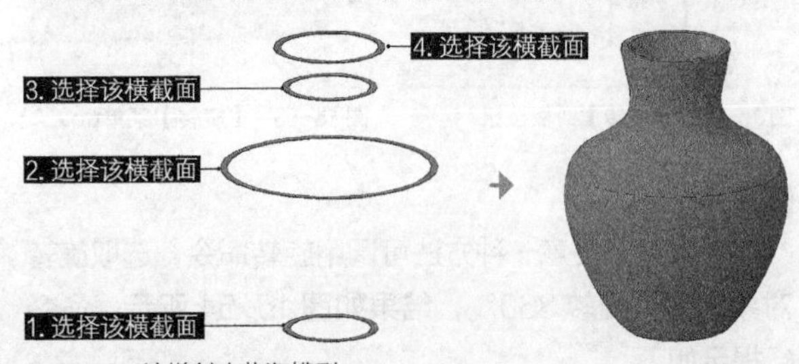

图 15-60 放样创建花瓶模型

15.2.4 扫掠 ★重点★

使用【扫掠】工具可以将扫掠对象沿着开放或闭合的二维或三维路径运动扫描，来创建实体或曲面。

• 执行方式

在 AutoCAD 2016 中调用【扫掠】命令有如下几种常用方法。

◆菜单栏：执行【绘图】|【建模】|【扫掠】命令，如图 15-61 所示。

◆功能区：在【常用】选项卡中，单击【建模】面板【扫掠】工具按钮，如图 15-62 所示。

◆工具栏：单击三级【建模】工具栏【扫掠】按钮。

◆命令行：输入“SWEEP”命令。

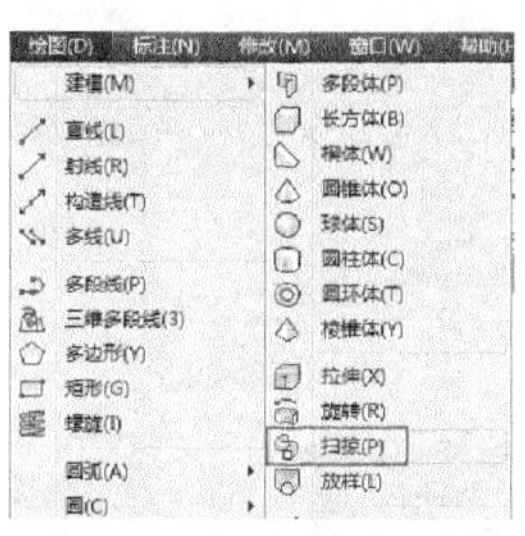

图 15-61 扫掠菜单命令

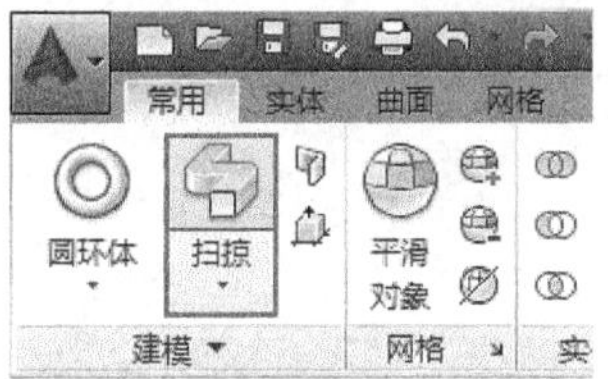

图 15-62 扫掠面板按钮

• 操作步骤

执行【扫掠】命令后，按命令行提示选择扫掠截面与扫掠路径即可，如图 15-63 所示。

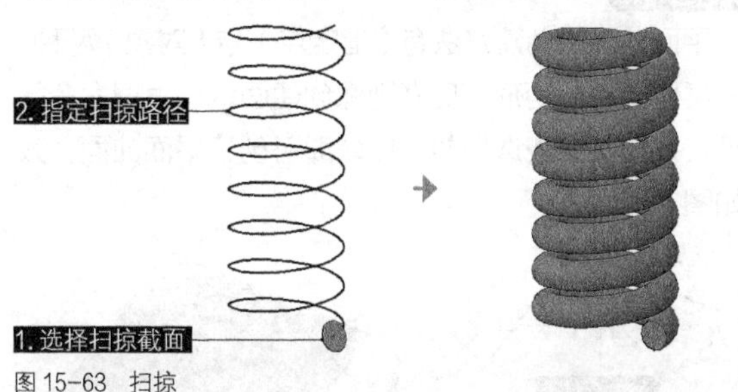

图 15-63 扫掠

练习 15-11 绘制连接管

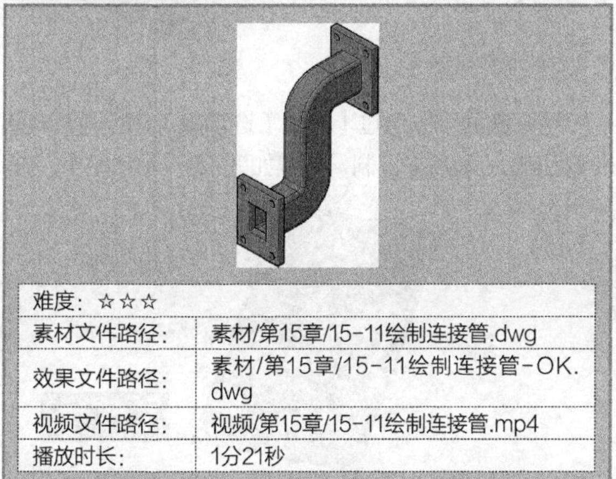

难度：☆☆☆	
素材文件路径：	素材/第15章/15-11绘制连接管.dwg
效果文件路径：	素材/第15章/15-11绘制连接管-OK.dwg
视频文件路径：	视频/第15章/15-11绘制连接管.mp4
播放时长：	1分21秒

Step 01 单击快速访问工具栏中的【打开】按钮，打开“第15章/15-11绘制连接管.dwg”文件，如图 15-64 所示。

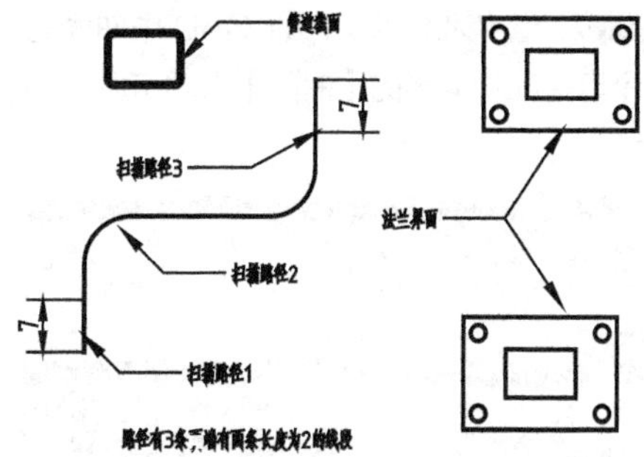

图 15-64 素材图样

Step 02 单击【建模】面板中【扫掠】按钮，选取图中管道的截面图形，选择中间的扫掠路径，完成管道的绘制，命令行提示如下。

```
命令: _sweep                           //调用【扫掠】命令
当前线框密度: ISOLINES=4, 闭合轮廓创建模式 = 实体
选择要扫掠的对象或 [模式(MO)]: _MO 闭合轮廓创建模式 [实体(SO)/曲面(SU)] <实体>: _SO
选择要扫掠的对象或 [模式(MO)]: 找到 1 个
                                       //选择扫掠的对象管道横截面图形，如图 15-64所示
选择扫掠路径或 [对齐(A)/基点(B)/比例(S)/扭曲(T)]: //选择扫描路径2，如图15-64、图15-65所示
```

Step 03 通过以上的操作完成管道的绘制，如图 15-65所示。接着创建法兰，再次单击【建模】面板中【扫掠】按钮，选择法兰截面图形，选择路径1作为扫描路径，完成一端连接法兰的绘制，效果如图 15-66所示。

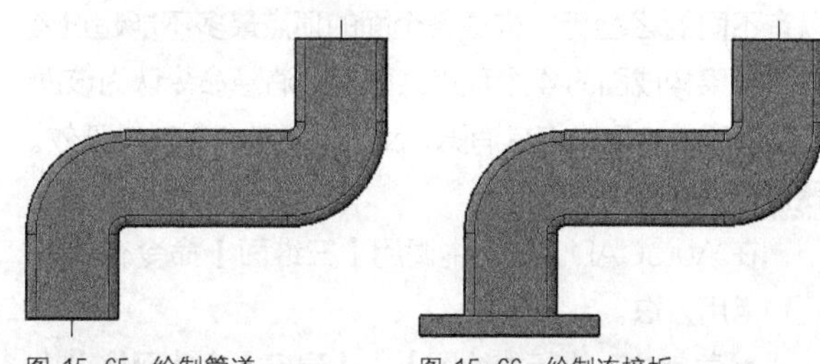

图 15-65 绘制管道　　图 15-66 绘制连接板

Step 04 重复以上操作，绘制另一端的连接法兰，效果如图 15-67所示。

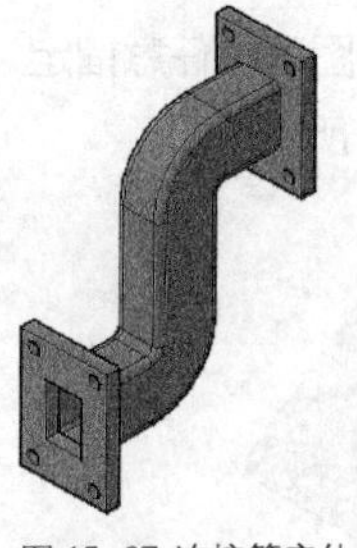

图 15-67 连接管实体

> **操作技巧**
>
> 在创建比较复杂的放样实体时，可以指定导向曲线来控制点如何匹配相应的横截面，以防止创建的实体或曲面中出现皱褶等缺陷。

15.3 创建三维曲面

曲面是不具有厚度和质量特性的壳形对象。曲面模型也能够进行隐藏、着色和渲染。AutoCAD 中曲面的创建和编辑命令集中在功能区的【曲面】选项卡中，如图 15-68 所示。

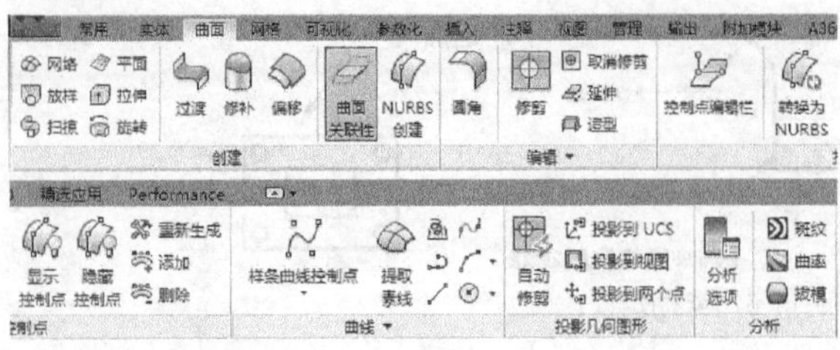

图 15-68 【曲面】选项卡

【创建】面板集中了创建曲面的各种方式，如图 15-69 所示，其中拉伸、放样、扫掠、旋转等生成方式与创建实体或网格的操作类似，不再介绍。下面对其他创建和编辑命令进行介绍。

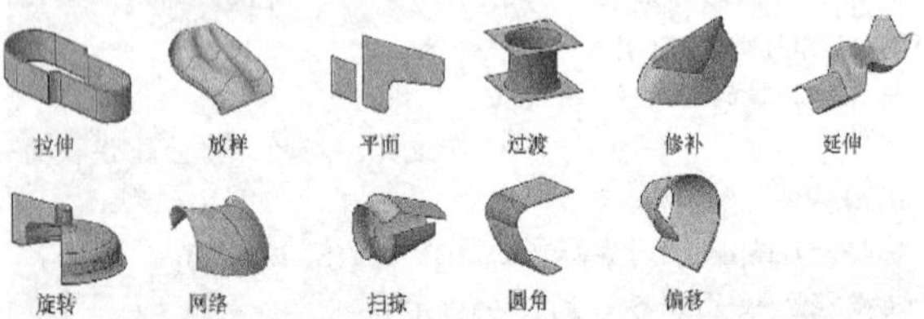

图 15-69 创建曲面的主要方法

15.3.1 创建三维面 ★重点★

三维空间的表面称为【三维面】，它没有厚度，也没有质量属性。由【三维面】命令创建的面的各顶点可以有不同的 Z 坐标，构成各个面的顶点最多不能超过 4 个。如果构成面的 4 个顶点共面，则消隐命令认为该面不是透明的，可以将其消隐，反之，消隐命令对其无效。

·执行方式

在 AutoCAD 2016 中调用【三维面】命令有如下几种常用方法。

◆菜单栏：执行【绘图】|【建模】|【网格】|【三维面】命令。

◆命令行：输入"3DFACE"命令。

·操作步骤

启用【三维面】命令后，直接在绘图区中任意指定 4 点，即可创建曲面，操作如图 15-70 所示。

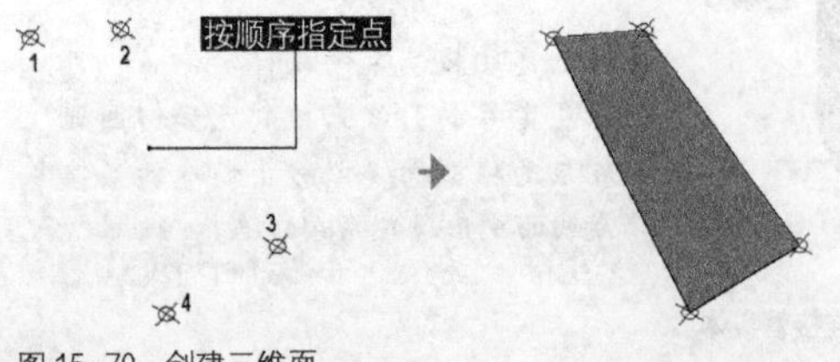

图 15-70 创建三维面

15.3.2 绘制平面曲面

平面曲面是以平面内某一封闭轮廓创建一个平面内的曲面。在 AutoCAD 中，既可以用指定角点的方式创建矩形的平面曲面，也可用指定对象的方式，创建复杂边界形状的平面曲面。

·执行方式

调用【平面曲面】命令有以下几种方法。

◆功能区：在【曲面】选项卡中，单击【创建】面板上的【平面】按钮，如图 15-71 所示。

◆菜单栏：选择【绘图】|【建模】|【曲面】|【平面】命令，如图 15-72 所示。

◆命令行：输入"PLANESURF"命令。

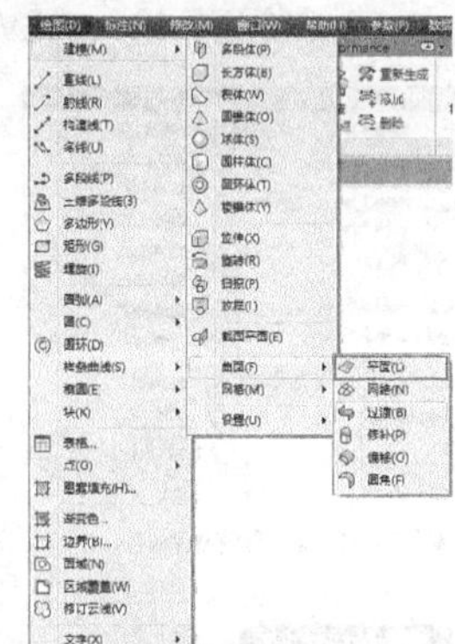

图 15-71 【平面】面板按钮　　图 15-72 【平面】菜单命令

·操作步骤

平面曲面的创建方法有【指定点】与【对象】两种，前者类似于绘制矩形，后者则像创建面域。根据命令行提示，指定角点或选择封闭区域即可创建平面曲面，效果如图 15-73 所示。

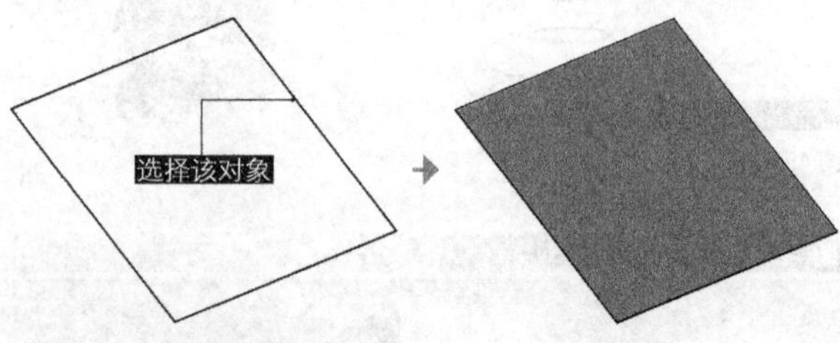

图 15-73 创建平面曲面

平面曲面可以通过【特性】选项板（Ctrl+1）设置 U 素线和 V 素线来控制，效果如图 15-74 和图 15-75 所示。

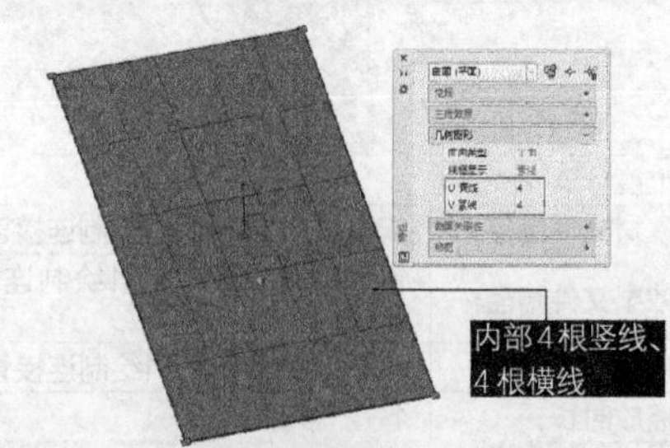

图 15-74 U、V 素线各为 4

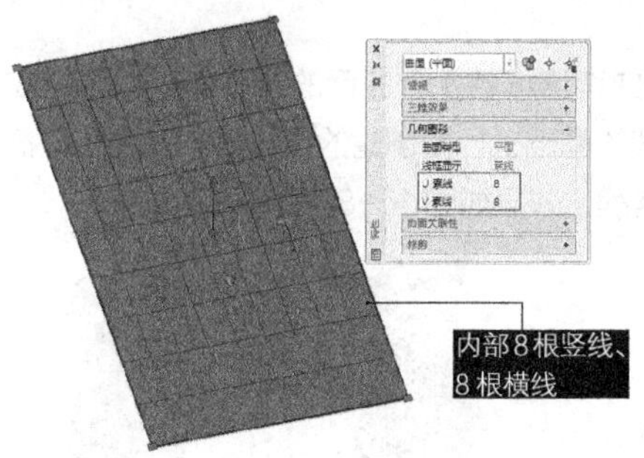

图 15-75 U、V 素线各为 8

15.3.3 创建网络曲面 ★重点★

【网络曲面】命令可以在 U 方向和 V 方向（包括曲面和实体边子对象）的几条曲线之间的空间中创建曲面，是曲面建模最常用的方法之一。

·执行方式

调用【网络曲面】命令有以下几种方法。

◆功能区：在【曲面】选项卡中，单击【创建】面板上的【网络】按钮，如图 15-76 所示。

◆菜单栏：选择【绘图】|【建模】|【曲面】|【网络】命令，如图 15-77 所示。

◆命令行：输入"SURFNETWORK"命令。

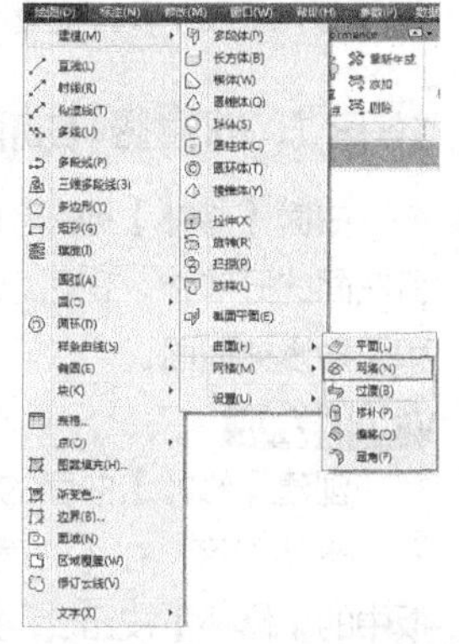

图 15-76 【网络】面板按钮　图 15-77 【网络】菜单命令

·操作步骤

执行【网络】命令后，根据命令行提示，先选择第一个方向上的曲线或曲面边，按 Enter 键确认，再选择第二个方向上的曲线或曲面边，即可创建出网格曲面，如图 15-78 所示。

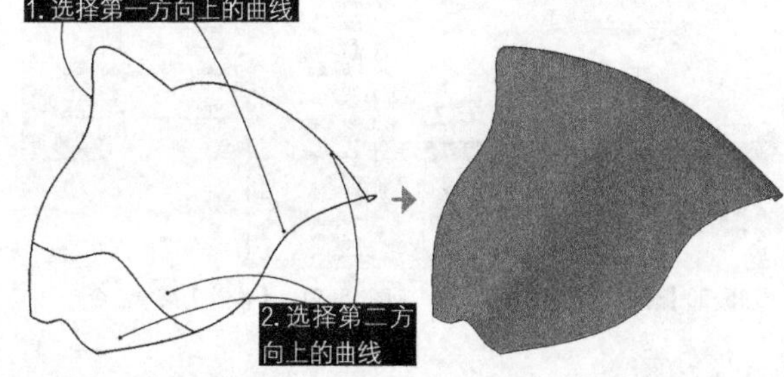

图 15-78 创建网格曲面

练习 15-12 创建鼠标曲面

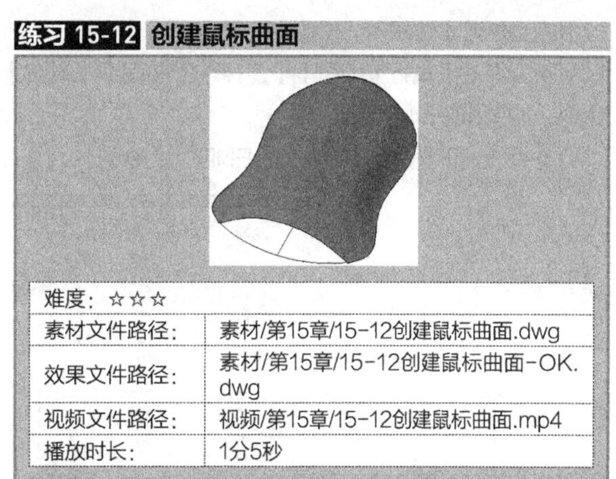

难度：☆☆☆	
素材文件路径：	素材/第15章/15-12创建鼠标曲面.dwg
效果文件路径：	素材/第15章/15-12创建鼠标曲面-OK.dwg
视频文件路径：	视频/第15章/15-12创建鼠标曲面.mp4
播放时长：	1分5秒

Step 01 单击快速访问工具栏中的【打开】按钮，打开"第15章/15-12 创建鼠标曲面.dwg"素材文件，如图15-79所示。

Step 02 在【曲面】选项卡中，单击【创建】面板上的【网络】按钮，选择横向的3根样条曲线为第一方向曲线，如图15-80所示。

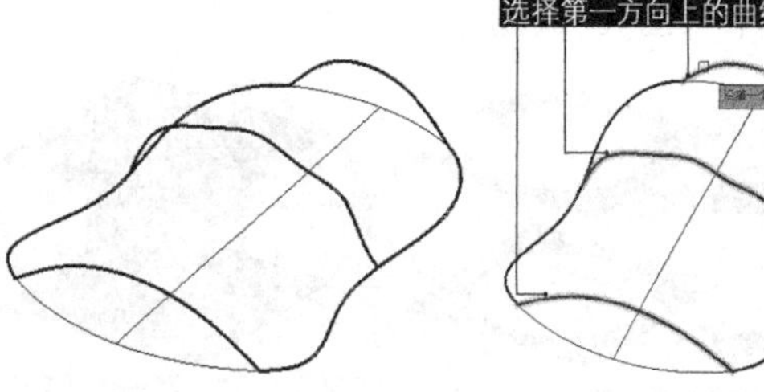

图 15-79 素材文件　图 15-80 选择第一方向上的曲线

Step 03 选择完毕后，单击Enter键确认，再根据命令行提示选择左右两侧的样条曲线为第二方向曲线，如图15-81所示。

Step 04 鼠标曲面创建完成，如图15-82所示。

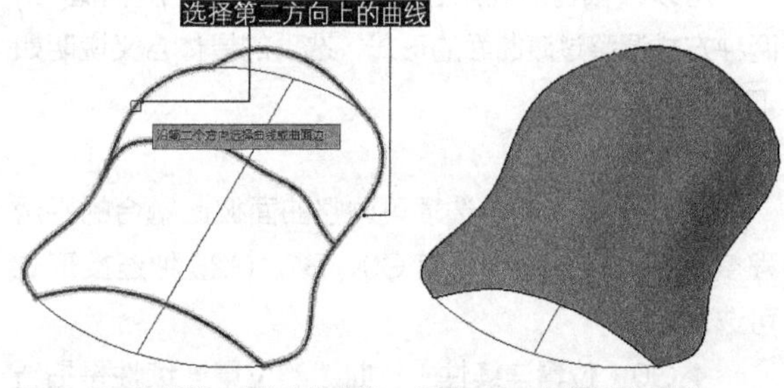

图 15-81 选择第二方向上的曲线　图 15-82 完成的鼠标曲面

15.3.4 创建过渡曲面 ★重点★

在两个现有曲面之间创建连续的曲面称为过渡曲面。将两个曲面融合在一起时，需要指定曲面连续性和凸度幅值，创建过渡曲面的方法如下。

·执行方式

◆功能区：在【曲面】选项卡中，单击【创建】面板中的【过渡】按钮，如图15-83所示。

◆菜单栏：执行【绘图】|【建模】|【曲面】|【过渡】命令，如图15-84所示。

◆命令行：输入“SURFBLEND”命令。

图15-83 【过渡】面板按钮

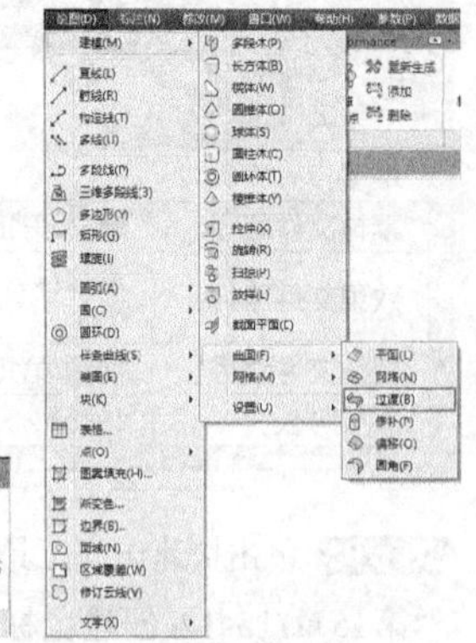

图15-84 【过渡】菜单命令

·操作步骤

执行【过渡】命令后，根据命令行提示，依次选择要过渡的曲面上的边，然后单击Enter键即可创建过渡曲面，操作如图15-85所示。

图15-85 创建过渡曲面

指定完过渡边线后，命令行出现如下提示。

```
按 Enter 键接受过渡曲面或 [连续性(CON)/凸度幅值(B)]:
```

·选项说明

可以根据提示利用连续性(CON)和凸度幅值(B)两种方式调整过渡曲面的形式，选项的具体含义说明如下。

◎连续性（CON）

连续性（CON）选项可调整曲面彼此融合的平滑程度。选择该选项时，有G0、G1、G23种连接形式可选。

◆G0（位置连续性）：曲面的位置连续性是指新构造的曲面与相连的曲面直接连接起来即可，不需要在两个曲面的相交线处相切，效果如图15-86所示，为默认选项。

◆G1（相切连续性）：曲面的相切连续性是指在曲面位置连续的基础上，新创建的曲面与相连曲面在相交线处相切连续，即新创建的曲面在相交线处与相连曲面在相交线处具有相同的法线方向，效果如图15-87所示。

◆G2（曲率连续性）：曲面的曲率连续性是指在曲面相切连续的基础上，新创建的曲面与相连曲面在相交线处曲率连续，效果如图15-88所示。

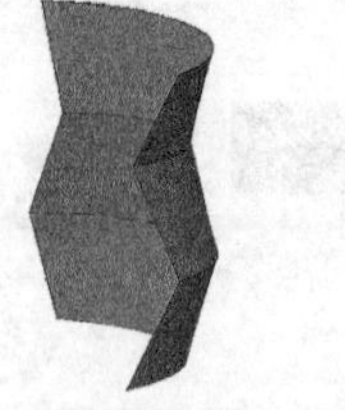

图15-86 位置连续性G0效果

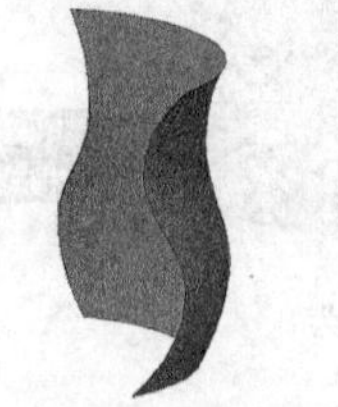

图15-87 相切连续性G1效果

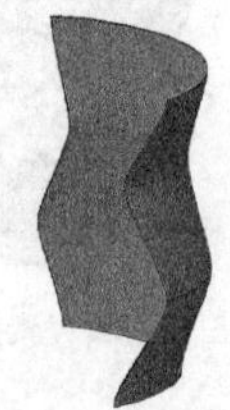

图15-88 曲率连续性G2效果

◎凸度幅值(B)

设定过渡曲面边与其原始曲面相交处该过渡曲面边的圆度。默认值为0.5，有效值介于0和1之间，具体显示效果如图15-89所示。

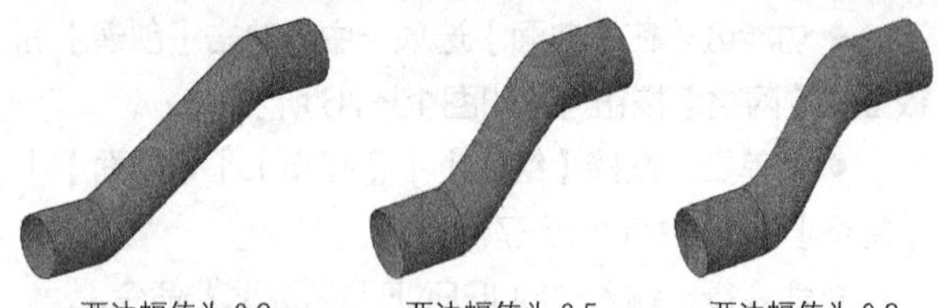

图15-89 不同凸度幅值的过渡效果

15.3.5 创建修补曲面 ★重点★

曲面【修补】即在创建新的曲面或封口时，闭合现有曲面的开放边，也可以通过闭环添加其他曲线以约束和引导修补曲面。

·执行方式

创建【修补】曲面的方法如下。

◆功能区：在【曲面】选项卡中，单击【创建】面板中的【修补】按钮，如图15-90所示。

◆菜单栏：调用【绘图】|【建模】|【曲面】|【修补】命令，如图15-91所示。

◆命令行：输入“SURFPATCH”命令。

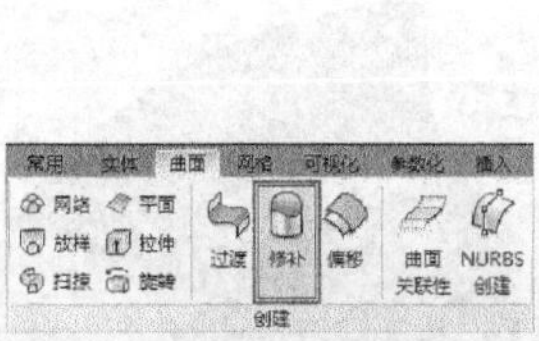

图15-90【修补】面板按钮

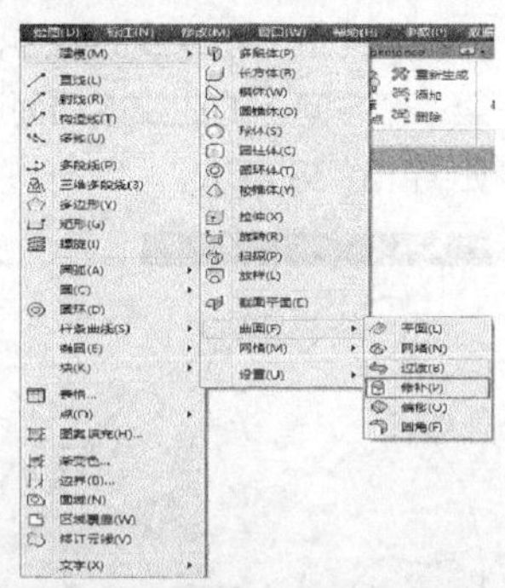

图15-91 【修补】菜单命令

•操作步骤

执行【修补】命令后，根据命令行提示，选取现有曲面上的边线，即可创建出修补曲面，效果如图 15-92 所示。

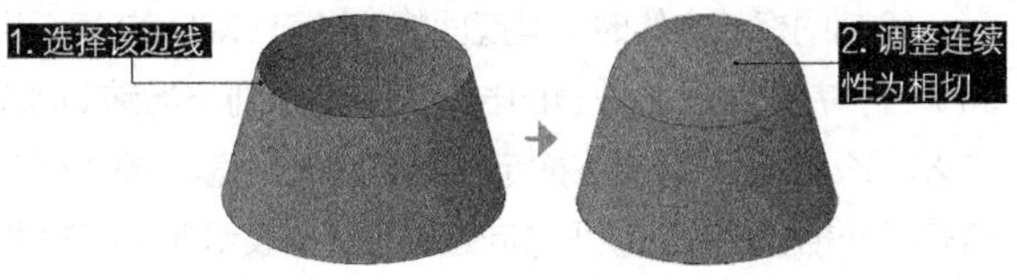

图 15-92　创建修补曲面

选择要修补的边线后，命令行出现如下提示。

按 Enter 键接受修补曲面或 [连续性(CON)/凸度幅值(B)/导向(G)]:

•选项说明

可以根据提示利用连续性 (CON)、凸度幅值 (B) 和导向 (G)3 种方式调整修补曲面的形式。连续性 (CON) 和凸度幅值 (B) 选项在之前已经介绍过，这里不多加赘述；导向 (G) 可以通过指定线、点的方式来定义修补曲面的生成形状，还可以通过调整曲线或点的方式来进行编辑，类似与修改样条曲线，效果如图 15-93 和图 15-94 所示。

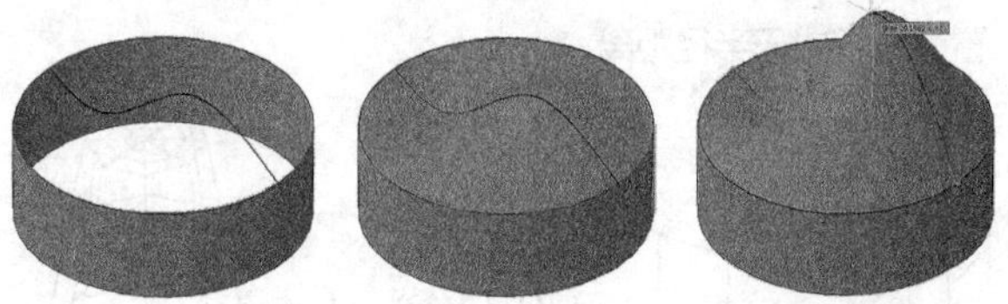

图 15-93 通过样条曲线导向创建修补曲面　　图 15-94　调整导向曲线修改修补曲面

练习 15-13　修补鼠标曲面

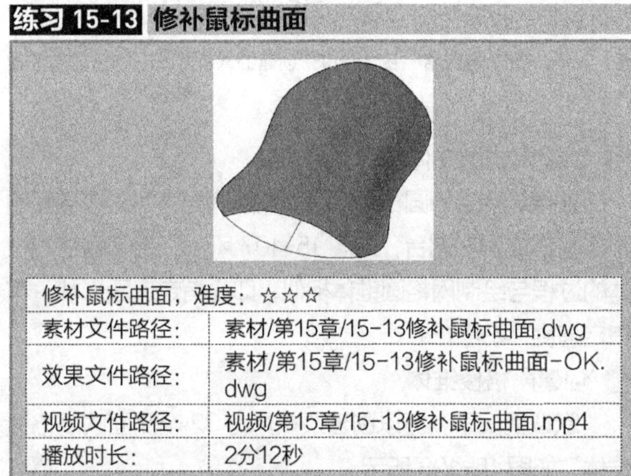

修补鼠标曲面，难度：☆☆☆	
素材文件路径：	素材/第15章/15-13修补鼠标曲面.dwg
效果文件路径：	素材/第15章/15-13修补鼠标曲面-OK.dwg
视频文件路径：	视频/第15章/15-13修补鼠标曲面.mp4
播放时长：	2分12秒

在【练习 15-12】的鼠标曲面案例中，鼠标曲面前方仍留有开口，这时就可以通过【修补】命令来进行封口。

Step 01 打开“第15章/15-13 修补鼠标曲面.dwg”素材文件，也可以打开“第15章/15-12创建鼠标曲面-OK.dwg”完成文件，如图15-95所示。

Step 02 在【曲面】选项卡中单击【创建】面板中的【拉伸】按钮，选择鼠标曲面前方开口的弧线进行拉伸，拉伸距离任意，如图15-96所示。

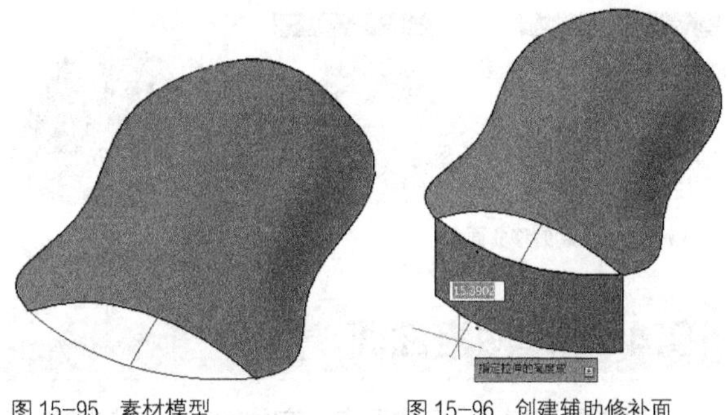

图 15-95　素材模型　　图 15-96　创建辅助修补面

Step 03 在【曲面】选项卡中，单击【创建】面板中的【修补】按钮，选择鼠标曲面开口边与**Step 02**拉伸面的边线作为修补边，然后单击Enter键，选择连续性为G1，即可创建修补面，效果如图15-97所示。

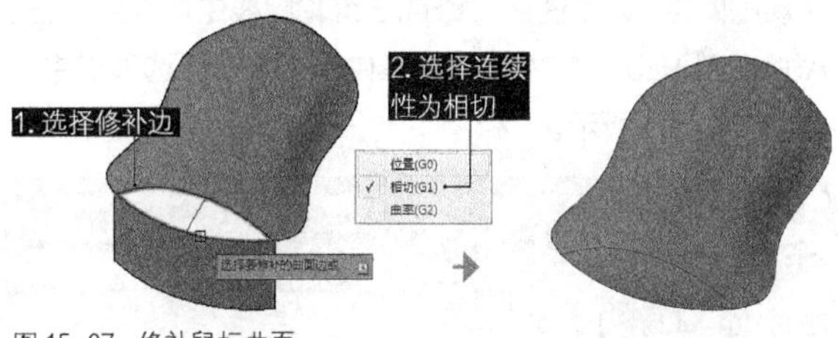

图 15-97　修补鼠标曲面

15.3.6 创建偏移曲面

【偏移】曲面可以创建与原始曲面平行的曲面，在创建过程中需要指定距离。

•执行方式

创建【偏移】曲面的方法如下。

◆功能区：在【曲面】选项卡中，单击【创建】面板中的【偏移】按钮，如图 15-98 所示。

◆菜单栏：调用【绘图】|【建模】|【曲面】|【偏移】命令，如图 15-99 所示。

◆命令行：输入“SURFOFFSET”命令。

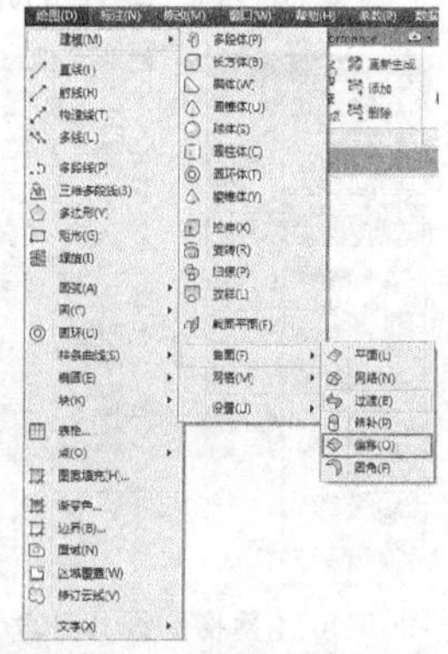

图 15-98　【偏移】面板按钮　　图 15-99　【偏移】菜单命令

·操作步骤

执行【偏移】命令后，直接选取要进行偏移的面，然后输入偏移距离，即可创建偏移曲面，效果如图 15-100 所示。

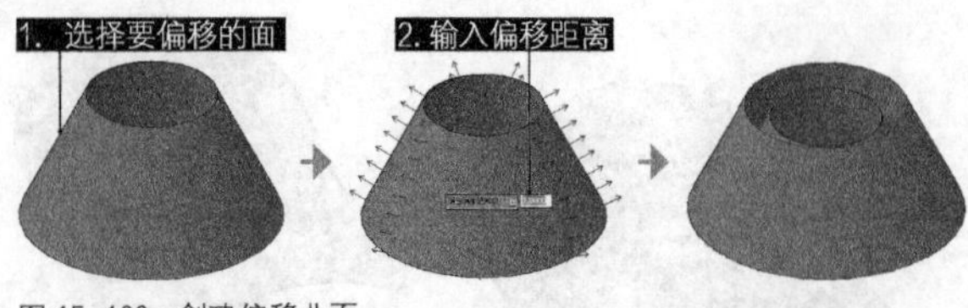

图 15-100　创建偏移曲面

15.4 创建网格曲面

网格是用离散的多边形表示实体的表面，与实体模型一样，可以对网格模型进行隐藏、着色和渲染。同时网格模型还具有实体模型所没有的编辑方式，包括锐化、分割和增加平滑度等。

创建网格的方式有多种，包括使用基本网格图元创建规则网格，以及使用二维或三维轮廓线生成复杂网格。AutoCAD 2016 的网格命令集中在【网格】选项卡中，如图 15-101 所示。

图 15-101　【网格】选项卡

15.4.1 创建基本体网格

AutoCAD 2016 提供了 7 种基本体的三维网格图元，如长方体、圆锥体、圆柱体、棱锥体、球体、楔体以及圆环。

·执行方式

调用【网格图元】命令有以下几种方法。

◆功能区：在【网格】选项卡中，在【图元】面板上选择要创建的图元类型，如图 15-102 所示。

◆菜单栏：选择【绘图】|【建模】|【网格】|【图元】命令，在子菜单中选择要创建的图元类型，如图 15-103 所示。

◆命令行：输入“MESH”命令。

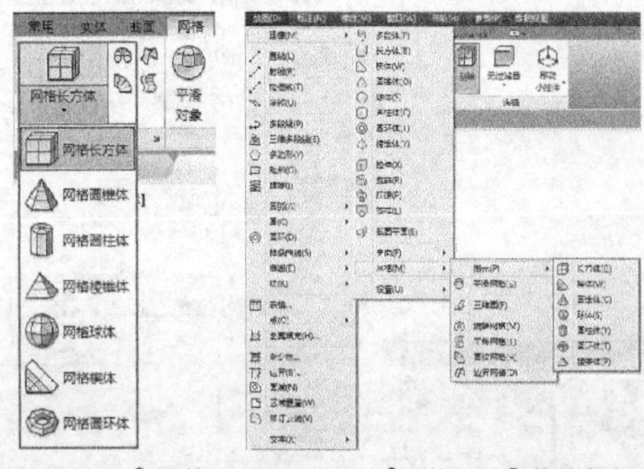

图 15-102【网格图元】面板按钮　图 15-103　【网格图元】菜单命令

·操作步骤

各种基本体网格的操作方法不一样，因此接下来对各网格图元逐一讲解。

1 创建网格长方体

绘制网格长方体时，其底面将与当前 UCS 的 *XY* 平面平行，并且其初始位置的长、宽、高分别与当前 UCS 的 *X*、*Y*、*Z* 轴平行。在指定长方体的长、宽、高时，正值表示向相应的坐标值正方向延伸，负值表示向相应的坐标值的负方向延伸。最后，需要指定长方体表面绕 *Z* 轴的旋转角度，以确定其最终位置。创建的网格长方体如图 15-104 所示。

2 创建网格圆锥体

如果选择绘制圆锥体，可以创建底面为圆形或椭圆的网格圆锥，如图 15-105 所示；如果指定顶面半径，还可以创建网格圆台，如图 15-106 所示。

默认情况下，网格圆锥体的底面位于当前 UCS 的 *XY* 平面上，圆锥体的轴线与 *Z* 轴平行。使用【椭圆】选项，可以创建底面为椭圆的圆锥体；使用【顶面半径】选项，可以创建倾斜至椭圆面或平面的圆台；选择【切点、切点、半径 (T)】选项可以创建底面与两个对象相切的网格圆锥或圆台，创建的新圆锥体位于尽可能接近指定的切点的位置，这取决于半径距离。

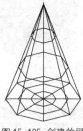

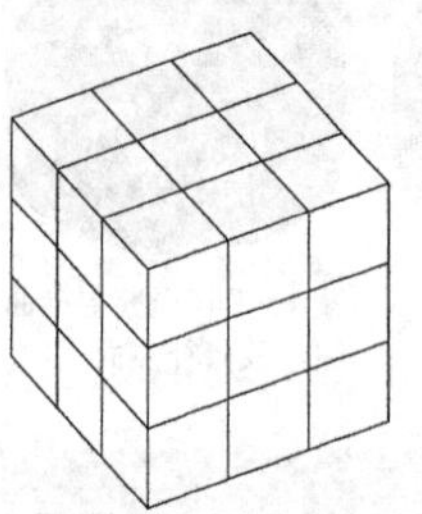

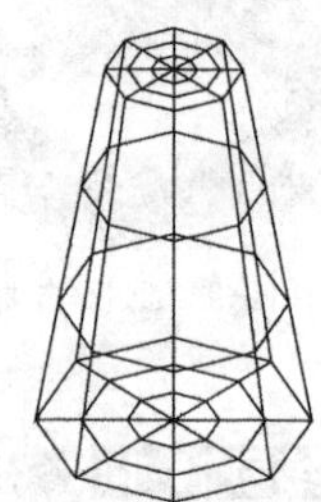

图 15-104　创建的网格长方体　图 15-105　创建的网格圆锥体　图 15-106　创建的网格圆台

3 创建网格圆柱体

如果选择绘制圆柱体，可以创建底面为圆形或椭圆的网格圆锥或网格圆台，如图 15-107 所示。绘制网格圆柱体的过程与绘制网格圆锥体相似，即先指定底面形状，再指定高度，不再介绍。

4 创建网格棱锥体

默认情况下，可以创建最多具有 32 个侧面的网格棱锥体，如图 15-108 所示。

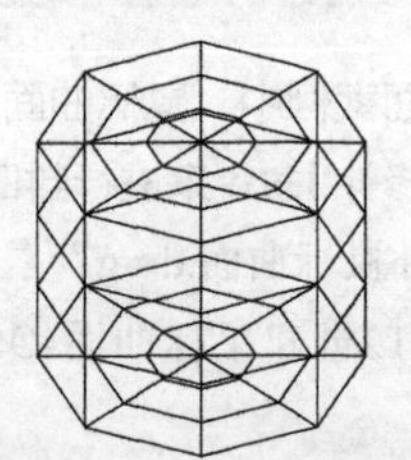

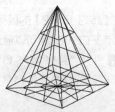

图 15-107 创建的网格圆柱体　图 15-108 创建的网格棱锥体

5 创建网格球体

网格球体是使用梯形网格面和三角形网格面拼接成的网格对象，如图 15-109 所示。如果从球心开始创建，网格球体的中心轴将与当前 UCS 的 *Z* 轴平行。网格球体有多种创建方式，可以过指定中心点、三点、两点或相切、相切、半径来创建网格球体。

6 创建网格楔体

网格楔体可以看作是一个网格长方体沿着对角面剖切出一半的结果，如图 15-110 所示。因此其绘制方式与网格长方体基本相同，默认情况下，楔体的底面绘制为与当前 UCS 的 *XY* 平面平行，楔体的高度方向与 *Z* 轴平行。

7 绘制网格圆环

网格圆环体如图 15-111 所示，其具有两个半径值：一个是圆管半径；另一个是圆环半径。圆环半径是圆环体的圆心到圆管圆心之间的距离。默认情况下，圆环体将与当前 UCS 的 *XY* 平面平行，且被该平面平分。

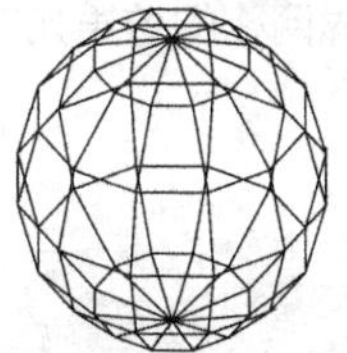
图 15-109 创建的网格球体

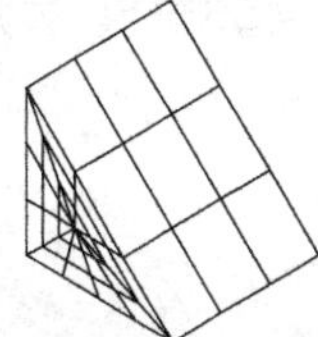
图 15-110 创建的网格楔体

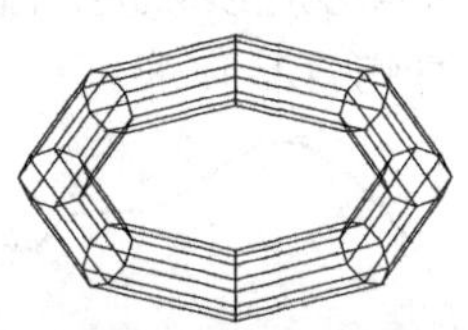
图 15-111 创建的网格圆环体

15.4.2 创建旋转网格

使用【旋转网格】命令可以将曲线或轮廓绕指定的旋转轴旋转一定的角度，从而创建旋转网格。旋转轴可以是直线，也可以是开放的二维或三维多段线。

·执行方式

调用【旋转网格】命令有以下几种方法。

◆功能区：在【网格】选项卡中，单击【图元】面板上的【旋转曲面】按钮，如图 15-112 所示。

◆菜单栏：选择【绘图】|【建模】|【网格】|【旋转网格】命令，如图 15-113 所示。

◆命令行：输入“REVSURF”命令。

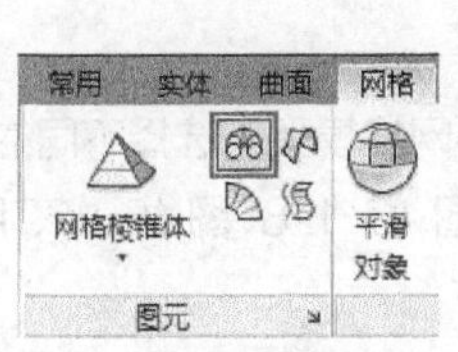

图 15-112【旋转网格】面板按钮

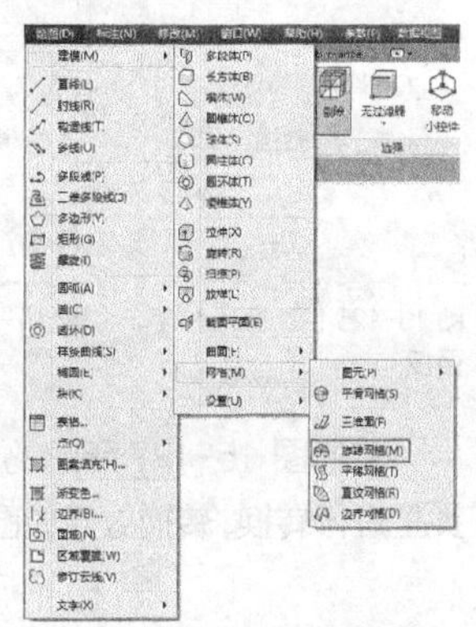
图 15-113【旋转网格】菜单命令

·操作步骤

【旋转网格】操作同【旋转】命令一样，先选择要旋转的轮廓，然后再指定旋转轴输入旋转角度即可，如图 15-114 所示。

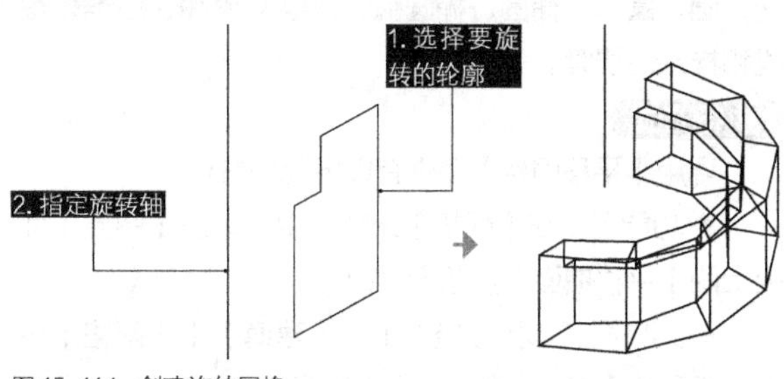

图 15-114 创建旋转网格

15.4.3 创建直纹网格

直纹网格是以空间两条曲线为边界，创建直线连接的网格。直纹网格的边界可以是直线、圆、圆弧、椭圆、椭圆弧、二维多段线、三维多段线和样条曲线。

·执行方式

调用【直纹网格】命令有以下几种方法。

◆功能区：在【网格】选项卡中，单击【图元】面板上的【直纹曲面】按钮，如图 15-115 所示。

◆菜单栏：选择【绘图】|【建模】|【网格】|【直纹网格】命令，如图 15-116 所示。

◆命令行：输入“RULESURF”命令。

图 15-115【直纹网格】面板按钮

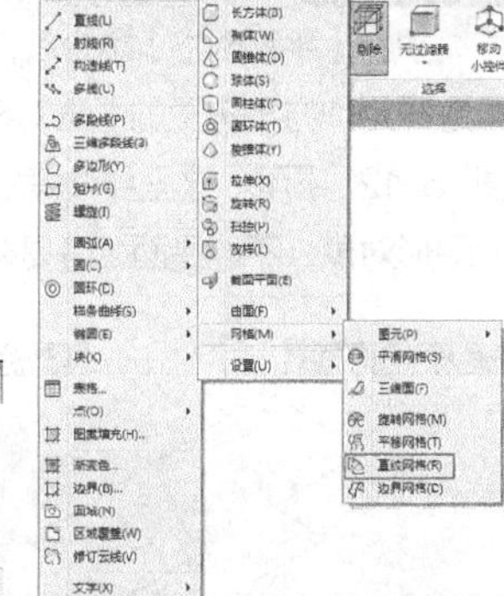
图 15-116【直纹网格】菜单命令

·操作步骤

除了使用点作为直纹网格的边界，直纹网格的两个边界必须同时开放或闭合。且在调用命令时，因选择曲线的点不一样，绘制的直线会出现交叉和平行两种情况，分别如图 15-117 和图 15-118 所示。

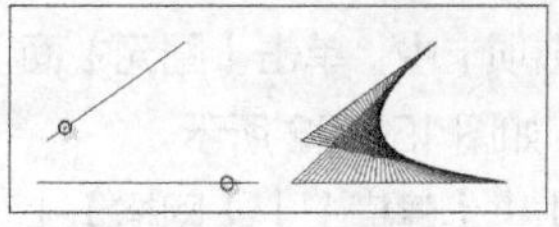
图 15-117 拾取点位置交叉创建交叉的网格面

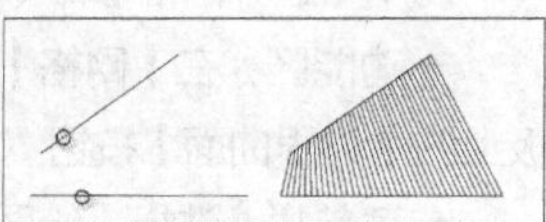
图 15-118 拾取点位置平行创建平行的网格面

15.4.4 创建平移网格

使用【平移网格】命令可以将平面轮廓沿指定方向进行平移，从而绘制出平移网格。平移的轮廓可以是直线、圆、圆弧、椭圆、椭圆弧、二维多段线、三维多段线和样条曲线等。

·执行方式

调用【平移网格】命令有以下几种方法。

◆功能区：在【网格】选项卡中，单击【图元】面板上的【平移曲面】按钮，如图15-119所示。

◆菜单栏：选择【绘图】|【建模】|【网格】|【平移网格】命令，如图15-120所示。

◆命令行：输入“TABSURF”命令。

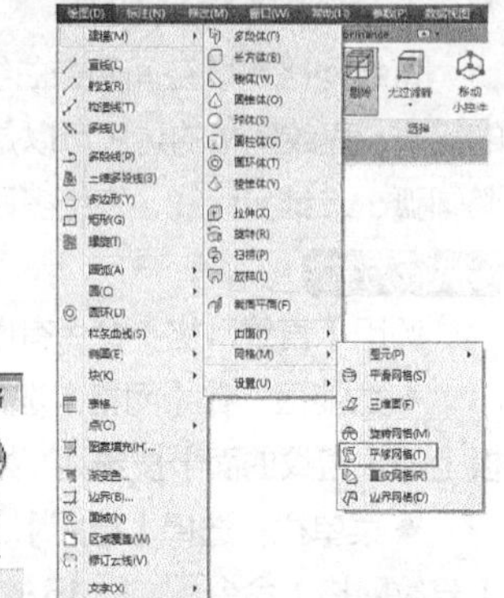

图15-119【平移网格】面板按钮　图15-120【平移网格】菜单命令

·操作步骤

执行【平移网格】命令后，根据提示先选择轮廓图形，再选择用作方向矢量的图形对象，即可创建平移网格，如图15-121所示。这里要注意的是，轮廓图形只能是单一的图形对象，不能是面域等复杂图形。

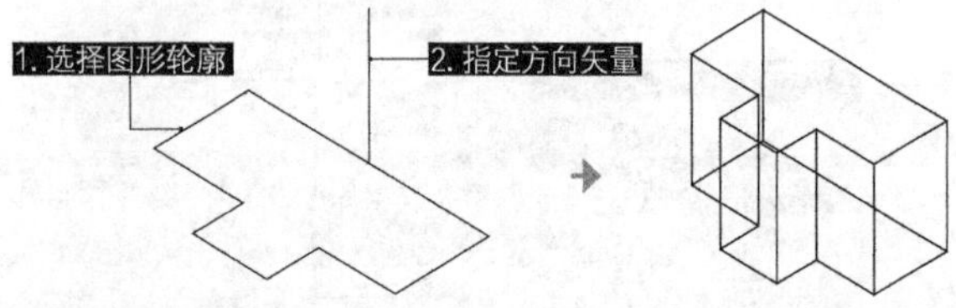

图15-121 创建旋转网格

15.4.5 创建边界网格 ★进阶★

使用【边界网格】命令可以由4条首尾相连的边创建一个三维多边形网格。

·执行方式

调用【边界网格】命令有以下几种方法。

◆功能区：在【网格】选项卡中，单击【图元】面板上的【边界曲面】按钮，如图15-122所示。

◆菜单栏：选择【绘图】|【建模】|【网格】|【边界网格】命令，如图15-123所示。

◆命令行：输入“EDGESURF”命令。

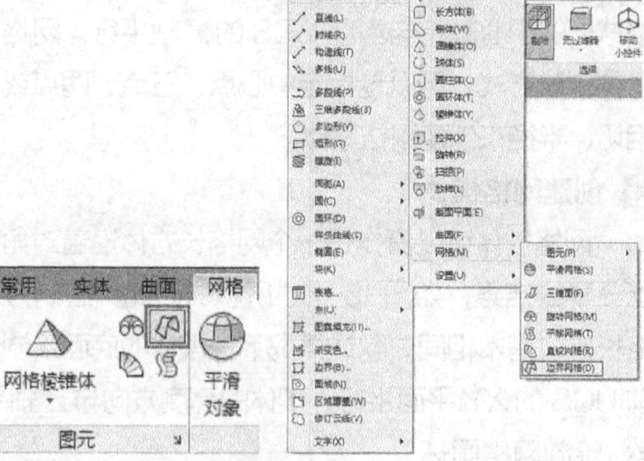

图15-122【边界网格】面板按钮　图15-123【边界网格】菜单命令

·操作步骤

创建边界曲面时，需要依次选择4条边界。边界可以是圆弧、直线、多段线、样条曲线和椭圆弧，并且必须形成闭合环和共享端点。边界网格的效果如图15-124所示。

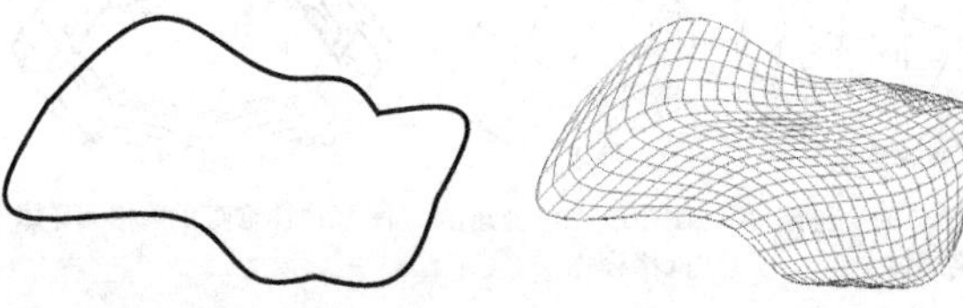

图15-124 创建边界网格

15.4.6 转换网格 ★进阶★

AutoCAD 2016中，除了能够将实体或曲面模型转换为网格，也可以将网格转换为实体或曲面模型。转换网格的命令集中在【网格】选项卡中的【转换网格】面板上，如图15-125所示。

面板右侧的选项列表，列出了转换控制选项，如图15-126所示。先在该列表选择一种控制类型，然后单击【转换为实体】按钮或【转换为曲面】按钮，最后选择要转换的网格对象，该网格即被转换。

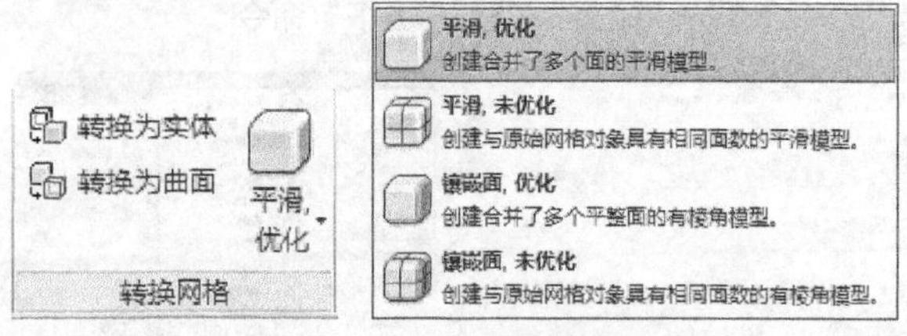

图15-125【转换网格】面板　图15-126 转换控制选项

将如图15-127所示的网格模型，选择不同的控制类型进行转换，转换效果如图15-128、图15-129所示。

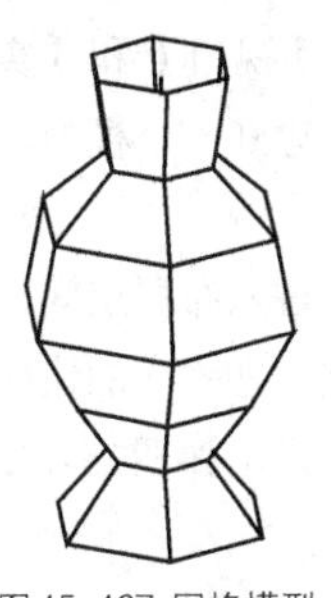
图 15-127 网格模型

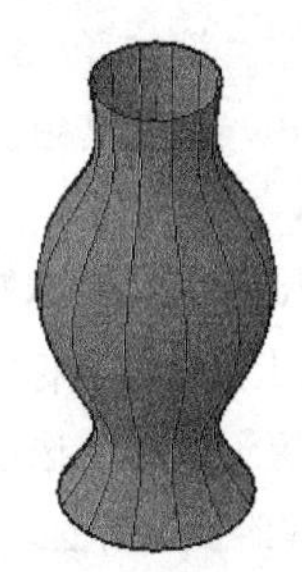
图 15-128 平滑优化

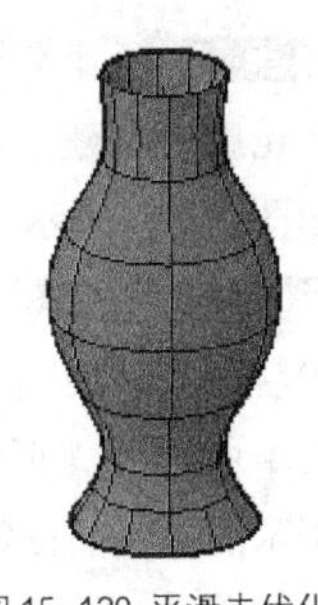
图 15-129 平滑未优化

15.5 三维实体生成二维视图

比较复杂的实体可以通过先绘制三维实体再转换为二维工程图，这种绘制工程图的方式可以减少工作量，提高绘图速度与精度。在 AutoCAD 2016 中，将三维实体模型生成三视图的方法大致有以下两种。

◆使用 VPORTS 或 MVIEW 命令，在布局空间中创建多个二维视口，然后使用 SOLPROF 命令在每个视口分别生成实体模型的轮廓线，以创建零件的三视图。

◆使用 SOLVIEW 命令后，在布局空间中生出实体模型的各个二维视图视口，然后使用 SOLDRAW 命令在每个视口中分别生成实体模型的轮廓线，以创建三视图。

15.5.1 使用【视口】（VPORTS）命令创建视口 ★进阶★

使用 VPORTS 命令，可以打开【视口】对话框，以在模型空间和布局空间创建视口。

·执行方式

打开【视口】对话框的方式有以下几种。

◆面板：【三维基础】工作空间中，单击【可视化】选项卡中【模型视口】面板中的【命名】按钮。

◆菜单栏：执行【视图】|【视口】|【新建视口】命令。

◆命令行：输入“VPORTS”命令。

·操作步骤

执行上述任一操作后，都能打开如图 15-130 所示的【视口】对话框。

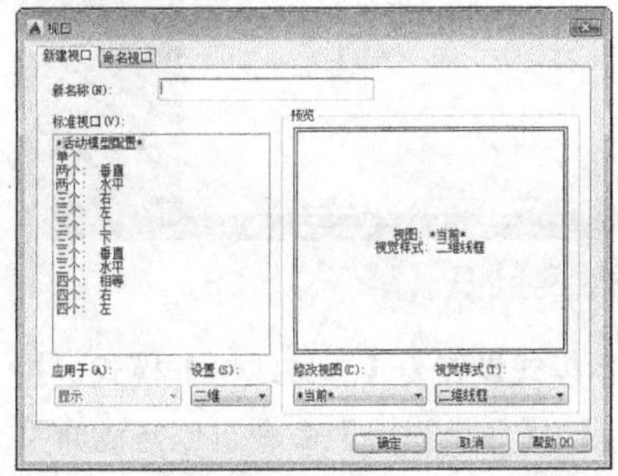
图 15-130【视口】对话框

通过此对话框，用户可进行设置视口的数量、命名视口和选择视口的形式等操作。

15.5.2 使用【视图】（SOLVIEW）命令创建布局多视图 ★进阶★

使用【视图】（SOLVIEW）命令可以自动为三维实体创建正交视图、图层和布局视口。SOLVIEW 和 SOLDRAW 的创建用于放置每个视图的可见线和隐藏线的图层（视图名称为 VIS、视图名称为 HID、视图名称为 HAT），以及创建可以放置各个视口中均可见的标注的图层（视图名称为 DIM）。

·执行方式

创建布局多视图的方法有以下几种。

◆菜单栏：【绘图】|【建模】|【设置】|【视图】命令。

◆命令行：输入“SOLVIEW”命令。

·操作步骤

若用户当前处于模型空间，则执行 SOLVIEW 命令后，系统自动转换到布局空间，并提示用户选择创建浮动视口的形式，命令行提示如下。

```
命令: _solview
输入选项 [UCS(U)/正交(O)/辅助(A)/截面(S)]:
```

·选项说明

命令行中各选项的含义如下。

◆UCS（U）：创建相对于用户坐标系的投影视图。

◆正交（O）：从现有视图创建折叠的正交视图。

◆辅助（A）：从现有视图中创建辅助视图。辅助视图投影到和已有视图正交并倾斜于相邻视图的平面。

◆截面（S）：通过图案填充创建实体图形的剖视图。

15.5.3 使用【实体图形】（SOLDRAW）命令创建实体图形 ★进阶★

【实体图形】（SOLDRAW）命令是在 SOLVIEW 命令之后用来创建实体轮廓或填充图案的。

·执行方式

启动 SOLDRAW 命令方式有以下几种。

◆功能区：【三维建模】工作空间中，单击【常用】选项卡中【建模】面板上的【实体图形】按钮。

◆菜单栏：执行【绘图】|【建模】|【设置】|【图形】命令。

◆命令行：输入“SOLDRAW”命令。

·操作步骤

执行上述任一操作后，命令行提示如下。

```
命令: Soldraw
选择要绘图的视口...
选择对象:
```

使用该命令时，系统提示【选择对象】，此时用户需要选择由 SOLDRAW 命令生成的视口，如果是利用【UCS（U）】、【正交（O）】、【辅助（A）】选项所创建的投影视图，则所选择的视口中将自动生出实体轮廓线。若是所选择的视口由 SOLDRAW 命令的【截面（S）】选项创建，则系统将自动生成剖视图，并填充剖面线。

15.5.4 使用【实体轮廓】（SOLPROF）命令创建二维轮廓线 ★进阶★

【实体轮廓】（SOLPOROF）命令是对三维实体创建轮廓图形，它与 SOLDRAW 有一定的区别：SOLDRAW 命令只能对有 SOLDVIEW 命令创建的视图生成轮廓图形，而 SOLPROF 命令不仅可以对 SOLDVIEW 命令创建的视图生成轮廓图形，而且还可以对其他方法创建的浮动视口中的图形生成轮廓图形，但是使用 SOLPROF 命令时，必须是在模型空间，一般使用 MSPACE 命令激活。

启动 SOLPROF 命令的方式有以下几种。

◆功能区：【三维建模】工作空间中，单击【常用】选项卡中【建模】面板上的【实体轮廓】按钮。

◆菜单栏：执行【绘图】|【建模】|【设置】|【轮廓】命令。

◆命令行：输入“SOLPROF”命令。

练习 15-14 【视口】和【实体轮廓】创建三视图

难度：☆☆☆☆	
素材文件路径：	素材/第15章/15-14【视口】和【实体轮廓】创建三视图.dwg
效果文件路径：	素材/第15章/15-14【视口】和【实体轮廓】创建三视图-OK.dwg
视频文件路径：	视频/第15章/15-14【视口】和【实体轮廓】创建三视图.mp4
播放时长：	6分26秒

下面以一个简单的实体为例，介绍如何使用【视口】VPORTS 命令和【实体轮廓】（SOLPROF）命令创建三视图，具体操作步骤如下。

Step 01 打开素材文件“第15章/15-14【视口】和【实体轮廓】创建三视图.dwg”，其中已创建好一个模型，如图15-131所示。

Step 02 在绘图区单击【布局1】标签，进入布局空间，然后在【布局1】标签上，单击鼠标右键，在弹出的快捷菜单中选择【页面设置管理器】选项，弹出如图15-132所示的【页面设置管理器】对话框。

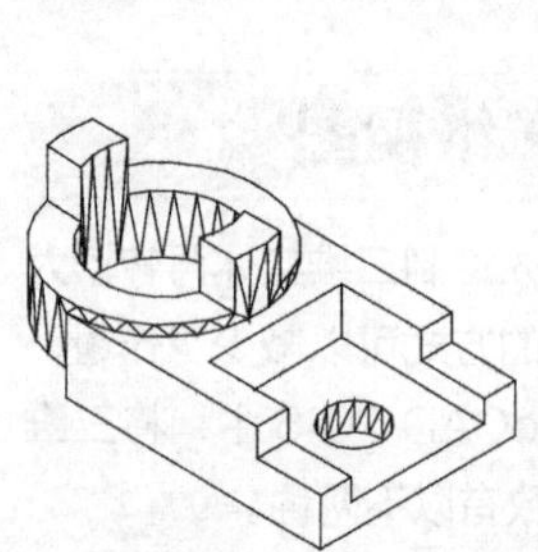

图 15-131 素材模型

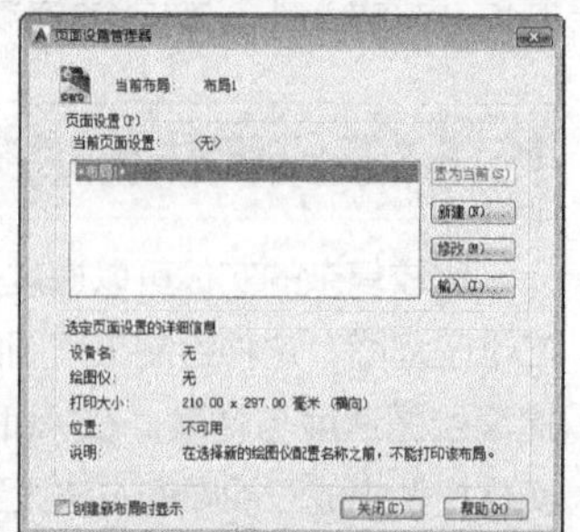

图 15-132【页面设置管理器】对话框

Step 03 单击【修改】按钮，弹出【页面设置】对话框，在【图纸尺寸】下拉菜单中选择“ISO A4（210.00×297.00mm）”选项，其余参数默认，如图15-133所示。

Step 04 单击【确定】按钮，返回【页面设置管理器】对话框，单击【关闭】按钮，关闭【页面设置管理器】对话框，修改后的布局页面如图15-134所示。

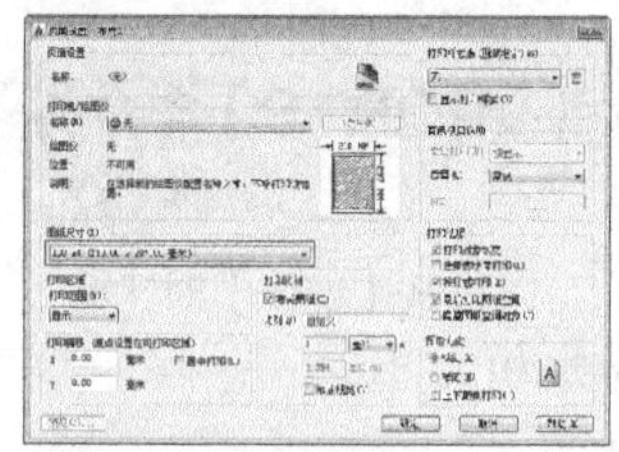

图 15-133 设置图纸尺寸

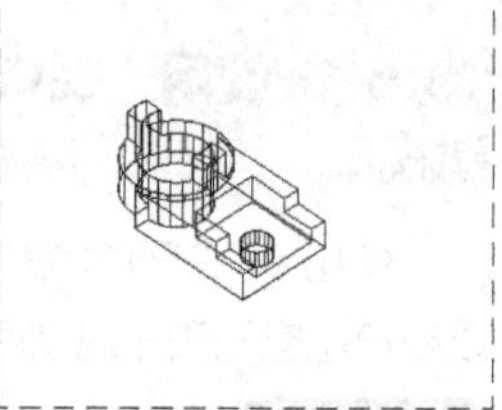

图 15-134 设置页面后的效果

Step 05 在布局空间中选中系统自动创建的视口（即外围的黑色边线），按Delete键将其删除，如图15-135所示。

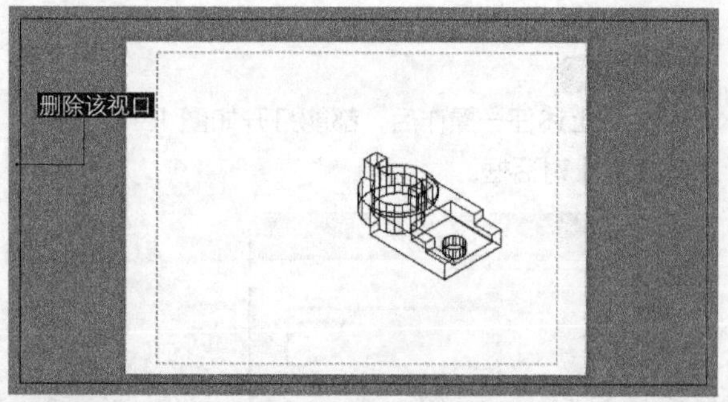

图 15-135 删除系统自动创建的视口

Step 06 将视图显示模式设置为【二维线框】模式，执行【视图】|【视口】|【四个视口】命令，创建满布页面的4个视口，如图15-136所示。

Step 07 在命令行中输入“MSPACE”命令，或直接双击视口，将布局空间转换为模型空间。

Step 08 分别激活各视口，执行【视图】|【三维视图】菜单项下的命令，将各视口视图分别按对应的位置关系，转换为前视、俯视、左视和等轴测，设置如图15-137所示。

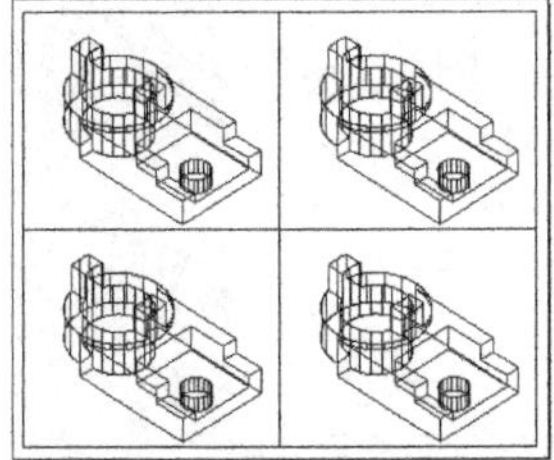
图 15-136 创建视口

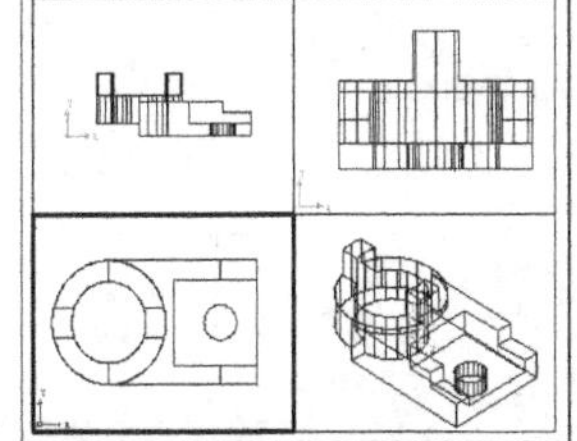
图 15-137 设置各视图

操作技巧

双击视口进入模型空间后，对应的视口边框线将会加粗显示。

Step 09 在命令行中，输入“SOLPROF”命令，选择各视口的二维图，将二维图转换为轮廓图，如图15-138所示。

Step 10 选中4个视口的边线，然后将其切换至【Default】图层，再将该层关闭，即可隐藏视口边线。

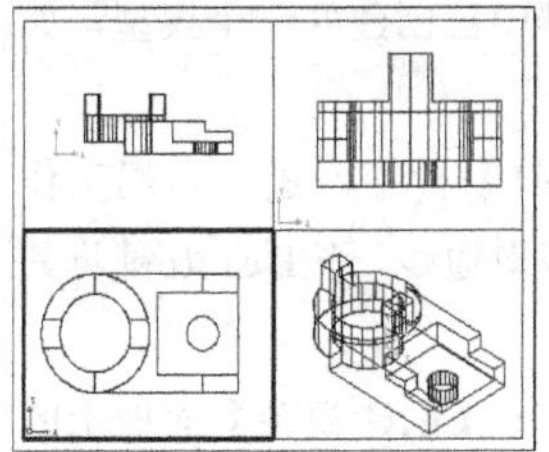
图 15-138 创建轮廓线

Step 11 选择右下三维视口，点击该视口中的实体，按Delete键删除。

Step 12 删除实体后，轮廓线如图15-139所示。

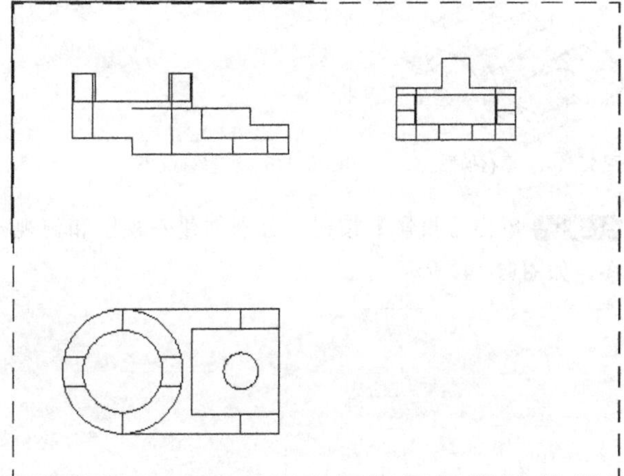
图 15-139 删除实体后轮廓线

操作技巧

视口的边线可设置为单独的图层，将其隐藏后便可得到很好的三视图效果。

练习 15-15 【视图】和【实体图形】创建三视图

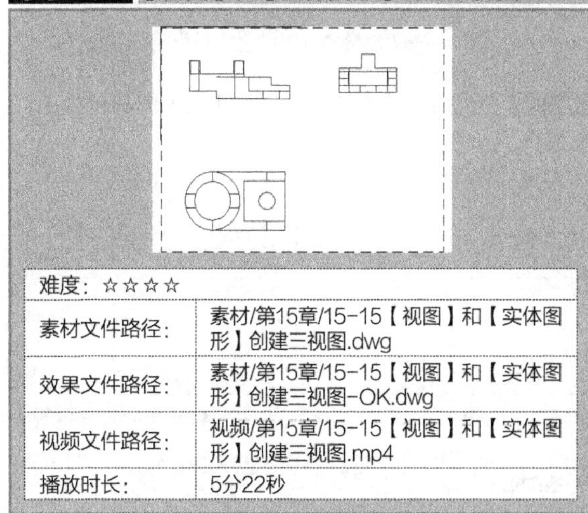

难度：☆☆☆☆	
素材文件路径：	素材/第15章/15-15【视图】和【实体图形】创建三视图.dwg
效果文件路径：	素材/第15章/15-15【视图】和【实体图形】创建三视图-OK.dwg
视频文件路径：	视频/第15章/15-15【视图】和【实体图形】创建三视图.mp4
播放时长：	5分22秒

下面以一个简单的实体为例，介绍如何使用【视图】（SOLVIEW）命令和【实体轮廓】（SOLDRAW）命令创建三视图，其具体步骤如下。

Step 01 打开素材文件“第15章/15-15【视图】和【实体图形】创建三视图.dwg”，其中已创建好一个模型，如图15-140所示。

Step 02 在绘图区单击【布局1】标签，进入布局空间选中系统自动创建的视口边线，按Delete键将其删除，如图15-141所示。

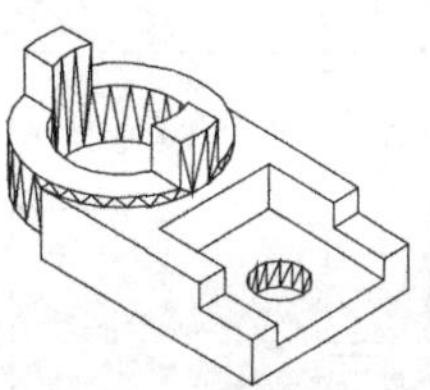
图 15-140 素材模型

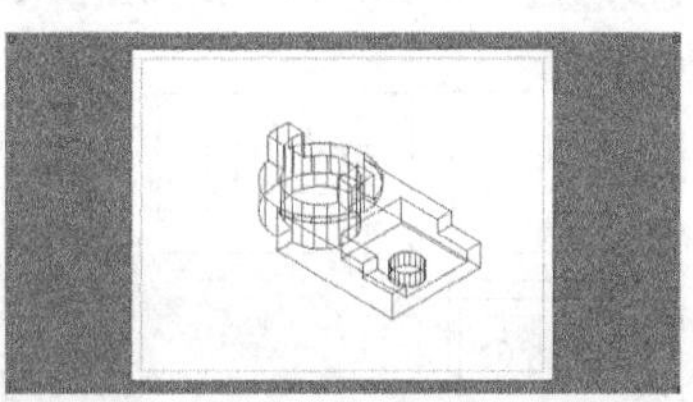
图 15-141 删除系统自动创建的视口

Step 03 执行菜单栏【绘图】|【建模】|【设置】|【视图】命令，创建主视图如图15-142所示，命令行提示如下。

```
命令: _solview
输入选项 [UCS(U)/正交(O)/辅助(A)/截面(S)]:U↙
        //激活UCS选项
输入选项 [命名(N)/世界(W)/?/当前(C)] <当前>:W↙
        //激活世界选项，选择世界坐标系创建视图
输入视图比例 <1>: 0.3↙
        //设置打印输出比例
指定视图中心:
        //选择视图中心点，这里选择视图布局中左上角适
```

```
当的一点
指定视图中心 <指定视口>:
        //按Enter键确定
指定视口的第一个角点:
指定视口的对角点:
        //分别指定视口两对角点，确定视口范围
输入视图名: 主视图↙
                //输入视图名称为主视图
```

Step 04 使用同样的方法，分别创建左视图和俯视图，如图15-143所示。

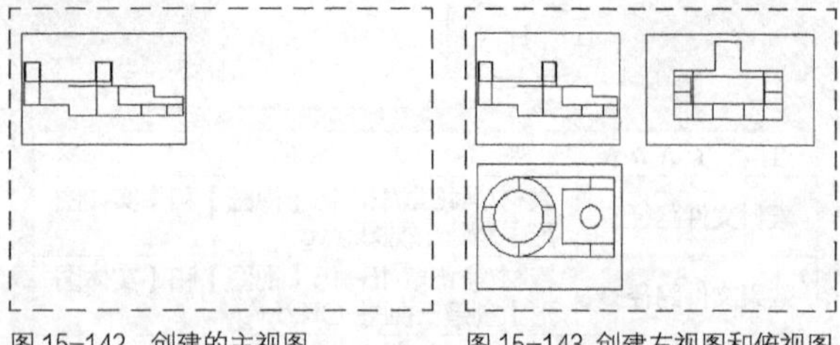

图 15-142　创建的主视图　　图 15-143 创建左视图和俯视图

> **操作技巧**
>
> 使用solview命令创建视图，其创建视图默认是俯视图。

Step 05 执行【绘图】|【建模】|【设置】|【图形】命令，在布局空间中选择视口边线，即可生成轮廓图，如图15-144所示。

Step 06 双击进入模型空间，将实体隐藏或删除。

Step 07 返回【布局1】布局空间，选中3个视口的边线，然后将其切换至【Default】图层，再将该层关闭，即可隐藏视口边线。

Step 08 最终的图形效果如图15-145所示。

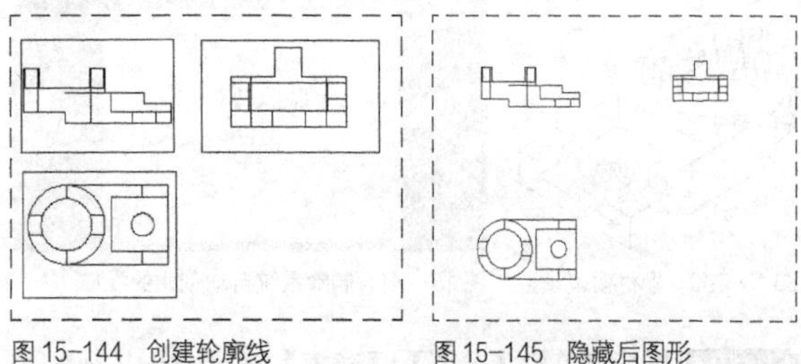

图 15-144　创建轮廓线　　图 15-145　隐藏后图形

15.5.5 使用创建视图面板创建三视图

创建视图面板是位于布局选项卡中，该面板命令可以从模型空间中直接将三维实体的基础视图调用出来，然后可以根据主视图生成三视图、剖视图以及三维模型图，从而更快、更便捷地将三维实体转换为二维视图。需注意的是：在使用创建视图面板时，必须是在布局空间，如图 15-146 所示。

图 15-146　【创建视图】面板

练习 15-16 使用创建视图面板命令创建三视图

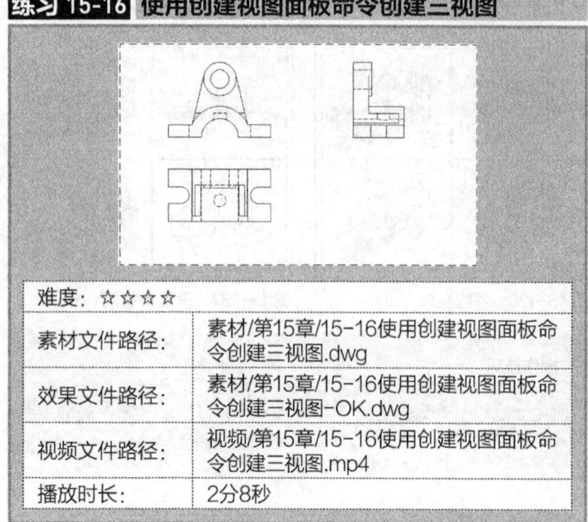

难度：☆☆☆☆	
素材文件路径：	素材/第15章/15-16使用创建视图面板命令创建三视图.dwg
效果文件路径：	素材/第15章/15-16使用创建视图面板命令创建三视图-OK.dwg
视频文件路径：	视频/第15章/15-16使用创建视图面板命令创建三视图.mp4
播放时长：	2分8秒

下面以一个简单的实体为例，介绍如何使用创建视图面板命令创建三视图，其具体步骤如下。

Step 01 打开素材文件“第15章/15-16使用创建视图面板命令创建三视图.dwg”，其中已创建好一个模型，如图15-147所示。

Step 02 在绘图区单击【布局1】标签，进入布局工作空间，选中系统自动创建的视口边线，按Delete键将其删除。

Step 03 单击【布局】选项卡中【创建视图】面板上的【基点】下拉菜单中的【从模型空间】按钮，根据命令行的提示，创建基础视图，如图15-148所示。

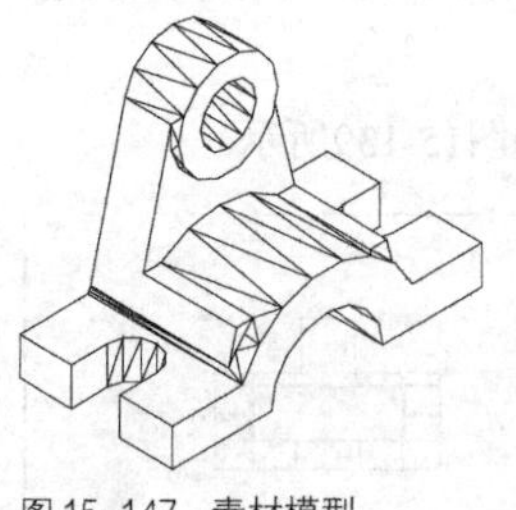

图 15-147　素材模型

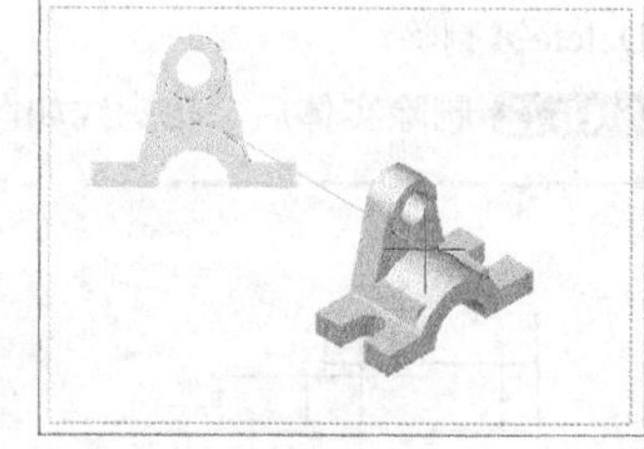

图 15-148　创建基础视图

Step 04 单击【投影】按钮，分别创建左视图和俯视图，如图15-149所示。

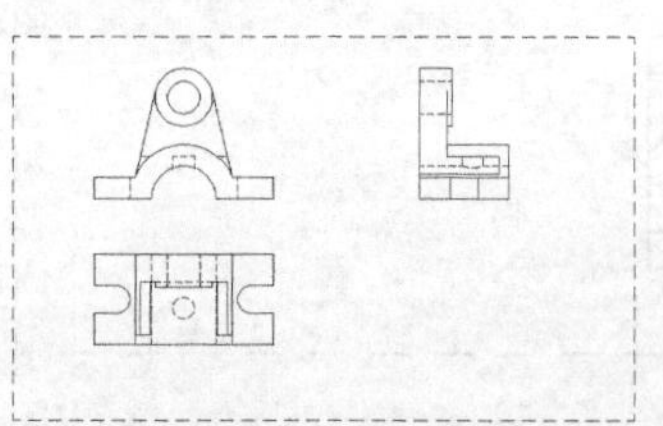

图 15-149　生成的三视图

15.5.6 三维实体创建剖视图 ★重点★

除了基本的三视图，使用 AutoCAD 2016 的【创建视图】面板和相关命令，还可以从三维模型轻松创建全剖、半剖、旋转剖和局部放大等二维视图。本节将通过 3 个具体的实例来进行讲解。

练习 15-17 创建全剖视图

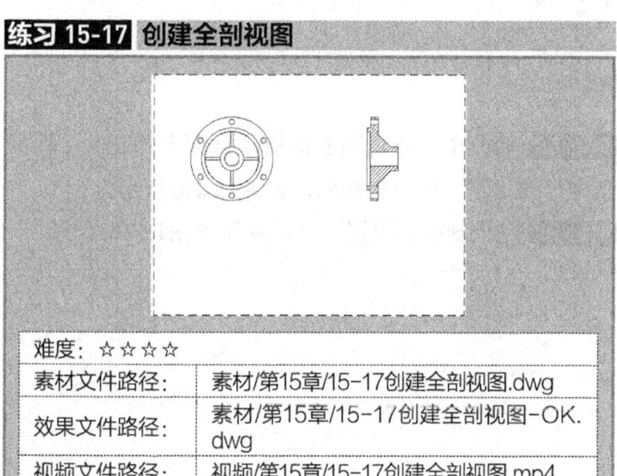

难度：☆☆☆☆	
素材文件路径：	素材/第15章/15-17创建全剖视图.dwg
效果文件路径：	素材/第15章/15-1/创建全剖视图-OK.dwg
视频文件路径：	视频/第15章/15-17创建全剖视图.mp4
播放时长：	5分31秒

与其他建模软件（如UG、Creo、Solidworks）类似，新版本的 AutoCAD 2016 在机械工程图的绘制上，也加入了很多快捷而实用的功能，比如快速创建剖面图等，因此本案例将使用该方法快速创建某零件的全剖视图，而不是像传统 AutoCAD 那样重新绘制。

Step 01 打开素材文件“第15章/15-17创建全剖视图.dwg”，其中已创建好一个模型，如图15-150所示。

Step 02 在绘图区单击【布局1】标签，进入布局空间，选中系统自动创建的视口，按Delete键将其删除，如图15-151所示。

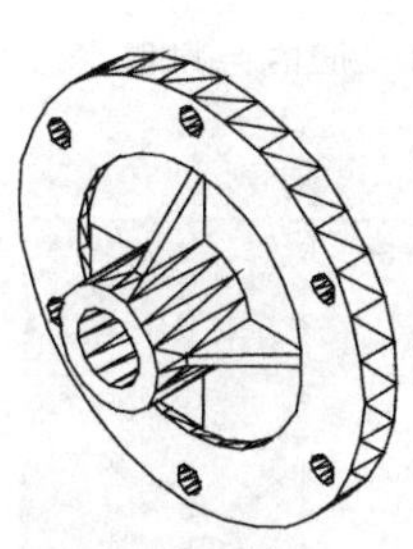

图 15-150 素材模型

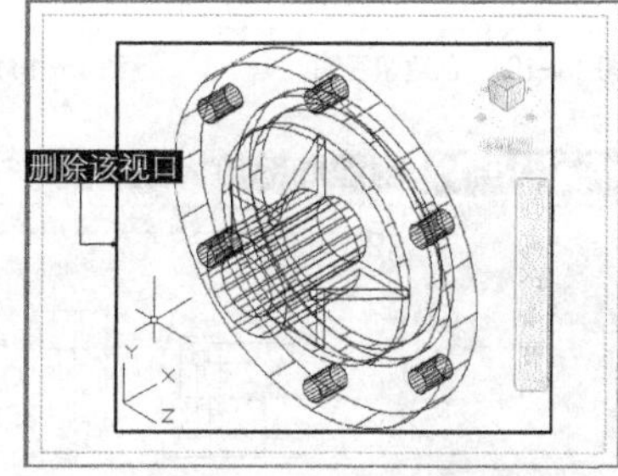

图 15-151 删除系统自动创建的视口

Step 03 在命令行中，输入“HPSCALE”命令，将剖面线的填充比例调小，使线的密度更大。命令行提示如下。

```
命令: HPSCALE
输入 HPSCALE 的新值 <1.0000>: 0.5↙
```

Step 04 执行【绘图】|【建模】|【设置】|【视图】命令，在布局空间中绘制主视图，如图15-152所示，命令行提示如下。

```
命令:SOLVIEW↙
输入选项 [UCS(U)/正交(O)/辅助(A)/截面(S)]:U↙
                              //激活UCS选项
输入选项 [命名(N)/世界(W)/?/当前(C)] <当前>:W↙
                              //激活世界选项
输入视图比例 <1>: 0.4↙          //设置打印输出比例
指定视图中心:                   //在视图布局左上角拾取适当一点
指定视图中心 <指定视口>:          //按Enter键确认
指定视口的第一个角点:
指定视口的对角点:               //分别指定视口两对象点，确定视口范围
输入视图名: 主视图               //输入视图名称
```

Step 05 执行【绘图】|【建模】|【设置】|【视图】命令，创建全剖视图，命令行提示如下。

```
命令: _solview
输入选项 [UCS(U)/正交(O)/辅助(A)/截面(S)]:S↙
                              //选择截面选项
指定剪切平面的第一个点:          //捕捉指定剪切平面的第一点
指定剪切平面的第二个点:          //捕捉指定剪切平面的第二点
指定要从哪侧查看:               //选择要查看剖面的方向
输入视图比例 <0.6109>:0.4↙
指定视图中心:
指定视图中心 <指定视口>:
指定视口的第一个角点:
指定视口的对角点:
输入视图名: 剖视图↙
              //输入视图的名称，创建的剖视图如图15-153所示
```

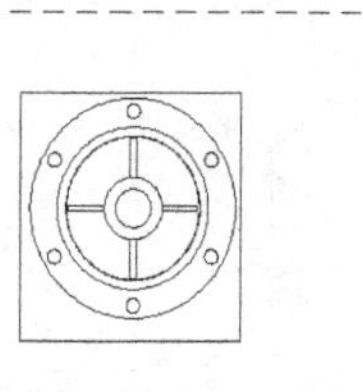

图 15-152 创建主视图

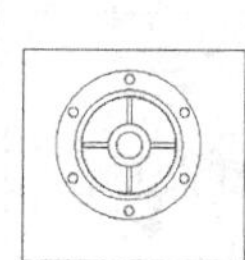
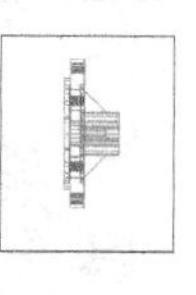

图 15-153 创建剖视图

Step 06 在命令行中输入“SOLDRAW”命令，将所绘制的两个视图图形转换成轮廓线，如图15-154所示。

Step 07 修改填充图案为ANSI31，隐藏视口线框图层，最终效果如图15-155所示。

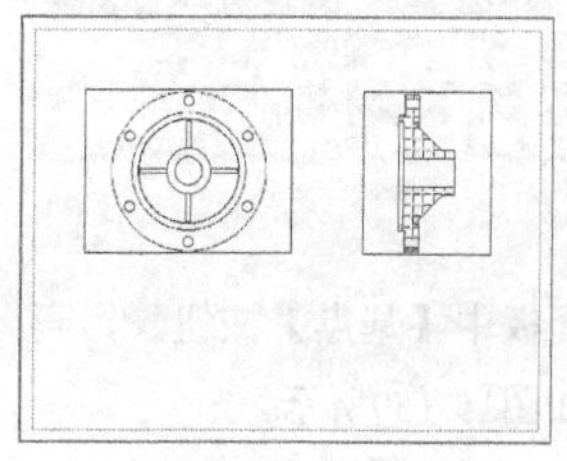

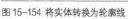

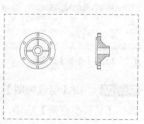

图 15-154 将实体转换为轮廓线

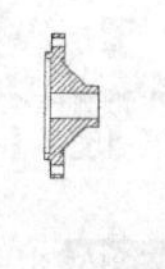

图 15-155 修改填充图案

练习 15-18 创建半剖视图

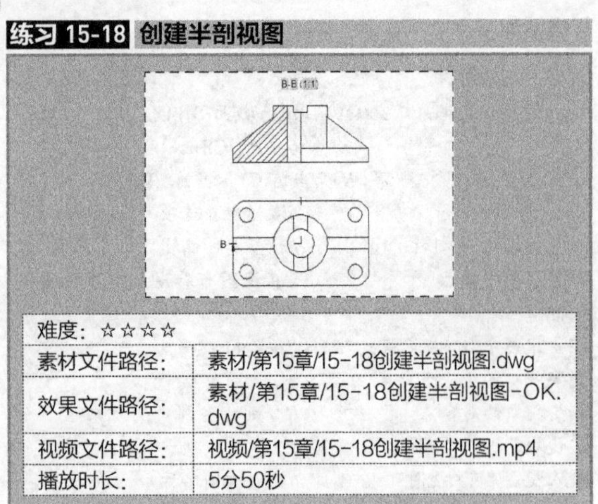

难度：☆☆☆☆	
素材文件路径：	素材/第15章/15-18创建半剖视图.dwg
效果文件路径：	素材/第15章/15-18创建半剖视图-OK.dwg
视频文件路径：	视频/第15章/15-18创建半剖视图.mp4
播放时长：	5分50秒

本节讲解使用创建视图面板创建半剖视图的方法，具体操作步骤如下。

Step 01 打开素材文件“第15章/15-18创建半剖视图.dwg”，其中已创建好一个模型，如图15-156所示。

Step 02 设置页面。在绘图区内单击【布局1】标签，进入布局空间，然后在【布局1】标签上单击鼠标右键，在弹出的快捷菜单中选择【页面设置管理器】选项，打开【页面设置管理器】对话框。

Step 03 在对话框中单击【修改】按钮，系统弹出【页面设置-布局1】对话框，选择图纸尺寸为“ISO A4（297.00 × 210.00mm）”，其他设置默认，单击【确定】按钮，系统返回到【页面设置管理器】对话框，单击【关闭】按钮，即可完成页面设置，如图15-157所示。

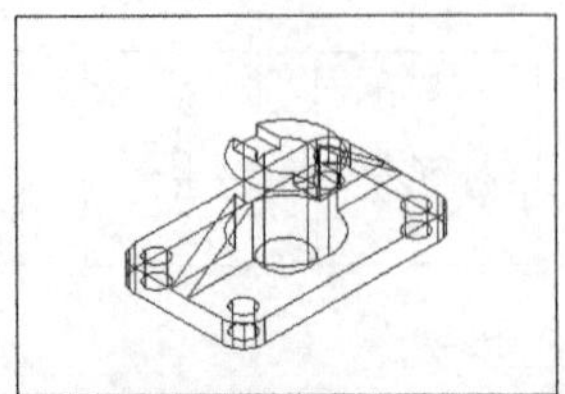

图 15-156 素材模型

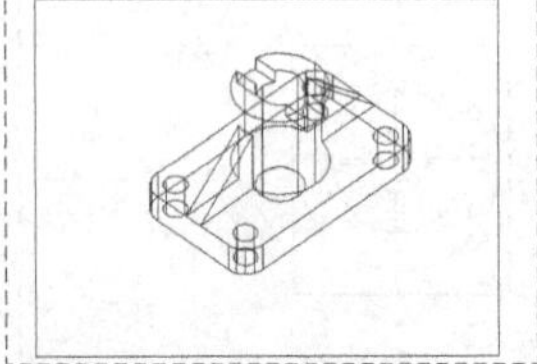

图 15-157 设置页面后效果

Step 04 在布局空间中，选择系统默认的布局视口边线，按Delete键将其删除。

Step 05 将工作空间切换为三维建模空间。单击【布局】选项卡标签，进入【布局】选项卡，如图15-158所示。

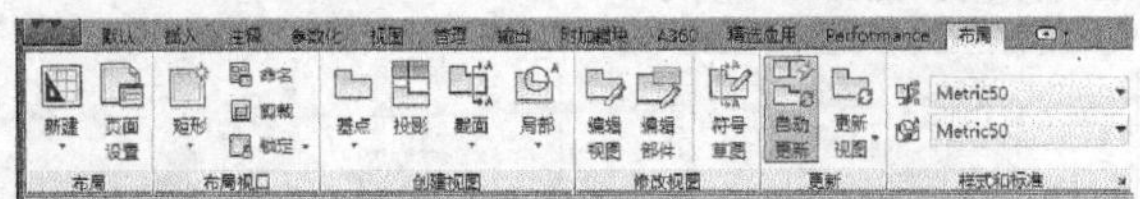

图 15-158 【布局】选项卡

Step 06 单击【创建视图】面板中【基点】按钮，再选择【从模型空间】选项，如图15-159所示。

Step 07 在布局空间内合适位置，指定基础视图的位置，创建主视图，如图15-160所示。

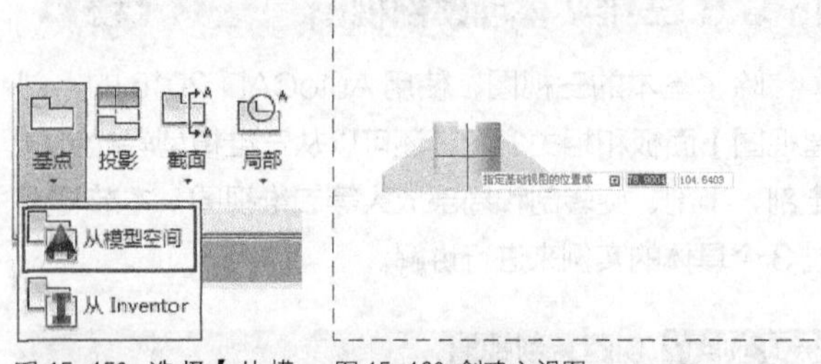

图 15-159 选择【从模型空间】选项　图 15-160 创建主视图

Step 08 单击【创建视图】面板【截面】按钮，根据命令行的提示，创建剖视图，如图15-161所示。

Step 09 完成剖视图设置，全剖视图如图15-162所示。

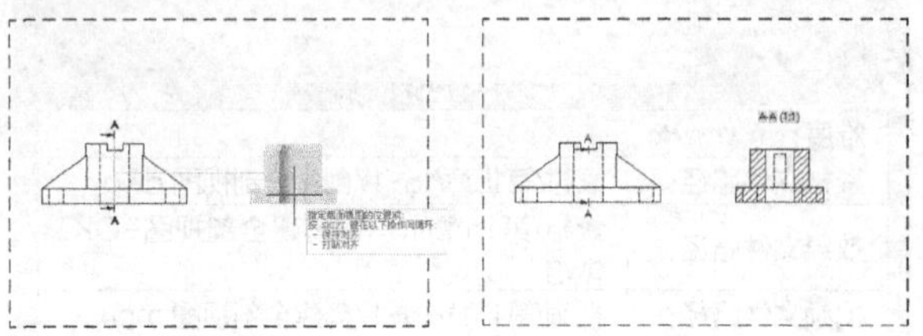

图 15-161 创建剖视图　图 15-162 创建的全剖视图

Step 10 单击状态栏上的【新建布局】按钮，新建【布局2】空间，在【布局2】中按相同方法，从模型空间中创建俯视图，如图15-163所示。

Step 11 单击【创建视图】面板中【截面】按钮，在其下拉菜单中选择【半剖】选项，根据命令行的提示创建半剖视图，如图15-164所示。

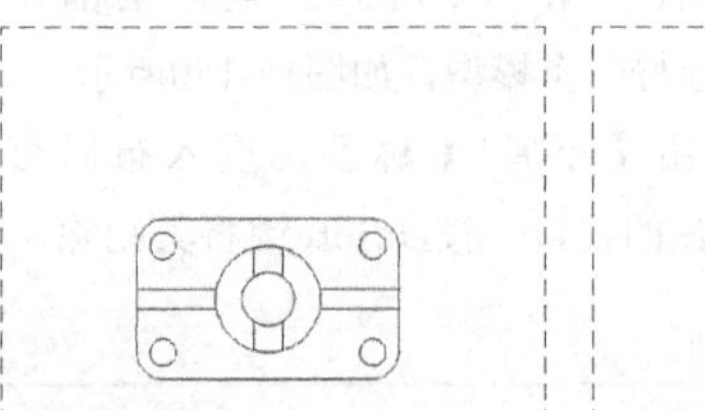

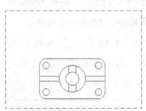

图 15-163 创建俯视图

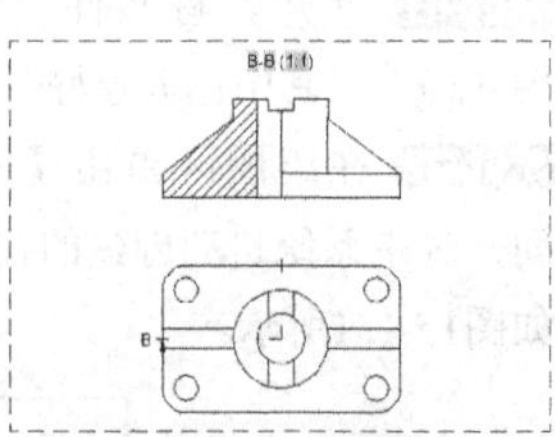

图 15-164 创建的半剖视图

练习 15-19 创建局部放大图

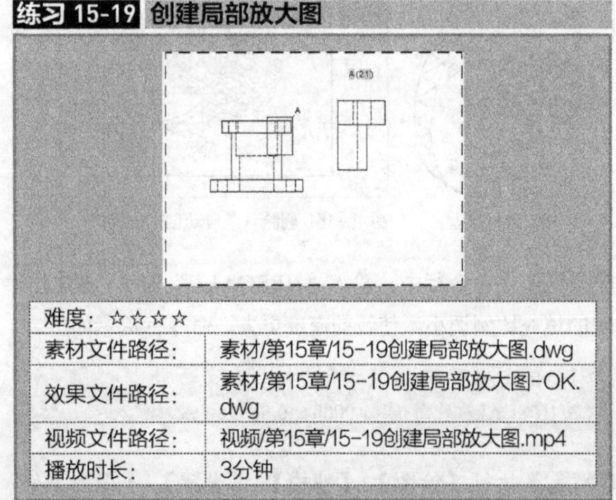

难度：☆☆☆☆	
素材文件路径：	素材/第15章/15-19创建局部放大图.dwg
效果文件路径：	素材/第15章/15-19创建局部放大图-OK.dwg
视频文件路径：	视频/第15章/15-19创建局部放大图.mp4
播放时长：	3分钟

本实例根据本章所学的知识，利用【创建视图面板】上的相关命令创建局部放大图，具体操作步骤如下。

Step 01 打开素材文件“第15章/15-19创建局部放大图.dwg”，其中已创建好一个模型，如图15-165所示。

Step 02 在绘图区单击【布局1】标签，进入布局空间。然后在【布局1】标签上单击鼠标右键，在弹出的快捷菜单中选择【页面设置管理器】选项，打开【页面设置管理器】对话框。

Step 03 单击对话框中的【修改】按钮，系统弹出【页面设置-布局1】对话框，设置图纸尺寸为“ISO A4（210.00 × 297.00mm）”，其他设置默认，单击【确定】按钮，系统返回【页面设置管理器】对话框，单击【关闭】按钮，即可完成页面设置。

Step 04 在布局空间中，选择系统自动生成的图形视口边线，按Delete键将其删除。

Step 05 将工作空间切换为三维建模空间。单击【布局】选项卡，即可看到布局空间的各工作按钮。

Step 06 单击【创建视图】面板中【基点】按钮，选择【从模型空间】选项，根据命令行的提示创建主视图，如图15-166所示。

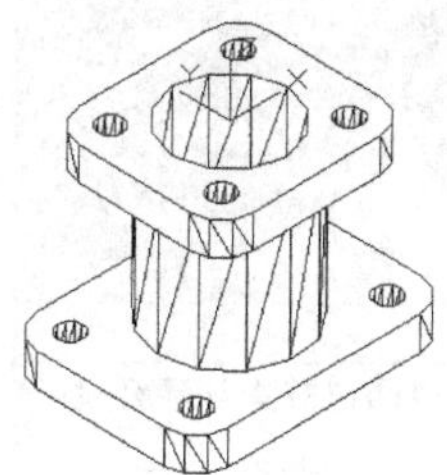

图 15-165 素材模型

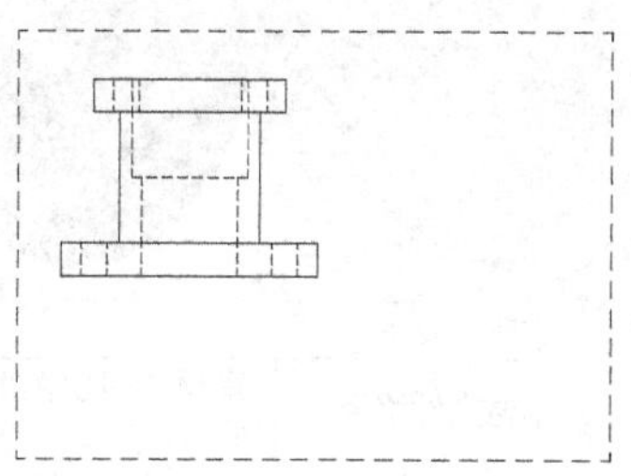

图 15-166 创建的主视图

Step 07 单击【创建视图】面板中【局部】按钮，在其下拉菜单中选择【圆形】选项，根据命令行的提示，创建阶梯剖视图，如图15-167所示。

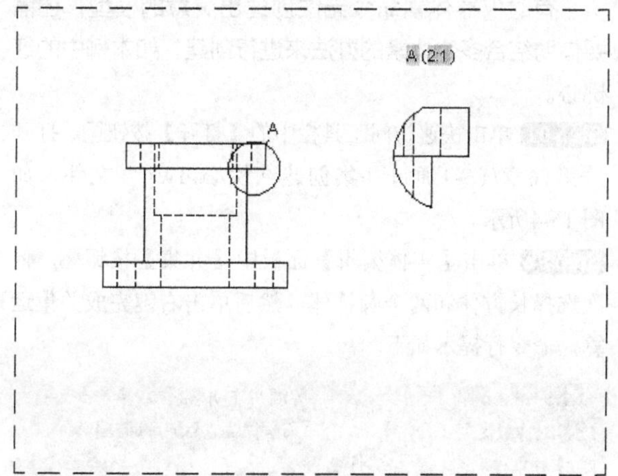

图 15-167 创建圆形的局部放大图

Step 08 单击【创建视图】面板中【局部】，在其下拉选择【矩形】选项，创建阶梯剖视图，如图15-168所示。

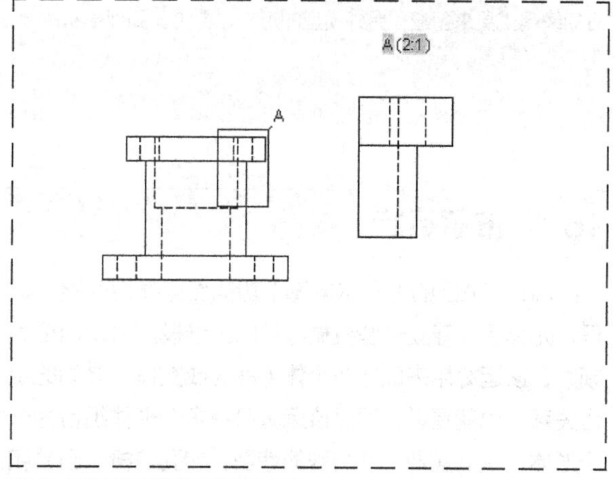

图 15-168 创建矩形的局部放大图

第16章 三维模型的编辑

在AutoCAD中，由基本的三维建模工具只能创建初步的模型的外观，模型的细节部分，如壳、孔、圆角等特征，需要由相应的编辑工具来创建。另外模型的尺寸、位置、局部形状的修改，也需要用到一些编辑工具。

16.1 布尔运算

AutoCAD的【布尔运算】功能贯穿建模的整个过程，尤其是在建立一些机械零件的三维模型时使用更为频繁，该运算用来确定多个体（曲面或实体）之间的组合关系，也就是说，通过该运算可将多个形体组合为一个形体，从而实现一些特殊的造型，如孔、槽、凸台和齿轮特征都是执行布尔运算组合而成的新特征。

与二维面域中的【布尔运算】一致，三维建模中【布尔运算】同样包括【并集】、【差集】以及【交集】三种运算方式。

16.1.1 并集运算

并集运算是将两个或两个以上的实体（或面域）对象组合成为一个新的组合对象。执行并集操作后，原来各实体相互重合的部分变为一体，使其成为无重合的实体。

·执行方式

在AutoCAD 2016中启动【并集】运算有如下几种常用方法。

◆功能区：在【常用】选项卡中，单击【实体编辑】面板中的【并集】工具按钮，如图16-1所示。

◆菜单栏：执行【修改】|【实体编辑】|【并集】命令，如图16-2所示。

◆命令行：输入“UNION”或“UNI”命令。

图16-1【实体编辑】面板中的【并集】按钮

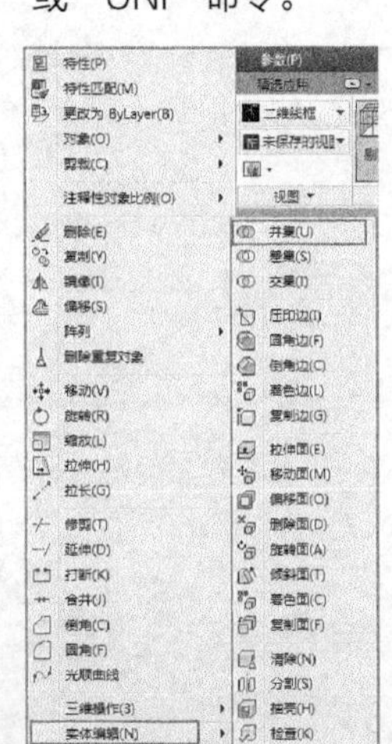

图16-2【并集】菜单命令

·操作步骤

执行上述任一命令后，在【绘图区】中选取所要合并的对象，按Enter键或者单击鼠标右键，即可执行合并操作，效果如图16-3所示。

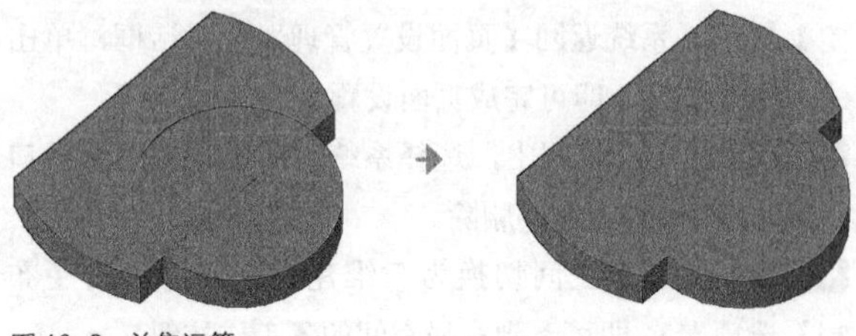

图16-3 并集运算

练习16-1 通过并集创建红桃心

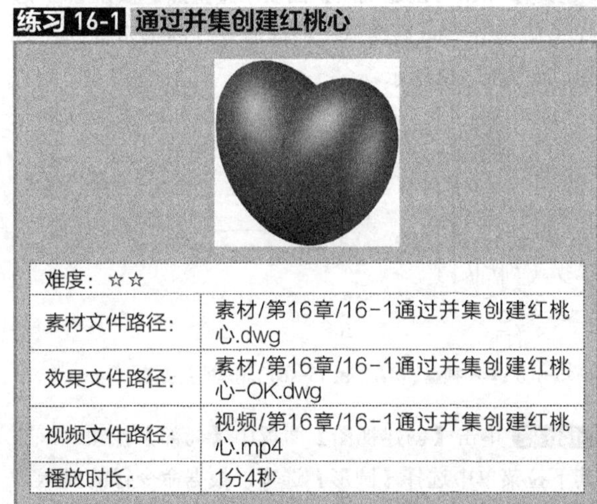

难度：☆☆	
素材文件路径：	素材/第16章/16-1通过并集创建红桃心.dwg
效果文件路径：	素材/第16章/16-1通过并集创建红桃心-OK.dwg
视频文件路径：	视频/第16章/16-1通过并集创建红桃心.mp4
播放时长：	1分4秒

有时仅靠体素命令无法创建出满意的模型，还需要借助结合多个体素的办法来进行创建，如本例中的红桃心。

Step 01 单击快速访问工具栏中的【打开】按钮，打开“第16章/16-1通过并集创建红桃心.dwg”文件，如图16-4所示。

Step 02 单击【实体编辑】面板中【并集】按钮，依次选择长方体和两个圆柱体，然后单击右键完成并集运算，命令行提示如下。

```
命令: _union                        //调用【并集】运算命令
选择对象: 找到 1 个                  //选中右边红色的椭圆体
选择对象: 找到 1 个，总计 2 个
                                    //选中左边绿色的椭圆体
选择对象:                           //单击鼠标右键完成命令
```

Step 03 通过以上操作即可完成并集运算，效果如图 16-5所示。

图 16-4 素材图样

图 16-5 并集运算

16.1.2 差集运算

差集运算就是将一个对象减去另一个对象从而形成新的组合对象。与并集操作不同的是，首先选取的对象则为被剪切对象，之后选取的对象则为剪切对象。

•执行方式

在 AutoCAD 2016 中进行【差集】运算有如下几种常用方法。

◆功能区：在【常用】选项卡中，单击【实体编辑】面板中的【差集】工具按钮，如图 16-6 所示。

◆菜单栏：执行【修改】|【实体编辑】|【差集】命令，如图 16-7 所示。

◆命令行：输入“SUBTRACT”或“SU”命令。

图16-6【实体编辑】面板中的【差集】按钮

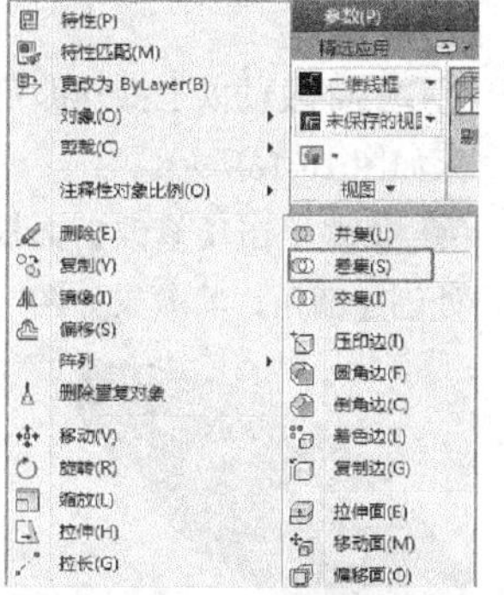

图 16-7【差集】菜单命令

•操作步骤

执行上述任一命令后，在【绘图区】中选取被剪切的对象，按 Enter 键或单击鼠标右键，然后选取要剪切的对象，按 Enter 键或单击鼠标右键即可执行差集操作，差集运算效果如图 16-8 所示。

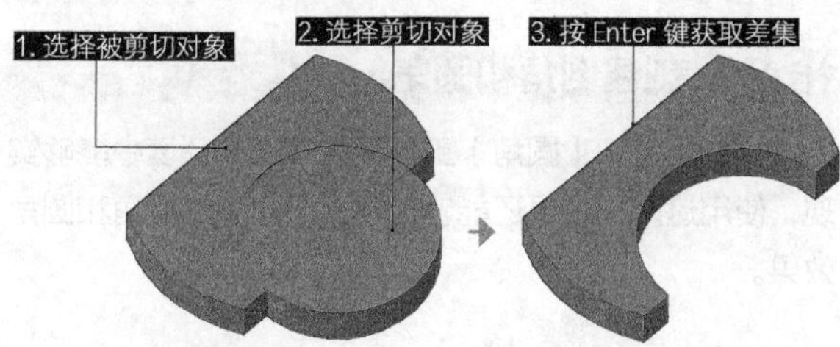

图 16-8 差集运算

> **操作技巧**
>
> 在执行差集运算时，如果第二个对象包含在第一个对象之内，则差集操作的结果是第一个对象减去第二个对象；如果第二个对象只有一部分包含在第一个对象之内，则差集操作的结果是第一个对象减去两个对象的公共部分。

练习 16-2 通过差集创建通孔

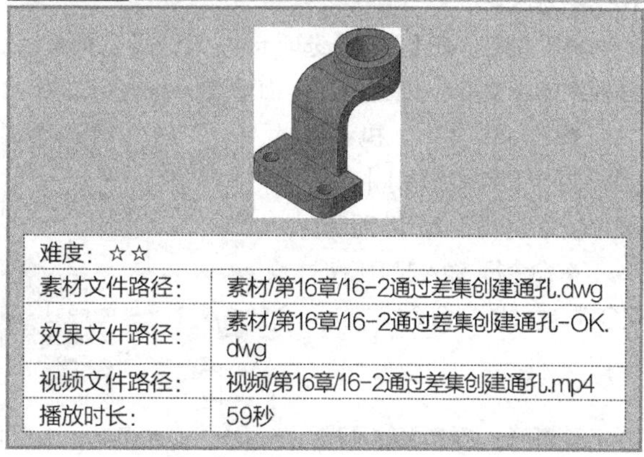

难度：☆☆	
素材文件路径：	素材/第16章/16-2通过差集创建通孔.dwg
效果文件路径：	素材/第16章/16-2通过差集创建通孔-OK.dwg
视频文件路径：	视频/第16章/16-2通过差集创建通孔.mp4
播放时长：	59秒

在机械零件中常有孔、洞等特征，如果要创建这样的三维模型，那在 AutoCAD 中就可以通过【差集】命令来进行。

Step 01 单击快速访问工具栏中的【打开】按钮，打开“第16章/16-2通过差集创建通孔.dwg”文件，如图 16-9所示。

Step 02 单击【实体编辑】面板【差集】按钮，选取大圆柱体为被剪切的对象，按Enter键或单击鼠标右键完成选择，然后选取与大圆柱相交的小圆柱体为要剪切的对象，按Enter键或单击鼠标右键即可执行差集操作，其命令行提示如下。

```
命令:_subtract 选择要从中减去的实体、曲面和面域...
                                //调用【差集】命令
选择对象：找到 1 个             //选择被剪切对象
选择要减去的实体、曲面和面域...
选择对象：找到 1 个             //选择要剪切对象
选择对象：                      //单击右键完成差集运算操作
```

Step 03 通过以上操作即可完成【差集】运算，其效果如图 16-10所示。

Step 04 重复以上操作，继续进行【差集】运算，完成图形绘制，其效果如图 16-11所示。

图 16-9 素材图样

图 16-10 初步差集运算结果

图 16-11 绘制结果图

16.1.3 交集运算

在三维建模过程中执行交集运算可获取两相交实体的公共部分，从而获得新的实体，该运算是差集运算的逆运算。

•执行方式

在 AutoCAD 2016 中进行【交集】运算有如下几种常用方法。

◆功能区：在【常用】选项卡中，单击【实体编辑】面板中的【交集】工具按钮，如图 16-12 所示。

◆菜单栏：执行【修改】|【实体编辑】|【交集】命令，如图 16-13 所示。

◆命令行：输入“INTERSECT”或“IN”命令。

图 16-12【实体编辑】面板中的【交集】按钮

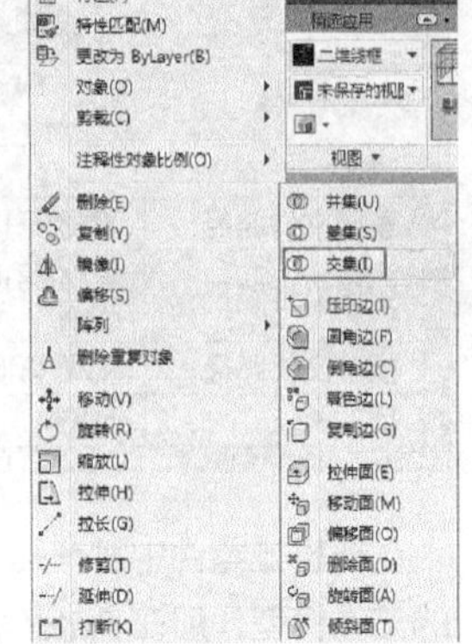

图 16-13【交集】菜单命令

•操作步骤

通过以上任意一种方法执行该命令，然后在【绘图区】选取具有公共部分的两个对象，按 Enter 键或单击鼠标右键即可执行相交操作，其运算效果如图 16-14 所示。

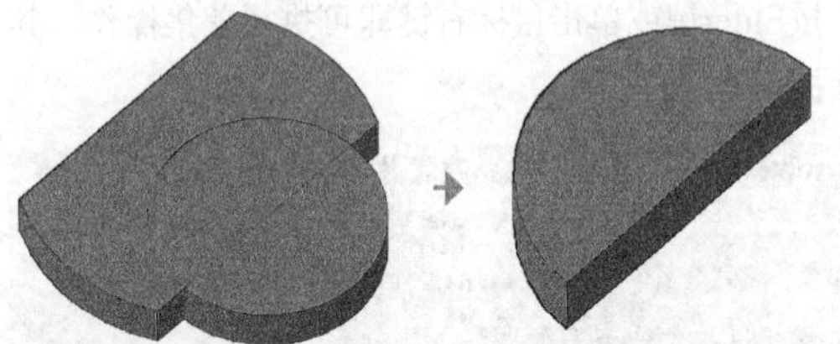

图 16-14 交集运算

练习 16-3 通过交集创建飞盘

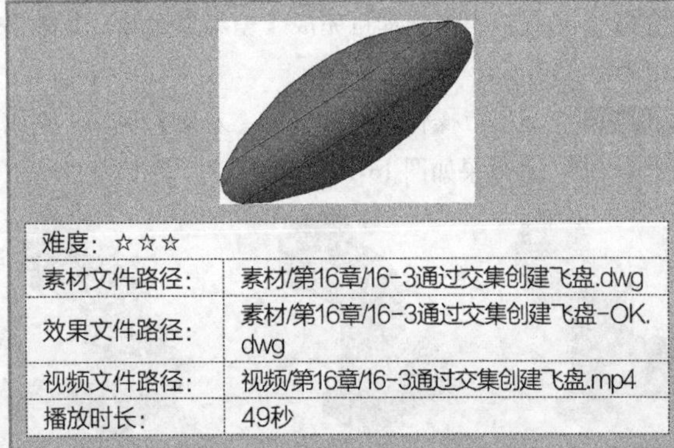

难度：☆☆☆	
素材文件路径：	素材/第16章/16-3通过交集创建飞盘.dwg
效果文件路径：	素材/第16章/16-3通过交集创建飞盘-OK.dwg
视频文件路径：	视频/第16章/16-3通过交集创建飞盘.mp4
播放时长：	49秒

与其他有技术含量的工作一样，建模也讲究技巧与方法，而不是单纯地掌握软件所提供的命令。本例的飞盘模型就是一个很典型的例子，如果不通过创建球体再取交集的方法，而是通过常规的建模手段来完成，则往往会事倍功半，劳而无获。

Step 01 单击快速访问工具栏中的【打开】按钮，打开“第16章/16-3通过交集创建飞盘.dwg”文件，如图 16-15所示。

Step 02 单击【实体编辑】面板上【交集】按钮，然后依次选取具有公共部分的两个球体，按Enter键或单击鼠标右键，执行相交操作。命令行提示如下。

```
命令: _intersect↙                //调用【交集】命令
选择对象: 找到 1 个               //选择一个球体
选择对象: 找到 1 个，总计 2 个
                                 //选择第二个球体
选择对象:                         //单击鼠标右键完成交集命令
```

图 16-15 素材图样　　图 16-16 交集结果

Step 03 通过以上操作即可完成交集运算的操作，其效果如图 16-16所示。

Step 04 单击【修改】面板上【圆角】按钮，在边线处创建圆角，其效果如图 16-17所示。

图 16-17 创建的飞盘模型

16.2 三维实体的编辑

在对三维实体进行编辑时，不仅可以对实体上单个表面和边线执行编辑操作，同时还可以对整个实体执行编辑操作。

16.2.1 创建倒角和圆角

【倒角】和【圆角】工具不仅在二维环境中能够实现，使用这两种工具还能够创建三维对象的倒角和圆角效果。

1 三维倒角

在三维建模过程中，创建倒角特征主要用于孔特征零件或轴类零件，为方便安装轴上其他零件，防止擦伤或者划伤其他零件和安装人员。

•执行方式

在 AutoCAD 2016 中调用【倒角】有如下几种常用方法。

◆功能区：在【实体】选项卡中，单击【实体编辑】面板【倒角边】工具按钮，如图 16-18 所示。

◆菜单栏：执行【修改】|【实体编辑】|【倒角边】命令，如图 16-19 所示。

◆命令行：输入“CHAMFEREDGE”命令。

图 16-18 【实体编辑】面板中的【倒角边】按钮

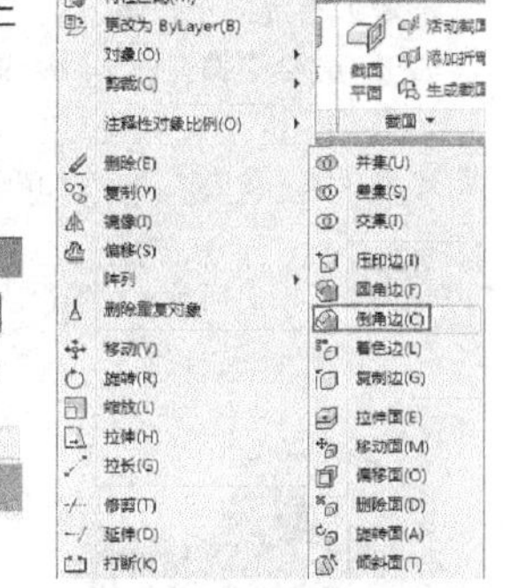

图 16-19 【倒角边】菜单命令

•操作步骤

执行上述任一命令后，根据命令行的提示，在【绘图区】选取绘制倒角所在的基面，按 Enter 键分别指定倒角距离，指定需要倒角的边线，按 Enter 键即可创建三维倒角，效果如图 16-20 所示。

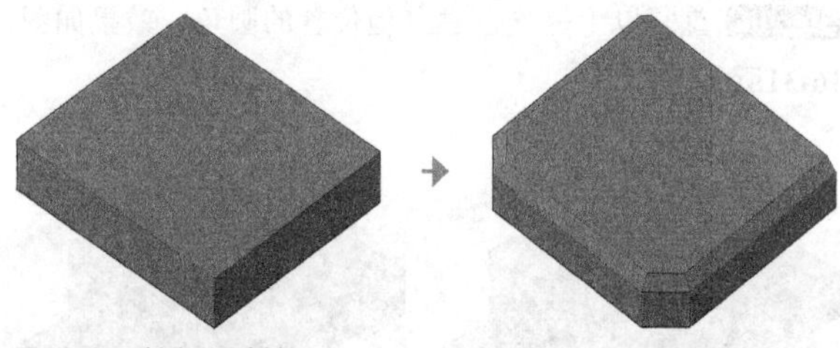

图 16-20 创建三维倒角

练习 16-4 对模型倒斜角

难度：☆☆☆	
素材文件路径：	素材/第16章/16-4对模型倒斜角.dwg
效果文件路径：	素材/第16章/16-4对模型倒斜角-OK.dwg
视频文件路径：	视频/第16章/16-4对模型倒斜角.mp4
播放时长：	1分46秒

三维模型的倒斜角操作相比于二维图形来说，要更为烦琐一些，在进行倒角边的选择时，可能选中目标显示得不明显，这是操作【倒角边】要注意的地方。

Step 01 单击快速访问工具栏中的【打开】按钮，打开“第16章/16-4对模型倒斜角.dwg”素材文件，如图 16-21所示。

Step 02 在【实体】选项卡中，单击【实体编辑】面板上【倒角边】按钮，选择如图 16-22所示的边线为倒角边，命令行提示如下。

```
命令: _CHAMFEREDGE          //调用【倒角边】命令
选择一条边或 [环(L)/距离(D)]:
                                //选择同一面上需要倒角的边
选择同一个面上的其他边或 [环(L)/距离(D)]:
选择同一个面上的其他边或 [环(L)/距离(D)]:
选择同一个面上的其他边或 [环(L)/距离(D)]:
按 Enter 键接受倒角或 [距离(D)]:d
                                //单击右键结束选择倒角边，
然后输入“d”设置倒角参数
指定基面倒角距离或 [表达式(E)] <1.0000>: 2
指定其他曲面倒角距离或 [表达式(E)] <1.0000>: 2
                                //输入倒角参数
按 Enter 键接受倒角或 [距离(D)]:
                                //按Enter键结束倒角边命令
```

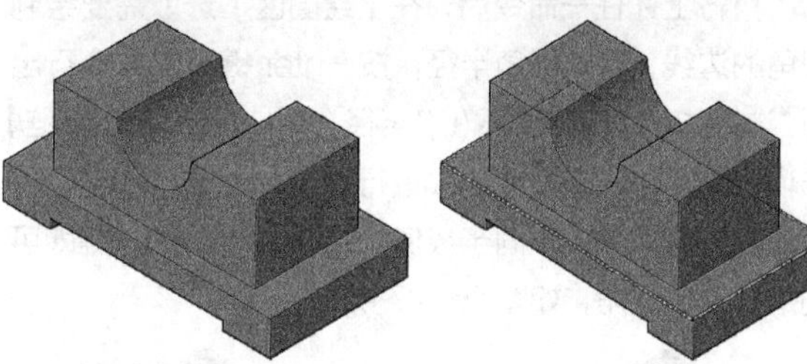

图 16-21 素材图样　　图 16-22 选择倒角边

Step 03 通过以上操作即可完成倒角边的操作，其效果如图 16-23所示。

Step 04 重复以上操作，继续完成其他边的倒角操作，如图 16-24所示。

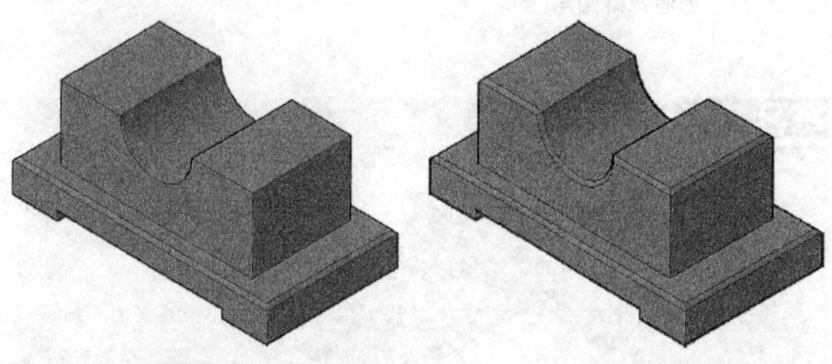

图 16-23 倒角效果　　图 16-24 完成所有边的倒角

2 三维圆角

在三维建模过程中，创建圆角特征主要用在回转零件的轴肩处，以防止轴肩应力集中，在长时间的运转中断裂。

·执行方式

在 AutoCAD 2016 中调用【圆角】有如下几种常用方法。

◆功能区：在【实体】选项卡中，单击【实体编辑】面板【圆角边】工具按钮，如图 16-25 所示。

◆菜单栏：执行【修改】|【实体编辑】|【圆角边】命令，如图 16-26 所示。

◆命令行：输入“FILLETEDGE”命令。

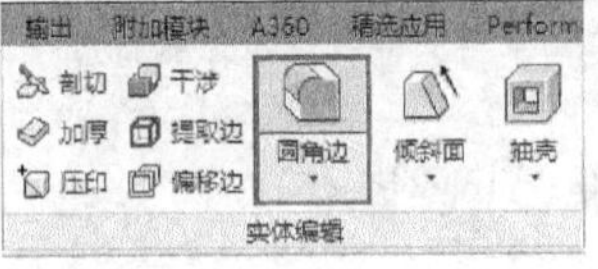

图 16-25　圆角边面板按钮

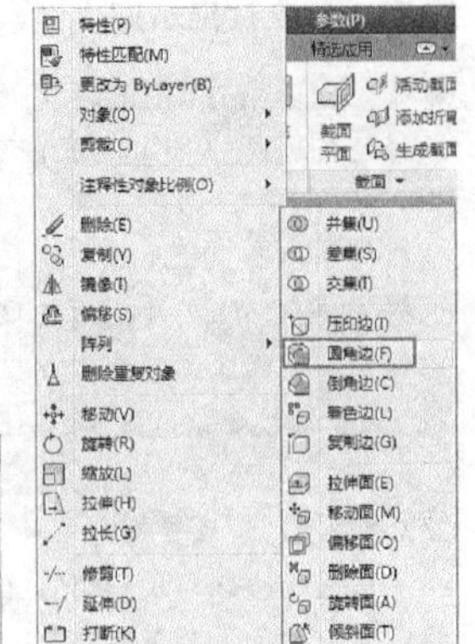

图 16-26　圆角边菜单命令

·操作步骤

执行上述任一命令后，在【绘图区】选取需要绘制圆角的边线，输入圆角半径，按 Enter 键，其命令行出现“选择边或 [链 (C)/ 环 (L)/ 半径 (R)]:”提示。选择【链】选项，则可以选择多个边线进行倒圆角；选择【半径】选项，则可以创建不同半径值的圆角，按 Enter 键即可创建三维倒圆角，如图 16-27 所示。

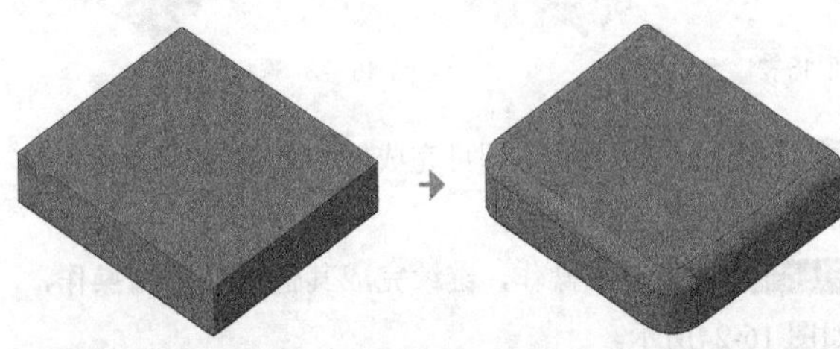

图 16-27　创建三维圆角

练习 16-5　对模型倒圆角

难度：☆☆	
素材文件路径：	素材/第16章/16-5对模型倒圆角.dwg
效果文件路径：	素材/第16章/16-5对模型倒圆角-OK.dwg
视频文件路径：	视频/第16章/16-5对模型倒圆角.mp4
播放时长：	1分6秒

Step 01 单击快速访问工具栏中的【打开】按钮，打开“第16章/16-5对模型倒圆角.dwg”文件，如图 16-28 所示。

Step 02 单击【实体编辑】面板上【圆角边】按钮，选择如图 16-29所示的边为要圆角的边，命令行提示如下。

```
命令: _FILLETEDGE                    //调用【圆角边】命令
半径 = 1.0000
选择边或 [链(C)/环(L)/半径(R)]:
                                     //选择要圆角的边
选择边或 [链(C)/环(L)/半径(R)]:
                                     //单击右键结束边选择
已选定 1 个边用于圆角
按 Enter 键接受圆角或 [半径(R)]:r↙
                                     //选择半径参数
指定半径或 [表达式(E)] <1.0000>: 5↙
                                     //输入半径值
按 Enter 键接受圆角或 [半径(R)]: ↙
                                     //按Enter键结束操作
```

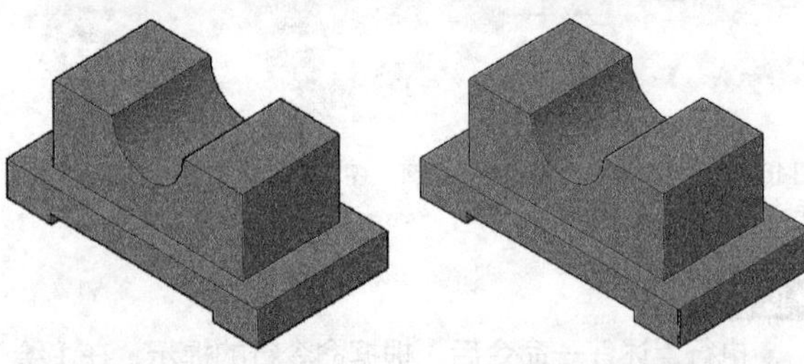

图 16-28　素材图样　　图 16-29　选择倒圆角边

Step 03 通过以上操作即可完成三维圆角的创建，其效果如图 16-30所示。

Step 04 重复以上操作创建其他位置的圆角，效果如图 16-31所示。

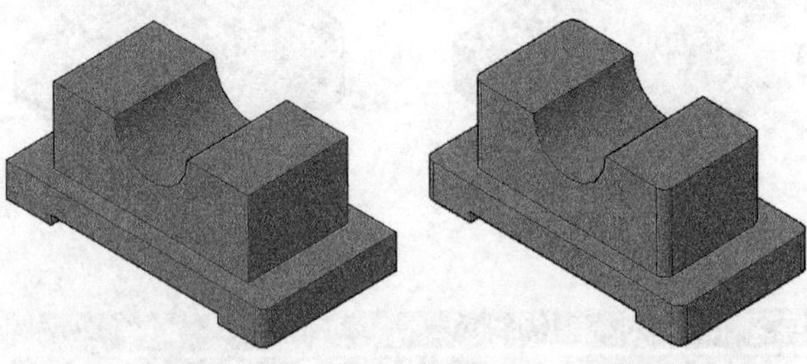

图 16-30　倒圆角效果　　图 16-31　完成所有边倒圆角

16.2.2 抽壳

通过执行抽壳操作可将实体以指定的厚度，形成一个空的薄层，同时还允许将某些指定面排除在壳外。指定正值从圆周外开始抽壳，指定负值从圆周内开始抽壳。

·执行方式

在 AutoCAD 2016 中调用【抽壳】有如下几种常

用方法。

◆功能区：在【实体】选项卡中，单击【实体编辑】面板【抽壳】工具按钮，如图 16-32 所示。

◆菜单栏：执行【修改】|【实体编辑】|【抽壳】命令，如图 16-33 所示。

◆命令行：输入“SOLI-DEDIT”命令。

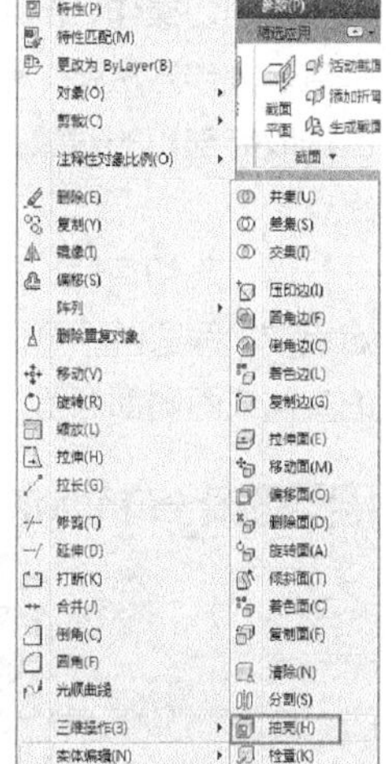

图 16-32【实体编辑】面板中的【抽壳】按钮　图 16-33【抽壳】菜单命令

·操作步骤

执行上述任一命令后，可根据设计需要保留所有面执行抽壳操作（即中空实体）或删除单个面执行抽壳操作，分别介绍如下。

删除抽壳面

该抽壳方式通过移除面形成内孔实体。执行【抽壳】命令，在绘图区选取待抽壳的实体，继续选取要删除的单个或多个表面并单击右键，输入抽壳偏移距离，按 Enter 键，即可完成抽壳操作，其效果如图 16-34 所示。

保留抽壳面

该抽壳方法与删除面抽壳操作不同之处在于：该抽壳方法是在选取抽壳对象后，直接按 Enter 键或单击鼠标右键，并不选取删除面，而是输入抽壳距离，从而形成中空的抽壳效果，如图 16-35 所示。

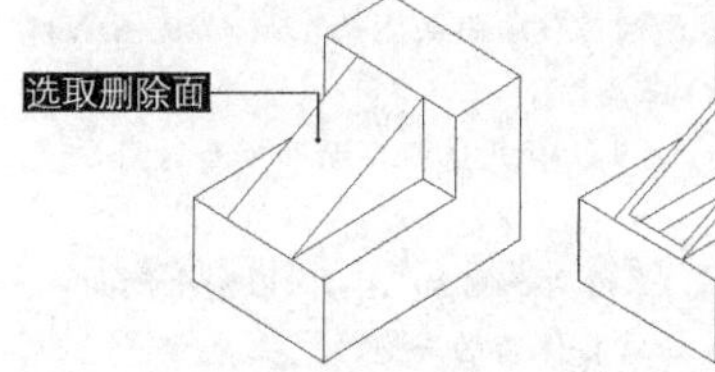

图 16-34　删除面执行抽壳操作

图 16-35　保留抽壳面

练习 16-6 绘制方槽壳体

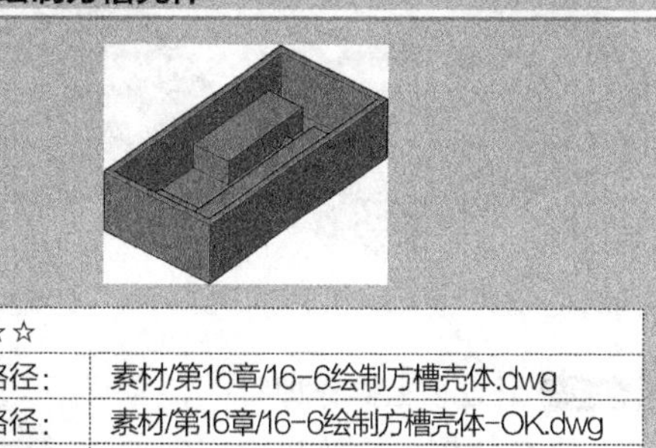

难度：☆☆☆	
素材文件路径：	素材/第16章/16-6绘制方槽壳体.dwg
效果文件路径：	素材/第16章/16-6绘制方槽壳体-OK.dwg
视频文件路径：	视频/第16章/16-6绘制方槽壳体.mp4
播放时长：	1分43秒

灵活使用【抽壳】命令，再配合其他简单的建模操作，同样可以创建出很多看似复杂、实则简单的模型。

Step 01 单击快速访问工具栏中的【打开】按钮，打开“第16章/16-6绘制方槽壳体.dwg”文件，如图 16-36 所示。

Step 02 单击【修改】面板上【三维旋转】按钮，将图形旋转180°，效果如图 16-37所示。

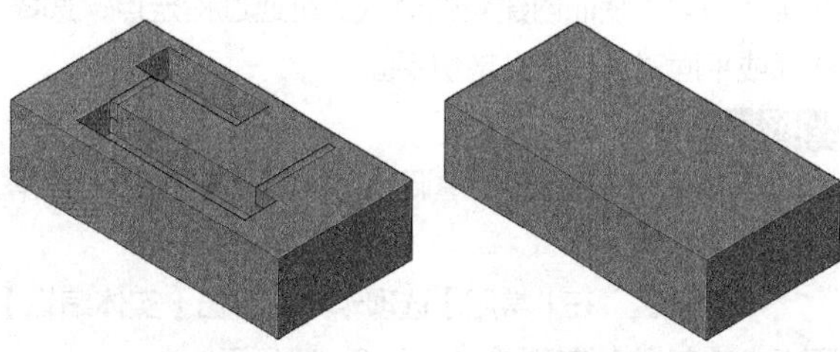

图 16-36　素材图样　　图 16-37　旋转实体

Step 03 单击【实体编辑】面板上【抽壳】按钮，选择如图 16-38所示的实体为抽壳对象，命令行提示如下。

```
命令: _solidedit↙      //调用【抽壳】命令
实体编辑自动检查: SOLIDCHECK=1
输入实体编辑选项 [面(F)/边(E)/体(B)/放弃(U)/退出(X)] <退出>: _body
输入体编辑选项
[压印(I)/分割实体(P)/抽壳(S)/清除(L)/检查(C)/放弃(U)/退出(X)] <退出>: _shell
选择三维实体:          //选择要抽壳的对象
删除面或 [放弃(U)/添加(A)/全部(ALL)]: 找到一个面, 已删除 1 个。          //选择要删除的面如图 16-39所示
删除面或 [放弃(U)/添加(A)/全部(ALL)]:
                        //单击右键结束选择
输入抽壳偏移距离: 2
                        //输入距离, 按Enter键, 执行操作
已开始实体校验
已完成实体校验
输入体编辑选项
[压印(I)/分割实体(P)/抽壳(S)/清除(L)/检查(C)/放弃(U)/退出(X)] <退出>: ↙
                        //按Enter键, 结束操作
```

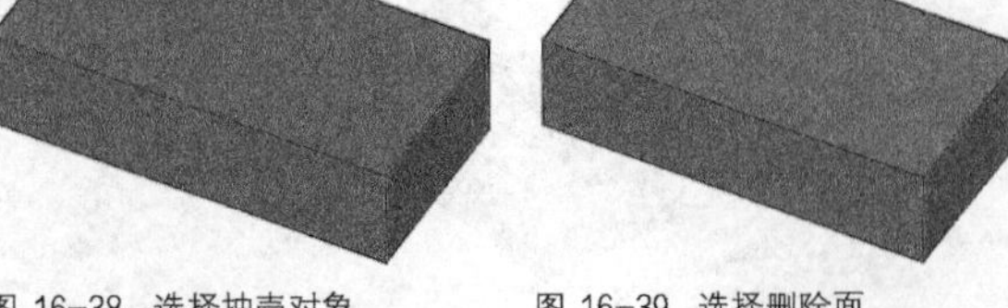

图 16-38 选择抽壳对象　　图 16-39 选择删除面

Step 04 通过以上操作即可完成抽壳操作，其效果如图16-40所示。

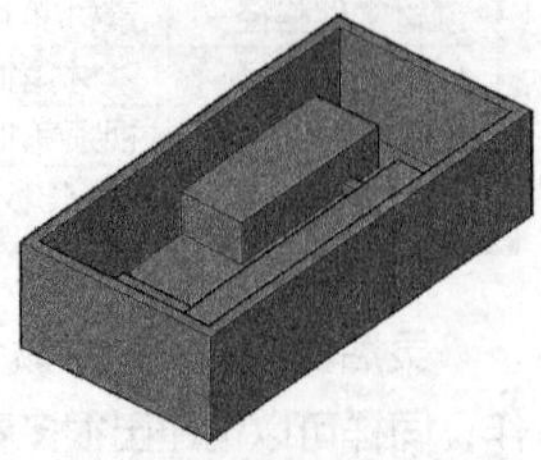

图 16-40 抽壳效果

16.2.3 剖切 ★重点★

在绘图过程中，为了表达实体内部的结构特征，可使用剖切工具假想一个与指定对象相交的平面或曲面将该实体剖切，从而创建新的对象。可通过指定点、选择曲面或平面对象来定义剖切平面。

·执行方式

在 AutoCAD 2016 中调用【剖切】有如下几种常用方法。

◆功能区：在【常用】选项卡中，单击【实体编辑】面板上【剖切】按钮，如图 16-41 所示。

◆菜单栏：执行【修改】|【三维操作】|【剖切】命令，如图 16-42 所示。

◆命令行：输入“SLICE”或“SL”命令。

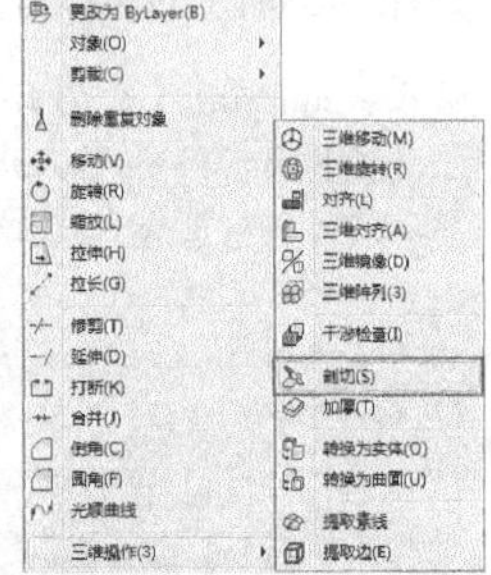

图 16-41【实体编辑】面板中的【剖切】按钮　　图 16-42【剖切】菜单命令

·操作步骤

通过以上任意一种方法执行该命令，然后选择要剖切的对象，接着按命令行提示定义剖切面，可以选择某个平面对象，例如，曲面、圆、椭圆、圆弧或椭圆弧、二维样条曲面和二维多段线，也可选择坐标系定义的平面，如 *XY*、*YZ*、*ZX* 平面。最后，可选择保留剖切实体的一侧或两侧都保留，即完成实体的剖切。

·选项说明

在剖切过程中，指定剖切面的方式包括：指定切面的起点或平面对象、曲面、*Z* 轴、视图、*XY*、*YZ*、*ZX* 或三点，现分别介绍如下。

◎ 指定切面起点

这是默认剖切方式，即通过指定剖切实体的两点来执行剖切操作，剖切平面将通过这两点并与 *XY* 平面垂直。操作方法是：单击【剖切】按钮，然后在绘图区选取待剖切的对象，接着分别指定剖切平面的起点和终点。

指定剖切点后，命令行提示：“在所需的侧面上指定点或 [保留两个侧面 (B)]：”，选择是否保留指定侧的实体或两侧都保留，按回车键即可执行剖切操作。

练习 16-7 指定切面两点剖切实体

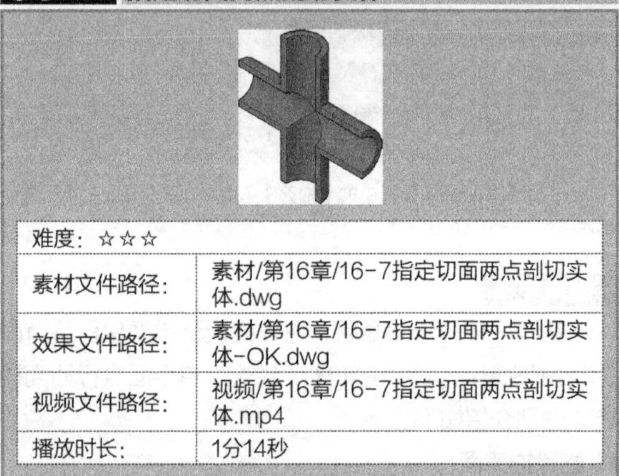

难度：☆☆☆	
素材文件路径：	素材/第16章/16-7指定切面两点剖切实体.dwg
效果文件路径：	素材/第16章/16-7指定切面两点剖切实体-OK.dwg
视频文件路径：	视频/第16章/16-7指定切面两点剖切实体.mp4
播放时长：	1分14秒

指定切面的两点进行剖切，是默认的剖切方法，同时也是使用最为便捷的方法。

Step 01 单击快速访问工具栏中的【打开】按钮，打开“第16章/16-7指定切面两点剖切实体.dwg”文件，如图16-43所示。

Step 02 单击【实体编辑】面板上【剖切】按钮，选择如图 16-44所示的实体为剖切对象，命令行提示如下。

```
命令: _slice↙                    //调用【剖切】命令
选择要剖切的对象: 找到 1 个      //选择剖切对象
选择要剖切的对象:                //单击鼠标右键结束选择
指定 切面 的起点或 [平面对象(O)/曲面(S)/Z 轴(Z)/视图(V)/XY(XY)/YZ(YZ)/ZX(ZX)/三点(3)] <三点>:
指定平面上的第二个点:            //依次选择顶面和侧面的圆心，如图 16-45所示
在所需的侧面上指定点或 [保留两个侧面(B)] <保留两个侧面>:
                                 //选择需要保留的一边
```

图 16-43 素材图样　　图 16-44 剖切对象

Step 03 通过以上方法即可完成剖切实体操作，效果如图 16-46所示。

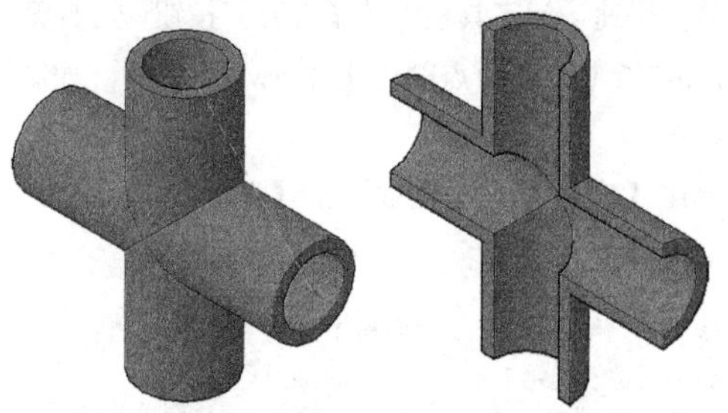

图 16-45 指定平面上两点　图 16-46 剖切效果

◎ 平面对象

该剖切方式利用曲线、圆、椭圆、圆弧或椭圆弧、二维样条曲线、二维多段线定义剖切平面，剖切平面与二维对象平面重合。

练习 16-8 平面对象剖切实体

难度：☆☆☆	
素材文件路径：	素材/第16章/16-7指定切面两点剖切实体.dwg
效果文件路径：	素材/第16章/16-8平面对象剖切实体-OK.dwg
视频文件路径：	视频/第16章/16-8平面对象剖切实体.mp4
播放时长：	3分9秒

通过绘制辅助平面的方法来进行剖切，是最为复杂的一种，但是功能也最为强大。对象除了是平面，还可以是曲面，因此能创建出任何所需的剖切图形。

Step 01 单击快速访问工具栏中的【打开】按钮，打开“第16章/16-7 指定切面两点剖切实体.dwg”文件，如图16-47所示。

Step 02 绘制如图 16-48所示的平面，为剖切的平面。

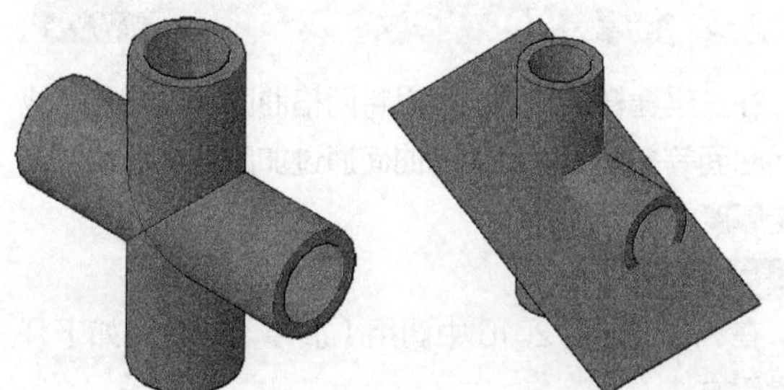

图 16-47 素材图样　图 16-48 绘制剖切平面

Step 03 单击【实体编辑】面板上【剖切】按钮，选择四通管实体为剖切对象，命令行提示如下。

```
命令: _slice                              //调用【剖切】命令
选择要剖切的对象: 找到 1 个              //选择剖切对象
选择要剖切的对象:                        //单击鼠标右键结束选择
指定 切面 的起点或 [平面对象(O)/曲面(S)/Z 轴(Z)/视图(V)/XY(XY)/YZ(YZ)/ZX(ZX)/三点(3)] <三点>:O
                                          //选择剖切方式
选择用于定义剖切平面的圆、椭圆、圆弧、二维样条线或二维多段线:         //单击选择平面
在所需的侧面上指定点或 [保留两个侧面(B)] <保留两个侧面>:               //选择需要保留的一侧
```

Step 04 通过以上操作即可完成实体的剖切，其效果如图 16-49所示。

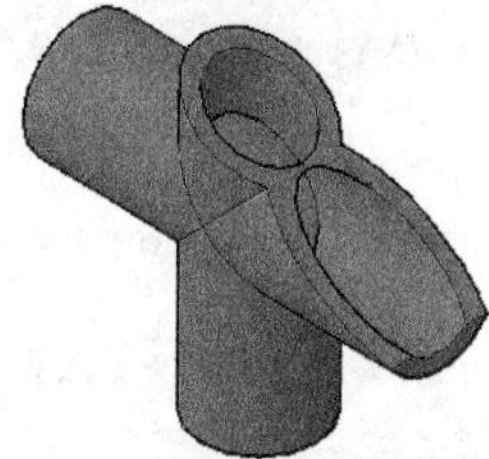

图 16-49 剖切结果

◎ 曲面

选择该剖切方式可利用曲面作为剖切平面，其方法是：选取待剖切的对象之后，在命令行中输入字母“S”，按回车键后选取曲面，并在零件上方任意捕捉一点，即可执行剖切操作。

◎ Z 轴

选择该剖切方式可指定 Z 轴方向的两点作为剖切平面，其方法是：选取待剖切的对象之后，在命令行中输入字母“Z”，按回车键后，直接在实体上指定两点，并在零件上方任意捕捉一点，即可完成剖切操作。

练习 16-9 Z 轴方式剖切实体

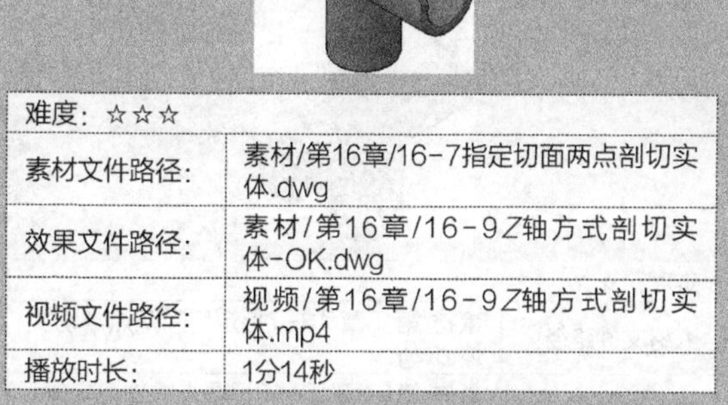

难度：☆☆☆	
素材文件路径：	素材/第16章/16-7指定切面两点剖切实体.dwg
效果文件路径：	素材/第16章/16-9Z轴方式剖切实体-OK.dwg
视频文件路径：	视频/第16章/16-9Z轴方式剖切实体.mp4
播放时长：	1分14秒

Z 轴和指定切面起点进行剖切的操作过程完全相同，同样都是指定两点，但结果却不同。指定 Z 轴指定的两点是剖切平面的 Z 轴，而指定切面起点所指定的两点直接就是剖切平面。初学的时候要注意两者的区别。

Step 01 单击快速访问工具栏中的【打开】按钮，打开“第16章/16-7指定切面两点剖切实体.dwg”文件，如图 16-50所示。

Step 02 单击【实体编辑】面板中的【剖切】按钮，选择四通管实体为剖切对象，命令行提示如下。

```
命令: _slice                        //调用【剖切】命令
选择要剖切的对象: <正交 开> 找到 1 个
                                    //选择剖切对象
选择要剖切的对象:                    //单击鼠标右键结束选择
指定 切面 的起点或 [平面对象(O)/曲面(S)/Z 轴(Z)/视图(V)/XY(XY)/YZ(YZ)/ZX(ZX)/三点(3)] <三点>:Z
                                    //选择Z轴方式剖切实体
指定剖面上的点:
指定平面 Z 轴 (法向) 上的点: //选择剖切面上的点，如图 16-51所示
在所需的侧面上指定点或 [保留两个侧面(B)] <保留两个侧面>:        //选择要保留的一侧
```

Step 03 通过以上操作即可完成剖切实体，效果如图 16-52所示。

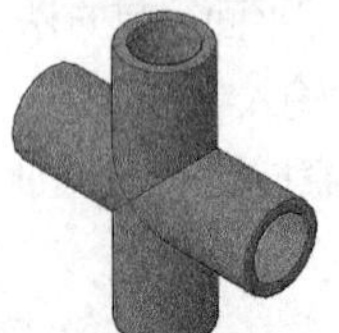
图 16-50 素材图样

图 16-51 选择剖切面上点

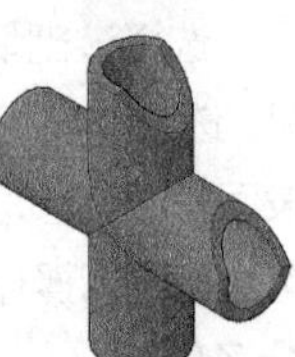
图 16-52 剖切后效果

◎ 视图

该剖切方式使剖切平面与当前视图平面平行，输入平面的通过点坐标，即完全定义剖切面。操作方法是：选取待剖切的对象之后，在命令行输入字母“V”，按回车键后指定三维坐标点或输入坐标数字，并在零件上方任意捕捉一点，即可执行剖切操作。

练习 16-10 视图方式剖切实体

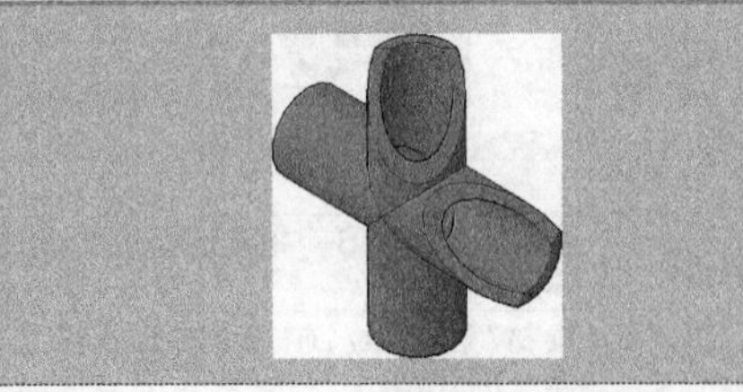

难度：☆☆	
素材文件路径：	素材/第16章/16-7指定切面两点剖切实体.dwg
效果文件路径：	素材/第16章/16-10视图方式剖切实体-OK.dwg
视频文件路径：	视频/第16章/16-10视图方式剖切实体.mp4
播放时长：	1分21秒

通过“视图”方法进行剖切同样是使用比较多的一种，该方法操作简便，使用快捷，只需指定一点，就可以根据电脑屏幕所在的平面对模型进行剖切。其缺点是：精确度不够，只适合用作演示、观察。

Step 01 单击快速访问工具栏中的【打开】按钮，打开“第16章/16-7指定切面两点剖切实体.dwg”文件，如图 16-53所示。

Step 02 单击【实体编辑】面板中的【剖切】按钮，选择四通管实体为剖切对象，命令行提示如下。

```
命令: _slice                        //调用【剖切】命令
选择要剖切的对象: 找到 1 个    //选择剖切对象
选择要剖切的对象:                  //单击鼠标右键结束选择
指定 切面 的起点或 [平面对象(O)/曲面(S)/Z 轴(Z)/视图(V)/XY(XY)/YZ(YZ)/ZX(ZX)/三点(3)] <三点>: V
                                  //选择剖切方式
指定当前视图平面上的点 <0,0,0>:
                                  //指定三维坐标，如图16-54所示
在所需的侧面上指定点或 [保留两个侧面(B)] <保留两个侧面>:
                    //选择要保留的一侧
```

Step 03 通过以上操作即可完成实体的剖切操作，其效果如图 16-55所示。

图 16-53 素材图样

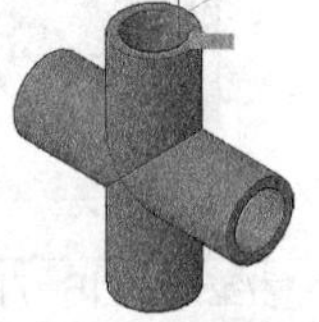
图 16-54 指定三维点

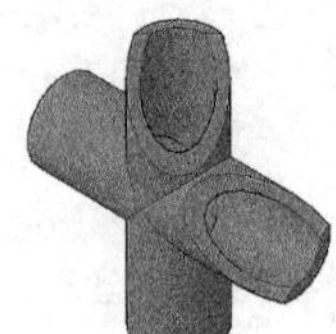
图 16-55 剖切后的效果

◎ *XY*、*YZ*、*ZX*

利用坐标系平面 *XY*、*YZ*、*ZX* 同样能够作为剖切平面。其方法是：选取待剖切的对象之后，在命令行指定坐标系平面，按回车键后，指定该平面上一点，并在零件上方任意捕捉一点，即可执行剖切操作。

◎ 三点

在绘图区中捕捉三点，即利用这三个点组成的平面作为剖切平面。其方法是：选取待剖切对象之后，在命令行输入数字 3，按回车键后，直接在零件上捕捉三点，系统将自动根据这三点组成的平面执行剖切操作。

16.2.4 加厚 ★重点★

在三维建模环境中，可以将网格曲面、平面曲面或截面曲面等多种曲面类型的曲面通过加厚处理形成具有一定厚度的三维实体。

·执行方式

在 AutoCAD 2016 中调用【加厚】命令有如下几种常用方法。

◆功能区：在【实体】选项卡中，单击【实体编辑】面板【加厚】工具按钮，如图 16-56 所示。

◆菜单栏：执行【修改】|【三维操作】|【加厚】命令，如图 16-57 所示。

◆命令行：输入“THICKEN”命令。

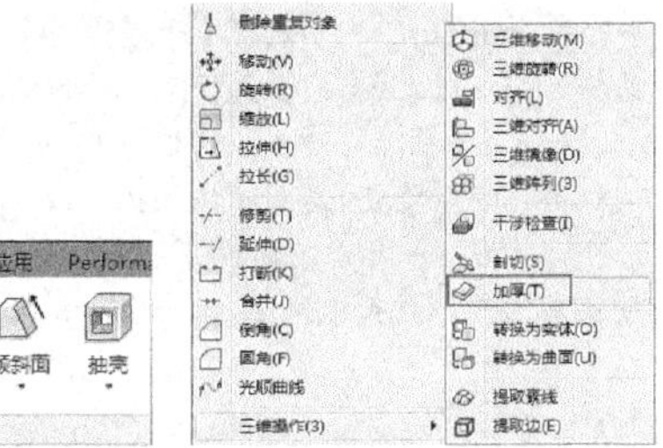

图 16-56【实体编辑】面板中的【加厚】按钮　　图 16-57【加厚】菜单命令

·操作步骤

执行上述任一命令后即可进入【加厚】模式，直接在【绘图区】选择要加厚的曲面，然后单击右键或按 Enter 键，在命令行中输入厚度值并按 Enter 键确认，即可完成加厚操作，如图 16-58 所示。

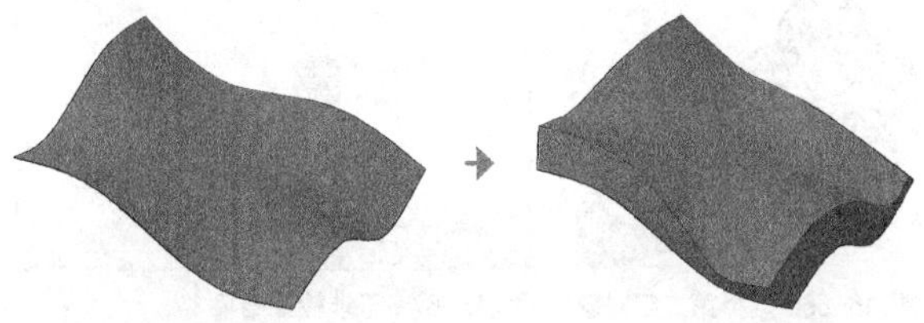

图 16-58　曲加厚

练习 16-11 加厚命令创建花瓶

难度：☆☆	
素材文件路径：	素材/第16章/16-11加厚命令创建花瓶.dwg
效果文件路径：	素材/第16章/16-11加厚命令创建花瓶-OK.dwg
视频文件路径：	视频/第16章/16-11加厚命令创建花瓶.mp4
播放时长：	48秒

Step 01 单击快速访问工具栏中的【打开】按钮，打开配套光盘提供的“第16章/16-11加厚命令创建花瓶.dwg”素材文件。

Step 02 单击【实体】选项卡中【实体编辑】面板中的【加厚】按钮，选择素材文件中的花瓶曲面，然后输入厚度值“1”即可，操作如图16-59所示。

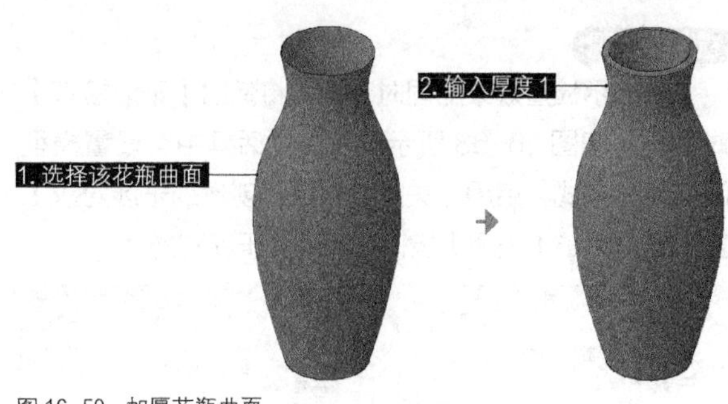

图 16-59　加厚花瓶曲面

16.2.5 干涉检查

在装配过程中，往往会出现模型与模型之间的干涉现象，因而在执行两个或多个模型装配时，需要通过干涉检查操作，以便及时调整模型的尺寸和相对位置，达到准确装配的效果。

·执行方式

在 AutoCAD 2015 中调用【干涉检查】有如下几种常用方法。

◆功能区：在【常用】选项卡中，单击【实体编辑】面板上【干涉】工具按钮，如图 16-60 所示。

◆菜单栏：执行【修改】|【三维操作】|【干涉检查】命令，如图 16-61 所示。

◆命令行：输入“INTERFERE”命令。

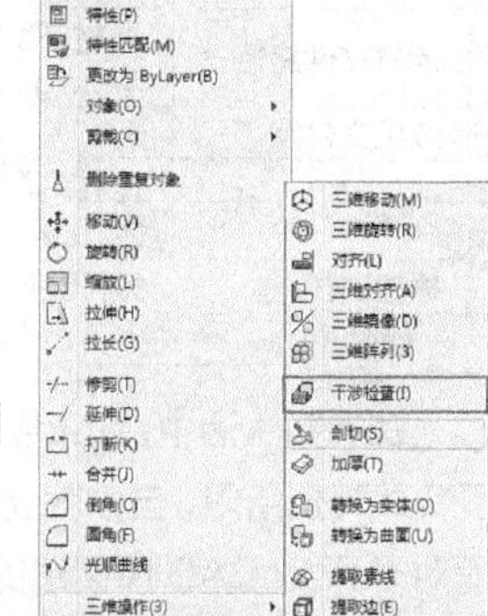

图 16-60【实体编辑】面板中的【干涉检查】按钮　　图 16-61【干涉检查】菜单命令

·操作步骤

通过以上任意一种方法执行该命令后，在绘图区选取执行干涉检查的实体模型，按回车键完成选择，接着选取执行干涉的另一个模型，按回车键即可查看干涉检查效果，如图 16-62 所示。

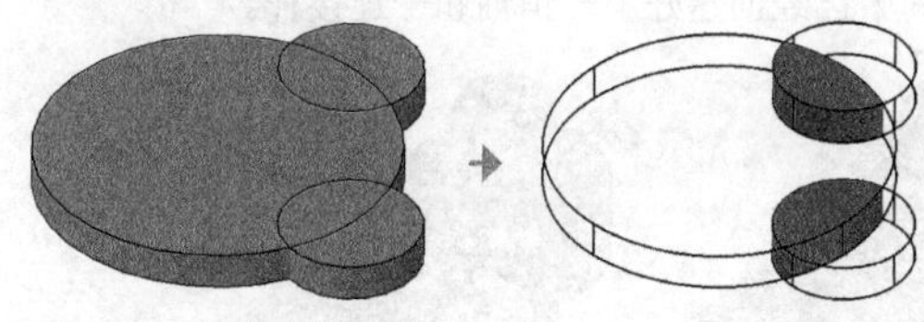

图 16-62　干涉检查

·选项说明

在显示检查效果的同时，系统将弹出【干涉检查】对话框，如图 16-63 所示。在该对话框中可设置模型间的亮显方式，启用【关闭时删除已创建的干涉对象】复选框，单击【关闭】按钮即可删除干涉对象。

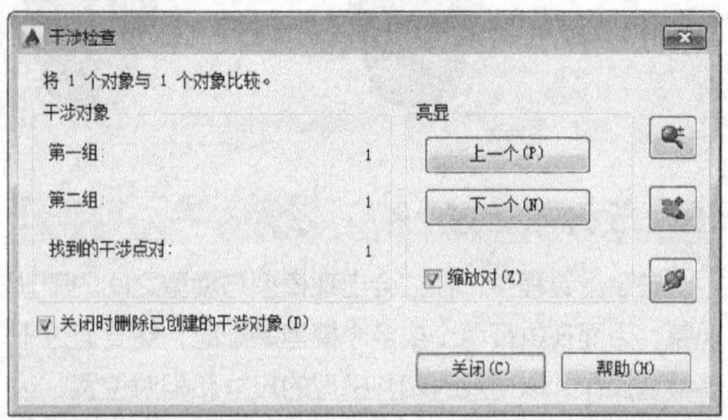

图 16-63 【干涉检查】对话框

练习 16-12 干涉检查装配体

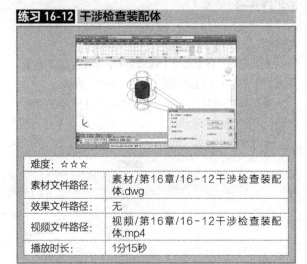

难度：☆☆☆	
素材文件路径：	素材/第16章/16-12干涉检查装配体.dwg
效果文件路径：	无
视频文件路径：	视频/第16章/16-12干涉检查装配体.mp4
播放时长：	1分15秒

在现实生活中，如果要对若干零部件进行组装的话，受实体外形所限，自然就会出现装得进、装不进的问题；而对于 AutoCAD 所创建的三维模型来说，就不会有这种情况，即便模型之间的关系已经违背常理，明显无法进行装配。这也是目前三维建模技术的一个局限性，要想得到更为真实的效果，只能借助其他软件所带的仿真功能。但在 AutoCAD 中，也可以通过【干涉检查】命令来判断两零件之间的配合关系。

Step 01 单击快速访问工具栏中的【打开】按钮，打开“第16章/16-12干涉检查装配体.dwg”文件，如图 16-64 所示。其中已经创建好了一销轴和一连接杆。

图 16-64 素材图样

图 16-65 选择第一组对象

Step 02 单击【实体编辑】面板上【干涉】按钮，选择如图 16-65所示的图形为第一组对象。命令行提示如下。

```
命令: _interfere        //调用【干涉检查】命令
选择第一组对象或 [嵌套选择(N)/设置(S)]: 找到 1 个
                        //选择销轴为第一组对象
选择第一组对象或 [嵌套选择(N)/设置(S)]:
                        //单击Enter键结束选择
选择第二组对象或 [嵌套选择(N)/检查第一组(K)] <检查>: 找
到 1 个                 //选择如图 16-66所示的连接杆为第二组
对象
选择第二组对象或 [嵌套选择(N)/检查第一组(K)] <检查>:
                        //单击Enter键弹出干涉检查效果
```

Step 03 通过以上操作，系统弹出【干涉检查】对话框，如图 16-67所示。红色亮显的地方即为超差部分，单击【关闭】按钮即可完成干涉检查。

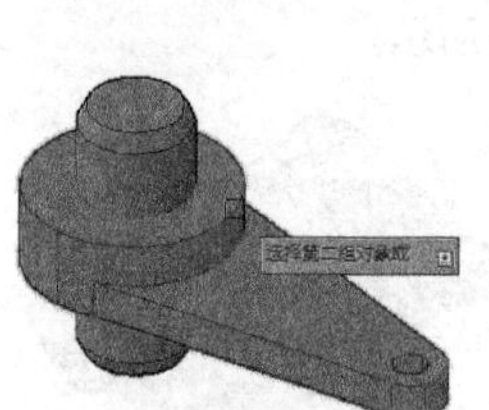

图 16-66 选择第二组对象

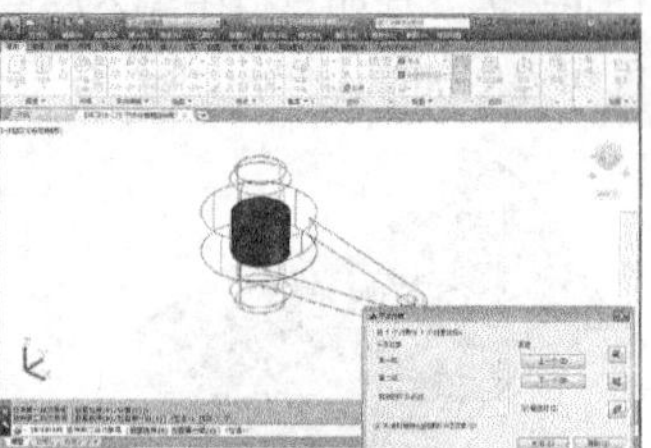

图 16-67 干涉检查结果

16.2.6 编辑实体历史记录

利用布尔操作创建组合实体之后，原实体就消失了，且新生成的特征位置完全固定，如果想再次修改就会变得十分困难，例如，利用差集在实体上创建孔，孔的大小和位置就只能用偏移面和移动面来修改。而将两个实体进行并集之后，其相对位置就不能再修改。AutoCAD 提供的实体历史记录功能，可以解决这一难题。

对实体历史记录编辑之前，必须保存该记录，方法是选中该实体，然后单击鼠标右键，在快捷菜单中查看实体特性，在【实体历史记录】选项组选择记录历史记录即可，如图 16-68 所示。

上述保存历史记录的方法需要逐个选择实体，然后设置特征，比较麻烦，适用于记录个别实体的历史记录。如果要在全局范围记录实体历史，在【实体】选项卡中，单击【图元】面板上【实体历史记录】按钮，命令行出现如下提示。

```
命令: _solidhist
输入 SOLIDHIST 的新值 <0>: 1
```

SOLIDHIST 的新值为 1 即记录实体历史，在此设置之后创建的所有实体均记录历史。

记录实体历史记录之后，对实体进行布尔操作，系统会保存实体的初始几何形状信息，如果在如图 16-68 所示的面板中设置了显示历史记录，实体的历史记录将以线框的样式显示，如图 16-69 所示。

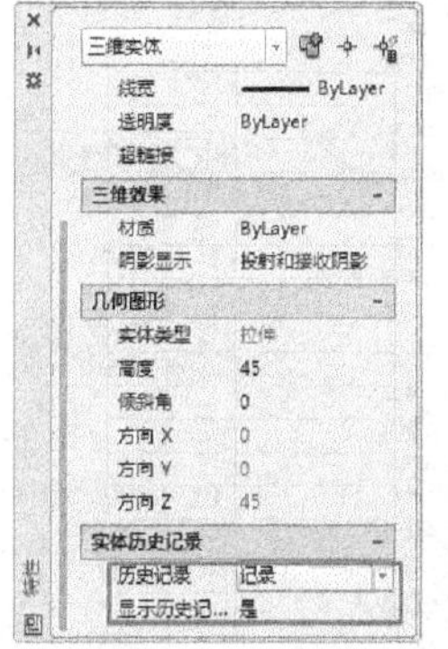

图 16-68 设置实体历史记录

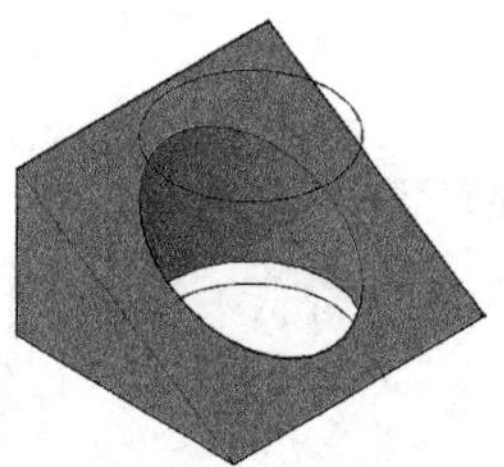

图 16-69 实体历史记录的显示

对实体的历史记录进行编辑，即可修改布尔运算的结果。在编辑之前需要选择某一历史记录对象，方法是按住 Ctrl 键，选择要修改的实体记录。图 16-70 所示是选中楔体的效果，图 16-71 所示是选中圆柱体的效果。可以看到，被选中的历史记录呈蓝色高亮显示，且出现夹点显示，编辑这些夹点，修改布尔运算的结果如图 16-72 所示。除了编辑夹点，实体的历史记录还可以被移动和旋转，得到多种多样的编辑效果。

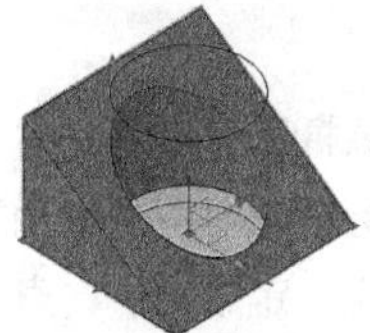

图 16-70 选择楔体的历史记录

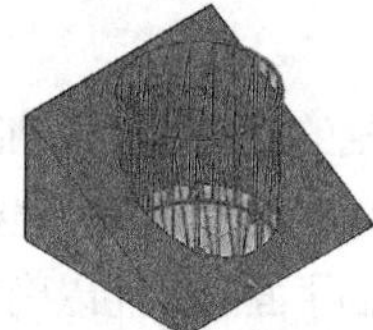

图 16-71 选择圆柱体的历史记录

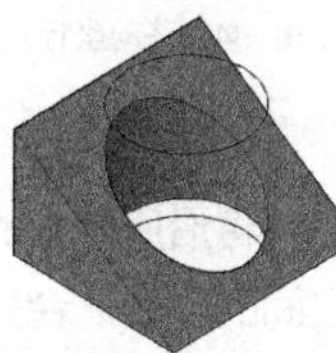

图 16-72 编辑历史记录之后的效果

练习 16-13 修改联轴器

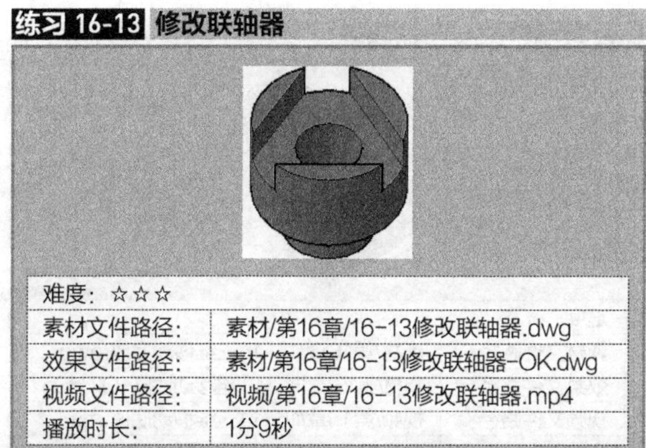

难度：☆☆☆

素材文件路径：	素材/第16章/16-13修改联轴器.dwg
效果文件路径：	素材/第16章/16-13修改联轴器-OK.dwg
视频文件路径：	视频/第16章/16-13修改联轴器.mp4
播放时长：	1分9秒

在其他建模软件中，如 UG、Solidworks 等，在工作界面都会有"特征树"之类的组成部分，如图 16-73 所示。"特征树"中记录了模型创建过程中所用到的各种命令以及参数，因此，如果要对模型进行修改，就十分方便。而在 AutoCAD 中，虽然没有这样的"特征树"，但同样可以通过本节所学习的编辑实体历史记录来达到回溯修改的目的。

Step 01 打开素材"第16章/16-13修改联轴器.dwg"素材文件，如图16-74所示。

图 16-73 其他软件中的"特征树"

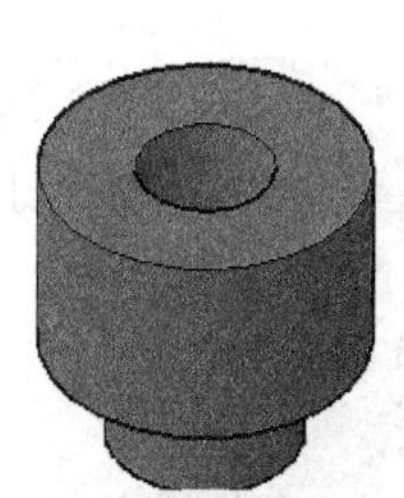

图 16-74 素材图形

Step 02 单击【坐标】面板上的【原点】按钮，然后捕捉到圆柱顶面的中心点，放置原点，如图16-75所示。

Step 03 单击绘图区左上角的视图快捷控件，将视图调整到俯视的方向，然后在*XY*平面内绘制一个矩形多段线轮廓，如图16-76所示。

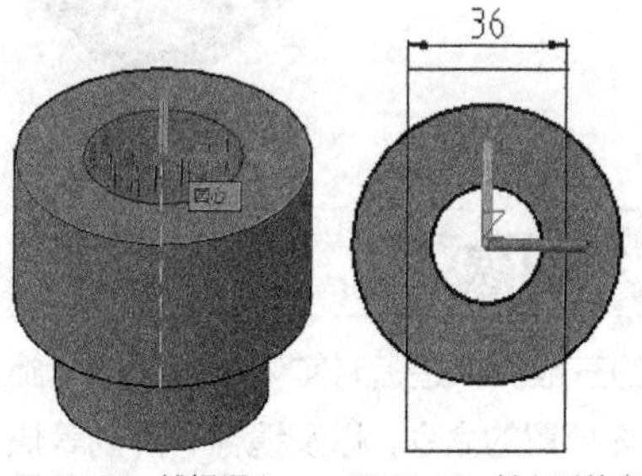

图 16-75 捕捉圆心　　图 16-76 长方形轮廓

Step 04 单击【建模】面板上的【拉伸】按钮，选择矩形多段线为拉伸的对象，拉伸方向向圆柱体内部，输入拉伸高度为14，创建的拉伸体如图 16-77所示。

Step 05 单击选中拉伸创建的长方体，然后单击右键，在快捷菜单中选择【特性】命令，弹出该实体的特性选项板，在选项板中，将【历史记录】修改为【记录】，并显示历史记录，如图 16-78所示。

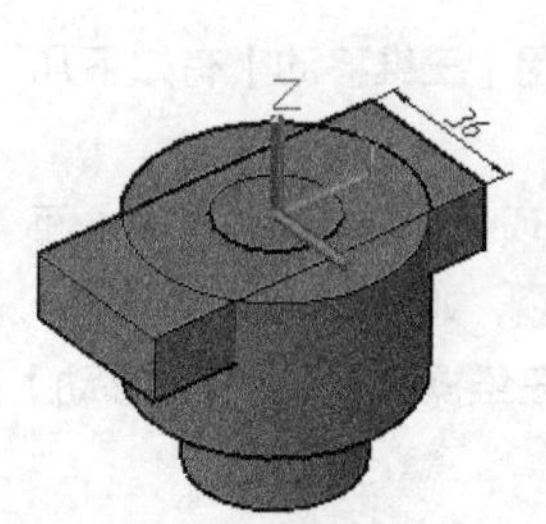

图 16-77 创建的长方体

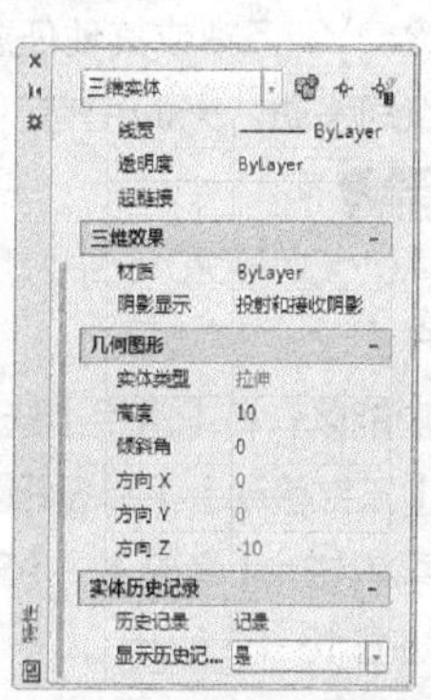

图 16-78 设置实体历史记录

Step 06 单击【实体编辑】面板中的【差集】按钮，从圆柱体中剪去长方体，结果如16-79所示，以线框显示的即为长方体的历史记录。

Step 07 按住Ctrl键，然后选择线框长方体，该历史记录呈夹点显示状态，将长方体两个顶点夹点合并，修改为三棱柱的形状，拖动夹点适当调整三角形形状，结果如图 16-80所示。

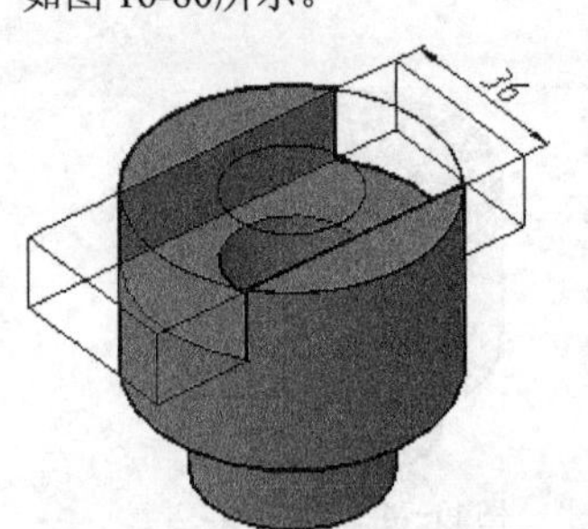

图 16-79 求差集的结果

图 16-80 编辑历史记录的结果

Step 08 选择圆柱体，用Step05的方法打开实体的特性选项板，将【显示历史记录】选项修改为【否】，隐藏历史记录，最终结果如图 16-81所示。

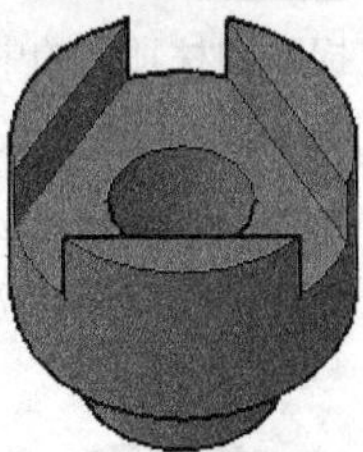

图 16-81 最终结果

16.3 操作三维对象

AutoCAD 中的三维操作是指对实体进行移动、旋转、对齐等改变实体位置的命令，以及镜像、阵列等快速创建相同实体的命令。这些三维操作在装配实体时使用频繁，例如，将螺栓装配到螺孔中，可能需要先将螺栓旋转到轴线与螺孔平行，然后通过移动将其定位到螺孔中，接着使用阵列操作，快速创建多个位置的螺栓。

16.3.1 三维移动

【三维移动】可以将实体按指定距离在空间中进行移动，以改变对象的位置。使用【三维移动】工具能将实体沿 *X*、*Y*、*Z* 轴或其他任意方向，以及直线、面或任意两点间移动，从而将其定位到空间的准确位置。

·执行方式

在 AutoCAD 2016 中调用【三维移动】有如下几种常用方法。

◆功能区：在【常用】选项卡中，单击【修改】面板上的【三维移动】工具按钮，如图 16-82 所示。

◆菜单栏：【修改】|【三维操作】|【三维移动】命令，如图 16-83 所示。

◆命令行：输入“3DMOVE”命令。

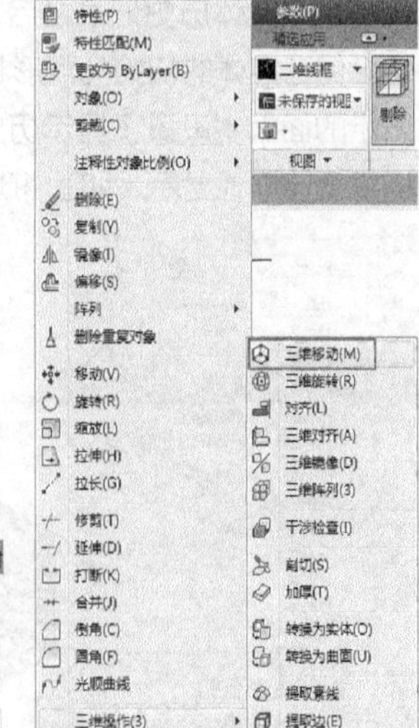

图 16-82【修改】面板中的【三维移动】按钮　　图 16-83【三维移动】菜单命令

·操作步骤

执行上述任一命令后，在【绘图区】选取要移动的对象，绘图区将显示坐标系图标，如图 16-84 所示。

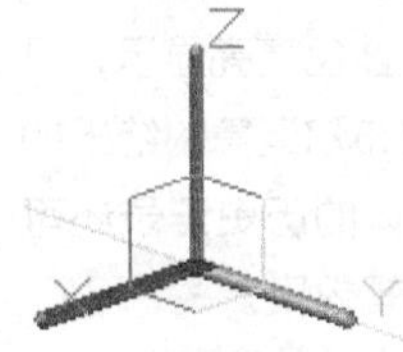

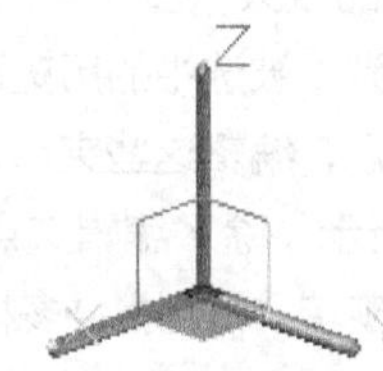

图 16-84 移动坐标系

单击选择坐标轴的某一轴，拖动鼠标所选定的实体对象将沿所约束的轴移动；若是将光标停留在两条轴柄之间的直线汇合处的平面上（用以确定一定平面），直至其变为黄色，然后选择该平面，拖动鼠标将移动约束到该平面上。

练习 16-14 三维移动底座

难度：☆☆	
素材文件路径：	素材/第16章/16-14三维移动底座.dwg
效果文件路径：	素材/第16章/16-14三维移动底座-OK.dwg
视频文件路径：	视频/第16章/16-14三维移动底座.mp4
播放时长：	1分3秒

除了【三维移动】，用户也可以通过二维环境下的【移动】（MOVE）命令来完成该操作。

Step 01 单击快速访问工具栏中的【打开】按钮，打开“第16章/16-14三维移动底座.dwg”文件，如图 16-85

所示。

Step 02 单击【修改】面板中【三维移动】按钮，选择要移动的底座实体，单击右键完成选择，然后在移动小控件上选择Z轴为约束方向，命令行提示如下。

```
命令: _3dmove                        //调用【三维移动】命令
选择对象: 找到 1 个                   //选中底座为要移动的对象
选择对象:                             //单击右键完成选择
指定基点或 [位移(D)] <位移>:
正在检查 666 个交点...
** MOVE **
指定移动点 或 [基点(B)/复制(C)/放弃(U)/退出(X)]: //将底座移动到合适位置，然后单击左键，结束操作
```

Step 03 通过以上操作即可完成三维移动的操作，其图形移动的效果如图 16-86所示。

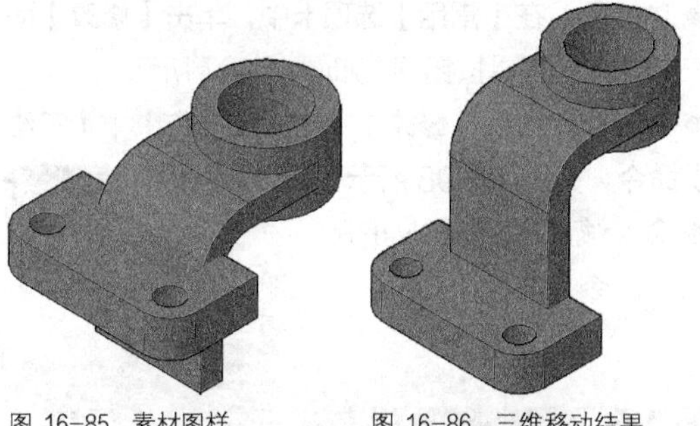

图 16-85　素材图样　　图 16-86　三维移动结果

16.3.2 三维旋转

利用【三维旋转】工具可将选取的三维对象和子对象，沿指定旋转轴（X 轴、Y 轴、Z 轴）进行自由旋转。

·执行方式

在 AutoCAD 2016 中调用【三维旋转】有如下几种常用方法。

◆功能区：在【常用】选项卡中，单击【修改】面板上的【三维旋转】工具按钮，如图 16-87 所示。

◆菜单栏：执行【修改】|【三维操作】|【三维旋转】命令，如图 16-88 所示。

◆命令行：输入“3DROTATE”命令。

图 16-87 【修改】面板中的【三维旋转】按钮

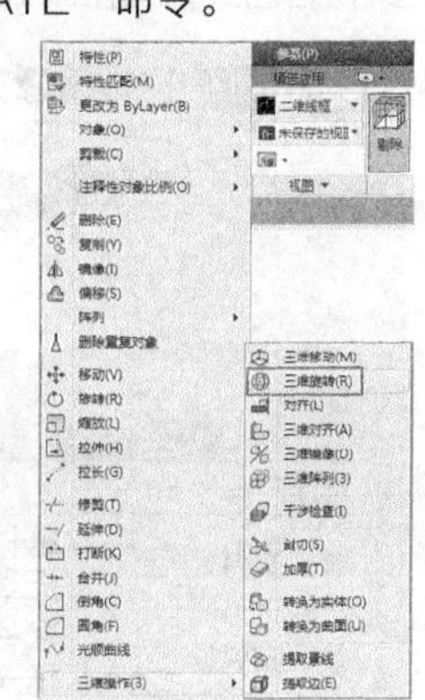

图 16-88【三维旋转】菜单命令

·操作步骤

执行上述任一命令后，即可进入【三维旋转】模式，在【绘图区】选取需要旋转的对象，此时绘图区出现 3 个圆环（红色代表X轴、绿色代表Y轴、蓝色代表Z轴），然后在绘图区指定一点为旋转基点，如图 16-89 所示。指定完旋转基点后，选择夹点工具上圆环用以确定旋转轴，接着直接输入角度进行实体的旋转，或选择屏幕上的任意位置用以确定旋转基点，在输入角度值后即可获得实体三维旋转效果。

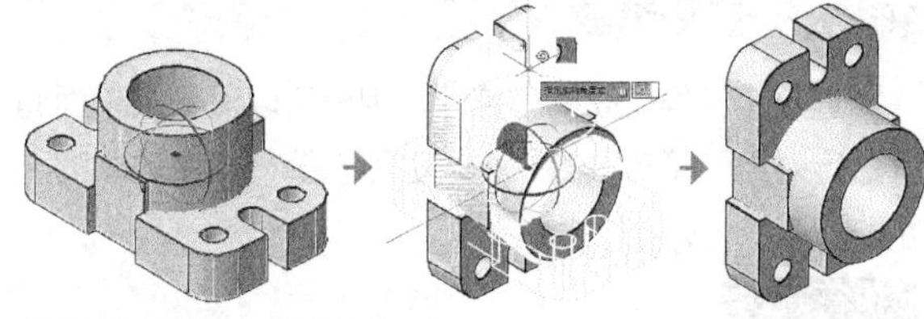

图 16-89　执行三维旋转操作

练习 16-15 三维旋转底座

难度: ☆☆	
素材文件路径:	素材/第16章/16-15三维旋转底座.dwg
效果文件路径:	素材/第16章/16-15三维旋转底座-OK.dwg
视频文件路径:	视频/第16章/16-15三维旋转底座.mp4
播放时长:	54秒

与【三维移动】一样，【三维旋转】同样可以使用二维环境中的【旋转】（ROTATE）命令来完成。

Step 01 单击快速访问工具栏中的【打开】按钮，打开“第16章/16-15三维旋转底座.dwg”文件，如图16-90所示。

Step 02 单击【修改】面板上【三维旋转】按钮，选取连接板和圆柱体为旋转的对象，单击右键完成对象选择。然后选取圆柱中心为基点，选择Z轴为旋转轴。输入旋转角度为180°，命令行提示如下。

```
命令: _3drotate                      //调用【三维旋转】命令
UCS 当前的正角方向: ANGDIR=逆时针 ANGBASE=0
选择对象: 找到 1 个                   //选择连接板和圆柱为旋转对象
选择对象:                             //单击右键结束选择
指定基点:                             //指定圆柱中心点为基点
拾取旋转轴:                           //拾取Z轴为旋转轴
指定角的起点或键入角度: 180↙
                                      //输入角度
```

Step 03 通过以上操作即可完成三维旋转的操作，其效果如图 16-91所示。

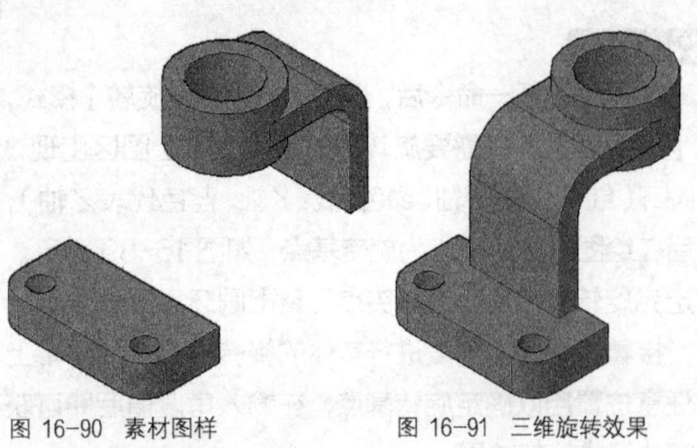

图 16-90 素材图样　　图 16-91 三维旋转效果

16.3.3 三维缩放

通过【三维缩放】小控件，用户可以沿轴或平面调整选定对象和子对象的大小，也可以统一调整对象的大小。

·执行方式

在 AutoCAD 2016 中调用【三维缩放】有如下几种常用方法。

◆功能区：在【常用】选项卡中，单击【修改】面板上的【三维缩放】工具按钮，如图 16-92 所示。

◆工具栏：单击【建模】工具栏【三维旋转】按钮。

◆命令行：输入“3DSCALE”命令。

·操作步骤

执行上述任一命令后，即可进入【三维缩放】模式，在【绘图区】选取需要缩放的对象，此时绘图区出现如图 16-93 所示的缩放小控件。然后在绘图区中指定一点为缩放基点，拖动鼠标操作即可进行缩放。

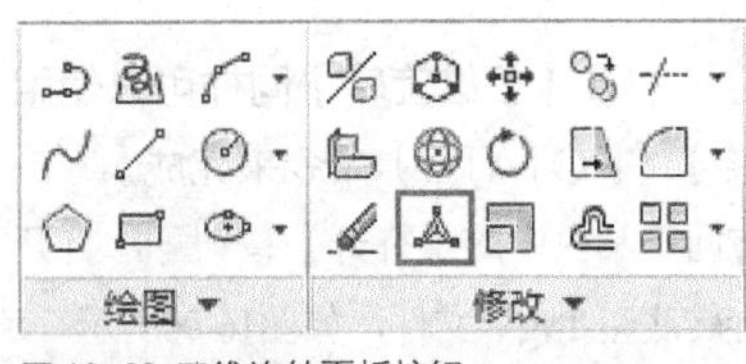

图 16-92 三维旋转面板按钮　　图 16-93 缩放小控件

·选项说明

在缩放小控件中单击选择不同的区域，可以获得不同的缩放效果，具体介绍如下。

◆单击最靠近三维缩放小控件顶点的区域：将亮显小控件的所有轴的内部区域，模型整体按统一比例缩放，如图 16-94 所示。

◆单击定义平面的轴之间的平行线：将亮显小控件上轴与轴之间的部分，如图 16-95 所示，会将模型缩放约束至平面。此选项仅适用于网格，不适用于实体或曲面。

◆单击轴：仅亮显小控件上的轴，如图 16-96 所示，会将模型缩放约束至轴上。此选项仅适用于网格，不适用于实体或曲面。

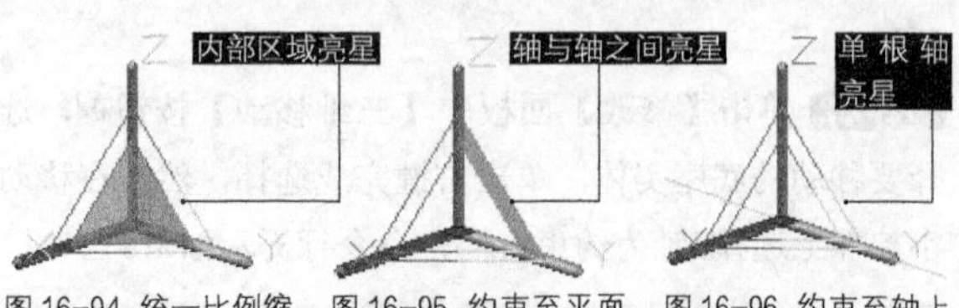

图 16-94 统一比例缩放时的小控件　　图 16-95 约束至平面缩放时的小控件　　图 16-96 约束至轴上缩放时的小控件

16.3.4 三维镜像

使用【三维镜像】工具能够将三维对象通过镜像平面获取与之完全相同的对象，其中镜像平面可以是与 UCS 坐标系平面平行的平面或三点确定的平面。

·执行方式

在 AutoCAD 2016 中调用【三维镜像】有如下几种常用方法。

◆功能区：在【常用】选项卡中，单击【修改】面板【三维镜像】工具按钮，如图 16-97 所示。

◆菜单栏：执行【修改】|【三维操作】|【三维镜像】命令，如图 16-98 所示。

◆命令行：输入“MIRROR3D”命令。

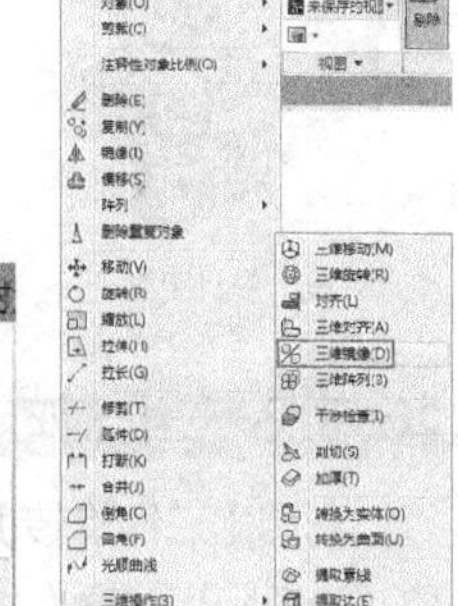

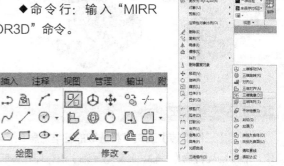

图 16-97【修改】面板中的【三维镜像】按钮　　图 16-98【三维镜像】菜单命令

·操作步骤

执行上述任一命令后，即可进入【三维镜像】模式，在绘图区选取要镜像的实体后，按 Enter 键或右击，按照命令行提示选取镜像平面，用户可根据设计需要指定 3 个点作为镜像平面，然后根据需要确定是否删除源对象，右击或按 Enter 键即可获得三维镜像效果。

练习 16-16 三维镜像三孔连杆

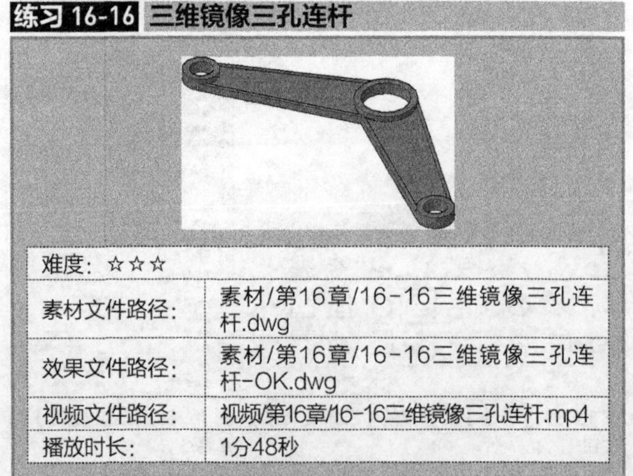

难度：☆☆☆	
素材文件路径：	素材/第16章/16-16三维镜像三孔连杆.dwg
效果文件路径：	素材/第16章/16-16三维镜像三孔连杆-OK.dwg
视频文件路径：	视频/第16章/16-16三维镜像三孔连杆.mp4
播放时长：	1分48秒

如果要镜像的对象只限于 *XY* 平面，那【三维镜像】命令同样可以用【镜像】MIRROR 命令替代。

Step 01 单击快速访问工具栏中的【打开】按钮，打开“第16章/16-16三维镜像三孔连杆.dwg”文件，如图16-99所示。

Step 02 单击【坐标】面板上【Z轴矢量】按钮，先捕捉到大圆圆心位置，定义坐标原点，然后捕捉到270°极轴方向，定义*Z*轴方向，创建的坐标系如图 16-100所示。

图 16-99 素材图样

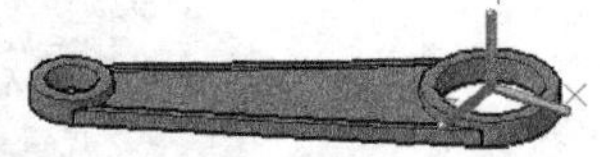

图 16-100 创建坐标系

Step 03 单击【修改】面板【三维镜像】按钮，选择连杆臂作为镜像对象，镜像生成另一侧的连杆，命令行操作如下。

```
命令: _mirror3d        //调用【三维镜像】命令
选择对象: 指定对角点: 找到 12 个
                       //选择要镜像的对象
选择对象:              //单击右键结束选择
指定镜像平面 (三点) 的第一个点或[对象(O)/最近的(L)/Z 轴(Z)/视图(V)/XY 平面(XY)/YZ 平面(YZ)/ZX 平面(ZX)/三点(3)]
<三点>: YZ↙            //由YZ平面定义镜像平面
指定 YZ 平面上的点 <0,0,0>:↙
                       //输入镜像平面通过点的坐标（此处使用默认值，即以YZ平面作为镜像平面）
是否删除源对象? [是(Y)/否(N)] <否>:
            //按Enter键或空格键，系统默认为不删除源对象
```

Step 04 通过以上操作即可完成三孔连杆的绘制，如图 16-101所示。

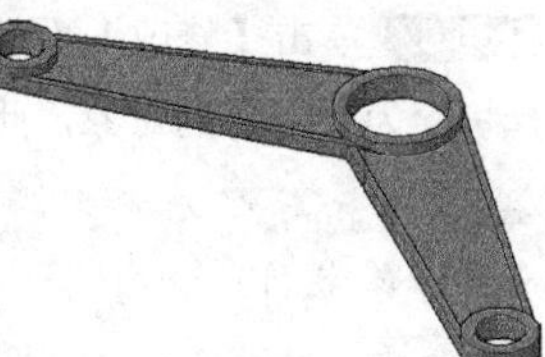

图 16-101 三孔连杆

16.3.5 对齐和三维对齐

在三维建模环境中，使用【对齐】和【三维对齐】工具可对齐三维对象，从而获得准确的定位效果。

这两种对齐工具都可实现两模型的对齐操作，但选取顺序却不同，分别介绍如下。

1 对齐

使用【对齐】工具可指定一对、两对或三对原点和定义点，从而使对象通过移动、旋转、倾斜或缩放对齐选定对象。

·执行方式

在 AutoCAD 2016 中调用【对齐】有如下几种常用方法。

◆功能区：在【常用】选项卡中，单击【修改】面板【对齐】工具按钮，如图 16-102 所示。

◆菜单栏：执行【修改】|【三维操作】|【对齐】命令，如图 16-103 所示。

◆命令行：输入“ALIGN”或“AL”命令。

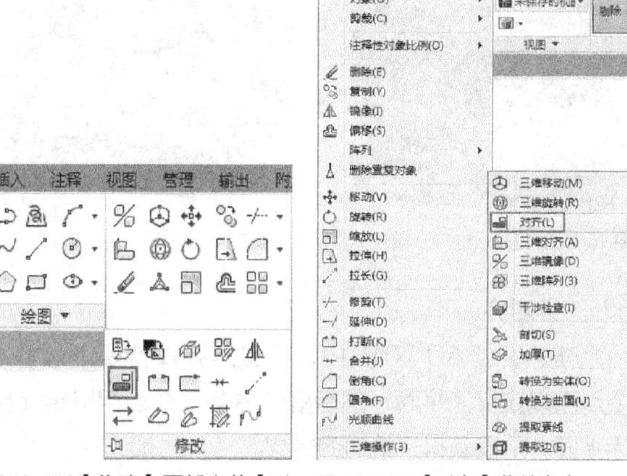

图 16-102【修改】面板中的【对齐】按钮　图 16-103 【对齐】菜单命令

·操作步骤

执行上述任一命令后，接下来对其使用方法进行具体了解。

一对点对齐对象

该对齐方式是指定一对源点和目标点进行实体对齐。当只选择一对源点和目标点时，所选取的实体对象将在二维或三维空间中从源点 a 沿直线路径移动到目标点 b，如图 16-104 所示。

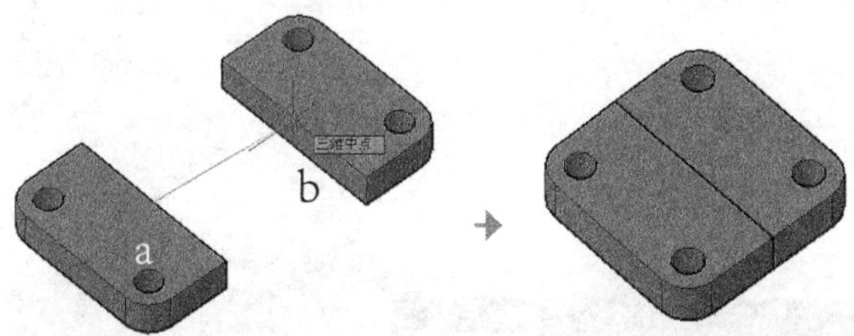

图 16-104 一对点对齐

两对点对齐对象

该对齐方式是指定两对源点和目标点进行实体对齐。当选择两对点时，可以在二维或三维空间移动、旋转和缩放选定对象，以便与其他对象对齐，如图 16-105 所示。

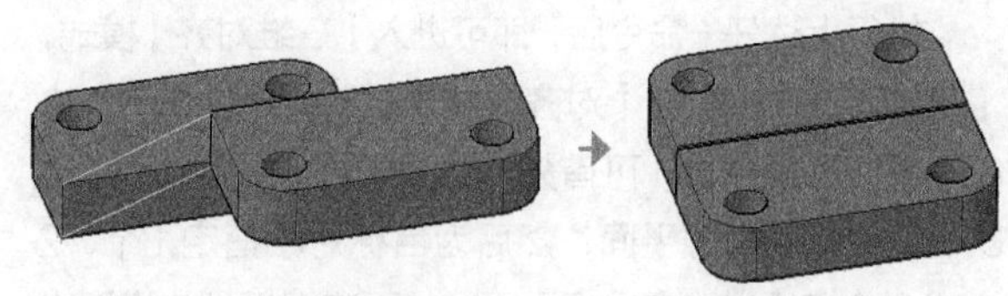

图 16-105 两对点对齐对象

三对点对齐对象

该对齐方式是指定三对源点和目标点进行实体对齐。当选择三对源点和目标点时，可直接在绘图区连续捕捉三对对应点即可获得对齐对象操作，其效果如图 16-106 所示。

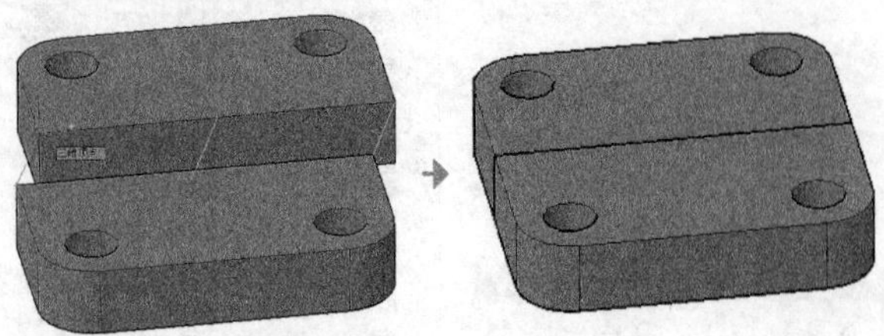

图 16-106 三对点对齐对象

2 三维对齐

在 AutoCAD 2016 中，三维对齐操作是指最多 3 个点用以定义源平面，然后指定最多 3 个点用以定义目标平面，从而获得三维对齐效果。

·执行方式

在 AutoCAD 2016 中调用【三维镜像】有如下几种常用方法。

◆功能区：在【常用】选项卡中，单击【修改】面板上的【三维对齐】工具按钮，如图 16-107 所示。

◆菜单栏：执行【修改】|【三维操作】|【三维对齐】命令，如图 16-108 所示。

◆命令行：在命令行中输入"3DALIGN"命令。

图 16-107【修改】面板中的【三维对齐】按钮

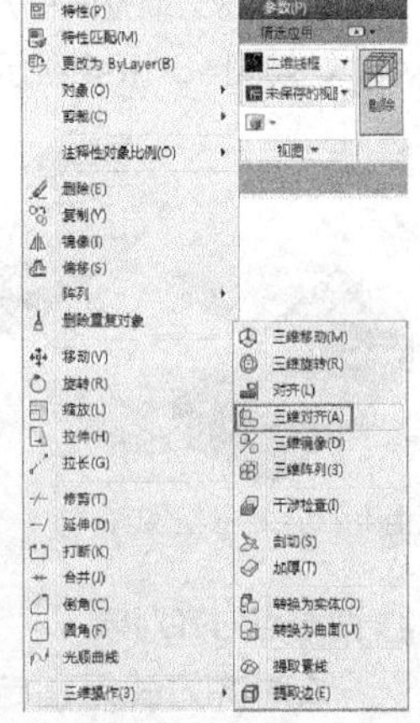

图 16-108【三维对齐】菜单命令

·操作步骤

执行上述任一命令后，即可进入【三维对齐】模式，【三维对齐】操作与【对齐】操作的不同之处在于：执行三维对齐操作时，可首先为源对象指定 1 个、2 个或 3 个点用以确定圆平面，然后为目标对象指定 1 个、2 个或 3 个点用以确定目标平面，从而实现模型与模型之间的对齐，如图 16-109 所示为三维对齐效果。

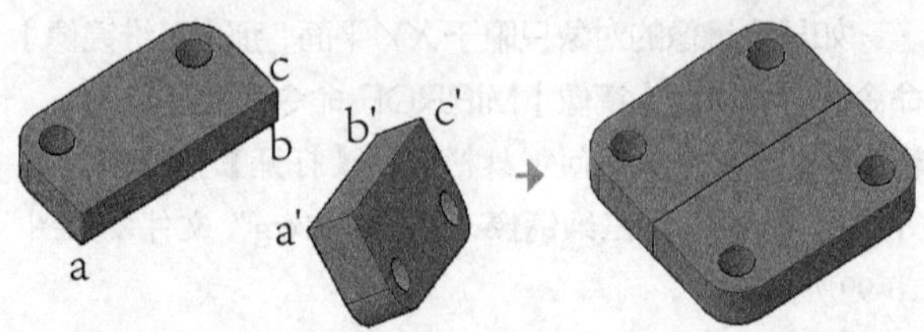

图 16-109 三维对齐操作

练习 16-17 三维对齐装配螺钉

难度：☆☆☆	
素材文件路径：	素材/第16章/16-17三维对齐装配螺钉.dwg
效果文件路径：	素材/第16章/16-17三维对齐装配螺钉-OK.dwg
视频文件路径：	视频/第16章/16-17三维对齐装配螺钉.mp4
播放时长：	2分40秒

通过【三维对齐】命令，可以实现零部件的三维装配，这也是在 AutoCAD 中创建三维装配体的主要命令之一。

Step 01 单击快速访问工具栏中的【打开】按钮，打开"第16章/16-17三维对齐装配螺钉.dwg"素材文件，如图 16-110所示。

Step 02 单击【修改】面板中【三维对齐】按钮，选择螺栓为要对齐的对象，此时命令行提示如下。

```
命令: _3dalign↙                    //调用【三维对齐】命令
选择对象: 找到 1 个                  //选中螺栓为要对齐对象
选择对象:                           //单击鼠标右键结束对象选择
指定源平面和方向 ...
指定基点或 [复制(C)]:
                                   //指定第二个点或 [继续(C)] <C>:
指定第三个点或 [继续(C)] <C>:
                                   //在螺栓上指定3点确定源平
面，如图 16-111所示A、B、C三点，指定目标平面和方向
指定第一个目标点:
指定第二个目标点或 [退出(X)] <X>:
指定第三个目标点或 [退出(X)] <X>:
                                   //在底座上指定3个点确定目标
平面，如图 16-112所示A'、B'、C'三点，完成三维对齐操作
```

图 16-110 素材图样

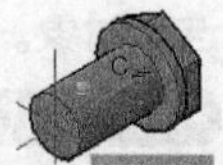

图 16-111 选择源平面

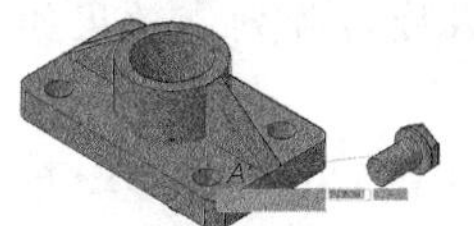

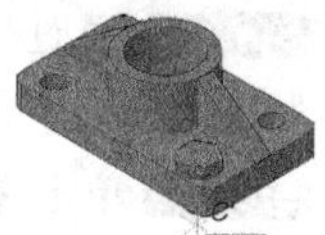

图 16-112 选择目标平面

Step 03 通过以上操作即可完成对螺栓的三维移动，效果如图 16-113所示。

Step 04 复制螺栓实体图形，重复以上操作完成所有位置螺栓的装配，如图 16-114所示。

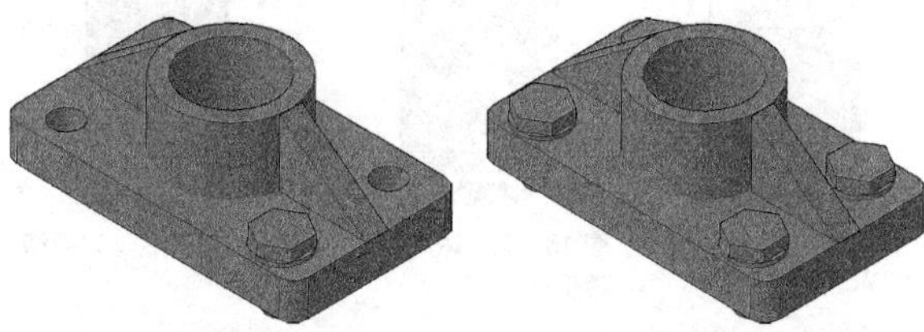

图 16-113 三维对齐效果　　图 16-114 装配效果

16.3.6 三维阵列

使用【三维阵列】工具可以在三维空间中按矩形阵列或环形阵列的方式，创建指定对象的多个副本。

•执行方式

在 AutoCAD 2016 中调用【三维阵列】有如下几种常用方法。

◆功能区：在【常用】选项卡中，单击【修改】面板【三维阵列】工具按钮，如图 16-115 所示。

◆菜单栏：执行【修改】|【三维操作】|【三维阵列】命令，如图 16-116 所示。

◆命令行：输入“3DARRAY”或“3A”命令。

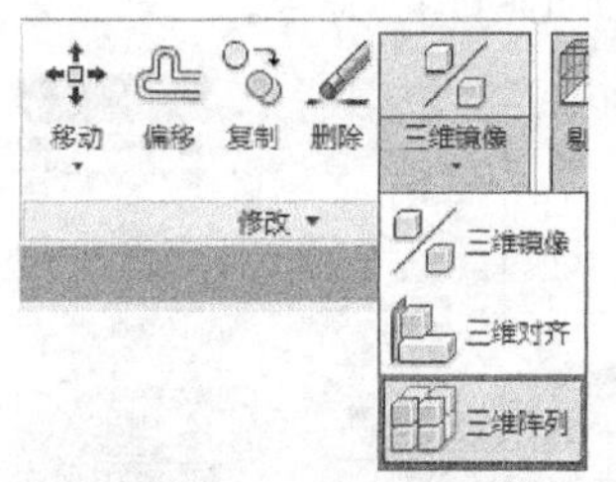

图 16-115【修改】面板中的【三维阵列】按钮

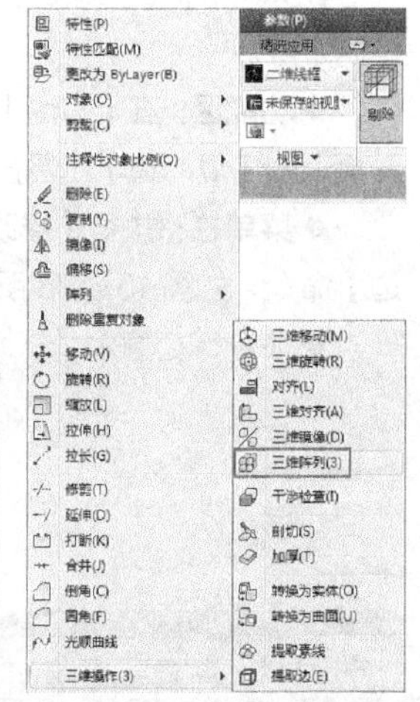

图 16-116【三维阵列】菜单命令

•操作步骤

执行上述任一命令后，按照提示选择阵列对齐，命令行提示如下。

```
输入阵列类型 [矩形(R)/极轴(P)] <矩形>:
```

•选项说明

【三维阵列】有【矩形阵列】和【环形阵列】两种，下面分别进行介绍。

◎ 矩形阵列

在执行【矩形阵列】阵列时，需要指定行数、列数、层数、行间距和层间距，其中一个矩形阵列可设置多行、多列和多层。

在指定间距值时，可以分别输入间距值或在绘图区域选取两个点，AutoCAD 2016 将自动测量两点之间的距离值，并以此作为间距值。如果间距值为正，将沿 X 轴、Y 轴、Z 轴的正方向生成阵列；间距值为负，将沿 X 轴、Y 轴、Z 轴的负方向生成阵列。

练习 16-18 矩形阵列创建电话按键

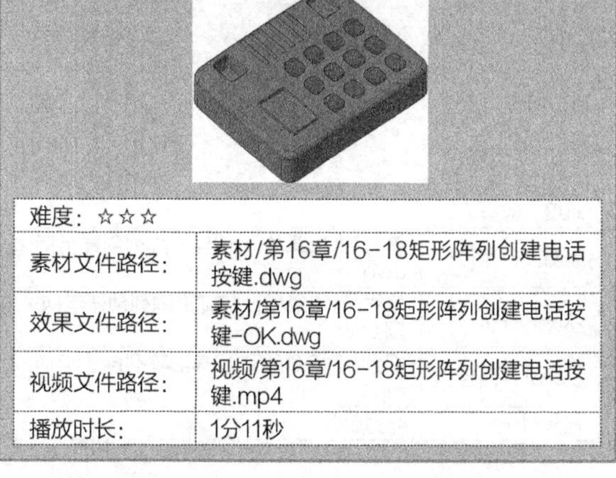

难度：☆☆☆	
素材文件路径：	素材/第16章/16-18矩形阵列创建电话按键.dwg
效果文件路径：	素材/第16章/16-18矩形阵列创建电话按键-OK.dwg
视频文件路径：	视频/第16章/16-18矩形阵列创建电话按键.mp4
播放时长：	1分11秒

在创建像电话机、键盘、魔方这类具有大量线性重复对象的模型时，就可以用到【矩形阵列】命令。三维中的【矩形阵列】不仅在 X、Y 轴方向上有变量，还增加了 Z 轴方向上的变量，因此可以创建像魔方这样的模型。

Step 01 单击快速访问工具栏中的【打开】按钮，打开“第16章/16-18矩形阵列创建电话按键.dwg”素材文件，如图 16-117所示。

Step 02 在命令行中输入“3DARRAY”命令，选择电话机上的按钮为阵列对象，命令行提示如下。

```
命令: _3darray                    //调用【三维阵列】命令
选择对象: 找到 1 个               //选择要阵列的对象
选择对象:                         //单击右键结束选择
输入阵列类型 [矩形(R)/环形(P)] <矩形>:R
//按Enter键或空格键，系统默认为矩形阵列模式
输入行数 (---) <1>: 3↙
输入列数 (|||) <1>: 4↙
输入层数 (...) <1>:↙              //输入层数为1，即进行平面阵列
指定行间距 (---): 8↙
指定列间距 (|||): 7↙              //分别指定矩形阵列参数，按
Enter键，完成矩形阵列操作
```

Step 03 通过以上操作即可完成电话机面板上按钮的阵列，其效果如图 16-118所示。

图 16-117 素材图样　图 16-118 阵列效果

◎ 环形阵列

在执形【环形阵列】阵列时，需要指定阵列的数目、阵列填充的角度、旋转轴的起点和终点及对象在阵列后是否绕着阵列中心旋转。

练习 16-19 环形阵列创建手柄

难度：☆☆☆	
素材文件路径：	素材/第16章/16-19环形阵列创建手柄.dwg
效果文件路径：	素材/第16章/16-19环形阵列创建手柄-OK.dwg
视频文件路径：	视频/第16章/16-19环形阵列创建手柄.mp4
播放时长：	1分16秒

本例便通过【环形阵列】、【差集】命令来创建一支常见螺丝刀的手柄。

Step 01 单击快速访问工具栏中的【打开】按钮，打开“16章/16-19环形阵列创建手柄.dwg”素材文件，如图 16-119所示。

Step 02 在命令行中输入“3DARRAY”命令，选择小圆柱体为阵列对象，命令行提示如下。

```
命令: 3DARRAY      //调用【三维阵列】命令
正在初始化... 已加载 3DARRAY。
选择对象: 找到 1 个 //选择要阵列的对象
选择对象:          //单击右键完成选择
输入阵列类型 [矩形(R)/环形(P)] <矩形>:p↙
                   //选择环形阵列模式
输入阵列中的项目数目: 9↙
指定要填充的角度 (+=逆时针, -=顺时针) <360>:↙
                   //输入环形阵列的参数
旋转阵列对象? [是(Y)/否(N)] <Y>:
                   //按Enter键或空格键，系统默认为旋转
阵列对象
指定阵列的中心点:
指定旋转轴上的第二点: <正交 开> _UCS
                   //选择大圆柱的中轴线为旋转轴
```

Step 03 通过以上操作即可完成旋转阵列，效果如图 16-120所示。

Step 04 单击【实体编辑】面板中【差集】按钮，单击选择中心圆柱体为被剪切实体，选择阵列创建的圆柱体为要剪切的实体，单击鼠标右键结束操作。求差集的效果如图 16-121所示。

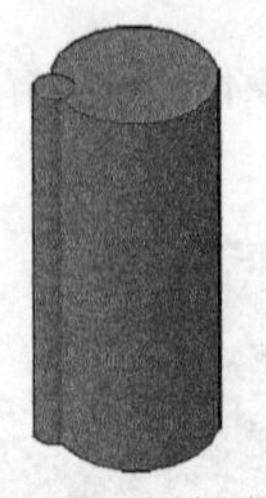

图 16-119 素材图样　图 16-120 环形阵列效果

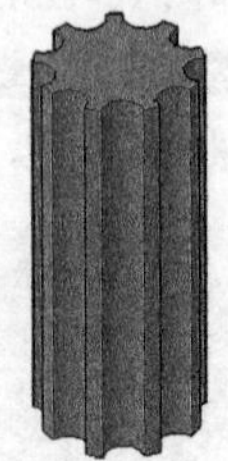

图 16-121 螺丝刀手柄

16.4 编辑实体边

【实体】都是由最基本的面和边所组成，AutoCAD 2016 不仅提供多种编辑实体工具，同时可根据设计需要提取多个边特征，对其执行偏移、着色、压印或复制边等操作，便于查看或创建更为复杂的模型。

16.4.1 复制边 ★进阶★

执行【复制边】操作可将现有的实体模型上单个或多个边偏移到其他位置，从而利用这些边线创建出新的图形对象。

·执行方式

在 AutoCAD 2016 中调用【复制边】有如下几种常用方法。

◆功能区：在【常用】选项卡中，单击【实体编辑】面板上的【复制边】工具按钮，如图 16-122 所示。

◆菜单栏：执行【修改】|【实体编辑】|【复制边】命令，如图 16-123 所示。

◆命令行：输入“SOLIDEDIT”命令。

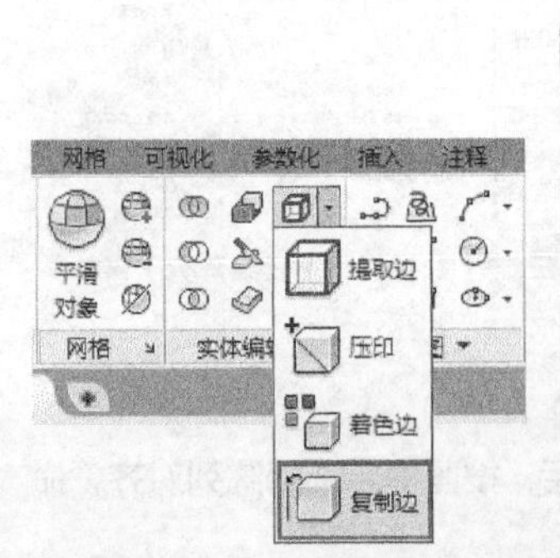

图 16-122【修改】面板中的【复制边】按钮

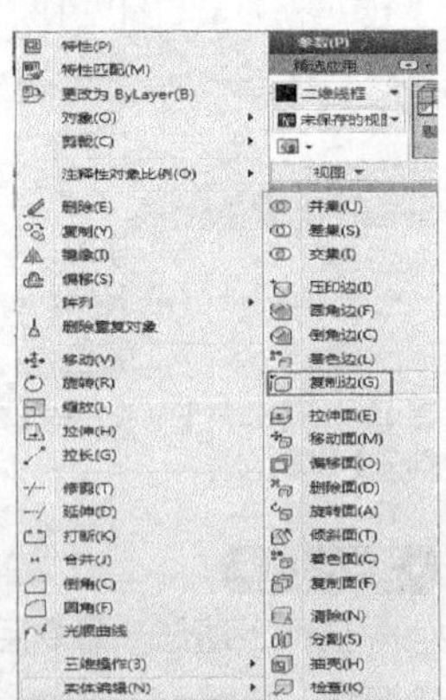

图 16-123【复制边】菜单命令

• 操作步骤

执行上述任一命令后，在【绘图区】选择需要复制的边线，单击鼠标右键，系统弹出快捷菜单，如图 16-124 所示。单击【确认】按钮，并指定复制边的基点或位移，移动鼠标到合适的位置单击放置复制边，完成复制边的操作，其效果如图 16-125 所示。

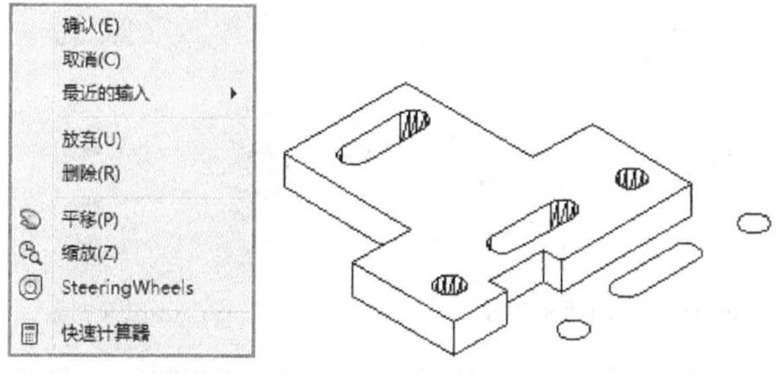

图 16-124 快捷菜单　　图 16-125 复制边

练习 16-20 复制边创建导轨

难度：☆☆☆	
素材文件路径：	素材/第16章/16-20复制边创建导轨.dwg
效果文件路径：	素材/第16章/16-20复制边创建导轨-OK.dwg
视频文件路径：	视频/第16章/16-20复制边创建导轨.mp4
播放时长：	1分56秒

在使用 AutoCAD 进行三维建模时，可以随时使用二维工具如圆、直线来绘制草图，然后再进行拉伸等建模操作。相较于其他建模软件要绘制草图时还需特地进入草图环境，AutoCAD 显得更为灵活。尤其再结合【复制边】、【压印边】等操作，熟练掌握后可直接从现有模型中分离出对象轮廓进行下一步建模，极为方便。

Step 01 单击快速访问工具栏中的【打开】按钮，打开"第16章/16-20复制边创建导轨.dwg"素材文件，如图 16-126所示。

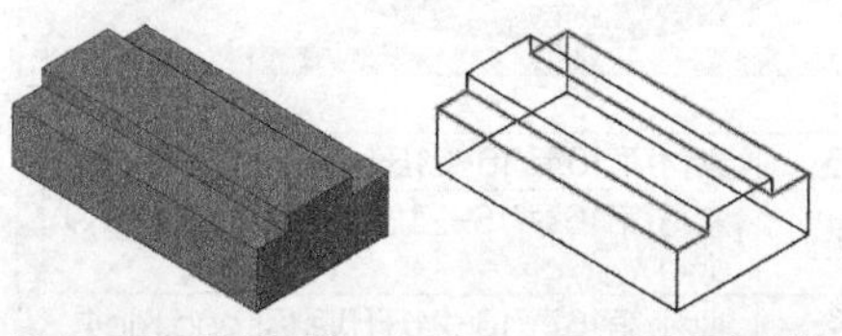

图 16-126 素材图样　　图 16-127 选择要复制的边

Step 02 单击【实体编辑】面板上【复制边】按钮，选择如图 16-127所示的边为复制对象，命令行提示如下。

```
命令: _solidedit
实体编辑自动检查: SOLIDCHECK=1
输入实体编辑选项 [面(F)/边(E)/体(B)/放弃(U)/退出(X)] <退出>: _edge
输入边编辑选项 [复制(C)/着色(L)/放弃(U)/退出(X)] <退出>: _copy            //调用【复制边】命令
选择边或 [放弃(U)/删除(R)]:
                    //选择要复制的边
……
选择边或 [放弃(U)/删除(R)]:
                    //选择完毕，单击右键结束选择边
指定基点或位移:      //指定基点
指定位移的第二点:    //指定平移到的位置
输入边编辑选项 [复制(C)/着色(L)/放弃(U)/退出(X)] <退出>:
                    //按Esc键退出复制边命令
```

Step 03 通过以上操作即可完成复制边的操作，其效果如图 16-128所示。

Step 04 单击【建模】面板中【拉伸】按钮，选择复制的边，拉伸高度为40，其效果如图 16-129所示。

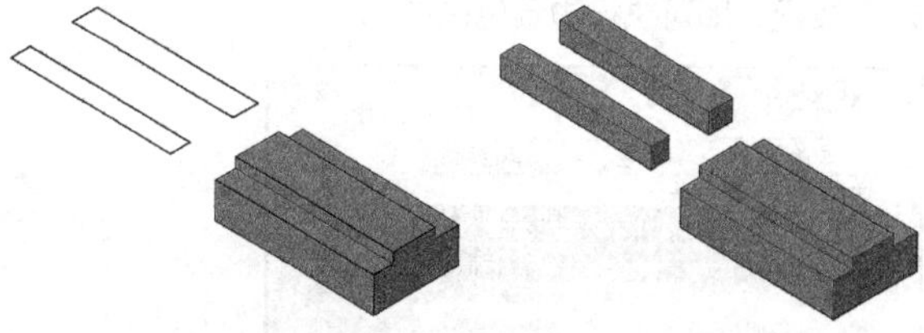

图 16-128 复制边效果　　图 16-129 拉伸图形

Step 05 单击【修改】面板中【三维对齐】按钮，选择拉伸出的长方体为要对齐的对象，将其对齐到底座上，效果如图 16-130所示。

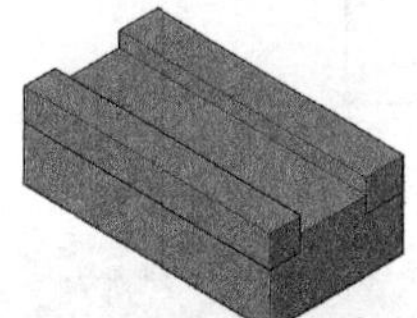

图 16-130 导向底座

16.4.2 着色边 ★进阶★

在三维建模环境中，不仅能够着色实体表面，同样可使用【着色边】工具将实体的边线执行着色操作，从而获得实体内、外表面边线不同的着色效果。

• 执行方式

在 AutoCAD 2016 中调用【着色边】有如下几种常用方法。

◆功能区：在【常用】选项卡中，单击【实体编辑】面板上的【着色边】工具按钮，如图 16-131 所示。

◆菜单栏：执行【修改】|【实体编辑】|【着色边】命令，如图 16-132 所示。

◆命令行：输入"SOLIDEDIT"命令。

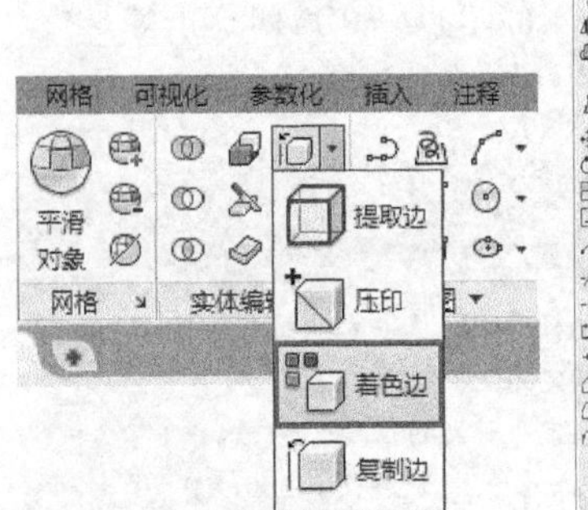

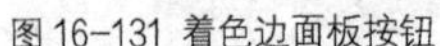
图 16-131 着色边面板按钮

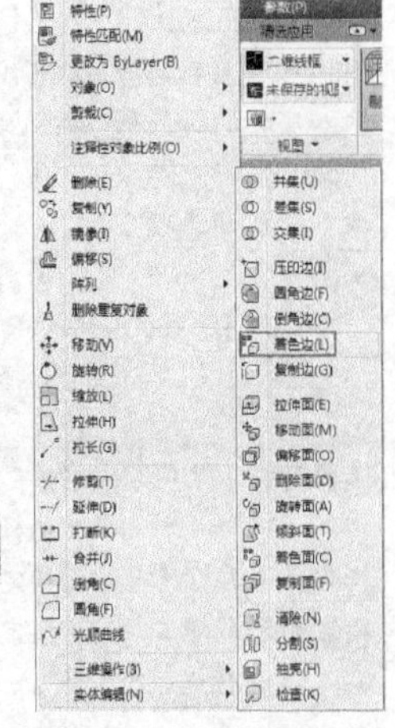
图 16-132 着色边菜单命令

图 16-134 压印边面板按钮

图 16-135 压印边菜单命令

·操作步骤

执行上述任一命令后，在绘图区选取待着色的边线，按 Enter 键或单击右键，系统弹出【选择颜色】对话框，如图16-133所示。在该对话框中指定填充颜色，单击【确定】按钮，即可执行边着色操作。

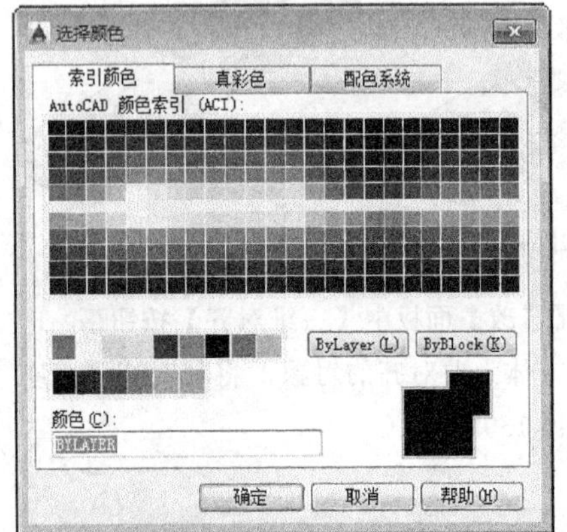

图 16-133【选择颜色】对话框

16.4.3 压印边 ★进阶★

在创建三维模型后，往往在模型的表面加入公司标记或产品标记等图形对象，AutoCAD 2016 软件专为该操作提供【压印边】工具，即通过与模型表面单个或多个表面相交图形对象压印到该表面。

·执行方式

在 AutoCAD 2016 中调用【压印边】有如下几种常用方法。

◆功能区：在【常用】选项卡中，单击【实体编辑】面板上的【压印】工具按钮，如图 16-134 所示。

◆菜单栏：执行【修改】|【实体编辑】|【压印边】命令，如图 16-135 所示。

◆命令行：输入“IMPRINT”命令。

·操作步骤

执行上述任一命令后，在【绘图区】选取三维实体，接着选取压印对象，命令行将显示“是否删除源对象 [是 (Y) / (否)] <N>：”的提示信息，可根据设计需要确定是否保留压印对象，即可执行压印操作，其效果如图 16-136 所示。

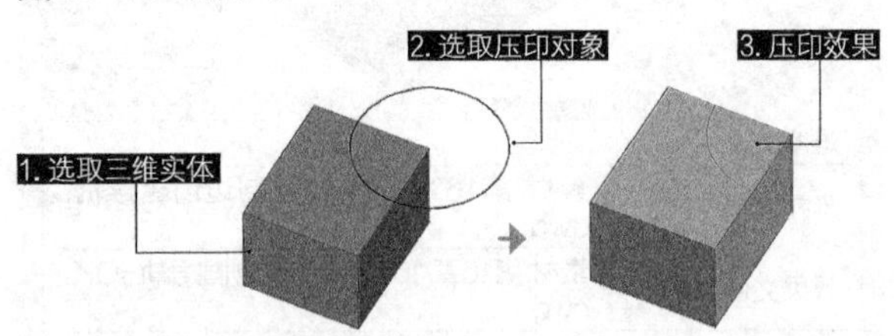

图 16-136 压印实体

操作技巧

只有当二维图形绘制在三维实体面上时，才可以创建出压印边。

练习 16-21 压印商标 Logo

难度：☆☆☆	
素材文件路径：	素材/第16章/16-21压印商标Logo.dwg
效果文件路径：	素材/第16章/16-21压印商标Logo-OK.dwg
视频文件路径：	视频/第16章/16-21压印商标Logo.mp4
播放时长：	1分21秒

【压印边】是使用 AutoCAD 建模时最常用的命令之一，使用【压印边】可以在模型之上创建各种自定义的标记，也可以用作模型面的分割。

Step 01 单击快速访问工具栏中的【打开】按钮，打开"第16章/16-21压印商标Logo.dwg"文件，如图 16-137 所示。

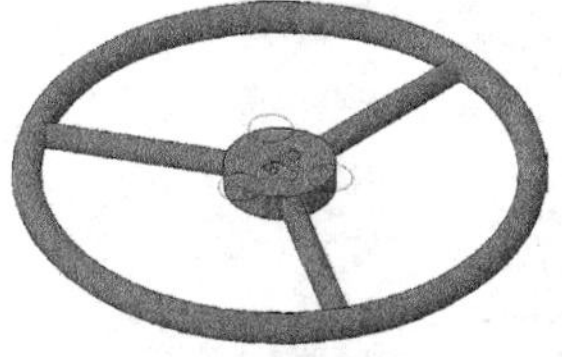

图 16-137 素材图样

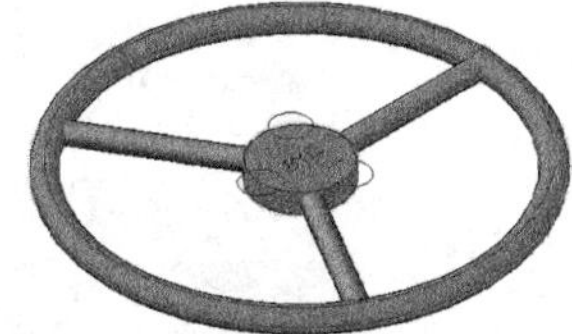

图 16-138 选择三维实体

Step 02 单击【实体编辑】工具栏上【压印边】按钮，选取方向盘为三维实体，命令行提示如下。

```
命令:_imprint          //调用【压印边】命令
选择三维实体或曲面:
                       //选择三维实体，如图 16-138所示
选择要压印的对象:
                       //选择如图 16-139所示的图标
是否删除源对象 [是(Y)/否(N)] <N>: y
                       //选择是否保留源对象
```

Step 03 重复以上操作，完成图标的压印，其效果如图 16-140所示。

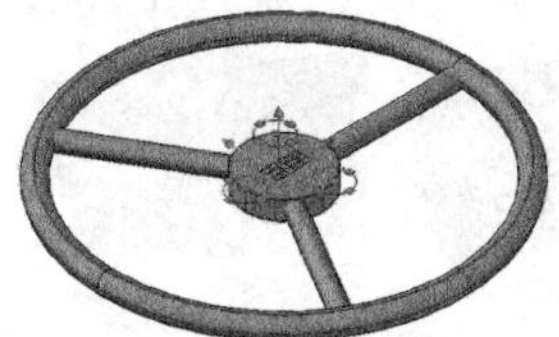

图 16-139 选择要压印的对象

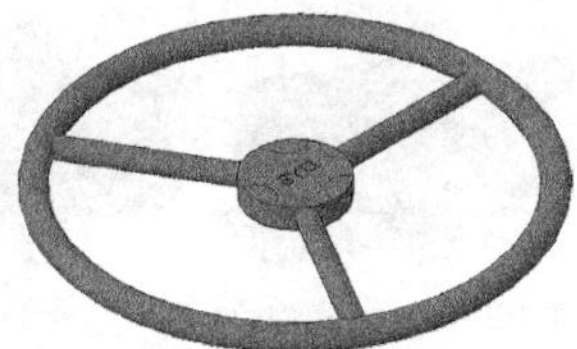

图 16-140 压印效果

操作技巧

执行压印操作的对象仅限于圆弧、圆、直线、二维和三维多段线、椭圆、样条曲线、面域、体和三维实体。实例中使用的文字为直线和圆弧绘制的图形。

16.5 编辑实体面

在对三维实体进行编辑时，不仅可以对实体上单个或多个边线执行编辑操作，同时还可以对整个实体任意表面执行编辑操作，即通过改变实体表面，达到改变实体的目的。

16.5.1 拉伸实体面

在编辑三维实体面时，可使用【拉伸面】工具直接选取实体表面执行面拉伸操作，从而获取新的实体。

·执行方式

在 AutoCAD 2016 中调用【拉伸面】有如下几种常用方法。

◆功能区：在【常用】选项卡中，单击【实体编辑】面板上的【拉伸面】工具按钮，如图 16-141 所示。

◆菜单栏：执行【修改】|【实体编辑】|【拉伸面】命令，如图 16-142 所示。

◆命令行：输入"SOLIDEDIT"命令。

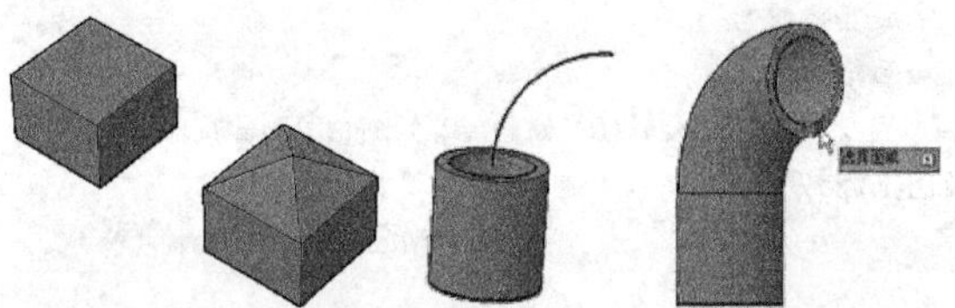

图 16-141【拉伸面】面板按钮

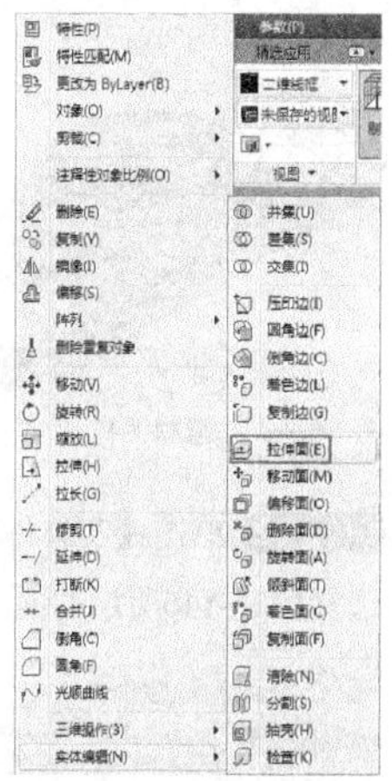

图 16-142【拉伸面】菜单命令

·操作步骤

执行【拉伸面】命令之后，选择一个要拉伸的面，接下来用两种方式拉伸面。

◆指定拉伸高度：输入拉伸的距离，默认按平面法线方向拉伸，输入正值向平面外法线方向拉伸，负值则相反。可选择由法线方向倾斜一角度拉伸，生成拔模的斜面，如图 16-143 所示。

◆按路径拉伸（P）：需要指定一条路径线，可以为直线、圆弧、样条曲线或它们的组合，截面以扫掠的形式沿路径拉伸，如图 16-144 所示。

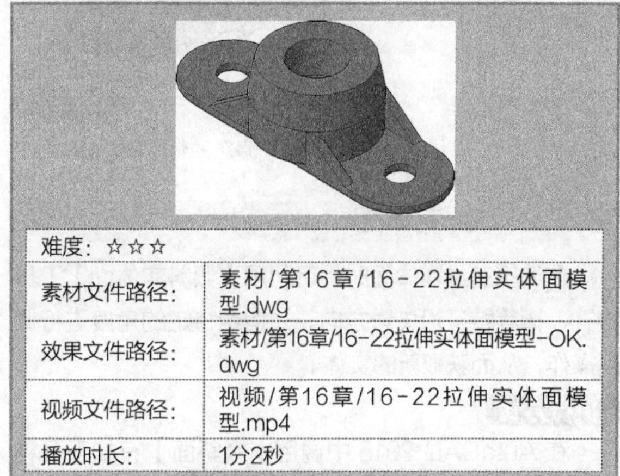

图 16-143 倾斜角度拉伸面　　图 16-144 按路径拉伸面

练习 16-22 拉伸实体面模型

难度：☆☆☆	
素材文件路径：	素材/第16章/16-22拉伸实体面模型.dwg
效果文件路径：	素材/第16章/16-22拉伸实体面模型-OK.dwg
视频文件路径：	视频/第16章/16-22拉伸实体面模型.mp4
播放时长：	1分2秒

除对模型现有的轮廓边进行复制、压印等操作之外，还可以通过【拉伸面】等面编辑方法来直接修改模型。

Step 01 单击快速访问工具栏中的【打开】按钮，打开“第16章/16-22拉伸实体面模型.dwg”文件，如图 16-145所示。

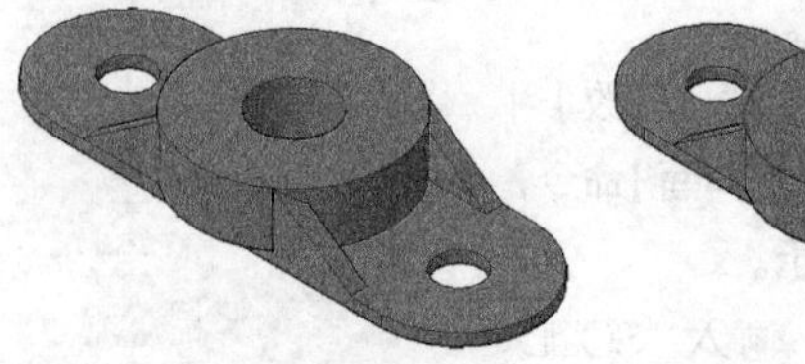

图 16-145　素材图样　　图 16-146　选择拉伸面

Step 02 单击【实体编辑】工具栏上【拉伸面】按钮，选择图16-146所示的面为拉伸面，命令行提示如下。

```
命令: _solidedit
实体编辑自动检查: SOLIDCHECK=1
输入实体编辑选项 [面(F)/边(E)/体(B)/放弃(U)/退出(X)] <退出>:
_face
输入面编辑选项
[拉伸(E)/移动(M)/旋转(R)/偏移(O)/倾斜(T)/删除(D)/复制(C)/
颜色(L)/材质(A)/放弃(U)/退出(X)] <退出>: _extrude
                                //调用【拉伸面】命令
选择面或 [放弃(U)/删除(R)]: 找到一个面
                                //选择要拉伸的面
选择面或 [放弃(U)/删除(R)/全部(ALL)]:
                                //单击右键结束选择
指定拉伸高度或 [路径(P)]: 50↙
                                //输入拉伸高度
指定拉伸的倾斜角度 <10>: 10↙
                                //输入拉伸的倾斜角度
已开始实体校验
已完成实体校验
输入面编辑选项
[拉伸(E)/移动(M)/旋转(R)/偏移(O)/倾斜(T)/删除(D)/复制(C)/
颜色(L)/材质(A)/放弃(U)/退出(X)] <退出>: *取消*
                                //按Enter键或Esc键结束操作
```

Step 03 通过以上操作即可完成拉伸面的操作，其效果如图 16-147所示。

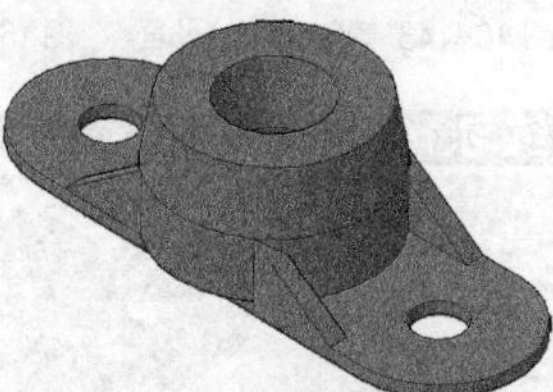

图 16-147　拉伸面完成效果

16.5.2 倾斜实体面

在编辑三维实体面时，可利用【倾斜实体面】工具将孔、槽等特征沿矢量方向，并指定特定的角度进行倾斜操作，从而获取新的实体。

·执行方式

在 AutoCAD 2016 中调用【倾斜面】有如下几种常用方法。

◆功能区：在【常用】选项卡中，单击【实体编辑】面板上的【倾斜面】工具按钮，如图 16-148 所示。

◆菜单栏：执行【修改】|【实体编辑】|【倾斜面】命令，如图 16-149 所示。

◆命令行：输入“SOLIDEDIT”命令。

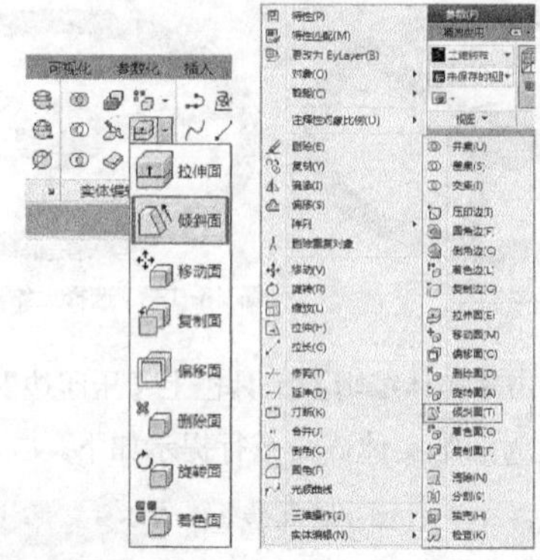

图 16-148【倾斜面】面板按钮　　图 16-149【倾斜面】菜单命令

·操作步骤

执行上述任一命令后，在【绘图区】选取需要倾斜的曲面，并指定倾斜曲面参照轴线基点和另一个端点，输入倾斜角度，按 Enter 键或单击鼠标右键即可完成倾斜实体面操作，其效果如图 16-150 所示。

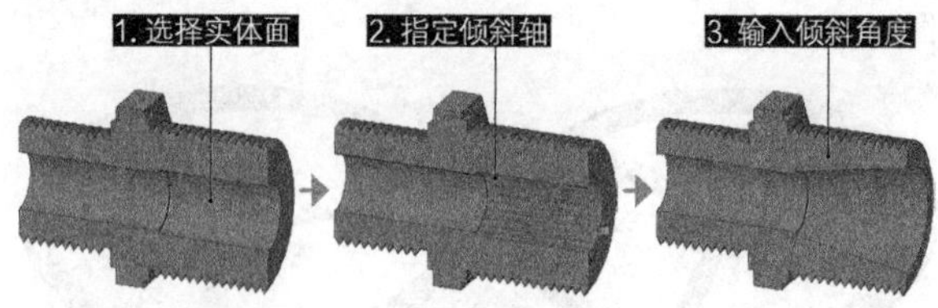

图 16-150　倾斜实体面

练习 16-23 倾斜实体面

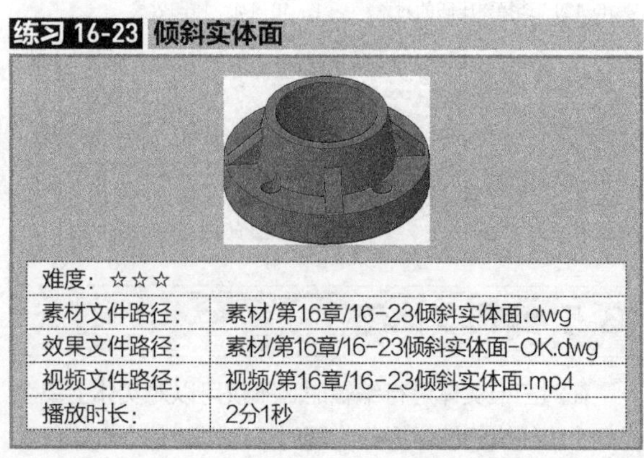

难度：☆☆☆	
素材文件路径：	素材/第16章/16-23倾斜实体面.dwg
效果文件路径：	素材/第16章/16-23倾斜实体面-OK.dwg
视频文件路径：	视频/第16章/16-23倾斜实体面.mp4
播放时长：	2分1秒

对于一些常见的水暖器件，如管接头、法兰口等，在接口处都会带有一定的斜度，以得到更好的密封效果。

Step 01 单击快速访问工具栏中的【打开】按钮，打开“第16章/16-23倾斜实体面.dwg”文件，如图 16-151所示。

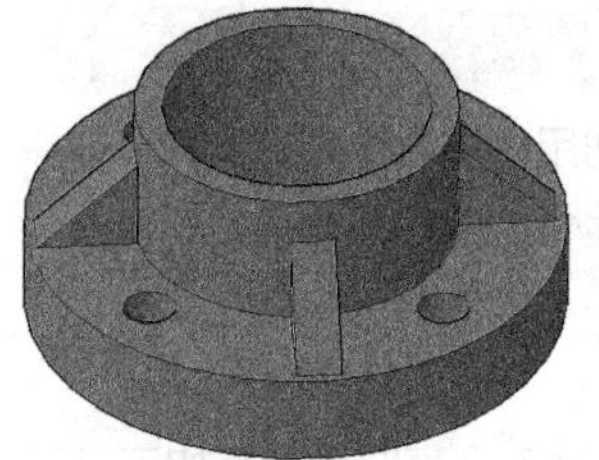

图 16-151 素材图样　　图 16-152 选择倾斜面

Step 02 单击【实体编辑】面板上【倾斜面】按钮，选择图 16-152所示的面为要倾斜的面，命令行提示如下。

```
命令: _solidedit
实体编辑自动检查: SOLIDCHECK=1
输入实体编辑选项 [面(F)/边(E)/体(B)/放弃(U)/退出(X)] <退出>:
_face
输入面编辑选项
[拉伸(E)/移动(M)/旋转(R)/偏移(O)/倾斜(T)/删除(D)/复制(C)/
颜色(L)/材质(A)/放弃(U)/退出(X)] <退出>: _taper
                                //调用【倾斜面】命令
选择面或 [放弃(U)/删除(R)]: 找到一个面
                                //选择要倾斜的面
选择面或 [放弃(U)/删除(R)/全部(ALL)]:
                                //单击鼠标右键结束选择
指定基点:
指定沿倾斜轴的另一个点:      //依次选择上下两圆的圆心，
如图 16-153所示指定倾斜角度: -10          //输入倾斜角度
已开始实体校验
已完成实体校验
输入面编辑选项
[拉伸(E)/移动(M)/旋转(R)/偏移(O)/倾斜(T)/删除(D)/复制(C)/
颜色(L)/材质(A)/放弃(U)/退出(X)] <退出>:
                                //按Enter键或Esc键结束操作
```

Step 03 通过以上操作即可完成倾斜面的操作，其效果如图 16-154所示。

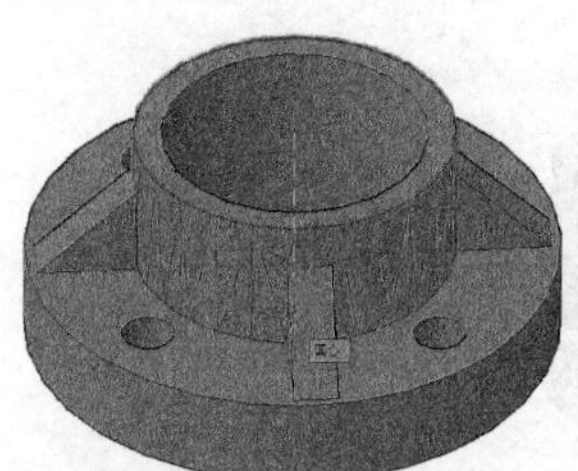

图 16-153 选择倾斜轴

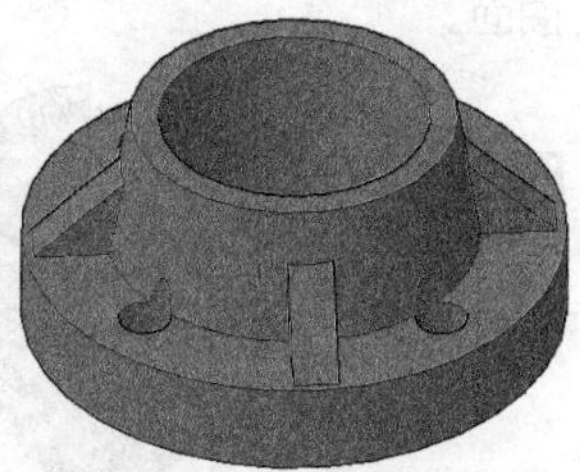

图 16-154 倾斜效果

操作技巧

在执行倾斜面时倾斜的方向，由选择的基点和第二点的顺序决定，并且输入正角度则向内倾斜，负角度则向外倾斜，不能使用过大角度值。如果角度值过大，面在达到指定的角度之前可能倾斜成一点，在AutoCAD 2016中不能支持这种倾斜。

16.5.3 移动实体面

执行移动实体面操作是沿指定的高度或距离移动选定的三维实体对象的一个或多个面。移动时，只移动选定的实体面而不改变方向，可用于三维模型的小范围调整。

• 执行方式

在 AutoCAD 2016 中调用【移动面】有如下几种常用方法。

◆功能区：在【常用】选项卡中，单击【实体编辑】面板上的【移动面】工具按钮，如图 16-155 所示。

◆菜单栏：执行【修改】|【实体编辑】|【移动面】命令，如图 16-156 所示。

◆命令行：输入“SOLIDEDIT”命令。

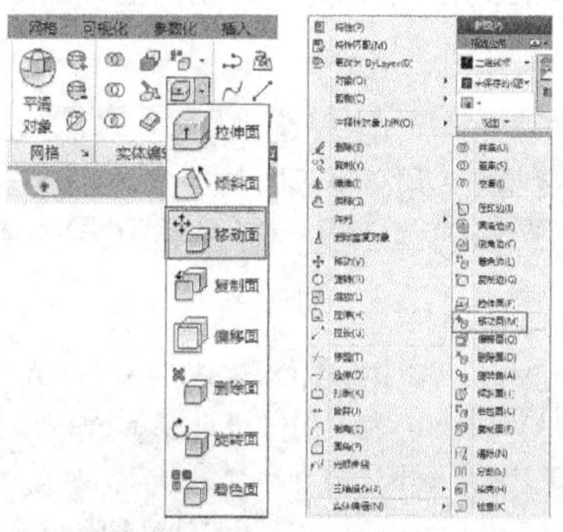

图 16-155【移动面】面板按钮　图 16-156【移动面】菜单命令

• 操作步骤

执行上述任一命令后，在【绘图区】选取实体表面，按 Enter 键并单击鼠标右键捕捉移动实体面的基点，然后指定移动路径或距离值，单击右键即可执行移动实体面操作，其效果如图 16-157 所示。

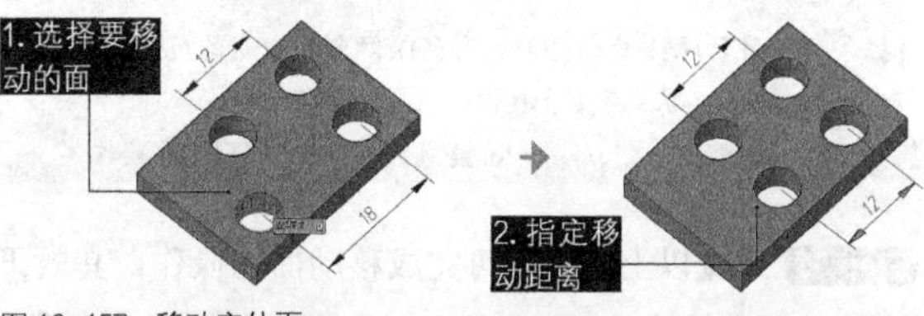

图 16-157 移动实体面

练习 16-24 移动实体面大摇臂

难度：☆☆☆	
素材文件路径：	素材/第16章/16-24移动实体面大摇臂.dwg
效果文件路径：	素材/第16章/16-24移动实体面大摇臂-OK.dwg
视频文件路径：	视频/第16章/16-24移动实体面大摇臂.mp4
播放时长：	1分57秒

【移动面】命令常用于对现有模型的修改，如果某个模型拉伸得过多，在 AutoCAD 中并不能回溯到【拉伸】命令进行编辑，因此只能通过【移动面】这类面编辑命令进行修改。

Step 01 单击快速访问工具栏中的【打开】按钮，打开“第16章/16-24移动实体面大摇臂.dwg”文件，如图16-158所示。

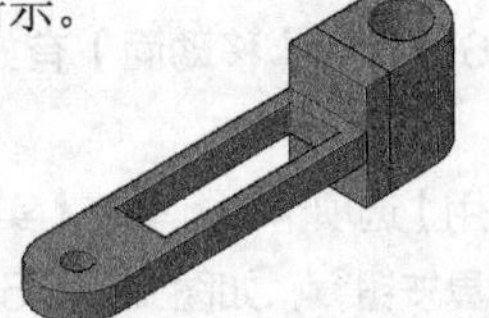

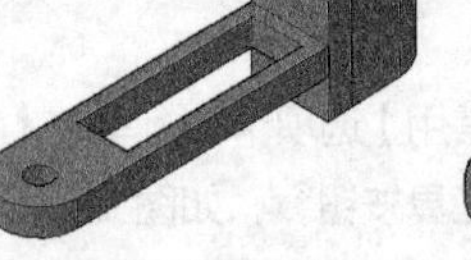

图 16-158 素材图样　　图 16-159 选择移动实体面

Step 02 单击【实体编辑】面板上【移动面】按钮，选择如图 16-159所示的面为要移动的面，命令行提示如下。

```
命令: _solidedit
实体编辑自动检查: SOLIDCHECK=1
输入实体编辑选项 [面(F)/边(E)/体(B)/放弃(U)/退出(X)] <退出>: _face
输入面编辑选项
[拉伸(E)/移动(M)/旋转(R)/偏移(O)/倾斜(T)/删除(D)/复制(C)/颜色(L)/材质(A)/放弃(U)/退出(X)] <退出>: _move
选择面或 [放弃(U)/删除(R)]: 找到一个面
                                //选择要移动的面
选择面或 [放弃(U)/删除(R)/全部(ALL)]:
                                //单击右键完成选择
指定基点或位移:                 //指定基点，如图 16-160所示
正在检查 780 个交点...
指定位移的第二点: 20↙           //输入移动的距离
已开始实体校验
已完成实体校验
输入面编辑选项
[拉伸(E)/移动(M)/旋转(R)/偏移(O)/倾斜(T)/删除(D)/复制(C)/颜色(L)/材质(A)/放弃(U)/退出(X)] <退出>:
                //按Enter键或Esc键退出移动面操作
```

Step 03 通过以上操作即可完成移动面的操作，其效果如图 16-161所示。

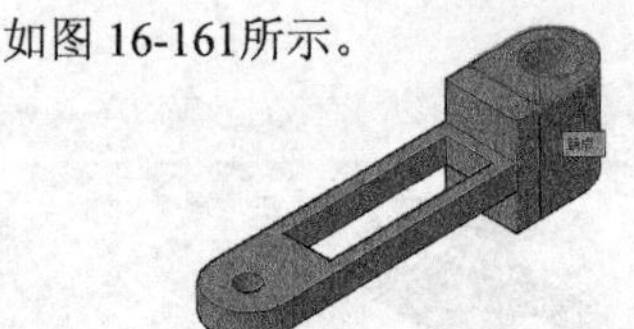

图 16-160 选取基点　　图 16-161 移动面效果

Step 04 旋转图形，重复以上的操作，移动另一面，其效果如图 16-162所示。

图 16-162 大摇臂

16.5.4 复制实体面

在三维建模环境中，利用【复制实体面】工具能够将三维实体表面复制到其他位置，使用这些表面可创建新的实体。

·执行方式

在 AutoCAD 2016 中调用【复制面】有如下几种常用方法。

◆功能区：在【常用】选项卡中，单击【实体编辑】面板上的【复制面】工具按钮，如图 16-163 所示。

◆菜单栏：执行【修改】|【实体编辑】|【复制面】命令，如图 16-164 所示。

◆命令行：输入“SOLIDEDIT”命令。

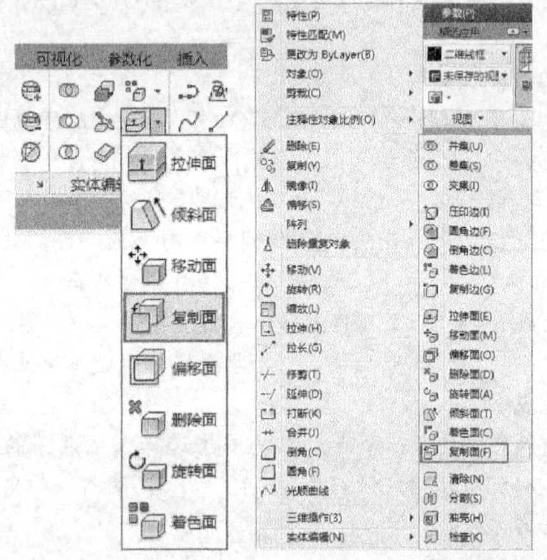

图 16-163【复制面】面板按钮　　图 16-164【复制面】菜单命令

·操作步骤

执行【复制面】命令后，选择要复制的实体表面，可以一次选择多个面，然后指定复制的基点，接着将曲面拖到其他位置即可，如图 16-165 所示。系统默认将平面类型的表面复制为面域，将曲面类型的表面复制为曲面。

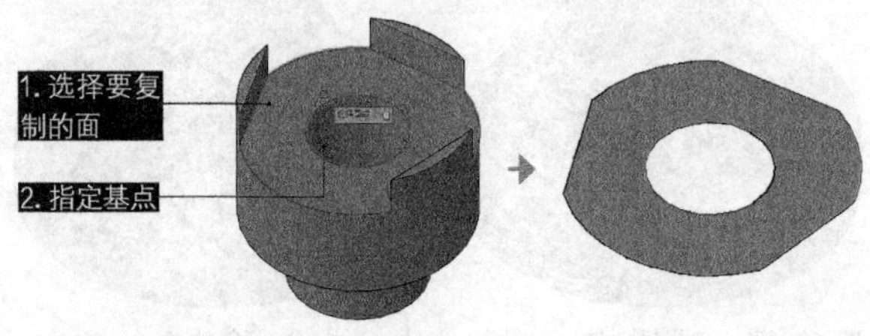

图 16-165 复制实体面

16.5.5 偏移实体面

执行偏移实体面操作是在一个三维实体上按指定的距离均匀地偏移实体面，可根据设计需要将现有的面从原始位置向内或向外偏移指定的距离，从而获取新的实体面。

·执行方式

在 AutoCAD 2016 中调用【偏移面】有如下几种常用方法。

◆功能区：在【常用】选项卡中，单击【实体编辑】面板上的【偏移面】工具按钮，如图 16-166 所示。

◆菜单栏：执行【修改】|【实体编辑】|【偏移面】命令，如图 16-167 所示。

◆命令行：输入“SOLIDEDIT”命令。

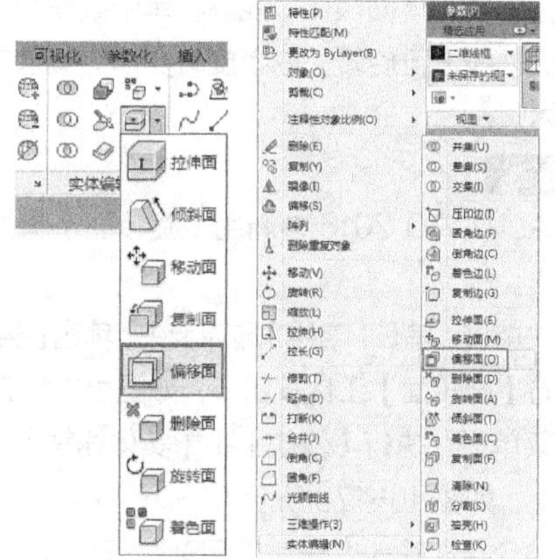

图 16-166【偏移面】面板按钮　图 16-167【偏移面】菜单命令

·操作步骤

执行上述任一命令后，在【绘图区】选取要偏移的面，并输入偏移距离，按 Enter 键，即可获得如图 16-168 所示的偏移面特征。

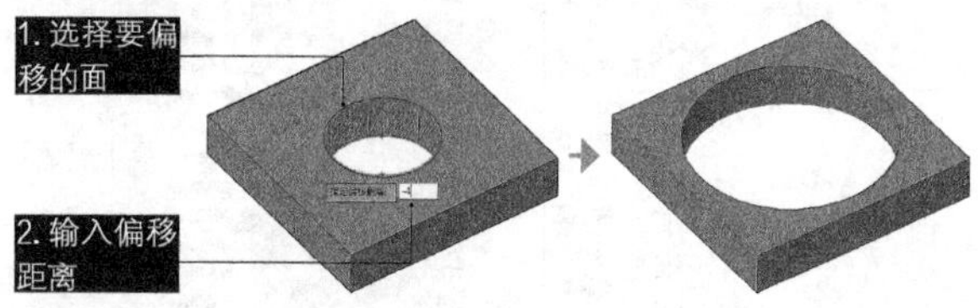

图 16-168　偏移实体面

练习 16-25　偏移实体面进行扩孔

难度：☆☆☆	
素材文件路径：	素材/第16章/16-24移动实体面大摇臂-OK.dwg
效果文件路径：	素材/第16章/16-25偏移实体面进行扩孔-OK.dwg
视频文件路径：	视频/第16章/16-25偏移实体面进行扩孔.mp4
播放时长：	57秒

接着【练习 16-25】的结果模型进行操作，通过【偏移面】命令将其中的孔进行扩大。

Step 01 单击快速访问工具栏中的【打开】按钮，打开“第16章/16-24移动实体面大摇臂-OK.dwg”文件，如图 16-169所示。

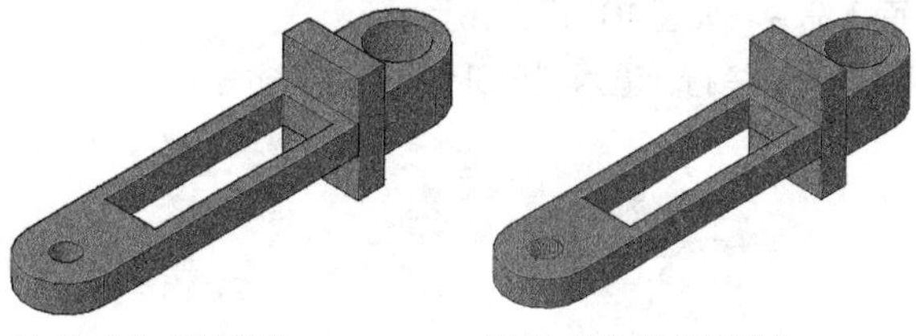

图 16-169　素材图样　　图 16-170　选取偏移面

Step 02 单击【实体编辑】面板上【偏移面】按钮，选择如图 16-170所示的面为要偏移的面，命令行提示如下。

```
命令: _solidedit
实体编辑自动检查: SOLIDCHECK=1
输入实体编辑选项 [面(F)/边(E)/体(B)/放弃(U)/退出(X)] <退出>:
_face
输入面编辑选项
[拉伸(E)/移动(M)/旋转(R)/偏移(O)/倾斜(T)/删除(D)/复制(C)/
颜色(L)/材质(A)/放弃(U)/退出(X)] <退出>: _offset
                        //调用偏移面命令
选择面或 [放弃(U)/删除(R)]: 找到一个面
                        //选择要偏移的面
选择面或 [放弃(U)/删除(R)/全部(ALL)]:
                        //单击右键结束选择
指定偏移距离: -10   //输入偏移距离，负号表示方向向外
已开始实体校验
已完成实体校验
输入面编辑选项
[拉伸(E)/移动(M)/旋转(R)/偏移(O)/倾斜(T)/删除(D)/复制(C)/
颜色(L)/材质(A)/放弃(U)/退出(X)] <退出>: *取消*
                        //按Enter键或Esc键结束操作
```

Step 03 通过以上操作即可完成偏移面的操作，其效果如图 16-171所示。

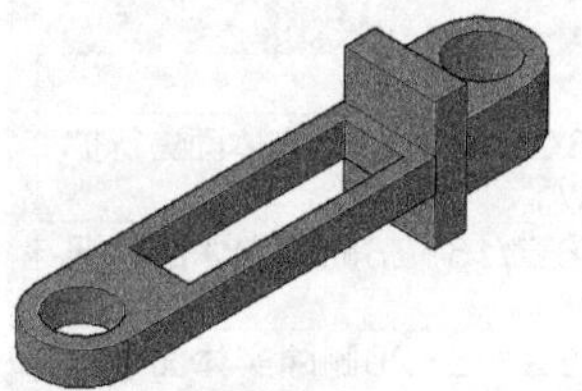

图 16-171　偏移面效果

16.5.6 删除实体面

在三维建模环境中，执行删除实体面操作是从三维实体对象上删除实体表面、圆角等实体特征。

·执行方式

在 AutoCAD 2016 中调用【删除面】有如下几种常用方法。

◆功能区：在【常用】选项卡中，单击【实体编辑】面板上的【删除面】工具按钮，如图16-172所示。

◆菜单栏：执行【修改】|【实体编辑】|【删除面】命令，如图16-173所示。

◆命令行：输入“SOLIDEDIT”命令。

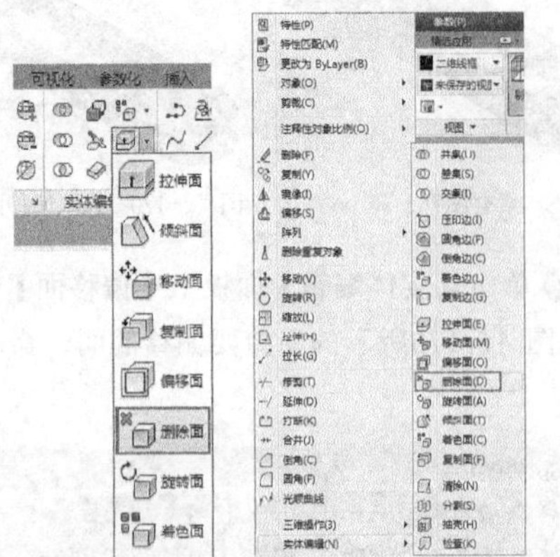

图16-172【删除面】面板按钮　图16-173【删除面】菜单命令

·操作步骤

执行上述任一命令后，在【绘图区】选择要删除的面，按Enter键或单击右键即可执行实体面删除操作，如图16-174所示。

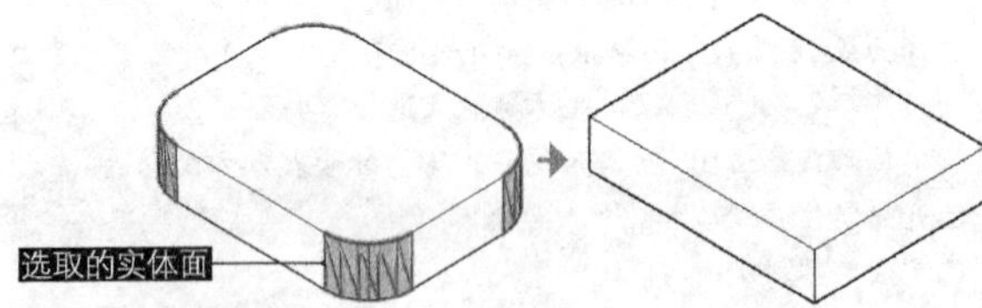

图16-174　删除实体面

练习 16-26 删除实体面大摇臂

难度：☆☆☆	
素材文件路径：	素材/第16章/16-25偏移实体面进行扩孔-OK.dwg
效果文件路径：	素材/第16章/16-26删除实体面大摇臂-OK.dwg
视频文件路径：	视频/第16章/16-26删除实体面大摇臂.mp4
播放时长：	57秒

接着【练习16-25】的结果模型进行操作，删除模型左侧的面。

Step 01 单击快速访问工具栏中的【打开】按钮，打开“第16章/16-25偏移实体面进行扩孔-OK.dwg”素材文件，如图16-175所示。

Step 02 单击【实体编辑】面板上【删除面】按钮，选择要删除的面，单击回车键进行删除，如图16-176所示。

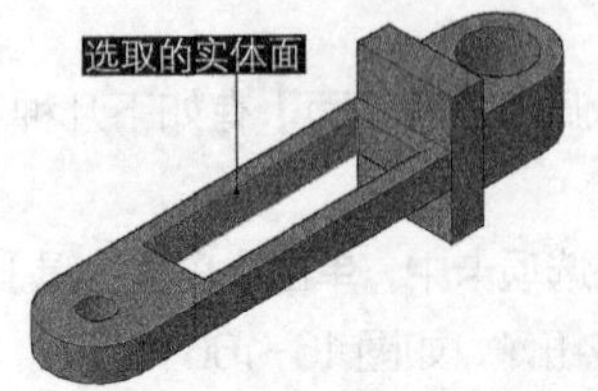

图16-175　素材图样

图16-176　删除实体面

16.5.7 旋转实体面

执行旋转实体面操作，能够将单个或多个实体表面绕指定的轴线进行旋转，或者旋转实体的某些部分形成新的实体。

·执行方式

在AutoCAD 2016中调用【旋转面】有如下几种常用方法。

◆功能区：单在【常用】选项卡中，单击【实体编辑】面板上的【旋转面】工具按钮，如图16-177所示。

◆菜单栏：执行【修改】|【实体编辑】|【旋转面】命令，如图16-178所示。

◆命令行：输入“SOLIDEDIT”命令。

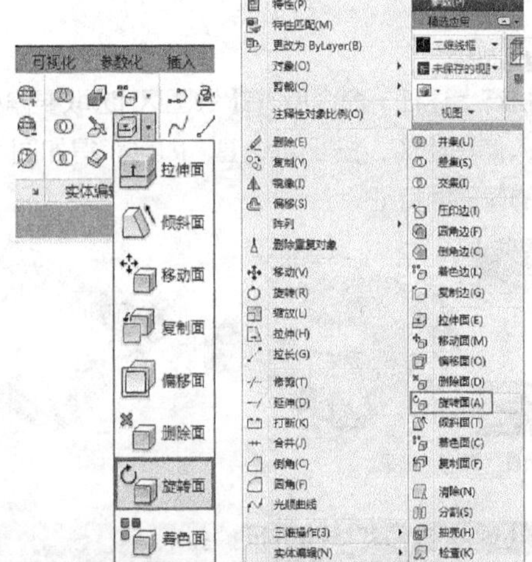

图16-177【旋转面】面板按钮　图16-178【旋转面】菜单命令

·操作步骤

执行上述任一命令后，在【绘图区】选取需要旋转的实体面，捕捉两点为旋转轴，并指定旋转角度，按Enter键，即可完成旋转操作。当一个实体面旋转后，与其相交的面会自动调整，以适应改变后的实体，效果如图16-179所示。

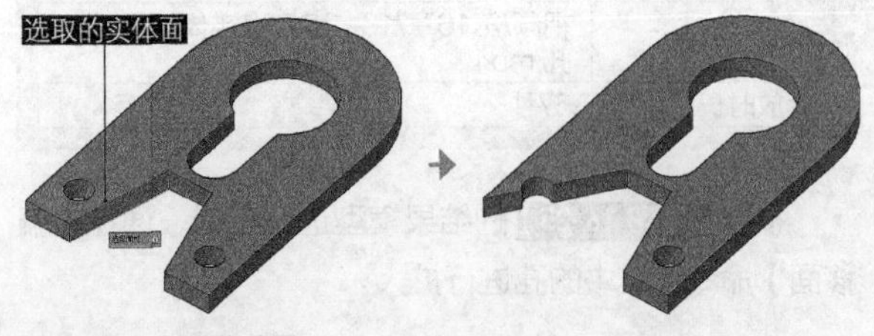

图16-179　旋转实体面

16.5.8 着色实体面 ★进阶★

执行实体面着色操作可修改单个或多个实体面的颜色，以取代该实体对象所在图层的颜色，更方便查看这些表面。

• 执行方式

在 AutoCAD 2016 中调用【着色面】有如下几种常用方法。

◆功能区：单在【常用】选项卡中，单击【实体编辑】面板上的【着色面】工具按钮，如图 16-180 所示。

◆菜单栏：执行【修改】|【实体编辑】|【着色面】命令，如图 16-181 所示。

◆命令行：输入“SOLIDEDIT”命令。

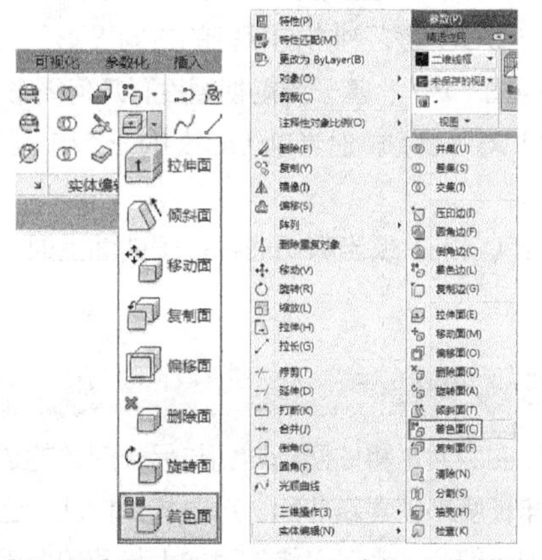

图 16-180【着色面】面板按钮　图 16-181【着色面】菜单命令

• 操作步骤

执行上述任一命令后，在【绘图区】指定需要着色的实体表面，按 Enter 键，系统弹出【选择颜色】对话框。在该对话框中指定填充颜色，单击【确定】按钮，即可完成面着色操作。

16.6 曲面编辑

与三维实体一样，曲面也可以进行倒圆、延伸等编辑操作。

16.6.1 圆角曲面

使用曲面【圆角】命令可以在现有曲面之间的空间中创建新的圆角曲面。圆角曲面具有固定半径轮廓且与原始曲面相切。

• 执行方式

创建【圆角】曲面的方法如下。

◆功能区：在【曲面】选项卡中，单击【编辑】面板中的【圆角】按钮，如图 16-182 所示。

◆菜单栏：调用【绘图】|【建模】|【曲面】|【圆角】菜单命令，如图 16-183 所示。

◆命令行：输入“SURFFILLET”命令。

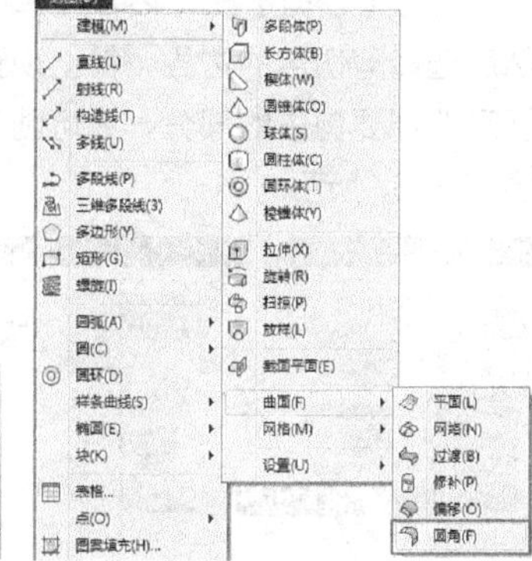

图 16-182【编辑】面板中的【圆角】按钮　图 16-183【圆角】菜单命令

• 操作步骤

曲面创建圆角的命令与二维图形中的倒圆角类似，具体操作如图 16-184 所示。

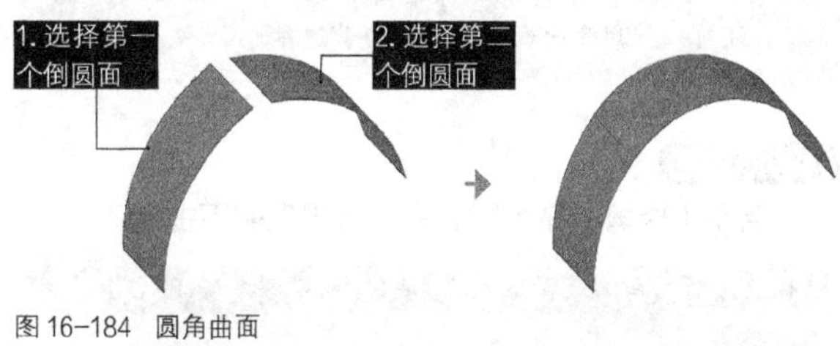

图 16-184　圆角曲面

16.6.2 修剪曲面

曲面建模工作流中的一个重要步骤是修剪曲面。可以在曲面与相交对象相交处修剪曲面，或者将几何图形作为修剪边投影到曲面上。【修剪】命令可修剪与其他曲面或其他类型的几何图形相交的曲面部分，类似于二维绘图中的修剪。

• 执行方式

执行曲面修剪的方法如下。

◆功能区：在【曲面】选项卡中，单击【编辑】面板中的【修剪】按钮，如图 16-185 所示。

◆菜单栏：调用【修改】|【曲面编辑】|【修剪】命令，如图 16-186 所示。

◆命令行：输入“SURFTRIM”命令。

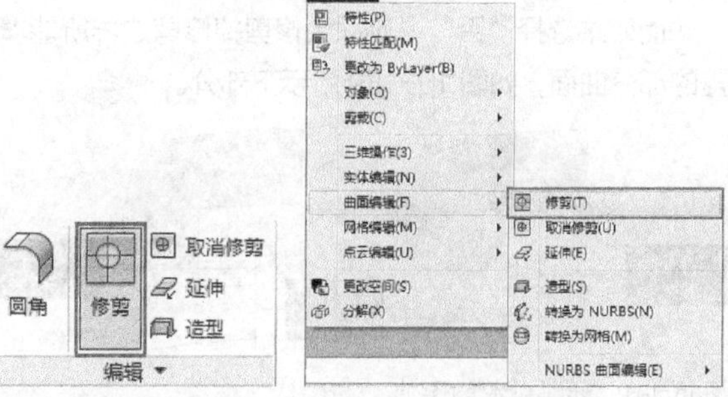

图 16-185【编辑】面板中的【修剪】按钮　图 16-186【修剪】菜单命令

·操作步骤

执行【修剪】命令后，选择要进行修剪的曲面，然后选择剪切用的边界，待出现预览边界之后，根据提示选择要剪去的部分，即可创建修剪曲面，操作如图 16-187 所示。

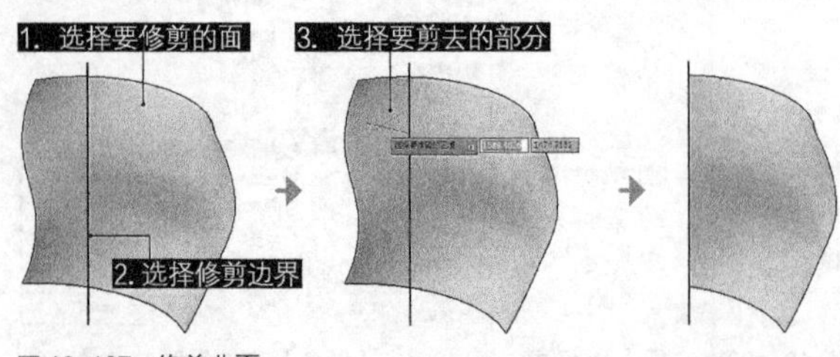

图 16-187　修剪曲面

操作技巧

可用作修剪边的曲线包括直线、圆弧、圆、椭圆、二维多段线、二维样条曲线拟合多段线、二维曲线拟合多段线、三维多段线、三维样条曲线拟合多段线、样条曲线和螺旋，还可以使用曲面和面域作为修剪边界。

·选项说明

启用【修剪】命令时，命令行出现如下提示。

```
选择要修剪的曲面或面域或者 [延伸(E)/投影方向(PRO)]:
```

延伸（E）和投影方向（PRO）是曲面修剪时十分重要的两个设置组，具体说明如下。

◎ 延伸（E）

选择延伸（E）子选项后命令行提示如下。

```
延伸修剪几何图形 [是(Y)/否(N)] <是>:
```

该选项可以控制修剪边界与修剪曲面的相交。如果选择“是”，则会自动延伸修剪边界，曲面超出边界的部分也会被修剪，如图 16-188 所示的上部分曲面。

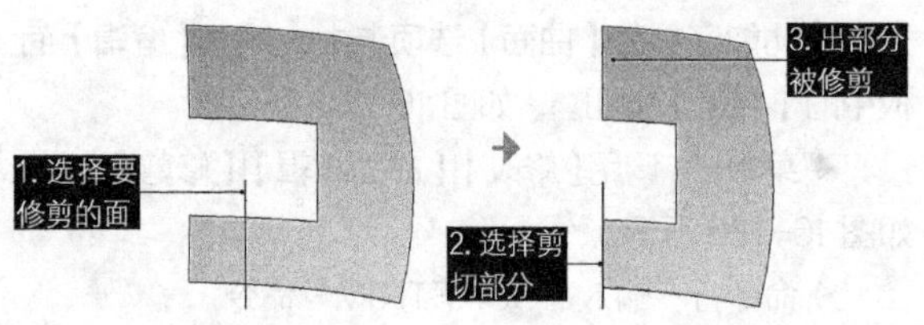

图 16-188　修剪曲面选择延伸

而如果选择“否”，则只会修剪掉修剪边界所能覆盖的部分曲面，如图 16-189 所示下部分。

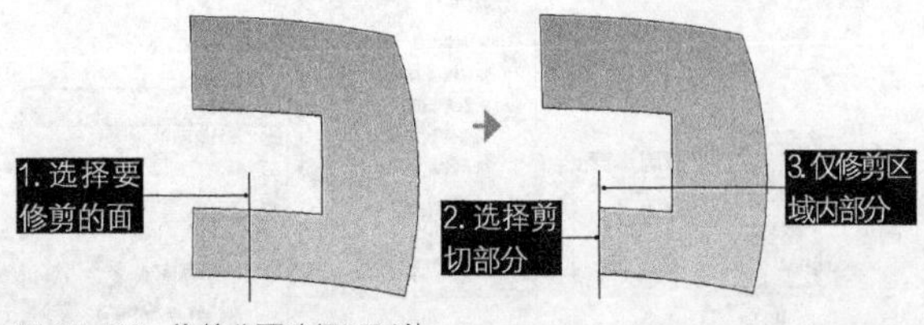

图 16-189　修剪曲面选择不延伸

◎ 投影方向（PRO）

投影方向（PRO）可以控制剪切几何图形投影到曲面的角度，选择该子选项后，命令行提示如下。

```
指定投影方向 [自动(A)/视图(V)/UCS(U)/无(N)] <自动>:
```

各选项含义说明如下：

◆自动（A）：在平面平行视图（例如，默认的俯视图、前视图和右视图）中修剪曲面或面域时，剪切几何图形将沿视图方向投影到曲面上；使用平面曲线在角度平行视图或透视视图中修剪曲面或面域时，剪切几何图形将沿与曲线平面垂直的方向投影到曲面上。用三维曲线在角度平行视图或透视视图（例如，默认的透视视图）中修剪曲面或面域时，剪切几何图形将沿与当前 UCS 的 *Z* 轴方向平行的方向投影到曲面上。

◆视图（V）：基于当前视图投影几何图形。

◆UCS（U）：沿当前 UCS 的 +*Z* 和 -*Z* 轴投影几何图形。

◆无（N）：仅当剪切曲线位于曲面上时，才会修剪曲面。

16.6.3 延伸曲面

延伸曲面通过将曲面延伸到与另一对象的边相交或指定延伸长度来创建新曲面。可以将延伸曲面合并为原始曲面的一部分，也可以将其附加为与原始曲面相邻的第二个曲面。

·执行方式

◆功能区：在【曲面】选项卡中，单击【修改】面板中的【延伸】按钮。

◆菜单栏：调用【修改】|【曲面编辑】|【延伸】命令。

◆命令行：输入“SURFEXTEND”命令。

·操作步骤

执行【延伸】命令后，选择要延伸的曲面边线，然后再指定延伸距离，即可创建延伸曲面，效果如图 16-190 所示。

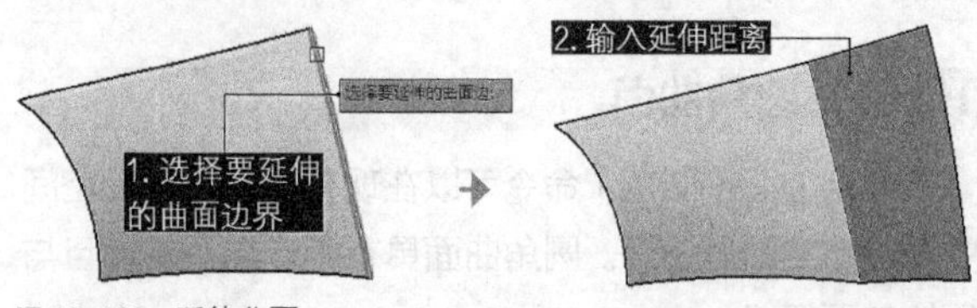

图 16-190　延伸曲面

16.6.4 曲面造型

在其他专业性质的三维建模软件中，如 UG、Solidworks、犀牛等，均有将封闭曲面转换为实体的功能，这极大地提高了产品的曲面造型技术。在

AutoCAD 2016 中，也有与此功能相似的命令，那就是【造型】。

• 执行方式

执行【造型】命令的方法如下。

◆功能区：在【曲面】选项卡中，单击【编辑】面板中的【造型】按钮，如图 16-191 所示。

◆菜单栏：调用【修改】|【曲面编辑】|【造型】命令，如图 16-192 所示。

◆命令行：输入“SURFSCULPT”命令。

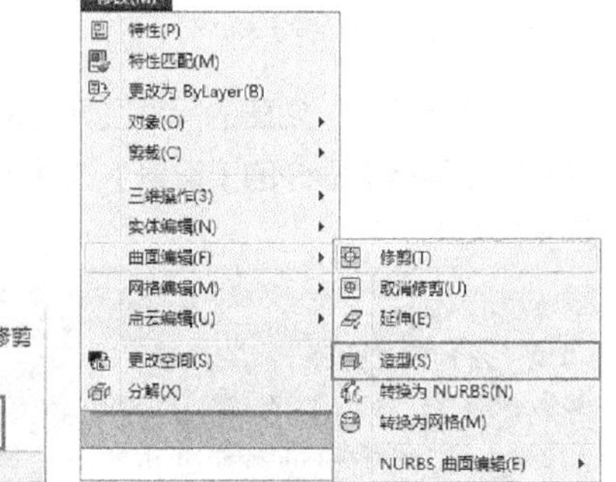

图 16-191【编辑】面板中的【造型】按钮　图 16-192【造型】菜单命令

• 操作步骤

执行【造型】命令后，直接选择完全封闭的一个或多个曲面，曲面之间必须没有间隙，即可创建一个三维实体对象，如图 16-193 所示。

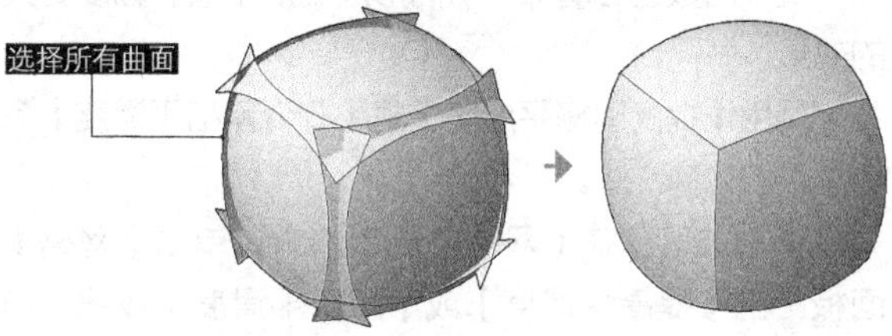

图 16-193　曲面造型

练习 16-27 曲面造型创建钻石模型

难度：☆☆☆	
素材文件路径：	素材/第16章/16-27曲面造型创建钻石模型.dwg
效果文件路径：	素材/第16章/16-27曲面造型创建钻石模型-OK.dwg
视频文件路径：	视频/第16章/16-27曲面造型创建钻石模型.mp4
播放时长：	1分31秒

钻石色泽光鲜，璀璨夺目，是一种昂贵的装饰品，因此在家具、灯饰上通常使用玻璃、塑料等制成的假钻石来作为替代。与真钻石一样，这些替代品也被制成多面体形状，如图 16-194 所示。

Step 01 单击快速访问工具栏中的【打开】按钮，打开“第16章/16-27曲面造型创建钻石模型.dwg”素材文件，如图16-195所示。

图 16-194　钻石

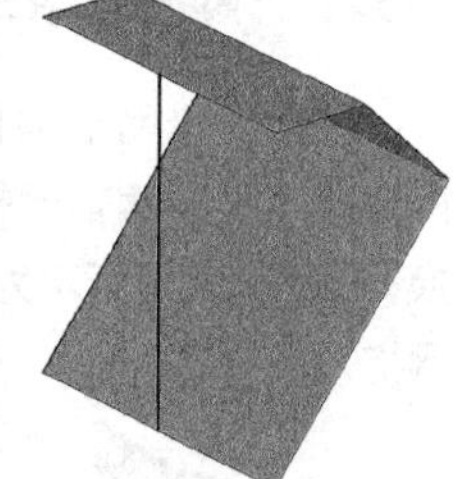

图 16-195　素材文件

Step 02 单击【常用】选项卡【修改】面板中的【环形阵列】按钮，选择素材中已经创建好的3个曲面，然后以直线为旋转轴，设置阵列数量为6，角度360°，如图16-196所示。

图 16-196　曲面造型

Step 03 在【曲面】选项卡中，单击【编辑】面板中的【造型】按钮，全选阵列后的曲面，再单击Enter键确认，即可创建钻石模型，如图16-197所示。

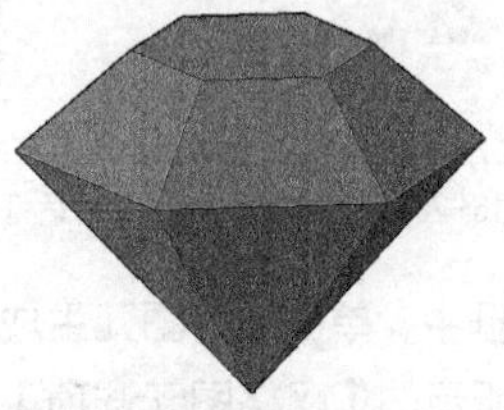

图 16-197　创建的钻石模型

• 初学解答　曲面转换为实体时失败

在某些情况下，如果您尝试将曲面和网格转换为三维实体，将显示错误消息。可从以下方面考虑解决该问题。

◆曲面可能没有完全封闭体积。如果将闭合曲面延伸至其他曲面之外，则可以降低出现小间隙的概率。

◆使用小控件编辑网格可能会导致面之间出现间隙或孔。在某些情况下，可以通过先对网格对象进行平滑处理来闭合间隙。

◆如果已修改网格对象以使一个或多个面与同一对象中的面相交，则无法将其转换为三维实体。

16.7 网格编辑

使用三维网格编辑工具可以优化三维网格，调整网格平滑度、编辑网格面和进行实体与网格之间的转换。图 16-198 所示为使用三维网格编辑命令优化三维网格。

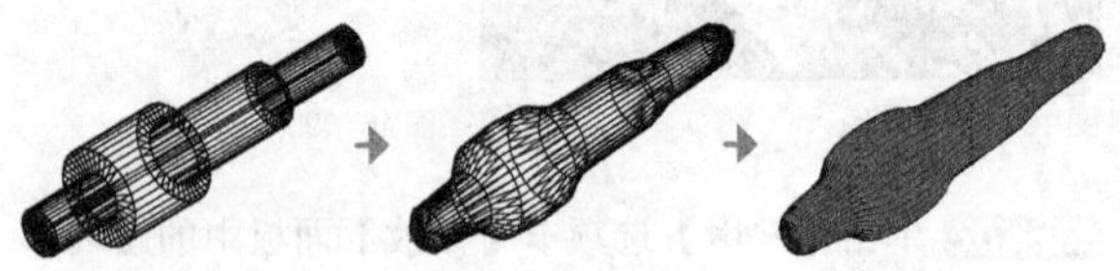

图 16-198 优化三维网格

16.7.1 设置网格特性

用户可以在创建网格对象之前和之后设定用于控制各种网格特性的默认设置。在【网格】选项卡中，单击【网格】面板右下角的按钮，如图 16-199 所示。可弹出图 16-200 所示的【网格镶嵌选项】对话框，在此可以为创建的每种类型的网格对象设定每个网格图元的镶嵌密度（细分数）。

图 16-199【网格镶嵌选项】按钮

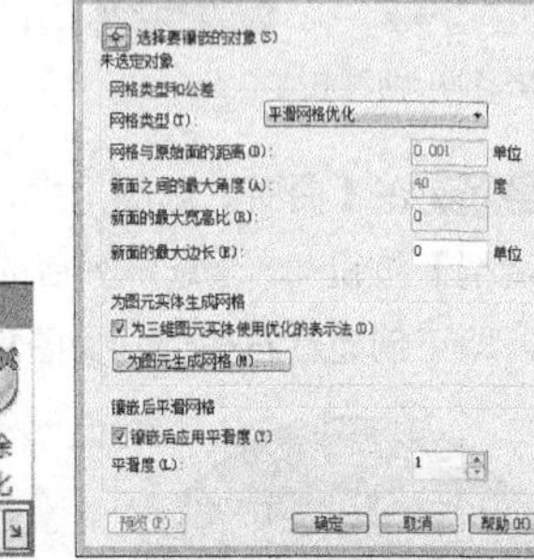

图 16-200【网格镶嵌选项】对话框

在【网格镶嵌选项】对话框中，单击【为图元生成网格】按钮，弹出图 16-201 所示的【网格图元选项】对话框，在此可以为转换为网格的三维实体或曲面对象设定默认特性。

在创建网格对象及其子对象之后，如果要修改其特性。可以在要修改的对象上双击，打开【特性】选项板，如图 16-202 所示。对于选定的网格对象，可以修改其平滑度；对于面和边，可以应用或删除锐化，也可以修改锐化保留级别。

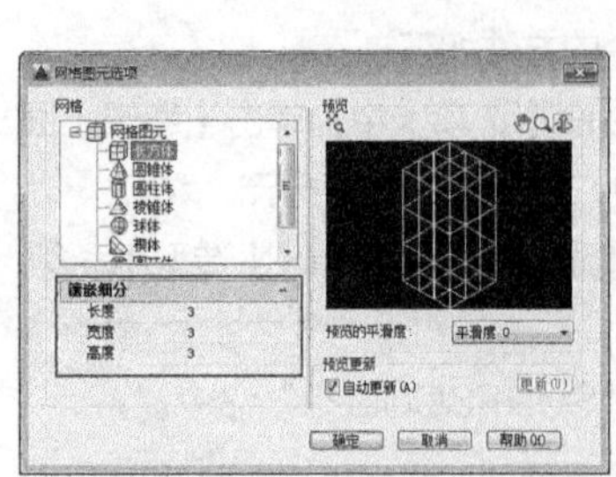

图 16-201【网格图元选项】对话框

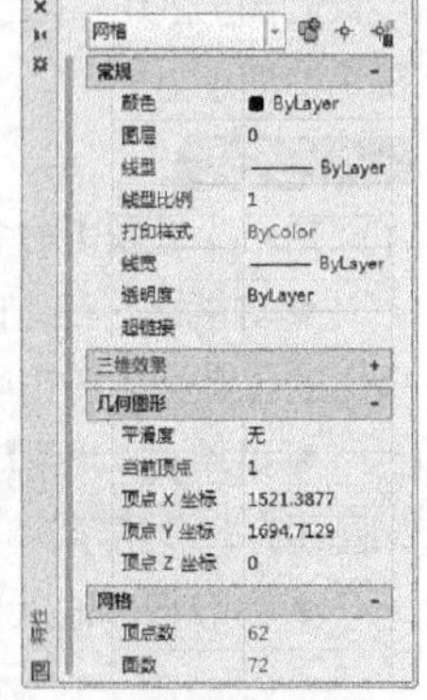

图 16-202【特性】选项板

默认情况下，创建的网格图元对象平滑度为 0，可以使用【网格】命令的【设置】选项更改此设置。命令行操作如下。

```
命令: MESH↙
当前平滑度设置为: 0
输入选项 [长方体(B)/圆锥体(C)/圆柱体(CY)/棱锥体(P)/球体(S)/楔体(W)/圆环体(T)/设置(SE)]:        SE↙
指定平滑度或[镶嵌(T)] <0>:
                                        //输入0~4之间的平滑度
```

16.7.2 提高 / 降低网格平滑度

网格对象由多个细分或镶嵌网格面组成，用于定义可编辑的面，每个面均包括底层镶嵌面，如果平滑度增加，镶嵌面数也会增加，从而形成更加平滑、圆度更大的效果。

调用【提高网格平滑度】或【降低网格平滑度】命令有以下几种方法。

◆功能区：在【网格】选项卡中，单击【网格】面板上的【提高平滑度】或【降低平滑度】按钮，如图 16-203 所示。

◆菜单栏：选择【修改】|【网格编辑】|【提高平滑度】或【降低平滑度】命令，如图 16-204 所示。

◆命令行：输入“MESHSMOOTHMORE”或“MESHSMOOTHLESS”命令。

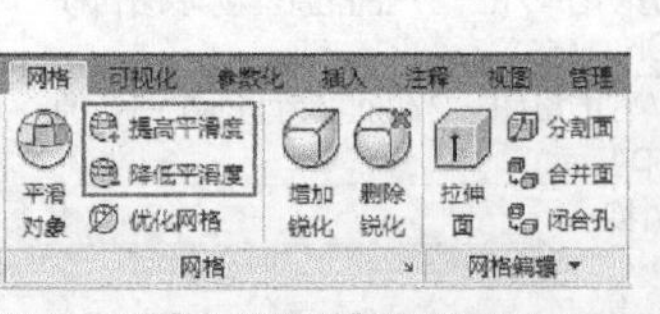

图 16-203【边界网格】面板按钮

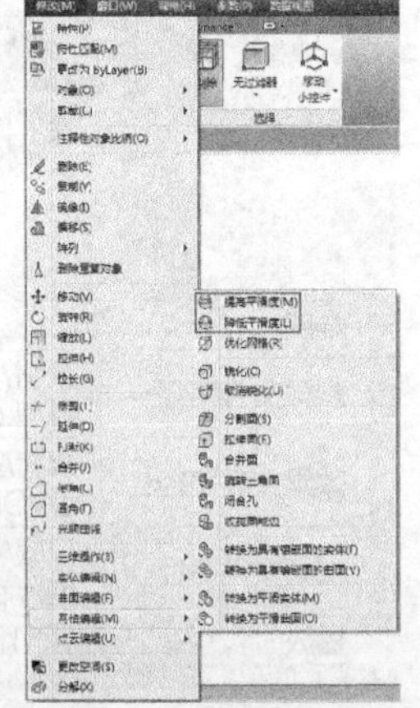

图 16-204【边界网格】菜单命令

图 16-205 所示为调整网格平滑度的效果。

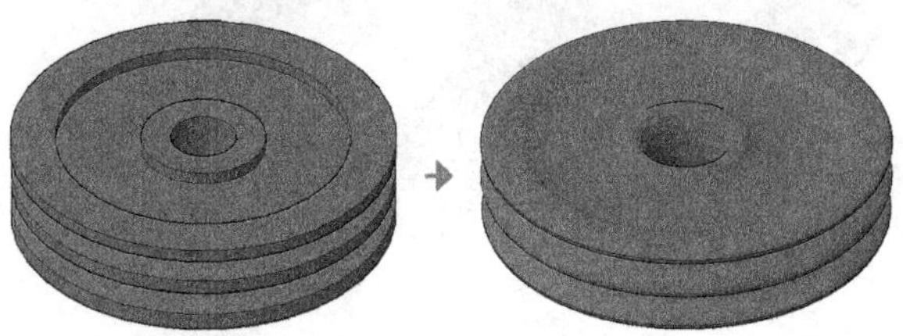

图 16-205 调整网格平滑度

16.7.3 拉伸面

通过拉伸网格面，可以调整三维对象的造型。拉伸其他类型的对象，会创建独立的三维实体对象。但是，拉伸网格面会展开现有对象或使现有对象发生变形，并分割拉伸的面。调用拉伸三维网格面命令的方法如下。

◆功能区：在【网格】选项卡中，单击【网格编辑】面板上的【拉伸面】按钮，如图 16-206 所示。

◆菜单栏：选择【修改】|【网格编辑】|【拉伸面】命令，如图 16-207 所示。

◆命令行：输入“MESHEXTRUDE”命令。

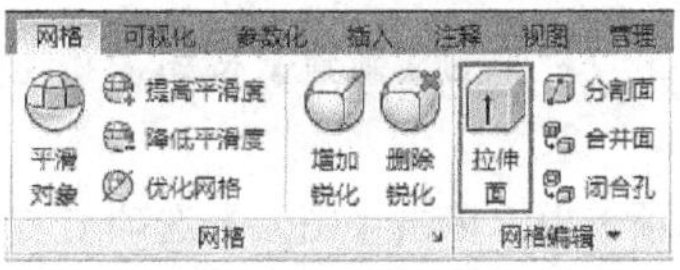

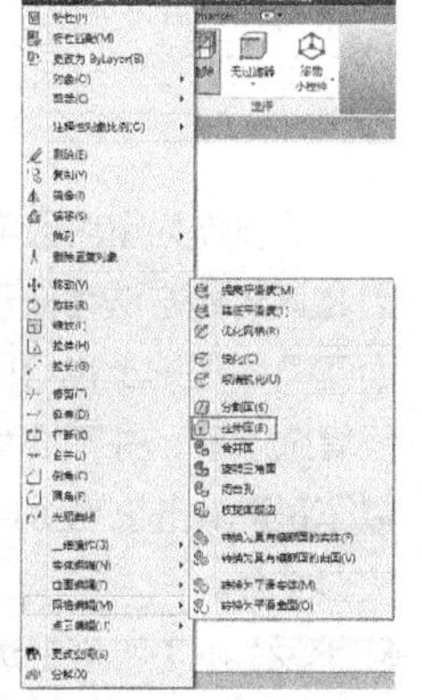

图 16-206 【拉伸面】面板按钮

图 16-207【拉伸面】菜单命令

图 16-208 所示为拉伸三维网格面的效果。

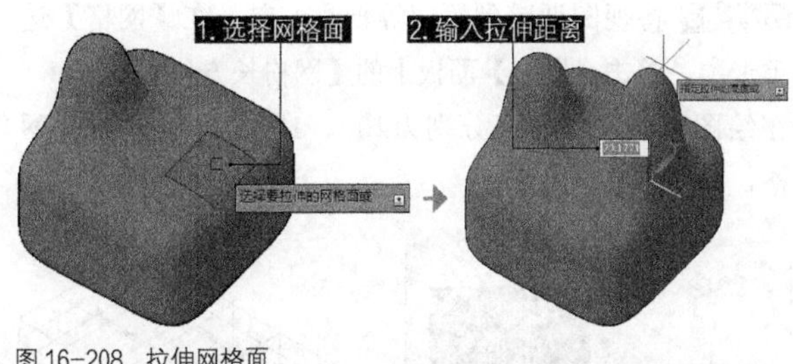

图 16-208 拉伸网格面

16.7.4 分割面

【分割面】命令可以将网格面均匀的或者通过线来拆分，能将一个大的网格面分割为众多小网格面，从而获得更精细的操作。调用网格分割面命令的方法如下。

◆功能区：在【网格】选项卡中，单击【网格编辑】面板上的【分割面】按钮，如图 16-209 所示。

◆菜单栏：选择【修改】|【网格编辑】|【分割面】命令，如图 16-210 所示。

◆命令行：输入“MESHSPLIT”命令。

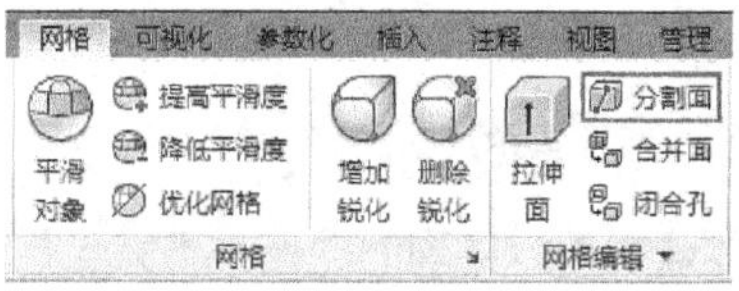

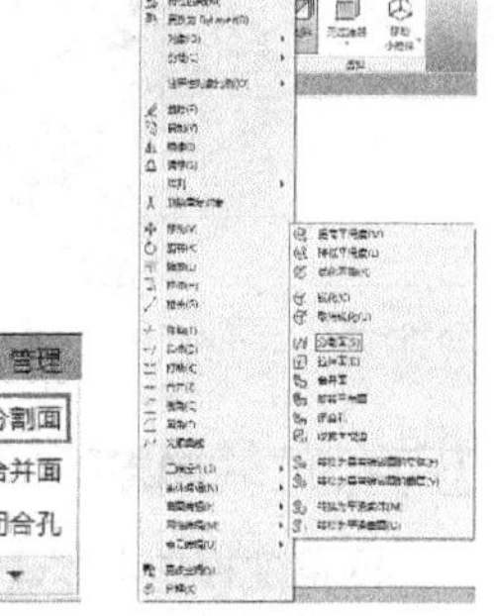

图 16-209【分割面】面板按钮

图 16-210【分割面】菜单命令

分割面操作的效果如图 16-211 所示。

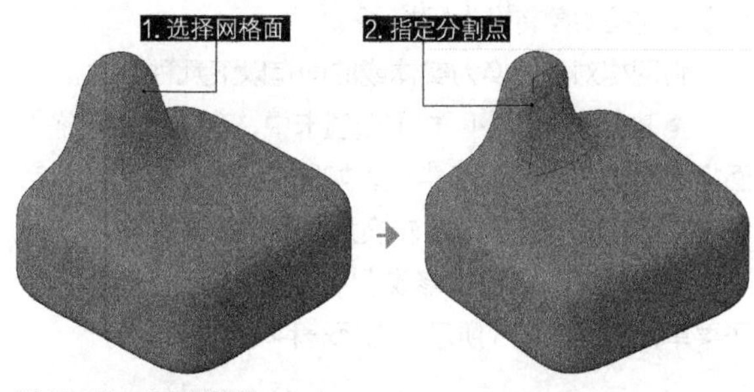

图 16-211 分割网格面

16.7.5 合并面

使用【合并面】命令可以合并多个网格面生成单个面，被合并的面可以在同一平面上，也可以在不同平面上，但需要相连。调用【合并面】命令有以下几种方法。

◆功能区：在【网格】选项卡中，单击【网格编辑】面板上的【合并面】按钮，如图 16-212 所示。

◆菜单栏：选择【修改】|【网格编辑】|【合并面】命令，如图 16-213 所示。

◆命令行：输入“MESHMERGE”命令。

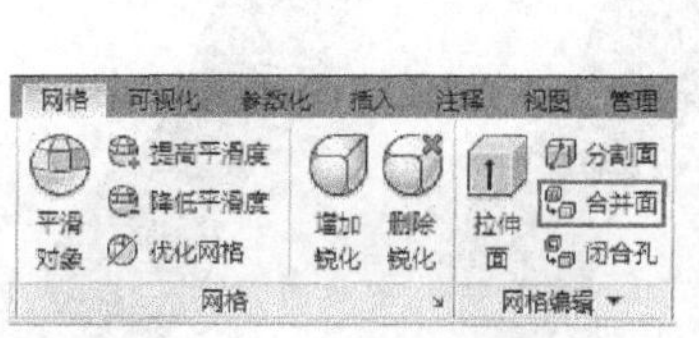

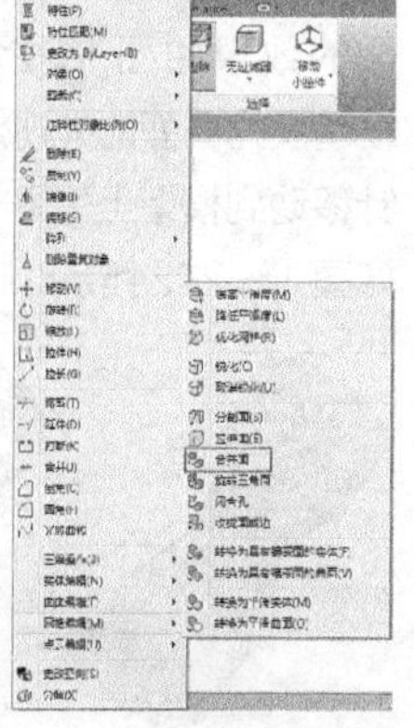

图 16-212【合并面】面板按钮

图 16-213【合并面】菜单命令

图 16-214 所示为合并三维网格面的效果。

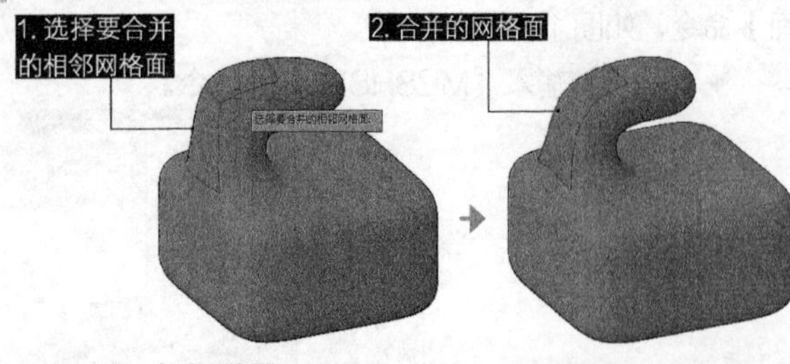

图 16-214　合并网格面

16.7.6 转换为实体和曲面

网格建模与实体建模可以实现的操作并不完全相同。如果需要通过交集、差集或并集操作来编辑网格对象，则可以将网格转换为三维实体或曲面对象。同样，如果需要将锐化或平滑应用于三维实体或曲面对象，则可以将这些对象转换为网格。

将网格对象转换为实体或曲面有以下几种方法。

◆功能区：在【网格】选项卡中，在【转换网格】面板上先选择一种转换类型，如图 16-215 所示。然后单击【转换为实体】或【转换为曲面】按钮。

◆菜单栏：选择【修改】|【网格编辑】命令，其子菜单如图 16-216 所示，选择一种转换的类型。

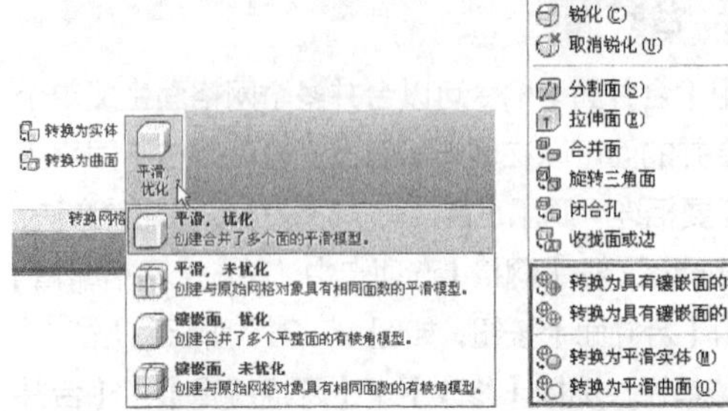

图 16-215 功能区面板上的转换网格按钮　图 16-216 转换网格的菜单选项

如图 16-217 所示的三维网格，转换为各种类型实体的效果如图 16-218 ~ 图 16-221 所示。将三维网格转换为曲面的外观效果与转换为实体完全相同，将指针移动到模型上停留一段时间，可以查看对象的类型，如图 16-222 所示。

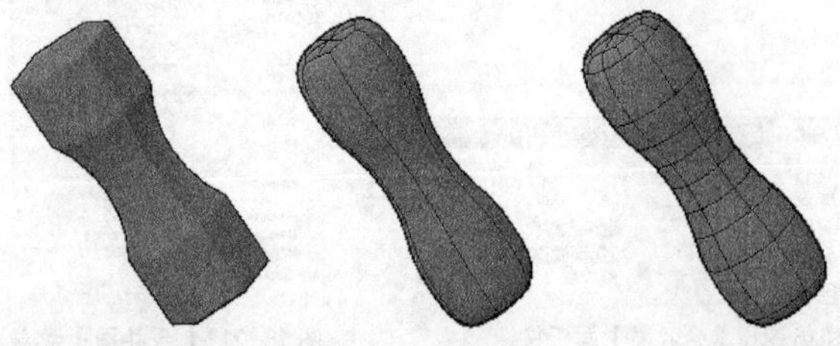

图 16-217 网格模型　图 16-218 平滑优化　图 16-219 平滑未优化

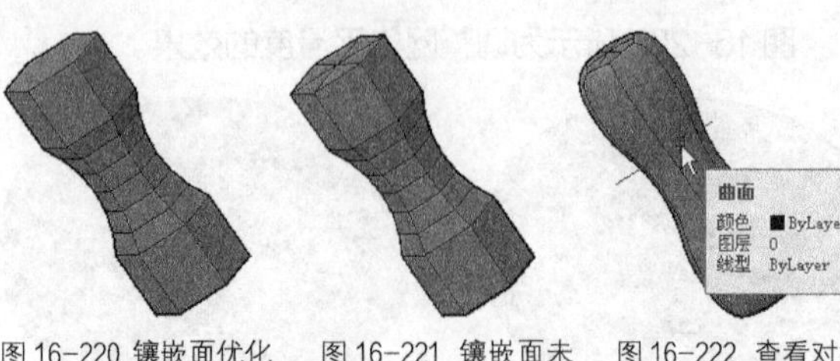

图 16-220 镶嵌面优化　图 16-221 镶嵌面未优化　图 16-222 查看对象类型

练习 16-28 创建沙发网格模型

难度：☆☆☆☆	
素材文件路径：	无
效果文件路径：	素材/第16章/16-28创建沙发网格模型-OK.dwg
视频文件路径：	视频/第16章/16-28创建沙发网格模型.mp4
播放时长：	5分59秒

沙发作为室内最常见的家具，种类繁多，造型各异，因此其建模方法也偏于灵活的网格建模。实体建模与曲面建模在理论上也可以创建出多样的沙发模型，但是过程复杂烦琐，并不推荐。

Step 01 单击快速访问工具栏中的【新建】按钮，新建空白文件。

Step 02 在【网格】选项卡中，单击【图元】选项卡右下角的箭头，在弹出的【网格图元选项】对话框中，选择【长方体】图元选项，设置长度细分为5、宽度细分为3、高度细分为2，如图16-223所示。

Step 03 将视图调整到西南等轴测方向，在【网格】选项卡中，单击【图元】面板上的【网格长方体】按钮，在绘图区绘制长宽高分别为200、100、30的长方体网格，如图16-224所示。

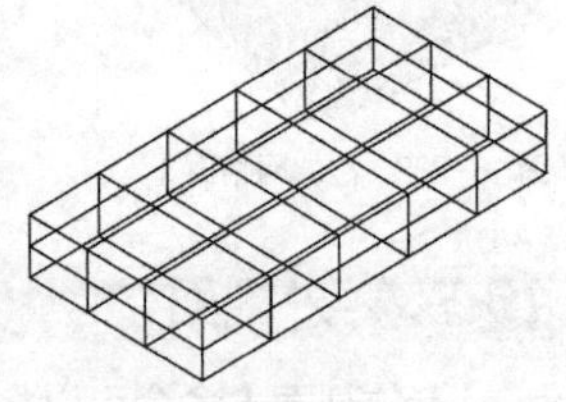

图 16-223【网格图元选项】对话框　图 16-224 创建的网格长方体

Step 04 在【网格】选项卡中，单击【网格编辑】面板上的【拉伸面】按钮，选择网格长方体上表面3条边界处的9个网格面，向上拉伸30，如图16-225所示。

Step 05 在【网格】选项卡，单击【网格编辑】面板上的【合并面】按钮，在绘图区中选择沙发扶手外侧的两个网格面，将其合并；重复使用该命令，合并扶手内侧的两个网格面，以及另外一个扶手的内外网格面，如图16-226所示。

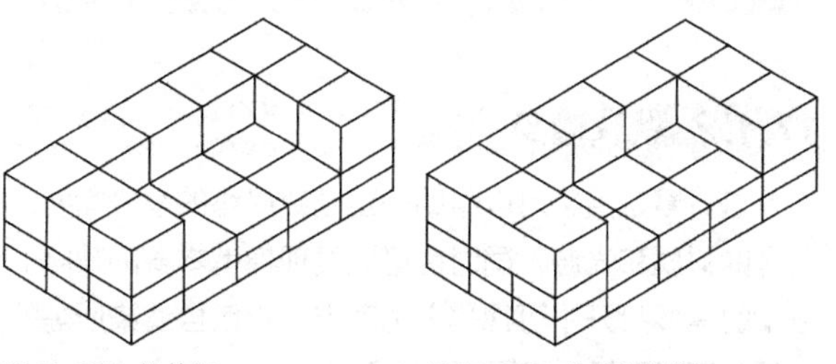

图 16-225 拉伸面　　图 16-226 合并面的结果

Step 06 在【网格】选项卡中，单击【网格编辑】面板上的【分割面】按钮，选择以上合并后的网格面，绘制连接矩形角点和竖直边中点的分割线，并使用同样的方法分割其他3组网格面，如图16-227所示。

Step 07 再次调用【分割面】命令，在绘图区中选择扶手前端面，绘制平行底边的分割线，结果如图16-228所示。

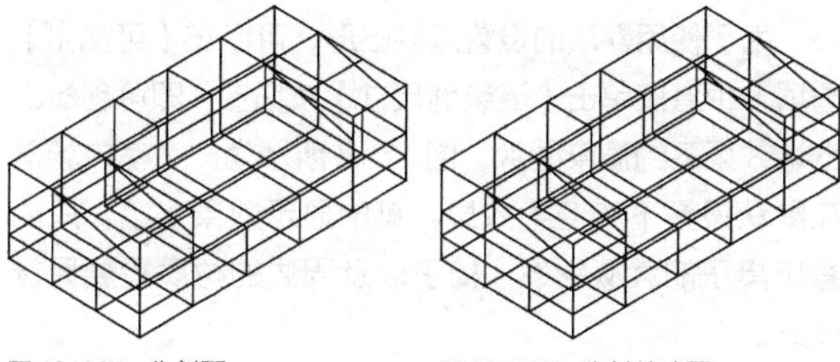

图 16-227 分割面　　图 16-228 分割前端面

Step 08 在【网格】选项卡中，单击【网格编辑】面板上的【合并面】按钮，选择沙发扶手上面的两个网格面、侧面的两个三角网格面和前端面，将它们合并。按照同样的方法合并另一个扶手上对应的网格面，结果如图16-229所示。

Step 09 在【网格】选项卡中，单击【网格编辑】面板上的【拉伸面】按钮，选择沙发顶面的5个网格面，设置倾斜角为30°，向上拉伸距离为15，结果如图16-230所示。

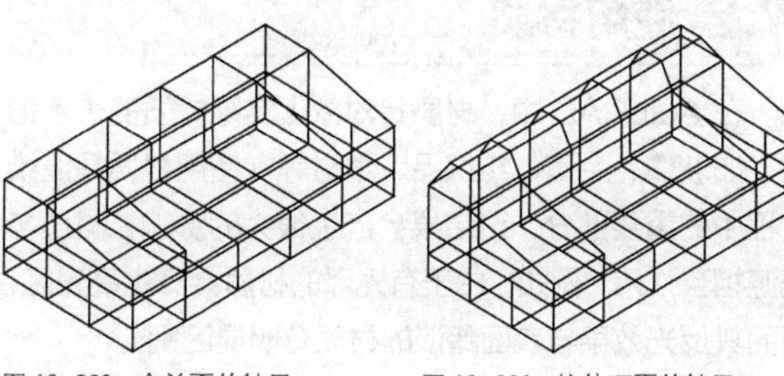

图 16-229 合并面的结果　　图 16-230 拉伸顶面的结果

Step 10 在【网格】选项卡中，单击【网格】面板上的【提高平滑度】按钮，选择沙发的所有网格，提高平滑度2次，结果如图16-231所示。

Step 11 在【视图】选项卡中，单击【视觉样式】面板上的【视觉样式】下拉列表，选择【概念】视觉样式，显示效果如图16-232所示。

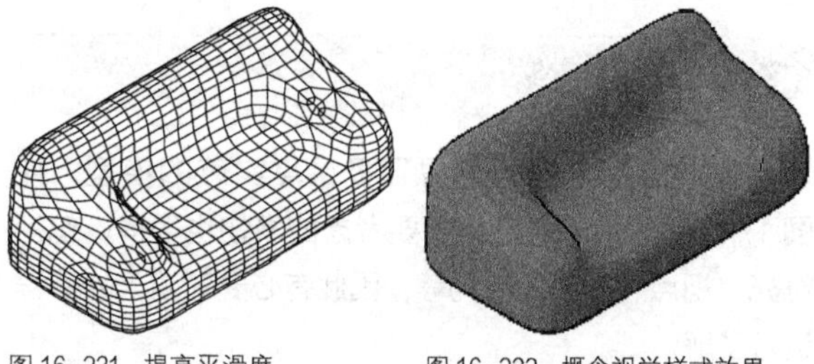

图 16-231 提高平滑度　　图 16-232 概念视觉样式效果

第 17 章 三维渲染

尽管三维建模比二维图形更逼真，但是看起来仍不真实，缺乏现实世界中的色彩、阴影和光泽。而在电脑绘图中，将模型按严格定义的语言或者数据结构来对三维物体进行描述，包括几何、视点、纹理以及照明等各种信息，从而获得真实感极高的图片，这一过程就称为渲染。

17.1 了解渲染

渲染的最终目的是得到极具真实感的模型，如图 17-1 所示。因此渲染所要考虑的事物也很多，包括灯光、视点、阴影、布局等，因此有必要对渲染的流程进行了解。

图 17-1 渲染生成的效果图

17.1.1 渲染步骤

渲染是多步骤的过程。通常需要通过大量的反复试验才能得到所需的结果。渲染图形的步骤如下。

Step 01 使用默认设置开始尝试渲染。根据结果的表现可以看出需要修改的参数与设置。

Step 02 创建光源。AutoCAD提供了4种类型的光源：默认光源、平行光（包括太阳光）、点光源和聚光灯。

Step 03 创建材质。材质为材料的表面特性。包括颜色、纹理、反射光（亮度）、透明度、折射率等。也可以从现成的材质库中调用真实的材质，如钢铁、塑料、木材等。

Step 04 将材质附着在模型对象上，可以根据对象或图层附着材质。

Step 05 添加背景或雾化效果。

Step 06 如果需要，调整渲染参数。例如，可以用不同的输出品质来渲染。

Step 07 渲染图形。

上述步骤仅供参考，并不一定要严格按照该顺序进行操作。例如，可以在创建材质之后再设置光源。另外，在渲染结果出来后，可能会发现某些地方需要改进，这时可以返回前面的步骤中进行修改。

17.1.2 默认渲染

进行默认渲染可以帮助确定创建最终的渲染需要什么样的材质和光源。同时也可以发现模型本身的缺陷。渲染时需要打开【可视化】选项卡，它包含渲染所需的大部分工具按钮，如图 17-2 所示。

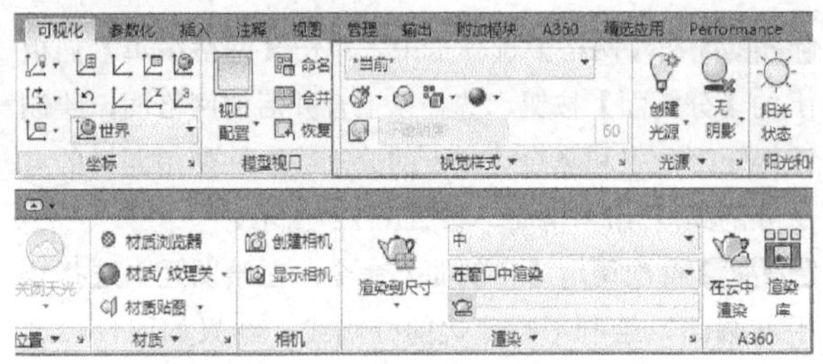

图 17-2【可视化】选项卡

为了使用默认的设置渲染图形，可以在【可视化】选项卡中直接单击【渲染到尺寸】按钮，即可创建出默认效果下的渲染图片。图 17-3 所示为一个室内场景在默认设置下的渲染效果，其中显示效果太暗，只能看出桌子的大概轮廓，椅子以及周边的材质需要另行设置。

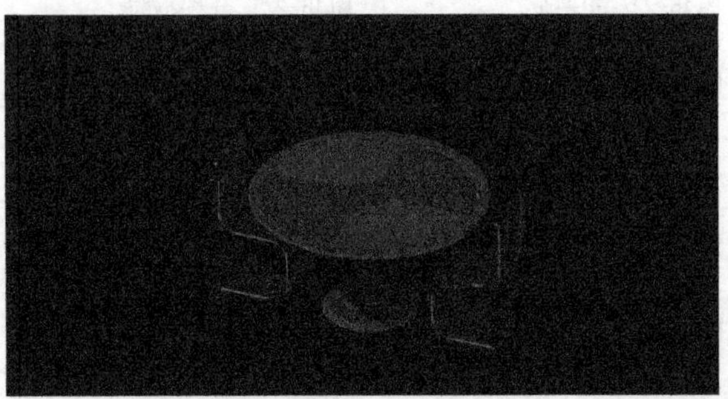

图 17-3 默认设置下的渲染效果

17.2 使用材质

在 AutoCAD 中，材质是对象上实际材质的表示形式，如玻璃、金属、纺织品、木材等。使用材质是渲染过程中的重要部分，对结果会产生很大的影响。材质与光源相互作用，例如，由于有光泽的材质会产生高光区，因而其反光效果与表面黯淡的材质有明显区别。

17.2.1 使用材质浏览器

【材质浏览器】选项板集中了 AutoCAD 的所有材质，是用来控制材质操作的设置选项板，可执行多个模型的材质指定操作，并包含相关材质操作的所有工具。

• 执行方式

打开【材质浏览器】选项板有以下两种方法。

◆功能区：在【可视化】选项卡中，单击【材质】面板上的【材质浏览器】按钮，如图 17-4 所示。

◆菜单栏：选择【视图】|【渲染】|【材质浏览器】命令。

• 操作步骤

执行以上任一种操作，弹出【材质浏览器】选项板，如图 17-5 所示，在【Autodesk 库】中分门别类地存储了若干种材质，并且所有材质都附带一张交错参考底图。

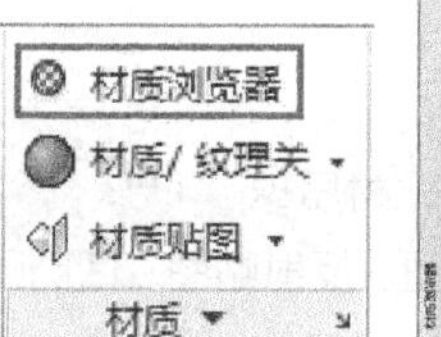

图 17-4【材质浏览器】面板按钮　图 17-5【材质浏览器】选项板

为材质赋予模型的方法比较简单，直接从选项板上拖曳材质至模型上即可，如图 17-6 所示。

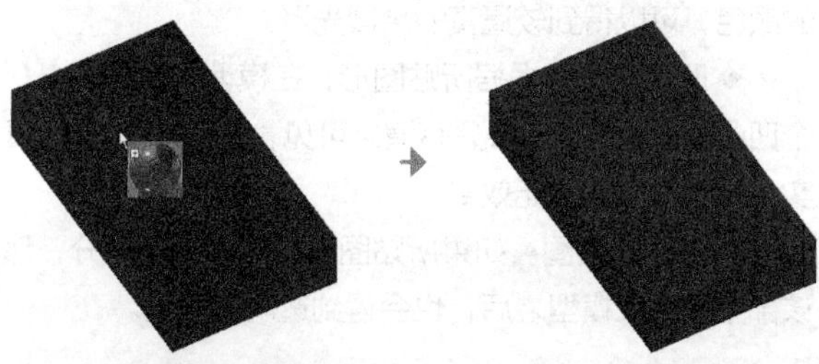

图 17-6　为模型赋予材质

练习 17-1 为模型添加材质

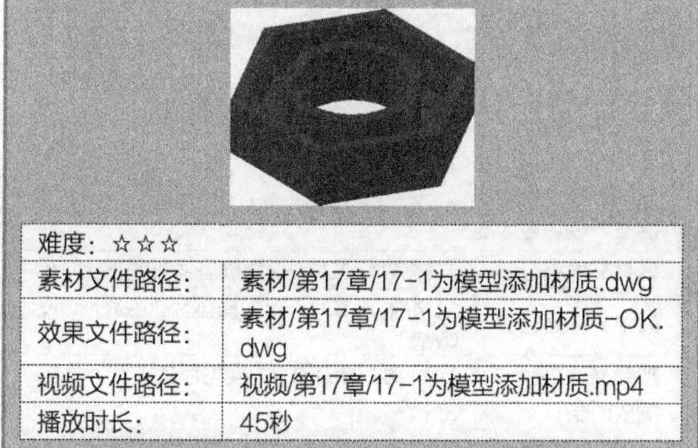

难度：☆☆☆	
素材文件路径：	素材/第17章/17-1为模型添加材质.dwg
效果文件路径：	素材/第17章/17-1为模型添加材质-OK.dwg
视频文件路径：	视频/第17章/17-1为模型添加材质.mp4
播放时长：	45秒

在 AutoCAD 中为模型添加材质，可以获得接近真实的外观效果。但值得注意的是，在“概念”视觉样式下，仍然有很多材质未能得到逼真的表现，效果也差强人意。若想得到更为真实的图形，只能通过渲染获得图片。

Step 01 单击快速访问工具栏中的打开按钮，打开“第17章/17-1为模型添加材质.dwg”文件，如图 17-7 所示。

Step 02 在【可视化】选项卡中，单击【材质】面板上的【材质浏览器】按钮，命令行操作如下。

```
命令: _RMAT↙                //调用【材质浏览器】命令
选择材质，重生模型。          //选择【铁锈】材质
```

Step 03 通过以上操作即可完成材质的设置，其效果如图 17-8所示。

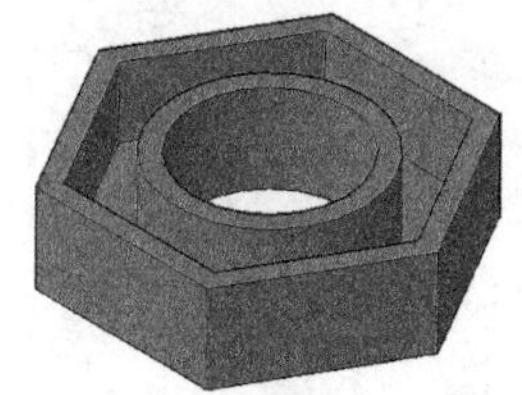

图 17-7 素材图样

图 17-8 赋予铁锈材质效果

17.2.2 使用材质编辑器

【材质编辑器】同样可以为模型赋予材质。

• 执行方式

打开【材质编辑器】选项板有以下两种方法。

◆功能区：在【视图】选项卡中，单击【选项板】面板上的【材质编辑器】按钮。

◆菜单栏：选择【视图】|【渲染】|【材质编辑器】命令。

• 操作步骤

执行以上任一操作将打开【材质编辑器】选项板，如图 17-9 所示。单击【材质编辑器】选项板右下角的按钮，可以打开【材质浏览器】选项板，选择其中的任意一个材质，可以发现【材质编辑器】选项板会同步更新为该材质的效果与可调参数，如图 17-10 所示。

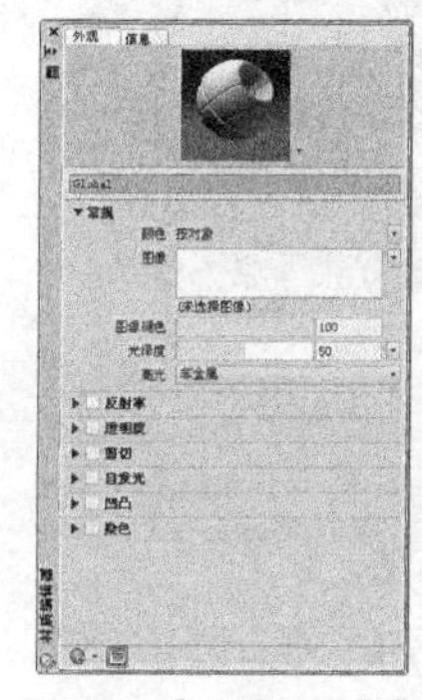

图 17-9【材质编辑器】选项板

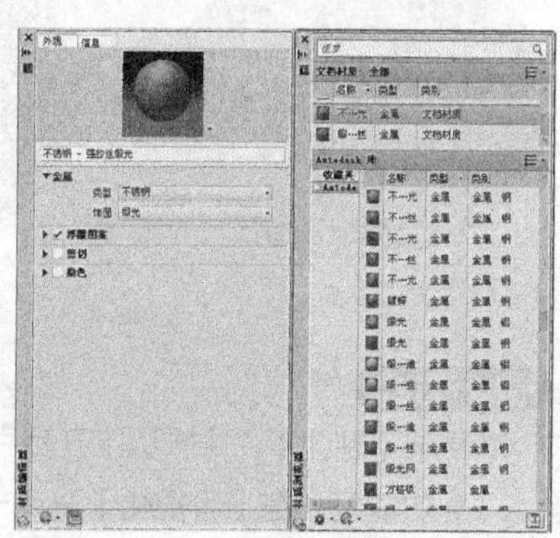

图 17-10【材质编辑器】与【材质浏览器】选项板

·选项说明

通过【材质编辑器】选项板最上方的预览窗口，可以直接查看材质当前的效果，单击其右下角的下拉按钮，可以对材质样例形状与渲染质量进行调整，如图 17-11 所示。

此外单击材质名称右下角的【创建或复制材质】按钮，可以快速选择对应的材质类型进行直接应用，或在其基础上进行编辑，如图 17-12 所示。

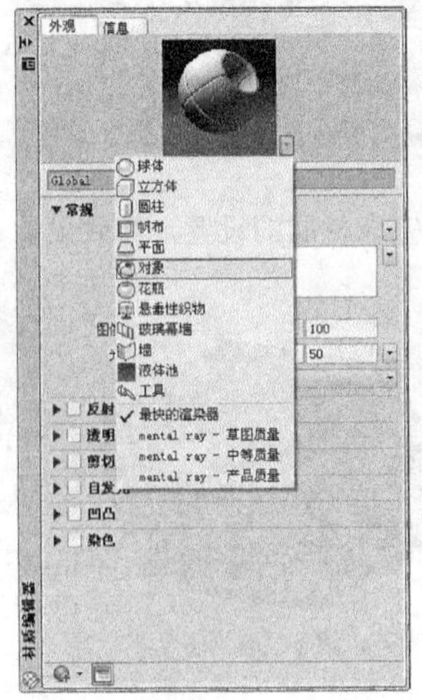

图 17-11 调整材质样例形态与渲染质量

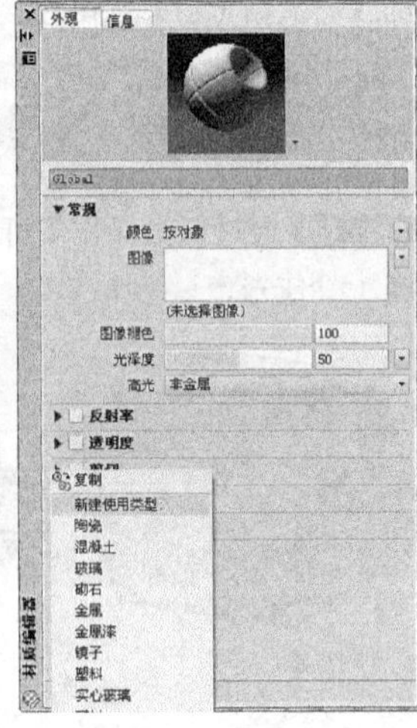

图 17-12 选择材质类型

在【材质浏览器】或【材质编辑器】选项板中可以创建新材质。在【材质浏览器】选项板中只能创建已有材质的副本，而在【材质编辑器】选项板可以对材质做进一步的修改或编辑。

17.2.3 使用贴图 ★进阶★

有时模型的外观比较复杂，如碗碟上的青花瓷、金属上的锈迹等，这些外观很难通过 AutoCAD 自带的材质库来赋予，这时就可以用到贴图。贴图是将图片信息投影到模型表面，可以使模型添加上图片的外观效果，如图 17-13 所示。

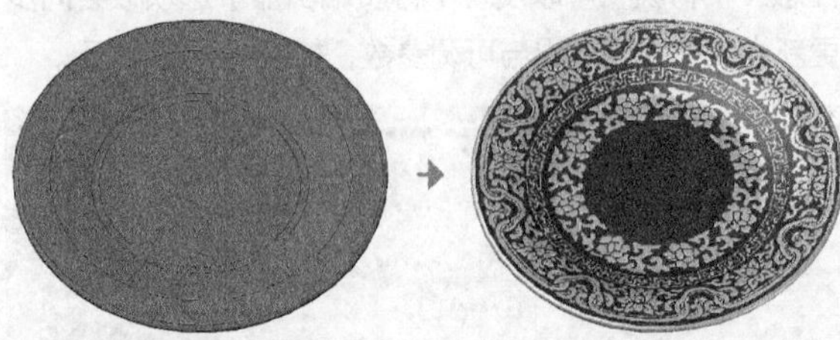

图 17-13 贴图效果

·执行方式

调用【贴图】命令有以下几种方法。

◆功能区：在【可视化】选项卡中，单击【材质】面板上的【材质贴图】按钮，如图 17-14 所示。

◆菜单栏：选择【视图】|【渲染】|【贴图】命令，如图 17-15 所示。

◆命令行：输入“MATERIALMAP”命令。

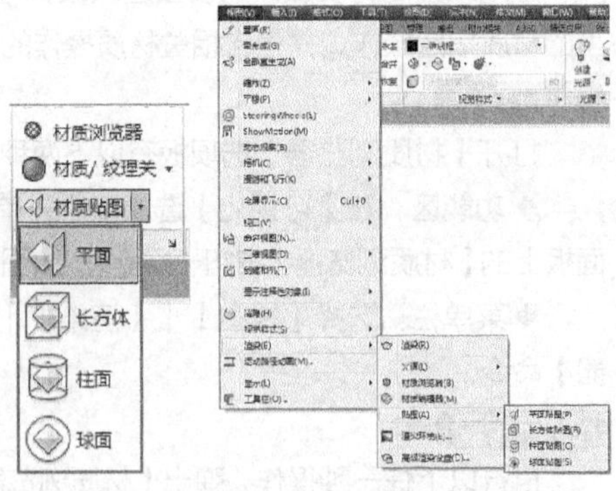

图 17-14【材质贴图】面板按钮　图 17-15【材质贴图】菜单命令

·操作步骤

贴图可分为长方体、平面、球面、柱面贴图。如果需要对贴图进行调整，可以使用显示在对象上的贴图工具移动或旋转对象上的贴图，如图 17-16。

图 17-16 【材质贴图】列表

·选项说明

除上述的贴图位置外，材质球中还有 4 种贴图：漫射贴图、反射贴图、凹凸贴图、不透明贴图，分别介绍如下。

◆漫射贴图：可以理解为将一张图片的外观覆盖在模型上，以得到真实的效果。

◆反射贴图：一般用于金属材质的使用，配合特定的颜色，可以得到较逼真的金属光泽。

◆凹凸贴图：根据所贴图形，在模型上面渲染出一个凹凸的效果。该效果只有渲染可见，在【概念】、【真实】等视觉模式下无效果。

◆不透明贴图：如果所贴图形中有透明的部分，那该部分覆盖在模型之后，也会得到透明的效果。

练习 17-2 为模型添加贴图

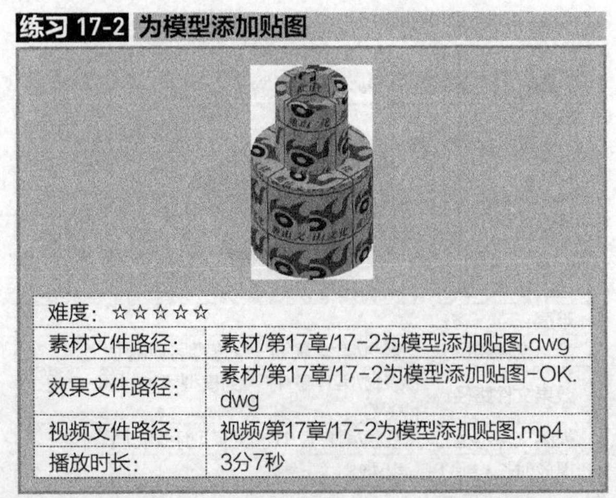

难度：☆☆☆☆☆	
素材文件路径：	素材/第17章/17-2为模型添加贴图.dwg
效果文件路径：	素材/第17章/17-2为模型添加贴图-OK.dwg
视频文件路径：	视频/第17章/17-2为模型添加贴图.mp4
播放时长：	3分7秒

为模型添加贴图可以将任意图片赋予至模型表面，从而创建真实的产品商标或其他标识。贴图的操作极需耐心，在进行调整时，所有参数都不具参考性，只能靠经验一点点的更改参数，反复调试。

Step 01 单击快速访问工具栏中的【打开】按钮，打开"第17章/17-2为模型添加贴图.dwg"文件，如图17-17所示。

Step 02 展开【渲染】选项卡，并在【材质】面板中单击选择【材质/纹理开】按钮，如图 17-18所示。

图 17-17 素材图样　图 17-18【材质 / 纹理开】按钮

Step 03 打开材质浏览器，在【材质浏览器】的左下角，点击【在文档中创建新材质】按钮，在展开的列表里选择【新建常规材质】选项，如图 17-19所示。

Step 04 弹出【材质编辑器】对话框，在此编辑器中，单击图像右边的空白区域（图中红框所示），如图 17-20所示。

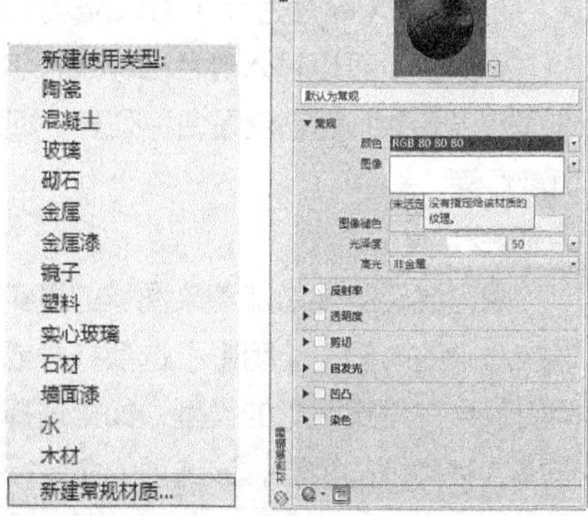

图 17-19 创建材质　图 17-20【材质编辑器】对话框

Step 05 在弹出的对话框中，选择路径，打开素材"第17章\麓山文化图标.jpg"，选择打开，如图 17-21所示。

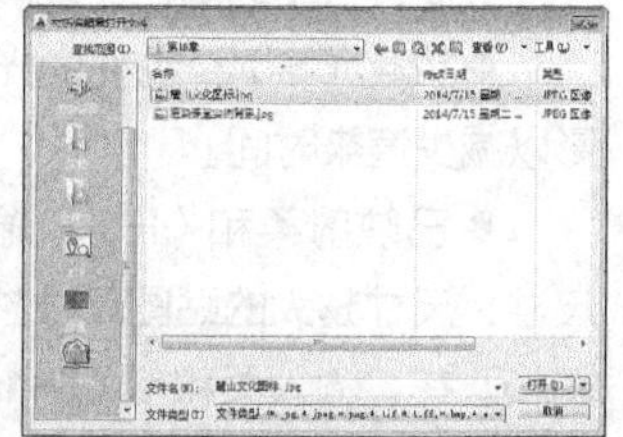

图 17-21 选择要附着的图片

Step 06 系统弹出【纹理编辑器】，如图 17-22所示，将其关闭。

Step 07 在【材质编辑器】中已经创建了一种新材质，其名称为"默认为通用"，将其重命名为"麓山文化"，如图 17-23所示。

图 17-22 图片预览效果　图 17-23 重命名材质

操作技巧

如果删除引用的图片，那么材质浏览器里的相应材质也将变得不可用，用此材质的渲染，也都会变成无效的。所以将材质所用的源图片统一、妥善地保存好非常重要。最好是放到autocad默认的路径里，一般为C:\Program Files\Common Files\Autodesk Shared\Materials\Textures ，可以在此创建自己的文件夹，放置自己的材质源图片。

Step 08 将"麓山文化"材质，拖到绘图区实体上，效果如图 17-24所示。

Step 09 接下来修改纹理的密度。在"麓山文化"材质上单击鼠标右键，选择【编辑】，打开材质编辑器。在材质编辑器中，单击预览图像，弹出【纹理编辑器】，通过调整该编辑器下的【样例尺寸】，如图 17-25所示，可以更改图像的密度（值改得越大，图片越稀疏；值越小，图片越密集）。

Step 10 修改图像大小后，贴图效果如图 17-26所示。

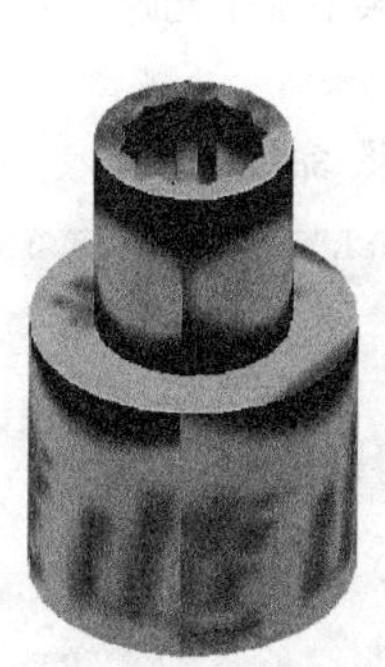

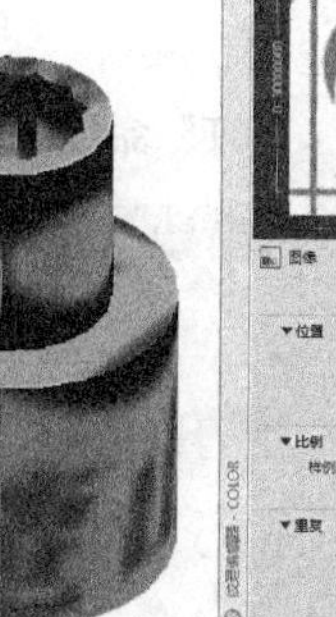

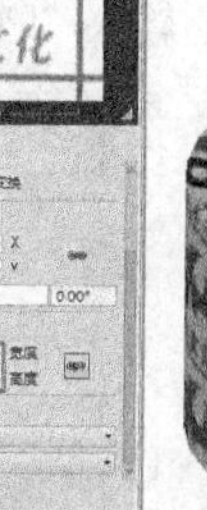

图 17-24 添加材质效果　图 17-25【纹理编辑器】对话框　图 17-26 修改密度效果

操作技巧

如果某个材质经常使用，可以把它放到"我的材质里"。其方法是：在常用的材质上右键单击，选择【添加到】|【我的材质】|【我的材质】，这样下次再用此材质时，直接在"材质浏览器"上，单击"我的材质"即可。

17.3 设置光源

为一个三维模型添加适当的光照效果，能够产生反射、阴影等效果，从而使显示效果更加生动。在命令行输入“LIGHT”并按Enter键，可以选择创建各种光源。命令行操作如下。

```
命令: LIGHT↙
输入光源类型 [点光源(P)/聚光灯(S)/光域网(W)/目标点光源(T)/自由聚光灯(F)/自由光域(B)/平行光(D)] <自由聚光灯>:
```

在输入命令后，系统将弹出如图17-27所示的【光源－视口光源模式】对话框。一般需要关闭默认光源才可以查看创建的光源效果。命令行中可选的光源类型有点光源、聚光灯、光域网、目标点光源、自由聚光灯、自由光域和平行光7种。

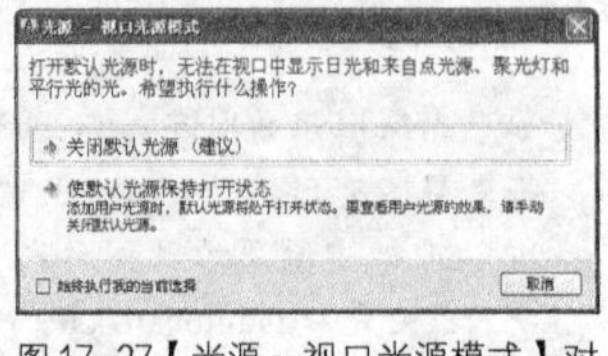

图17-27【光源－视口光源模式】对话框

17.3.1 点光源

点光源是某一点向四周发射的光源，类似与环境中典型的电灯泡或者蜡烛等。点光源通常来自于特定的位置，向四面八方辐射。点光源会衰减，也就是其亮度会随着距点光源的距离的增加而减小。

•执行方式

调用【点光源】命令有以下3种方法。

◆功能区：在【可视化】选项卡中单击【光源】面板上的【创建光源】，在展开选项中单击【点】按钮，如图17-28所示。

◆菜单栏：选择【视图】|【渲染】|【光源】|【新建点光源】命令，如图17-29所示。

◆命令行：输入“POINTLIGHT”命令。

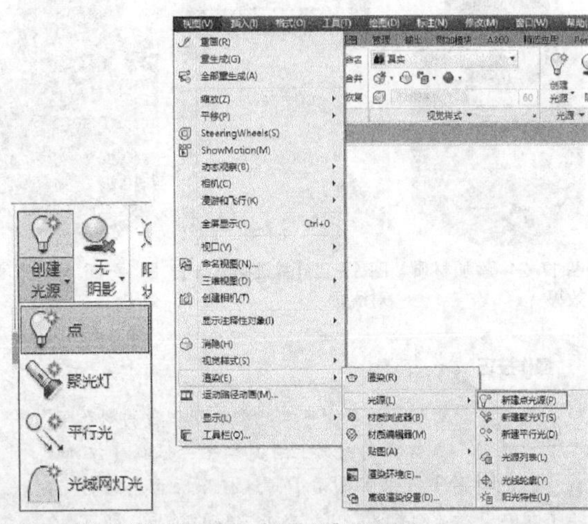

图17-28【点光源】面板按钮　图17-29【点光源】菜单命令

•操作步骤

执行该命令后，命令行提示如下。

```
命令: _pointlight
指定源位置 <0,0,0>:
输入要更改的选项 [名称(N)/强度因子(I)/状态(S)/光度(P)/阴影(W)/衰减(A)/过滤颜色(C)/退出(X)] <退出>: *取消*
```

•选项说明

可以对点光源的名称、强度因子、状态、阴影、衰减及颜色进行设置，各子选项的含义说明如下。

◎ 名称（N）

创建光源时，AutoCAD会自动创建一个默认的光源名称。例如，点光源1。而使用【名称】这一子选项后便可以修改这一名称。

◎ 强度因子（I）

使用该选项可以设置光源的强度或亮度。

◎ 状态（S）

用于开、关光源。

◎ 光度（P）

如果启用光度，使用这个选项可以指定光照的强度和颜色，有【强度】和【颜色】两个子选项。

◆强度：可以输入以烛光（缩写为cd）为单位的光照强度，或者指定一定的光通量——感觉到的光强或照度（某个面域的总光通量）。可以以勒克斯（缩写为lx）或尺烛光（缩写为fc）为单位来指定照度。

◆颜色：可以输入颜色名称或开尔文温度值。使用选项并按Enter键来查看名称列表，如荧光灯、冷白光、卤素灯等。

◎ 阴影（W）

阴影会明显地增加渲染图像的真实感，也会极大地增加渲染的时间。【阴影】选项打开或者关闭该光源的阴影效果并指定阴影的类型。如果选择创建阴影，可以选择3种类型的阴影，该选项的命令行提示如下。

```
输入 [关(O)/锐化(S)/已映射柔和(F)/已采样柔和(A)] <锐化>:
```

命令行各子选项含义说明如下。

◆锐化（S）：也称为光线跟踪阴影，使用这些阴影以减少渲染时间。

◆已映射柔和（F）：输入一个64~4096的贴图尺寸，尺寸越大的贴图尺寸越精确，但渲染的时间也就越长。在“输入柔和度（1-10）<1>：”提示下，输入一个1~10的数。阴影柔和度决定了与图像其他部分混合的阴影边缘的像素数，从而创建柔和的效果。

◆已采样柔和（A）：可以创建半影（部分阴影）的效果。

◎ 衰减（A）

该选项设置衰减，即随着与光源距离的增加，光线强度逐渐减弱的方式。可以设置一个界限，超出该界限之后将没有光。这样做的目的是为了减少渲染时间。在某一个距离之后，只有一点点光与没有光几乎没有区别，因而限定在某一误差范围内可以减少计算时间。

◎ 过滤颜色（C）

可以赋予光源任意颜色。光源颜色不同于我们所熟悉的染料颜色。3 种主要的光源颜色是红、绿、黄（RGB），它们的混合可以创造出不同的颜色。例如，红和绿混合就可以形成黄色，白色是光源的全部颜色之和，而黑色则没有任何光源颜色。

练习 17-3 添加点光源

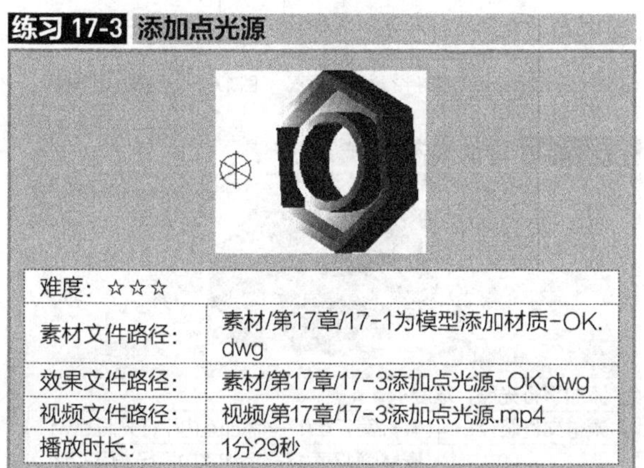

难度：☆☆☆	
素材文件路径：	素材/第17章/17-1为模型添加材质-OK.dwg
效果文件路径：	素材/第17章/17-3添加点光源-OK.dwg
视频文件路径：	视频/第17章/17-3添加点光源.mp4
播放时长：	1分29秒

延续【练习 17-1】的模型文件进行操作，为其添加点光源。

Step 01 单击快速访问工具栏中的打开按钮，打开“第17章/17-1为模型添加材质-OK.dwg”文件，如图 17-30所示。

Step 02 在命令行输入“POINTLIGHT”命令，在模型附近添加点光源，命令行操作如下。

```
命令: _pointlight                    //输入【点光源】命令
指定源位置 <0,0,0>:                  //指定源位置
输入要更改的选项 [名称(N)/强度因子(I)/状态(S)/光度(P)/阴影(W)/衰减(A)/过滤颜色(C)/退出(X)] <退出>:I↙
                                     //编辑光照强度
输入强度 (0.00 - 最大浮点数) <1>: 0.05↙
                                     //输入强度因子
输入要更改的选项 [名称(N)/强度因子(I)/状态(S)/光度(P)/阴影(W)/衰减(A)/过滤颜色(C)/退出(X)] <退出>: N
                                     //修改光源名称
输入光源名称 <点光源1>: Point1↙
         //输入光源名称为“point1”，按Enter键结束
```

Step 03 通过以上操作即可完成设置点光源，其效果如图 17-31所示。

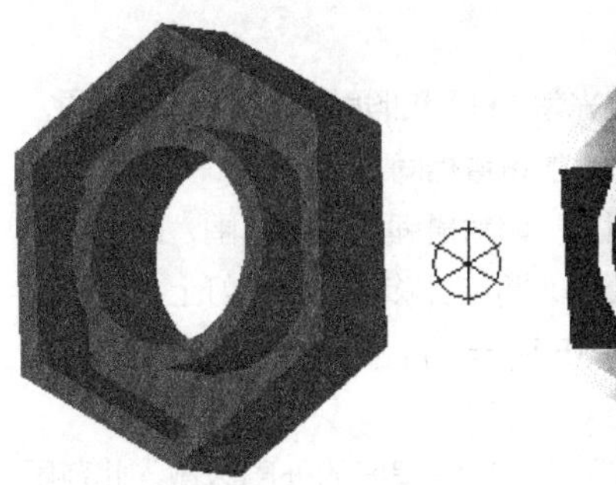

图 17-30 素材图样

图 17-31 设置光源效果

17.3.2 聚光灯 ★进阶★

聚光灯发射的是定向锥形光，投射的是一个聚焦的光束，可以通过调整光锥方向和大小来调整聚光灯的照射范围。聚光灯与点光源的区别在于聚光灯只有一个方向。因此，不仅要为聚光灯指定位置，还要指定其目标（要指定两个坐标而不是一个）。

• 执行方式

调用【聚光灯】命令有以下几种方法。

◆ 功能区：单击【光源】面板上的【创建光源】按钮，在展开选项中单击【聚光灯】按钮，如图17-32 所示。

◆ 菜单栏：选择【视图】|【渲染】|【光源】|【新建聚光灯】命令，如图 17-33 所示。

◆ 命令行：输入“SPOTLIGHT”命令。

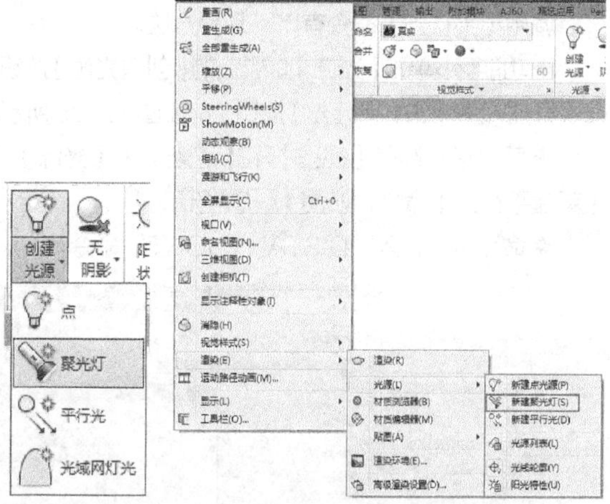

图17-32【聚光灯】面板按钮　图 17-33【聚光灯】菜单命令

• 操作步骤

执行【聚光灯】命令之后，先定义光源位置，然后定义照射方向，照射方向由光源位置发出的一条直线确定，如图 17-34 所示。创建聚光灯的命令行编辑选项如下。

```
输入要更改的选项 [名称(N)/强度因子(I)/状态(S)/光度(P)/聚光角(H)/照射角(F)/阴影(W)/衰减(A)/过滤颜色(C)/退出(X)] <退出>:
```

•选项说明

以下仅介绍聚光角（H）和照射角（F）两个选项，其他选项与点光源中的设置相同。

◆聚光角（H）：照射最强的光锥范围，此区域内光照最强，衰减较少。将指针移动到聚光灯上，出现光锥显示，如图 17-35 所示。内部虚线圆锥显示的范围即聚光角范围。

◆照射角（F）：聚光灯照射的外围区域，此范围内有光照，但强度呈逐渐衰减的趋势。如图 17-35 所示，外部虚线圆锥所示的范围即照射角范围。用户输入的照射角必须大于聚光角，其取值范围在 0° ~ 160° 。

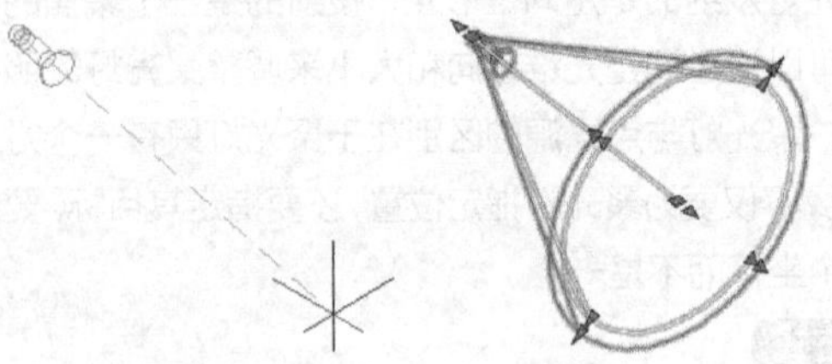

图 17-34　聚光灯的符号　　图 17-35　光锥

17.3.3 平行光

★进阶★

平行光仅向一个方向发射统一的平行光线。通过在绘图区指定光源的方向矢量的两个坐标，就可以定义平行光的方向。

•执行方式

调用【平行光】命令有以下几种方法。

◆功能区：单击【光源】面板上的【创建光源】按钮，在展开选项中单击【平行光】按钮，如图 17-36 所示。

◆菜单栏：选择【视图】|【渲染】|【光源】|【新建平行光】命令，如图 17-37 所示。

◆命令行：输入“DISTANTLIGHT”命令。

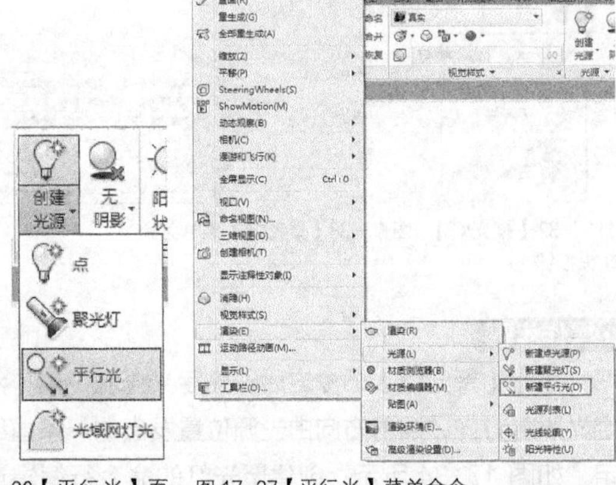

图 17-36【平行光】面板按钮　图 17-37【平行光】菜单命令

•材质步骤

执行【平行光】命令之后，系统弹出如图 17-38 所示的对话框。对话框的含义是：目前设置的光源单位是光度控制单位（美制光源单位或国际光源单位），使用平行光可能会产生过度曝光。

在如图 17-38 所示的对话框中，只有选择【允许平行光】，才可以继续创建平行光。或者在【光源】面板下的展开面板中，将光源单位设置为【常规光源单位】，如图 17-39 所示。

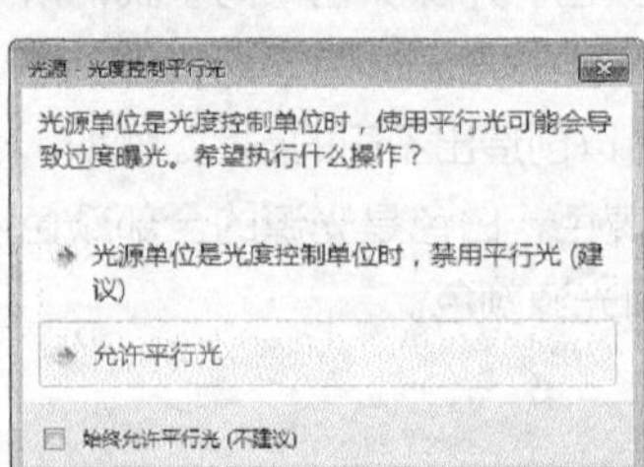

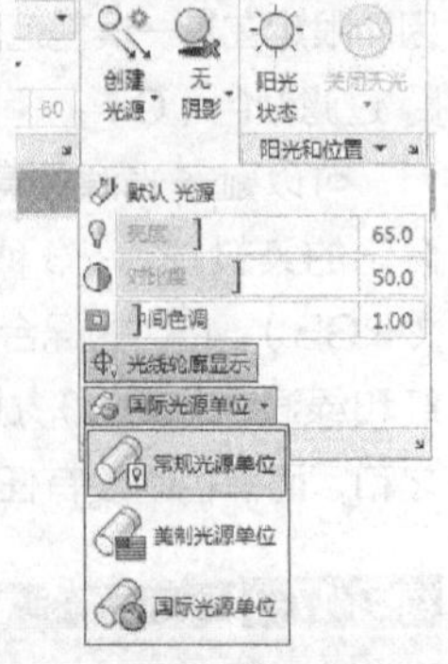

图 17-38【光源 - 光度控制平行光】对话框　图 17-39 选择光源单位

练习 17-4 添加室内平行光照

添加平行光照，难度：☆☆☆	
素材文件路径：	素材/第17章/17-4添加室内平行光照.dwg
效果文件路径：	素材/第17章/17-4添加室内平行光照-OK.dwg
视频文件路径：	视频/第17章/17-4添加室内平行光照.mp4
播放时长：	1分15秒

平行光照可以用来为室内添加采光，能极大限度地还原真实的室内光影效果。

Step 01 打开素材“第17章/17-4添加室内平行光照.dwg”，如图 17-40所示。

Step 02 在【渲染】选项卡中，单击【光源】面板，展开【创建光源】列表，选择【平行光】选项，在模型上添加平行光照射，命令行操作如下。

```
命令: _distantlight                //调用【平行光】命令
指定光源来向 <0,0,0> 或 [矢量(V)]: -120,-120,120↙
              //指定方向矢量的起点
指定光源去向 <1,1,1>:50, -30, 0↙
                                   //指定方向矢量的终点坐标
输入要更改的选项 [名称(N)/强度(I)/状态(S)/阴影(W)/颜色(C)/
退出(X)]: I↙                       //选择【强度】选项
输入强度 (0.00 - 最大浮点数) <1>:2↙
                        //输入光照的强度为2
输入要更改的选项 [名称(N)/强度(I)/状态(S)/阴影(W)/颜色(C)/
退出(X)]:↙            //按Enter键结束编辑，完成光源创建
```

Step 03 通过以上操作，完成平行光的创建，光照的效果如图 17-41所示。

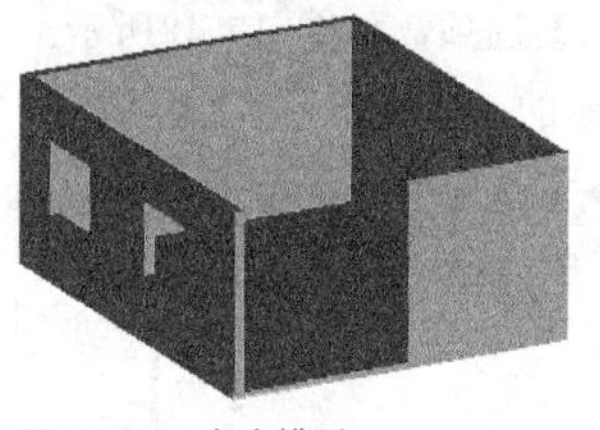

图 17-40 室内模型

图 17-41 平行光照的效果

17.3.4 光域网灯光 ★进阶★

光域网是光源中强度分布的三维表示，光域网灯光可以用于表示各向异性光源分布，此分布来源于现实中的光源制造商提供的数据。

调用【光域网灯光】命令有以下几种方法。

◆功能区：单击【光源】面板中的【创建光源】按钮，在展开选项中单击【光域网灯光】按钮。

◆命令行：输入“WEBLIGHT”命令。

◆光域网的设置同点光源，但是多出一个设置选项【光域网】，用来指定灯光光域网文件。

17.4 渲染

材质、光照等调整完毕后，就可以进行渲染来生成所需的图像。下面介绍一些高级渲染设置，即最终渲染进行前的设置。

17.4.1 设置渲染环境

渲染环境主要是用于控制对象的雾化效果或者图像背景，用以增强渲染效果。

•执行方式

执行【渲染环境】命令有以下几种方法。

◆功能区：在【可视化】选项卡中，在【渲染】面板的下拉列表中单击【渲染环境和曝光】按钮。

◆菜单栏：选择【视图】|【渲染】|【渲染环境】命令。

◆命令行：输入“RENDERENVIRONMENT”命令。

•操作步骤

执行该命令后，系统弹出【渲染环境和曝光】选项板，如图 17-42 所示。在选项板中可进行渲染前的设置。

在该选项板中，可以开启或禁用雾化效果，也可以设置雾的颜色，还可以定义对象与当前观察方向之间的距离。

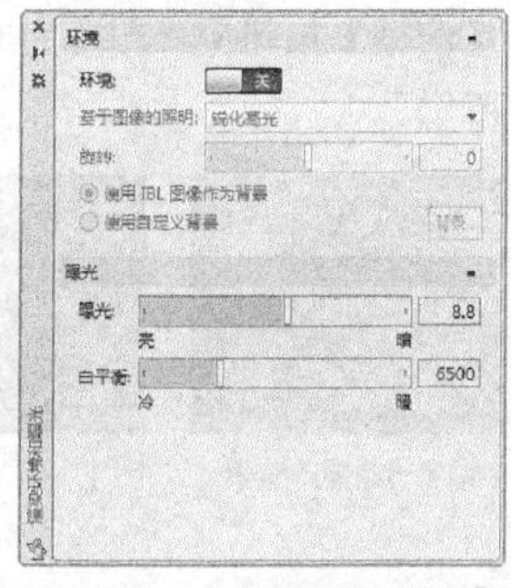

图 17-42 【渲染环境和曝光】选项板

17.4.2 执行渲染

在模型中添加材质、灯光之后，就可以执行渲染，并可在渲染窗口中查看效果。

•执行方式

调用【渲染】命令有以下几种方法。

◆菜单栏：选择【视图】|【渲染】|【渲染】命令。

◆功能区：在【可视化】选项卡中，单击【渲染】面板上的【渲染】按钮。

◆命令行：在命令行输入“RENDER”命令。

•操作步骤

对模型添加材质和光源之后，在绘图区显示的效果并不十分真实，因此接下来需要使用 AutoCAD 的渲染工具，在渲染窗口中显示该模型。

在真实环境中，影响物体外观的因素是很复杂的，在 AutoCAD 中为了模拟真实环境，通常需要经过反复试验才能够得到所需的结果。渲染图形的步骤如下。

Step 01 使用默认设置开始尝试渲染。从渲染效果拟定要设置哪些因素，如光源类型、光照角度、材质类型等。

Step 02 创建光源。AutoCAD提供了4种类型的光源：默认光源、平行光（包括太阳光）、点光源和聚光灯。

Step 03 创建材质。材质为材料的表面特性，包括颜色、纹理、反射光（亮度）、透明度、折射率以及凹凸贴图等。

Step 04 将材质附着到图形中的对象上，可以根据对象或图层附着材质。

Step 05 添加背景或雾化效果。

Step 06 如果需要，调整渲染参数。

Step 07 渲染图形。

上述步骤的顺序并不严格，例如，可以在创建并附着材质后再添加光源。另外，在渲染后，可能发现某些地方需要改进，这时可以返回前面的步骤进行修改。

全部设置完成并执行该命令后，系统打开渲染窗口，并自动进行渲染处理，如图 17-43 所示。

图 17-43 渲染窗口

练习 17-5 渲染水杯

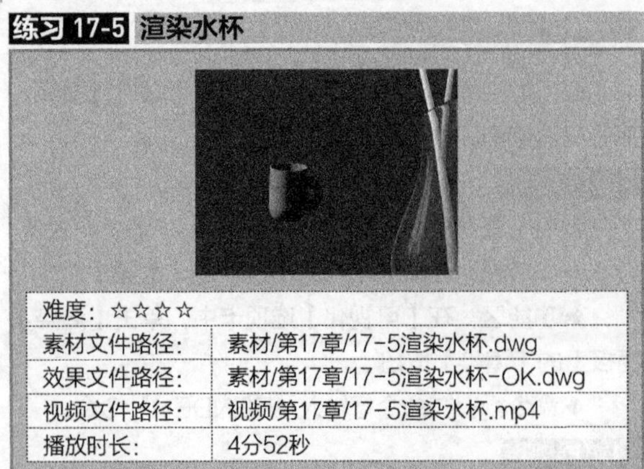

难度：☆☆☆☆	
素材文件路径：	素材/第17章/17-5渲染水杯.dwg
效果文件路径：	素材/第17章/17-5渲染水杯-OK.dwg
视频文件路径：	视频/第17章/17-5渲染水杯.mp4
播放时长：	4分52秒

通过渲染可以得到极为逼真的图形，如果参数设置得当，甚至可以获得真实相片级别的图像。

Step 01 单击快速访问工具栏中的打开按钮，打开“第17章/17-5渲染水杯.dwg”文件，如图 17-44所示。

Step 02 在【渲染】选项卡中，单击【材质】面板上【材质浏览器】按钮。在弹出的【材质浏览器】面板中选择【陶瓷-海边蓝色】选项，如图 17-45所示。

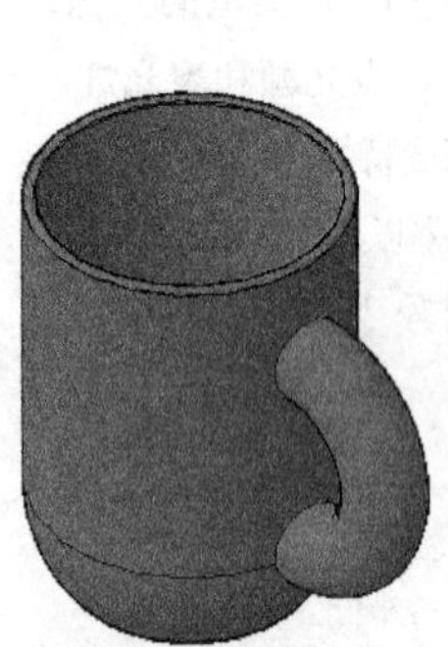

图 17-44 素材图样

图 17-45 选择材质颜色

Step 03 左键单击选择此材质，按住左键将其拖动到绘图区图形上，给素材图形添加材质效果，调整参数，效果如图 17-46所示。

Step 04 在【视图】选项卡中，单击【视图】面板上【视图管理器】按钮，系统弹出【视图管理器】对话框，如图 17-47所示。

图 17-46 添加材质效果

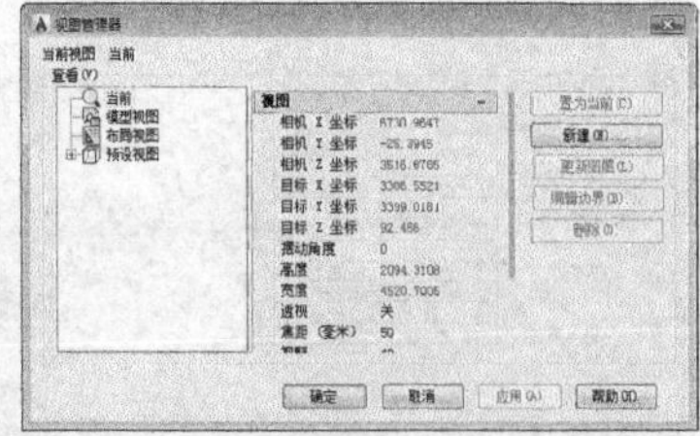

图 17-47【视图管理器】对话框

Step 05 单击【新建】按钮，系统弹出【新建视图/快照特性】对话框，在视图名称中输入“水杯背景”，展开【背景】列表，选择【图像】选项，如图 17-48所示。此时系统弹出如图 17-49所示的【背景】对话框。

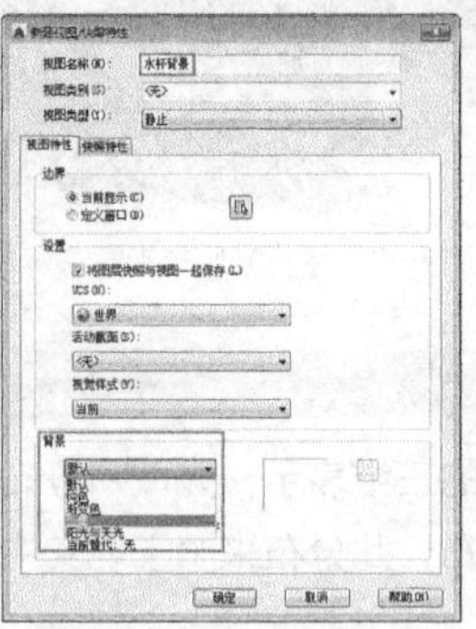

图 17-48【新建视图 / 快照特性】对话框

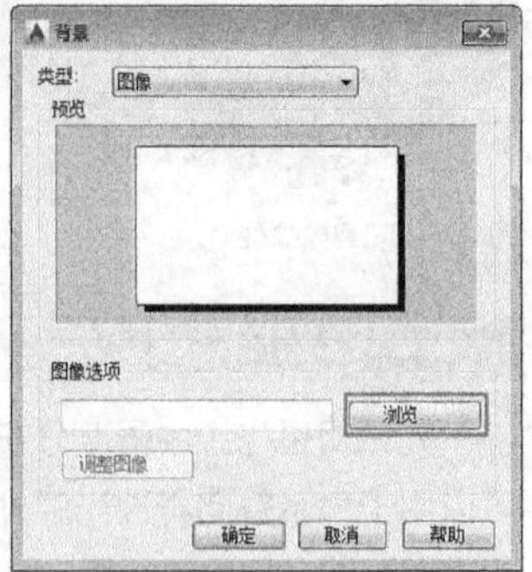

图 17-49【背景】对话框

Step 06 单击【浏览】按钮，浏览素材“第17章\17-5 水杯背景.JPEG”文件，打开此文件，如图 17-50所示。

Step 07 选中背景后单击【调整图像】，系统弹出【调整背景图像】按钮，设置图像的位置为平铺，如图 17-51所示。

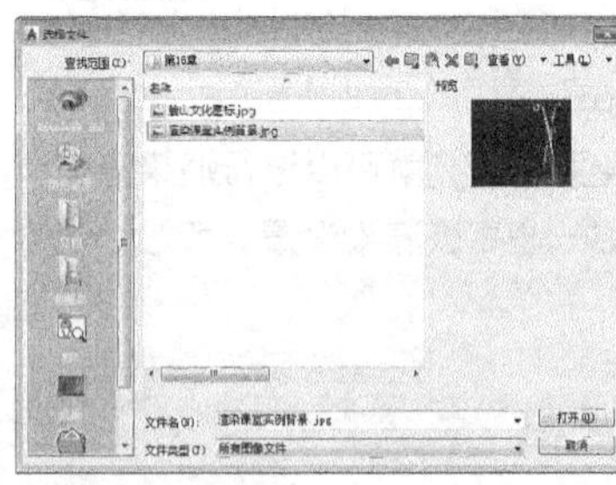

图 17-50 选择背景文件

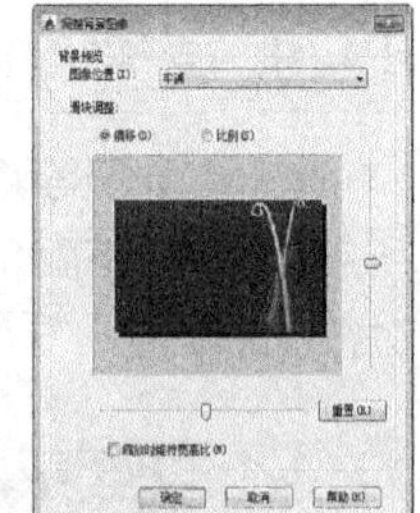

图 17-51 设置背景图形的比例大小

Step 08 单击【确定】按钮，关闭一系列对话框，回到【视图管理器】对话框，单击【设置为当前】按钮，将视图应用到图形中，调整实体位置，效果如图 17-52所示。

Step 09 单击【光源】面板中的【阴影】复选框，选择【地面阴影】；单击【阳光和位置】面板中的【阳光状态】按钮，打开阳光，单击【实际位置】根据实际效果，选择时区来调整底面阴影的显示位置，其效果如图 17-53所示。

Step 10 在【渲染】选项卡中，单击【渲染】面板中的【渲染】按钮，即可完成渲染操作，效果如图 17-54所示。

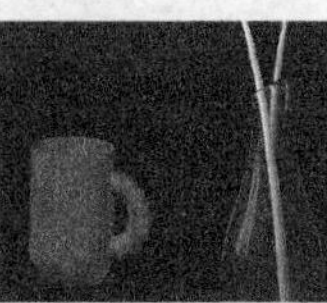

图 17-52 插入背景

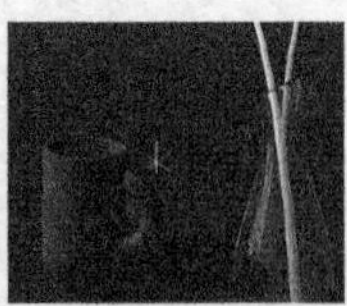

图 17-53 设置阴影

图 17-54 渲染效果

第 18 章 机械设计与绘图

机械制图是用图样确切表示机械的结构形状、尺寸大小、工作原理和技术要求的学科。图样由图形、符号、文字和数字组成，是表达设计意图和制造要求及交流经验的技术文件，常被称为工程界的语言。本章讲解 AutoCAD 在机械制图中的应用方法与技巧。

18.1 机械设计概述

所谓机械设计（Machine design），便是根据使用要求对机械的工作原理、结构、运动方式、力和能量的传递方式、各个零件的材料和形状尺寸、润滑方法等进行构思，分析和计算并将其转化为具体的描述以作为制造依据的工作过程。而这个“具体的描述”便是本章所讲的机械制图。

18.1.1 机械制图的标准

图样被称为工程界的语言，作为一种语言必须要对它进行统一、规范。对于机械图样的图形画法、尺寸标注等，国家都做了明确的标准规定。在绘制机械图样的过程中，应了解和遵循这些绘图标准和规范。

◆《技术制图比例》（GB/T 14690-1993）；

◆《技术制图字体》（GB/T 14691-1993）；

◆《机械工程CAD 制图规则》（GB/T 14665-2012）；

◆《机械制图图样画法视图》（GB/T 4458.1-2002）；

◆《技术制图 简化表示法 第 1 部分：图样画法》（GB/T16675.1-2012）。

1 图形比例标准

比例是指机械制图中图形与实物相应要素的尺寸之比。例如，比例为 1∶1 表示实物与图样相应的尺寸相等，比例大于 1，则实物的大小比图样的大小要小，称为放大比例；比例小于 1，则实物的大小比图样的大小要大，称为缩小比例。

表 18-1 所示为国家标准《技术制图 比例》（GB/T14690-1993）规定的制图比例种类和系列。

表18-1 比例的种类与系列

比例种类	比例			
	优先选取的比例		允许选取的比例	
原比例	1:1		1:1	
放大比例	5:1	5×10^n:1	4:1	4×10^n:1
	2:1	2×10^n:1	2.5:1	2.5×10^n:1
		1×10^n:1		
缩小比例	1:2	1:2×10^n	1:1.5	1:1.5×10^n
	1:5	1:5×10^n	1:2.5	1:2.5×10^n
	1:10	1:1×10^n	1:3	1:3×10^n
			1:4	1:4×10^n

机械制图中常用的3种比例为“2:1”“1:1”和“1:2”。比例的标注符号应以“:”表示，标注方法如1:1、1:100等。比例一般应标注在标题栏的比例栏内，局部视图或者剖视图也需要在视图名称的下方或者右侧标注比例，如图 18-1 所示。

1	B	A-A
1:10	1:2	5:1

图 18-1 比例的另行标注

2 字体标准

文字是机械制图中必不可少的要素，因此国家标准对字体也作了相应的规定，详见《技术制图字体》（GB/T14691-1993）。对机械图样中书写的汉字、字母、数字的字体及号（字高）规定如下。

◆图样中书写的字体必须做到：字体端正、笔画清楚、排列整齐、间隔均匀。汉字应写成长仿宋体，并应采用国家正式公布推行的简化字。

◆字体的高度(单位为毫米)，分为20、14、10、7、5、3.5、2.5 这 7 种，字体的宽度约等于字体高度的 2/3。

◆斜体字字头向右倾斜，与水平线约成 75° 角。

◆用作指数、分数、极限偏差、注脚等的数字及字母，一般采用小一号字体。

3 图线标准

在《机械工程 CAD 制图规则》（GB/T14665-2012）中，对机械图形中使用的各种图层的名称、线型、线宽及在图形中的格式都做了相关规定，整理如表 18-2 所示。

表18-2 图线的形式和作用

图线名称	图线	线宽	用于绘制的图形
粗实线（轮廓线）	——	b	可见轮廓线
细实线	——	约b/3	剖面线、尺寸线、尺寸界线、引出线、弯折线、牙底线、齿根线、辅助线、过渡线等
细点划线	-·-·-	约b/3	中心线、轴线、齿轮节线等
虚线	- - -	约b/3	不可见轮廓线、不可见过渡线

（续表）

图线名称	图线	线宽	用于绘制的图形
波浪线	～～	约b/3	断裂处的边界线、剖视和视图的分界线
粗点划线	▬ ▬ ▬	b	有特殊要求的线或者表面的表示线
双点划线	-··—··	约b/3	相邻辅助零件的轮廓线、极限位置的轮廓线、假象投影轮廓线

设计点拨

线宽栏中的“b”代表基本线宽，可以自行设定。推荐值b=2.0、1.4、1.0、0.7、0.5或0.35mm。同一图纸中，应采用相同的b值。

4 尺寸标注标准

在《机械制图 尺寸注法》（GB/T4458.4-2003）中，对尺寸标注的基本规则、尺寸线、尺寸界线、标注尺寸的符号、简化标注以及尺寸的公差与配合标注等，都有详细的规定。这些规定大致总结如下。

◎ 尺寸线和尺寸界线

◆尺寸线和尺寸界线均以细实线画出。

◆线性尺寸的尺寸线应平行于表示其长度或距离的线段。

◆图形的轮廓线、中心线或它们的延长线，可以用作尺寸界线，但是不能用作尺寸线，如图18-2所示。

◆尺寸界线一般应与尺寸线垂直。当尺寸界线过于贴近轮廓线时，允许将其倾斜画出，在光滑过渡处，需用细实线将其轮廓线延长，从其交点引出尺寸界线。

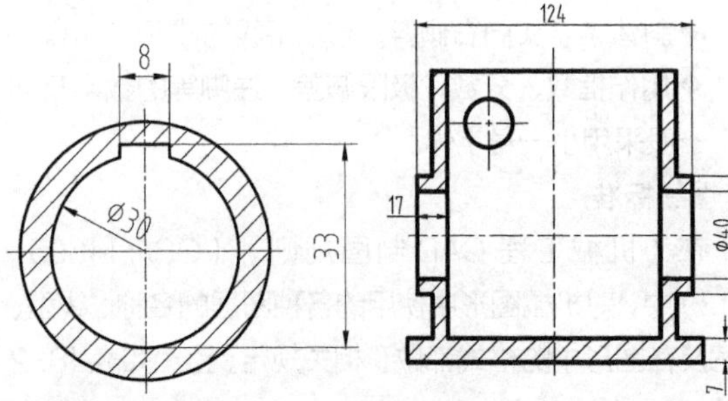

图 18-2 尺寸线和尺寸界线

◎ 尺寸线终端的规定

尺寸线终端有箭头或者细斜线、点等多种形式。机械制图中使用的是箭头，如图18-3所示。箭头适用于各类图形的标注，箭头尖端与尺寸界线接触，不得超出或者离开。

图 18-3 机械标注的尺寸线终端形式

◎ 尺寸数字的规定

线型尺寸的数字一般标注在尺寸线的上方或者尺寸线中断处。同一图样内尺寸数字的字号大小应一致，位置不够可引出标注。当尺寸线呈竖直方向时，尺寸数字在尺寸的左侧，字头朝左，其余方向时，字头需朝上，如图18-4所示。尺寸数字不可被任何线通过。当尺寸数字不可避免地被图线通过时，必须把图线断开，如图18-5所示的中心线，为了避免干扰4-Φ7尺寸，便在左侧断开。

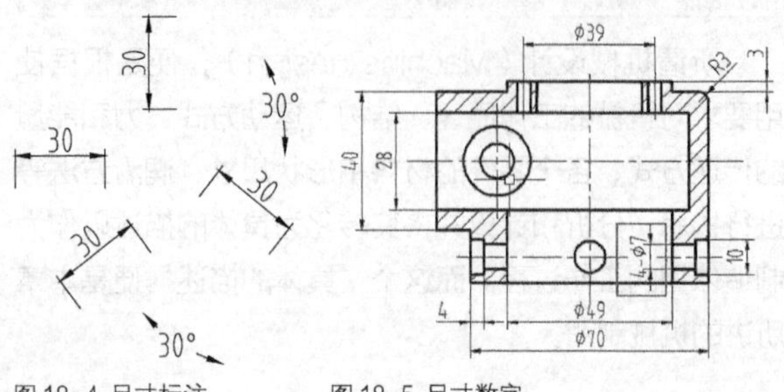

图 18-4 尺寸标注　　图 18-5 尺寸数字

尺寸数字前的符号用来区分不同类型的尺寸，如表18-3所示。

表18-3 尺寸标注常见前缀符号的含义

Φ	R	S	t	□
直径	半径	球面	零件厚度	正方形
±		×	<	-
正负偏差		参数分隔符	斜度	连字符

◎ 直径及半径尺寸的标注

直径尺寸的数字前应加前缀“Φ”，半径尺寸的数字前加前缀“R”，其尺寸线应通过圆弧的圆心。当圆弧的半径过大时，可以使用如图18-6所示两种圆弧标注方法。

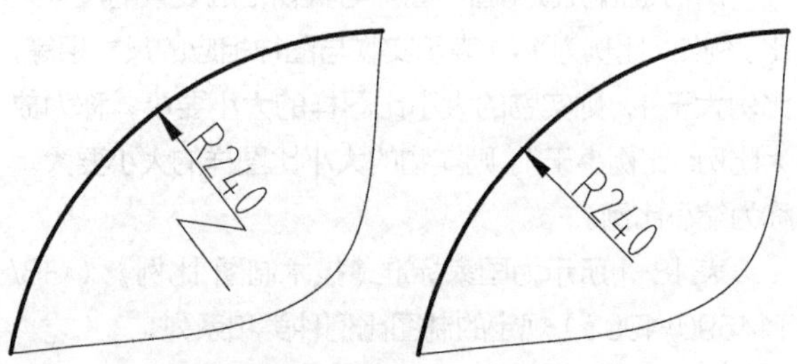

图 18-6 圆弧半径过大的标注方法

◎ 弦长及弧长尺寸的标注

◆弦长和弧长的尺寸界线应平行于该弦或者弧的垂直平分线，当弧度较大时，可沿径向引出尺寸界线。

◆弦长的尺寸线为直线，弧长的尺寸线为圆弧，在弧长的尺寸线上方须用细实线画出“︵”弧度符号，如图18-7所示。

◎ 球面尺寸的标注

标注球面的直径和半径时，应在符号“Φ”和“R”前再加前缀“S”，如图18-8所示。

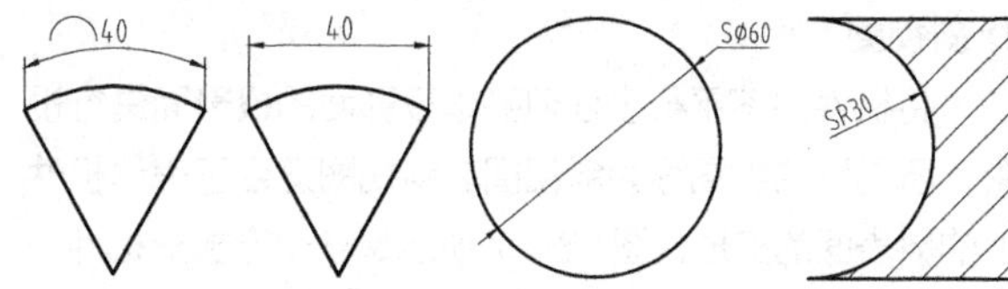

图 18-7 弧长和弦长的标注 图 18-8 球面标注方法

◎ 正方形结构尺寸的标注

对于正截面为正方形的结构，可在正方形边长尺寸之前加前缀“□”或以“边长 × 边长”的形式进行标注，如图 18-9 所示。

◎ 角度尺寸标注

◆角度尺寸的尺寸界线应沿径向引出，尺寸线为圆弧，圆心是该角的顶点，尺寸线的终端为箭头。

◆角度尺寸值一律写成水平方向，一般注写在尺寸线的中断处，角度尺寸标注如图 18-10 所示。

其他结构的标注请参考国家相关标准。

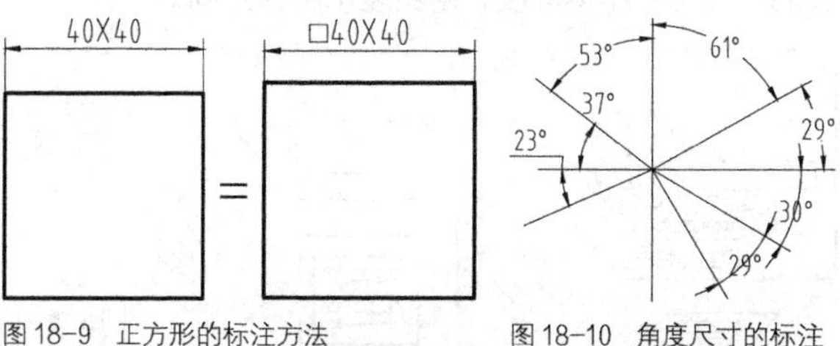

图 18-9 正方形的标注方法 图 18-10 角度尺寸的标注

18.1.2 机械制图的表达方法

机械制图的目的是表达零件的尺寸结构，因此通常通过三视图外加剖视图、断面图、放大图等辅助视图的方法进行表达。本节便介绍这类视图的表达方法。

1 视图及投影方法

机械工程图样是用一组视图，并采用适当的投影方法表示机械零件的内外结构形状。视图是按正投影法(即机件) 向投影面投影得到的图形，视图的绘制必须符合投影规律。

机件向投影面投影时，观察者、机件与投影面三者间有两种相对位置：机件位于投影面和观察者之间时称为第一角投影法；投影面位于机件与观察者之间时称为第三角投影法。我国国家标准规定采用第一角投影法。

◎ 基本视图

三视图是机械图样中最基本的图形，它是将物体放在三投影面体系中，分别向 3 个投影面作投射所得到的图形，即主视图、俯视图、左视图，如图 18-11 所示。

将三投影面体系展开在一个平面内，三视图之间满足三等关系，即“主俯视图长对正、主左视图高平齐、俯左视图宽相等”，如图 18-12 所示，三等关系这个重要的特性是绘图和读图的依据。

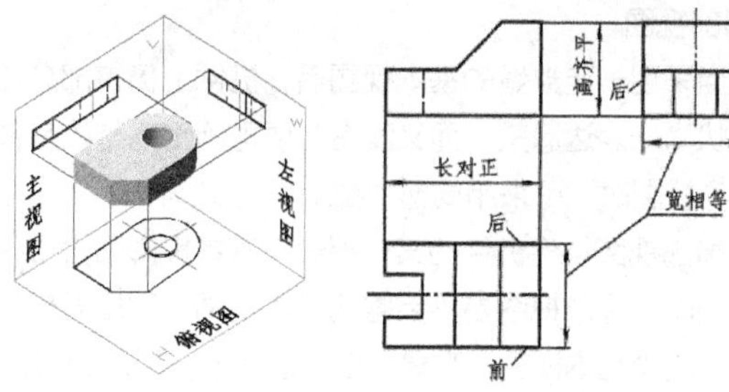

图 18-11 三视图形成原理示意图 图 18-12 三视图之间的投影规律

当机件的结构十分复杂时，使用三视图来表达机件就十分困难。国标规定，在原有的三个投影面上增加三个投影面，使得整个 6 个投影面形成一个正六面体，它们分别是：右视图、主视图、左视图、后视图、仰视图、俯视图，如图 18-13 所示。

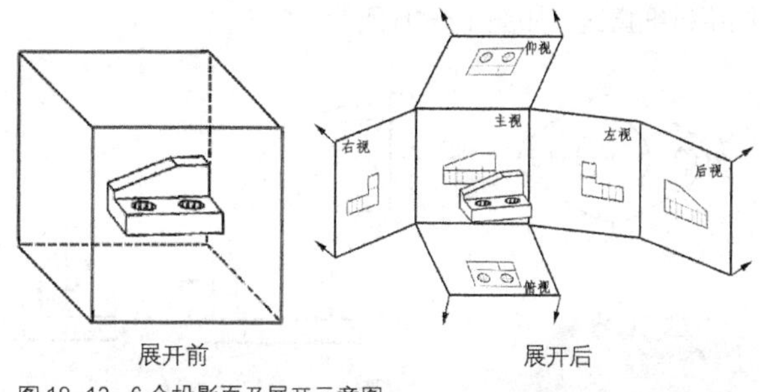

图 18-13 6 个投影面及展开示意图

◆主视图：由前向后投影的是主视图。

◆俯视图：由上向下投影的是俯视图。

◆左视图：由左向右投影的是左视图。

◆右视图：由右向左投影的是右视图。

◆仰视图：由下向上投影的是仰视图。

◆后视图：由后向前投影的是后视图。

各视图展开后都要遵循“长对正、高平齐、宽相等”的投影原则。

◎ 向视图

有时为了便于合理地布置基本视图，可以采用向视图。

向视图是可自由配置的视图，它的标注方法为：在向视图的上方注写“X”（X 为大写的英文字母，如“*A*”“*B*”“*C*”等），并在相应视图的附近用箭头指明投影方向，并注写相同的字母，如图 18-14 所示。

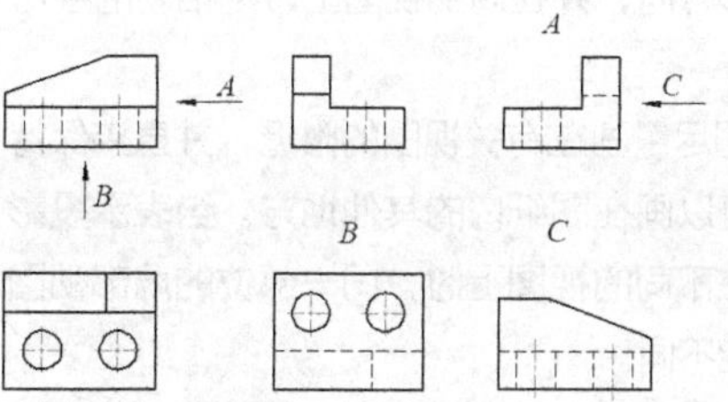

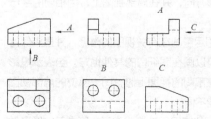

图 18-14 向视图示意图

◎ 局部视图

当采用一定数量的基本视图后，机件上仍有部分结构形状尚未表达清楚，而又没有必要再画出完整的其他的基本视图时，可采用局部视图来表达。

局部视图是将机件的某一部分向基本投影面投影得到的视图。局部视图是不完整的基本视图，利用局部视图可以减少基本视图的数量，使表达简洁，重点突出。

局部视图一般用于下面两种情况。

◆用于表达机件的局部形状。如图 18-15 所示，画局部视图时，一般可按向视图（指定某个方向对机件进行投影）的配置形式配置。当局部视图按基本视图的配置形式配置时，可省略标注。

◆用于节省绘图时间和图幅，对称的零件视图可只画一半或四分之一，并在对称中心线画出两条与其垂直的平行细直线，如图 18-16 所示。

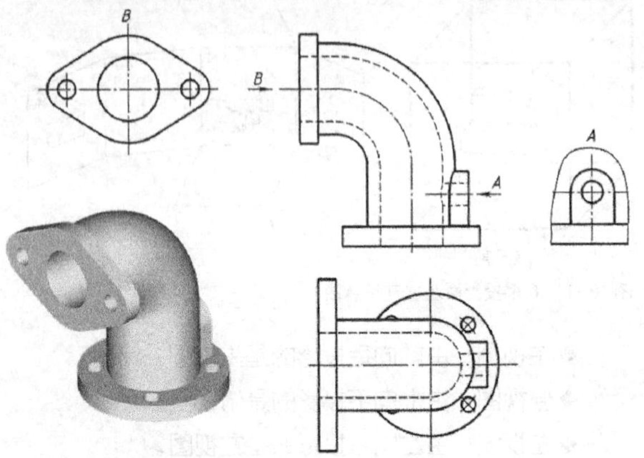

图 18-15 向视图配置的局部视图

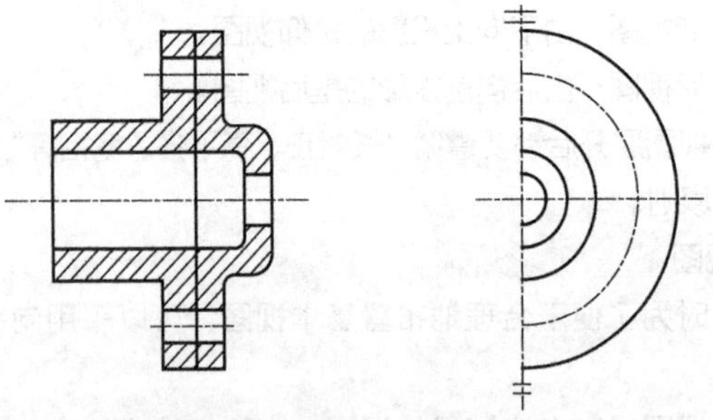

图 18-16 对称零件的局部视图

画局部视图时应注意以下几点。

◆在相应的视图上，用带字母的箭头指明所表示的投影部位和投影方向，并在局部视图上方用相同的字母标明“X”。

◆局部视图尽量画在有关视图的附近，并直接保持投影联系。也可以画在图纸内的其他地方。当表示投影方向的箭头标在不同的视图上时，同一部位的局部视图的图形方向可能不同。

◆局部视图的范围用波浪线表示。所表示的图形结构完整、且外轮廓线又封闭时，则波浪线可省略。

◎ 斜视图

将机件向不平行于任何基本投影面的投影面进行投影，所得到的视图称为斜视图。斜视图适合于表达机件上的斜表面的实形。图 18-17 所示是一个弯板形机件，它的倾斜部分在俯视图和左视图上的投影都不是实形。此时就可以另外加一个平行于该倾斜部分的投影面，在该投影面上则可以画出倾斜部分的实形投影，如“A”向所示。

斜视图的标注方法与局部视图相似，并且应尽可能配置在与基本视图直接保持投影联系的位置，也可以平移到图纸内的适当地方。为了画图方便，也可以旋转。此时应在该斜视图上方画出旋转符号，表示该斜视图名称的大写拉丁字母靠近旋转符号的箭头端，如图 18-17 所示。也允许将旋转角度标注在字母之后。旋转符号为带有箭头的半圆，半圆的线宽等于字体笔画的宽度，半圆的半径等于字体高度，箭头表示旋转方向。

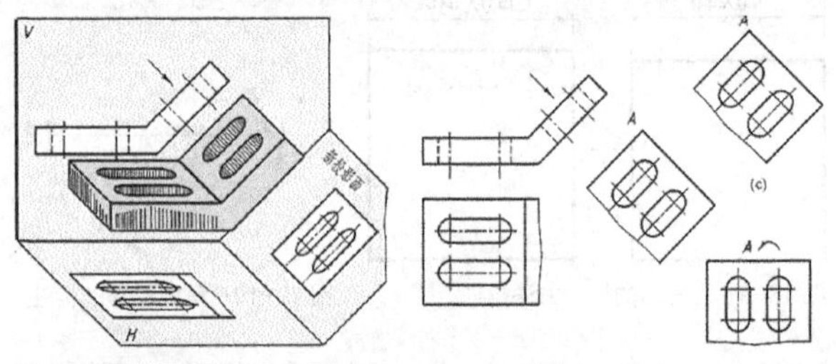

图 18-17 斜视图

画斜视图时增设的投影面只垂直于一个基本投影面，因此，机件上原来平行于基本投影面的一些结构，在斜视图中最好以波浪线为界而省略不画，以避免出现失真的投影。

2 剖视图

在机械绘图中，三视图可基本表达机件外形，对于简单的内部结构可用虚线表示。但当零件的内部结构较复杂时，视图的虚线也将增多，要清晰地表达机件内部形状和结构，必须采用剖视图的画法。

◎ 剖视图的概念

用剖切平面剖开机件，将处在观察者和剖切平面之间的部分移去，而将其余部分向投影面投射所得的图形称为剖视图，简称剖视，如图 18-18 所示。

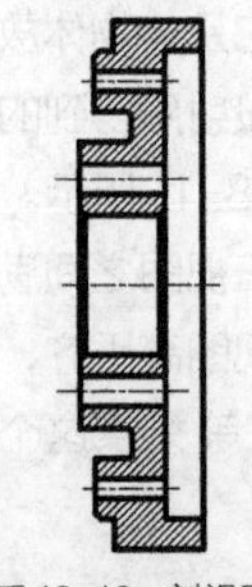

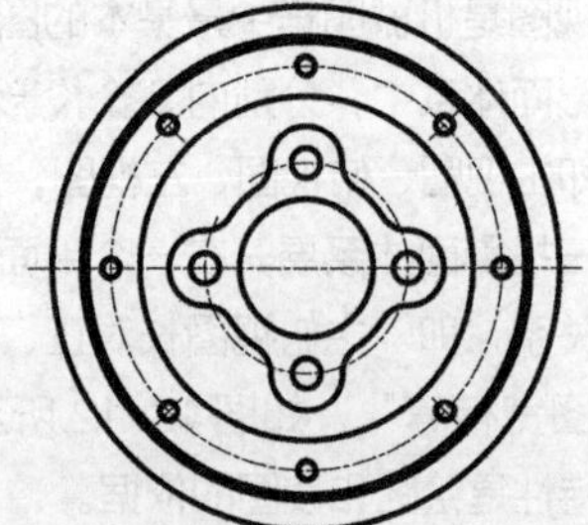

图 18-18 剖视图

剖视图将机件剖开，使得内部原来不可见的孔、槽变为可见，虚线变成了可见线。由此解决了内部虚线过多的问题。

◎ 剖视图的画法

剖视图的画法应遵循以下原则。

◆画剖视图时，要选择适当的剖切位置，使剖切图平面尽量通过较多的内部结构（孔、槽等）的轴线或对称平面，并平行于选定的投影面。

◆内外轮廓要完整。机件剖开后，处在剖切平面之后的所有可见轮廓线都应完整画出，不得遗漏。

◆要画剖面符号。在剖视图中，凡是被剖切的部分应画上剖面符号。金属材料的剖面符号应画成与水平方向成 45° 的互相平行、间隔均匀的细实线，同一机件各个视图的剖面符号应相同。但是如果图形主要轮廓与水平方向成 45° 或接近 45° 时，该图剖面线应画成与水平方向 30° 或 60° 角，其倾斜方向仍应与其他视图的剖面线一致。

◎ 剖视图的分类

为了用较少的图形完整清晰地表达机械结构，就必须使每个图形能较多地表达机件的形状。在同一个视图中将普通视图与剖视图结合使用，能够最大限度地表达更多结构。按剖切范围的大小，剖视图可分为全剖视图、半剖视图、局部剖视图。按剖切面的种类和数量，剖视图可分为阶梯剖视图、旋转剖视图、斜剖视图和复合剖视图。

全剖视图的绘制

用剖切平面将机件全部剖开后进行投影所得到的剖视图称为全剖视图，如图 18-19 所示。全剖视图一般用于表达外部形状比较简单，而内部结构比较复杂的机件。

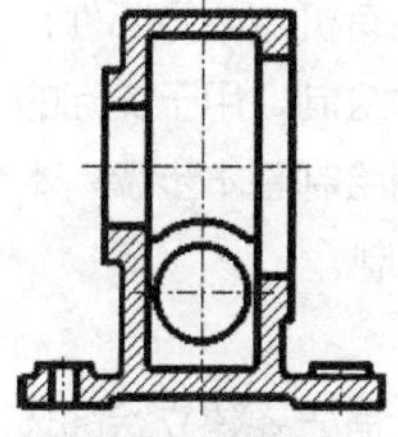

图 18-19　全剖视图

> **设计点拨**
>
> 当剖切平面通过机件对称平面，且全剖视图按投影关系配置，中间又无其他视图隔开时，可以省略剖切符号标注，否则必须按规定方法标注。

半剖视图的绘制

当物体具有对称平面时，向垂直对称平面的投影面上所得的图形，可以以对称中心线为界，一半画成剖视图，另一半画成普通视图，这种剖视图称为半剖视图，如图 18-20 所示。

半剖视图既充分地表达了机件的内部结构，又保留了机件的外部形状，具有内外兼顾的特点。但半剖视图只适宜于表达对称的或基本对称的机件。当机件的俯视图前后对称时，也可以使用半剖视图表示。

局部剖视图的绘制

用剖切平面局部的剖开机件所得的剖视图称为局部剖视图，如图 18-21 所示。局部剖视图一般使用波浪线或双折线分界来表示剖切的范围。

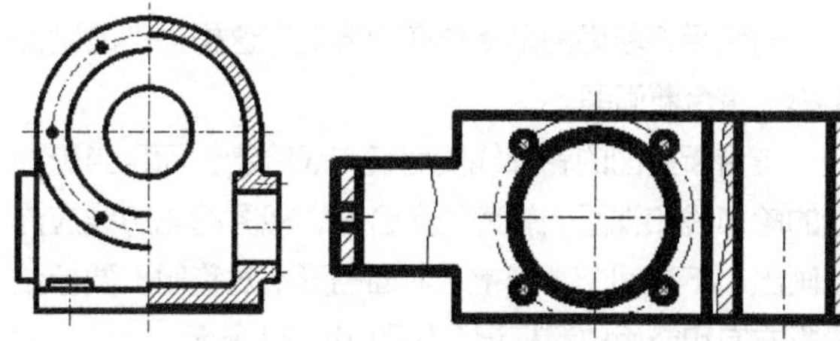

图 18-20　半剖视图　　图 18-21　局部剖视图

局部剖视是一种比较灵活的表达方法，剖切范围根据实际需要决定。但使用时要考虑到看图方便，剖切不要过于零碎。它常用于下列两种情况。

◆机件只有局部内部结构要表达，而又不便或不宜采用全部剖视图时。

◆不对称机件需要同时表达其内、外形状时，宜采用局部剖视图。

3 断面图

假想用剖切平面将机件在某处切断，只画出切断面形状的投影并画上规定的剖面符号的图形称为断面图。断面一般用于表达机件的某部分的断面形状，如轴、孔、槽等结构。

> **设计点拨**
>
> 注意区分断面图与剖视图，断面图仅画出机件断面的图形，而剖视图则要画出剖切平面以后所有部分的投影。

为了得到断面结构的实体图形，剖切平面一般应垂直于机件的轴线或该处的轮廓线。断面图分为移出断面图和重合断面图。

◎ 移出断面图

移出断面图的轮廓线用粗实线绘制，画在视图的外面，尽量放置在剖切位置的延长线上，一般情况下，只需画出断面的形状，但是，当剖切平面通过回转曲面形成的孔或凹槽时，此孔或凹槽按剖视图画，或当断面为不闭合图形时，要将图形画成闭合的图形。

完整的剖面标记由 3 部分组成。粗短线表示剖切位置，箭头表示投影方向，拉丁字母表示断面图名称。当移出断面图放置在剖切位置的延长线上时，可省略字母；当图形对称（向左或向右投影得到的图形完全相同）时，可省略箭头；当移出断面图配置在剖切位置的延长线上，且图形对称时，可不加任何标记，如图 18-22 所示。

设计点拨

移出断面图也可以画在视图的中断处，此时若剖面图形对称，可不加任何标记；若剖面图形不对称，要标注剖切位置和投影方向。

◎ 重合断面图

剖切后将断面图形重叠在视图上，这样得到的剖面图称为重合断面图。

重合断面图的轮廓线要用细实线绘制，而且当断面图的轮廓线和视图的轮廓线重合时，视图的轮廓线应连续画出，不应间断。当重合断面图形不对称时，要标注投影方向和断面位置标记，如图 18-23 所示。

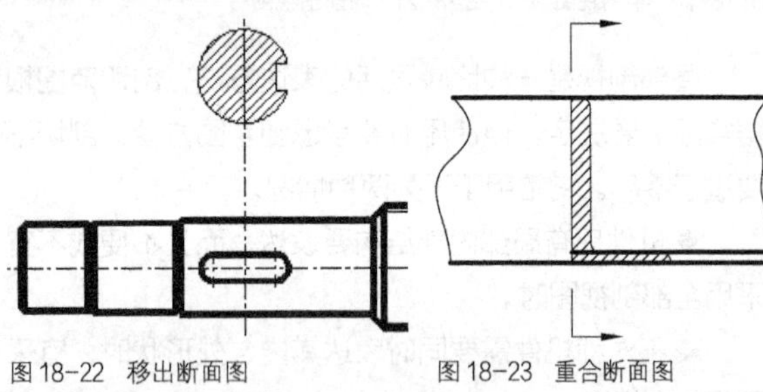

图 18-22　移出断面图　　图 18-23　重合断面图

4 放大图

当物体某些细小结构在视图上表示不清楚或不便标注尺寸时，可以用大于原图形的绘图比例在图纸上其他位置绘制该部分图形，这种图形称为局部放大图，如图 18-24 所示。

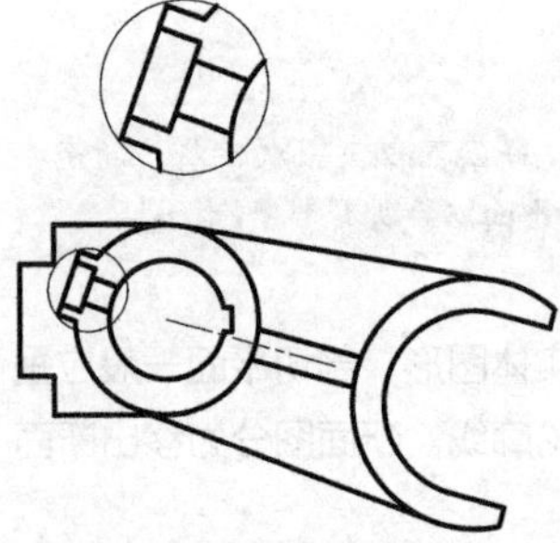

图 18-24　局部放大图

局部放大图可以画成视图、剖视或断面图，它与被放大部分的表达形式无关。画图时，在原图上用细实线圆圈出被放大部分，尽量将局部放大图配置在被放大图样部分附近，在放大图上方注明放大图的比例。若图中有多处要作局部放大时，还要用罗马数字作为放大图的编号。

18.2 机械设计图的内容

机械设计是一项复杂的工作，设计的内容和形式也有很多种，但无论是其中的哪一种，机械设计体现在图纸上的结果都只有两个，即零件图和装配图。

18.2.1 零件图

零件图是制造和检验零件的主要依据，是设计部门提交给生产部门的重要技术文件，也是进行技术交流的重要资料。零件图不仅是把零件的内、外结构形状和大小表达清楚，还需要对零件的材料、加工、检验、测量提出必要的技术要求。

1 零件图的类型

零件是部件中的组成部分。一个零件的机构与其在部件中的作用密不可分。零件按其在部件中所起的作用，以及结构是否标准化，大致可以分为以下 3 类。

◎ 标准件

常用的有螺纹连接件，如螺栓、螺钉、螺母，还有滚动轴承等。这一类零件的结构已经标准化，国家制图标准已指定了标准件的规定画法和标注方法。

◎ 传动件

常用的有齿轮、蜗轮、蜗杆、胶带轮、丝杆等，这类零件的主要结构已经标准化，并且有规定画法。

◎ 一般零件

除上述两类零件以外的零件都可以归纳到一般零件中。例如轴、盘盖、支架、壳体、箱体等。它们的结构形状、尺寸大小和技术要求由相关部件的设计要求和制造工艺要求而定。

2 零件图绘制过程

零件图的绘制过程包括草绘和绘制工作图。草绘指设计师手工绘制图纸，多用于测绘现有机械或零部件；工作图一般用 AutoCAD 等设计软件绘制，用于实际的生产。下面介绍机械制图中，零件图绘制基本步骤，本章中的零件图实例也按此步骤进行绘制。

建立绘图环境

在绘制 AutoCAD 零件图形时，首先要建立绘图环境，建立绘图环境又包括以下 3 个方面。

◆设定工作区域大小一般是根据主视图的大小来进行设置。

◆在机械制图中，根据图形需要，不同含义的图形元素应放在不同的图层中，所以在绘制图形之前就必须设定图层。

◆使用绘图辅助工具，这里是指打开极轴追踪、对象捕捉等多个绘图辅助工具按钮。

设计点拨

为了提高绘图效率，可以根据图纸幅面大小的不同，分别建立若干个样板图，以作为绘图的模板。

布局主视图

建立好绘图环境之后，就需要对主视图进行布局，布局主视图的一般方法是：先画出主视图的布局线，形成图样的大致轮廓，然后再以布局线为基准图元绘制图样的细节。布局轮廓时，一般要画出的线条有以下几种。

◆图形元素的定位线，如重要孔的轴线、图形对称线、一些端面线等。

◆零件的上、下轮廓线及左、右轮廓线。

绘制主视图局部细节

在建立了几何轮廓后，就可考虑利用已有的线条来绘制图样的细节。作图时，先把整个图形划分为几个部分，然后逐一绘制完成。在绘图过程中一般使用OFFSET（偏移）和TRIM（剪切）命令来完成图样细节。

布局其他视图

主视图绘制完成后，接下来要画左视图及俯视图，绘制过程与主视图类似，首先形成这两个视图的主要布局线，然后画出图形细节。

修饰图样

图形绘制完成后，常常要对一些图元的外观及属性进行调整，这方面主要包括：

◆修改线条长度；

◆修改对象所在图层；

◆修改线型。

标注零件尺寸

图形已经绘制完成，那么就需要对零件进行标注。标注零件的过程一般是先切换到标注层，然后对零件进行标注。若有技术要求等文字说明，应当写在规定处。

校核和审核

一张合格的能直接用于加工生产的图纸不论是尺寸还是加工工艺各方面都是要经过反复修正审核的，换言之，一般只有经过审核批准的图纸才能用于加工生产。

18.2.2 装配图

在机械制图中，装配图是用来表达部件或机器的工作原理、零件之间的安装关系与相互位置的图样，包含装配、检验、安装时所需要的尺寸数据和技术要求，是指定装配工艺流程、进行装配、检验、安装以及维修的技术依据，是生产中重要技术文件。在产品或部件的设计过程中，一般是先设计画出装配图，然后再根据装配图进行零件设计，画出零件图。

在装配过程中，要根据装配图把零件装配成部件或者机器，设计者往往通过装配图了解部件的性能、工作原理和使用方法。装配图是设计者的设计思想的反映，指导装配、维修、使用机器以及进行技术交流的重要技术资料，也经常用装配图来了解产品或部件的工作原理及构造。

1 装配图的表达方法

零件的各种表达方法同样适用于装配图，在装配图中也可以使用各种视图、剖视图、断面图等表达方法来表示，但是，零件图和装配图表达的侧重点不同，零件图需把各部分形状完全表达清楚，而装配图主要表达部件的装配关系、工作原理、零件间的装配关系及主要零件的结构形状等。因此，根据装配的特点和表达要求，国家标准对装配图提出了一些规定画法和特殊的表达方法。

◎ 装配图规定的画法

◆两相邻零件的接触面和配合面只画一条轮廓线，不接触面和非配合表面应画两条轮廓线，如图 18-25 所示。此外，如果距离太近，可以不按比例放大并画出。

◆两相邻零件剖面线方向相反，或方向相同，间隔不等，同一零件在各视图上剖面线方向和间隔必须保持一致，以示区别，如图 18-26 所示。

◆在图样中，如果剖面的厚度小于 2mm，断面可以涂黑，对于玻璃等不宜涂黑的材料，可不画剖面符号。

◆当剖切位置通过螺钉、螺母、垫圈等连接件以及轴、手柄、连杆、球、键等实心零件的轴线时，绘图时均按不剖处理，如果需要表明零件的键槽、销孔等结构，可用局部剖视表示，如图 18-27 所示。

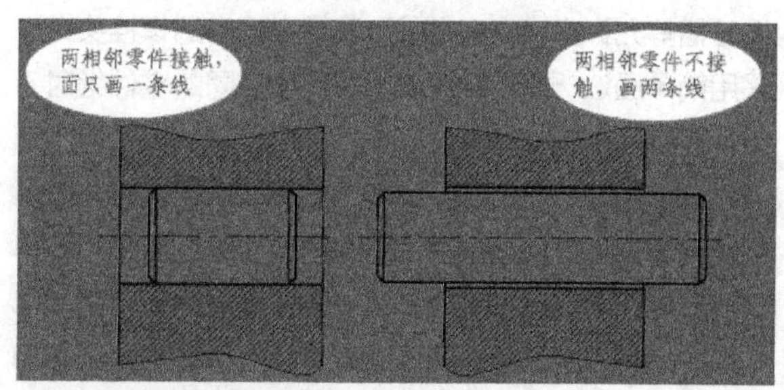

图 18-25 相邻两线的画法

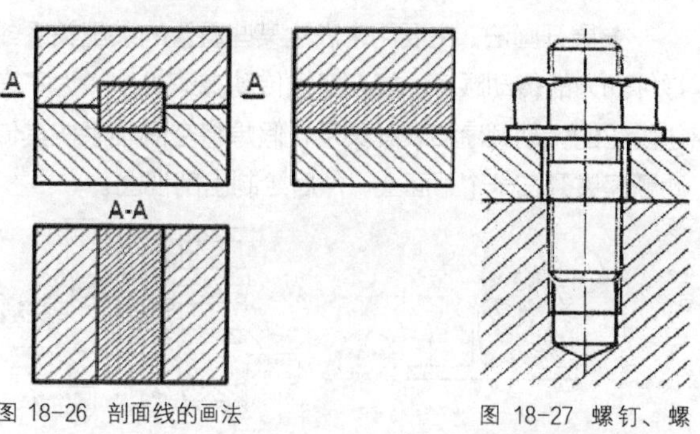

图 18-26 剖面线的画法

图 18-27 螺钉、螺母的剖视表示法

◎ 装配图的特殊画法

◆沿结合面剖切和拆卸画法：在装配图的某一视图中，为表达一些重要零件的内、外部形状，可假想拆去一个或者几个零件后绘制该视图，有时为了更清楚地表达重要的内部结构，可采用沿零件结合面剖切绘制视图，如图18-28所示。

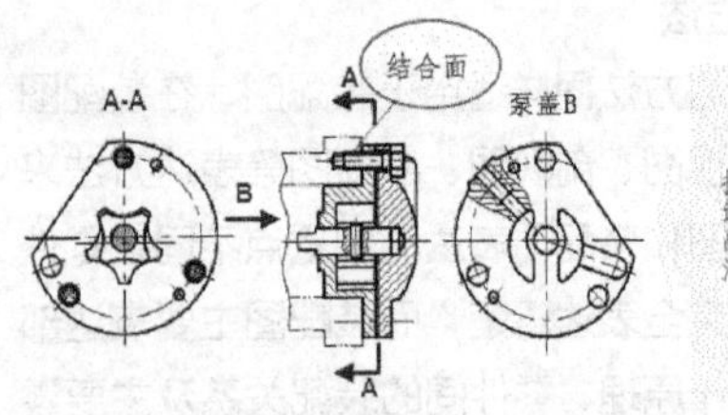

图 18-28　拆卸及沿结合面剖切画法

◆假想画法：①当需要表达与本零件有装配关系但又不属于本部件的其他相邻零部件时，可用假想画法，将其他相邻零部件使用双点划线画出。②在装配图中，需要表达某零部件的运动范围和极限位置，可用假想画法，用双点划线画出该零件的极限位置轮廓，如图18-29所示。

◆夸大画法：在绘图过程中，遇到薄片零件、细丝零件、微小间隙等的绘制，对于这些零件或间隙，无法按照实际的尺寸绘制，或者虽能绘制出，但是不能明显的表达零件或间隙的结构，可采用夸大画法。

◆单件画法：在绘制装配图过程中，当某个重要的零件形状没有表达清楚会对装配的理解产生重要影响时，可以采用单件画法，单独绘制该零件的某一视图。

◆简化画法：在绘图过程中，下列情况可采用简单画法：①装配图中，零件的工艺结构，如倒角、倒圆、退刀槽等允许省略不画。②装配图中螺母的螺栓头允许采用简单画法，如遇到螺纹紧固件等相同的零件组时，在不影响理解的前提下，允许只画出一处，其余可用细点画线表示其中心位置。③在绘制装配剖视图时，表示滚动轴承时，一般一半采用规定画法，另一半采用简单画法。④在装配图中，当剖切平面通过的组件为标准化产品（如油杯、油标、管接头等），可按不剖绘制，如图18-30所示。

◆展开画法：主要用来表达某些重叠的装配关系或零件动力的传动顺序，如在多级传动减速机中，为了表达齿轮的传动顺序和装配关系，假想将空间轴系按其传动顺序展开在一个平面上，然后绘制出剖视图。

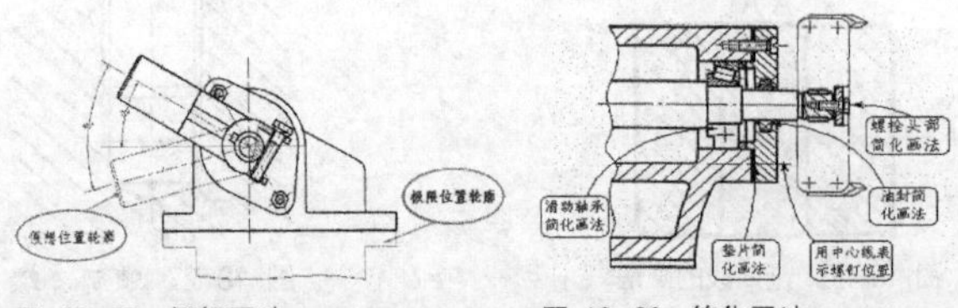

图 18-29　假想画法　　图 18-30　简化画法

2 装配结构的合理性

为了保证机器或部件的装配质量，满足性能要求，并给加工制造和装拆带来方便，在设计过程中必须考虑装配结构的合理性。下面介绍几种常见的装配结构的合理性。

◆两零件接触时，在同一方向上只有一对接触面，如图18-31所示。

◆圆锥面接触应有足够的长度，且椎体顶部与底部须留有间隙，如图18-32所示。

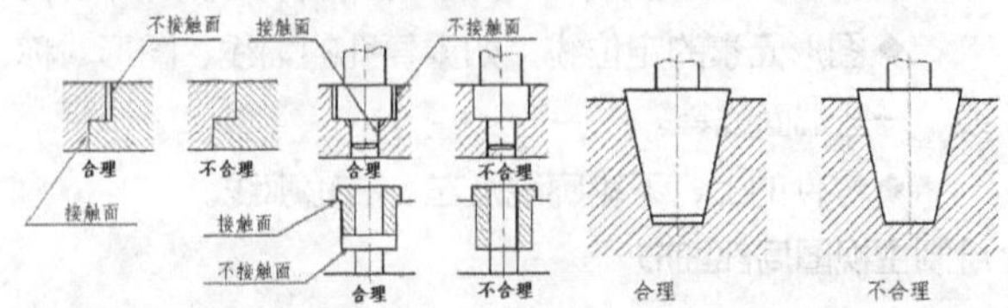

图 18-31　接触面的合理性　　图 18-32　圆锥面接触的合理性

◆当孔与轴配合时，若轴肩与孔端面需要接触，则加工成倒角或在轴肩处切槽，如图18-33所示。

◆必须考虑装拆的方便和可能的合理性，如图18-34所示。

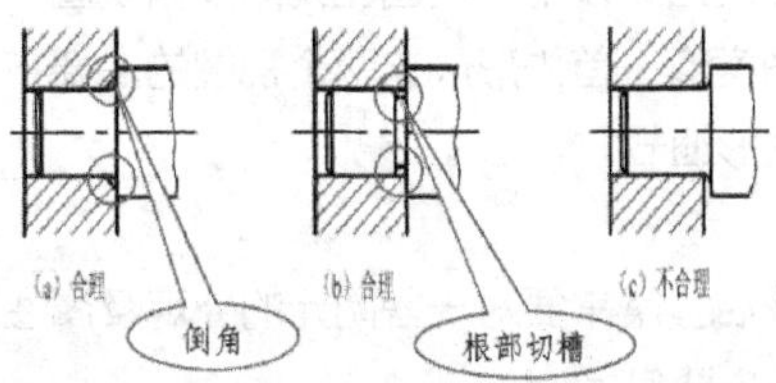

图 18-33　轴孔配合的合理性

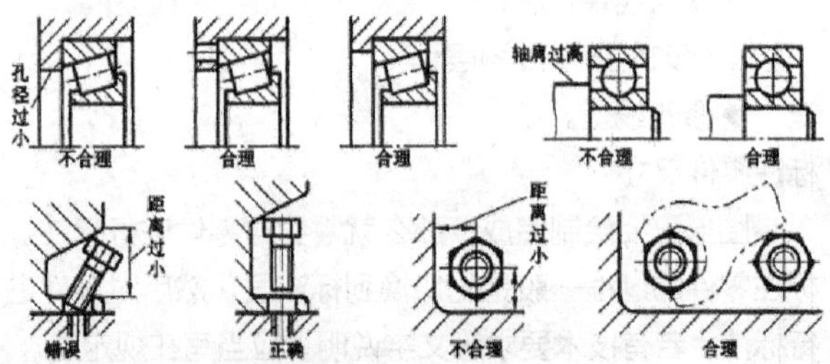

图 18-34　装拆结构的合理性

3 装配图的尺寸标注和技术要求

由于装配图主要是用来表达零、部件的装配关系的，所以，在装配图中，不需要注出每个零件的全部尺寸，而只需注出一些必要的尺寸。这些尺寸按其作用不同，可分为以下5种。

◆规格（性能）尺寸：说明机器或部件规格和性能的尺寸。设计时已经确定，是设计机器、了解和设置机械的依据。

◆外形尺寸：表达机器或部件的外形轮廓，即总长、总宽、总高，为安装、运输、包装时所占空间提供参考。

◆装配尺寸：表示机器内部零件装配关系，装配尺寸分为三种：①配合尺寸，用来表示两个零件之间的配合性质的尺寸。②零件键的连接尺寸，如连接用的螺栓、螺钉、销等的定位尺寸。③零件间重要的相对位置尺寸，用来表示装配和拆画零件时，需要保证的零件间相对位置的尺寸。

◆安装尺寸：表达机器或部件安装在地基上或与其他机器或部件相连接时所需要的尺寸。

◆其他重要尺寸：指在设计中经过计算确定或选定的尺寸，不包含在上述 4 种尺寸之中，在拆画零件零件时，不能改变。

在装配图中，不能用图形来表达的信息时，可以采用文字在技术要求中进行必要的说明。装配图中的技术要求，一般可以从以下几个方面来考虑。

◆装配要求：指装配后必须保证的精度以及装配时的要求等。

◆检验要求：指装配过程中及装配后必须保证其精度的各种检验方法。

◆使用要求：指对装配体的基本性能、维护、保养、使用时的要求。

技术要求一般编写在明细表的上方或图纸下部的空白处，如果内容很多，也可另外编写成技术文件作为图纸的附件。

4 装配图的零、部件序号和明细表

在绘制好装配图后，为了方便阅读图样，做好生产准备工作和图样管理，对装配图中每种零部件都必须标注序号，并填写明细栏。

零、部件序号

在机械制图中，零、部件序号有一定的规定，序号的标注形式有多种，序号的排列也需要遵循一定的原则。

◆装配图中所有零件、部件都必须编写序号，且相同零部件只有一个序号，同一装配图中，尺寸规格完全相同的零部件，应编写相同的序号。

◆零、部件的序号应与明细栏中的序号一致，且在同一个装配图中编注序号的形式一致。

◆指引线不能相交，通过剖面区域时不能与剖面线平行，必要时允许曲折一次。

◆对于一组紧固件或装配关系清楚的组件，可用公共指引线，序号注在视图外，且按水平或垂直方向排列整齐，并按顺时针或逆时针顺序排列，如图 18-35 所示；

◆序号的标注形式主要有 3 种，如图 18-36 所示。①编号时，指引线从所指零件可见轮廓内引出，在末端画一个小圆或画一短横线，在短线上或小圆内编写零件的序号，字体高度比尺寸数字大一号或两号。②直接在指引线附近编写序号，序号字体高度比尺寸字体大两号。③当指引线从很薄的零件或涂黑的断面引出时，可画箭头指向该零件的可见轮廓。

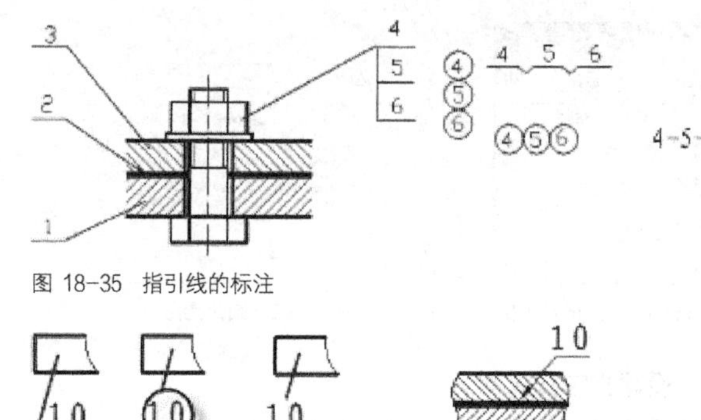

图 18-35 指引线的标注

图 18-36 指引线的形式

明细表

明细表是机器或部件中全部零件的详细目录，内容包括零件的序号、代号、名称、材料、数量以及备注等项目。其内容和格式在国标中没有同一规定，但是在填写时应遵循以下原则。

◆明细表画在标题栏的上方，零件序号由下往上填写，地方不够时，可沿标题栏左面继续排。

◆对于标准件，要填写相应的国标代号。

◆对于常用件的重要参数，应填在备注栏内，如齿轮的齿数、模数等。

◆在备注栏内还可以填写热处理和表面处理等内容。

18.3 创建机械绘图样板

事先设置好绘图环境，可以使用户在绘制机械图时更加方便、灵活、快捷。设置绘图环境，包括绘图区域界限及单位的设置、图层的设置、文字和标注样式的设置等。用户可以先创建一个空白文件，然后设置好相关参数后将其保存为模板文件，以后如需再绘制机械图纸，则可直接调用。本章所有实例皆基于该模板。

1 绘图区的设置

Step 01 启动AutoCAD 2016软件，选择【文件】|【保存】命令，将该文件保存为“第18章\机械制图样板.dwg”文件。

Step 02 选择【格式】|【单位】命令，打开【图形单位】对话框，将长度单位类型设定为【小数】，精度为【0.00】，【角度】单位类型设定为【十进制度数】，【精度】精确到【0】，如图18-37所示。

2 规划图层

Step 03 机械制图中的主要图线元素有轮廓线、标注线、中心线、剖面线、细实线、虚线等，因此在绘制机械图纸之前，最好先创建如图18-38所示的图层。

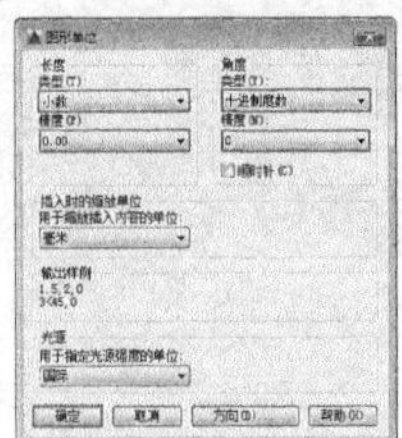
图 18-37 设置图形单位

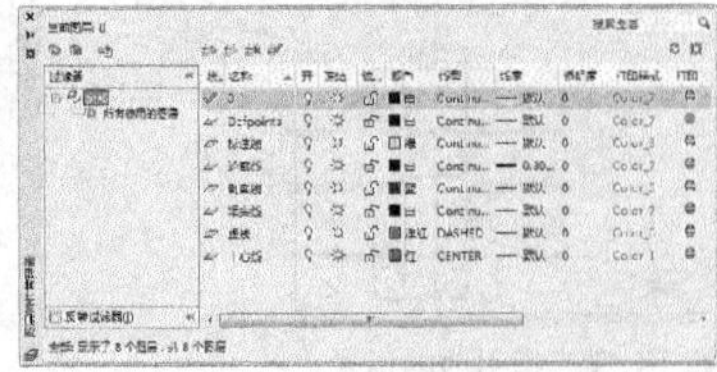
图 18-38 创建机械制图用图层

3 设置文字样式

Step 04 机械制图中的文字有图名文字、尺寸文字、技术要求说明文字等，也可以直接创建一种通用的文字样式，然后应用时修改具体大小即可。根据机械制图标准，机械图文字样式的规划如表 18-4所示。

表 18-4 文字样式

文字样式名	打印到图纸上的文字高度	图形文字高度（文字样式高度）
机械设计文字样式	3.5	3.5
图名	5	5
技术要求	5	5
宽度因子	字体丨大字体	
0.7	gbeitc.shx：gbcbig.shx	
	gbeitc.shx：gbcbig.shx	
	仿宋	

Step 05 选择【格式】丨【文字样式】命令，打开【文字样式】对话框，单击【新建】按钮打开【新建文字样式】对话框，样式名定义为“机械设计文字样式”，如图18-39所示。

Step 06 在【字体】下拉框中选择字体“gbeitc.shx”，勾选【使用大字体】选项，并在【大字体】下拉框中选择字体“gbcbig.shx”，在【高度】文本框中输入“3.5”，【宽度因子】文本框中输入“0.7”，单击【应用】按钮，从而完成该文字样式的设置，如图18-40所示。

Step 07 按相同方法根据表 18-4创建“图名”和“技术要求”文字样式。

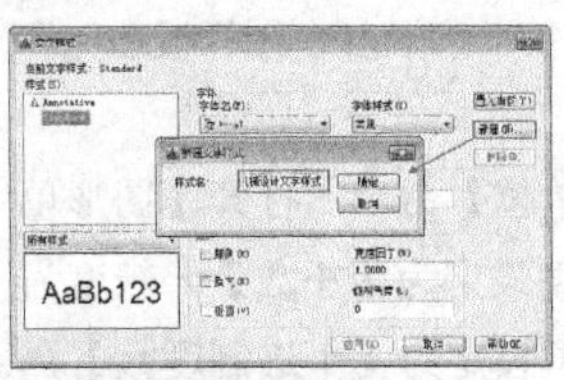
图18-39 新建“机械设计文字样式”

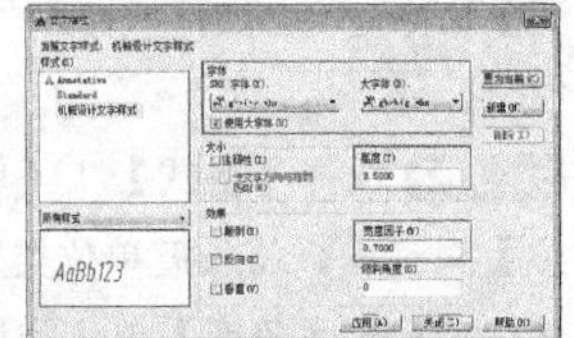
图18-40 设置“机械设计文字样式”

4 设置标注样式

Step 08 选择【格式】丨【标注样式】命令，打开【标注样式管理器】对话框，如图18-41所示。

Step 09 单击【新建】按钮，系统弹出【创建新标注样式】对话框，在【新样式名】文本框中输入“机械图标注样式”，如图18-42所示。

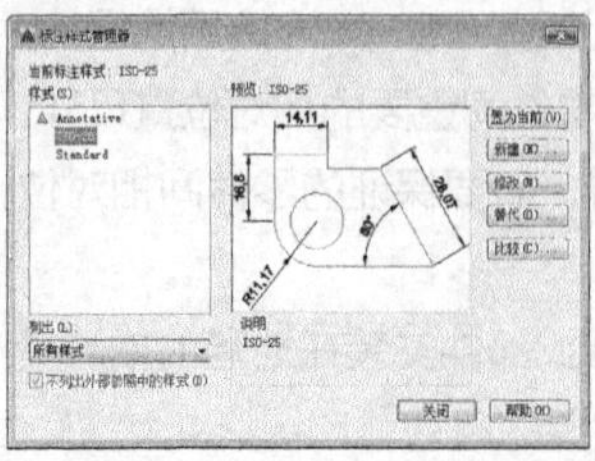
图 18-41【标注样式管理器】对话框

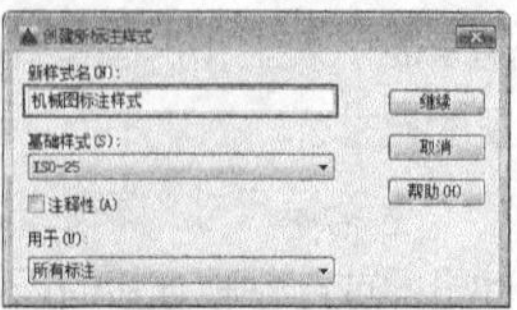
图 18-42【创建新标注样式】对话框

Step 10 单击【继续】按钮，弹出【新建标注样式：机械图标注样式】对话框，切换到【线】选项卡，设置【基线间距】为8，设置【超出尺寸线】为2.5，设置【起点偏移量】为2，如图18-43所示。

Step 11 切换到【符号和箭头】选项卡，设置【引线】为【无】，设置【箭头大小】为2.5，设置【圆心标记】为2.5，设置【弧长符号】为【标注文字的上方】，设置【折弯角度】为90，如图18-44所示。

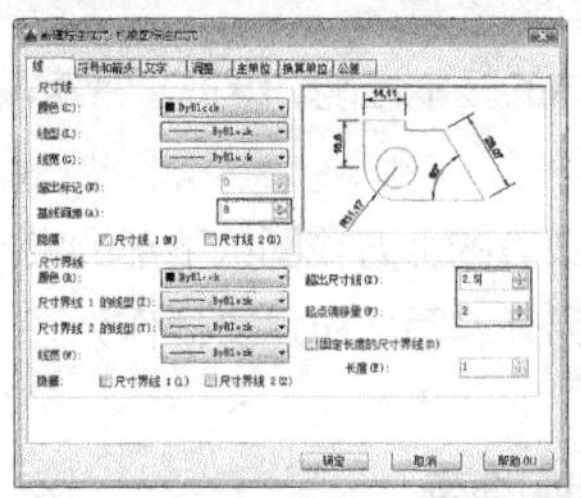
图 18-43 【线】选项卡

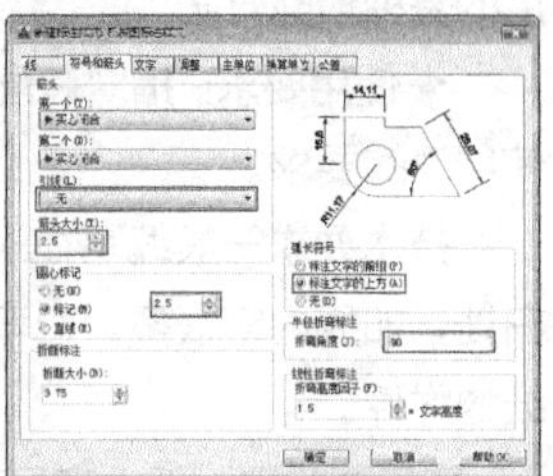
图 18-44【符号和箭头】选项卡

Step 12 切换到【文字】选项卡，单击【文字样式】中的按钮，设置文字为gbenor.shx，设置【文字高度】为2.5，设置【文字对齐】为【ISO标准】，如图18-45所示。

Step 13 切换到【主单位】选项卡，设置【线性标注】中的【精度】为0.00，设置【角度标注】中的精度为0.0，【消零】都设为【后续】，如图18-46所示。然后单击【确定】按钮，选择【置为当前】，单击【关闭】按钮，创建完成。

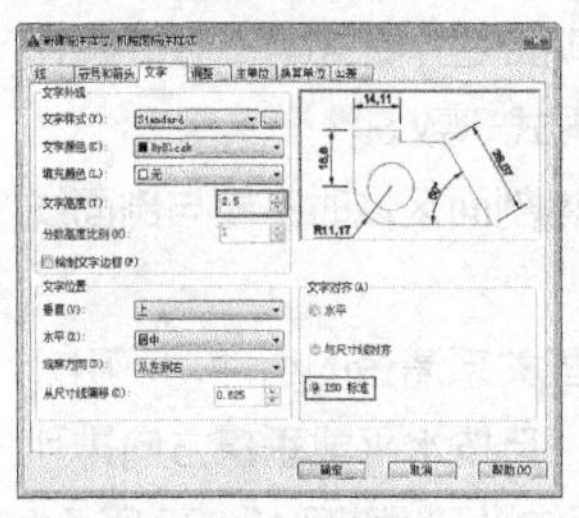
图 18-45 【文字】选项卡

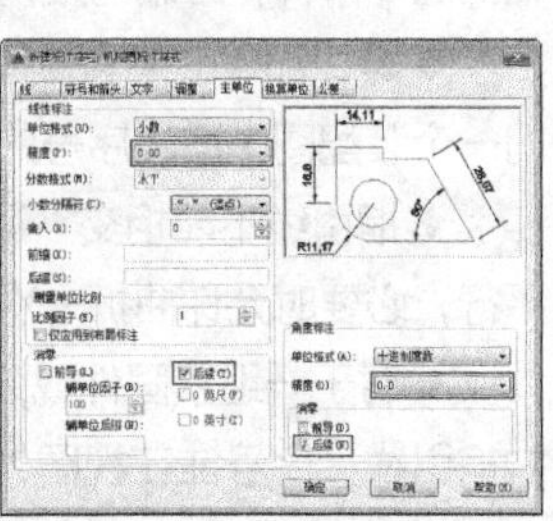
图 18-46 【主单位】选项卡

5 保存为样板文件

Step 14 选择【文件】丨【另存为】命令，打开【图形另存为】对话框，保存为“第18章\机械制图样板.dwt”文件。

18.4 绘制低速轴零件图

本节通过对机械经典零件——轴的绘制来为用户介绍零件图的具体绘制方法。

1 绘制图形

先按常规方法绘制出低速轴的轮廓图形。

Step 01 打开素材文件“第18章\18.4 绘制低速轴零件图.dwg”，素材中已经绘制好了一个1:1大小的A4图纸框，如图18-47所示。

Step 02 将【中心线】图层设置为当前图层，执行XL（构造线）命令，在合适的地方绘制水平的中心线，以及一条垂直的定位中心线，如图18-48所示。

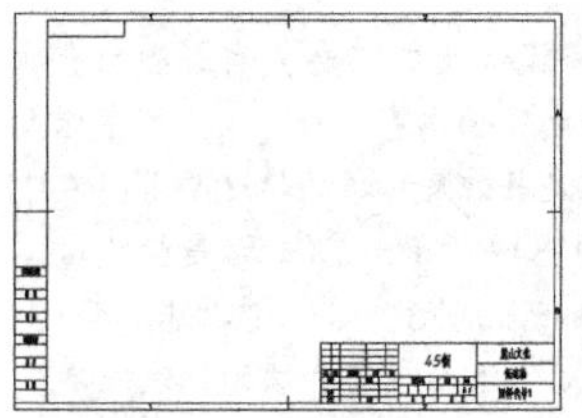

图 18-47 素材图形

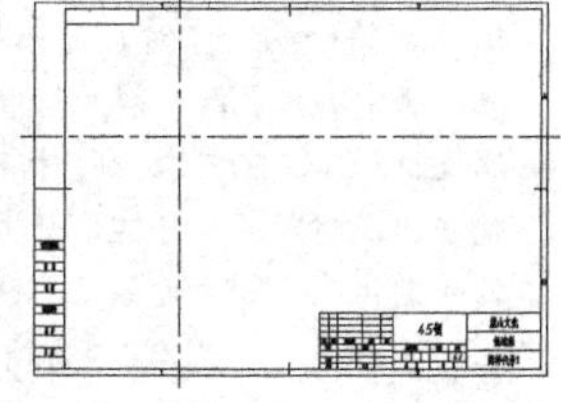

图 18-48 绘制中心线

Step 03 使用快捷键O激活【偏移】命令，对垂直的中心线进行多重偏移，如图18-49所示。

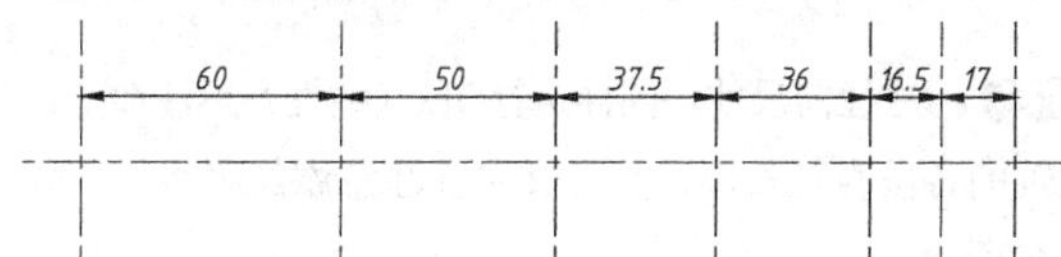

图 18-49 偏移垂直中心线

Step 04 使用O（偏移）命令，对水平的中心线进行多重偏移，如图18-50所示。

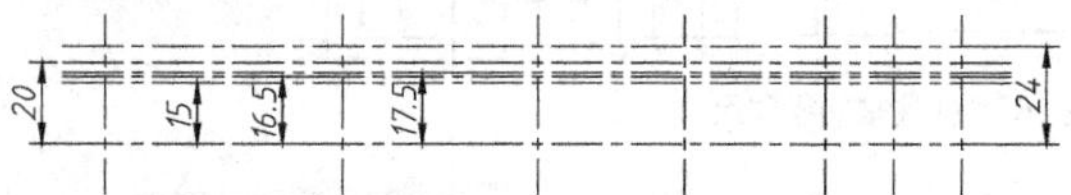

图 18-50 偏移水平中心线

Step 05 切换到【轮廓线】图层，执行L（直线）命令，绘制轴体的半边轮廓，再执行TR（修剪）、E（删除）命令，修剪多余的辅助线，结果如图18-51所示。

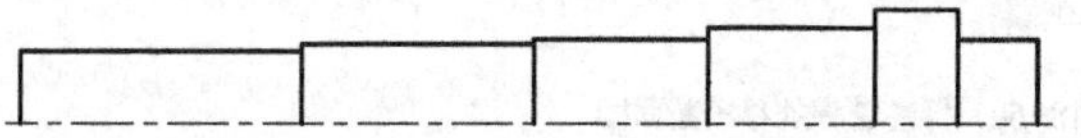

图 18-51 绘制轴体

Step 06 单击【修改】面板中的□按钮，激活CHA（倒角）命令，对轮廓线进行倒角，倒角尺寸为*C*2，然后使用L（直线）命令，配合捕捉与追踪功能，绘制倒角的连接线，结果如图18-52所示。

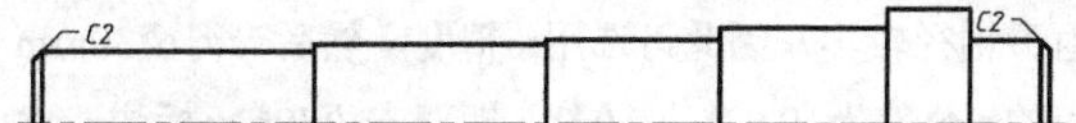

图 18-52 倒角并绘制连接线

Step 07 使用快捷键MI激活【镜像】命令，对轮廓线进行镜像复制，结果如图18-53所示。

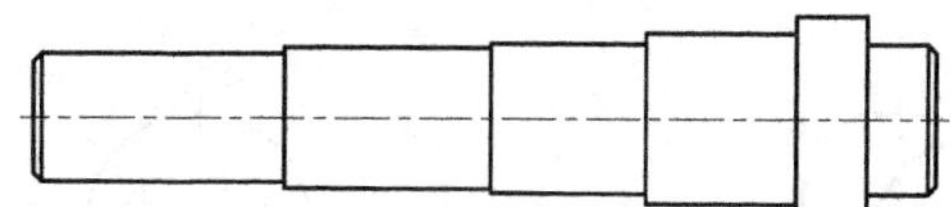

图 18-53 镜像图形

Step 08 绘制键槽。使用快捷键O激活【偏移】命令，创建如图18-54所示的垂直辅助线。

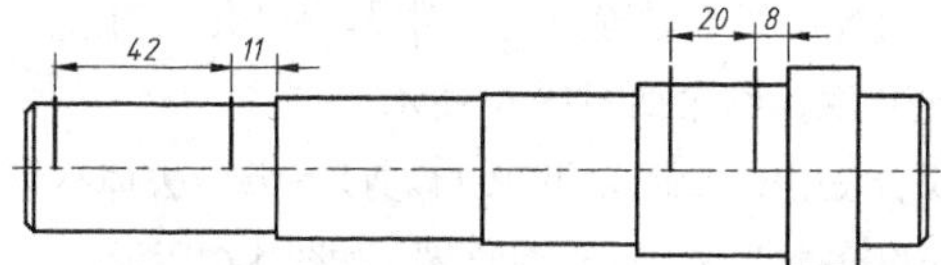

图 18-54 偏移图形

Step 09 将【轮廓线】设置为当前图层，使用C（圆）命令，以刚偏移的垂直辅助线的交点为圆心，绘制直径为12和8的圆，如图18-55所示。

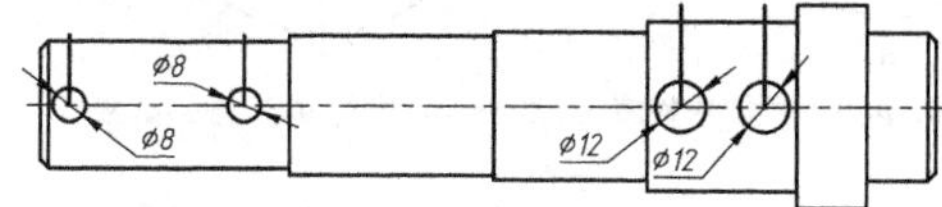

图 18-55 绘制圆

Step 10 使用L（直线）命令，配合【捕捉切点】功能，绘制键槽轮廓，如图18-56所示。

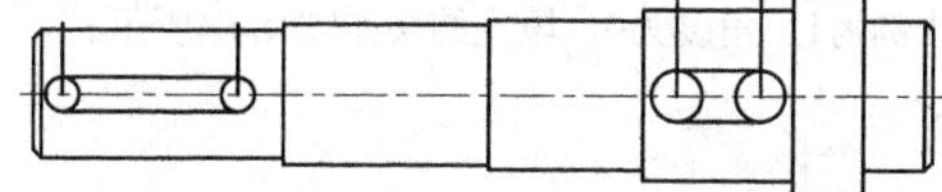

图 18-56 绘制连接直线

Step 11 使用TR（修剪）命令，对键槽轮廓进行修剪，并删除多余的辅助线，结果如图18-57所示。

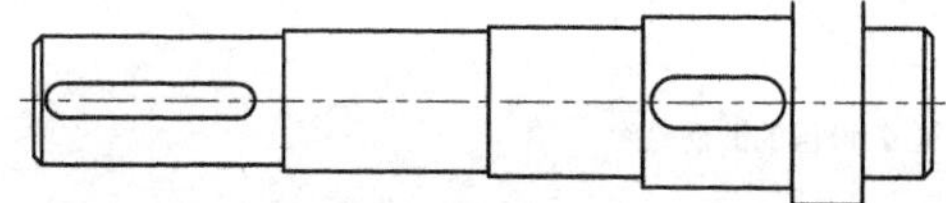

图 18-57 删除多余图形

Step 12 绘制断面图。将【中心线】设置为当前层，使用快捷键XL激活【构造线】命令，绘制如图18-58所示的水平和垂直构造线，作为移出断面图的定位辅助线。

Step 13 将【轮廓线】设置为当前图层，使用C（圆）命令，以构造线的交点为圆心，分别绘制直径为30和40的圆，结果如图18-59所示。

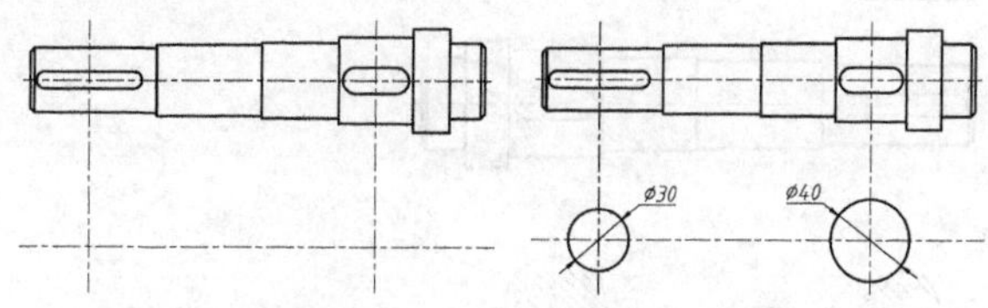

图 18-58 绘制构造线　　图 18-59 绘制移出断面图

Step 14 单击【修改】面板中的【偏移】按钮，对Φ30圆的水平和垂直中心线进行偏移，结果如图18-60所示。

图 18-60　偏移中心线得到键槽辅助线

Step 15 将【轮廓线】设置为当前图层，使用L（直线）命令，绘制键深，结果如图18-61所示。

Step 16 综合使用E（删除）和TR（修剪）命令，去掉不需要的构造线和轮廓线，整理Φ30断面图，如图18-62所示。

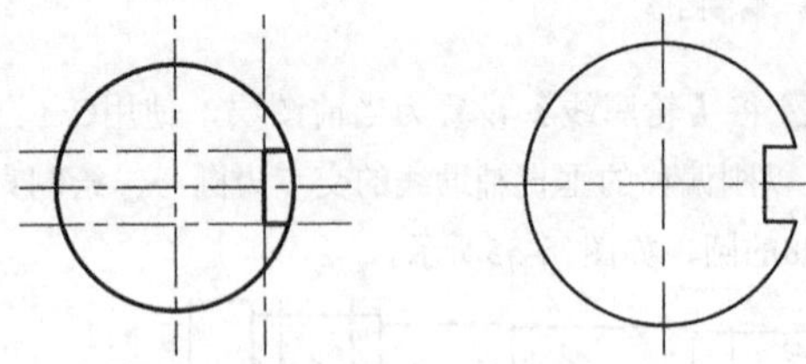
图 18-61 绘制 Φ30 圆的键槽轮廓　　图 18-62 修剪 Φ30 圆的键槽

Step 17 按相同方法绘制Φ40圆的键槽图，如图18-63所示。

Step 18 将【剖面线】设置为当前图层，单击【绘图】面板中的【图案填充】按钮，为此剖面图填充ANSI31图案，填充比例为1，角度为0，填充结果如图18-64所示。

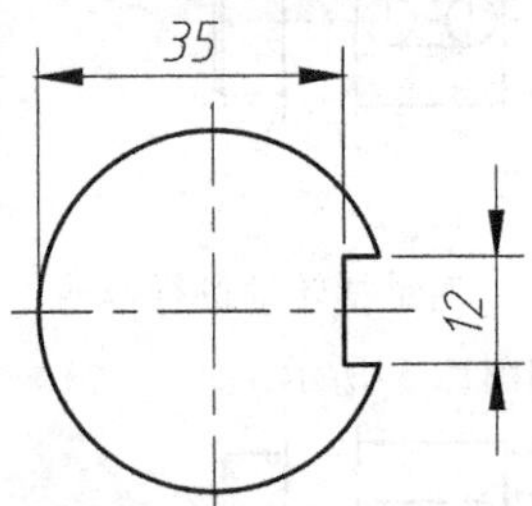

图 18-63 绘制 Φ40 圆的键槽轮廓

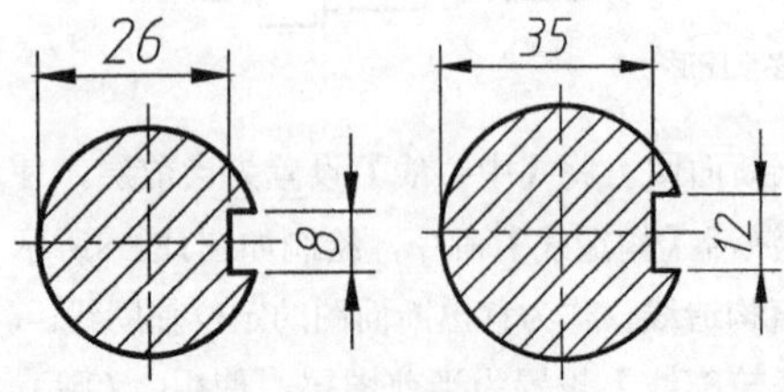

图 18-64 修剪 Φ30 和 Φ40 圆的键槽

Step 19 绘制好的图形如图18-65所示。

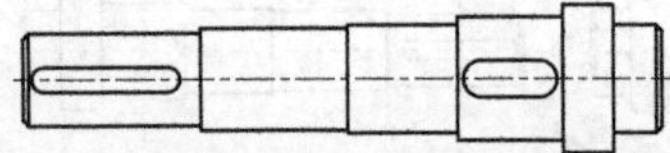

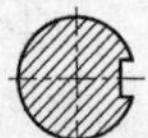
图 18-65　低速轴的轮廓图形

2 标注尺寸

图形绘制完毕后，就要对其进行标注，包括尺寸、形位公差、粗糙度等，还要填写有关的技术要求。

Step 20 标注轴向尺寸。切换到【标注线】图层，执行DLI（线性）标注命令，标注轴的各段长度如图18-66所示。

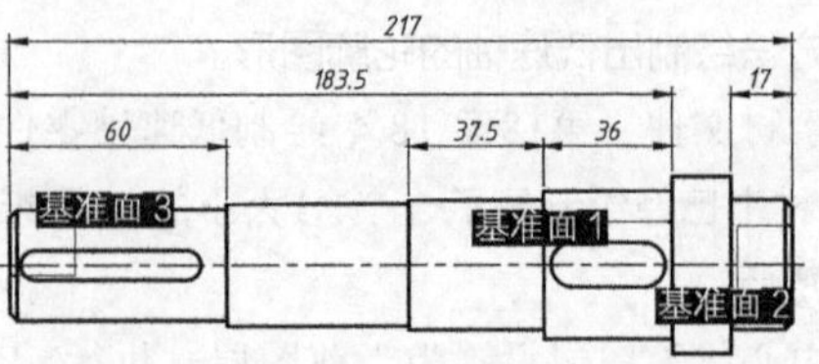

图 18-66　标注轴的轴向尺寸

设计点拨

标注轴的轴向尺寸时，应根据设计及工艺要求确定尺寸基准，通常有轴孔配合端面基准面及轴端基准面。应使尺寸标注反映加工工艺要求，同时满足装配尺寸链的精度要求，不允许出现封闭的尺寸链。如图18-66所示，基准面1是齿轮与轴的定位面，为主要基准，轴段长度36、183.5都以基准面1作为基准尺寸；基准面2为辅助基准面，最右端的轴段长度17为轴承安装要求所确定；基准面3同基准面2，轴段长度60为联轴器安装要求所确定；而未特别标明长度的轴段，其加工误差不影响装配精度，因而取为闭环，加工误差可积累至该轴段上，以保证主要尺寸的加工误差。

Step 21 标注径向尺寸。同样执行DLI（线性）标注命令，标注轴的各段直径长度，尺寸文字前注意添加"Φ"，如图18-67所示。

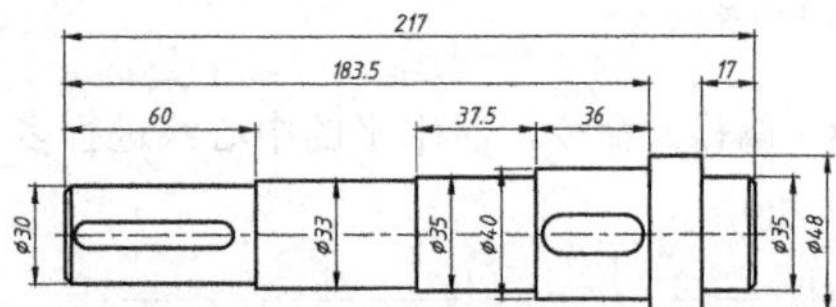

图 18-67　标注轴的径向尺寸

Step 22 标注键槽尺寸。同样使用DLI（线性）标注来标注键槽的移出断面图，如图18-68所示。

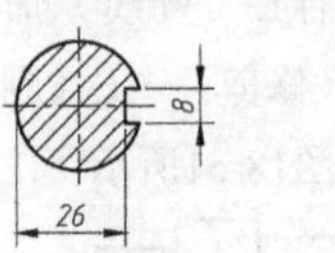

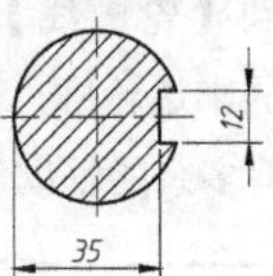

图 18-68　标注键槽的移出断面图

3 添加尺寸精度

经过前面章节的分析，可知低速轴的精度尺寸主要集中在各径向尺寸上，与其他零部件的配合有关。

Step 23 添加轴段1的精度。轴段1上需安装HL3型弹性柱销联轴器，因此尺寸精度可按对应的配合公差选取，此处由于轴径较小，因此可选用r6精度，然后查得Φ30mm对应的r6公差为+0.028~+0.041，即双击Φ30mm标注，然后在文字后输入该公差文字，如图18-69所示。

Step 24 创建尺寸公差。接着按住鼠标左键，向后拖移，选中“+0.041^+0.028”文字，然后单击【文字编辑器】选项卡中【格式】面板中的【堆叠】按钮，即可创建尺寸公差，如图18-70所示。

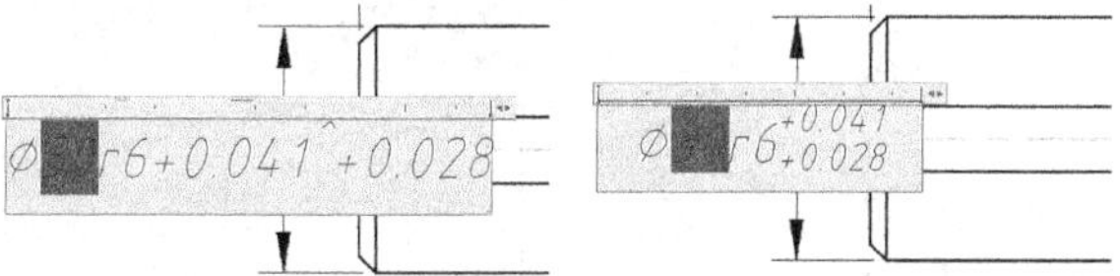

图 18-69 输入轴段 1 的尺寸公差　图 18-70 创建轴段 1 的尺寸公差

Step 25 添加轴段2的精度。轴段2上需要安装端盖，以及一些防尘的密封件（如毡圈），总的来说精度要求不高，因此可以不添加精度。

Step 26 添加轴段3的精度。轴段3上需安装6207的深沟球轴承，因此，该段的径向尺寸公差可按该轴承的推荐安装参数进行取值，即k6，然后查得Φ35mm对应的k6公差为+0.018~+0.002，再按相同标注方法标注即可，如图18-71所示。

Step 27 添加轴段4的精度。轴段4上需安装大齿轮，而轴、齿轮的推荐配合为H7/r6，因此该段的径向尺寸公差即r6，然后查得Φ40mm对应的r6公差为+0.050~+0.034，再按相同标注方法标注即可，如图18-72所示。

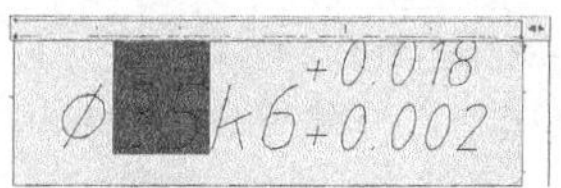

图 18-71 标注轴段 3 的尺寸公差

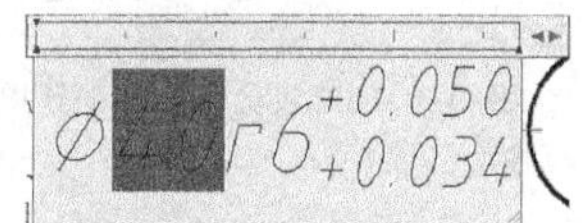

图 18-72 标注轴段 4 的尺寸公差

Step 28 添加轴段5的精度。轴段5为闭环，无尺寸，无需添加精度。

Step 29 添加轴段6的精度。轴段6的精度同轴段3，按轴段3进行添加，如图18-73所示。

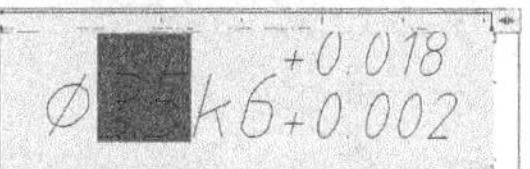

图 18-73 标注轴段 6 的尺寸公差

Step 30 添加键槽公差。取轴上的键槽的宽度公差为h9，长度均向下取值-0.2，如图18-74所示。

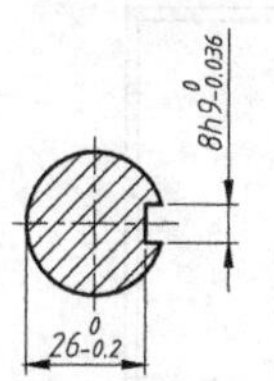

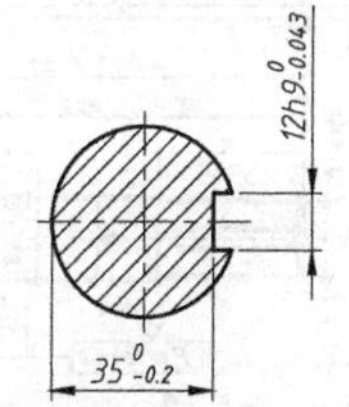

图 18-74 标注键槽的尺寸公差

设计点拨

由于在装配减速器时，一般是先将键敲入轴上的键槽，然后再将齿轮安装在轴上，因此轴上的键槽需要稍紧密，所以取负公差；而齿轮轮毂上键槽与键之间，需要轴向移动的距离，要超过键本身的长度，因此间隙应大一点，易于装配。

Step 31 标注完尺寸精度的图形如图18-75所示。

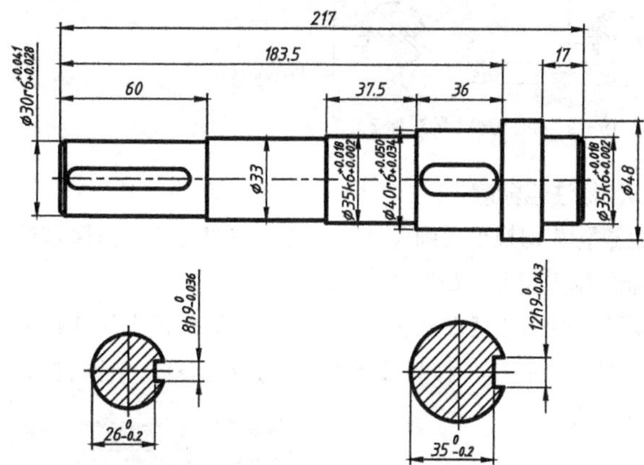

图 18-75 标注精度后的图形

设计点拨

不添加精度的尺寸均按GB/T1804-2000、GB/T1184-1996处理，需在技术要求中说明。

4 标注形位公差

Step 32 创建基准符号。切换至【细实线】图层，在图形的空白区域绘制基准符号，如图18-76所示。

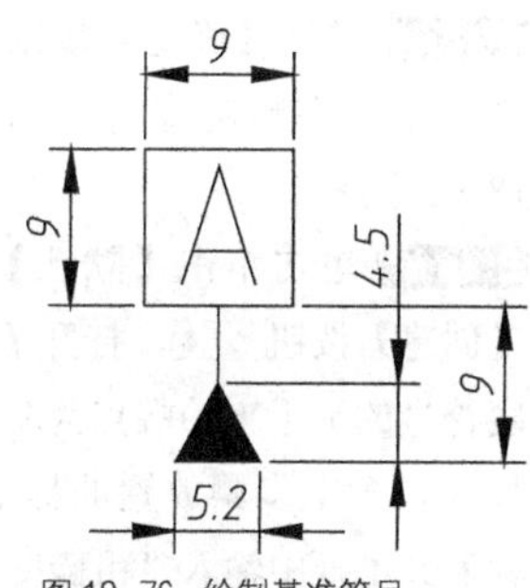

图 18-76 绘制基准符号

设计点拨

基准符号也可以事先制作成块，然后进行调用，到时只需输入比例即可调整大小。

Step 33 放置基准符号。分别以各重要的轴段为基准，即在Φ35轴段、Φ40轴段、Φ30轴段上放置基准符号，如图18-77所示。

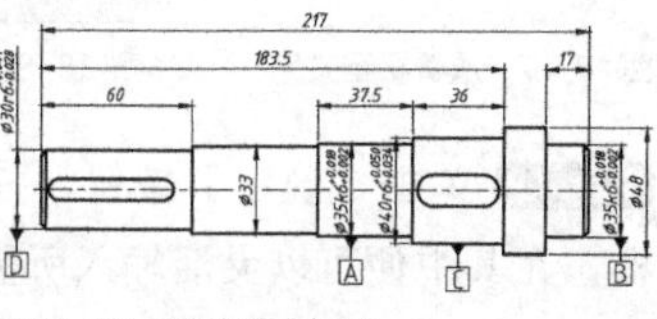

图 18-77 放置基准符号

Step 34 添加轴上的形位公差。轴上的形位公差主要为轴承段、齿轮段的圆跳动，具体标注如图18-78所示。

Step 35 添加键槽上的形位公差。键槽上主要为相对于轴线的对称度，具体标注如图18-79所示。

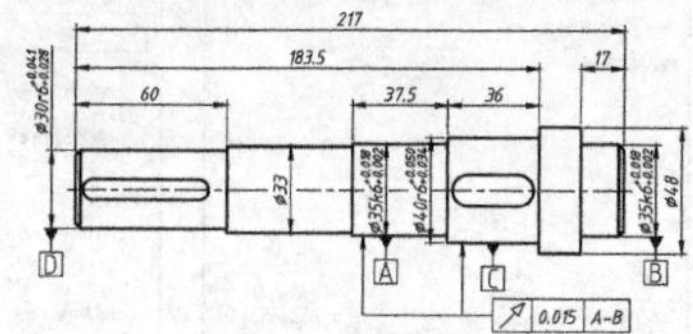

图 18-78 标注轴上的圆跳动公差

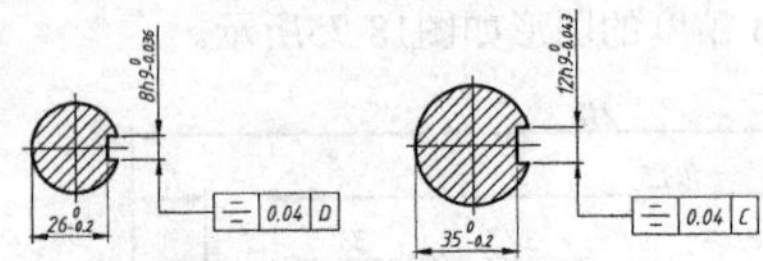
图 18-79 标注键槽上的对称度公差

5 标注粗糙度

Step 36 切换至【细实线】图层，在图形的空白区域绘制粗糙度符号，如图18-80所示。

Step 37 单击【默认】选项卡中【块】面板中的【定义属性】按钮，打开【属性定义】对话框，按图18-81进行设置。

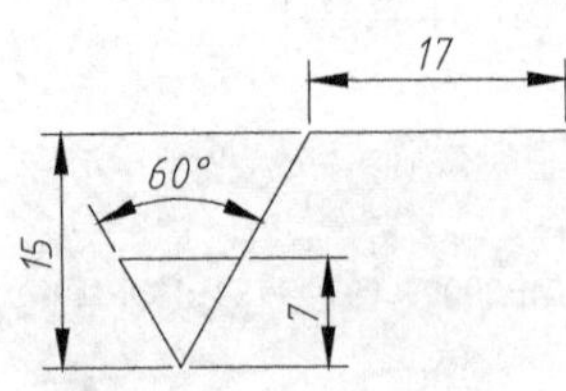
图 18-80 绘制粗糙度符号

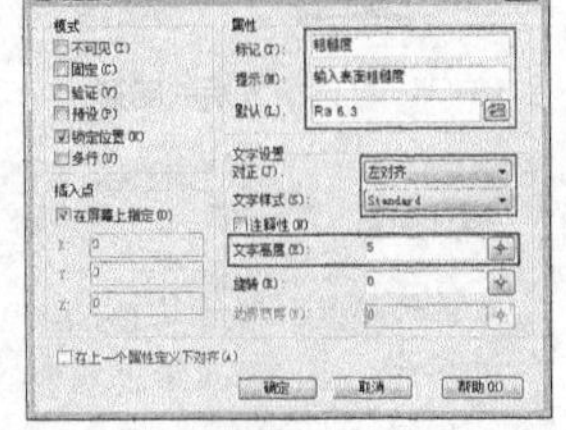
图 18-81 【属性定义】对话框

Step 38 单击【确定】按钮，光标便变为标记文字的放置形式，在粗糙度符号的合适位置放置即可，如图18-82所示。

Step 39 单击单击【默认】选项卡中【块】面板中的【创建】按钮，打开【块定义】对话框，选择粗糙度符号的最下方的端点为基点，然后选择整个粗糙度符号（包含上步骤放置的标记文字）作为对象，在【名称】文本框中输入“粗糙度”，如图18-83所示。

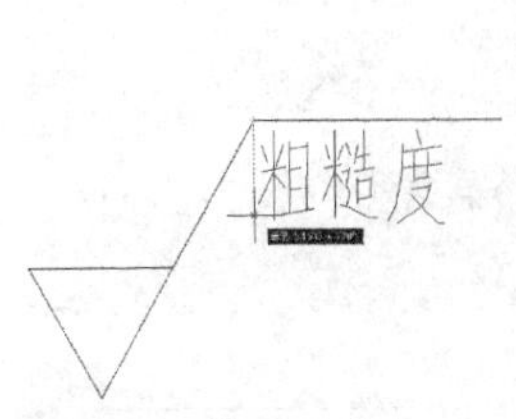

图 18-82 放置标记文字

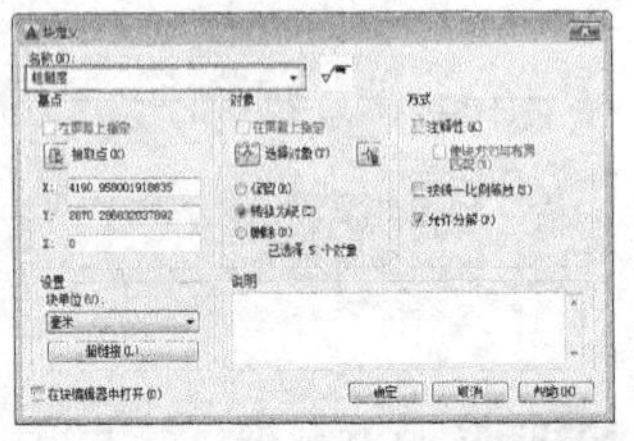
图 18-83 【块定义】对话框

Step 40 单击【确定】按钮，打开【编辑属性】对话框，在其中便可以灵活输入所需的粗糙度数值，如图18-84所示。

Step 41 在【编辑属性】对话框中单击【确定】按钮，然后单击【默认】选项卡中【块】面板中的【插入】按钮，打开【插入】对话框，在【名称】下拉列表中选择“粗糙度”，如图18-85所示。

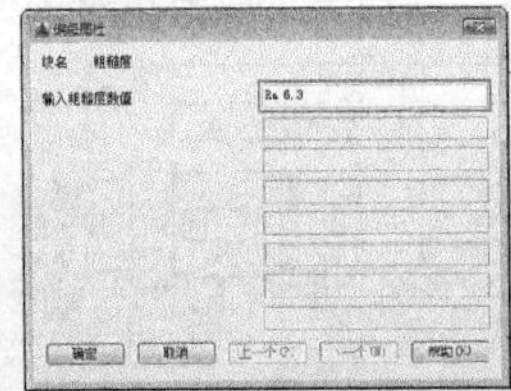
图 18-84 【编辑属性】对话框

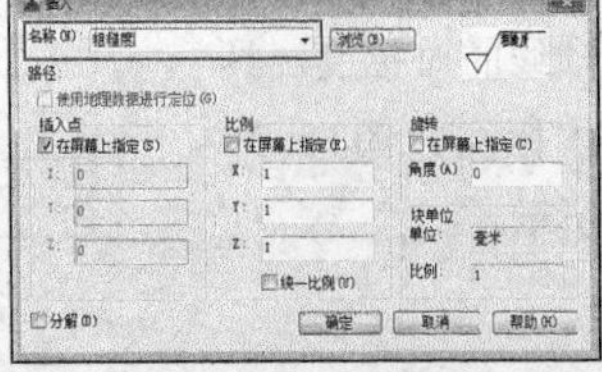
图 18-85 【插入】对话框

Step 42 在【插入】对话框中单击【确定】按钮，光标便变为粗糙度符号的放置形式，在图形的合适位置放置即可，放置之后系统自动打开【编辑属性】对话框，如图18-86所示。

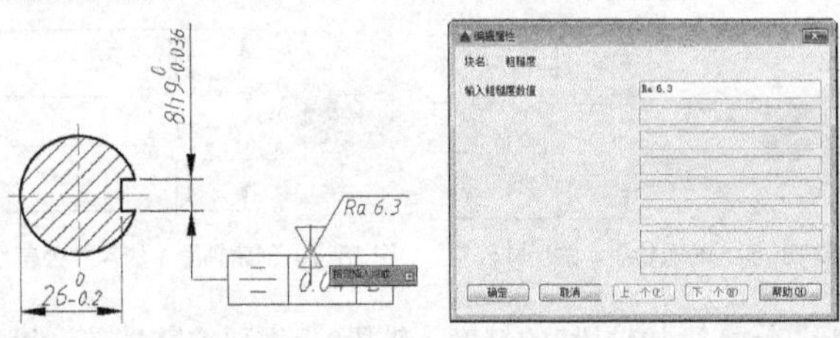
图 18-86 放置粗糙度

Step 43 在对应的文本框中输入我们所需的数值“Ra 3.2”，然后单击【确定】按钮，即可标注粗糙度，如图18-87所示。

Step 44 使用相同的方法，标注轴上的表面粗糙度。轴上需特定标注的表面粗糙度主要是中35轴段、中40轴段、中30轴段等需要配合的部分，具体标注如图18-88所示。

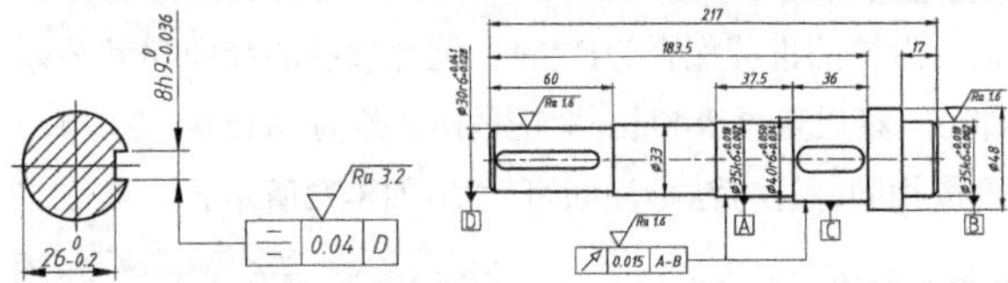
图 18-87 创建成功的粗糙度标注

图 18-88 标注轴上的表面粗糙度

Step 45 标注断面图上的表面粗糙度。键槽部分表面粗糙度可按相应键的安装要求进行标注，本例中的标注如图18-89所示。

Step 46 标注其余粗糙度，然后对图形的一些细节进行修缮，再将图形移动至A4图框中的合适位置，如图18-90所示。

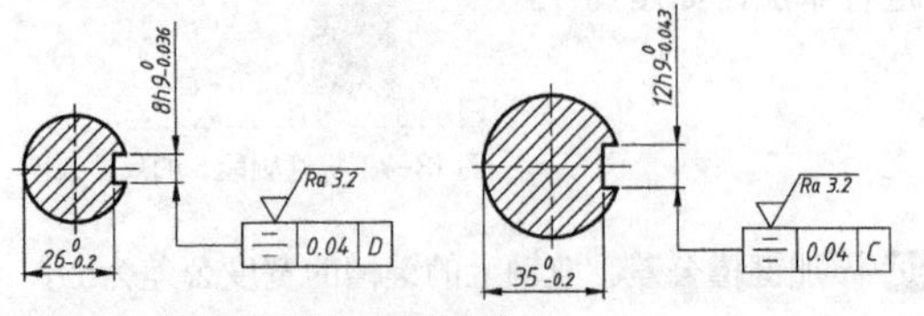
图 18-89 标注断面图上的表面粗糙度

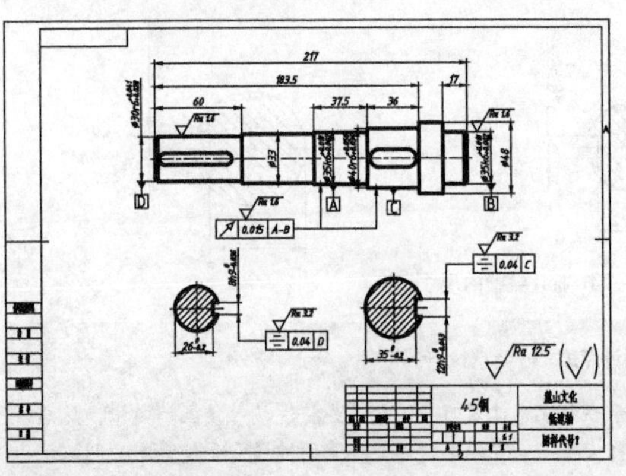
图 18-90 添加标注后的图形

6 填写技术要求

Step 47 单击【默认】选项卡中【注释】面板上的【多行文字】按钮，在图形的左下方空白部分插入多行文字，输入技术要求如图18-91所示。

技术要求

1.未注倒角为C2。

2.未注圆角半径为R1。

3.调质处理45-50HRC。

4.未注尺寸公差按GB/T1804—2000m。

5.未注几何公差按GB/T1184—1996K。

图 18-91 填写技术要求

Step 48 低速轴零件图绘制完成，最终的图形效果如图18-92所示。

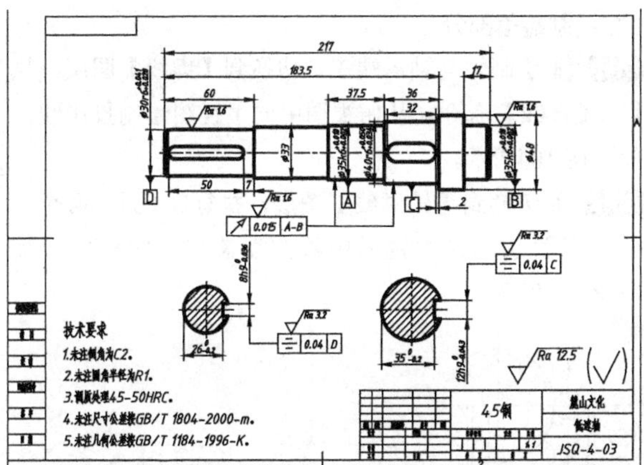

图 18-92 低速轴零件图

18.5 绘制单级减速器装配图

首先设计轴系部件。通过绘图设计轴的结构尺寸，确定轴承的位置，传动零件、轴和轴承是减速器的主要零件，其他零件的结构和尺寸随这些零件而定。绘制装配图时，要先画主要零件，后画次要零件，再画次要零件；由箱内零件画起，逐步向外画：先由中心线绘制大致轮廓线，结构细节可先不画；以一个视图为主，过程中兼顾其他视图。

18.5.1 绘图分析

可按表 18-5 中的数值估算减速器的视图范围，而视图布置可参考图 18-93。

表18-5 视图范围估算表

减速器类型	A	B	C
一级圆柱齿轮减速器	3a	2a	2a
二级圆柱齿轮减速器	4a	2a	2a
圆锥-圆柱齿轮减速器	4a	2a	2a
一级蜗杆减速器	2a	3a	2a

> **设计点拨**
>
> *a为传动中心距，对于二级传动来说，a为低速级的中心距。*

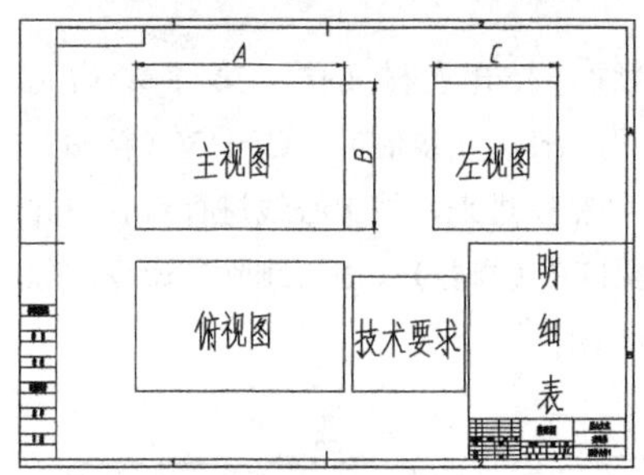

图 18-93 视图布置参考图

18.5.2 绘制俯视图

对于本例的单级减速器来说，其主要零件就是齿轮传动幅，因此在绘制装配图的时候，宜先绘制表达传动幅的俯视图，再根据投影关系，反过来绘制主视图与左视图。在绘制的时候，可以直接使用现有的素材，以复制、粘贴的方式绘制该装配图。

Step 01 打开素材文件“第18章\18.5 绘制单级减速器装配图.dwg”，素材中已经绘制好了一个1∶1大小的A0图纸框，如图18-94所示。

Step 02 导入箱座俯视图。打开素材文件“第18章\箱座.dwg”，使用Ctrl+C（复制）、Ctrl+V（粘贴）命令，将箱座的俯视图粘贴至装配图中的适当位置，如图18-95所示。

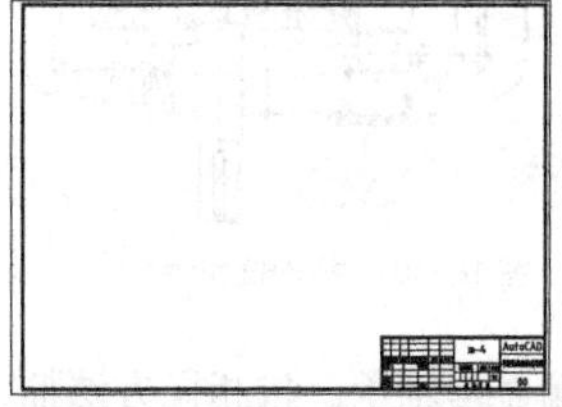

图 18-94 素材文件

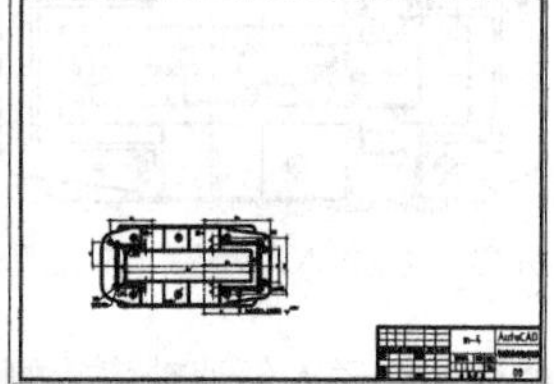

图 18-95 导入箱座俯视图

Step 03 使用E（删除）、TR（修剪）等编辑命令，将箱座俯视图的尺寸标注全部删除，只保留轮廓图形与中心线，如图18-96所示。

Step 04 放置轴承端盖。打开素材文件“第18章\轴承端盖.dwg”，使用Ctrl+C（复制）、Ctrl+V（粘贴）命令，将该轴承端盖的俯视图粘贴至绘图区，然后移动至对应的轴承安装孔处，执行TR（修剪）命令删减被遮挡的线条，如图18-97所示。

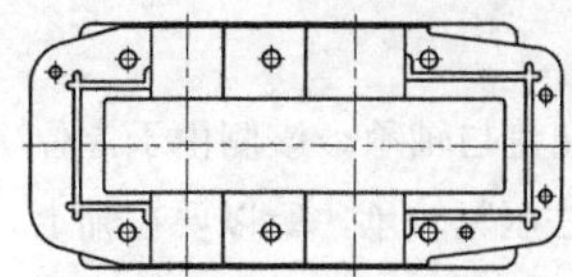

图 18-96 删减俯视图

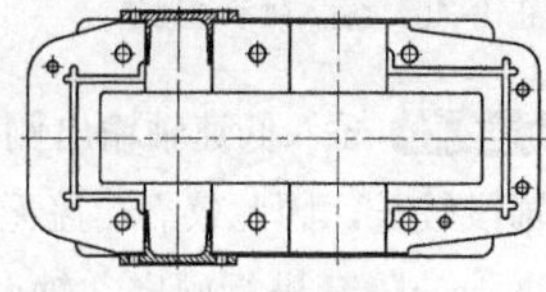

图 18-97 插入轴承端盖

Step 05 放置6205轴承。打开素材文件“第18章\轴承.dwg”，按相同方法将其中的6205轴承图形粘贴至绘图区，然后移动至俯视图上对应的轴承安装孔处，如图18-98所示。

Step 06 导入齿轮轴。打开素材文件“第18章\齿轮轴.dwg”，同样使用Ctrl+C（复制）、Ctrl+V（粘贴）命令，将齿轮轴零件粘贴进来，按中心线进行对齐，并靠紧轴肩，接着使用TR（修剪）、E（删除）命令删除多余图形，如图18-99所示。

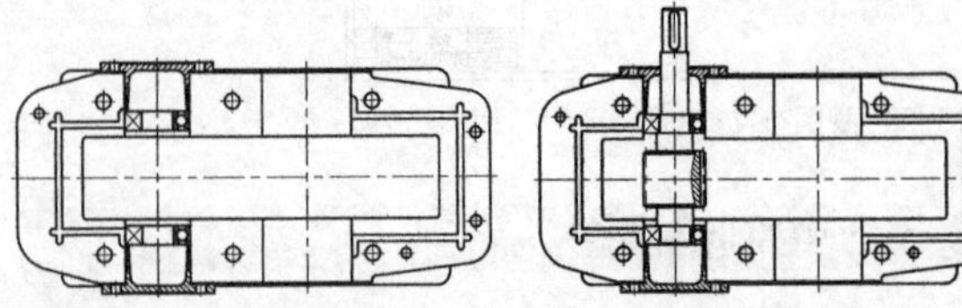

图 18-98　插入 6205 轴承　　图 18-99　插入齿轮轴

Step 07 导入大齿轮。齿轮轴导入之后，就可以根据啮合方法导入大齿轮。打开素材文件“第18章\大齿轮.dwg”，按相同方法将其中的剖视图插入绘图区中，再根据齿轮的啮合特征对齐，结果如图18-100所示。

Step 08 导入低速轴。同理将“第18章\18.4绘制低速轴零件图-OK.dwg”素材文件导入绘图区，然后执行M（移动）命令，按大齿轮上的键槽位置进行对齐，修剪被遮挡的线条，结果如图18-101所示。

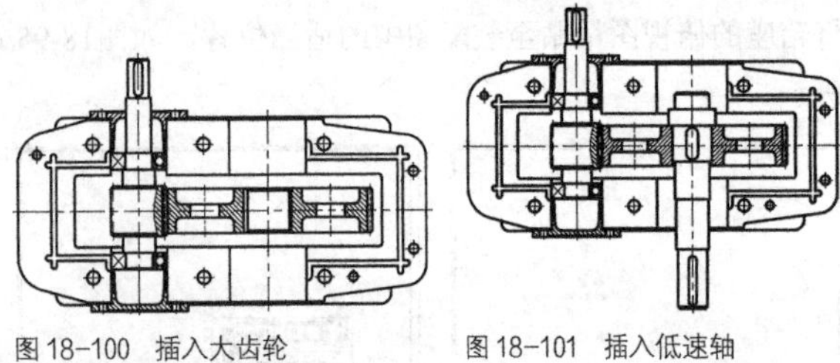

图 18-100　插入大齿轮　　图 18-101　插入低速轴

Step 09 插入低速轴齿轮侧端盖与轴承。按相同方法插入低速轴一侧的轴承端盖和轴承，素材见“第18章\轴承端盖.dwg”“第18章\轴承.dwg”。插入后的效果如图18-102所示。

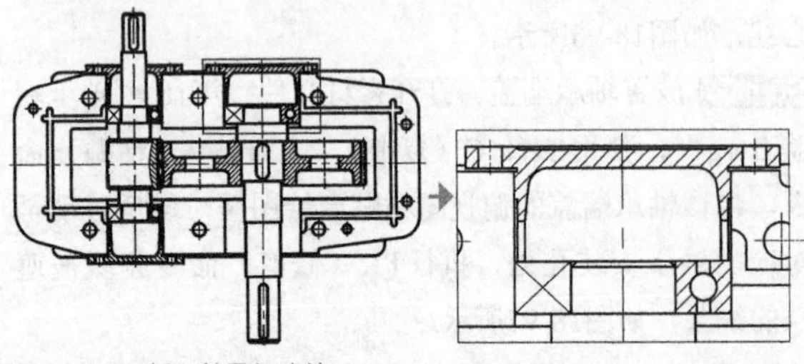

图 18-102　插入轴承与端盖

Step 10 插入低速轴输出侧端盖与轴承。该侧由于定位轴段较长，因此仅靠端盖无法压紧轴承，所以要在轴上添加一隔套进行固定，轴套图形见素材文件“第18章\隔套.dwg”，插入后结果如图18-103所示。

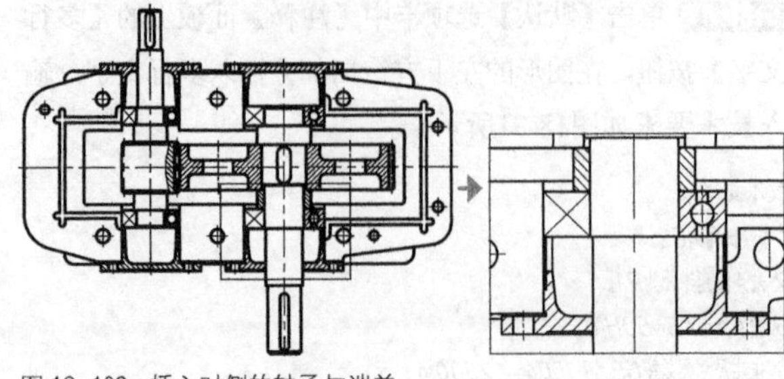

图 18-103　插入对侧的轴承与端盖

18.5.3 绘制主视图

俯视图先绘制到该步，然后再利用现有的俯视图，通过投影的方法来绘制主视图的大致图形。

1 绘制端盖部分

Step 01 绘制轴与轴承端盖。切换到【虚线】图层，执行L【直线】命令，从俯视图中向主视图绘制投影线，如图18-104所示。

Step 02 切换到【轮廓线】图层，执行C（圆）命令，按投影关系，在主视图中绘制端盖与轴的轮廓，如图18-105所示。

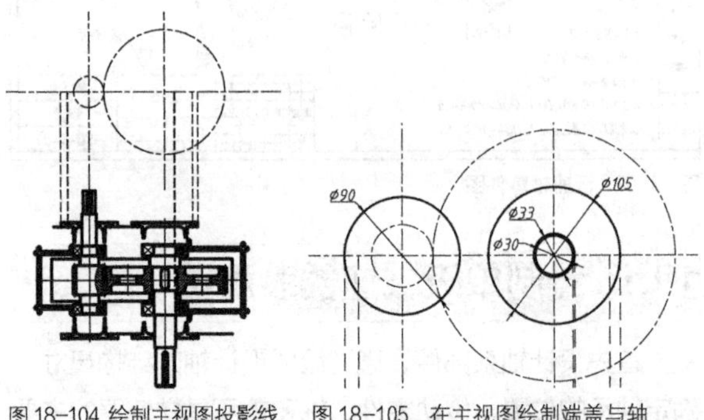

图 18-104 绘制主视图投影线　　图 18-105　在主视图绘制端盖与轴

Step 03 绘制端盖螺钉。选用的螺钉为GB/T5783-2000的外六角螺钉，查相关手册即可得螺钉的外形形状，然后切换到【中心线】图层，绘制出螺钉的布置圆，再切换回【轮廓线】图层，执行相关命令绘制螺钉即可，如图18-106所示。

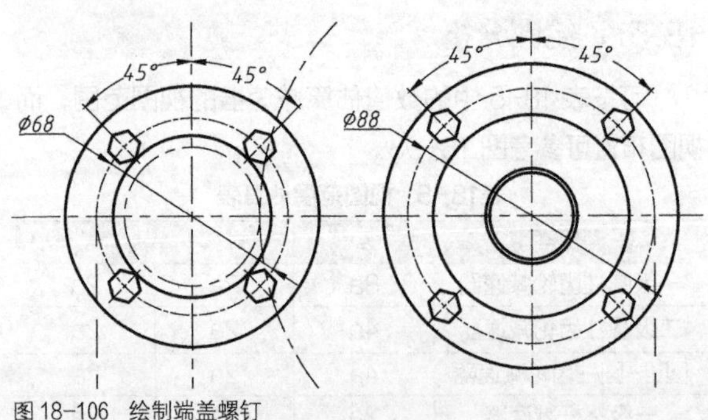

图 18-106　绘制端盖螺钉

2 绘制凸台部分

Step 04 确定轴承安装孔两侧的螺栓位置。单击【修改】面板中的【偏移】按钮，执行O（偏移）命令，将主视图中左侧的垂直中心线向左偏移43mm，向右偏移60mm；右侧的中心线向右偏移53mm，作为凸台连接螺栓的位置，如图18-107所示。

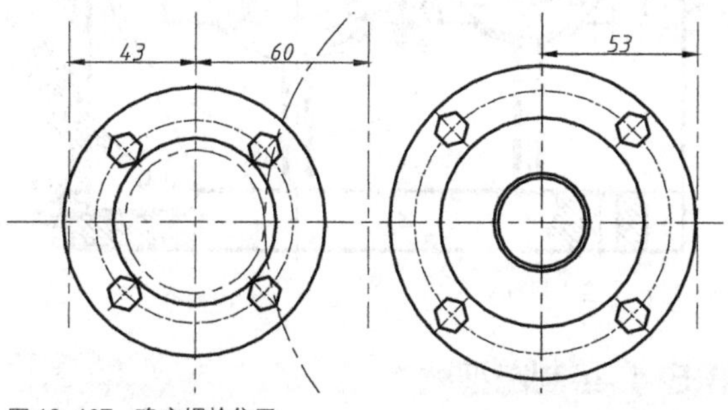

图 18-107 确定螺栓位置

> **设计点拨**
>
> 轴承安装孔两侧的螺栓间距不宜过大，也不宜过小，一般取凸缘式轴承盖的外圆直径。距离过大，不设凸台轴承刚度差；距离过小，螺栓孔可能会与轴承端盖的螺栓孔干涉，还可能与油槽干涉，为保证扳手空间，将会加大凸台高度。

Step 05 绘制箱盖凸台。同样执行O（偏移）命令，将主视图的水平中心线向上偏移38mm，此即凸台的高度；然后偏移左侧的螺钉中心线，向左偏移16mm，再将右侧的螺钉中心线向右偏移16mm，此即凸台的边线；最后切换到【轮廓线】图层，执行L【直线】命令将其连接即可，如图18-108所示。

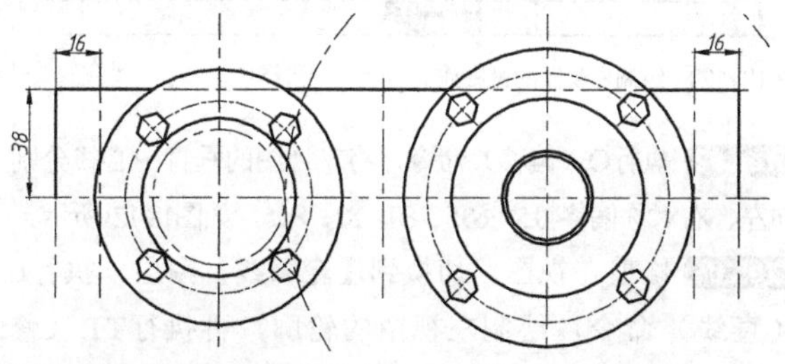

图 18-108 绘制箱盖凸台

Step 06 绘制箱座凸台。按相同方法，绘制下方的箱座凸台，如图18-109所示。

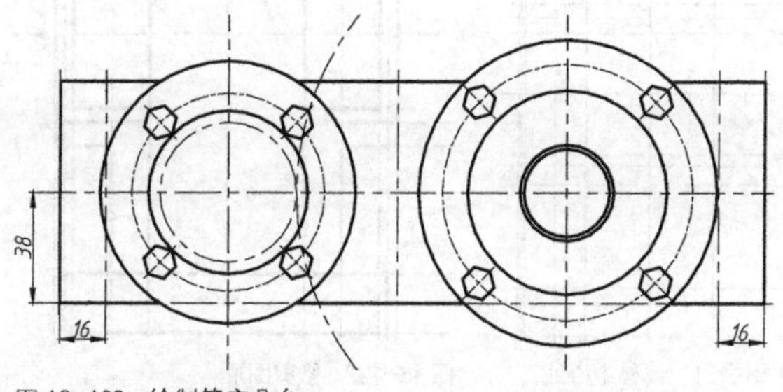

图 18-109 绘制箱座凸台

Step 07 绘制凸台的连接凸缘。为了保证箱盖与箱座的连接刚度，要在凸台上增加一凸缘，且凸缘的应该较箱体的壁厚略厚，约为1.5倍壁厚。因此执行O（偏移）命令，将水平中心线向上、下偏移12mm，然后绘制该凸缘，如图18-110所示。

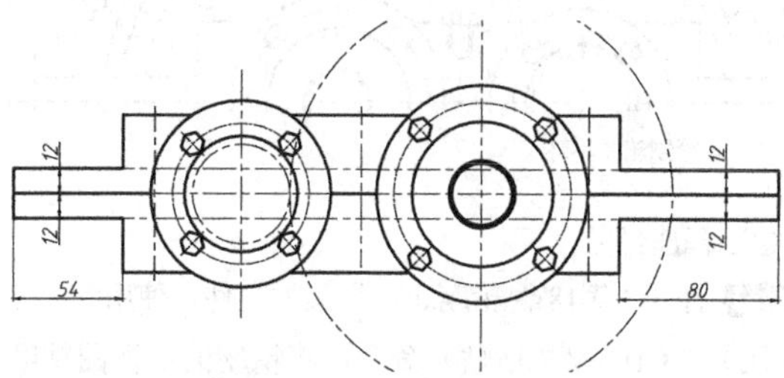

图 18-110 绘制凸台凸缘

Step 08 绘制连接螺栓。为了节省空间，在此只需绘制出其中一个连接螺栓（M10×90）的剖视图，其余用中心线表示即可，如图18-111所示。

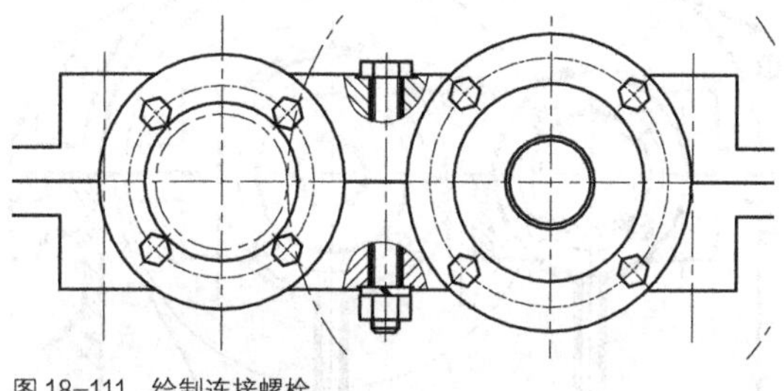

图 18-111 绘制连接螺栓

3 绘制观察孔与吊环

Step 09 绘制主视图中的箱盖轮廓。切换到【轮廓线】图层，执行L（直线）、C（圆）等绘图命令，绘制主视图中的箱盖轮廓，如图18-112所示。

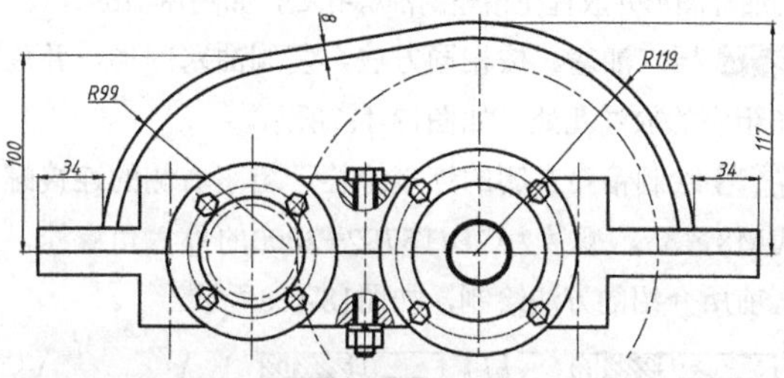

图 18-112 绘制主视图中的箱盖轮廓

Step 10 绘制观察孔。执行L（直线）、F（倒圆角）等绘图命令，绘制主视图上的观察孔，如图18-113所示。

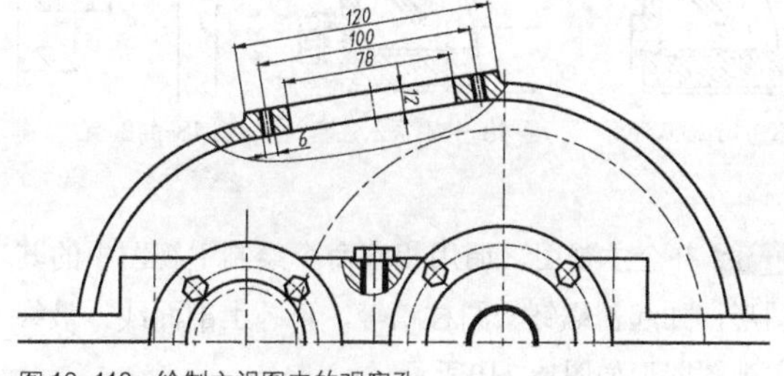

图 18-113 绘制主视图中的观察孔

Step 11 绘制箱盖吊环。执行L（直线）、C（圆）等绘图命令，绘制箱盖上的吊环，效果如图18-114所示。

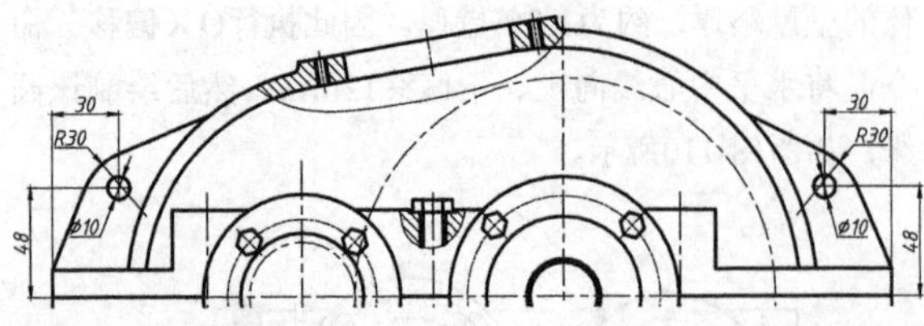

图 18-114 绘制箱盖吊环

4 绘制箱座部分

Step 12 打开"第18章\箱座.dwg"素材文件，使用Ctrl+C（复制）、Ctrl+V（粘贴）命令，将箱座的主视图粘贴至装配图中的适当位置，再使用M（移动）、TR（修剪）命令进行修改，得到主视图，如图18-115所示。

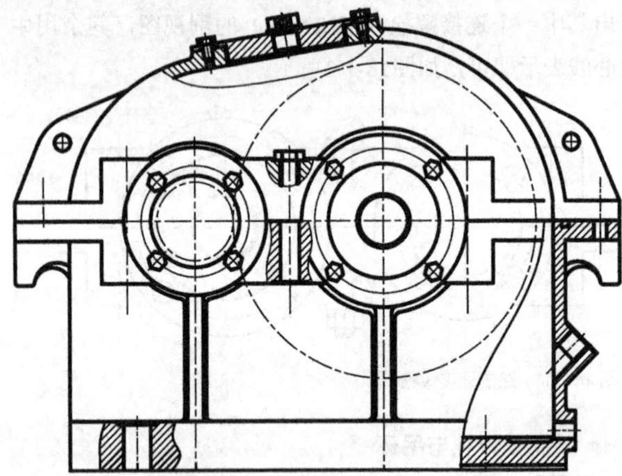
图 18-115 绘制箱座轮廓

Step 13 插入油标。打开素材文件"第18章\油标.dwg"，复制油标图形并放置在箱座的油标孔处，如图18-116所示。

Step 14 插入油塞。按相同方法，复制油塞图形，并放置在箱座的放油孔处，如图18-117所示。

Step 15 绘制箱座右侧的连接螺栓。箱座右侧的连接螺栓为M8×35，型号为GB/T5782-2000的外六角螺栓，按之前所介绍的方法绘制，如图18-118所示。

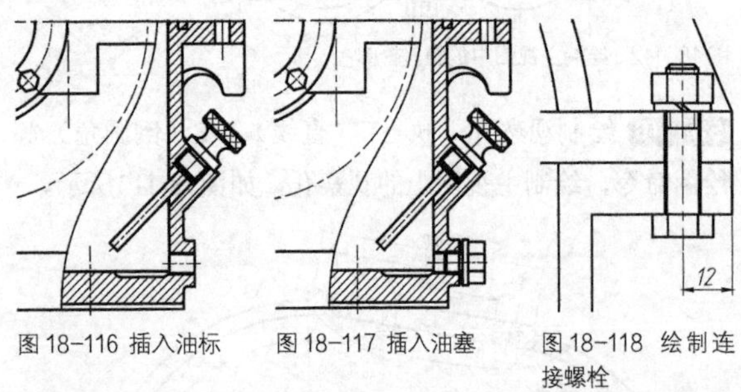

图 18-116 插入油标　图 18-117 插入油塞　图 18-118 绘制连接螺栓

Step 16 补全主视图。调用相应命令绘制主视图中的其他图形，如起盖螺钉、圆柱销等，再补上剖面线，最终的主视图图形如图18-119所示。

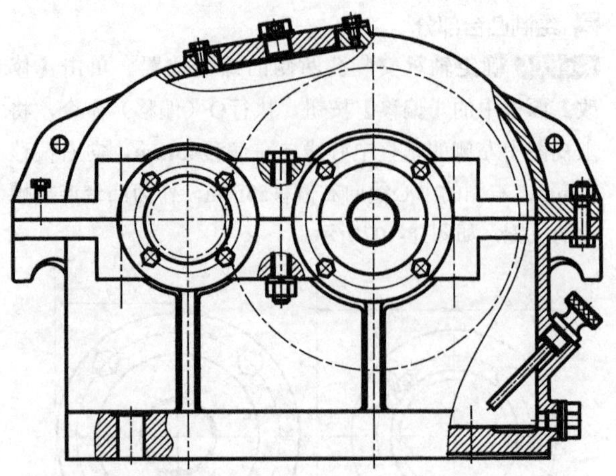
图 18-119 补全主视图

18.5.4 绘制左视图

主视图绘制完成后，就可以利用投影关系绘制左视图。

1 绘制左视图外形轮廓

Step 01 将【中心线】图层设置为当前图层，执行L（直线）命令，在图纸的左视图位置绘制的中心线，中心线长度任意。

Step 02 切换到【虚线】图层，执行L（直线）命令，从主视图中向左视图绘制投影线，如图18-120所示。

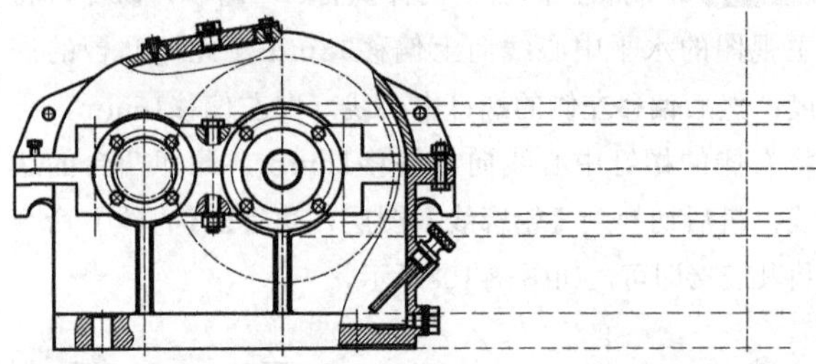
图 18-120 绘制左视图的投影线

Step 03 执行O（偏移）命令，将左视图的垂直中心线分别向左、右对称偏移40.5、60.5、80、82、84.5，如图18-121所示。

Step 04 修剪左视图。切换到【轮廓线】图层，执行L（直线）命令，绘制左视图的轮廓，再执行TR（修剪）命令，修剪多余的辅助线，结果如图18-122所示。

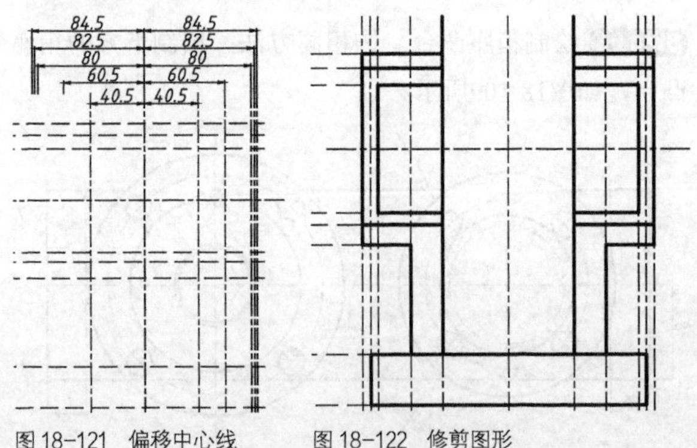

图 18-121 偏移中心线　图 18-122 修剪图形

Step 05 绘制凸台与吊钩。切换到【轮廓线】图层，执行L（直线）、C（圆）等绘图命令，绘制左视图中的凸台与吊钩轮廓，然后执行TR（修剪）命令删除多余的线段，如图18-123所示。

Step 06 绘制定位销、起盖螺钉中心线。执行O（偏移）命令，将左视图的垂直中心线向左、右对称偏移60mm，作为箱盖与箱座连接螺栓的中心线位置，同样也是箱座地脚螺栓的中心线位置，如图18-124所示。

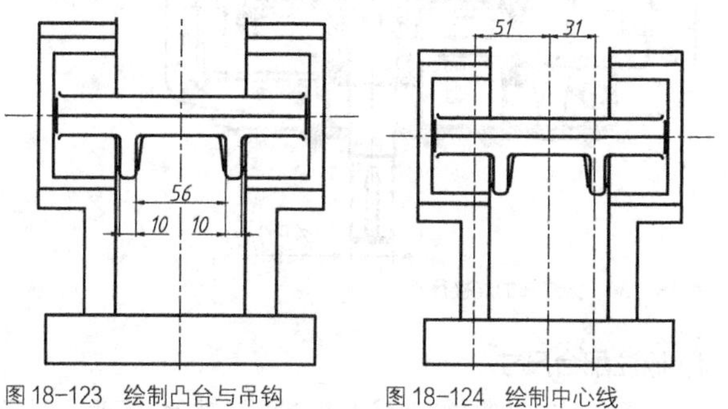

图 18-123 绘制凸台与吊钩　图 18-124 绘制中心线

Step 07 绘制定位销与起盖螺钉。执行L（直线）、C（圆）等绘图命令，在左视图中绘制定位销（6×35，GB/T117-2000）与起盖螺钉（M6×15，GB/T5783-2000），如图18-125所示。

Step 08 绘制端盖。执行L（直线）命令，绘制轴承端盖在左视图中的可见部分，如图18-126所示。

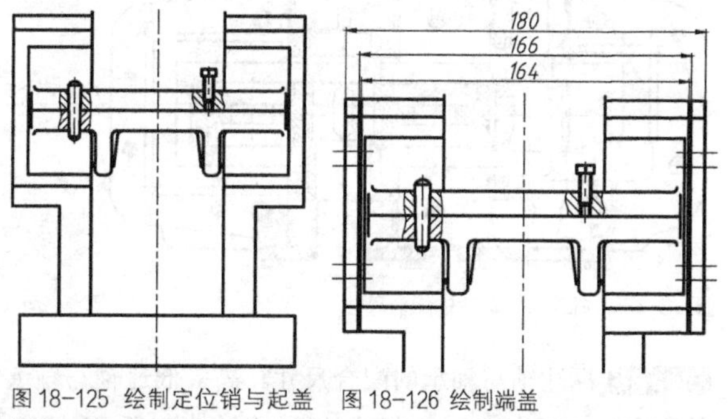

图 18-125 绘制定位销与起盖螺钉　图 18-126 绘制端盖

Step 09 绘制左视图中的轴。执行L（直线）命令，绘制高速轴与低速轴在左视图中的可见部分，伸出长度参考俯视图，如图18-127所示。

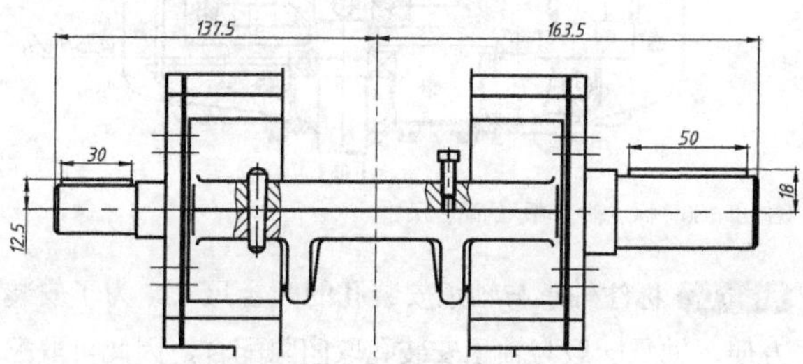

图 18-127 绘制左视图中的轴

Step 10 补全左视图。按投影关系，绘制左视图上方的观察孔以及封顶、螺钉等，最终效果如图18-128所示。

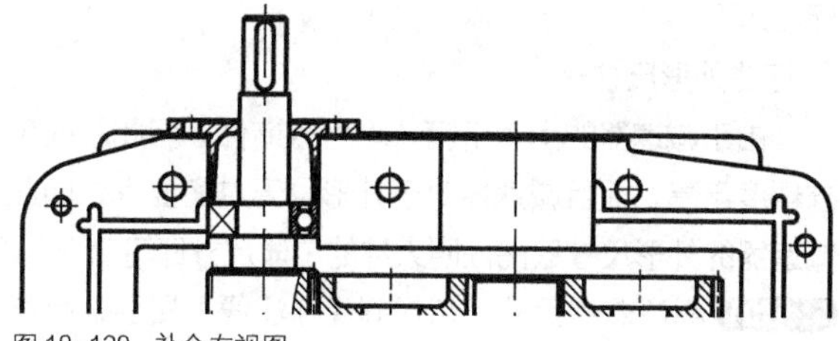

图 18-128 补全左视图

2 补全俯视图

Step 11 补全俯视图。主视图、左视图的图形都已经绘制完毕，这时就可以根据投影关系，完整地补全俯视图，最终效果如图18-129所示。

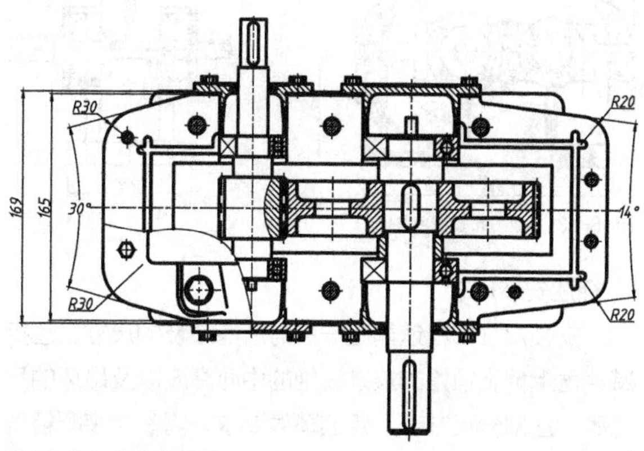

图 18-129 补全俯视图

Step 12 至此装配图的三视图全部绘制完成，效果如图18-130所示。

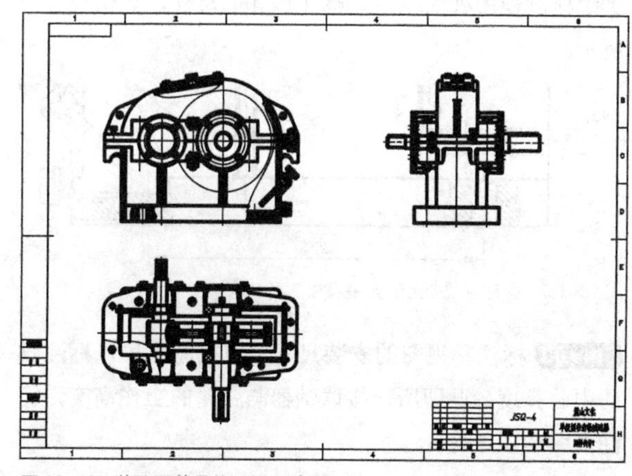

图 18-130 装配图的最终三视图效果

18.5.5 标注装配图

图形创建完毕后，就要对其进行标注。装配图中的标注包括标明序列号、填写明细表，以及标注一些必要的尺寸，如重要的配合尺寸、总长、总高、总宽等外形尺寸，以及安装尺寸等。

1 标注尺寸

主要包括外形尺寸、安装尺寸以及配合尺寸，分别标注如下。

标注外形尺寸

由于减速器的上、下箱体均为铸造件，因此总的尺寸精度不高，而且减速器对于外形也无过多要求，因此减速器的外形尺寸只需注明大致的总体尺寸即可。

Step 01 标注总体尺寸。切换到【标注线】图层，执行DLI（线性）等标注命令，按之前介绍的方法标注减速器的外形尺寸，主要集中在主视图与左视图上，如图18-131所示。

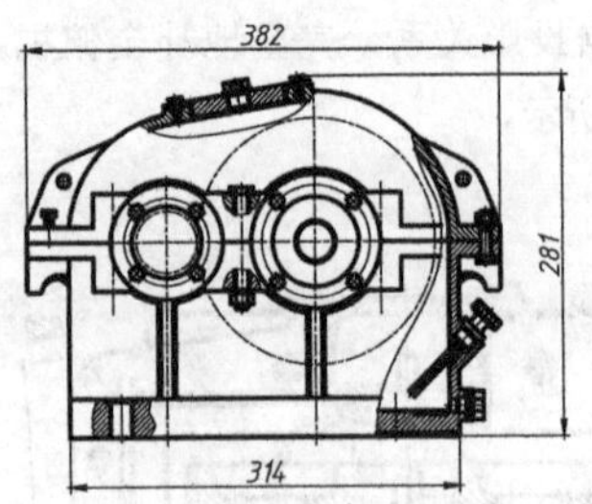

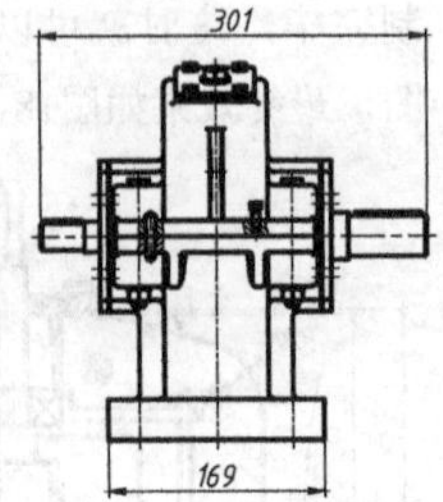

图 18-131 视图布置参考图

标注安装尺寸

安装尺寸即减速器在安装时所能涉及的尺寸，包括减速器上地脚螺栓的尺寸、轴的中心高度以及吊环的尺寸等。这部分尺寸有一定的精度要求，需参考装配精度进行标注。

Step 02 标注主视图上的安装尺寸。主视图上可以标注地脚螺栓的尺寸，执行DLI（线性）标注命令，选择地脚螺栓剖视图处的端点，标注该孔的尺寸，如图18-132所示。

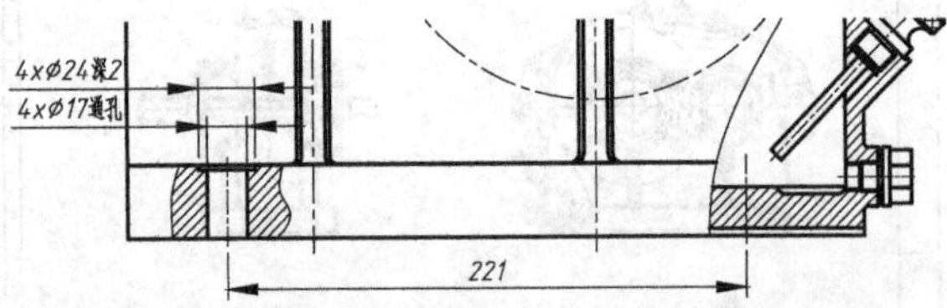

图 18-132 标注主视图上的安装尺寸

Step 03 标注左视图的安装尺寸。左视图上可以标注轴的中心高度，此即所连接联轴器与带轮的工作高度，标注如图18-133所示。

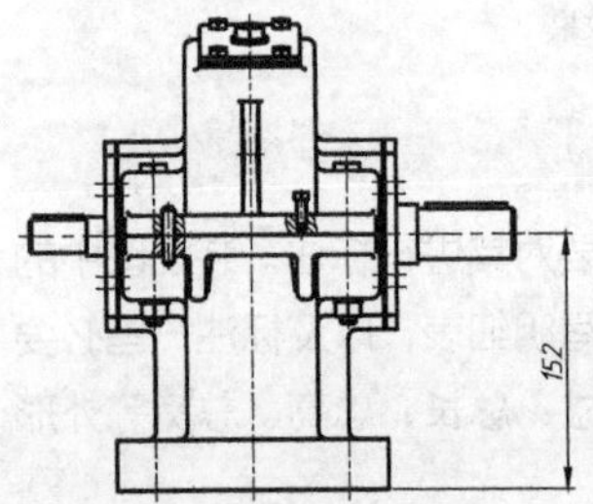

图 18-133 标注轴的中心高度

Step 04 标注俯视图的安装尺寸。俯视图中可以标注高、低速轴的末端尺寸，即与联轴器、带轮等的连接尺寸，标注如图18-134所示。

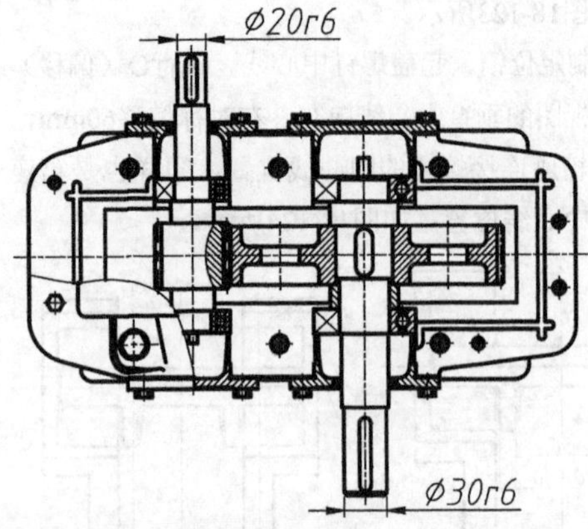

图 18-134 标注轴的连接尺寸

标注配合尺寸

配合尺寸即零件在装配时需保证的配合精度，对于减速器来说，即是轴与齿轮、轴承，轴承与箱体之间的配合尺寸。

Step 05 标注轴与齿轮的配合尺寸。执行DLI（线性）标注命令，在俯视图中选择低速轴与大齿轮的配合段标注尺寸，并输入配合精度，如图18-135所示。

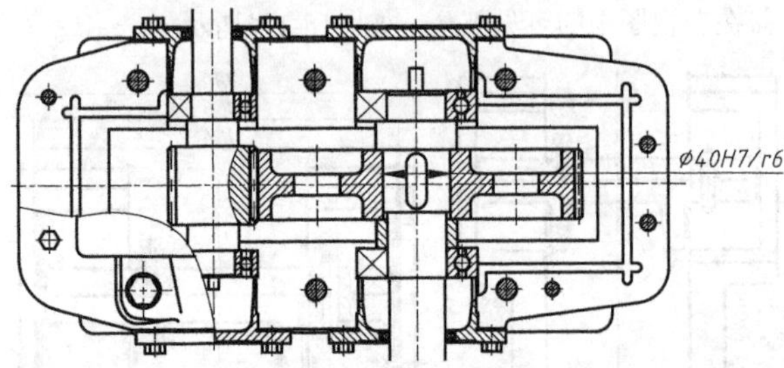

图 18-135 标注轴、齿轮的配合尺寸

Step 06 标注轴与轴承的配合尺寸。高、低速轴与轴承的配合尺寸均为H7/k6，标注效果如图18-136所示。

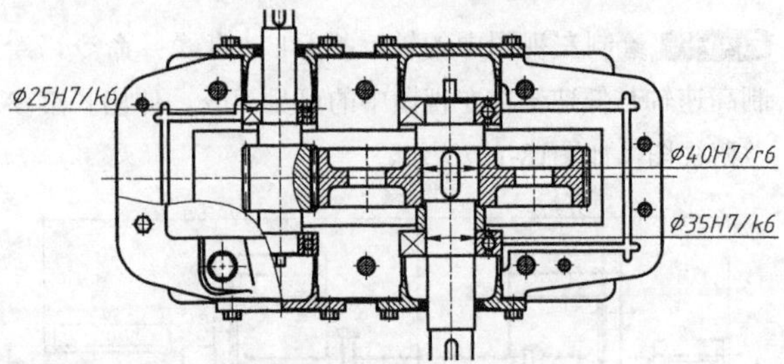

图 18-136 标注轴、轴承的配合尺寸

Step 07 标注轴承与轴承安装孔的配合尺寸。为了安装方便，轴承一般与轴承安装孔取间隙配合，因此可取配合公差为H7/f6，标注效果如图18-137所示。

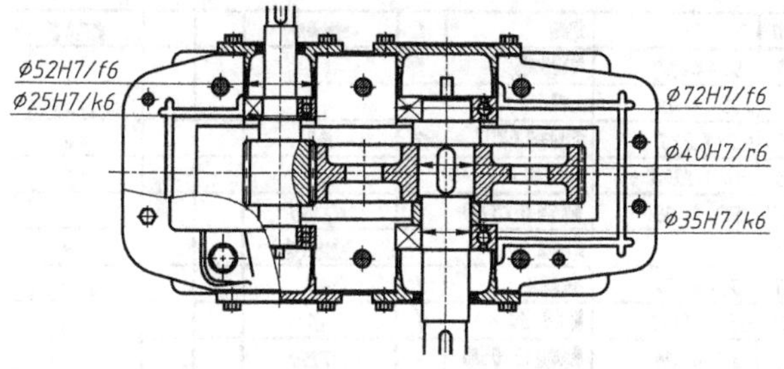

图 18-137　标注轴承、轴承安装孔的配合尺寸

Step 08 尺寸标注完毕。

2 添加序列号

装配图中的所有零件和组件都必须编写序号。装配图中一个相同的零件或组件只编写一个序号，同一装配图中相同的零件编写相同的序号，而且一般只注明一次。另外，零件序号还应与事后的明细表中序号一致。

Step 09 设置引线样式。单击【注释】面板中的【多重引线样式】按钮，打开【多重引线样式管理器】对话框，如图18-138所示。

Step 10 单击其中的【修改】按钮，打开“修改多重引线样式：Standard”对话框，设置其中的【引线格式】选项卡，如图18-139所示。

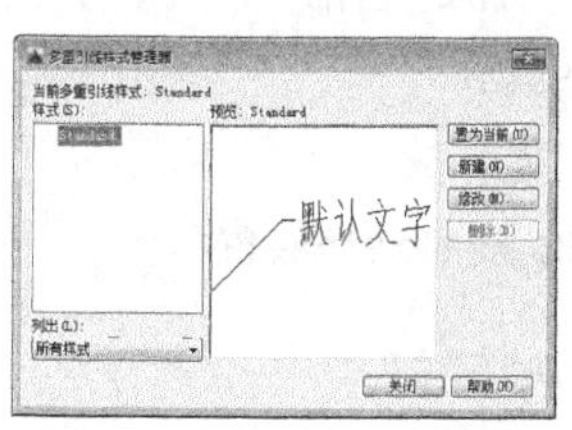

图 18-138【多重引线样式管理器】对话框

图 18-139　修改【引线格式】选项卡

Step 11 切换至【引线结构】选项卡，设置其中参数如图18-140所示。

Step 12 切换至【内容】选项卡，设置其中参数如图18-141所示。

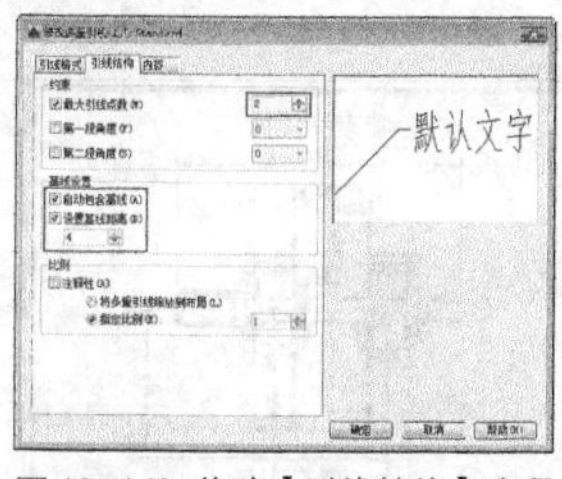

图 18-140　修改【引线结构】选项卡

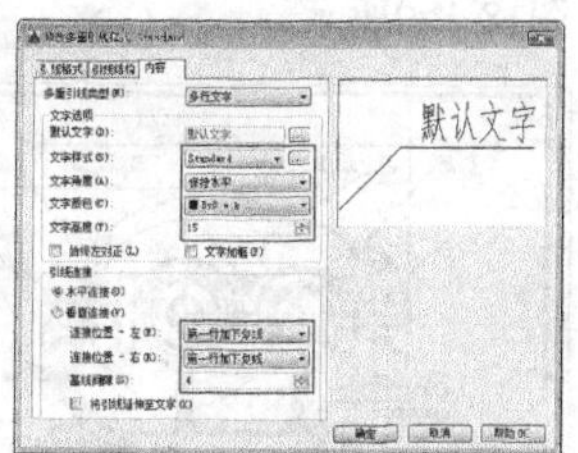

图 18-141　修改【内容】选项卡

Step 13 标注第一个序号。将【细实线】图层设置为当前图层，单击【注释】面板中的【引线】按钮，然后在俯视图的箱座处单击，引出引线，然后输入数字“1”，即表明该零件为序号为1的零件，如图18-142所示。

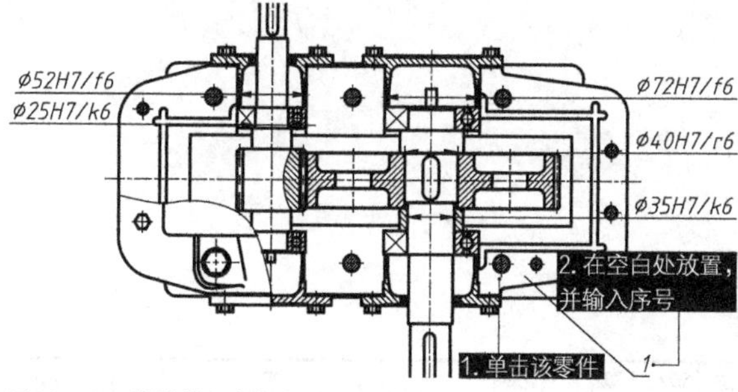

图 18-142　标注第一个序号

Step 14 按此方法，对装配图中的所有零部件进行引线标注，最终效果如图18-143所示。

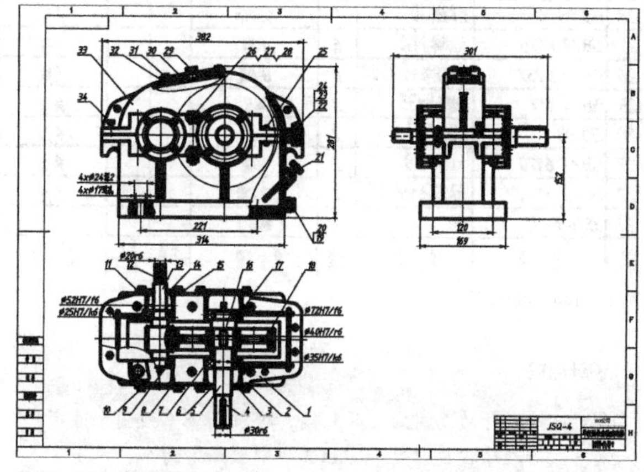

图 18-143　标注其余的序号

3 填写明细表

Step 15 打开素材文件“第18章\装配图明细表.dwg”直接进行复制，如图18-144所示。

序号	代号	名称	数量	材料	单件 重量	总计 重量	备注
4	-04	缸筒	1	45			
3	-03	连接法兰	2	45			
2	-02	缸头	1	QT400			
1	-01	活塞杆	1	45			

图 18-144　复制素材中的标题栏

Step 16 将该标题栏缩放至合适A0图纸的大小，然后按如**Step15**添加的序列号顺序填写对应明细表中的信息。如**Step15**序列号1对应的零件为“箱座”，因此便在序号1的明细表中填写信息如图18-145所示。

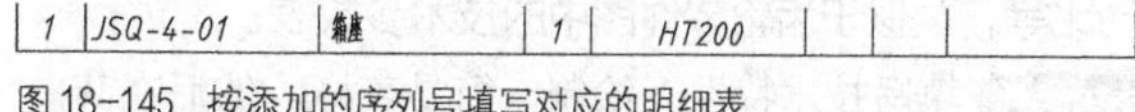

1	JSQ-4-01	箱座	1	HT200			

图 18-145　按添加的序列号填写对应的明细表

Step 17 按相同方法，填写明细表上的所有信息，如图18-146所示。

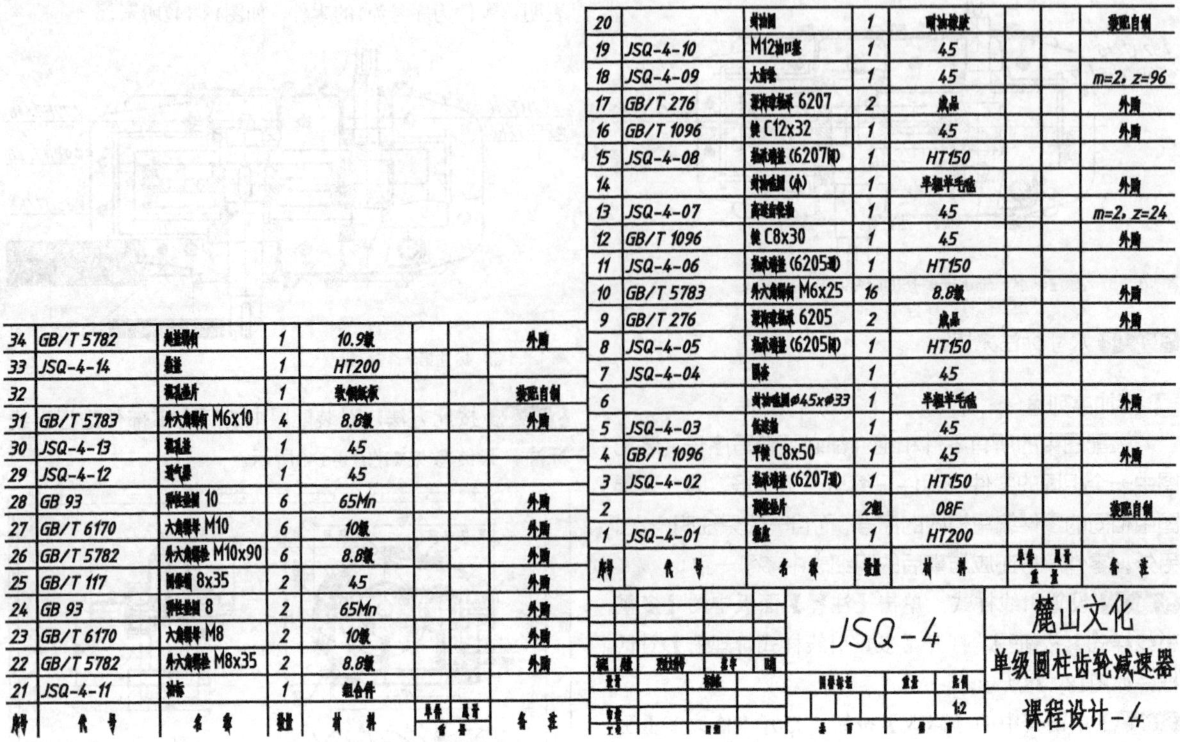

序号	代号	名称	数量	材料	单件重量	总计重量	备注
34	GB/T 5782	起盖螺钉	1	10.9级			外购
33	JSQ-4-14	箱盖	1	HT200			
32		视孔垫片	1	软钢纸板			装配自制
31	GB/T 5783	外六角螺钉 M6x10	4	8.8级			外购
30	JSQ-4-13	视孔盖	1	45			
29	JSQ-4-12	通气器	1	45			
28	GB 93	弹性垫圈 10	6	65Mn			外购
27	GB/T 6170	六角螺母 M10	6	10级			外购
26	GB/T 5782	外六角螺栓 M10x90	6	8.8级			外购
25	GB/T 117	圆锥销 8x35	2	45			外购
24	GB 93	弹性垫圈 8	2	65Mn			外购
23	GB/T 6170	六角螺母 M8	2	10级			外购
22	GB/T 5782	外六角螺栓 M8x35	2	8.8级			外购
21	JSQ-4-11	油标	1	组合件			
20		封油圈	1	耐油橡胶			装配自制
19	JSQ-4-10	M12油塞	1	45			
18	JSQ-4-09	大齿轮	1	45			m=2，z=96
17	GB/T 276	深沟球轴承 6207	2	成品			外购
16	GB/T 1096	键 C12x32	1	45			外购
15	JSQ-4-08	轴承端盖（6207闷）	1	HT150			
14		封油毡圈（小）	1	半粗羊毛毡			外购
13	JSQ-4-07	高速齿轮轴	1	45			m=2，z=24
12	GB/T 1096	键 C8x30	1	45			外购
11	JSQ-4-06	轴承端盖（6205透）	1	HT150			
10	GB/T 5783	外六角螺钉 M6x25	16	8.8级			外购
9	GB/T 276	深沟球轴承 6205	2	成品			外购
8	JSQ-4-05	轴承端盖（6205闷）	1	HT150			
7	JSQ-4-04	隔套	1	45			
6		封油毡圈ϕ45xϕ33	1	半粗羊毛毡			外购
5	JSQ-4-03	低速轴	1	45			
4	GB/T 1096	平键 C8x50	1	45			外购
3	JSQ-4-02	轴承端盖（6207透）	1	HT150			
2		调整垫片	2组	08F			装配自制
1	JSQ-4-01	箱座	1	HT200			

JSQ-4	麓山文化
1:2	单级圆柱齿轮减速器
	课程设计-4

图 18-146　填写明细表

设计点拨

在对照序列号填写明细表的时候，可以选择【视图】选项卡，然后在【视口配置】下拉选项中选择【两个：水平】选项，模型视图便从屏幕中间一分为二，且两个视图都可以独立运作。这时将一个视图移动至模型的序列号上，另一个视图移动至明细表处进行填写，如图18-147所示。这种填写方式就显得十分便捷了。

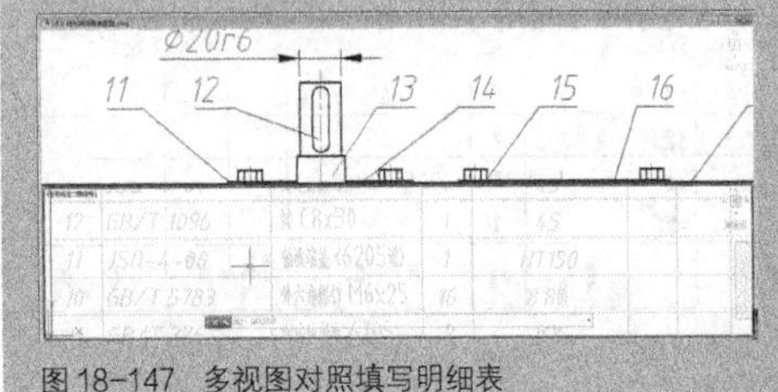

图 18-147　多视图对照填写明细表

4 添加技术要求

减速器的装配图中，除常规的技术要求外，还要有技术特性，即写明减速器的主要参数，如输入功率、传动比等，类似于齿轮零件图中的技术参数表。

Step 18 填写技术特性。绘制一简易表格，然后在其中输入文字，尺寸大小任意，如图18-148所示。

技术特性

输入功率 kw	输入轴转速 r/min	传动比
2.09	376	4

图 18-148　输入技术特性

Step 19 单击【默认】选项卡中【注释】面板上的【多行文字】按钮，在图标题栏上方的空白部分插入多行文字，输入技术要求如图18-149所示。

技术要求

1.装配前，滚动轴承用汽油清洗，其他零件用煤油清洗，箱体内不允许有任何杂物存在，箱体内壁涂耐磨油漆；

2.齿轮副的测隙用铅丝检验，测隙值应不小于0.14mm；

3.滚动轴承的轴向调整间隙均为0.05~0.1mm；

4.齿轮装配后，用涂色法检验齿面接触斑点，沿齿高不小于45%，沿齿长不小于60%；

5.减速器剖面分面涂密封胶或水玻璃，不允许使用任何填料；

6.减速器内装L-AN15(GB443—89)，油量应达到规定高度；

7.减速器外表面涂绿色油漆。

图 18-149　输入技术要求

Step 20 减速器的装配图绘制完成，最终的效果如图18-150所示。

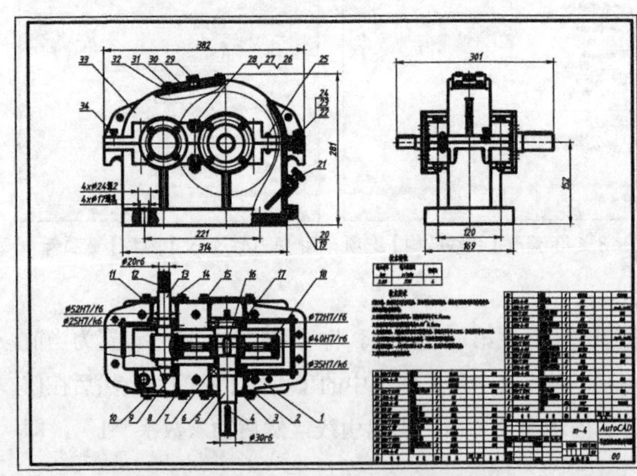

图 18-150　减速器装配图

第 19 章 建筑设计与绘图

本章主要讲解建筑设计的概念及建筑制图的内容和流程，并通过具体的实例来对各种建筑图形进行实战演练。通过本章的学习，我们能够了解建筑设计的相关理论知识，并掌握建筑制图的流程和实际操作。根据建筑设计的进程，通常可以分为 4 个阶段，即准备阶段、方案阶段、施工图阶段和实施阶段。

本章将综合运用之前所学到的知识来绘制建筑施工图，主要介绍绘制建筑平面图、立面图以及剖面图的过程和方法。

19.1 建筑设计概述

所谓建筑设计（Architectural Design），是指建筑物在建造之前，设计者按照建设任务，把施工过程和使用过程中所存在的或可能发生的问题，事先做好通盘的设想，拟定好解决这些问题的办法、方案，用图纸和文件表达出来，如图 19-1 所示。作为备料、施工组织工作和各工种在制作、建造工作中互相配合协作的共同依据。便于整个工程得以在预定的投资限额范围内，按照周密考虑的预定方案，统一步调，顺利进行 。并使建成的建筑物充分满足使用者和社会所期望的各种要求。

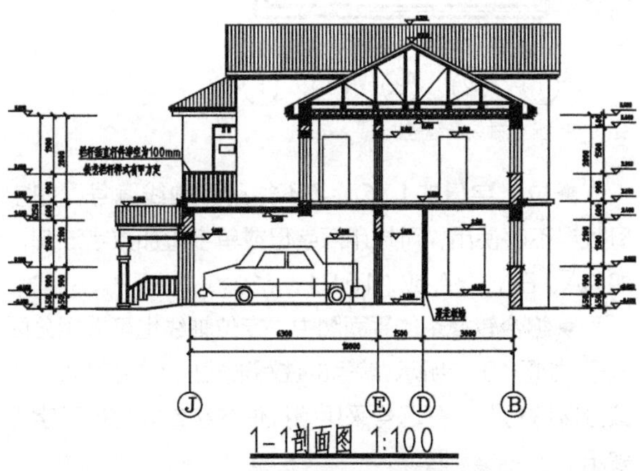

图 19-1　建筑设计图与现实结果

19.1.1 建筑制图的有关标准

制定建筑制图标准的目的是：统一房屋建筑制图规则，保证制图质量、提高制图效率、做到图面清晰、简单明了，符合设置、施工、存档的要求，适用工程建设的需要。因此，建筑制图规范除是房屋建筑制图的基本规定外，还适用于总图、建筑、结构、给排水、暖通空调、电气等各制图专业。与建筑制图有关的国家标准如下：

- ◆《房屋建筑制图统一标准》（GB/T50001-2010）；
- ◆《总图制图标准》（GB/T50103-2010）；
- ◆《建筑制图标准》（GB/T50104-2010）；
- ◆《建筑结构制图标准》（GB/T50105-2010）；
- ◆《建筑给水排水制图标准》（GB/T50106-2010）；
- ◆《采暖通风与空气调节制图标准》（GB/T50114-2010）。

本节为用户抽取一些制图标准中常用到的知识来讲解。

1 图形比例标准

◆建筑图样的比例，应为图形与实物相对应的线性尺寸之比，比例的大小，是指其比值的大小，如 1 : 50 大于 1 : 100。

◆建筑制图的比例宜写在图名的右侧，如图 19-2 所示。比例的字高宜比图名小一号，但字的基准线应取平。

一层平面图　　1:100

图 19-2　建筑制图的比例标注

◆建筑制图所用的比例，应根据图形的种类和被描述对象的复杂程度而定，具体可参考表 19-1。

表19-1 建筑制图的比例的种类与系列

图纸类型	常用比例	可用比例
平、立、剖图	1:100、1:200、1:300	1:3、1:4、1:6、1:15、1:25、1:30、1:40、1:60、1:80、1:250、1:400、1:600
总平面图	1:500、1:1000、1:2000	
大样图	1:1、1:5、1:10、1:20、1:50	

2 字体标准

图纸上所需书写的文字、数字或符号等，均应笔画清晰、字体端正、排列整齐；标点符号应清楚正确。

◆文字的字高应从如下系列中选用：3.5、5、7、10、14、20（单位：mm）。如需书写更大的字，其高度应按$\sqrt{2}$的比值递增。

◆图样及说明中的汉字，宜采用长仿宋体，宽度与高度的关系应符合表 19-2 的规定。大标题、图册封面、地形图等的汉字，也可书写成其他字体，但应易于辨认。

表19-2　建筑制图的字宽与字高（单位：mm）

字高	3.5	5	7	10	14	20
字宽	2.5	3.5	5	7	10	14

◆分数、百分数和比例数的注写，应采用阿拉伯数字和数学符号，例如：四分之三、百分之二十五和一比二十应分别写成“3/4”“25%”和“1：20”。

◆当注写的数字小于1时，必须写出个位的“0”，小数点应采用圆点，齐基准线书写，例如 0.01。

3 图线标准

建筑制图应根据图形的复杂程度与比例大小，先选定基本线宽 *b*，再按 4：2：1 的比例确定其余线宽，最后根据表 19-3 确定合适的图线。

表19-3　图线的形式和作用

图线名称	图线	线宽	用于绘制的图形
粗实线	━━━	b	主要可见轮廓线
细实线	———	0.5b	剖面线、尺寸线、可见轮廓线
虚线	— — —	0.5b	不可见轮廓线、图例线
单点划线	—·—·—	0.25b	中心线、轴线
波浪线	～～	0.25b	断开界线
双点划线	—··—··—	0.25b	假想轮廓线

4 尺寸标注

在图样上，除画出建筑物及其各部分的形状之外，还必须准确、详细及清晰地标注尺寸，以确定大小，作为施工的依据。

国标规定，工程图样上的标注尺寸，除标高和总平面图以米 (m) 为单位外，其余的尺寸一般以毫米 (mm) 为单位，图上的尺寸数字都不再注写单位。假如使用其他单位，必须有相应的注明。图样上的尺寸，应以所标注的尺寸数字为准，不得从图上直接量取。图 19-3 所示为对图形进行尺寸标注的结果。

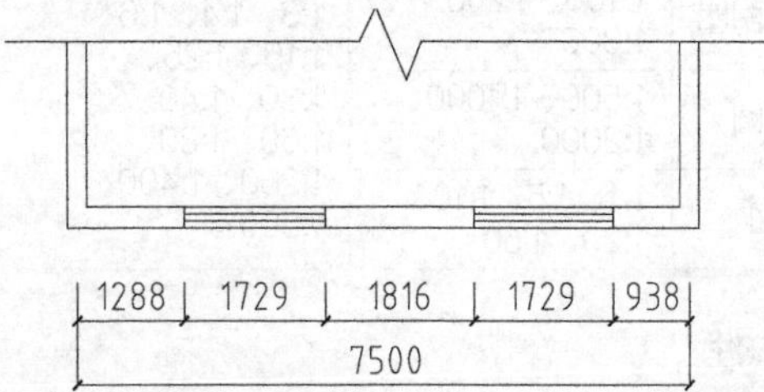

图 19-3　建筑制图的尺寸标注

19.1.2 建筑制图的符号

在进行各种建筑和室内装饰设计时，为了更明清楚明确地表明图中的相关信息，将以不同的符号来表示。

1 定位轴线

定位轴线是用来确定建筑物主要结构及构件位置的尺寸基准线。在施工时，凡承重墙、柱、大梁或屋架等主要承重构件都应画出轴线，以确定其位置。对于非承重的隔断墙及其他次要承重构件等，一般不画轴线，只需注明它们与附近轴线的相关尺寸即可。

◆定位轴线应用细点画线绘制。定位轴线一般应编号，编号应注写在轴线端部的圆内。圆应用细实线绘制，直径为 8~10mm。定位轴线圆的圆心，应在定位轴线的延长线上或延长线的折线上。

◆平面图上定位轴线的编号，宜标注在图样的下方与左侧。横向编号应使用阿拉伯数字，按从左至右顺序编写；竖向编号应使用大写拉丁字母，按从下至上顺序编写，如图 19-4 所示。

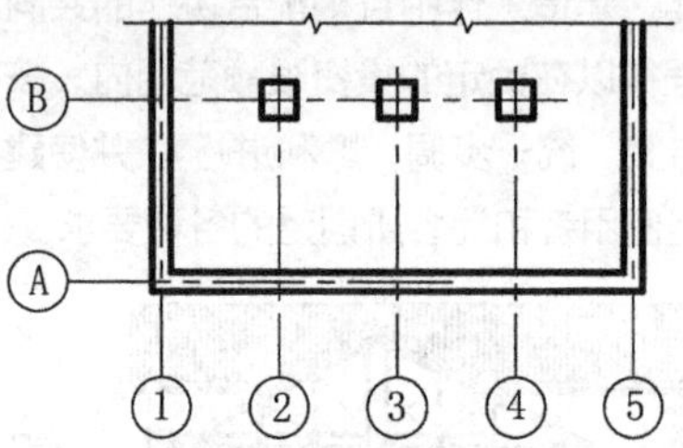

图 19-4　定位轴线及编号

◆拉丁字母的 I、O、Z 不得用作轴线编号。如字母数量不够使用，可增用双字母或单字母加数字注脚，如 AA、BA…YA 或 A1、B1…Y1。

◆组合较复杂的平面图中，定位轴线也可采用分区编号，如图19-5所示，编号的注写形式应为“分区号——该分区编号”，分区号采用阿拉伯数字或大写拉丁字母表示。

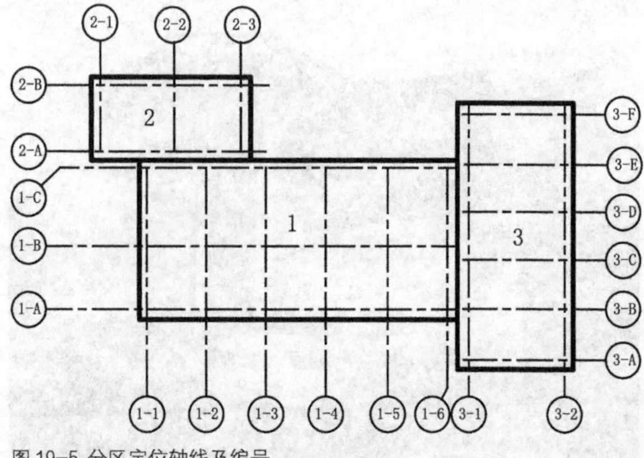

图 19-5 分区定位轴线及编号

◆附加定位轴线的编号，应以分数形式表示。两根轴线间的附加轴线，应以分母表示前一轴线的编号，分子表示附加轴线的编号，编号宜用阿拉伯数字顺序编写，如图 19-6 所示。1 号轴线或 A 号轴线之前的附加轴线的分母应以 01 或 0A 表示，如图 19-7 所示。

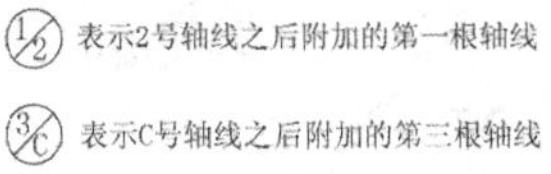

(1/2) 表示2号轴线之后附加的第一根轴线

(3/C) 表示C号轴线之后附加的第三根轴线

图 19-6 在轴线之后附加的轴线

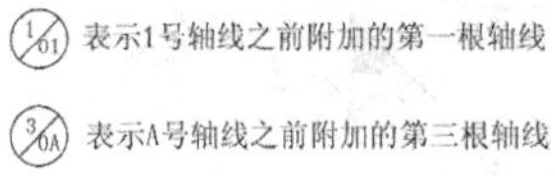

(1/01) 表示1号轴线之前附加的第一根轴线

(3/0A) 表示A号轴线之前附加的第三根轴线

图 19-7 在 1 或 A 号轴线之前附加的轴线

◆通用详图中的定位轴线，应只画圆，不注写轴线编号。

◆圆形平面图中定位轴线的编号，其径向轴线宜用阿拉伯数字表示，从左下角开始，按逆时针顺序编写；其圆周轴线宜用大写拉丁字母表示，按从外向内顺序编写，如图 19-8 所示。折线形平面图中的定位轴线如图 19-9 所示。

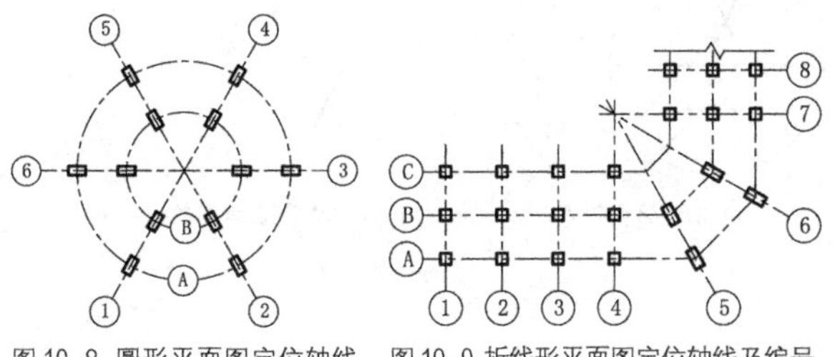

图 19-8 圆形平面图定位轴线及编号

图 19-9 折线形平面图定位轴线及编号

2 剖面剖切符号

在对剖面图进行识读的时候，为了方便，需要用剖切符号把所画剖面图的剖切位置和剖视方向在投影图（即平面图）上表示出来。同时，还要为每一个剖面图标注编号，以免产生混乱。

在绘制剖面剖切符号时，需要注意以下几点。

◆剖切位置线即剖切平面的积聚投影，用来表示剖切平面的剖切位置。但是，规定要用两段长为 6 ~ 8mm 的粗实线来表示，且不宜与图面上的图线互相接触，如图 19-10 中的 1—1 所示。

◆剖切后的剖视方向用垂直于剖切位置线的短粗实线（长度为 4 ~ 6mm）表示，比如画在剖切位置线的左面即表示向左边的投影，如图 19-10 所示。

◆剖切符号的编号要用阿拉伯数字来表示，按顺序由左至右、由下至上连续编排，并标注在剖视方向线的端部。如果剖切位置线必须转折，比如阶梯剖面，而在转折处又易与其他图线混淆，则应在转角的外侧加注与该符号相同的编号，如图 19-10 中的 2—2 所示。

3 断面剖切符号

断面的剖切符号仅用剖切位置线来表示，应以粗实线绘制，长度宜为 6 ~ 10mm。

断面剖切符号的编号宜采用阿拉伯数字，按照顺序连续编排，并注写在剖切位置线的一侧；编号所在的一侧应为该断面的剖视方向，如图 19-11 所示。

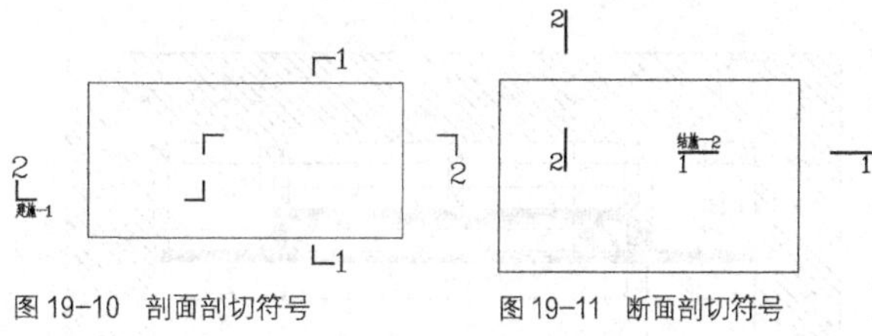

图 19-10 剖面剖切符号

图 19-11 断面剖切符号

设计点拨

剖面图或断面图，如与被剖切图样不在同一张图内，可在剖切位置线的另一侧注明其所在图纸的编号，也可以在图上集中说明。

4 引出线

为了使文字说明、材料标注、索引符号标注等不影响图样的清晰，应采用引出线的形式来绘制。

引出线

引出线应以细实线绘制，宜采用水平方向的直线，或与水平方向成 30°、45°、60°、90° 的直线，或经上述角度再折为水平线。文字说明宜注写在水平线的上方，如图 19-12（a）所示；也可注写在水平线的端部，如图 19-12（b）所示。索引详图的引出线，应与水平直径相接，如图 19-12（c）所示。

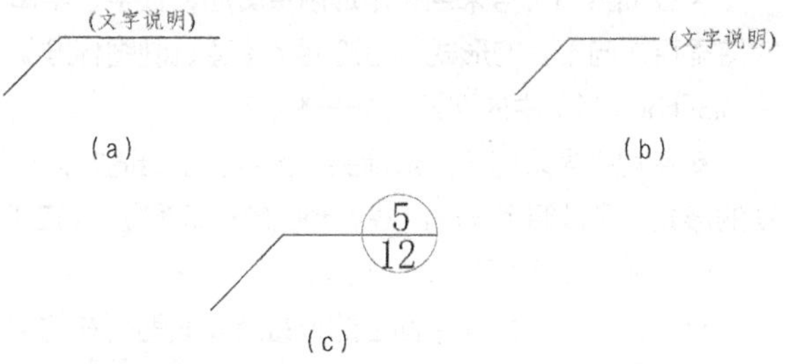

图 19-12 引出线

共同引出线

同时引出的几个相同部分的引出线，宜相互平行，也可画成集中于一点的放射线，如图 19-13 所示。

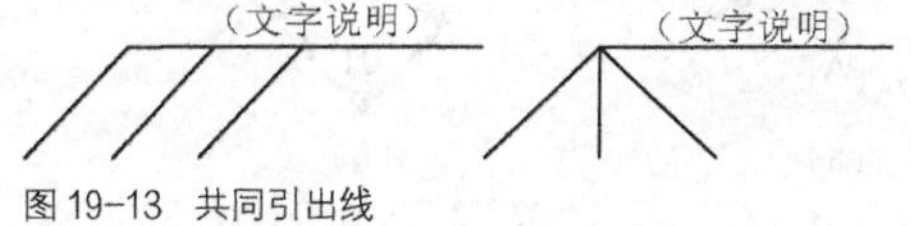

图 19-13 共同引出线

多层引出线

多层构造或多个部位共用引出线，应通过被引出的各层或各部位，并用圆点示意对应位置。文字说明宜注写在水平线上方，或注写在水平线的端部，说明的顺序应由上至下，并与被说明的层次对应一致；若层次为横向排序，则由上至下的说明顺序应与由左至右的层次对应一致，如图 19-14 所示。

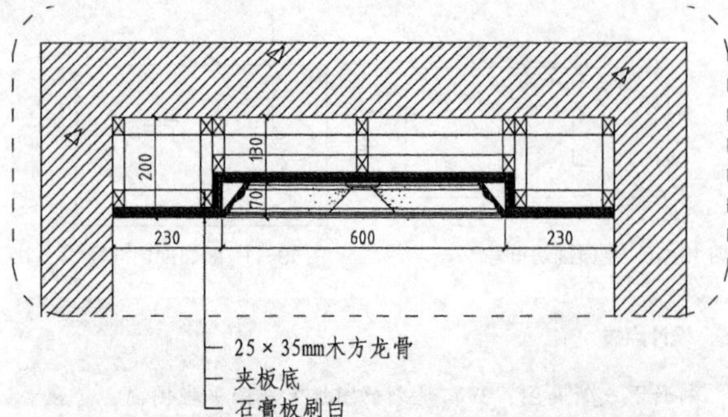

图 19-14 多层引出线

5 索引符号与详图符号

索引符号根据用途的不同可以分为立面索引符号、剖切索引符号、详图索引符号等。以下是国标中对索引符号的使用规定。

◆由于房屋建筑室内装饰装修制图在使用索引符号时，有的圆内注字较多，故本条规定索引符号中圆的直径为 8 ~ 10mm。

◆由于在立面图索引符号中需表示出具体的方向，故索引符号需要附三角形箭头表示。

◆当立面、剖面图的图纸量较少时，对应的索引符号可以仅标注图样编号，不注明索引图所在页次。

◆立面索引符号采用三角形箭头转动，数字、字母保持垂直方向不变的形式，是遵循了《建筑制图标准》（GB/T50104）中内视索引符号的规定。

◆剖切符号采用三角形箭头与数字、字母同方向转动的形式，是遵循了《房屋建筑制图统一标准》（GB/T 50001）中剖视的剖切符号的规定。

◆表示建筑立面在平面上的位置及立面图所在的图纸编号，应在平面图上使用立面索引符号，如图 19-15 所示。

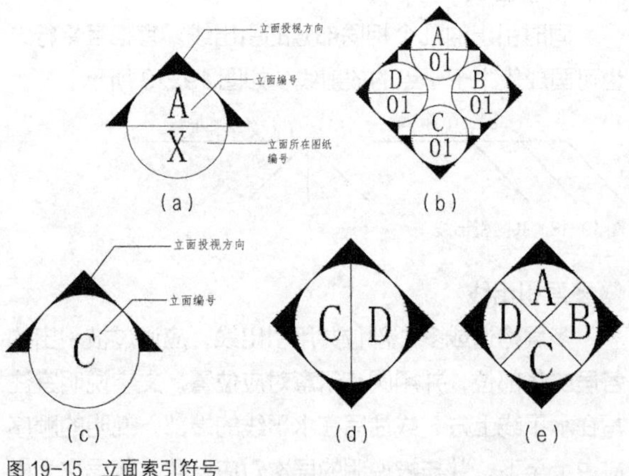

图 19-15 立面索引符号

◆表示剖切面在界面上的位置或图样所在图纸编号，应在被索引的界面或图样上使用剖切索引符号，如图 19-16 所示。

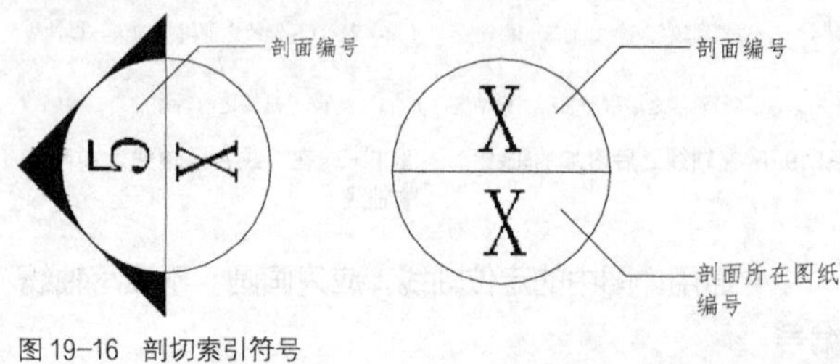

图 19-16 剖切索引符号

◆表示局部放大图样在原图上的位置及本图样所在的页码，应在被索引图样上使用详图索引符号，如图 19-17 所示。

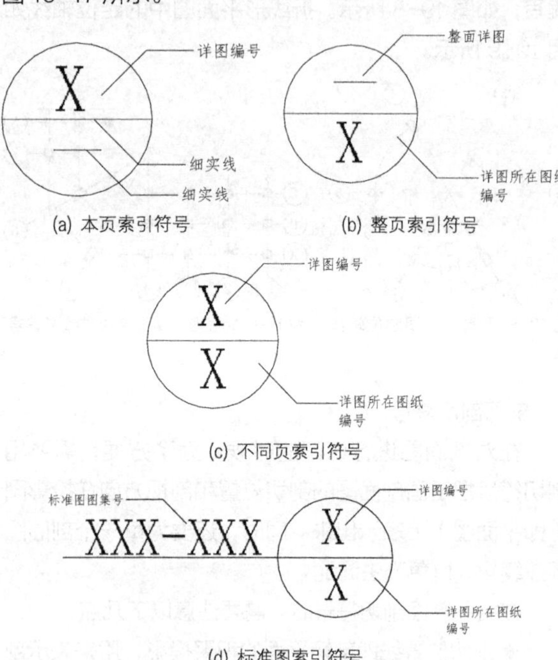

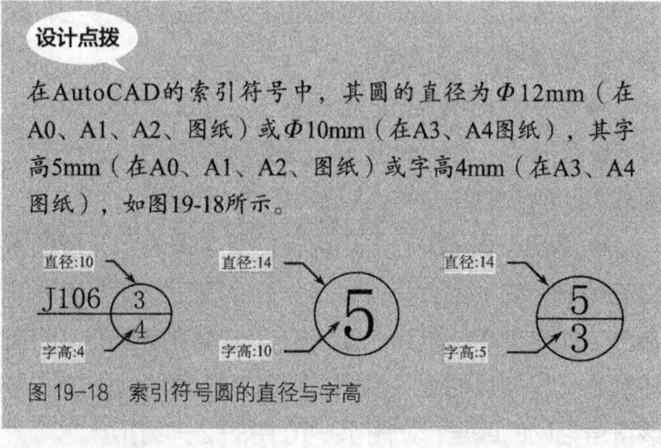

图 19-17 详图索引符号

设计点拨

在AutoCAD的索引符号中，其圆的直径为Φ12mm（在A0、A1、A2、图纸）或Φ10mm（在A3、A4图纸），其字高5mm（在A0、A1、A2、图纸）或字高4mm（在A3、A4图纸），如图19-18所示。

图 19-18 索引符号圆的直径与字高

6 标高符号

标高是用来表示建筑物各部位高度的一种尺寸形式。标高符号用细实线画出，短横线是需注高度的界线，长横线之上或之下注出标高数字，如图 19-19（a）所示。总平面图上的标高符号，宜用涂黑的三角形表示，如图 19-19（d）。标高数字可注在黑三角形的右上方，也可注在黑三角形的上方或右面。不论哪种形式的标高符号，均为等腰直角三角形，高 3mm。如图 19-19（b）、（c）所示，用以标注其他部位的标高，短横线为需要标注高度的界限，标高数字注在长横线的上方或下方。

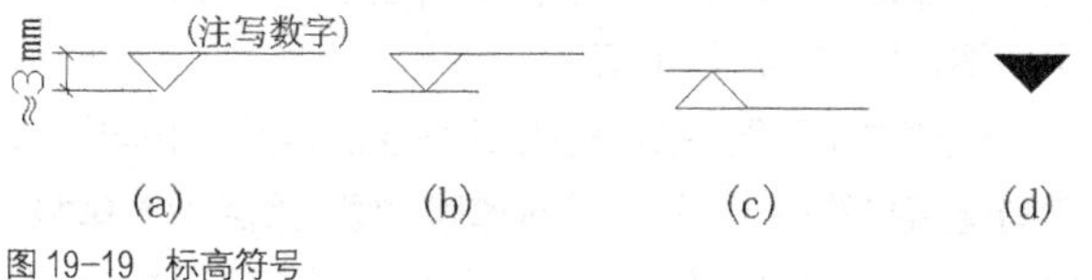

图 19-19 标高符号

标高数字以米为单位，注写到小数点以后第三位（在总平面图中可注写到小数点后第二位）。零点标高应注写成“±0.000”，正数标高不注“+”，负数标高应注“-”，例如 3.000、-0.600，图 19-20 所示为标高注写的几种格式。

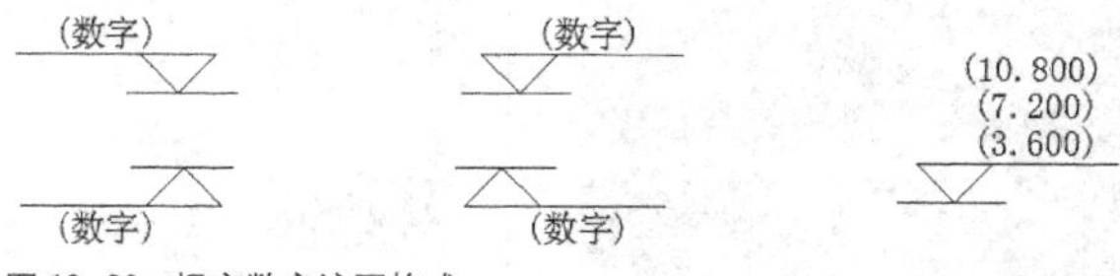

图 19-20 标高数字注写格式

设计点拨

在AutoCAD建筑图纸设计标高中，其标高的数字字高为6.5mm（在A0、A1、A2图纸）或字高2mm（在A3、A4图纸）。

标高分为绝对标高和相对标高。

◆绝对标高：国内是指把青岛附近黄海的平均海平面定为绝对标高的零点，其他各地标高都以它作为基准，如在总平面图中的室外整平标高即为绝对标高。

◆相对标高：在建筑物的施工图上要注明许多标高，用相对标高来标注，容易直接得出各部分的高差。因此，除总平面图外，一般都采用相对标高，即把底层室内主要的地坪标高定为相对标高的零点，标注为“±0.000”，而在建筑工程图的总说明中说明相对标高和绝对标高的关系，再根据当地附近的水准点（绝对标高）测定拟建工程的底层地面标高。

19.1.3 建筑制图的图例

建筑物或构筑物需要按比例绘制在图纸上，对于一些建筑物的细部节点，无法按照真实形状表示，只能用示意性的符号画出，国家标准规定的正规示意性符号都称为图例。凡是国家批准的图例，均应统一遵守，按照标准画法表示在图形中，如果有个别新型材料还未纳入国家标准，设计人员要在图纸的空白处画出，并写明符号代表的意义，方便对照阅读。

1 一般规定

本标准只规定常用建筑材料的图例画法，对其尺度比例不作具体规定。使用时，应根据图样大小而定，并应注意下列事项。

◆图例线应间隔均匀，疏密适度，做到图例正确，表示清楚。

◆不同品种的同类材料使用同一图例时（如某些特定部位的石膏板必须注明是防水石膏板时），应在图上附加必要的说明。

◆两个相邻的涂黑图例（如混凝土构件、金属件）间，应留有空隙，其宽度不得小于 0.7mm，如图 19-21 所示。

图 19-21 相邻涂黑图例的画法

下列情况可不加图例，但应加文字说明。

◆一张图纸内的图样只用一种图例时。

◆图形较小，无法画出建筑材料图例时。

当选用本标准中未包括的建筑材料时，可自编图例。但不得与本标准所列的图例重复。绘制时，应在适当位置画出该材料图例，并加以说明。

2 常用建筑材料图例

常用建筑材料应按表 19-4 所示图例画法绘制。

表19-4 常用建筑材料图例

名称	图例	备注
自然土壤		包括各种自然土壤
夯实土壤		
砂、灰土		靠近轮廓线绘较密的点
砂砾石、碎砖三合土		
石材		
毛石		
普通砖		包括实心砖、多孔砖、砌块等砌体。断面较窄不易绘出图例线时，可涂红
耐火砖		包括耐酸砖等砌体
空心砖		指非承重砖砌体
饰面砖		包括铺地砖、马赛克、陶瓷锦砖、人造大理石等
焦渣、矿渣		包括与水泥、石灰等混合而成的材料
混凝土		(1)本图例指能承重的混凝土及钢筋混凝土
钢筋混凝土		(2)包括各种强度等级、骨料、添加剂的混凝土 (3)在剖面图上画出钢筋时，不画图例线 (4)断面图形小，不易画出图例线时，可涂黑

（续表）

名称	图例	备注
多孔材料		包括水泥珍珠岩、沥青珍珠岩、泡沫混凝土、非承重加气混凝土、软木、蛭石制品等
纤维材料		包括矿棉、岩棉、玻璃棉、麻丝、木丝板、纤维板等
泡沫塑料材料		包括聚苯乙烯、聚乙烯、聚氨酯等多孔聚合物类材料
木材		(1)上图为横断面，上左图为垫木、木砖或木龙骨 (2)下图为纵断面
胶合板		应注明为×层胶合板
石膏板		包括圆孔、方孔石膏板，防水石膏板等
金属		(1)包括各种金属 (2)图形小时，可涂黑
网状材料		(1)包括金属、塑料网状材料 (2)应注明具体材料名称
液体		应注明具体液体名称
玻璃		包括平板玻璃、磨砂玻璃、夹丝玻璃、钢化玻璃、中空玻璃、加层玻璃、镀膜玻璃等
橡胶		
塑料		包括各种软、硬塑料及有机玻璃等
防水材料		构造层次多或比例大时，采用上面图例
粉刷		本图例采用较稀的点

19.2 建筑设计图的内容

建筑设计图通常称为建筑施工图（简称建施图），主要用来表示建筑物的规划位置、外部造型、内部各房间的布置、内外装修、构造及施工要求等。

建筑施工图包括建施图首页（施工图首页）、总平面图、各层平面图、立面图、剖面图及详图6大类图纸。

19.2.1 建施图首页

建施图首页内含工程名称、实际说明、图样目录、经济技术指标、门窗统计表以及本套建筑施工图所选用标准图集名称列表等。

图样目录一般包括整套图样的目录，应有建筑施工图目录、结构施工图目录、给水排水施工图目录、采暖通风施工图目录和建筑电气施工图目录。

建筑图纸应按专业顺序编排，一般应为图纸目录、总图、建筑图、结构图、给水排水图、暖通空调图、电气图等。

19.2.2 建筑总平面图

将新建工程周围一定范围内的新建、拟建、原有和拆除的建筑物、构筑物连同其周围的地形、地物状况，用水平投影的方法和相应的图例所画出的图样，即为总平面图，如图19-22所示。

建筑总平面图主要表示新建房屋的位置、朝向、与原有建筑物的关系，以及周围道路、绿化和给水、排水、供电条件等方面的情况，作为新建房屋施工定位、土方施工、设备管网平面布置，安排在施工时进入现场的材料和构件、配件堆放场地、构件预制的场地以及运输道路的依据。

图19-23所示为某住宅小区总平面图效果。

图19-22 建筑总平面图的真实效果

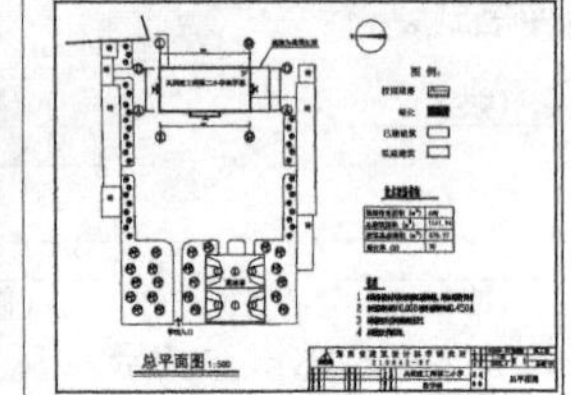

图19-23 建筑总平面图

19.2.3 建筑平面图

建筑平面图简称平面图，是假想用一水平的剖切面沿门窗洞位置将房屋剖切后，对剖切面以下部分所作的水平投影图，如图19-24所示。它反映房屋的平面形状、大小和布置，墙、柱的位置、尺寸和材料，门窗的类型和位置等。

图19-25所示为某建筑标准层平面图效果。

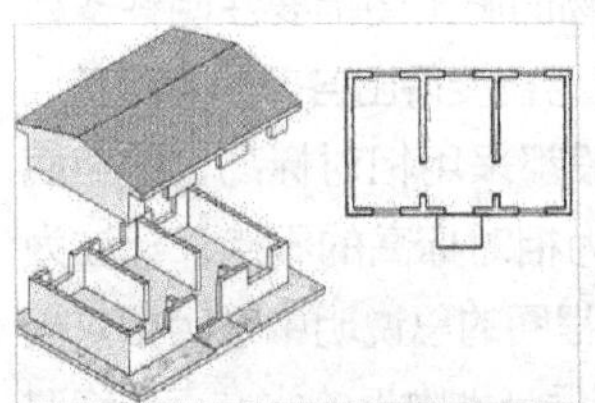

图19-24 建筑平面示意图

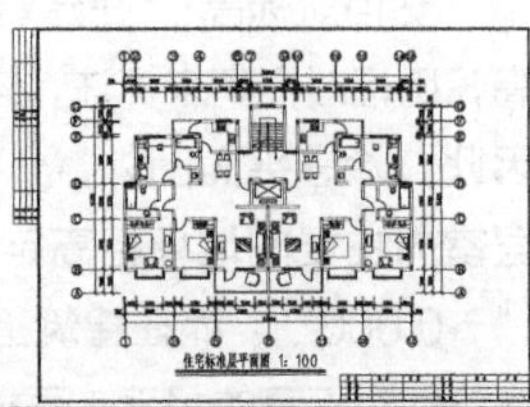

图19-25 建筑平面图

依据剖切位置的不同，建筑平面图可分为如下几类。

1 底层平面图

底层平面图，又称首层平面图或一层平面图。底层平面图的形成，是将剖切平面的剖切位置放在建筑物的一层地面与从一楼通向二楼的休息平台（及一楼到二楼的第一个梯段）之间，尽量通过该层所有的门窗洞，剖切之后进行投影得到的，如图19-26所示。

2 标准层平面图

对于多层建筑，如果建筑内部平面布置每层都有差异，则应该每一层都绘制一个平面图，以本身的楼层数命名。但在实际的建筑设计过程中，多层建筑往往存在相同或相近平面布置形式的楼层，因此，在绘制建筑平面图时，可将相同或相近的楼层共用一幅平面图表示，我们将其称为标准层平面图。

3 顶层平面图

顶层平面图是位于建筑物最上面一层的平面图，具有与其他层相同的功用，它也可以用相应的楼层数来命名。

4 屋顶平面图

屋顶平面图是指从屋顶上方向下所作的俯视图，主要用来描述屋顶的平面布置，如图 19-27 所示。

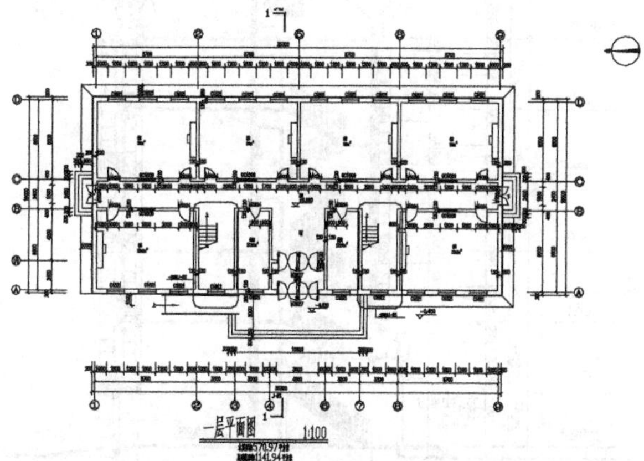

图 19-26 一层平面图

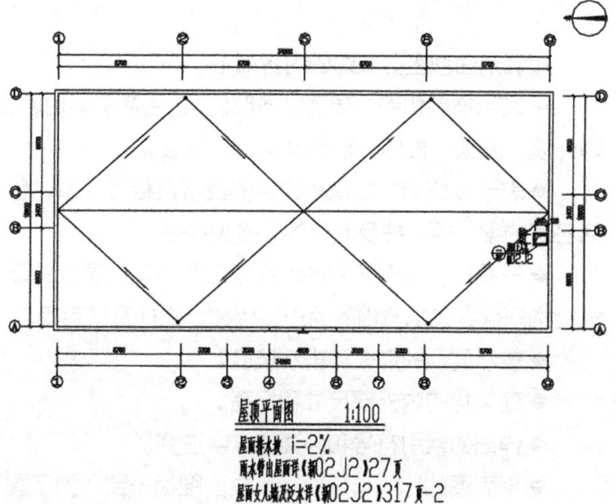

图 19-27 屋顶平面图

5 地下室平面图

地下室平面图是指对于有地下室的建筑物，在地下室的平面布置情况。

建筑平面图绘制的具体内容基本相同，主要包括如下几个方面。

◆建筑物平面的形状及总长、总宽等尺寸。

◆建筑平面房间组合和各房间的开间、进深等尺寸。

◆墙、柱、门窗的尺寸、位置、材料及开启方向。

◆走廊、楼梯、电梯等交通联系部分的位置、尺寸和方向。

◆阳台、雨篷、台阶、散水和雨水管等附属设施的位置、尺寸和材料等。

◆未剖切到的门窗洞口等（一般用虚线表示）。

◆楼层、楼梯的标高，定位轴线的尺寸和细部尺寸等。

◆屋面的形状、坡面形式、屋面做法、排水坡度、雨水口位置、电梯间、水箱间等的构造和尺寸等。

◆建筑说明、具体做法、详图索引、图名、绘图比例等详细信息。

绘制建筑平面图的一般步骤如下。

Step 01 设置绘图环境。根据所绘建筑长宽尺寸，相应调整绘图区域、精度、角度单位和建立相应的图层。根据建筑平面图表示内容的不同，一般需要建立轴线、墙体、柱子、门窗、楼梯、阳台、标注和其他8个图层。

Step 02 绘制定位轴线。在【轴线】图层上用点画线将轴线绘制出来，形成轴网。

Step 03 绘制各种建筑构配件。包括墙体、柱子、门窗、阳台、楼梯等。

Step 04 绘制建筑细部内容和布置室内家具。

Step 05 绘制室外周边环境（底层平面图）。

Step 06 标注尺寸、标高符号、索引符号和相关文字注释。

Step 07 添加图框、图名和比例等内容，调整图幅比例和各部分位置。

Step 08 打印输出。

19.2.4 建筑立面图

在与建筑立面平行的铅直投影面上所作的正投影图称为建筑立面图，简称立面图。建筑立面图主要用来表达建筑物的外部造型、门窗位置及形式、墙面装饰、阳台、雨篷等部分的材料和做法。

图 19-28 所示为某住宅楼正立面图。

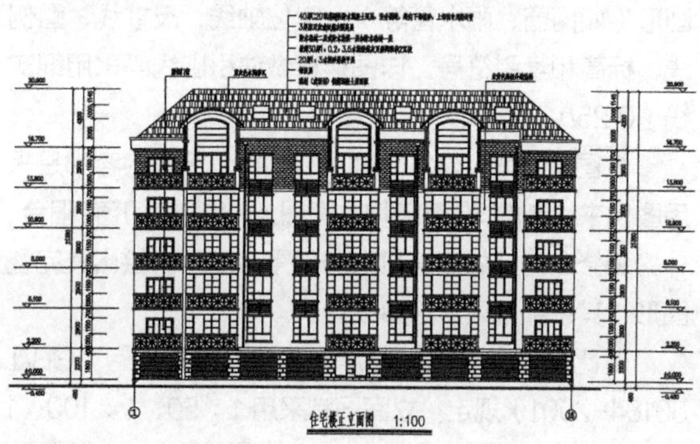

图 19-28 建筑立面图

建筑立面图的主要内容通常包括以下几个部分。

◆建筑物某侧立面的立面形式、外貌及大小。

◆外墙面上装修做法、材料、装饰图线、色调等。

◆门窗及各种墙面线脚、台阶、雨篷、阳台等构配件的位置、立面形状及大小。

◆标高及必须标注的局部尺寸。

◆详图索引符号，立面图两端定位轴线及编号。

◆图名和比例。

根据国家标准制图规范，对建筑立面图的绘制有如下几方面的要求。

◆在定位轴线方面，建筑立面图中，一般只绘制两端的轴线及编号，以便和平面图对照，确定立面图的投影方向。

◆尺寸标注方面，建筑立面图中高度方向的尺寸主要使用标高的形式标注，包括建筑物室内外地坪、各楼层地面、窗台、门窗顶部、檐口、屋脊、阳台底部、女儿墙、雨篷、台阶等处的标高尺寸。在所标注处画一条水平引出线，标高符号一般画在图形外，符号大小一致整齐排列在同一铅垂线上。必要时为使尺寸标注更清晰，可标注在图内，如楼梯间的窗台面标高。应注意，不同的地方采用不同的标高符号。

◆详图索引符号方面，一般在屋顶平面图附近有檐口、女儿墙和雨水口等构造详图，凡是需要绘制详图的地方都要标注详图符号。

◆建筑材料和颜色标注方面，在建筑立面图上，外墙表面分格线应表示清楚。应用文字说明各部分所用面材料及色彩。外墙的色彩和材质决定建筑立面的效果，因此一定要进行标注。

◆图线方面，在建筑立面图中，为了加强立面图的表达效果，使建筑物的轮廓突出，通常采用不同的线型来表达不同的对象。屋脊线和外墙最外轮廓线一般采用粗实线（*b*），室外地坪采用加粗实线（1.4*b*），所有凹凸部位如建筑物的转折、立面上的阳台、雨篷、门窗洞、室外台阶、窗台等用中实线（0.5*b*）；其他部分的图形（如门窗、雨水管等）、定位轴线、尺寸线、图例线、标高和索引符号、详图材料做法引出线等采用细实线（0.25*b*）绘制。

◆图例方面，建筑立面图上的门、窗等内容都是采用图例来绘制的。在建筑物立面图上，相同的门窗、阳台、外檐装修、构造做法等可在局部重点表示，绘出其完整图形，其余部分只画轮廓线。

◆比例方面，国家标准《建筑制图标准》（GB/T 50104-2001）规定：立面图宜采用1：50、1：100、1：150、1：200和1：300等比例绘制。在绘制建筑物立面图时，应根据建筑物的大小采用不同的比例。通常采用1：100的比例绘制。

19.2.5 建筑剖面图

建筑剖面图是假想用一个或一个以上垂直于外墙轴线的铅垂剖切平面剖切建筑，得到的图形，简称剖面图。它反映了建筑内部的空间高度、室内立面布置、结构和构造等情况。

图19-29所示为某建筑剖面图。

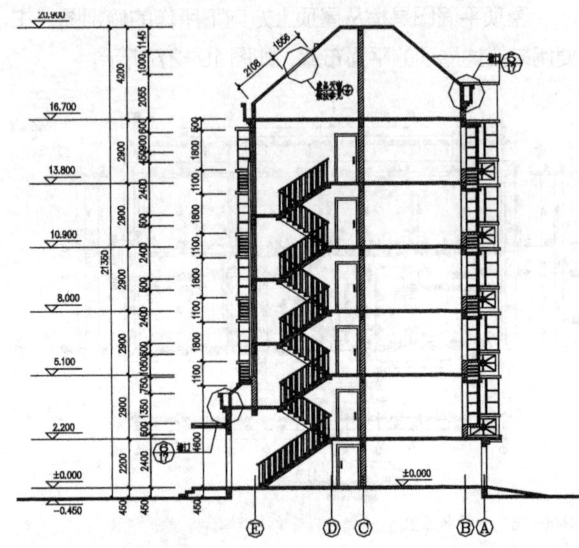

图 19-29 建筑剖面图

建筑剖面图主要表达的内容如下。

◆表示被剖切到的建筑物各部位，包括各楼层地面、内外墙、屋顶、楼梯、阳台等构造的做法。

◆表示建筑物主要承重构件的位置及相互关系，包括各层的梁、板、柱及墙体的连接关系等。

◆一些没有被剖切到的但在剖切图中可以看到的建筑物构配件，包括室内的窗户、楼梯、栏杆及扶手等。

◆表示屋顶的形式和排水坡度。

◆建筑物的内外部尺寸和标高。

◆详细的索引符号和必要的文字注释。

◆剖面图的比例与平面图、立面图相一致，为了图示清楚，也可用较大的比例进行绘制。

◆标注图名、轴线及轴线编号，从图名和轴线编号可知剖面图的剖切位置和剖视方向。

绘制建筑剖面图，有如下几个方面的要求。

◆在比例方面，国家标准《建筑制图标准》（GB/T 50104-2010）规定，剖面图宜采用1：50、1：100、1：150、1：200和1：300等比例进行绘制。在绘制建筑物剖面图时，应根据建筑物的大小采用不同的比例。一般采用1：100的比例，这样绘制起来比较方便。

◆在定位轴线方面，建筑剖面图中，除需要绘制两端轴线及其编号外，还要与平面图的轴线对照，在被剖切到的墙体处绘制轴线及编号。

◆在图线方面，建筑剖面图中，凡是被剖切到的建筑构件的轮廓线一般采用粗实线（*b*）或中实线（0.5*b*）来表示，没有被剖切到的可见构配件采用细实线（0.25*b*）来表示。绘制较简单的图样时，可采用两种线宽的线宽组，其线宽比宜为1：0.25。被剖切到的构件一般应表示出该构件的材质。

◆在尺寸标注方面，应标注建筑物外部、内部的尺寸和标注。外部尺寸一般应标注出室外地坪、窗台等处的标高和尺寸，应与立面图相一致，若建筑物两侧对称时，可只在一边标注。内部尺寸应标注出底层地面、各层楼面与楼梯平台面的标高，室内其他部分（如门窗和其他设备等）标注出其位置和大小的尺寸，楼梯一般另有详图。

◆在图例方面，门窗都是采用图例来绘制的，具体的门窗尺寸可查看有关建筑标准。

◆在详图索引符号方面，一般在屋顶平面图附近有檐口、女儿墙和雨水口等构造详图，凡是需要绘制详图的地方都要标注详图符号。

◆在材料说明方面，建筑物的楼地面、屋面等如用多层材料构成，一般应在剖面图中加以说明。

19.2.6 建筑详图

建筑详图主要包括屋顶详图、楼梯详图、卫生间详图及一切非标准设计或构件的详略图。主要用来表达建筑物的细部构造、节点连接形式，以及构建、配件的形状大小、材料、做法等。详图要用较大比例绘制（如1：20等），尺寸标注要准确齐全，文字说明要详细。

图19-30所示为某建筑楼梯踏步和栏杆详图。

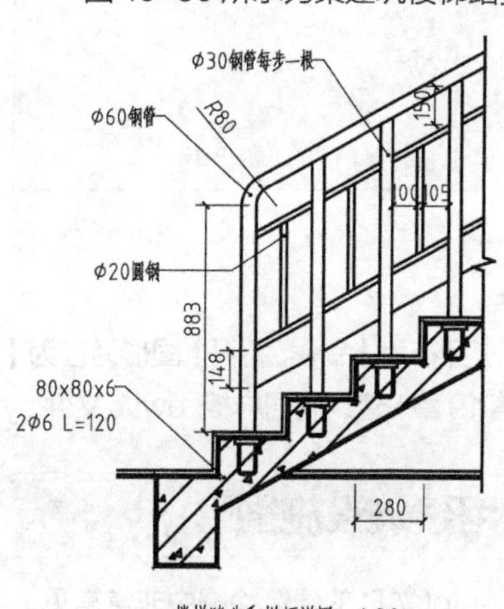

图 19-30 楼梯踏步和栏杆详图

19.3 创建建筑制图样板

事先设置好绘图环境，可以使用户在绘制各类建筑图时更加方便、灵活、快捷。设置绘图环境，包括绘图区域界限及单位的设置、图层的设置、文字和标注样式的设置等。用户可以先创建一个空白文件，然后设置好相关参数后将其保存为模板文件，以后如需再绘制建筑类图纸，则可直接调用。本章所有实例皆基于该模板。

1 设置绘图环境

Step 01 单击快速访问工具栏中的【新建】按钮，新建图形文件。

Step 02 调用UN命令，系统打开【图形单位】对话框，设置单位，如图19-31所示。

Step 03 单击【图层】面板中的【图层特性管理器】按钮，设置图层，如图19-32所示。

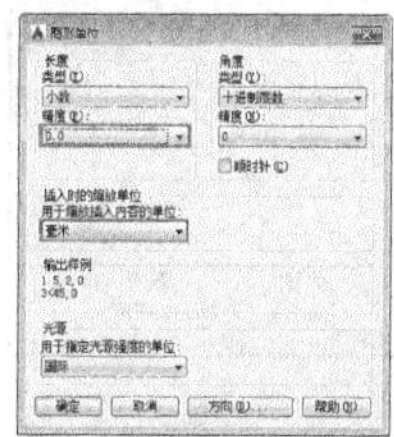

图 19-31 设置单位

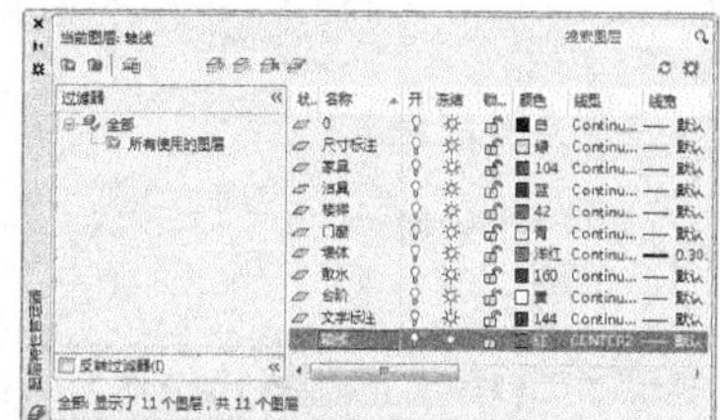

图 19-32 设置图层

Step 04 调用LIMITS（图形界限）命令，设置图形界限。命令行提示如下。

```
命令: LIMIts                              //调用【图形界限】命令
重新设置模型空间界限:
指定左下角点或 [开(ON)/关(OFF)] <0.0,0.0>:
                                          //按Enter键确定
指定右上角点 <420.0,297.0>: 29700,21000
                                          //指定界限后，按回车键确定
```

2 设置文字样式

Step 05 单击【注释】面板中的【文字样式】按钮，打开【文字样式】对话框，如图19-33所示。

Step 06 单击【新建】按钮，新建【标注】文字样式，如图19-34所示。

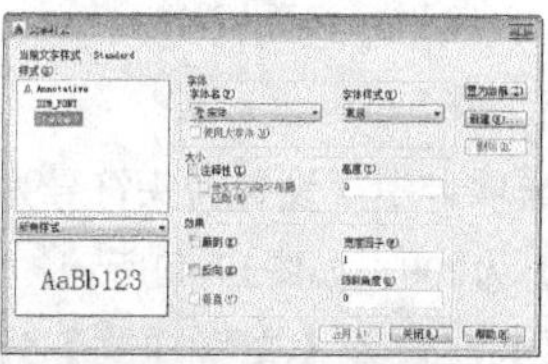

图 19-33【文字样式】对话框

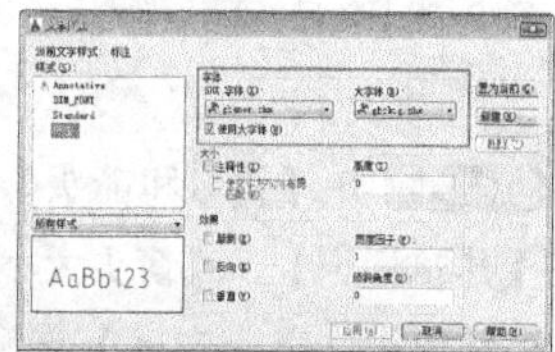

图 19-34 新建文字样式

Step 07 使用相同方法，新建如图19-35所示的【文字说明】样式及如图19-36所示的【轴号】样式。

图 19-35 【文字说明】样式

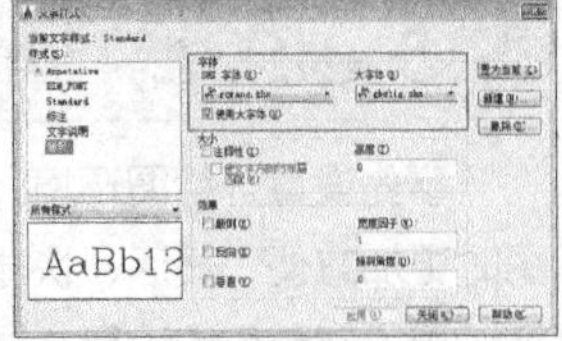
图 19-36 【轴号】样式

3 设置标注样式

Step 08 单击【注释】面板中的【标注样式】按钮，系统打开【标注样式管理器】对话框，如图19-37所示。

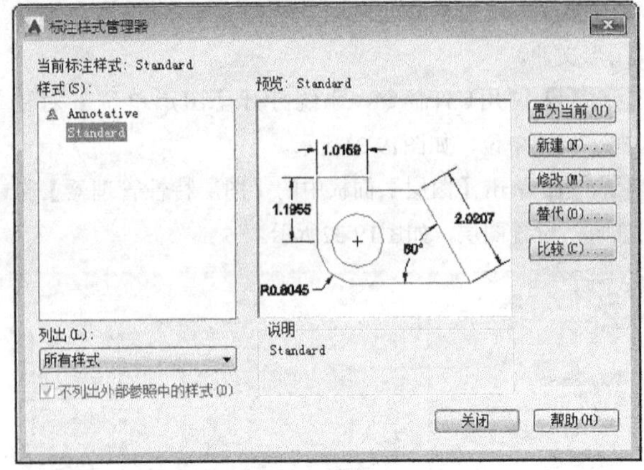

图 19-37 【标注样式管理器】对话框

Step 09 单击【新建】按钮，弹出如图19-38所示的【创建新标注样式】对话框，在【新样式名】文本框中输入“建筑标注”。

Step 10 单击【创建新标注样式】对话框中的【继续】按钮，弹出【新建标注样式：建筑标注】对话框。【线】选项卡参数设置如图19-39所示，【超出尺寸线】设置为200，【起点偏移量】设置为100，其他保持默认值不变。

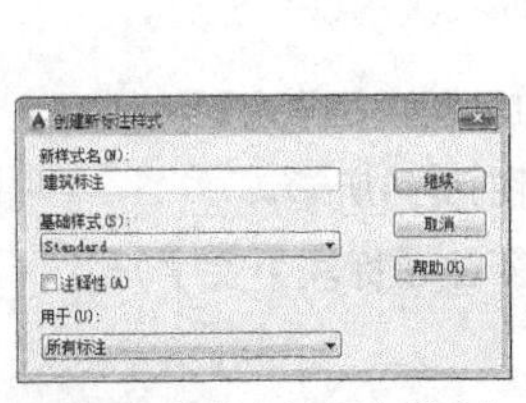
图 19-38【创建新标注样式】对话框

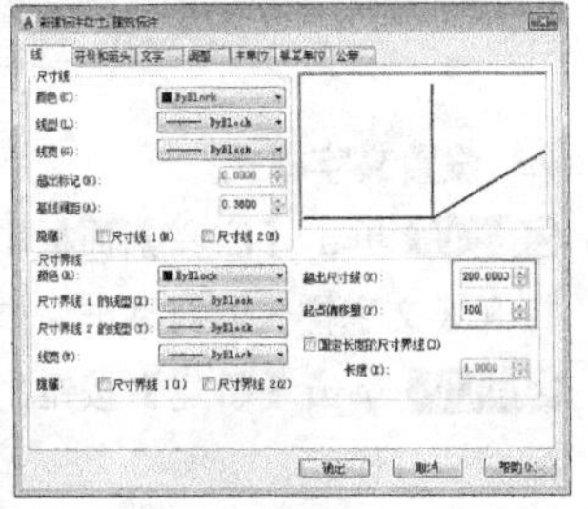
图 19-39【线】选项卡设置

Step 11 在【符号和箭头】选项卡中，设置箭头符号为【建筑标记】，【箭头大小】为200，如图19-40所示。

Step 12 单击【文字】选项卡，设置【文字样式】为【标注】，【文字高度】为300，【从尺寸线偏移】为100，【文字位置】中【垂直】选择【上】，【文字对齐】设置为【与尺寸线对齐】，如图19-41所示。

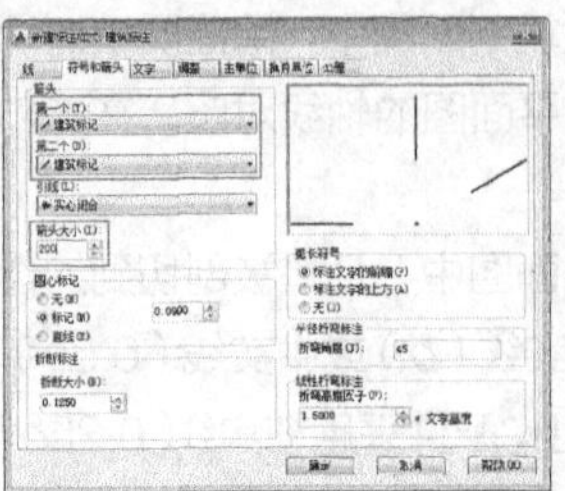
图 19-40【符号与箭头】选项卡设置

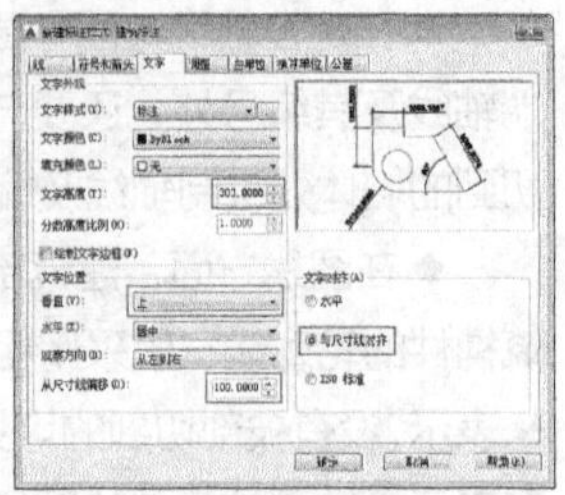
图 19-41 【文字】选项卡设置

Step 13 单击【调整】选项卡，【文字位置】设置为【尺寸线上方，带引线】，其他保持默认不变，如图19-42所示。

Step 14 单击【主单位】选项卡，【精度】设置为0，【小数分隔符】设置为【句点】，如图19-43所示。

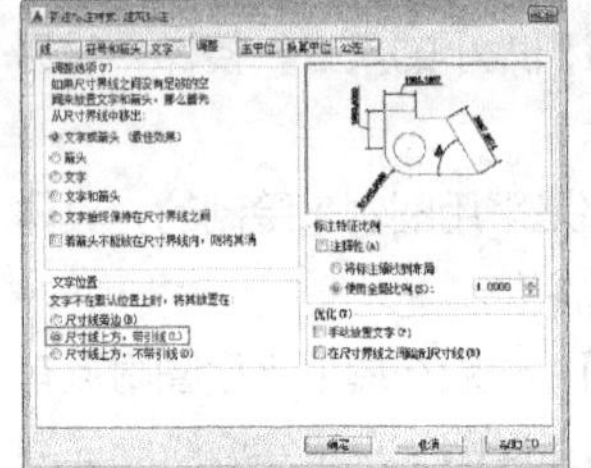
图 19-42【调整】选项卡设置

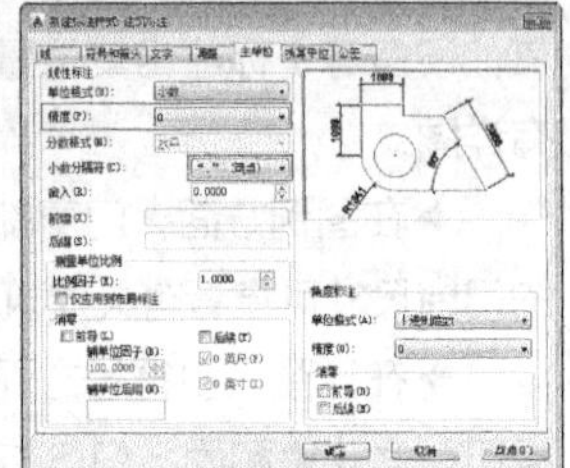
图 19-43【主单位】选项卡设置

Step 15 设置完毕，单击【确定】按钮，返回【标注样式管理器】对话框，单击【置为当前】按钮，然后单击【关闭】按钮，完成新样式的创建，如图19-44所示。

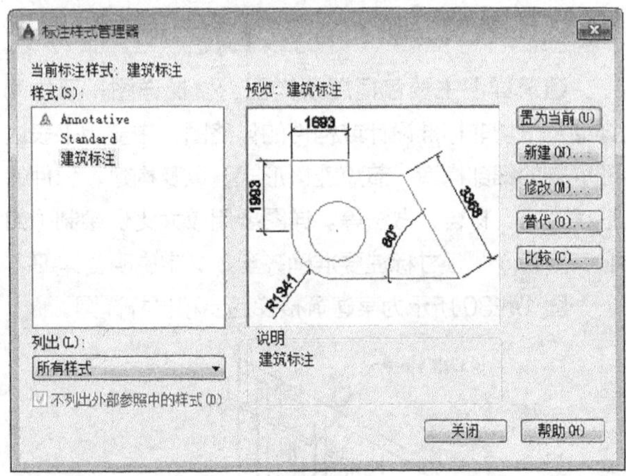

图 19-44 设置完成

4 保存为样板文件

选择【文件】|【另存为】命令，打开【图形另存为】对话框，保存为“第 19 章\建筑制图样板 .dwt”文件。

19.4 绘制常用建筑设施图

建筑设施图在 AutoCAD 的建筑绘图中非常常见，如门窗、马桶、浴缸、楼梯、地板砖和栏杆等图形。本节我们主要介绍常见建筑设施图的绘制方法、技巧及相关的理论知识。

19.4.1 绘制玻璃双开门立面

双开门通常用代号 M 表示，在平面图中，门的开启方向线宜以 45°、60° 或 90° 绘出。在绘制门立面时，应根据实际情况绘制出门的形式，亦可表明门的开启方向线。

下面学习绘制图 19-45 所示的玻璃双开门立面图。

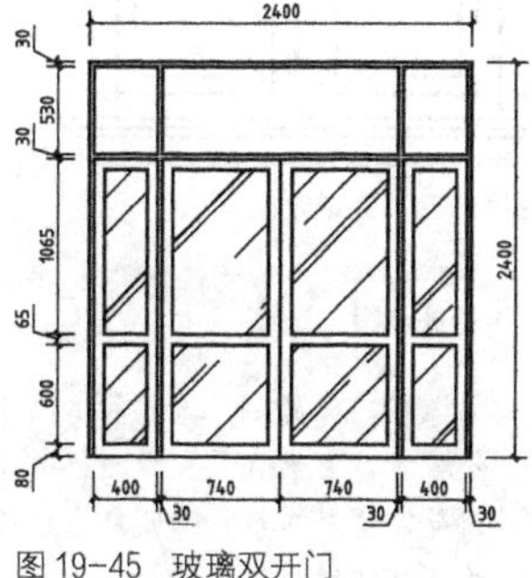

图 19-45 玻璃双开门

Step 01 单击快速访问工具栏中的【新建】按钮，新建图形文件。

Step 02 调用REC（矩形）命令，绘制2400×2400的矩形，如图19-46所示。

Step 03 调用X（分解）命令，分解矩形，调用O（偏移）命令，偏移线段，如图19-47所示。

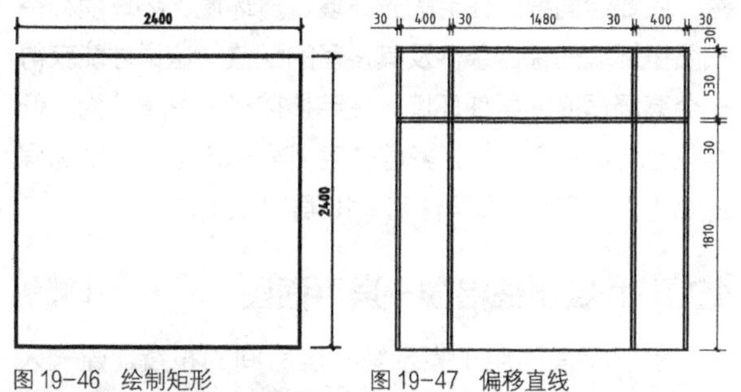

图 19-46 绘制矩形　图 19-47 偏移直线

Step 04 调用TR（修剪）命令，修剪直线，如图19-48所示。

Step 05 调用REC（矩形）命令，按照如图19-49所示的数据绘制出四个不同的矩形。

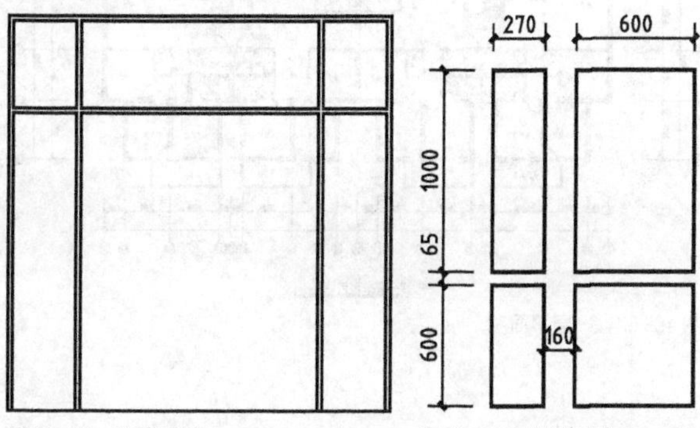

图 19-48 修剪图形　图 19-49 绘制矩形

Step 06 调用M（移动）命令，将四个矩形放置到相应位置，如图19-50所示。

Step 07 调用MI（镜像）命令，将四个小矩形镜像至另一侧，调用L（直线）命令，绘制中心线，如图19-51所示。

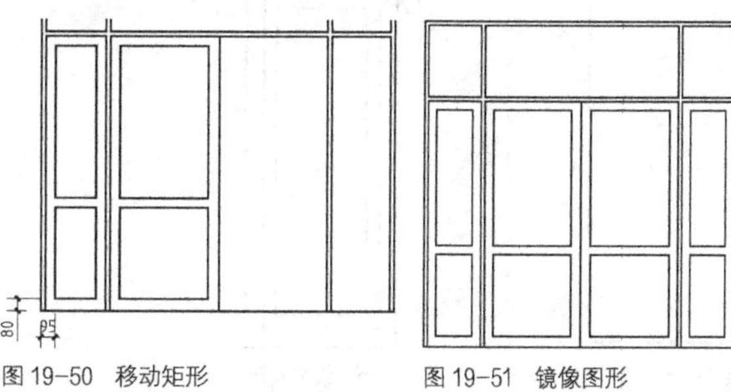

图 19-50 移动矩形　图 19-51 镜像图形

Step 08 调用H（填充）命令，选择【预定义】类型，选择【AR-RROOF】填充图案，角度设为45°，比例设为500，效果如图19-52所示。

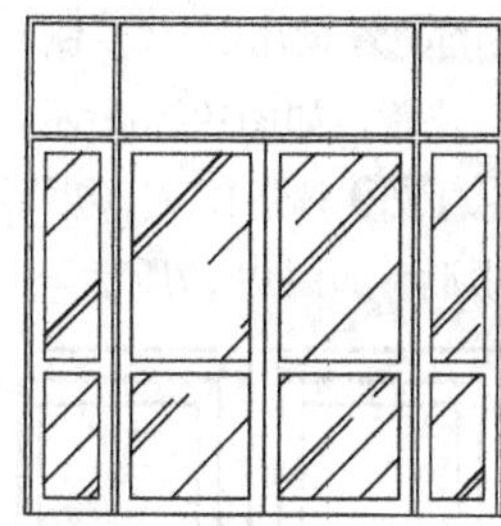

图 19-52 绘制矩形

设计点拨

门是建筑物中不可缺少的部分。主要用于交通和疏散，同时也起采光和通风作用。对于门的尺寸、位置、开启方式和立面形式，应考虑人流疏散、安全防火、家具设备的搬运安装以及建筑艺术等方面的要求综合确定。

19.4.2 绘制欧式窗立面

窗立面是建筑立面图中不可或缺的部分，一般以代号 C 表示，其立面形式按实际情况绘制。

接下来我们来学习绘制如图 19-53 所示的欧式窗立面图。

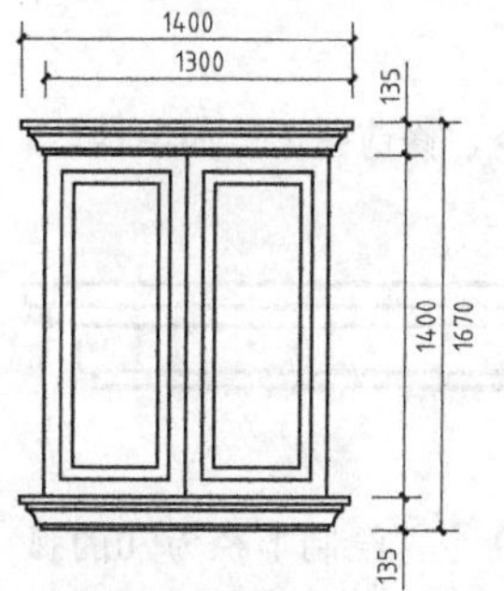

图 19-53 窗立面

Step 01 单击快速访问工具栏中的【新建】按钮，新建图形文件。

Step 02 调用REC（矩形）命令，绘制600×1400的矩形，如图19-54所示。

Step 03 调用O（偏移）命令，将矩形向内分别偏移70和50，如图19-55所示。

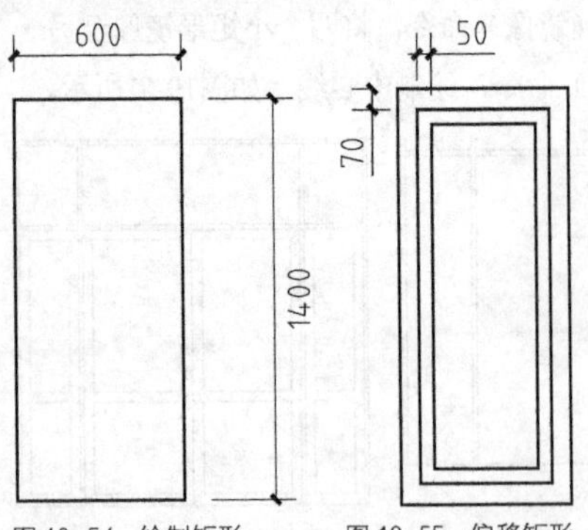

图 19-54 绘制矩形　图 19-55 偏移矩形

Step 04 调用CO（复制）命令，复制图形，并放置在相应位置，如图19-56所示。

Step 05 调用REC（矩形）命令，绘制出1400×135的矩形，如图19-57所示。

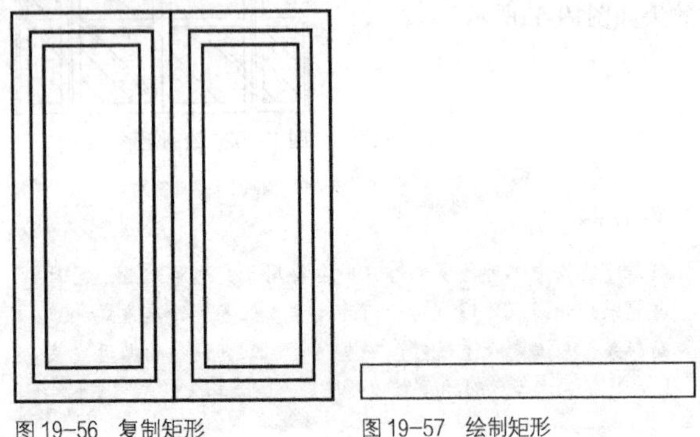

图 19-56 复制矩形　图 19-57 绘制矩形

Step 06 调用X（分解）命令，分解矩形，调用O（偏移）命令，偏移直线，如图19-58所示。

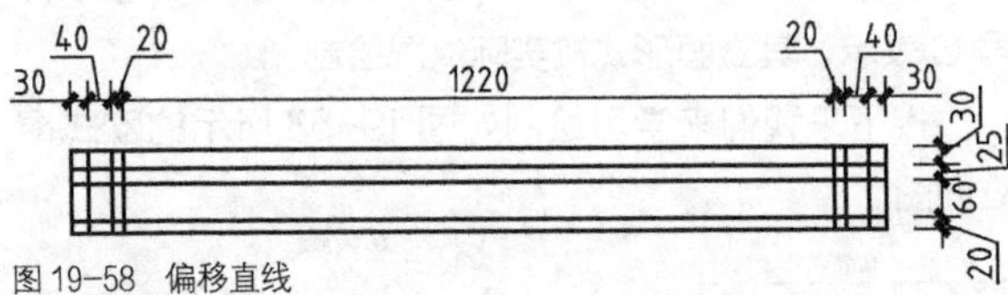

图 19-58 偏移直线

Step 07 调用TR（修剪）命令，修剪图形，如图19-59所示。

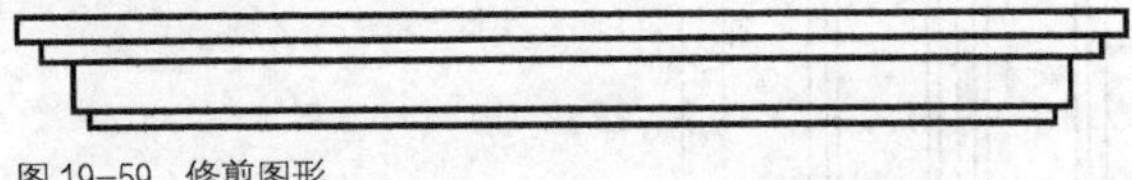

图 19-59 修剪图形

Step 08 调用ARC（圆弧）命令，绘制半径为70的弧形，并删除多余线段，如图19-60所示。

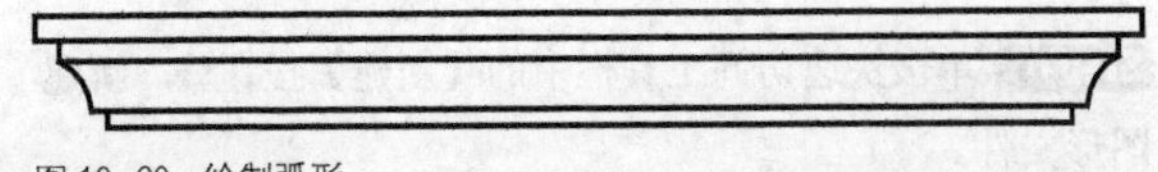

图 19-60 绘制弧形

Step 09 调用CO（复制）命令，将刚绘制完成的图形移动复制到窗图形上下两侧，如图19-61所示。

图 19-61 完成效果

设计点拨

现代窗户由窗框、玻璃和活动构件(铰链、执手、滑轮等)3部分组成。窗框负责支撑窗体的主结构，可以是木材、金属、陶瓷或塑料材料，透明部分依附在窗框上，可以是纸、布、丝绸或玻璃材料。活动构件主要以金属材料为主，在人手触及的地方，也可能包裹塑料等绝热材料。

19.5 绘制居民楼设计图

供家庭居住使用的建筑称为住宅。住宅的设计，不仅要注重套型内部平面空间关系的组合和硬件设施的改善，还要全面考虑住宅的光环境、声环境、热环境和空气质量环境的综合条件及其设备的配置，这样才能获得一个高舒适度的居住环境。住宅楼按楼层高度分为：低层住宅（1～3层）、多层住宅（4～6层）、中高层住宅（7～9）和高层住宅（10层以上）。

19.5.1 绘制住宅楼一层平面图

首层平面图用于表示第一层房间的布置、建筑入口、门厅及楼梯、一层门窗及尺寸等。本例绘制结果如图 19-62 所示。

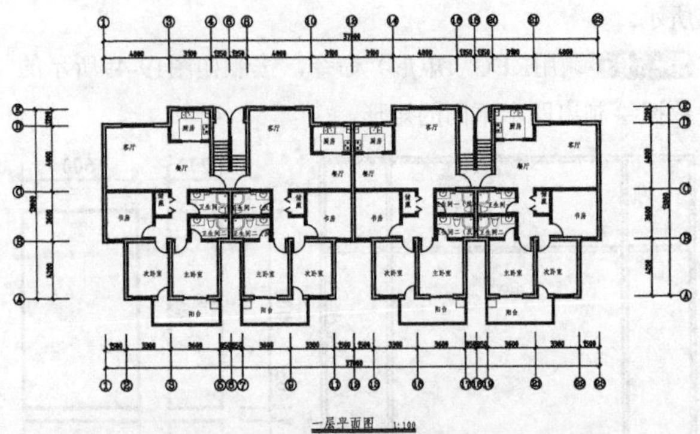

图 19-62 一层平面图

1 绘制定位轴线

Step 01 单击快速访问工具栏中的【新建】按钮，新建图形文件。

Step 02 将【轴线】图层置为当前层。调用L直线命令，绘制长20770的水平直线，长16100的垂直直线，并调用M（移动）命令，分别将其向上、向下移动1150，如图19-63所示。

Step 03 调用O（偏移）命令，偏移出水平轴线网，如图19-64所示。

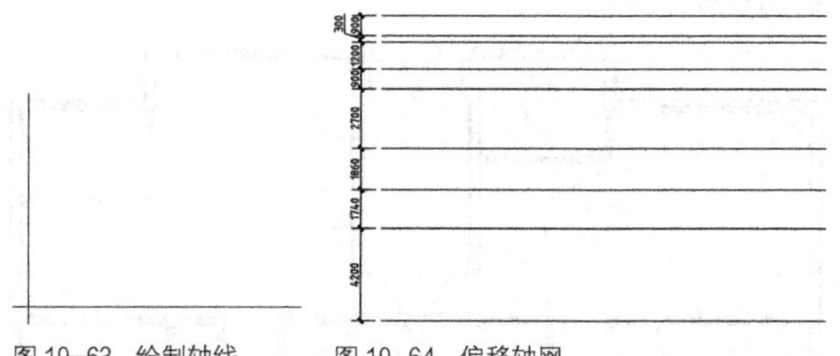

图 19-63 绘制轴线　　图 19-64 偏移轴网

Step 04 调用O（偏移）命令，偏移出垂直轴线网，如图19-65所示。

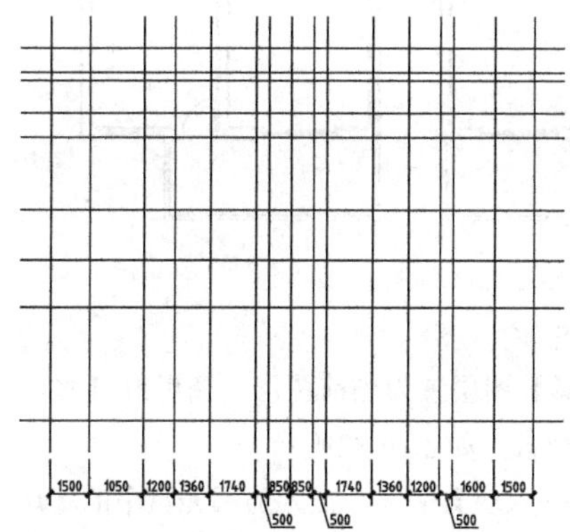

图 19-65 偏移轴网

2 绘制墙体及门窗

Step 05 显示菜单栏，选择【格式】|【多线样式】菜单命令，打开如图19-66所示的【多线样式】对话框，单击【新建】按钮，新建【墙体】多线样式，打开【新建多线样式：墙体】对话框，设置多线样式如图19-67所示。

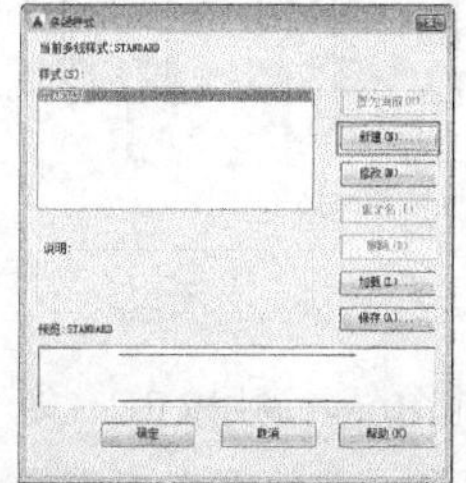

图 19-66【多线样式】对话框　　图 19-67【新建多线样式：墙体】对话框

Step 06 使用相同的方法，创建【墙体2】多线样式，如图19-68所示。

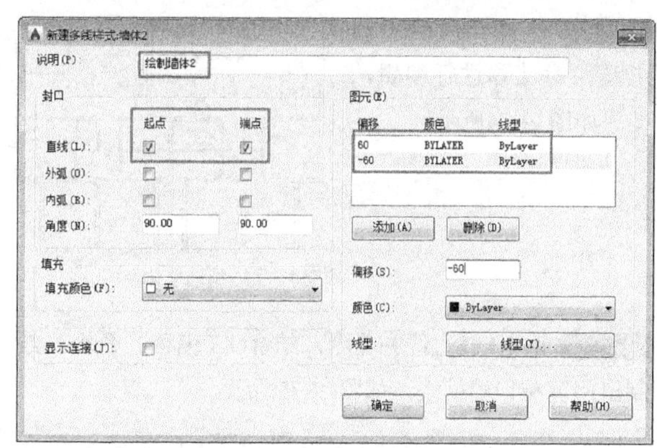

图 19-68 【新建多线样式：墙体 2】对话框

Step 07 创建【窗】多线样式，如图19-69所示；将【墙体】多线样式置为当前，单击【确定】按钮退出，如图19-70所示。

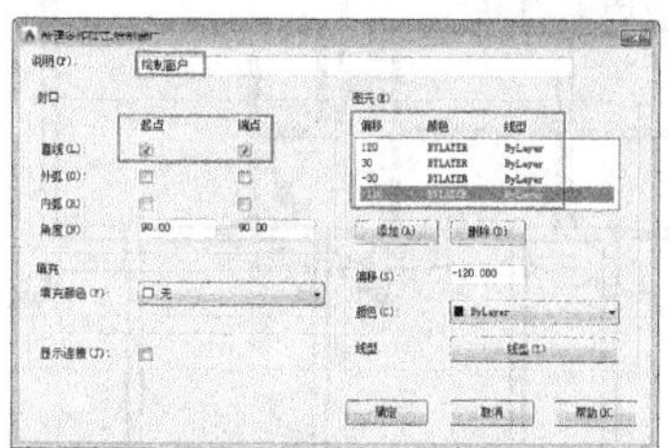

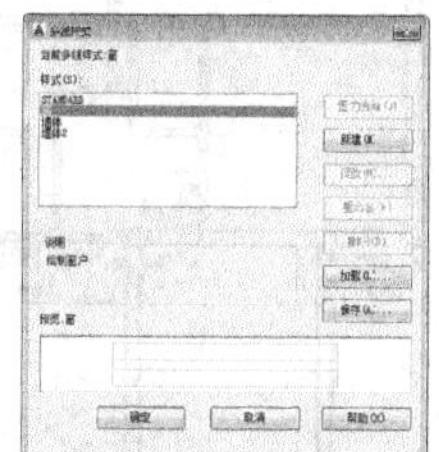

图 19-69 【新建多线样式：绘制窗户】对话框　图 19-70 设置完成

Step 08 将【墙体】图层置为当前层。调用ML（多线）命令，根据命令行提示，设置对正为无，比例为1，绘制出240的墙体，如图19-71所示。

Step 09 将【墙体2】多线样式置为当前，调用ML（多线）命令，根据命令行提示，设置对正为无，比例为1，绘制出120的墙体，如图19-72所示。

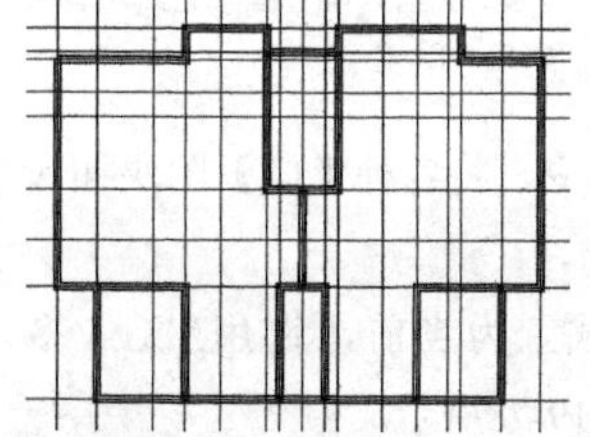

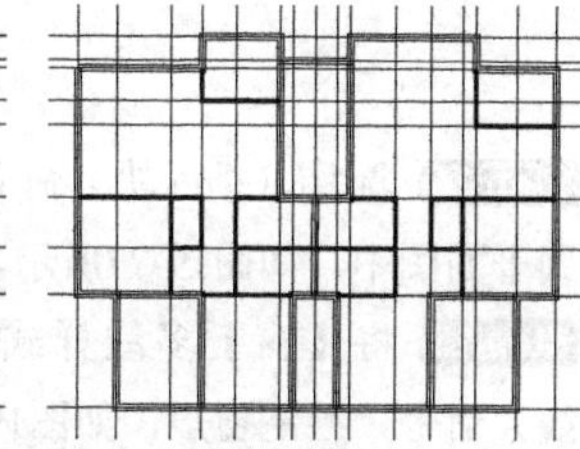

图 19-71 绘制墙体　　图 19-72 绘制墙体

Step 10 用鼠标双击多线连接处，系统将弹出如图19-73所示的【多线编辑工具】对话框。

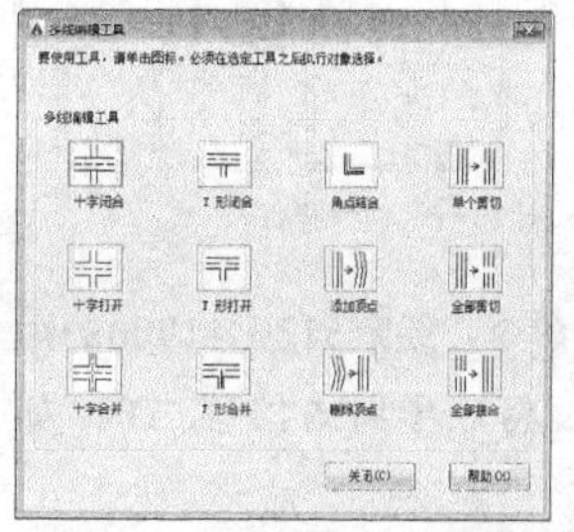

图 19-73 【多线编辑工具】对话框

Step 11 选择合适的编辑工具，对墙体进行编辑，结果如图19-74所示。

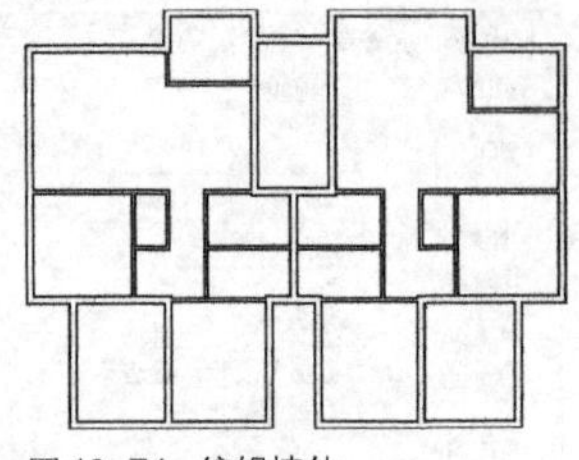

图 19-74 编辑墙体

Step 12 调用L（直线）命令，结合O（偏移）命令，绘制出门窗洞口辅助线，如图19-75所示。

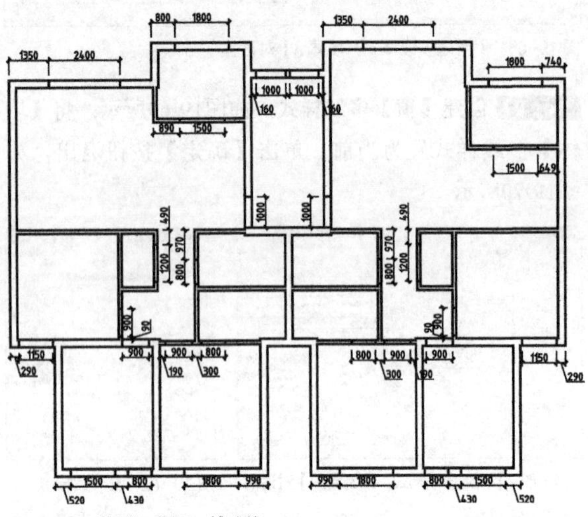

图 19-75 绘制门窗洞口辅助线

Step 13 调用TR（修剪）命令，修剪出门窗洞口，如图19-76所示。

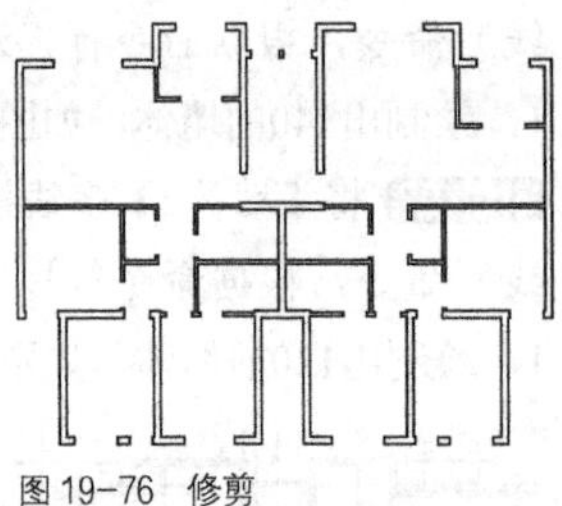

图 19-76 修剪

Step 14 调用I（插入块）命令，将各种【门】图块插入到平面图中，如图19-77所示。

Step 15 将【窗】多线样式置为当前，调用ML（多线）命令，绘制窗户，如图19-78所示。

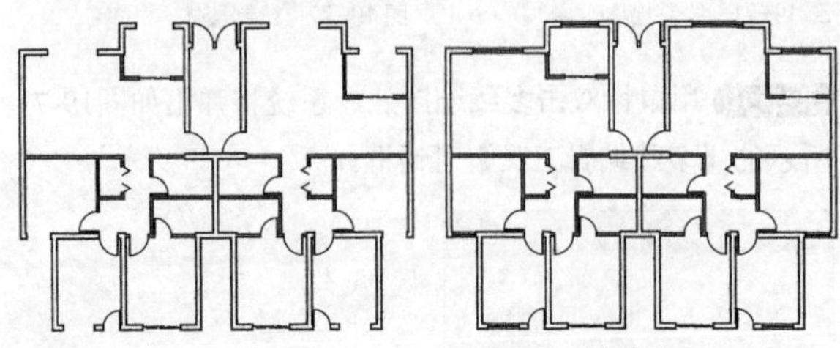

图 19-77 插入平开门　　图 19-78 绘制窗户

Step 16 调用REC（矩形）命令，绘制5120×1900的矩形，调用O（偏移）命令，将矩形向内偏移120，如图19-79所示。

Step 17 调用X（分解）命令，分解矩形，利用夹点编辑延长线段，并将其放置在合适位置，如图19-80所示。

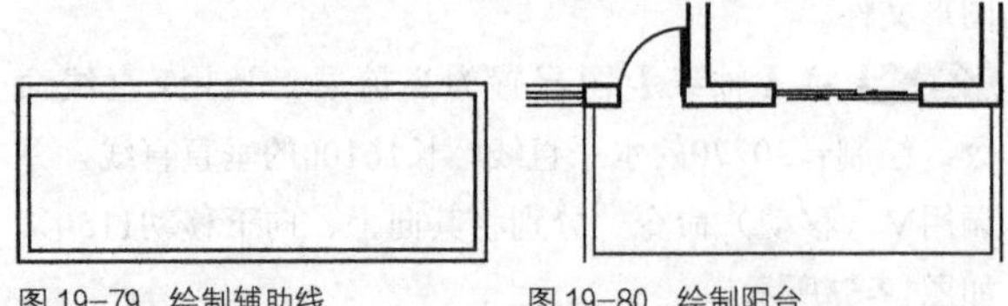

图 19-79 绘制辅助线　　图 19-80 绘制阳台

Step 18 调用MI（镜像）命令，将绘制好的阳台镜像，如图19-81所示。

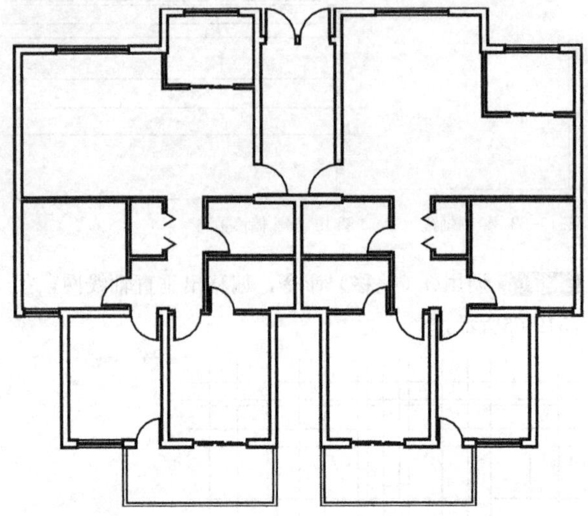

图 19-81 镜像阳台

3 插入室内图块

Step 19 将【洁具】图层置为当前图层，调用PL【多段线】命令，绘制灶台，如图19-82所示。

Step 20 调用I【插入块】命令，插入随书光盘中的【灶炉】、【洗菜盆】、【烟道】、【马桶】、【淋浴室】、【漱洗池】和【洗衣机】图块，如图19-83所示。

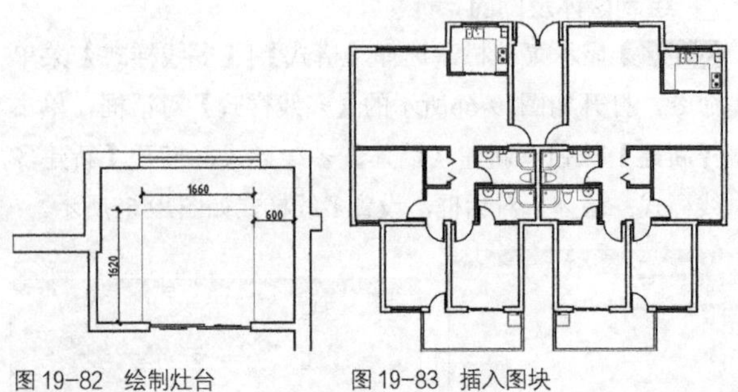

图 19-82 绘制灶台　　图 19-83 插入图块

4 绘制楼梯

Step 21 将【墙体】图层置为当前图层，调用REC（矩形）命令，绘制120×3540的矩形，并放置在相应位置，如图19-84所示。

Step 22 将【楼梯】图层置为当前图层，调用REC（矩形）命令，绘制1110×260的矩形，如图19-85所示。

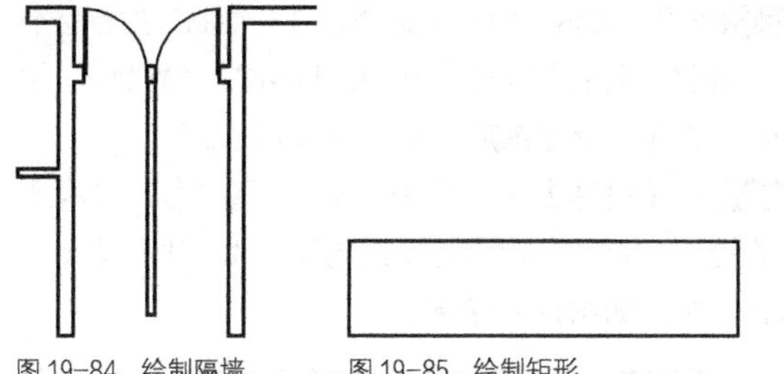

图 19-84 绘制隔墙　　图 19-85 绘制矩形

Step 23 调用CO（复制）命令，将矩形移动复制到相应的位置，如图19-86所示。

Step 24 调用REC（矩形）命令，绘制出楼梯扶手，如图19-87所示。

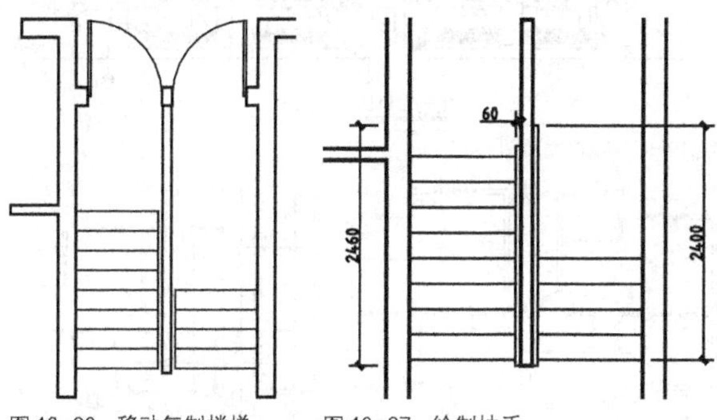

图 19-86 移动复制楼梯　　图 19-87 绘制扶手

5 文字说明及图形标注

Step 25 将【标注】图层置为当前层，将【文字说明】文字样式置为当前。调用DT（单行文字）命令，输入文字标注，如图19-88所示。

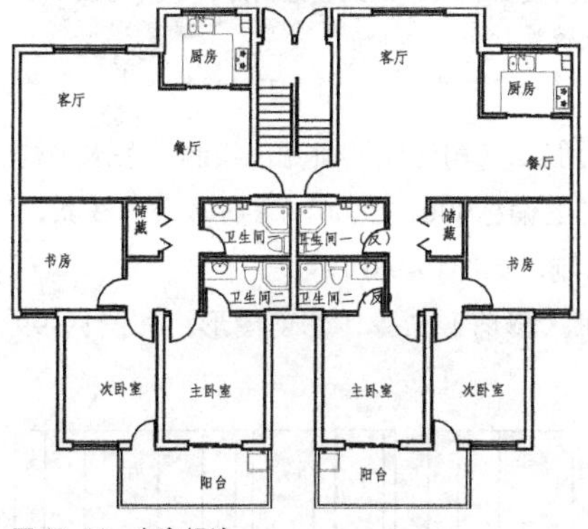

图 19-88 文字标注

Step 26 调用MI（镜像）命令，将平面图镜像至另一侧，如图19-89所示。

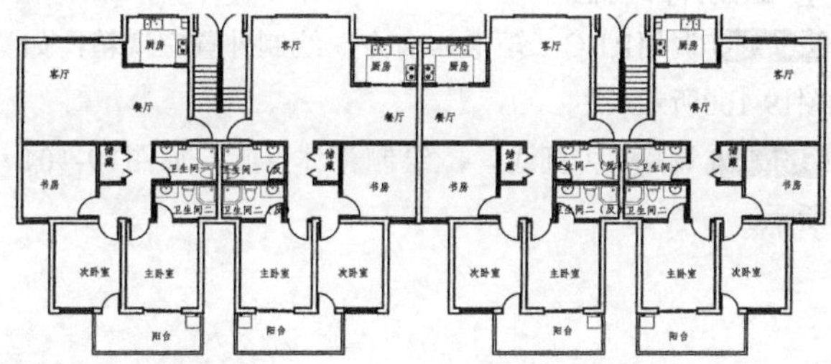

图 19-89 镜像图形

Step 27 将【标注】图层置为当前层调用DLI（线性标注）命令，结合DCO（连续性标注），对平面图进行尺寸标注，如图19-90所示。

Step 28 调用C（圆）命令，绘制半径为400的圆，调用L（直线）命令，以圆的象限点为起点，绘制长为200的直线；调用ATT（属性定义）命令，对其定义属性，最后将其创建为【轴号】属性块，如图19-91所示。

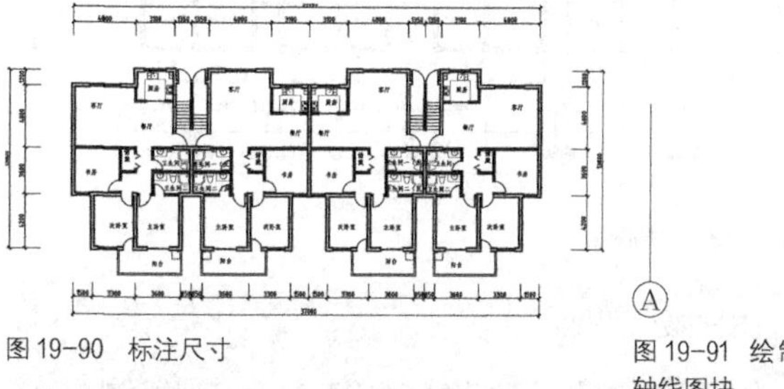

图 19-90 标注尺寸　　图 19-91 绘制轴线图块

> **设计点拨**
>
> 平面图中尺寸的标注，有外部标注和内部标注两种。外部标注是为了便于读图和施工，一般在图形的下方和左侧注写三道尺寸：第一道尺寸，是表示外墙门窗洞的尺寸；第二道尺寸，是表示轴线间距离的尺寸，用以说明房间的开间和进深；第三道尺寸，是建筑的外包总尺寸，指从一端外墙边到另一端外墙边的总长和总宽的尺寸。底层平面图中标注了外包总尺寸，在其他各层平面中，就可省略外包总尺寸，或者仅标注出轴线间的总尺寸。三道尺寸线之间应留有适当距离（一般为7～10mm，但第一道尺寸线应距离图形最外轮廓线15～20mm），以便注写数字等。

Step 29 调用I【插入块】命令，插入【轴号】属性块，并配合使用RO（旋转）命令，标注首层平面图轴号，如图19-92所示。

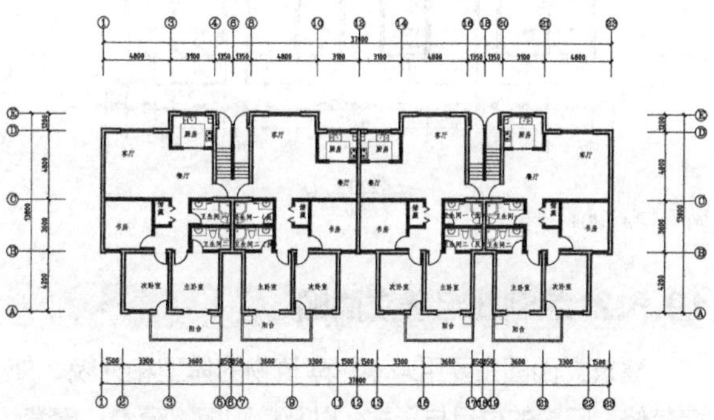

图 19-92 插入轴号

> **设计点拨**
>
> 平面图上定位轴线的编号，横向编号应用阿拉伯数字，从左至右顺序编写；竖向编号应用大写英文字母，从下至上顺序编写。英文字母的I、Z、O不得用作编号，以免与数字1、2、0混淆。编号应写在定位轴线端部的圆内，该圆的直径为800～1000mm，横向、竖向的圆心各自对齐在一条线上。

Step 30 将【文字说明】文字样式置为当前，调用T（多行文字）命令，添加图名及比例，如图19-93所示。

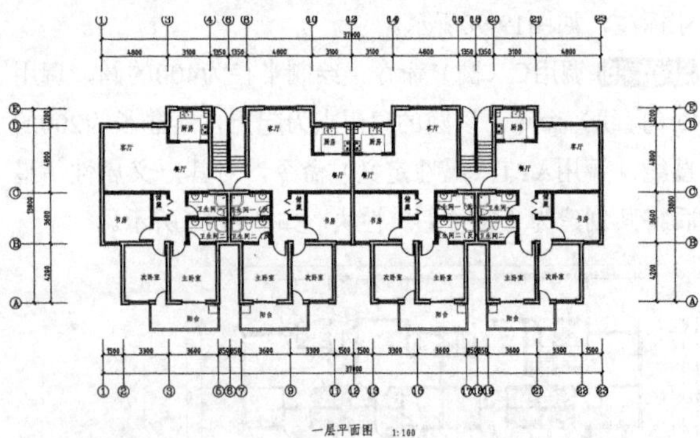

图 19-93 添加图名

设计点拨

为了说明房间的净空大小和室内的门窗洞、孔洞、墙厚和固定设备（如厕所、工作台、隔板、厨房等）的大小和位置，以及室内楼地面的高度，在平面图上应清楚地注写出有关的内部尺寸和楼地面标高。相同的内部构造或设备尺寸，可省略或简化标注。其他各层平面图的尺寸，除标注出轴线间的尺寸和总尺寸外，其余与底层平面图相同的细部尺寸均可省略。

Step 31 调用PL（多段线）命令，添加图名下划线，最终结果如图19-94所示，至此，住宅楼首层平面图绘制完成。

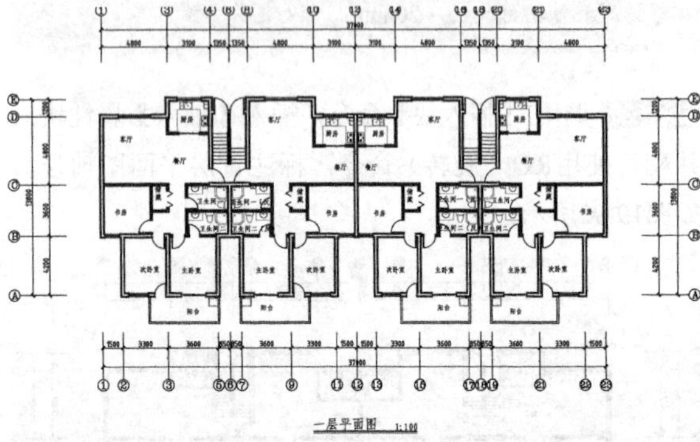

图 19-94 最终结果

19.5.2 绘制住宅楼立面图

建筑立面图主要用来表示建筑物的体型和外貌、外墙装修、门窗的位置与形式，以及遮阳板、窗台、窗套、屋顶水箱、檐口、雨篷、雨水管、水斗、勒脚、平台、台阶等构配件各部位的标高和必要尺寸。

本例绘制的住宅楼立面图如图 19-95 所示。

1 整理图形

Step 01 单击快速访问工具栏中的【新建】按钮，新建图形文件。

Step 02 调用OPEN（打开）命令，打开绘制好的首层平面图，并将其复制到新建文件中。调用TR（修剪）、E（删除）命令，整理图形，如图19-96所示。

Step 03 将【墙体】图层置为当前层，调用XL（构造线）命令，过墙体及门窗边缘绘制构造线，进行墙体和窗体的定位，如图19-97所示。

图 19-95 建筑立面图

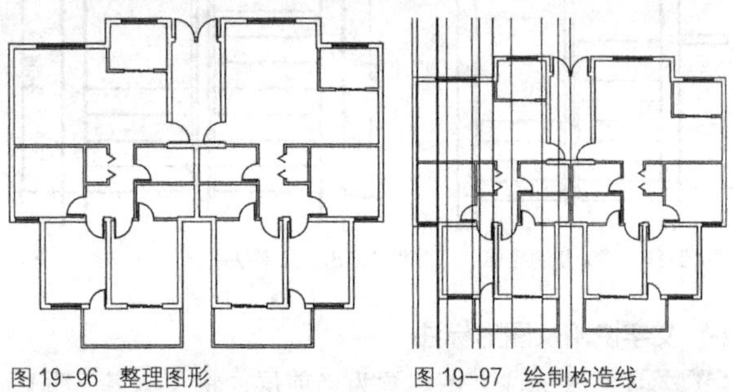

图 19-96 整理图形　　图 19-97 绘制构造线

设计点拨

一般以墙中线作为定位轴线，因此最右侧的构造线应位于该处墙体的中线位置。

Step 04 重复调用XL（构造线）命令，绘制一条水平构造线，并将其向上偏移900、2800，修剪多余的线条，完成辅助线的绘制，如图19-98所示。

Step 05 调用TR（修剪）命令，修剪图形，如图19-99所示。

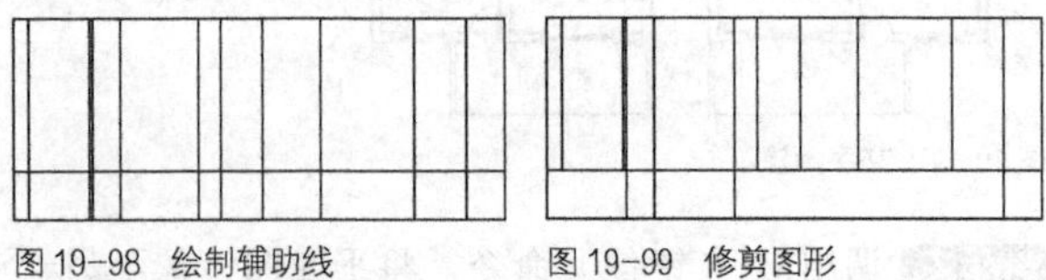

图 19-98 绘制辅助线　　图 19-99 修剪图形

2 绘制外部设施

Step 06 调用REC（矩形）命令，绘制外置空调箱，如图19-100所示。

Step 07 调用L（直线），绘制箱体百叶，如图19-101所示。

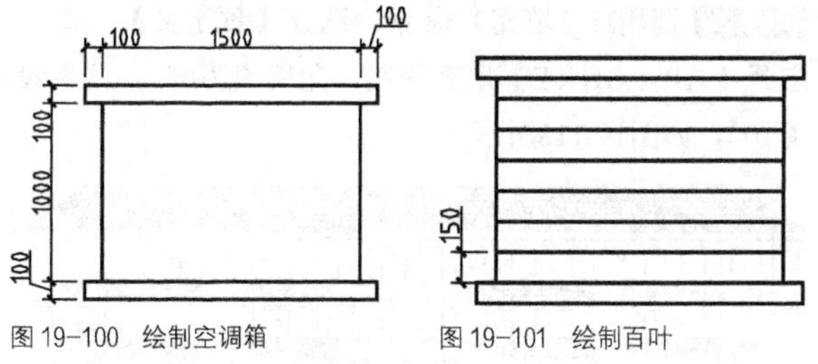

图 19-100 绘制空调箱　　图 19-101 绘制百叶

Step 08 调用M（移动）、TR（修剪）命令，将空调箱放置在相应位置并进行修剪，如图19-102所示。

3 绘制门窗

Step 09 将【门窗】图层设置为当前图层，调用REC（矩形）、L（直线）、O（偏移）命令，绘制窗图形，如图19-103所示。

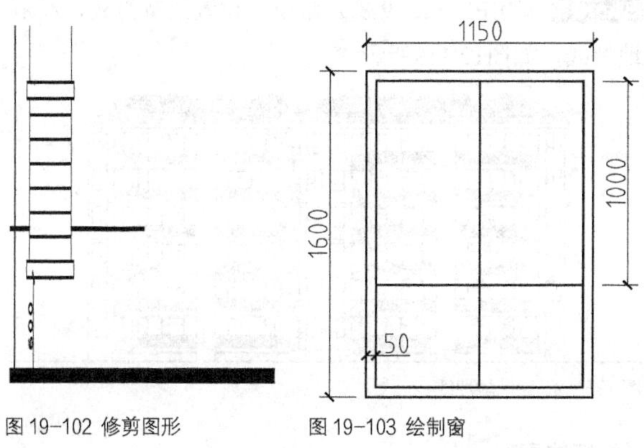

图 19-102 修剪图形　　图 19-103 绘制窗

Step 10 使用上述方式绘制另一个窗图形，如图19-104所示。

Step 11 按照上述方式，绘制两个立面门图形，如图19-105所示。

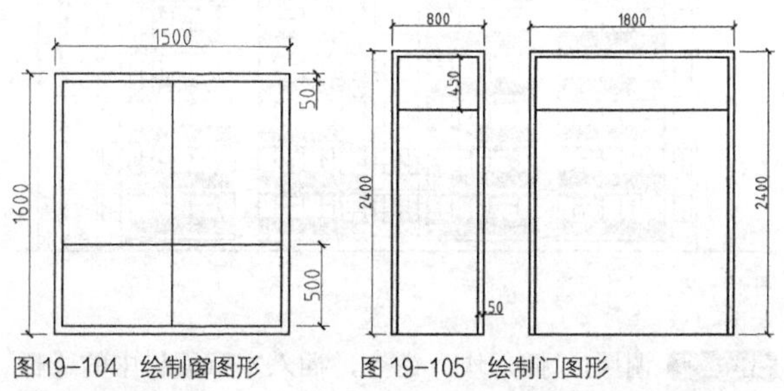

图 19-104 绘制窗图形　　图 19-105 绘制门图形

Step 12 调用M（移动）命令，将各图形放置在相应的位置上，如图19-106所示。

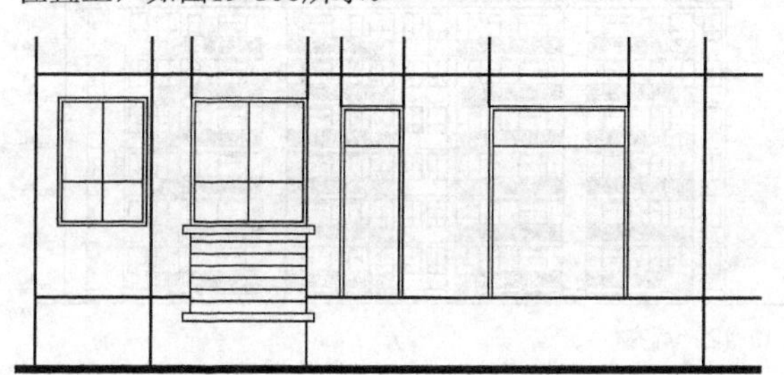

图 19-106 放置图形

4 绘制阳台

Step 13 将【阳台】图层设置为当前图层，调用REC（矩形）命令，绘制5020×1400的矩形，如图19-107所示。

Step 14 调用X（分解）命令，分解矩形，调用O（偏移）命令，偏移线段，如图19-108所示。

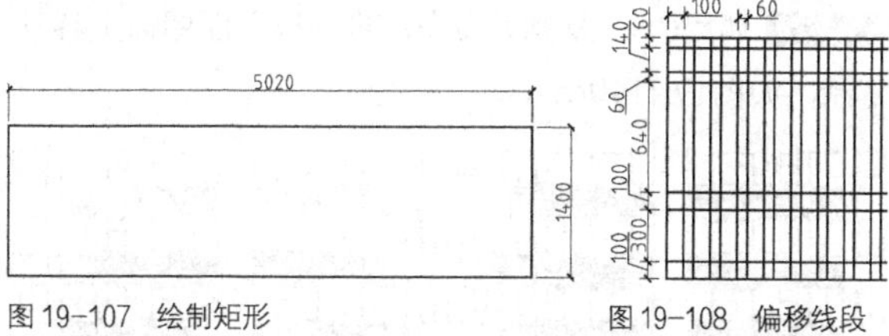

图 19-107 绘制矩形　　图 19-108 偏移线段

Step 15 重复偏移，完成效果如图19-109所示。

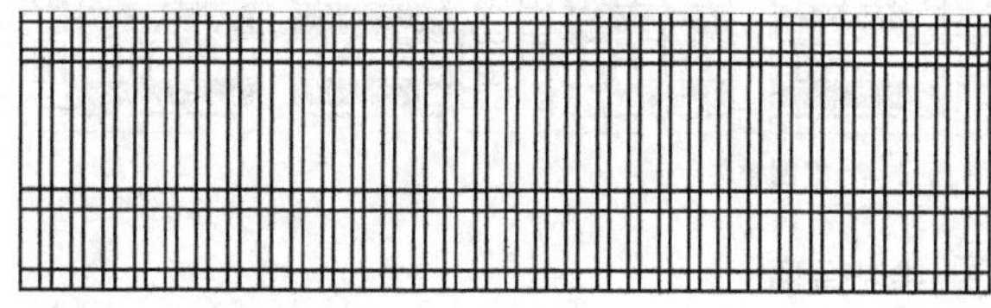

图 19-109 完成效果

Step 16 调用TR（修剪）命令，修剪图形，阳台完成效果如图19-110所示。

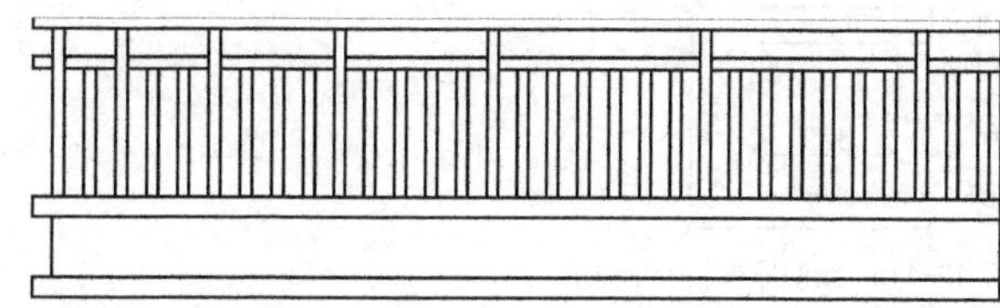

图 19-110 绘制阳台

Step 17 调用M（移动）命令，将阳台移动到相应位置，调用TR（修剪）命令，整理图形，如图19-111所示。

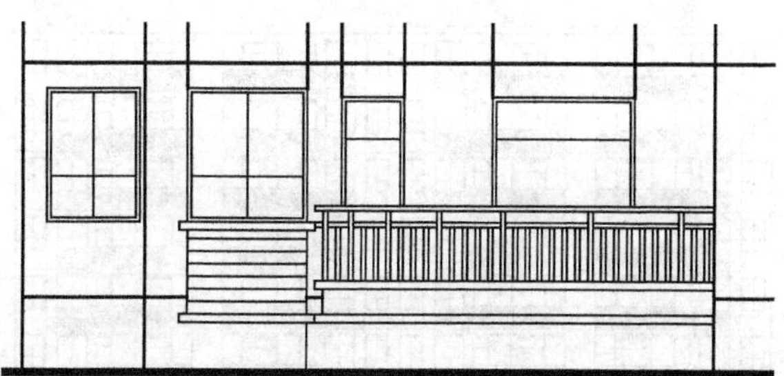

图 19-111 修剪图形

5 完善楼层

Step 18 调用MI（镜像）命令，镜像图形，删除多余的辅助线，如图19-112所示。

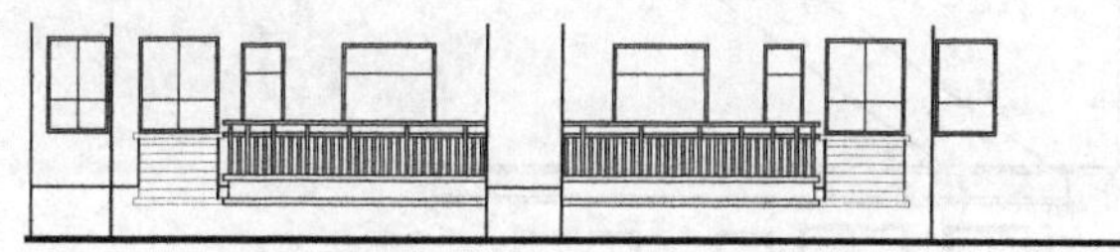

图 19-112 镜像图形

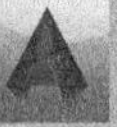

Step 19 调用MI（镜像）命令，镜像图形，调用TR（修剪）命令整理图形，如图19-113所示。

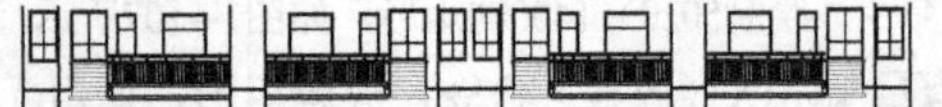

图 19-113　镜像图形

Step 20 调用CO（复制）命令，将一楼立面图向上移动复制，如图19-114所示。

图 19-114　复制楼层

6 绘制屋顶

Step 21 新建【屋顶】图层，颜色为8，并将其置为当前层。调用L（直线）命令，绘制屋檐，如图19-115所示。

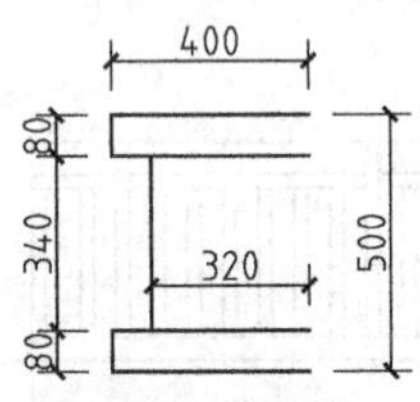

图 19-115　绘制屋檐

Step 22 调用CO（复制）命令，将屋檐复制移动到相应位置，配ML（镜像）和L（直线）命令，完成屋檐绘制，如图19-116所示。

图 19-116　绘制屋檐

Step 23 调用L（直线）命令，绘制屋顶，如图19-117所示。

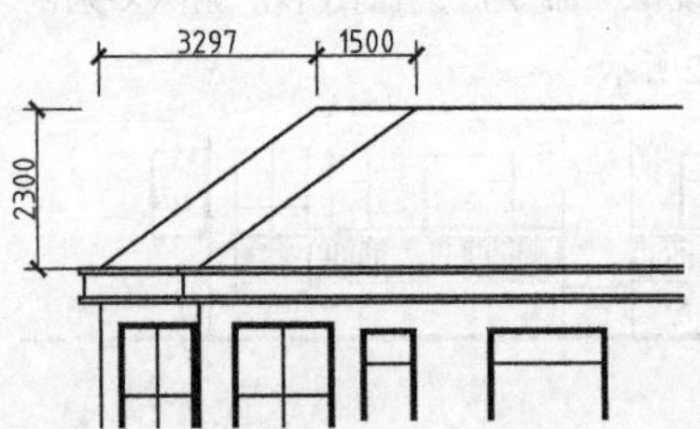

图 19-117　绘制屋顶

Step 24 调用H（填充）命令，选择【预定义】类型，选择【AR-RSHKE】填充图案，角度设为0°，比例设为100，如图19-118所示。

图 19-118　填充屋顶

Step 25 调用PL（多段线）命令，设置线宽为50，绘制地坪线，如图19-119所示。

图 19-119　绘制地坪线

7 标注图形

Step 26 将【标注】图层置为当前层，调用DLI（线性标注）命令，对图形进行标注，如图19-120所示。

图 19-120　尺寸标注

Step 27 调用I（插入块）命令，插入本章素材中的【标高】图块到指定位置，并修改其标高值，如图19-121所示。

图 19-121　标高

Step 28 调用C（圆）、L（直线）命令，绘制半径为400和长2100的直线，结合使用DT（单行文字）、CO（复制）命令，添加轴号，如图19-122所示。

图 19-122　添加轴号

Step 29 将【文字】图层置为当前层，调用T（多行文字）命令，添加图名及比例，字高为500，调用PL（多段线）命令，设置线宽为500，添加图名下划线，调用O（偏移）命令，将下划线向下偏移200，并将其分解，如图19-123所示。

图 19-123　添加图名及比例

19.5.3 绘制住宅楼剖面图

建筑剖面图用于表示建筑内部的结构构造、垂直方向的分层情况、各层楼地面、屋顶的构造及相关尺寸、标高等。本例绘制的为剖切位置位于楼梯处的剖面图，如图 19-124 所示。

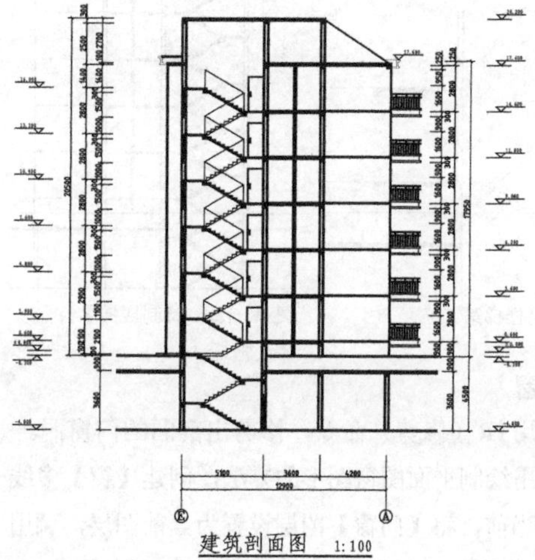

图 19-124　住宅楼剖面图

设计点拨

剖面图的剖切位置和数量应根据建筑物自身的复杂情况而定，一般剖切位置选择在建筑物的主要部位或是构造较为典型的部位，如楼梯间等处。习惯上，剖面图不画基础，断开面上材料图例与图线的表示均与平面图相同，即被剖到的墙、梁、板等用粗实线表示，没有剖到的但是可见的部分用中粗实线表示，被剖切断开的钢筋混凝土梁、板涂黑表示。

1 绘制外部轮廓

Step 01 单击快速访问工具栏中的【新建】按钮，新建图形文件。

Step 02 调用OPEN（打开）命令，打开绘制好的一层平面图，将其复制到新建文件中，并顺时针旋转270°。

Step 03 复制平面图和立面图于绘图区空白处，并对图形进行清理，保留主体轮廓，使其呈如图19-125所示分布。

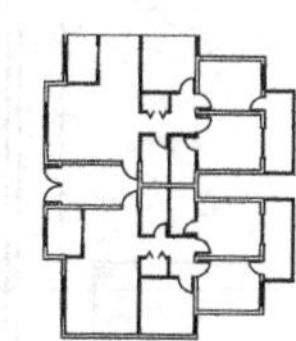

图 19-125　调用平、立面图形

设计点拨

业内绘制立面图的一般步骤是：先根据平面图和立面图绘制出一个户型的剖面轮廓，再绘制细部构造，使用【复制】和【镜像】命令完善图形，然后绘制屋顶剖面结构，最后进行文字和尺寸等的标注。本例绘制的为剖切位置位于楼梯处的剖面图。在绘制时，可以先绘制出一层和二层的剖面结构，再复制出3～6层的剖面结构，最后绘制屋顶结构。

Step 04 将【墙体】图层置为当前层。调用RAY（射线）命令，过墙体、楼梯、楼层分界线，进行墙体和梁板的定位，绘制结果如图19-126所示。

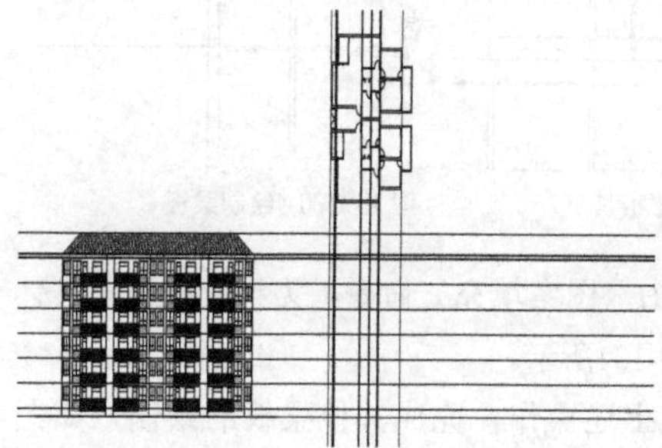

图 19-126　绘制辅助线

Step 05 调用TR（修剪）命令，修剪轮廓线，结果如图19-127所示。

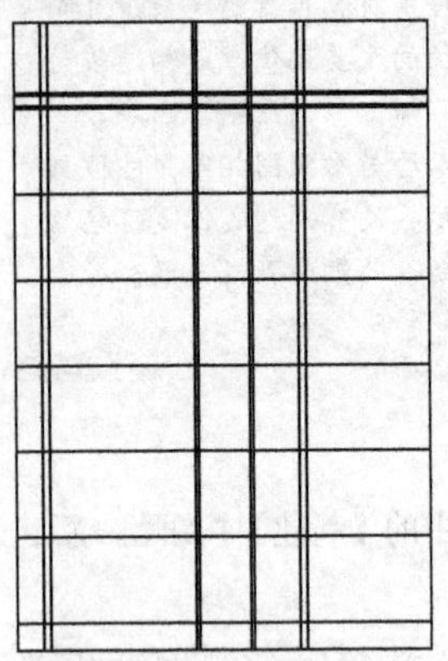

图 19-127 修剪轮廓线

Step 06 调用O（偏移）和L（直线）命令，绘制地下室的轮廓线，如图19-128所示。

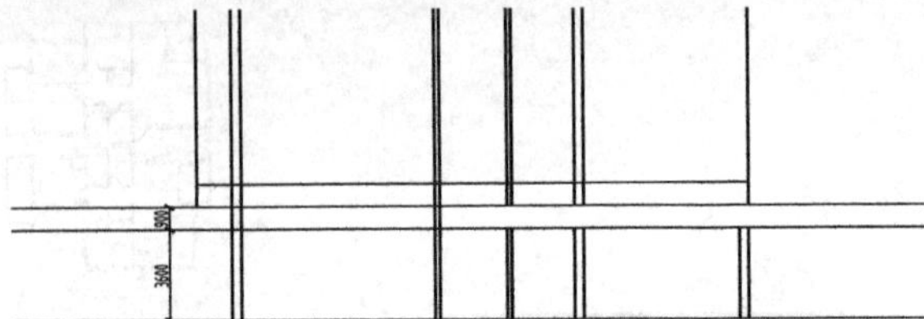

图 19-128 绘制地下室轮廓

2 绘制楼板结构

Step 07 新建【梁、板】图层，指定图层颜色为【白】，并将图层置为当前层。

Step 08 调用O（偏移）和TR（修剪）命令，绘制各层楼板100的厚度，并对图形进行修剪，如图19-129所示。

Step 09 调用O（偏移）和TR（修剪）命令，绘制房梁，如图19-130所示。

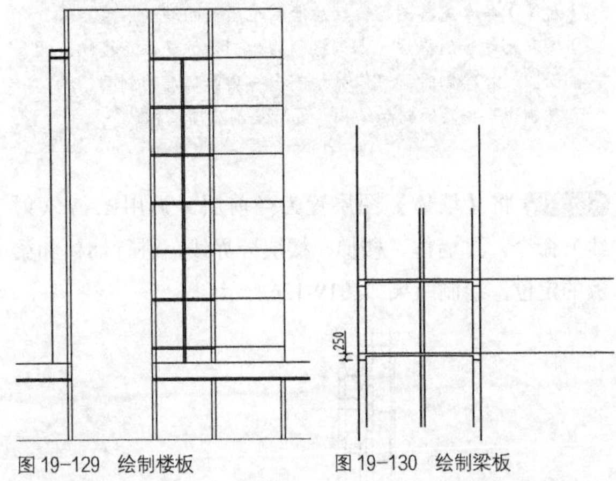

图 19-129 绘制楼板　　图 19-130 绘制梁板

Step 10 调用H（图案填充）命令，为梁、板填充实体图案，如图19-131所示。

Step 11 重复上述操作，完成其他梁板的绘制，如图19-132所示。

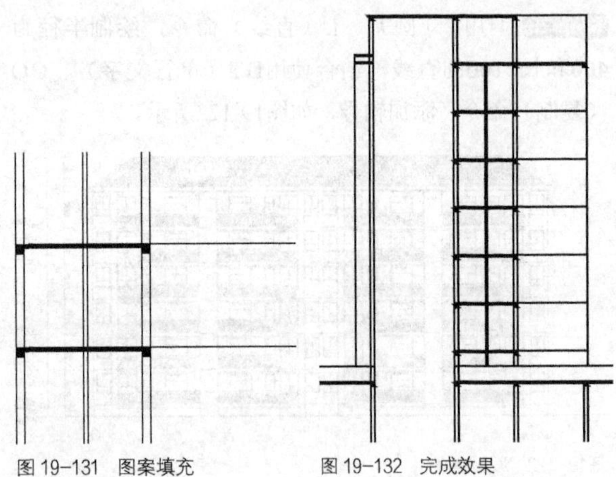

图 19-131 图案填充　　图 19-132 完成效果

3 绘制楼梯

Step 12 新建【楼梯、台阶】图层，并将其置为当前层。

Step 13 调用L（直线）命令，绘制高×宽为150×270的台阶，通过延伸捕捉，从墙体处画直线，对齐最上边的台阶，并进行修剪，如图19-133所示。

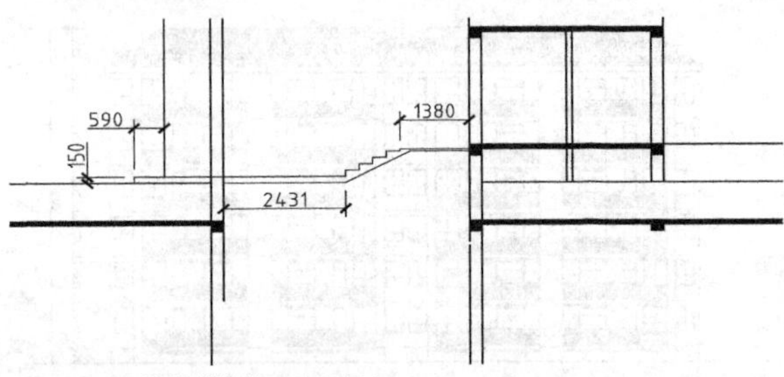

图 19-133 绘制楼梯第一跑及平台

Step 14 使用同样的方法绘制左侧9级台阶，如图19-134所示。

Step 15 使用相同的方法绘制其他梯段和楼梯平台，并填充图案，如图19-135所示。

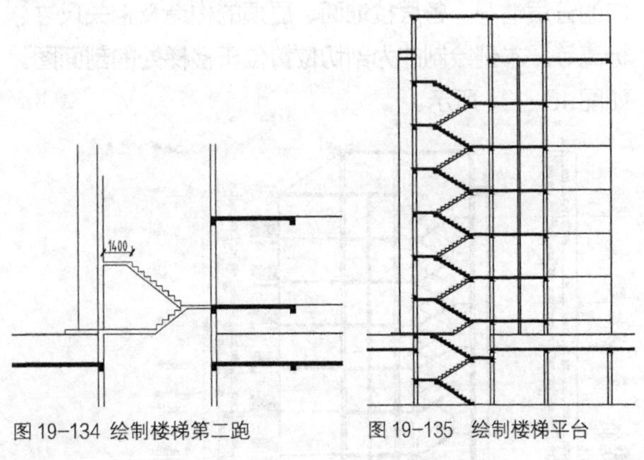

图 19-134 绘制楼梯第二跑　　图 19-135 绘制楼梯平台

4 绘制门窗

Step 16 调用TR（修剪）命令，修剪出剖面的门窗洞。

Step 17 运用绘制平面图窗图形的方法，创建【窗】多线样式并置为当前，将【门窗】图层设置为当前图层，调用ML（多线）命令，绘制剖面门窗，如图19-136所示。

Step 18 调用L（直线）命令，绘制立面门，并移动复制到相应位置，如图19-137所示。

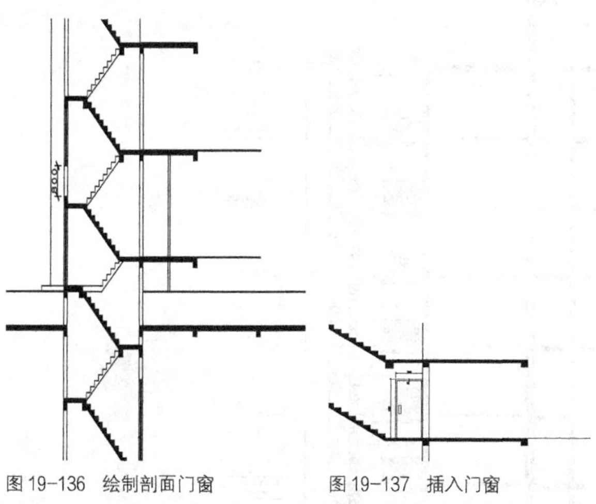

图 19-136 绘制剖面门窗　　图 19-137 插入门窗

5 绘制楼梯栏杆和阳台

Step 19 指定【楼梯、台阶】图层为当前层。

Step 20 调用L（直线）命令，在楼面板与楼梯平台台阶处分别向上绘制高1100的直线，如图19-138所示。

Step 21 复制立面图阳台，调用TR（修剪）命令，对阳台进行修剪，如图19-139所示。

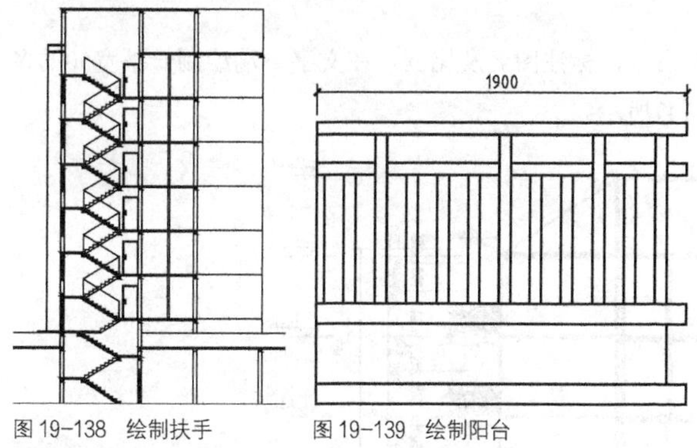

图 19-138 绘制扶手　　图 19-139 绘制阳台

Step 22 调用CO（复制）命令，将阳台复制移动至相应位置，如图19-140所示。

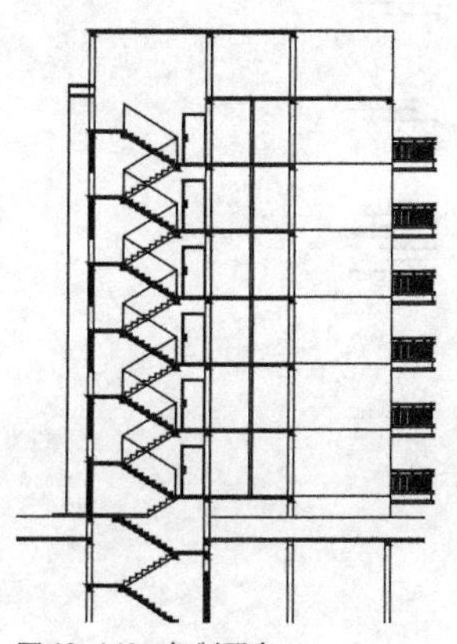

图 19-140 复制阳台

6 绘制屋顶、檐沟

Step 23 将【屋顶】图层置为当前层，调用L（直线）命令，结合TR（修剪）命令，绘制屋顶，如图19-141所示。

Step 24 调用H（图案填充）命令，填充屋顶，如图19-141所示。

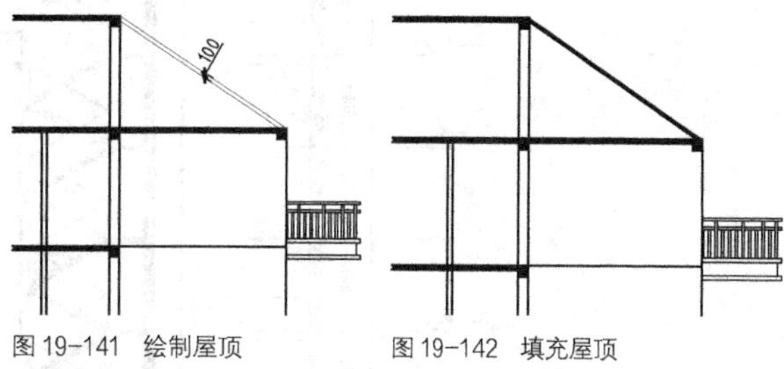

图 19-141 绘制屋顶　　图 19-142 填充屋顶

Step 25 调用L（直线）命令，绘制檐沟，如图19-143所示。

Step 26 将绘制好的檐沟移动复制到屋顶边线位置，调用L（直线）命令，绘制连接屋顶的直线；调用MI（镜像）命令，镜像至另一侧，并删除掉多余的线段，完成效果如图19-144所示。

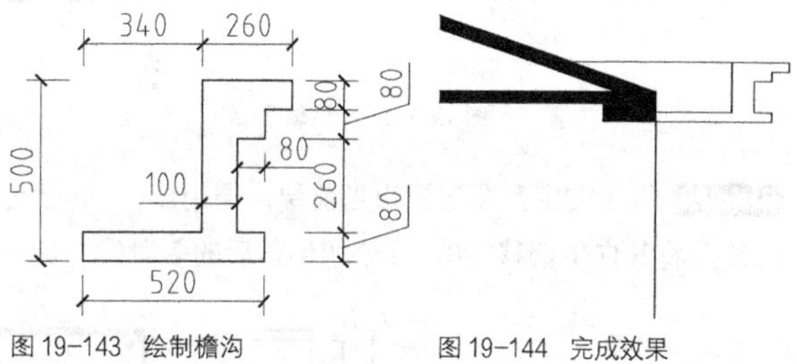

图 19-143 绘制檐沟　　图 19-144 完成效果

7 图形标注

Step 27 标高标注。参照立面图标高标注办法，将标高图形复制对齐并修改高度数据，结果如图19-145所示。

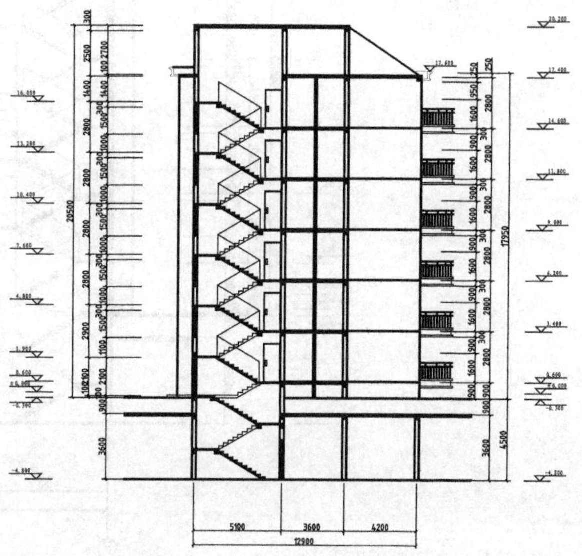

图 19-145 标注标高

Step 28 标注轴号。参照平面图轴号标注方法标注轴号，结果如图19-146所示。

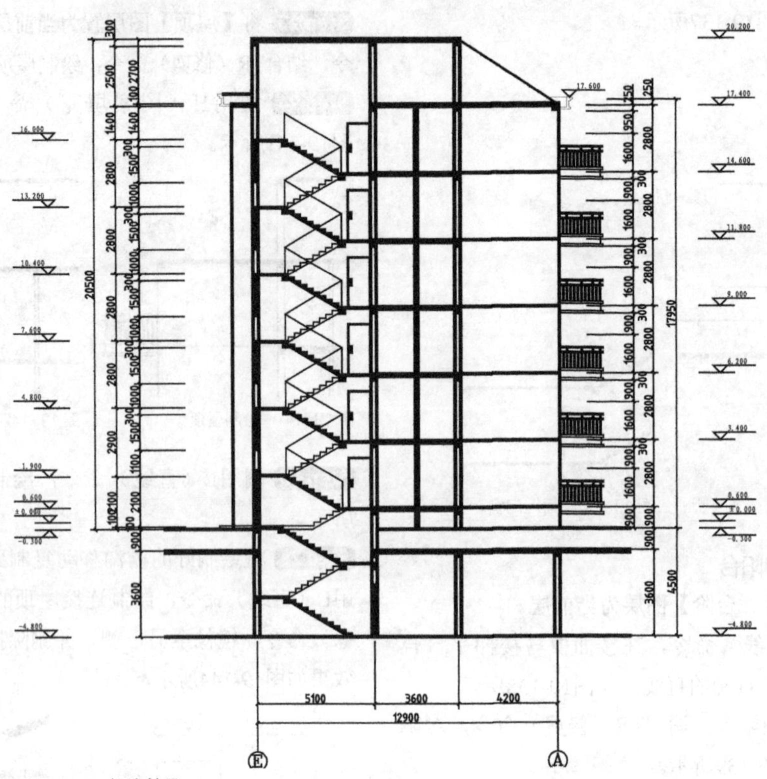

图 19-146　标注轴号

Step 29 将【文字】图形置为当前层，调用DT（单行文字）命令，标注图名及比例，在文字下端绘制一条宽50的多段线，将其向下偏移200，并分解偏移后的多段线，如图19-147所示。

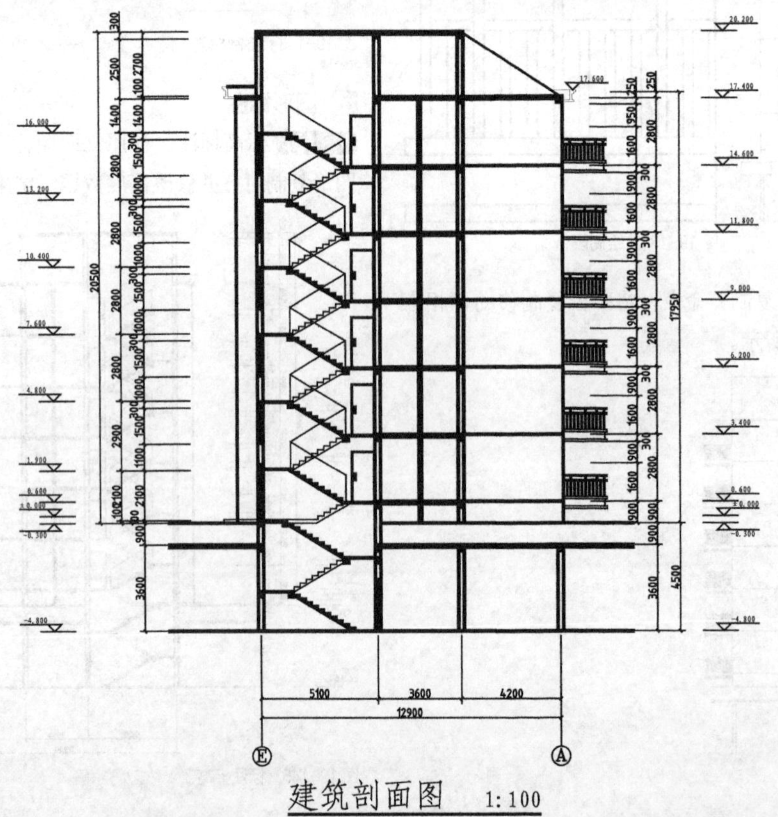

图 19-147　标注文字说明

第 20 章 室内设计与绘图

室内装潢设计是建筑物内部环境的设计，是以一定建筑空间为基础，运用技术和艺术因素制造的一种人工环境，它是一种以追求室内环境多种功能的完美结合，充分满足人们的生活，工作中的物质需求和精神需求为目标的设计活动。

本章主要讲解室内设计的概念、规范及室内设计制图的内容和流程，并通过具体的实例来进行实战演练。通过本章的学习，我们能够了解室内设计的相关理论知识，并掌握使用 AutoCAD 进行室内设计制图的方法。

20.1 室内设计概述

室内设计（Interior Designe）是根据建筑物的使用性质、所处环境和相应标准，运用物质技术手段和建筑设计原理，创造功能合理、舒适优美、满足人们物质和精神生活需要的室内环境，如图 20-1 所示。这一空间环境既具有使用价值，满足相应的功能要求，同时也反映了历史文脉、建筑风格、环境气氛等精神因素。明确地把“创造满足人们物质和精神生活需要的室内环境”作为室内设计的目的。

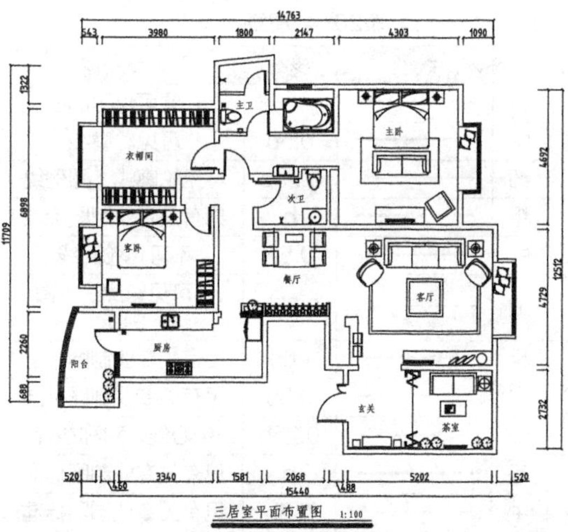

图 20-1　室内设计图与现实结果

20.1.1 室内设计的有关标准

室内设计制图是表达室内设计工程设计的重要技术资料，是施工进行的依据。为了统一制图技术，方便技术交流，并满足设计、施工管理等方面的要求，国家发布并实施了建筑工程与室内设计等专业的制图标准：

◆《房屋建筑制图统一标准》（GB/T50001-2010）；

◆《总图制图标准》（GB/T50103-2010）；

◆《建筑制图标准》（GB/T50104-2010）；

◆《房屋建筑室内装饰装修制图标准》（JGJ/T 244-2011，JGJ 指建筑工程行业标准）。

室内设计制图标准涉及图纸幅面与图纸编排顺序，以及图线、字体等绘图所包含的各方面的使用标准。本节为用户抽取一些制图标准中常用到的知识来讲解。

1 图形比例标准

◆比例可以表示图样尺寸和物体尺寸的比值。在建筑室内装饰制图中，所注写的比例能够在图纸上反映物体的实际尺寸。

◆图样的比例，应是图形与实物相对应的线性尺寸之比。比例的大小，是指其比值的大小，比如 1：30 大于 1：100。

◆比例的符号应书写为“：”，比例数字则应以阿拉伯数字来表示，比如 1：2、1：3、1：100 等。

◆比例应注写在图名的右侧，字的基准线应取平；比例的字高应比图名的字高小一号或者二号，如图 20-2 所示。

平面图 1:100　③ 1:25

图 20-2　室内制图比例的注写

◆图样比例的选取是要根据图样的用途以及所绘对象的复杂程度来定的。在绘制房屋建筑装饰装修图纸的时候，经常使用到的比例为 1：1、1：2、1：5、1：10、1：15、1：20、1：25、1：30、1：40、1：50、1：75、1：100、1：150、1：200。

◆在特殊的绘图情况下，可以自选绘图比例；在这种情况下，除要标注绘图比例之外，还须在适当位置绘制出相应的比例尺。

◆绘图所使用的比例，要根据房屋建筑室内装饰装修设计的不同部位、不同阶段图纸内容和要求，从表 20-1 中选用。

表20-1 绘图所用的比例

比例	部位	图纸类型
1:200~1:100	总平面、总顶面	总平面布置图、总顶棚平面布置图
1:100~1:50	局部平面、局部顶棚平面	局部平面布置图、局部顶棚平面布置图
1:100~1:50	不复杂立面	立面图、剖面图
1:50~1:30	较复杂立面	立面图、剖面图
1:30~1:10	复杂立面	立面放大图、剖面图
1:10~1:1	平面及立面中需要详细表示的部位	详图
1:10~1:1	重点部位的构造	节点图

2 字体标准

在绘制施工图的时候，包正确的注写文字、数字和符号，以清晰的表达图纸内容。

◆手工绘制的图纸，字体的选择及注写方法应符合《房屋建筑制图统一标准》的规定。对于计算机绘图，均可采用自行确定的常用字体等，《房屋建筑制图统一标准》未做强制规定。

◆文字的字高，应从表20-2中选用。字高大于10mm的文字宜采用TrueType字体，如需书写更大的字，其高度应按√2倍数递增。

表20-2 文字的字高（单位：mm）

字体种类	中文矢量字体	TrueType字体及非中文矢量字体
字高	3.5、5、7、10、14、20	3、4、6、8、10、14、20

◆拉丁字母、阿拉伯数字与罗马数字，假如为斜体字，则其斜度应是从字的底线逆时针向上倾斜75°。斜体字的高度和宽度应是与相应的直体字相等。

◆拉丁字母、阿拉伯数字与罗马数字的字高应不小于2.5mm。

◆拉丁字母、阿拉伯数字与罗马数字与汉字并列书写时，其字高可比汉字小一至二号，如图20-3所示。

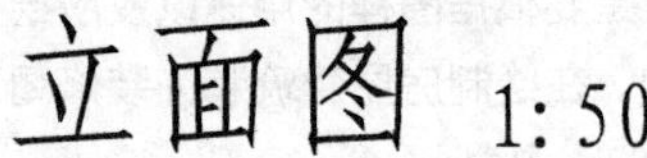

图20-3 字高的表示

◆分数、百分数和比例数的注写，要采用阿拉伯数字和数学符号，比如：四分之一、百分之三十五和三比二十应分别书写成1/4、35%、3:20。

◆在注写的数字小于1时，须写出各位的“0”，小数点应采用圆点，并齐基准线注写，比如0.03。

◆长仿宋汉字、拉丁字母、阿拉伯数字与罗马数字的示例应符合现行国家标准《技术制图字体》（GB/T14691）的规定。

◆汉字的字高，不应小于3.5mm，手写汉字的字高则一般不小于5mm。

3 图线标准

室内制图的图线线宽b，宜从1.4、1.0、0.7、0.5、0.35、0.25、0.18、0.13mm线宽系列中选取。图线宽度不应小于0.1mm。每个图样，应根据复杂程度与比例大小，先选定基本线宽b，再选用中相应的线宽组。

表20-3 线宽组（单位：mm）

线宽比	线宽组			
b	1.4	1.0	0.7	0.5
0.7b	1.0	1.7	0.5	0.35
0.5b	0.7	0.5	0.35	0.25
0.25b	0.35	0.25	0.18	0.13

注：1.需要缩微的图纸，不宜采用0.18mm及更细的线宽。
2.同一张图纸内，各不同线宽中的细线，可统一采用较细的线宽组的细线。

室内制图可参考表20-4选用合适的图线。

表20-4 图线

名称		线型	线宽	一般用途
实线	粗		b	主要可见轮廓线
	中		0.5b	可见轮廓线
	细		0.25b	可见轮廓线、图例线
虚线	粗		b	见有关专业制图标准
	中		0.5b	不可见轮廓线
	细		0.25b	不可见轮廓线、图例线
单点画线	粗		b	见有关专业制图标准
	中		0.5b	见有关专业制图标准
	细		0.25b	中心线、对称线等
双点画线	粗		b	见有关专业制图标准
	中		0.5b	见有关专业制图标准
	细		0.25b	假想轮廓线、成型前原始轮廓线
折断线			0.25b	断开界线
波浪线			0.25b	断开界线

除了线型与线宽，室内制图对图线还有如下要求。

◆同一张图纸内，相同比例的各图样，应选用相同的线宽组。

◆相互平行的图例线，其净间隙或线中间隙不宜小于0.2mm。

◆虚线、单点长画线或双点长画线的线段长度和间隔，宜各自相等。

◆单点长画线或双点长画线，当在较小图形中绘制有困难时，可用实线代替。

◆单点长画线或双点长画线的两端，不应是点。点画线与点画线交接点或点画线与其他图线交接时，应是线段交接。

◆虚线与虚线交接或虚线与其他图线交接时，应是线段交接。虚线为实线的延长线时，不得与实线相接。

◆图线不得与文字、数字或符号重叠、混淆，不可避免时，应首先保证文字的清晰。

4 尺寸标注

绘制完成的图形仅能表达物体的形状，必须标注完整的尺寸数据并配以相关的文字说明，才能作为施工等工作的依据。

本节为用户介绍尺寸标注的知识，包括尺寸界线、尺寸线和尺寸起止符号的绘制，尺寸数字的标注规则和尺寸的排列与布置的要点。

尺寸界线、尺寸线及尺寸起止符号

标注在图样上的尺寸，包括尺寸界线、尺寸线、尺寸起止符号和尺寸数字，标注的结果如图 20-4 所示。

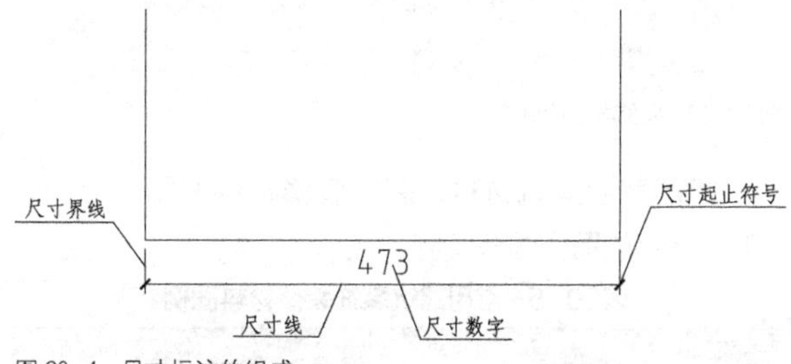

图 20-4 尺寸标注的组成

◆尺寸界线应用细实线绘制，一般应与被注长度垂直，其一端应离开图样轮廓线不小于 2mm，另一端宜超出尺寸线 2~3mm。图样轮廓线可用作尺寸线，如图 20-5 所示。

◆尺寸线应用细实线绘制，应与被注长度平行。图样本身的任何图线均不得用作尺寸线。

◆尺寸起止符号可用中粗短斜线来绘制，其倾斜方向应与尺寸界线成顺时针 45° 角，长度宜为 2~3mm；也可用黑色圆点绘制，其直径为 1mm。半径、直径、角度与弧长的尺寸起止符号，宜用箭头表示，如图 20-6 所示。

◆一般情况下，尺寸起止符号可用短斜线，也可用小圆点，圆弧的直径、半径等用箭头，轴测图中用小圆点。

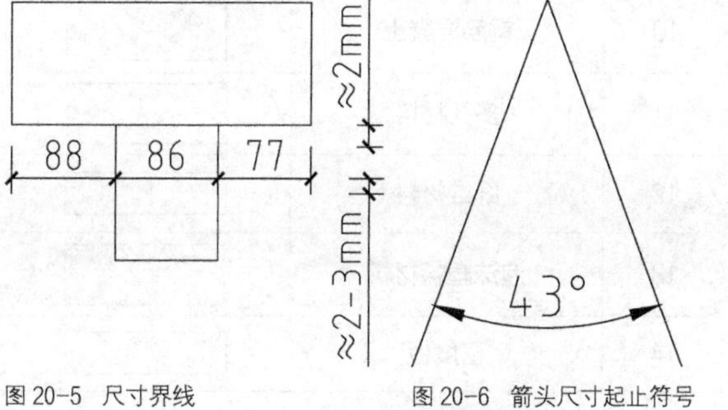

图 20-5 尺寸界线

图 20-6 箭头尺寸起止符号

尺寸数字

◆图样上的尺寸，应以尺寸数字为准，不得从图上直接截取。

◆图样上的尺寸单位，除标高及总平面图以米为单位之外，其他必须以毫米为单位。

◆尺寸数字的方向，应按如图 20-7（a）所示的规定注写。假如尺寸数字在填充斜线内，宜按照图 20-7（b）所示的形式来注写。

◆如图 20-7 所示，尺寸数字的注写方向和阅读方向规定为：当尺寸线为竖直时，尺寸数字注写在尺寸线的左侧，字头朝左；其他任何方向，尺寸数字字头应保持向上，且注写在尺寸线的上方，如果在填充斜线内注写时，容易引起误解，所以建议采用图 20-7（b）所示两种水平注写方式。

◆图 20-7（a）中斜线区内尺寸数字注写方式为软件默认方式，图 20-7（b）所示注写方式比较适合手绘操作，因此，制图标准中将图 20-7（a）的注写方式定位首选方案。

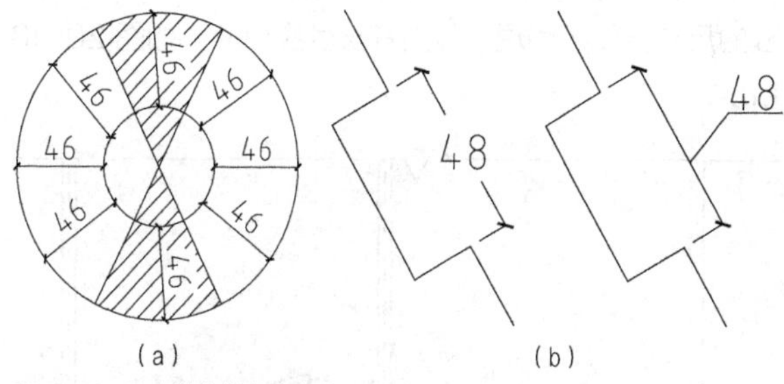

图 20-7 尺寸数字的标注方向

◆尺寸数字一般应依据其方向注写在靠近尺寸线的上方中部。如注写位置相对密集，没有足够的注写位置，最外边的尺寸数字可注写在尺寸界线的外侧，中间相邻的尺寸数字可上下错开注写在离该尺寸线较近处，如图 20-8 所示。

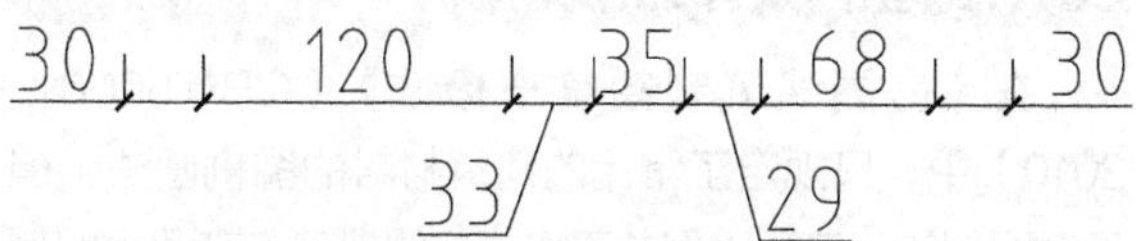

图 20-8 尺寸数字的注写位置

尺寸的排列与布置

◆尺寸分为总尺寸、定位尺寸、细部尺寸 3 种。绘图时，应根据设计深度和图纸用途确定所需注写的尺寸。

◆尺寸标注应该清晰，不应该与图线、文字及符号等相交或重叠，如图 20-9（a）所示。

◆图样轮廓线以外的尺寸界线，距图样最外轮廓之间的距离，不宜小于 10mm。平行排列的尺寸线的间距，宜为 7~10mm，并应保持一致，如图 20-9（a）所示。

◆假如尺寸标注在图样轮廓内，且图样内已绘制了填充图案后，尺寸数字处的填充图案应断开，另外图样轮廓线也可用作尺寸界线，如图 20-9（b）所示。

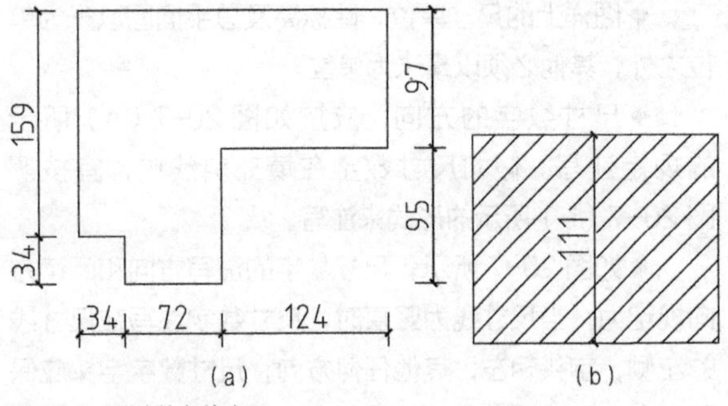

图 20-9 尺寸数字的注写

◆尺寸宜标注在图样轮廓线以外，当需要标注在图样内时，不应与图线文字及符号等相交或重叠。

◆互相平行的尺寸线，应从被注写的图样轮廓线由近向远整齐排列，较小的尺寸应离轮廓线较近，较大尺寸应离轮廓线较远，如图 20-10 所示。

◆总尺寸的尺寸界线应靠近所指部位，中间的分尺寸的尺寸界线可稍短，但是其长度应相等，如图 20-10 所示。

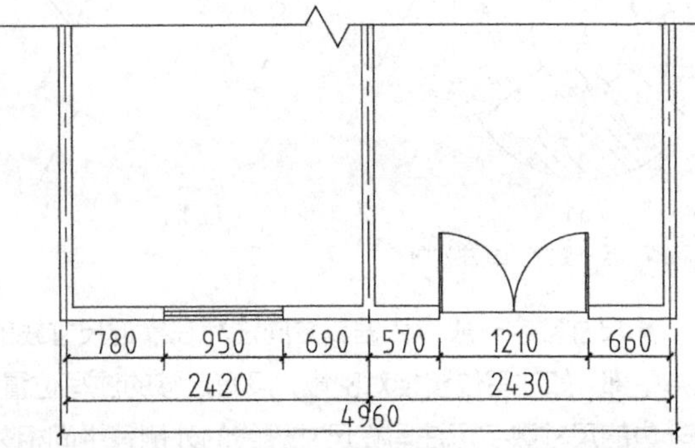

图 20-10 尺寸的排列

20.1.2 室内设计的常见图例

在《房屋建筑制图统一标准》（GB/T50001-2010）中，只规定了常用的建筑材料的图例画法，但是对图例的尺度和比例并不作具体的规定。在调用图例的时候，要根据图样的大小而定，且应符合下列的规定。

◆图线应间隔均匀，疏密适度，做到图例正确，并且表示清楚。

◆不同品种的同类材料在使用同一图例的时候，要在图上附加必要的说明。

◆相同的两个图例相接时，图例线要错开或者使其填充方向相反，如图 20-11 所示。

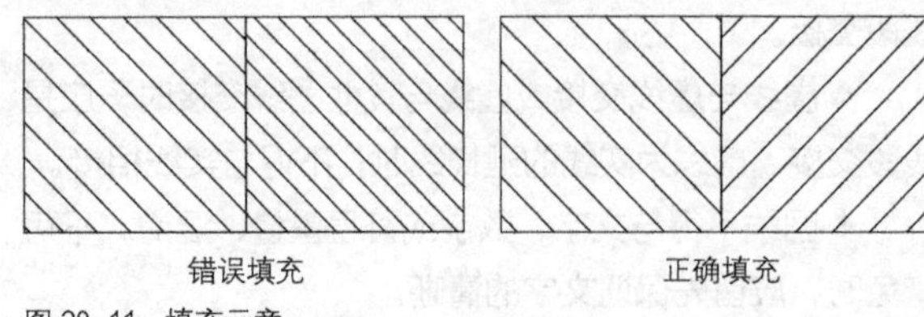

图 20-11 填充示意

出现以下情况时，可以不加图例，但是应该加文字说明。

◆当一张图纸内的图样只用一种图例时。

◆图形较小且无法画出建筑材料图例时。

当需要绘制的建筑材料图例面积过大的时候，在断面轮廓线内沿轮廓线作局部表示也可以，如图 20-12 所示。

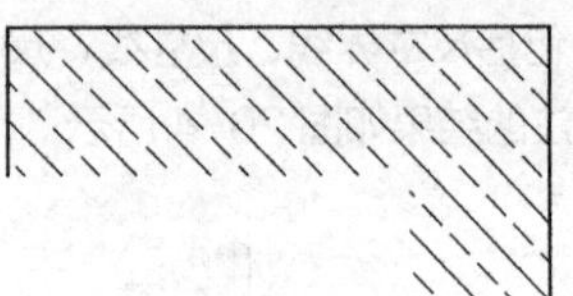

图 20-12 局部表示图例

常用房屋建筑材料、装饰装修材料的图例应按表 20-5 所示的图例画法绘制。

表20-5 常用建筑装饰装修材料图例

序号	名称	图例
1	夯实土壤	
2	砂砾石、碎砖三合土	
3	石材	
4	毛石	
5	普通砖	
6	轻质砌块砖	
7	轻钢龙骨板材隔墙	
8	饰面砖	
9	混凝土	
10	钢筋混凝土	
11	多孔材料	
12	纤维材料	
13	泡沫塑料材料	
14	密度板	

（续表）

序号	名称	图例
15	实木	垫木、木砖或木龙骨 横断面 纵断面
16	胶合板	
17	多层板	
18	木工板	
19	石膏板	
20	金属	
21	液体	
22	玻璃砖	
23	普通玻璃	
24	橡胶	
25	塑料	
26	地毯	
27	防水材料	
28	粉刷	
29	窗帘	
30	砂、灰土	
31	胶黏剂	

20.2 室内设计图的内容

室内设计工程图是按照装饰设计方案确定的空间尺度、构造做法、材料选用、施工工艺等，遵照建筑及装饰设计规范所规定的要求编制的用于指导装饰施工生产的技术性文件；同时也是进行造价管理、工程监理等工作的重要技术性文件。

一套完整的室内设计工程图包括施工图和效果图。效果图是通过 PS 等图像编辑软件对现有图纸进行美化后的结果，对设计、施工意义不大；而 AutoCAD 则主要用来绘制施工图，施工图又可以分为平面布置图、地面布置图（地材图）、顶面布置图（顶棚图）、立面图、剖面图、详图等。本节主要介绍各类室内设计图纸的组成和绘制方法。

20.2.1 平面布置图

平面布置图是室内设计工程图的主要图样，是根据装饰设计原理、人体工程学以及业主的需求画出的用于反映建筑平面布局、装饰空间及功能区域的划分、家具设备的布置、绿化及陈设的布局等内容的图样，是确定装饰空间平面尺度及装饰形体定位的主要依据。

平面布置图是假想用一个水平剖切平面，沿着每层的门窗洞口位置进行水平剖切，移去剖切平面以上的部分，对以下部分所作的水平正投影图。平面布置图其实是一种水平剖面图，绘制平面布置图时，首先要确定平面图的基本内容。

◆绘制定位轴线，以确定墙柱的具体位置，各功能分区与名称、门窗的位置和编号、门的开启方向等。

◆确定室内地面的标高。

◆确定室内固定家具、活动家具、家用电器的位置。

◆确定装饰陈设、绿化美化等位置及绘制图例符号。

◆绘制室内立面图的内视投影符号，按顺时针从上至下载圆圈中编号。

◆确定室内现场制作家具的定形、定位尺寸。

◆绘制索引符号、图名及必要的文字说明等。

◆图 20-13 所示为绘制完成的三居室平面布置图。

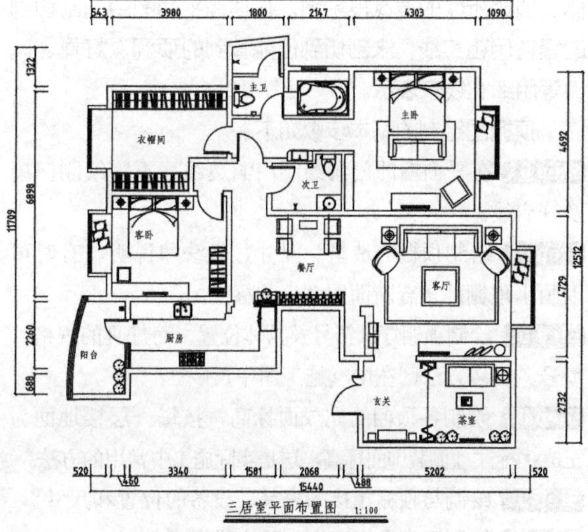

图 20-13　平面布置图

20.2.2 地面布置图

地面布置图又称地材图。同平面布置图的形成一样，有区别的是地面布置图不需要绘制家具及绿化等布置，只需画出地面的装饰分格，标注地面材质、尺寸和颜色、地面标高等。地面布置图绘制的基本顺序如下。

Step 01 地面布置图中，应包含平面布置图的基本内容。

Step 02 根据室内地面材料的选用、颜色与分格尺寸，绘制地面铺装的填充图案，并确定地面标高等。

Step 03 绘制地面的拼花造型。

Step 04 绘制索引符号、图名及必要的文字说明等。

图 20-14 所示为绘制完成的三居室地面布置图。

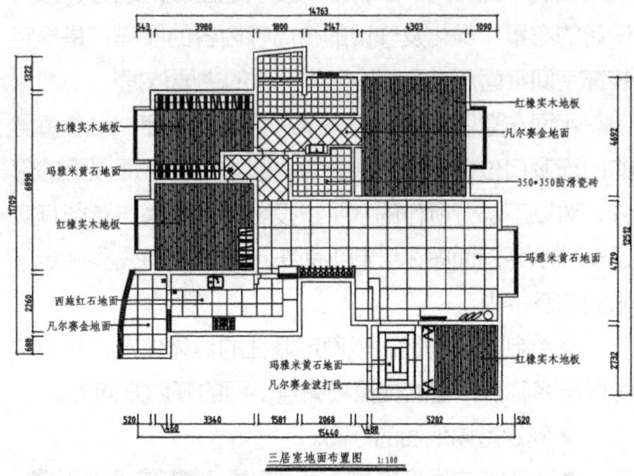

图 20-14 地面布置图

20.2.3 顶棚平面图

顶棚平面图简称顶棚图。是以镜像投影法画出反映顶棚平面形状、灯具位置、材料选用、尺寸标高及构造做法等内容的水平镜像投影图，也是装饰施工图的主要图样之一。还是假想以一个水平剖切平面沿顶棚下方门窗洞口的位置进行剖切，移去下面部分后，对上面的墙体、顶棚所作的镜像投影图。在顶棚平面图中，剖切到的墙柱用粗实线，未剖切到但能看到的顶棚、灯具、风口等用细实线来表示。

顶棚图绘制的基本步骤如下。

Step 01 在平面图的门洞绘制门洞边线，不需绘制门扇及开启线。

Step 02 绘制顶棚的造型、尺寸、做法和说明，有时可以画出顶棚的重合断面图并标注标高。

Step 03 绘制顶棚灯具符号及具体位置，而灯具的规格、型号、安装方法则在电气施工图中反映。

Step 04 绘制各顶棚的完成面标高，按每一层楼地面为±0.000标注顶棚装饰面标高，这是实际施工中常用的方法。

Step 05 绘制与顶棚相接的家具、设备的位置和尺寸。

Step 06 绘制窗帘及窗帘盒、窗帘帷幕板等。

Step 07 确定空调送风口位置、消防自动报警系统以及与吊顶有关的音频设备的平面位置及安装位置。

Step 08 绘制索引符号、图名及必要的文字说明等。

图 20-15 所示为绘制完成的三居室顶面布置图。

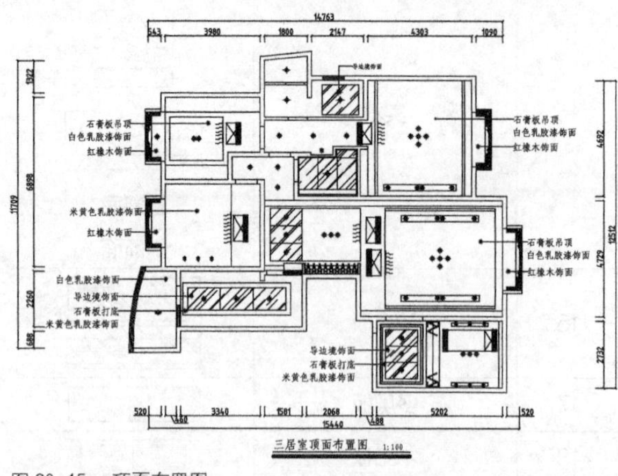

图 20-15 顶面布置图

20.2.4 立面图

立面图是将房屋的室内墙面按内视投影符号的指向，向直立投影面所作的正投影图。用于反映室内空间垂直方向的装饰设计形式、尺寸与做法、材料与色彩的选用等内容，是装饰施工图中的主要图样之一，也是确定墙面做法的依据。房屋室内立面图的名称，应根据平面布置图中内视投影符号的编号或字母确定，比如②立面图、B 立面图。

立面图应包括投影方向可见的室内轮廓线和装饰构造、门窗、构配件、墙面做法、固定家具、灯具等内容及必要的尺寸和标高，并需表达非固定家具、装饰构件等情况。绘制立面图的主要步骤如下。

Step 01 绘制立面轮廓线，顶棚有吊顶时要绘制吊顶、叠级、灯槽等剖切轮廓线，使用粗实线表示，墙面与吊顶的收口形式，可见灯具投影图等也需要绘制。

Step 02 绘制墙面装饰造型及陈设，比如壁挂、工艺品等，门窗造型及分格、墙面灯具、暖气罩等装饰内容。

Step 03 绘制装饰选材、立面的尺寸标高及做法说明。

Step 04 绘制附墙的固定家具及造型。

Step 05 绘制索引符号、图名及必要的文字说明等。

图 20-16 所示为绘制完成的三居室电视背景墙立面布置图。

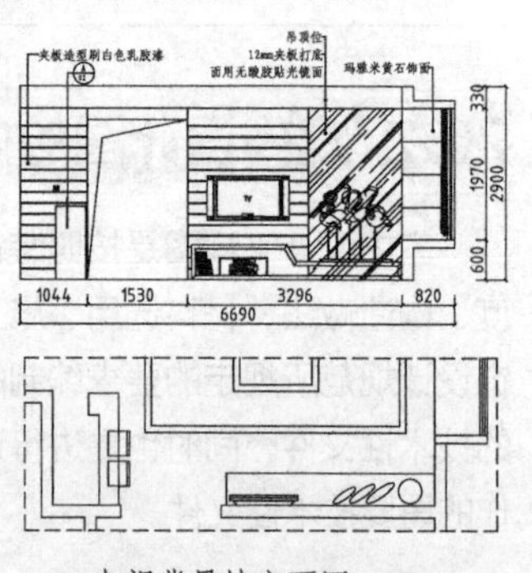

图 20-16 立面图

20.2.5 剖面图

剖面图是指假想将建筑物剖开，使其内部构造显露出来；让看不见的形体部分变成看得见的部分，然后用实线画出这些内部构造的投影图。

绘制剖面图的操作如下。

Step 01 选定比例、图幅。

Step 02 绘制地面、顶面、墙面的轮廓线。

Step 03 绘制被剖切物体的构造层次。

Step 04 标注尺寸。

Step 05 绘制索引符号、图名及必要的文字说明等。

图 20-17 所示为绘制完成的顶棚剖面图。

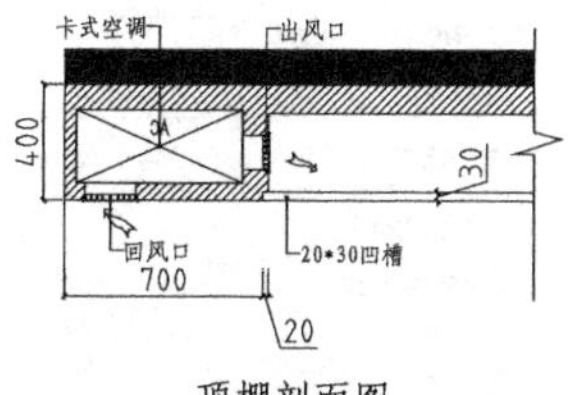

图 20-17　剖面图

20.2.6 详图

详图又称大样图，它的图示内容主要包括：装饰形体的建筑做法、造型样式、材料选用、尺寸标高；所依附的建筑结构材料、连接做法，比如钢筋混凝土与木龙骨、轻钢及型钢龙骨等内部龙骨架的连接图示（剖面或者断面图），选用标准图时应加索引；装饰体基层板材的图示（剖面或者断面图），如石膏板、木工板、多层夹板、密度板、水泥压力板等用于找平的构造层次；装饰面层、胶缝及线角的图示（剖面或者断面图），复杂线角及造型等还应绘制大样图；色彩及做法说明、工艺要求等；索引符号、图名、比例等。

绘制装饰详图的一般步骤如下。

Step 01 选定比例、图幅。

Step 02 画墙（柱）的结构轮廓

Step 03 画出门套、门扇等装饰形体轮廓。

Step 04 详细绘制各部位的构造层次及材料图例。

Step 05 标注尺寸。

Step 06 绘制索引符号、图名及必要的文字说明等。

图 20-18 所示为绘制完成的酒柜节点大样图。

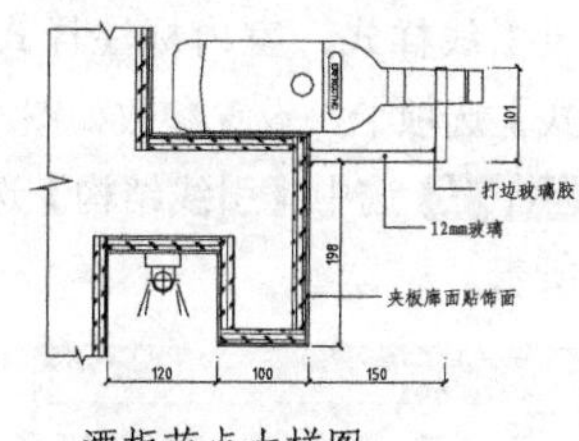

图 20-18　详图

20.3 创建室内设计制图样板

为了避免绘制每一张施工图都重复地设置图层、线型、文字样式和标注样式等内容，我们可以预先将这些相同部分一次性设置好，然后将其保存为样板文件。创建样板文件后，在绘制施工图时，就可以在该样板文件基础上创建图形文件，从而加快绘图速度，提高工作效率。本章所有实例皆基于该模板。

1 设置绘图环境

Step 01 单击快速访问工具栏中的【新建】按钮，新建图形文件。

Step 02 在命令行中输入“UN”命令，打开【图形单位】对话框。【长度】选项组用于设置线性尺寸类型和精度，这里设置【类型】为【小数】，【精度】为0。

Step 03 【角度】选项组用于设置角度的类型和精度。这里取消【顺时针】复选框勾选，设置角度【类型】为【十进制度数】，精度为0。

Step 04 在【插入时的缩放单位】选项组中选择【用于缩放插入内容的单位】为【毫米】，这样当调用非毫米单位的图形时，图形能够自动根据单位比例进行缩放。最后单击【确定】关闭对话框，完成单位设置，如图20-19所示。

Step 05 单击【图层】面板中的【图层特性管理器】按钮，设置图层，如图20-20所示。

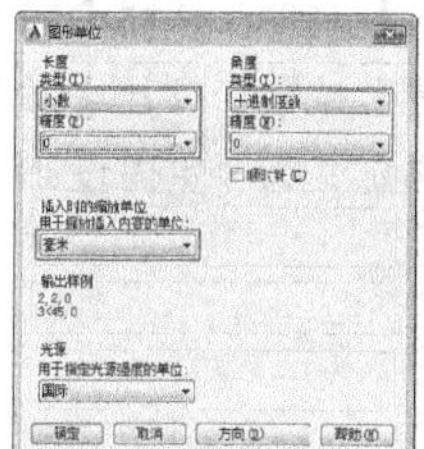

图 20-19　设置单位

图 20-20　设置图层

Step 06 调用LIMITS【图形界限】命令，设置图形界限。命令行提示如下。

```
命令: LIMIts                              //调用【图形界限】命令
重新设置模型空间界限:
指定左下角点或 [开(ON)/关(OFF)] <0.0,0.0>:↙
                                          //按回车键确定
指定右上角点 <420.0,297.0>: 42000,29700↙
                                          //指定界限后，按回车键确定
```

2 设置文字样式

Step 07 择【格式】|【文字样式】命令，打开【文字样式】对话框，单击【新建】按钮，打开【新建文字样式】对话框，样式名定义为“图内文字”，如图20-21所示。

Step 08 在【字体】下拉框中选择字体【gbenor.shx】，勾选【使用大字体】选项，并在【大字体】下拉框中选择字体【gbcbig.shx】，在【高度】文本框中输入350，【宽度因子】文本框中输入0.7，单击【应用】按钮，完成该样式的设置，如图20-22所示。

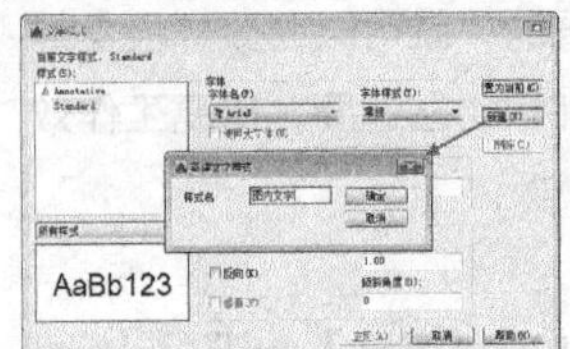

图 20-21 文字样式名称的定义

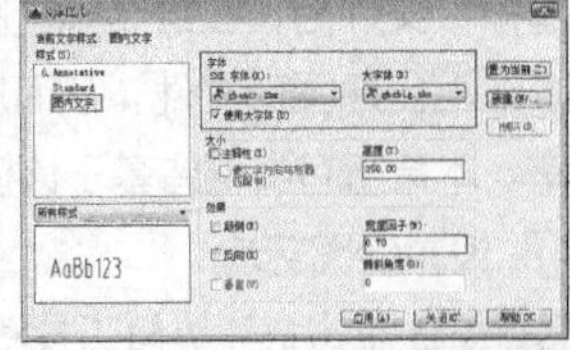

图 20-22 设置“图内文字”文字样式

Step 09 重复前面的步骤，建立如表20-6所示各种文字样式。

表20-6 文字样式

文字样式名	打印到图纸上的文字高度	图形文字高度（文字样式高度）	宽度因子	字体丨大字体
图内文字	3.5	350		gbenor.shx; gbcbig.shx
图名	5	500	1	gbenor.shx; gbcbig.shx
尺寸文字	3.5	0		gbenor.shx

3 设置标注样式

Step 10 选择【格式】|【标注样式】命令，打开【标注样式管理器】对话框，单击【新建】按钮，打开【创建新标注样式】对话框，新建样式名定义为“室内设计标注”，如图20-23所示。

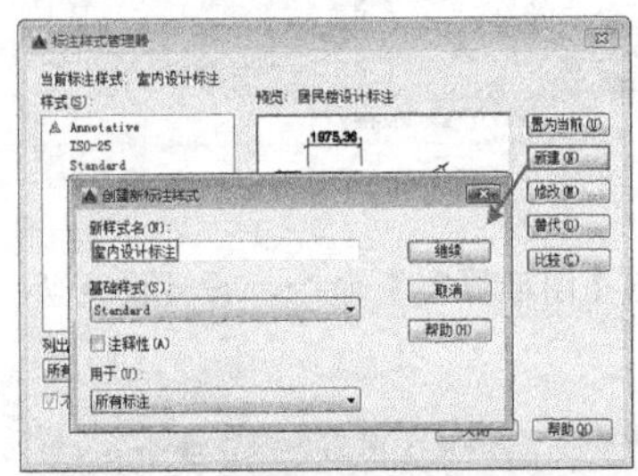

图 20-23 定义标注样式的名称

Step 11 单击【继续】按钮，进入【新建标注样式】对话框，分别在各选项卡中设置相应的参数，其设置后的效果如表20-7所示。

表20-7 标注样式的参数设置

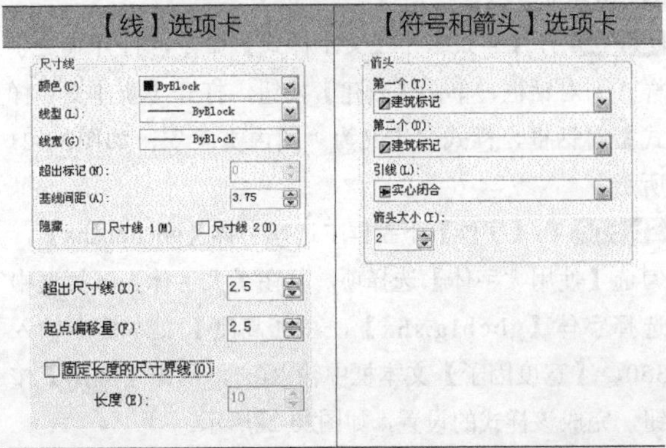

【线】选项卡	【符号和箭头】选项卡
尺寸线 颜色(C): ByBlock 线型(L): ByBlock 线宽(G): ByBlock 超出标记(N): 0 基线间距(A): 3.75 隐藏: 尺寸线 1(M) 尺寸线 2(D) 超出尺寸线(X): 2.5 起点偏移量(F): 2.5 固定长度的尺寸界线(O) 长度(E): 10	箭头 第一个(T): 建筑标记 第二个(D): 建筑标记 引线(L): 实心闭合 箭头大小(I): 2

（续表）

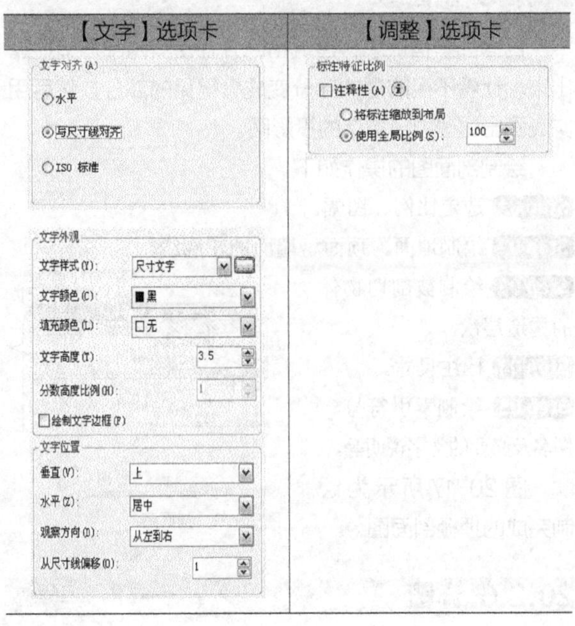

【文字】选项卡	【调整】选项卡
文字对齐(A) 水平 与尺寸线对齐 ISO 标准 文字外观 文字样式(Y): 尺寸文字 文字颜色(C): 黑 填充颜色(L): 无 文字高度(T): 3.5 分数高度比例(H): 1 绘制文字边框(F) 文字位置 垂直(V): 上 水平(Z): 居中 观察方向(D): 从左到右 从尺寸线偏移(O): 1	标注特征比例 注释性(A) 将标注缩放到布局 使用全局比例(S): 100

4 设置引线样式

Step 12 执行【格式】|【多重引线样式】命令，打开【多重引线样式管理器】对话框，结果如图20-24所示。

Step 13 在对话框中单击【新建】按钮，弹出【创建新多重引线】对话框，设置新样式名为“室内标注样式”，如图20-25所示。

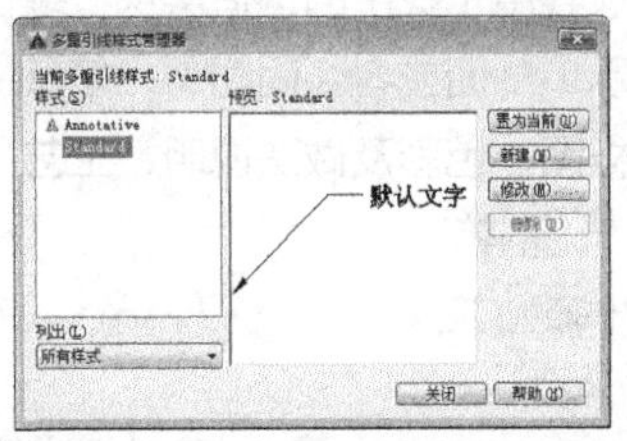

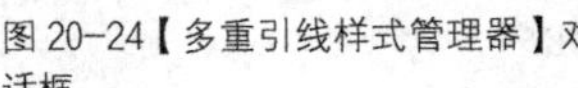
图 20-24【多重引线样式管理器】对话框

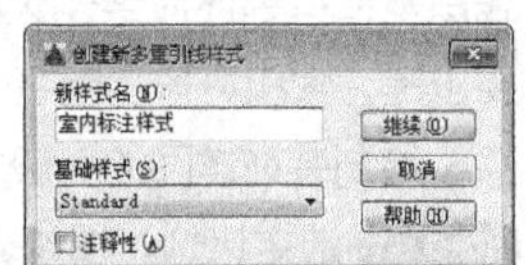

图 20-25【创建新多重引线样式】对话框

Step 14 在对话框中单击【继续】按钮，弹出【修改多重引线样式：室内标注样式】对话框；选择【引线格式】选项卡，设置参数如图20-26所示。

Step 15 选中【引线结构】选项卡，设置参数如图20-27所示。

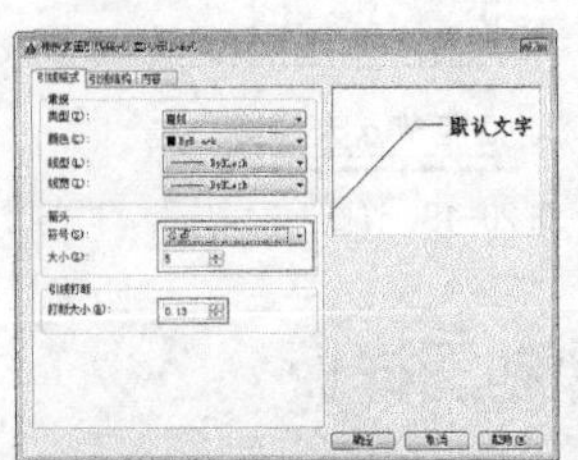

图 20-26【修改多重引线样式：室内标注样式】对话框

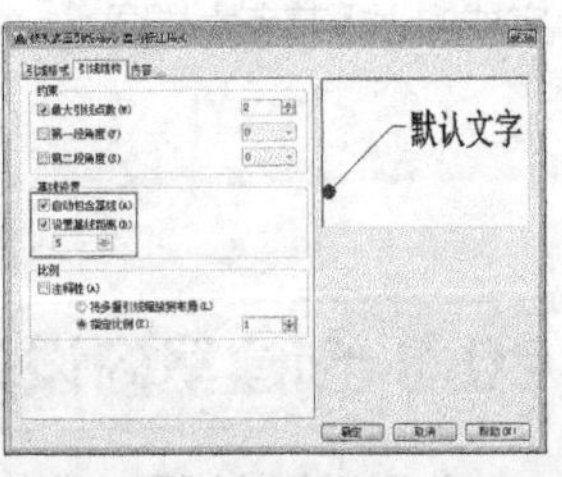

图 20-27【引线结构】选项卡

Step 16 选择【内容】选项卡，设置参数如图20-28所示。

Step 17 单击【确定】按钮，关闭【修改多重引线样式：室内标注样式】对话框；返回【多重引线样式管理器】对话框，将【室内标注样式】置为当前，单击【关闭】按钮，关闭【多重引线样式管理器】对话框。

Step 18 多重引线的创建结果如图20-29所示。

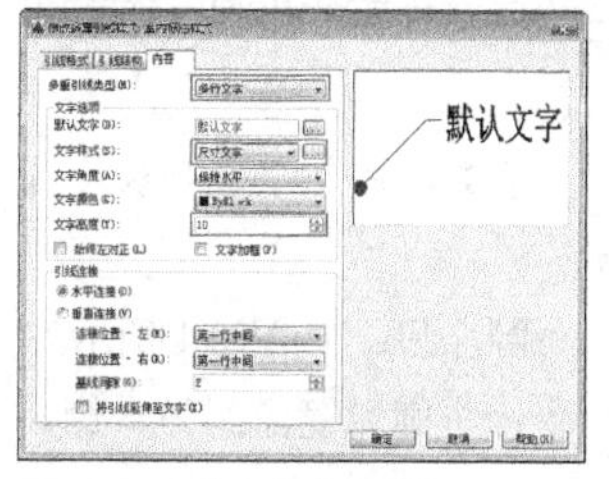

图 20-28 【内容】选项卡

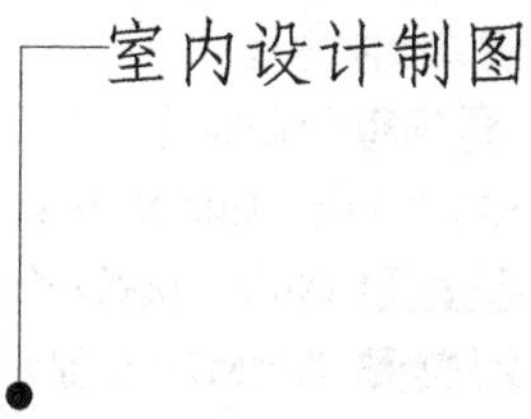

图 20-29 创建结果

5 保存为样板文件

Step 19 选择【文件】|【另存为】命令，打开【图形另存为】对话框，保存为“第20章\室内制图样板.dwt”文件。

20.4 绘制室内装潢常用图例

室内制图的常用图例有钢琴、洗衣机、座椅、欧式门、矮柜，其尺寸应根据空间的尺度来把握与安排。下面我们就分别对其绘制方法进行讲解。

20.4.1 绘制钢琴

本实例介绍钢琴的绘制方法，主要调用【矩形】、【偏移】、【填充】等命令。

Step 01 调用REC（矩形）命令，分别绘制尺寸为1575×356、1524×305的矩形，如图20-30所示。

Step 02 调用L（直线）命令，绘制直线。调用REC（矩形）命令，绘制尺寸为914×50的矩形，如图20-31所示。

图 20-30 绘制矩形

图 20-31 绘制结果

Step 03 调用REC（矩形）命令，绘制尺寸为1408×127的矩形。调用X（分解）命令，分解矩形。

Step 04 执行【绘图】|【点】|【定距等分】菜单命令，选取矩形的上边为等分对象，指定等分距离为44。调用L（直线）命令，根据等分点绘制直线，结果如图20-32所示。

图 20-32 绘制直线

Step 05 调用REC（矩形）命令，绘制尺寸为38×76的矩形。

Step 06 调用H（填充）命令，在弹出的【图案填充和渐变色】对话框中设置参数，如图20-33所示。单击【添加：拾取点】按钮，拾取尺寸为38×76的矩形为填充区域，结果如图20-34所示。选择M（移动）命令，将琴键放置到合适的位置。

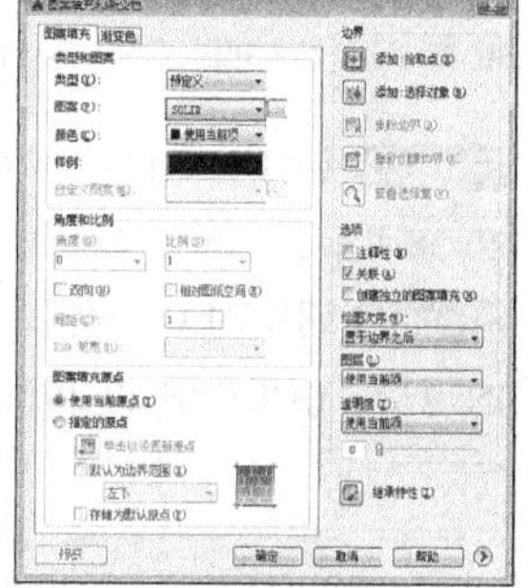

图 20-33 设置参数

图 20-34 填充结果

Step 07 调用REC（矩形）命令，绘制尺寸为914×390的矩形。调用SPL（样条曲线）命令，绘制曲线，完成座椅的绘制。钢琴的绘制结果如图20-35所示。

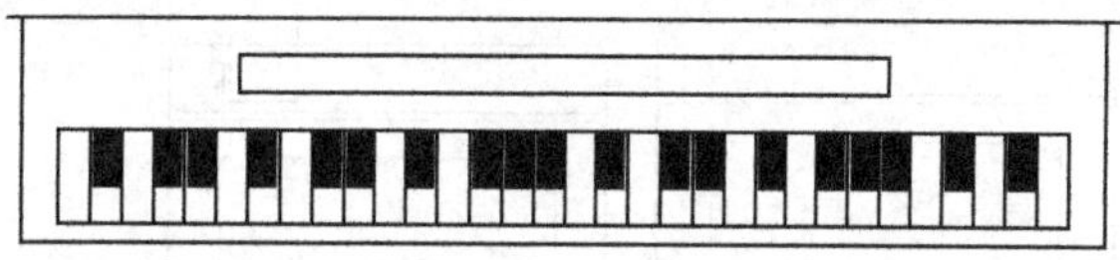

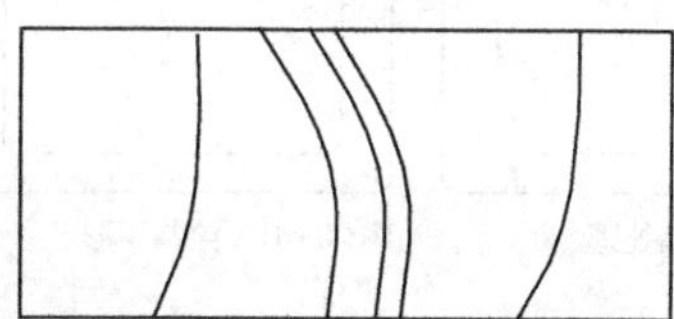

图 20-35 钢琴最终效果

20.4.2 绘制洗衣机图块

洗衣机可以减少人们的劳动量，一般放置在阳台或者卫生间。洗衣机图形主要调用【矩形】命令、【圆角】命令、【圆形】命令来绘制。

Step 01 绘制洗衣机外轮廓。调用REC（矩形）命令，绘制矩形，结果如图 20-36所示。

Step 02 调用F（圆角）命令，设置圆角半径为19，对绘制完成的图形进行圆角处理，结果如图 20-37所示。

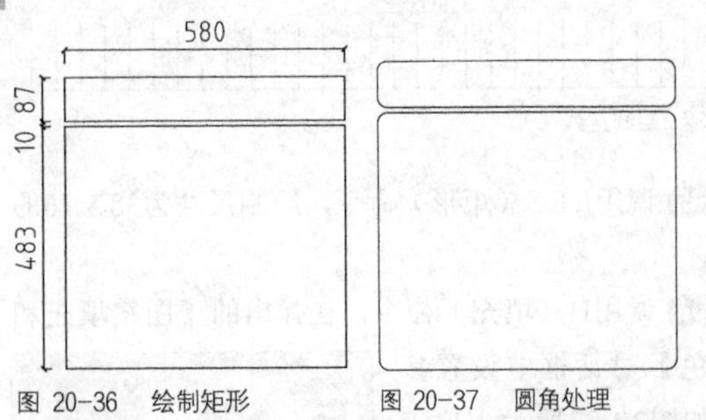

图 20-36 绘制矩形 图 20-37 圆角处理

Step 03 调用L（直线）命令，绘制直线，结果如图20-38所示。

Step 04 调用REC（矩形）命令，绘制尺寸为444×386的矩形，结果如图 20-39所示。

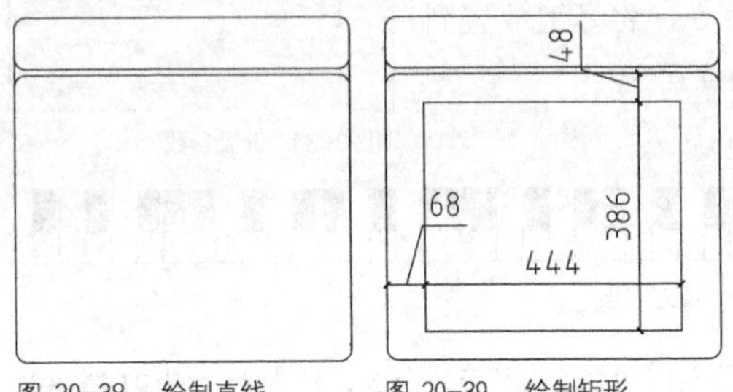

图 20-38 绘制直线 图 20-39 绘制矩形

Step 05 调用F（圆角）命令，设置圆角半径为19，对绘制完成的图形进行圆角处理，结果如图20-40所示。

Step 06 绘制液晶显示屏。调用REC（矩形）命令，绘制矩形，结果如图20-41所示。

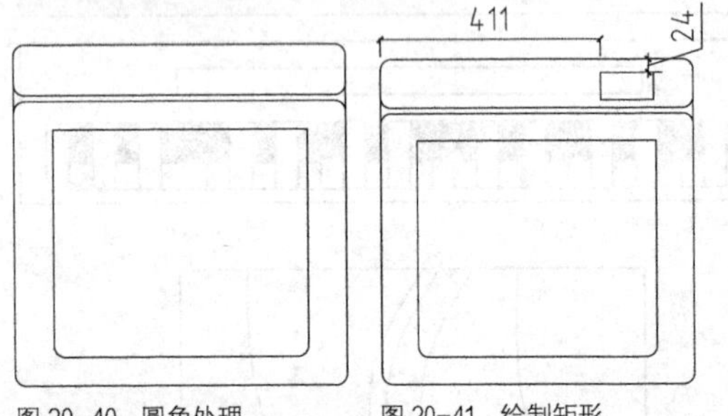

图 20-40 圆角处理 图 20-41 绘制矩形

Step 07 绘制按钮。调用C（圆）命令，绘制半径为12的圆形，结果如图20-42所示。

Step 08 调用L（直线）命令，绘制直线，结果如图20-43所示。

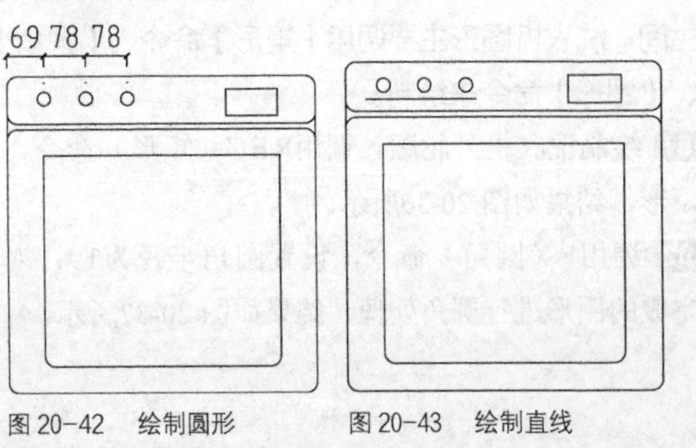

图 20-42 绘制圆形 图 20-43 绘制直线

Step 09 创建成块。调用B（块）命令，打开【块定义】对话框；框选绘制完成的洗衣机图形，设置图形名称，单击【确定】按钮，即可将图形创建成块，方便以后调用。

20.4.3 绘制座椅

座椅是一种有靠背、有的还有扶手的坐具，下面讲解其绘制方法。

Step 01 绘制靠背。调用L（直线）命令，绘制长度为550的线段，如图20-44所示。

Step 02 调用A（圆弧）命令，绘制圆弧，如图20-45所示。

Step 03 调用MI（镜像）命令，将圆弧镜像到另一侧，如图20-46所示。

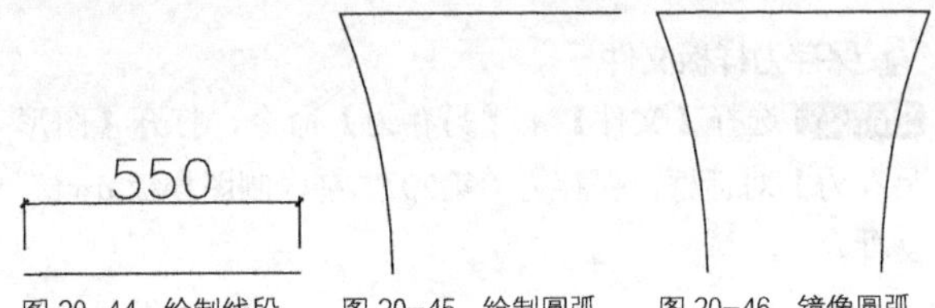

图 20-44 绘制线段 图 20-45 绘制圆弧 图 20-46 镜像圆弧

Step 04 调用O（偏移）命令，将线段和圆弧向内偏移50，并对线段进行调整，如图20-47所示。

Step 05 调用L（直线）命令和O（偏移）命令，绘制线段，如图20-48所示。

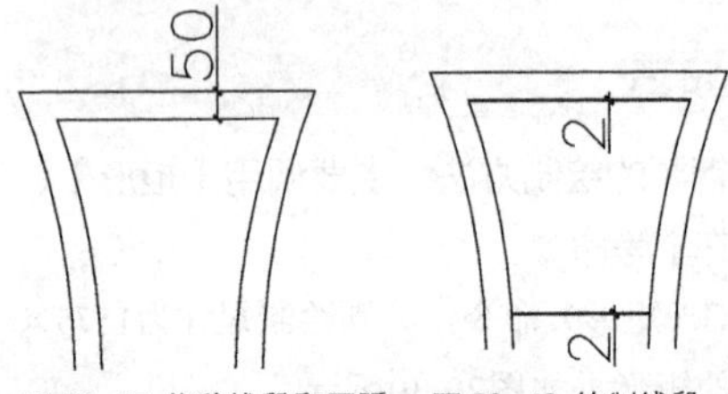

图 20-47 偏移线段和圆弧 图 20-48 绘制线段

Step 06 绘制坐垫。调用REC（矩形）命令，绘制尺寸为615×100的矩形，如图20-49所示。

Step 07 调用F（圆角）命令，对矩形进行圆角，圆角半径为40，如图20-50所示。

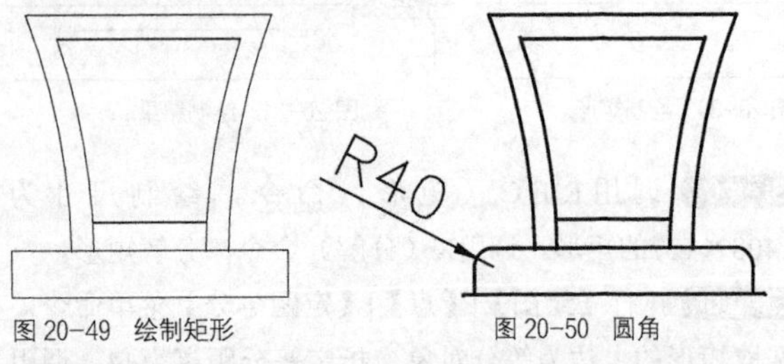

图 20-49 绘制矩形 图 20-50 圆角

Step 08 调用H（填充）命令，在靠背和坐垫区域填充CROSS图案，填充参数设置和效果如图20-51所示。

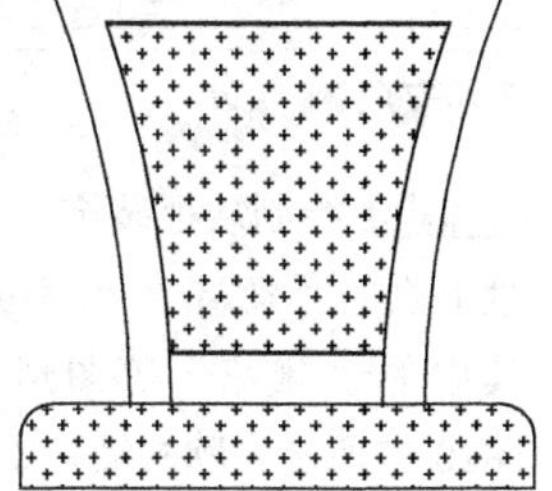

图 20-51 填充参数设置和效果

Step 09 绘制椅脚。调用PL（多段线）命令、A（圆弧）命令和L（直线）命令，绘制椅脚，如图20-52所示。

Step 10 调用MI（镜像）命令，将椅脚镜像到另一侧，如图20-53所示。

Step 11 调用L（直线）命令和O（偏移）命令，绘制线段，如图20-54所示，完成座椅的绘制。

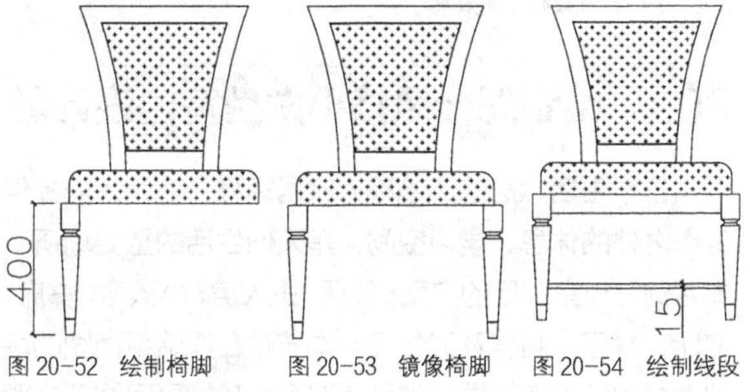

图 20-52 绘制椅脚　图 20-53 镜像椅脚　图 20-54 绘制线段

20.4.4 绘制欧式门

门是建筑制图中最常用的图元之一，它大致可以分为平开门、折叠门、推拉门、推杠门、旋转门和卷帘门等，其中，平开门最为常见。门的名称代号用M表示，在门立面图中，开启线实线为外开，虚线为内开，具体形式应根据实际情况绘制。

Step 01 绘制门套。调用REC（矩形）命令绘制一个大小为1400×2350的矩形，如图20-55所示。

Step 02 调用O（偏移）命令，将矩形依次向内偏移40、20、40，并删除和延伸线段，对其进行调整，结果如图20-56所示。

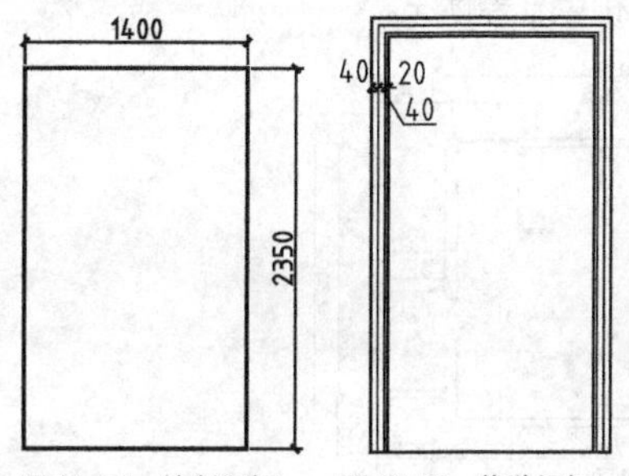

图 20-55 绘制门框　图 20-56 偏移门框

Step 03 绘制踢脚线。调用O（偏移）命令，将底线向上偏移200，结果如图20-57所示。

Step 04 绘制门装饰图纹。调用REC（矩形）命令，绘制大小为400×922的矩形，如图20-58所示。

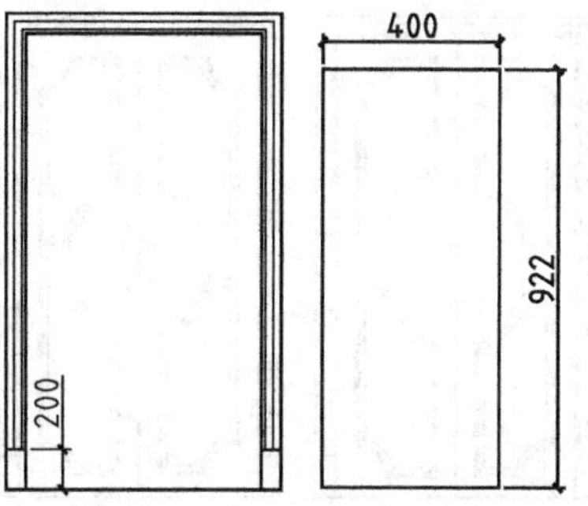

图 20-57 绘制踢脚线　图 20-58 绘制装饰图纹轮廓

Step 05 调用ARC（圆弧）命令，分别绘制半径为150、350的圆弧，并修剪多余的线段，结果如图20-59和图20-60所示。

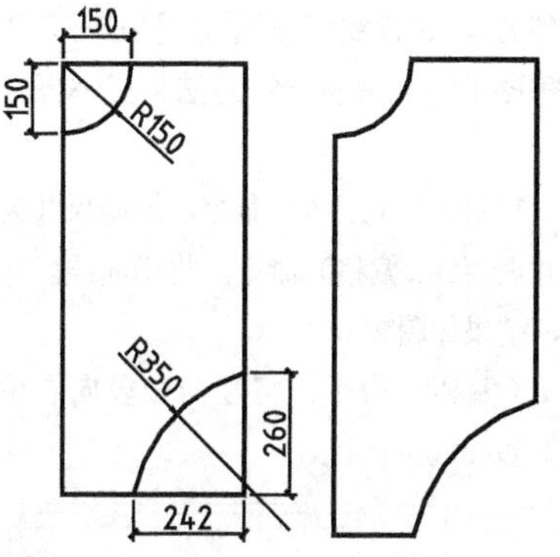

图 20-59 细化图纹　图 20-60 修剪图纹

Step 06 调用O（偏移）命令，将门装饰框图纹依次向内偏移15、30，并用L（直线）、EX（延伸）、TR（修剪）命令完善图形，门装饰图纹绘制结果如图20-61所示。

Step 07 调用REC（矩形）、C（圆）命令，绘制门把手，如图20-62所示。

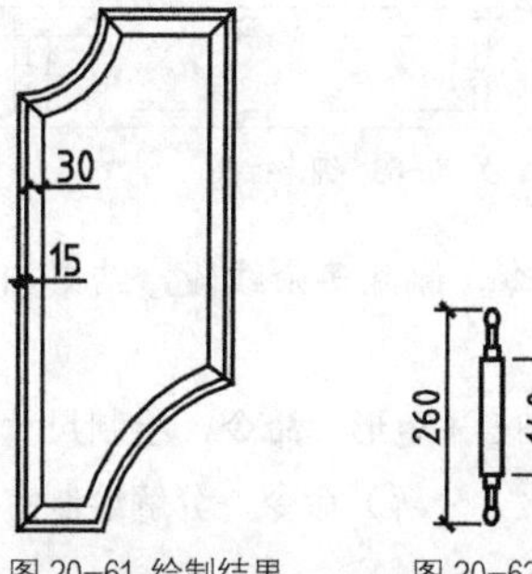

图 20-61 绘制结果　图 20-62 绘制门把手

Step 08 完善门。调用M（移动）命令，将装饰图纹移动至合适位置，并用L（直线）命令分割出门扇，结果如图 20-63所示。

Step 09 调用MI（镜像）命令，镜像装饰纹图形，完善门，如图 20-64所示。

Step 10 调用M（移动）命令，将门把手移动至合适位置，结果如图 20-65所示。

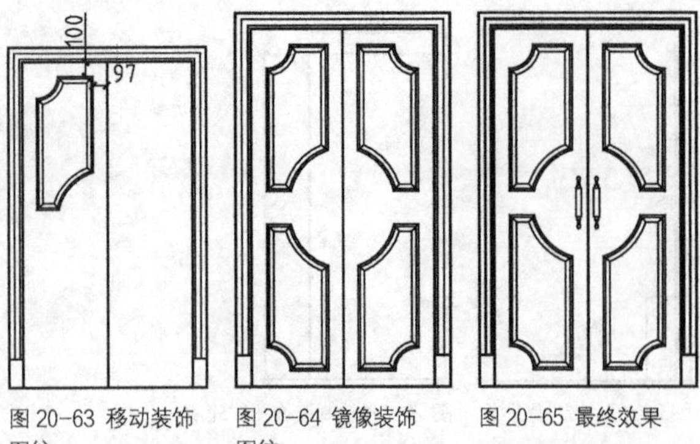

图 20-63 移动装饰图纹　图 20-64 镜像装饰图纹　图 20-65 最终效果

20.4.5 绘制矮柜

矮柜是指收藏衣物、文件等用的器具，方形或长方形，一般为木制或铁制。本节我们以绘制图 20-72 所示矮柜为例，来了解矮柜的构造及绘制方法，具体操作步骤如下。

Step 01 绘制柜头。调用REC（矩形）命令，绘制尺寸为1519×354的矩形。并调用O（偏移）命令，将横向线段向下偏移34、51、218，结果如图20-66所示。

Step 02 重复调用O（偏移）命令，将竖向线段向右偏移42、43、58，结果如图20-67所示。

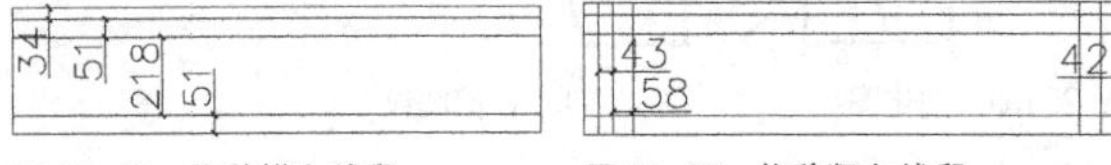

图 20-66 偏移横向线段　图 20-67 偏移竖向线段

Step 03 调用TR（修剪）命令，修剪多余线段，结果如图20-68所示。

Step 04 细化柜头。调用ARC（圆弧）命令，绘制圆弧，结果如图20-69所示。

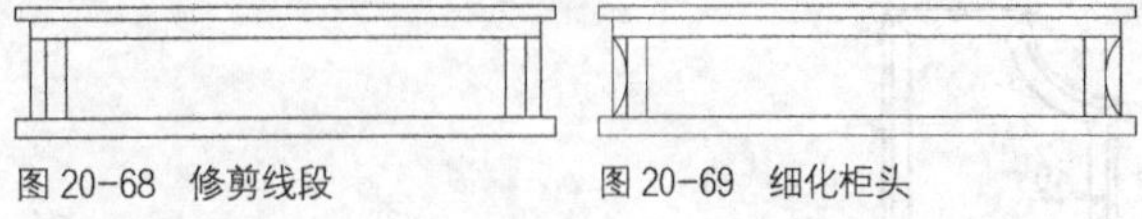

图 20-68 修剪线段　图 20-69 细化柜头

Step 05 调用E（删除）命令，删除多余线段，结果如图20-70所示。

Step 06 绘制柜体。调用REC（矩形）命令，绘制尺寸为1326×633的矩形。调用X（分解）命令，分解绘制完成的矩形。

Step 07 调用O（偏移）命令，将线段向下偏移219、51、219、60、20，向左偏移47。调用TR（修剪）命令，修剪多余线段，结果如图20-71所示。

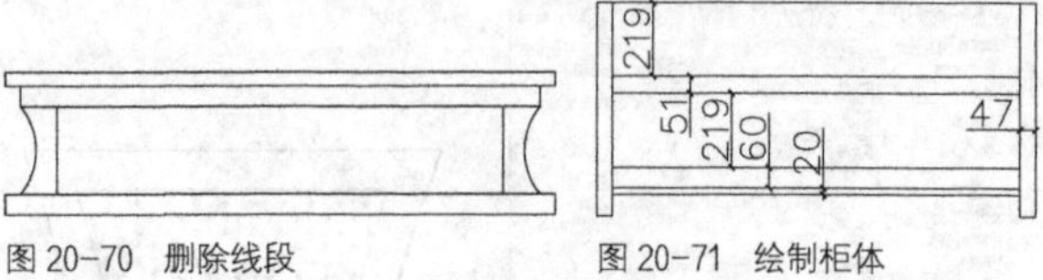

图 20-70 删除线段　图 20-71 绘制柜体

Step 08 绘制矮柜装饰。按Ctrl+O组合键，打开配套光盘提供的“素材/第20章/家具图例.dwg”素材文件，将其中的“雕花”等图形复制粘贴到图形中，结果如图20-72所示，欧式矮柜绘制完成。

图 20-72 欧式矮柜绘制效果

20.5 绘制现代风格小户型室内设计图

日常生活起居的环境称为家居环境，它为人们提供工作之外的休息、学习空间，是人们生活的重要场所。本实例为三室二厅的户型，包括：主人房、小孩房、书房、客厅、餐厅、厨房及卫生间。本节将在原始平面图的基础上介绍平面布置图、地面布置图、顶棚平面图及主要立面图的绘制，使大家在绘图的过程中，对室内设计制图有一个全面、总体的了解。

20.5.1 绘制小户型平面布置图

平面布置图是室内装饰施工图纸中的关键性图纸。它是在原建筑结构的基础上，根据业主的要求和设计师的设计意图，对室内空间进行详细的功能划分和室内设施定位。

本例以图 20-73 所示的原始户型图为基础绘制图 20-74 所示的平面布置图。其一般绘制步骤为：先对原始平面图进行整理和修改，然后分区插入室内家具图块，最后进行文字和尺寸等标注。

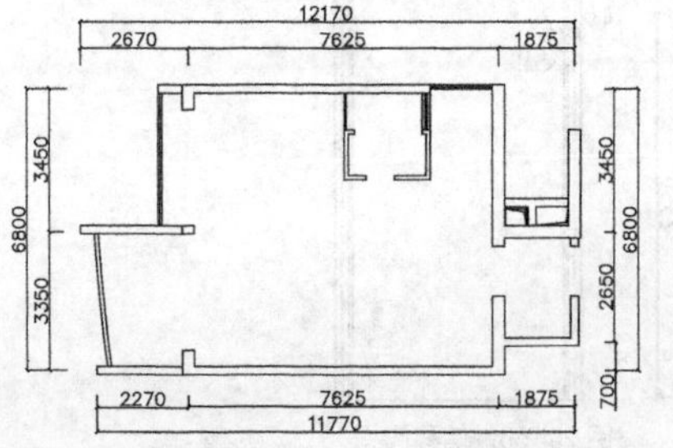

图 20-73 原始平面图

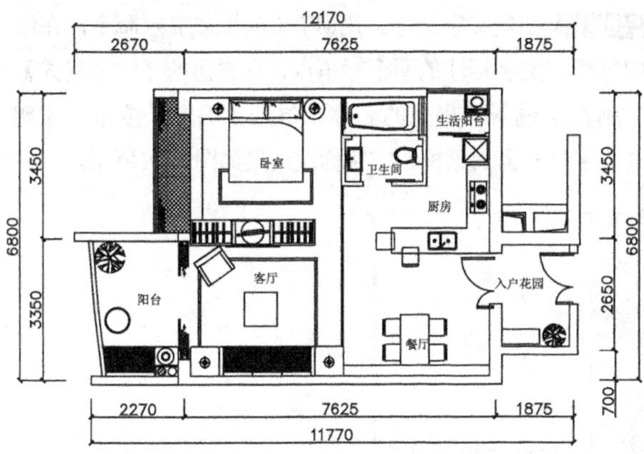

图 20-74 平面布置图

Step 01 打开素材文件“第20章/20.5 小户型原始户型图.dwg”，如图20-73所示。

Step 02 绘制橱柜台面。调用L（直线）命令绘制直线；调用O（偏移）命令偏移直线；调用TR（修剪）命令修剪线段，绘制橱柜如图20-75所示。

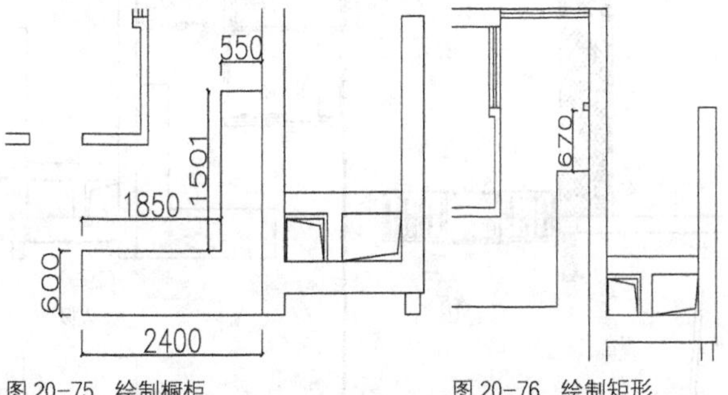

图 20-75 绘制橱柜　　图 20-76 绘制矩形

设计点拨

在实际的室内设计过程中，因为同一单元的户型可能是一模一样的，但具体布置却因客户要求而异。这时就可以直接用以前完成好的作品（或网上下载所得）来进行修改，从而创建全新的室内设计图。这种“改老图”的做法十分常见，但修改的过程中，要注意对旧图的清理。因为图形的外部尺寸标注是一样的，因此，在清理原始平面图时，可以只删除内部的尺寸标注，而保留外部的尺寸标注，以提高绘图效率，在绘制后面的图形时也一样。

Step 03 调用REC（矩形）命令，绘制尺寸为100×80的矩形，如图20-76所示。

Step 04 调用REC（矩形）命令，绘制尺寸为740×40的矩形；调用CO（复制）命令，移动复制矩形，绘制厨房与生活阳台之间的推拉门，如图20-77所示。

Step 05 调用REC（矩形）命令，绘制尺寸为700×40的矩形，表示卫生间推拉门，如图20-78所示。

Step 06 调用L（直线）命令，绘制直线，表示卫生间沐浴区与洗漱区地面有落差，如图20-79所示。

Step 07 重复调用L（直线）命令，绘制分隔卧室和厨房的直线，结果如图20-80所示。

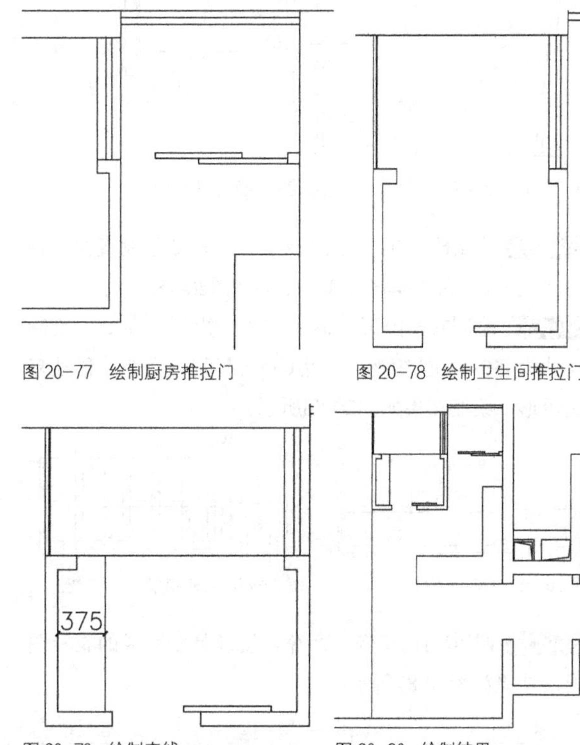

图 20-77 绘制厨房推拉门　　图 20-78 绘制卫生间推拉门

图 20-79 绘制直线　　图 20-80 绘制结果

Step 08 调用O（偏移）命令，设置偏移距离分别为23、11、7，向右偏移直线，结果如图20-81所示，完成卧室、客厅与厨房之间的地面分隔绘制。

Step 09 调用REC（矩形）命令，绘制尺寸为740×40的矩形；调用CO（复制）命令，移动复制矩形。阳台推拉门的绘制结果如图20-82所示。

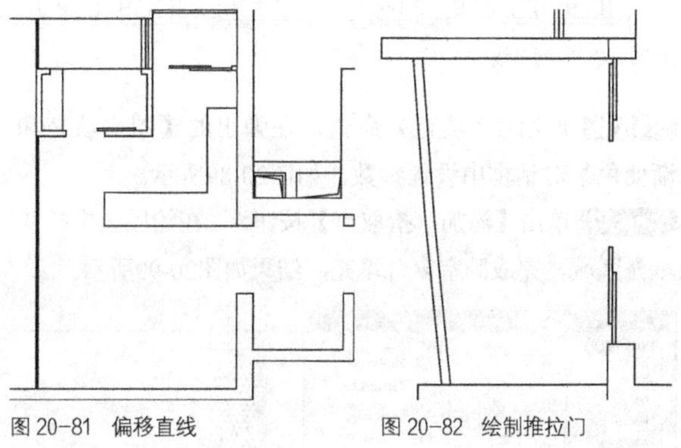

图 20-81 偏移直线　　图 20-82 绘制推拉门

Step 10 绘制装饰墙体。调用REC（矩形）命令，绘制尺寸为600×40的矩形；调用CO（复制）命令，移动复制矩形，绘制结果如图20-83所示，在装饰墙体和推拉门之间将安装窗帘。

Step 11 绘制卧室衣柜。调用L（直线）命令、O（偏移）命令、TR（修剪）命令，绘制如图20-84所示的图形。

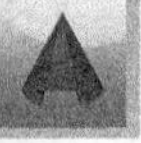

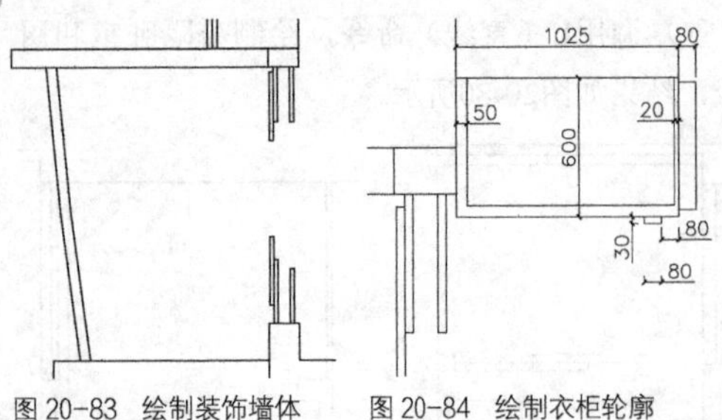

图 20-83 绘制装饰墙体　　图 20-84 绘制衣柜轮廓

Step 12 绘制挂衣杆。调用L（直线）命令绘制直线；调用O（偏移）命令偏移直线，结果如图20-85所示。

Step 13 绘制衣架图形。调用REC（矩形）命令，绘制尺寸为450×40的矩形；调用CO（复制）命令，移动复制矩形，绘制结果如图20-86所示。

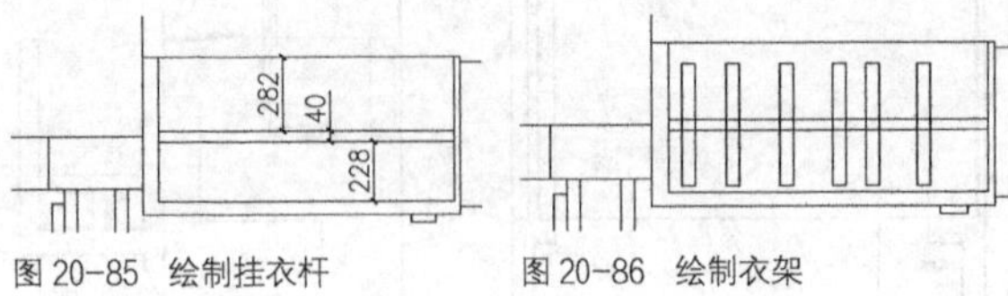

图 20-85 绘制挂衣杆　　图 20-86 绘制衣架

Step 14 调用MI（镜像）命令，镜像复制完成的衣柜图形，结果如图20-87所示。

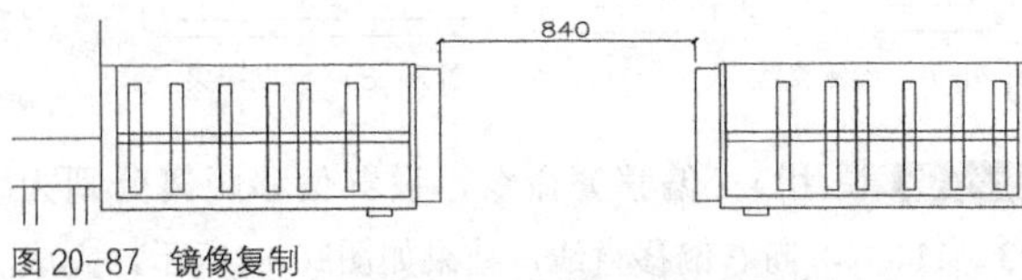

图 20-87 镜像复制

Step 15 调用L（直线）命令，绘制直线，结果如图20-88所示。

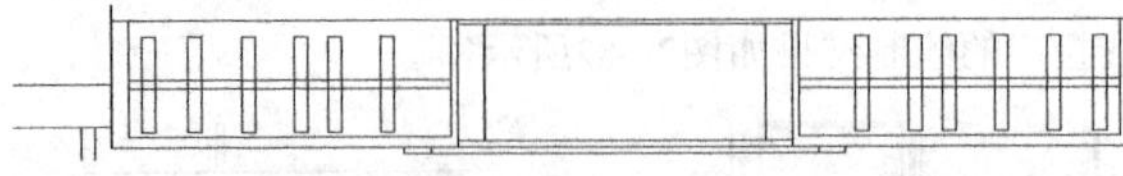
图 20-88 绘制直线

Step 16 调用H（填充）命令，在弹出的【图案填充和渐变色】对话框中设置参数，如图20-89所示。

Step 17 单击【添加：拾取点】按钮，在绘图区中拾取填充区域，完成卧室窗台填充，结果如图20-90所示。

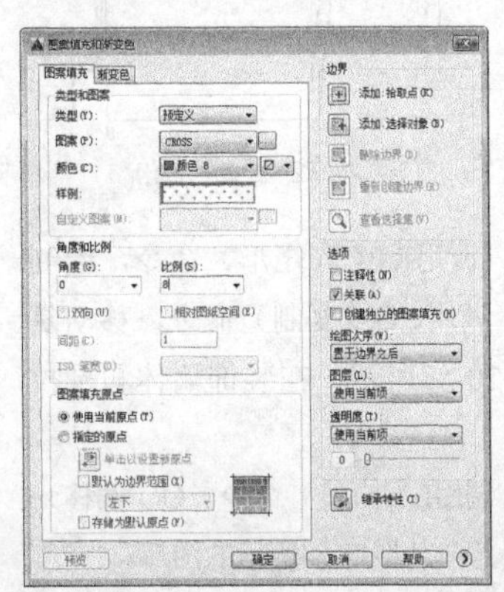
图 20-89 设置参数

图 20-90 填充窗台

Step 18 创建文字标注。用MT（多行文字）命令，在绘图区指定文字标注的两个对角点，在弹出的【文字格式】对话框中输入该房间的名称；单击【确定】按钮，关闭【文字格式】对话框，文字标注结果如图20-91所示。

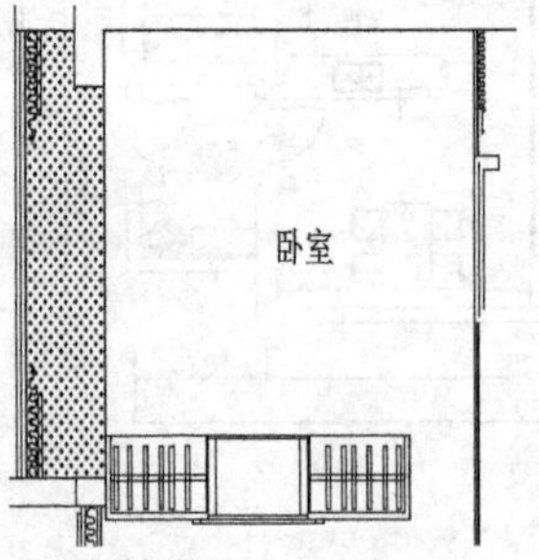

图 20-91 标明卧室

Step 19 使用相同的方法，为其他房间标注文字，结果如图20-92所示。

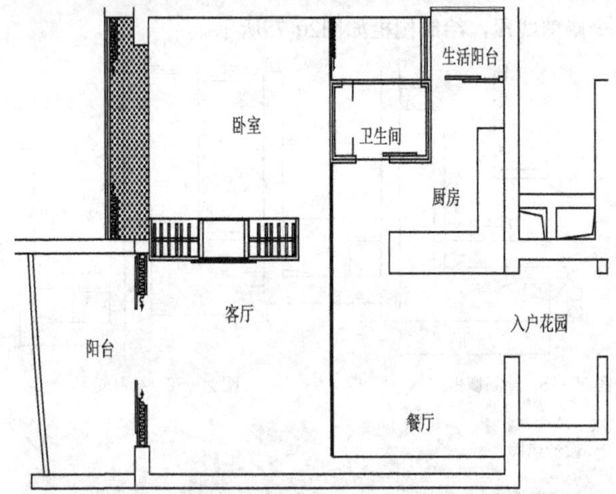

图 20-92 标明其他房间名称

设计点拨

对各个房间进行文字标注之后，就可以针对各区域来插入家具图块。插入家具图块的过程可以看作是进行真实的室内布置，因此不可以随意插入，每一个图块要根据实际情况合理地放置到室内设计图的各个房间当中。本书结合当前的业内经验，会对各房间的布置进行讲解。

Step 20 对入户花园进行布置。按Ctrl+O组合键，打开“第20章/家具图例.dwg”文件，在其中找到合适的玄关用具，如鞋柜、门等，将其插入大门处，如图20-93所示。

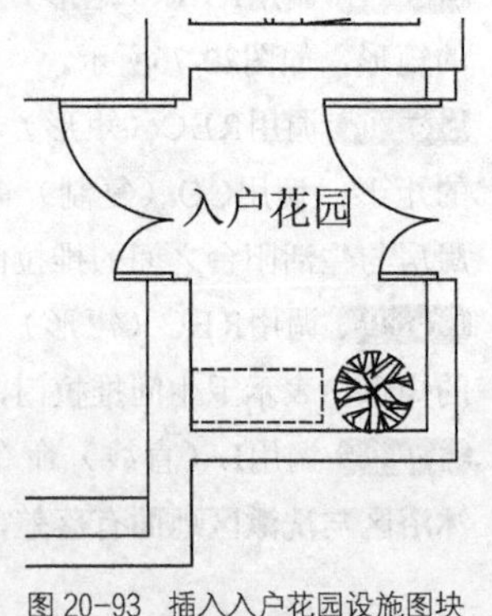

图 20-93 插入入户花园设施图块

设计点拨

本例的入户花园就是门厅，即所谓的玄关，是进入住宅空间的过渡空间，面积较小，功能也很单纯，一般用来存放鞋、雨具、外衣等物件。本例可按客户要求放置一些绿化植物。

Step 21 对餐厅进行布置。按Ctrl+O组合键，打开“第20章/家具图例.dwg”文件，在其中找到合适的餐厅用具，如茶几、餐桌椅等，将其插入餐厅当中，如图20-94所示。

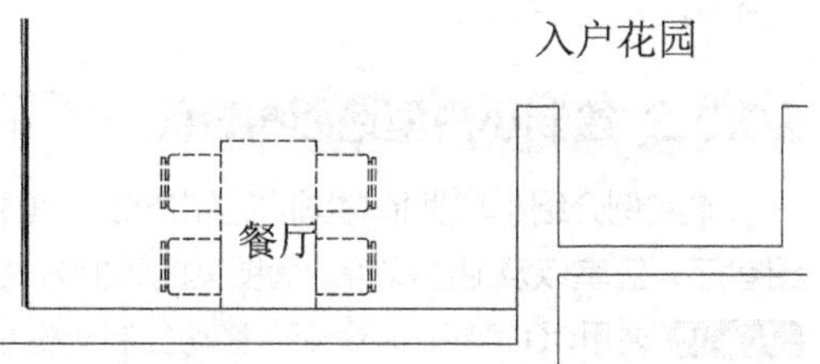

图 20-94 插入餐厅设施图块

设计点拨

餐厅是全家日常进餐和宴请亲朋好友的地方，使用频率非常高，家具的摆放应满足方便、舒适的功能，营造出一种亲切、洁净、令人愉快的用餐气氛。常见的餐厅形式有三种：独立的空间、与客厅相连的空间及与厨房同处一体的空间。本例属于第二种，餐厅与客厅连在一起，且中间有落差。

Step 22 对客厅进行布置。按Ctrl+O组合键，打开“第20章/家具图例.dwg”文件，在其中找到合适的客厅用具，如沙发、电视机、茶几等，将其插入客厅当中，如图20-95所示。

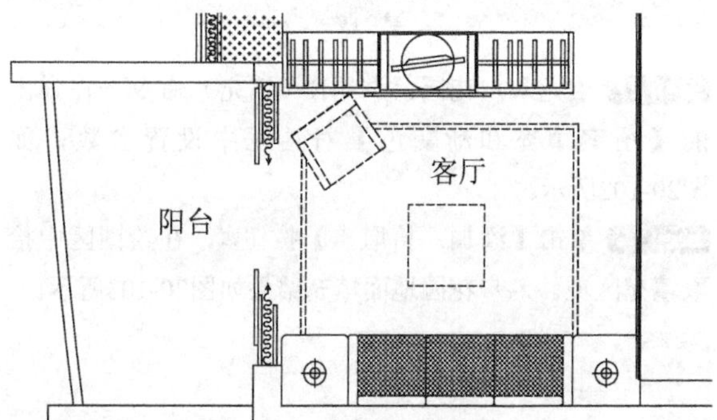

图 20-95 插入客厅设施图块

设计点拨

客厅是家庭群体活动的主要空间，具有多功能的特点。其家具包括沙发、茶几、电视柜等，一般以茶几为中心布置沙发群，作为会客、聚谈的中心。本例采用面向电视的单排沙发，中间布置简单的茶几，是一款经典设计。

Step 23 对卧室进行布置。按Ctrl+O组合键，打开“第20章/家具图例.dwg”文件，在其中找到合适的卧室用具，如床、衣柜、梳妆台等，将其插入卧室当中，如图20-96所示。

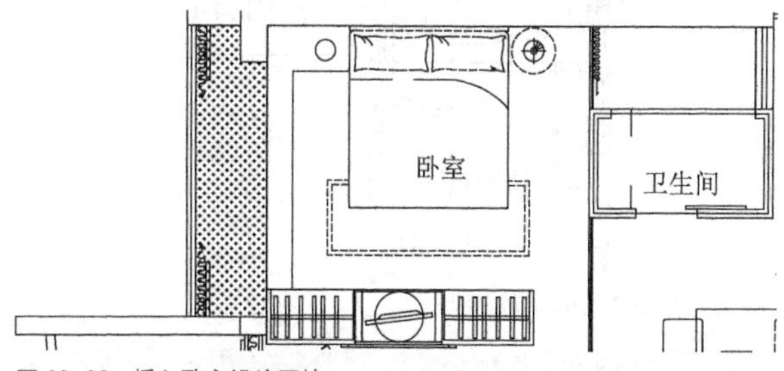

图 20-96 插入卧室设施图块

设计点拨

卧室是人们主要的休息场所，除用于睡眠休息外，有时也兼作学习、梳妆等活动场所。根据家庭成员不同，卧室可分为主卧室、小孩房、家庭其他成员的次卧室、工人房等。本例所设计的现代小户型，适合独居，因此卧室布置宜紧密温馨，切忌大而空洞。

Step 24 对厨房进行布置。按Ctrl+O组合键，打开“第20章/家具图例.dwg”文件，在其中找到合适的厨房用具，如燃气灶、清洗池、冰箱等，将其插入厨房当中，如图20-97所示。

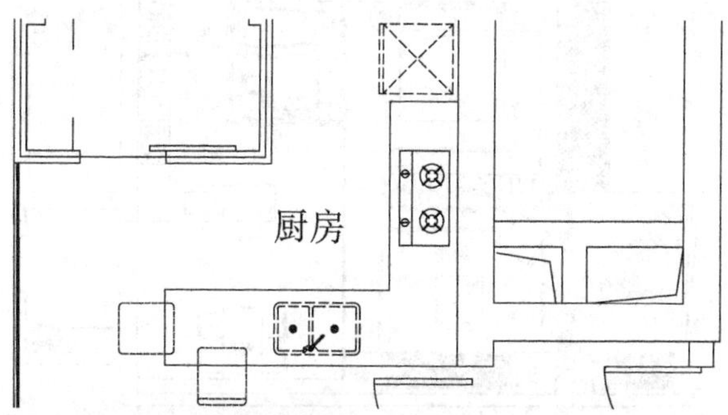

图 20-97 插入厨房设施图块

设计点拨

一间完善而实用的现代化厨房，通常包含储藏、配餐、烹调和备餐四个区域。厨房的平面布置就是以调整这四个工作区的位置为主要内容，其格局通常由空间大小决定。厨房用具摆放时，应注意清洗池、灶台的位置安排和空间处理。由于清洗池是使用最频繁的家务活动区，所以其位置最好设计在冰箱与炉灶之间，且两侧留出足够的活动空间。而本例考虑到住户的生活习惯，可能会在灶台上使用较大体积的炒锅，所以在其两侧应留出300mm左右的活动空间。

Step 25 对卫生间进行布置。按Ctrl+O组合键，打开“第20章/家具图例.dwg”文件，在其中找到合适的卫生间用具，如马桶、洗漱台、浴缸等，将其插入卧室当中，如图20-98所示。

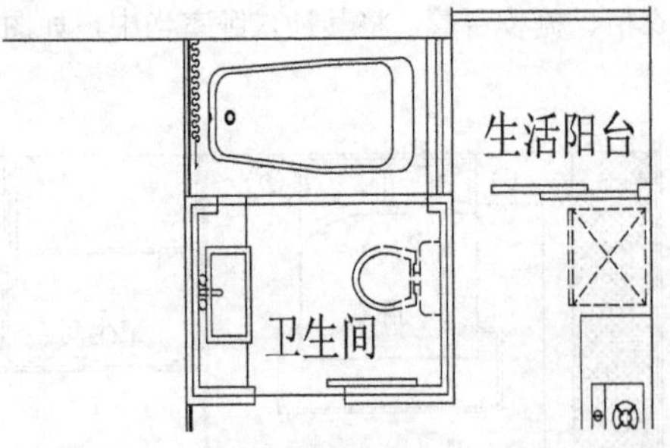

图 20-98　插入卫生间设施图块

设计点拨

现代卫生间除了单一的用厕外，还具有盥洗、洗浴、洗衣等多种功能，相应的要设置浴缸、马桶、洗面盆等卫生洁具。本例所设计的小户型，要符合现代年轻人所追求的轻奢、精致生活风格，因此在卫生间可以安装一些较高档次、占地面积较大的洁具，如按摩浴盆、蒸气浴盆等，供主人消除疲劳、放松身心使用。

Step 26 布置阳台与其他区域。打开"第20章/家具图例.dwg"文件，按客户要求在其中找到其他合适的用具，如绿化植物、洗衣机等，将其插入阳台与其他区域中，如图20-99所示。

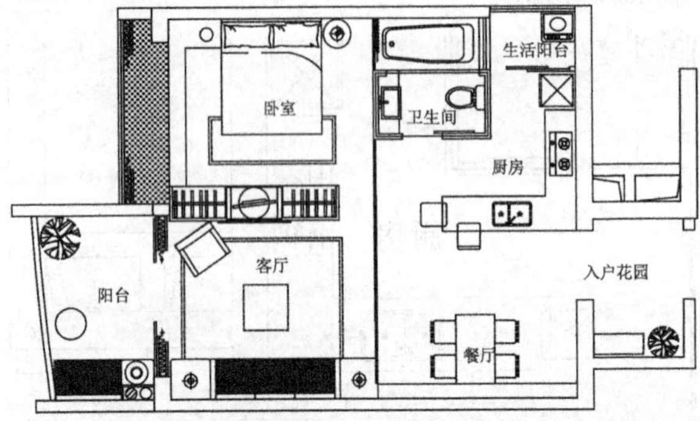

图 20-99　插入卧室设施图块

设计点拨

由于小户型使用面积有限，很难分割出如书房之类的居室，因此可以将大一点的阳台改造为供住户阅读、书写和从事研究的空间。只需保证其环境的安静，故其位置应尽量选择在整个住宅较僻静的部位，要先用隔音、吸音效果佳的装饰材料作为墙体的隔断，再放置沙发、书桌和绿化植物即可。另一个小一点的阳台可作为生活阳台，放置洗衣机等吵闹的生活家电，这种设计就可以帮助住户做到生活，学习两不误。

Step 27 使用相同的方法，为其他区域插入图块或标注文字，完成小户型平面布置图的绘制，结果如图20-100所示。

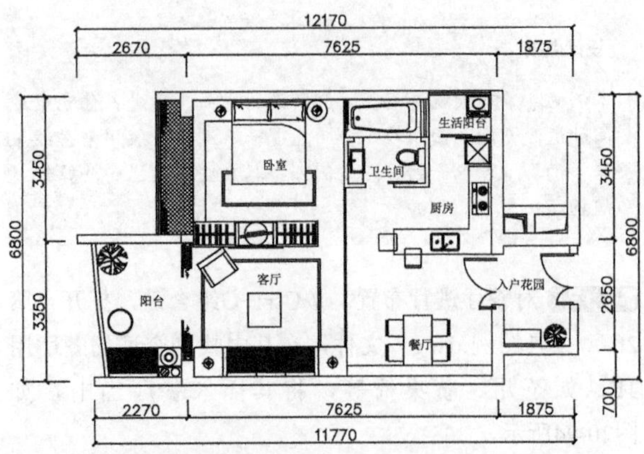

图 20-100　小户型平面布置图

20.5.2 绘制小户型地面布置图

本实例介绍小户型地材图的绘制方法，其中主要介绍客厅、卧室以及卫生间等地面图案的绘制方法。

Step 01 调用CO（复制）命令，移动复制一份平面布置图到一旁；调用E（删除）命令，删除不必要的图形；调用L（直线）命令，在门口处绘制直线，整理结果如图20-101所示。

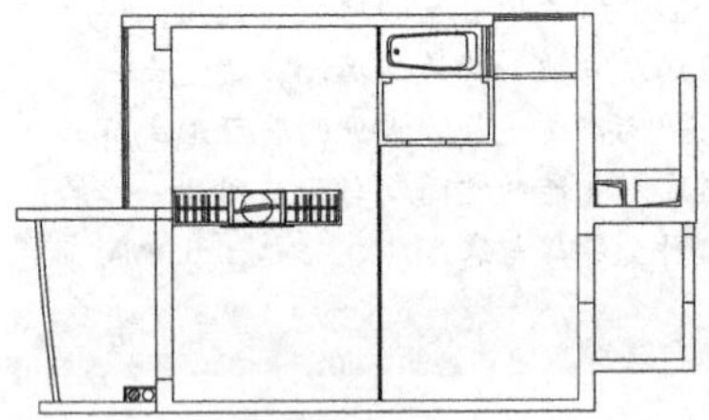

图 20-101　整理图形

设计点拨

在以后的工作中，可将整理完成的平面布置图随时复制一份备份，以便后面的设计图备用。

Step 02 填充入户花园。调用H（填充）命令，在弹出的【图案填充和渐变色】对话框中设置参数，如图20-102所示。

Step 03 单击【添加：拾取点】按钮，在绘图区中拾取填充区域。入户花园地面填充结果如图20-103所示。

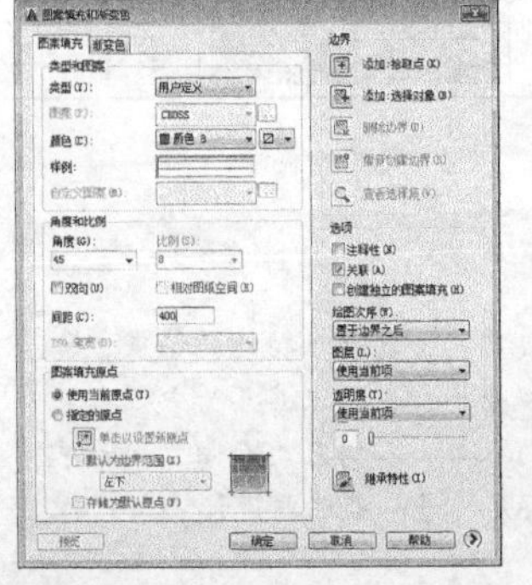

图 20-102　设置参数

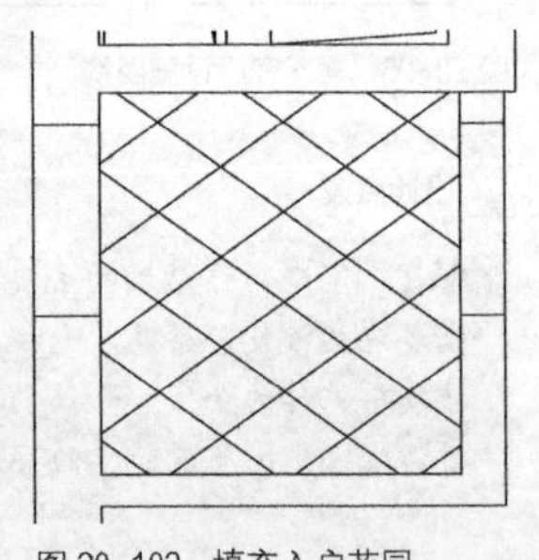

图 20-103　填充入户花园

Step 04 填充阳台。使用相同的参数，为阳台地面填充图案，结果如图20-104所示。

Step 05 填充客厅。调用H（填充）命令，在弹出的【图案填充和渐变色】对话框中设置参数，如图20-105所示。

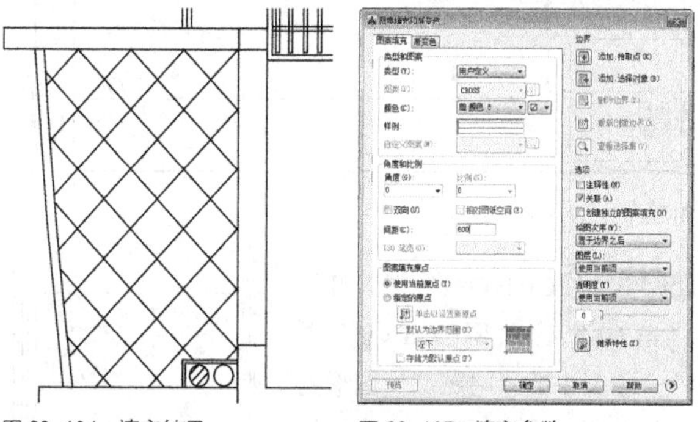

图 20-104 填充结果　　图 20-105 填充参数

Step 06 单击【添加：拾取点】按钮，在客厅区域中拾取填充区域，完成地面的填充，结果如图20-106所示。

Step 07 填充卫生间和生活阳台。调用H（填充）命令，在弹出的【图案填充和渐变色】对话框中设置参数，如图20-107所示。

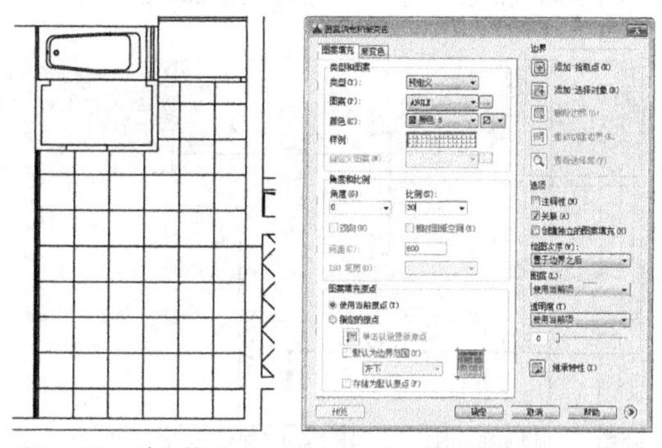

图 20-106 填充结果　　图 20-107 设置参数

Step 08 单击【添加：拾取点】按钮，在绘图区中拾取填充区域，完成卫生间及生活阳台地面的填充，结果如图20-108所示。

Step 09 填充卧室。调用H（填充）命令，在弹出的【图案填充和渐变色】对话框中设置参数，如图20-109所示。

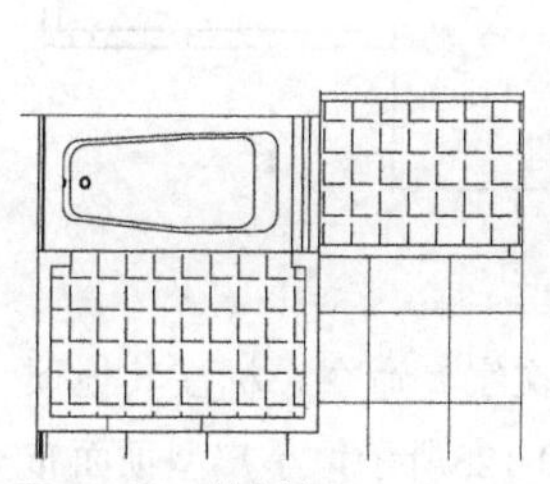

图 20-108 填充结果

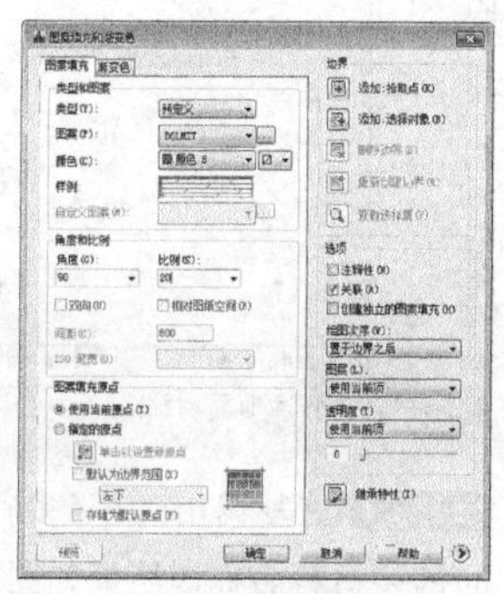

图 20-109 设置填充参数

Step 10 单击【添加：拾取点】按钮，在绘图区中拾取填充区域，完成卧室地面的填充，结果如图20-110所示。

Step 11 填充飘窗窗台。调用H（填充）命令，在弹出的【图案填充和渐变色】对话框中设置参数，如图20-111所示。

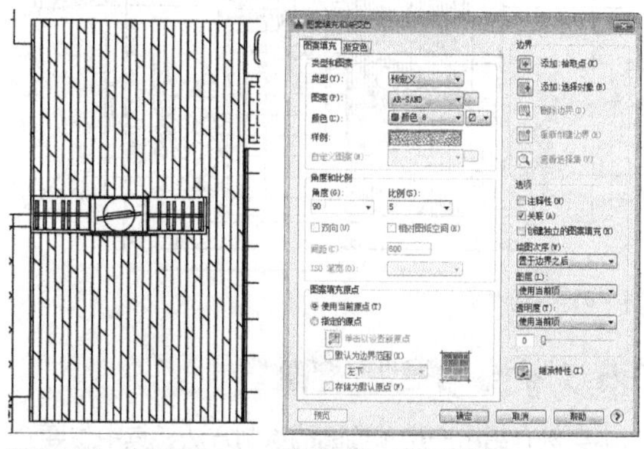

图 20-110 填充结果　　图 20-111 填充结果

Step 12 单击【添加：拾取点】按钮，在绘图区中拾取填充区域，完成卧室飘窗台面的填充，结果如图20-112所示。

Step 13 调用H（填充）命令，在弹出的【图案填充和渐变色】对话框中设置参数，如图20-113所示。

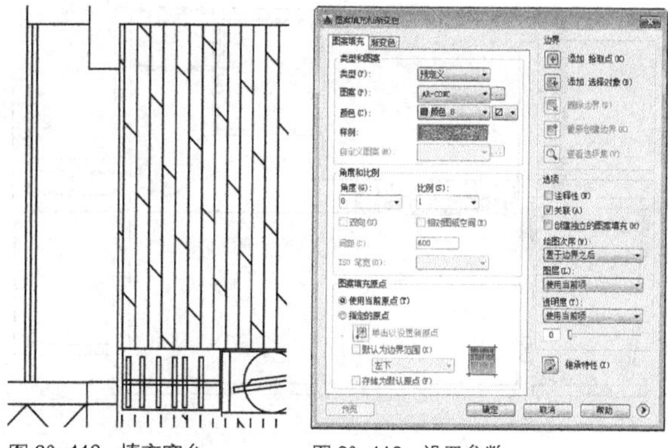

图 20-112 填充窗台　　图 20-113 设置参数

Step 14 单击【添加：拾取点】按钮，在绘图区中拾取填充区域，完成门槛石的填充，结果如图20-114所示。

Step 15 调用MLD（多重引线）标注命令，在填充图案上单击，指定引线标注对象，然后水平移动光标，绘制指示线，系统弹出【文字格式】对话框，在其中输入地面铺装材料名称。单击【确定】按钮关闭对话框，标注结果如图20-115所示。

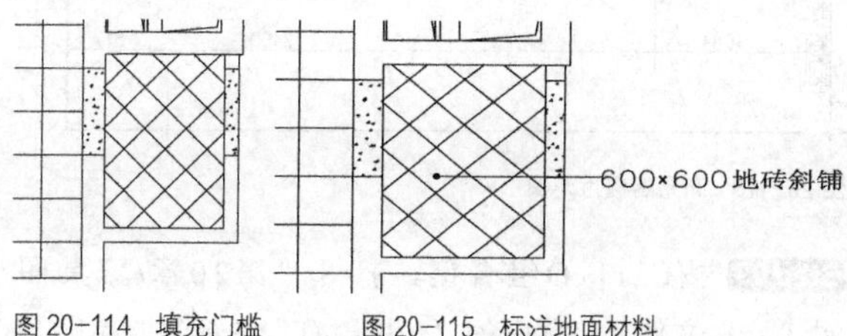

图 20-114 填充门槛　　图 20-115 标注地面材料

Step 16 重复调用MLD（多重引线）标注命令，标注其他地面铺装材料名称，结果如图20-116所示，小户型地面布置图绘制完成。

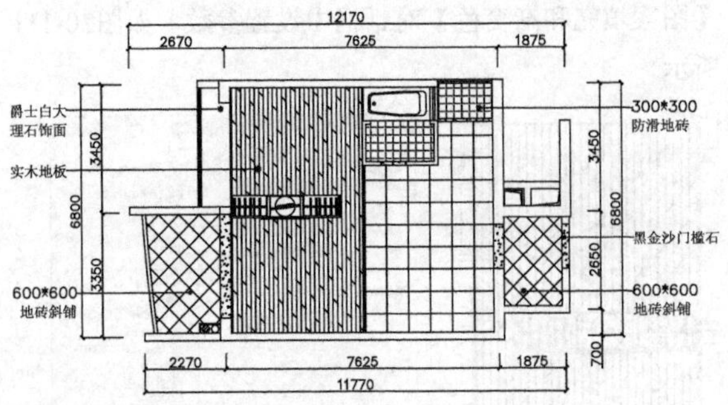

图 20-116 地面布置图

20.5.3 绘制小户型顶棚图

本实例介绍小户型顶棚图的绘制方法，其中主要介绍灯具图形的插入及布置尺寸。

Step 01 调用CO（复制）命令，移动复制一份平面布置图到一旁；调用E（删除）命令，删除不必要的图形；调用L（直线）命令，在门口处绘制直线，整理结果如图20-117所示。

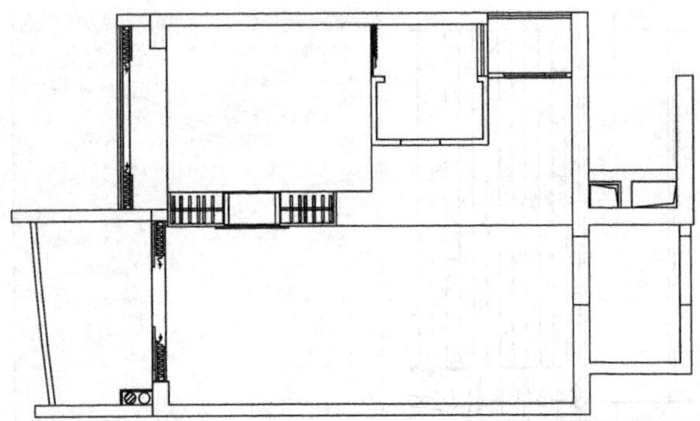

图 20-117 整理图形

Step 02 按Ctrl+O组合键，打开“第20章/家具图例.dwg”文件，将其中的“角度射灯”图形复制粘贴到客餐厅图形中，结果如图20-118所示。

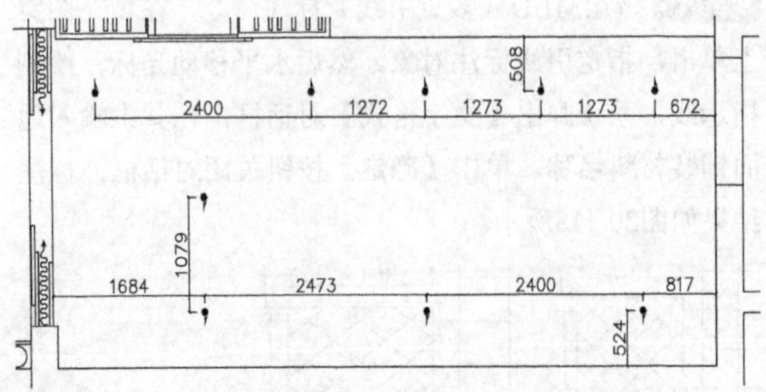

图 20-118 布置客餐厅灯具

Step 03 按Ctrl+O组合键，打开“第20章/家具图例.dwg”文件，将其中的“角度射灯”图形复制粘贴到厨房图形中，结果如图20-119所示。

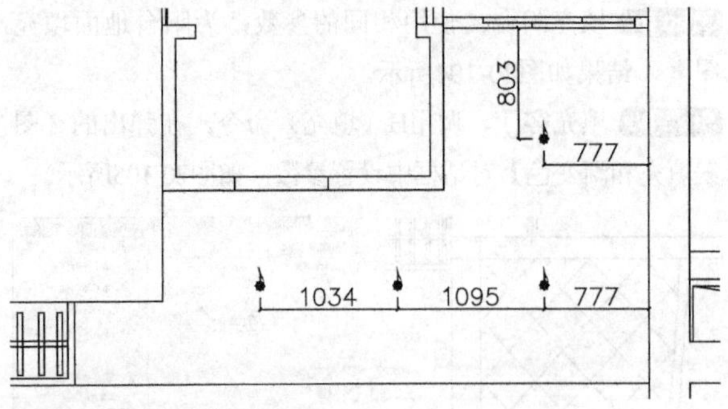

图 20-119 布置厨房灯具

Step 04 按Ctrl+O组合键，打开“第20章/家具图例.dwg”文件，将其中的“暗藏灯”图形复制粘贴到卫生间图形中，结果如图20-120所示。

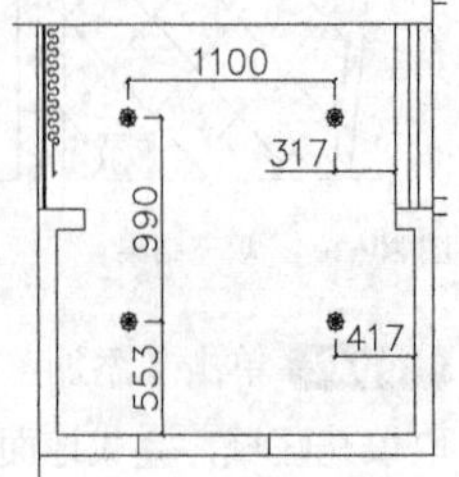

图 20-120 布置卫生间灯具

Step 05 使用同样的方法，将其中的“角度射灯”图形复制粘贴到卧室图形中，结果如图20-121所示。

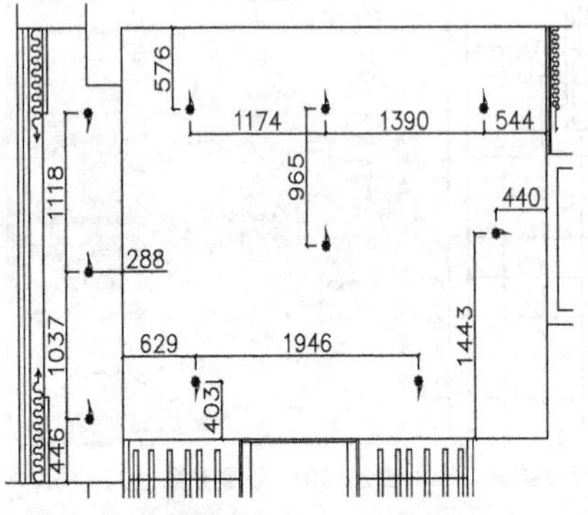

图 20-121 布置卧室灯具

Step 06 调用MT（多行文字）命令，弹出【文字格式】对话框，在其中输入顶面铺装材料的名称，单击【确定】按钮关闭对话框，标注结果如图20-122所示。

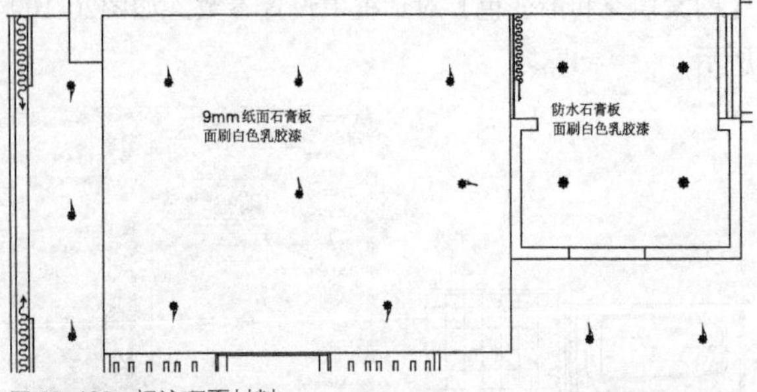

图 20-122 标注顶面材料

Step 07 重复调用MT（多行文字）命令，标注其他顶面铺装材料名称，结果如图20-123所示，小户型顶面布置图绘制完成。

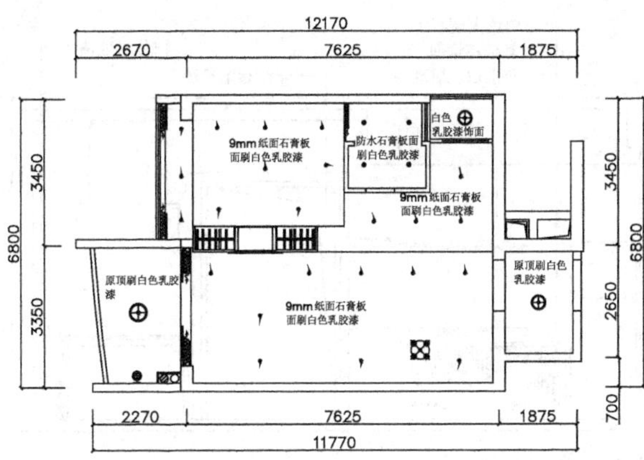

图 20-123　顶面布置图

20.5.4 绘制厨房餐厅立面图

本实例介绍厨房餐厅立面图的绘制方法，其中主要调用了【复制】、【矩形】、【删除】等命令。

Step 01 调用CO（复制）命令，移动复制厨房餐厅立面图的平面部分到一旁；调用RO（旋转）命令，翻转图形的角度，整理结果如图20-124所示。

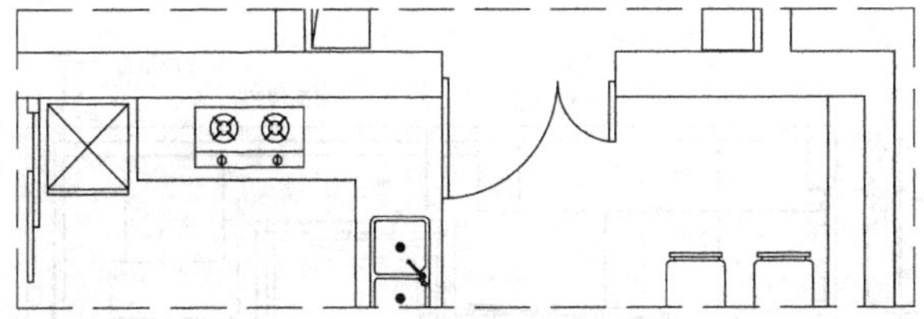

图 20-124　整理平面图形

Step 02 调用REC（矩形）命令，绘制尺寸为5900×3000的矩形；调用X（分解）命令，分解所绘制的矩形。

Step 03 调用O（偏移）命令，偏移矩形边；调用TR（修剪）命令，修剪多余线段，如图20-125所示。

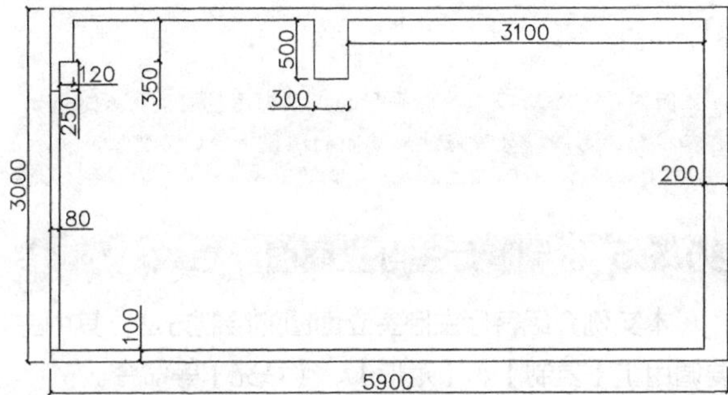

图 20-125　偏移并修剪

Step 04 调用REC（矩形）命令,绘制一个尺寸大小为1460×2230的矩形表示门套外形，并结合使用M（移动）命令；X（分解）命令分解矩形；O（偏移）命令，偏移矩形边；调用TR（修剪）命令，修剪多余线段，得到门套图形，结果如图20-126所示。

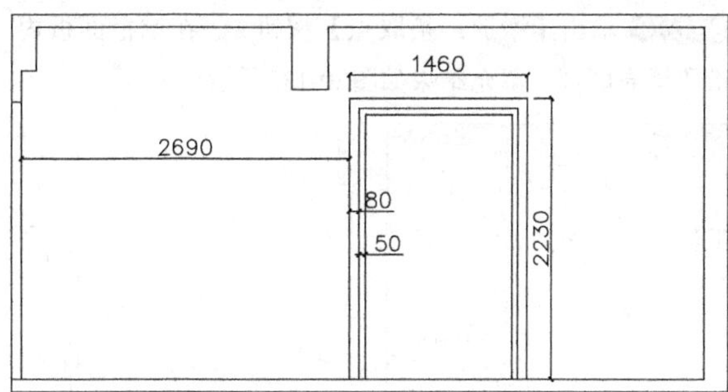

图 20-126　绘制门套

Step 05 调用L（直线）命令，绘制直线；调用O（偏移）命令，偏移线段；调用TR（修剪）命令，修剪多余线段，得到橱柜立面，如图20-127所示。

Step 06 调用REC（矩形）命令，绘制尺寸为818×63的矩形，表示墙面搁板，用于放置厨房用具，以有效利用空间；调用PL（多段线）命令，在门套内绘制折断线，表示镂空，结果如图20-128所示。

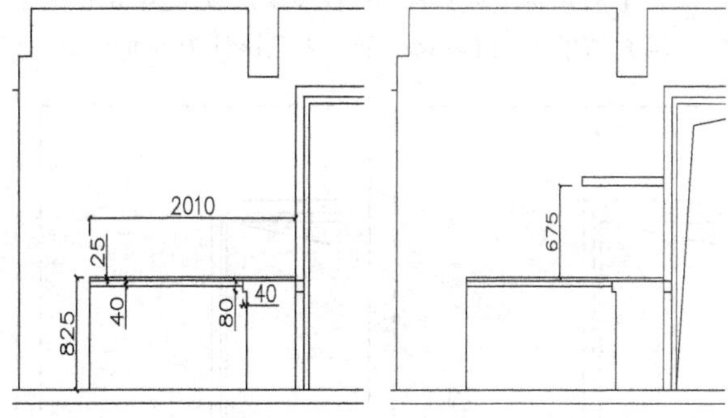

图 20-127　绘制橱柜立面　　　　图 20-128　绘制搁板

Step 07 调用REC（矩形）命令，绘制尺寸为620×353的矩形，并结合使用CO（复制）命令移动复制矩形，结果如图20-129所示。

Step 08 调用O（偏移）命令、TR（修剪）命令，绘制如图20-130所示的橱柜面板。

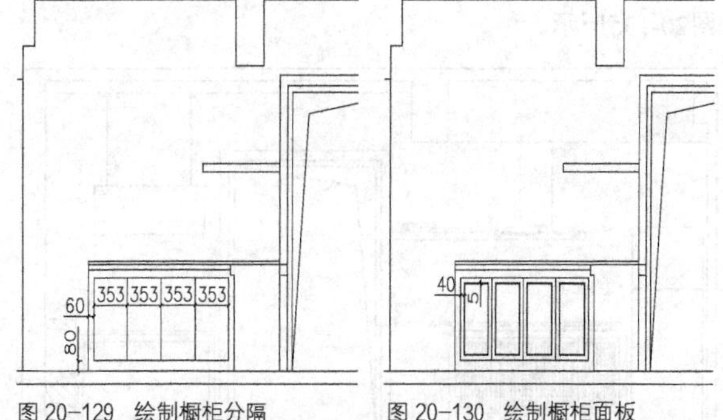

图 20-129　绘制橱柜分隔　　　　图 20-130　绘制橱柜面板

Step 09 调用H（填充）命令，在弹出的【图案填充和渐变色】对话框中设置参数，如图20-131所示。

Step 10 单击【添加：拾取点】按钮，在橱柜面板内拾取填充区域，填充结果如图20-132所示。

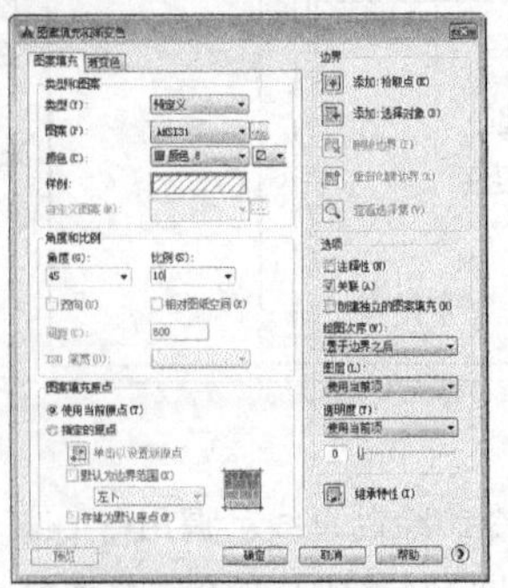
图 20-131 设置参数

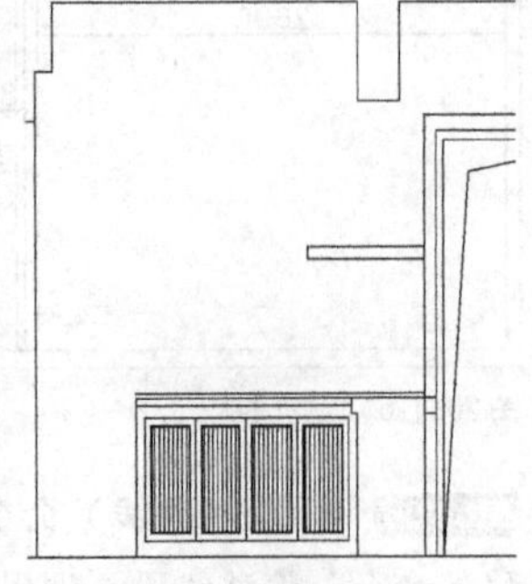
图 20-132 填充图案

Step 11 调用REC（矩形）命令，分别绘制尺寸为250×80、250×420的矩形，表示餐厅墙面装饰的剖面轮廓，如图20-133所示。

Step 12 调用H（填充）命令，在弹出的【图案填充和渐变色】对话框中选择ANSI31图案，设置填充比例为20，填充结果如图20-134所示，表示该处为剖面结构。

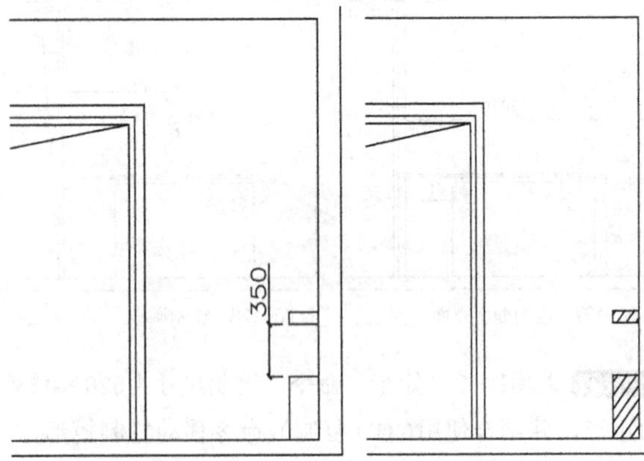

图 20-133 绘制矩形　　图 20-134 填充剖面

Step 13 按Ctrl+O组合键，打开"第20章/家具图例.dwg"文件，将其中的家具图形复制粘贴到立图中，结果如图20-135所示。

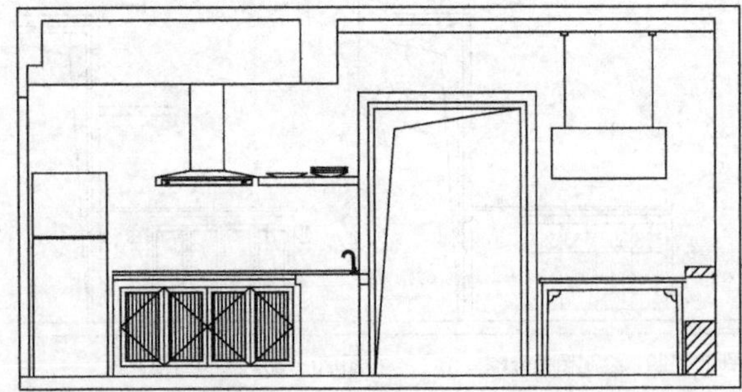
图 20-135 布置餐厅立面家具

Step 14 调用MLD（多重引线）标注命令，弹出【文字格式】对话框，输入立面材料的名称，单击【确定】按钮关闭对话框，标注结果如图20-136所示。

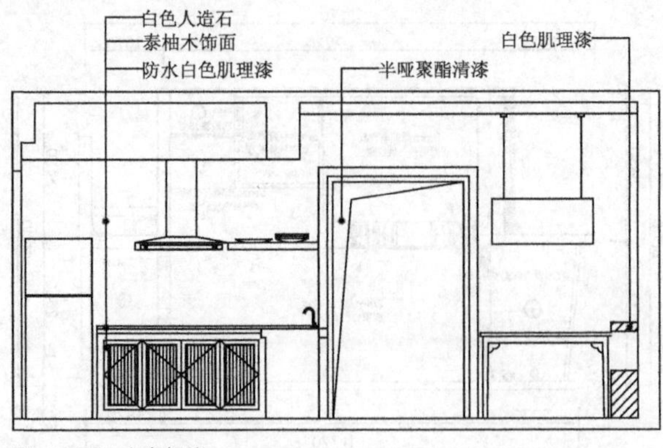

图 20-136 文字标注

Step 15 调用DLI（线性）标注命令，标注立面图尺寸，结果如图20-137所示。

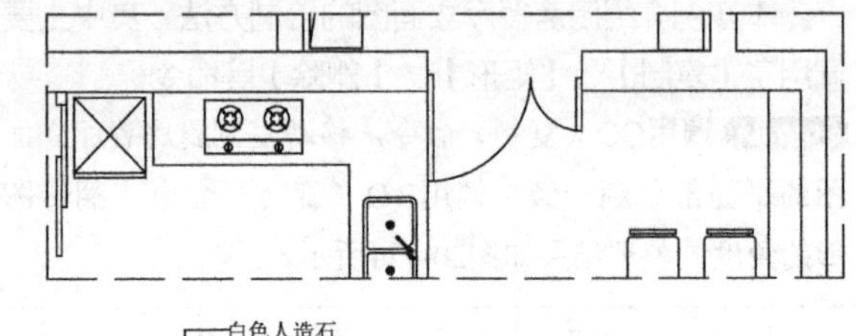

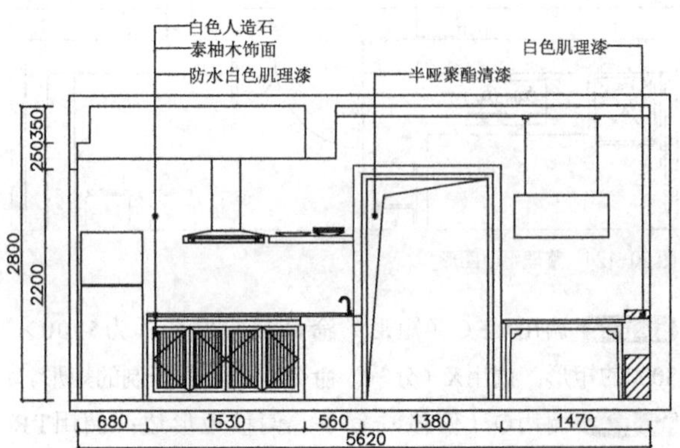

图 20-137 尺寸标注

> **设计点拨**
>
> 立面图是一种与垂直界面平行的正投影图，它能够反映垂直界面的形状、装修做法和其上的陈设。

20.5.5 绘制客厅主卧立面图

本实例介绍客厅主卧室立面图的绘制方法，其中主要调用了【复制】、【矩形】、【填充】等命令。

Step 01 调用CO（复制）命令，移动复制客厅主卧立面图的平面部分到一旁；调用RO（旋转）命令，翻转图形的角度，如图20-138所示。

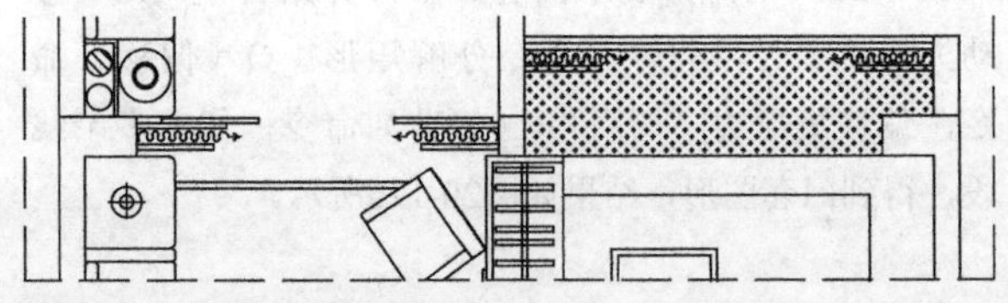
图 20-138 整理卧室平面图形

Step 02 调用REC（矩形）命令，绘制尺寸为7000×3000的矩形；调用X（分解）命令，分解所绘制的矩形，下面将在该矩形内绘制卧室立面。

Step 03 调用O（偏移）命令，偏移矩形边；调用TR（修剪）命令，修剪多余线段，得到剖面墙体轮廓，如图20-139所示。

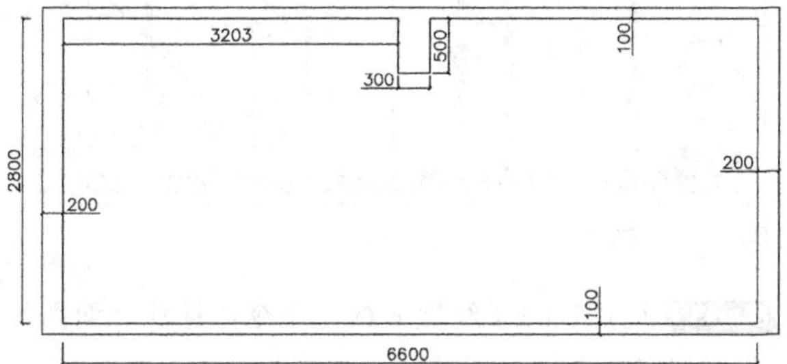

图 20-139 偏移并修剪

Step 04 调用O（偏移）命令，偏移线段；调用TR（修剪）命令，修剪多余线段，结果如图20-140所示。

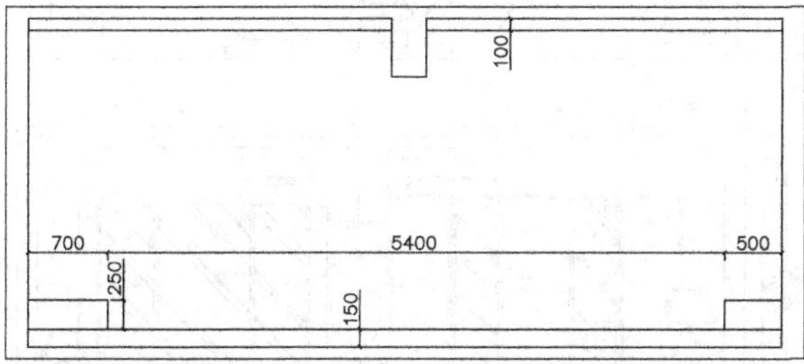

图 20-140 修剪结果

Step 05 调用REC（矩形）命令，分别绘制尺寸为2773×2070、2400×1770的矩形，并使用L（直线）命令，绘制直线；调用O（偏移）命令，偏移矩形边；调用TR（修剪）命令，修剪多余线段，得到推拉门和阳台的立面结构，如图20-141所示。

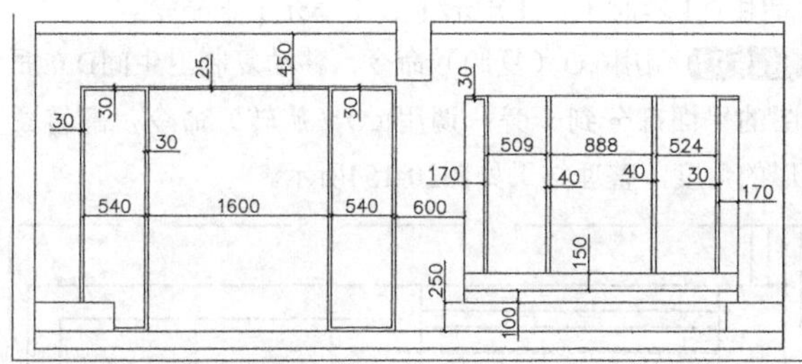

图 20-141 绘制门与阳台立面

Step 06 调用O（偏移）命令，偏移线段；调用TR（修剪）命令，修剪多余线段，得到如图20-142所示的推拉门门页。

Step 07 调用H（填充）命令，在弹出的【图案填充和渐变色】对话框中设置参数，如图20-143所示。

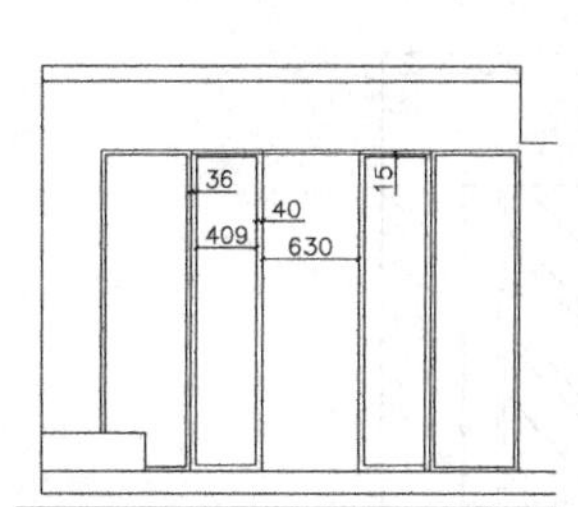

图 20-142 绘制推拉门

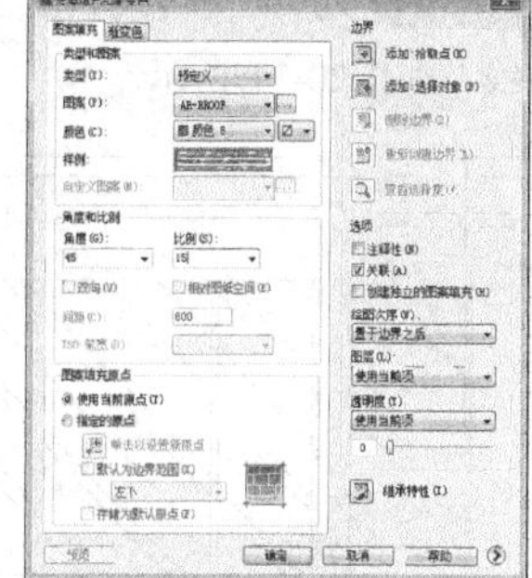

图 20-143 设置参数

Step 08 单击【添加：拾取点】按钮，在阳台和推拉门内拾取填充区域，填充玻璃图案，如图20-144所示。

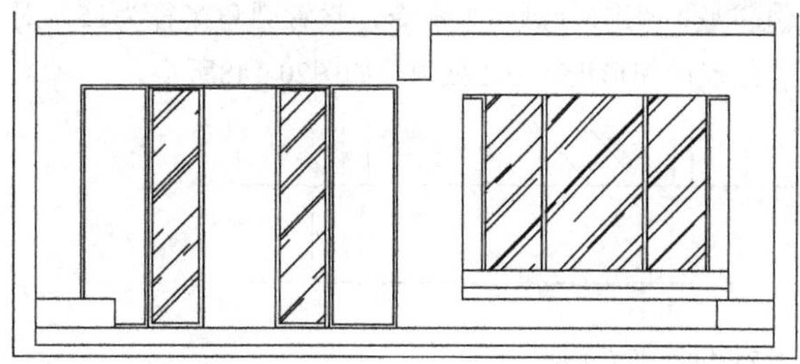

图 20-144 填充图案

Step 09 调用H（填充）命令，在弹出的【图案填充和渐变色】对话框中设置参数，如图20-145所示。

Step 10 单击【添加：拾取点】按钮，在绘图区中拾取填充区域，填充图案如图20-146所示，表示剖面结构。

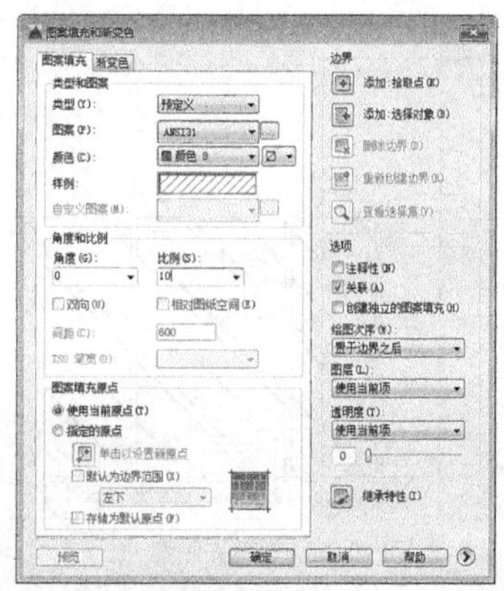

图 20-145 设置参数

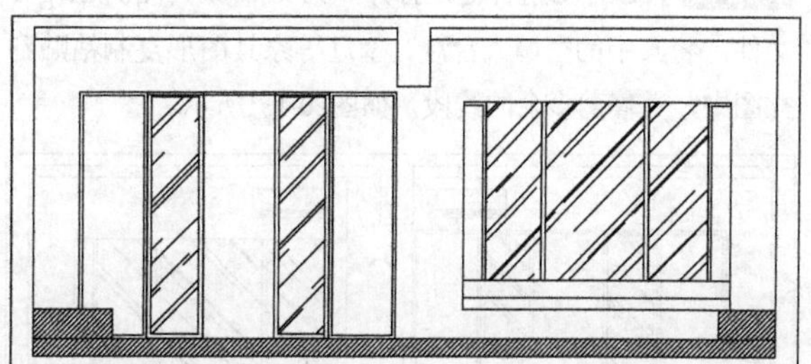

图 20-146 填充剖面

Step 11 调用L（直线）命令，绘制窗台坐垫外轮廓直线，如图20-147所示。

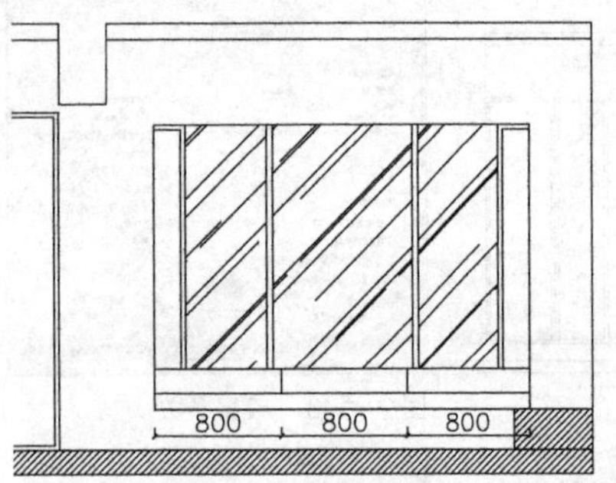

图 20-147 绘制坐垫

Step 12 调用F（圆角）命令，设置圆角半径为15，对所绘制的图形进行圆角处理，如图20-148所示。

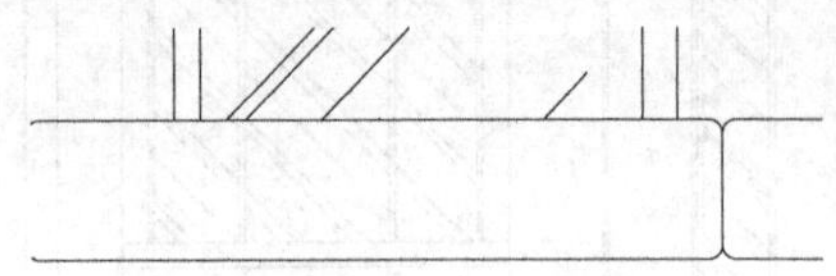

图 20-148 圆角处理

Step 13 调用H（填充）命令，在弹出的【图案填充和渐变色】对话框中设置参数，如图20-149所示。

Step 14 单击【添加：拾取点】按钮，在坐垫轮廓内拾取填充区域，填充结果如图20-150所示，窗台坐垫绘制完成。

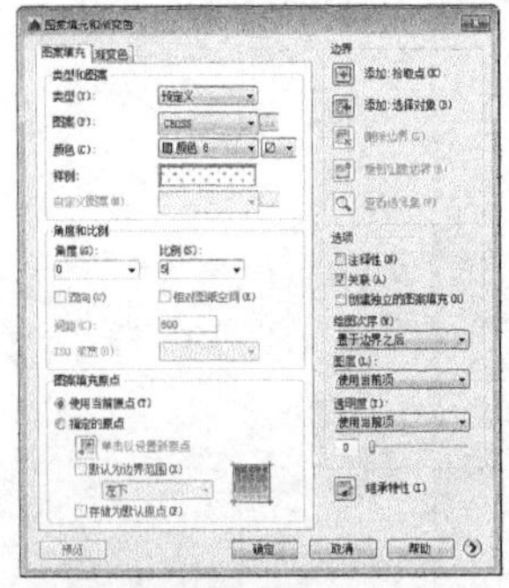

图 20-149 设置参数

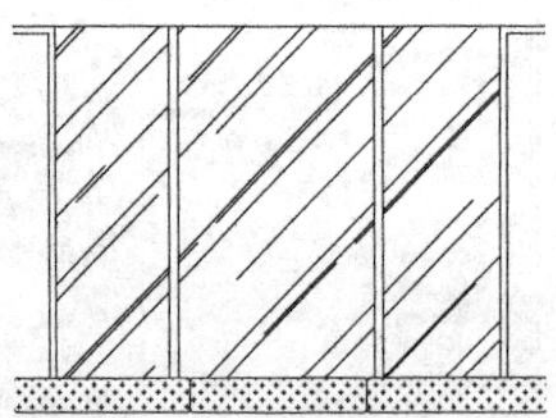

图 20-150 填充图案

Step 15 按Ctrl+O组合键，打开"第20章/家具图例.dwg"文件，将其中的空调、台灯、壁灯等家具图形复制粘贴到立图中，并修剪多余的线段，如图20-151所示。

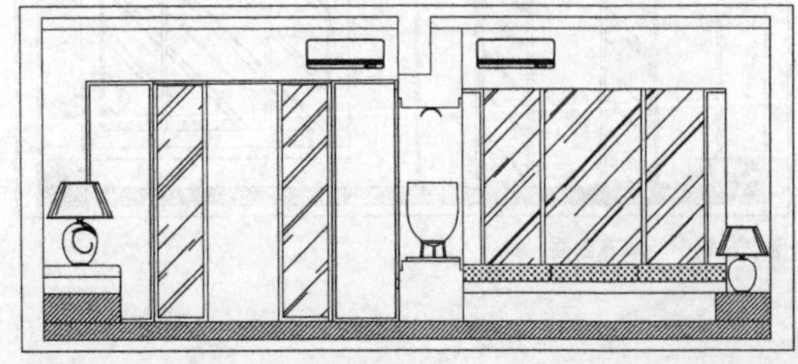

图 20-151 布置立面家具

Step 16 调用MLD（多重引线）标注命令，弹出【文字格式】对话框，输入立面材料的名称。单击【确定】按钮关闭对话框，标注结果如图20-152所示。

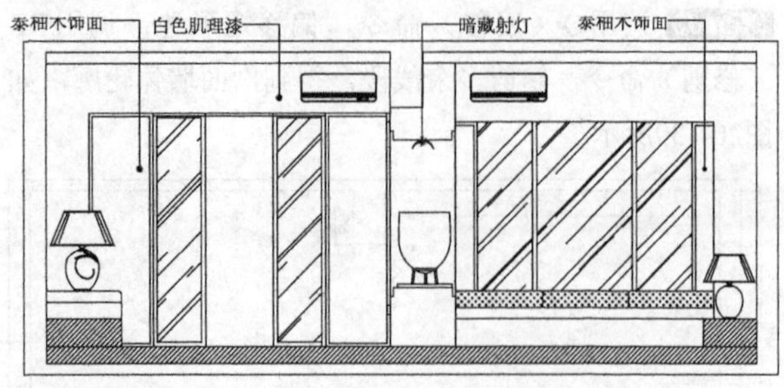

图 20-152 文字标注

Step 17 调用DLI（线性）标注命令，标注立面图尺寸，结果如图20-153所示。

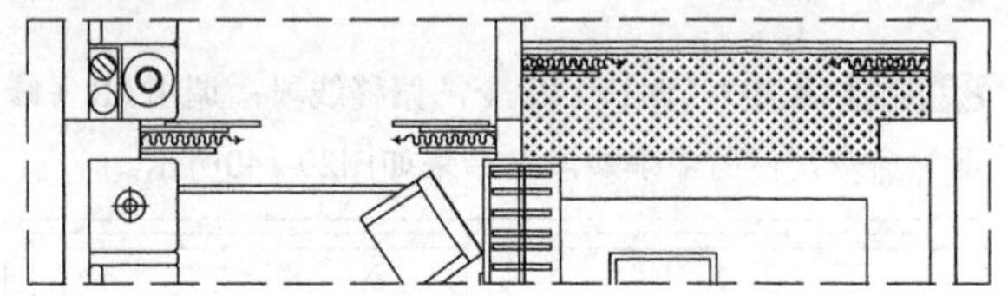

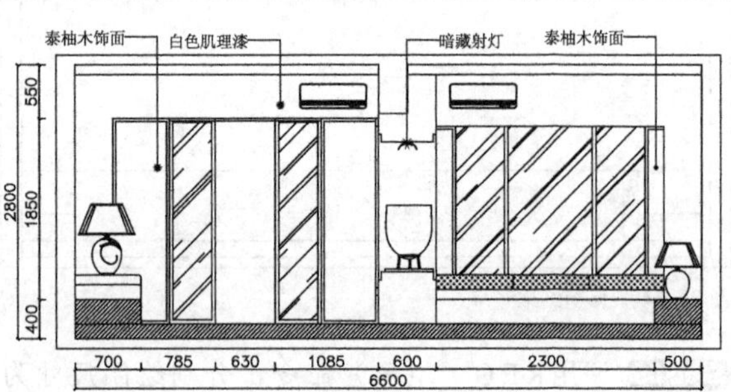

图 20-153 尺寸标注

20.5.6 绘制卫生间 B 立面图

本实例介绍卫生间 B 立面图的绘制方法，其中主要调用了【复制】、【矩形】、【填充】等命令。

Step 01 调用CO（复制）命令，移动复制卫生间D立面图的平面部分到一旁；调用RO（旋转）命令，翻转图形的角度，整理结果如图20-154所示。

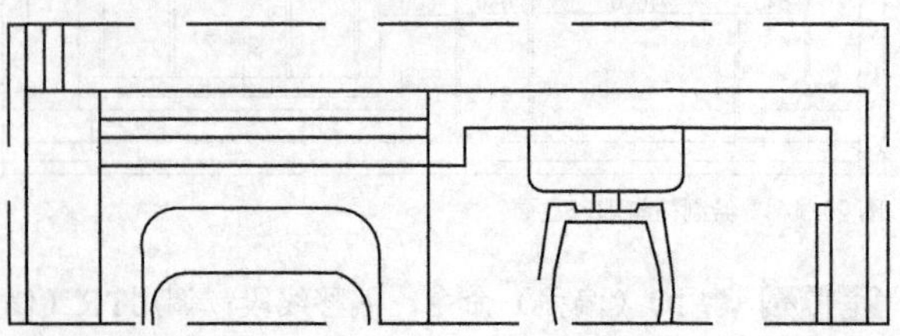

图 20-154 整理图形

Step 02 调用REC（矩形）命令，绘制尺寸为2350×3000的矩形；调用X（分解）命令，分解所绘制的矩形。

Step 03 调用O（偏移）命令，偏移矩形边；调用TR（修剪）命令，修剪多余线段，绘制出剖面墙体轮廓，如图20-155所示。

Step 04 调用L（直线）命令，绘制直线；调用O（偏移）命令，偏移矩形边；调用TR（修剪）命令，修剪多余线段，绘制窗洞和门洞轮廓，如图20-156所示。

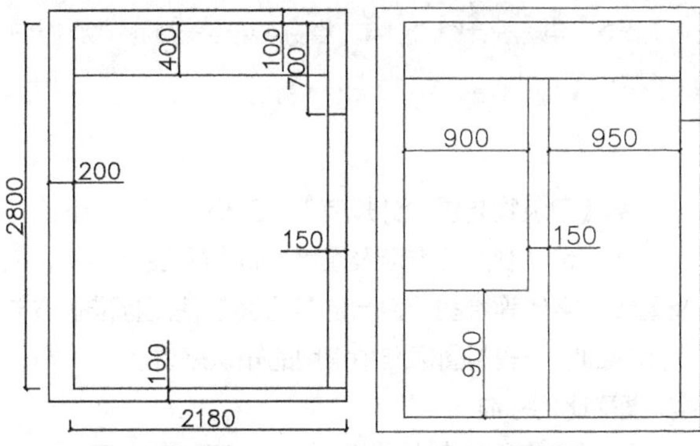

图 20-155　绘制轮廓　　图 20-156　修剪线段

Step 05 调用REC（矩形）命令，绘制尺寸为900×1500的矩形；调用O（偏移）命令，偏移矩形边，偏移距离为40；选择X（分解）命令分解偏移后的矩形；继续调用偏移命令，偏移矩形边；调用TR（修剪）命令，修剪多余线段，绘制窗户细节，如图20-157所示。

Step 06 调用H（填充）命令，在弹出的【图案填充和渐变色】对话框中选择AR-RROOF图案，设置填充比例为20，填充结果如图20-158所示。

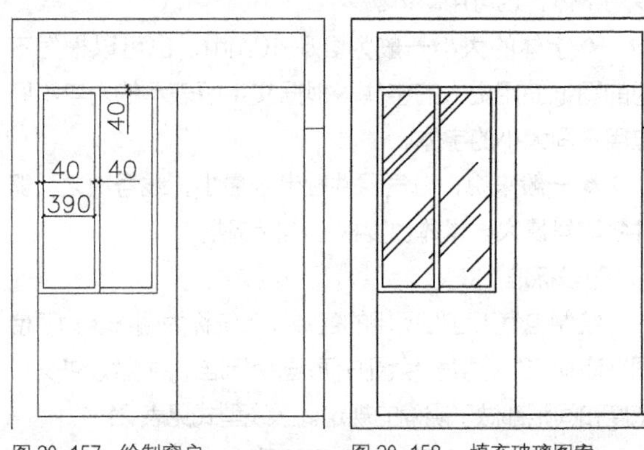

图 20-157　绘制窗户　　图 20-158　填充玻璃图案

Step 07 按Ctrl+O组合键，打开“第20章/家具图例.dwg”文件，将其中的窗帘、浴缸、马桶等家具图形复制粘贴到立图中，结果如图20-159所示。

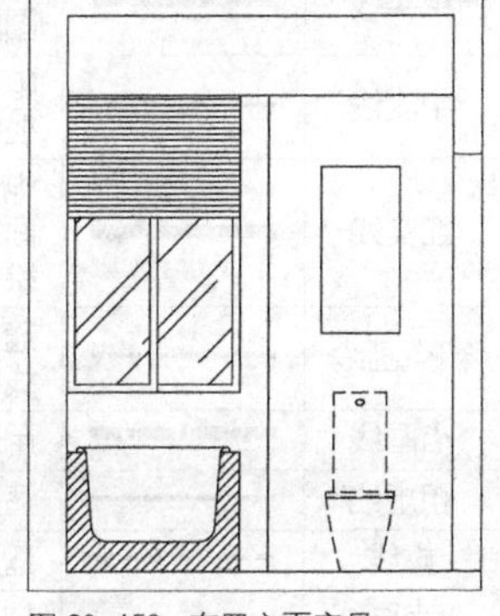

图 20-159　布置立面家具

Step 08 调用MLD（多重引线）标注命令，弹出【文字格式】对话框，输入立面材料的名称，单击【确定】按钮关闭对话框，标注结果如图20-160所示。

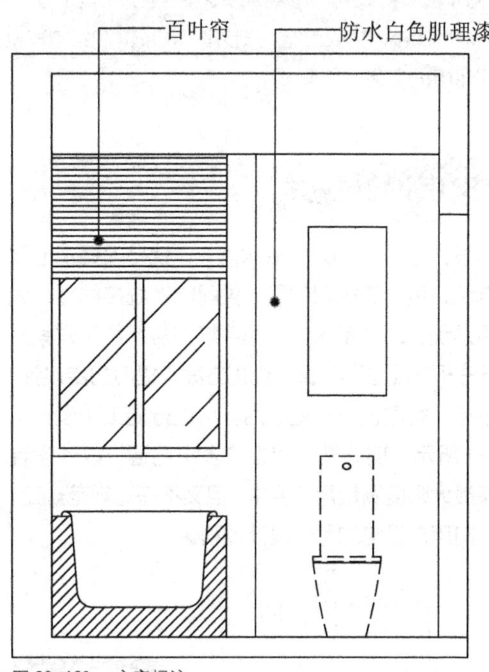

图 20-160　文字标注

Step 09 调用DLI（线性）标注命令，标注立面图尺寸，结果如图20-161所示。

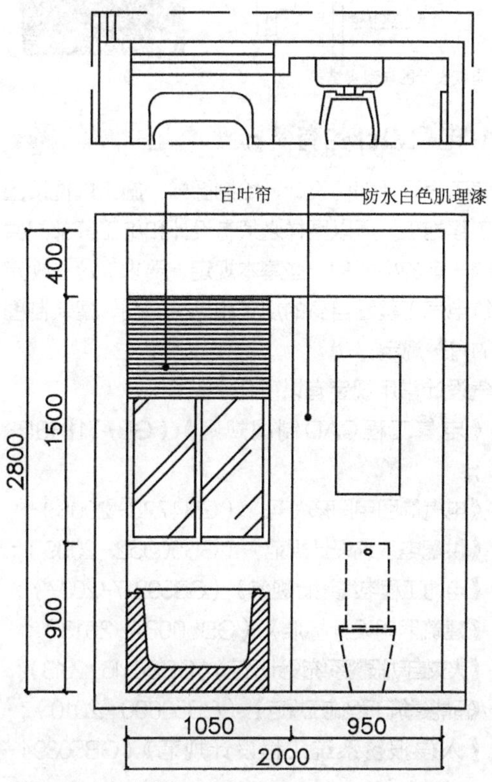

图 20-161　尺寸标注

第 21 章 电气设计与绘图

电气工程图是用来阐述电气工作原理，描述电气产品的构造和功能，并提供产品安装和使用方法的一种简图，主要以图形符号、线框或简化外表，来表示电气设备或系统中各有关组成部分的连接方式。

本章将详细讲解电气工程图的相关基础知识，包括电气设计的基本概念、电气设计图的内容，绘制常见电气图例、绘制电气工程图，以供用户掌握。

21.1 电气设计概述

电气设计（Electrical Design），就是根据规范要求，对电源、负荷等级和容量、供配电系统接线图、线路、照明系统、动力系统、接地系统等各系统从方案开始，进行分析、配置和计算，优化方案，提出初步设计，交用户审核，待建设意见返回后，再进行施工图设计，如图 21-1 所示。期间要与建设方多次沟通，以使设计方案能够最大限度满足用户要求，但又不违背规范规定，最终完成向用户供电的整个设计过程。

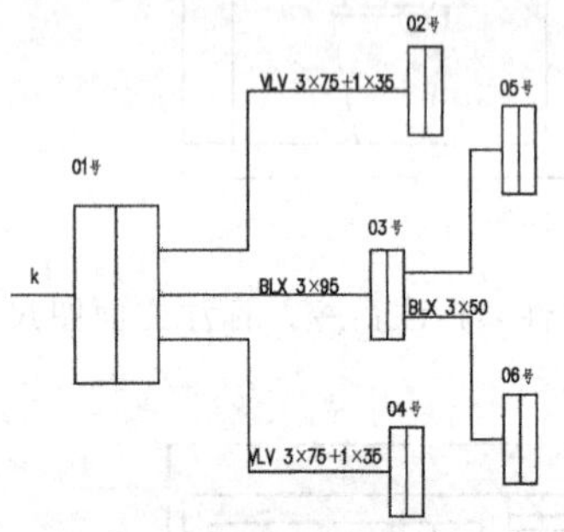

图 21-1　电气设计图与现实结果

21.1.1 电气设计的有关标准

电气工程设计部门设计、绘制图样，施工单位按图样组织工程施工，所以图样必须有设计和施工等部门共同遵守的一定的格式和一些基本规定、要求。这些规定包括建筑电气工程图自身的规定和机械制图、建筑制图等方面的有关规定。

电气设计常用规定有以下几个：

◆《电气工程 CAD 制图规则》（GB/T18135-2008）；

◆《电气简图用图形符号》（GB4728-2008）；

◆《供配电系统设计规范》（GB50052-2009）；

◆《电力工程电缆设计规范》（GB50217-2007）；

◆《建筑照明设计标准》（GB50034-2013）；

◆《火灾自动报警系统设计规范》（GB50116-2013）；

◆《智能建筑工程施工规范》（GB50606-2010）；

◆《入侵报警系统工程设计规范》（GB50394-2007）；

◆《室外作业场地照明设计标准》（GB50582-2010）；

◆《出入口控制系统工程设计规范》(GB 50396-2007);

◆《建筑物防雷设计规范》（GB50057-2010）。

电气设计制图标准涉及图纸幅面与元器件图块，以及图线、字体等绘图所包含的各方面的使用标准。本节为用户抽取一些制图标准中常用的知识来讲解。

1 图形比例标准

图形与实际物体线性尺寸的比值称为比例。大部分电气工程图是不按比例绘制的，某些位置则按照比例绘制或部分按照比例绘制。所采用的比例有 1：1、1：2、1：5、1：10、1：20、1：30、1：50、1：100、1：150、1：200、1：500、1：1000、1：2000 等。

2 字体标准

汉字、字母和数字是电气图的重要组成部分，因而电气图的字体必须符合标准。

◆汉字一般采用仿宋体、宋体；字母和数字用正体、罗马字体，也可用斜体。

◆字体的大小一般为 2.5~10mm，也可以根据不同的图纸使用更大的字体，根据文字所表示的内容不同应用不同大小的字体。

◆一般来说，电气器件触电号最小，线号次之，器件名称号最大。具体也要根据实际调整。

3 图线标准

绘制电气工程图所用的各种线条统称为图线。为了使图纸清晰、含义清楚、绘图方便，国家标准中对图线的形式、宽度和间距都做了明确的规定。图线型式见表 21-1。

表 21-1 图线型式

图线名称	图线形式	图线应用
粗实线	————	建筑的立面线、平面图与剖面图的假面轮廓线、图框线等
中实线	————	电气施工图的干线、支线、电缆线及架空线等
细实线	————	电气施工图的底图线。建筑平面图中用细实线突出用中实线绘制的电气线路
粗点画线	—·—·—·	通常在平面图中大型构件的轴线等处使用
点画线	—·—·—·	用于轴线、中心线等
粗虚线	- - - - - -	适用于地下管道
虚线	- - - - - -	适用于不可见的轮廓线
双点画线	—··—··—	辅助围框线
波浪线	～～～	断裂线
折断线	——\/——	用在被断开部分的边界线

◆电气图的线宽：可选 0.18mm、0.25mm、0.35mm、0.5mm、0.7mm、1.0mm、1.4mm、2.0mm。

◆电气图线型的间距：平行图线边缘间距至少为两条图线中较粗一条图线宽度的 2 倍。

4 尺寸标注和标高

尺寸数据是施工和加工的主要依据。尺寸是由尺寸线、尺寸界线、尺寸起止点（箭头或 45° 斜划线）、尺寸数字四个要素组成。尺寸的单位除标高、总平面图和一些特大构件以米（m）为单位外，其余一律以毫米（mm）作单位。

电气图中的标高与建筑设计图纸中的相同，在此不多做赘述。在电气工程图上有时还标有敷设标高点，它是指电气设备或线路安装敷设位置与该层坪面或楼面的高差。

5 详图索引标志

表明图纸中所需要的细部构造、尺寸、安装工艺及用料等全部资料的详细图样称为详图。有些图形在原图纸上无法进行表述而进行详细制作，故也称作节点大样等。详图与总图的联系标志称为详图索引标志，如图 21-2 表示 3 号详图与总图画在同一张图纸上；图 21-3 则表示 2 号详图画在第 5 号图纸上。

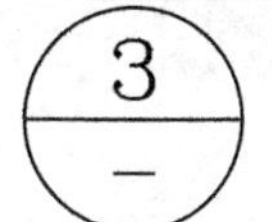

图 21-2 详图索引标志（一）

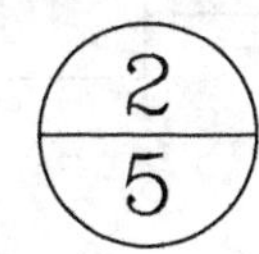

图 21-3 详图索引标志（二）

详图的比例应采用 1：1、1：2、1：5、1：10、1：20、1：50 绘制，必要时也可采用 1：3、1：4、1：25、1：30、1：40 比例绘制。

6 电气图的布局方式

电气图的布局要从对图的理解及方便使用出发，力图做到突出图的本意、布局结构合理、排列均匀、图面清晰，以方便读图。

◎ 图线布局

电气图中用来表示导线、信号通路、连接线等的图线应为直线，即常说的横平竖直，并尽可能减少交叉和弯折。

◆水平布局：水平布局的方式是将设备和元件按行布置，使得其连接线一般成水平布置，如图 21-4 所示。其中各元件、二进制逻辑单元按行排列，从而使得各连接线基本上都是水平线。

◆垂直布局：垂直布局的方式是将元件和设备按列来排列，连接线成垂直布局，使其连接线处于竖立在垂直布局的图中，如图 21-5 所示。元件、图线在图纸上的布置也可按图幅分区的列的代号来表示。

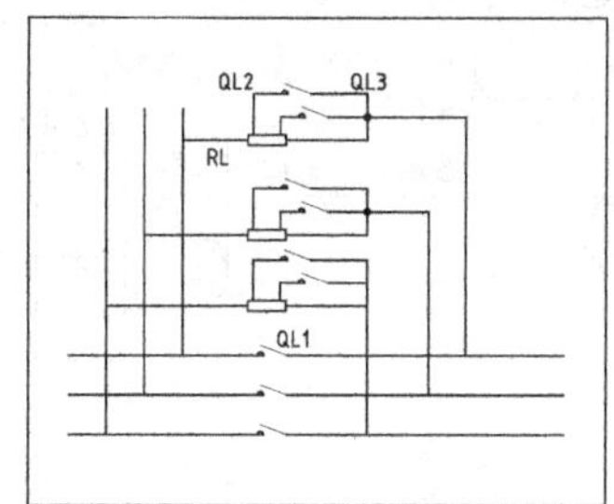

图 21-4 水平布局

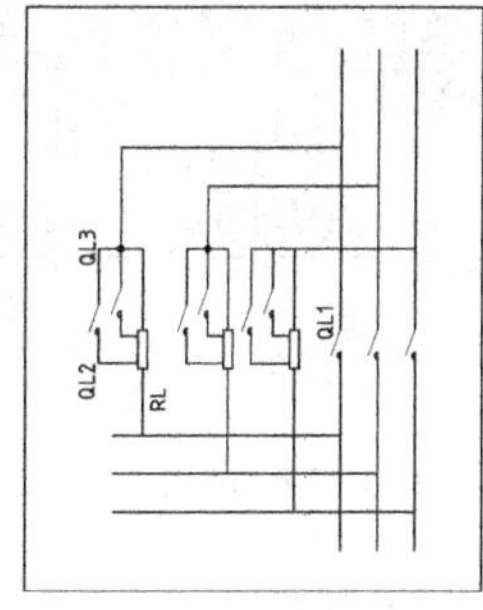

图 21-5 垂直布局

◆交叉布局：为把相应的元件连接成对称的布局，也可采用斜的交叉线方式来布置，如图 21-6 所示。

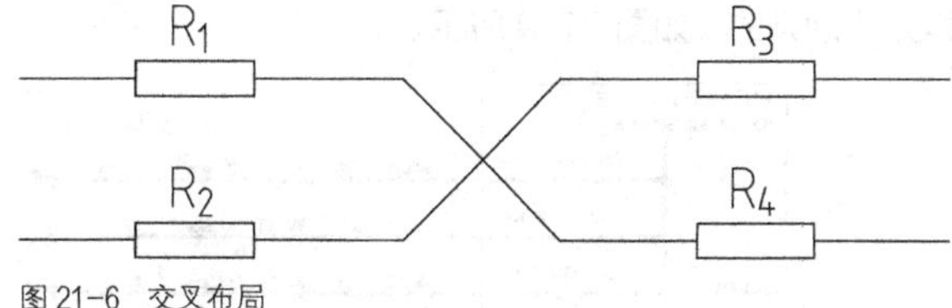

图 21-6 交叉布局

◎ 电路或元件布局

电路或元件布局的方法有两种：一种是功能布局法；另一种是位置布局法。

◆功能布局法：着重强调项目功能和工作原理的电气图，应该采用功能布局法。在功能布局法中，电路尽可能按工作顺序布局，功能相关的符号应分组并靠近，从而使信息流向和电路功能清晰，并方便留出注释位置。如图 21-7 所示为水平布局，从左至右分析，SB_1、FR、KM 都处于常闭状态，KT 线圈才能得电。经延时后，KT 的常开触合点闭合，KM 得电。

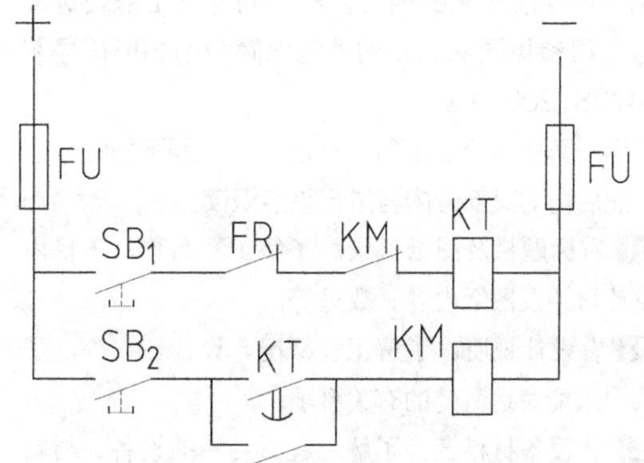

图 21-7 功能布局法示意图

◆位置布局法：强调项目实际位置的电气图，应采用位置布局法。符号应分组，其布局按实际位置来排列。位置布局法指电气图中元件符号的布置对应于该元件实际位置的布局方法。图 21-8 所示为采用位置布局法绘制的电缆图，提供了有关电缆的信息，如导线识别标记、两端位置以及特性、路径等。

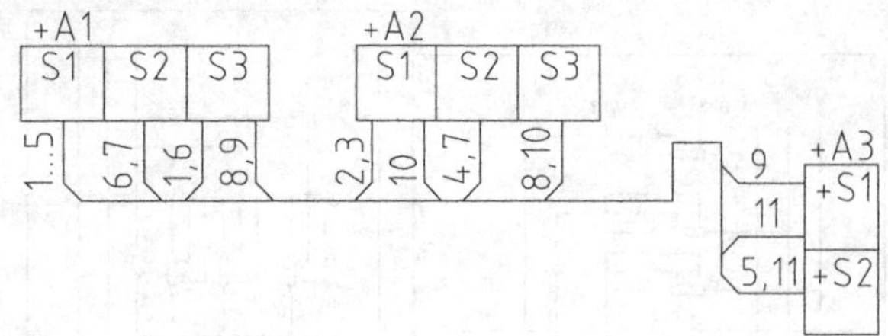

图 21-8 位置布局法

7 围框

当需要在图上显示其中的一部分所表示的是功能单元、结构单元或项目组（电器组、继电器装置）时，可以用点画线围框表示。为了使图面清楚，围框的形状可以是不规则的，如图 21-9 所示。

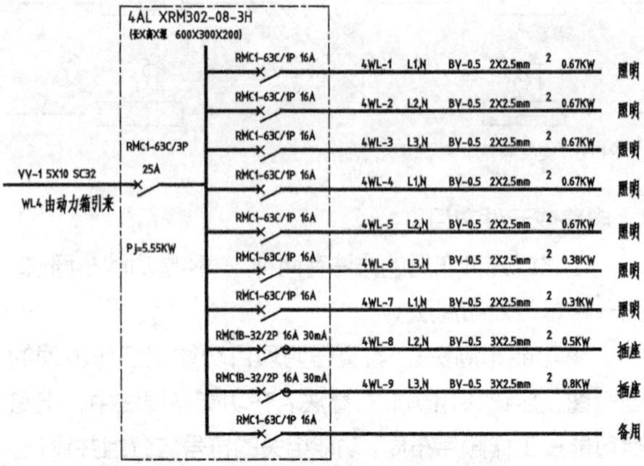

图 21-9 围框例图

21.1.2 电气设计的常见符号

电气图纸识读，首先必须熟悉电气图例符号，弄清图例、符号所代表的内容，常用的电气工程图例及文字符号可参见国家颁布的《电气简图用图形符号》（GB4728-2008）。

阅读一套电气施工图纸，一般应先按照下面的顺序阅读，然后再对某部分内容进行重点识读。

Step 01 看标题栏及图纸目录。了解工程名称、项目内容、设计日期及图纸内容、数量等。

Step 02 看设计说明。了解工程概况、设计依据等，了解图纸中未能表达清楚的有关事项。

Step 03 看设备材料表。了解工程所使用的设备、材料的型号、规格和数量等。

Step 04 看系统图。了解系统基本组成，主要电气设备、元件之间的连接关系以及它们的规格、型号、参数等，掌握该系统的组成概况。

Step 05 看平面布置图。了解电气设备的规格、型号、数量及线路的起始点、敷设部位、敷设方式和导线根数等。平面图的阅读顺序可按照以下顺序进行：电源进线—总配电箱—干线—支线—分配电箱—电气设备。

Step 06 看控制原理图。了解系统中电气设备的电气自动控制原理，以指导设备安装调试工作。

Step 07 看安装接线图。了解电气设备的布置与接线。

Step 08 看安装大样图。了解电气设备的具体安装方法、安装部件的具体尺寸等。

1 电气图用图形符号

电气图用图形符号主要用于图样或其他文件，以表示一个设备或概念的图形、标记或字符。图形符号是通过书写、绘制、印刷或其他方法产生的可视图形，是一种以简明易懂的方式来传递一种信息，表示一个实物或概念，并可提供有关条件、相关性及动作信息的工业语言。

因本书篇幅所限，且电气符号图例较多，便只针对其内容进行介绍，具体图例请参见《电气箱图用图形符号》（GB4728-2008）。

◎ 图形符号组成

图形符号由一般符号、符号要素、限定符号和方框符号组成。

一般符号：它是指表示一类产品或此类产品特征的简单符号，如电阻、电感和电容等，如图 21-10 所示。

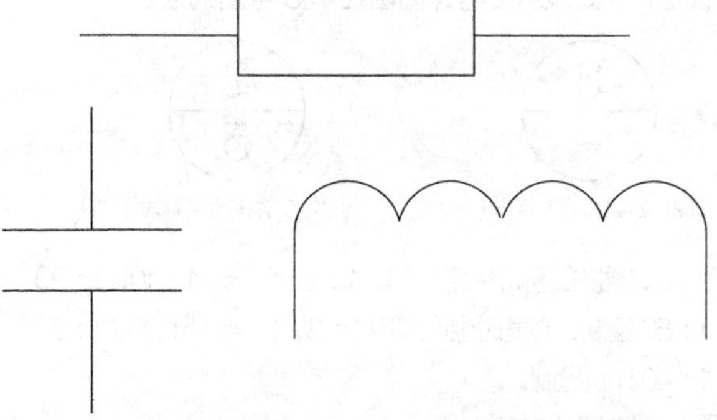

图 21-10 一般图形符号

◆符号要素：它是指具有确定意义的简单图形，必须同其他图形组合，以构成一个设备或概念的完整符号。

◆限定符号：它是指用于提供附加信息的一种加在其他符号上的符号，不能单独使用，但一般符号有时也可以用作限定符号。

◆方框符号：它是指用于表示元件、设备等的组合及其功能，既不给出元件、设备的细节，也不考虑所有这些连接的一种简单图形符号。方框符号在系统图和框图中使用最多，在电路图中的外购件、不可修理件也可以用方框符号表示。

◎ 图形符号分类

图形符号的分类有以下 11 种，下面将分别进行介绍。

◆导线和连接器件：各种导线、接线端子和导线的连接、连接器件、电缆附件等。

◆无源元件：包括电阻器、电容器、电感器等。

◆半导体管和电子管：包括二极管、三极管、晶闸管、电子管、辐射探测器等。

◆电能的发生和转换：包括绕组、发电机、电动机、变压器、变流器等。

◆开关、控制和保护装置：包括触点（触头）、开关、开关装置、控制装置、电动机启动器、继电器、熔断器、间隙、避雷器等。

◆测量仪表、灯和信号器件：包括指示积算和记录仪表、热电偶、遥测装置、电钟、传感器、灯、喇叭和铃等。

◆电信交换和外围设备：包括交换系统、选择器、电话机、电报和数据处理设备、传真机、换能器、记录和播放等。

◆电信传输：包括通信电路、天线、无线电台及各种电信传输设备。

◆电力、照明和电信布置：包括发电站、变电站、网络、音响和电视的电缆配电系统、开关、插座引出线、电灯引出线、安装符号等。适用于电力、照明和电信系统和平面图。

◆二进制逻辑单元：包括组合和时序单元、运算器单元、延时单元、双稳、单稳和非稳单元、位移寄存器、计数器和储存器等。

◆模拟单元：包括函数器、坐标转换器、电子开关等。

◎ 常用图形符号应用的说明

常用图形符号的应用说明主要包括以下 6 点。

◆所有图形符号均由按无电压、无外力作用的正常状态示出。

◆在图形符号中，某些设备元件有多个图形符号，有优选形、其他形、形式 1、形式 2 等。选用符号的遵循原则是：尽可能采用优选形；在满足需要的前提下，尽量采用最简单的形式；在同一图号的图中，使用同一种形式。

◆符号的大小和图线的宽度一般不影响符号的含义，在有些情况下，为了强调某些方面或者为了便于补充信息，或者为了区别不同的用途，允许采用不同大小的符号和不同宽度的图线。

◆为了保持图面的清晰，避免导线弯折或交叉，在不致引起误解的情况下，可以将符号旋转或成镜像放置，但此时图形符号的文字标注和指示方向不得倒置。

◆图形符号一般都画有引线，但在绝大多数情况下，引线位置仅用作示例，在不改变符号含义的原则下，引线可取不同的方向，如引线符号的位置影响到符号的含义，则不能随意改变，否则会引起歧义。

◆在 GB4728 中比较完整地列出了符号要素、限定符号和一般符号，但组合符号是有限的。若某些特定装置或概念的图形符号在标准中未列出，允许通过已规定的一般符号、限定符号和符号要素适当组合，派生出新的符号。

2 电气设备用图形符号

电气设备用图形符号是完全区别于电气图用图形符号的另一类符号，主要适用于各种类型的电气设备或电气设备部件上，使得操作人员明了其用途和操作方法，也可用于安装或移动电气设备的场合，诸如禁止、警告、规定或限制等要求注意的事项。电气设备用图形符号主要有识别、限定、说明、命令、警告和指示 6 大用途，设备用图形符号必须按照一定的比例绘制。

3 电气图中常用的文字符号

在电气工程中，文字符号适用于电气技术领域中技术文件的编制，用以标明电子设备、装置和元器件的名称及电路的功能、状态和特征。根据我国公布的电气图用文字符号的国家标准规定，文字符号采用大写正体的拉丁字母，分为基本文字符号和辅助文字符号两类。

基本文字符号分为单字母和双字母两种。单字母符号是按拉丁字母顺序将各种电子设备、装置和元器件分为 23 大类，每大类用一个专用单字母符号表示，如“R”表示电阻器类、“C”表示电容器类等，单字母符号应优先采用。双字母符号由一个表示种类的单字母符号与另一个字母组成，其组合形式应以单字母符号在前，另一个字母在后的次序列出。如“TG”表示电源变压器，“T”为变压器单字母符号。只有在单字母符号不能满足要求，需要将某大类进一步划分时，才采用双字母符号，以便较详细和具体地表达电子设备、装置和元器件等。

各类常用基本文字符号如表 21-2 所示。

表 21-2 常用电路文字符号

文字符号	含义
AAT	电源自动投入装置
AC	交流电
DC	直流电
FU	熔断器
G	发电机
K	继电器
KD	差动继电器
KH	热继电器
KOF	出口中间继电器
KT	时间继电器/延时有或无继电器
KV(NZ)	电压继电器(负序零序)
KI	阻抗继电器

（续表）

文字符号	含义
KM	接触器
KV	电压继电器
QF	断路器
T	变压器
YC	合闸线圈
TV	电压互感器
PQS	有功/无功视在功率
SE	实验按钮
f	频率
Q	电路的开关器件
SB	按钮开关
PJ	有功电度表
PF	频率表
PPA	相位表
PW	有功功率表
PR	无功功率表
HS	光信号
HR	红色灯
HY	黄色灯
HW	白色灯
XP	插头
XT	端子板
WB	直流母线
WP	电力分支线
WE	应急照明分支线
WT	滑触线
WCL	合闸小母线
WLM	照明干线
WF	闪光小母线
WPS	预报音响小母线
WELM	事故照明小母线
FF	跌落式熔断器
C	电容器
SBF	正转按钮
SBS	停止按钮
SBT	试验按钮
SQ	限位开关
SH	手动控制开关
SL	液位控制开关
SP	压力控制开关
ST	温度控制开关辅助开关
SA	电流表切换开关/转换开关
UR	可控硅整流器
UF	变频器
UI	逆变器
MA	异步电动机
MD	直流电动机

（续表）

文字符号	含义
MC	笼型电动机
YV	电磁阀
YS	排烟阀
YT	跳闸线圈
YPAYA	气动执行器
FH	发热器件(电加热)
EV	空气调节器
L	感应线圈电抗器/线路
LA	消弧线圈
R	电阻器变阻器
RT	热敏电阻
RPS	压敏电阻
RD	放电电阻
RF	频敏变阻器
B	光电池热电传感器
BT	温度变换器
BTBK	时间测量传感器
BHBM	温度测量传感器
M	电动机
HG	绿色灯
HP	光字牌
KA(NZ)	电流继电器(负序零序)
KF	闪光继电器
KM	中间继电器
KS	信号继电器
KP	极化继电器
KR	干簧继电器
KW(NZ)	功率方向继电器(负序零序)
	瞬时继电器
KA	瞬时有或无继电器
	交流继电器
QS	隔离开关
TA	电流互感器
W	直流母线/电线电缆母线
EUI	电动势电压电流
SR	复归按钮
FR	热继电器
KA	交流继电器
PJR	无功电度表
PM	最大需量表
PPF	功率因数表
PAR	无功电流表
HA	声信号
HL	指示灯
HB	蓝色灯
XB	连接片
XS	插座
WIB	插接式(馈电)母线

（续表）

文字符号	含义
WL	照明分支线
WPM	电力干线
WC	控制小母线
WS	信号小母线
WEM	应急照明干线
WFS	事故音响小母线
WV	电压小母线
F	避雷器
FTF	快速熔断器
FV	限压保护器件
CE	电力电容器
SBR	反转按钮
SBE	紧急按钮
SR	复位按钮
SQP	接近开关
SK	时间控制开关
SM	湿度控制开关
SS	速度控制开关
SV	电压表切换开关
U	整流器
VC	控制电路有电源的整流器
UC	变流器
MS	同步电动机
MW	绕线转子感应电动机
YM	电动阀
YF	防火阀
YL	电磁锁
YC	合闸线圈
YE	电动执行器
EL	照明灯（发光器件）
EE	电加热器加热元件
LF	励磁线圈
LL	滤波电容器
RP	电位器
RL	光敏电阻
RG	接地电阻
RS	启动变阻器
RC	限流电阻器
BP	压力变换器
BV	速度变换器
BL	液位测量传感器

21.2 电气设计图的内容

由于电气图所表达的对象不同，因而使电气图具有多样性。如表示系统的工作原理、工作流程和分析电路特性需要用电路图。表示元件之间的关系、连接方式和特点需要用接线图。在数字电路中，由于各种数字集成电路的应用，使得电路可以实现逻辑功能，因此就有了反映集成电路逻辑功能的逻辑图。

本节介绍各类电气图的基本知识。

21.2.1 目录和前言

目录和前言是电气工程图中的重要组成部分，分别介绍如下。

◆目录：目录是对某个电气工程的所有图纸编出目录，以便检索、查阅图纸，内容包括序号、图名、图纸、张数以及备注等。

◆前言：前言包括设计说明、图例、设备材料明细表、工程概算等。

21.2.2 系统图或框图

系统图或框图，也称为概略图，是指用符号或带注释的框概略表示系统或分系统的基本组成、相互关系及其主要特征的一种简图。

系统图可分不同层次绘制，可参照绘图对象的逐级分解来划分层次。一般采用总分的形式，它还作为工程技术人员参考、培训、操作和维修的基础文件，它可以使工程技术人员，对系统、装置、设备、整体供电情况等有一个概略的了解，为进一步编制详细的技术文件以及绘制电路图、平面图、接线图和逻辑图等提供依据，也为进行有关计算、选择导线和电气设备等提供了重要依据。

1 用一般符号表示的系统图

这类系统图通常采用单线表示法来绘制。例如建筑电气图中的供电系统图，如图 21-11 所示。从图 21-11 中可以看出，供电电源是室外接入室内主配电箱，通过主配电箱在接入分配电箱。其电路供电情况：设备总功率为 336kW，计算负荷为 153.72kW，计算电流为 259.05A。了解这些信息后，还可以对电路元器件的选择、供电导线的选择提供指示作用。

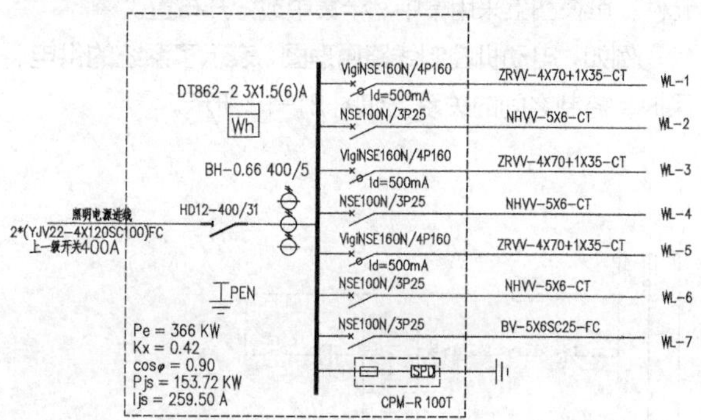

图 21-11 建筑电气供电系统图

2 框图

比较复杂的电子设备，除电路图之外，还需要使用电路框图来辅助表示。电路框图所包含的信息较少，因此，根据框图无法清楚地了解电子设备的具体电路，只能作为分析复杂电子设备的辅助方式。

如图 21-12 所示的示波器，是由一只示波管提供各种信号的电路组成的，在示波器的控制面板上设有一些输入插座和控制键钮。测量用的探头通过电缆和插头与示波器输入端子相连。示波器种类有很多，但是，基本原理与结构基本相同，通常由垂直偏转系统、水平偏转系统、辅助电路、电源及示波管电路组成。

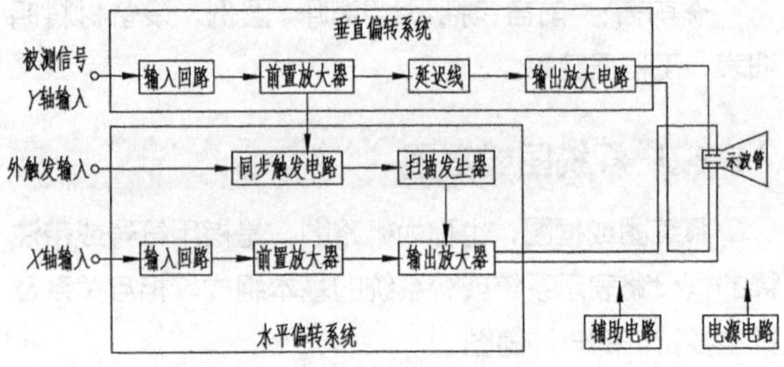

图 21-12　示波器框图

21.2.3 电路原理图和电路图

电气原理图是指用图形符号详细表示系统、分系统、成套设备、装置、部件等各组成元件连接关系的实际电路简图。

电路图是表示电流从电源到负载的传送情况和电气元件的工作原理，而不考虑其实际位置的一种简图。其目的是：便于理解设备工作原理，分析和计算电路特性及参数，为测试和寻找故障提供信息，为编制接线图、安装和维修提供依据。电路图在绘制时，应注意设备和元件的表示方法。在电路图中，设备和元件采用符号表示，并应以适当形式标注其代号、名称、型号、规格、数量等。要注意设备和元件的工作状态。设备和元件的可动部分通常应表示在非激励或不工作的状态或位置符号的布置。对于驱动部分和被驱动部分之间采用机械联结的设备和元件，可在图上采用集中、半集中或分开布置。

例如，电动机控制线路原理图，表示了系统的供电、保护、控制之间的关系，如图 21-13 所示。

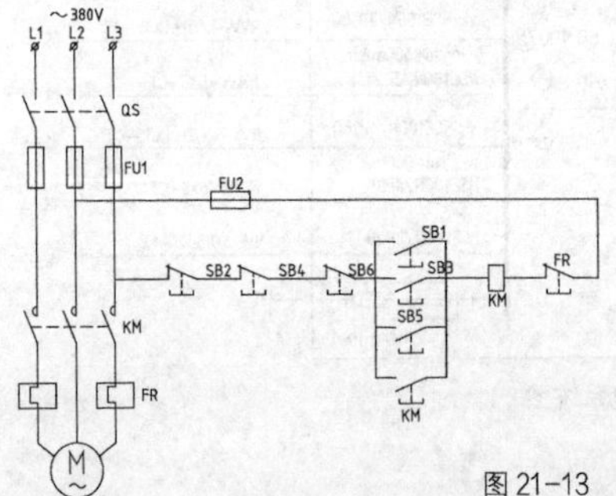

图 21-13　电动机控制线路原理图

21.2.4 接线图

接线图是表示成套装置、设备、电气元件的连接关系，用以进行安装接线、检查、试验与维修的一种简图或表格，又称为接线表。

例如，图 21-14 是电动机控制线路的主电路接线图，它清楚地表示了各元件之间的实际位置和连接关系：电源 (L1、L2、L3) 由 BLX-3×6 导线接至端子排 X 的 1、2、3 号，然后通过熔断器 FU1 ~ FU3 接至交流接触器 KM 的主触点，再经过继电器的发热元件接到端子排的 4、5、6 号，最后用导线接入电动机的 U、V、W 端子。

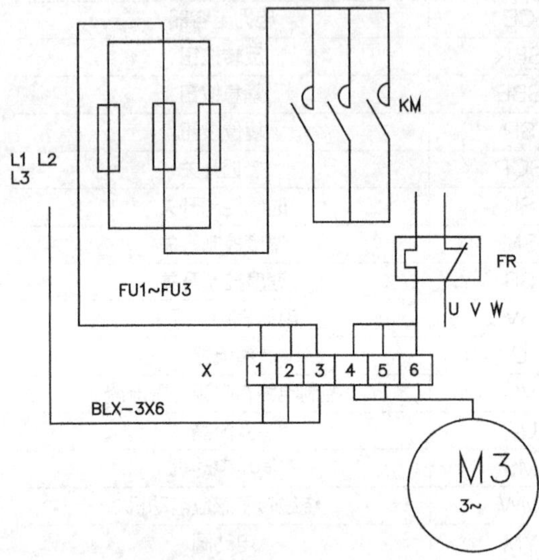

图 21-14　电动机控制接线图

21.2.5 电气平面图

电气平面图主要表示某一电气工程中的电气设备、装置和线路的平面布置。它一般是在建筑平面的基础上绘制出来的。常见的电气平面图主要有线路平面图、变电所平面图、弱电系统平面图、照明平面图、防雷与接地平面图等，如图 21-15 所示。图中表示出了电源经控制箱或配电箱，再分别经导线接至灯具及开关的具体布置。

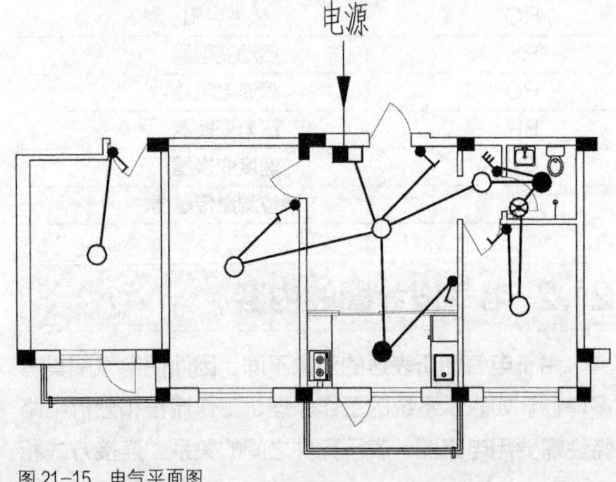

图 21-15　电气平面图

21.2.6 设备布置图

布置图是表示成套装置和设备在各个项目中的布局和安装位置，位置简图一般用图形符号绘制。如建筑电气图中的设备元件布置图，如图 21-16 所示。常见的设备布置图主要包括平面布置图、立面布置图、断面图、纵横剖面图等。

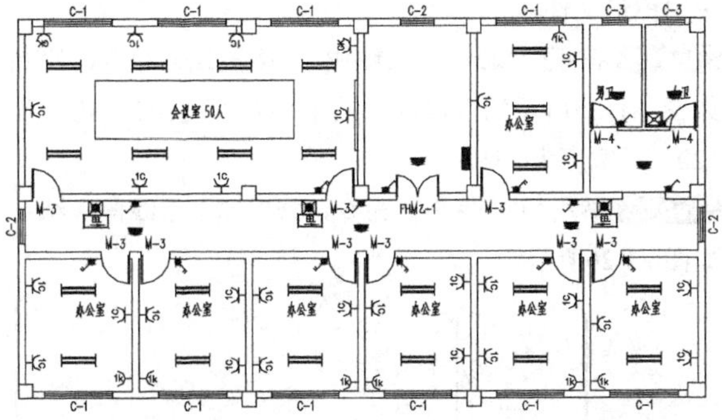

图 21-16　元器件布置图

21.2.7 设备元件和材料表

设备元件和材料表是把某一电气工程中用到的设备、元件和材料列成表格，表示其名称、符号、型号、规格和数量等，如图 21-17 所示。

符　号	名　称	型　号	数　量
ISA-351D	微机保护装置	220V	1
KS	自动加热除湿控制器	KS-3-2	1
SA	跳、合闸控制开关	LW-Z-1a,4,6a,20/F8	1
QC	主令开关	LS1-2	1
QF	自动空气开关	GM31-2PR3,0A	1
FU1-2	熔断器	AMI 16/6A	2
FU3	熔断器	AMI 16/2A	1
1-2DJR	加热器	DJR-75-220V	2
HLT	手车开关状态指示器	MGZ-91-220V	1
HLQ	断路器状态指示器	MGZ-91-220V	1
HL	信号灯	AD11-25/41-5G-220V	1
M	储能电动机		1

图 21-17　某开关柜上的设备元件表

21.2.8 大样图

大样图一般用来表示某一具体部位或某一设备元件的结构或具体安装方法的图样。一般非标准的控制柜、箱、检测元件和架空线路的安装等都需要用到大样图，大样图通常采用标准通用图集，为国家标准图。剖面图也是大样图的一种。

21.2.9 产品使用说明书用电气图

在电气设备中产品使用说明书通常附上电气图，供用户了解该产品的组成和工作过程及注意事项，以及一些电源极性端选择，以达到正确使用、维护和检修的目的。

21.2.10 其他电气图

在电气工程图中，系统图、电路图、接线图和设备布置图是最主要的图。在一些较复杂的电气工程中，为了补充和说明某一方面，还需要一些特殊的电气图，如逻辑图、功能图、曲线图和表格等。

21.3 绘制常见电气图例

电气工程的施工图是用各种图形符号、文字符号以及各种文字标注来表达的。本小节将通过绘制一些常用的电气图例，来了解和掌握这些符号的形式和内容。

21.3.1 绘制接触器

接触器（Contactor），狭义上是指能频繁关合、承载和开断正常电流及规定的过载电流的开断和关合装置；广义上是指工业电中利用线圈流过电流产生磁场，使触头闭合，以达到控制负载的电器。接触器控制容量大，适用于频繁操作和远距离控制，是自动控制系统中的重要元件之一。下面我们来绘制在非动作位置触点断开的接触器符号。

Step 01 单击快速访问工具栏中的【新建】按钮，新建图形文件。

Step 02 按F8开启正交模式，调用L（直线）命令，绘制垂直线段，结果如图21-18所示。

Step 03 按F3开启对象捕捉，调用C（圆）命令，捕捉到上部线段的下端点，沿直线向上移动鼠标，如图21-19所示，在命令行中输入“1”，指定距离下端点为1的点为圆心，绘制半径为1的圆，结果如图21-20所示。

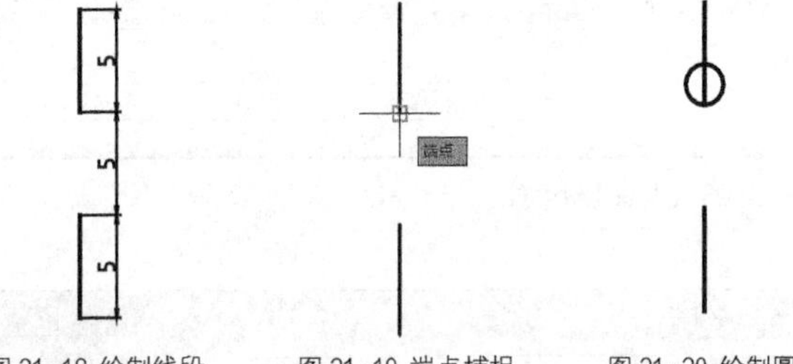

图 21-18 绘制线段　　图 21-19 端点捕捉　　图 21-20 绘制圆

Step 04 调用TR【修剪】命令，修剪圆，结果如图21-21所示。

Step 05 调用L（直线）命令，指定下部线段的上端点为起点，在命令行中输入“@7<120”，绘制线段，结果如图21-22所示。

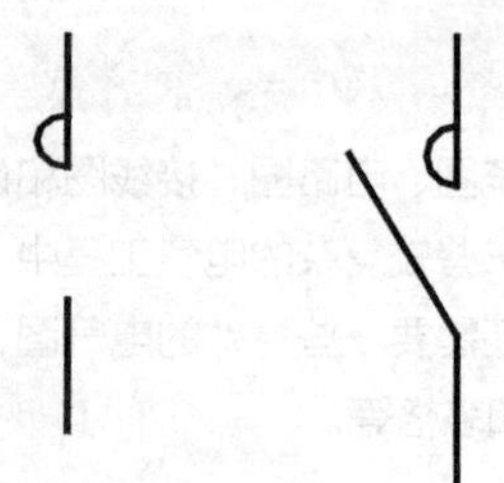

图 21-21 修剪圆　图 21-22 绘制斜线段

Step 06 调用W（写块）命令，打开【写块】对话框，在基点选项组下单击【拾取点】按钮，在绘图区中指定块基点，在对象选项组下单击【选择对象】按钮，在绘图区中选择图形后按空格键返回对话框并设置参数，如图21-23所示，单击【确定】按钮，将绘制好的图形转换为外部块。

Step 07 调用I（插入）命令，可见刚定义的块图形，结果如图21-24所示。

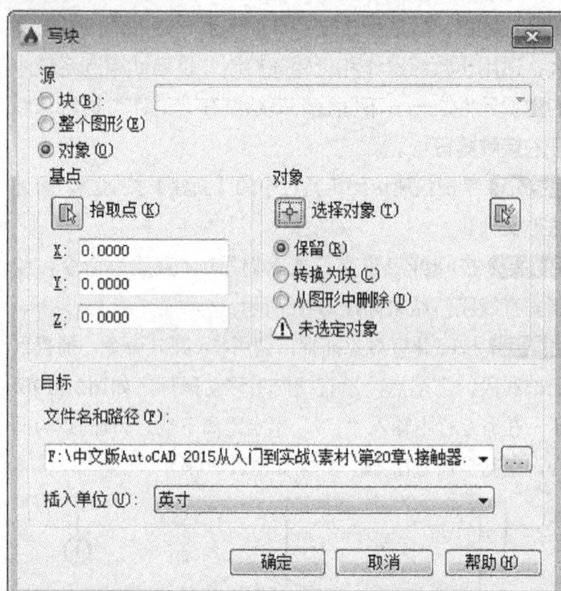

图 21-23 【写块】对话框

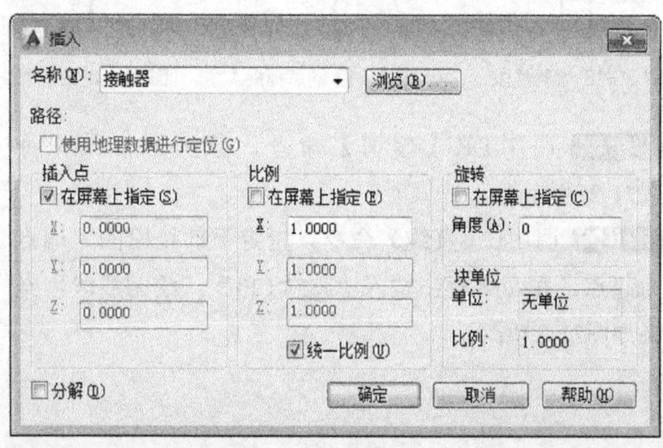

图 21-24 【插入】对话框

21.3.2 绘制按钮开关

按钮开关（Push-button Switch），是指利用按钮推动传动机构，使动触点与静触点接通或断开并实现电路换接的开关。在电气自动控制电路中，用于手动发出控制信号以控制接触器、继电器、电磁启动器等。

Step 01 单击快速访问工具栏中的【新建】按钮，新建空白图形文件。

Step 02 在正交模式下，调用PL（多段线）命令，绘制如图 21-25所示的多段线，其中斜线长度为7，角度为120°，宽度为0.35。

Step 03 调用TR（修剪）命令，修剪掉水平线段，结果如图 21-26所示。

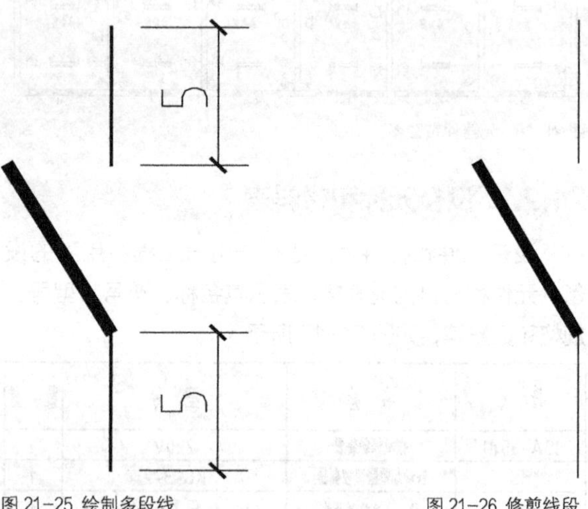

图 21-25 绘制多段线　图 21-26 修剪线段

Step 04 将线型设置为虚线，调用L（直线）命令，捕捉斜线的中点，水平向左绘制长为5的虚线段，结果如图21-27所示。

Step 05 调用PL（多段线）命令，设置宽度为 0.35，绘制如图21-28所示图形。

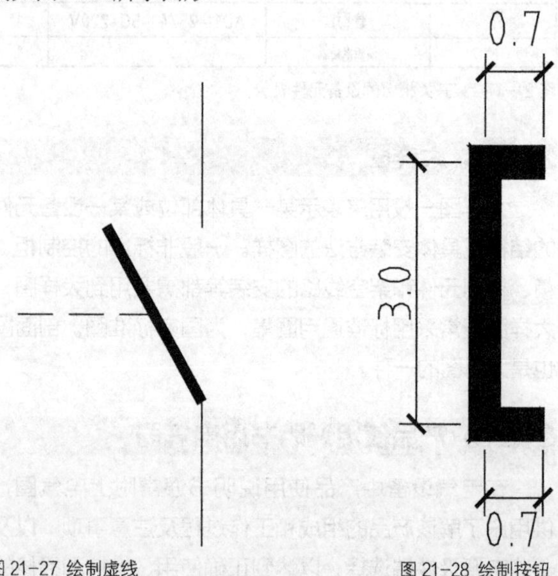

图 21-27 绘制虚线　图 21-28 绘制按钮

Step 06 调用M（移动）命令，组合图形，绘制按钮开关的结果如图21-29所示。

Step 07 调用W（写块）命令，将按钮开关创建为外部块，结果如图21-30所示。

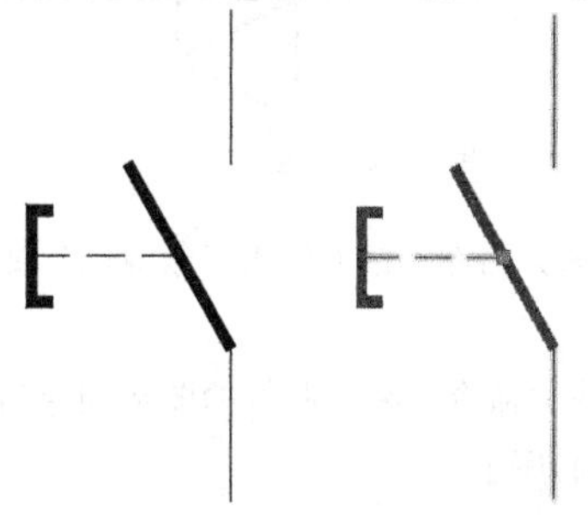

图 21-29 按钮开关　　图 21-30 写块结果

> **设计点拨**
>
> 双控开关是在两个不同的地方，可以控制同一盏灯的开、关的开关，需成对使用。双联开关指的是开关上的按钮个数，一个按钮的为单联开关，两个的为双联，三个的为三联。

21.3.3 绘制可调电阻器

可调电阻也叫可变电阻，其英文为 Rheostat，是电阻的一类，其电阻值的大小可以人为调节，以满足电路的需要。可调电阻按照电阻值的大小、调节的范围、调节形式、制作工艺、制作材料、体积大小等可分为许多不同的型号和类型，如电子元器件可调电阻、瓷盘可调电阻、贴片可调电阻、线绕可调电阻等。

Step 01 调用L（直线）命令，绘制长度为15的水平线段，结果如图21-31所示。

Step 02 调用REC（矩形）命令绘制尺寸为6×2的矩形，并设置矩形线宽为0.2，结果如图21-32所示。

图 21-31　绘制直线 　　图 21-32　绘制矩形

Step 03 调用TR（修剪）命令，修剪线段，结果如图21-33所示。

图 21-33　修剪图形

Step 04 调用PL（多段线）命令，绘制方向为60°的箭头，结果如图21-34所示。

Step 05 调用W（写块）命令，将绘制的可调电阻器图形创建为外部块。

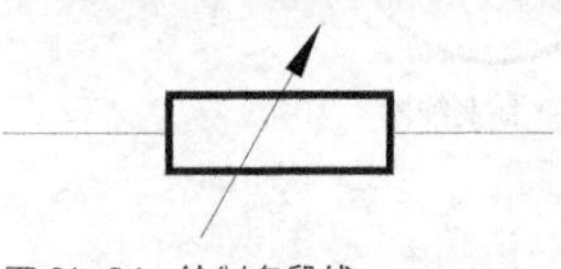

图 21-34　绘制多段线

> **设计点拨**
>
> 可调电阻可以逐渐地改变和它串联的用电器中的电流，也可以逐渐地改变和它串联的用电器的电压，还可以起到保护用电器的作用。在实验中，它还起到获取多组数值的作用。可变电阻器由于结构和使用的原因，故障发生率明显高于普通电阻器。可变电阻器通常用于小信号电路中，在电子管放大器等少数场合也使用大信号可变电阻器。

21.3.4 绘制普通电容器

电容器，通常简称其容纳电荷的本领为电容，用字母 C 表示。由于任何两个彼此绝缘又相距很近的导体，都可以组成一个电容器，因此在电路图中常用两段平行的短线段表示电容。

Step 01 调用L（直线）命令，绘制长度为6的竖向线段。

Step 02 调用REC（矩形）命令，绘制尺寸为2.5×1.5的矩形，调用M/MOVE（移动）命令，将矩形的中心点移动到线段的中点，并设置矩形线宽为0.2，结果如图21-35所示。

Step 03 调用TR（修剪）命令，修剪图形，绘制电容器符号的结果如图21-36所示。

Step 04 调用W（写块）命令，将绘制的电容器图形转换为外部块。

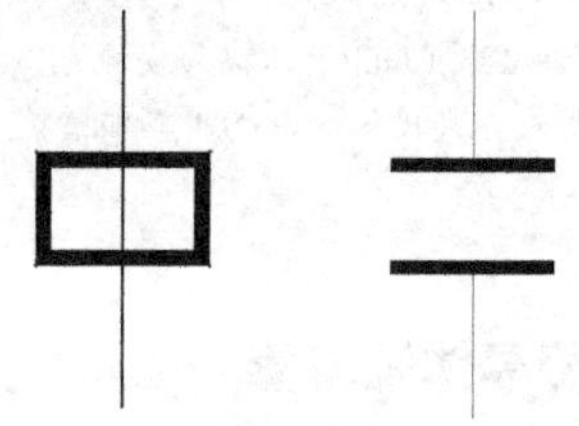

图 21-35 绘制矩形　图 21-36 修剪图形

> **设计点拨**
>
> 在直流电路中，电容器是相当于断路的。电容器是一种能够储藏电荷的元件，也是最常用的电子元件之一；但是，在交流电路中，因为电流的方向是随时间成一定的函数关系变化的。而电容器充放电的过程是有时间的，这个时候，在极板间形成变化的电场，而这个电场也是随时间变化的函数。

21.3.5 绘制发光二极管（LED）

发光二极管简称为 LED，常见的 LED 小灯即是通过发光二极管制作的。其内部由含镓 (Ga)、砷 (As)、磷 (P)、氮 (N) 等的化合物制成。绘制发光二极管的操作步骤如下。

Step 01 调用PL（多段线）命令，设置起点宽度为2，端点宽度为0，绘制箭头线，如图21-37所示。

Step 02 调用RO（旋转）命令，将多段线旋转150°，如图21-38所示。

Step 03 调用CO（复制）命令，复制前面章节中绘制好的二极管，如图21-39所示。

图 21-37 绘制箭头线　图 21-38 旋转箭头线　图 21-39 复制二极管

Step 04 调用M（移动）命令，将箭头线移动到合适的位置，如图21-40所示。

Step 05 调用CO（复制）命令，向下复制箭头多段线，如图21-41所示。

Step 06 调用B（创建块）命令，选择绘制好的电气符号，制作成块，将其命名为“发光二极管”。

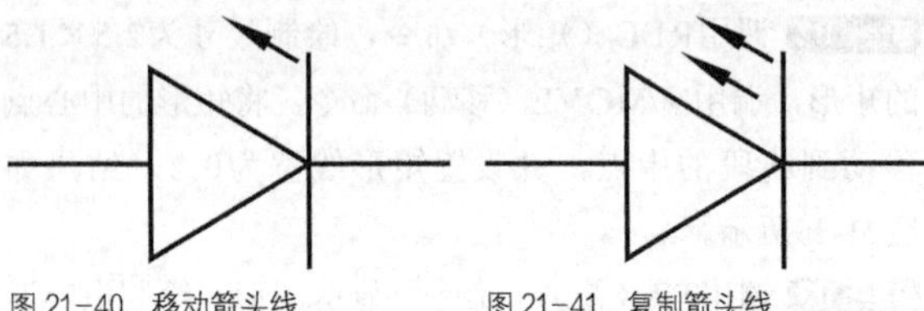

图 21-40　移动箭头线　　图 21-41　复制箭头线

设计点拨

发光二极管在电路及仪器中作为指示灯，或组成文字、数字显示。发出的光根据化合物不同而不同，砷化镓（GaAs）二极管发红光，磷化镓（GaP）二极管发绿光，碳化硅（SiC）二极管发黄光，氮化镓（GaN）二极管发蓝光。

21.3.6 绘制双向三极晶体闸流管

晶闸管（Thyristor）是晶体闸流管的简称，又可称作可控硅整流器，以前被简称为可控硅。晶闸管是PNPN四层半导体结构，它有三个极：阳极、阴极和门极。

Step 01 调用L（直线）命令，绘制长度为8的水平线段。

Step 02 调用PL（多段线）命令，在距端点距离为3处，绘制两条长度为4的垂直线段，结果如图21-42所示。

Step 03 调用POL（多边形）命令，绘制边长为2的正三角形，结果如图21-43所示。

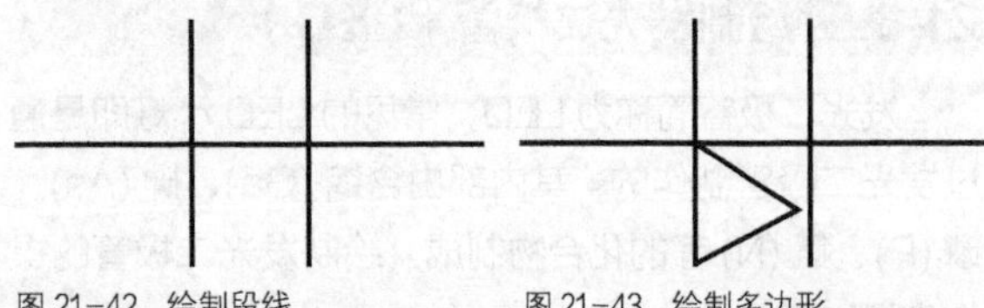

图 21-42　绘制段线　　图 21-43　绘制多边形

Step 04 选择正三角形，单击右边顶点，水平向右拉伸至直线上单击，如图21-44所示。

Step 05 调用MI（镜像）命令，镜像正三角形，结果如图21-45所示。

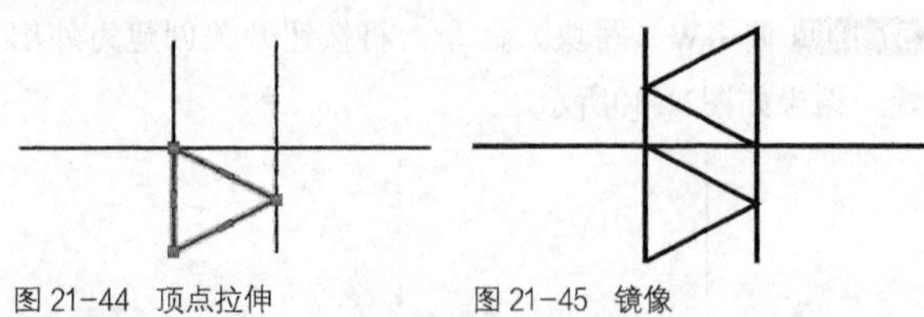

图 21-44　顶点拉伸　　图 21-45　镜像

Step 06 调用TR（修剪）命令，修剪图形，绘制结果如图21-46所示。

Step 07 调用W（写块）命令，将绘制好的图形创建为外部块，结果如图21-47所示。

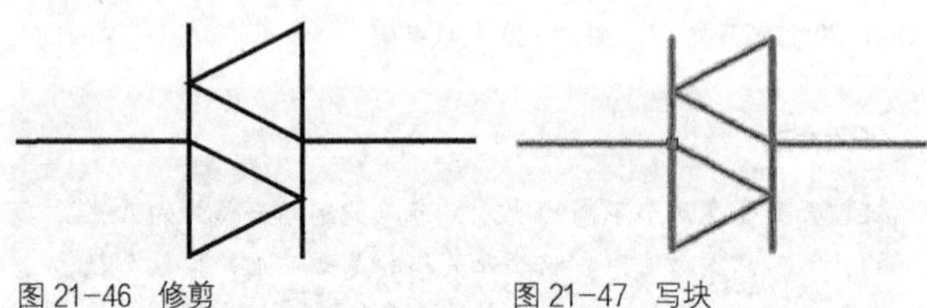

图 21-46　修剪　　图 21-47　写块

设计点拨

晶闸管工作条件为加正向电压且门极有触发电流。其派生器件有快速晶闸管、双向晶闸管、逆导晶闸管、光控晶闸管等。它是一种大功率开关型半导体器件，在电路中用文字符号为“V”“VT”表示（旧标准中用字母“SCR”表示）。

21.3.7 绘制电机

电机（英文为Electric Machinery，俗称马达）是指依据电磁感应定律实现电能转换或传递的一种电磁装置。在电路中用字母M（旧标准用D）表示。它的主要作用是产生驱动转矩，作为用电器或各种机械的动力源。

Step 01 调用C（圆）命令，绘制一个半径为7.5的圆，如图21-48所示。

Step 02 调用L（直线）命令，开启对象捕捉功能，捕捉圆上方的象限点，单击此点并向上绘制长度为7.5的垂直线段，再绘制一条通过此象限点的水平辅助线，结果如图21-49所示。

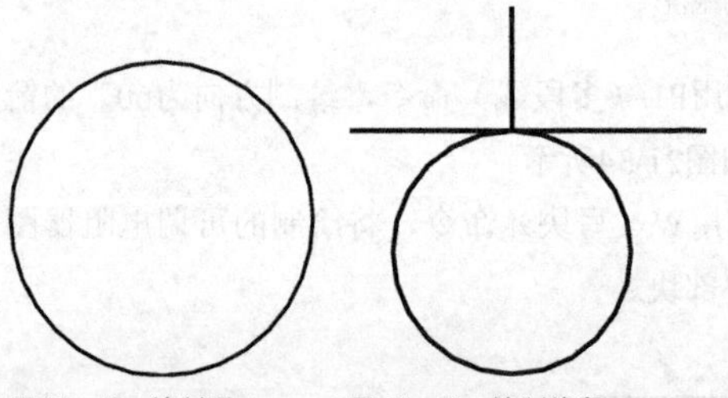

图 21-48　绘制圆　　图 21-49　绘制线段

Step 03 调用O（偏移）命令，将水平线段向上偏移2.5，将垂直线段分别向右偏移10，结果如图21-50所示。

Step 04 再次调用L（直线）命令，以经过偏移的水平线段和垂直线段的交点为起点，绘制角度为225°的直线与圆相交，结果如图21-51所示。

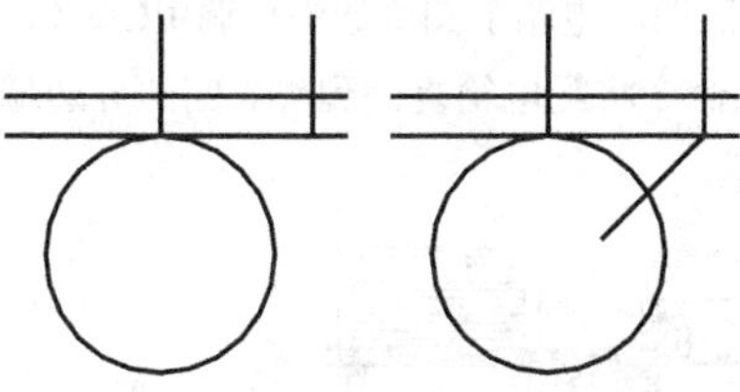

图 21-50 偏移线段　　图 21-51 绘制斜线

Step 05 调用TR（修剪）命令和E（删除）命令，剪除多余的图形，结果如图21-52所示。

Step 06 调用M（镜像）命令，镜像线段，结果如图21-53所示。

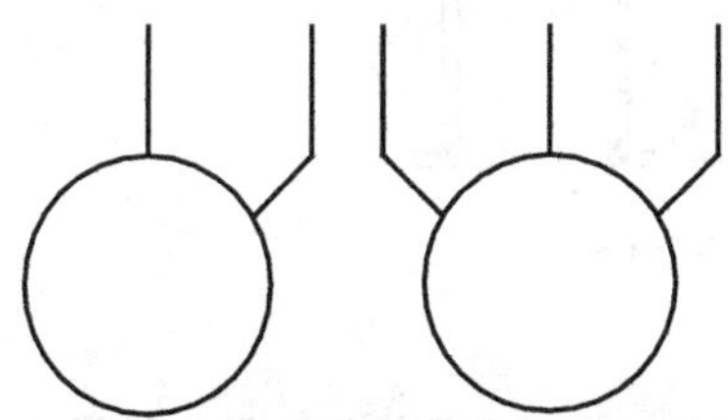

图 21-52 剪除线段　　图 21-53 镜像线段

Step 07 调用DO（圆环）命令，设置圆环内径为0，外径为1.5，指定圆上右象限点为圆环中心点，完成实心点的绘制，结果如图21-54所示。

Step 08 调用L（直线）命令，以圆上右象限点为起点，水平向右绘制长度为2.5的线段，结果如图21-55所示。

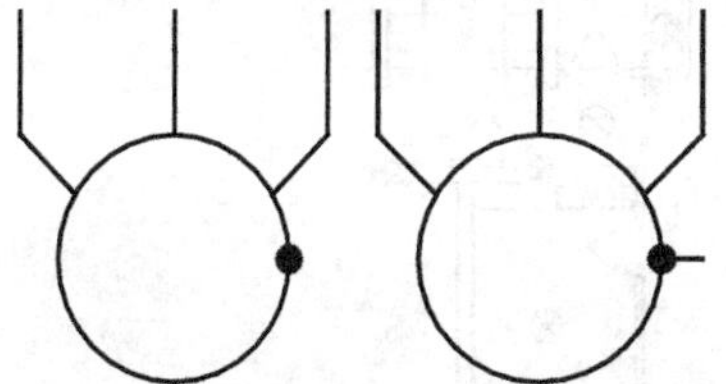

图 21-54 绘制圆环　图 21-55 绘制直线

Step 09 调用DT（单行文字）命令，输入文字，结果如图21-56所示。

Step 10 调用W（写块）命令，将绘制好的图形创建为外部块，结果如图21-57所示。

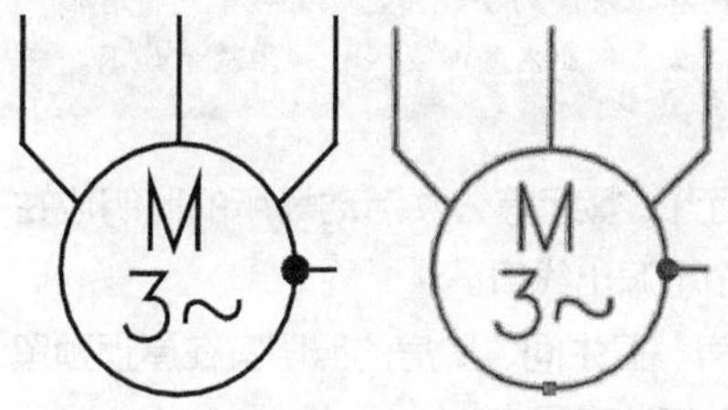

图 21-56 输入文字　　图 21-57 写块结果

> **设计点拨**
>
> 本例所绘制的是三相异步电动。M表示电动机，3~表示三相交流。

21.3.8 绘制三相变压器

变压器是变换交流电压、电流和阻抗的器件，当初级线圈中通有交流电流时，铁芯（或磁芯）中便产生交流磁通，使次级线圈中感应出电压（或电流）。随着变压器行业的不断发展，越来越多的行业和企业运用变压器，越来越多的企业进入变压器行业，变压器由铁芯（或磁芯）和线圈组成，线圈有两个或两个以上的绕组，其中接电源的绕组叫初级线圈，其余的绕组叫次级线圈。

Step 01 调用L（直线）命令，绘制长度为8的辅助垂直线段，结果如图21-58所示。

Step 02 调用C（圆）命令，分别以线段两个端点为圆心绘制一个半径为5的圆，结果如图21-59所示。

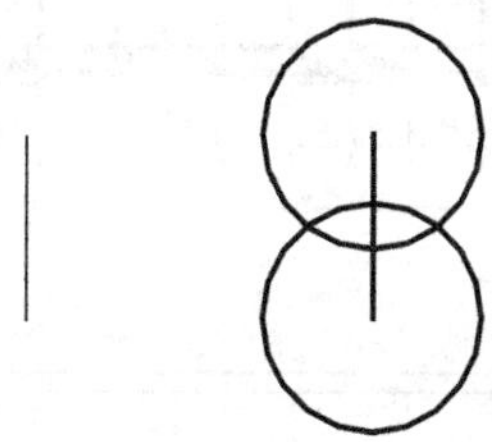

图 21-58 绘制辅助线　图 21-59 绘制圆

Step 03 调用E（删除）命令删除辅助线，再次调用L（直线）命令，绘制线段，结果如图21-60所示。

Step 04 调用DT（单行文字）命令，输入文字，结果如图21-61所示。

Step 05 调用W（写块）命令，将绘制好的图形创建为外部块。

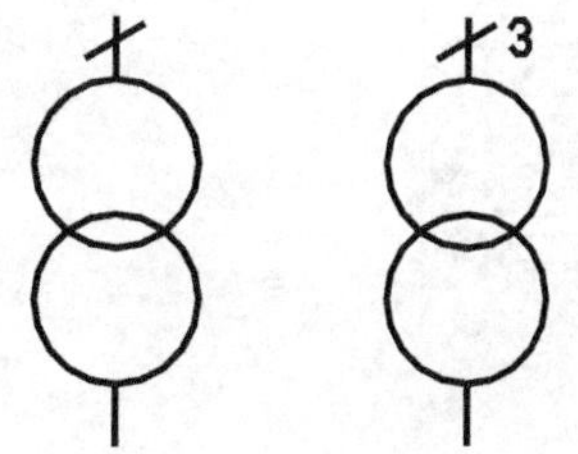

图 21-60 绘制线段　图 21-61 输入文字

> **设计点拨**
>
> 三相变压器广泛适用于交流50～60Hz，电压660V以下的电路中，广泛用于进口重要设备、精密机床、机械电子设备、医疗设备、整流装置，照明等。产品的各种输入、输出电压的高低、联接组别、调节抽头的多少及位置（一般为±5%）、绕组容量的分配、次级单相绕组的配备、整流电路的运用、是否要求带外壳等，均可根据用户的要求进行精心的设计与制造。

21.4 绘制电气工程图

本节以某住宅楼为例，介绍该住宅楼首层照明平面图的绘制流程，使用户掌握这些图的绘制方法以及相关知识。

21.4.1 绘制住宅首层照明平面图

1 设置绘图环境

Step 01 单击快速访问工具栏中的【打开】按钮，打开配套光盘提供的“21.4 住宅首层平面图”文件，结果如图21-62所示。

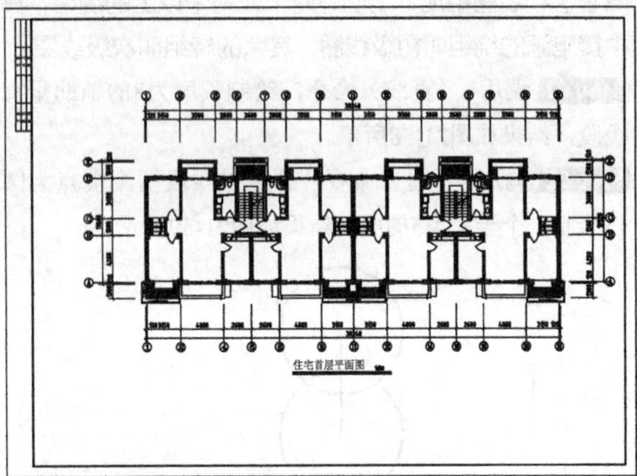

图 21-62　打开平面图

Step 02 新建图层。单击【图层】面板中的【图层特性管理器】按钮，在弹出来的【图层特性管理器】对话框中，新建【照明电气】以及【连接线路】图层，结果如图21-63所示，单击右上角的关闭按钮，关闭对话框，完成图层的设置。

图 21-63　新建图层

2 布置照明电器元器件

“首层住宅平面图”是对称的户型，可以先将其中一户的电气布置好，再调用 MI（镜像）命令完成照明平面图的绘制。

Step 03 单击【图层】面板中的【图层控制】下拉列表框，将【电气照明】图层置为当前。

Step 04 调用I【插入】命令，将“21.4 照明电器元器件图例”文件插入当前文件的空白位置，插入的图例文件如图21-64所示。

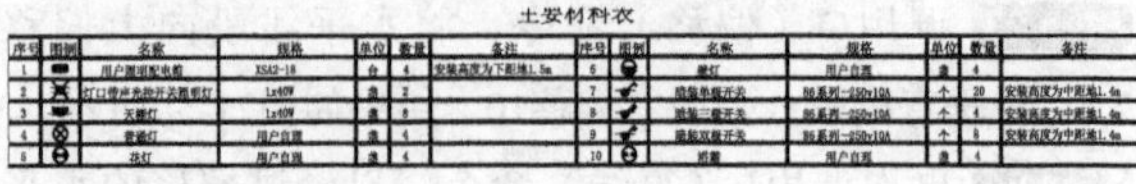

主要材料表

序号	图例	名称	规格	单位	数量	备注	序号	图例	名称	规格	单位	数量	备注
1		用户照明配电箱	XSA2-18	台	4	安装高度为下距地1.5m	6		壁灯	用户自理	盏	4	
2		灯口带声光控开关照明灯	1x40W	盏	2		7		暗装单极开关	86系列-250v10A	个	20	安装高度为中距地1.4m
3		天棚灯	1x40W	盏	8		8		暗装二极开关	86系列-250v10A	个	4	安装高度为中距地1.4m
4		普通灯	用户自理	盏	4		9		暗装双极开关	86系列-250v10A	个	8	安装高度为中距地1.4m
5		花灯	用户自理	盏	4		10		浴霸	用户自理	盏	4	

图 21-64　图例文件

Step 05 调用X（分解）命令，将插入的图块对象分解。

Step 06 将【用户照明配电箱】图块选中，调用CO（复制）、M（移动）命令将配电箱复制到洗衣间的外边墙上，如图21-65所示。

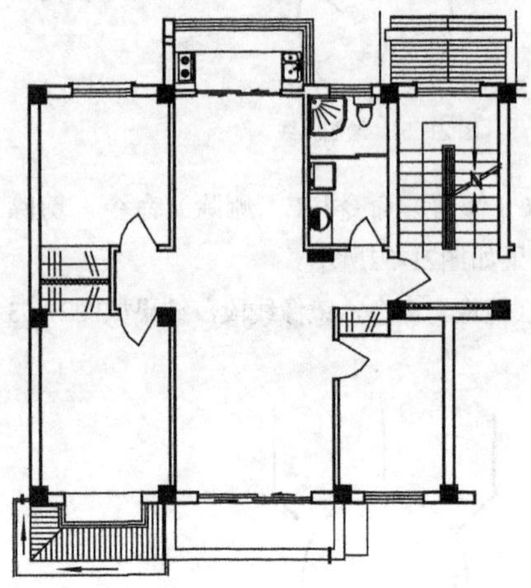

图 21-65　复制配电箱

Step 07 用同样的方法，将【天棚灯】、【普通灯】、【花灯】、【壁灯】等图块复制移动到各个房间的中间位置，并调用RO（旋转）命令调整方向，如图21-66所示。

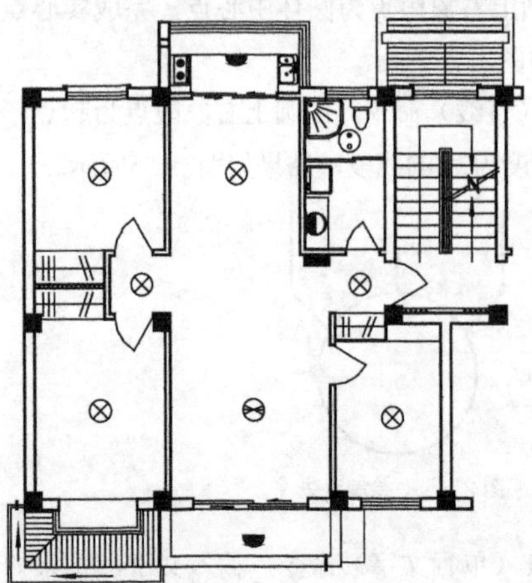

图 21-66　复制灯具

> **设计点拨**
>
> 灯具的选择应根据具体房间的功能而定，并宜采用直接照明和开启式灯具，本书将业内的布置经验具体总结如下。

◆起居室（厅）、餐厅等公共活动场所的照明应在屋顶至少预留一个电源出线口。

◆卧室、书房、卫生间、厨房的照明宜在屋顶预留一个电源出线口，灯位宜居中。

◆卫生间等潮湿场所，宜采用防潮易清洁的灯具；装有淋浴或浴盆卫生间的照明回路，宜装设剩余电流动作保护器。

◆起居室、通道和卫生间照明开关，宜选用夜间有光显示的面板。

◆有自然光的门厅、公共走道、楼梯间等的照明，宜采用光控开关。

◆住宅建筑公共照明宜采用定时开关、声光控制等节电开关和照明智能控制系统。

Step 08 选中【暗装单极开关】图块，调用CO（复制）命令将其复制到墙边上，再调用RO（旋转）命令调整开关方向，结果如图21-67所示。

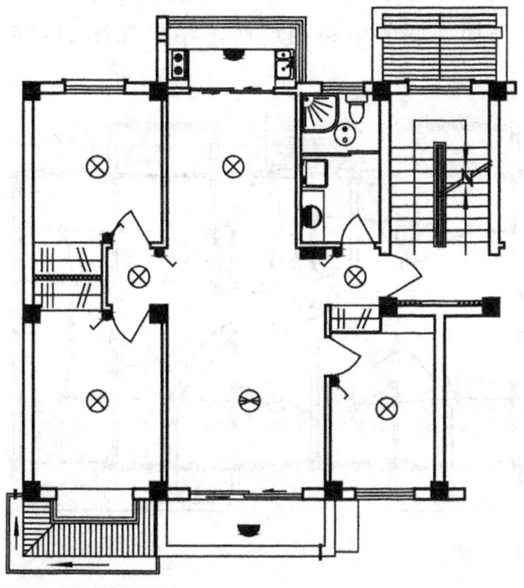

图 21-67　单极开关

Step 09 用同样的方法，将【暗装双极开关】、【暗装三极开关】插入平面图上的合适位置，结果如图21-68所示。

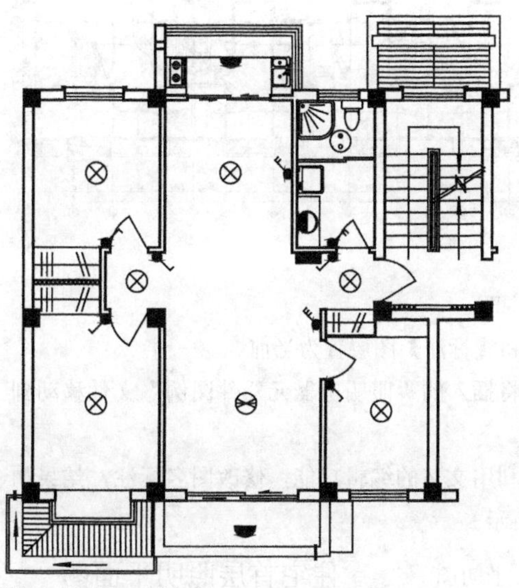

图 21-68　双、三极开关

设计点拨

照明系统中的每一单相分支回路电流不宜超过16A，灯具数量不宜超过25个；大型建筑组合灯具每一单相回路电流不宜超过25A，光源数量不宜超过60个（当采用LED光源时除外）。

3 绘制连接线路

Step 10 在【图层】面板中的【图层控制】下拉列表框中，将【连接线路】图层置为当前。

Step 11 根据线路连接各电气元件的控制原理，调用PL（多段线）命令，将线宽设置为30，先绘制出从配电箱引出，顺次连接【单极开关】、【普通灯⊗】、【花灯】、【天棚灯】的一条线路，结果如图21-69所示。

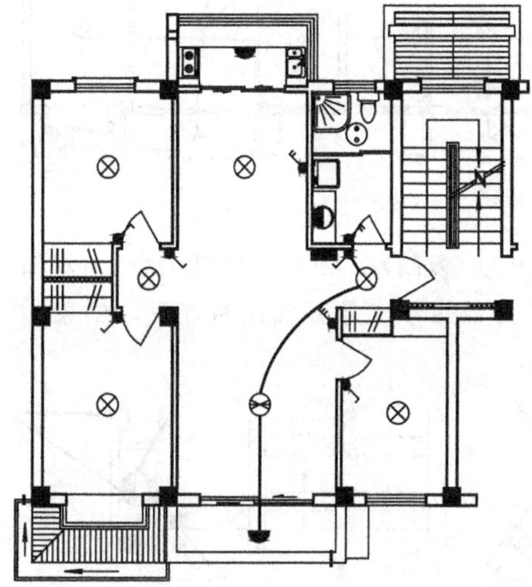

图 21-69　连接灯具

Step 12 用同样的方法，绘制出其他从配电箱引出，连接至灯具、开关的线路，结果如图21-70所示。

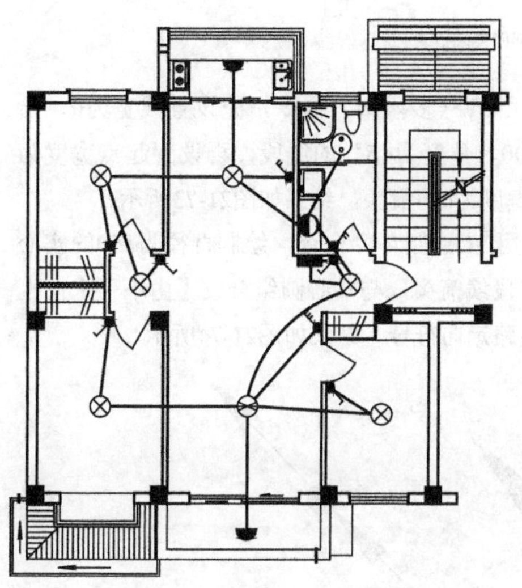

图 21-70　连接线路

设计点拨

使用多段线将各顶灯一一连接即可，但注意电线不要横穿卫生间，因为卫生间水汽太大，水会顺着瓷砖缝隙渗透，影响电线的寿命，且有安全隐患。

Step 13 调用MI（镜像）命令，将最左侧户型绘制好的灯具、开关、线路等图形镜像至右侧相邻的户型，结果如图21-71所示。

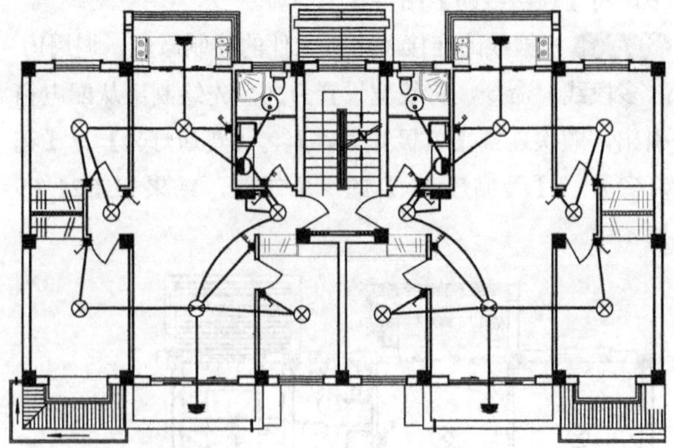

图 21-71　镜像图形

Step 14 调用CO（复制）、M（移动）等命令，在楼梯间内绘制【灯口带声光控开关照明灯】，结果如图21-72所示。

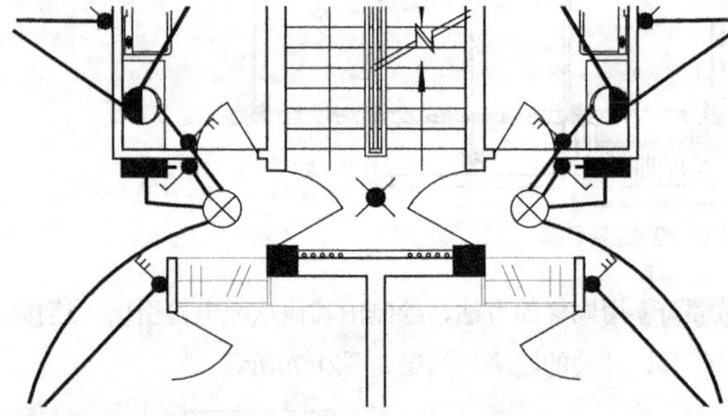

图 21-72　绘制楼梯间灯具

Step 15 调用PL（多段线）命令，先设置线宽为0，绘制一条长400、角度为45°的线段，再设置起点宽度为100、端点宽度为0的箭头，结果如图21-73所示。

Step 16 调用DO（圆环）命令，绘制直径为150的实心圆。复制多段线箭头，与实心圆组合成【由下引来向上配线】的线路走向符号，结果如图21-74所示。

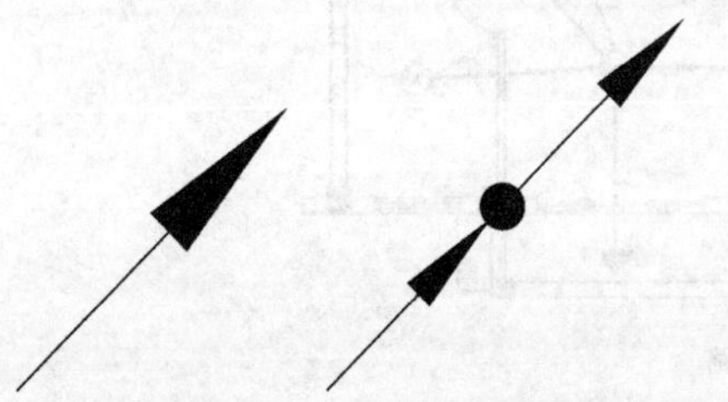

图 21-73　绘制箭头　图 21-74　线路走向符号

Step 17 调用M（移动）、CO（复制）命令，将线路走向符号布置到恰当位置，结果如图 21-75所示。

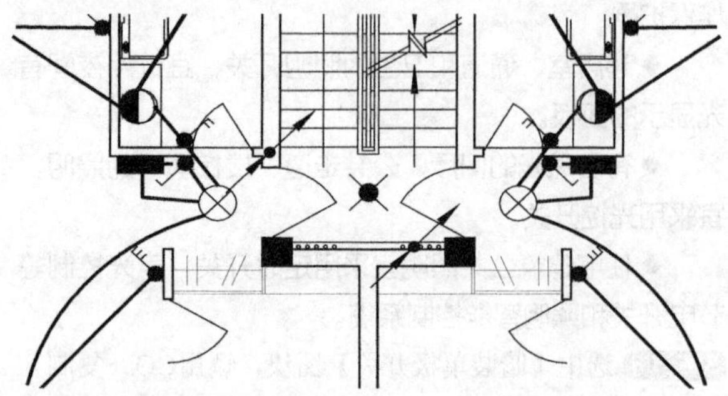

图 21-75　布置线路走向符号

Step 18 调用PL（多段线）命令，将线宽设置为30，将两户电路与楼梯间的电路相连接，结果如图21-76所示。

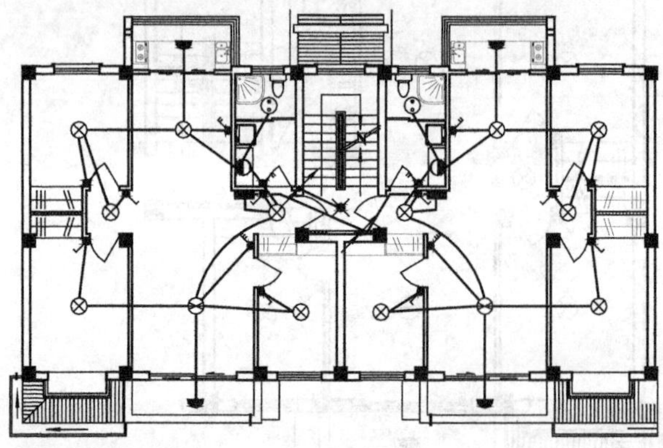

图 21-76　线路连接

Step 19 调用MI（镜像）命令，完善照明平面图，结果如图21-77所示。

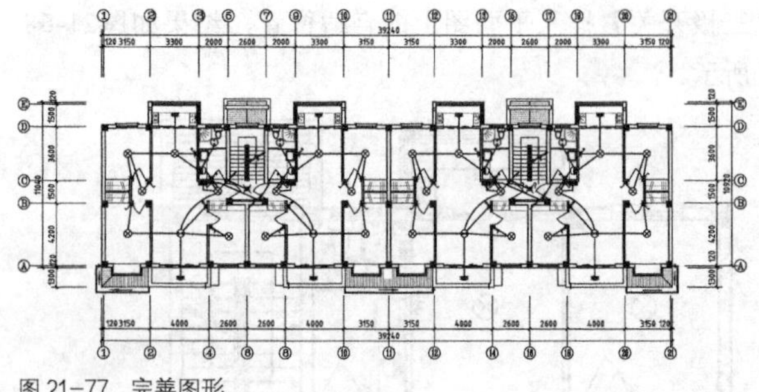

图 21-77　完善图形

4 标注说明

Step 20 将【标注】图层置为当前。

Step 21 将插入的“照明电器元器件图例”文件移动到合适位置。

Step 22 利用文字的编辑功能，修改图名标注，结果如图21-78所示。

住宅首层平面图 1:100　　住宅首层照明平面图 1:100

图 21-78　修改图名标注

Step 23 绘制住宅首层照明平面图的最终结果，如图21-79所示。

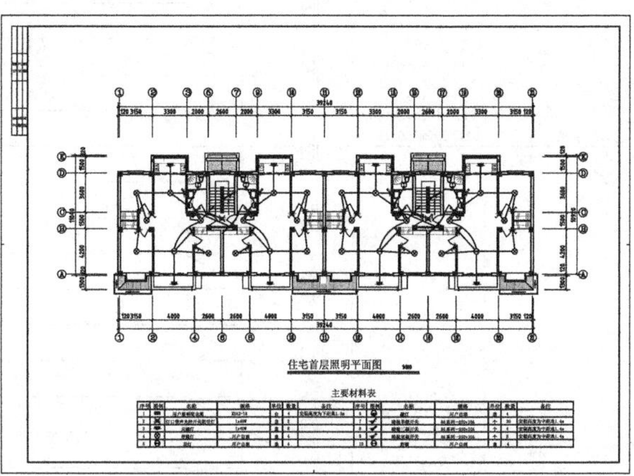

图 21-79　最终结果

21.4.2 绘制电气系统图

1 设置绘图环境

Step 01 单击快速访问工具栏中的【新建】按钮，新建一个图形文件。

Step 02 单击快速访问工具栏中的【另存为】按钮，将文件另存为“21.4 住宅照明系统图”文件。

Step 03 绘图之前，应新建相应图层。单击【图层】面板中的【图层特性管理器】按钮，在弹出的【图层特性管理器】对话框中，新建图层，结果如图21-80所示。

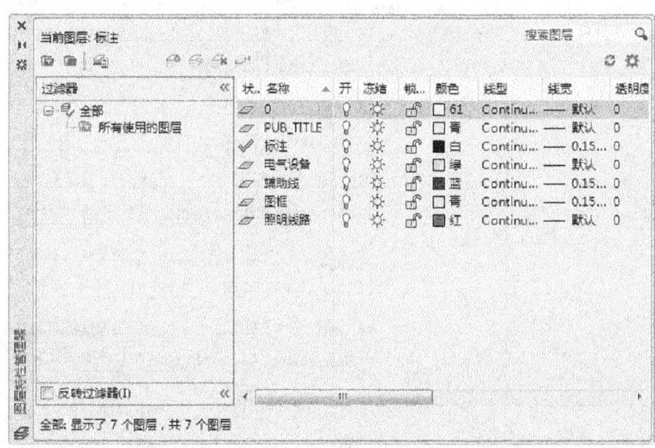

图 21-80　新建图层

Step 04 设置文字样式。在命令行中输入“ST”（文字样式）命令，在弹出的【文字样式】对话框中，单击【新建】按钮，打开【新建文字样式】对话框，设置新样式名称，结果如图21-81所示。

图 21-81　设置样式名称

Step 05 单击【确定】按钮，返回【文字样式】对话框，设置参数，并单击【应用】按钮，如图21-82所示。

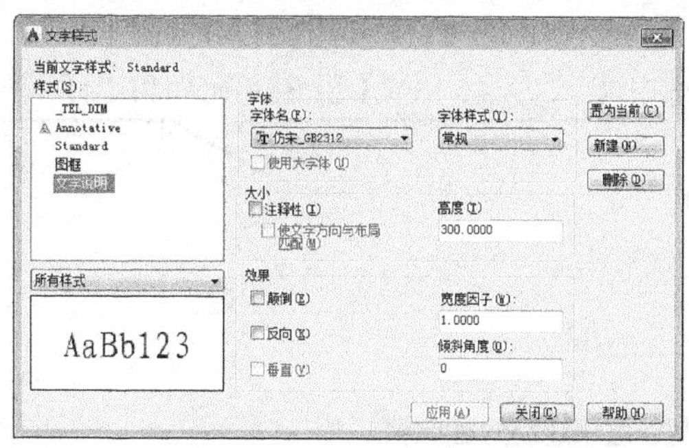

图 21-82　【文字样式】对话框

Step 06 单击【置为当前】按钮，将【文字说明】样式设为当前使用的样式，并单击【关闭】按钮关闭对话框。

2 绘制总进户线

Step 07 单击【图层】面板中的【图层控制】下拉列表框，将【照明线路】图层设置为当前层。

Step 08 调用PL（多段线）命令，指定起点，选择【宽度】选项，设置起点宽度和端点宽度为15，根据该建筑的线路布局要求，绘制出总进户线，结果如图21-83所示。

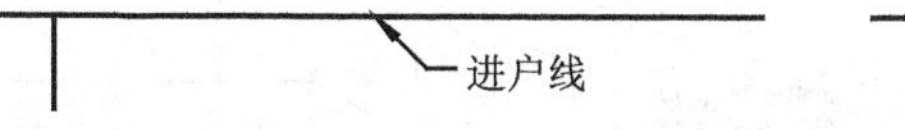

图 21-83　绘制总进户线

Step 09 单击【图层】面板中的【图层控制】下拉列表框，将【电气设备】图层设置为当前层。

Step 10 调用PL（多段线）命令，设置线宽为30的断路器符号，如图21-84所示。

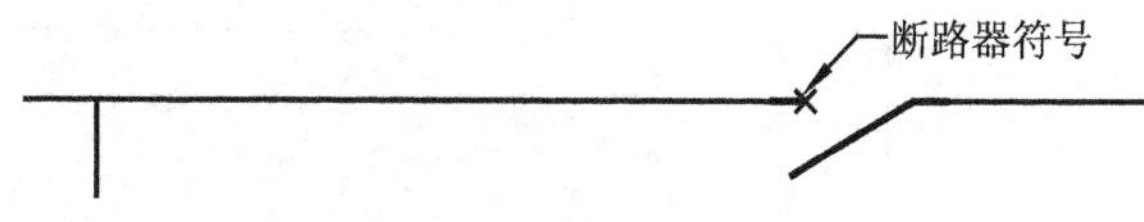

图 21-84　绘制断路器符号

Step 11 调用REC（矩形）命令，绘制浪涌保护器，结果如图21-85所示。

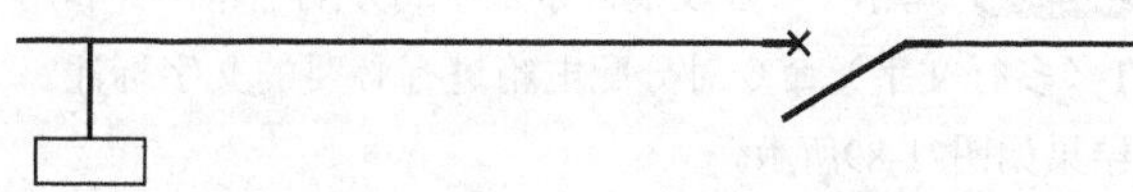

图 21-85　绘制浪涌保护器符号

Step 12 调用PL（多段线）命令，设置线宽为30，绘制接地一般符号，结果如图21-86所示。

图 21-86　绘制接地符号

Step 13 将【标注】图层置为当前，调用T（多行文字）命令，添加文字说明，结果如图21-87所示。

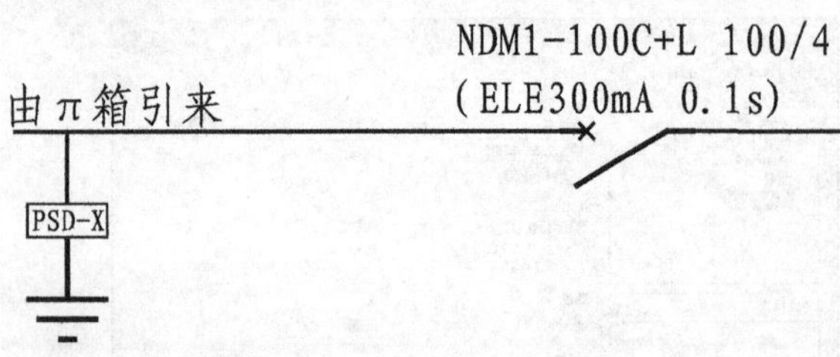

图 21-87 添加文字

3 绘制各层干线及分配电箱

Step 14 将【照明线路】图层置为当前，调用PL（多段线）命令，根据命令行提示，设置多段线的宽度为15，根据线路布局的要求绘制出从总线连接至该住宅各楼层的干线，再将【电气设备】图层置为当前，重复调用PL（多段线）命令，设置线宽为30，绘制出各楼层干线上的断路器符号，最后结果如图21-88所示。

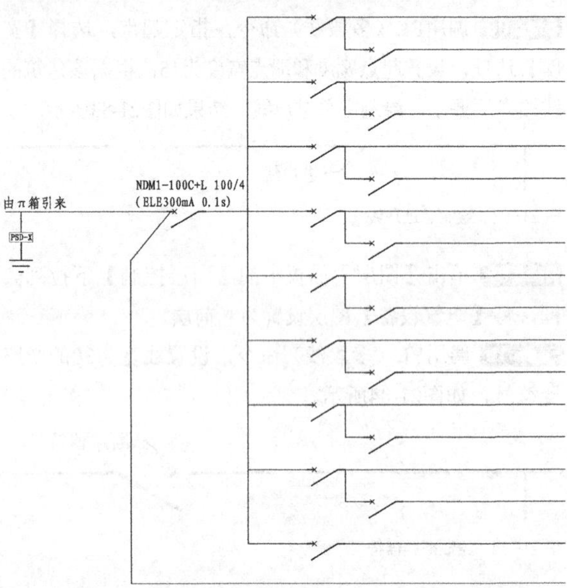

图 21-88 绘制干线及断路器符号

Step 15 调用PL（多段线）命令绘制分配电箱，并调用T（多行文字）命令对分配电箱进行必要的文字标注，结果如图21-89所示。

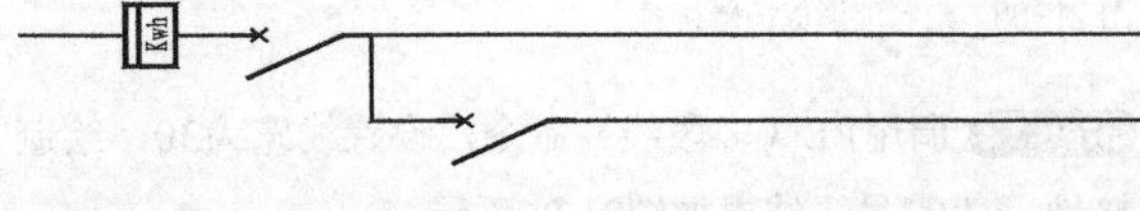

图 21-89 绘制分配电箱

Step 16 调用CO（复制）以及TR（修剪）命令，复制分配电箱至其他干线上并修剪多余线条，结果如图21-90所示。

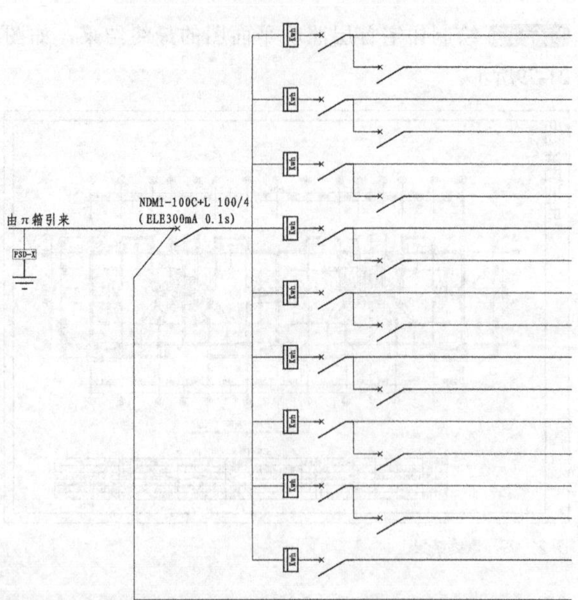

图 21-90 完善分配电箱绘制

Step 17 将【标注】图层置为当前，调用T（多行文字）命令，在绘制的各层干线上方输入相关的电气文字说明，如图21-91所示。

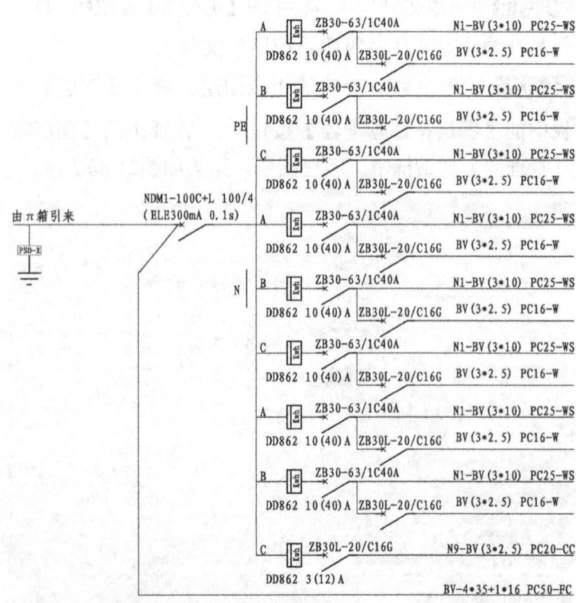

图 21-91 电气文字说明

4 文字说明及图名标注

Step 18 将【辅助线】图层设为当前，并将线型设为虚线，调用REC（矩形）命令，绘制尺寸为11000×23000的虚线框，如图21-92所示。

Step 19 调用T（多行文字）以及L（直线）命令，在【标注】图层中对系统图进行必要的文字说明，结果如图21-93所示。

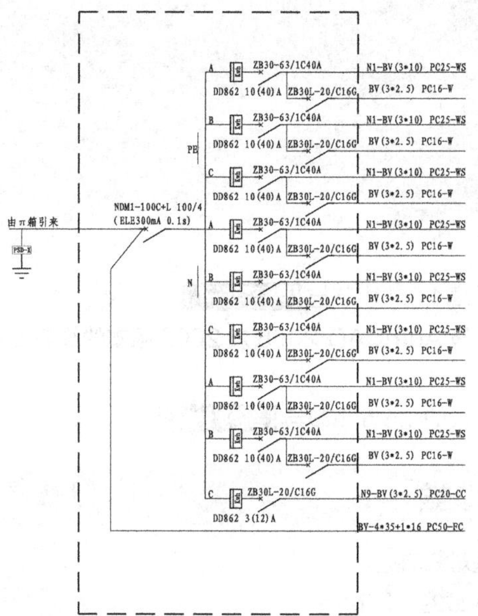

图 21-92 绘制矩形虚线框

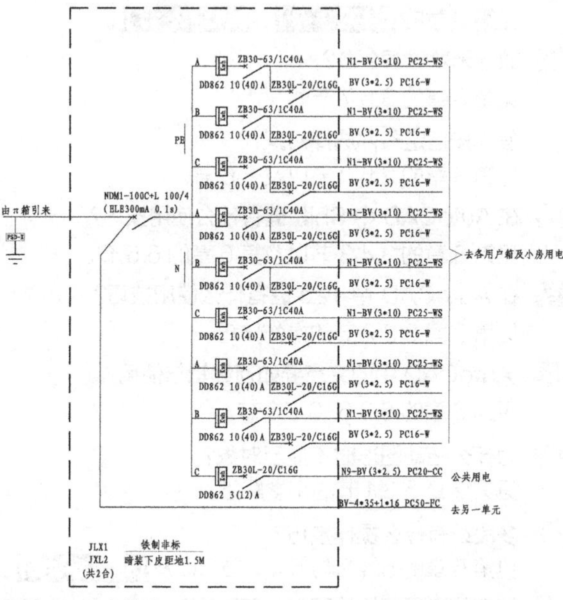

图 21-93 文字说明

Step 20 图名标注。首先调用T（多行文字）命令，分别设置字高为700和500，在图下方适当的位置创建图名名称以及图纸比例。再调用PL（多段线）命令，在图名下绘制一条宽度为100的粗线和一条宽度为0的细线，结果如图21-94所示。

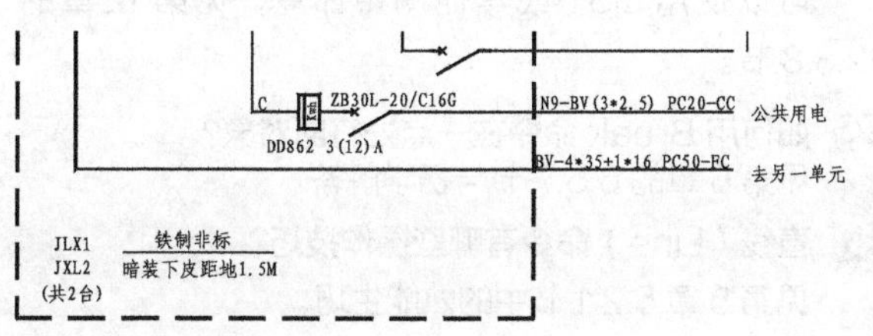

图 21-94 图名标注

5 插入图框

Step 21 调用I（插入）命令，在弹出的【插入】对话框中，单击【浏览】按钮，在打开的【选择文件】对话框中选择需要的“21.4 图框.dwg”文件，结果如图21-95所示。

图 21-95 【选择文件】对话框

Step 22 单击【打开】按钮，返回【插入】对话框并设置参数，如图21-96所示。

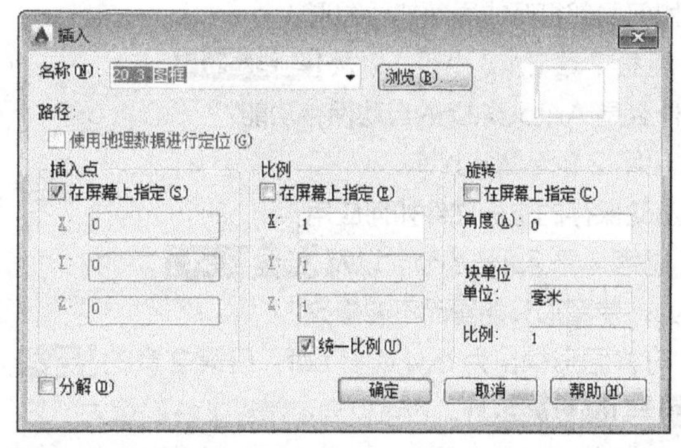

图 21-96 设置参数

Step 23 单击【确定】按钮，在绘图区中合适位置指定图框的插入位置。绘制住宅照明系统图的最终结果如图21-97所示。

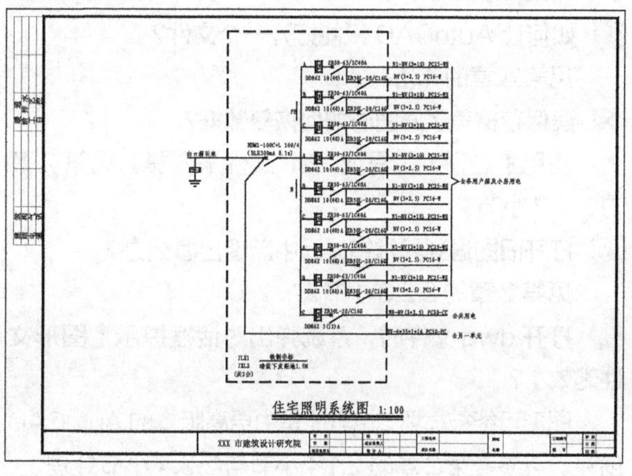

图 21-97 住宅照明系统图

附录1 AutoCAD常见问题索引

文件管理类

1 怎样建立并应用样板文件?

见第 2 章 2.1.2 节，以及【练习 2-9】。

2 如何减小文件大小?

将图形转换为图块，并清楚多余的样式(如图层、标注、文字的样式)可以有效减小文件大小。见第 10 章 10.1.1 与 10.1.2 节，【练习 10-1】与【练习 10-3】可用其他方式选择。

3 dxf 是什么文件格式?

见第 2 章 2.1.1 小节，以及【练习 2-5】。

4 dwl 是什么文件格式?

见第 2 章 2.1.1 小节。

5 如何局部打开或局部加载图形?

见第 2 章 2.1.3 小节，以及【练习 2-1】。

6 什么是 AutoCAD 的自动保存功能?

见第 2 章 2.2.1 小节。

7 自动保存的备份文件如何应用?

见第 2 章 2.2.2 小节，以及【练习 2-4】。

8 如何使图形只能看而不能修改?

可将图形输出为 dwf 或者 pdf，见第 2 章的【练习 2-7】与【练习 2-8】。也可以通过常规文件设置为“只读”的方式来完成。

9 怎样直接保存为低版本图形格式?

见第 4 章 4.2.9 小节。

10 如何核查和修复图形文件?

见第 2 章 2.2.3 小节。

11 如何让 AutoCAD 只能打开一个文件?

见第 4 章的 4.2.4 小节。

12 误保存覆盖了原图时如何恢复数据?

使用【撤销】工具或 .bak 文件来恢复。见第 2 章的 2.2.2 小节。

13 打开旧图遇到异常错误而中断退出怎么办?

见第 2 章的 2.2.3 小节。

14 打开 dwg 文件时，系统弹出对话框提示【图形文件无效】?

图形可能被损坏，也可能是由更高版本的 AutoCAD 创建。可参考第 2 章的 2.1.4 小节与 2.2.4 小节处理。

15 怎样添加自定义文件?

见第 1 章 1.3.4 小节与【练习 1-4】。

16 如何恢复 AutoCAD 2005 及 2008 版本的经典工作空间?

见第 1 章的 1.5.5 小节与【练习 1-6】。

绘图编辑类

17 什么是对象捕捉?

见第 3 章的 3.3 节。

18 对象捕捉有什么方法与技巧?

见第 3 章的【练习 3-7】~【练习 3-11】。

19 加选无效时怎么办?

见第 3 章的 3.5.7 节。

20 怎样按指定条件选择对象?

见第 3 章的 3.5.8 节以及 3.6 节。

21 在 AutoCAD 中 Shift 键有什么使用技巧?

见第 3 章的 3.4.3 节以及第 6 章的 6.5 节。

22 在 AutoCAD 中 Tab 键有什么使用技巧?

见第 3 章 3.3.2 节的操作技巧。

23 AutoCAD 中的夹点要如何编辑与使用?

见第 6 章的 6.3.6~6.3.6 节。

24 为什么拖动图形时不显示对象?

见第 5 章 5.3.1 节的初学解答。

25 多段线有什么操作技巧?

见第 5 章的 5.4.2 与 5.4.3 节，以及【练习 5-16】。

26 如何使变得粗糙的图形恢复平滑?

见第 4 章的 4.2.7、4.2.13 以及 4.2.18 节。

27 复制图形粘贴后总是离得很远怎么办?

可重新指定复制基点，见第 6 章的 6.3.1 节。或使用带基点复制(Ctrl+Shift+C)命令。

28 如何测量带弧线的多线段长度?

可以使用 LIST 或其他测量命令，见第 12 章的 12.3.8 节。

29 如何用 Break 命令在一点处打断对象?

见第 6 章的 6.5.7 节与初学解答。

30 直线(Line)命令有哪些操作技巧?

见第 5 章 5.2.1 节中的熟能生巧。

31 如何快速绘制直线?

见第 5 章 5.2.1 节中的初学解答。

32 偏移（Offset）命令有哪些操作技巧?
见第 6 章 6.3.2 节的选项说明。

33 镜像（Mirror）命令有哪些操作技巧?
见第 6 章 6.3.3 节的选项说明与初学解答。

34 修剪（Trim）命令有哪些操作技巧?
见第 6 章 6.1.1 节的熟能生巧。

35 设计中心（Design Center）有哪些操作技巧?
见第 10 章的 10.4.2 与 10.4.3 节。

36 OOPS 命令与 UNDO 命令有什么区别?
见第 6 章 6.1.3 节的初学解答。

37 AutoCAD 中外部参照有什么用?
见第 10 章 10.3.2 小的精益求精。

38 为什么有些图形无法分解?
见第 6 章 6.5.6 节的精益求精。

39 在 AutoCAD 中如何统计图块数量?
见第 10 章 10.1.1 节的熟能生巧，以及【练习 10-2】。

40 内部图块与外部图块的区别?
见第 10 章的 10.1.1 与 10.1.2 节。

41 如何让图块的特性与被插入图层一样?
见第 10 章的 10.1.5 节。

42 面域、图块、实体是什么概念?
见第 14 章 14.2.3 节。

43 图案填充（HATCH）时找不到范围怎么解决?
见第 5 章 5.9.1 节的初学解答

44 填充时未提示错误且填充不了怎么办?
见第 5 章 5.9.1 节的熟能生巧。

45 如何创建无边界的图案填充?
见第 5 章 5.9.1 节的精益求精。

46 怎样使用 MTP 修饰符?
见第 3 章的 3.4.4 节与【练习 3-11】。

47 怎样使用 FROM 修饰符?
见第 3 章的 3.4.3 节与【练习 3-10】。

48 在 AutoCAD 中如何创建三维文字实体?
可使用 txtexp 及其他命令来创建，见第 15 章 15.2.1 节，与【练习 15-8】。

49 如何测量某个图元的长度?
使用查询命令来完成，见第 12 章的 12.3.1 节。

50 如何查询二维图形的面积?
使用查询命令来完成，见第 12 章的 12.3.4 节，与【练习 12-1】。

51 如何查询三维模型的质量?
使用查询命令来完成，见第 12 章的 12.3.5 节，与【练习 12-2】。

图形标注类

52 字体无法正确显示?
文字样式问题，见第 8 章的 8.1.1 节，与【练习 8-1】。

53 为什么修改了文字样式，但文字没发生改变?
见第 8 章 8.1.1 节的初学解答。

54 在 AutoCAD 中怎么创建弧形文字?
见第 8 章 8.1.4 节的熟能生巧，以及【练习 8-5】。

55 怎样查找和替换文字?
见第 8 章 8.1.6 节和【练习 8-7】。

56 控制文字以镜像方式显示?
见第 6 章 6.3.3 节的初学解答。

57 如何快速调出特殊符号?
见第 8 章 8.1.5 节的第 2 部分。

58 如何快速标注零件序号?
可先创建一个多重引线，然后使用【阵列】、【复制】等命令创建大量副本。

59 如何快速对齐多重引线?
见第 7 章 7.4.10 节的第 3 部分，以及【练习 7-12】。

60 图形单位如何从英寸转换为毫米?
见第 7 章 7.2.2 节的第 6 部分，以及【练习 7-2】。

61 如何编辑标注?
双击标注文字即可进行编辑，也可查阅第 7 章的 7.4 节。

62 如何修改尺寸标注的关联性?
见第 7 章的 7.4.6 节。

63 复制图形时标注出现异常怎么办?
把图形连同标注从一张图复制到另一张图，标注尺寸线移位，标注文字数值变化。这是标注关联性的问题，见第 7 章 7.4.6 节。

系统设置类

64 如何检查系统变量?
见第 12 章的 12.2.2 节的精益求精。

65 绘图时没有虚线框显示怎么办?
见第 5 章 5.3.1 节的初学解答。

66 为什么鼠标中键不能用作平移?
将系统变量 MBUTTONPAN 的值重新指定为 1 即可。

67 如何控制坐标格式?
直角坐标与极轴坐标见第 3 章的 3.1.2 与 3.1.3 节；十字光标的动态输入框坐标见第 4 章的 4.2.19 节。

68 如何命令别名与快捷键?
见第 1 章的 1.3.4 节。

69 **如何往功能区中添加命令按钮？**

见第 1 章的 1.3.4 节，以及【练习 1-4】。

70 **如何灵活使用动态输入功能？**

见第 3 章 3.2.1 节。

71 **选择的对象不显示夹点？**

可能是限制了夹点的显示数量，见第 4 章的 4.2.23 节。

72 **如何设置经典工作空间？**

见第 1 章的 1.5.5 节，以及【练习 1-6】。

73 **如何设置自定义的个性工作空间？**

见第 1 章的 1.5.4 节，以及【练习 1-5】。

74 **如何将当前的 AutoCAD 设置保存为可移植的配置文件？**

见第 4 章的 4.3 节，以及【练习 4-3】。

75 **怎样在标题栏中显示出文件的完整保存路径？**

见第 1 章的 1.2.5 节，以及【练习 1-1】。

76 **怎样调整 AutoCAD 的界面颜色？**

见第 4 章的 4.2.2 与 4.2.5 节。

77 **模型和布局选项卡不见了怎么办？**

见第 4 章 4.2.6 节中的第 1 部分。

78 **如何将图形全部显示在绘图区窗口？**

单击状态栏中的【全屏显示】按钮即可，见第 1 章 1.2.11 节中的第 5 部分。

视图与打印类

79 **为什么找不到视口边界？**

视口边界与矩形、直线一样，都是图形对象，如果没有显示的话可以考虑是对应图层被关闭或冻结，开启方式见第 9 章的 9.3.1 与 9.3.2 节，以及【练习 9-3】、【练习 9-4】。

80 **如何在布局中创建非矩形视口？**

见第 13 章 13.4.2 节，以及【练习 13-7】。

81 **如何删除顽固图层？**

见第 9 章的 9.3.8 与 9.3.9 节。

82 **AutoCAD 的图层有什么用处？**

图层可以用来更好地控制图形，见第 9 章的 9.1.1 节。

83 **设置图层时有哪些注意事项？**

设置图层时要理解它的分类原则，见第 9 章的 9.1.2 节。

84 **Bylayer（随层）与 Byblock（随块）的区别？**

见第 9 章 9.4.1 节的初学解答。

85 **如何快速控制图层状态？**

可在【图层特性管理器】中进行统一控制，见第 9 章的 9.2.1 节。

86 **如何使用向导创建布局？**

见第 13 章的 13.3.1 节的熟能生巧，以及【练习 13-5】。

87 **如何输出高清的 JPG 图片？**

见第 13 章 13.5.1 节的熟能生巧，以及【练习 13-8】。

88 **如何将 AutoCAD 文件导入 Photoshop？**

见第 13 章 13.5.1 节的精益求精，以及【练习 13-9】。

89 **如何批处理打印图纸？**

批处理打印图纸的方法与 dwf 文件的发布方法一致，只需更换打印设备，即可输出其他格式的文件。可以参考第 2 章的 2.3.3 节，以及【练习 2-7】。

90 **文本打印时显示为空心怎么办？**

将 TEXTFILL 变量设置为 1。

91 **有些图形能显示却打印不出来怎么办？**

图层作为图形有效管理的工具，对每个图层有是否打印的设置。而且系统自行创建的图层，如【Defpoints】图层就不能被打印也无法更改，详见第 9 章的 9.3 节。

程序与应用类

92 **如何处理复杂表格？**

可通过 Excel 导入 AutoCAD 的方法来处理复杂的表格，详见第 8 章 8.2.2 节的精益求精，以及【练习 8-10】。

93 **外部参照在图形设计中有什么用？**

外部参照可作为能实时更新的参考图形。见第 10 章 10.3.2 节的精益求精，以及【练习 10-10】。

94 **怎样使重新加载外部参照后图层特性发生改变？**

将 VISRETAIN 的值重置为 1。

95 **图纸导入显示不正常的原因是什么？**

可能是参照图形的保存路径发生了变更，见第 10 章 10.3.4 节。

96 **怎样让图像边框不打印？**

可将边框对象移动至【Defpoints】层，或设置所属图层为不打印样式，见第 9 章的 9.3 节。

97 **附加工具 Express Tools 和 AutoLISP 实例安装**

在安装 AutoCAD 2016 软件时勾选即可。

98 **AutoCAD 图形导入 Word 的方法**

直接粘贴、复制即可，但要注意将 AutoCAD 中的背景设置为白色。也可以使用 BetterWMF 小软件来处理。

99 **AutoCAD 图形导入 CorelDRAW 的方法**

见第 13 章 13.5.2 节的精益求精，以及【练习 13-9】。

100 **AutoCAD 与 UG、SolidWorks 的数据转换**

见第 2 章的 2.3.1 节，以及【练习 2-5】。

附录2 AutoCAD行业知识索引

机械设计类

1 两个圆的公切线要怎么画？比如同步带？

通过【临时捕捉】进行绘制，见第 3 章 3.4.1 节及【练习 3-7】。

2 怎样获得非常规曲线的数控加工坐标点？

见第 5 章 5.1.3 节的精益求精，以及【练习 5-4】。

3 在 AutoCAD 绘制相贯线有什么方法与技巧？

见第 5 章 5.2.2 节，以及【练习 5-8】。

4 外六角扳手的绘制方法与主要规格参数。

见第 5 章 5.6.2 节的【练习 5-21】。

5 怎样绘制数学曲线的轮廓？

见第 5 章 5.7.1 节的【练习 5-23】。

6 发条弹簧的绘制方法与主要特点。

见第 5 章 5.8.2 节的【练习 5-24】。

7 圆翼蝶形螺母的绘制方法与技巧。

见第 6 章 6.1.1 节的【练习 6-1】。

8 弹性挡圈的绘制方法与特点。

见第 6 章 6.3.2 节的【练习 6-9】。

9 机械零件细节处倒角的作用与方法。

见第 6 章 6.5.1 节的【练习 6-15】。

10 机械装配图在 AutoCAD 中的“装配”方法。

见第 6 章 6.5.5 节的【练习 6-17】。

11 机械零件图中的基准尺寸与标注。

见第 7 章 7.3.11 节的初学解答，以及【练习 7-11】。

12 机械装配图的引线标注技巧。

见第 7 章 7.3.12 节的设计点拨，以及【练习 7-12】。

13 形位公差的含义及其标注的方法。

见第 7 章 7.3.14 节的熟能生巧，以及【练习 7-14】。

14 机械装配图中如何创建成组的引线？

见第 7 章 7.4.10 节的第 4 部分合并引线，以及熟能生巧和【练习 7-17】。

15 如何快速标注尺寸公差？

见第 8 章 8.1.5 节的【练习 8-6】。

16 怎样计算零件的质量？

见第 12 章 12.3.5 节，及【练习 12-2】。

17 剖切图的简化标注。

见第 18 章 18.1.2 节第 2 部分剖视图分类下的设计点拨。

18 断面图和剖面图的区别。

见第 18 章 18.1.2 节第 3 部分中的设计点拨。

19 什么情况下绘制移出断面图可以省略标注？

见第 18 章 18.1.2 节第 3 部分中移出断面图下的设计点拨。

20 零件图的标注方法与原则。

见第 18 章 18.4 节中 Step 20 下的设计点拨。

21 键槽与轮毂尺寸公差取值的经验。

见第 18 章 18.4 节中 Step 30 下的设计点拨。

22 无公差尺寸的取值范围。

见第 18 章 18.4 节中 Step 31 下的设计点拨。

23 设计螺栓孔安放位置时要考虑的地方。

见第 18 章 18.5.3 节中 Step 04 下的设计点拨。

24 怎样快速地为装配图添加零部件序列号？

见第 18 章 18.5.5 节中 Step 17 下的设计点拨。

25 机械制图有哪些标准？

见第 18 章的 18.1.1 节。

建筑设计类

26 建筑设计有哪些标准？

见第 19 章的 19.1.1 节。

27 怎样用 AutoCAD 创建真实的建筑模型？

由于建筑图纸是用 AutoCAD 绘制的，因此使用 AutoCAD 创建三维模型就较其他软件要占得先机。创建好三维模型后可以通过第 2 章 2.3.2 节【练习 2-6】所介绍的方法，将其输出为 stl 文件，然后进行 3D 打印，即可得到真实的建筑模型。

28 怎样快速得绘制楼梯和踏板？

见第 5 章 5.1.4 节，以及【练习 5-5】。

29 怎样快速得绘制墙体？

可以使用【多线】命令进行绘制，见第 5 章的 5.5 节，以及其下的【练习 5-18】、【练习 5-19】。

30 怎样创建无边界的混凝土填充？

见第 5 章 5.9.1 节的精益求精，以及【练习 5-26】。

31 建筑总平面图中图形过多，如何在其中显示出被遮挡的文字？

见第 6 章 6.5.7 节，以及【练习 6-18】。

32 在总平面图或规划图中，如何显示出被遮挡的图形？

见第 6 章 6.5.9 节，以及【练习 6-21】。

33 建筑平面图中轴线尺寸的标注方法。

见第 7 章 7.3.10 节，以及【练习 7-10】。

34 建筑立面图中标高的标注方法。

见第 7 章 7.3.12 节，以及【练习 7-13】。

35 如何创建可编辑文字的标高图块？

见第 10 章 10.1.3 节，以及【练习 10-4】。

36 大样图的多比例打印方法。

见第 13 章的 13.6.2 节，以及【练习 13-12】。

37 剖面图和断面图符号的使用方法。

见第 19 章 19.1.2 节下第 3 部分的设计点拨。

38 索引符号在不同图纸幅面中的大小。

见第 19 章 19.1.2 节下第 5 部分的设计点拨。

39 标高符号在不同图纸幅面中的大小。

见第 19 章 19.1.2 节下第 6 部分的设计点拨。

40 建施图中门的绘制方法与作用。

见第 19 章 19.4.1 节中的设计点拨。

41 建施图中窗的绘制方法与作用。

见第 19 章 19.4.2 节中的设计点拨。

42 建筑平面图的标注方法（同室内平面图）。

见第 19 章 19.5.1 节第 5 部分中 Step 28 下的设计点拨。

43 建筑平面图中各轴号的书写原则。

见第 19 章 19.5.1 节第 5 部分中 Step 29 下的设计点拨。

44 建筑平面图标注的方法与原则。

见第 19 章 19.5.1 节第 5 部分中 Step 30 下的设计点拨。

45 定位轴线要如何确定？

见第 19 章 19.5.2 节第 1 部分中 Step 03 下的设计点拨。

46 建筑剖面图从哪里剖？剖切位置如何确定？

见第 19 章 19.5.3 节的设计点拨。

47 剖面图的绘制方法和要点。

见第 19 章 19.5.3 节。

室内设计类

48 室内设计有哪些标准？

见第 20 章的 20.1.1 节。

49 怎样让图纸仅显示墙体或仅显示轴线、标注等？

可通过局部打开的方式来完成，见第 2 章 2.1.3 节，以及【练习 2-1】；当然也可以通过关闭其他的图层来进行控制，见第 9 章的 9.3.1 节。

50 如果下载的图纸尺寸都不准确，那要怎样快速、精准地调整门、窗等图元的位置？

可以通过【拉伸】操作配合【自】功能来完成，见第 3 章 3.4.3 节和【练习 3-10】。

51 如何快速的围绕非圆形餐桌布置座椅？

见第 5 章 5.1.3 节的熟能生巧，以及【练习 5-3】。

52 台盆的设计要点。

见第 5 章 5.3.3 节的【练习 5-13】。

53 室内设计的填充技巧。

见第 5 章 5.9.3 节的【练习 5-27】。

54 室内平面图中，如果各墙体标注过于紧密，要如何调整？

见第 7 章 7.4.2 节的【练习 7-16】

55 室内立面图中，如何对齐参差交错的引线标注？

见第 7 章 7.4.10 节的第 3 部分【对齐引线】。

56 怎样通过图层工具来控制室内设计图？

见第 9 章 9.3.1 节的【练习 9-3】。

57 如何统计室内平面图中某一类家具或电器的数量？

见第 10 章 10.1.1 节的熟能生巧及【练习 10-2】。

58 怎样查询室内的面积大小？

见第 12 章的 12.3.4 节及【练习 12-1】。

59 彩平图的创建方法。

可先用【打印】的方法输出 EPS 文件，然后导入 Photoshop 中进行加工，从而得到彩平图。

60 如何根据老图重新绘制新的设计图？

见第 20 章 20.5.1 节 Step 02 下的设计点拨。

61 室内家具图例的布置原则。

见第 20 章 20.5.1 节 Step 19 下的设计点拨。

62 玄关、门厅处的布置要点。

见第 20 章 20.5.1 节 Step 20 下的设计点拨。

63 餐厅的布置要点。

见第 20 章 20.5.1 节 Step 21 下的设计点拨。

64 客厅的布置要点。

见第 20 章 20.5.1 节 Step 22 下的设计点拨。

65 卧室的布置要点。

见第 20 章 20.5.1 节 Step 23 下的设计点拨。

66 厨房的布置要点。

见第 20 章 20.5.1 节 Step 24 下的设计点拨。

67 卫生间的布置要点。

见第 20 章 20.5.1 节 Step 25 下的设计点拨。

68 阳台的布置要点。

见第 20 章 20.5.1 节 Step 26 下的设计点拨。

电气设计类

69 电气设计有哪些标准?

见第 21 章的 21.1.1 节。

70 怎样快速的为电路图添加节点?

见第 5 章 5.3.5 节的【练习 5-14】。

71 熔断器的作用与绘制方法

见第 6 章 6.1.2 节的【练习 6-2】。

72 怎样快速地在电路图中添加元器件?

可以使用【打断】与【复制】命令来完成，见第 6 章 6.5.7 节的初学解答，以及【练习 6-19】。

73 怎样快速地在电路图中删去元器件?

可以使用【打断】与【合并】命令来完成，见第 6 章的 6.5.8 节，以及【练习 6-20】。

74 开关的种类与绘制方法。

见第 21 章 21.3.2 节中的设计点拨。

75 可调电阻的作用与绘制方法。

见第 21 章 21.3.3 节中的设计点拨。

76 电容器的作用与绘制方法。

见第 21 章 21.3.4 节中的设计点拨。

77 发光二极管的作用与绘制方法。

见第 21 章 21.3.5 节中的设计点拨。

78 晶闸管的作用与绘制方法。

见第 21 章 21.3.6 节中的设计点拨。

79 电机符号的含义与绘制方法。

见第 21 章 21.3.7 节中的设计点拨。

80 三相变压器的作用与绘制方法。

见第 21 章 21.3.8 节中的设计点拨。

81 室内各房间灯具及布线的要点。

见第 21 章 21.4.1 节第 2 部分中 Step 07 下的设计点拨。

82 照明系统的设计要点。

见第 21 章 21.4.1 节第 2 部分中 Step 09 下的设计点拨。

83 室内连线的设计要点。

见第 21 章 21.4.1 节第 3 部分中 Step 12 下的设计点拨。

其他类

84 怎样在出差时用手机看图?

目前有部分手机 APP 可以实现看图功能，但无法显示图层或进行编辑修改。因此推荐 Autodesk 官方推出的应用 Autocad 360，见第 1 章 1.2.6 节的【练习 1-2】。

85 怎样用 AutoCAD 翻译国外图纸?

AutoCAD 2016 中可以使用应用程序实现各种独特的功能，其中之一就是翻译。见第 1 章 1.2.7 节的【附加模块】部分，以及【练习 1-3】。

86 发给客户图纸，对方却打不开?

可能是对方所使用的 AutoCAD 版本过低，可使用第 2 章 2.1.4 节中【练习 2-2】的方法转存为低版本，然后再发送一次。

也可能是本公司设定了保密程序，图纸仅限于内部浏览，这样的话即便通过转存客户也无法打开。这时可使用第 2 章 2.3.3 和 2.3.4 节所介绍的方法，将图纸输出为 dwf 或 PDF 文件，然后再发送。方法请见【练习 2-7】、【练习 2-8】。

87 非设计专业的人员，怎样便捷地查看 AutoCAD 图纸?

可使用【CAD 迷你看图】、DWG Viewer 等小软件来打开 AutoCAD 图纸。也可让设计人员将图纸转换为 PDF 文件。

88 怎样加速 AutoCAD 设计图的评审过程?

可将 dwg 图纸转换为 dwf 文件来进行评审，详见第 2 章 2.3.3 节及【练习 2-7】。

89 在打印图纸时，怎样添加公司或个人的水印（戳记）?

可在打印时选择添加戳记，见第 4 章的 4.2.12 节，以及【练习 4-2】。

90 园林设计中，绿篱、围墙的设计要点。

见第 5 章 5.8.3 节的【练习 5-25】。

91 园林设计中，如何随心所欲地将植被图块调整为所需的尺寸大小?

见第 6 章 6.2.3 节的【练习 6-5】。

92 所有类型的设计图中，如何快速地让中心线从轮廓图形中伸出来一点?

见第 6 章 6.2.5 节的【练习 6-7】。

93 英制尺寸图纸怎么转化为公制的?

见第 7 章 7.2.2 节的【练习 7-2】。

94 如果图纸中标注线网交错，如何进行调整使得图面清晰?

见第 7 章 7.4.1 节的【练习 7-15】。

95 如何快速在园林、电气、室内、建筑等图例中添加注释文字?

见第 8 章 8.1.2 节的【练习 8-3】。

附录3 AutoCAD命令快捷键索引

CAD常用快捷键命令

L	直线	A	圆弧
C	圆	T	多行文字
XL	射线	B	块定义
E	删除	I	块插入
H	填充	W	定义块文件
TR	修剪	CO	复制
EX	延伸	MI	镜像
PO	点	O	偏移
S	拉伸	F	倒圆角
U	返回	D	标注样式
DDI	直径标注	DLI	线性标注
DAN	角度标注	DRA	半径标注
OP	系统选项设置	OS	对象捕捉设置
M	MOVE（移动）	SC	比例缩放
P	PAN（平移）	Z	局部放大
Z+E	显示全图	Z+A	显示全屏
MA	属性匹配	AL	对齐
Ctrl+1	修改特性	Ctrl+S	保存文件
Ctrl+Z	放弃	Ctrl+C Ctrl+V	复制 粘贴
F3	对象捕捉开关	F8	正交开关

1 绘图命令

PO, *POINT（点）

L, *LINE（直线）

XL, *XLINE（射线）

PL, *PLINE（多段线）

ML, *MLINE（多线）

SPL, *SPLINE（样条曲线）

POL, *POLYGON（正多边形）

REC, *RECTANGLE（矩形）

C, *CIRCLE(圆)

A, *ARC(圆弧)

DO, *DONUT（圆环）

EL, *ELLIPSE（椭圆）

REG, *REGION（面域）

MT, *MTEXT（多行文本）

T, *MTEXT（多行文本）

B, *BLOCK（块定义）

I, *INSERT（插入块）

W, *WBLOCK（定义块文件）

DIV, *DIVIDE（等分）

ME,*MEASURE(定距等分）

H, *BHATCH（填充）

2 修改命令

CO, *COPY（复制）

MI, *MIRROR（镜像）

AR, *ARRAY（阵列）

O, *OFFSET（偏移）

RO, *ROTATE（旋转）

M, *MOVE（移动）

E, DEL 键 *ERASE（删除）

X, *EXPLODE（分解）

TR, *TRIM（修剪）

EX, *EXTEND（延伸）

S, *STRETCH（拉伸）

LEN, *LENGTHEN（直线拉长）

SC, *SCALE（比例缩放）

BR, *BREAK（打断）

CHA, *CHAMFER(倒角）

F, *FILLET（倒圆角）

PE, *PEDIT（多段线编辑）

ED, *DDEDIT（修改文本）

3 视窗缩放

P, *PAN（平移）

Z +空格+空格，* 实时缩放

Z, * 局部放大

Z+P, * 返回上一视图

Z + E, 显示全图

Z+W, 显示窗选部分

4 尺寸标注

DLI, *DIMLINEAR（直线标注）

DAL, *DIMALIGNED（对齐标注）

DRA, *DIMRADIUS（半径标注）

DDI, *DIMDIAMETER（直径标注）

DAN, *DIMANGULAR（角度标注）

DCE, *DIMCENTER（中心标注）

DOR, *DIMORDINATE（点标注）

LE, *QLEADER（快速引出标注）

DBA, *DIMBASELINE（基线标注）

DCO, *DIMCONTINUE（连续标注）

D, *DIMSTYLE（标注样式）

DED, *DIMEDIT（编辑标注）

DOV, *DIMOVERRIDE(替换标注系统变量）

DAR,(弧度标注，CAD2006)

DJO，（折弯标注，CAD2006）

5 对象特性

ADC, *ADCENTER（设计中心“Ctrl + 2”）

CH, MO *PROPERTIES(修改特性“Ctrl + 1”）

MA, *MATCHPROP（属性匹配）

ST, *STYLE（文字样式）

COL, *COLOR（设置颜色）

LA, *LAYER（图层操作）

LT, *LINETYPE（线形）

LTS, *LTSCALE（线形比例）

LW, *LWEIGHT （线宽）

UN, *UNITS（图形单位）

ATT, *ATTDEF（属性定义）

ATE, *ATTEDIT（编辑属性）

BO, *BOUNDARY（边界创建，包括创建闭合多段线和面域）

AL, *ALIGN（对齐）

EXIT, *QUIT（退出）

EXP, *EXPORT（输出其他格式文件）

IMP, *IMPORT（输入文件）

OP,PR *OPTIONS（自定义 CAD 设置）

PRINT, *PLOT（打印）

PU, *PURGE（清除垃圾）

RE, *REDRAW（重新生成）

REN, *RENAME（重命名）

SN, *SNAP（捕捉栅格）

DS, *DSETTINGS（设置极轴追踪）

OS, *OSNAP（设置捕捉模式）

PRE, *PREVIEW（打印预览）

TO, *TOOLBAR（工具栏）

V, *VIEW（命名视图）

AA, *AREA（面积）

DI, *DIST（距离）

LI, *LIST（显示图形数据信息）

6 常用Ctrl快捷键

Ctrl + 1 *PROPERTIES(修改特性）

Ctrl + 2 *ADCENTER（设计中心）

Ctrl + O *OPEN（打开文件）

Ctrl + N、M *NEW（新建文件）

Ctrl + P *PRINT（打印文件）

Ctrl + S *SAVE（保存文件）

Ctrl + Z *UNDO（放弃）

Ctrl + X *CUTCLIP（剪切）

Ctrl + C *COPYCLIP（复制）

Ctrl + V *PASTECLIP（粘贴）

Ctrl + B *SNAP（栅格捕捉）

Ctrl + F *OSNAP（对象捕捉）

Ctrl + G *GRID（栅格）

Ctrl + L *ORTHO（正交）

Ctrl + W *（对象追踪）

Ctrl + U *（极轴）

7 常用功能键

F1 *HELP（帮助）

F2 *（文本窗口）

F3 *OSNAP（对象捕捉）

F7 *GRIP（栅格）

F8 正交